Peter Hupfer, Wilhelm Kuttler (Hrsg.)

Witterung und Klima

Peter Hupfer, Wilhelm Kuttler (Hrsg.)

Witterung und Klima

Eine Einführung in die Meteorologie und Klimatologie

Begründet von Ernst Heyer

12., überarbeitete Auflage

Herausgegeben von Peter Hupfer und Wilhelm Kuttler

Neu bearbeitet von Frank-Michael Chmielewski, Peter Hupfer, Wilhelm Kuttler und Hermann Pethe

Teubner

Bibliografische Information der Deutschen Bibliothek
Die Deutsche Bibliothek verzeichnet diese Publikation in der Deutschen Nationalbibliografie;
detaillierte bibliografische Daten sind im Internet über <http://dnb.ddb.de> abrufbar.

PD Dr. rer. nat. Frank-Michael Chmielewski
Geboren 1958 in Potsdam. Nach einer Ausbildung zum technischen Assistenten für Meteorologie 1982 bis 1987 Studium der Meteorologie an der Humboldt-Universität, dort 1990 Promotion über Klimaschwankungen und landwirtschaftliche Erträge. Nach Assistententätigkeit am Meteorologischen Institut 1995 Leiter des Lehrgebietes Agrarmeteorologie an der Landwirtschaftlich-Gärtnerischen Fakultät der Humboldt-Universität zu Berlin. 2002 Habilitation mit einer Arbeit über Zusammenhänge zwischen Pflanzenwachstum und Klima. Koordinator der Phänologischen Gärten Europas.
Verfasser des Kapitels 15.

Prof. Dr. rer. nat. habil. Peter Hupfer
Geboren 1933 in Zwickau/Sa. Von 1951 bis 1955 Studium der Meteorologie an der Universität Leipzig, daselbst Assistent. Aufbau des Maritimen Observatoriums Zingst. Promotion 1961 über marine Klimaschwankungen. Habilitation 1967 mit einer Arbeit über die thermischen Verhältnisse der ufernahen Zone des Meeres. Dozent 1970. Von 1979 bis 1998 o. Professor für Meteorologie an der Humboldt-Universität zu Berlin mit den Arbeitsgebieten Physikalische Klimatologie und Ozeanografie.
Verfasser der Kapitel 2, 3, 7, 8, 10, 11 und 14.

Univ.-Prof. Dr. rer. nat. Wilhelm Kuttler
Geboren 1949 in Bochum. Von 1970 bis 1975 Studium der Biologie und Geografie in Bochum. Dort 1978 Promotion über bioklimatische und lufthygienische Probleme des Ruhrgebietes. Habilitation 1985 über Depositionen atmosphärischer Spurenstoffe. Seit 1986 Professor für Angewandte Klimatologie und Landschaftsökologie an der Universität Duisburg-Essen, Campus Essen. Arbeitsgebiete: Stadt- und Geländeklimatologie.
Verfasser der Kapitel 12 und 13.

Dr. rer. nat. Hermann Pethe
Geboren 1938 in Neuferchau/Altmark. Von 1957 bis 1962 Studium der Geophysik an der Humboldt-Universität zu Berlin. Danach dort Assistent und Oberassistent am Meteorologischen Institut. Promotion 1973 zur statistischen Theorie der Turbulenz und der turbulenten Diffusion atmosphärischer Beimengungen. Wissenschaftliche Tätigkeit u. a. auf den Gebieten der atmosphärischen Turbulenz und der Wolkenphysik.
Verfasser der Kapitel 1, 4, 5, 6 und 9.

12., überarbeitete Auflage Mai 2006

Alle Rechte vorbehalten
© B.G. Teubner Verlag / GWV Fachverlage GmbH, Wiesbaden 2006

Lektorat: Ulrich Sandten / Kerstin Hoffmann

Der B.G. Teubner Verlag ist ein Unternehmen von Springer Science+Business Media.
www.teubner.de

Das Werk einschließlich aller seiner Teile ist urheberrechtlich geschützt. Jede Verwertung außerhalb der engen Grenzen des Urheberrechtsgesetzes ist ohne Zustimmung des Verlags unzulässig und strafbar. Das gilt insbesondere für Vervielfältigungen, Übersetzungen, Mikroverfilmungen und die Einspeicherung und Verarbeitung in elektronischen Systemen.

Die Wiedergabe von Gebrauchsnamen, Handelsnamen, Warenbezeichnungen usw. in diesem Werk berechtigt auch ohne besondere Kennzeichnung nicht zu der Annahme, dass solche Namen im Sinne der Warenzeichen- und Markenschutz-Gesetzgebung als frei zu betrachten wären und daher von jedermann benutzt werden dürften.

Umschlaggestaltung: Ulrike Weigel, www.CorporateDesignGroup.de
Druck und buchbinderische Verarbeitung: Strauss Offsetdruck, Mörlenbach
Gedruckt auf säurefreiem und chlorfrei gebleichtem Papier.
Printed in Germany

ISBN 3-8351-0096-3

Vorwort zur 12. Auflage

Die 11. Auflage erfreute sich großen Zuspruchs der Leser, sodass sich Verlag und Herausgeber dazu entschlossen haben, die 12. Auflage rasch folgen zu lassen. In dieser wurden Fehler berichtigt, notwendige Aktualisierungen vorgenommen und Ergänzungen hinzugefügt.

Die formgerechte Aufbereitung der Manuskripte und die Druckvorbereitung lag in den Händen der Abt. Angewandte Klimatologie und Landschaftsökologie der Universität Duisburg-Essen. Den Mitarbeitern dieser Abteilung, insbesondere Herrn Dipl.-Umweltwissenschaftler T. Litschke, ist für das Engagement beim Korrekturlesen zu danken. Frau Dipl.-Ing. U. Overbeck und Herr Dipl.-Ing. H. Krähe konnten trotz hohen Zeitdrucks die Qualität zahlreicher Abbildungen durch Neuanfertigungen verbessern und die Gestaltung des Textes übernehmen.

Für die angenehme Zusammenarbeit bedanken wir uns auch bei den zuständigen Mitarbeitern des Teubner-Verlages, insbesondere bei Herrn Ulrich Sandten.

Februar 2006

Peter Hupfer, Berlin
Wilhelm Kuttler, Essen

Vorwort zur 11. Auflage

Für die vorliegende 11. Auflage wurden alle Kapitel kritisch durchgesehen und zum Teil erheblich überarbeitet und erweitert. Das betrifft insbesondere Sachgebiete, die sich in schneller Entwicklung befinden und der gebotene Stoff daher einer ständigen Anpassung bedarf. Zum Problem der Klimaschwankungen wurden insbesondere Ergebnisse des 3. Berichtes des IPCC (2001) herangezogen. Die angegebenen Internet-Adressen (Teil 3 des Literaturverzeichnisses) erlauben der Leserschaft die Verfolgung der weiteren Entwicklung.

Eine wichtige Ergänzung zu den Teilgebieten Meso- und Mikroklima, Stadtklima und Biometeorologie, die ebenfalls teilweise neu gestaltet wurden, bietet das jetzt aufgenommene Kapitel über die Modellierung des Meso- und Mikroklimas. Damit wird eine Entwicklung berücksichtigt, die ihren festen Platz in der Praxis bereits gefunden hat. Die Leserinnen und Leser sollen in die Lage versetzt werden, Prinzipien und Leistungsfähigkeit dieser „Handwerkszeuge" für die Lösung ihnen eventuell erwachsender Aufgaben zu beurteilen.

Generell wird in der 11. Auflage im Hinblick auf die Methodik der Darstellung die Linie verfolgt, dass Grundlagen des Faches und prinzipielle Aussagen zum gegenwärtigen Stand der Erkenntnis dargelegt werden. Dabei wird strikt darauf geachtet, dass der Text so gehalten ist, dass er insbesondere Studentinnen und Studenten, die Meteorologie und Klimatologie im Nebenfach oder ergänzend studieren, als Grundlage dienen kann.

Wir danken den Herren Professoren Th. Foken (Bayreuth), L. Jaeger (Freiburg/Brsg.), D. Sonntag (Berlin) und U. Ulbrich (Berlin), Herrn Dr. B. Tinz (Hamburg), Herrn Dr. H.-D. Piehl (Lübben) sowie all den Mitarbeiterinnen und Mitarbeitern des Deutschen Wetterdienstes, die das Vorhaben auf verschiedene Weise unterstützt haben.

Besonderer Dank gebührt den Mitarbeitern der Abt. Angewandte Klimatologie und Landschaftsökologie der Universität Duisburg-Essen, Campus Essen, sowie Herrn Dipl.-Umweltwiss. cand. F. Thomas und Herrn Dr. D. Dütemeyer für die kritische Durchsicht, Gestaltung und Druckvorbereitung des Buches.

März 2005

Peter Hupfer, Berlin
Wilhelm Kuttler, Essen

Inhalt

1	**Einführung**	1
1.1	Atmosphärische Wissenschaften	1
1.2	Die Begriffe Wetter, Witterung und Klima	4
1.3	Maßstäbe atmosphärischer Erscheinungen	5
1.4	Extremwerte meteorologischer Größen	7
1.5	Bewegungsformen und Figur des Planeten Erde	7

2	**Aufbau und Zusammensetzung der Atmosphäre**	15
2.1	Die Hauptschichten der Atmosphäre	15
2.1.1	Die Troposphäre	15
2.1.2	Die Stratosphäre	17
2.1.3	Die mittlere und obere Atmosphäre	18
2.1.4	Die Standardatmosphäre	19
2.2	Der Luftdruck	19
2.2.1	Statischer und dynamischer Druck	19
2.2.2	Das statische Gleichgewicht der Atmosphäre	20
2.2.3	Die Bestimmung des Luftdruckes im Meeresniveau	23
2.2.4	Die Höhe isobarer Flächen. Topografien	24
2.3	Die Zusammensetzung der Atmosphäre	25
2.3.1	Zur Entstehung der Atmosphäre der Erde	25
2.3.2	Die Hauptgase der Homosphäre	26
2.3.3	Die Spurengase und ihre Bedeutung	27
2.3.3.1	Kohlendioxid	28
2.3.3.2	Stratosphärisches Ozon	31
2.3.3.3	Troposphärisches Ozon	33
2.3.3.4	Weitere Spurengase	33
2.3.3.5	Aerosol	35

3	**Strahlungs- und Wärmehaushalt**	39
3.1	Die Solarstrahlung	39
3.1.1	Elektromagnetische Wellenstrahlung	39
3.1.2	Die Partikelstrahlung	40
3.1.3	Schwankungen der Solarstrahlung	41
3.2	Strahlungsgesetze	43
3.3	Die Veränderungen der Sonnenstrahlung in der Atmosphäre	45

3.3.1	Absorption	45
3.3.2	Streuung	47
3.3.3	Reflexion der Strahlung	48
3.3.4	Zur Bestimmung der Strahlungsextinktion in der Atmosphäre	50
3.3.5	Optische Erscheinungen in der Atmosphäre	51
3.4	Die kurzwellige Strahlung an der Erdoberfläche	53
3.5	Die terrestrische Strahlung	54
3.6	Strahlungsbilanzen	56
3.7	Die Wärmebilanz der Atmosphäre und der Erdoberfläche	57
3.8	Tages- und Jahresgänge der Wärmehaushaltsgrößen am Erdboden	61
3.9	Zur globalen Verteilung der Wärmehaushaltsgrößen	63
3.10	Lufttemperaturänderungen	64
3.11	Globale Temperaturverteilung	68

4 Grundprozesse der Thermodynamik der Atmosphäre ... 71

4.1	Thermodynamische Gesetze	71
4.1.1	Zustandsgleichung für Gase	71
4.1.2	Thermodynamische Hauptsätze	72
4.2	Vertikale Luftbewegung und Schichtung der Atmosphäre	73
4.2.1	Thermik und Konvektion	73
4.2.2	Trockenadiabatische Vorgänge	74
4.2.3	Feuchtadiabatische Vorgänge	76
4.2.4	Gleichgewichtszustände der Atmosphäre	77
4.2.4.1	Trockenlabile Schichtung	77
4.2.4.2	Trockenindifferente Schichtung	78
4.2.4.3	Trockenstabile Schichtung	78
4.2.4.4	Feuchtlabile Schichtung	78
4.2.4.5	Feuchtindifferente Schichtung	78
4.2.4.6	Feuchtstabile Schichtung	78
4.2.5	Thermodynamische Diagrammpapiere und Rechentemperaturen	79
4.2.6	Isothermie und Temperaturinversionen	81
4.2.6.1	Strahlungsinversionen	82
4.2.6.2	Absinkinversionen	82
4.2.6.3	Aufgleitinversionen	83
4.2.6.4	Turbulenzinversionen	83
4.2.6.5	Einfluss der Inversionen auf die Ausbreitung von Luftbeimengungen (Rauchfahnentypen)	83
4.2.6.6	Smog	84

5	**Wasser in der Atmosphäre**	87
5.1	Die Atmosphäre im hydrologischen Zyklus	87
5.2	Verdunstung und Luftfeuchte	88
5.3	Der Sättigungsdampfdruck	90
5.4	Makrophysikalische Wolken- und Nebelentstehung	91
5.4.1	Erreichen des Sättigungsdampfdruckes	91
5.4.2	Nebelformen	92
5.4.3	Wolkenformen	93
5.4.4	Wolkenklassifikation	94
5.5	Mikrophysikalische Basisprozesse für die Wolken- und Nebelbildung	95
5.5.1	Aerosolphysikalische Aspekte	95
5.5.2	Kondensations- und Gefrierkerne	98
5.5.3	Nukleation, homogene und heterogene Kondensation bzw. Eisbildung	99
5.5.4	Diffusionswachstum	100
5.5.5	Mikrophysikalische Grundcharakteristiken von Wolken und Wolkenpartikeln	100
5.6	Niederschlagsbildende Prozesse	102
5.6.1	Terminalgeschwindigkeit von Wolkenpartikeln	103
5.6.2	Koaleszenz und Akkreszenzwachstum	103
5.6.3	Zusammenfassung von Niederschlagstheorien	104
5.7	Gewitter	106
5.7.1	Gewitterarten	106
5.7.2	Entstehung von Raumladungen	108
5.7.3	Blitz und Donner	108
5.7.4	Weltgewitteraktivität	110
5.8	Luftfeuchte- und Niederschlagsverteilung auf der Erde	111
5.8.1	Luftfeuchteverteilung	111
5.8.2	Niederschlagsverteilung	112
6	**Grundlagen der Dynamik der Luftbewegungen**	119
6.1	Zur Kinematik der Luftbewegungen	119
6.1.1	Darstellung und Eigenschaften horizontaler Luftbewegungen	119
6.1.2	Die Kontinuitätsgleichung	122
6.2	Der Wind	123
6.3	Kräfte bei reibungsfreier horizontaler Bewegung	125
6.3.1	Luftdruckgradientkraft	125
6.3.2	Die Corioliskraft als ablenkende Kraft der Erdrotation	126
6.3.3	Der geostrophische Wind	128
6.3.4	Die Zentrifugalkraft und der Gradientwind	130

6.4	Horizontale Luftbewegungen unter dem Einfluss der Reibung	131
6.4.1	Definition der Bodenrauigkeit	131
6.4.2	Die Reibungskraft und der geotriptische Wind	132
6.5	Zur vollständigen Bewegungsgleichung	133
6.6	Atmosphärische Turbulenz	134
6.6.1	Definition, Entstehung und Charakteristiken der Turbulenz	134
6.6.2	Bedeutung der atmosphärischen Turbulenz	136
6.7	Vertikale Windstruktur	137
6.7.1	Vertikale Änderung des Windes in der Reibungsschicht	138
6.7.1.1	Allgemeines	138
6.7.1.2	Logarithmisches Windgesetz	138
6.7.1.3	Ekman-Spirale	139
6.7.2	Vertikale Änderung des geostrophischen Windes Thermischer Wind	140
6.7.3	Integrale Betrachtung der vertikalen Windstruktur in der freien Atmosphäre	141
6.8	Strahlströme	142

7 Allgemeine atmosphärische Zirkulation ... 145

7.1.	Definition und Funktion	145
7.2	Entstehung, vertikale Temperaturverteilung und Energetik	145
7.3	Grundstruktur der allgemeinen Zirkulation	151
7.3.1	Der planetare Wirbel	151
7.3.2	Struktur der Meridionalzirkulation	155
7.4	Zirkulationsglieder an der Erdoberfläche	156
7.5	Besondere Zirkulationsphänomene in den Tropen	160
7.6	Praktisch anwendbare Zirkulationsmaße	161

8 Meteorologische Größen. Ihre Erfassung und Grundeigenschaften ... 169

8.1	Meteorologische Größen am Erdboden	169
8.1.1	Begriffe und Festlegungen	169
8.1.2	Herkömmlich routinemäßig angewendete Mess- und Beobachtungsmethoden	173
8.1.3	Moderne Netzgestaltung – das Konzept Messnetz 2000 des DWD	184
8.1.4	Datenquellen	185
8.1.5	Statistische Grundbearbeitung der Datenreihen	186
8.1.6	Zur Homogenität meteorologischer Datenreihen	187
8.1.7	Repräsentativität meteorologischer Stationen	188
8.2	Aerologische Größen	188

8.2.1	Allgemeines	188
8.2.2	Geräte	189
8.3	Fernerkundung atmosphärischer Parameter	191
8.3.1	Allgemeine Bemerkungen	191
8.3.2	Nutzung von Radiowellen	192
8.3.3	Mikrowellen	193
8.3.4	Radar	193
8.3.5	Messungen im optischen Spektralbereich	196
8.3.6	Lidar	197
8.3.7	Nutzung von Schallwellen	199
8.4	Spezielle Messverfahren	200
8.4.1	Meteorologische Geländemessungen	200
8.4.2	Profil- und Turbulenzmessungen	202
9	**Wetteranalyse und -prognose**	**207**
9.1	Zum Begriff der synoptischen Meteorologie	207
9.2	Luftmassen	207
9.2.1	Definition der Luftmassen	207
9.2.2	Hauptluftmassen und ihre Entstehungsgebiete	207
9.2.3	Luftmassentransformation	209
9.2.4	Frontalzonen als Grenzgebiete zwischen Luftmassen	210
9.2.5	Die Polarfront	211
9.3	Zyklonen und Antizyklonen	211
9.3.1	Zyklonen	212
9.3.1.1	Historische Aspekte	212
9.3.1.2	Lebenszyklus der Idealzyklonen	213
9.3.1.3	Fronten der Zyklonen	216
9.3.1.4	Wetterablauf beim Durchzug einer Idealzyklone	219
9.3.1.5	Tropische Wirbelstürme	220
9.3.1.6	Kleinräumige Wirbelstürme	222
9.3.2	Antizyklonen	224
9.3.2.1	Warme Hochs	225
9.3.2.2	Blockierende Hochs	226
9.3.2.3	Kalte Hochs und Zwischenhochs	226
9.4	Wetterprognose	228
9.4.1	Synoptische Beobachtung und Wetterkarte	228
9.4.2	Grundzüge der synoptischen Wetteranalyse	230
9.4.3	Herkömmliche Verfahren der Wettervorhersage	230
9.4.4	Numerische Wettervorhersage	231
9.4.5	Wege zur Langfristprognose	233
9.4.6	Zur Prognosegüte	234

10	**Das Klimasystem der Erde**	237
10.1	Zum Klimabegriff	237
10.2	Klimafaktoren und -elemente	238
10.3	Das Klimasystem und seine Haupteigenschaften	238
10.4	Antriebe des Klimasystems	242
10.5	Teilsysteme	247
10.5.1	Atmosphäre	247
10.5.2	Ozean	250
10.5.3	Landoberflächen und Biosphäre	256
10.5.4	Kryosphäre	259
10.6	Fernwirkungen im Klimasystem	263
10.7	Klimazonen und Klimatypen	266
10.8	Hauptrichtungen der modernen Klimatologie	272
11	**Klimaschwankungen und ihre Wirkungen**	275
11.1	Definition und Ursachen von Klimaschwankungen	275
11.2	Warmzeiten und Eiszeitalter – Grundzustände des Klimasystems	278
11.3	Zur jüngsten Klimageschichte	281
11.4	Klimaschwankungen des 19. und 20. Jahrhunderts	285
11.5	Zur künftigen Klimaentwicklung	294
11.5.1	Klimamodelle	294
11.5.2	Szenarien der zukünftigen Entwicklung der Treibhausgase und Aerosole	299
11.5.3	Das anthropogene Klima	299
11.6	Auswirkungen von Klimaschwankungen	303
11.6.1	Auswirkungen auf das Klimasystem	304
11.6.2	Klimaempfindliche Bereiche	309
11.7	Das Klimaproblem der Gegenwart	311
12	**Mikro- und Mesoklima**	315
12.1	Charakteristika des Mikro- und Mesoklimas	315
12.2	Geschichtliche Aspekte der Mikro- und Mesoklimatologie	317
12.3	Bodennahes Klima	318
12.3.1	Wärmeumsatz des unbewachsenen Untergrundes	320
12.3.2	Luftfeuchtigkeit und Wind	326
12.3.3	Mikroklima des vegetationsbedeckten Bodens	328
12.3.3.1	Niedrige Pflanzendecken	333
12.3.3.2	Waldbestände	337
12.4	Einfluss der Geländegestalt auf das Mikro- und Mesoklima	347
12.4.1	Besonderheiten des Energieumsatzes	347
12.4.2	Kaltluftenstehung und -dynamik	350

12.5	Niederschläge in reliefiertem Gelände	356
12.6	Mesoräumige Windsysteme	356
12.6.1	Land- und Seewind	357
12.6.2	Berg- und Talwind	359
12.6.3	Gebirgsüberströmungen	361
12.6.3.1	Föhn	362
12.6.3.2	Bora und Chinook	365
12.7	Anwendungsorientierte Mikro- und Mesoklimatologie	366
13	**Stadtklima**	**371**
13.1	Begriffsdefinition und geschichtlicher Aspekt	371
13.2	Genese des Stadtklimas	372
13.3	Nachweis des Stadtklimas	373
13.4	Struktur und Beschaffenheit städtischer Oberflächen	374
13.4.1	Thermische und hydrologische Eigenschaften städtischer Oberflächen	376
13.4.1.1	Thermische Eigenschaften städtischer Oberflächen	376
13.4.1.2	Hydrologische Eigenschaften städtischer Oberflächen	379
13.5	Aufbau der Stadtatmosphäre	379
13.6	Städtischer Strahlungs- und Wärmehaushalt	382
13.6.1	Städtische Strahlungsbilanz	383
13.6.2	Städtische Wärmebilanz	385
13.6.2.1	Anthropogene Wärmeproduktion	387
13.7	Städtische Überwärmung	389
13.7.1	Charakteristiken der städtischen Überwärmung	389
13.7.1.1	Räumliches Erscheinungsbild	389
13.7.1.2	Zeitliches Erscheinungsbild	392
13.7.2	Abhängigkeiten der städtischen Überwärmung	394
13.7.3	Auswirkungen der städtischen Überwärmung	399
13.8	Stadthydrologische Aspekte	400
13.9	Luftfeuchtigkeit, Nebel und Niederschlag	403
13.9.1	Luftfeuchtigkeit	403
13.9.2	Nebel	405
13.9.3	Niederschlag	406
13.10	Städtisches Windfeld	409
13.10.1	Grundeigenschaften des Windfeldes	409
13.10.2	Städtische Lokalwindzirkulation	412
13.11	Stadttypische Luftverunreinigungen	414
13.11.1	Emission und Entstehung	414
13.11.2	Immissionssituation	417
13.11.2.1	Internationale Fallbeispiele	417
13.11.2.2	Nationale Fallbeispiele	419
13.12	Gezielte Beeinflussung des Stadtklimas	422
13.12.1	Wirkungen innerstädtischer Grün- und Wasserflächen	423

13.12.2	Klimaangepasstes Bauen	429
13.12.3	Stadtklima und globale Klimaentwicklung	430

14 Modellierung für den Meso- und Mikroklimabereich ... 433

14.1	Anforderungen der Praxis	433
14.2	Statistische Voruntersuchungen	434
14.3	Modelle für das Mesoklima (MEKM)	436
14.3.1	Allgemeine Grundlagen für dreidimensionale MEKM	436
14.3.2	Vereinfachte Modelle	441
14.3.3	Ausgewählte Modelle	442
14.4	Modelle für das Mikroklima (MIKM)	444
14.4.1	Allgemeine Grundlagen für MIKM	444
14.4.2	Charakterisierung ausgewählter Modelle	446
14.5	Ausbreitungsmodelle	449
14.5.1	Einführung	449
14.5.2	Ausbreitungsmodell vom Gauß-Typ	450
14.5.3	Eulersche Ausbreitungsmodelle	451
14.5.4	Lagrangesche Ausbreitungsmodelle	452
14.5.5	Modellwahl	453
14.6	Weitere Modelle	453
14.7	Abschließende Hinweise	456

15 Biometeorologie ... 459

15.1	Einleitung	459
15.2	Agrarmeteorologie	460
15.2.1	Aufgaben der Agrarmeteorologie	460
15.2.2	Aspekte der Energiebilanz eines Pflanzenbestandes	460
15.2.3	Der Bodenwärmehaushalt	463
15.2.4	Der Bodenwasserhaushalt	465
15.2.4.1	Die Verdunstung von Pflanzenbeständen	469
15.2.4.2	Die potenzielle Evapotranspiration	470
15.2.4.3	Die tatsächliche Evapotranspiration	473
15.2.5	Das Bestandsklima	475
15.2.6	Agrarmeteorologische Beratung	478
15.2.7	Klimawandel und Agrarmeteorologie	479
15.3	Pflanzenphänologie	481
15.3.1	Internationale Phänologische Beobachtungsnetze	483
15.3.2	Pflanzenentwicklung und Witterung	484
15.3.3	Verwendung phänologischer Daten	488
15.3.4	Klimawandel und Phänologie	490
15.4	Human-Biometeorologie	491

15.4.1	Der thermische Wirkungskomplex	492
15.4.1.1	Die Wärmebilanz des Menschen	492
15.4.1.2	Thermische Behaglichkeit	493
15.4.1.3	Thermische Bewertungsmethoden	494
15.4.2	Der fotoaktinische Wirkungskomplex	500
15.4.2.1	UV-Strahlung und Erythembildung	500
15.4.3	Der luftchemische Wirkungskomplex	502
15.4.3.1	Atmosphärische Spurengase	502
15.4.3.2	Aerosolpartikeln	505
15.4.3.3	Luftbelastungs- und Luftqualitätsindizes	506
15.4.4	Der neurotrope Wirkungskomplex	509
15.4.5	Klimawandel und Gesundheit	511

Literaturverzeichnis ... 515

Symbolverzeichnis ... 535

Sachregister ... 543

1 Einführung

1.1 Atmosphärische Wissenschaften

Die **Atmosphäre** erstreckt sich als erdumspannende Gashülle von der Oberfläche bis in ca. 1000 km Höhe. Sie stellt insgesamt und besonders in ihren unteren und mittleren Teilen einen wichtigen Umweltfaktor dar. Das **Wetter** mit seiner meist stark ausgeprägten Veränderlichkeit ist für Natur und Gesellschaft von ebenso großer Bedeutung wie das **Klima** als Ausdruck für den Zustand der Atmosphäre an einem Ort über einen längeren Zeitraum. Es ist deshalb nicht erstaunlich, dass es schon in den frühen Stadien der Zivilisation ernsthafte Bemühungen um Aufklärung dessen gab, was es mit Luft und Atmosphäre ($\alpha\tau\mu o\varsigma$ = Dampf, $\sigma\varphi\varepsilon\iota\rho\alpha$ = Kugel) auf sich hat. Im antiken Griechenland war das zu Erforschende $\tau\alpha$ $\mu\varepsilon\tau\varepsilon\omega\rho\alpha$, d. h. das zwischen Erde und Mond „Dazwischenseiende". Es entstand die **Meteorologie**, über deren Gegenstand der griechische Philosoph Aristoteles (384–322 v. u. Z.) das erste Lehrbuch „Meteorologica" schrieb. Die in diesem Werk enthaltenen, inzwischen natürlich längst überholten meteorologischen Anschauungen, wurden bis in das 17. Jahrhundert hinein gelehrt. Der Begriff Meteorologie indes hat sich bis heute als Bezeichnung für die Wissenschaft von der Atmosphäre erhalten. Die Meteorologie entwickelte sich zum einen innerhalb der Geografie, zum anderen innerhalb der Physik. Die sich daraus ergebenden Entwicklungslinien lassen sich bis in die Gegenwart verfolgen. In den Rang einer modernen Naturwissenschaft gelangte die Meteorologie mit der Entwicklung der **Physik der Atmosphäre** im 19. Jahrhundert. Ihre Grundlage bildet die klassische theoretische Physik, insbesondere die Thermodynamik und Hydrodynamik. Die Quantenphysik spielt hingegen für die Physik der Atmosphäre kaum eine Rolle, wenn man von der Erklärung der Natur der elektromagnetischen Strahlung absieht. Es bildete sich die **Geophysik** heraus, zu der im allgemeinen (weiteren) Sinn neben der Physik des Erdkörpers (Geophysik im engeren Sinn) auch die Physik der Hydrosphäre (insbesondere Ozeanografie) und die Physik der Atmosphäre gehören (Abb. 1.1).

Eine Besonderheit der Entwicklung der Meteorologie besteht darin, dass parallel zur Herausbildung der wissenschaftlichen Grundlagen **nationale Dienste** entstanden (Erste Internationale Meteorologen-Konferenz 1872), denen besonders die Sammlung und Verbreitung meteorologischer Daten sowie die Wetteranalyse und Wetterprognose als primäre Aufgabe zukommt. Die **Wetterdienste**, denen sich heute zunehmend private Servicefirmen zugesellen, erfüllen nach Maßgabe der wissenschaftlichen Entwicklung die vielfältigen praktischen Bedürfnisse der Gesellschaft nach meteorologischer Beratung.

Im 20. Jahrhundert durchlief die **Meteorologie** eine stürmische Entwicklung.

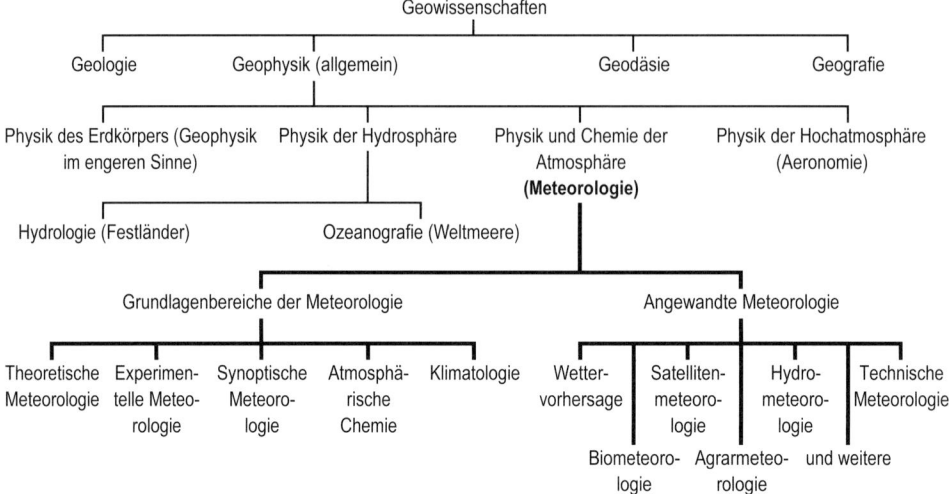

Abb. 1.1: Gliederung der allgemeinen Geowissenschaften

Das betrifft die wissenschaftlichen Grundlagen, die Möglichkeiten zur Gewinnung und Verbreitung meteorologischer Daten und nicht zuletzt die kurz- und mittelfristige Wettervorhersage. Besonders seit den siebziger Jahren des 20. Jahrhunderts erfuhr die **Klimatologie** infolge der anthropogenen Veränderung der Zusammensetzung der Atmosphäre und der damit verbundenen Gefahr eines tiefgreifenden Klimawandels eine Renaissance ohnegleichen. Die durch ständig zunehmende Geschwindigkeiten und Kapazitäten gekennzeichnete elektronische Datenverarbeitung revolutionierte alle technischen und wissenschaftlichen Arbeitsbereiche der Meteorologie. Besondere Fortschritte wurden in diesem Zusammenhang in der Entwicklung numerischer Modelle vom globalen bis zum lokalen Maßstab erreicht. Von den Möglichkeiten der Elektronik sind die Verfahren für die Erfassung und Bearbeitung meteorologischer Größen gekennzeichnet.

Es ist daher gerechtfertigt, heute von **atmosphärischen Wissenschaften** zu sprechen (vergleichbar den Meereswissenschaften, marine sciences), da sich Teilgebiete der ursprünglichen Meteorologie zu relativ selbständigen Wissenschaftsdisziplinen entwickelt haben. Die **Physik der Atmosphäre** befasst sich mit den physikalischen Zuständen und Prozessen in der Atmosphäre sowie mit Wechselwirkungsvorgängen zwischen der festen und flüssigen Unterlage und der Atmosphäre. Zu den Teilgebieten gehören **Aufbau, Zusammensetzung** und **Statik der Atmosphäre** (Kapitel 2), **Strahlungs- und Wärmehaushalt der Atmosphäre und der Erdoberfläche** (Kapitel 3), **Thermodynamik der Atmosphäre** (Kapitel 4), **Physik der Wolken und Niederschläge** (Kapitel 5), **Kinematik und Dynamik der Luftbewegungen einschließlich der numerischen Vorausberechnung meteorologischer Felder** (Kapitel 6 und 9) sowie **atmosphärische Turbulenz** (Kapitel 6). Als

Grundlage für die Wettervorhersage befasst sich die **Synoptische Meteorologie** (συνόπσις = Zusammenschau) (Abschnitt 9.4) als Teil der Physik der Atmosphäre mit der dreidimensionalen Analyse des Wetters als der großräumigen Verteilung atmosphärischer Feldgrößen zu bestimmten Terminen sowie mit den quantitativen Zusammenhängen zwischen großräumigen Abläufen und regionalen sowie lokalen Wettererscheinungen. Zur Physik der Atmosphäre werden auch die speziellen Teilgebiete **Luftelektrizität** (Abschnitt 5.7) sowie die **atmosphärische Optik** (Abschnitt 3.3.5) und **Akustik** gerechnet.

Grundlegende methodische Herangehensweisen bestehen in der mathematischen Formulierung gefundener Gesetzmäßigkeiten bis zur Aufstellung von Theorien (**Theoretische Meteorologie**) und in der Durchführung gezielter Messungen in der Natur (**Experimentelle Meteorologie**). Davon unabhängig ist die weltweit zu gleichen Terminen vorgenommene **Messung bzw. Beobachtung meteorologischer Größen** in der Nähe der Erdoberfläche und in der Atmosphäre (Kapitel 8). Da Laborexperimente zur Erforschung atmosphärischer Abläufe nur äußerst begrenzt möglich sind, kommt dem Zusammenwirken von Theorie und gezielter Messung ganz besondere Bedeutung zu. Der Begriff „Experiment" bezieht sich in der Meteorologie auf spezielle **Messprogramme** unterschiedlicher Aufgabenstellung in der Natur.

Bestandteil der atmosphärischen Wissenschaften ist die **Luftchemie** (atmosphärische Chemie, Abschnitt 15.4.3). Dieser Zweig hat sich in wesentlichen Zügen erst in den letzten Jahren entwickelt. Er befasst sich mit der Chemie der atmosphärischen Spurengase und Aerosolteilchen, mit den chemischen Reaktionen in der Atmosphäre und mit der Stoffumwandlung atmosphärischer Bestandteile. Weiteres wichtiges Anliegen ist die Erforschung der atmosphärischen Komponenten der biogeochemischen Stoffkreisläufe sowie chemischer Vorgänge im Zusammenhang mit dem globalen Wasserkreislauf. Die Ergebnisse der Luftchemie sind wichtig für die Beurteilung von Luftverunreinigungen und deren Umwandlungen sowie für die Rolle der **Atmosphäre im Klimasystem** (Kapitel 10). Zwischen der Physik und Chemie der Atmosphäre gibt es zahlreiche Berührungspunkte und Zusammenhänge.

Ein weiterer Bestandteil der atmosphärischen Wissenschaften ist die **Aeronomie**, die sich den physikalischen und chemischen Prozessen in der Hochatmosphäre widmet. Eingeschlossen sind die Physik der Ionosphäre und der Mesosphäre sowie die Untersuchungen der Wirkungen der von der Sonne ausgehenden elektromagnetischen Strahlung und Partikelstrahlung, die zur Dissoziation und Ionisation der Luftbestandteile in der Hochatmosphäre führen.

Die **Klimatologie** ist die Lehre vom Klima, d. h. der konsistenten statistischen Eigenschaften der den Zustand der Atmosphäre an einem Ort (in einer Region) beschreibenden Größen. An der Erforschung des Klimasystems der Erde (Kapitel 10) sind verschiedene Geowissenschaften sowie weitere Gebiete der atmosphärischen Wissenschaften beteiligt. Besondere Aktualität besitzt die Diagnose von Klimaschwankungen der Erdvergangenheit und der Gegenwart. Prognosen künftiger Klimaschwankungen sind bei Aufstellung bestimmter Szenarien für äußere Einwirkungen auf das Klima mit Hilfe von

Klimamodellen möglich (Kapitel 11 und 14). Von ausgeprägter transdisziplinärer Zusammenarbeit ist die sich entwickelnde **Klimafolgenforschung** (Klimawirkungsforschung) gekennzeichnet. Von besonderer praktischer Bedeutung sind die Teilgebiete der Klimatologie, die sich mit den klimatischen Besonderheiten befassen, die sich lokal und regional in Abhängigkeit von Relief, Boden und Vegetation (Kapitel 12) oder als Folge der Urbanisierung und Industrialisierung (Kapitel 13) ausbilden.

Unter der Sammelbezeichnung **Angewandte Meteorologie** werden Teilgebiete der atmosphärischen Wissenschaften verstanden, die enge Beziehungen zu anderen Disziplinen aufweisen. Im Hinblick auf die Biologie im allgemeinen Sinn sind das die **Agrarmeteorologie**, die **Forstmeteorologie** und die **Human-Biometeorologie** (Medizinmeteorologie, Bioklimatologie) (Kapitel 15). Erstere befasst sich mit der Einwirkung atmosphärischer Prozesse auf Wachstum und Ertrag landwirtschaftlicher Kulturen, deren Bestandsklimate, dem Auftreten von Pflanzenschädlingen, allgemeinen agroklimatischen Bedingungen u. a. Eng mit der Forstwissenschaft und -wirtschaft ist die Forstmeteorologie verbunden. Hauptgegenstand sind die Reaktion von Waldökosystemen auf Wetter und Klima sowie die Immissionen anthropogener Luftverunreinigungen. Bindeglied zwischen Meteorologie und Medizin ist die Humanbiometeorologie, deren Gegenstand die atmosphärischen Einflüsse auf den Menschen als Individuum sind. Dazu gehören vor allem Reaktionen und Anpassung des gesunden und des kranken Organismus. Sehr mannigfaltig sind die Problemstellungen der **Technischen Meteorologie** (technische Klimatologie, Ingenieurmeteorologie). Hier geht es um die Anwendung meteorologischer Kenntnisse und Daten in den Technikbereichen, die selbst oder deren Erzeugnisse wetter- und klimaabhängig sind. Dazu gehören Aussagen über den atmosphärischen Einfluss auf Lagerung und Transport von Waren. Als Spezialzweig der Technischen Meteorologie kann die **Industriemeteorologie** angesehen werden, die sich zum einen mit dem Durchgriff der meteorologischen Prozesse auf Produktionsräume, zum anderen mit der Anwendung meteorologischen Wissens auf industrielle und technische Prozesse befasst.

In der **maritimen Meteorologie** stehen die Wechselbeziehungen zwischen Ozean und Atmosphäre im Mittelpunkt. Erarbeitet werden bspw. Routenempfehlungen für Schiffe, die einen weitgehend sicheren Seetransport gewährleisten. Analog obliegt der **Flugmeteorologie** die meteorologische Sicherstellung des Luftverkehrs.

Schließlich untersucht die **Hydrometeorologie** die Auswirkungen atmosphärischer Einflüsse auf den Wasserhaushalt von Einzugsgebieten. Ihre Ergebnisse werden durch Hydrologie und Wasserwirtschaft genutzt.

Über die hier genannten Teilgebiete hinaus gibt es zahlreiche weitere Vorschläge zur Bezeichnung meteorologischer Spezialgebiete.

1.2 Die Begriffe Wetter, Witterung und Klima

Betrachtet man die gewöhnlich schnell ablaufenden Prozesse und variablen Zustände in der Atmosphäre, vor allem in den unteren ca. 10 km (Troposphäre), so bezeichnet man diese, bezogen auf einen bestimmten Zeitpunkt, als **Wetter**. Der Begriff enthält die Gesamtheit der meteorologischen Größen wie Lufttemperatur, Luftfeuchte, Wasserdampf (unterliegt Phasenänderungen), Luftbewegungen, Sonnenstrahlung u.a. Allerdings wird die strenge Zeitbezogenheit des Wetterbegriffes in der Umgangssprache aufgelöst. Man spricht vom Wetter eines Tages oder auch einer Woche. Das Wetter wird von der **Wetterlage** geprägt, d. h. durch den über einem größeren Gebiet bestehenden Zustand der Atmosphäre und den diesen begleitenden Prozessen. Der Ablauf des Wetters über einen vergleichsweise längeren Zeitraum (Tage bis Wochen, sogar Jahreszeiten) wird durch den Begriff der **Witterung** festgelegt. Die Witterung geht mit charakteristischen Abfolgen von Großwetterlagen einher. Die Zusammenfassung der Augenblickszustände der Atmosphäre (der Aufeinanderfolge der Wetterzustände) für einen Ort oder eine Region führt zum Begriff des Klimas. Das **Klima** wird somit durch die meist ziemlich variablen momentanen Atmosphärenzustände in einem längeren Zeitintervall bestimmt und durch deren grundlegende statistische Eigenschaften (Mittelwert, Streuung, Extremwerte, Häufigkeitsverteilung u. a. für jedes Element) charakterisiert. So definiert die Meteorologische Weltorganisation (WMO) das Klima als die Synthese des Wetters über einen Zeitraum, der lang genug ist, um dessen statistische Eigenschaften bestimmen zu können. Als Referenzzeitraum werden dreißigjährige Zeiträume festgelegt (bspw. 1961–1990). Der Klimabegriff bezieht sich im Allgemeinen auf die Nähe der Erdoberfläche, d. h. auf den unmittelbaren Lebensraum des Menschen. Es besteht ein breites Spektrum der Schwankungen des Klimas. Auf der niederfrequenten Seite findet man die großen Klimaschwankungen der Erdgeschichte (bspw. den Wechsel zwischen Kaltzeiten und Warmzeiten im Pleistozän). Am kurzperiodischen Ende des Spektrums beginnen klimatische Schwankungen im Bereich Monat bis Jahreszeit. Diese Festlegung, die sich mit der Anwendung des Begriffs der Witterung überschneidet, ergibt sich aus der theoretisch maximal möglichen Frist der numerischen Wettervorhersagen, die von einem definierten Anfangszustand aus berechnet werden (s. Kapitel 9). Allerdings besteht darüber, welche Schwankungen der Klimaelemente bereits dem Klima zugeordnet werden können, keine einheitliche Auffassung.

Die grundlegenden Begriffe Wetter, Witterung und Klima sind somit eng miteinander verbunden. Während **Wetter** eine Approximation des momentanen Zustandes der Atmosphäre ist, stellen die beiden anderen Begriffe Verallgemeinerungen dar, die mit den Mitteln der mathematischen Statistik beschrieben und abgegrenzt werden können.

1.3 Maßstäbe atmosphärischer Erscheinungen

Atmosphärische Erscheinungen und Vorgänge treten in äußerst unterschiedlichen Maßstäben auf. So kann man den Ablauf dynamischer Prozesse im **planetaren Maßstab** studieren. In einem anderen Zusammenhang ist es zum Beispiel nützlich, lokale Zirkulationssysteme wie die Land-Seewind-Zirkulation mit horizontalen Abmessungen von 10^1 bis 10^2 km zu untersuchen. Es leuchtet ein, dass für die gewählten Beispiele auch die charakteristische Zeitdauer differiert. Man spricht von der Maßstabsgebundenheit der meteorologischen Prozesse und unterscheidet im Allgemeinen gesetzmäßig gekoppelte räumliche und zeitliche Maßstäbe (**scales**). Es ist daher ein wichtiges Gebot, zu jedem betrachteten meteorologischen Problem den Maßstab der beteiligten Prozesse zu berücksichtigen.

So umfasst der bekannte **synoptische Maßstab** alle atmosphärischen Erscheinungen, die in den Wetterkarten analysiert werden können. Er enthält sowohl Anteile des **Makromaßstabes** als auch wichtige Erscheinungen der **Mesoskala**. Zu diesen gehören Fronten, zyklogenetische Prozesse, größere Bereiche mit Konvektion, Wolken- und Niederschlagsstrukturen usw. Die zugehörigen Zeitmaßstäbe betragen Stunden bis Tage. Die kleinsten unterscheidbaren Maßstäbe in der Atmosphäre betreffen die **Mikroturbulenz** mit Abmessungen in der Größenordnung ab Zentimetern und Zeitmaßstäben ab Sekunden (Tab. 1.1).

Tab. 1.1: Maßstäbe (Skalen) atmosphärischer Prozesse (nach Orlanski 1975, vereinfacht)

Räumliche Skala	Atmosphärische Phänomene (Zeitskala)	Skalenbezeichnung
Global bis 10000 km	Allgemeine Zirkulation der Atmosphäre Stehende Wellen, Ultralange Wellen, Gezeitenwellen (Wochen bis Monate)	Makroskala α
10000 km bis 2000 km	Barokline Wellen (Wochen bis Monate)	Makroskala β
2000 km bis 200 km	Fronten und Wirbelstürme (Tage)	Mesoskala α
200 km bis 20 km	Orografische Effekte, Land-See-Wind, Wolkencluster, Böenlinien, interne Wellen (Tag)	Mesoskala β
20 km bis 2 km	Gewitterzellen, interne Schwerewellen, Clear Air Turbulence (CAT), urbane Effekte (Stunden)	Mesoskala γ
2 km bis 200 m	Konvektion, kurze Schwerewellen, Tornados (Minuten bis Stunden)	Mikroskala α
200 m bis 20 m	Thermik und Thermikeffekte (Minuten)	Mikroskala β
< 20 m	Kleinräumige Turbulenz (Sekunden bis Minuten)	Mikroskala γ

Das methodische Herangehen zur Lösung klimatologischer Problemstellungen ist ebenfalls durch den Skalenbegriff geprägt. So kann man das Klima eines Ortes aus einem Makro-, Meso- und Mikroanteil zusammengesetzt ansehen. Entsprechend unterscheidet man die Begriffe **Makro-**, **Meso-** und **Mikroklimatologie**. Die an einer Station gemessenen Daten sind umso repräsentativer für die weitere Umgebung, je geringer der mikroklimatische Einfluss am Standort der Station ist. Weitere Begriffe wie Landschaftsklima, Lokalklima, Geländeklima u. a. lassen sich entsprechend einordnen. In der Klimatologie sind jedoch räumliche und zeitliche Maßstäbe nicht einheitlich miteinander verknüpft.

1.4 Extremwerte meteorologischer Größen

Die Wertebereiche der meteorologischen Größen sind im Allgemeinen sehr groß. Das betrifft zum einen die Veränderungen von Luftdruck, Windgeschwindigkeit und Windrichtung sowie Lufttemperatur und Luftfeuchte mit der Höhe. Zum anderen werden in der Nähe der Erdoberfläche große klimabedingte Unterschiede beobachtet, aber auch starke Variationen der Elemente an einem Ort als Folge des charakteristischen Witterungsablaufes. Um einen Eindruck von der Variabilität meteorologischer Größen zu ermöglichen, enthält Tab. 1.2 eine Zusammenstellung von Extremwerten an der Erdoberfläche.

Eine ausführliche Beschreibung der bedeutendsten Extremereignisse des 20. Jahrhunderts für Deutschland findet man bei Bissolli et al. (2001).

1.5 Bewegungsformen und Figur des Planeten Erde

Die sich in der Atmosphäre vollziehenden Prozesse unterschiedlichen Maßstabes werden prinzipiell von den Eigenschaften und Bewegungen der Erde als Planet bestimmt. Es ist daher an dieser Stelle zweckmäßig, auf wichtige Grundeigenschaften des Planeten Erde hinzuweisen. Entsprechende Daten zur Erde und zu ihren Bewegungen enthält Tab. 1.3.

Die **Bewegung der Erde** um die Sonne und die Gestalt der Erde werden durch das **Newtonsche Gravitationsgesetz** und die **Keplerschen Gesetze** bestimmt. Betrachtet man vereinfacht die Erde als starren Körper, so sind die Translation des Schwerpunktes und eine Drehbewegung um die momentane, durch den Schwerpunkt verlaufende Rotationsachse möglich. Daraus ergeben sich folgende fünf **Bewegungsformen** der Erde und der Erdachse:

Die Translation (a) entspricht dem Umlauf der Erde um die Sonne. Sie wird als Revolution bezeichnet und verläuft auf einer elliptischen Bahn, der infolge des Mondeinflusses regelmäßig sinusförmige Schwankungen mit einer Periode von 27,3 Tagen überlagert sind. Die Translation erfolgt zusammen mit der Rotation um die momentane Rotationsachse (b). Bei letzterer handelt es sich um die tägliche Umdrehung der

Tab. 1.2: Meteorologische Extremwerte in der Nähe der Erdoberfläche

Element	Detaillierte Daten	Wert
Lufttemperatur		
Maximum	Welt: Al-Aziziyah, Libyen (112 m ü. NN), 13.09.1922	58,0 °C
	Deutschland: Braumedorf-Juffer, Moseltal, 11.8.1998	41,2 °C
	Gärmsdorf, Bayern, 27.07.1983	40,2 °C
	Karlsruhe, Baden-Württemberg, 09.08.2003 und 13.08.2003	40,2 °C
	Freiburg, Baden-Württemberg, 13.08.2003	40,2 °C
	Berlin 11.07.1959 und 09.08.1972	38,0 °C
Minimum	Welt: Wostok, Antarktis (3420 m ü. NN), 21.07.1983	−91,5 °C
	bewohnter Ort: Oimjakon (740 m ü. NN), Sibirien, Feb. 1964	−71,1 °C
	Deutschland: Hüll (Kreis Pfaffendorf, Bayern), 12.2.1929	−37,8 °C
	Berlin: 11.02.1929	−26,0 °C
	Funtensee (Berchtesgaden, 1600 m ü. NN): 25.01.2000	−45,8 °C
Maximale Temperaturdifferenz	Im Laufe eines Jahres: Werchojansk, Sibirien (−70,0 °C / +36,7 °C)	106,7 K
	im Laufe eines Tages: Browning, Montana, USA (−48,9 °C / +6,6 °C)	55,5 K
Maximale Durchschnittstemperatur	Welt: Dallol, Äthiopien (79 m ü. NN), Nov. 1960 – Okt. 1966	34,6 °C
Minimale Durchschnittstemperatur	Welt: am Pol der relativen Unzugänglichkeit, Antarktis	−58,2 °C
Schnellster Temperaturanstieg	Welt: Spearfish, South Dakota, USA, 22.01.1943	von −20 °C auf +7 °C in 2 min.
Luftdruck an der Erdoberfläche (reduziert auf NN, 0 °C u. Normalschwere)		
Maximum	Welt: Agata (263 m ü. NN), Sibirien, 31.12.1968	1083,8 hPa
	Deutschland: Berlin, 23.01.1907	1057,8 hPa
Minimum	Welt: Taifun bei Okinawa, Japan	856,0 hPa
	Deutschland: Osnabrück, 26.02.1989	949,5 hPa
	Berlin 07.01.1955	966,6 hPa
Stärkster Luftdruckanstieg	Europa: Caen, Frankreich, 26.12.1999, 06 bis 09 Uhr MEZ (nach Orkan „Lothar", zuvor extrem starker Luftdruckfall von 27,7 hPa zwischen 03 und 06 Uhr MEZ)	29,0 hPa
Windgeschwindigkeit		
Maximum	Welt: Wichita Falls, Texas, USA, Tornado	450 km h^{-1}
	Welt: Mt. Washington, New Hampshire, USA, max. Geschwindigkeit an der Oberfläche	416 km h^{-1}
Böen	Europa: Zugspitze, Bayern, 12.06.1985	93 m s^{-1}
	Berlin (Wannsee), 10.07.2002	42 m s^{-1}
Höchster 10-Minuten-Durchschnittswert	Welt: Mt. Washington, New Hampshire, USA, 12.04.1934	372 km h^{-1}
Maximaler Sturmschaden	Welt: Hurrikan „Frederic", USA, 1979	2,3 Mrd. US$
	Hurrikan „Katrina", Südstaaten der USA, 29.−30.08.2005	35 Mrd. US$

1.5 Bewegungsformen und Figur des Planeten Erde

Tab. 1.2 (Fortsetzung)

Element	Detaillierte Daten	Wert
Niederschlag		
Maximale Niederschlagshöhe in 12 Monaten	Welt: Cherrapunji, Indien, August 1860 – Juli 1861	26461 mm
Maximale mittlere jährliche Niederschlagshöhe	Welt: Mt. Waialeale, Hawaii, USA, 1920–1958	12344 mm
Maximale jährliche Niederschlagshöhe	Deutschland: Balderschwang, Allgäu (1050 m ü. NN) 1970	3503,1 mm
	Berlin: Berlin-Dahlem 1926	805 mm
Maximale monatliche Niederschlagshöhe	Welt: Cherrapunji, Indien, Juli 1861	9300 mm
	Deutschland: Oberreute, Bayern, Mai 1933 und Stein, Bayern, Juli 1954	777 mm
	Berlin: Berlin-Dahlem, August 2002	258,5 mm
Maximale tägliche Niederschlagshöhe	Welt: Cilaos, Rèunion, 15./16.03.1952	1870 mm
	Deutschland: Zinnwald-Georgenfeld, Erzgebirge, 11./12.08.2002	312 mm
	Deutschland: Werder, Brandenburg, 29.06.1994 (in 3 Stunden!)	236,3 mm
	Berlin: Berlin-Schmöckwitz, 08.08.1978	177,3 mm
Maximale Regenintensität (Minutenregen)	Welt: Barst, Guadeloupe, 26.11.1970	38,1 mm min^{-1}
	Deutschland: Füssen, Allgäu, 25.05.1920, 126 mm in 8 min.	ca. 15,1 mm min^{-1}
Minimale jährliche Niederschlagshöhe	Deutschland: Straußfurth, Thüringen, 1911	242 mm
Minimale durchschnittliche Niederschlagshöhe	Welt: Oase Dachla, Ägypten, Messperiode 1932–1985	0,7 mm
Minimale monatliche Niederschlagshöhe	Deutschland: Lindenberg, Brandenburg, Oktober 1908 und Barth, Mecklenburg-Vorpommern, Juli 1994	0 mm
Längste Trockenheit	Welt: Atacama-Wüste bei Calama, Chile, ca. 1571–1971	400 Jahre
Schneefall und Schneedecke		
Maximaler Schneefall in 12 Monaten	Welt: Mt. Rainier (4392 m ü. NN), Paradise, Washington, USA, 19.02.1972	3110 cm
Maximaler Schneefall an einem Tag	Welt: Silver Lake, Colorado, USA, 14./15.04.1921	193 cm
Maximale Schneedeckenhöhe	Welt: in der kalifornischen Sierra Nevada, März 1911	1146 cm
	Deutschland: Zugspitze, Bayern, 02.04.1944	830 cm
	Berlin: 06.03.1970	52 cm
Späteste Schneedecke	Deutschland: Feldberg, Schwarzwald, 04.06.2001, noch 5 cm am 05.06.2001	11 cm
Nebel		
Höchste mittlere Anzahl von Nebeltagen im Jahr	Welt: Walfischbucht, Südafrika, 1958–1964	139 Tage
Maximale Anzahl von Nebeltagen / Jahr	Deutschland: Brocken, Harz, 1958	330 Tage

Tab. 1.2 (Fortsetzung)

Element	Detaillierte Daten	Wert
Maximale Andauer von Nebel	Deutschland: Neuhaus/Rennsteig, Thüringer Wald, ab 07.05.1996	242 Stunden
Sonnenscheindauer		
Maximale jährliche Sonnenscheindauer	Welt: Sahara, Libyen (entspricht 97 % des astronomisch möglichen Wertes)	4300 Stunden
	Deutschland: Klippeneck, Kreis Tuttlingen, Baden-Württemberg, 1959	2329 Stunden
Höchste durchschnittliche Sonnenscheindauer	Welt: Yuma, Arizona, USA, 1951–1978 (entspricht 91 % des astronomischen Maximums)	4040 Stunden
Maximale monatliche Sonnenscheindauer	Deutschland: Kap Arkona, Rügen, Juli 1994	414 Stunden
Minimale jährliche Sonnenscheindauer	Deutschland: Ruhpolding, Chiemgau, 1995	929,1 Stunden
Geringste durchschnittliche Sonnenscheindauer	Welt: Süd-Orkney-Inseln, 1903–1950 und 1978–1991 (entspricht 11 % des astronomischen Maximums)	478 Stunden
Minimale monatliche Sonnenscheindauer	Deutschland: Großer Inselsberg, Thüringen, Dez. 1965	0 Stunden
Gewitter		
Maximale jährliche Zahl an Gewittertagen	Welt: Bogor, Java, Indonesien	322 Tage
Maximale Anzahl der Tage mit Wintergewittern	Deutschland: Berlin, Februar 2002	7 Tage
Maximale Zahl der elektrischen Entladungen bei einem Wintergewitter	Deutschland: Berlin und Umgebung, 13.03.1994	11
Teuerster Gewitter-Hagelsturm	Deutschland: München, 12.07.1984	3 Mrd. DM
Extrem starke Hageldecke	Deutschland: Westeifel, 23.07.2001 (bei schwerem Gewitter mit Hageldecke)	25 cm
Schwerstes Hagelkorn	Welt: Gopalganj, Bangladesh, 14.04.1986	1 kg
Schwerstes vermessenes Hagelkorn	Coffeyville, Kansas, USA, 03.09.1970, 19 cm Durchmesser, 44,5 cm Umfang	750 g
Sonstige Angaben		
Maximale Meeresoberflächentemperatur	Persischer Golf	36,5 °C
Maximale Andauer eines Regenbogens	Nord-Wales, Großbritannien, 14.08.1979	3 Stunden
Tiefster Dauerfrostboden	Lenabecken, Sibirien	1500 Meter
Äquatornächster beobachteter Eisberg	Südatlantik	26° S, 26° W
Wärmster und kältester Winter seit 1755	Deutschland	1974/75 und 1829/30
Wärmster und kältester Sommer seit 1755	Deutschland	1947 und 1816

Erde, die den Wechsel von Tag und Nacht bedingt und als **Erdrotation** oder **Eigenrotation der Erde** bezeichnet wird. Die Rotationsachse führt ihrerseits Bewegungen aus. Dabei handelt es sich um die allgemeine **astronomische Präzession** der Erdachse zusammen mit der Erde infolge von Gravitationseinflüssen der Sonne und des Mondes (in geringem Maß auch von anderen Planeten). Diese **Lunisolar-** und **Planetenpräzession** (c) führt dazu, dass die Erdachse in 25800 Jahren um die Achse der Ekliptik einen Kegel mit dem halben Öffnungswinkel von 23,5° beschreibt. Eine weitere Rotationsachsenbewegung ist die **lunare (astronomische) Nutation** (d). Dabei handelt es sich um periodische Schwankungen bzw. Störungen der Präzession infolge von periodischen Änderungen der Gravitationswirkung des Mondes. Die Periode der Nutationsbewegung beträgt 18,6 Jahre. Schließlich ist die **Polhöhenschwankung** (e) zu nennen, die auch als **Polwanderung** oder **Polflucht** bezeichnet wird. Das ist die Ortsveränderung der Pole der Erde durch eine andauernde geringe Verlagerung der Rotationsachse innerhalb des Erdkörpers infolge von Massenumlagerungen. An der Erdoberfläche werden diese zum Beispiel durch die interannuellen Schneebelastungen oder die Anlage von Stauseen bewirkt. Für das Innere der Erde sind säkulare tektonische und konvektive Prozesse zu nennen. Treten solche Massenverlagerungen ein, fallen Rotationsachse und Symmetrie- bzw. Hauptträgheitsachse der Erde nicht mehr zusammen. Eine Folge ist die Veränderlichkeit der geografischen Breite und Länge.

Die **Erdgestalt** ist Ausdruck des stabilen Gleichgewichts, in dem sich der Erdkörper befindet. Sie lässt sich in erster Näherung als eine nichtrotierende, flüssigkeitsähnliche Erde mittlerer Dichte beschreiben. Dabei handelt es sich um eine **Kugel** mit einem mittleren Radius von 6371,23 km und einer mittleren Dichte von 5517 kg m^{-3}. In zweiter Näherung kommt man zu einer rotierenden, flüssigkeitsähnlichen Erde homogener Dichte, deren Gleichgewichtsfigur eine Abplattung von 1/230 besitzt und als **Rotationsellipsoid** bezeichnet wird. Die dritte Näherung berücksichtigt eine inhomogene Dichte, wodurch die als **Rotationssphäroid** bezeichnete Gleichgewichtsfigur eine Abplattung von 1/297 erhält. Im vierten Schritt gelangt man zur wahren Gestalt der Erde. Diese physikalische Erdfigur ist durch eine Bezugsfläche gekennzeichnet, die überall senkrecht zur Richtung der Schwerkraft verläuft und die den Namen **Geoid** trägt. Dem Geoid entspricht das ideale Meeresniveau. Eine mathematisch beschreibbare Bezugsfläche, die dem Geoid nahekommt, führt zum **Niveausphäroid** oder **Referenzellipsoid**. Dabei handelt es sich um eine geometrische Figur des Erdschwerefeldes, die mit einer Abplattung von 1/298,254 nur wenig von einer Kugel abweicht, aber kein Rotationsellipsoid darstellt.

Tab. 1.3: Daten zum Planeten Erde

Kategorie	Größe / Einheit	Zahlenwert
Abmessungen der Erde	Äquatorradius / km	6378,160
	Mittlerer Radius / km	6371,23
	Halbe Erdachse / km	6356,775
	Abplattung / 1	1 / 298,254
	Äquatorumfang / km	40075,161
	Umfang über die Pole / km	40008,006
	Länge eines Äquatorgrades / km	111,320
	Mittlere Länge eines Meridiangrades / km	111,133
	Erdoberfläche / 10^6 km^2	510,068
Masse	Masse der Erde / 10^{24} kg	5,988
	Volumen / 10^{12} km^3	1,083
	Mittlere Dichte / kg m^{-3}	5517
	Schwerebeschleunigung im Meeresniveau in 45° Breite / m s^{-2}	9,80665
	Mittlere Schwerebeschleunigung im Meeresniveau / m s^{-2}	9,81
	Mittlere Masse der Atmosphäre / 10^{18} kg	5,14
	Mittlere Masse der trockenen Luft / 10^{18} kg	3,122
	Mittlere Masse des Weltmeeres / 10^{22} kg	1,437
Erdbahn	Mittlere Entfernung Erde–Sonne / 10^6 km (= 1 Astronomische Einheit / AE)	149,598
	Entfernung Erde–Sonne im Aphel (Sonnenferne) / 10^6 km	152,099
	Entfernung Erde–Sonne im Perihel (Sonnennähe) / 10^6 km	147,096
	Datum Aphel	3. Juli
	Datum Perihel	2. Januar
	Erdbahnlänge / 10^6 km	939,886
	Schiefe der Ekliptik (1996)	23° 26' 23''
	Mittlere Umlaufgeschwindigkeit um die Sonne / km s^{-1}	29,783
	Tropisches Jahr	365^d 5^h 48^m 46^s
	Siderisches Jahr (Sternenjahr)	365^d 6^h 9^m 9^s
	Siderischer Monat (Sternenmonat)	27^d 7^h 43^m 12^s
Eigenbewegung	Siderische Rotationsdauer	23^h 56^m 4,09^s
	Geschwindigkeit eines Punktes an der Erdoberfläche, bezogen auf den mittleren Erdradius / cos φ m s^{-2}	464,6
	Winkelgeschwindigkeit der Erdrotation / 10^{-5} rad s^{-1}	7,29221
	Coriolisparameter / sin φ s^{-1}	1,4584
Erde / Mond	Mittlere Entfernung Erde–Mond / 10^3 km	384
	Entfernung Erde–Mond im Apogäum (Erdferne) / 10^3 km	406,740
	Entfernung Erde–Mond im Perigäum (Erdnähe) / 10^3 km	356,410
	Synodischer Monat	29^d 12^h 44^m 3^s

Tab. 1.3 (Fortsetzung)

Kategorie	Größe / Einheit	Zahlenwert
Erdoberfläche	Gesamt / 10^6 km²	≈ 510,1
	Landfläche (ca. 29 %) / 10^6 km²	≈ 148,1
	Nordhalbkugel ca. 39 %	
	Südhalbkugel ca. 19 %	
	Größte Erhebung 8850 m ü. NN	
	Wasserfläche (ca. 71 %) / 10^6 km²	≈ 362,0
	Nordhalbkugel ca. 61 %	
	Südhalbkugel ca. 81 %	
	Pazifischer Ozean mit / ohne Nebenmeere / 10^6 km²	≈ 181,3 / 166,2
	Größte Tiefe: 11022 m	
	Atlantischer Ozean mit / ohne Nebenmeere / 10^6 km²	≈ 94,3 / 71,8
	Größte Tiefe: 9219 m	
	Indischer Ozean mit / ohne Nebenmeere / 10^6 km²	≈ 74,1 / 73,4
	Größte Tiefe: 7450 m	
	Arktischer Ozean mit / ohne Nebenmeere / 10^6 km²	≈ 12,3 / 12,3
	Größte Tiefe 5449 m	

2 Aufbau und Zusammensetzung der Atmosphäre

2.1 Die Hauptschichten der Atmosphäre

Die Atmosphäre ist eine Mischung aus Gasen, die durch die Schwerkraft am Erdkörper gehalten wird. Sie bildet ein offenes und physikalisch determiniertes System, das sich in Wechselwirkung mit der Erdoberfläche und dem erdnahen kosmischen Raum befindet. Die raum-zeitlich unterschiedlich einfallende Strahlungsenergie der Sonne und ihre Transformation in Wärme erzeugt eine gleichfalls raum-zeitlich differenzierte Erwärmung und Abkühlung der Atmosphäre, was zur Ausbildung der großräumigen Zirkulation der Luft führt (s. Kapitel 7).

Die **Gesamtmasse der Atmosphäre**, die sich auf $\approx 5{,}14 \cdot 10^{18}$ kg (feste Erde $\approx 6{,}0 \cdot 10^{24}$ kg) beläuft, konzentriert sich in einer relativ dünnen Schicht. Unterhalb von 30 km Höhe befinden sich bereits 99 % der gesamten Masse an Luft (Tab. 2.1). Die Atmosphäre besitzt eine ausgeprägte Schichtenstruktur, die durch mehrere Stockwerke gekennzeichnet werden kann.

2.1.1 Die Troposphäre

Das Hauptmerkmal des untersten Stockwerkes der Atmosphäre ist die Abnahme der Lufttemperatur mit der

Tab. 2.1: Auszug aus der ICAO-Standardatmosphäre für den Höhenbereich bis 30 km (ICAO = International Civil Aviation Organization) (Daten nach Herbert 1987)

Schicht	Höhe / km	Lufttemperatur / °C	Luftdruck / hPa	Luftdruck / Prozent	Luftdichte / kg m^{-3}	Luftdichte / Prozent
Troposphäre	0,0	15,00	1013,25	100,0	1,2250	100,0
	1,0	8,50	898,75	88,7	1,1116	90,7
	2,0	2,00	794,95	78,5	1,0065	82,2
	3,0	−4,50	701,09	69,2	0,9091	74,2
	4,0	−11,00	616,40	60,8	0,8191	66,9
	5,0	−17,50	540,20	53,3	0,7361	60,1
	6,0	−24,00	471,81	46,6	0,6597	53,9
	8,0	−37,00	356,00	35,1	0,5251	42,9
	10,0	−50,00	264,36	35,7	0,4127	33,7
Tropopausenregion	10,5	−53,25	244,74	24,2	0,3877	31,7
	11,0	−56,50	226,32	22,3	0,3639	29,7
Stratosphäre, isotherme Schicht	13,0	−56,50	165,10	10,4	0,2654	21,7
	15,0	−56,50	120,45	11,9	0,1936	15,8
	20,5	−56,50	50,60	5,0	0,0811	6,6
Stratosphäre, Inversionsschicht	21,0	−55,50	46,78	4,6	0,0749	6,1
	25,0	−51,50	25,11	2,5	0,0395	3,2
	30,0	−46,50	11,72	1,2	0,0180	1,5

Höhe, die im Mittel 0,65 K 100 m^{-1} beträgt. Dieser Wert unterliegt jedoch erheblichen Schwankungen. In den unteren Schichten kann der vertikale Temperaturgradient sogar sein Vorzeichen ändern; man spricht dann von **Inversionen** (s. Abschnitt 4.2.6). Deren Existenz ist die Ursache dafür, dass der mittlere vertikale Temperaturgradient zwischen 0,5 und 2 km Höhe relativ klein ist. Die vertikale Temperaturabnahme wird mit der Höhe wieder geringer, bis Isothermie oder sogar eine Temperaturzunahme mit der Höhe beobachtet wird. Das ist das Zeichen für das Erreichen der **Tropopause**, die im Mittel bei 11 km Höhe liegt (Abb. 2.1). Häufig hat diese obere Begrenzung der Troposphäre eine mehrlagige Struktur. Es kommen auch sprunghafte Änderungen ihrer Höhenlage vor. Die vertikale Ausdehnung der Troposphäre hängt von der Erwärmung der Erdoberfläche und der von dort ausgehenden konvektiven Durchmischung ab. Die Troposphäre erreicht mit Höhen bis 17 km am Äquator (Temperaturen –70 °C bis –80 °C) ihre größte, an den Polen mit Höhen von 7 km bis 10 km (Temperaturen ≤ –50 °C) ihre geringste vertikale Erstreckung. Die **Tropopausenhöhe** durchläuft einen Jahresgang mit einem Maximum im Sommer bis Frühherbst und einem Minimum im Spätwinter. Weiterhin beobachtet man kürzere Fluktuationen der Tropopausenhöhe über Hoch- und Tiefdruckgebieten.

In der Troposphäre, in der sich mehr als 75 % der Masse der gesamten Atmosphäre befinden, vollzieht sich vor allem das **Wetter** als Ausdruck für die Veränderlichkeit der Atmosphäre in diesem Stockwerk. Das Wetter wird einmal durch die Phasenänderungen des Wassers mit der Bildung von Wasser- und Eiswolken mit ihren flüssigen und festen Niederschlägen bestimmt, zum anderen aber auch durch Art und Intensität der atmosphärischen Zirkulation geprägt. Da die Troposphäre im Vergleich zum Erdradius (≈ 1/580) die Erdoberfläche wie eine sehr dünne Haut umspannt, dominieren hier wie in der übrigen Atmosphäre die horizontalen Bewegungen. Die Bewegungen in vertikaler Richtung sind in der Regel sehr gering, aber von großer Bedeutung für den Ablauf der troposphärischen Prozesse.

Die Troposphäre kann weiter unterteilt werden. Von besonderer Bedeutung ist die an die Erdoberfläche angrenzende Schicht, in der der turbulente Wärme-, Feuchte- und Impulsaustausch zwischen Oberfläche und Atmosphäre die vertikale Struktur be-

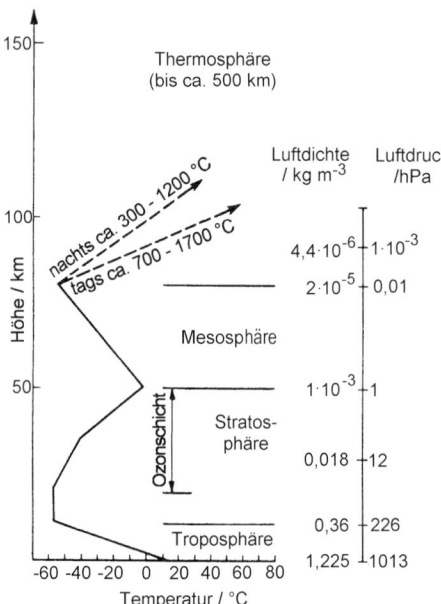

Abb. 2.1: Stockwerkgliederung der Atmosphäre

stimmen. Diese Schicht wird als **atmosphärische Grenzschicht** bezeichnet. Sie zeichnet sich durch starke vertikale Windscherung sowie gegenüber der darüber liegenden eigentlichen Troposphäre um 30° bis 60° abweichende Windrichtungen aus (s. Abschnitt 6.7.1). Innerhalb der Grenzschicht befindet sich die einige Dekameter hoch reichende Bodenschicht, die nach L. Prandtl (1875–1953) auch als **Prandtl-Schicht** bezeichnet wird. In dieser ändern sich die vertikalen Energieflüsse mit der Höhe nicht. Während die Windgeschwindigkeit dort logarithmisch mit der Höhe zunimmt, bleibt die Windrichtung konstant. Der nach oben anschließende Teil der atmosphärischen Grenzschicht ist die **Ekman-Schicht** (V. W. Ekman, 1874–1954), in der eine charakteristische Drehung der Windrichtung erfolgt (s. Abschnitt 6.4). Innerhalb der Bodenschicht findet man in unmittelbarer Nähe der Oberfläche eine weitere Differenzierung der Schichtung. Der Energieaustausch zwischen Unterlage und Atmosphäre erfolgt originär in einer nur ≈ 1 mm dicken Schicht durch molekulare Transportprozesse. Diese Schicht wird **molekulare (laminare) Grenzschicht** genannt. Ihr schließt sich bis in etwa 1 cm Höhe eine zähe Zwischenschicht an, in der molekulare und turbulente Austauschprozesse in etwa gleicher Größenordnung wirken. Schließlich kann die daran anschließende bis in etwa 1 m Höhe reichende dynamische Unterschicht als unterster Teil der Prandtl-Schicht definiert werden. In ihr wirkt sich die Art der Unterlage stark auf die Austauschprozesse aus.

2.1.2 Die Stratosphäre

Oberhalb der Tropopause ist der mittlere vertikale Temperaturverlauf zunächst durch Isothermie oder leichte Temperaturzunahme gekennzeichnet (kalte Stratosphäre). Ab einer Höhe von ≈ 20 km tritt eine verstärkte Temperaturzunahme mit der Höhe auf (etwa 0,3 K 100 m^{-1}), die bis in eine Höhe von ca. 50 km anhält, wo Temperaturen von 0 °C erreicht werden (warme Stratosphäre). Diese Schicht, die erst 1902 von R. Aßmann (1845–1918) und L. P. Teisserence de Bort (1855–1913) entdeckt wurde, wird als Stratosphäre bezeichnet. Von der Erdoberfläche bis zu ihrer Obergrenze sind 99,9 % der Masse der Luft konzentriert. Ein äußerst wichtiger Prozess in der Stratosphäre ist die Bildung und Zerstörung von **Ozon** durch kurzwellige Sonnenstrahlung der Wellenlängen zwischen 200 und 310 nm. Es bildet sich die Ozonschicht mit dem Maximum des Ozongehaltes in 15 bis 25 km Höhe. In ihrem Bereich erwärmt sich die Luft infolge der Absorption kurzwelliger Strahlung, so dass es in der Stratosphäre zur Temperaturzunahme mit der Höhe kommt (diabatischer Prozess). Es sei erwähnt, dass in der Stratosphäre die Temperaturverhältnisse in Raum und Zeit uneinheitlich sind. Während in den niederen Breiten ganzjährig Temperaturzunahme herrscht, sind die Verhältnisse über den Polen im Winter durch fortgesetzte Temperaturabnahme mit der Höhe gekennzeichnet. Wie in der oberen Troposphäre finden auch in der Stratosphäre bedeutende horizontale und vertikale Verlagerungen von Luftmassen statt. Jedoch ist wegen der Schichtung (relativ warme Luft über der kalten Tropopause) der konvektive vertikale Austausch zwischen den unteren

Stockwerken der Atmosphäre bis auf besondere Zustände relativ gering. Große Aufmerksamkeit haben die in unregelmäßiger Folge im Winter auftretenden schnellen Erwärmungsvorgänge in der oberen Stratosphäre gefunden. So können im 10 hPa-Niveau (ca. 32 km Höhe) über großen Räumen innerhalb von Tagen Erwärmungen bis zu 60 K auftreten, wodurch die normalen Zirkulationsverhältnisse stark gestört werden.

Eine Besonderheit der Koppelung von Troposphäre und Stratosphäre ist die **stratosphärische Kompensation**. Darunter versteht man den Effekt, dass sich über einem Erwärmungsgebiet in der Troposphäre eine Abkühlung in der Stratosphäre einstellt und umgekehrt. Die Temperaturschwankungen sind mit Luftdruckschwankungen verbunden, die sich im Tropopausenniveau auszugleichen suchen.

Wolken werden in der Stratosphäre selten beobachtet. Bekannt sind allerdings die aus Eisteilchen bestehenden Perlmutterwolken (20 bis 30 km Höhe), die bei Sonnenbestrahlung perlmuttartig gefärbt erscheinen. Diese Wolken sind ein Hinweis auf das Vorkommen von Wasserdampf in dieser Höhe.

In ca. 50 km Höhe wird der als **Stratopause** bezeichnete Oberrand der Stratosphäre erreicht. Bei Temperaturen um 0 °C beginnt eine erneute Temperaturabnahme, die die Mesosphäre kennzeichnet.

2.1.3 Die mittlere und obere Atmosphäre

Die auf die Stratosphäre folgende Schicht ist wiederum durch konvektive und turbulente Durchmischung bis zu einer Höhe von ca. 100 km charakterisiert. Bis zu dieser Höhe entspricht die Zusammensetzung der Luft etwa der in der Nähe der Oberfläche. Dieser Bereich wird daher als **Homosphäre** oder Turbosphäre bezeichnet. Darüber erlischt die Konvektion bei gleichzeitiger Abnahme des Vermischungspotenzials der Luft. Es kommt vielmehr zur Entmischung der verschiedenen Bestandteile infolge von Diffusionsvorgängen (**Heterosphäre**).

Der mittlere Teil der Atmosphäre, den die **Mesosphäre** markiert, ist durch eine vertikale Temperaturabnahme von 0,2 K bis 0,3 K 100 m^{-1} bis in eine Höhe von 80 km bis 85 km (Lage der Mesopause bei Temperaturen von −75 °C bis −90 °C) gekennzeichnet. Sie wird daher auch als obere Stratosphäre bezeichnet, in der Luftdruck und Luftdichte jedoch sehr geringe Werte annehmen.

Im Bereich der **Mesopause** am oberen Rand der Mesosphäre treten die niedrigsten Temperaturen der Atmosphäre überhaupt auf, wozu die geringe Absorption der Sonnenstrahlung und die Mischungsvorgänge in diesem Stockwerk führen. Es bestehen ausgeprägte Tages- und Jahresgänge der Temperatur.

Selbst Wolken sind in der Mesosphäre noch vertreten (s. Abschnitt 5.4). **Leuchtende Nachtwolken** befinden sich in den mittleren und höheren Breiten im Höhenbereich zwischen 60 km und 100 km. Sie bestehen aus Eiskristallen, die sich hauptsächlich an Vulkanstaubkernen bilden. Infolge der an ihnen reflektierten Sonnenstrahlung können sie von der Erde aus beobachtet werden. Nach starken Vulkaneruptionen treten sie relativ häufig auf. Auch die Mesosphäre ist durch ausgeprägte Zirkulationsprozesse charakterisiert.

Wie es bereits in der Stratosphäre mit der Bildung der Ozonschicht der Fall ist, bestimmt die Sonnenstrahlung in den höheren Schichten zunehmend den Aufbau der Atmosphäre. Die kurzwellige UVC- und Teile der UVB-Strahlung sowie die noch härtere Röntgenstrahlung der Sonne (s. Tab. 3.1) werden in der Atmosphäre oberhalb von 20 bis 25 km Höhe vollständig absorbiert. Die Erdoberfläche und die Troposphäre erreichen nur die infraroten und sichtbaren Anteile des Spektrums sowie der längerwelligere Teil der erythemwirksamen UVB-Strahlung. Das führt dazu, dass in den höheren Atmosphärenschichten die Dissoziation der Sauerstoffmoleküle und die Ionisation der Luft die grundlegende Struktur der Schichten bestimmen. Die Ionisation der Luft wird dort durch Strahlung (Fotonen) der Wellenlängen ≤ 100 nm hervorgerufen. Man versteht darunter die Abspaltung eines Elektrons des die Sonnenstrahlung absorbierenden Gasmoleküls oder -atoms. Mit der Freisetzung eines Elektrons sowie der Entstehung eines positiv geladenen Ions kommt es zur Bildung freier elektrischer Ladungsträger in Höhen ab ca. 60 km. Für diesen **Plasmazustand** gelten die Gesetze der Elektrodynamik. Die Schicht der Atmosphäre, in der diese Prozesse erfolgen können, wird als **Ionosphäre** bezeichnet. Die dort gegebene elektrische Leitfähigkeit der Luft führt zur Beeinflussung der Ausbreitung von Funkwellen, besonders im Kurz- und Mittelwellenbereich. Die durch die Ionisation möglichen elektrischen Ströme in der Hochatmosphäre korrespondieren mit Fluktuationen des Erdmagnetfeldes. Eine weitere Wirkung dieser Vorgänge ist die Erwärmung der Luft als Folge der Umwandlung kinetischer Energie der Teilchen in Wärme bei Zusammenstößen mit anderen Teilchen. Für die Stockwerkgliederung der Hochatmosphäre ergibt sich demnach, dass in der Schicht zwischen 90 km und 200 km, wo die Ionosphäre am besten ausgebildet ist, der Temperaturabnahme in der Mesosphäre eine erneute Zunahme der Temperatur mit der Höhe oberhalb von ca. 90 km Höhe folgt. Diese Schicht wird als **Thermosphäre** bezeichnet. Die Temperaturen, die bei dem herrschenden extrem niedrigen Luftdruck vor allem durch die Strahlung und nicht durch Wärmeleitung erzeugt werden, liegen in 500 km Höhe zwischen 400 und 2000 °C. Sie sind Ausdruck der kinetischen Energie der Teilchen. Die obere Thermosphäre bildet die **Exosphäre** (500 km bis > 1000 km Höhe), die die Übergangsschicht zum erdnahen Weltraum darstellt. Dort kommt es zum Übergang von Molekülen und Atomen aus dem Gravitationsfeld der Erde in den Weltraum. Ein genau bestimmter oberer Rand der Atmosphäre kann nicht angegeben werden.

2.1.4 Die Standardatmosphäre

Die ICAO-Standardatmosphäre (Tab. 2.1) stellt eine gute Annäherung der realen mittleren Schichtung der Atmosphäre in den mittleren Breiten dar. Sie gilt für reine trockene Luft, die sich wie ein ideales Gas verhält und in vertikaler Richtung chemisch einheitlich geschichtet ist.

2.2 Der Luftdruck

2.2.1 Statischer und dynamischer Druck

Der Luftdruck wird als die Kraft pro Einheitsfläche definiert, die die Atmosphäre oberhalb eines bestimmten Niveaus ausübt. Dieser **hydrostatische Druck** entsteht unter der Wirkung der Schwerkraft. Er wirkt stets normal auf eine gegebene Fläche, und zwar unabhängig von der Orientierung dieser Fläche. Die Luftdruckeinheit ist das Pascal (1 Pa = 1 N m^{-2}). Die gebräuchliche Einheit ist das Hektopascal (100 Pa = 1 hPa). Diese Größe entspricht dem früher verwendeten Millibar (mbar).

Von dem hydrostatischen Druck zu unterscheiden ist der **dynamische Druck**. Er tritt bei strömender Luft auf und ist umso größer, je größer die Windgeschwindigkeit ist. Der Druck, der auf eine Fläche ausgeübt wird, hängt hier entscheidend von deren Orientierung ab. Der dynamische Druck ist besonders bei der Untersuchung kleinräumiger Prozesse zu beachten. Seine Abhängigkeit von der Windgeschwindigkeit wird zur Konstruktion von Windmessgeräten verwendet (z. B. Staurohr nach Prandtl).

2.2.2 Das statische Gleichgewicht der Atmosphäre

Das hydrostatische Verhalten der Atmosphäre hängt vom Schwerefeld der Erde ab. Die Schwerebeschleunigung ist zahlenmäßig gleich der Schwerkraft, die an einen Körper der Masseneinheit 1 kg angreift.

Die Schwerebeschleunigung variiert mit der geografischen Breite und mit der Höhe. Es treten je nach der stofflichen Zusammensetzung der festen Erde auch Schwereanomalien auf. Das Schwerefeld wird durch das Geopotenzial berücksichtigt. Das **Geopotenzial** entspricht der Arbeit (kg m^2 s^{-2}), die zur Hebung der Masseneinheit vom mittleren Meeresniveau oder einer anderen ebenen Fläche um die Höhe dz im Schwerefeld der Erde mit der Schwerebeschleunigung g aufgewandt werden muss. Flächen gleichen Geopotenzials oder Niveauflächen sind eben, d. h. zur horizontalen Verschiebung eines Masseteilchens auf ihnen ist bei Abwesenheit von Reibung keine Arbeit zu leisten.

Die Schwerebeschleunigung g steht senkrecht auf den Geopotenzialflächen. Die Änderung des Geopotenzials Φ (in m^2 s^{-2}) mit der Höhe z kann ausgedrückt werden als

$$d\Phi = g \cdot dz. \qquad (2.1)$$

In integrierter Form erhält man

$$\Phi_2 - \Phi_1 = \int_{z_1}^{z_2} g \cdot dz \qquad (2.2)$$

als die Arbeit, die für die Hebung der Masseneinheit von z_1 nach z_2 erforderlich ist.

Vom Meeresniveau z_{NN} aus gilt für das Geopotenzial in der Höhe z

$$\Phi = \int_{z_{NN}}^{z} g \cdot dz. \qquad (2.3)$$

Für die Lage der Niveauflächen im Raum ist die Breitenvariation von g ausschlaggebend. Eine bestimmte Niveaufläche hat am Pol eine geringere geometrische Höhe als am Äquator. Als Dimension wird zunächst das geodynamische Meter gdm mit

$$1 \text{ gdm} = 10 \text{ m}^2 \text{ s}^{-2} = 10 \text{ N m kg}^{-1}$$

eingeführt. Wählt man dz = 100 m und den Standardwert der Schwere in Meereshöhe für 45° Breite g_n = 9,80665 m s^{-2} (Tab. 1.3), so ergibt sich das Geopotenzial zu Φ = 9,807 m s^{-2} · 100 m = 980,7 m^2 s^{-2}. Dieser Wert entspricht 98,07 gdm; er ist numerisch um etwa 2 % kleiner als die geometrische Höhe. In der Praxis wird die geopotenzielle

2.2 Der Luftdruck

Höhe verwendet, die in geopotenziellen Metern (gpm) ausgedrückt wird:

1 gpm = 1 gdm · (g_n / 10) = 9,8 J kg^{-1} = 9,8 m^2 s^{-2}.

Die entsprechende Höhe einer Geopotenzialfläche ergibt sich dann zu

$$H = (1 / 9,8) \cdot \int_{z_{NN}}^{z} g \cdot dz . \qquad (2.4)$$

In unserem Beispiel wird dann die geopotenzielle Höhe

H = 98,07 · (9,807 / 10) gpm ≈ 98,07 / 0,98 gpm ≈ 100 gpm.

Damit sind die Werte der geometrischen Höhe und ihres Geopotenzials numerisch faktisch gleich.

Die Atmosphäre kann als im hydrostatischen Gleichgewicht befindlich angesehen werden, d. h. in einer ruhenden Atmosphäre treten außer g keine Beschleunigungen auf. Dieses Gleichgewicht kann durch die **hydrostatische Grundgleichung** ausgedrückt werden, die zum Ausdruck bringt, dass die vom hohen zum tiefen Druck gerichtete vertikale Komponente der Druckgradientkraft durch das Gewicht der Luftsäule ausbalanciert wird. Wenn wir uns ein infinitesimal kleines Luftvolumen in Form eines Quaders der Grundfläche dx dy = 1 und der Höhe dz vorstellen, das die Dichte ρ_L besitzt, so beträgt das Gewicht dieses Luftvolumens nach Kraft = Masse · Beschleunigung

Gewichtskraft = ρ_L · g · dx · dy · dz
= ρ_L · g · dz (2.5)

mit dx dy = 1 und
g = Schwerebeschleunigung.

Diese Gewichtskraft übt pro Einheitsfläche den Druck dp aus, so dass unter der Berücksichtigung, dass Druck und Höhe sich gegensinnig verhalten, die hydrostatische Grundgleichung

$$dp = -g \cdot \rho_L \cdot dz \qquad (2.6)$$

lautet. Diese Gleichung kann auch geschrieben werden

$$-g = (1 / \rho_L) \cdot dp / dz. \qquad (2.7)$$

Die rechte Seite dieser Gleichung ist der Ausdruck für die vertikale Komponente der Druckgradientkraft (bezogen auf die Masseneinheit), so dass die Beziehung das Gleichgewicht zwischen der Schwerebeschleunigung und der Vertikalkomponente der Druckgradientkraft als kennzeichnende Bedingung für das hydrostatische Gleichgewicht wiedergibt. Die Gültigkeit der statischen Grundgleichung ist streng genommen auf die ruhende Atmosphäre begrenzt. Es kann allerdings gezeigt werden, dass die statische Grundgleichung auch für alle in der Atmosphäre vorkommenden Windgeschwindigkeiten mit einem nur geringen Fehler ihre Gültigkeit behält. Im Fall sehr kleinräumiger Prozesse (horizontaler Maßstab unter 50 km) treten jedoch größere Fehler auf (vgl. Abschnitt 14.3).

Unter Berücksichtigung der Beziehung für das Geopotenzial lautet die hydrostatische Grundgleichung

$$dp = -\rho_L \cdot d\Phi. \qquad (2.8)$$

Mit Hilfe der einfachen Beziehung p = $-\rho_L \Phi$ können die in der Meteorologie gebräuchlichen Darstellungen des Luftdruckfeldes verständlich gemacht werden.

Die erste Möglichkeit besteht darin, das Geopotenzial Φ konstant zu halten und mit Hilfe der Kenntnis von ρ_L den Luftdruck auf der gewählten Geopotenzialfläche zu bestimmen. Damit erhält man eine Karte mit Linien gleichen Druckes, den Isobaren. Die tägliche Anwendung erfolgt in der allerdings auf Luftdruckmessungen beruhenden **Bodenwetterkarte** (Abb. 2.2), die auf das ideale Meeresniveau, d. h. auf die Hauptniveaufläche ($\Phi = 0$), bezogen ist (s. Abschnitt 2.2.3).

Die zweite Möglichkeit besteht darin, einen gewählten Luftdruckwert konstant zu halten und die Geopotenzialwerte der entsprechenden Fläche gleichen Luftdruckes (Isobarenfläche) mit Hilfe von ρ_L zu bestimmen.

Dieses Verfahren wird für die Darstellung von **Topografien** ausgewählter Druckflächen in der Atmosphäre verwendet (s. Abschnitt 2.2.4).

Zur Integration der statischen Grundgleichung wird bei Beschränkung auf trockene Luft jetzt die Luftdichte ρ_L nach der thermischen Zustandsgleichung für ideale Gase durch Luftdruck und Temperatur (bei feuchter Luft virtuelle Temperatur und entsprechende Gaskonstante R_v, s. Abschnitt 4.1.1) ersetzt, so dass man

$$dp/p = -(g / R_L \cdot T) \cdot dz \qquad (2.9)$$

mit R_L = Gaskonstante trockener Luft und T = Lufttemperatur in K erhält.
Der Einfachheit halber wird T = const. gesetzt. Die Integration ergibt

$$\ln p = -(g / R_L \cdot T) \cdot z + C. \qquad (2.10)$$

Die Integrationskonstante C wird durch die Festlegung bestimmt, dass am Boden (z = 0) p = p_o gelten soll. Daraus folgt $\ln p_o = C$. Dies eingesetzt, ergibt $\ln (p / p_o) = -(g / R_L \cdot T) \cdot z$, somit

$$p = p_o \cdot e^{-(g / R_L \cdot T) \cdot z} \quad \text{oder} \qquad (2.11)$$

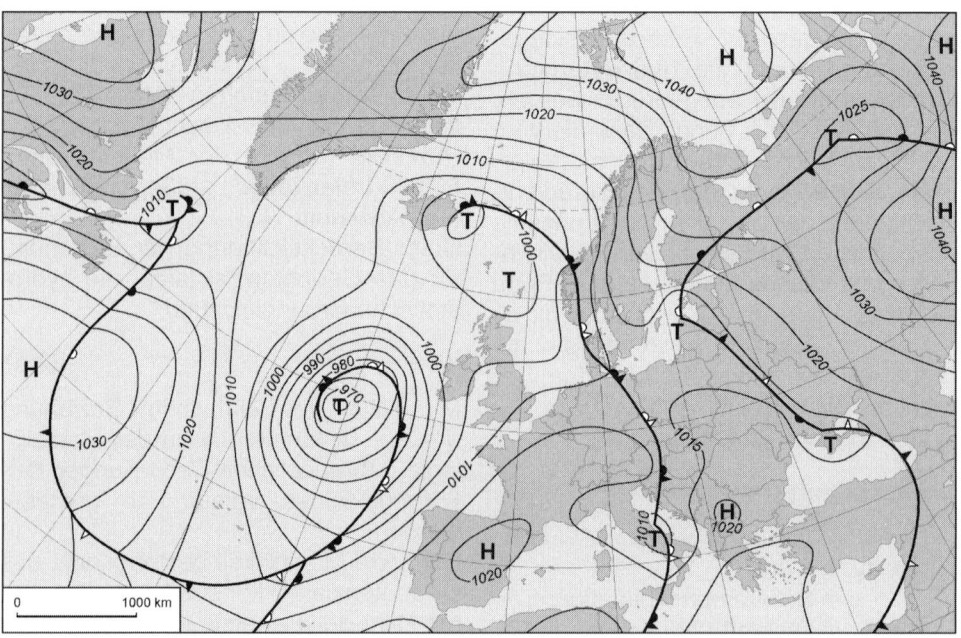

Abb. 2.2: Bodenwetterkarte vom 9.3.1995, 7:00 Uhr MEZ. Eingezeichnet sind die Isobaren in hPa, die Hoch- und Tiefdruckgebiete sowie die Frontensysteme

2.2 Der Luftdruck

$$z = (R_L \cdot T / g) \cdot \ln(p_o / p). \qquad (2.12)$$

Bei den letzten beiden Gleichungen handelt es sich um die einfachsten Formen der **barometrischen Höhenformel**, die die Beziehungen zwischen Druck und Höhe beschreibt. In der hier gewählten Form wird für T die Mitteltemperatur der betrachteten Schicht eingesetzt.

Aus diesen Formeln ergeben sich die **Grundaufgaben der Statik**. Es sind jeweils drei der vier Variablen bekannt, die vierte wird berechnet. Jeder Aufgabe kann man praktische Anwendungen zuordnen. Die Grundaufgaben enthält Tab. 2.2.

Wegen der Einzelheiten der Anwendung wird auf einschlägige Veröffentlichungen verwiesen (beispielsweise Herbert 1987, Liljequist und Cehak 1984, Rödel 2000).

2.2.3 Die Bestimmung des Luftdruckes im Meeresniveau

Um die oben beschriebene erste Möglichkeit der Darstellung des Luftdruckes zu realisieren, wird als Geopotenzialfläche die Hauptniveaufläche des Geoids (s. Abschnitt 1.5) gewählt, die dem idealen Meeresniveau entspricht. Auf diese Fläche sind die Luftdruckmessungen, die an den zahlreichen meteorologischen Stationen, die im Allgemeinen in verschiedenen Höhen liegen, durchgeführt werden, auf Meereshöhe zu reduzieren. Würde man das nicht tun und die Luftdruckwerte der verschiedenen Stationen in Form von Isobaren grafisch darstellen, dann würde im Ergebnis vor allem die Verteilung der Höhenwerte in dem betrachteten Gebiet erscheinen und die tatsächlichen Luftdruckunterschiede stark verzerrt dargestellt werden.

Für jede zu einem bestimmten Termin mittels Quecksilberbarometer (s. Abschnitt 8.1.2) vorgenomme **Luftdruckmessung** sind folgende Arbeitsschritte erforderlich:

(a) Barometerablesung,

(b) Messung der Lufttemperatur mit dem am Barometer angebrachten Thermometer,

(c) Anbringen der Gerätekorrekturen für Barometer und Thermometer (aus den Eichscheinen zu ersehen),

(d) Reduktion der Barometerablesung auf die Temperatur von 0 °C,

(e) Reduktion der temperaturkorrigierten Barometerablesung auf die

Tab. 2.2: Grundaufgaben der Statik und ihre Anwendungen

Gegebene Größen	Gesuchte Größen	Anwendungen
p_1, $h_2 - h_1$, T	p_2	Bestimmung des Druckes in vorgegebenen Höhen
p_2, $h_2 - h_1$, T	p_1	Bestimmung des Bodenluftdruckes, Barometerreduktion auf Meeresniveau
p_1, p_2, T	$h_2 - h_1$	Barometrische Höhenmessung, Bestimmung der Druck-Höhen-Kurve
p_1, p_2, $h_2 - h_1$	T	Bestimmung der Mitteltemperatur einer Schicht

T = Mitteltemperatur der Schicht, p_1 = Luftdruck in Höhe h_1, p_2 = Luftdruck in Höhe h_2, $h_2 > h_1$, $p_2 < p_1$

Schwerebeschleunigung in 45° Breite (g_n) und

(f) Reduktion des erhaltenen Luftdruckwertes mit Hilfe des angenommenen mittleren vertikalen Temperaturgradienten auf das Meeresniveau. Dazu kann die Näherungsformel

$$t_{Mittel} = t_{Hütte} + 0{,}3 \cdot h \qquad (2.13)$$

mit

h = Stationshöhe ü. NN / hm und
t = Lufttemperatur / °C

benutzt werden. Unter $t_{Hütte}$ wird die in einer Wetterhütte in 2 m ü. Gr. gemessene Lufttemperatur (auch die entsprechende Temperatur, die durch eine automatische Wetterstation gemessen wird) und unter t_{Mittel} die mittlere Temperatur zwischen Station und Meeresniveau verstanden.

Das Verfahren wird für Stationen bis zu einer Höhe h < 700 m ü. NN verwendet. Höher gelegene Stationen werden als Bergstationen bezeichnet, für die die Korrektur der Luftdruckwerte auf Meeresniveau nicht angewendet wird. Dafür berechnet man aus Luftdruck und Temperatur das Geopotenzial der nächstgelegenen Hauptdruckfläche.

Die korrigierten und reduzierten Luftdruckwerte werden in die Bodenwetterkarte eingetragen. Per Hand oder Plotter werden Linien gleichen Luftdruckes (Isobaren) im Abstand von 5 hPa (..., 1000, 1005, 1010, ... usw.) in linearer Interpolation gezogen (s. Abschnitt 9.4.1).

2.2.4 Die Höhe isobarer Flächen. Topografien

Die zweite Möglichkeit der Darstellung des Luftdruckfeldes findet für die freie Atmosphäre Anwendung. Berechnet wird für jede Station das Geopotenzial ausgewählter isobarer Flächen in geopotenziellen Metern (gpm) oder geopotenziellen Dekametern (gpdam). Liegen genügend Stationen in einem betrachteten Ausschnitt vor, wird die Geopotenzialverteilung ermittelt, indem Linien gleichen Geopotenzials gezogen werden. So erhält man ein Bild der „Wölbungen" der ausgewählten Luftdruckfläche. Anders ausgedrückt handelt es sich um die räumliche Verteilung der Neigungen der Isobarfläche gegenüber den ebenen Niveauflächen. Wegen der Ähnlichkeit mit einer topografischen Karte der Erdoberfläche wird die Verteilung des Geopotenzials ausgewählter isobarer Flächen als Topografie bezeichnet.

Wenn das Geopotenzial von der Hauptniveaufläche $\Phi = 0$, d. h. vom Meeresniveau aus, berechnet wird, handelt es sich um eine **absolute Topografie**. Die Hauptdruckflächen, für die nach internationaler Vereinbarung im Wetterdienst Geopotenzial u. a. Größen bestimmt werden, sind die 1000, 850, 700, 500, 400, 300, 250, 200, 150, 100, 70, 50, 30, 20 und 10 hPa-Fläche. Die dynamischen Isohypsen werden im Abstand von 4 zu 4 gpdam (geopotenzielle Dekameter) gezeichnet. Eine besonders wichtige Rolle spielt die absolute Topografie der 500 hPa-Fläche (Abb. 2.3), die etwa in der Mitte der Troposphäre liegt und gerade die Atmosphäre nach ihrer Masse teilt (unterhalb der Fläche 50 % und oberhalb der Fläche 50 % der Masse der Luft). Eine niedrige

Lage einer Isobarfläche entspricht niedrigem, eine hohe Lage hohem Luftdruck in dem entsprechenden Niveau.

Die andere Form von Topografien, die im Wetterdienst angewendet wird, ist die **relative Topografie**. Dabei handelt es sich um die räumliche Verteilung der Geopotenzialdifferenz zweier ausgewählter isobarer Flächen. Aus den Betrachtungen zur Statik kann abgeleitet werden, dass der geopotenzielle Abstand von zwei Isobarflächen direkt von der Mitteltemperatur der Schicht abhängt. Mit Hilfe relativer Topografien, beispielsweise der Topografie 500 / 1000 (gesprochen 500 über 1000), d. h. der Schichtdicke zwischen der Isobarfläche 500 hPa und der Isobarfläche 1000 hPa, kann das Auftreten von Kalt- und Warmluftadvektion beurteilt werden. Hohen Werten dieser Topografie entsprechen hohe Mitteltemperaturen, niedrigen Werten dagegen niedrigere Mitteltemperaturen.

2.3 Die Zusammensetzung der Atmosphäre

2.3.1 Zur Entstehung der Atmosphäre der Erde

Die Atmosphäre hat in ihrer Entwicklung starke Veränderungen erfahren. Die früheste Gasatmosphäre im Präkambrium (1,5 Mrd. Jahre v. h.) war nach ihrer Abkühlung auf etwa 50 °C sauerstofffrei. Die Luft bestand aus Stickstoff, Kohlendioxid und Kohlenmonoxid sowie Wasserdampf (zuzüglich Anteile von Schwefelwasserstoff, Methan, Ammoniak u. a.). Es entstand eine überwiegend CO_2-haltige Lufthülle, deren Masse viel geringer war als heu-

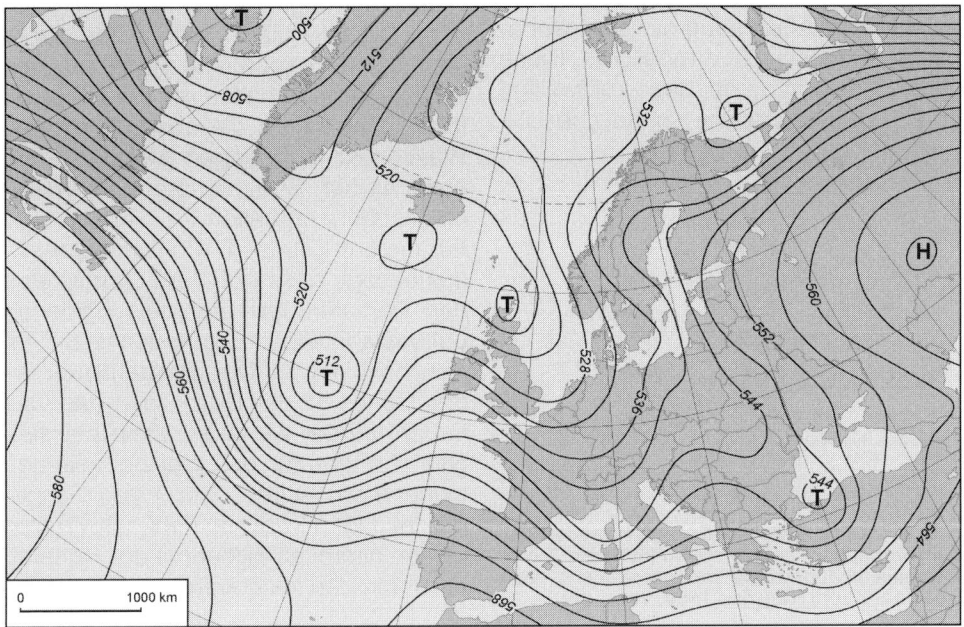

Abb. 2.3: Absolute Topografie 500 hPa vom 9.3.1995, 7:00 Uhr MEZ. Eingezeichnet sind die Linien gleichen Geopotenzials (dynamische Isohypsen) in gpdam (geopotenzielle Dekameter)

te. Die **Fotodissoziation des Wassers** unter Einwirkung der solaren UV-Strahlung war in der frühen reduzierenden Atmosphäre der entscheidende Prozess. Der freigesetzte Sauerstoff diente zunächst hauptsächlich der Oxidierung der oberflächennahen Teile der Lithosphäre. Die Entwicklung ging von einer reduzierenden zu einer oxidierenden Atmosphäre.

Je höher der Sauerstoffgehalt der Luft wurde, desto geringer wurde die fotolytische Zersetzung des Wassers. In den Vordergrund trat dafür die **fotosynthetische Sauerstofferzeugung** durch einzellige Lebewesen (zuerst besonders in den Schelfmeeren). Es entwickelten sich auch biosphärische Sauerstoffquellen. Vor etwa 600 Mio. Jahren wurde die Sauerstoffatmung möglich. Ein bedeutender Fortschritt in der Evolution der Atmosphäre war erreicht, als die Zunahme des Sauerstoffgehaltes die Ausbildung der stratosphärischen Ozonschicht ermöglichte. Diese verhinderte von da an, dass kurzwellige und für die Biosphäre schädliche UV-Strahlung die Erdoberfläche erreicht. Der gegenwärtige Sauerstoffgehalt stellte sich vor 200 bis 300 Mio. Jahren ein, und damit war die Entwicklung der Atmosphäre im Wesentlichen abgeschlossen (Abb. 2.4).

2.3.2 Die Hauptgase der Homosphäre

Die Hauptbestandteile der Luft verhalten sich wie ideale Gase, was auch für den in wechselnder Menge enthaltenen Wasserdampf gilt (Tab. 2.3). Wasserdampf ist der trockenen Luft in unterschiedlicher Menge beigemischt. Das Wasser tritt in der Atmosphäre in allen drei Aggregatzuständen auf. Infolge der Temperaturabhängigkeit des Dampfdruckes (Clausius-Clapeyronsches Gesetz) ist die Wasseraufnahmefähigkeit der Luft begrenzt. Dabei ist der mittlere Wasserdampfgehalt in den Tropen höher als in Polarregionen, besonders über den Ozeanen. Die Abnahme des Wasserdampfgehaltes mit der Höhe erfolgt schneller als die des Luftdruckes. Wasser ist in geringen Mengen auch noch in der Stratosphäre und in der Mesosphäre enthalten.

Für die Luft gilt das Daltonsche Gesetz, das besagt, dass sich der Luftdruck aus den Partialdrücken der verschiedenen Luftbestandteile zusammensetzt (s. Abschnitt 4.1.1). Der **Partialdruck** eines Gases ist der Druck, den das Gas haben würde, wenn es allein bei gleicher Temperatur das gleiche Volumen einnehmen würde wie das Gasgemisch. Der Druck in den schwereren Gasen nimmt schneller mit der Höhe ab als der in den leichteren.

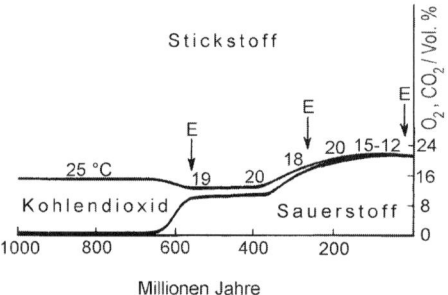

Abb. 2.4: Die Entwicklung von Bestandteilen der Atmosphäre in der letzten Milliarde Jahre. E = zeitliche Zuordnung von Eiszeitaltern (nach Beckmann und Klopries 1990, verändert)

2.3 Die Zusammensetzung der Atmosphäre

Tab. 2.3: Zusammensetzung der Atmosphäre. Beständige Gase und Wasserdampf

Gas	Symbol	Volumenprozent	Molare Masse / 10^{-3} kg mol^{-1}
a) Beständige Hauptgase			
Stickstoff	N_2	78,09	28,013
Sauerstoff	O_2	20,95	31,999
Argon	Ar	0,93	39,948
Summe:		99,97	
Luft:			28,964
b) Beständige Spurengase			
Neon	Ne	$1,8 \cdot 10^{-3}$	20,183
Helium	He	$5,24 \cdot 10^{-4}$	4,003
Krypton	Kr	$1,0 \cdot 10^{-4}$	93,900
Wasserstoff	H_2	$5 \cdot 10^{-5}$	2,016
Xenon	Xe	$8 \cdot 10^{-6}$	131,300
c) Wasserdampf			
Wasserdampf	H_2O	1 – 4	18,015

2.3.3 Die Spurengase und ihre Bedeutung

Neben den in Tab. 2.3 verzeichneten beständigen Spurengasen (Edelgase und Wasserstoff) existieren in der Atmosphäre über achtzig ≥ 3-atomige strahlungsaktive Spurengase, die sowohl den natürlichen als auch den zusätzlichen, anthropogenen Treibhauseffekt bewirken (eine repräsentative Auswahl enthält Tab. 2.4). Kohlendioxid, Methan, Distickstoffoxid und troposphärisches Ozon bewirken zusammen mit dem Wasserdampf etwa 98 % des natürlichen Treibhauseffekts (s. Abschnitt 3.5 und 10.5.1). Abgesehen vom Wasserdampf sind diese Gase gegenwärtig infolge anthropogener Emissionen in Zunahme begriffen. Sie besitzen in Abhängigkeit von ihrer molekularen Struktur ein unterschiedliches Potenzial für den existierenden Treibhauseffekt. Das in Tab. 2.4 enthaltene **Globale Erwärmungspotenzial** (GWP, global warming potential) ist ein einfaches Maß, um die emissionsbedingten Strahlungseffekte verschiedener Spurengase untereinander vergleichen zu können. Das GWP wird nach der Formel

$$GWP = \int_0^n a_i \cdot c_i \cdot dt \Big/ \int_0^n a_{CO_2} \cdot c_{CO_2} \cdot dt \quad (2.14)$$

bestimmt, wobei

n = Zahl der Jahre, über die die Berechnung durchgeführt wird (meist 100 Jahre),

i = Laufindex für das jeweils untersuchte Gas,

a_i = unmittelbare Strahlungsreaktion auf die Änderung der Konzentration des Gases i um eine Einheit und

c_i = Konzentration des Gases i zur Zeit t nach der Freisetzung (Houghton et al. 1990).

Mit dieser Definition wird das GWP immer auf die CO_2-Konzentration bezogen, deren GWP dann stets Eins beträgt.

Eine wichtige Größe zur Beurteilung der Wirksamkeit dieser Spurengase in der Atmosphäre ist ihre **Verweildauer** (Tab. 2.4). Darunter versteht man die Gesamtmenge eines interessierenden Gases dividiert durch die mittlere globale Senke des Gases (Masse, die pro Jahr aus der Atmosphäre durch verschiedene Prozesse entfernt wird). Wenn die Gesamtmenge kurzfristigen Schwankungen unterliegt oder/und an globalen natürlichen Kreisläufen beteiligt ist, kann die Verweildauer nicht oder nur ungenau bestimmt werden.

Die in Tab. 2.4 gleichfalls aufgeführte Zunahme der Strahlungsflussdichte eines Gases ist die Änderung der Strahlungsflussdichte (in $J\ s^{-1}\ m^{-2} = W\ m^{-2}$) seit der vorindustriellen Zeit bzw. seit dem Auftreten eines Gases in der Troposphäre. Es handelt sich dabei um die Strahlungsenergie, die zur Ausbildung des **zusätzlichen Treibhauseffekts** (s. Abschnitt 3.5) dient.

Als Grenze zwischen vorindustrieller und industrieller Zeit ist das Jahr 1750 festgelegt worden. Die Spurengaskonzentrationen, die für die Zeit vor 1750 mit indirekten Methoden ermittelt werden konnten, werden als unbeeinflusst von menschlichen Aktivitäten wie Nutzung fossiler Brennstoffe und Landoberflächenveränderungen angenommen.

2.3.3.1 Kohlendioxid

Neben dem Wasserdampf ist das Kohlendioxid (CO_2) das wichtigste Spurengas. Es weist eine starke anthropogene Zunahme seit Beginn der Industrialisierung in der ersten Hälfte des 19. Jahrhunderts auf (Abb. 2.6 und 2.7). Die Anstiegsraten sind nicht konstant, sondern schwanken von Jahr zu Jahr. Ihre Beträge lagen seit 1981 zwischen 0,3 und 2,6 ppm a^{-1}. Die Ursachen dafür sind in natürlichen Schwankungen der Komponenten des **Kohlenstoffkreislaufes**

Tab. 2.4: Unbeständige Spurengase in der Troposphäre (Treibhausgase; nach CDIAC 2003)

Gas	Vorindustrielle Konzentration (vor 1750)	Konzentration 2000/2001 (CO_2: 2004)	GWP [1]) bezogen auf 100 a	Atmosphärische Verweilzeit / a	Zunahme der Strahlungsflussdichte / $W\ m^{-2}$
Kohlendioxid CO_2 / ppm	280	376	1	5 – 200	1,46
Methan CH_4 / ppb	722	1842	23	12	0,48
Distickstoffoxid N_2O / ppb	270	316	296	114	0,15

2.3 Die Zusammensetzung der Atmosphäre

Tab. 2.4 (Fortsetzung)

Gas	Vorindustrielle Konzentration (vor 1750)	Konzentration 2000/2001	GWP [1]) bezogen auf 100 a	Atmosphärische Verweilzeit / a	Zunahme der Strahlungs-flussdichte / W m^{-2}
Trichlorfluormethan FCKW-11, CCl_3F / ppt	Null	262	4600	45	0,34 für alle Gase dieser Art (einschließlich der hier nicht aufgeführten)
Dichlordifluormethan FCKW-12, CCl_2F_2 / ppt	Null	546	10600	100	
Trichlortrifluormethan FCKW-113, $C_2Cl_3F_3$ / ppt	Null	82	6000	85	
Kohlentetrachlorid CCl_4 / ppt	Null	97	1800	35	
Methylchloroform CH_3CCl_3 / ppt	Null	47	140	4,8	
Chlordifluormethan FCKW-22, $CHClF_2$ / ppt	Null	146	1700	11,9	
Fluoroform FCKW-23, CHF_3 / ppt	Null	14	12000	260	
Perfluorethan C_2F_6 / ppt	Null	3	11900	10000	
Schwefelhexafluorid SF_6 / ppt	Null	4,7	22200	3200	0,002
Trifluormethyl-Schwefelpentafluorid SF_5CF_3 / ppt	Null	0,12	≈ 1800	≈ 3200 (?)	< 0,0001
Troposphärisches Ozon O_3 / ppb	25	34	nicht angebbar	Stunden bis Tage	0,35

1) Globales Erwärmungspotenzial (im Text erklärt)

zu suchen (Tab. 2.5). Der für das Ende des 20. Jahrhunderts ermittelte Wert entspricht einer Zunahme des atmosphärischen Kohlenstoffgehaltes von 3,3 ± 0,1 Gt a^{-1}. Dagegen betrugen die anthropogene Emission (Nutzung fossiler Brennstoffe und Zementproduktion) etwa 5,3 Gt a^{-1} und der zusätzliche Anteil, der durch veränderte Landnutzung hinzukommt, etwa 2,3 Gt a^{-1}. Das bedeutet, dass ein Teil des emittierten Kohlenstoffes in der Natur aufgenommen wird. Dies ermöglicht der globale biogeochemische Kreislauf des Kohlenstoffs (Tab. 2.5). Insbesondere besitzt der Ozean die Kapazität, zusätzlichen Kohlenstoff aufzunehmen. Die Zahlen für Landoberflächen und Biosphäre sind noch relativ unsicher. Derartige **geochemische Stoffkreisläufe** existieren für zahlreiche Bestandteile der Atmosphäre. Für den Kohlenstoff und damit für das atmosphärische Kohlendioxid sind die Quellen vor allem in der Energiewirtschaft einschließlich Verkehr und Industrie (Nutzung fossiler Energieträger) und in Landnutzungsänderungen (so die Abholzung tropischer Regenwälder und borealer Wälder) zu finden.

Der CO_2-Gehalt der Atmosphäre ist in der Vergangenheit mit den Klimaschwankungen in dem Sinn verbunden gewesen, dass warme Klimaabschnitte meist mit einem erhöhten und kalte meist mit einem niedrigem CO_2-Gehalt einhergingen (Abb. 2.5), wobei die Phasenlage der beiden Größen zueinander nicht unstrittig ist. Der sich ändernde Spurenstoffgehalt der Atmosphäre ist stets eine auffällige Begleiterscheinung, wahrscheinlich sogar Ur-

Tab. 2.5: Daten zum globalen Kohlenstoffkreislauf (nach Houghton et al. 2001, Würth et al. 2001) (Kursiv: anthropogene Flüsse)

Speicher / Gt		Jährliche Änderungen / Gt a^{-1}	Flüsse / Gt a^{-1}	
Atmosphäre	730	+3,3 ± 0,1	Atmosphäre → Festland zur Fotosynthese	118,0
			Atmosphäre → Ozean	90,0
Ozean	9000	+1,8 ± 0,5	Ozean → Atmosphäre, anorganisch	88,0
			Ozean → Atmosphäre von mariner Biosphäre	0,6
			Ozean → Sediment	0,2
Festland / Biosphäre	2000	≈ 0	Festland → Atmosphäre von heterotrophen Organismen	55,0
			Festland → Atmosphäre von autotrophen Organismen	60,0
			Festland → Atmosphäre durch Rodungen, Düngung, Zuwachs u. a.	*2,3*
			Festland → Sediment durch Verwitterung	0,1
			Festland → Ozean durch Wassertransport (Flüsse)	0,6
Sedimente davon	≈ 60·10^6	−5,0 ± 0,5	Sediment → Atmosphäre davon organisch	5,3
				5,2
fossile Brennstoffe (organ. Kohlenstoff)	500-1000	*−5,3*	*und anorganisch (Zement)*	*0,1*

2.3 Die Zusammensetzung der Atmosphäre

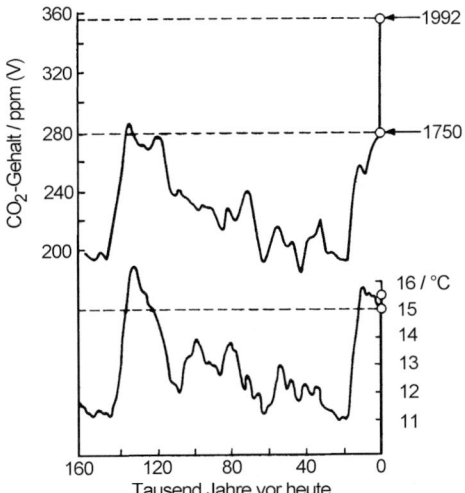

Abb. 2.5: Kohlendioxidgehalt der Atmosphäre (oben) und Lufttemperaturverlauf (unten) (von Daten des Eisbohrkerns der Antarktisstation Wostok; nach Gassmann 1994)

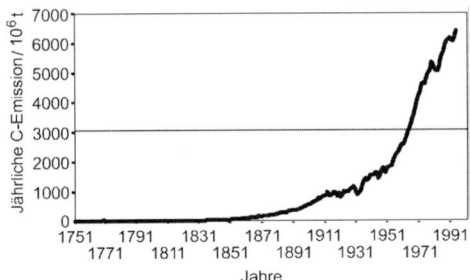

Abb. 2.6: Jährliche Kohlenstoffemission in Mio t seit 1751. 2001: 6839; 2002: 6975 (Daten nach CDIAC 2003, ergänzt)

sache für Klimaschwankungen gewesen.

2.3.3.2 Stratosphärisches Ozon

Ozon ist ein dreiatomiges toxisches Gas. Seine Bedeutung besteht vor allem in der Existenz der stratosphärischen Ozonschicht, die Strahlung < 310 nm absorbiert. Daher ist stets zwischen **stratosphärischem Ozon**,

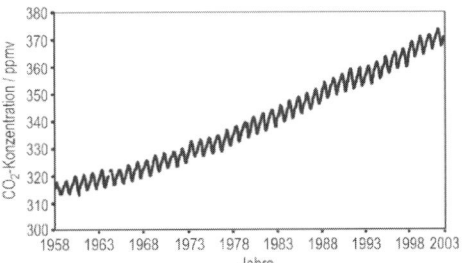

Abb. 2.7: Monatsmittel des atmosphärischen Kohlendioxids am Mauna Loa-Observatorium auf Hawaii seit 1959 (nach Keeling und Whorf 2002, ergänzt).
1/2000 bis 12/2004: 370-382 ppm

das die Ozonschicht zwischen 15 und > 30 km Höhe mit einem Konzentrationsmaximum zwischen 15 und 25 km bildet, und dem troposphärischen Ozon zu unterscheiden. Das Ozon wird in einem atmosphärischen Kreislauf ständig neu gebildet und zerstört. Durch die Einwirkung kurzwelliger UVC-Strahlung werden Sauerstoffmoleküle der Luft in atomaren Sauerstoff zerlegt. Diese lagern sich bei Anwesenheit eines Neutralgases wie N_2 an Sauerstoffmoleküle an und bilden so Ozon. Unter dem Einfluss der längerwelligen UVB-Strahlung wird das Gas auch wieder gespalten. In geringerem Umfang erfolgt der Abbau durch chemische Reaktionen. Im ungestörten Fall variiert der Gesamtozongehalt der Atmosphäre sowohl mit der geografischen Breite als auch im Verlauf der Jahreszeiten. Der Ozongehalt wird häufig in **Dobson-Einheiten** (Dobson units, DU) angegeben. Eine DU entspricht einer Höhe von 0,01 mm, die das reine Ozon bei 0 °C und einem Luftdruck von 1013 hPa einnehmen würde. In Äquatornähe werden etwa 260 DU sowie in mittleren und subtropischen Breiten bis zu 380 DU festgestellt. In Mitteleuropa werden im ungestörten Fall zwischen

300 DU im Herbst und bis zu etwa 440 DU im Frühling beobachtet, wobei Schwankungen von 20 % um den Mittelwert durchaus auftreten können. An den mittleren horizontalen und vertikalen Ozonverteilungen sind in hohem Maße atmosphärische Transportvorgänge beteiligt.

Die seit den 1970er Jahren beobachtete Abnahme des stratosphärischen Ozongehaltes stellt eines der bedrohlichsten globalen Umweltprobleme dar. Für die besonders starke Abnahme des Ozongehaltes über dem Südpolargebiet wurde der Begriff „**Ozonloch**" geprägt (Abb. 2.8). Die Änderungen der chemischen Zusammensetzung der Atmosphäre infolge anthropogener Emissionen, besonders von Fluorchlorkohlenwasserstoffen (FCKW) und anderen Chlorverbindungen (Tab. 2.4), sowie Besonderheiten der allgemeinen atmosphärischen Zirkulation in den hohen Breiten werden der Südhalbkugel zugeschrieben. Der vor allem im Winter mächtige zirkumpolare Wirbel wirkt dabei in den betreffenden Höhen wie ein Reaktionsgefäß, das den meridionalen Austausch der sehr kalten polaren mit den gemäßigten Luftmassen während der Polarnacht verhindert. Anhaltend niedrige Temperaturen führen zur Bildung polarer stratosphärischer Eiswolken, die durch Dehydration und Denitrifikation die **Ozonzerstörung** begünstigen. Die chlorhaltigen Spurengase werden durch Reaktionen an Eis- und Salpetersäureeisteilchen aktiviert. Die Folge ist, dass bei wieder beginnender Sonneneinstrahlung der Ozonabbau einsetzen kann. Normale Zirkulationsverhältnisse stellen sich nach Ende der Polarnacht wieder ein. Chemisch sind zusätzliche katalytische Abbauprozesse vorhanden. Der Rückgang des Ozons wird über Antarktika gewöhnlich im frühen September nach dem Ende der Polarnacht beobachtet. Möglicherweise ist der Höhepunkt dieser Entwicklung erreicht. Aber bedrohliche Ozonrückgänge werden auch auf der Nordhalbkugel beobachtet. Wie Messungen des Meteorologischen Observatoriums Hohenpeißenberg des Deutschen Wetterdiensts zeigen, vollzieht sich die Abnahme des Gesamtozongehaltes über Süddeutschland unter Schwankungen mit einem Trend von −2,8 % pro Jahrzehnt. Allerdings greifen die gegen die Produktion und Verwendung von FCKW gerichteten internationalen Vereinbarungen (Montrealer Protokoll 1987 und Folgevereinbarungen). Die Abbauprozesse werden aber wegen der langen Verweilzeit der Gase noch länger andauern (s. dazu Abb. 2.11).

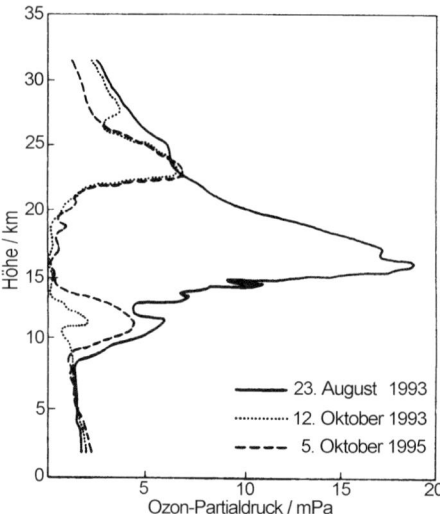

Abb. 2.8: Vertikale Verteilung des Ozon-Partialdrucks am Südpol am 23.8.1993 (ungestört, ausgezogen), am 12.10.1993 (ausgeprägtes Ozonloch, punktiert) und am 5.10.1995 (ausgeprägtes Ozonloch, gestrichelt; nach WMO 1996b)

2.3.3.3 Troposphärisches Ozon

In viel geringerer Konzentration ist Ozon in der Troposphäre vorhanden, wo es auch als Treibhausgas wirkt (Tab. 2.4). Zwischen Stratosphäre und Troposphäre besteht nur ein geringer Austausch von Ozon. Daher erfolgt die Entwicklung der Ozonkonzentrationen in Stratosphäre und Troposphäre getrennt. Das troposphärische Ozon nimmt regional unterschiedlich zu. Dieses Spurengas kommt entweder unter bestimmten Voraussetzungen aus der Stratosphäre, oder – und das ist der entscheidende Vorgang – es wird fotochemisch aus natürlichen und anthropogenen Spurengasen und Stickoxiden gebildet. Auch bei Gewittern entsteht Ozon. In den mittleren und höheren Breiten der Nordhemisphäre steigt der Ozongehalt gegenwärtig mit einer Rate > 1 % a^{-1} an. Damit ist der Begriff des **Sommersmogs** verbunden (s. Abschnitt 4.2.6.6). Unter den Bedingungen einer starken Sonneneinstrahlung treten dabei erhöhte Konzentrationen von Fotooxidantien auf, zu denen besonders Ozon und Peroxyacetylnitrat (PAN) gehören. Vorläuferstoffe sind vor allem Stickoxide und Kohlenwasserstoffe, wobei Autoverkehr und Industrie die Hauptstickoxidquellen bilden (s. Abschnitt 13.11.1). In der oberen Troposphäre wird die Stickstoffkonzentration zu etwa 30 % durch Flugzeugemissionen bewirkt. Diese tragen in der darüber liegenden Stratosphäre hingegen zur Ozonzerstörung bei. Durch die Oxidation anthropogener und biogener Kohlenwasserstoffe wird Ozon nicht nur in urbanen Arealen, sondern auch in Reinluftgebieten gebildet.

2.3.3.4 Weitere Spurengase

Zu nennen ist das **Methan (CH_4)**, das in der Landwirtschaft, hier besonders infolge Wiederkäuerhaltung und Reisanbau, in der Abfallwirtschaft und in der Energiewirtschaft anthropogen in der Größenordnung von 0,5 Gt a^{-1} freige-

Tab. 2.6: Globaler Methanhaushalt (ca. 1999) in 10^6 t a^{-1} nach verschiedenen Quellen

Quellen		Senken	
Natürliche Prozesse:		Aufnahme	
Feuchtgebiete	150	in Böden	30
Termiten	20		
Ozean	10	OH-Bildung in	
Hydratbildung	10	der Troposphäre	506
Anthropogene Quellen:		Verlust in die	
Energiewirtschaft	90	Stratosphäre	40
Abfallwirtschaft	98		
Viehwirtschaft			
(Wiederkäuer)	90		
Reisanbau	95		
Verbrennung			
von Biomasse	20		
Weitere Quellen	15		
Summe Quellen:	**598**	**Summe Senken:**	**576**

Saldo (in der Atmosphäre verbleibender Anteil): 22

setzt wird (Tab. 2.6). Die mittlere Verweilzeit eines Methanmoleküls in der Atmosphäre beträgt 12 Jahre und übertrifft die spezifische Treibhauswirkung des CO_2 erheblich (Tab. 2.4). Der anthropogene Einfluss auf das Vorkommen dieses Gases in der Atmosphäre geht aus Abb. 2.9 hervor, aus der der steile Konzentrationsanstieg besonders im 20. Jahrhundert bis jetzt ersichtlich ist. Der natürliche Umsatz des Gases betrifft viele Naturbereiche. Nach neueren Erkenntnissen befinden sich im Bereich des Meeresbodens umfangreiche Methanvorkommen in Hydratform, aus denen in wärmeren Klimaabschnitten das Gas freigesetzt wird. Als Senke spielt das Hydroxyl-Radikal in der Troposphäre die entscheidende Rolle.

Das **Distickstoffoxid** (N_2O, Lachgas) hat seine anthropogenen Quellen in den Veränderungen der Landoberflächen (Rückgang der tropischen Regenwälder) und in der Landwirtschaft (Anwendung von Mineraldünger). Die mittlere Verweilzeit in der Atmosphäre überschreitet bereits 100 Jahre, was zusammen mit dem GWP von ca. 300 für ein potentes Treibhausgas spricht (Tab. 2.4). Nach schon lange ansteigender Tendenz wurde seit den 1950er Jahren eine anhaltende Zunahme der Wachstumsraten beobachtet (exponentielle Zunahme) (Abb. 2.10). Zu den natürlichen Quellen zählen Mikroorganismen in den Böden sowie im Ozean. Der Abbau von N_2O erfolgt durch fotochemische Prozesse in der Stratosphäre.

Schließlich seien hier noch einmal die gasförmigen Chlor- und Fluorverbindungen genannt, von denen die **Fluorchlorkohlenwasserstoffe** (FCKW) am bekanntesten sind. Sie haben gemeinsam, dass sie Industrieprodukte sind und vor den 1950er Jahren in der Atmosphäre nicht vorhanden waren. Wie aus Tab. 2.4. hervorgeht, nehmen bei geringen Konzentrationen ihre GWP-Werte und die Verweilzeiten zum Teil sehr hohe Werte an. Dadurch ist ihre bisherige Gesamtwirkung auf den zusätzlichen Treibhauseffekt nicht vernachlässigbar. Diese Gase dienten in der Industrie zur Verschäumung und Isolation, wurden aber auch in Sprühdosen massenhaft verwendet. Produktion und Gebrauch von FCKWs sind inzwischen weltweit entsprechend der Festlegungen des Montrealer Protokolls von 1987 (und Folgefestlegungen) untersagt. Die sich dadurch anbahnenden positiven Folgen für die FCKW-Emission zeigt Abb. 2.11. Die darge-

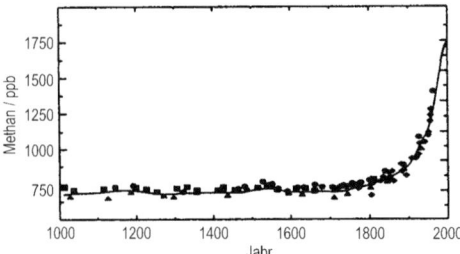

Abb. 2.9: Globale atmosphärische Konzentrationen von Methan im 2. Jahrtausend u. Z. (nach Houghton et al. 2001)

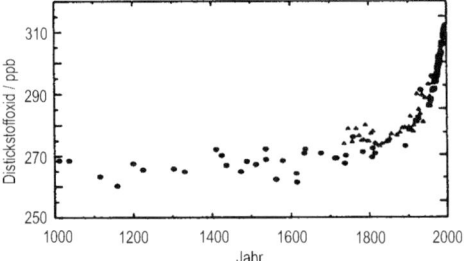

Abb. 2.10: Globale atmosphärische Konzentrationen von Distickstoffoxid im 2. Jahrtausend u. Z. (nach Houghton et al. 2001)

2.3 Die Zusammensetzung der Atmosphäre

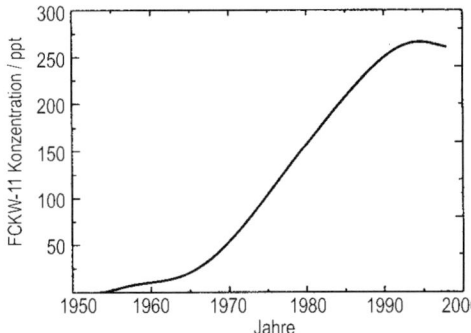

Abb. 2.11: Globale Konzentration von FCKW-11 von 1950 bis 1998 auf der Grundlage von geglätteten Messwerten und Emissionsmodellrechnungen (nach Prinn et al. 2000)

stellte Konzentrationskurve weist in den 1990er Jahren einen Wendepunkt mit nachfolgender leichter Abnahme auf.

2.3.3.5 Aerosol

Zu den Bestandteilen der Atmosphäre gehören auch die Aerosolpartikeln. Sie bilden in flüssiger oder fester Phase mit der Luft das Aerosol (s. Abschnitte 5.5.1 und 10.5.1). Wolkentröpfchen und Niederschläge zählen nicht zu den Aerosolpartikeln. Der Radius der vielfältig vorhandenen Aerosolteilchen erstreckt sich von etwa 10^{-4} µm bis 10 µm, in Extremfällen auch darüber. In dem entsprechenden **Aersolgrößenspektrum** (Abb. 2.12) bewirken die größten Teilchen die Lufttrübung. Für das Klima ist nur der mit etwa 10 % der Gesamtzahl der Teilchen beteiligte Bereich mit einem Radius r > 0,1 µm von Bedeutung. Der Aerosolteilchengehalt der Atmosphäre liegt über Kontinenten höher als über den Ozeanen.
Im Einzelnen sind die Konzentrationen luftmassenabhängig. Aerosolteilchen werden entweder direkt in die Atmosphäre eingebracht (**primäres Aero-**

sol), oder sie entstehen aus der **Gas-Partikel-Konversion** durch chemische Prozesse in der Atmosphäre. Man unterscheidet Oberflächen-, Raum- und Punktquellen. Der Ozean wirkt als gewaltige Oberflächenquelle für Meersalz und gasförmige Schwefelverbindungen. Von den Landoberflächen dagegen werden Staub- und Rußpartikeln je nach Art und Nutzung der Erdoberfläche eingebracht (Tab. 2.7). Infolge von Verbrennungsprozessen kommt es gegenwärtig zur Emission von ca. 10^8 t a^{-1} Schwefelverbindungen, was etwa dem Doppelten der natürlichen Freisetzung entspricht. Als Folge ist die Konzentration von **Schwefelsäureteilchen** in der Atmosphäre bis in die 1990er Jahre stark angestiegen. Eine für das Klima sehr wichtige Quelle für die stratosphärische Aerosolschicht bilden die starken Vulkaneruptionen (Abb. 2.13). Die Aerosolpartikeln haben dort eine Verweilzeit von Monaten bis Jahren, demgegenüber liegt diese in der Troposphäre bei Tagen bis Wochen.

Das atmosphärische Aerosol bewirkt Veränderungen der Strahlungsbilanz des Systems Erde/Atmosphäre. Es kann je nach Bodenalbedo, dem Verhältnis von Absorption zu Rückstreuung der Strahlung für die jeweilige Aerosolart und der Aerosolgröße in einem Gebiet entweder zu Erwärmung oder zu Abkühlung führen. Bei geringer Strahlungsabsorption und hoher Rückstreuung sowie geringer Albedo der Unterlage resultiert eine abkühlende Wirkung des atmosphärischen Aerosols.

Eine große Bedeutung gewinnen die Aerosolteilchen als Kondensations- und Sublimationskerne (s. Abschnitt 5.5.2). Dadurch beeinflussen Aerosolteilchen

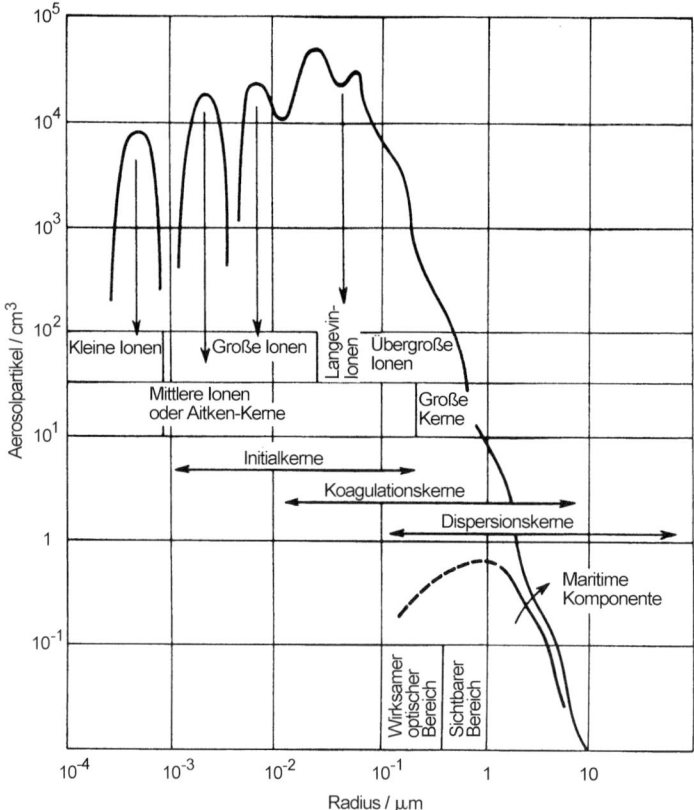

Abb.2.12: Größenspektrum von Aerosolpartikeln

die mikrophysikalischen Prozesse in den Wolken und das gesamte Niederschlagsgeschehen, aber auch den Strahlungs- und Wärmehaushalt, der durch Wolken erheblich modifiziert wird.

Weitergehende Ausführungen zum Inhalt dieses Kapitels können u.a. Fabian (1992), Jaenicke (1987), Kertz (1992), Liljequist und Cehak (1984), Lozán et al. (1998, 2001), Foken (2003), Zmarsly et al. (2002) und Schönwiese (2003) entnommen werden.

2.3 Die Zusammensetzung der Atmosphäre

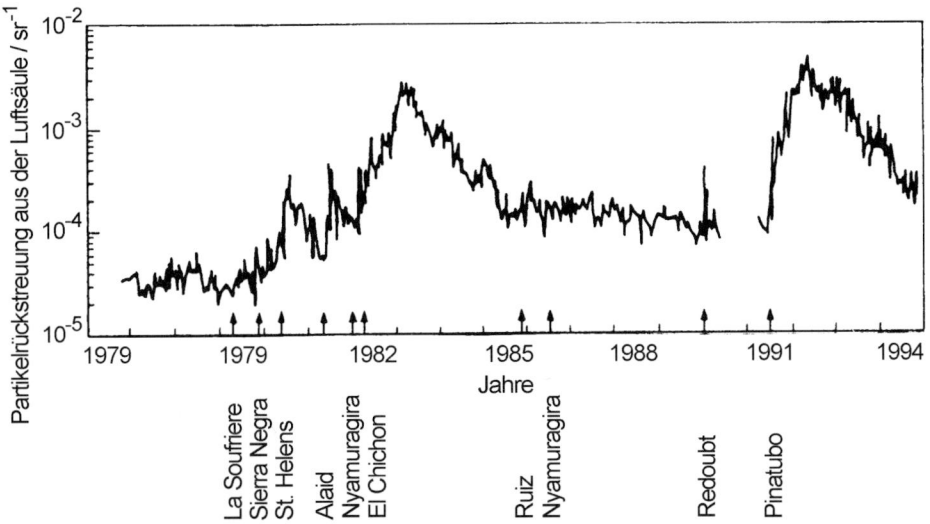

Abb. 2.13: Veränderungen der stratosphärischen Aerosolschicht über Garmisch-Partenkirchen anhand der lidargemessenen integralen Rückstreuung (λ = 0,6493 µm in der Schicht zwischen Troposphäre und der Höhe von etwa 30 km. Die Pfeile markieren starke Vulkanausbrüche) (nach Jäger 1994)

Tab. 2.7: Quellen und Quellenstärken für Aerosolpartikeln

Hauptquelle	Einzelquellen	Quellenstärke / 10^6 t a^{-1}
Natur	Meersalz	1000 – 2000
	Staub, mineralisch	60 – 1800
	Staub, biologisch	50 – 80
	Vulkane	4 – 33
	Waldbrände	3 – 150
	Atmosphäre: Gas-Partikel-Konversion	200 – 1300
Mensch	Partikelemission	54 – 126
	Gas-Partikel-Konversion	180 – 270
Gesamt	natürliche Aerosolpartikeln	1300 – 5400
	anthropogene Aerosolpartikeln	200 – 400

3 Strahlungs- und Wärmehaushalt

3.1 Die Solarstrahlung

3.1.1 Elektromagnetische Wellenstrahlung

Die Sonne bestimmt als Hauptenergiequelle für Erdoberfläche und Atmosphäre die entscheidenden Prozesse in der Atmosphäre wie auch die Herausbildung des Klimas in seiner räumlichen Differenzierung. Die Energiezufuhr von der Sonne ist um den Faktor 10^4 bis 10^5 höher als der Wärmestrom aus dem Inneren der Erde oder die aus der Dissipation der Luft- und Wasserbewegungen umgewandelte Wärmeenergie. Insgesamt gibt die Sonne, vor allem in ihrer **Fotosphäre**, die im Sonneninneren durch Kernfusion erzeugte Energie in einem etwa konstanten Fluss elektromagnetischer Wellenenergie von L ≈ $3{,}82 \cdot 10^{26}$ W ab. Es kann angenommen werden, dass dieser quasi-konstante Prozess noch weitere 5 bis 6 Mrd. Jahre anhält. Bezieht man den Energiefluss auf die Oberfläche der Fotosphäre der Sonne (Kugelfläche = $4 \cdot \pi \cdot r_S^2$, r_S = $6{,}956 \cdot 10^8$ m), so erhält man die Strahlungsflussdichte $L_0 \approx 6{,}35 \cdot 10^7$ W m^{-2}. Die Strahlung breitet sich mit Lichtgeschwindigkeit radial in den kosmischen Raum aus. Mit der Vergrößerung der damit verbundenen Kugelwelle der Strahlung nimmt der Wert jedoch mit dem Quadrat der Entfernung ab. Die auf eine Kreisfläche mit dem Radius r_E (Erdradius), die den Oberrand der Atmosphäre der Erde in der mittleren Entfernung l von der Sonne (l ≈ $1{,}49 \cdot 10^{11}$ m) tangiert, senkrecht einfallende Strahlung beträgt

$$I_0 = L \cdot (4 \cdot \pi \cdot l^2)^{-1}. \tag{3.1}$$

Die Größe I_0 wird als **Solarkonstante** bezeichnet. Nach Gl. (3.1) ergibt sich für die Solarkonstante der Erde $I_0 \approx 1370$ W m^{-2} (s. Zmarsly et al. 2002). Dieser Wert stimmt mit den neueren experimentellen Befunden, nach denen $I_0 = 1366 \pm 2$ W m^{-2} (nach Satellitenmessungen) beträgt, hinreichend gut überein. Da die Erdbahn um die Sonne leicht elliptisch ist, variiert die Solarkonstante regelmäßig von Tag zu Tag (im Laufe eines Jahres gegenwärtig bis ≈ 4 %, bezogen auf den Mittelwert). Die verschiedenen in der Literatur genannten Werte der Solarkonstanten liegen innerhalb des angegebenen Unsicherheitsbereiches.

Für den quantitativen Vergleich dieser Energiezufuhr mit terrestrischen energetischen Größen (s. Abschnitt 3.5) wird I_0 von der Einfallsfläche πr_E^2 auf die mittlere Einstrahlung S_0 auf der Kugeloberfläche $4 \pi r_E^2$ umgerechnet. Man erhält mit

$$\pi \cdot r_E^2 \cdot I_0 = 4 \cdot \pi \cdot r_E^2 \cdot S_0 \tag{3.2}$$

die für Bilanzrechnungen übliche Größe

$$S_0 = I_0 / 4 = 342 \text{ W m}^{-2}.$$

Interessiert die Strahlungsflussdichte für einen Punkt auf der (fiktiven) oberen Begrenzungsfläche der Atmosphäre, so muss die Beziehung

$$\sin h = \sin \varphi \cdot \sin \delta + \cos \varphi \cdot \cos \delta \cdot \cos t \tag{3.3}$$

mit
h = Sonnenhöhe,

δ = Deklination der Sonne,
φ = geografische Breite und
t = Stundenwinkel
(alle in Grad)
herangezogen werden.
Der Stundenwinkel beträgt t = 0° bei Ortszeit 12.00 Uhr und nimmt um 15°/Stunde in Richtung Nord über West zu und in Richtung Nord über Ost ab.
Die in der Breite φ am Oberrand der Atmosphäre ankommende Sonnenstrahlung I_0' ergibt sich in Abhängigkeit von der Sonnenhöhe zu

$$I_0' = I_0 \, (I / I')^2 \cdot \cos Z \qquad (3.4)$$

mit
I' = aktuelle Entfernung Erde–Sonne und
Z = Zenitdistanzwinkel der Sonne (Z = 90° − φ).

Die entsprechende mittlere tägliche Strahlungsflussdichte errechnet sich aus

$$I_{0\,Tag}' = (86400/\pi) \cdot I_0 \cdot (I/I')^2 \cdot (H \cdot \sin \varphi \cdot \sin \delta + \cos \varphi \cdot \cos \delta \cdot \sin H). \qquad (3.5)$$

Darin bedeutet H die Halbtageslänge in Radiant. Sie wird nach

$$\cos H = -\tan \varphi \cdot \tan \delta \qquad (3.6)$$

berechnet. Die Verteilung der täglichen **Einstrahlung** auf der Erde zeigt Abb. 3.1.
Die spektrale Zusammensetzung der elektromagnetischen Wellenstrahlung der Sonne wird weiter unten (s. Abschnitt 3.2) behandelt. Die Hauptabschnitte des Spektrums der elektromagnetischen Wellenenergie enthält Tab. 3.1.

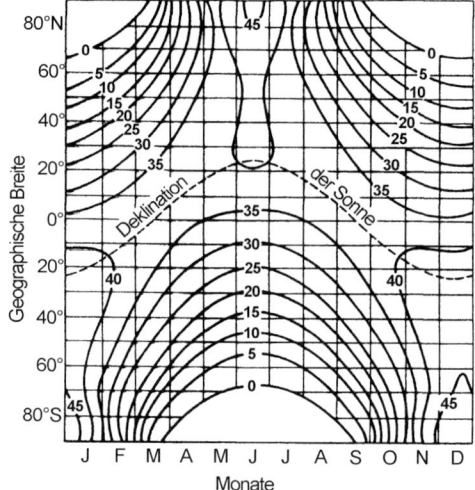

Abb. 3.1: Verteilung der solaren Strahlungsflussdichte in 10^3 kJ m^{-2} d^{-1} an der Erdoberfläche bei fehlender Atmosphäre (nach List 1951 u. a., verändert)

3.1.2 Die Partikelstrahlung

Mit der elektromagnetischen Wellenstrahlung der Sonne untrennbar verbunden ist ein ständiger Teilchenstrom (Partikel- oder Korpuskularstrahlung) von der Sonne weg. Dieser wird als **Sonnenwind** bezeichnet. Die Strahlung dringt mit unterschiedlicher kinetischer Energie auch in die Atmosphäre der Erde ein und gibt durch Zusammenstöße mit den Luftmolekülen Energie an die Luftbestandteile ab. Bei der die Erde insgesamt erreichenden Partikelstrahlung handelt es sich einmal um die kosmische Strahlung, die wegen ihrer hohen Energie weit in die Erdatmosphäre eindringt und Ionisation unterhalb 65 km Höhe hervorruft. Von der Sonne wird relativ niederenergetische Materie ausgeschleudert, die vor allem aus Wasserstoffionen, Heliumionen und anderen Ionen sowie Elektronen besteht. Im Fall von Sonneneruptionen und -protuberanzen kommt es u. a. zu Störungen im Zusammenhang mit höherenergetischen Plasmawolken, die in der Hochatmosphäre eine verstärkte Ionisation bewirken und die mannigfaltigen Erscheinungen der Polarlichter hervorrufen. Somit wirkt der Sonnen-

Tab. 3.1: Spektrum der elektromagnetischen Wellenenergie (nach verschiedenen Quellen)

Strahlungsbereich	Wellenlängenintervall	Bemerkungen
Ultraviolette Strahlung:	100 – 400 nm*)	Durchdringung der Atmosphäre: teilweise
UVC	100 – 280 nm	nein
UVB	280 – 315 nm	teilweise, Erythemstrahlung
UVA	315 – 400 nm	ja
Sichtbarer Bereich VIS:	400 – 760 nm	
Violett	400 – 440 nm	
Ultramarinblau	440 – 483 nm	
Eisblau	483 – 492 nm	
Seegrün	492 – 542 nm	maximale Energie
Laubgrün	542 – 571 nm	
Gelb	571 – 586 nm	
Orange	586 – 610 nm	
Rot	610 – 760 nm	
Infraroter Bereich:	0,76 – 1000 µm*)	
Nahes Infrarot	0,76 – 1,4 µm	Infrarot A
Thermisches Infrarot	1,4 – 3,0 µm	Infrarot B
Fernes Infrarot	3,0 – 1000 µm	Infrarot C
Mikrowellen:	1 – 100 mm	
Submillimeterwellen	0,1 – 1 mm	
Millimeterwellen EHF	1 – 10 mm	
Zentimeterwellen SHF	10 – 100 mm	Radar
Radiowellen:	0,1 – 30000 m	Frequenzen in MHz
Ultrakurzwellen UHF	0,1 – 1 m	3000 – 300
Ultrakurzwellen VHF	1 – 10 m	300 – 30
Kurzwelle HF	10 – 100 m	30 – 3
Mittelwelle MF	100 – 1000 m	3 – 0,3
Langwelle LF	1000 – 10000 m	0,3 – 0,03
Langwelle VLF	10000 – 30000 m	0,03 – 0,01

*) Nanometer: 1 nm = $1 \cdot 10^{-9}$ m. Mikrometer: µm = $1 \cdot 10^{-6}$ m

wind als wichtiger Bestandteil der solarterrestrischen Beziehungen primär auf die Prozesse der höheren Atmosphärenschichten ein. Es wurde jedoch auch nachgewiesen, dass unter bestimmten Bedingungen ein „Durchgriff" auf die Prozesse in den unteren Atmosphärenschichten und damit auf das Klima vorhanden ist.

3.1.3 Schwankungen der Solarstrahlung

Die die rotierende Erde erreichende Solarstrahlung unterliegt langfristigen und kurzfristigen Änderungen.

Die mittlere Entfernung Erde–Sonne wird durch die **Exzentrizität der elliptischen Erdumlaufbahn** (die erste numerische Exzentrizität beträgt gegenwärtig etwa 0,017) im Laufe des Jahres verändert (s. o.). Das Verhältnis $(I/I')^2$ variiert während des Jahres nach der Beziehung

$$(I/I')^2 = 1{,}006 + 0{,}03343 \cdot \cos\Theta + 0{,}0011 \cdot \sin\Theta \qquad (3.7)$$

mit

$\Theta = 2 \cdot \pi \cdot (d - 2{,}84) / 365$.

Es ist d = Tag des Julianischen Jahres

(Länge 365,25 Tage). Die Exzentrizität verändert sich langfristig mit einer Periode von ca. 110000 Jahren.

Die **Neigung der Erdachse** gegenüber der Bahnebene (gegenwärtig ca. 23,5°) variiert zwischen 22° und 24,5° mit einer Periode von ca. 41000 Jahren. Diese Eigenschaft beeinflusst den Einstrahlungsunterschied zwischen Äquator und Polen sowie die jährliche Schwankung der Einstrahlung an einem Ort. Langfristig können Strahlungsschwankungen von ca. 15 % in den hohen Breiten hervorgerufen werden.

Die Strahlung wird durch die **veränderliche Lage von Perihel** (sonnennächster Punkt der Erdumlaufbahn) und **Aphel** (sonnenfernster Punkt) auf der Umlaufbahn (Perioden von etwa 23000 und 18000 Jahren) beeinflusst. Diese Größe verändert die jahreszeitliche Verteilung der Strahlung auf der Erde. Das Perihel der Erdbahn liegt gegenwärtig so, dass die geringste Entfernung Sonne–Erde und damit der größte Strahlungsgenuss für die Südhemisphäre während des Sommers (Nordwinter, etwa am 5. Januar) auftritt. Der kombinierte Effekt der genannten Größen beträgt im Bereich der hohen Breiten etwa 30 %. Damit sind die genau berechenbaren Langzeitvariationen der Bahngrößen (Milankovich-Parameter, s. Abschnitte 10.4 und 11.1) sehr wichtig für den gegenseitigen Übergang von Kalt- und Warmzeiten innerhalb von Eiszeitaltern.

Kurzfristige Schwankungen der Solarstrahlung rühren von Prozessen der veränderlichen **Solaraktivität** her. Diese äußert sich in Fluktuationen unterschiedlicher Frequenz der Solarkonstanten, die seit den 1970er Jahren durch Satellitenmessungen kontinuierlich erfasst werden. Die Messungen ergaben innerhalb eines Sonnenfleckenzyklus einen geringen Anstieg der Solarkonstanten zwischen Minimum und Maximum von ca. 0,1 % (oder 1,4 W m^{-2}). Äußerlicher Ausdruck der veränderlichen Solaraktivität sind die **Sonnenflecken**. Es handelt sich dabei um dunklere (im Vergleich zur mittleren Temperatur der Fotosphäre etwa 1700 K kältere) Bereiche der Fotosphäre. Für diese leicht beobachtbaren Erscheinungen liegen schon seit Jahrhunderten (seit 1610) relativ zuverlässige Beobachtungen der Sonnenfleckenrelativzahl R vor, die es mit Einschränkungen gestatten, den Einfluss der veränderlichen Einstrahlung auf den Klimaablauf zu untersuchen. Den Langzeitgang der **Wolfschen Sonnenfleckenrelativzahl** (J. M. Wolf, 1816–1893)

$$R = 10 \cdot g + f \tag{3.8}$$

mit
g = Anzahl der Fleckengruppen und
f = Anzahl der Einzelflecken
zeigt Abb. 3.2.

Auffällig ist der bekannte elfjährige Zyklus, dem weitere Perioden überlagert sind. Analysiert man die in Abb. 3.2 dargestellte Zeitreihe, so findet man vor allem die 11-jährige Periode, die allerdings mehr einen Periodenbereich bezeichnet, der sich zwischen 7 und 17 Jahren erstreckt. Ferner findet man u.a. den halben Hauptzyklus (4 bis 6 Jahre) und wesentlich längere Perioden, so den Gleissberg-Zyklus mit einer Periode von 88 Jahren. Die erreichten Maxima und Minima der R-Zahlen schwanken stark. Im dargestellten Zeitraum variieren die Maxima zwischen 46 und 190. Viel diskutiert wurden die ausgeprägten Perioden mit sehr geringen R-Zahlen. Es handelt sich in den

3.2 Strahlungsgesetze

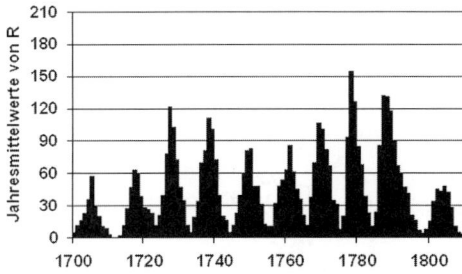
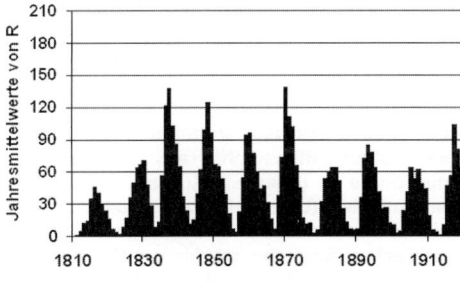
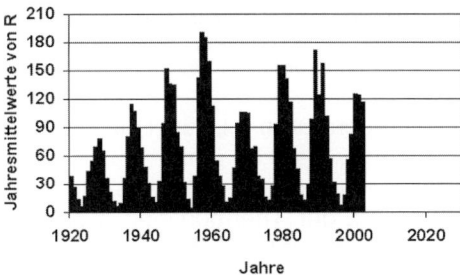

Abb. 3.2: Monatliche Sonnenfleckenrelativzahlen von 1700 bis 2002.
1/2003 bis 8/2005: R = 18–83.1 (Daten: NOAA)

letzten 800 Jahren um die zum Teil indirekt bestimmten Perioden mit minimalen R-Werten:
Wolf-Minimum ca. 1210–1350,
Spör-Minimum 1400–1510,
Maunder-Minimum 1645–1715 und
(weniger ausgeprägt) Dalton-Minimum 1800–1830.
Diese Zeiten minimaler Solaraktivität fallen klimatisch in die „Kleine Eiszeit", eine Periode mit unterschiedlichen, aber im Mittel gegenüber der Gegenwart um etwa 1 K niedrigeren Mitteltemperaturen

(s. Abschnitte 10.3 und 11.3).
Einfache Korrelationen zwischen R und klimatologischen Abläufen führen im Allgemeinen nicht zu persistenten Ergebnissen. Es konnte jedoch u. a. gezeigt werden, dass die variierende Länge der Zyklen einen signifikanten Zusammenhang mit globalen bzw. hemisphärischen Temperaturanomalien aufweist.

3.2 Strahlungsgesetze

Die Strahlungsprozesse im System Sonne-Atmosphäre-Erde werden durch die aus der Physik bekannten Strahlungsgesetze beschrieben. Diese gelten für ideal strahlende Körper, die die isotrope und unpolarisierte elektromagnetische Wellenstrahlung aller Wellenlängen absorbieren und selbst entsprechend ihrer Temperatur emittieren. So definierte ideale Strahler werden als **Schwarze Körper**, ihre Strahlung als Schwarzkörperstrahlung bezeichnet.

Ein Körper mit der Temperatur T (in K) emittiert auf der Wellenlänge λ (in µm) Schwarzkörperstrahlung $A_\lambda{}^*$ nach dem **Planckschen Gesetz** (das Zeichen * weist hier und im Folgenden auf Schwarzkörperstrahlung hin)

$$A_\lambda{}^* = c_1/[\lambda^5 \cdot \{\exp(c_2/(\lambda \cdot T)) - 1\}]. \quad (3.9)$$

Die Konstanten haben die Werte
$c_1 = 3{,}74 \cdot 10^{-16}$ W m^2 und
$c_2 = 1{,}44 \cdot 10^4$ µm K.
Dieses Gesetz erlaubt die Bestimmung des Spektrums der durch einen Schwarzen Körper emittierten Energie. Das Spektrum variiert je nach der Temperatur. Die Spektren eines Schwarzen Körpers mit einer Temperatur von 6000 K und der Solarstrahlung am Oberrand der Atmosphäre sind in Abb. 3.3 enthalten.

Aus Gl. (3.9) ergibt sich die Definition der **Strahlungstemperatur** als die Temperatur, die ein schwarzer Körper besitzen muss, damit in einem gewählten Spektralbereich genau die Energie A_λ^* abgestrahlt wird, die das Strahlungsgesetz fordert. Der Begriff kann auch auf die Temperatur angewendet werden, die der Gesamtstrahlung eines schwarzen Körpers nach Gl. (3.10) entspricht (dann auch als bolometrische Temperatur bezeichnet).

Daraus folgt, dass die häufig benötigte **Oberflächentemperatur**, die unter bestimmten Voraussetzungen mit Strahlungsthermometern bestimmt werden kann, nicht mit der Strahlungstemperatur gleichgesetzt werden kann.

Die Gesamtenergie, die ein strahlender Körper aussendet, ergibt sich aus der Integration der Gl. (3.9). Man erhält das **Stefan-Boltzmann-Gesetz**

$$A^* = \sigma \cdot T^4 \tag{3.10}$$

mit

$\sigma = 5{,}67 \cdot 10^{-8}$ W m^{-2} K^{-4}

(Stefan-Boltzmann-Konstante). Setzt man für A^* den Wert von $L_0 = 6{,}35 \cdot 10^7$ W m^{-2} ein, so errechnet man für die mittlere Temperatur der Fotosphäre $T_S = 5785$ K.

Ebenfalls aus dem Planckschen Strahlungsgesetz abgeleitet ist das **Wiensche Verschiebungsgesetz**, das die Lage der Wellenlänge maximaler Energie (in μm) im Spektrum eines Schwarzen Körpers in Abhängigkeit von der Temperatur T (in K) beschreibt:

$$\lambda_{max} \cdot T^* = 2898 \text{ m} \cdot \text{K}. \tag{3.11}$$

Aus der Gl. (3.11) folgt, dass die Wellenlänge maximaler Energie umso mehr nach kürzeren Wellenlängen verschoben ist, je höher die Temperatur des strahlenden Körpers ist. Setzt man die für die Sonnenoberfläche gefunde-

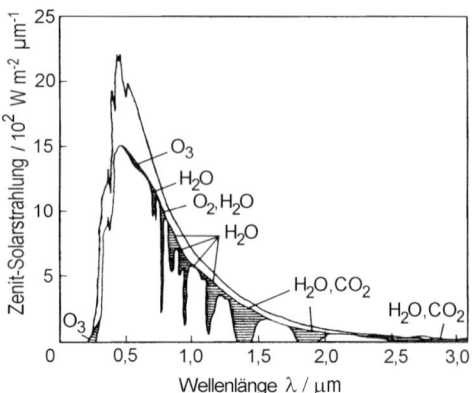

Abb. 3.3: Spektrale Verteilung der Zenit-Solarstrahlungsflussdichte am Oberrand der Atmosphäre (obere Kurve) und im Meeresniveau (untere Kurve) unter mittleren atmosphärischen Bedingungen. Die schattierten Bereiche markieren die Wirkung der Absorption durch atmosphärische Gase. Die Differenzfläche beider Kurven ist dem Anteil der Solarstrahlung proportional, der reflektiert und zurückgestreut wird (nach Gast 1965)

ne Temperatur in Gl. (3.11) ein, so erhält man $\lambda_{max} = 0{,}50$ μm.

Schließlich besagt das aus dem 2. Hauptsatz der Thermodynamik hervorgehende **Kirchhoffsche Strahlungsgesetz**, dass ein strahlender Körper soviel Strahlung emittiert wie er auch absorbiert. Die emittierte Strahlung A_λ eines nicht-schwarzen Körpers ist gleich seinem Absorptionsgrad a_λ multipliziert mit der Emission des Schwarzen Körpers A_λ^* bei der gleichen Temperatur:

$$A_\lambda = a_\lambda \cdot A_\lambda^*. \tag{3.12}$$

Das bedeutet, dass die Strahlungsemission proportional zum Absorptionsgrad ist. Die Werte für den Absorptionsgrad variieren zwischen 0 und 1.

Für verschiedene Körper (Indizes 1, 2, …) gleicher Temperatur gilt

$$A_{\lambda 1} / a_{\lambda 1} = A_{\lambda 2} / a_{\lambda 2} = \ldots = A_\lambda^* / a_\lambda^*, \tag{3.13}$$

wobei
$a_\lambda^* = 1$ ist.
Daraus ergibt sich, dass Körper auf den Wellenlängen emittieren, in denen auch die Absorption der einfallenden Strahlung erfolgt.

Für den **Emissionsgrad** (auch als Emissionsvermögen bezeichnet) bei gleicher Temperatur der Körper gilt

$$\varepsilon_\lambda = A_\lambda / A_\lambda^*. \qquad (3.14)$$

Damit ist
$\varepsilon_\lambda^* = 1$ und daher im Allgemeinen
$\varepsilon_\lambda = a_\lambda$,
d. h. das Emissionsvermögen entspricht dem Absorptionsvermögen.
Neben ihrer Wellenlängenabhängigkeit sind die Größen α und ε stoffabhängig (Tab. 3.4).

Die Schwarzkörperstrahlung spielt in der meteorologischen Strahlungsphysik eine große Rolle. So entspricht die Sonnenstrahlung in den entscheidenden Spektralbereichen (solare Strahlung $\lambda < 4000$ nm) der Schwarzkörperstrahlung. Das gilt weitgehend auch für die Strahlung der Erdoberfläche und der Wolken ($\lambda > 4000$ nm). Diese Abschnitte des Spektrums werden als **kurzwellige Strahlung** (Sonnenstrahlung, $\lambda < 4000$ nm) oder als **langwellige Strahlung** (terrestrische Strahlung, $\lambda > 4000$ nm) bezeichnet. Die Grenzwellenlänge wird gelegentlich auch mit $\lambda = 3000$ nm oder $\lambda = 3500$ nm angegeben.

3.3 Die Veränderungen der Sonnenstrahlung in der Atmosphäre

Die Sonnenstrahlung unterliegt auf ihrem Weg durch die Atmosphäre zur Erdoberfläche einer wellenlängenabhängigen **Extinktion**. Die Schwächung der Strahlung wird durch die Absorption (Umwandlung elektromagnetischer Wellenenergie in Wärmeenergie) und die Streuung (Richtungsänderung der einfallenden Strahlung, Erhöhung der Strahldivergenz) bewirkt. Im Ergebnis ist die Atmosphäre durch eine je nach Wellenlänge unterschiedliche Durchlässigkeit (Transmission) für Sonnenstrahlung gekennzeichnet.

3.3.1 Absorption

Die Absorption ist Ausdruck der Wechselwirkung zwischen der Strahlung und der Materie, wobei ein Energietransfer von den Fotonen zu den Molekülen erfolgt. Als Foton wird ein Quant $h \cdot \nu$ der Strahlungsenergie ($h = 6{,}62 \cdot 10^{-34}$ J s als Planck-Konstante, ν = Frequenz in s^{-1}) bezeichnet. Wenn ein Foton auf ein Molekül mit Elektronen trifft, deren strukturbedingte Energiedifferenz zwischen zwei Zuständen gerade der Energie des Fotons entspricht, so wird die Energie des Fotons auf das Elektron übertragen, d. h. das Foton wird absorbiert. Bei der Absorption werden somit Moleküle vom energetischen Grundzustand G^A auf ein höheres Energieniveau G^E gebracht, wobei

$$h \cdot \nu = G^E - G^A \qquad (3.15)$$

ist. Es gibt verschiedene Formen dieses Energieübergangs (Translationsenergie, Elektronenenergie, Vibrationsenergie, Rotationsenergie). Die Elektronenübergänge sind am energiereichsten (relativ hohe Frequenzen im UV-Bereich, im sichtbaren Abschnitt und im nahen IR-Gebiet), die Rotationsübergänge dagegen am energieärmsten im fernen IR- und im cm-Wellenbereich. Die Absorption kann nur in Vielfachen eines Energiequants erfolgen, die proportional zur Frequenz der Strahlung sind. Sie ist diskret, was sich in den stoffabhängigen Absorptionsspektren zeigt. Ein Körper befindet sich im Strahlungsgleichgewicht, wenn er für jedes Frequenzintervall soviel Fotonen emittiert wie er absorbiert. Da die Atmosphäre wesentlich kälter ist als die Sonne, hat die von den atmosphärischen Gasen reemittierte Strahlung viel größere Wellenlängen. Der absorbierte Anteil dA_λ von A_λ kann mit Hilfe des Absorptionskoeffizienten a_λ (meist in cm^{-1}) nach

$$dA_\lambda = -a_\lambda \cdot A_\lambda \cdot ds \qquad (3.16)$$

bestimmt werden, wobei ds die Länge der durchstrahlten Luftmasse ist. In der Atmosphäre wird energiereichere Strahlung (kürzere Wellenlängen) schnell durch Atome oder Moleküle absorbiert, die ionisiert werden. Weniger energiereiche Strahlung dringt solange immer tiefer ein, bis die Gaskonzentration hoch genug ist, die Strahlung zu absorbieren. Je weiter die Strahlung eindringt, desto höher ist die Dichte der Absorber. Die Absorption wird daher durch die **Eindringtiefe** h_λ der Strahlung charakterisiert. Das ist die Höhe, bei der die Strahlungsflussdichte um den Faktor $e^{-1} \approx 0{,}37$ reduziert ist. Abb. 3.4 zeigt die spektrale **Transmission** der Sonnenstrahlung, d. h. die spektrale Durchlässigkeit der Atmosphäre für Strahlung. Die Werte liegen komplementär zum Absorptionsgrad ebenfalls zwischen 0 und 1. Die Transmission wird häufig auch in % ausgedrückt. Im kurzwelligen Bereich wird die Transmission vor allem durch Sauerstoff und Ozon beeinflusst, ab 700 nm tritt Wasserdampf als Absorber in Erscheinung und im nahen Infrarot auch noch CO_2 und CH_4. Im langwelligen Bereich ($\lambda > 4\ \mu m$) spielen der Wasserdampf und das CO_2 die entscheidende Rolle, nicht zu vernachlässigen sind aber auch N_2O, O_3 und O_2 sowie die FCKWs und andere Spurengase. Von großer Bedeutung sind die Abschnitte des Spektrums mit nahezu ungestörter Transmission, die so bezeichneten **Fenster**. In diesen Spektralbereichen kann die langwellige Ausstrahlung der Erdoberfläche die Atmosphäre durchdringen.

Die in der Atmosphäre insgesamt absorbierte Strahlung ist verhältnismäßig gering. Bei einer am Oberrand der Atmosphäre im Mittel ankommenden Solarstrahlung von 342 W m^{-2} beträgt die Absorption in der Atmosphäre nur 70

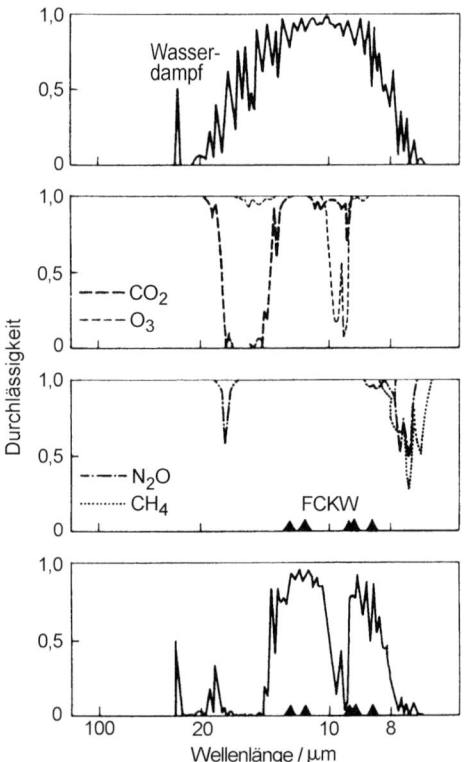

Abb. 3.4: Transmissionsspektren der wichtigsten Treibhausgase der Atmosphäre. Unten: gemeinsames Spektrum (aus Hupfer 1996).

3.3 Die Veränderungen der Sonnenstrahlung in der Atmosphäre

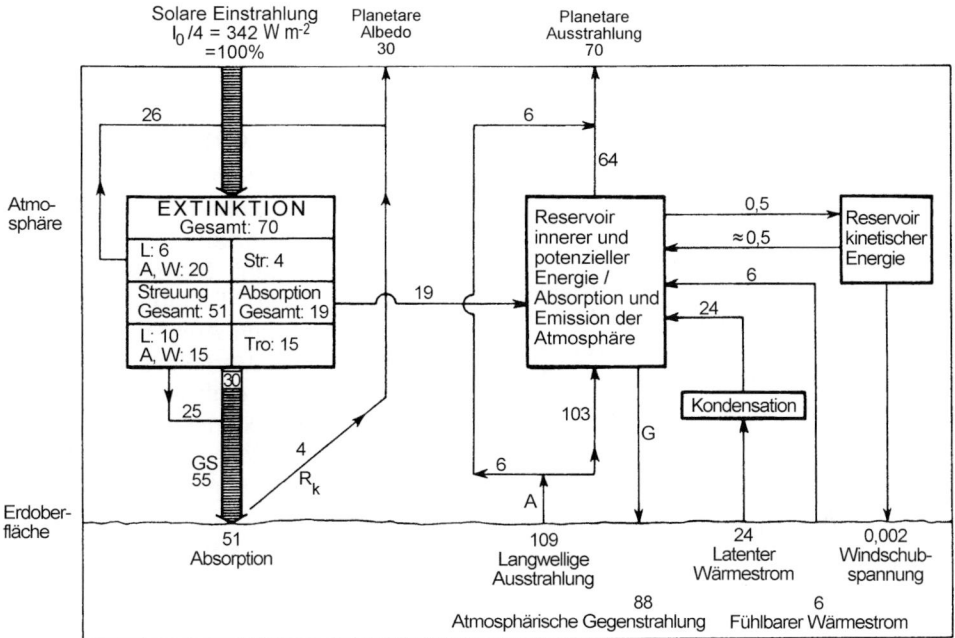

Abb. 3.5: Strahlungs-, Wärme- und kinetische Energieflussdichten im System Erde/Atmosphäre (Zahlen nach Peixoto und Oort 1992, Rödel 1992)
I_0 = Solarkonstante, L = Luft, A (linke Seite) = Aerosol, W = Wolken, Str = Stratosphäre, Tro = Troposphäre, GS = Globalstrahlung, R_k = von der Erdoberfläche reflektierte kurzwellige Strahlung, A (rechte Seite) = langwellige Ausstrahlung der Erdoberfläche, G = langwellige Gegenstrahlung der Atmosphäre

W m^{-2}, die an der Oberfläche dagegen 174 W m^{-2} (s. Abb. 3.5).

3.3.2 Streuung

In reiner Luft erfolgt die Streuung sowohl der einfallenden als auch der ausgehenden, von der Erdoberfläche oder von Wolken reflektierten kurzwelligen Strahlung durch die **Rayleigh-Streuung** an Luftmolekülen (J. Rayleigh, 1842–1919). Deren Abmessungen sind kleiner als die Wellenlänge der gestreuten Strahlung. Die Größe der gestreuten Strahlung ist umgekehrt proportional der 4. Potenz der Wellenlänge. Somit ist die Streuung der Strahlung im blauen Spektralbereich etwa zehnmal größer als die der Strahlung im roten Spektralbereich. Dies erklärt die tagsüber bei Wolkenlosigkeit herrschende blaue Farbe des scheinbaren Himmelsgewölbes. Die Rotfärbungen des Himmels bei Sonnenauf- und Sonnenuntergang sind dagegen auf die stärkere Absorption der kurzwelligen Strahlung im blauen Bereich zurückzuführen. Die Intensität der Streustrahlung für unpolarisierte Strahlung hängt vom Streuwinkel ab, der durch die Richtungsdifferenz zwischen der Richtung der einfallenden und der gestreuten Strahlung bestimmt ist. Die Winkelabhängigkeit der Streustrahlung ist relativ gering. Die Streustrahlung ist in Vorwärts- und Rückwärtsrichtung unpolarisiert, senkrecht zur Einfallsrichtung dagegen maximal polarisiert. Die Solarstrahlung unter den Bedingungen der Rayleigh-Streuung (das ist für die Rayleigh-Atmosphäre der Fall) wird häufig als Referenzgröße für die maximal mögliche Einstrahlung an der Erdoberfläche angesehen. Tab. 3.2 enthält Werte der Globalstrahlung (direkte und gestreute Strahlung) einer Rayleigh-Atmosphäre im Vergleich mit Messungen. Die Flussdichte der realen Globalstrahlung liegt zwischen 50 und 70 % unter der der Globalstrahlung der Rayleigh-Atmosphäre.

Enthält die Atmosphäre neben den Bestandteilen der reinen Luft Beimengungen in Form fester und flüssiger Aerosolteilchen sowie Wolken- und Nebeltröpfchen, so ist der Fall gegeben, dass die streuenden Teilchen größer als die Wellenlängen der Sonnenstrahlung sind. Dann handelt es sich um die **Mie-Streuung**, die nach der von G. Mie (1868–1957) formulierten Theorie erklärt werden kann. Die Wellenlängenabhängigkeit der Streustrahlung ist im Fall der Streuung an atmosphärischen Aerosolteilchen erheblich schwächer ausgeprägt ($\approx \lambda^{-1}$ bis $\lambda^{-1,5}$). Das äußert sich in der Änderung der Himmelsfarbe zu weiß-grau bei Anwesenheit größerer Aerosollasten. Ist der Durchmesser der streuenden Teilchen sehr groß gegenüber der Wellenlänge, so ist die Extinktion der einfallenden Strahlung kaum noch von der Wellenlänge abhängig (so bei Nebel). Die Streuung kann prinzipiell mehrfach erfolgen.

3.3.3 Reflexion der Strahlung

Zur Gesamtextinktion der Sonnenstrahlung in der Atmosphäre kann auch die Reflexion als Spezialfall der Streuung gerechnet werden. Darunter versteht man eine starke Richtungsänderung der Strahlung nach Auftreffen auf eine Oberfläche. Das Verhältnis α = reflektierte Strahlung / einfallende Strahlung ergibt den Reflexionskoeffizienten. In Prozent ausgedrückt wird diese Größe als **Albedo** bezeichnet. Die planetarische Albedo (30 bis 31 %) ist als das Verhältnis der am Oberrand der Atmosphäre austretenden reflektierten kurzwelligen Strahlung zur dort im Mittel einfallenden Strahlung definiert. Bei einer ankommenden Solarstrahlung von 342 W m^{-2} kann der Oberflächenanteil der planetaren Reflexion zu 21 W m^{-2}, der der Atmosphäre zu 84 W m^{-2} bestimmt werden (s. Abb. 3.5 und Tab. 3.7 in Abschnitt 3.7). Innerhalb der Atmosphäre ist die Wolkenalbedo auch für das Klima äußerst bedeutsam. Sie ist für die niedrigen und mittelhohen Wolken am höchsten (Tab. 3.3). Nach Messungen des Satelliten Meteosat (erfasstes Gebiet ≈ 60° N und S, ≈ 60° E und W) ist die planetarische Albedo bei bedecktem Himmel etwa doppelt so groß wie im Fall ohne Bedeckung. Die

Tab. 3.2: Mittlere Monats- und Jahreswerte der Globalstrahlung einer Rayleigh-Atmosphäre GS$_R$ (52° 30' Nord) und der in Potsdam 1951/1980 gemessenen Globalstrahlung GS in W m^{-2} (nach Hupfer und Chmielewski 1990)

	JAN	FEB	MÄR	APR	MAI	JUN	JUL	AUG	SEP	OKT	NOV	DEZ	Jahr
GS$_R$	78,7	125,4	231,8	324,1	415,1	437,8	432,8	363,7	262,2	168,3	90,8	62,3	249,5
GS	25,8	46,3	101,9	148,4	205,4	222,6	209,9	180,4	125,5	69,8	28,6	18,5	115,3
GS/GS$_R$ / %	32,8	36,9	44,0	45,8	49,4	50,8	48,5	49,6	47,9	41,5	31,5	29,7	46,2

3.3 Die Veränderungen der Sonnenstrahlung in der Atmosphäre

Tab. 3.3: Reflexions- und Absorptionskoeffizienten von Wolken für kurzwellige Strahlung

Wolkentyp	Reflexions-koeffizient	Absorptions-koeffizient
Hohe Wolken (Cirrus)	0,21	0,005
Mittelhohe Wolken	0,48	0,020
Niedrige Wolken (Stratus)	0,69	0,035

Absorption an der Oberfläche reduziert sich bei bedeckten Verhältnissen auf etwa 75 % der unter wolkenfreien Bedingungen absorbierten Strahlung. Die Albedo verschiedener Oberflächen enthält Tab. 3.4. Diese Größe variiert mit der Bodenfeuchte und dem jahreszeitlichen Gang der Vegetationsentwicklung. Die Albedo von Wasseroberflächen schwankt sehr stark mit dem Einfallswinkel der Strahlung gemäß dem **Fresnelschen Spiegelungsgesetz** (A. J. Fresnel, 1788–1827). Die Albedo der direkten Sonnenstrahlung beträgt wenige Prozent bei hohem Sonnenstand und bis zu 50 % bei völlig ruhigem Wasser und geringer Sonnenhöhe. Der Reflexionskoeffizient hängt weiterhin vom Seegang und von der Bewölkung ab.

Somit besteht die **Gesamtextinktion** der ankommenden Sonnenstrahlung in der Atmosphäre aus Absorption, Streuung und Reflexion (als einem Spezialfall der Streuung). Die aus der Atmosphäre zur Erdoberfläche hin gerichtete Streustrahlungskomponente wird als **diffuse Himmelsstrahlung** bezeichnet. Sie bildet zusammen mit der direkten Sonnenstrahlung die wichtige Größe der **Globalstrahlung**. Die Strahlungsflüsse werden auf eine horizontale Einheitsfläche bezogen. Im Vergleich zur direkten Sonnenstrahlung S_Z, die zenital auf eine solche Fläche fällt, trifft

Tab. 3.4: Wertebereiche der kurzwelligen Albedo α und des langwelligen Emissionsgrades (Emissionsvermögens) ε verschiedener Oberflächen (vgl. Tab. 13.8)

Oberfläche	α / %	ε
Wasser, Mittelwerte	3–10	0,92–0,99
Neuschnee	75–90	0,82–0,99
Trockener kalter Schnee	25–40	0,98–0,99
Altschnee, schmelzend	40–70	–
Eis / Meereis ohne Schnee	60–75	0,96–0,99 / 0,96
Gletschereis	20–45	–
Boden, grau, feucht	10–15	0,90–0,92
Boden, grau, trocken	10–30	0,95–0,98
Boden, dunkel (hoher Humusgehalt), feucht	5–15	0,95
Trockener Wüstenboden	20–35	0,90–0,91
Sand, weiß, trocken	25–45	0,91–0,95
Sand, feucht	20–30	0,94–0,96
Lehm (15 % Wasser)	15–30	0,95
Moor, trocken	15–30	0,95
Moor, feucht	6–10	0,96
Sandstein	10–40	0,92
Granit	15–30	0,90
Gras	15–25	0,97–0,99
Getreide	10–25	0,90
Laubwald	15–20	0,95–0,96
Nadelwald	10–15	0,97
Wald mit Schneedecke	20–35	0,96–0,98
Trockene Vegetation	20–30	0,90
Asphaltpflaster	5–20	0,95–0,96
Betonpflaster	10–35	0,96–0,97
Holz, trocken	15–30	0,90
Menschliche Haut	25–50	0,95–096

die bei der Sonnenhöhe h einfallende Strahlung S auf eine um 1 / cos h größere Fläche (**Kosinusgesetz**). Es gilt daher

$$S = S_z \cdot \sin h$$

bzw.

$$S = S_z \cdot \cos z, \qquad (3.17)$$

wobei

z = Zenitdistanzwinkel.

Die Flussdichte der relativ isotrop einfallenden diffusen Himmelsstrahlung H hängt hauptsächlich von der Sonnenhöhe und nur wenig von den atmosphärischen Transmissionsbedingungen ab (Tab. 3.5).

Tab. 3.5: Strahlungsflussdichte der diffusen Himmelsstrahlung H in W m^{-2} unter wolkenlosen Bedingungen in Abhängigkeit von der Sonnenhöhe h in Grad

h	10°	20°	30°	40°	50°	60°	80°
H	40	60	75	85	95	105	110

3.3.4 Zur Bestimmung der Strahlungsextinktion in der Atmosphäre

Einfache Strahlungstransportrechnungen kann man unter der Annahme einer planparallelen Atmosphäre mit Hilfe des **Lambert-Bouguer-Beerschen Gesetzes** vornehmen. Man betrachtet eine Luftsäule mit dem Querschnitt 1, der Länge ds und der Masse $\rho_L \cdot ds$. Beim Durchgang von Strahlung entlang ds werde die mittlere Solarkonstante I_0 zu S geschwächt, sodass man mit a' = Extinktionskoeffizient erhält:

$$S = I_0 \cdot e^{-a' \cdot \int \rho_L \cdot ds} \quad (3.18)$$

Im Fall der Projektion der Strahlung bei der Sonnenhöhe h durch die betrachtete Luftsäule auf vertikalen Einfall wird

$$ds = dz \cdot \sec h, \quad (3.19)$$

damit

$$S = I_0 \cdot \exp(-a' \cdot \sec h \cdot \int \rho_L \cdot dz). \quad (3.20)$$

Das Integral $\int \rho_L \cdot dz$ wird als Zenitluftmasse M bezeichnet, so dass mit M = 1 (bei p = 1000 hPa), mit Berücksichtigung des aktuellen Luftdrucks p und des mittleren Luftdrucks p_M sowie mit der von der Sonnenhöhe h abhängigen Schichtdicke dh folgt.

$$S = I_0 \exp[-a' \cdot dh \cdot \sec h \cdot (p/p_M)]$$

Bei schrägem Strahlengang gilt für die optische Luftmasse als relatives Maß für die durchquerten Luftmassen M = 1 / sin h.

Um mit dieser Form des Lambert-Bouguer-Beerschen Gesetzes (J. H. Lambert, 1728–1777, A. Beer, 1825–1863, P. Bouguer, 1698–1758) den Extinktionskoeffizienten zu bestimmen, werden die Größen I_0, dh, p und p_M als bekannt vorausgesetzt, während die Größe S gemessen werden muss. Der Extinktionskoeffizient hängt von der Absorption (besonders durch Wasserdampf), von der Streuung an den Luftmolekülen sowie von der Menge größerer Aerosolteilchen in der Luft ab.

Weitere oft gebrauchte Größen, die die Veränderung der Strahlung beim Durchgang durch die Atmosphäre beschreiben, sind die Optische Dicke und der Trübungsfaktor.

Als dimensionslose, von der Wellenlänge λ abhängige **Optische Dicke** τ der Atmosphäre wird das Produkt der geometrischen Weglänge der Strahlung und des Extinktionskoeffizienten a'(λ) definiert, sodass

$$\tau = \int a' \, dz \,. \quad (3.21)$$

Die Atmosphäre ist optisch dünn bei $\tau \approx$ 0,2 bis 0,5. Die höchsten Werte werden zu Tagesbeginn und -ende und vor allem bei Anwesenheit von Wolken erreicht. Nur Cirrus-Wolken können als optisch dünn, alle anderen Gattungen als optisch dick angesehen werden.

Ein anschauliches Maß für die Extinktion der Strahlung in der Atmosphäre ist der **Trübungsfaktor** nach F. Linke (1878–1944). Er gibt an, wieviel reine Atmosphären mit Rayleigh-Streuung dieselbe Extinktion bewirken wie die tatsächlich gegebene Atmosphäre. Diese anschauliche Größe, die in Europa außerhalb urban-industrieller Gebiete Monatsmittelwerte < 2 bis ca. 4 annimmt, variiert im Laufe des Jahres, wobei im Winter die minimalen und im Sommer die maximalen Werte erreicht werden.

Genauere Berechnungen lassen sich mit Hilfe von Strahlungstransportmodellen durchführen. So kann man mit den verschiedenen Versionen des Modells LOWTRAN (Low Resolution Atmospheric Transmission) sowohl die Transmission als auch die Flussdichten der Strahlung in einer spektralen Auflösung von 20 cm^{-1} ab 200 nm berechnen. Berücksichtigt werden die Banden- und Kontinuumsabsorption durch atmosphärische Gase sowie die molekulare Streuung infolge der Luft und die Extinktion durch Aerosolteilchen.

Für eine vertiefte Einarbeitung in die Probleme der solaren und terrestrischen Strahlung wird u. a. auf Bakan und Hinzpeter (1988) sowie Liou (1992) verwiesen.

3.3.5 Optische Erscheinungen in der Atmosphäre

Mit dem Eindringen des sichtbaren Teiles der Sonnenstrahlung in die Atmosphäre sind optische Erscheinungen verbunden, deren Erklärung Gegenstand der **Optik der Atmosphäre** sind (Dietze 1957, Bullrich 1981, Jeske 1987).

Zu diesen gehören
– die Form des scheinbaren Himmelsgewölbes,
– die Lichtbrechung in der Atmosphäre,
– die Erscheinung der Halos um die Sonne oder den Mond, die mit der Reflexion, Brechung und Beugung des Lichtes an Eispartikeln der Wolken verbunden sind,
– das Vorkommen von Regenbögen als Folge der Wechselwirkung des Lichtes an Regentropfen,
– verschiedene Erscheinungen, die auf die selektive Extinktion der Strahlung zurückgehen,
– das Verhalten der diffusen Himmelsstrahlung während des Tages und in der Nacht sowie deren Polarisation und
– die vielfältigen farbigen Dämmerungserscheinungen.

Hier soll nur beispielhaft auf einige Phänomene eingegangen werden.

In der wolkenfreien Atmosphäre gilt wie für andere isotrope Medien das **Brechungsgesetz** nach Snellius (W. Snellius, 1580–1626)

$$\sin \beta_1 / \sin \beta_2 = c_1 / c_2 = m_2 / m_1. \quad (3.22)$$

Dabei bedeuten
β_1 = Einfallswinkel der Strahlung,
β_2 = Brechungswinkel,
c_1, c_2 = Lichtgeschwindigkeit in den Medien 1 und 2 sowie
m_1, m_2 = Brechungsindizes für die Medien 1 und 2.

Der Brechungsindex m, der im Vakuum per definitionem den Wert m = 1 besitzt, ist von der Wellenlänge abhängig, wobei gilt, dass Licht kürzerer Wellenlänge stärker gebrochen wird als Licht größerer Wellenlänge. Da die Atmosphäre nicht homogen ist, sondern eine mit der Höhe abnehmende Luftdichte aufweist, verringert sich m mit der Höhe, da gilt

$$(m_1 - 1) / (m_2 - 1) = \rho_{L1} / \rho_{L2}. \quad (3.23)$$

Das hat zur Folge, dass die Lichtstrahlen die Atmosphäre nicht geradlinig durchqueren, sondern konkav zur Erdoberfläche gekrümmt sind. Die allgemeine Strahlgleichung

$$r \cdot m \cdot \sin \beta_1 = const \quad (3.24)$$

gilt mit
r = Entfernung des betrachteten Punktes zum Erdmittelpunkt und
β_1 = Einfallswinkel der Sonnenstrahlung,

so dass mit bekanntem Brechungsindex m für jeden Punkt der Strahlengang berechnet werden kann.

Man unterscheidet die astronomische und die terrestrische Refraktion. Die astronomische Refraktion ist definiert als der Winkel, um den sich der wirkliche Höhenwinkel eines Gestirns vom beobachtbaren scheinbaren Höhenwinkel unterscheidet. Sie hängt über m und ρ_L von der vertikalen Luftdruck- und Temperaturverteilung sowie von der Sonnenhöhe ab. Die aktuelle **astronomische Refraktion** kann Refraktionstabellen entnommen werden. Da die Lichtstrahlen bei normalen Schichtungsverhältnissen konkav zur Erdoberfläche gekrümmt sind, ruft die astronomische Refraktion eine Verlängerung des Tages hervor, die in Mitteleuropa einige Minuten beträgt. Die Abhängigkeit der astronomischen Refraktion von der Sonnenhöhe führt zu den charakteristischen scheinbaren Abplattungen von Sonne und Mond, wenn sich diese nahe am Horizont befinden. Da die Refraktion mit abnehmender Wellenlänge zunimmt, wird kürzerwelliges Licht in der Atmosphäre stärker gebrochen als längerwelliges. Die Differenzen sind bei Horizontstand der Sonne am größten. Bei Sonnenuntergang sind zuletzt die am stärksten gebrochenen blauen und grünen Anteile des Lichtes vorhanden, wobei der blaue Anteil jedoch wegen der stärkeren Extinktion in der Atmosphäre nicht sichtbar ist. So kommt es zu der in der Natur nur selten gut beobachtbaren Erscheinung des **Grünen Strahls**. Darunter versteht man ein kurzes grünes Aufleuchten vom gerade untergehenden oberen Sonnenrand.

Bei der **terrestrischen Refraktion** rufen die Brechungsindex-Differenzen in der Luft eine Krümmung des Lichtstrahles zwischen einem Objekt und einem Beobachter hervor. Auf die terrestrische Refraktion, die bei geodätischen Messungen berücksichtigt werden muss, gehen in Abhängigkeit von der vertikalen Dichteschichtung die scheinbare Hebung und Erweiterung des Horizonts zurück. Dadurch kann die geometrische Sichtweite erheblich erhöht werden. Bei anomalen Dichteschichtungen kommt es zu Hebungen und Senkungen, die mit optischen Täuschungen verbunden sein können.

Tritt der Fall ein, dass der Einfallswinkel β_1 größer ist als der Grenzwinkel der Totalreflexion β' mit $\sin \beta' = m_2 / m_1$, dann kommt es zu den vielfältigen **Luftspiegelungserscheinungen**. Die Totalreflexion wird nur dann erreicht, wenn der Lichtstrahl von Luft mit m_1 bei entsprechendem Einfallswinkel auf die Schichtgrenze zu Luft mit m_2 auftrifft. Der Winkel β' beträgt ca. 90°, so dass bei horizontalen Schichtgrenzen Totalreflexion nur bei ebenfalls nahezu horizontalem Strahlengang auftritt.

Je nach Dichteschichtung unterscheidet man Luftspiegelungen nach unten (labile Schichtung in der Bodenschicht, z. B. sehr warme Asphaltdecke einer Straße, Abb. 3.6) und nach oben (Inversion mit kalter Schicht in Bodennähe, Abb. 3.7). Je nach den möglichen Schichtungsverhältnissen in der bodennahen Atmosphäre kann es zu sehr komplizierten Luftspiegelungen kommen.

Während die bis jetzt erwähnten optischen Erscheinungen der Atmosphäre primär die wolkenfreie trockene Atmo-

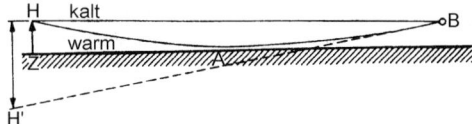

Abb. 3.6: Strahlengang bei einer Luftspiegelung nach unten. Der Lichtstrahl verläuft vom Beobachter B zum Ziel Z der Höhe H bei stark labiler Schichtung konkav. Das Auge in B empfängt den Strahl A (nach Dietze 1957)

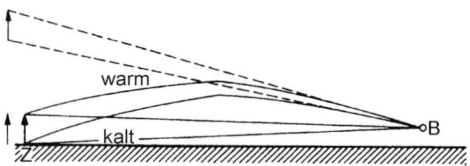

Abb. 3.7: Strahlengang bei einer Luftspiegelung nach oben. Bei einer stabilen Schichtung verläuft der Lichtstrahl vom Beobachter B zum Ziel Z konvex, so dass von B aus das Ziel gehoben erscheint (nach Dietze 1957)

sphäre betrafen, wird jetzt der häufig zu beobachtende **Regenbogen** erörtert, dessen Entstehung die Existenz von Regentropfen voraussetzt. Regenbogen entstehen, wenn fallende Regentropfen von der Sonne beschienen werden und die Sonnenhöhe h < 42° bzw. 51° beträgt. Der Mittelpunkt der Regenbogen ist der Gegenpunkt der Sonne. Von diesem erscheint der Hauptregenbogen in 42° (rot außen, violett innen), der Nebenregenbogen in 51° Abstand (rot innen, violett außen). An beiden können schwächer leuchtende Bogen erscheinen, die sekundären Regenbogen. Regenbogenähnliche Phänomene kann man beim Versprühen von Wasser, auf taubedeckten Oberflächen, bei Nebel und an Wolken beobachten.

Zur Entstehung von Regenbogen kommt es infolge der wellenlängenabhängigen optischen Prozessen beim Übergang zwischen Luft und Regentropfen und innerhalb der Tropfen. Es handelt sich um Brechung (und Beugung) des Lichtes beim Übergang von Luft zu Wasser, um ein- oder mehrmalige Reflexion des Strahles im Tropfeninneren und erneuter Brechung beim Austritt des Strahles aus dem Tropfen heraus. Zwischen den gebrochenen und reflektierten Strahlen kommt es zur Interferenz. Die Richtung der einfallenden Strahlung und die der aus dem Tropfen ausgehenden Strahlung ist um einen Drehungswinkel verschieden. Für jeden Strahl kann man aus dem Einfallswinkel die Drehung berechnen, die bis zum Austritt nach ≥ 1 inneren Reflexionen eingetreten ist. Die Berechnungen zeigen, dass besonders viele Strahlen nach einmaliger innerer Reflexion in den Bereich der minimalen Winkeldifferenz fallen, wodurch sich im Abstand von 42° vom Gegenpunkt der Sonne eine aufgehellte Zone bildet (bei zweimaliger innerer Reflexion liegt diese schwächer erhellte Zone im Abstand von 51°). Bei mehr als 2 inneren Reflexionen nimmt die Lichtstärke so stark ab, dass keine Wahrnehmung mehr erfolgen kann. Für den Farbeindruck ist die spektrale Zerlegung der Strahlung mit geringster Winkeldifferenz entscheidend. Die Strahlen größerer Wellenlänge unterliegen der geringsten Drehung, so dass bei den Hauptregenbogen die rote Farbe an der Außenseite, bei den Nebenregenbogen an der Innenseite beobachtet wird (Abb. 3.8).

3.4 Die kurzwellige Strahlung an der Erdoberfläche

Im langzeitlich-globalen Mittel erreichen etwa 50 % der am Oberrand der Atmosphäre ankommenden Strahlung die Erdoberfläche (Abb. 3.5, Tab. 3.7 in

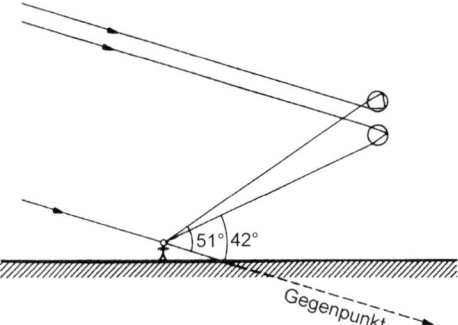

Abb. 3.8: Lage des Haupt- (42° Höhe, einmalige Reflexion im Regentropfen) und des Nebenregenbogens (51° Höhe, zweimalige Reflexion im Regentropfen) (nach Dietze 1957)

Abschnitt 3.7). Das Spektrum der **Globalstrahlung** an der Erdoberfläche unterscheidet sich wegen der selektiven Extinktion erheblich von dem der am Oberrand der Atmosphäre ankommenden Strahlung (Abb. 3.9, s. auch Abb. 3.3). Von großer Bedeutung für das Leben ist, dass der kurzwellige Teil des Spektrums (UV-Strahlung bis 300 nm) infolge der Absorption durch Sauerstoff- und Ozonmoleküle in der oberen Stratosphäre nicht die Erdoberfläche erreicht. Die Globalstrahlung wird an der Erdoberfläche entsprechend der **Albedo** der jeweiligen Oberflächenart teilweise reflektiert (Tab. 3.4) Damit wird der

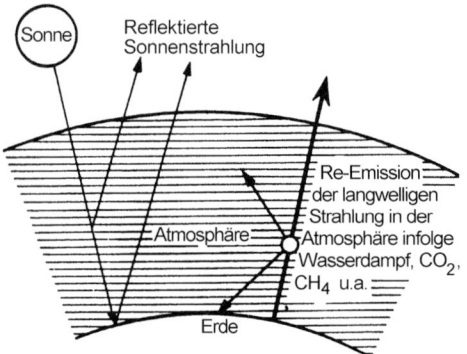

Abb. 3.9: Schematische Darstellung des Treibhauseffektes der Atmosphäre

zu absorbierende Strahlungsanteil bestimmt. Unterschiedliche Albedowerte eines Gebietes wirken klimadifferenzierend. Die Erdoberfläche wird in diesem Fall auch bei gleichem Strahlungsangebot unterschiedlich erwärmt. Die Albedo ist wellenlängenabhängig (s. Abb. 15.3). Das wird bei der Fernerkundung der Erde durch Satelliten ausgenutzt, um bspw. den Grad der Vegetationsentwicklung zu bestimmen. Die planetare Albedo von 30 bis 31 % setzt sich aus der Albedo im sichtbaren Teil des Spektrums (15,6 %), im Infrarotbereich (10,8 %) und im UV-Abschnitt (4,2 %) zusammen. Die Streuung der Strahlung in der Atmosphäre und die Wolkenalbedo bestreiten über 90 % der planetaren Albedo.

3.5 Die terrestrische Strahlung

Die Erde und die Atmosphäre emittieren entsprechend ihrer Temperatur ebenfalls elektromagnetische Strahlung, die als terrestrische Strahlung bezeichnet wird. Im Spektrum eines Schwarzen Körpers mit der Oberflächentemperatur von 255 K (entspricht der Gleichgewichtstemperatur des Systems Erde/Atmosphäre) befindet sich fast die gesamte Energie im Bereich $\lambda > 4000$ nm (Abb. 3.10). Die terrestrische Strahlung wird daher als langwellige Strahlung bezeichnet. Die Bodenoberfläche kann mit überwiegenden Werten des Emissionsgrades $\varepsilon = 0{,}90$ bis 0,96 angenähert als ein Schwarzer Körper betrachtet werden (Tab. 3.4). Während die Bestimmung der langwelligen, von der Erdoberfläche ausgehenden Strahlungsflussdichte mit Hilfe von Gl. (3.10) dann leicht möglich ist, verhält es sich mit der langwelligen

3.5 Die terrestrische Strahlung

Strahlung der Atmosphäre wegen der Strahlungsbanden des Wasserdampfes und der atmosphärischen Spurengase (CO_2, O_3, CH_4, N_2O u. a.) schwieriger. Für die von der Erdoberfläche ausgehende terrestrische Strahlung ist die Atmosphäre mit Ausnahme einiger spektraler „Fensterbereiche" undurchlässig (Abb. 3.4). Diese sind für die Fernerkundung von Erdoberflächen- und Atmosphäreneigenschaften von entscheidender Bedeutung (s. Abschnitt 8.3). Wolken absorbieren und emittieren diese Strahlung ebenfalls. Die Absorber Wasserdampf und atmosphärische Spurenstoffe strahlen gemäß des Kirchhoffschen Strahlungsgesetzes (s. Abschnitt 3.2, Gl. 3.12) langwellige Strahlung in den Raum, d. h. sowohl nach außen als auch zurück zur Erdoberfläche.

Die Strahlungsenergietransporte durch die Atmosphäre können mittels der Differenzialgleichungen für Absorption und Emission von infinitesimal dünnen Luftschichten mit den Strahlungstransportgleichungen nach K. Schwarzschild (1873–1916) berechnet bzw. in vereinfachter Form mit Hilfe von Strahlungsdiagrammen abgeschätzt werden. Die sich als zur Erdoberfläche gerichtet ergebende Strahlungskomponente wird als **Gegenstrahlung** der Atmosphäre bezeichnet. Sie kompensiert den mit der Ausstrahlung der Erdoberfläche verbundenen Energieverlust teilweise, so dass die Temperaturen in der Nähe der Erdoberfläche und in der Troposphäre bedeutend höher sind als allein nach dem Betrag der Ausstrahlung berechnet wird. So wird die Erwärmung der unteren Atmosphäre dadurch begünstigt, dass die Solarstrahlung relativ ungehindert durchgelassen wird und die langwellige Ausstrahlung infolge der Gegenstrahlung eine Verminderung erfährt (Abb. 3.5; Abb. 3.9). Diese intern erzeugte Temperaturerhöhung wird als **Treibhauseffekt** (oder Glashauseffekt, greenhouse effect) bezeichnet. Der Begriff hat sich allgemein durchgesetzt, wenngleich die Ähnlichkeit mit den Verhältnissen eines Gewächshauses begrenzt ist. Die Differenz zwischen der Ausstrahlung der Erdoberfläche und der Gegenstrahlung der Atmosphäre wird als **effektive Ausstrahlung** bezeichnet. Zahlenwerte der beiden Größen enthalten die Tab. 3.6 und Tab. 3.7 in Abschnitt 3.7.

Der Treibhauseffekt auf die Lufttemperatur kann einfach abgeschätzt werden. Dazu geht man von der Energiebilanz des Systems Erde/Atmosphäre aus (mit der Annahme $\varepsilon = 1$)

$$S_0 \cdot (1 - \alpha_P) = \sigma \cdot T^4 \qquad (3.25)$$

mit

S_0 = am Oberrand der Atmosphäre im Mittel einfallende Sonnenstrahlung,
α_P = 0,3 (planetarer Reflexionskoeffizient),
σ = Stefan-Boltzmann-Konstante und
T = Temperatur in K.

Setzt man die bekannten Größen in die Gl. (3.25) ein, so ergibt sich eine Temperatur des Strahlungsgleichgewichtes

Tab. 3.6: Ausstrahlung der Erdoberfläche A (Annahme $\varepsilon = 1$) in Abhängigkeit von der Oberflächentemperatur t und atmosphärische Gegenstrahlung G in Abhängigkeit der relativen Luftfeuchte in 2 m Höhe ü. Gr. in % (nach Häckel 1999b)

t / °C	A / W m^{-2}	G / W m^{-2}		
		30 %	60 %	90 %
20	426	300	320	334
10	370	250	262	272
0	321	209	216	222
-10	276	175	180	183

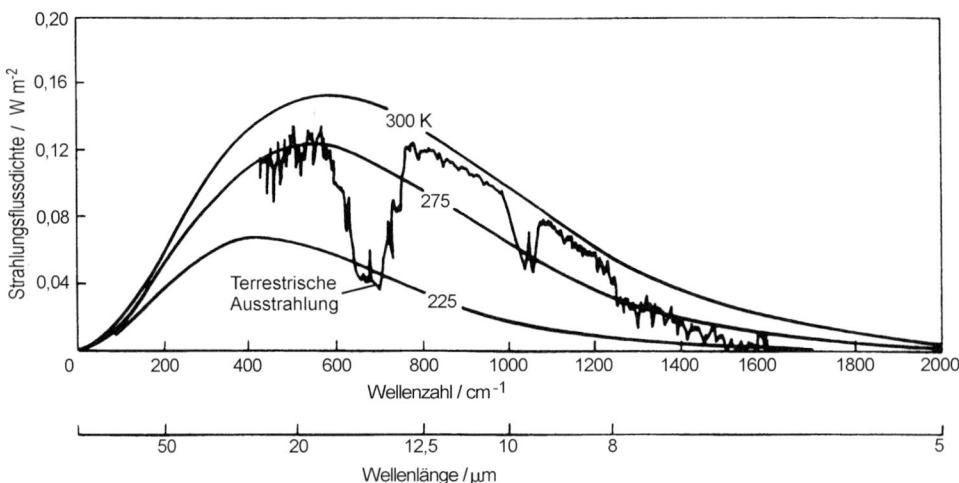

Abb. 3.10: Spektren eines Schwarzen Körpers bei 300 K (27 °C), 275 K (2 °C) und 225 K (−48 °C) sowie der gemessenen terrestrischen Ausstrahlung

des Systems Erde/Atmosphäre von T = 255 K (= −18 °C). Dieser Wert unterscheidet sich von dem beobachteten globalen Mittelwert der Lufttemperatur in Bodennähe (ca. 15 °C) um 33 K. Somit erhöht der interne energetische Prozess des natürlichen Treibhauseffektes, der auf die Anwesenheit von Wasserdampf und bestimmten Spurengasen in der Atmosphäre zurückgeht, die Lufttemperatur im Lebensbereich des Menschen um mehr als 30 K.

Auf den Treibhauseffekt kann die Verminderung der nächtlichen Abkühlung zurückgeführt werden, die infolge zunehmender Luftfeuchte und damit gesteigerter Absorption der ausgehenden Strahlung in den unteren Schichten eintritt. Noch wirksamer ist die Anwesenheit von Wolken, die als Schwarze Körper für den langwelligen Strahlungsbereich angesehen werden können. Je niedriger die Wolke, desto höher ist die Temperatur ihrer Basis und desto besser der Schutz vor Auskühlung des Bodens. Im großen Maßstab sind solche Vorgänge für die natürliche Klimaregulierung wichtig.

Gegenwärtig muss mit einer Verstärkung des Treibhauseffektes infolge der anhaltenden anthropogenen Emission strahlungsaktiver Spurengase in die Atmosphäre (insbesondere CO_2) und von Veränderungen der Nutzung der Erdoberfläche gerechnet werden. Das kann mit einem Klimawandel im Laufe des 21. Jahrhunderts verbunden sein (s. Abschnitt 11.5.3).

Ausführlichere Darstellungen zum Treibhauseffekt sind in Fischer et al. (1999), Kuttler und Zmarsly (2000) sowie Bakan und Raschke (2002) enthalten.

3.6 Strahlungsbilanzen

Die Summe der ankommenden und ausgehenden Strahlungsflüsse wird als Strahlungsbilanz bezeichnet.
Während die **Strahlungsbilanz** (auch Strahlungssaldo, **Nettostrahlung**) des Systems Erde/Atmosphäre (Gl. 3.25)

im raum-zeitlichen Mittel als ausgeglichen angesehen werden kann, gilt das für die Atmosphäre und die Erdoberfläche einzeln nicht.

Die **Strahlungsbilanz der Erdoberfläche** Q ergibt sich zu

$$Q = GS - R_k + G - A, \quad (3.26)$$

wobei
- GS = einfallende direkte und gestreute Sonnenstrahlung (Globalstrahlung),
- R_k = an der Erdoberfläche reflektierte Sonnenstrahlung,
- G = ankommende atmosphärische Gegenstrahlung und
- A = Ausstrahlung der Erdoberfläche (einschließlich reflektierte Gegenstrahlung bei $\varepsilon < 1$) bedeuten.

In etwas ausführlicherer Schreibweise gilt

$$Q = GS \cdot (1 - \alpha_E) + G - \varepsilon \cdot \sigma \cdot T_E^4 \quad (3.27)$$

mit
- α_E = Reflexionskoeffizient der Erdoberfläche und
- T_E = Oberflächentemperatur.

Setzt man die aus Abb. 3.5 und Tab. 3.7 zu ermittelnden globalen Werte für die Größen ein, so erhält man als globalen Mittelwert $Q \approx 103$ W m^{-2}.

Die **Strahlungsbilanz der Atmosphäre** Q_A lautet analog

$$Q_A = Q_{abs} - Q_{kA} + L_{abs} - G_A - A_A. \quad (3.28)$$

Dabei bedeuten Q_{abs} die in der Atmosphäre absorbierte Sonnenstrahlung einschließlich absorbierter Reflexstrahlung und Q_{kA} die infolge Streuung und Reflexion, vor allem an Wolkenoberflächen, in den Weltraum ausgehende kurzwellige Strahlung. L_{abs} ist die in der Atmosphäre absorbierte langwellige Ausstrahlung der Erdoberfläche, G_A die zur Erdoberfläche gerichtete Gegenstrahlung (= G) sowie A_A die langwellige Ausstrahlung der Atmosphäre in den Weltraum. Alle Größen haben die Dimension W m^{-2}. Im Mittel errechnet man eine negative Strahlungsbilanz der Atmosphäre im Betrag von ebenfalls $Q_A \approx -103$ W m^{-2}. Diesem Betrag entsprechen Abkühlungsraten bis zu 2 K d^{-1} in der Troposphäre und unteren Stratosphäre auf der jeweiligen Winterhalbkugel. Erwärmungsraten treten nur in der Stratosphäre im weiteren Bereich um den Äquator auf. Auf der Sommerhalbkugel erscheinen in Polnähe nur geringe Abkühlungsraten oder sogar geringe Erwärmungsraten (Abb. 3.11).

Alle Komponenten der Strahlungsbilanz können unter bestimmten Voraussetzungen berechnet werden, siehe dazu Budyko (1963), Kessler (1985), Isemer und Hasse (1985/87), Henning (1989), Peixoto und Oort (1992), Liou (1992), Kiehl und Trenberth (1997) u. a.

Da das globale Mittel von Q_A im Betrag genau dem Mittel von Q entspricht, müssen Ausgleichsprozesse wirken, die verhindern, dass sich die Erdoberfläche bzw. die Atmosphäre strahlungsbedingt ständig erwärmt oder abkühlt.

3.7 Die Wärmebilanz der Atmosphäre und der Erdoberfläche

Der erforderliche Ausgleich der Strahlungsbilanzen der Erdoberfläche und der Atmosphäre erfolgt durch die turbulenten Wärmeströme, die zwischen Erdoberfläche und Atmosphäre verlaufen.

Die **Wärmebilanz der Atmosphäre** Q'_A lautet im langzeitlich-globalen Mittel

$$Q'_A = Q_A + Q_H + Q_E. \quad (3.29)$$

Dabei bedeuten

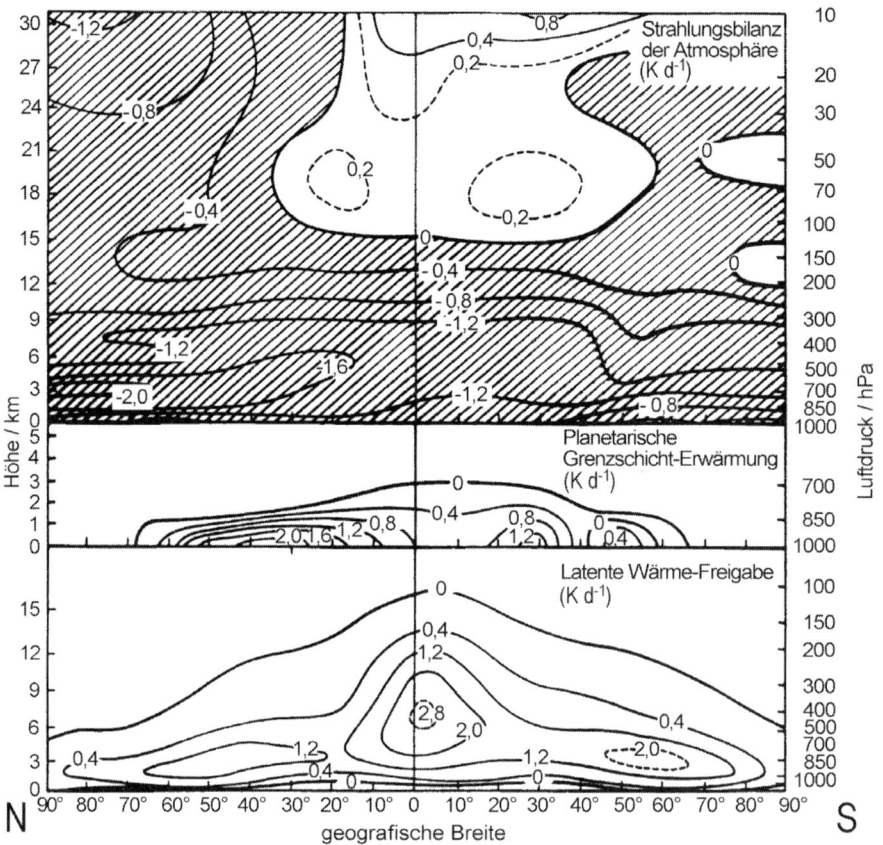

Abb. 3.11: Meridionalschnitt mittlerer diabatischer Erwärmungsraten der Atmosphäre in K d^{-1} im Winter der Nord- und im Sommer der Südhalbkugel (nach Defant 1976)

Q_A = Strahlungsbilanz der Atmosphäre,
Q_H = fühlbarer Wärmestrom Erdoberfläche–Atmosphäre und
Q_E = bei Kondensation freiwerdende latente Wärme (dem Wasserdampfstrom von der Erdoberfläche zur Atmosphäre proportional).

Alle Größen haben die Dimension W m^{-2}. Die entsprechenden Zahlen können der Abb. 3.5 entnommen werden. Hauptzahlen der Strahlungs- und Wärmebilanz enthält ergänzend Tab. 3.7. Aus dieser Tabelle kann auch ein Einblick in die Entwicklung der Kenntnis der Größen gewonnen werden. So können die neueren Berechnungsergebnisse mit denen in älteren Lehrbüchern viel zitierten Zahlen von Baur und Philipps (1935) verglichen werden. Die Unterschiede sind vor allem durch die Quantität und Qualität der Messdaten und die Art der Messmittel bedingt.

3.7 Die Wärmebilanz der Atmosphäre und der Erdoberfläche

Die Auswirkung der Wärmeströme auf die Verteilung der Erwärmungsraten in der Atmosphäre vermittelt Abb. 3.11. Die Bedeutung von Q_H ist relativ gering und beschränkt sich auf die untersten Schichten (Grenzschichterwärmung). Die mit der Kondensation des Wasserdampfes freiwerdende Wärme dagegen bewirkt eine hochreichende Erwärmung im Bereich des Äquators. Sie stellt den Gegenspieler zu den Abkühlungsraten infolge der negativen Strahlungsbilanz dar. Da weder die Tropen fortschreitend heißer noch die Polargebiete ständig kälter werden, folgt, dass ein resultierender meridionaler Energietransport kontinuierlich vorhanden sein muss, der von den niedrigen zu den hohen Breiten gerichtet ist und die Bilanz auszugleichen sucht. Aus dem Gegensatz zwischen kontinuierlicher Erwärmung im Äquatorbereich und jahreszeitlich differenzierter Abkühlung in den polnahen Gebieten entsteht die allgemeine Zirkulation der Atmosphäre (s. Abschnitt 7.2). Aus Abb. 3.5 ist zu ent-

Tab. 3.7: Hauptzahlen des Strahlungs- und Wärmehaushaltes für das System Erde/Atmosphäre im Vergleich. Die Zahlen sind Prozente der mittleren Solarstrahlung am Oberrand der Atmosphäre (= 342 W m^{-2}). Die Angaben sind auf ganze Zahlen gerundet. Hinsichtlich der Strahlungsbilanzen s. Gl. (3.26) für die Erdoberfläche und Gl. (3.28) für die Atmosphäre.

Komponente	Baur und Phillips 1935 (Nordhalbkugel)	Peixoto und Oort 1992	Kiehl und Trenberth 1997
Kurzwellige Strahlung			
Solarstrahlung am Oberrand der Atmosphäre	100	100	100
Absorption in der Atmosphäre	15	20	20
Reflektierte Strahlung			
- von der Erdoberfläche	5	4	9
- in der Atmosphäre	37	26	22
- in den Weltraum	42	30	31
An der Erdoberfläche absorbierte Strahlung	43	50	49
Langwellige Strahlung			
Ausstrahlung in den Weltraum	58	70	69
Ausstrahlung von der Erdoberfläche	120	109	114
- davon in der Atmosphäre absorbiert	112	103	102
- Anteil, der die Atmosphäre direkt passiert (atmosphärisches Fenster)	8	6	12
Emission durch die Atmosphäre einschl. Wolken	50	64	57
Atmosphärische Gegenstrahlung	96	88	95
Wärmeströme			
Latenter Wärmestrom	23	24	24
Fühlbarer Wärmestrom	4*)	6	6
Gesamtverlust für die Erdoberfläche	19	30	30

*) dieser Wärmestrom wurde als von der Atmosphäre zur Erdoberfläche gerichtet berechnet

nehmen, dass die Umsetzung von potenzieller und thermischer Energie der Atmosphäre in kinetische Energie äußerst gering ist. Der Wirkungsgrad der Wärmekraftmaschine Atmosphäre ist daher mit < 1 % sehr klein.

Für die Erdoberfläche muss die Wärmebilanz an jedem Ort und zu jedem Zeitpunkt ausgeglichen sein, sofern keine Schicht betrachtet wird. Die Wärmebilanzgleichung lautet daher

$$Q + Q_H + Q_E + Q_B = 0. \qquad (3.30)$$

Die Terme sind positiv, wenn sie zur Umsatzfläche hin gerichtet sind, dagegen sind sie negativ, wenn sie von der Umsatzfläche weg gerichtet sind.

Der **fühlbare (oder konvektive) Wärmestrom** Q_H ist von der Temperaturdifferenz zwischen Atmosphäre und Unterlage abhängig und im Mittel von der Erdoberfläche zur Atmosphäre gerichtet. Er entspricht der effektiven Wärmeleitung in der turbulent durchmischten Atmosphäre, die um Größenordnungen höher als die zwar vorhandene, aber völlig untergeordnete molekulare Wärmeleitung ist. Von großer Bedeutung für das Klima und die atmosphärische Dynamik ist der **latente Wärmestrom** Q_E (oder Verdunstungswärmestrom). Bei der Verdunstung von Wasser von den Meeres- und Kontinentoberflächen wird der verdunstenden Oberfläche Wärme entzogen (Verdampfungswärme). Wenn der damit in die Atmosphäre gelangte Wasserdampf unter geeigneten Bedingungen kondensiert, in der Regel in erheblichem Abstand von Ort und Zeitpunkt des Phasenüberganges, wird dort die der Verdampfungswärme dem Betrag nach gleiche Kondensationswärme als fühlbare Wärme frei. Es handelt sich hierbei ebenfalls um einen turbulenten Wärmestrom, der mit einer realen Wasserdampfdiffusion einhergeht, die um Größenordnungen die molekulare Diffusion übersteigt. Dieser Wärmestrom steht für die untrennbare Verbindung zwischen dem Wärme- und dem Wasserhaushalt des Systems Erde/Atmosphäre. Diese Wärmeströme können nach verschiedenen Verfahren gemessen bzw. aus meteorologischen Mess- und Beobachtungsdaten berechnet werden (s. Abschnitt 8.4.2). In vereinfachter Form lauten die Gleichungen

$$Q_H = \rho_L \cdot c_p \cdot C_H \cdot (u_z - u_o) \cdot (T_z - T_o), \qquad (3.31)$$

$$Q_E = \rho_L \cdot l \cdot C_E \cdot (u_z - u_o) \cdot (q_z - q_o). \qquad (3.32)$$

Es bedeuten

ρ_L = Luftdichte,
c_p = spezifische Wärmekapazität der Luft bei konstantem Druck und
l = Verdampfungswärme des Übergangs Wasser/Wasserdampf.

Die Koeffizienten C_H (Stanton-Zahl) und C_E (Dalton-Zahl) sind dimensionslos und haben einen von der Windgeschwindigkeit und der Stabilität der Schichtung in der Bodenschicht der Atmosphäre abhängigen Wert der Größenordnung $1 \cdot 10^{-3}$. Sie beschreiben zusammen mit der vertikalen Windscherung $u_z - u_o$ den Turbulenzzustand der Luft (die Indizes z und o bezeichnen die Messniveaus in der Höhe innerhalb der Bodenschicht bzw. in der Nähe der Erdoberfläche).

Der sich aus der Summe von Strahlungsbilanz, fühlbarem und latentem Wärmestrom ergebende **Wärmesaldo** ist die entscheidende Größe für die Herausbildung der Grundstrukturen der Verteilung der Klimaelemente. Diese Größe bestimmt den Wärmestrom in die feste oder flüssige Unterlage hinein (bedeutet Erwärmung und Wärmespei-

cherung) oder heraus (bedeutet Abkühlung und Wärmeaufbrauch).
Der vertikale Wärmefluss im Boden bzw. **Bodenwärmestrom** Q_B und der vertikale Bodentemperaturgradient dT/dz sind gegenseitig verbunden, so dass

$$Q_B = -\lambda \cdot (dT/dz) \,, \quad (3.33)$$

wobei
λ = Wärmeleitfähigkeitskoeffizient des Bodens ist (s. Abschnitte 12.3.1 und 15.2.3).
Tautochronen der Bodentemperaturen enthält Abb. 3.12.

3.8 Tages- und Jahresgänge der Wärmehaushaltsgrößen am Erdboden

Die Komponenten des Wärmehaushaltes unterliegen ausgeprägten **täglichen und jährlichen Gängen** (Kraus 1987), die durch die entsprechenden Variationen der Einstrahlung bestimmt werden (s. Abschnitte 13.6 und 15.2). Die Tab. 3.8 enthält Mittelwerte für das nordostdeutsche Flachland (Eberswalde) über Gras. Die Strahlungsbilanz nimmt von November bis Februar negative Werte an. In dieser Zeit übertrifft die effektive Ausstrahlung die Einstrahlung. Die sommerlichen Werte sind wegen der häufigen konvektiven Bewölkung relativ gering. Der latente Wärmestrom zeigt ebenfalls einen starken Jahresgang mit einem Maximum im Juli und einem sekundären Maximum im Mai. Der mit der Verdunstung verbundene Wärmestrom erreicht sein Minimum im Winter von November bis Februar. Einen für das Festland der mittleren Breiten charakteristischen Jahresgang zeigt auch der fühlbare Wärmestrom, der in der kalten Jahreszeit (Oktober bis Februar) mit geringen Werten zur Oberfläche hin gerichtet ist, während er zwischen März und September von der Oberfläche zur Atmosphäre mit maximalem Wert im Juni verläuft. Dieser Wärmestrom folgt der mittleren Temperaturdifferenz zwischen Luft und Bodenoberfläche. Der die Bilanz der Oberfläche ausgleichende Bodenwärmestrom ist in der warmen Jahreszeit in den Boden hinein (Erwärmung des Bodens und der Luft) und in der kalten Jahreszeit aus dem Boden heraus gerichtet (Abkühlung des Bodens und der Luft). Aus den in der

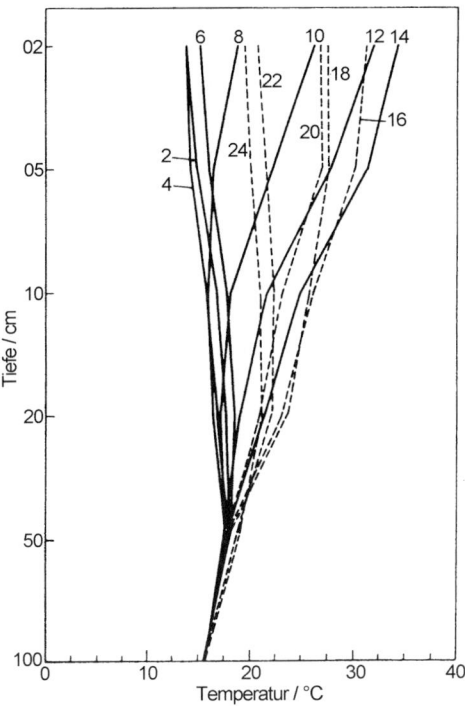

Abb. 3.12: Tautochronen der Erdbodentemperatur zwischen 2 cm und 100 cm Tiefe an einem Strahlungstag (23.7.1996) in Berlin-Dahlem. Die Zahlen an den Kurven bedeuten die Uhrzeit. Ausgezogene (punktierte) Kurven: Temperaturen der Oberflächenschicht zunehmend (abnehmend) in °C

Tab. 3.8 enthaltenen Jahreswerten für Kiefernwald und Brache kann man entnehmen, dass der Wald sowohl eine höhere Strahlungsbilanz als auch bei verringertem fühlbaren Wärmestrom eine hohe Verdunstung besitzt. Bracher Boden zeichnet sich dagegen durch eine relativ geringe Strahlungsbilanz und hohe Werte des fühlbaren Wärmestroms aus.

Ein Beispiel für den **Tagesgang** der Wärmehaushaltskomponenten an der Meeresoberfläche enthält Abb. 3.13. Während der Tagesgang der Strahlungsbilanz prinzipiell gleichartig zu dem über Landflächen verläuft (s. auch Abb. 12.15 und Abb. 15.1), ist der (im gewählten Maßstab nicht darstellbare) fühlbare Wärmestrom über dem tropischen Ozean mit durchgängigen Werten um 10 W m^{-2} nahezu bedeutungslos. Auch der latente Wärmestrom, der kleine Variationen aufweist, trägt nur in geringem Um-

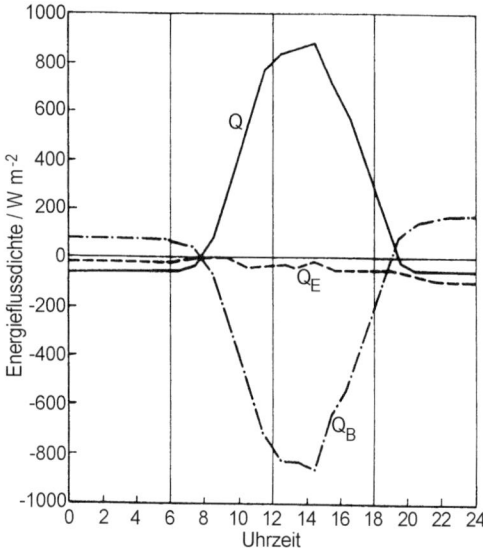

Abb 3.13: Tagesgang (nach Ortszeit) der Wärmebilanzgrößen an der Oberfläche des tropischen Atlantiks (8° 30' N, 23° 30' W) am 6.7.1976. Der fühlbare Wärmestrom Q_H lag während des ganzen Tages unter Schönwetterbedingungen bei ca. 10 W m^{-2} (nach Kraus 1987)

Tab. 3.8: Berechnete bzw. gemessene Monats- und Jahreswerte (Mittel 1931–1944) der Wärmehaushaltskomponenten einer Grasfläche mit Vergleichswerten für Kiefernwald und Brache in Eberswalde in W m^{-2} (nach Kortüm 1966)

Zeitraum	Strahlungsbilanz Q	Latenter Wärmestrom Q_E nach Lysimetermessungen	Fühlbarer Wärmestrom Q_H	Bodenwärmestrom Q_B
Januar	−11,2	−4,1	11,5	3,8
Februar	−2,1	−6,2	6,2	2,1
März	22,3	−15,5	−6,2	−0,6
April	70,2	−36,9	−28,9	−4,5
Mai	107,6	−55,7	−44,8	−7,0
Juni	118,9	−54,7	−58,7	−5,4
Juli	115,7	−61,4	−50,1	−4,1
August	92,6	−54,6	−37,7	−0,3
September	51,9	−38,3	−15,6	2,1
Oktober	13,4	−18,2	0,3	4,5
November	−5,9	−7,5	8,3	5,1
Dezember	−12,6	−3,4	12,4	4,5
Jahr	46,7	−29,7	−16,9	≈ 0,0
Jahreswerte Kiefer	50,8	−35,3	−15,5	≈ 0,0
Brache	44,6	−18,7	−25,9	≈ 0,0

fang zur Wärmebilanz der Meeresoberfläche bei. Die beherrschende Größe ist hier der dem Bodenwärmestrom von Landflächen entsprechende Wärmestrom, der entweder zur Meeresoberfläche hin gerichtet ist (zwischen ca. 19 und 8 Uhr Ortszeit) oder – mit großen Beträgen (Maximum am frühen Nachmittag) – von ihr weg gerichtet ist. Dieser Wärmestrom spiegelt den effektiven Wassertransport in die Tiefe wider, den die turbulente Durchmischung der oberen Wasserschichten (im Gegensatz zur molekularen Wärmeleitung des Bodens) ermöglicht. Er bewirkt den geringen Tagesgang der Wassertemperatur in der Deckschicht des Meeres (etwa 100 m mächtig).

3.9 Zur globalen Verteilung der Wärmehaushaltsgrößen

Es gibt verschiedene Standardwerke, die Verteilungskarten, Tabellen u. a. für die Wärmehaushaltsgrößen entweder im globalen Maßstab oder für größere Gebiete enthalten, von denen hier nur Kessler (1985) genannt sei.

In Abb. 3.14 ist die Verteilung der Jahreswerte der **Strahlungsbilanz** der Erdoberfläche dargestellt. Die Abweichungen der Q-Linien vom zonalen, der Grundverteilung der ankommenden Strahlung entsprechenden Verlauf sind vor allem durch die Bewölkung und unterschiedliche Albedowerte der Unterlage (insbesondere Land-Meer-Unterschied) bedingt. Im Mittel ist die Strahlungsbilanz der Erdoberfläche zwischen den 70°-Breitenkreisen positiv, das Maximum wird zwischen 0 und 10° S erreicht. In allen Breiten ist die Strahlungsbilanz der ozeanischen Gebiete wegen deren geringer Albedo und den Bedeckungsverhältnissen höher als die der Landoberflächen.

Der **fühlbare Wärmestrom** (Abb. 3.15) ist über den großen Ozeanräumen mit Ausnahme der Gebiete der starken warmen Meeresströmungen gering, über den Kontinenten kann er dagegen größere Werte erreichen. In den mittleren und höheren Breiten ist der fühlbare Wärmestrom im Sommer und Winter entgegengesetzt gerichtet. Zur großräumigen Differenzierung des Klimas trägt diese Wärmehaushaltskomponente in relativ geringem Umfang bei. Ihre Wirkung in der Atmosphäre erstreckt sich im Wesentlichen auf die untersten 1 bis 2 km.

Der mit der Verdunstung verbundene **latente Wärmestrom** stellt besonders über den Ozeanen einen kontinuierlichen Prozess dar (Abb. 3.16). Der Transport von Wasserdampf ist im Mittel stets von der verdunstenden Oberfläche in die Atmosphäre gerichtet. Das Verhältnis zwischen dem fühlbaren und dem latenten Wärmestrom (**Bowen-Verhältnis**) beträgt im globalen Mittel etwa 0,2. Es bestehen jedoch starke Unterschiede zwischen Festland (0,84) und Ozean (0,14), s. Kapitel 12. Die globale Verteilung der Jahresmittelwerte des latenten Wärmestromes entspricht der Verteilung der Verdunstung vollkommen. Man sieht die dominante Rolle des Ozeans mit den Gebieten maximaler Verdunstung in den Subtropen und gleichfalls hohen Werten im Gebiet warmer Strömungen (Nährgebiete für den Wasserkreislauf).

Im zonalen Mittel ergeben sich für den Wärmehaushalt die in Abb. 3.17 dargestellten Verhältnisse. Etwa zwischen den 20°-Breitenkreisen besteht ein Wärmeüberschuss, nördlich und südlich davon ein Wärmedefizit. Den Ausgleich zwischen den Zonen un-

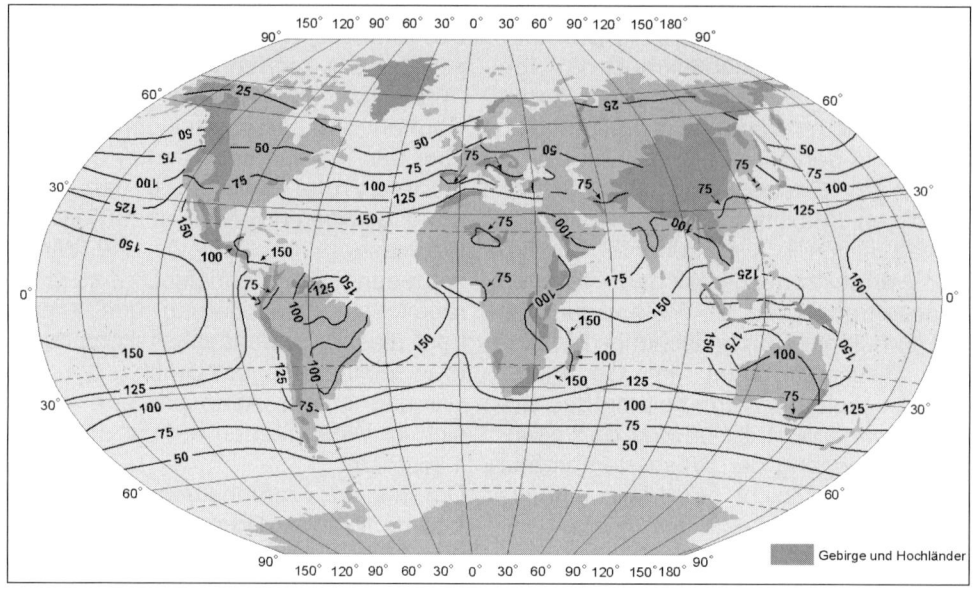

Abb. 3.14: Globale Verteilung der Jahresmittelwerte der Strahlungsbilanz Q in W m^{-2} (nach Budyko 1963, hier in der Bearbeitung von Hantel 1989b; verändert)

terschiedlichen Wärmehaushalts bewirken die großmaßstäblichen meridionalen Wärmetransporte im Ozean und in der Atmosphäre (s. Abschnitt 10.5.2). Den Temperatureffekt für die Breitenkreismittelwerte der Strahlungsbilanz kann man aus Tab. 3.9 ersehen.

3.10 Lufttemperaturänderungen

Die Änderungen der Lufttemperatur an einem Ort werden grundsätzlich durch die lokalen Wärmehaushaltsverhältnisse sowie durch die Advektion von Wärme im Zusammenhang mit Windrichtung und -geschwindigkeit sowie durch die turbulente Vermischung in der Atmosphäre bestimmt. Je nach Überwiegen des einen oder des anderen Einflusses bezeichnet man das Wetter oder die Witterung an einem Ort als **eigenbürtig (autochthon)**, wenn die lokalen Wärmehaushaltsbe-

Tab. 3.9: Zonal gemittelte oberflächennahe Lufttemperatur t_{zonal} in °C, berechnet gemäß der Strahlungsbilanz Q der Erdoberfläche im Vergleich mit den beobachteten Werten

Geogr. Breite	0°	10°	20°	30°	40°	50°	60°	70°	80°	90°
t_{zonal} berechnet	39	36	32	22	8	−6	−20	−32	−41	−44
t_{zonal} beob.	26	27	25	20	14	6	−1	−9	−18	−22
Differenz berechnet / beobachtet	−13	−9	−7	−2	6	12	19	23	23	22

3.10 Lufttemperaturänderungen

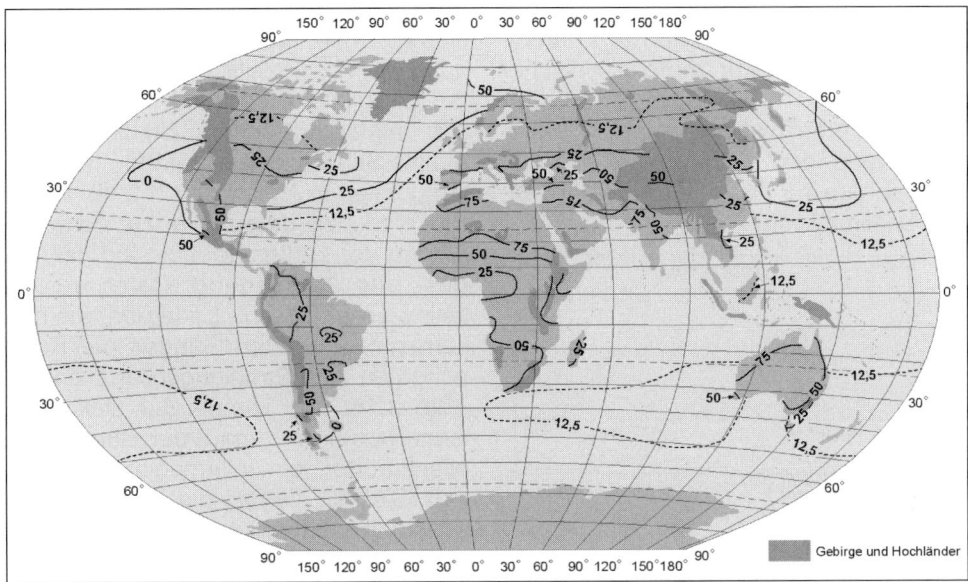

Abb. 3.15: Globale Verteilung der Jahresmittelwerte der fühlbaren Wärmeflussdichte Q_H in W m^{-2} (nach Budyko 1963, hier in der Bearbeitung von Hantel 1989b; verändert)

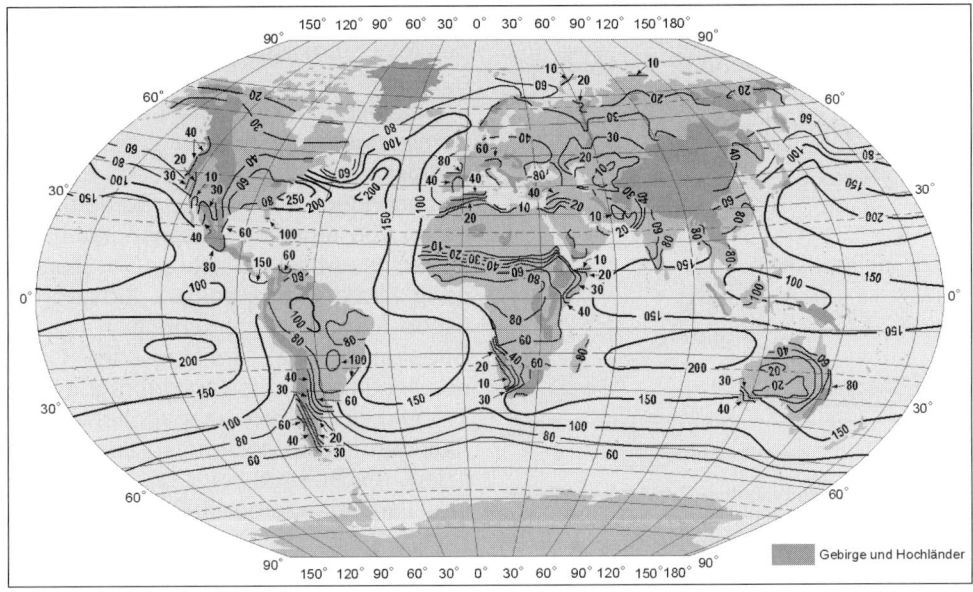

Abb. 3.16: Globale Verteilung der Jahresmittelwerte der Verdunstung in cm a^{-1} (die Multiplikation der Werte mit 0,72 ergibt die latente Wärmeflussdichte Q_E in W m^{-2}) (nach Budyko 1963, hier in der Bearbeitung von Hantel 1989b; verändert)

dingungen bestimmend für gen bestimmend für den Verlauf der Lufttemperatur und anderer meteorologischer Größen sind. **Fremdbürtige (allochthone)** Verhältnisse herrschen dagegen, wenn der aktuelle Zustand der Atmosphäre vor allem durch die Advektion bestimmt wird.

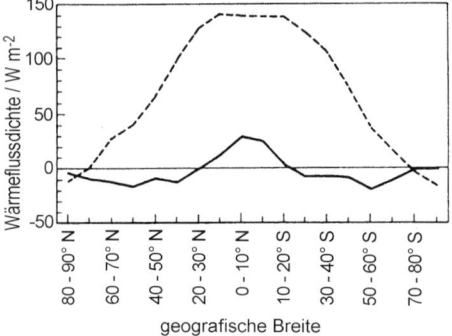

Abb. 3.17: Zonal gemittelte Jahresmittelwerte der Strahlungsbilanz Q (gestrichelte Kurve) und des Wärmehaushalts $Q + Q_E + Q_H$ (durchgezogene Kurve) (Daten nach Sellers 1965)

Da diese Einflussgrößen in Abhängigkeit von der geografischen Breite und damit auch von Tages- und Jahreszeit, der Art der Unterlage und der Höhe variieren, ergibt sich unter Berücksichtigung von langzeitlichen Änderungen der Strahlungsbilanz und der allgemeinen atmosphärischen Zirkulation ein breites Schwankungsspektrum der Lufttemperatur (s. Abschnitte 11.2 bis 11.4). Die eindeutig determinierten Veränderungen der Lufttemperatur sind der **Tages- und Jahresgang**. Deren vereinfachte schematische Erklärung aus den korrespondierenden Gängen der Komponenten der Strahlungsbilanz enthält Abb. 3.18. Die Temperatur steigt, solange aus dem Verlauf der Strahlungsbilanzgrößen ein Wärmegewinn resultiert. Sie fällt, sobald die effektive Ausstrahlung die Globalstrahlung übersteigt. Daraus ergibt sich, dass das tägliche und jährliche Maximum gegenüber der Zeit des Sonnenhöchststandes und damit der maximalen Einstrahlung erheblich auf einen späteren Zeitpunkt verschoben ist. Die Verschiebung des Minimums ist dagegen viel geringer ausgebildet.

Im Tagesgang kann die Lage der Extreme durch besondere örtliche Verhältnisse verschoben werden. Das gilt insbesondere für Gebiete mit dem Auftreten von tagesperiodischen Windsystemen (s. Abschnitt 12.6). Der Tagesgang wird durch Jahreszeit und geografische Breite (unterschiedlich große Strahlungsbilanz), den täglichen Gang des Niederschlages (ausgeprägt in den Tropen) und durch entsprechende Variationen des Bedeckungsgrades modifiziert. Als Beispiel zeigt Abb. 3.19 mittlere Tagesgänge der Lufttemperatur für Berlin.

Die Jahresamplitude als wesentliches Merkmal des Jahresganges der Lufttemperatur (Differenz aus den Mittelwerten des wärmsten und kältesten Monats)

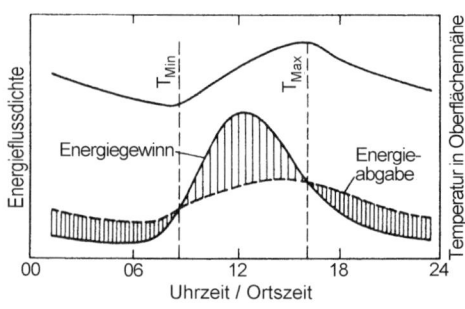

Abb. 3.18: Zusammenhang zwischen Tagesgängen des Wärmehaushalts und der oberflächennahen Lufttemperatur. Weit schraffiert = Überwiegen der Energiezufuhr (Wärmestrom in den Boden hinein, Erwärmung). Eng schraffiert = Überwiegen der Energieabgabe (Wärmestrom aus dem Boden heraus, Abkühlung) (nach Oke 1978).

3.10 Lufttemperaturänderungen

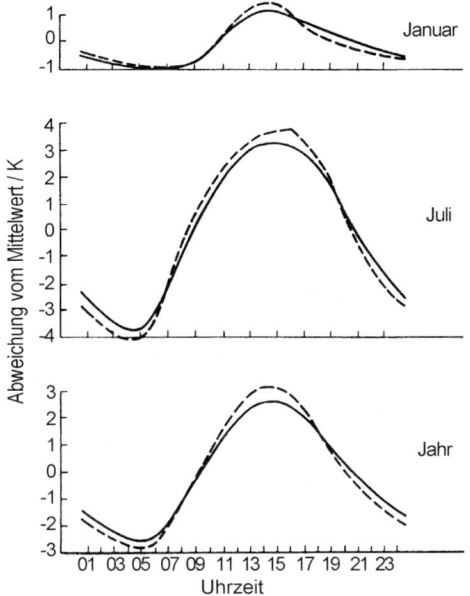

Abb. 3.19: Mittlere Abweichungen der Stundenwerte der Lufttemperatur vom Tagesmittelwert. Ausgezogene Kurven: Berlin-Innenstadt. Gestrichelte Kurven: Berliner Randgebiete (Buch und Dahlem) (nach Hupfer und Chmielewski 1990).

weist eine Zunahme mit der geografischen Breite auf (am stärksten in den Polargebieten ausgebildet). In den niederen Breiten sind die täglichen Temperaturänderungen stärker ausgebildet als die jahreszeitlichen, während es sich in den Polargebieten gerade entgegengesetzt verhält. Die Jahresamplitude der Lufttemperatur wird herangezogen, um die Kontinentalität des Klimas festzulegen.

Mit Berücksichtigung der Lage der Extreme werden folgende Typen des Jahresganges der Lufttemperatur unterschieden:

(a) Der tropische Typ weist eine geringe Jahresamplitude auf. Häufig existiert eine Doppelwelle, die auf den zweimaligen Sonnenhöchststand im Laufe des Jahres hinweist.

(b) Beim indischen Typ (Monsun- oder Gangestyp) tritt das Maximum bereits vor dem Sonnenhöchststand ein (Kappung des normalen Jahresganges als Folge des Sommermonsuns).

(c) Der Typ der mittleren Breiten zeigt Variationen in Abhängigkeit von der Meeresferne (Abb. 3.20). Im ozeanischen Klima ist die Verschiebung der Extremwerte stärker.

(d) Der polare Typ des Jahresganges ist durch eine große Jahresamplitude gekennzeichnet. Vielfach ist das Temperaturminimum weit von der Zeit des Sonnentiefststandes entfernt.

Umfangreiche Informationen findet man in Datensammlungen und Klimaatlanten (s. a. Hendl 1997).

In Abb. 3.21 ist der mittlere Jahresgang der Lufttemperatur nach Tagesmittelwerten für Berlin in zwei Zeitabschnitten dargestellt. Man erkennt, dass bei Verwendung von Tagesmittelwerten der Jahresverlauf sogar bei Mittelung über fast 2 Jahrhunderte nicht glatt verläuft. Der Gang ist durch Unregelmäßigkeiten

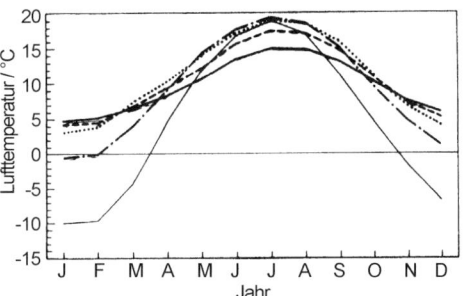

Abb. 3.20: Mittlere Jahresgänge der Lufttemperatur für Dublin (—), Kiew (- - -), Paris (···), Berlin (—·—) und Moskau (–) (Daten: nach v. Rudloff 1981b)

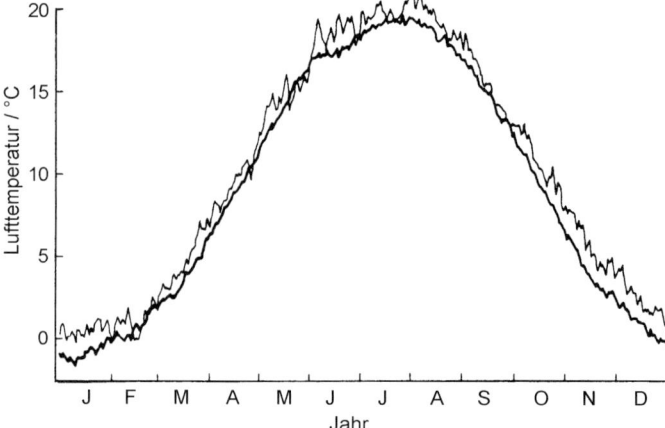

Abb. 3.21: Jahresgang der Tagesmittel der Lufttemperatur für Berlin-Innenstadt 1766/1960 (dicke Linie) und Berlin-Alexanderplatz 1951/1980 (dünne Linie) (nach Hupfer und Chmielewski 1990)

gekennzeichnet, die bei der kürzeren 30jährigen Periode stärker ausgebildet sind. Diese Abweichungen von der ungestörten Kurvenform sind durch die Advektion bedingt. Kalendergebundene Abweichungen, die fast jedes Jahr zu ungefähr gleicher Zeit auftreten, werden als **Singularitäten** des Jahresganges bezeichnet. Bekannte Singularitäten sind die Eisheiligen Mitte Mai, die Schafskälte Anfang Juni als Kälterückfälle sowie der Altweibersommer im Frühherbst und das Weihnachtstauwetter zwischen Weihnachten und Neujahr als Witterungsphasen, die höhere Temperaturen als normal mit sich bringen. Da die Singularitäten sowohl langzeitlich als auch in ihrem Eintreten von Jahr zu Jahr schwanken, kann ihre Existenz nicht prognostisch genutzt werden (Abb. 3.21).

Die generelle Änderung der Lufttemperatur mit der Höhe wurde in Kapitel 2 behandelt. Die Erwärmung der Atmosphäre erfolgt von der Oberfläche her durch Strahlung, turbulenten Wärmetransport, Konvektion und Freisetzung latenter Wärme. Da die Strahlungsabsorption in der Atmosphäre gering ist und die Strahlungsbilanz überwiegend für die Troposphäre und die untere Stratosphäre abkühlend wirkt, sind es die Vermischungsprozesse, die die beobachtete Abnahme der Temperatur mit der Höhe bis zur Troposphäre bestimmen. Innerhalb der Stratosphäre befindet sich mit der Ozonschicht eine Heizfläche für die Atmosphäre, was sich dort in einer Zunahme der Temperatur mit der Höhe äußert.

3.11 Globale Temperaturverteilung

Für die räumliche Variation der Lufttemperatur an der Erdoberfläche gelten vier Grundsätze, die wie folgt zusammengefasst werden können (Hendl et al. 1988):
(a) Die mittlere Lufttemperatur nimmt in allen Jahreszeiten mit zunehmender geografischer Breite ab. Diese Abnahme ist im Winter stärker als im Sommer ausgeprägt.
(b) Unter gleicher geografischer Breite und bei gleicher Höhenlage ist die mittlere Lufttemperatur über Festlandsflächen im Sommer höher und im Winter niedriger als über den

3.11 Globale Temperaturverteilung

Ozeanen.
(c) Unter gleicher geografischer Breite besteht ganzjährig außerhalb der Tropen eine thermische Begünstigung der Westküstenbereiche (Advektion milder Luftmassen, Einfluss von Meeresströmungen) und in den Tropen und Subtropen eine thermische Begünstigung der Ostküstenbereiche der Kontinente (Advektion, Oberflächenzirkulation des Ozeans).
(d) Die mittlere Lufttemperatur nimmt im Allgemeinen mit zunehmender Höhe über der Erdoberfläche ab. Eine Ausnahme bilden die polaren Gebiete mit Vorherrschen von Inversionen.

Die globale Verteilung der bodennahen Lufttemperatur (2 m-Niveau), die diese Gesetzmäßigkeiten widerspiegelt, zeigen die Abb. 3.22 (Sommer) und 3.23 (Winter). Die dargestellten Temperaturen sind unter Nutzung des mittleren vertikalen Temperaturgradienten auf Meeresniveau reduziert worden.

Aus den Weltkarten ist ersichtlich (ausführlicher dargestellt bei Hendl 1997), dass der Verlauf der Isothermen am ehesten auf der zu 81 % mit Wasser bedeckten Südhalbkugel breitenparallele Züge trägt. Abweichungen von einer Erde, deren Oberfläche gänzlich aus Wasser besteht, sind der Land-Meer-Verteilung sowie den großen, Wärme verfrachtenden Zirkulationssystemen in der Atmosphäre und im Ozean zuzuschreiben. Der thermische Äquator liegt im Mittel auf der Nordhalbkugel. Unter gleicher geografischer Breite besteht ganzjährig außerhalb der Tropen eine thermische Begünstigung der Westküstenbereiche und in den Tropen eine solche der Ostküstenbereiche der Kon-

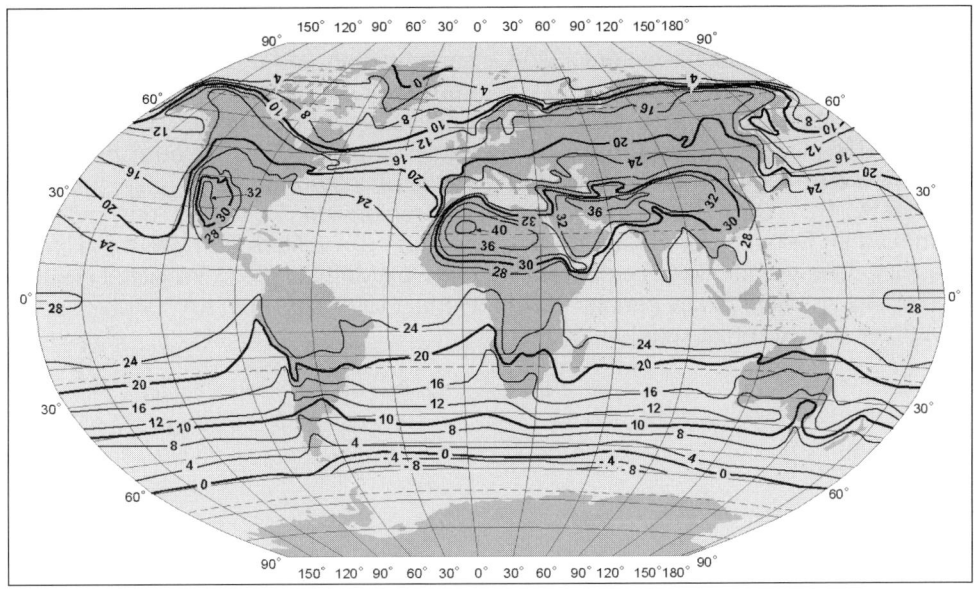

Abb. 3.22: Globale Verteilung der auf Meeresniveau reduzierten Lufttemperatur in °C im Juli (nach Chromov und Mantonova 1963; verändert)

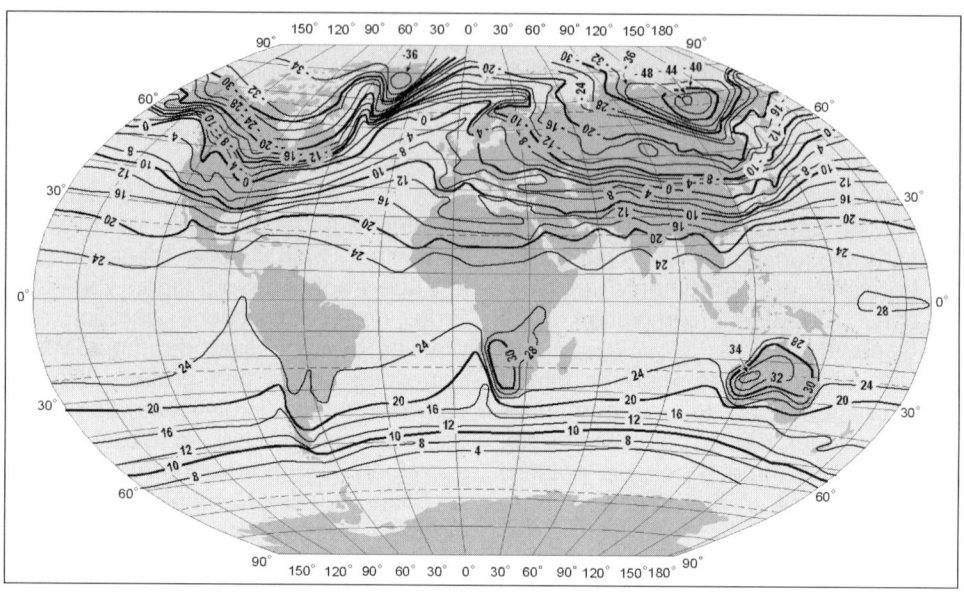

Abb. 3.23: Globale Verteilung der auf Meeresniveau reduzierten Lufttemperatur in °C im Januar (nach Chromov und Mantonova 1963; verändert)

tinente. Besonders im Norden bestehen generell charakteristische Unterschiede zwischen Sommer und Winter.

Im Sommer sind die Kontinente wärmer als der Ozean. Die Gebiete maximaler Lufttemperatur liegen in Nordafrika und Südwestasien. Das Temperaturminimum wird im Bereich der Eisschilde beobachtet. Der meridionale Temperaturgradient ist im Mittel relativ gering.

Im Winter der Nordhalbkugel sind über dem wärmeren Ozean die Isothermen nach Norden und über den kalten Kontinenten nach Süden verschoben. Der Kältepol liegt über Sibirien. Der meridionale Temperaturgradient erreicht im Mittel die höchsten Werte.

Zur regionalen Verteilung der Lufttemperatur s. v. Rudloff (1981b), Hantel (1989b), Martyn (1992), Weischet (1996), Hendl (1991, 1997) u. a.

4 Grundprozesse der Thermodynamik der Atmosphäre

Die Thermodynamik der Atmosphäre ist eine Anwendung der allgemeinen Wärmelehre auf atmosphärische Prozesse. Bei entsprechenden Untersuchungen stehen die Anwendungen der phänomenologischen Thermodynamik auf Vorgänge in der Troposphäre und Stratosphäre im Vordergrund. Die sehr vielseitig gegebenen Anwendungsmöglichkeiten reichen von Energieumsetzungen in großräumigen Zirkulationsvorgängen über die Ausbildung von Vertikalbewegungen mit den sie begleitenden Wolkenformen und Wettererscheinungen sowie charakteristischen orografisch bedingten lokalen Wettererscheinungen, wie Stau und Föhn (s. Abschnitt 12.6.3.1), bis hin zu den Phasenumwandlungen des Wasserdampfes an Kondensationskernen (Kondensation) und Gefrierkernen (Sublimation).

Während der letzten Jahrzehnte des 19. Jahrhunderts wurde die Theorie der trocken- und feuchtadiabatischen Zustandsänderungen in der Atmosphäre entwickelt (s. Abschnitt 4.2). Wesentlichen Anteil hieran hatten u. a. J. v. Hann (1839–1921) und W. v. Bezold (1837–1907). H. Hertz (1857–1894) entwarf im Jahre 1884 das erste thermodynamische Diagrammpapier für meteorologische Zwecke. Von erheblicher Bedeutung für die Entwicklung der atmosphärischen Thermodynamik war die von J. v. Hann in Auswertung der Arbeiten von J. P. Espy (1785–1860) und H. v. Helmholtz (1821–1894) aufgestellte thermodynamische Föhntheorie (s. Abschnitt 12.6.3.1). In den letzten Jahrzehnten ist die Weiterentwicklung der atmosphärischen Thermodynamik vorrangig auf Fragen der Phasenumwandlungen des Wasserdampfes einschließlich der fotochemischen Vorgänge in der Stratosphäre, Mesosphäre und Thermosphäre gerichtet.

4.1 Thermodynamische Gesetze

4.1.1 Zustandsgleichung für Gase

Gase sind wegen der nicht wirksamen intermolekularen Anziehungskräfte stets bestrebt, jeden für sie verfügbaren Raum auszufüllen. Für Gasgemische gilt das klassische Dalton-Gesetz (J. Dalton, 1766–1844):

$$p = \Sigma\, p_i. \qquad (4.1)$$

Das bedeutet, dass sich der Gasdruck p eines Gasgemischs (hier Luftdruck) aus den Partialdrücken p_i der Einzelgase des Gemischs zusammensetzt. So ist der Wasserdampfdruck der Partialdruck des Wasserdampfes im Gasgemisch Luft.

Solange keine Phasenumwandlungen des Wasserdampfes stattfinden, also mit Ausnahme des Verhaltens des Wasserdampfes nahe dem Kondensationspunkt, kann man die Luft mit hinreichender Genauigkeit als ideales Gas ansehen. Dann gilt als Gasgleichung (Zustandsgleichung) für das Gasgemisch Luft die **allgemeine Gasgleichung für ideale Gase**

$$p \cdot V = R_L \cdot T \qquad (4.2)$$

bzw. auf die Masseneinheit bezogen mit

$$\rho_L = m / V$$
$$p = \rho_L \cdot R_L \cdot T. \qquad (4.3)$$

R_L ist die spezielle Gaskonstante für trockene Luft. Sie hat unter Normalbedingungen den Wert $R_L = 287$ J kg^{-1} K^{-1}.
Für feuchte Luft gilt die Relation $R = R_L + R_W = R_L \cdot (1 + 0{,}61 \cdot q)$ mit q als spezifischer Feuchte in g kg^{-1}. Dann folgt aus der Gasgleichung $p = \rho_L \cdot R_L \cdot (1 + 0{,}61 \cdot q) T = \rho_L \cdot R_L \cdot T_V$ unmittelbar die **virtuelle Temperatur**

$$T_V = T \cdot (1 + 0{,}61 \cdot q). \qquad (4.4)$$

Die Einführung der virtuellen Temperatur hat folgenden Hintergrund: Die Dichte des Wasserdampfes ist geringer als die Dichte trockener Luft. Folglich ist die Dichte feuchter Luft bei gleicher Temperatur und gleichem Druck etwas geringer als die der trockenen Luft (feuchte Luft ist leichter als trockene Luft). Für Berechnungen ist es aber oft einfacher, die Luft als trocken anzunehmen. Dabei entsteht ein geringer Fehler. Er kann dadurch ausgeglichen werden, dass man der trockenen Luft bei gleichem Druck eine etwas höhere Temperatur zuschreibt, damit ihre Dichte den gleichen Betrag erhält wie die tatsächliche Dichte der feuchten Luft. Diese etwas höhere Temperatur nennt man virtuelle Temperatur T_V. Die Differenz zwischen der aktuellen Temperatur der feuchten Luft und der virtuellen Temperatur, bei der die trockene Luft die gleiche Dichte hat, heißt **virtueller Temperaturzuschlag**.

4.1.2 Thermodynamische Hauptsätze

Der 1. Hauptsatz der Thermodynamik stellt eine spezielle, thermodynamische Form des grundlegenden physikalischen Gesetzes von der Erhaltung der Energie dar. Dieses Gesetz wie auch das Gesetz von der Erhaltung der Masse (ausgedrückt durch die Kontinuitätsgleichung, s. Abschnitt 6.1.2) gelten in der Physik der Atmosphäre jedes für sich in der aus der klassischen Physik bekannten Form. Der 1. Hauptsatz der Thermodynamik besagt, dass die einem System zugeführte Wärmemenge dQ gleich ist der Summe aus der Vergrößerung dU der inneren Energie des Systems und der Arbeit dA, die das System gegen äußere Kräfte leistet:

$$dQ = dU + dA. \qquad (4.5)$$

In der in der Meteorologie üblichen Form lautet der 1. Hauptsatz (für die Masseneinheit)

$$dq = c_v \cdot dT + p \cdot d\alpha \quad \text{bzw.}$$
$$dq = c_p \cdot dT - \alpha \cdot dp \qquad (4.6)$$

mit
α = $1 / \rho_L$ als dem spezifischen Volumen in m^3 kg^{-1} und
c_p, c_v = spezifischen Wärmekapazitäten bei konstantem Druck bzw. konstantem Volumen.

Für trockene Luft sind $c_p = 1005$ J kg^{-1} K^{-1} und $c_v = 718$ J kg^{-1} K^{-1} sowie $c_p - c_v = 287$ J kg^{-1} K^{-1} = R_L und $c_p / c_v = \gamma = 1{,}40$. Weiter ist q = spezifische Wärmemenge oder Wärme pro Masseneinheit, welche einem Luftquantum bei einem diabatischen Prozess zugeführt oder entzogen wird.
Eine andere in der Meteorologie gebräuchliche Form des 1. Hauptsatzes der Thermodynamik ist mit S als spezi-

fischer **Entropie** die Relation

$$\frac{dq}{T} = dS = c_p \cdot d(\ln T) - R_L \cdot d(\ln p). \tag{4.7}$$

Sie ist Grundlage für die Herleitung der Gleichung der Trockenadiabaten (s. Abschnitt 4.2.2).

4.2 Vertikale Luftbewegung und Schichtung der Atmosphäre

Die Luft der Atmosphäre ist in ständiger Bewegung. Dabei ist zu unterscheiden zwischen den horizontalen Luftbewegungen und den um Größenordnungen kleineren Vertikalbewegungen der Luft (Geschwindigkeiten bis zu einigen cm s^{-1}, sieht man von den kräftigen Aufwinden in Gewitterwolken ab). Im meteorologischen Sprachgebrauch versteht man unter vertikalen Luftbewegungen in der Atmosphäre allgemein aktive Aufstiegsbewegungen von Luftkörpern in isolierten Aufstiegszentren, zwischen denen kompensierende Absinkvorgänge auftreten (vertikale Zirkulationsströmung), derart, dass im weiträumigen Flächenmittel nur ein vertikaler Transport von Eigenschaften (Wasserdampf, Wärme, Impuls, Beimengungen u. a.) gegeben ist. Die Anregung hierzu erfolgt durch klein- oder mittelräumige Erwärmungsunterschiede an der Erdoberfläche. Ausdruck solcher Vertikalbewegungen sind die **Thermik** und die **Konvektion**. Sie bewirken in einer besonderen Vielfalt von Erscheinungen den vertikalen Massenaustausch und einen vertikalen Energietransport und sorgen letztlich neben der Turbulenz für eine Durchmischung der gesamten Troposphäre und damit für einen Ausgleich großer Gegensätze.

4.2.1 Thermik und Konvektion

Thermik und Konvektion unterscheiden sich in der Größenordnung ihrer horizontalen und vertikalen Erstreckung. Dabei verstehen wir unter Thermik mehr die aufwärts gerichtete Strömung wärmerer Luft, unter Konvektion hingegen das Aufsteigen erwärmter Luft bei gleichzeitigem Absinken kälterer Luft in der Umgebung (kompensierender Absinkvorgang).

Die **Thermik** wird ausgelöst durch die Entwicklung und Ablösung von Warmluftblasen (Thermikblasen) über den stärker erwärmten Flächen des inhomogenen Untergrundes. In ihnen hat die Luft eine geringere Dichte als in der Umgebung, ist also leichter, bekommt damit freien Auftrieb und steigt auf. Die Luft steigt so lange, bis sie infolge adiabatischer Abkühlung (s. Abschnitt 4.2.2) die Temperatur der Umgebungsluft erreicht hat. Im Abstand von mehreren Minuten folgt der ersten Warmluftblase die nächste. Sie hat eine zumeist größere Aufstiegsgeschwindigkeit und kann somit die Schleppe der ersten einholen. Aus den kleinsten Anfängen in den bodennahen Luftschichten („Flimmern" der Luft) entwickelt sich im Zuge der fortschreitenden Erwärmung des Erdbodens ein regelrechter Thermikschlauch mit aufsteigender Warmluft, auch Aufwind genannt (Abb. 4.1 und 4.2). Er kann einen Durchmesser

Abb. 4.1: Entwicklung einer Thermikblase bis zur Ablösung

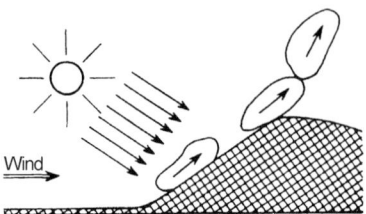

Abb. 4.2: Ablösung einer Thermikblase am Hang

bis zu einigen Hektometern annehmen und ermöglicht den Segelflug.
An die Stelle der aufgestiegenen Thermikblase muss andere Luft treten. Im Sinne des thermischen Kreislaufs geschieht das dadurch, dass von allen Seiten her die kühlere Luft der Umgebung gegen die schmale Basis der aufgestiegenen Blase nachströmt, wobei als Ersatz hierfür kältere Luft aus höheren Luftschichten der Umgebung herabsinkt. Ist dieser Kreislauf geschlossen und gut ausgeprägt, sprechen wir von **Konvektion**.
Vollzieht sich die Thermik ohne Wolkenbildung, spricht man von trockener, reiner oder Blauthermik. Ist die Luft ausreichend feucht, entwickeln sich im oberen Teil der Thermikschläuche Haufenwolken (Thermikwolken, small convection), wie man sie an sommerlichen Schönwettertagen besonders nachmittags zahlreich beobachten kann (Abb. 4.3). Abends lösen sie sich auf, da mit Abkühlung des Erdbodens die Thermik erlischt.
Ist die untere Troposphäre ausgeprägt feuchtlabil geschichtet (s. Abschnitt 4.2.4.4), kommt es zur intensiven Konvektion (deep convection). Es bilden sich blumenkohlartig aufquellende Konvektionswolken bis hin zum Cumulonimbus von etlichen Kilometern Mächtigkeit (s. Abschnitt 5.4.4).

4.2.2 Trockenadiabatische Vorgänge

In Kapitel 2 wurden als Zustandsänderung der Luft die Temperaturänderung mit der Höhe (vertikaler Temperaturgradient) und deren Ursache behandelt. Gemeint ist der **geometrische (hypsometrische) Temperaturgradient**, der für die Troposphäre im Mittel 0,65 K pro 100 m beträgt. Das bedeutet, dass durch Radiosondenaufstiege gewonnene aktuelle Zustandskurven in Abhängigkeit von der Wetterlage signifikante Abweichungen zeigen können. Beispielsweise nimmt die Temperatur in einer Warmluftmasse und bei Aufgleitvorgängen um 0,3 bis 0,5 K 100 m^{-1}, in einbrechender Kaltluft immerhin um 0,6 bis 0,8 K 100 m^{-1} ab.
Unter trockenadiabatischen Vorgängen sollen die adiabatischen Zustandsänderungen trockener Luft verstanden werden, speziell die Temperaturänderung adiabatisch vertikal bewegter trockener Luft. Adiabatisch (griech. undurchgängig) werden sie genannt, wenn zwischen dem bewegten Luftquantum und seiner Umgebung kein Wärmeaus-

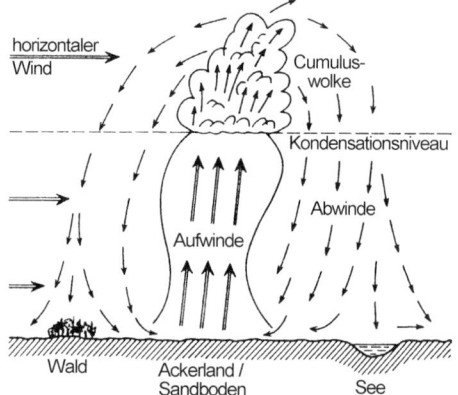

Abb. 4.3: Thermikblase mit Bildung einer Cumuluswolke (Thermik und Konvektion)

tausch stattfindet. Es treten dann Zustandsänderungen ein, obwohl dem Luftquantum weder Wärme zugeführt noch entzogen wurde. Adiabatische Prozesse treten bei vertikalen Luftbewegungen, beispielsweise beim Aufsteigen in einer Thermikblase, beim Aufgleiten an einer Front oder beim Überströmen von Hindernissen auf. Aufsteigende Luft gelangt entsprechend der Druckabnahme mit der Höhe (statische Grundgleichung, s. Abschnitt 2.2.2) unter geringeren Außendruck und dehnt sich dabei infolge des in ihr herrschenden Überdruckes adiabatisch aus. Für diese Volumenänderung ist Arbeit erforderlich. Die dazu notwendige Energie stammt aus der vorhandenen inneren (thermischen) Energie, so dass die expandierende Luft abkühlen muss (wie beim Entweichen von Luft aus einem Autoreifen). Sinkt ein Luftquantum ab, gelangt es unter höheren Druck und wird zusammengedrückt. Die dafür aufgewendete Kompressionsarbeit wird in innere Energie umgewandelt, so dass sich seine Temperatur erhöht (Kompressionswärme, bekannt bei der Fahrradluftpumpe). Dieser meteorologisch bedeutsame Vorgang heißt **adiabatische Temperaturänderung**, wobei der adiabatischen Abkühlung beim Aufsteigen die adiabatische Erwärmung der Luft beim Absinken gegenübersteht.

Die **trockenadiabatische Temperaturänderung** (also ohne Berücksichtigung der Vorgänge mit Wolkenbildung) beträgt ca. 1 K 100 m^{-1}, d. h. aufsteigende Luft kühlt sich um diesen Betrag ab (trockenadiabatische Temperaturabnahme), absinkende Luft erwärmt sich um diesen Wert (trockenadiabatische Temperaturzunahme, s. Abb. 4.4). Zur Berechnung dieses Betrages ge-

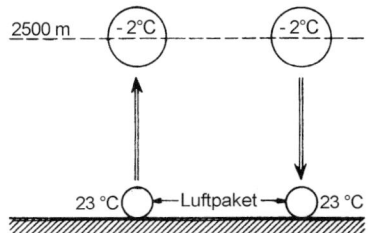

Abb. 4.4: Trockenadiabatische Temperaturänderung eines auf- und absteigenden Luftpaketes

hen wir vom 1. Hauptsatz der Thermodynamik in der Form der Gl. (4.6) aus. Unterliegt das betrachtete Luftvolumen adiabatischen Zustandsänderungen, wird also dq = 0. Dann reduziert sich der 1. Hauptsatz auf

$$c_p \cdot dT - \alpha \cdot dp = 0, \qquad (4.8)$$

was ausdrückt, dass allein Druck- und Temperaturänderungen miteinander korrespondieren. Die vertikale Druckänderung entnehmen wir der bekannten **hydrostatischen Grundgleichung** dp = $-\rho_L \cdot g \cdot dz$. Mit $\alpha = 1/\rho_L$ ergibt sich bei Auflösung nach dT/dz der trockenadiabatische Temperaturänderungsbetrag (Γ_d) zu

$$-dT/dz = \Gamma_d = g / c_p = \text{const}$$
$$= 9{,}76 \text{ K / km} \approx 1\text{K / 100m} \quad (4.9)$$

mit
g = 9,81 m s^{-2} und
c_p = 1005 J kg^{-1} K^{-1} sowie unter Berücksichtigung, dass
1 J = 1 kg m^2 s^{-2} ist.

Es sei betont, dass der trockenadiabatische Änderungsbetrag nur gilt, solange Phasenänderungen des Wasserdampfes ausgeschlossen sind, während ungesättigter Wasserdampf durchaus in der Luft vorhanden sein darf.

4.2.3 Feuchtadiabatische Vorgänge

Diese Vorgänge werden mittels der Thermodynamik des Wasserdampfes bzw. der feuchten Luft beschrieben. Dabei ist bedeutsam, dass Wasser in allen drei Aggregatzuständen bzw. Phasen vorkommt und dass die Phasenübergänge selbst häufig mit beträchtlichen Energieumsetzungen einhergehen (durch Verbrauch bzw. Freisetzung von Verdunstungswärme, Kondensationswärme, Schmelz- oder Gefrierwärme). Entsprechend ist die Thermodynamik des Wasserdampfes bzw. der feuchten Luft wesentlich komplizierter als die Thermodynamik trockener Luft.

Sind mit Vertikalbewegungen der Luft Kondensation oder Eisbildung verbunden, dann ändern sich die Temperaturen feuchtadiabatisch, wobei der feuchtadiabatische Änderungsbetrag geringer ist als die trockenadiabatische Temperaturabnahme:

$$\Gamma_f = 1K\,/\,100\,m - \Delta T_K\,/\,100\,m \qquad (4.10)$$

mit ΔT_K als Temperaturbetrag infolge der freigesetzten Kondensationswärme (entsprechend Gefrierwärme). Die trockenadiabatische Temperaturabnahme wird durch die bei den Kondensationsvorgängen (bei der Eisbildung) freiwerdende Kondensationswärme (Gefrierwärme) um so mehr verringert, je größere Wasserdampfmengen diesen Prozessen zur Verfügung stehen. ΔT_K ist also nicht konstant. Die in der Luft enthaltene Wasserdampfmenge ist wegen der Abhängigkeit des Sättigungsdampfdruckes von der Temperatur um so kleiner, je tiefer die Temperatur ist. Folglich wird die **feuchtadiabatische Temperaturänderung** mit abnehmender Temperatur immer größer und nähert sich bei sehr tiefen Temperaturen dem Wert 1 K 100 m^{-1}. In der Regel gilt für die feuchtadiabatische Abkühlung aufsteigender bzw. Erwärmung absinkender Luft ein Wert von 0,4 K 100 m^{-1} bei starker Kondensation und bis 0,8 K 100 m^{-1} bei schwacher Kondensation.

Die feuchtadiabatische Temperaturänderung ist nicht nur von der Temperatur, sondern auch vom Luftdruck abhängig (Tab. 4.1).

Tab. 4.1: Feuchtadiabatische Temperaturänderungen aufsteigender Luft in K 100 m^{-1} in Abhängigkeit von Luftdruck und Lufttemperatur

Luftdruck / hPa	Lufttemperatur / °C					
	−60	−30	−10	0	10	30
1000	1,00	0,94	0,78	0,66	0,54	0,37
600	1,00	0,91	0,69	0,55	0,44	0,30
200	0,98	0,76	0,46	0,35	0,29	0,22

In Abb. 4.5 ist die **Temperatur-Höhenkurve** bei Vertikalbewegungen mit Kondensation dargestellt, wonach die Temperaturänderungen unterhalb des Kondensationsniveaus trockenadiabatisch, darüber feuchtadiabatisch verlaufen.

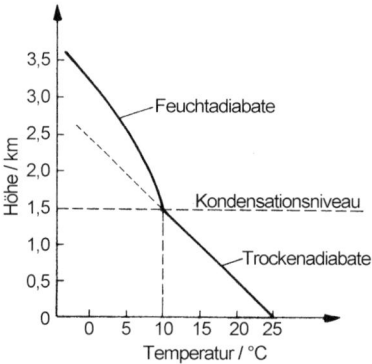

Abb. 4.5: Temperatur-Höhenkurve (Vorgangskurve) bei Vertikalbewegungen mit Kondensation

4.2.4 Gleichgewichtszustände der Atmosphäre

Unter Gleichgewicht eines Körpers oder Systems verstehen wir den Zustand, bei welchem die maßgebenden Zustandsgrößen zeitlich konstant und/oder die unterschiedlich einwirkenden Kräfte sich gegenseitig kompensieren. Dabei unterscheiden wir die drei Gleichgewichtsarten **stabil**, **labil** und **indifferent** (Abb. 4.6).

Der Gleichgewichtszustand in der Atmosphäre ist von der Schichtung der Luft abhängig, die wiederum durch die vertikale Temperatur- und Feuchteverteilung geprägt ist. So kann man oft schon am Wolkenbild erkennen, ob stabile oder labile Schichtungsverhältnisse dominieren. Betrachten wir das Verhalten eines Luftquantums, wenn es bei verschiedenen Temperaturverteilungen (Temperaturzuständen, **Zustandskurven**) der Atmosphäre Vertikalbewegungen ausführt. Vergleichen wir die Temperatur des aufsteigenden bzw. absinkenden Luftquantums (**Vorgangskurve**, Hebungskurve) mit der Temperatur der Umgebungsluft (Zustandskurve), dann lassen sich folgende Fälle der vertikalen Schichtung unterscheiden (Abb. 4.7).

4.2.4.1 Trockenlabile Schichtung

Beträgt der vertikale Temperaturgradient in der Atmosphäre mehr als 1 K 100 m^{-1} (Zustand 1 in Abb. 4.7 a), dann wird ein aus der Ruhelage aufwärts bewegtes Luftquantum in jeder höheren Schicht wärmer ankommen und mit wachsender Höhe seinen Temperaturüberschuss gegenüber der Umgebung sogar noch steigern, da es selbst seine Temperatur ja um 1 K 100 m^{-1} (trockenadiabatisch) ändert. Das Luftpaket wird damit leichter als seine Umgebung sein, hat also Auftrieb und wird daher beschleunigt weitersteigen. Für ein nach unten bewegtes Luftquantum gilt, dass dieses sich um 1 K 100 m^{-1} erwärmt, während die Erwärmung in der Umgebung gemäß Zustandskurve größer ist. Es wird damit schwerer sein und weiter fallen. Diese Schichtung wird als **trockenlabiles**

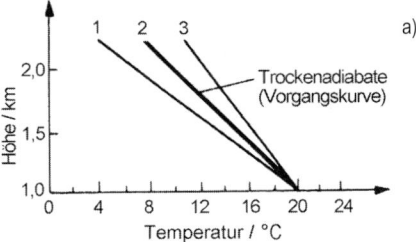

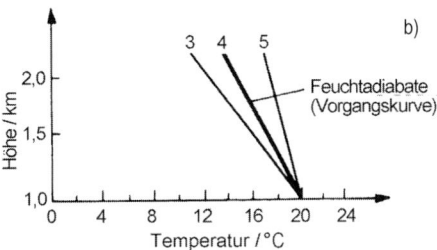

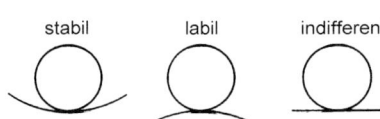

Abb. 4.6.: Arten des Gleichgewichts in der Mechanik (z. B. Stahlkugel und kleine Schale in den gekennzeichneten Lagen)

Abb. 4.7: Gleichgewichtsarten (Zustandskurven) bei a) trockenadiabatischen und b) feuchtadiabatischen Vertikalbewegungen

Gleichgewicht definiert, weil ein einmal aus seiner Ruhelage entferntes Luftpaket nicht wieder in diese zurückkehrt.

4.2.4.2 Trockenindifferente Schichtung

Der vertikale Temperaturgradient in der Atmosphäre soll gerade dem trockenadiabatischen von 1 K 100 m^{-1} betragen (Zustand 2 in Abb. 4.7 a). Dann wird sich ein aus seiner Ruhelage verschobenes Luftquantum in jeder Höhe im Gleichgewicht befinden, da es seine Temperatur eben um den gleichen Betrag ändert wie die Umgebungsluft. Es befindet sich im **trockenindifferenten Gleichgewicht**.

4.2.4.3 Trockenstabile Schichtung

Der vertikale Temperaturgradient sei bei dem in der Atmosphäre herrschenden Zustand kleiner als 1 K 100 m^{-1} (Zustand 3 in Abb. 4.7 a). Dann herrscht **trockenstabiles Gleichgewicht**, weil das zwangsweise aus der Ruhelage bewegte Luftpaket in diese zurückkehrt. Das aufsteigende Luftquantum kühlt sich nun stärker ab, als es der aktuellen Temperaturabnahme in der Umgebung bei gleicher Höhenänderung entspricht. Es wird somit schwerer als die Umgebungsluft in gleicher Höhe und daher in seine Ausgangslage zurückfallen.

4.2.4.4 Feuchtlabile Schichtung

Es werden nun Kondensationsvorgänge einbezogen. Bei Vertikalbewegungen ändert sich die Temperatur des Luftquantums jetzt feuchtadiabatisch (entlang der Feuchtadiabaten). Als Grenzwert wird hier eine feuchtadiabatische Temperaturänderung von 0,5 K 100 m^{-1} angenommen.

Der vertikale Temperaturgradient (aktuelle Zustandskurve) sei größer als 0,5 K 100 m^{-1} (Zustand 3 in Abb. 4.7 b). Dann kommt das Luftpaket wärmer als seine Umgebung an und kann unbehindert weiter aufsteigen. Es stellt sich in Bezug auf Vertikalbewegungen ein **feuchtlabiler Zustand** ein; im Wolkenbild zeigen sich mächtig aufgetürmte blumenkohlartige Gebilde bis hin zum beeindruckenden Cumulonimbus.

4.2.4.5 Feuchtindifferente Schichtung

Der vertikale Temperaturgradient betrage 0,5 K 100 m^{-1}, entspreche also der Feuchtadiabaten (Zustand 4 in Abb. 4.7 b). Dann hat das Luftquantum immer dieselbe Temperatur wie seine Umgebung. Dieser Zustand wird als **feuchtindifferent** definiert.

4.2.4.6 Feuchtstabile Schichtung

Der vertikale Temperaturgradient sei kleiner als 0,5 K 100 m^{-1} (Zustand 5 in Abb. 4.7 b). Das mit der feuchtadiabatischen Temperaturänderung von 0,5 K 100 m^{-1} aufsteigende Luftpaket kommt jetzt immer kälter an als seine Umgebung und muss infolgedessen wieder in seine Ausgangslage zurücksinken. Diesen Zustand nennen wir **feuchtstabil** in bezug auf Vertikalbewegungen. Die Wolken zeigen sich schichtförmig (Stratus), bei geringer Feuchte ist die Wolkendecke auch durchbrochen.

Es kommt vor, dass die Zustandskurve

4.2 Vertikale Luftbewegung und Schichtung der Atmosphäre

zwischen einer Trockenadiabaten und einer Feuchtadiabaten verläuft. In diesem Fall ist die aktuelle vertikale Temperaturabnahme in der Atmosphäre kleiner als es dem trockenadiabatischen Temperaturgradienten entspricht, aber größer als der feuchtadiabatische Temperaturgradient. Folgerichtig spricht man dann von gleichzeitig trockenstabiler und feuchtlabiler Schichtung. Es herrscht also Stabilität, solange bei Vertikalbewegungen bzw. Hebungsvorgängen keine Kondensation eintritt. Ist letzteres der Fall, setzt das Luftquantum seine Vertikalbewegung verstärkt fort. Bei solchen Schichtungsverhältnissen, die von besonderer Bedeutung bei erzwungener Hebung der Luft an Hindernissen und Fronten sind, herrscht latente oder bedingte Labilität. In Abb. 4.8 sind alle in der Atmosphäre vorkommenden Gleichgewichtszustände dargestellt. Danach sind z. B. außer dem Zustand 3 auch die Zustände 4 bis 7 trockenstabil bzw. der Zustand 3 gleichzeitig trockenstabil und feuchtlabil (s. oben).

4.2.5 Thermodynamische Diagrammpapiere und Rechentemperaturen

Thermodynamische Diagrammpapiere wurden entwickelt, um die mittels aerologischer Aufstiege (s. Tab. 8.6) gewonnene vertikale Verteilung der meteorologischen Zustandsgrößen rasch und übersichtlich auswerten zu können. So kann die grafische Erfassung der Zustandsänderungen auf- und absteigender Luft mit Hilfe des bekannten **Stüve-Diagramms** erfolgen (thermodynamisches Diagramm nach G. Stüve (1888–1935), Abb. 4.9). Auf der Abszisse ist als lineare Skala die Temperatur dargestellt, auf der Ordinate in einem exponentiellen Maßstab p^k mit k = $(c_p \cdot c_v) / c_p = 0{,}286$ der Luftdruck bzw. die Höhe. Neben den Isothermen und Isobaren enthält das Stüve-Diagramm folgende Kurvenscharen:
a) Die von rechts unten nach links oben verlaufenden Linien als Trockenadiabaten (Temperaturänderung 1 K 100 m^{-1}).
b) Die von rechts unten nach links oben gekrümmt verlaufenden Linien als Feuchtadiabaten (**Kondensations-**

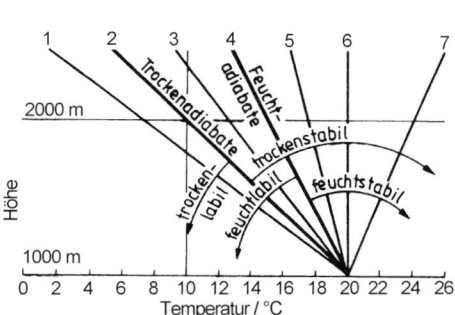

Abb. 4.8: Die möglichen Gleichgewichtszustände der Atmosphäre. Erläuterung s. Text. (nach Scharnow et al. 1990)

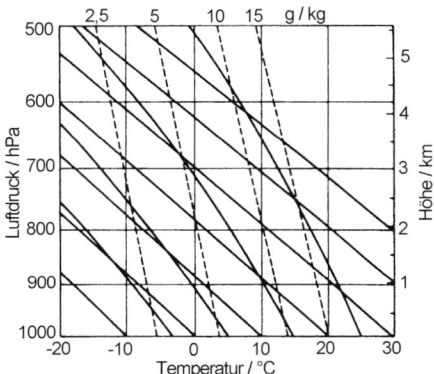

Abb. 4.9: Das Stüve-Diagramm als thermodynamisches Diagramm (nach Stüve 1927 aus Malberg 2002)

adiabaten), mit denen sich verfolgen lässt, wie sich die Temperatur feuchtadiabatisch in vertikal bewegter Luft mit Kondensationserscheinungen ändert.

c) Linien gleichen Sättigungsmischungsverhältnisses in g Wasserdampf pro kg trockener Luft (s. Abschnitt 5.2), dargestellt durch gestrichelte, fast geradlinig verlaufende Linien, die schwach gegen die niedrigeren Temperaturen geneigt sind.

Die Trockenadiabaten sind identisch mit Linien gleicher **potenzieller Temperatur**. Zu ihrer Herleitung kommt man von Gl. (4.7) zu

$$dS = dq/T = c_p \cdot (dT/T) - R_L \cdot (dp/p). \quad (4.11)$$

Da wir einen adiabatischen Prozess betrachten, ist $dq = 0$ (damit auch die Entropieänderung, d. h., die Entropie bleibt konstant), und es folgt

$$dT/T = R_L / c_p \cdot dp/p. \quad (4.12)$$

Durch Integration erhält man aus dieser Gleichung die bekannte **Poisson-Gleichung**:

$$T / T_0 = (p / p_0)^{R/c_p} = (p / p_0)^k \text{ bzw.}$$

$$T \cdot p^{-k} = \text{const} \quad (4.13)$$

mit

$k = 0{,}286$,
$T = $ Lufttemperatur in der Höhe mit dem Luftdruck p,
$T_0 = $ Lufttemperatur am Boden mit dem Luftdruck p_0.

Die Gl. (4.13) beschreibt das gegenseitige Verhalten von Druck und Temperatur bei trockenadiabatischen Zustandsänderungen. Da die Lufttemperatur höhenabhängig ist, ist es oft schwierig, den tatsächlichen Wärmeinhalt der Luft in verschiedenen Höhen miteinander zu vergleichen. Dies ist wichtig für die Einschätzung der vertikalen Stabilität der atmosphärischen Schichtung. Wir denken uns deshalb jede der zu vergleichenden Luftschichten auf ein einheitliches Niveau transformiert. Wir wählen dabei als Bezugsniveau die 1000 hPa-Druckfläche ($p = 1000$ hPa), die näherungsweise dem Druck im Meeresniveau entspricht und damit einen brauchbaren Referenzwert bildet. Dann wird aus der **Adiabatengleichung** die Gleichung für die **potenzielle Temperatur**

$$\Theta = T_0 \cdot (1000 / p_0)^{0{,}286}. \quad (4.14)$$

Die potenzielle Temperatur ist also diejenige Temperatur, die ein Luftquantum annimmt, wenn es trokenadiabatisch

Tab. 4.2: Potenzielle Temperaturen in °C

Lufttemperatur / °C	30	20	10	0	−10	−20	−30	−40	−50	−60	−70
Luftdruck in hPa											
900	39	29	19	8	−2	−12	−23	−33	−43		
800		40	29	18	7	−3	−14	−24	−35		
700			41	30	19	7	−3	−14	−26		
600			55	43	32	20	9	−3	−14		
500				60	48	36	24	12	0		
400				70	56	44	31	18	3		
300					85	71	57	43	27	13	
200					127	111	95	79	64	48	
100						195	176	156	137	118	
50						297	273	250	226	203	

auf das Niveau von 1000 hPa gebracht wird. Im thermodynamischen Diagramm erfolgt das in der Weise, dass das Luftpaket von seinem Ausgangsniveau längs der Trockenadiabaten bis auf 1000 hPa gebracht wird (Tab. 4.2). Mit der hier abgelesenen potenziellen Temperatur lässt sich dann der Wärmegehalt von trockenen Luftpaketen vergleichen. Die Trockenadiabaten sind Linien gleicher potenzieller Temperatur. Bei trockenadiabatischen Bewegungen ändert sich die potenzielle Temperatur nicht (sie ist eine konservative Größe).

Will man den Gesamtwärmeinhalt feuchter Luft betrachten, kann man in ähnlicher Weise, allerdings unter Beachtung der Wärmemenge, die durch Kondensationsvorgänge frei wird (latente Wärmeenergie des Wasserdampfes), die **potenzielle Äquivalenttemperatur** und die **pseudopotenzielle Temperatur** definieren. So berechnet sich die potenzielle Äquivalenttemperatur, wenn q die spezifische Feuchte ist, aus

$$\Theta_\ddot{A} = (T_0 + 2{,}5 \cdot q)(1000/p_0)^{0{,}286}. \quad (4.15)$$

Zur Ausgangstemperatur T_0 kommt der Äquivalentzuschlag hinzu, der um so größer ist, je größer der Wasserdampfgehalt der Luft ist. Die Äquivalenttemperatur bezieht man trockenadiabatisch auf 1000 hPa. Die pseudopotenzielle Temperatur bestimmt man im thermodynamischen Diagramm, indem ein Luftpaket von seinem Ausgangsniveau zunächst trockenadiabatisch bis zum Kondensationsniveau gehoben wird. Dann erfolgt die weitere Hebung so lange nach der Feuchtadiabaten, bis sich diese an eine Trockenadiabate anschmiegt (was geschieht, wenn sämtlicher Wasserdampf kondensiert ist).

Sämtliches kondensiertes Wasser soll nun aus dem Luftpaket ausgefallen sein. Bringt man es dann längs der Berührungstrockenadiabaten auf 1000 hPa, nennt man die dort abgelesene Temperatur die pseudopotenzielle Temperatur.

4.2.6 Isothermie und Temperaturinversionen

Neben den Schwankungen der vertikalen Temperaturabnahme zeigt die tägliche vertikale Temperaturverteilung häufig, dass die normale Temperaturabnahme mit der Höhe durch eine Schicht unterbrochen wird, in der die Temperatur mit zunehmender Höhe gleichbleibt oder gar zunimmt (Abb. 4.10, s. auch die Zustände 6 und 7 in Abb. 4.8).

Eine Schicht mit gleichbleibender Temperatur heißt **Isothermie** (isotherme Schicht). Eine Schicht mit nach oben

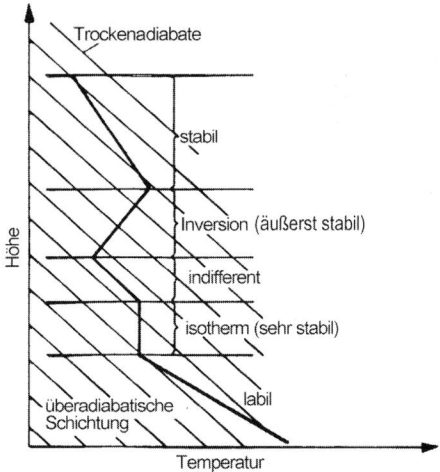

Abb. 4.10: Schematisches vertikales Temperaturprofil („geometrische/hypsometrische" Zustandskurve T(z)) und entsprechender Gleichgewichtszustand der Schichten (nach Warnecke 1991)

zunehmender Temperatur nennt man **Inversion** (Temperaturumkehrschicht, dT/dz > 0). Vertikale Isothermie und erst recht Inversionen repräsentieren stark bis extrem stabile Schichtungen und wirken stark hemmend oder abstoppend auf Vertikalbewegungen ein.

Inversionen wirken als Sperrschichten für den vertikalen Austausch. Das erklärt, dass sich an ihrer Untergrenze Staub- und Dunstpartikeln ansammeln und sich häufig Stratusbewölkung und Hochnebel bilden. Man unterscheidet nach der Höhe **Bodeninversionen** und **Höheninversionen** (freie Inversionen) sowie nach den physikalischen Entstehungsursachen **Strahlungsinversionen**, **Absinkinversionen**, **Aufgleitinversionen** und **Turbulenzinversionen**.

4.2.6.1 Strahlungsinversionen

Strahlungsinversionen treten besonders häufig in den bodennahen Luftschichten als Bodeninversionen auf (Abb. 4.11). Sie werden, bevorzugt bei Hochdruckwetterlagen mit wolkenarmen und windschwachen Verhältnissen, durch die nächtliche Ausstrahlung verursacht. Letztere bewirkt eine starke Abkühlung der bodennahen Luft. Diese Abkühlung pflanzt sich nur zögerlich weiter nach oben fort. Dadurch ist letztlich eine Temperaturzunahme mit der Höhe, also eine Bodeninversion, gegeben, die sich tagsüber mit zunehmender Einstrahlung wieder auflöst.

Saisonal treten Strahlungsinversionen am häufigsten im Herbst auf. In Verbindung mit einem hohem Feuchtegehalt der Luft kommt es zu dem verkehrsbehindernden Herbstnebel. Die Inversionsmächtigkeit kann im Mittel einige 100 m betragen, die Temperaturzunahme einige Kelvin.

4.2.6.2 Absinkinversionen

Die auch als **Subsidenz-** oder **Schrumpfungsinversionen** bezeichneten Absinkinversionen sind auf dynamische Absinkvorgänge zurückzuführen, wie sie in Hochdruckgebieten großräumig erfolgen (dynamische Inversion). Sie verlaufen in einigen Fällen bis zu einer bestimmten Höhe, in der sich die Luft dann horizontal ausbreitet (Abb. 4.12). Da sich die Luftschicht beim Absinken adiabatisch um 1 K 100 m^{-1} erwärmt und dabei austrocknet, ist neben der Temperaturzunahme ein markanter Rückgang der re-

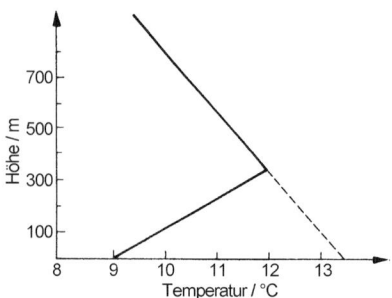

Abb. 4.11: Strahlungsinversion als Bodeninversion

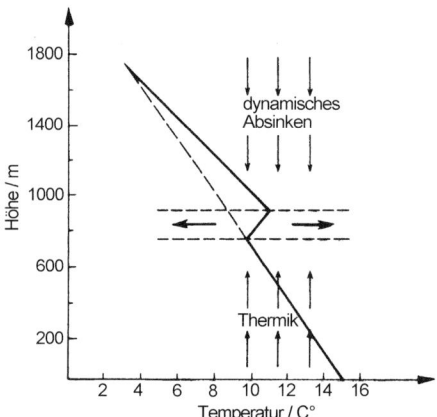

Abb. 4.12: Absinkinversion (Subsidenz-/Schrumpfungsinversion) als Höheninversion

lativen Feuchte mit der Höhe typisch. In Hochdruckgebieten können Absinkinversionen gleich mehrfach auftreten, wenn Luft in einer Schicht stärker absinkt als in einer darunterliegenden.

4.2.6.3 Aufgleitinversionen

Von Aufgleitinversionen sprechen wir, wenn Höheninversionen mit einer Feuchtezunahme gekoppelt sind. Ursache hierfür ist feuchte Warmluft, die an Frontflächen über kältere Luftmassen aufgleitet. Mit Cirrostratus und Altostratus zeigen sich typische Schichtwolkengattungen.

4.2.6.4 Turbulenzinversionen

Voraussetzung für die Entstehung von Turbulenzinversionen, die zu den Höheninversionen innerhalb der unteren 1 bis 2 km Höhe zählen, ist auffrischender Wind, so dass man auch von einer dynamischen Inversion sprechen kann. Wir wollen zunächst von einem schwachwindigen Anfangszustand mit einem vertikalen Temperaturgradienten von 0,5 K 100 m^{-1} ausgehen. Jetzt frische der Wind in der Bodenschicht auf. Die Folge ist ein turbulentes Auf- und Absteigen der Luftpakete, deren Temperatur sich jeweils trockenadiabatisch (um 1 K 100 m^{-1}) ändert. Daran gekoppelt ist an der Obergrenze der durchmischten Schicht eine Temperaturabnahme, in Bodennähe eine Temperaturzunahme. Es bildet sich turbulenzbedingt eine Höheninversion (Abb. 4.13). Beispiel für diesen Inversionstyp sind die **Passatinversionen** mit den charakteristischen Passatcumuli. Letztere sind auf den hier durch stärkere Turbulenz gegebenen kräftigeren vertikalen Wasserdampftransport zurückzuführen. Aber auch anderenorts bilden sich unterhalb einer Turbulenzinversion hierfür typische Wolkenfelder wie Stratus und Stratocumulus aus.

4.2.6.5 Einfluss der Inversionen auf die Ausbreitung von Luftbeimengungen (Rauchfahnentypen)

Da Inversionen als Sperrschichten wirken und jeglichen vertikalen Austausch unterbinden, haben sie im Gegensatz zu labilen Schichtungsverhältnissen in der Atmosphäre einen in der Regel negativen Einfluss auf die Ausbreitung (Transmission) von Luftbeimengungen wie Abgase, Rauch und Staub. Letztere sammeln sich an der Inversionsuntergrenze an und verschlechtern die Luft zusehends, vor allem in Großstädten und industriellen Ballungsgebieten (s. Kapitel 13 u. 14). Indirekt aerologisch kann man erste Hinweise auf die gegebenen Stabilitätsverhältnisse in den bodennahen Schichten schon durch genaues Beobachten des Verhaltens von Rauchfahnen bekommen (ähnlich auf entsprechende Verhältnisse in höheren Luftschichten durch Beobachtung der Wolken). In Abb. 4.14 sind die Auswir-

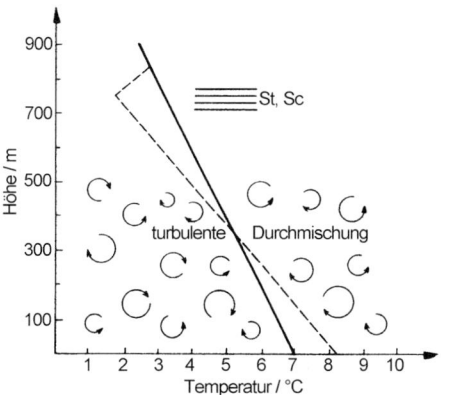

Abb. 4.13: Turbulenzinversion als Höheninversion

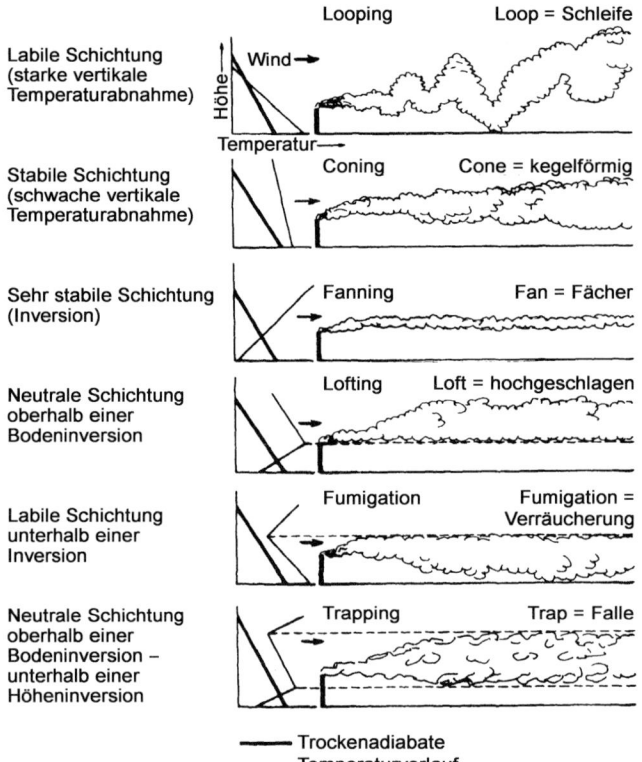

Abb 4.14: Temperaturschichtung und Form der Schornsteinabluftfahnen/Ausbreitungssysteme (nach Schirmer et al. 1987, ergänzt)

kungen unterschiedlicher Temperaturschichtungen auf die Ausbreitung von Schornsteinabgasen gezeigt. Wir unterscheiden die drei Grundtypen Fanning (stabile Schichtung), Coning (neutrale Schichtung) und Looping (labile Schichtung), die beiden Sondertypen Fumigation und Lofting und den speziellen Typ Trapping. Im ungünstigsten Fall führt der Fumigationseffekt zu einer Extremsituation, dem Smog.

4.2.6.6 Smog

Treffen hohe Luftverunreinigungskonzentrationen mit einer windschwachen und sehr stabilen, durch Inversion charakterisierten Wetterlage zusammen, entsteht **Smog** (Kunstwort aus „smoke" = Rauch und „fog" = Nebel). Bei Smog herrscht eine starke Anreicherung von Luftverunreinigungen in den unteren Luftschichten, die ein beträchtliches, gesundheitsgefährdendes Ausmaß erreichen können (Atembeschwerden, Schleimhautreizungen, Kreislaufstörungen). In Abhängigkeit vom jahreszeitlichen Auftreten und von der Schadstoffart unterscheiden wir den schwefeligen Smog (**Wintersmog**) und den fotochemischen Smog (**Sommersmog**). Ersterer entsteht primär durch die Freisetzung von SO_2 und Ruß aus Industrieanlagen und Kraftwerken, wobei in der kalten Jahreszeit durch zusätzliche Heizungsemission die Schadstoffe akkumulieren und in Verbindung mit Nebelbildung die verheerenden Folgen bewirken. Bekanntestes Beispiel hierfür war die Londoner Smog-Katastrophe im Dezember 1952, bei der binnen zwei Wochen mehrere tausend Menschen starben. Seit längerer Zeit ist in den westlichen Industrieländern ein Rückgang der SO_2-Konzentrationen festzustellen. Das ist eine Folge der Maßnahmen zur Reduzierung der SO_2-Emissionen und damit ein Beispiel für wirksame Umweltschutzmaßnahmen. Der fotochemische Smog tritt vor allem während Hochdruckwetterlagen im Sommer auf und ist durch hohe Konzentrationen an **Fotooxidantien** charakterisiert. Primär entsteht er durch fotochemische Reaktionen unter dem Einfluss der energiereichen UV-Strahlung der Sonne, wobei sich in den bodennahen Luftschichten vor allem Ozon und Peroxyacetylnitrat (PAN) bilden (s. Abschnitt 2.3.3.3). Diese haben im Zusammenspiel mit anthropogenen und biogenen Kohlenwasserstoffen sowie Stickstoff-Sauerstoff-Verbindungen (Industrie- und Autoabgase) bei höheren Konzentrationen gesundheitsschädigende Auswirkungen auf Menschen, Tiere und Pflanzen. Weitere Details zur Unterscheidung der beiden Smogarten sind in Tab. 4.3 aufgelistet. Die in den 1950er und 1960er Jahren aufgetretenen Smogkatastrophen haben dazu geführt, Smogverordnungen zu erlassen, die neben einem Smog-Frühwarnsystem die Kriterien für einen abgestuften Smog-Alarm beinhalten. In Deutschland ist die Smog-Verordnung infolge des starken Rückgangs der SO_2-Konzentration aufgehoben worden.

Im Gegensatz zu den klassischen Luftschadstoffen (Schwefeldioxid, Staub), deren Bedeutung zumindest über Westeuropa abgenommen hat, steigen die Emissionen von **Ozon-Vorläufersubstanzen** wie Stickoxide, flüchtige organische Verbindungen (VOC) und andere chemisch aktive Spurengase, die die Ozonbildung in der Troposphäre begünstigen, global weiter an; das troposphärische (bodennahe) Ozon nimmt gegenwärtig regional merklich zu. In den Vordergrund getreten sind damit Sommersmogsituationen mit gesundheitlichen Folgen hoher Ozonbelastung wie Schädigungen der Bronchien und anhaltende Störungen durch Überempfindlichkeit der Lunge oder Reizung der Augen und Kopfschmerzen. Diesem Umstand Rechnung tragend, sind Sommersmogverordnungen („Ozongesetze") erlassen worden. Im Zusammenhang mit den möglichen gesund-

Tab. 4.3: Vergleich verschiedener Smogarten (nach VDI 1988)

Parameter	schwefeliger Smog, Wintersmog	fotochemischer Smog, Sommersmog
Hauptsächliche chemische Komponenten	SO_2, CO, Staub, Sulfat, H_2SO_4	NO, NO_2, O_3, C_nH_m, CO
Verbrennungsstoffe	Kohle, Öl	Benzin
Hauptemittenten	Industrie, Hausbrand	Kraftfahrzeuge
Jahreszeit	Winter (Jan., Feb.)	Sommer (Aug., Sept.)
Tageszeit	frühmorgens	mittags
Lufttemperatur	< 0 °C	> 20 °C
Inversionstyp	Strahlungsinversion	Absinkinversion
Relative Feuchte	> 85 %	< 70 %
Windgeschwindigkeit	Windstille	≤ 3 m s^{-1}
Sichtweite	gering	$\leq 1,5$ km

heitsschädlichen Wirkungen wurden Schwellenwerte der Ozonkonzentrationen definiert, bei deren Überschreitung „Ozonwarnung" gegeben bzw. Sommersmogalarm (verschiedener Stufen) ausgelöst wird (s. Abschnitte 13.11 und 14.5). Die Ozongrenzwerte (festgelegte maximale Konzentrationen) sind in den einzelnen Ländern unterschiedlich bemessen und betragen zum Beispiel in den USA 140 µg m^{-3}, in der Schweiz 180 µg m^{-3} und in Deutschland 240 µg m^{-3}.

Die entsprechenden Verordnungen bieten ein Instrumentarium, mit dem u. a. bei besonders hohen Ozonkonzentrationen zur Entschärfung regional auftretender Ozonspitzenkonzentrationen Fahrverbote für Fahrzeuge mit hohem Schadstoffausstoß verfügt werden können (s. Abschnitt 15.4.3).

Zum Inhalt dieses Kapitels siehe u. a. auch Liljequist und Cehak (1984), Malberg (2002), Möller (1973), Rödel (2000), Scharnow et al. (1990) und Warnecke (1991).

5 Wasser in der Atmosphäre

Dem **Wasser** in der Atmosphäre kommt eine herausragende Bedeutung zu. Unter den auf unserem Planeten gegebenen Druck- und Temperaturbedingungen tritt es in den drei Aggregatzuständen fest, flüssig und gasförmig auf. Die ständig gegebenen Phasenumwandlungen mit den sie begleitenden enormen Energieumsätzen bedingen das breit gefächerte Wettergeschehen und die Klimagestaltung.

Für die auf der Erde vorhandene Gesamtmenge des Wassers in fester, flüssiger und gasförmiger Form, die als konstant angenommen werden kann, gibt es unterschiedliche Schätzungen, die sich auf 1,4 bis $1,6 \cdot 10^9$ km^3 belaufen. Nach Berechnungen von Klige et al. (1998) befinden sich rund 94 % des Wassers unseres Planeten in den Weltmeeren, ca. 2 % sind im Eis der Gletscher und im Polareis, 4 % im Grundwasser, in den Seen und Flüssen enthalten. Der gesamte Wasservorrat in der Atmosphäre in Form von Wasserdampf und den Wolken macht etwa 0,001 % aus.

5.1 Die Atmosphäre im hydrologischen Zyklus

Von der gewaltigen Wassermenge nimmt ein Teil ständig am **hydrologischen Zyklus** des Systems Erde/Atmosphäre teil, in dem die Wolken ein zentrales Bindeglied darstellen. Der Kreislauf des Wassers ist für den Energiehaushalt in der Atmosphäre von erheblicher Bedeutung, er trägt wesentlich zum Wärmetransport und Energieumsatz bei. Das wird offensichtlich, wenn wir bedenken, dass bei der ständig stattfindenden Verdunstung (**Evaporation**) von der Erdoberfläche zunächst große Wärmemengen gebunden werden. Geht Wasser in die gasförmige Phase über, wird ihm Wärmeenergie entzogen, als deren Folge die Verdunstungsabkühlung (Verdunstungskälte) auftritt. Die als Verdunstungswärme (2,45 MJ kg^{-1} bei 20 °C) bezeichnete Energie geht aber nicht verloren. Die **latente Wärme** wird mit gleich hohem Betrag als **Kondensationswärme** wieder freigesetzt, wenn Kondensation eintritt.

Im Wasserkreislauf werden nicht nur Wasser und Wärmeenergie transportiert. Er aktiviert auch den Selbstreinigungsprozess der Atmosphäre (Ausregnen und Auswaschen von Luftbeimengungen, auch **Rainout-** und **Washout-Prozess** genannt) und versorgt das Festland mit dem unentbehrlichen Süßwasser (Baumgartner und Reichel 1975).

Die Kenntnisse über die atmosphärischen Vorgänge im Wasserkreislauf (Abb. 5.1) sind Grundlage für hydrologische und wasserwirtschaftliche Zwecke, insbesondere bei der Wertung von Wasserbedarf und Wasserangebot. Im Mittelpunkt stehen die Klimaelemente Niederschlag und Verdunstung als Einnahme- bzw. Verlustgröße für den Erdboden. Zur Wasserhaushaltsbilanz der Erde nach verschiedenen Autoren s. auch Lozán et al. (2004). Mit den Auswirkungen meteorologischer Elemente

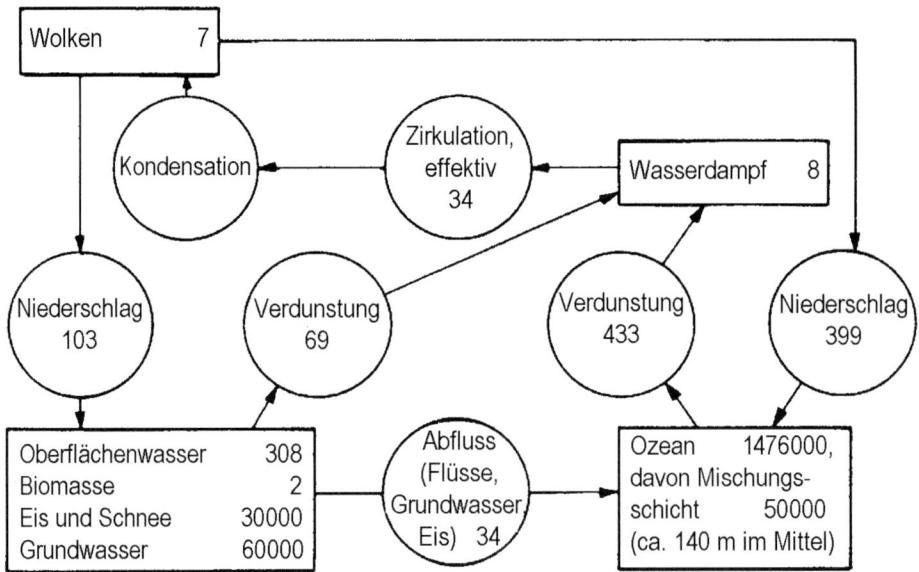

Abb. 5.1: Reservoire (in Rechtecken) des im Kreislauf befindlichen Wassers in 10^3 km^3 (Daten nach Klige et al. 1998) sowie die Flüsse (in Kreisen) zwischen diesen in 10^3 km^3 a^{-1} (Hydrologischer Zyklus), Daten nach Trenberth 2002)

und Vorgänge auf Wasserkreislauf und Wasserhaushalt sowie den Wechselwirkungen zwischen Atmosphäre und Hydrosphäre befasst sich die **Hydrometeorologie** (s. Abschnitte 1.1 und 15.1).

5.2 Verdunstung und Luftfeuchte

Der Betrag der Gesamtverdunstung der Erdoberfläche, auch **Evapotranspiration** (Evaporation und Transpiration der Pflanzen) genannt, ist abhängig von den Strahlungsverhältnissen, den Temperaturen der jeweiligen Wasseroberfläche bzw. des Erdbodens und der darüberliegenden bodennahen Luftschicht, von der Luftfeuchte, von der Windgeschwindigkeit an den jeweiligen Oberflächen sowie speziell vom Bodenwassergehalt und von der Bodenbedeckung (s. Abschnitt 15.2.4). Eine Änderung des Betrages ist anthropogen durch Bodenmelioration oder Landbauaktivitäten möglich.

Generell wird unterschieden zwischen **aktueller** (tatsächlicher) und **potenzieller** (unter den gegebenen meteorologischen Bedingungen maximal möglicher) **Verdunstung**. Nach dem bisher Gesagten nimmt die Verdunstung verständlicherweise von den Tropen (tropische Meere 1100 bis 1500 mm a^{-1}) zu den Polen hin (in 60 bis 70° Breite 100 bis 200 mm a^{-1}) signifikant ab. Mikrophysikalisch muss man den von der Flüssigkeit in den Dampfraum gerichteten Nettowasserdampfstrom als Verdunstung ansehen (es wechseln stets auch Moleküle aus dem Gasraum in die Flüssigkeit über). Herrscht Sättigung des Dampfraums mit Wasser-

5.2 Verdunstung und Luftfeuchte

dampf vor, ist per Definition der Nettowasserdampfstrom Null (es treten ebenso viele Dampfmoleküle in die Flüssigkeit zurück, wie aus ihr entweichen), und die Verdunstung erlischt.

Den Wasserdampfgehalt der (feuchten) Luft nennt man **Luftfeuchte (Luftfeuchtigkeit)**. Neben der für den Verdunstungsvorgang zur Verfügung stehenden Wassermenge und Wärmeenergie ist er von der Temperatur der Luft abhängig. Diese begrenzt die Aufnahmefähigkeit für Wasserdampf.

Der **Dampfdruck** e gibt an, welcher Partialdruck am gemessenen Gesamtluftdruck vom Wasserdampf ausgeübt wird. Als **absolute Feuchte** a definiert man den Wasserdampfgehalt in Gramm pro Kubikmeter Luft ($g\,m^{-3}$). Sie ist bei Vertikalbewegungen nicht konstant, da Luft, wenn sie unter geringeren Druck gelangt, ihr Volumen vergrößert.

Unter **spezifischer Luftfeuchte** q verstehen wir die in 1 Kilogramm feuchter Luft enthaltene Wasserdampfmenge in Gramm. Zwischen q und dem Dampfdruck e gibt es folgenden formelmäßigen Zusammenhang:

$$q = \frac{\rho_W}{\rho_L + \rho_W} = \frac{0{,}622 \cdot e}{p - 0{,}378 \cdot e} \approx \frac{0{,}622 \cdot e}{p}. \quad (5.1)$$

Dabei bedeuten
p = Luftdruck,
ρ_W = Dichte des Wasserdampfs und
ρ_L = Dichte der trockenen Luft.

Der Faktor 0,622 resultiert aus dem Verhältnis des Molekulargewichts von Wasserdampf ($18{,}02\,g\,mol^{-1}$) und trockener Luft ($28{,}96\,g\,mol^{-1}$).

Geringfügig unterschieden von der Größe der spezifischen Feuchte ist das **Mischungsverhältnis** m. Es beschreibt das Verhältnis des Wasserdampfanteils in Gramm zum Anteil trockener Luft in 1 Kilogramm, also

$$M = m_w / m_L = (m_w / V) / (m_L / V)$$
$$= \rho_W / \rho_L = 0{,}622 \cdot e / (p - e)$$
$$\approx 0{,}622 \cdot e / p. \quad (5.2)$$

Das Mischungsverhältnis und die zuvor definierte spezifische Feuchte haben den Vorteil, dass sie bei Vertikalbewegungen konstant bleiben, weil 1 kg Luft bei variierenden Druckverhältnissen zwar sein Volumen ändert, keineswegs aber seine Masse.

Als weitere Feuchtemessgrößen sollen noch die mit dem **Sättigungsdampfdruck** (s. Abschnitt 5.3) gekoppelten Maße genannt werden, wobei wir unter Sättigungsdampfdruck E den Dampfdruck bei Sättigung, d. h. den maximal möglichen, temperaturabhängigen Wert des Dampfdruckes verstehen (zuweilen ist es zweckmäßig, statt des Sättigungsdampfdruckes die maximale absolute Luftfeuchte a_{max} zu betrachten). Die Differenz zwischen Sättigungsdampfdruck E und aktuellem Dampfdruck e heißt **Sättigungsdefizit**.

Als relative Maßzahl für den Feuchtegehalt der Luft hat man die **relative Luftfeuchte** U (in %) eingeführt. Sie sagt aus, wie groß der momentane Wasserdampfanteil in der Luft zum Sättigungswert ist (also zu dem bei der aktuellen Temperatur maximal möglichen Wert). So gilt bezüglich des Dampfdruckes

$$U = (e / E_T) \cdot 100\,\%. \quad (5.3)$$

Entsprechend schreibt man bezüglich der Feuchtemaße a und q

$$U = (a / a_{T\,max}) \cdot 100\,\% \quad \text{und}$$
$$U = (q / q_{T\,max}) \cdot 100\,\%. \quad (5.4)$$

Beträgt die relative Feuchte 100 %, ist die Luft gesättigt (Nebel, Wolken), beträgt sie bspw. 35 %, ist die Luft sehr trocken.

Die **Taupunkttemperatur** (kurz **Taupunkt**) ist diejenige Temperatur, bei der aktuell Wasserdampfsättigung eintritt. Bei einer relativen Luftfeuchte von 100 % ist der Taupunkt gerade gleich der herrschenden Lufttemperatur. Jeder Taupunkttemperatur ist ein bestimmter Sättigungsdampfdruck bzw. eine bestimmte maximale absolute Feuchte zugeordnet und umgekehrt. Die **Taupunktdifferenz** gibt die Differenz zwischen der aktuellen Temperatur und der Taupunkttemperatur an. Je größer diese Differenz ist, um so trockener ist die Luft. Herrscht Sättigung vor, ist sie gleich Null.

5.3 Der Sättigungsdampfdruck

Der Sättigungsdampfdruck E ist der maximal mögliche Wert des Partialdruckes des Wasserdampfes. Die Abhängigkeit des Sättigungsdampfdruckes von der Temperatur kann mittels der **Clausius-Clapeyronschen Gleichung** (R. J. E. Clausius, 1822–1888, B. P. E. Clapeyron, 1799–1864) berechnet werden. Näherungsweise lässt sie sich durch die **Magnus-Formel** (H. G. Magnus, 1802–1870)

$$E = 6{,}10 \text{ hPa} \cdot 10^{(\alpha \cdot t)/(t+\beta)} \qquad (5.5)$$

darstellen (E in hPa, t in °C). Die Konstante α hat die Werte 7,5 (Wasser) bzw. 9,5 (Eis) und β die Werte 237,3 °C (Wasser) bzw. 265,5 °C (Eis). E beträgt bei –10 °C ca. 2,7 hPa, bei +20 °C etwa 23,3 hPa.

Daraus ergibt sich, dass bei Temperaturen unter 0 °C der Sättigungsdampfdruck über einer ebenen Wasseroberfläche (unterkühltes Wasser) höher ist als über einer Eisoberfläche, was Konsequenzen für die Niederschlagsbildung hat. Ursache ist die im Eis stärkere intermolekulare Bindung. Bei Temperaturen von –12 °C ist die Differenz zwischen dem Sättigungsdampfdruck E_W über Wasser (2,44 hPa) und dem Sättigungsdampfdruck E_E über Eis (2,17 hPa) am größten: $E_W - E_E \approx 0{,}27$ hPa.

Die Sättigungsdampfdruck-Gesetzmäßigkeit bezüglich Wasser/Eis ist der Grund dafür, dass häufig unterkühlte Wolkentröpfchen beobachtet werden.

Weiter ist der **Krümmungseffekt** (Kelvin-Effekt) zu beachten, demzufolge der Sättigungsdampfdruck mit zunehmender Krümmung der Oberfläche eines Tropfens (mit abnehmendem Tropfenradius) wächst. In diesem Fall ist gegenüber einer ebenen Flüssigkeitsoberfläche ein geringerer Arbeitsaufwand gegen die Kohäsionskräfte für den Übertritt der Moleküle in die dampfförmige Phase erforderlich, so dass sich deren Anzahl je Zeiteinheit erhöht. Damit der Zustand des dynamischen Gleichgewichts wiederhergestellt wird, müssen dann natürlich auch mehr Moleküle von der dampfförmigen in die flüssige Phase übertreten. Dies wiederum ist nur möglich, wenn die Dichte des Wasserdampfes über der Flüssigkeitsoberfläche und damit der Dampfdruck bei unveränderter Temperatur höher ist.

Der Sättigungsdampfdruck ist auch von der elektrischen Ladung der Wassertröpfchen abhängig (**Ladungseffekt**). Dieser Effekt ist jedoch wolkenmikrophysikalisch bedeutungslos.

Von Bedeutung ist der Einfluss von in den Wolkentröpfchen gelösten Salzen und anderen Beimengungen auf die Größe des Sättigungsdampfdruckes, auch **Lösungseffekt** genannt. Eine grundlegende Eigenschaft vieler Salze ist ihre hygroskopische Wirkung, d. h. ihr Vermögen, den in der Luft enthaltenen Wasserdampf anzuziehen (s. lagerndes Kochsalz in feuchten Räumen). Wir dürfen daher erwarten, dass sich das dynamische Gleichgewicht zwischen den aus einer Wasseroberfläche je Zeiteinheit in die Dampfphase übertretenden und den aus diesem Zustand zurückkehrenden Molekülen bei Hinzufügung von wasseranziehenden Salzen zugunsten der flüssigen Phase verändert. Folge ist, dass in der Dampfphase die Anzahl der Moleküle abnimmt (der Dampfdruck sinkt), bis ein neues Gleichgewicht hergestellt ist. Es gilt also der Satz, dass der Sättigungsdampfdruck über einer Salzlösung niedriger ist als der Sättigungsdampfdruck über chemisch reinem Wasser. Zusammengefasst gilt, dass der Lösungseffekt, der proportional zu $1/r^3$ ist, dann dominiert, wenn der Tropfen mit dem Radius r sehr klein ist, während bei wachsenden Tropfen der zu $1/r$ proportionale Krümmungseffekt zur größeren Geltung kommt. Schließlich werden über einem großen Tropfen beide Effekte sehr klein, und die Verhältnisse nähern sich denen, die man über einer ebenen Fläche reinen Wassers vorfindet (Abb. 5.2).

5.4 Makrophysikalische Wolken- und Nebelentstehung

Die **Wolkenphysik** untersucht alle physikalischen Prozesse, die zur Wolken- und Nebelbildung führen. Sie umfasst zwei große Problemkreise: a) Äußere Voraussetzungen für das Auftreten der Kondensation/Sublimation (makrophysikalische Prozesse) und b) Mikrophysikalische Prozesse, die im Zusammenhang mit der Kondensation/Sublimation stehen.

5.4.1 Erreichen des Sättigungsdampfdruckes

Die Wasserdampfsättigung in der Atmosphäre kann (bezogen auf den Ort oder auf ein Luftteilchen) durch folgende Prozesse erreicht werden: a) Wasserdampfzufuhr durch Verdunstung, b) diabatische Abkühlung durch Wärmeausstrahlung des Erdbodens sowie an inversionsbedingten Dunstschichten in der Atmosphäre, c) adiabatische Abkühlung durch Expansion aufsteigender und unter geringeren Druck gelangender Luft bzw. durch Advektion und d) Mischung zweier hinreichend

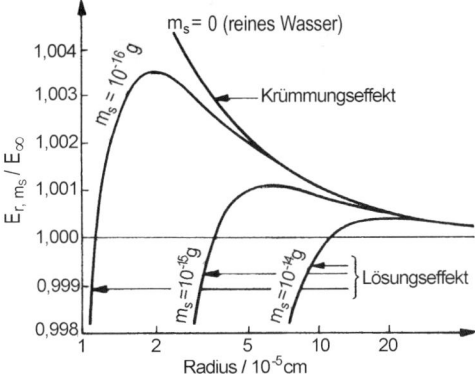

Abb. 5.2: Verhältnis des Sättigungsdampfdruckes $E_{r,ms}$ über Tröpfchen einer Kochsalzlösung zum Sättigungsdampfdruck E_∞ über einer ebenen Oberfläche chemisch reinen Wassers; m_s = Masse des in einem Tröpfchen gelösten NaCl (Köhler-Diagramm; nach Byers 1965)

feuchter Luftmassen. Während der Prozess a) seltener auftritt, spielt der Vorgang b) eine Hauptrolle bei der Nebelbildung. Vorgang c) dominiert bei der Mehrzahl aller Wolkenbildungen.

Die Umkehr der Vorgänge b) und c) (diabatische und adiabatische Erwärmung), aber auch die Mischung mit ungesättigt feuchter Luft bewirken, dass bereits gesättigte feuchte Luft wieder in den ungesättigten Zustand zurückgeführt werden kann. Dann kommt es zur Verdunstung der in ihr enthaltenen Wassertröpfchen und/oder Eiskristalle und damit zur Nebel- und Wolkenauflösung.

5.4.2 Nebelformen

Nebel (horizontale Sichtweite < 1 km) können wir als eine dem Erdboden aufliegende Schichtwolke auffassen. Eine Nebeldecke selbst besteht aus unzähligen kleinen (auch unterkühlten) in der Luft schwebenden Wassertröpfchen mit einem Tropfenradius von 5 µm bis maximal 50 µm (unter Umständen aus Eiskristallen-Eisnebel). Gemäß den zur Wasserdampfsättigung führenden Vorgängen unterscheidet man: a) **Verdunstungsnebel** (Verdampfungsnebel). Hierzu zählt man den Frontalnebel, verursacht durch Regen, der aus wärmerer Luft in kühlere fällt und verdunstet (vor allem an Warmfronten), sowie den Verdampfungsnebel (arktischer Seerauch), der sich bildet, wenn die verdunstende Wasserfläche eine höhere Temperatur hat als die darüber strömende Kaltluft. b) **Mischungsnebel**, der im Grenzbereich verschieden temperierter und feuchter Luft entsteht. c) **Abkühlungsnebel**, der sich bei Unterkühlung wärmerer Luft durch Ausstrahlung als Strahlungsnebel infolge

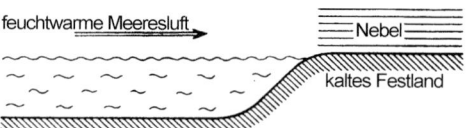

Abb. 5.3: Entstehung von Advektionsnebel

Druckerniedrigung als Bergnebel oder durch eine kalte Unterlage als **Advektionsnebel** bildet (Abb. 5.3). Auf diese Weise kommt es auch zu Seenebel, wenn wärmere Luft über kältere Wasserflächen weht (Neufundlandnebel).

Bodennebel heißt eine flache, höchstens bis in Augenhöhe reichende Nebelschicht, über der die horizontale Sichtweite 1 km oder mehr beträgt, über feuchten Wiesen entsprechend Wiesennebel. Hangaufwind an Berghängen verursacht **Hangnebel** (s. Abschnitt 12.6.2); aus der Höhe sieht man Nebel in Tälern als Talnebel oder Nebelmeer. Zuweilen bildet sich unter einer Höheninversion (s. Abschnitt 4.2.6) infolge Ausstrahlungsabkühlung **Hochnebel**. Dieser kann sich nach unten ausdehnen und wird dann als gewöhnlicher Nebel registriert.

Die Grundtypen des Nebels treten nur selten in „reiner" Form auf. Oft sind mehrere der genannten Prozesse an der Nebelbildung beteiligt. Betont werden soll, dass neben den oben genannten nebelauflösenden Faktoren (Umkehrprozesse der Nebel- und Wolkenbildung) folgende Prozesse relevant sind: Wasserdampfentzug bzw. Nebeltröpfchenauflösung a) durch Tau- bzw. Reifbildung am Erdboden, b) bei Schneefall durch Wasserdampfsublimation auf Schneekristallen, c) durch Koagulation von Eiskristallen und Nebeltröpfchen und d) durch Kondensation von Nebelluft auf einer kalten Unterlage.

5.4.3 Wolkenformen

Unter Wolken verstehen wir eine sichtbare Ansammlung in der Luft schwebender Kondensations- und/oder Sublimationsprodukte des Wasserdampfes wie Wassertröpfchen (**Wasserwolken**) oder Eisteilchen (**Eiswolken**) oder eines Gemisches von beiden (**Mischwolken**).

Wolken sind Ausdruck und Folgeerscheinung einer Vielzahl (hydrodynamischer/thermodynamischer) atmosphärischer Prozesse, spielen eine große Rolle bei den Transportvorgängen in der Atmosphäre und beeinflussen den atmosphärischen Strahlungshaushalt nachhaltig. Sie sind zentrales Bindeglied im hydrologischen Zyklus (s. Abschnitt 5.1). Wolken sind sichtbare Indikatoren der aktuellen Wettersituation (indirekte Aerologie).

Wolken sind (wie Nebel) von wechselnder Mächtigkeit und Dichte. Man beobachtet dünne, kaum merkbare Wolkenschleier und Wolkenschichten von mehreren Kilometern Dicke. Die Wolkenuntergrenze variiert in einem Bereich von nur wenig über dem Erdboden (Übergangsformen vom Nebel) bis in die Stratosphäre. Abgesehen von den stratosphärischen Wolken liegen die gewöhnlichen Wolken in der Troposphäre, in der die makro- und mikrophysikalischen Prozesse ablaufen, die zu ihrer Bildung führen.

Makrophysikalisch erfolgt die **Wolkenbildung** in überwiegendem Maße bei Hebung der Luft und adiabatischer Abkühlung. Im Einzelnen kann sie wie folgt geschehen: a) durch Aufgleitvorgänge und erzwungene Hebung feuchter Luftmassen (Überströmen von Kaltluftschichten durch feuchtwarme Luft mit Entstehung von Warmfrontbewölkung bzw. an Geländeerhöhungen luvseitig erzwungene Hebung feuchter Luft mit Bildung von **Staubewölkung**); b) durch konvektive Umlagerung einzelner Luftballen (Entstehung von **Konvektionswolken** bis hin zu Cumulonimben an warmen Sommertagen durch kräftige lokale nach oben gerichtete Vertikalwinde, die von der inhomogen erwärmten Erdoberfläche durch Konvektion ausgelöst werden); c) durch wellenförmige Luftbewegungen (Abb. 5.4) mit Wolkenbildung an Leewellen hinter Gebirgskämmen (**orografische Wolken**) bzw. durch Entstehen wellenförmiger Luftbewegungen und Rotoren an atmosphärischen Diskontinuitätsflächen bei sprunghafter Änderung von Wind, Temperatur und Feuchte; d) infolge Durchmischung stabil geschichteter und nach oben hin meist durch eine Inversion begrenzter Luftschichten mit Entstehung einer **Stratus- oder Stratocumulusdecke** (s. Abb. 4.13), wenn z. B. eine zunächst wolkenfreie, durch eine Inversion nach oben hin begrenzte Schicht feuchtwarmer Meeresluft auf einen Kontinent übertritt und infolge der erhöhten Bodenrauigkeit hier kräftig durchmischt

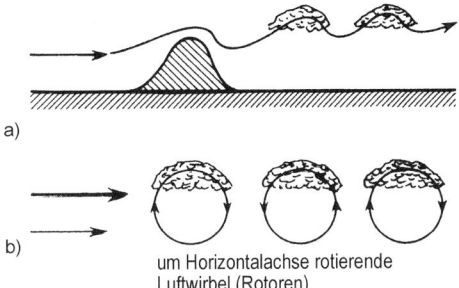

Abb. 5.4: Schematische Darstellung der Wolkenbildung an Leewellen hinter Gebirgskämmen (a) und durch Entstehung von Rotoren an atmosphärischen Diskontinuitätsflächen (b)

Tab. 5.1: Morphologische Wolkenklassifikation. Die Angaben in den Spalten 2–4 sind etwa in der Reihenfolge der abnehmenden Häufigkeit aufgeführt

Gattungen	Arten	Unterarten	Sonderformen und Begleitwolken	Mutterwolken (genitus)
Cirrus (Ci)	fibratus uncinus spissatus castellanus floccus	intortus radiatus vertebratus duplicatus	mamma	Cirrocumulus Altocumulus Cumulonimbus
Cirrocumulus (Cc)	stratiformis lenticularis floccus castellanus	undulatus lacunosus	virga mamma	
Cirrostratus (Cs)	fibratus nebulosus	duplicatus undulatus		Cirrocumulus Cumulonimbus
Altocumulus (Ac)	stratiformis lenticularis castellanus floccus	translucidus, perlucidus, opacus, duplicatus, undulatus, radiatus, lacunosus	virga mamma	Cumulus Cumulonimbus
Altostratus (As)		translucidus, opacus, duplicatus, undulatus, radiatus	virga, praecipitatio, pannus, mamma	Altocumulus Cumulonimbus
Nimbostratus (Ns)			praecipitatio, virga, pannus	Cumulus Cumulonimbus
Stratocumulus (Sc)	stratiformis lenticularis castellanus	translucidus, perlucidus, opacus, duplicatus, undulatus, radiatus, lacunosus	mamma, virga, praecipitatio	Altostratus Nimbostratus Cumulus Cumulonimbus
Stratus (St)	nebulosus fractus	opacus translucidus undulatus	praecipitatio	Nimbostratus Cumulus Cumulonimbus
Cumulus (Cu)	humilis mediocris congestus fractus	radiatus	pileus, velum, virga, praecipitatio, arcus, pannus, tuba	Altocumulus Stratocumulus
Cumulonimbus (Cb)	calvus capillatus		praecipitatio, virga, pannus, incus, mamma, pileus, velum, arcus, tuba	Altocumulus Altostratus Nimbostratus Stratocumulus Cumulus

einen Radius von $2 \cdot 10^{-1}$ µm $< r_T \leq$ 1 µm, ihre Anzahl beträgt 10^9 bis 10^6 pro m³ „Reinluft" über Kontinenten, sie sind äußerst wirksam bei Kondensationsvorgängen, weshalb sie auch als meteorologische oder **Wolkenkondensationskerne** (s. Abschnitt 5.5.2) bezeichnet werden (CCN: Cloud Condensation Nucleus); c) **Riesenkerne** (gigantische Kerne): ihr Radius beträgt $r_T > 1$ µm (m > 10^{-11} g), sie sind weniger zahlreich (10^6 bis 10^2 pro m³ über Kontinenten, $5 \cdot 10^5$ bis 50 pro m³ über Ozeanen), aber wichtig für die Bildung großer Wolkentropfen. Zusätzlich können noch **Dispersionskerne** und **Mischkerne** unterschieden werden. Zu ersteren zählen kleine Salzkristalle des Meerwassers, die durch Windeinwirkung als kleine, rasch verdunstende Tröpfchen in die Atmosphäre gelangen; Mischkerne hingegen sind feste, was-

5.4.3 Wolkenformen

Unter Wolken verstehen wir eine sichtbare Ansammlung in der Luft schwebender Kondensations- und/oder Sublimationsprodukte des Wasserdampfes wie Wassertröpfchen (**Wasserwolken**) oder Eisteilchen (**Eiswolken**) oder eines Gemisches von beiden (**Mischwolken**).

Wolken sind Ausdruck und Folgeerscheinung einer Vielzahl (hydrodynamischer/thermodynamischer) atmosphärischer Prozesse, spielen eine große Rolle bei den Transportvorgängen in der Atmosphäre und beeinflussen den atmosphärischen Strahlungshaushalt nachhaltig. Sie sind zentrales Bindeglied im hydrologischen Zyklus (s. Abschnitt 5.1). Wolken sind sichtbare Indikatoren der aktuellen Wettersituation (indirekte Aerologie).

Wolken sind (wie Nebel) von wechselnder Mächtigkeit und Dichte. Man beobachtet dünne, kaum merkbare Wolkenschleier und Wolkenschichten von mehreren Kilometern Dicke. Die Wolkenuntergrenze variiert in einem Bereich von nur wenig über dem Erdboden (Übergangsformen vom Nebel) bis in die Stratosphäre. Abgesehen von den stratosphärischen Wolken liegen die gewöhnlichen Wolken in der Troposphäre, in der die makro- und mikrophysikalischen Prozesse ablaufen, die zu ihrer Bildung führen.

Makrophysikalisch erfolgt die **Wolkenbildung** in überwiegendem Maße bei Hebung der Luft und adiabatischer Abkühlung. Im Einzelnen kann sie wie folgt geschehen: a) durch Aufgleitvorgänge und erzwungene Hebung feuchter Luftmassen (Überströmen von Kaltluftschichten durch feuchtwarme Luft mit Entstehung von Warmfrontbewölkung bzw. an Geländeerhöhungen luvseitig erzwungene Hebung feuchter Luft mit Bildung von **Staubewölkung**); b) durch konvektive Umlagerung einzelner Luftballen (Entstehung von **Konvektionswolken** bis hin zu Cumulonimben an warmen Sommertagen durch kräftige lokale nach oben gerichtete Vertikalwinde, die von der inhomogen erwärmten Erdoberfläche durch Konvektion ausgelöst werden); c) durch wellenförmige Luftbewegungen (Abb. 5.4) mit Wolkenbildung an Leewellen hinter Gebirgskämmen (**orografische Wolken**) bzw. durch Entstehen wellenförmiger Luftbewegungen und Rotoren an atmosphärischen Diskontinuitätsflächen bei sprunghafter Änderung von Wind, Temperatur und Feuchte; d) infolge Durchmischung stabil geschichteter und nach oben hin meist durch eine Inversion begrenzter Luftschichten mit Entstehung einer **Stratus- oder Stratocumulusdecke** (s. Abb. 4.13), wenn z. B. eine zunächst wolkenfreie, durch eine Inversion nach oben hin begrenzte Schicht feuchtwarmer Meeresluft auf einen Kontinent übertritt und infolge der erhöhten Bodenrauigkeit hier kräftig durchmischt

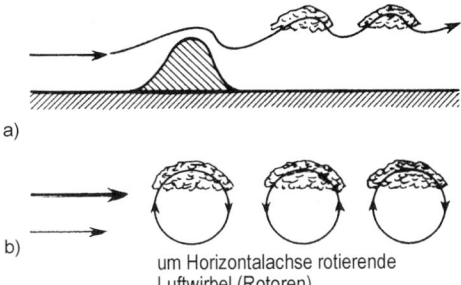

Abb. 5.4: Schematische Darstellung der Wolkenbildung an Leewellen hinter Gebirgskämmen (a) und durch Entstehung von Rotoren an atmosphärischen Diskontinuitätsflächen (b)

wird; e) durch ausgeprägte Strahlungsprozesse an der Untergrenze freier Inversionen, wo es häufig zur Ansammlung von Luftverunreinigungen und zur Anreicherung von Wasserdampf und ausstrahlungsbedingt zu einer Abkühlung dieser Luftschicht bis zum Sättigungszustand kommt, sodass sich eine Stratusdecke bilden kann.

5.4.4 Wolkenklassifikation

Der unterschiedliche Charakter der Hebung der Luft und die verschiedenen Arten der Kondensations-/Sublimationsprodukte geben den Wolken ihr höchst wechselndes, z. T. chaotisches, aber stets faszinierendes Aussehen. Doch lassen sich nach ihren charakteristischen Erscheinungsformen deutlich einige Grundformen erkennen. Entsprechend ist die im Internationalen Wolkenatlas wiedergegebene Wolkenklassifizierung nach morphologischen Aspekten vorgenommen. Die mögliche genetische (gemäß der Entstehung der Wolken begründete) Wolkenklassifikation hat sich in der Praxis nicht bewährt. Der Engländer L. Howard (1772–1864) stellte bereits 1803 die erste morphologische Wolkenklassifikation auf; er unterschied die drei Hauptklassen **Cirrus**, **Cumulus** und **Stratus**. Für die einheitliche Anwendung der im Laufe der Zeit entwickelten internationalen Wolkenklassifikation und Neuausgaben des Internationalen Wolkenatlas ist heute die WMO zuständig.

Gemäß der internationalen Wolkenklassifikation unterscheidet man nach der Stockwerkgliederung bzw. Höhenlage der Wolken (Höhe über dem Erdboden) vier **Wolkenfamilien** (Abb. 5.5):
1. tiefe Wolken (0 bis 2 km),
2. mittelhohe Wolken (2 bis 7 km),
3. hohe Wolken (5 bis 13 km, in den Tropen 6 bis 18 km),
4. Wolken mit großer vertikaler Erstreckung (0 bis 13 km).

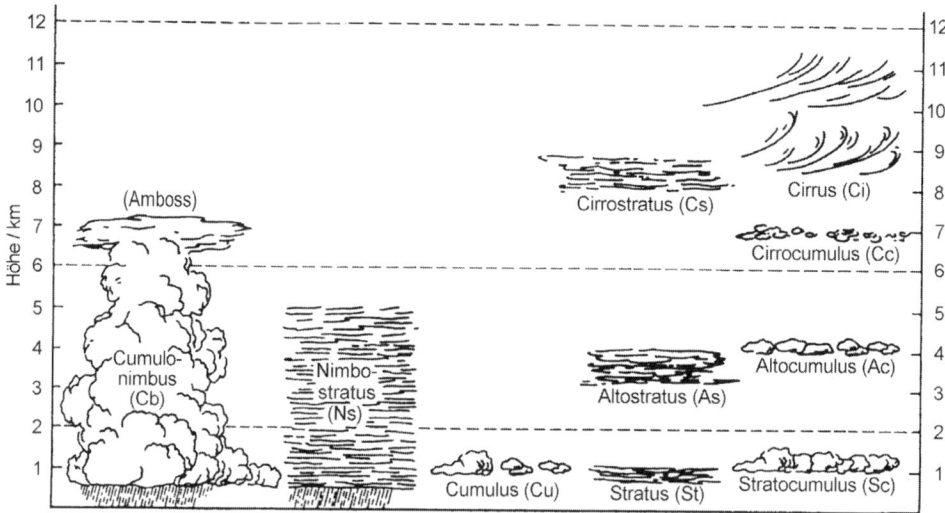

Abb. 5.5: Höhenlage der Wolkengattungen in den mittleren Breiten

Sie umfassen zehn sich gegenseitig ausschließende **Wolkengattungen** (Hauptwolkentypen): Cirrus, Cirrocumulus, Cirrostratus; Altocumulus, Altostratus; Nimbostratus, Stratocumulus, Stratus; Cumulus und Cumulonimbus. Nach der allgemeinen Erscheinungsform der Wolken werden schleierförmige (cirrus), schichtförmige (stratus) und haufenförmige (cumulus) Hauptformen unterschieden.

Bei der Beschreibung der großen Vielfalt von Wolkenerscheinungen (Tab. 5.1) sollen zwei besondere Wolkenformen nicht unerwähnt bleiben: die **Perlmutterwolken** (in 22 bis 29 km Höhe) und die **leuchtenden Nachtwolken** (in ca. 80 km Höhe), die zwar selten auftreten, aber indirekte Rückschlüsse auf den Zustand bzw. auf Zustandsänderungen hoher Atmosphärenschichten erlauben, z. B. den Wasserdampfgehalt und bestimmte Strömungsverhältnisse betreffend.

5.5 Mikrophysikalische Basisprozesse für die Wolken- und Nebelbildung

Das Studium wolkenmikrophysikalischer Gesetzmäßigkeiten ist im allgemeinen Sinne für Untersuchungen des hydrologischen Zyklus, des Strahlungshaushaltes und der damit verbundenen Klimaprozesse sowie für die Klimamodellierung und die Wettermodifikation erforderlich. Die **Wolkenmikrophysik** ist entscheidend für das Verständnis der Niederschlagsentstehung und für die Niederschlagsprognose, für Untersuchungen des Selbstreinigungsmechanismus der Atmosphäre bzw. der Aerosoleliminationsprozesse sowie für die Physik der Transmission von Beimengungen (z. B. Schadstoffen) in der (turbulenten) Atmosphäre. Für die primäre mikrophysikalische Wolken- und Nebelbildung sind die **wolkenmikrophysikalischen Basisprozesse** dominant (Evolution und Modifikation von Wolkenpartikelspektren durch Nukleation und Diffusionswachstum oder Rückentwicklung durch Evaporation). Aerosolpartikel-/Wolkenkondensationskernspektren bilden hierfür als Initialspektren die Grundlage.

5.5.1 Aerosolphysikalische Aspekte

Physikalisch definiert man **Aerosole** (s. Abschnitt 2.3.3.5) als feindisperse Stoffsysteme aus einer festen oder flüssigen dispersen Phase (aus feinsten festen oder flüssigen Partikeln von meist kolloidaler Größenordnung) in einem gasförmigen Medium (zumeist Luft). Danach verstehen wir unter atmosphärischem Aerosol ein polydisperses Ensemble von luftgetragenen festen oder flüssigen Teilchen (Aerosolpartikeln) mit Ausnahme von Wolkentröpfchen und Niederschlägen. Entgegen der in der Literatur nicht selten anzutreffenden Auffassung, nach der die Aerosolpartikeln als Aerosol interpretiert werden, soll als (atmosphärisches) Aerosol also die Luft mit den darin enthaltenen Teilchen (Aerosolpartikeln) verstanden werden.

Der Größe nach unterscheidet man drei Hauptgruppen von Aerosolteilchen: a) **Aitken-Kerne**: ihr Radius beträgt im Mittel $5 \cdot 10^{-3}$ µm $\leq r_T \leq 2 \cdot 10^{-1}$ µm, sie sind also sehr „feinkörnig" und zugleich zahlreich ($\approx 10^9$ pro m^3 „Reinluft" über Kontinenten), für Kondensationsprozesse in der Atmosphäre sind sie ohne Bedeutung; b) **Große Kerne**: sie haben

Tab. 5.1: Morphologische Wolkenklassifikation. Die Angaben in den Spalten 2–4 sind etwa in der Reihenfolge der abnehmenden Häufigkeit aufgeführt

Gattungen	Arten	Unterarten	Sonderformen und Begleitwolken	Mutterwolken (genitus)
Cirrus (Ci)	fibratus uncinus spissatus castellanus floccus	intortus radiatus vertebratus duplicatus	mamma	Cirrocumulus Altocumulus Cumulonimbus
Cirrocumulus (Cc)	stratiformis lenticularis floccus castellanus	undulatus lacunosus	virga mamma	
Cirrostratus (Cs)	fibratus nebulosus	duplicatus undulatus		Cirrocumulus Cumulonimbus
Altocumulus (Ac)	stratiformis lenticularis castellanus floccus	translucidus, perlucidus, opacus, duplicatus, undulatus, radiatus, lacunosus	virga mamma	Cumulus Cumulonimbus
Altostratus (As)		translucidus, opacus, duplicatus, undulatus, radiatus	virga, praecipitatio, pannus, mamma	Altocumulus Cumulonimbus
Nimbostratus (Ns)			praecipitatio, virga, pannus	Cumulus Cumulonimbus
Stratocumulus (Sc)	stratiformis lenticularis castellanus	translucidus, perlucidus, opacus, duplicatus, undulatus, radiatus, lacunosus	mamma, virga, praecipitatio	Altostratus Nimbostratus Cumulus Cumulonimbus
Stratus (St)	nebulosus fractus	opacus translucidus undulatus	praecipitatio	Nimbostratus Cumulus Cumulonimbus
Cumulus (Cu)	humilis mediocris congestus fractus	radiatus	pileus, velum, virga, praecipitatio, arcus, pannus, tuba	Altocumulus Stratocumulus
Cumulonimbus (Cb)	calvus capillatus		praecipitatio, virga, pannus, incus, mamma, pileus, velum, arcus, tuba	Altocumulus Altostratus Nimbostratus Stratocumulus Cumulus

einen Radius von $2 \cdot 10^{-1}$ µm $< r_T \leq$ 1 µm, ihre Anzahl beträgt 10^9 bis 10^6 pro m³ „Reinluft" über Kontinenten, sie sind äußerst wirksam bei Kondensationsvorgängen, weshalb sie auch als meteorologische oder **Wolkenkondensationskerne** (s. Abschnitt 5.5.2) bezeichnet werden (CCN: Cloud Condensation Nucleus); c) **Riesenkerne** (gigantische Kerne): ihr Radius beträgt $r_T > 1$ µm (m $> 10^{-11}$ g), sie sind weniger zahlreich (10^6 bis 10^2 pro m³ über Kontinenten, $5 \cdot 10^5$ bis 50 pro m³ über Ozeanen), aber wichtig für die Bildung großer Wolkentropfen. Zusätzlich können noch **Dispersionskerne** und **Mischkerne** unterschieden werden. Zu ersteren zählen kleine Salzkristalle des Meerwassers, die durch Windeinwirkung als kleine, rasch verdunstende Tröpfchen in die Atmosphäre gelangen; Mischkerne hingegen sind feste, was-

5.5 Mikrophysikalische Basisprozesse für die Wolken- und Nebelbildung

serlösliche Teilchen, an die sich hygroskopische Substanzen (Kerne) angelagert haben, z. B. durch Koagulation. Gemäß einer Einteilung nach der globalen Herkunft des Aerosols definiert man **kontinentales** und **maritimes Aerosol** sowie **Background-Aerosol**. Letzteres ist das „Reinluft-Aerosol" (ohne Einwirkung von Verunreinigungsquellen).

Hinsichtlich der Herkunft der Aerosolpartikeln wird auf Tab. 2.7 verwiesen.

Wolkenphysikalisch relevant ist der Begriff der **Verteilungsfunktion** der Aerosolpartikeln (Abb. 2.12). Nach Beobachtungen fand C. Junge (1912–1996) für $r > 0,1$ µm, dass die Aerosolpartikelkonzentration mit zunehmender Größe der Teilchen einem Exponentialgesetz gehorcht (**Jungesches Potenzgesetz**).

Bedeutungsvoll ist die ausgeprägte Höhenabhängigkeit der Teilchenkonzentration. Die Zahl der Kerne nimmt zunächst mit zunehmendem Abstand von der Erdoberfläche stark ab (in 10 km Höhe nur noch 10^{-4} des Bodenwertes). Im Höhenbereich um 20 km findet man allerdings nochmals höhere Werte (das Fünffache des Wertes in 10 km Höhe, **Junge-Schicht**). Die vertikale Verteilung ist determiniert durch turbulente Vorgänge, durch Sedimentation (gravitationsbedingtes Absinken schwerer Teilchen) sowie durch Bindung bzw. Ausfällen infolge von Koagulationsprozessen und niederschlagsbildenden Prozessen. Diese sind im Rahmen des **Selbstreinigungsmechanismus** der Atmosphäre eng korreliert mit den Aerosolpartikeleliminations- und -transportprozessen. Der Sedimentationsvorgang bedingt die Trockendeposition, die neben den zusätzlichen „Impaktions-" und „Interzeptions"-Effekten (z. B. „Filterung" durch das Laubdach von Bäumen) im Falle von Schadstoffbeimengungen zur Immissionsbelastung der Wälder und am Boden führen kann (s. Abschnitt 12.3.3). Die als Kondensationskerne wirksam gewordenen Aerosolpartikeln können mit den Niederschlagspartikeln zum Boden transportiert werden (**Rainout-Effekt, in-cloud-scavenging**), desgleichen können unterhalb der Wolken gelegene Teilchen durch Niederschlagspartikeln ausgespült werden (**Washout-Effekt, below-cloud-scavenging**). Beide Effekte führen zur Nassdeposition mit der Gefahr z. B. des „Sauren Regens". Beim Koagulationsprozess werden kleinere Partikeln eliminiert bei gleichzeitiger „Produktion" von größeren Teilchen. Auch die Turbulenz kann entsprechend wirksam sein. Die kleinsten Partikeln ($r_T < 0,1$ µm) werden gegenüber den oben genannten Möglichkeiten weniger effizient ausgefällt. Sie können aber in Kontakt mit Tröpfchen kommen durch die Brownsche Bewegung und durch die seit den 1980er Jahren diskutierten **phoretischen Kräfte** (Thermo-, Diffusio-, Foto- und Elektrophorese, s. Abschnitt 12.3.3). Als Beispiel sei die **Diffusio-/Thermophorese** erläutert. In trockener Umgebungsluft befinde sich ein Tropfen, der dann verdunstet und kälter als seine Umgebung ist. Infolge der Verdunstung ist ein Wasserdampfstrom vom Tropfen weg, wegen der tieferen Temperatur ein Wärmestrom zum Tropfen hin gerichtet. Beide Ströme können kleine Aerosolpartikeln, die sich in der Umgebung des Tropfens befinden, transportieren („mitreißen"), also als „Transportmittel" dienen. Mit Hilfe der phoretischen Kräfte kann man erklären, warum bei Teilchengrößen zwischen 0,1 µm und 1 µm Durchmesser, deren Masse für die Brownsche Bewegung zu groß, für die Sedimentation jedoch zu klein ist, die Einfangwahrscheinlichkeit zwar klein, aber größer als Null ist.

5.5.2 Kondensations- und Gefrierkerne

Damit in der Troposphäre Kondensat- bzw. Solidifikatprodukte des Wasserdampfes (allgemein **Hydrometeore**, im engeren Sinne Wolkenpartikeln) entstehen können, ist das Vorhandensein von Kondensations- und Gefrierkernen unerlässlich. Vom Background-Aerosol sind nur bestimmte, keinesfalls unbenetzbare, fettige Teilchen geeignet. Den Anteil anthropogen in die Atmosphäre injizierter Kerne schätzt man auf wenige Prozent.

Als **Wolkenkondensationskerne** (CCN, s. Abschnitt 5.5.1) bezeichnen wir solche Aerosolpartikeln, die bei geringer Wasserdampfübersättigung aufgrund ihrer spezifischen Eigenschaften aktiviert und zu Zentren der Wasserdampfkondensation werden. Ein übersättigter Dampf kann in der Troposphäre ohne Kondensationskerne nicht kondensieren. Die Kernanzahl wechselt in den verschiedenen geografischen Regionen und von Luftmasse zu Luftmasse sehr. Im Einzelnen findet man in „reiner" Luft (über den Ozeanen und in den arktischen Gebieten) bis zu 300 cm^{-3}, über den Kontinenten (vor allem über Großstädten und Industriegebieten) weit über 100000 cm^{-3} Kerne. Die großen hygroskopischen Kerne sind anscheinend am wirksamsten, schon aufgrund der Sättigungsdampfdruckerniedrigung, die sie herbeiführen. Nach Aktivierung der Kerne beginnt der Kondensationsprozess schon bei einer relativen Feuchte von 70 bis 80 % (Vorkondensation, „Quellen" der Kerne), stagniert dann aber, da bei den noch winzigen Kondensationsprodukten, die die Luft diesig oder dunstig machen, die Sättigungsdampfdruckerhöhung infolge des Krümmungseffektes (s. Abschnitt 5.3) entgegenwirkt. Erst ein Feuchteanstieg bis auf den kritischen Wert (100 bis 101 %) lässt die Kondensation sehr schnell ablaufen (sichtbare Wolkentröpfchen entstehen), wobei nun auch weniger effiziente Kondensationskerne in den Prozess einbezogen werden können.

Unter **Gefrierkernen** (Eiskerne, Ice Nucleus IN) verstehen wir Substanzen, die ebenfalls im Aerosolpartikelspektrum enthalten sind und die bei geeigneter Übersättigung oder Wassertröpfchenunterkühlung zur Eisbildung führen (Bildung von Eiskristallen, Eispartikeln, Solidifikaten). Man weiß heute, dass in der Atmosphäre eine direkte **Sublimation** [Sublimationstheorie von A. Wegener (1880–1930/31)] nur selten auftritt. Überzeugend ist die neuere Auffassung (**Eiskerntheorie**), dass sich Eiskristalle erst dann bilden, wenn Wolkentröpfchen hinreichend unterkühlt sind. Lagern sich diese an vorhandene Gefrierkerne an, wird die eigentliche Eiskristallbildung initiiert. Untersuchungen zeigen, dass oberhalb −30 °C nur eine schmale Fraktion von Partikeln aus dem Aerosolspektrum aktiv wird und dass um so mehr Eiskerne wirksam werden, je stärker die Temperatur fällt. Man unterscheidet in Abhängigkeit von der Temperatur drei Hauptarten von Gefrierkernen: a) 0 bis −32 °C: feste, mit einer gefrorenen Wasserhaut überzogene Teilchen in einer Konzentration von ca. 1 m^{-3} im oberen und etwa 1 pro Liter im unteren Teil des Temperaturbereiches; b) –32 bis –41 °C: Salzlösungen, die feste Teilchen beinhalten, welche das Gefrieren einleiten, d. h. die Bildung gefrorener Tropfen bewirken (Konzentration 1 cm^{-3}); c) ≤ –41 °C: Tropfen aus reinem Wasser oder aus Salzlösung (ohne feste Teilchen), die spontan zu Eiskristallen gefrieren. Die Tatsache, dass die Anzahl wirksamer Gefrierkerne viel geringer ist als die der Kondensationskerne, ist Grund dafür, dass die Häufigkeit des Auftretens unterkühlter Wolken recht groß ist. Für letztere spielt aber auch der Fakt eine Rolle, dass als CCN agierende Salztröpfchen oder feste Salzteilchen gefrierpunkterniedrigend wirken.

5.5.3 Nukleation, homogene und heterogene Kondensation bzw. Eisbildung

Bevor die niederschlagsbildenden Vorgänge effizient einsetzen, müssen die wolkenmikrophysikalischen Basisprozesse **Nukleation** und Diffusionswachstum zur Wirkung gekommen sein. Durch die Nukleation (Keimbildung) wird die Bildung sehr kleiner Wolkenpartikeln (Tröpfchen, Eisteilchen), also die Wolken-/Nebelbildung, initiiert und durch anschließendes **Diffusionswachstum** der Wolkenpartikeln stabilisiert. Mikrophysikalisch bedeutet Nukleation allgemein den Phasenübergang des Wasserdampfes bzw. des Wassers in Richtung höherer Molekülordnung, also die Bildung einer neuen Phase durch Kondensation (gasförmig → flüssig), Sublimation (gasförmig → fest) bzw. durch Gefrieren (flüssig → fest).

Man unterscheidet die **homogene** und die **heterogene Nukleation**. Bei der homogenen Nukleation bilden sich Tröpfchen aus der reinen Dampfphase, d. h. autonom im homogenen Wasserdampf ohne Kondensationskerne (homogene Kondensation) bzw. Eisteilchen aus der reinen Dampfphase, d. h. autochthon ohne IN (homogene Sublimation bzw. homogene Eisbildung). In der Troposphäre dominiert als Nukleationsmechanismus die heterogene Nukleation, d. h. die Initiierung einer neuen Phase an Nukleationskernen als spezifischen Teilchen aus dem Aerosolpartikelspektrum. Während die Keimbildung von Tropfen theoretisch und experimentell weitestgehend nachvollziehbar ist, gibt es bei der heterogenen Eisbildung, die schon faszinierende Eiskristallformen wie hexagonale Blättchen und ebene Dendrite entstehen lässt, noch Klärungsbedarf. Zusammengefasst werden als primäre Mechanismen für die Entstehung kleinster Eispartikeln folgende diskutiert: a) direkte Sublimation auf Aerosolpartikeln in einer eisübersättigten Dampfumgebung (**Sublimationsnukleation**), b) Aktivierung von Aerosolteilchen, die in einem unterkühlten Tröpfchen suspendiert sind und es gefrieren lassen, wobei ein Aerosolteilchen als Kondensationskern (CN) fungiert hat (condensation freezing nucleation) oder c) nicht als CN gewirkt hat (immersion freezing nucleation), d) Gefrieren eines unterkühlten Tröpfchens bei kollisionsbedingtem mechanischen Kontakt mit einem Aerosol- oder einem Eispartikel (contact freezing nucleation). Unklar ist bisher, welcher Mechanismus unter welchen Bedingungen tatsächlich zum Tragen kommt.

5.5.4 Diffusionswachstum

Das **Diffusionswachstum** setzt heterogene Nukleation voraus. Der Begriff „Diffusionswachstum" wird allgemein benutzt, da der Wasserdampf durch Diffusionsprozesse aus der Umgebung zum Wolkenpartikel transportiert wird. Die nukleierten Partikeln wachsen in diesem Fall bei Eis-/Wasserübersättigung durch Sublimation/Kondensation von Wasserdampf (Sublimations-/Kondensationswachstum). Das Diffusionswachstum von Tropfen allein verläuft zu langsam, um innerhalb der tatsächlichen Lebensdauer von Wolken Niederschlagstropfen entstehen zu lassen. Das entstandene Tropfenspektrum ist aber Grundlage und bei entsprechenden Sättigungsverhältnissen Auslöser für niederschlagsbildende Prozesse (Abb. 5.6).

In einer Mischwolke (Koexistenz von Eispartikeln und unterkühlten Tröpfchen bei Temperaturen unter 0 °C) werden aufgrund der Sättigungsdampfdruckgesetze die Eiskristalle in einer eisübersättigten und wasseruntersättigten Atmosphäre durch Sublimation zusätzlich auf Kosten der verdunstenden Tropfen wachsen. Diesen Vorgang, der eine rasche Umwandlung einer (instabilen) Misch- in eine Eiswolke bewirkt, nennt man **Bergeron-Findeisen-Prozess** (T. Bergeron, 1891–1977, W. Findeisen, 1909–1945) oder **Überdestillieren** (s. Abschnitt 5.6.3).

Die dem Sublimationswachstum zugrundeliegende Modellvorstellung kann die ungeheure Formenvielfalt der Kristalle in Abhängigkeit von der Temperatur und dem Feuchteangebot der Umgebung nicht erklären (Abb. 5.7).

Insgesamt liefert das Sublimationswachstum im Gegensatz zum Kondensationswachstum bereits hinreichend große Partikeln, die (wenn auch in untergeordneter Bedeutung) als Niederschlag ausfallen können.

5.5.5 Mikrophysikalische Grundcharakteristiken von Wolken und Wolkenpartikeln

Die Kenntnis der mikrophysikalischen Grundcharakteristiken der Wolken und Wolkenpartikeln ist Voraussetzung für das Verstehen wolken bzw. niederschlagsphysikalischer Prozesse und deren Modellierung.

Entsprechend ihrem mikrophysikalischen Aufbau unterscheidet man drei Hauptgruppen von Wolken und Nebel:
a) **Wasserwolken** und **wässrige Nebel** (nur aus Wassertröpfchen bestehend),
b) **Eiswolken** und **Eisnebel** (ausschließlich aus Eiskristallen bestehend),
c) **Mischwolken** und **Mischnebel** (Koexistenz von Wassertröpfchen und Eiskristallen).

Zur ersten Wolkengruppe gehören die in ihrer vertikalen Mächtigkeit noch wenig entwickelten Quellwolken (Cu hum), die unteren Bereiche hochreichender Quellwolken und unter warmen Bedin-

Abb. 5.6: Schematische Darstellung eines Wolkentröpfchengrößenspektrums (zur Größe s. Text)

5.5 Mikrophysikalische Basisprozesse für die Wolken- und Nebelbildung

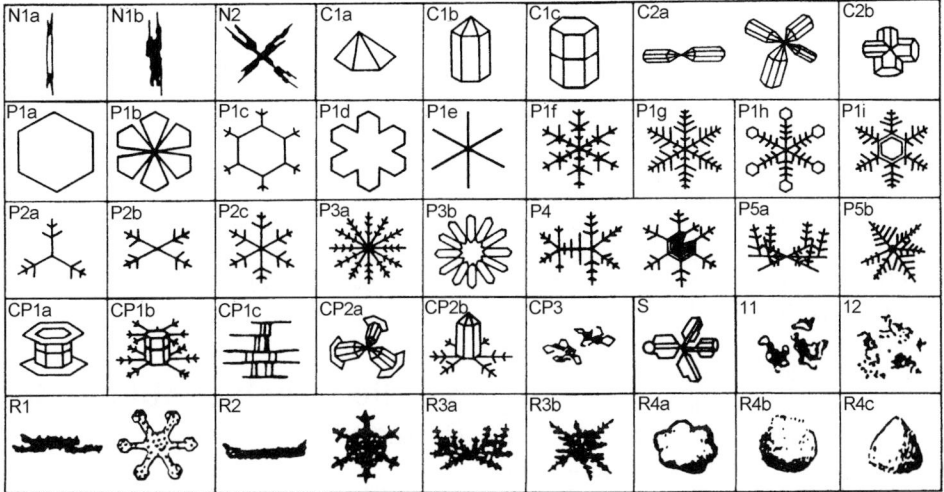

Abb. 5.7: Atmosphärische Eiskristallformen. N1–N2 Nadeln. C1a–C1b pyramidische Kristalle. C1c langes Prisma. C2a zusammengesetzte Flaschenprismen. C2b Kreuz. P1a Platte. P1b–P1d Plattenformen in Sektorformen oder mit Auswüchsen. P1e dendritische Ursprungsform. P1f–P1i einfache Schneesterne verschiedener Typen. P2a–P4 einige spezielle Formen von Schneekristallen. P5a–P5b „dreidimensionale Formen" von Schneekristallen. CP1a–CP2b Auswüchse in Form von Platten oder dendritischen Achsen aus den Deckflächen der Prismen. CP3, S und 11 besondere, schwer klassifizierbare Eiskristallformen. 12–R3b Kristalle mit Anlagerung von gefrorenen Wolkentropfen. R4a–R4c Schneehagel oder Übergangsformen zum Schneehagel (nach Nakaya aus Liljequist und Cehak 1984)

gungen (warme Klimate bzw. Sommer) viele Wolken des unteren und mittleren Niveaus (St, Sc, Ac). Zur zweiten Gruppe sind alle Wolken des oberen Niveaus zu rechnen (Ci, Cs, Cc). Der dritten Gruppe gehören As, Ns und die oberen Bereiche der Cb an. Teils als Mischwolken, teils als Wasserwolken treten Ac, St und Sc während der kalten Jahreszeit auf. In Mitteleuropa gehören auch während des Winters die Nebel meist zur ersten Gruppe. Mischnebel und Eisnebel beobachtet man nur bei extremer Kälte. Bei der hier gegebenen Einteilung der Wolken und Nebel nach dem mikrophysikalischen Aufbau ist zu beachten, dass auch bei Temperaturen unterhalb des Gefrierpunkts noch recht häufig Wasserwolken und wässrige Nebel auftreten, die aus unterschiedlich stark unterkühlten Tröpfchen bestehen (s. Abschnitt 5.5.2). Selbst bei einer Temperatur von –10 °C liegt ihre Häufigkeit noch über 40 %, bei –30 °C immerhin noch bei 2,5 %.

Wichtige wolkenmikrophysikalische Charakteristiken sind die **Größe** und **Anzahl** der Wolkenpartikeln. Die Radien der Wolken- und Nebeltröpfchen liegen bevorzugt zwischen 1 µm und 25 µm, können aber schon bei 0,01 µm beginnen und 40 µm überschreiten. Tropfen mit $r > 50$ µm sind bereits Regentropfen, die dann auch eine beachtliche Fallgeschwindigkeit entwickeln. Das Größenspektrum bei Niederschlagspartikeln reicht bis $r = 10$ cm und mehr (Hagel).

Die **Anzahldichte** von Wolkentröpfchen (Wasserwolken) hängt von der Art und Anzahl der Kondensationskerne ab. Letztere ist über den Kontinenten höher als über den Ozeanen. Danach kommen in maritimen Wolken viel weniger (allerdings auch größere) Tropfen vor als in kontinentalen. Generell variieren die Anzahldichten zwischen 50 cm^{-3} und 500 cm^{-3}. Im Einzelnen wurden z. B. für Cu hum 300 cm^{-3}, für Sc 350 cm^{-3}, für As 450 cm^{-3} und für St 260 cm^{-3} bis 500 cm^{-3} festgestellt. Im Nebel misst man maximale Anzahldichten von 1000 cm^{-3}.

Eine wolkenphysikalisch relevante „Feldgröße" ist der **Wassergehalt** (Wasserinhalt, Flüssigwassergehalt) einer Wolke, worunter man die Masse des (kondensierten) Wassers im Einheitsvolumen der Wolkenluft versteht, und der sich horizontal, vor allem aber vertikal selbst in ein und derselben Wolke merklich ändern kann. Maximale Wassergehalte hat man in tropischen Cumulonimben gefunden (bis zu 10 g m^{-3}). Gewisse Anhaltswerte sind: Cu (relativ klein) < 1 g m^{-3}, Cu con/Cb (im Inneren) ≥ 4 g m^{-3}, Sc/St 0,05 bis 1,3 g m^{-3}, Nebel 0,01 bis 0,4 g m^{-3}.

Bezüglich der **Eiskristalle/Eispartikeln** sind folgende Anhaltspunkte und Probleme zu vermerken. Die Anzahldichte von aus Eiskeimen entstandenen Eiskristallen in einer Eiswolke ist sehr variabel und stark temperaturabhängig, wobei nach Labormessungen von Eiskeimkonzentrationen Werte von ungefähr 10^{-3} cm^{-3} bei −20 °C gefunden wurden. Auch in Mischwolken ist die Anzahl der Eiskristalle außerordentlich gering. Unter noch nicht völlig geklärten Umständen kann sich die Eispartikelkonzentration allerdings innerhalb von < 5 min schlagartig um etliche Größenordnungen erhöhen (Eismultiplikation), was z. B. ebenso schnell zur Umwandlung einer unterkühlten Mischwolke in eine Eiswolke führen kann. Minimale **Eisgehalte** (äquivalente Flüssigwassergehalte) hat man in Cirren gefunden (< 0,01 g m^{-3}). Am häufigsten treten Werte von ≤ 0,02 g m^{-3} auf. Problematisch bzw. nicht repräsentativ sind Angaben über mittlere Abmessungen von Eiskristallen und -partikeln, da deren Formenvielfalt sichere Aussagen nicht zulässt.

5.6 Niederschlagsbildende Prozesse

Die Erforschung und Modellierung niederschlagsbildender Prozesse ist eine der Hauptaufgaben der **Niederschlagsphysik**, in der alle physikalischen Prozesse untersucht werden, die zur Bildung der vielfältigen Formen des Niederschlages in flüssiger und fester Phase führen. Es geht dabei um das Verstehen der physikalischen Vorgänge, die zu einem entscheidenden Anwachsen der Wolkenpartikeln bis zu ihrem Ausfall als Niederschlag führen (Tropfen mit r ≥ 50 µm), was durch Diffusionswachstum allein nicht bewirkt werden kann. Die Niederschlagsphysik umfasst den Problemkreis der äußeren Voraussetzungen für die Niederschlagsentstehung (makrophysikalische Prozesse) und den des Wachstums der Wolkenelemente bis zu ihrem Ausfall als Niederschlag (mikrophysikalische Prozesse). In jüngster Zeit gibt es beachtliche Fortschritte in der detaillierten und parametrisierten Modellierung der Wolken- bzw. Niederschlagsmikrophysik in allgemeinen Wolkenmodellen.

5.6.1 Terminalgeschwindigkeit von Wolkenpartikeln

Ein entscheidender Parameter für das Wachstum von Wolkenpartikeln zu Niederschlagsteilchen ist deren **Terminalgeschwindigkeit** (terminal velocity) v_T, auch **stationäre Fallgeschwindigkeit** genannt. Darunter verstehen wir die relativ zur Luft allgemein kleine abwärts gerichtete Bewegung der Aerosol-, Wolken- und Niederschlagspartikeln bei sich einstellendem Gleichgewicht der die Fallbewegung der Teilchen beeinflussenden Kräfte (Schwerkraft, Luftwiderstand). Grundsätzlich gilt die Aussage $v_T \sim r^2$ (signifikante Abhängigkeit von der Tropfengröße). Die Terminalgeschwindigkeit beträgt z. B. bei Radien von 15, 35, 50 und 100 µm rund 2,8 cm s^{-1}, 16,5 cm s^{-1}, 30,5 cm s^{-1} und 143 cm s^{-1}.

Überlagern sich der Fallgeschwindigkeit Vertikalbewegungen, können diese kompensiert und überkompensiert werden. So reicht eine vertikale Luftströmung mit v_z = 2,8 cm s^{-1} aus, um Wassertröpfchen mit r = 15 µm in der Schwebe zu halten und solche mit r < 15 µm zu transportieren („Schweben" der Wolkentröpfchen bzw. Wolken).

Für gewisse niederschlagsbildende Prozesse ist bezüglich der Fallgeschwindigkeit von Tropfen ein kritischer Tropfenradius von 3,5 mm von Bedeutung, bei dem die Oberflächenspannung nicht mehr ausreicht, um den Tropfen zusammenzuhalten. Er wird hydrodynamisch instabil und zerstäubt in eine Anzahl kleinerer Tröpfchen (hydrodynamisches „breakup").

Die durchschnittliche Fallgeschwindigkeit der atmosphärischen Eiskristalle beträgt 0,50 m s^{-1} (Eisnadeln), 0,30 m s^{-1} bis 0,70 m s^{-1} (Schneesterne, Eiskristalle) und 1,80 m s^{-1} (Graupel).

5.6.2 Koaleszenz- und Akkreszenzwachstum

Beobachtungen zeigen, dass z. B. bei Quellwolken der Zeitraum zwischen primärer Kondensation (Wolkenbildung) und fallendem Niederschlag manchmal nur 30 min beträgt. Die Wachstumszeiten beim Diffusionswachstum betragen aber Stunden bis mehrere Tage, sollen aus kleinen Wolkentröpfchen große Regentropfen entstehen. Es müssen also effizientere Wachstumsprozesse zur Geltung kommen, die sich im Koaleszenz-/Akkreszenzwachstum finden lassen. Koaleszenz bedeutet das Zusammenfließen von Tropfen nach Kollision (sorteninterne **Koagulation**), Akkreszenz das Wachstum von (großen) Niederschlagspartikeln nach Kollision mit anderen (kleinen) Hydrometeoren, ggf. zusätzlich durch Anhaften beliebiger Hydrometeore (sortenexterne Koagulation, **Kollektions-Akkreszenz**).

Das Koaleszenz-/Akkreszenzwachstum wird durch Kollision unterschiedlich schnell fallender Partikeln (**Gravitationskoagulation**), durch molekularkinetische Bewegungen (**Brownsche Koagulation**), durch atmosphärische Turbulenz (**turbulenzbedingte Koagulation**) und auch durch elektrische Anziehung geladener Wolkenteilchen (**elektrostatische Koagulation**) hervorgerufen. Die gravitationsbedingte Koagulation spielt dabei die größte Rolle. Die den großen Tropfen während seines Falles umströmende und seitwärts ausweichende Luft reißt einen Teil der kleineren Tröpfchen mit (Abb. 5.8). Wie wirksam das Koaleszenzwachstum von Tropfen mit einem

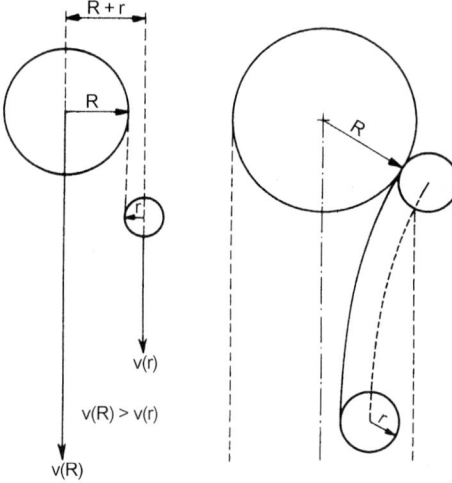

Abb. 5.8: Grenzfall der möglichen gravitationsbedingten Koagulation zweier Wassertröpfchen unterschiedlicher Größe bei Vernachlässigung (a) bzw. Berücksichtigung (b) des Einflusses des Umströmens des größeren Tröpfchens durch die umgebende Luft (nach Mason 1971)

Mindestradius (r ≥ 15 µm) ist, zeigt Abb. 5.9.

Das für die Niederschlagsbildung dominierende Wachstum der Eiskristalle erfolgt durch **Überdestillieren** des Wasserdampfes und durch die äußerst wirksame Koagulation. Das Überdestil-

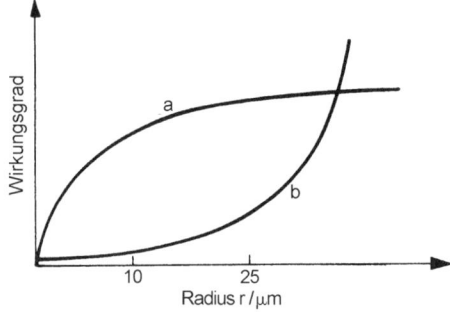

Abb. 5.9: Effizienz des Kondensations- (a) und Koaleszenswachstums (b); „Kondensations-Koagulations-Wachstumsloch"

lieren führt zu einer raschen Umwandlung einer Mischwolke in eine Eiswolke und findet in der unterschiedlichen Größe des Sättigungsdampfdruckes über Wassertropfen und Eiskristallen seine Erklärung (s. Abschnitt 5.5.4). Beim Koagulationswachstum der Eiskristalle unterscheidet man Koagulation mit unterkühlten Tröpfchen und Koagulation von Eiskristallen untereinander. Im ersten Fall gefrieren die Wassertropfen an der Oberfläche der Eiskristalle, so dass diese eine körnige Struktur erhalten und immer mehr sphärische Gestalt annehmen (1. Art des Vergraupelungsprozesses, auch **Riming-Prozess** genannt, mit Bildung von Reifgraupeln), bzw. sie werden bei hinreichend großen Wolkentröpfchen von einer Wasserhülle umschlossen, die rasch gefriert (2. Art des Vergraupelungsprozesses mit Bildung von Frostgraupeln und Hagel). Im zweiten Fall bilden sich komplizierte, vielfältig gestaltete Kristallformen, wobei sowohl eine mechanische Verkettung und ein Aneinanderfrieren der koagulierenden Eiskristalle (**Aggregation**) als auch elektrische Kräfte zu Geltung kommen.

5.6.3 Zusammenfassung von Niederschlagstheorien

Die Erkenntnisse über die zu einer Vergrößerung der Wolkenelemente bis zur Niederschlagsauslösung führenden Elementarprozesse sind zu geschlossenen Theorien der Niederschlagsbildung zusammengefasst worden, die stark vereinfacht wie folgt skizziert werden können.

a) **Niederschlagsbildung in Wasserwolken** (Warmregenprozess, Bowen-Ludlam-Prozess): Dieser als erster grundlegender Mechanismus zur Niederschlagsbildung mit der Koaleszenztheorie 1948 erstmals durch I. Langmuir (1881–1957) beschriebene Vorgang schließt nur die flüssige Phase ein (bspw. tropische Quellwolken). Dabei wird in hochreichenden Quellwolken die **„Langmuir-Kettenreaktion"** wirksam. Erreichen die Tropfen den kritischen Radius von 3,5 mm (dem entspricht eine Fallgeschwindigkeit in ruhender Luft von ≥ 9 m s^{-1}), dann werden diese infolge des hohen Luftwiderstandes während ihres Fallens stark deformiert und zerplatzen in eine Vielzahl kleiner Tröpfchen, die wegen ihrer geringen Fallgeschwindigkeit erneut emporgetragen und durch Kondensations- und Koagulationsvorgänge beträchtlich wachsen, ggf. während ihres erneuten Fallens wieder bis zum kritischen Radius. Dann zerplatzen auch diese Tropfen, so dass die benannte Kettenreaktion entsteht. Innerhalb der Wolke hat sich schließlich eine Vielzahl von großen Tropfen angesammelt. Ihr Ausfallen wird nur noch durch die hinreichend große aufwärts gerichtete Vertikalbewegung der Wolkenluft verhindert. Lässt deren Intensität nach, setzt plötzlich ein wolkenbruchartiger Regen ein, wie er für tropische Regenschauer typisch ist.

b) **Niederschlagsbildung in Mischwolken** (zweiter grundlegender Mechanismus für die Niederschlagsbildung, Bergeron-Findeisen-Prozess): Eine Mischwolke entsteht, wenn sich innerhalb einer aus unterkühlten Wassertröpfchen bestehenden Wolke durch Gefrieren einzelner Tröpfchen feste Wolkenelemente bilden oder wenn in diese aus darüberliegenden Eiswolken Eiskristalle (Eiskeime) einfallen (**Seeding-Prozess**). Sie stellt ein thermodynamisch instabiles (kolloidal-labiles) System dar und wandelt sich durch Verdunsten der Tröpfchen und gleichzeitige Sublimation des Wasserdampfes an den vorhandenen festen Wolkenelementen rasch in eine Eiswolke um (Überdestillieren, s. Abschnitte 5.5.4 u. 5.6.2). Fallen die sich dabei bildenden, schon recht großen Eiskristalle durch eine Wolke unterkühlter Tröpfchen, dann koagulieren sie mit diesen (Vergraupelung der Eiskristalle, s. Abschnitt 5.6.2). Die Größe und damit die Fallgeschwindigkeit dieser Wolkenelemente nehmen rasch bis zur Auslösung als Niederschlag zu. Passieren sie noch eine Wolkenschicht mit positiven Temperaturen, so koagulieren sie auch hier mit den Wolkentröpfchen, was zu ihrem Schmelzen und damit zur Umwandlung in Regentropfen führt. Bei wenig ausgeprägtem Vergraupelungsprozess bilden sich durch Koagulation der Eiskristalle untereinander auch Schneeflocken, die entweder zum Erdboden gelangen oder beim Durchfallen wärmerer Luftschichten bzw. infolge Koagulation mit warmen Wassertröpfchen schmelzen und als Regentropfen fallen. Aus Mischwolken können also Niederschläge sowohl in flüssiger Form (**Sprühregen, Regen**) als auch in fester Form (**Schnee, Graupel**) fallen.

Eine Sonderform der Niederschlagselemente stellt der **Hagel** dar. Er entsteht in hochreichenden Gewitterwolken (Cb) mit ihren starken Auf- und Abwinden (Vertikalgeschwindigkeit von 20 bis 30 m s^{-1}!). Dabei lagern sich unterkühlte Wassertröpfchen unter sofortigem Gefrieren so lange an Eis- und Schneekristalle an, bis sie nach mehrmaligem Auf- und Absteigen in der kräftigen Vertikalströmung infolge ihres Gewichts ausfallen (Hagelschlag). Hagelkörner können einen Durchmesser bis zu 50 mm haben, zuweilen sogar Dezimetergröße mit einer Masse bis über 1 kg (Eisklumpen) erreichen. Der Entstehung entsprechend ist ihr Aufbau schalenartig (Abb. 5.10), wobei sich abwechselnd klare und weißliche (z. T. poröse) Eisschichten zeigen. Letztere entstehen in Wolkenbereichen mit geringerem Wassergehalt, erstere in solchen mit hohem Wassergehalt.

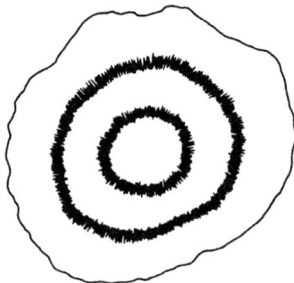

Abb. 5.10: Schematische Darstellung des schalenartigen Aufbaus eines Hagelkorns

c) **Niederschlagsbildung in Eiswolken**: Sie beruht ausschließlich auf dem raschen Wachstum der Eiskristalle durch Sublimation des Wasserdampfes (Diffusionswachstum) und durch Koagulation der Eiskristalle untereinander. Der Niederschlag gelangt entweder in Form von Eisnadeln und Schnee zur Erdoberfläche oder nach Durchfallen warmer Luftschichten als Regen von meist geringer Intensität. Oft verdunstet er noch vor Erreichen des Erdbodens und zeigt sich dann nur in Form von **Fallstreifen (Virgae)**.

5.7 Gewitter

Gewitter, die häufig bei besonders intensiven wolken- bzw. niederschlagsbildenden Prozessen entstehen, gehören zu den eindrucksvollsten meteorologischen Erscheinungen, mit denen aber auch durch Blitzeinschläge, Hagelschlag, Sturmböen und Starkniederschläge katastrophale Auswirkungen verbunden sein können. Sie sind riesige elektrische Generatoren der Atmosphäre, da durch die Ladungstransporte der globalen Gewittertätigkeit die Spannungsdifferenz zwischen Ionosphäre und Erdoberfläche im elektrischen Schönwetterfeld (der durch Ionisierungsprozesse in der Atmosphäre bedingten **Schönwetterelektrizität**) aufrechterhalten wird. Im Allgemeinen gilt, dass die Erdoberfläche negativ elektrisch geladen ist, die positiven Ladungen sich in der Höhe befinden. Es besteht somit (in der normalen gewitterfreien Atmosphäre) ein **luftelektrisches Feld**, das nach unten gerichtet ist und dessen Feldstärke in Erdbodennähe im Mittel 100 V m^{-1} beträgt. Dieses Feld nimmt mit wachsender Höhe rasch ab und ist zeitlich und örtlich (z. B. über allen Unebenheiten der Erdoberfläche) stark gestört. In ihm entsteht durch die elektrische Leitfähigkeit der Atmosphäre ein **luftelektrischer Vertikalstrom**, dessen Stromdichte bei schönem wolkenlosen Wetter (Schönwetterelektrizität) ca. $3 \cdot 10^{-12}$ A m^{-2} beträgt.

5.7.1 Gewitterarten

Gewitter sind stets an vertikal mächtige Wolken (Cb-Wolken) mit kräftigen vertikalen Luftströmungen und heftigen Kondensations-/Wolkenpartikelwachstumsvorgängen gebunden. Besonders fördernd für die **Gewitterentstehung** ist feuchtwarme Luft (Schwüle als Gewittervorbote) mit feuchtlabiler Schichtung bis in große Höhen der Troposphäre. Nach den speziellen meteorologischen Entstehungsbedingungen unterscheidet man a) Luftmassengewitter, b) Frontgewitter, c) orografische Gewitter, d) Gewitter, die von der Luftmassenadvektion, von Ausstrahlung in höheren Schichten oder von der Konvergenz der Luftströmung in tieferen Schichten verursacht werden.

a) Luftmassengewitter: Sie bilden sich innerhalb einer einheitlich durch warme, feuchte Luft charakterisierten Luftmasse, wenn kräftige Sonneneinstrahlung diese Luft vom Boden her stark labilisiert, sodass es zur heftigen Konvektion kommt. Bekannt sind sie als Sommer- oder Wärmegewitter, die vor allem nachmittags auftreten. Nach Entladung dieser Wärmegewitter setzt sich das warme Sommerwetter fort.

b) Frontgewitter: Sie treten an den Fronten der Zyklonen (s. Abschnitt 9.3.1.3), also an der Grenzfläche kalter und warmer Luftmassen auf, in der Regel an den Kaltfronten, gelegentlich an Warmfronten, wobei ein markanter Luftmassenwechsel stattfindet. Verständlicherweise gibt es dabei keinen Tagesgang im Auftreten. Allerdings sind die Gewitter bei nachmittags einbrechender Kaltluft (Kaltfrontgewitter) durch konvektive Verstärkung besonders heftig. Sie leiten einen dramatischen Wetterwechsel mit drastischem Temperatursturz ein. Der Entstehung von Warmfrontgewittern geht eine Labilisierung der auf Kaltluft aufgleitenden Warmluft voraus. Naturgemäß liegen sie meist in relativ hohen Luftschichten; die sie begleitenden Blitzentladungen erfolgen oft innerhalb einer Wolke oder von einer Wolke zu einer anderen.

c) Orografische Gewitter: Ihre Entstehung ist der von Warmfrontgewittern analog; feuchtwarme Luft strömt jetzt ein Hindernis (Bergmassiv) an, wobei mächtige Luftschichten gehoben und labilisiert werden. Wird eine kräftige Umwälzung ausgelöst, kann das die Gewitterbildung einleiten. Auf der Leeseite des Hindernisses lösen sich die Gewitterwolken im absinkenden Luftstrom wieder auf. Andererseits können auch gegen Bergketten erfolgende intensive Kaltluftvorstöße gewitterauslösend werden, wie die orografisch mitbedingte hohe Gewitterhäufigkeit des Voralpenlandes bei Kaltlufteinbrüchen von NW her zeigt.

d) Böenfront (squall line)-Gewitter: Die Luftschichtung kann durch Temperaturabfall in höheren Niveaus (ausstrahlungsbedingt und/oder durch Advektion kälterer Luft in diesen Höhen) labilisiert werden; die Labilisierung kann andererseits durch Warmluftadvektion in tieferen Schichten oder durch eine Kombination dieser Faktoren erfolgen. Auch eine konvergente Luftströmung in tieferen Schichten verursacht eine allgemeine Hebung der Luft und damit eine Labilisierung. In allen Fällen kann dann unter auch sonst günstigen Bedingungen ein Gewitter entstehen. Im Extremfall bilden sich so in einer Warmluftmasse zahlreiche massive Gewitterzellen, die sich bevorzugt linienförmig parallel vor einer Kaltfront anordnen. Sie brechen mit heftigen Windböen ein und werden darum **Böenfront** oder Böenlinie (**squall line**) genannt.

Die typischen Gewitterwolken an heißen Sommertagen breiten sich in der Höhe ambossartig aus und sind von einem Schirm feinfaseriger Cirren umgeben.

5.7.2 Entstehung von Raumladungen

Die Entstehung der Gewitterelektrizität ist noch nicht völlig geklärt. Das betrifft vor allem die prinzipiellen Vorgänge der Ladungstrennung in einem Gewitter. Die elektrische **Raumladungsverteilung** in einem reifen Gewitter ist ziemlich einheitlich (Abb. 5.11). Danach ist der obere Teil der Gewitterwolke meist positiv, der untere und mittlere Teil überwiegend negativ geladen (Bereich bis etwa −15 °C). Ein kleines Zentrum mit positiver Überschussladung ist oft nahe der Wolkenbasis eingebettet; es fällt mit der Hauptniederschlagszone zusammen.

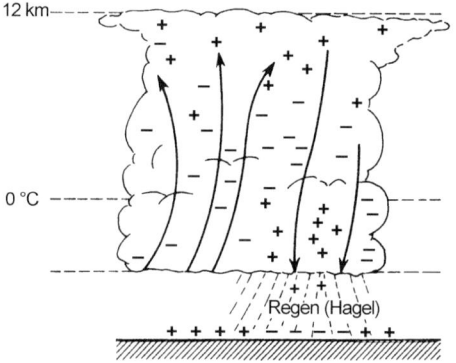

Abb. 5.11: Schematische Darstellung der Ladungsverteilung in einer ausgebildeten Gewitterwolke

Über den Vorgang der **Ladungstrennung** und anschließenden Ladungsverteilung herrscht generell die Ansicht, dass Vereisungsprozesse und Wechselwirkungen zwischen Eispartikeln und unterkühlten Wassertröpfchen sowie starke Vertikalbewegungen (10 m s^{-1} bis 20 m s^{-1}, gelegentlich > 30 m s^{-1}) innerhalb der Gewitterwolke grundlegende Voraussetzungen sind. Über die detailliertere Erklärung der Vorgänge gibt es viele, z. T. kontroverse Ansichten. Bekannt ist die Erklärung über den **Lenard-Effekt**, benannt nach P. Lenard (1862–1947). Diese auch als Wasserfallelektrizität bezeichnete Erscheinung beruht darauf, dass sich Flüssigkeitstropfen beim Zerspritzen und Zerreißen elektrisch aufladen. Beim Zerstäuben von Wasser sind die außen abgesprühten feinsten Tröpfchen negativ, die zurückbleibenden positiv geladen. Dieser Vorgang, der Lenard-Effekt, ist der Grund für die Aufladung der Luft in der Nähe von Wasserfällen und soll Ursache der Gewitterelektrizität sein. Am überzeugendsten erscheint die **Findeisen-Reifenscheid-Wichmann-Theorie**, die das Erscheinen der ersten elektrischen Phänomene mit dem Beginn der Vereisung in der Konvektionswolke koppelt und zugleich die starken Aufwinde beachtet. Danach splittern von den entstehenden Eiskristallen feinste Teilchen ab. Diese sind negativ geladen, während die Schnee-/Eisgebilde, die Graupel- und Hagelkörner eine positive Ladung aufweisen. Der kräftige Aufwind trägt die leichten, negativ geladenen Eissplitter rasch in die oberen Bereiche der Wolke, wo sie in die seitlichen Abwindbereiche gelangen und wieder nach unten fallen, während die schwereren positiv geladenen Eispartikeln noch (langsamer) nach oben befördert werden.

5.7.3 Blitz und Donner

Nach der Ladungstrennung haben sich innerhalb der Gewitterwolke die verschiedenen Raumladungen positioniert. Zwischen diesen sowie zwischen Wolkenbereich und Erdoberfläche hat sich ein starkes luftelektrisches Feld mit

5.7 Gewitter

hohen Potenzialdifferenzen aufgebaut, das sich plötzlich entladen kann. Hierzu kommt es, wenn die Spannungsdifferenzen das Durchschlagspotenzial von 20 kV bis 30 kV cm^{-1} überschreiten; es entsteht ein langer Funke, der **Blitz**. Entsprechend beobachtet man **Erdblitze** (zwischen Wolke und Erde, 20 %) und **Wolkenblitze** (innerhalb einer Wolke oder zwischen verschiedenen Wolken, etwa 80 %). Zuweilen kommt es zu Luftentladungen von der Wolke in den freien Raum. Die grelle Leuchterscheinung im Blitzkanal kann auf die sehr hohe Beschleunigung freier atmosphärischer Elektronen im starken luftelektrischen Feld zurückgeführt werden. Diese führen den Luftmolekülen, auf die sie treffen, Energie zu. Letztere wird von den wieder in ihren Normalzustand zurückkehrenden Molekülen in Form von Licht abgestrahlt.

Der **Blitzvorgang** selbst beginnt mit einer Vorentladung. Diese arbeitet sich beim Erdblitz von der Wolke in Richtung Erdoberfläche auf einer auffällig verzweigten Zickzackspur stoßweise vor (Wegstrecke bis 50 m, 50 µs Pause, Geschwindigkeit bis 150000 m s^{-1}). Sie baut einen Blitzkanal auf, der ionisierte Luft (infolge **Stoßionisation**) enthält, einen Durchmesser bis zu 12 mm besitzt und 5 bis 10 km lang ist. Dabei werden zunächst negative Ladungen von oben nach unten transportiert. Diesem Blitzkanal wächst nahe der Erdoberfläche aus der im Boden influenzierten Ladung eine positive **Fangladung** entgegen, sodass eine leitende Verbindung zwischen Boden und Wolke, also der vollständige Blitzkanal, erzeugt wird. In ihm erfolgt die **Hauptentladung** (Blitzschlag) von unten nach oben (Abb. 5.12). Durch den hohen Stromfluss im Blitzkanal (Stromstärken > 100000 A) kommt es binnen weniger

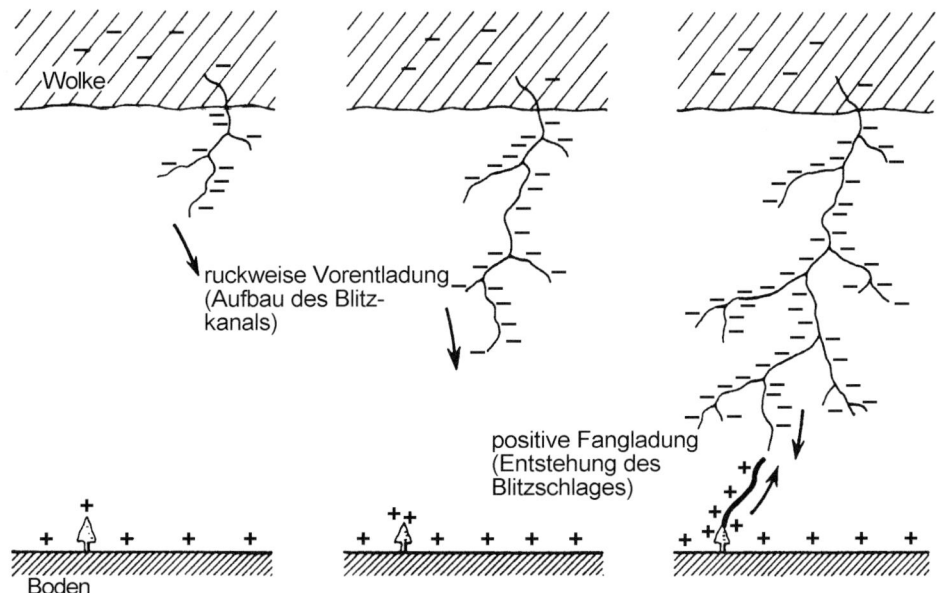

Abb. 5.12: Erzeugung des vollständigen Blitzkanals (nach Iribane und Cho 1980)

Mikrosekunden zum Ladungsausgleich. Wegen der extremen Kürze der einzelnen Entladungsstöße sind die in Blitzentladungen enthaltenen elektrischen Energien nur sehr gering, so dass Blitze effektiv nicht nutzbar gemacht werden können. Der Hauptentladung selbst folgen in der Regel bis zu 40 Teilentladungen in Zeitabständen bis tausendstel Sekunden.

Der hohe Stromfluss im Blitzkanal bewirkt binnen Mikrosekunden eine starke Erhitzung der Luft bis auf 30000 K. Diese dehnt sich dabei explosionsartig aus und stürzt nach rascher Abkühlung in dem entstandenen Unterdruckgebiet der Blitzbahn wieder zusammen. Es entsteht eine Schockwelle, die wir als **Donner** wahrnehmen, und zwar als rollendes oder krachendes Geräusch, in der Nähe eines Blitzeinschlages auch als heftigen (peitschenden) Knall, in größerer Entfernung oder bei Wolkenblitzen mehr als ausgedehnten und polterndem Laut (dumpfes Rollen). Dies hängt teils von der Länge des Blitzkanals, teils von den mehrfachen Reflexionen des Schalles an Wolken und Geländeformen ab. Die Zeit zwischen dem Blitz (Ausbreitung des Aufleuchtens mit Lichtgeschwindigkeit) und dem Donner (Ausbreitung mit Schallgeschwindigkeit, beträgt in Luft ≈ 330 m s^{-1}) gibt einen Hinweis auf den Abstand zur Blitzentladung (Entfernung eines Gewitters): Die Zeit in Sekunden, dividiert durch drei, ergibt etwa die Entfernung in Kilometern. Bei Blitzen unterscheidet man zwischen **Linienblitz, Perlschnurblitz, Flächenblitz** und **Kugelblitz**. Von **Wetterleuchten** spricht man, wenn wegen der großen Entfernung des Gewitters die Blitze oder deren Widerschein wohl zu sehen sind, der Donner aber nicht hörbar ist. Beim Phänomen „Kugelblitz" gibt es noch großen Klärungsbedarf hinsichtlich seiner Entstehung und Erscheinungsformen.

In jüngster Zeit wird in der Blitzforschung mit Nachdruck das Phänomen der „**Gigantic Jets**" untersucht und diskutiert. Dabei handelt es sich um Riesenblitze, die zunächst an der Oberseite von mächtigen Gewitterwolken initiiert werden und dann binnen weniger Zehntelsekunden als **baumförmige Jets** (Ströme heißen Plasmas) bis in die **Ionosphäre** schießen. Hier erreichen diese Lichterscheinungen einen beeindruckenden Durchmesser von ca. 40 Kilometern. Es ist anzunehmen, dass die „Gigantic Jets" einen signifikanten Einfluss auf die Atmosphärenchemie (z. B. auf den Ozonhaushalt) ausüben. Auch dürfte das Bild über den globalen Elektrizitäts-Kreislauf neu zu überdenken sein.

5.7.4 Weltgewitteraktivität

Unter Weltgewittertätigkeit oder -aktivität verstehen wir im weiteren Sinne das Auftreten aller Gewitter auf der Erde, im engeren Sinne die Häufigkeit und das gemeinsame Wirken der gleichzeitigen Gewitter auf der ganzen Erde zu den verschiedenen Weltzeitstunden. Diese Gewitterhäufigkeit hat ein Maximum zwischen 14 und 19 Uhr UTC (Universal Time Coordinated), ein Minimum um 4 Uhr UTC. Der Vergleich mit dem Tagesgang des luftelektrischen Feldes in den Polargebieten, über dem Ozean und im Mittel über alle Landstationen zeigt eine bemerkenswerte Übereinstimmung. Hierin wird der Beweis gesehen, dass die Weltgewitteraktivität das elektrische Feld in der Atmosphäre aufrechterhält.

Jährlich kommen in der Welt rund 16 Millionen Gewitter vor (täglich etwa 44000), wobei pro Sekunde ca. 100 Blitze registriert werden. Es gibt Gewitterzentren in Südamerika und Äquatorialafrika mit 180 bis 200 Gewittertagen pro Jahr. In Mitteleuropa sind jährlich rund 30 Gewittertage zu verzeichnen, und in Polargebieten gibt es 0 bis 1 Gewittertag pro Jahr.

5.8 Luftfeuchte- und Niederschlagsverteilung auf der Erde

5.8.1 Luftfeuchteverteilung

Da warme Luft mehr Wasserdampf aufnehmen kann als kalte Luft, gilt als erste Regel, dass die absolute Luftfeuchte vom Äquator (von den Tropen) zu den Polen hin abnehmen muss. Andererseits sind große Abweichungen vom durchschnittlichen Verlauf auffällig, die sich am markantesten in subtropischen Wüstengebieten zeigen. Das Jahresmittel der absoluten Feuchte beträgt bspw. über dem Indischen Ozean ca. 25 g m^{-3}. Demgegenüber findet man die geringsten Werte in polaren Gegenden mit ca. 0,1 g m^{-3}.

Für die **vertikale Feuchteverteilung** ist entscheidend, dass die Temperatur in der Regel mit zunehmender Höhe über dem Erdboden abnimmt, so dass auch die Feuchte abnehmen muss. So beträgt im Mittel der Wasserdampfgehalt in 3 km Höhe ca. 1/4, in 5 bis 6 km Höhe ca. 1/10 des am Boden registrierten Wertes. Oberhalb der Troposphäre existiert Wasserdampf nur in sehr geringem Maße. Er ist aber auch hier existent, wie es das Auftreten von Perlmutterwolken und leuchtenden Nachtwolken (s. Abschnitt 5.4.4) beweist.

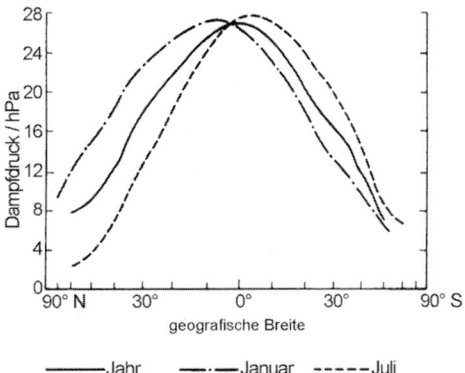

Abb. 5.13: Breitenkreismittel des Dampfdrucks für das Jahr sowie die Monate Januar und Juli (nach Haurwitz und Austin 1944)

Am besten lässt sich die globale **Luftfeuchteverteilung** durch die Darstellung des mittleren Dampfdruckes zeigen. In der Abb. 5.13 sieht man, dass die Linien gleichen Dampfdruckes ähnlich wie die Isothermen verlaufen (Abnahme des Dampfdruckes mit zunehmender geografischer Breite), da die bodennahe Luftschicht durch einen umso höheren Wasserdampfgehalt geprägt ist, je wärmer sie ist. Abweichungen im entsprechenden Verlauf zeigen hier wieder die Wüstengebiete mit geringen Dampfdruckwerten von durchweg < 10 hPa, da hier der Luft wegen des extrem trockenen Erdbodens kaum Feuchte zugeführt werden kann. Hingegen zeichnen sich die Regenwälder und tropischen Meere durch die höchsten Dampfdruckwerte von teilweise > 25 hPa aus.

Die Abhängigkeit der globalen Feuchteverteilung auf der Erde von der Kontinentalität bzw. Maritimität eines Gebietes widerspiegelt sich am besten in der Darstellung der globalen Verteilung der relativen Feuchte. Über den Ozeanen mit ständig gegebener Wasserdampfzufuhr in die Atmosphäre findet man mit nahezu konstant auftretenden 80 bis 85 % relativer Feuchte sehr hohe Werte, denen in den Wüstengebieten Werte von < 50 % zu allen Jahreszeiten gegenüberstehen. Speziell für das atlantisch-europäische Gebiet ist festzustellen, dass die Werte der relativen Feuchte im Juli von > 85 % über dem Atlantik auf Werte < 70 % über dem Festland (zunehmende Kontinentalität) zurückgehen.

Tages- und Jahresgang der relativen Feuchte sind im Mittel invers zu dem der Lufttemperatur. Der Tagesgang ist geprägt durch ein Maximum der relativen Feuchte zum Zeitpunkt des Sonnenaufgangs (Zeitpunkt des Minimums der Lufttemperatur) und ein Minimum am frühen Nachmittag (Zeitpunkt des Temperaturmaximums). Charakteristisch für die Tagesschwankung der relativen Feuchte in den mittleren Breiten ist, dass sie im Winter mit etwa 5 % nur sehr gering ist, während sie im Sommer entsprechend des Verhaltens der Lufttemperatur mit etwa 40 % merklich höher ist. Der Tagesgang der relativen Feuchte schwächt sich mit zunehmender Höhe über dem Erdboden ab, da die Beeinflussung vom Boden her immer weniger wirksam ist. Auch der Jahresgang der relativen Feuchte in Mitteleuropa zeigt eine einfache Welle als Spiegelbild des jährlichen Temperaturganges mit einem Maximum im Winter und einem Minimum im Frühsommer.

Im **Tagesgang des Dampfdruckes** zeigen sich hohe Werte am frühen Nachmittag, tiefe Werte folglich um die Zeit des Sonnenaufgangs. Entsprechend findet man im jährlichen Gang hohe sommerliche Werte und tiefe winterliche Werte des Dampfdrucks.

Eine solche einfache Welle zeigt der Tagesgang in Mitteleuropa (kontinentaler Einfluss) aber nur im Winter. Im Sommer resultiert ein komplizierterer Verlauf, der sich im Auftreten einer Doppelwelle mit großer Schwankungsbreite äußert. Dabei liegen die Minima zur Zeit des Temperaturminimums (Hauptminimum) und am Nachmittag (sekundäres Minimum), die Maxima am frühen Vormittag (Hauptmaximum) und gegen Abend (sekundäres Maximum), s. Abschnitt 12.3.2. Das sekundäre Minimum ist Folge der in den Sommermonaten verstärkt einsetzenden Konvektion, durch die mehr Wasserdampf in höhere Luftschichten abtransportiert wird als durch die Verdunstung am Boden den bodennahen Luftschichten zugeführt werden kann. Das sekundäre Maximum entsteht, weil die Konvektion gegen Abend erlischt, sodass der Dampfdruck wieder ansteigt.

5.8.2 Niederschlagsverteilung

Die Niederschlagsverteilung auf der Erde mit den drei Haupttypen **konvektiver, frontaler und orografischer Niederschlag** bietet ein vielgestaltiges Bild, da der Niederschlag zu den besonders variablen meteorologischen Elementen gehört. Dennoch lassen sich grundsätzliche Züge der Verteilung erkennen, wobei im Einzelnen mehr oder weniger stark auffallende Abweichungen davon auftreten. Allgemein muss der Jahresniederschlag vom Äquator zu den Polen hin abnehmen, da warme Luft mehr Wasserdampf als kalte Luft aufnehmen kann. Die Abnahme ist aber durch größere Inhomogenitäten bzw. Gegensätze charakterisiert, die hauptsächlich durch die allgemeine Zirkulation der Atmosphäre,

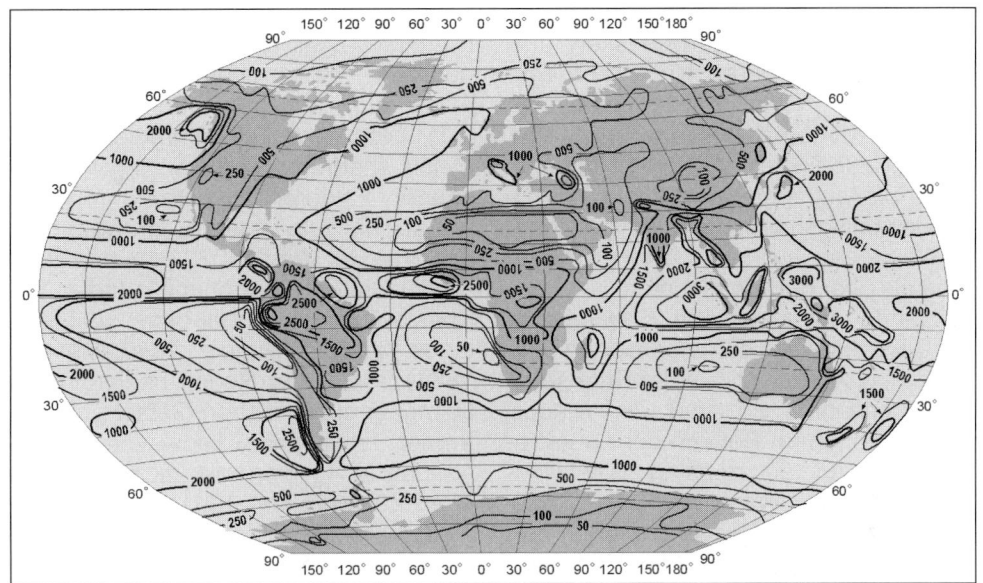

Abb. 5.14: Mittlere jährliche Niederschlagshöhe in mm für die Periode 1931-1961 (nach Jaeger 1976; verändert)

die ungleiche Land-Meer-Verteilung und durch die Höhenlage und das Relief geprägt sind.

Wie Abb. 5.14 zeigt, lassen sich einige auffällige Niederschlagsgürtel bzw. Trockenzonen ausmachen. Diese sind zusammengefasst:

a) Ein relativ schmaler **tropischer Regengürtel** (Äquatorialer Regengürtel) mit überwiegend starker Bewölkung, in dem die Niederschlagshöhen > 2000 mm a^{-1}, zum Teil auch > 3000 mm a^{-1} betragen. Ursache hierfür sind die beiden Passate (s. Abschnitt 7.4), die nahe dem Äquator konvergieren (**Innertropische Konvergenzzone**). Die dadurch aufsteigende Luft lässt in ausgeprägter Weise Wolken und Niederschläge entstehen. b) Zwei sich an den tropischen Regengürtel anschließende Gürtel mit polwärts deutlich abnehmender Bewölkung und zurückgehenden Niederschlägen. Das sind die eigentlichen **Passatgebiete**, die niederschlagsarm sind. c) Der **subtropische Trockengürtel**, ein regenarmer Bereich der subtropischen Hochdruckgebiete. Hier können sich aufgrund der in den subtropischen Hochdruckzellen vorherrschenden abwärts gerichteten Luftströmungen kaum Wolken und damit selten Niederschlag bilden. In diesen Bereichen herrscht meist wolkenloser Himmel mit großer Trockenheit. Auf den Kontinenten sind Steppen und Wüsten vorherrschend. d) Die Bereiche der **außertropischen Westwinde**, die zwischen den subtropischen Hochdruckzellen und den Polarregionen mit ausgeprägter Zyklonenaktivität angeordnet sind. Als deren Folge kommt es häufig zu starker Bewölkung und kräftigen Niederschlägen. e) Die **Polargebiete**, die im Allgemeinen zwar wolkenreich, insgesamt aber niederschlagsarm sind.

Die Grundzüge dieser Niederschlagsverteilung auf der Erde lassen sich auch in der **mittleren Niederschlagshöhe** der einzelnen Breitenzonen (zonale Niederschlagsverteilung, Abb. 5.15) wiederfinden. Insgesamt fällt auf, dass bis auf wenige Ausnahmen die Niederschlagshöhen in den einzelnen Breitenzonen auf den Ozeanen höher sind als über den Kontinenten.

Folgende und in der Abb. 5.14 erkennbare Einzelheiten der allgemeinen Niederschlagsverteilung auf der Erde seien noch erwähnt. So sind die Niederschlagshöhen im Bereich der außertropischen und äquatorialen Westwindzone an den Westseiten der Kontinente, im übrigen Tropengebiet an den Ostseiten am größten (die Verteilung der planetarischen Windzonen lässt sich demzufolge an der großräumigen Beregnung der Küsten erkennen). Des weiteren zeigt sich in markanter Weise als **orografischer Einfluss** die Wirkung von Gebirgen und Gebirgsketten, die als Hindernisse für die niederschlagsbringenden Luftströmungen wirken. Eindrucksvolles Beispiel hierfür sind die im Bereich der außertropischen Westwinde meridional angeordneten Gebirge Amerikas, die eine deutliche Niederschlagsverstärkung herbeiführen, desgleichen die Wirkung des Himalaya-Gebirgsmassivs im Monsunregengeschehen. Auch die Land-Meer-Verteilung bzw. Küstenkonfigurationen sind als bestimmender Faktor für die Niederschlagsverteilung in ihrer Wirkung nachzuweisen. So nimmt die jährliche Niederschlagshöhe bei Vorherrschen der vom Meer kommenden Winde landeinwärts ab, zu sehen am Beispiel Eurasiens in etwa 60° N.

In den Regenzonen mit einem Jahresniederschlag von > 3000 mm findet man Regionen mit besonders starken Niederschlägen, die weit über dem genannten Betrag liegen und Rekordwerte auf der Erde darstellen (Tab. 1.1). Dies ist auf die Summenwirkung gleich mehrerer niederschlagsverstärkender Faktoren zurückzuführen. So gilt als höchste mittlere Jahressumme der Erde der Wert 11020 mm, registriert an der Station Cherrapunji in Indien am Khasia-Gebirge, wobei bspw. während eines Jahres (August 1860 bis Juli 1861) 26461 mm Regen niedergingen. Demgegenüber stehen Gebiete mit extremer Trockenheit, bspw. die Region Assuan in Ägypten, die im zwanzigjährigen Zeitraum von 1901/20 so gut wie niederschlagsfrei war, oder die Region um Iquique an der peruanischen Küste mit einer mittleren Jahressumme von kaum mehr als 1 mm (Ausnahmen sind El Niño-Jahre, s. Abschnitt 10.6).

Der **Tagesgang des Niederschlages** ist sehr mannigfaltig. Er ist einmal abhängig von der Bewölkung, die wiederum stark maritim oder kontinental geprägt ist, zum anderen in gewisser Weise von der geografischen Breite. Folgende Eigenheiten seien hervorgehoben: So weisen die Küstenstationen verschiedener Klimazonen bei relativ ausgeglichenem Tagesgang ein Maximum in der Nacht sowie am Morgen,

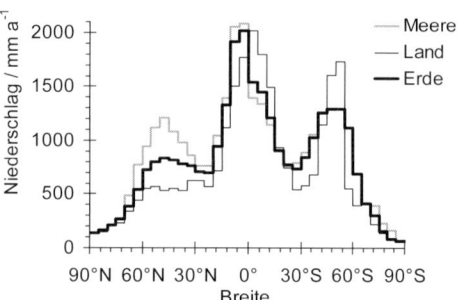

Abb. 5.15: Mittlere zonale Niederschlagsverteilung (nach Jaeger 1976)

5.8 Luftfeuchte- und Niederschlagsverteilung auf der Erde

und ein Minimum am Nachmittag auf. Ähnliche Verhältnisse gelten für den offenen Ozean mit ebenfalls wenig ausgeprägtem Tagesgang, wobei ein Maximum um Mitternacht, ein Minimum zwischen Mittag und frühem Nachmittag liegt. Anders als der „maritime Typ" zeigt sich der kontinentale Tagesgang des Niederschlages, besonders auffällig an außertropischen Inlandstationen mit gegenüber den Küstenstationen wesentlich stärkerer Ausprägung und einem Hauptmaximum am Nachmittag, einem sekundärem Maximum am frühen Morgen sowie dem Hauptminimum in der Nacht. Noch wesentlich stärker kommen die kontinentalen Merkmale im „Tropentyp" des täglichen Ganges zum Ausdruck (stark ausgebildete Tagesamplitude, Auftreten des auffälligen Nachmittagsmaximums), was eindeutig auf den Zusammenhang mit dem Tagesgang der Quellbewölkung hinweist (Korrelation der Niederschlagsverhältnisse mit den Konvektionsvorgängen).

Nicht weniger vielfältig als der Tagesgang ist der **Jahresgang des Niederschlags**. Im Einzelnen zeigt er sich auf der Erde recht differenziert, wirken doch im Einzelfall die möglichen niederschlagsbildenden Prozesse in sehr unterschiedlicher Weise zusammen. In Abhängigkeit von der Hauptursache, die zu Niederschlägen führt, kann man drei Niederschlagstypen, die einen charakteristischen Jahresgang besitzen, definieren: den **Tropenregen** (Folge starker Feuchtlabilität der Atmosphäre und starker Erwärmung vom Untergrund her), die **Zyklonen- bzw. Frontalniederschläge** (Niederschläge der mittleren Breiten als Folge der hier auftretenden regen Zyklonenaktivität) und die **orografisch bedingten Niederschläge** (Geländeniederschläge als Folge der Hinderniswirkung von quer zur anströmenden feuchten Luft angeordneten Geländeformen). Diese drei Haupttypen lassen sich weiter unterteilen, woraus dann eine beachtliche Anzahl charakteristischer Jahresgänge des Niederschlages resultiert. Hier sollen nur die Hauptcharakteristiken beschrieben werden. So ist der Jahresgang der Tropenregen (Abb. 5.16) eindeutig mit dem Sonnenstand gekoppelt. Daraus resultiert im Kernbereich der Tropenzone mit zweimaligem Sonnenhöchststand im Jahr eine doppelte Regenzeit, hingegen im Randbereich der Tropen mit einem Sonnenhöchststand eine einfache Regenzeit. Für die Monsungebiete zeigt sich generell eine einfache Regenzeit. In den mittleren Breiten (Abb. 5.17) gilt, dass aufgrund der im Winter stärksten Zyklonentätigkeit ein winterliches Niederschlagsmaximum in den Küstengebieten und auf den außertropischen Ozeanen herrscht. Da die Zyklonenaktivität im Winter bis in die Subtropen ausgreift, finden wir hier ebenfalls ein Wintermaximum, dem aber ganz im Kontrast zu den polwärts gelegenen Bereichen eine sommerliche Trockenzeit gegenüber-

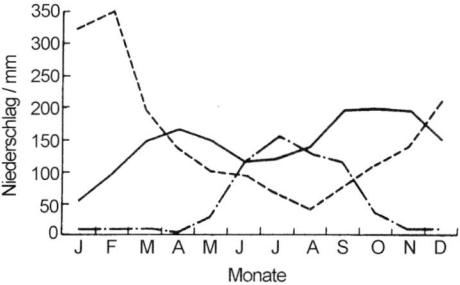

Abb. 5.16: Tropenregen (Werte auf gleiche Monatslängen reduziert). —— Kisangani (0° 30' N, 25° 11' E, 420 m ü. NN), –•–•– Leon (21° 06' N, 101° 42' W, 1809 m ü. NN), – – – Jakarta (6° 12' S, 106° 48' E, 8 m ü. NN)

steht. Für die kontinentalen Gebiete der mittleren Breiten gilt, dass neben den zyklonalen Prozessen die Konvektion für die Niederschlagsbildung eine Rolle spielt. Sie wirkt vor allem im Sommer mit Schauer- und Gewitterbildungen. Diese Konvektionsvorgänge modifizieren den Gang der über das ganze Jahr auftretenden Frontalniederschläge derart, dass in den kontinental beeinflussten Gebieten ein sommerliches Niederschlagsmaximum auftritt. Letztlich sei erwähnt, dass orografisch bedingte Niederschläge den Jahresgang dort prägen, wo die Hinderniswirkung von Relieferhöhungen bzw. Bergmassiven auf einheitliche Luftströmungen zumindest für längere Zeitabschnitte im Jahr besteht. Bestes Beispiel hierfür sind die Passatregen in den Tropen mit einem Maximum im Winter entsprechend der in dieser Jahreszeit größten Beständigkeit der Passatwinde (Abb. 5.18). Zum Inhalt dieses Kapitels siehe auch Baumgartner und Liebscher (1996), Hantel (1989b), Houze (1993), Iribarne und Cho (1980), Jaenicke (1987), Junge (1963), Laube und Höller (1988), Liljequist und Cehak (1984), Lozán et al. (2005), Mason (1971), Pruppacher und Klett (1978), Rogers und Yau (1989), Volland (1987), Wetter und Klima (1989) u. a.

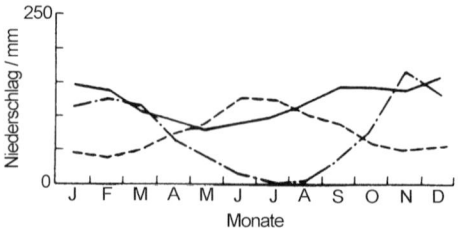

Abb. 5.17: Regen der mittleren Breiten (Werte auf gleiche Monatslängen reduziert). — Valentia (51° 54' N, 10° 18' W, 14 m ü. NN), –·–·– Gibraltar (36° 06' N, 5° 21' W, 27 m ü. NN), ––– München (48° 06' N, 11° 36' E, 526 m ü. NN)

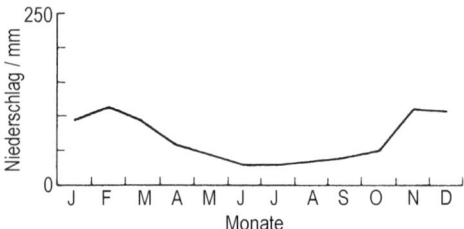

Abb. 5.18: Passatregen (Werte auf gleiche Monatslängen reduziert). — Honolulu (21° 18' N, 157° 54' W, 12 m ü. NN)

SUCHEN IST WOANDERS.

Wählen Sie aus dem umfassenden und aktuellen Fachprogramm und sparen Sie dabei wertvolle Zeit.

Sie suchen eine Lösung für ein fachliches Problem? Warum im Labyrinth der 1000 Möglichkeiten herumirren? Profitieren Sie von der geballten Kompetenz des B.G. Teubner Verlages und sparen Sie Zeit! Leseproben und Autoreninformationen erleichtern Ihnen die richtige Entscheidung. Bestellen Sie direkt und ohne Umwege bei uns. Willkommen bei **teubner.de**

www.teubner.de   Teubner Lehrbücher: einfach clever!

6 Grundlagen der Dynamik der Luftbewegungen

In diesem Kapitel sollen die Ursachen für das Zustandekommen der als **Wind** bezeichneten Luftbewegungen und deren Modifikation durch die kombinierte Wirkung von Kräften, die in unterschiedlicher Weise Luftbewegungen der Erde beeinflussen, beschrieben werden. Bei einheitlichen Luftbewegungen über größeren Arealen sprechen wir von **Luftströmungen**. Sie verlaufen innerhalb der Atmosphäre aufgrund des Verhältnisses ihrer horizontalen Erstreckung zur Höhe der Atmosphäre und infolge der Entstehungsursachen überwiegend horizontal. Die vertikalen Luftbewegungen (Aufwärtsströmungen und Abwärtsströmungen) sind, sieht man von lokalen Ausnahmen ab, wesentlich kleiner, für die Wettergestaltung aber ebenfalls von großer Bedeutung. In Gang gesetzt werden die horizontalen Strömungen durch thermisch bedingte Unterschiede im Luftdruckfeld. Das grundlegende physikalische Gesetz, das diese durch Kräfte verursachte Bewegungen erfasst, ist das **2. Newtonsche Gesetz**

$$\text{Kraft } \vec{F} = \text{Masse } m \cdot \text{Beschleunigung } \vec{b} \tag{6.1}$$

mit den Vektorgrößen $\vec{F}$ und $\vec{b}$. Die Vektorschreibweise wird im Folgenden nur dort verwendet, wo vektorielle Rechenoperationen vorgenommen bzw. Vektoren in Abbildungen beschrieben werden. In allen anderen Fällen sind die Beträge der jeweiligen Vektoren gemeint.

6.1 Zur Kinematik der Luftbewegungen

Die kinematische Beschreibung eines Strömungsfeldes (der Luftbewegung, des Windfeldes) erlaubt es, **Stromfeldeigenschaften** des Geschwindigkeitsfeldes zu erschließen, ohne zunächst nach den Ursachen der Strömung selbst zu fragen.

6.1.1 Darstellung und Eigenschaften horizontaler Luftbewegungen

Bei dreidimensionaler Betrachtungsweise (in der Regel unter Zugrundelegung eines kartesischen Koordinatensystems) kann man die Bewegung der Luftelemente in der Atmosphäre durch den dreidimensionalen Geschwindigkeitsvektor (**Windvektor**) $\vec{v} = \vec{i}u + \vec{j}v + \vec{k}w = \vec{v}_h + \vec{k}w$ beschreiben, wobei $\vec{i}, \vec{j}, \vec{k}$ die Einheitsvektoren in x-, y- und z-Richtung sind (das sind Vektoren mit dem Betrag 1). Er resultiert demnach aus der Superposition des horizontalen Windvektors $\vec{v}_h$ mit den horizontalen Komponenten $\vec{i}u$ und $\vec{j}v$ sowie dem vertikalen Vektor $\vec{k}w$, der die Vertikalbewegungen der Luft beschreibt (w > 0: Aufsteigen, w < 0: Absinken der Luftteilchen).

Bei großräumiger Betrachtung kann man die Bewegung der Luftteilchen als **quasihorizontal** ansehen, liegen doch größenordnungsmäßig die Vertikalgeschwindigkeiten mit 1 cm s^{-1} bis

10 cm s^{-1} weit unter den Werten der horizontalen Geschwindigkeiten mit 10 m s^{-1} (in Bodennähe) bis 100 m s^{-1} (in größeren Höhen). Trotzdem sind die Vertikalbewegungen von erheblicher Bedeutung für das Wettergeschehen. In den nachfolgenden Betrachtungen werden wir uns hauptsächlich auf die horizontale Luftbewegung (**horizontales Windfeld**) beziehen.

Da der (horizontale) Wind ein Vektor ist, muss man die Richtung (Windrichtung) und den Betrag der Geschwindigkeit (Windgeschwindigkeit, s. Abschnitt 6.2) angeben, so dass eine kartenmäßige Darstellung durch Linien gleicher Windrichtung (**Isogonen**) und Linien gleicher Windgeschwindigkeit (**Isotachen**) möglich ist.

Eine häufige Darstellungsart des horizontalen Windfeldes ist die durch **Stromlinien**. Man versteht darunter Linien, die zu einem bestimmten Zeitpunkt t = t$_0$ an jedem Ort tangential zum gemessenen Geschwindigkeitsvektor verlaufen. Sie vermitteln eine „Momentaufnahme" des Geschwindigkeitsfeldes bei t = t$_0$ (Abb. 6.1).

Die Darstellung der Bahnkurve, die ein individuelles Luftelement innerhalb eines endlichen Zeitabschnitts im Raum zurücklegt, führt zum Begriff der **Trajektorie** (Abb. 6.2). Da sich das Strö-

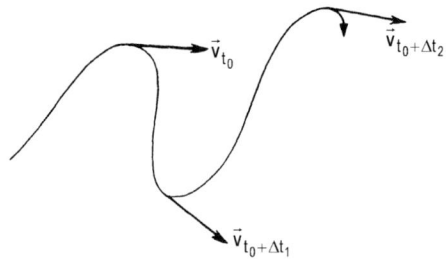

Abb. 6.2: Darstellung einer Trajektorie (nach Pichler 1997)

mungsfeld in der Atmosphäre mit der Zeit ändert, sind im Allgemeinen Stromlinien und Trajektorien voneinander verschieden. Sie fallen nur bei Vorliegen einer stationären Strömung zusammen, d. h. bei einer Strömung, bei der die lokale Änderung des Geschwindigkeitsvektors für alle Raumpunkte verschwindet ($\delta \vec{v}_h / \delta t = 0$). Im nichtstationären Fall würden die Stromlinien, die man für einen Zeitpunkt t = t$_0$ konstruiert, nicht mit denen übereinstimmen, die man für einen späteren Zeitpunkt t + Δt erhält. Stromlinien und Trajektorien bilden im Allgemeinen gekrümmte Kurven. Dabei wird die **Krümmung** als positiv definiert, wenn die Rotation eines Luftelements, das der Bahnkurve in Richtung der Strömung folgt, mit der Erdrotation gleichsinnig verläuft. Im entgegengesetzten Fall spricht man von negativer Krümmung. Danach bedeutet auf der Nordhalbkugel der Erde positive Krümmung eine Rotation gegen den Uhrzeigersinn (**zyklonale Krümmung**), negative Krümmung eine Rotation im Uhrzeigersinn (**antizyklonale Krümmung**). Auf der Südhalbkugel gilt das Umgekehrte. Die horizontalen Windfelder lassen sich mit Hilfe der „reinen Bewegungsformen" (Parameter), das sind die reine Translation, Deformation, Divergenz

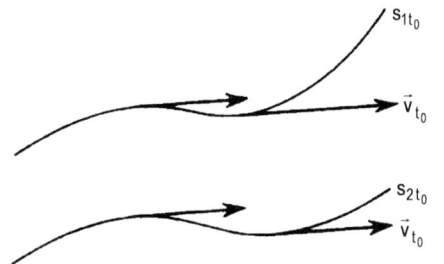

Abb. 6.1: Stromlinien zum Zeitpunkt t$_0$ (nach Pichler 1997)

6.1 Zur Kinematik der Luftbewegungen

(reine Dehnung) und Rotation (reine Drehung) bzw. Vorticity (Wirbelgröße) im Rahmen einer kinematischen Stromfeldanalyse beschreiben.
Von einer **reinen (gleichförmigen) Translation** spricht man, wenn die Stromlinien eine Familie von Geraden (mit gleicher Richtung und gleichem Abstand) bilden (Abb. 6.3). Alle Luftelemente werden mit derselben Geschwindigkeit in dieselbe Richtung transportiert. Eine materielle Fläche (damit alle Luftpakete) ändert bei solchen Strömungsverhältnissen ihre Form und Größe nicht.
Eine **(reine) Deformation** liegt vor, wenn die Stromlinien zu Hyperbelscharen mit der y- und x-Achse als Asymptoten führen (Abb. 6.4). Deformationsfelder spielen eine bedeutende Rolle bei der Herausbildung von Frontalzonen und Fronten (s. Abschnitt 9.2). Im atmosphärischen Deformationsfeld werden die Luftelemente entlang der y-Achse gegeneinander geführt (y-Achse als Schrumpfungs- bzw. **Kontraktionsachse**), entlang der x-Achse (Streckungs- bzw. **Dilatationsachse**) strömen sie auseinander. Damit wird das in der Abb. 6.4 konstruierte quadratische Luftpaket zu einem flächengleichen

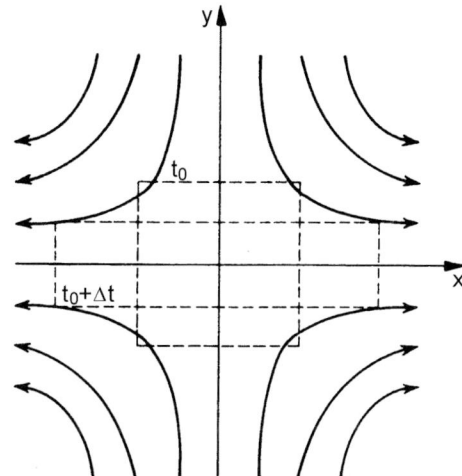

Abb. 6.4: **Reine Deformation (nach DWD 1987)**

Quader deformiert. Bei reiner Deformation ändert sich also die Form einer materiellen Fläche, nicht aber ihre Größe bzw. der Flächeninhalt.
Divergenz (reine Dehnung) liegt vor, wenn die Stromlinien eine Familie von Geraden darstellen, die sämtlich von einem Punkt, dem Ursprung, nach allen Seiten auseinanderlaufen mit einer für jede Stromlinie verschiedenen Steigung

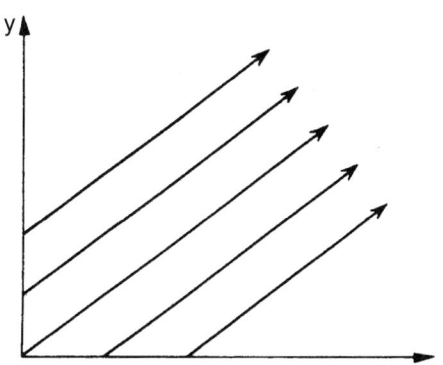

Abb. 6.3: **Reine Translation (nach Pichler 1997)**

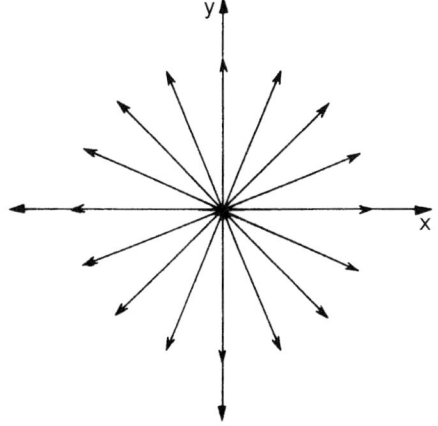

Abb. 6.5: **Reine Divergenz (Dehnung) (nach Pichler 1997)**

(Abb. 6.5). In einem Divergenzfeld ändert eine materielle Fläche (ein Luftpaket) ihre Größe, keineswegs aber ihre Form. Ist die Divergenz positiv, vergrößert sich der Flächeninhalt der materiellen Fläche im Zeitablauf (streckt sich das Luftelement horizontal), bei negativer Divergenz (auch **Konvergenz** genannt, bei der die geraden Stromlinien in einem Punkt zusammenlaufen) nimmt er ab (das Luftelement schrumpft in der Horizontalen). Der genannte Ursprungspunkt stellt im horizontalen Divergenzfeld die **Quelle**, bei horizontaler Konvergenz die **Senke** für die Strömung dar. Die Horizontaldivergenz als Ganzes ist sehr klein und wirkt praktisch nur als Zusatzkomponente im horizontalen Windfeld. Trotzdem ist sie von erheblicher Bedeutung für die Wetterprozesse, denn die durch sie bewirkte Änderung des Flächeninhalts von Luftpaketen muss umgekehrt Änderungen der vertikalen Mächtigkeit nach sich ziehen. Daraus folgt, dass horizontale Divergenz mit vertikaler Konvergenz und umgekehrt verbunden ist. Wirkt sich also die Horizontaldivergenz im bodennahen Windfeld aus, hat das ein Absinken der Luft in den Schichten darüber zur Folge, aus der Wirkung der Horizontalkonvergenz auf die bodennahe Strömung resultiert entsprechend eine aufsteigende Bewegung.

Abschließend sei als weitere reine Bewegungsform die **Rotation** (reine Drehung) bzw. **Vorticity**, (vortex = Wirbel) erwähnt. Wie Abb. 6.6 zeigt, stellen die Stromlinien in diesem Fall eine Familie von Kreisen um den Ursprung dar. Form und Größe einer materiellen Fläche ändern sich nicht. Die Vorticity ist betragsmäßig gleich der doppelten Winkelgeschwindigkeit einer starren

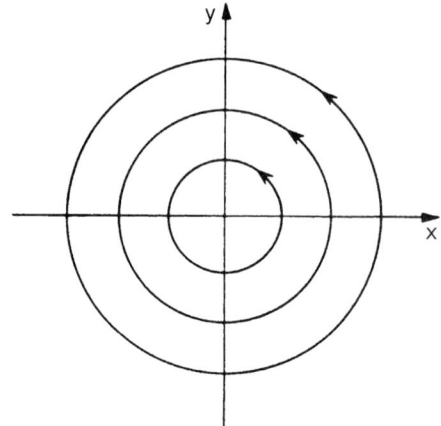

Abb. 6.6: Reine Rotation (Drehung, Vorticity) (nach Pichler 1997)

Partikel. Bezüglich des horizontalen Windfeldes auf der rotierenden Erde spricht man von reiner **relativer Vorticity** (Rotation relativ zur Erde, das entsprechende Stromfeld entspricht den konzentrischen Kreisen in der Abbildung) und von der **absoluten Vorticity** (Addition der relativen Vorticity und der entsprechenden Komponente der Erdrotation). Vollzieht sich die Rotation im Sinne der Erdrotation (auf der Nordhalbkugel entgegengesetzt dem Uhrzeigersinn), dann ist die Vorticity definitionsgemäß positiv (gleich **zyklonaler Drehsinn** auf der Nord-, **antizyklonaler Drehsinn** auf der Südhalbkugel). Erfolgt die Rotation entgegen der Erdrotation (auf der Nordhalbkugel entgegengesetzt zum Uhrzeigersinn), dann ist sie negativ (gleich antizyklonaler Drehsinn auf der Nord-, zyklonaler auf der Südhalbkugel).

6.1.2 Die Kontinuitätsgleichung

Die Kontinuitätsgleichung, die bei Untersuchungen zahlreicher meteorologischer Vorgänge von grundsätzlicher

Bedeutung ist, stellt die mathematische Formulierung des Prinzips der Erhaltung der Masse und der gleichmäßigen Raumerfüllung dar. Masse kann weder erzeugt noch vernichtet werden. Wenn man also den Massenfluss durch ein Volumenelement betrachtet, muss entsprechend diesem Prinzip der **Nettofluss** (Differenz zwischen Einströmen und Ausströmen von Masse durch die Seiten) gleich der zeitlichen Massenanhäufung innerhalb des betrachteten Volumenelementes sein.

Die **Kontinuitätsgleichung** lautet

$$\delta\rho/\delta t + \nabla \cdot (\rho \vec{v}) = 0 \qquad (6.2)$$

oder

$$\delta\rho/\delta t = -\nabla \cdot (\rho \vec{v}) \qquad (6.3)$$

mit $\nabla = (\vec{i}\,(\delta/\delta x) + \vec{j}\,(\delta/\delta y) + \vec{k}\,(\delta/\delta z))$ als dreidimensionalem vektoriellen **Nabla-Operator** (Divergenz-Operator). Der Term $\nabla \cdot (\rho \vec{v})$ beschreibt die Divergenz des Massenflusses $\rho \vec{v}$ und wird mit positivem Vorzeichen als **Massendivergenz**, mit negativem Vorzeichen als **Massenkonvergenz** bezeichnet. Gemäß Gl. (6.2) und (6.3) ist die lokale Änderung der Dichte auf Massendivergenz (lokale Dichteabnahme) bzw. Massenkonvergenz (lokale Dichtezunahme) zurückzuführen.

Bei Vorliegen eines inkompressiblen Mediums (ρ = const) vereinfacht sich die Kontinuitätsgleichung zu

$$\nabla \cdot (\rho \vec{v}) = 0. \qquad (6.4)$$

Das heißt, dass in einem inkompressiblen Medium die Divergenz des Geschwindigkeitsvektors verschwindet. Auf die Luft als Gasgemisch kann Gl. (6.4) nicht unmittelbar angewendet werden. Wie Beobachtungen belegen, verhält sich die Atmosphäre im großskaligen Maßstab jedoch **quasi-inkompressibel**.

6.2 Der Wind

Der **Wind** ist eine vektorielle Größe (Windvektor $\vec{v}$), die durch Richtung (Windrichtung: die Richtung, aus der der Wind weht) und skalaren Betrag (Windgeschwindigkeit) beschrieben wird. Zwischen skalarer Windgeschwindigkeit (**wind speed**) und vektorieller Windgeschwindigkeit (**wind velocity**) ist zu unterscheiden.

Die **Windrichtung** wird durch eine Himmelsrichtung, im Wetterdienst nach einer 360°-Skala mit Ost (E) = 90°, Süd (S) = 180°, West (W) = 270° und Nord (N) = 360° angegeben. Die **Windgeschwindigkeit** wird in m s^{-1}, km h^{-1} und kn (Knoten, 1 kn = 1 sm h^{-1} = 1,852 km h^{-1}) erfasst. Windrichtung und Windgeschwindigkeit unterliegen starken turbulenten Schwankungen (s. Abschnitt 6.6). Daher benutzt man in der Regel die über 10 Minuten gemittelte und als **Windwert** definierte Größe. Für Windangaben ist stets die Angabe der Messhöhe erforderlich (für den Bodenwind gelten als Anemometerhöhe 10 bis 15 m über ebenem, hindernisfreiem Gelände). Zur Angabe der **Windstärke** (wind force) ist vor allem in der Schifffahrt die **Beaufortskala** (F. Beaufort, 1774–1867) noch heute gebräuchlich, die von Bf 0 (Windstille, Kalme) bis Bf 12 (Orkan) und darüber reicht (Tab. 6.1). Die über Bf 12 hinausgehenden Windstärken (jeweils auch als Orkan bezeichnet) findet man in erweiterten Tabellen mit der Skalierung Bf 13 (37,0 bis 41,4 ms^{-1}), Bf 14 (41,5 bis 46,1 ms^{-1}), Bf 15 (46,2 bis 50,2 ms^{-1}), Bf 16 (50,3 bis 56,3 ms^{-1}) und Bf 17 ($\geq$ 56,4 ms^{-1}).

Tab. 6.1: Windstärkeskala nach Beaufort

Wind-stärke in Bf	Bezeichnung	Auswirkungen des Windes im Binnenland	Auswirkungen des Windes auf See	See-gangs-grad	Windgeschwindigkeit m s⁻¹	Windgeschwindigkeit km h⁻¹
0	Stille	Rauch steigt gerade empor	Spiegelglatte See	0	0,0 - 0,2	< 1
1	Leiser Zug	Wind durch Zug des Rauches angezeigt	Kleine Kräuselwellen	1	0,3 - 1,5	1 - 5
2	Leichte Brise	Windfahne bewegt sich	Kleine Wellen mit glasigen Kämmen	2	1,6 - 3,3	6 - 11
3	Schwache Brise	Blätter und dünne Zweige bewegt, Wimpel streckt sich	Kämme beginnen sich zu brechen, vereinzelt Schaumköpfe	2	3,4 - 5,4	12 - 19
4	Mäßige Brise	Hebt Staub und loses Papier, bewegt Zweige und dünnere Äste	Wellen werden länger, weiße Schaumköpfe verbreitet	3	5,5 - 7,9	20 - 28
5	Frische Brise	Kleine Laubbäume schwanken, Schaumköpfe auf Seen	Mäßige Wellen mit ausgeprägt langer Form, überall weiße Schaumkämme	4	8,0 - 10,7	29 - 38
6	Starker Wind	Starke Äste in Bewegung	Beginn großer Wellen, Kämme brechen sich und hinterlassen größere weiße Schaumflächen	5	10,8 - 13,8	39 - 49
7	Steifer Wind	Bäume in Bewegung	See türmt sich, weißer Schaum beginnt, sich in Streifen in die Windrichtung zu legen	6	13,9 - 17,1	50 - 61
8	Stürmischer Wind	Zweige werden abgerissen	Mäßig hohe Wellenberge, von den Kanten der Kämme beginnt Gischt abzuwehen, Schaum in ausgeprägten Streifen in Windrichtung	7	17,2 - 20,7	62 - 74
9	Sturm	Kleinere Schäden an Häusern	Hohe Wellenberge. Dichte Schaumstreifen in Windrichtung, Gischt kann Sicht beeinträchtigen	7	20,8 - 24,4	75 - 88
10	Schwerer Sturm	Bäume entwurzelt	Sehr hohe Wellenberge, lange überbrechende Kämme, Sichtbeeinträchtigung durch Gischt	8	24,5 - 28,4	89 - 102
11	Orkanartiger Sturm	Starke Schäden	Außergewöhnlich hohe Wellenberge, Sicht durch Gischt herabgesetzt	9	28,5 - 32,6	103 - 117
12	Orkan	Verwüstende Wirkungen	Luft mit Schaum und Gischt erfüllt, keine Fernsicht	9	> 32,6	> 117

6.3 Kräfte bei reibungsfreier horizontaler Bewegung

6.3.1 Luftdruckgradientkraft

Die nachfolgenden Überlegungen beziehen sich auf horizontale Luftbewegungen, bei denen Reibungskräfte zunächst keine Rolle spielen sollen. Es handelt sich also um Luftbewegungen in höheren Luftschichten, die von der „rauen" Erdoberfläche nicht mehr beeinflusst werden.

Die für die horizontalen Luftbewegungen ausschlaggebende Kraft ist die **Luftdruckgradientkraft** (kurz: **Gradientkraft**). Sie wirkt bei bestehenden Luftdruckunterschieden (zwischen hohem und tiefem Luftdruck) und erteilt gemäß dem 2. Newtonschen Gesetz der Luft eine Beschleunigung zum tiefen Druck hin (es entsteht der Wind) im Bestreben, die Druckunterschiede auszugleichen. In der Vertikalen herrscht hydrostatisches Gleichgewicht.

Die **horizontale Druckkraft** sei gemäß Abb. 6.7 verdeutlicht. Auf die linke Seite des Würfels wirke (in positiver x-Richtung) der Druck p, auf der rechten Seite in entgegengesetzter Richtung der Druck $p + (\delta p/\delta x)dx$. Aus der Differenzbildung beider Größen gewinnt man den horizontalen Luftdruckgradienten (Gefälle des Luftdrucks pro Längeneinheit, kurz **Druckgradient** genannt):

$$\vec{P}_G = p - [p + (\delta p/\delta x)dx] = -(\delta p/\delta x). \quad (6.5)$$

Die vom Druckgradienten auf den Würfel ausgeübte Kraft heißt horizontale Druckkraft P (**Luftdruckgradientkraft**), die dem Luftdruckgefälle proportional ist. Für sie gilt die Gleichung

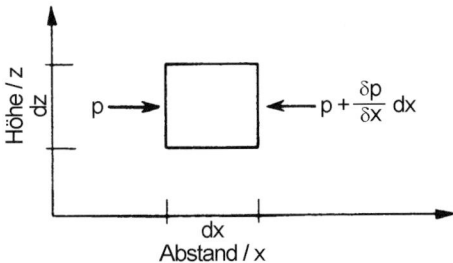

Abb. 6.7: Zur Ableitung der horizontalen Druckkraft

$$\vec{P} = -m / \rho_L \cdot (\delta p/\delta x). \quad (6.6)$$

Bei Bezug auf die Masseneinheit erhält man die horizontale Druckbeschleunigung.
Allgemein lässt sich auch schreiben

$$\vec{P} = -m / \rho_L \cdot (\delta p/\delta n) \quad (6.7)$$

mit n als Richtung des horizontal stärksten Luftdruckanstiegs. Die so fixierte horizontale Druckkraft (Luftdruckgradientkraft) ist also gegeben durch den horizontalen Luftdruckgradienten (Gefälle des Luftdruckes pro Längeneinheit), und wirkt diesem in Richtung des stärksten Druckgefälles, zum tiefen Druck gerichtet, entgegen. Gleichzeitig ist sie der Neigung der Druckfläche proportional.

Gemessen wird die horizontale Gradientkraft in den Wetterkarten durch den Abstand der **Isobaren** bzw. der dynamischen **Isohypsen** (die die Neigung einer Isobarenfläche kennzeichnen, s. Abschnitte 2.2 und 9.3). Sie steht immer senkrecht zu den Isobaren in Richtung zum tiefen Druck hin, und ihr Betrag ist dem Abstand der Isobaren bzw. Isohypsen umgekehrt proportional. Der Druckgradient selbst beträgt bei schwachwindigem Wetter rund 1 hPa 100 km^{-1}, bei Sturmwetterlagen immerhin 5 bis 10 hPa 100 km^{-1}.

Die durch die horizontale Druckkraft (bei Vernachlässigung aller anderen möglichen Kräfte) bewirkte Beschleunigung der Luft ist

$$d\vec{v}_h / dt = 1 / \rho_L \cdot (\delta p / \delta n). \qquad (6.8)$$

Der daraus resultierende Wind $\vec{v}_h$ heißt **Euler-Wind** (L. Euler, 1707–1783). Beginnt er zu wehen, setzt sofort der Ausgleich der Luftdruckgegensätze und damit eine Verminderung der ihn antreibenden Kraft ein. Daraus resultiert, dass dieser Wind immer nur kurzzeitig (nie stationär) wehen kann, es sei denn, durch neue Prozesse würden die Luftdruckunterschiede immer wieder hergestellt. Der Euler-Wind ist daher in der Natur nur a) in der Initialphase einer entstehenden Luftströmung, b) in kleinräumigen Windsystemen (s. Abschnitt 12.6) und c) in großräumigen Luftströmungen in äquatornahen Regionen, in denen die Corioliskraft (nächster Abschnitt) gegen Null geht, zu beobachten.

6.3.2 Die Corioliskraft als ablenkende Kraft der Erdrotation

Würde nur die Druckkraft auf die Luftteilchen wirken, würden diese, wie oben gezeigt, senkrecht zu den (geradlinig parallelen) Isobaren vom höheren zum tiefen Druck strömen. Druckunterschiede glichen sich rasch aus, stärkere Gegensätze könnten, von Ausnahmefällen abgesehen, nicht entstehen bzw. bestehen.

Tatsächlich strömt die Luft aber (außer am Äquator und vorerst ohne Berücksichtigung der Reibungskraft) nahezu parallel zu den Isobaren (oberhalb 1000 m in der freien Atmosphäre direkt isobarenparallel bzw. isohypsenparallel), erscheint also gegenüber der Richtung der Druckkraft auf der Nordhalbkugel nach rechts abgelenkt. Dies kann nur der Wirkung einer weiteren Kraft, der ablenkenden Kraft der Erdrotation, zugeschrieben werden. Diese Kraft kann man ebenso wenig spüren wie die Erdrotation selbst. Als **Corioliskraft** (**Coriolisbeschleunigung**) ist sie nach dem französischen Physiker G. G. Coriolis (1792–1843) benannt.

Zur Verdeutlichung des physikalischen Prinzips gehen wir vom bekannten Versuch mit der Drehscheibe aus, der geeignet ist, Effekte deutlich zu machen, die ein rotierendes System auf eine relativ zu ihm erfolgende geradlinige Bewegung ausübt (Abb. 6.8). Auf der Drehscheibe (Radius R) mit einer Wand, die als Zylinder diese Scheibe umgibt, sei im Punkt B_1 (Abstand r von der Drehachse D) ein Beobachter postiert. Dieser werfe bei ruhender Scheibe einen Ball in radialer Richtung. Er stellt

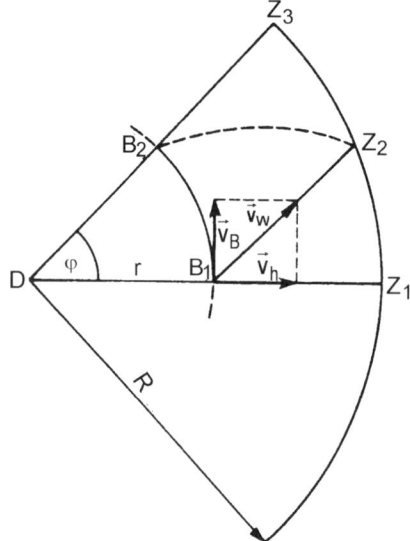

Abb. 6.8: Versuch mit der Drehscheibe

6.3 Kräfte bei reibungsfreier horizontaler Bewegung

fest, dass der Ball in Z_1 auf die Wand auftrifft. Unbemerkt für den Beobachter rotiere nun die Drehscheibe mit der Winkelgeschwindigkeit $\omega = d\varphi/dt$, so dass sich B_1 mit der Bahngeschwindigkeit $v_B = \omega \cdot r$ um die Rotationsachse dreht. Dann wirken beim Abwurf auf den Ball v_B und die Wurfgeschwindigkeit v_W, so dass dieser nach dem Parallelogramm der Kräfte in Richtung Z_2 fliegt und dort auf die Wand trifft. Während der Flugzeit des Balles von B_1 nach Z_2 hat sich die Scheibe mit dem Beobachter nach B_2 gedreht, und dieser muss annehmen, dass der radial abgeworfene Ball in Z_3 auftreffen müsse. Mit Erstaunen sieht er ihn aber in Z_2 ankommen und schlussfolgert, dass die Flugbahn des Balles gegenüber der erwarteten Flugrichtung nach rechts abgelenkt erscheint. Es gilt also der Satz, dass Bewegungen auf rotierenden Systemen eine Ablenkung zeigen, für die Nordhalbkugel nach rechts in Bewegungsrichtung.

Durch Einführung eines erdfesten und daher gegenüber dem weltraum-fixierten Koordinatensystem (**Inertialsystem** als raumfestes, zeitlich nicht veränderliches absolutes Koordinatensystem) sich drehenden Systems können diese Effekte beschrieben werden. Die Erde selbst dreht sich in 24 h um ihre Achse von West nach Ost. Sie besitzt damit, wenn $T_S = 86168$ s die Länge eines auf einen Fixstern orientierten Tages (Sterntag) ist, die Winkelgeschwindigkeit $\omega = 2 \cdot \pi \cdot T_S^{-1} = 7{,}29 \cdot 10^{-5}\,\text{s}^{-1}$.

Betrachten wir zunächst **meridionale Luftbewegungen** auf der rotierenden Erde (Abb. 6.9). Es möge sich a) ein Luftteilchen auf der Nordhalbkugel vom Äquator aus nach Norden in Bewegung setzen. Dann gelangt es in Gebiete geringerer, gemäß $v_B = \omega \cdot r$ zu berech-

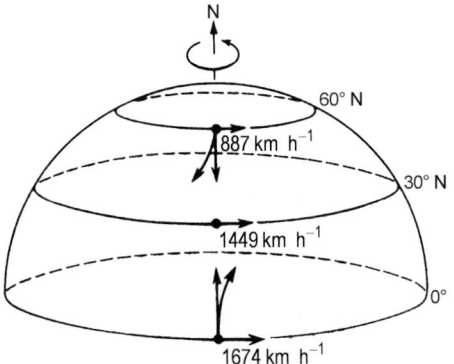

Abb. 6.9: Corioliskraft bei meridionaler Bewegung (nach Schirmer et al. 1989)

nender, Drehgeschwindigkeit (West-Ost-Bewegung der Erdoberfläche) und eilt daher aufgrund seiner Trägheit gegenüber der Erde (Meridianrichtung) voraus. Es erscheint nach Nordosten, d. h. auf der Nordhalbkugel nach rechts von der anfänglichen Richtung, abgelenkt. b) Das Luftteilchen möge auf der Nordhalbkugel nach Süden in Richtung auf den Äquator zuströmen. Es kommt dann in ein Gebiet höherer Drehgeschwindigkeit, bleibt also relativ zur Erde (Meridianrichtung) zurück und erscheint aufgrund seiner Trägheit nach Südwesten, also ebenfalls nach rechts, abgelenkt.

Hinsichtlich **zonaler Bewegungen** auf

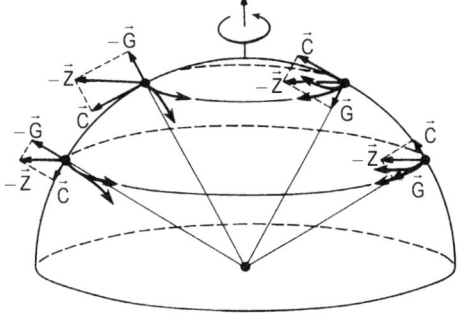

Abb. 6.10: Corioliskraft bei zonaler Bewegung (nach Schirmer et al. 1989)

der Nordhalbkugel (Abb. 6.10) möge sich das Teilchen a) breitenkreisparallel nach Osten bewegen. Dann addieren sich Bahn- und Eigengeschwindigkeit (die Umlaufgeschwindigkeit des Luftteilchens um die Erdachse nimmt zu), entsprechend vergrößert sich auch die auf das Teilchen wirkende Zentrifugalkraft (s. Abschnitt 6.3.4). Die Luftbewegung bewirkt also eine Zusatzkomponente der Zentrifugalkraft, die senkrecht auf der Erdachse und somit in Abhängigkeit von der geografischen Breite von der Erdoberfläche in unterschiedliche Richtungen weist. Man kann diese Komponente wiederum in einen Anteil zerlegen, der senkrecht zur Erdoberfläche (entgegengesetzt zur Schwerkraft) gerichtet ist, und einen Anteil (die eigentliche Corioliskraft), der tangential zur Erdoberfläche südwärts gerichtet ist, so dass die resultierende Bewegung gegenüber der ursprünglichen in West-Ost-Richtung äquatorwärts (nach rechts) abgelenkt erscheint. b) Bei einer auf der Nordhalbkugel breitenkreisparallel nach Westen gerichteten Luftbewegung resultiert ein negativer Anteil der **Zentrifugalkraft**, dessen Horizontalkomponente (Corioliskraft) eine Beschleunigung der Bewegung in Richtung Pol, also wieder eine Rechtsablenkung, bewirkt.

Auf der Südhalbkugel erfolgt die durch die Corioliskräfte bedingte Ablenkung gegenüber der ursprünglichen Bewegungsrichtung nach links.

In Formeln kann man die Corioliskraft mit den bekannten Größen vektoriell bzw. als Betrag wie folgt angeben:

$$\vec{C} = 2 \cdot m \cdot \vec{v}_h \times \vec{\omega} \quad \text{bzw.}$$

$$|\vec{C}| \equiv C = 2 \cdot m \cdot v_h \cdot \omega \cdot \sin\varphi. \quad (6.9)$$

Die der Schwerkraft entgegengesetzt gerichtete Vertikalkomponente der Corioliskraft kann in der Meteorologie vernachlässigt werden. Die Formel zeigt, dass die Corioliskraft stets senkrecht zur Bewegungsrichtung (auf dem Bewegungsvektor) steht, dass sie am Äquator ($\varphi = 0 \rightarrow \sin\varphi = 0$) Null ist und mit zunehmender geografischer Breite bis zum Pol ($\sin\varphi = 1$) anwächst und dass sie um so größer ist, je höher die Windgeschwindigkeit ist ($C \sim v_h$). Luft muss also schon – durch die Druckkraft bedingt – großräumig strömen ($v_h > 0$), bevor die Corioliskraft zu wirken beginnt.

Physikalisch gesehen ist diese Kraft eine **Trägheitskraft**, die Massen erfahren, die sich auf der rotierenden Erde bewegen. Sie ist eine **Scheinkraft**, da sie senkrecht auf dem Geschwindigkeitsvektor steht, also den Geschwindigkeitsbetrag der sich bewegenden Teilchen nicht ändert, keine Arbeit leistet, sondern nur die Richtung der Bewegung relativ zur rotierenden Erdoberfläche beeinflusst.

6.3.3 Der geostrophische Wind

Sobald eine Bewegung in der Atmosphäre eingesetzt hat, beginnt entsprechend der Strömungsgeschwindigkeit die Corioliskraft zu wirken, wobei die Luftteilchen auf der Nordhalbkugel nach rechts abgelenkt werden. Mit zunehmender Beschleunigung infolge der Druckkraft wird die Geschwindigkeit ebenso wie die Coriolisbeschleunigung ($C \sim v_h$) zunehmen. Das führt wieder zur Verstärkung der Richtungsablenkung. Schließlich (in der Regel nach einigen Stunden) erreicht die Corioliskraft die Größe der Druckkraft und kompensiert diese wegen ihrer dann entgegengesetzten Richtung. Zwischen beiden Kräften stellt sich als Gleichgewichtsströmung ein Wind ein, der längs geradliniger, paralleler Isobaren weht (**barisches Windgesetz**). Das ist der **geostrophische Wind** (Abb. 6.11). Er ist oberhalb der Bodenreibungsschicht (die Reibungskraft kann etwa ab 1000 m Höhe vernachlässigt werden) anzutreffen. Luftdruckgegensätze können aufgrund dieser unbeschleunigten isobarenparallelen Gleichgewichtsströmung nicht mehr ausgeglichen werden. Es könnte also durch den geostrophischen Wind kein Massenausgleich stattfinden. Erfahrungsgemäß ändert sich das Druckfeld aber laufend, da Massentransporte quer zu den Isobaren stattfinden. Diese werden von den beobachtbaren geringen Abweichungen vom geostrophischen Gleichgewicht, den **ageostrophischen Windkomponenten**, geleistet. Ein streng geostrophischer Wind ist also ein fiktiver, kein wirklicher Wind. Er stellt aber, wie Windmessungen aus der freien Atmosphäre zeigen, eine gute Näherung an die wahren Strömungsverhältnisse dar. Die Atmosphäre zeigt das offensichtliche Bestreben, in den Zustand des geostrophischen Gleichgewichts zu gelangen bzw. in diesem zu verharren (**quasigeostrophische Verhältnisse**). Die beobachteten Abweichungen vom geostrophischen Wind sind zwar relativ klein, für die Massentransporte und damit für die Veränderung der Druckgebilde aber von größter Bedeutung.

Den Betrag des geostrophischen Windes kann man berechnen, indem Druckbeschleunigung gleich Coriolisbeschleunigung gesetzt und nach der Geschwindigkeit aufgelöst wird:

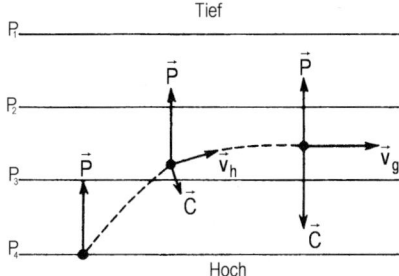

Abb. 6.11: Entstehung des geostrophischen Windes

$$-1/\rho_L \cdot \delta p/\delta n = 2 \cdot \omega \cdot \sin\varphi \cdot v_{geo} \quad (6.10)$$

mit $v_{geo} \equiv v_h$ (der Index geo weist auf „geostrophisch" hin). Mit der üblichen Abkürzung $f = 2 \cdot \omega \cdot \sin\varphi$ (f als **Coriolisparameter**) erhalten wir:

$$v_{geo} = -(1/\rho_L \cdot f) \cdot (\delta p/\delta n). \quad (6.11)$$

Der Ausdruck $\delta p/\delta n$ (horizontales Druckgefälle) geht gemäß der mathematischen Definition des Gradienten (positiv von niedrigen zu hohen Werten) negativ in die Relation ein, so dass v_{geo} positiv wird. Die Formel zeigt, dass der geostrophische Wind an einem Ort wegen f = const (für jeden Breitenkreis) und ρ_L = const (Dichte am Erdboden) nur vom horizontalen Druckgefälle abhängt. So beträgt er für $\varphi = 53°$ bei einem Druckgefälle von 1 hPa 100 km^{-1} 6,7 m s^{-1}, bei 3 hPa 100 km^{-1} 20,2 m s^{-1} und bei 5 hPa 100 km^{-1} 33,7 m s^{-1}. Bei Annäherung an $\varphi = 0°$ geht f gegen Null, weshalb die geostrophische Windgleichung in dieser Form in Äquatornähe unbestimmt und nicht anwendbar ist (am Äquator wird der **Euler-Wind** beobachtet, s. Abschnitt 6.3.1).

Die in der Gleichung für v_{geo} vorkommende Dichte ist ausgeprägt höhenabhängig (die Annahme ρ_L = const ist nur in erster Näherung korrekt). Das bedingt aber, dass bei einem mit zunehmender Höhe konstant bleibendem Druckgradienten v_{geo} seinen Betrag mit der Höhe ändern würde. Eine günstigere Form der Gleichung erhält man also, wenn ρ_L eliminiert wird, was über die **hydrostatische Grundgleichung** $dp = -\rho_L \cdot g \cdot dz$ geschehen kann (s. Abschnitt 2.2.2). Man erhält dann

$$v_{geo} = 1/f \cdot (g \cdot \delta z/\delta n) = 1/f \cdot (\delta H/\delta n). \quad (6.12)$$

Dabei wurde mit $\delta H = g \cdot \delta z$ die **geopotenzielle Höhe** eingeführt, und $\delta H/\delta n$ bedeutet den geopotenziellen Höhenunterschied der betrachteten Druckfläche zwischen zwei Orten im Abstand δn (s. Abschnitte 2.2.4 und 9.3.1). Der geostrophische Höhenwind über einem Ort hängt demzufolge nur von der Neigung der einzelnen Druckflächen ab. Die Isolinien in den Höhenwetterkarten (**Topografien**) sind Linien gleicher geopotenzieller Höhe (**dynamische Isohypsen**).

6.3.4 Die Zentrifugalkraft und der Gradientwind

Im „Kräftespiel" bei reibungsfreien horizontalen Bewegungen tritt eine neue Kraft (als Scheinkraft) auf, sobald wir berücksichtigen, dass die Luftbahnen (Trajektorien) nicht wie beim Modell des geostrophischen Windes geradlinig, sondern gekrümmt verlaufen (s. u.). Die entstehende Zentrifugalkraft ist formelmäßig durch

$$|\vec{F}_z| = \vec{v}_h^{\,2}/r \quad (6.13)$$

mit r = Krümmungsradius bestimmt. Sie ist stets vom Krümmungsmittelpunkt (Rotationszentrum) nach außen gerichtet (steht also senkrecht auf der momentanen Bewegungsrichtung, vgl. Hammerwerfer). Gemäß Gl. (6.13) ist sie dem Quadrat der Bewegungsgeschwindigkeit proportional und dem Abstand vom Krümmungsmittelpunkt umgekehrt proportional. Zur Herstellung eines Gleichgewichts muss der Zentrifugalkraft eine gleich große, aber entgegengesetzt gerichtete Kraft, die **Zentripetalkraft**, entgegenwirken. Die Rolle dieser Kraft wird bei Luftbewegungen in Abhängigkeit vom Krümmungssinn der Luftbahnen von unterschiedlichen Kräften übernommen.

Wir haben die beiden Fälle „zyklonale Strömung" und „antizyklonale Strömung" zu unterscheiden (Abb. 6.12). Soll wieder eine unbeschleunigte Bewegung, also ein Kräftegleichgewicht (**Gleichgewichtswind**) herbeigeführt werden, muss bei **zyklonaler Strömung** die Druckkraft (Gradientkraft) durch die Corioliskraft und die Zentrifugalkraft kompensiert werden (ein Teil der Druckkraft ist dann offensichtlich die Zentripetalkraft), es gilt $\vec{P} = \vec{C} + \vec{F}_z$ bzw. $\vec{P} - \vec{F}_z = \vec{C}$. Bei **antizyklonaler Strömung** weisen Druckkraft und Zentrifugalkraft in die gleiche Richtung, nämlich vom Krümmungsmittelpunkt weg, ihre Summe wird folglich durch die Corioliskraft kompensiert (der nun die Rolle der Zentripetalkraft zufällt), es gilt $\vec{P} + \vec{F}_z = \vec{C}$. Es wird offensichtlich,

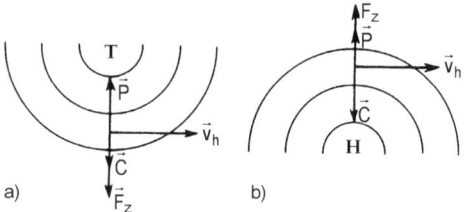

Abb. 6.12: Gradientwind bei zyklonaler (a) und antizyklonaler (b) Krümmung

dass in beiden Fällen im Gleichgewicht der Wind genau parallel zu den (gekrümmten) Isobaren weht, wobei der hohe Luftdruck rechts, der niedrige links in Bewegungsrichtung liegt. Die Zentrifugalkraft verändert die Windgeschwindigkeit so, dass diese bei zyklonaler Strömung vermindert, bei antizyklonaler Strömung verstärkt wird. Im letzteren Fall ist der Geschwindigkeitsbetrag allerdings begrenzt. Der Druckgradient darf bei vorgegebenem antizyklonalen Krümmungsradius einen sich mathematisch ergebenden Grenzwert nicht überschreiten, was zur Folge hat, dass der Druckgradient im **Hoch** im Gegensatz zum **Tief** nicht beliebig groß sein kann (Hochs sind allgemein windschwächer als Tiefs).

Aus den für die Kräfte $\vec{P}$, $\vec{C}$ und $\vec{F}_Z$ aufgestellten Gleichungen kann man $\vec{v}_h$ bestimmen und als Gleichgewichtsform der reibungsfreien horizontalen Luftbewegungen die Bewegungsgleichungen für den **Gradientwind** (auch **geostrophisch-zyklostrophischer Wind** genannt) erhalten. Dabei ist der zyklonale Gradientwind **subgeostrophisch** ($v_{h,zykl.} < v_{geo}$) und der antizyklonale Gradientwind **hypergeostrophisch** ($v_{h,antiz.} > v_{geo}$). Im Fall geradliniger Isobaren ist der Gradientwind ein geostrophischer Wind. Ein „rein" zyklostrophischer Wind stellt sich als Gleichgewichtsströmung ein, wenn die Luftpartikeln stark gekrümmte Trajektorien durchlaufen. In diesem Fall ist der Krümmungsradius so klein und die Windgeschwindigkeit so groß, dass die Zentrifugalkraft die Corioliskraft bei weitem übertrifft und daher der Druckkraft allein von der Zentrifugalkraft das Gleichgewicht gehalten wird. Mit diesem Modell kann man die Strömungsverhältnisse im Bereich von **Tromben** und **Tornados** oder ähnlichen kleinräumigen Wirbeln beschreiben (s. Abschnitt 9.3.1.6).

6.4 Horizontale Luftbewegungen unter dem Einfluss der Reibung

Reibungsfreie horizontale Luftbewegungen dominieren in der freien Atmosphäre, wo die **Reibungskraft** $\vec{F}_R$ vernachlässigt werden kann. Horizontal bewegte Luft erfährt in den bodennahen Schichten eine von der **Rauigkeit** der Unterlage (Erdoberfläche) abhängige bremsende Reibungswirkung, die sich bis etwa 1500 m Höhe nachweisen lässt. Diese Schicht wird als **Atmosphärische Grenzschicht** (AGS oder Boundary Layer: BL; s. Abschnitte 2.1.1 und 6.4.1) bezeichnet.

6.4.1 Definition der Bodenrauigkeit

Die Erdoberfläche (Land- und Wasseroberfläche) ist nicht aerodynamisch glatt, sondern durch **Rauigkeitselemente** (Hindernisse) charakterisiert, angefangen von Sandkörnern und Grashalmen über Bäume und Gebäude bis hin zu Gebirgen (s. Abschnitt 13.4 und 13.10). Sie bremsen den Wind umso mehr ab, je höher die **Bodenrauigkeit** ist und je kräftiger der Wind weht. Rauigkeit bewirkt also eine Erhöhung der Reibung und damit eine Reduzierung der Windgeschwindigkeit. Da eine mathematische Beschreibung der Wirkung der Rauigkeit in Abhängigkeit von der Konfiguration (Geometrie) der Rauigkeitselemente nicht gegeben ist, greift man auf indirekte Möglichkeiten zurück. Dabei hat sich der **Rauigkeitsparameter** z_0 (auch **Rauigkeitslänge, -höhe**) bewährt. Dieser gibt an, in welcher Höhe über der Unterlage die Windgeschwindigkeit Null wird [$v_h (z = z_0) = 0$]. Es handelt sich um die Integrationskonstante in der Gleichung für das **logarithmische Windgesetz** (s. Abschnitt 6.7.1.2). Wenn man in einer logarithmisch-linearen Darstellung die Messwerte bis zum Schnittpunkt mit der Ordinate (logarithmisch geteilte Höhenachse, $v_h = 0$) aufträgt, dann entspricht der Höhenwert des Schnittpunktes gerade dem Rauigkeitsparameter. Charakteristische Werte für z_0 sind für Gras und über einer Schneedecke 0,5 bis 1 cm, für Getreidefelder 5 cm, für niedriges Buschwerk 20 cm, im Wald und in Städten 100 bis 200 cm; für Wasser als Unterlage gilt $z_0 = 0,01$ bis 0,1 cm (s. Tab. 13.2).

Neben z_0 mit seiner begrenzten lokalen Bedeutung (z_0 ist für ein größeres Gebiet nur bei homogenem Untergrund repräsentativ) bedient man sich in großskaligen Modellen des **effektiven Rauigkeitsparameters** $z_{0,eff}$ (auch effektive Rauigkeitslänge genannt). Mit seiner Hilfe lässt sich die Wirkung der Bodenreibung einer größeren Region auf die Strömung in geeigneter Weise „flächendeckend" erfassen. Er kann aus Wind- und Turbulenzmessungen in einer Höhe von z. B. 100 m bestimmt werden. So beträgt $z_{0,eff}$ für kleine Siedlungen 50 cm, für Großstädte mit Hochhäusern 200 bis 250 cm, für Hochgebirge 5000 cm und für Europa 90 cm. Ist die Unterlage mit Vegetation bedeckt, wird z_0 in modifizierter Form bestimmt. Je nach Bodenbewuchshöhe und -art wird eine Schicht mit der Höhe d_0 existieren, die zwischen Boden und Bewuchshöhe liegt, in der die Windgeschwindigkeit nicht durch das logarithmische Geschwindigkeitsgesetz approximiert werden kann. Das heißt, dass bei Vegetation das Nullniveau entsprechend dem logarithmischen Windgesetz vom Erdboden in den Pflanzenbestand verlagert ist. Es muss damit als Ausgangspunkt für die Höhenrechnung die **Verdrängungsdicke** d_0 (**Verschiebungshöhe**) angesetzt werden, die den Charakter der Unterlage simuliert. Wenn man ein Windprofil über niedrigem Pflanzenbestand in logarithmisch-linearer Darstellung mit der geometrischen Höhe auf der Ordinate zeichnet, dann schneidet das in den Vegetationsbestand hineinextrapolierte **Windprofil** (die extrapolierte Messwertkurve) die Ordinate bei $v_h (z_0 + d_0) = 0$; der Wert $v_h(z) = 0$ wird bei der geometrischen Höhe $z = d_0 + z_0$ erreicht. Die Verdrängungsdicke d_0 kann somit als Höhe eines bestimmten bedingten Anfangspunktes definiert werden. Bei dessen Benutzung erhält man in einer Schicht, die über die Schicht des Bodenbewuchses hinausragt, die beste Approximation des Windprofils durch das logarithmische Geschwindigkeitsgesetz. Es sei vermerkt, dass der Wert von d etwa 2/3 der Bestandeshöhe beträgt und dass dieser relativ unabhängig vom Pflanzenbestand ist, im Verlauf der Pflanzenentwicklung aber deutlich schwankt.

6.4.2 Die Reibungskraft und der geotriptische Wind

Die Reibungskraft $\vec{F}_R$ kann in einfacher Weise nach dem Ansatz von C. M. Guldberg (1836–1902) und H. Mohn (1835–1916) bestimmt werden. Mit k als Reibungskoeffizient gilt:

$$\vec{F}_R = -k \cdot \vec{v}_h. \quad (6.14)$$

Der Ansatz gilt nur für den Wind in Bodennähe (allgemeine Messhöhe: 10 m ü. Gr.). Die Reibung bewirkt eine Reduzierung der Bewegung derart, dass der Wind (**Reibungswind**) schwächer ist als der geostrophische Wind (der Reibungswind ist subgeostrophisch). Da dann aber auch die Corioliskraft kleiner ist als die Druckkraft, erfahren die Luftpartikeln eine Ablenkung nach links zum tiefen Druck hin, bis sich das Gleichgewicht zwischen den drei Kräften eingestellt hat. Dabei müssen Reibungskraft und Corioliskraft ($\vec{C}$ steht normal auf $\vec{v}_h$) senkrecht aufeinander stehen und beide zusammen eine Vektorsumme bilden, die der Druckkraft die Balance hält (Abb. 6.13). Der beobachtete Bodenwind $\vec{v}_h \rightarrow \vec{v}_R$ (Reibungswind als Gleichgewichtswind) schneidet also somit die Isobaren zum tiefen Druck hin. Dieses Windverhalten ist bereits 1856 von dem holländischen Admiral C. H. J. Buys-Ballot (1821–1885) erkannt worden. Das **Buys-Ballotsche Gesetz** besagt in der am häufigsten gebrauchten Formulierung: Stellt man sich mit dem Rücken zum Wind, so liegt (auf der Nordhalbkugel) der tiefste Luftdruck links vorn, der höchste Luftdruck rechts hinten (auf der Südhalbkugel umgekehrt).

Der von der Größe der Reibungskraft abhängige Ablenkungswinkel der Luftströmungen zum tiefen Druck hin beträgt über dem Meer im Mittel 15° bis 20°, über dem Flachland 25° bis 30° und in gebirgigen Regionen 30° bis 50°. Der Reibungswind wird auch **geotriptischer**, zuweilen **geostrophisch-antitriptischer Wind** genannt. Ein **antitriptischer Wind** ist der Spezialfall der horizontalen Bewegung, wenn sich Druck- und Reibungskraft unter Vernachlässigung der Corioliskraft im Gleichgewicht befinden.

6.5 Zur vollständigen Bewegungsgleichung

Die **horizontalen** Bewegungen der Luftteilchen der Atmosphäre werden durch die Resultierende aller angreifenden und in den Abschnitten 6.3 und 6.4 behandelten Kräfte ($\vec{F}_Z$ als Spezialfall ausgenommen) bestimmt:

$$\vec{F} = \vec{P} + \vec{C} + \vec{F}_R. \quad (6.15)$$

Damit gilt für die individuelle Beschleunigung der Teilchen

$$\vec{b} = d\vec{v}_h/dt = \vec{b}_P + \vec{b}_C + \vec{b}_{F_R}. \quad (6.16)$$

Daraus ergibt sich als allgemeine vektorielle Bewegungsgleichung (für horizontale Bewegungen)

$$d\vec{v}_h/dt = -(1/\rho_L)\nabla_h p - 2\cdot\vec{\omega}\times\vec{v}_h$$
$$+ (1/\rho_L)\vec{F}_R \quad (6.17)$$

mit ∇ (Nabla-Zeichen) als abkürzende Schreibweise für die Differenziationsvorschrift $\vec{i}\,\delta/\delta x$, $\vec{j}\,\delta/\delta y$ ($\vec{i},\vec{j}$: Einheitsvektoren in x-, y-Richtung) und $\vec{\omega}\times\vec{v}_h$ als Vektorprodukt (Kreuzpro-

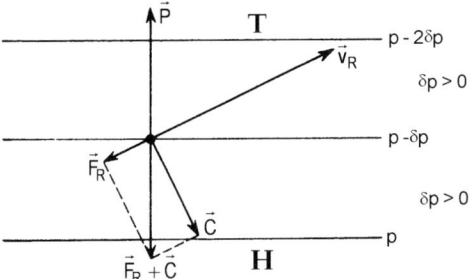

Abb. 6.13: Reibungswind (geotriptischer Wind)

dukt) zwischen dem Vektor der Erdrotation (der Winkelgeschwindigkeit) und dem horizontalen Geschwindigkeitsvektor.

Die **Vertikalbeschleunigung** der Partikeln wird durch

$$dv_z/dt = -(1/\rho_L) \cdot \delta p/\delta z - g \quad (6.18)$$

beschrieben. Sie ist für kleinräumige Vorgänge von Bedeutung. In Gewitterwolken liegt die Vertikalgeschwindigkeit bei 0,1 bis 0,5 m s^{-1}. Für großräumige Strömungsverhältnisse gilt $dv_z/dt \approx 0$ und damit annähernd die hydrostatische Grundgleichung $dp = -\rho_L \cdot g \cdot dz$.

6.6 Atmosphärische Turbulenz

6.6.1 Definition, Entstehung und Charakteristiken der Turbulenz

Betrachtet man Windregistrierungen, ist man beeindruckt von den unregelmäßigen, zufällig anmutenden kurzfristigen Schwankungen (**Fluktuationen**) der Windrichtung und der Windgeschwindigkeit um die Mittelwerte (s. Abb. 8.21). Entsprechende Fluktuationen beobachtet man auch bei hochaufgelösten Registrierungen der Temperatur und anderer Größen. Einer geordneten mittleren Bewegung sind somit raumzeitlich ungeordnete zusätzliche wirbelartige Bewegungen überlagert. Diese irregulären, durch Zusatzgeschwindigkeiten bedingten Abweichungen vom mittleren Wind bezeichnet man als **Turbulenz** (lat. turbare = stören, wirbeln). Spürbarer Ausdruck ist die **Böigkeit** des Windes.

Die momentane Geschwindigkeit $\vec{v}$ kann man nach O. Reynolds (1842–1912) wie folgt ausdrücken:

$$\vec{v}(x, y, z; t) = \overline{\vec{v}}(x, y, z; t) + \vec{v}'(x, y, z; t). \quad (6.19)$$

Die momentane Windgeschwindigkeit kann demnach als Superposition aus dem mittleren Wind (Querstrich als Symbol für zeitliche, räumliche oder raum-zeitliche Mittelung) und den momentanen turbulenten Windfluktuationen (gestrichene Größe) aufgefasst werden. Die Atmosphäre befindet sich stets im turbulenten Zustand, ausge-

Freie Atmosphäre			Höhe / Mächtigkeit
Atmosphärische Grenzschicht (BL), Reibungsschicht	Turbulente Grenzschicht (mit turbulentem Austausch)	Ekman-Schicht (Oberschicht, Übergangsschicht)	1000 - 1500 m
		Prandtl-Schicht (Bodenschicht)	20 - 60 m
		dynamische Unterschicht	0,5 - 1,0 m
	Laminare / molekulare Grenzschicht		mm

Abb. 6.14: Aufbau der Atmosphärischen Grenzschicht mit turbulenter und laminarer Grenzschicht am Tage

nommen die nur wenige Millimeter dünne **laminare oder molekulare Grenzschicht** (Abb. 6.14).

Eine **laminare Strömung** (als Antonym zur turbulenten Strömung) ist dadurch gekennzeichnet, dass sich die Teilchen auf geordneten, sich nicht schneidenden Bahnen (Trajektorien) bewegen (Abb. 6.15). Über den Wechsel von einer laminaren zu einer turbulenten Strömung gibt die dimensionslose **Reynolds-Zahl** Auskunft:

$$Re = \rho \cdot v \cdot l / \mu = v \cdot l / \nu \qquad (6.20)$$

Es bedeuten
- ρ = Dichte / kg m^{-3},
- v = die ungestörte Geschwindigkeit / m s^{-1},
- l = Größenordnung der Bewegung, z. B. Durchmesser einer Strömung / m,
- μ = die dynamische Zähigkeit des Mediums / kg m^{-1}s^{-1} und
- ν = die kinematische Zähigkeit / m^2 s^{-1} ($\nu = \mu / \rho$).

Die den Turbulenzzustand einer Strömung signalisierende **kritische Reynolds-Zahl** beträgt $Re_{kr.} \approx 3000$. Dann gilt, dass für $Re < 3000$ die Strömung laminar, für $Re > 3000$ die Strömung turbulent ist. Setzt man in die Formel für Re die für die Atmosphäre gültigen Werte ein, ergibt sich selbst für minimale Geschwindigkeiten eine Reynolds-Zahl, die noch signifikant über $Re_{kr.}$ liegt. Sowohl die Art des Mediums (μ bzw. ν) als auch die charakteristische Geschwindigkeit (v) und die Größenordnung (l) der atmosphärischen Bewegungen bedingen, dass der Bewegungszustand der Atmosphäre durchweg turbulent ist.

Atmosphärische Turbulenz entsteht hauptsächlich in der atmosphärischen Grenzschicht zwischen Erdoberfläche und ca. 1500 m Höhe als Folge der **Windscherung** (vertikale Geschwindigkeitsunterschiede zwischen den Strömungselementen), zwischen der „Haftschicht" am Boden ($v = 0$) und der Obergrenze der AGS (geostrophische Geschwindigkeit). Man spricht dann von **mechanischer Turbulenz**. Turbulente Vorgänge werden aber auch durch die von der Rauigkeit der Unterlage abhängige Reibung am Erdboden (s. Abschnitt 6.4.1) verstärkt. Das ist die reibungsbedingte bzw. **dynamische Turbulenz**. Hingegen kommt es zur **thermischen Turbulenz** (Thermik, Konvektion; s. Abschnitt 4.2.1) durch starke, aber unterschiedliche Erhitzung des Erdbodens. Ob die damit verbundenen Vertikalbewegungen gefördert oder unterdrückt werden, die thermische Turbulenz also stark oder schwach ausgeprägt ist, hängt von der vertikalen Dichteschichtung ab.

Neben der Turbulenz in der AGS ist die Turbulenz in der freien Atmosphäre von Bedeutung. Ein aufmerksamer Beobachter erkennt sofort die **Wolkenturbulenz** (Turbulenz in den Wolken). Insbesondere Konvektionswolken (s. Abschnitt 5.4.3) neigen wegen ihrer feuchtlabilen Schichtung zur konvektiven Turbulenz, die in Gewittern ihre stärkste Ausprägung erreicht. Nicht

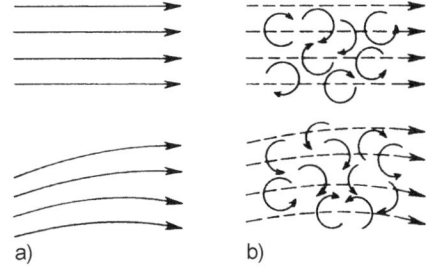

Abb. 6.15: **Laminare (a) und turbulente Strömung (b)**

weniger bekannt ist die **Leewellen-** bzw. **Rotor-Turbulenz**. Leewellen und Rotoren, durch Lenticularis-Wolken (linsenförmige Wolken, „Föhnfische", s. Abschnitt 12.6.3.1) und Rotorwolken erkennbar, entstehen bei kräftiger An- und Überströmung von Gebirgszügen infolge hoher Windgeschwindigkeiten. Dabei sind besonders im oberen Bereich der Rotoren starke vertikale Windscherungen und somit heftige Turbulenz festzustellen. Nicht weniger beeindruckend und in Flugzeugen spürbar ist die **Clear Air Turbulence** (CAT), eine besonders stark ausgeprägte Scherungsturbulenz in der freien Atmosphäre, die häufig in wolkenfreien Schichten auftritt. Besondere vertikale Windscherungen (≥ 8 m s^{-1} pro Kilometer) und horizontale Scherungen (ca. 10 m s^{-1} pro Breitengrad) dominieren im Bereich der **Strahlströme** unterhalb der Tropopause (s. Abschnitt 6.8), was dort diese Turbulenz auslöst. Das macht verständlich, dass die horizontale Erstreckung von CAT-Bereichen 80 bis 500 km, die vertikale im Durchschnitt 600 m betragen kann.

Je nach Größenordnung der turbulenten Bewegungsvorgänge in der Atmosphäre unterscheiden wir mikroskalige, mesoskalige und makroskalige Turbulenz, kurz **Mikro-**, **Meso-** und **Makroturbulenz** genannt. Zu den makroturbulenten Erscheinungen kann man die in den Wetterkarten als auffällige Wirbel sichtbaren Druckgebilde (Tiefs und Hochs) zählen, da sie typische Charakteristiken der Turbulenz (unregelmäßige Verteilung und Intensität, ständige Neubildung und Auflösung) aufweisen. Die Fronten eines Tiefs bzw. die mit ihnen verbundenen Wettererscheinungen (Böenlinien, Gewitterzellen, Tornados oder Windhosen, Windböen) sind dann den mesoskaligen bis hin zu den mikroskaligen turbulenten Vorgängen zuzuordnen. Insgesamt überstreichen die turbulenten Bewegungen in der Atmosphäre nahezu alle Größenordnungen, angefangen von den kleinsten Wirbeln (im cm-Bereich) bis hin zu den planetarischen Wellen (10000 km als charakteristische Länge). Man spricht daher allgemein von einem kontinuierlichen **Turbulenzspektrum** (Turbulenz als Spektrum von Turbulenzelementen/Turbulenzwirbeln der für die Atmosphäre gegebenen unterschiedlichen Größenordnungen). In diesem Spektrum sind die verschiedenen Bereiche allerdings mit unterschiedlichem Gewicht vertreten (s. Abschnitt 1.3).

6.6.2 Bedeutung der atmosphärischen Turbulenz

Eine hervorragende Wirkung und Bedeutung der ausgebildeten Turbulenz besteht in ihrem Vermögen, vorhandene Gegensätze bzw. Konzentrationsunterschiede von Eigenschaften infolge Durchmischung auszugleichen (Durchmischungs- oder Austauschvermögen). Analog den Fickschen Gesetzen der molekularen Diffusion (durch Brownsche Molekularbewegung bedingte Transporte), nach der sich Stoffe und ihre Eigenschaften in Richtung des Konzentrationsgefälles und proportional zu dessen Stärke ausbreiten, bewirkt die Turbulenz einen **Impulsstrom** (turbulenter Impulsaustausch), einen **fühlbaren (oder sensiblen) Wärmestrom** (turbulenter Wärmeaustausch), einen turbulenzbedingten **Wasserdampfstrom** (**latenter Wärmestrom**, turbulenter Austausch von Luftfeuchte) und einen **Strom von Luftbeimengungen** (turbulenter Austausch von emittierten Beimengungen/Luftverunreinigungen) gleichfalls in Richtung des entsprechenden Gradienten und proportional zu dessen Stärke. Bezeichnen wir mit s eine der transportierbaren Eigenschaften, dann lässt sich ihr vertikaler **turbulenzbedingter** Fluss S (im Rahmen der halbempirischen Turbulenztheorie) durch den Ansatz

$$S = -\rho_L \cdot K \cdot (\delta s/\delta z) \quad (6.21)$$

mit
$\delta s/\delta z$ = vertikales Gefälle der Eigenschaft und
K = turbulenter Diffusionskoeffizient (**Austauschkoeffizient** A als Maß für den Austausch, oft $\rho_L \cdot K = A$ gesetzt)
ausdrücken.

Letzterer ist (in der AGS) rund 10^5 mal größer als der molekulare Diffusionskoeffizient, d. h. die turbulenten Transporte übersteigen die molekularen um ein Vielfaches. Untersucht man den Transport von Impuls, Wärme, Feuchte oder Luftbeimengungen in der Atmosphäre, darf man die entsprechenden **molekularen Transportvorgänge** (molekularer Impulstransport / innere Reibung, molekularer Wärmetransport / Wärmeleitung, molekulare Diffusion der verschiedenen Gase usw.) vernachlässigen. Je labiler die Schichtung ist, um so stärker ist die Turbulenz entwickelt, um so intensiver sind die turbulenten Vertikaltransporte (zur Messung der Austauschströme bzw. zu Turbulenzmessungen s. Abschnitt 8.4.2).

Im Gegensatz zu **Inversionen**, die jeglichen (außer dem molekularen) vertikalen Austausch weitgehend unterbinden, sorgt die atmosphärische Turbulenz gerade auch bei der Ausbreitung von Luftverunreinigungen dafür, dass es über Durchmischung und Austausch zu einer kontinuierlichen Verteilung der emittierten Beimengungen auf ein größeres Luftvolumen und damit zu einer Konzentrationsminderung (Verdünnung) kommt (s. „**Looping**" bei den Rauchfahnentypen im Abschnitt 4.2.6.5). Dabei wirken die einzelnen Turbulenzelemente in Abhängigkeit von ihrer Größenordnung unterschiedlich intensiv und modifizierend auf die Konzentrationsverteilung und Translationsrichtung einer sich ausbreitenden Schadstoffwolke oder -fahne ein. Die atmosphärische Turbulenz stellt also eine meteorologische Einflussgröße dar, die für die **Transmission** (**Translation + turbulente Diffusion**) von Luftverunreinigungen innerhalb der Kausalkette **Emission → Transmission → Immission** (Transmission als Bindeglied zwischen Emission und Immission) von besonderer Bedeutung ist (s. auch Abschnitt 14.5).

Im Ausnahmefall kann die atmosphärische Turbulenz zur Stabilität einer Schichtung führen, wie das am Beispiel der Entstehung von Turbulenzinversionen (s. Abschn. 4.2.6.4) gezeigt wurde.

6.7 Vertikale Windstruktur

Kenntnisse über die vertikale Windstruktur in der Atmosphäre sind nicht nur für theoretische Untersuchungen von Belang, sondern auch von großer praktischer Bedeutung im Rahmen der Wetter- und Klimabeobachtung, der Wettervorhersage (z. B. für die Flugberatung und prognostische Erfassung der Ausbreitung von Luftverunreinigungen) und beim Studium der allgemeinen atmosphärischen Zirkulation. Bei entsprechenden Betrachtungen in diesem Abschnitt soll zwischen **vertikalen Windprofilen** in der Reibungsschicht (s. Abschnitte 6.4.2 und 6.6.1), die besonders durch den Reibungseinfluss bzw. durch die Bodenbeschaffenheit und thermische Schichtungsverhältnisse geprägt sind, und der vertikalen Windstruktur in der freien Atmosphäre unterschieden werden, die primär auf sich mit der Höhe verändernde horizontale Druckunterschiede zurückzuführen ist. Bei stabiler Schichtung reicht die Turbulenzreibung weniger hoch, was eine raschere Windzunahme mit der Höhe bei gleichzeitiger Minderung der Grenzschichthöhe zur Folge hat.

6.7.1 Vertikale Änderung des Windes in der Reibungsschicht

6.7.1.1 Allgemeines

Wie schon bekannt ist, erstreckt sich der von der Erdoberfläche ausgehende Reibungseinfluss (das ist die **Reibungsschicht**) im Mittel 1000 bis 1500 m hoch, wobei die Höhe im konkreten Einzelfall neben der Bodenrauigkeit von der thermischen Schichtung und der ursprünglichen Windgeschwindigkeit abhängig ist. In den bodennahen Schichten ist der Einfluss der Reibungskraft auf das Windfeld am größten, mit der Höhe nimmt deren Stärke und damit ihr abbremsender Effekt auf die Strömung ab. Die Folge ist, dass der Wind in Bodennähe am stärksten abgebremst und gleichzeitig nach links zum tieferen Luftdruck hin abgelenkt wird (**geotriptischer Wind**, s. Abschnitt 6.4.2). Der Ablenkungswinkel verringert sich mit der Höhe, bis der Wind oberhalb der Reibungsschichthöhe (Höhe der AGS) isobarenparallel weht (**geostrophische Verhältnisse**). Gleichzeitig nimmt die skalare Windgeschwindigkeit markant zu und kann sich gegenüber dem Bodenwind bereits in 500 m Höhe verdoppelt haben. Es ergibt sich ein **parabolisches Vertikalprofil** der Windgeschwindigkeit in der AGS. Das vielfach angewendete **Potenzgesetz** nach G. Hellmann (1917), nach dem sich im Mittel die Windgeschwindigkeit v_z in der Höhe z aus dem in 10 m Höhe z_{10} gemessenen Bodenwind v_{10} berechnen lässt, lautet:

$$V_z = v_{10} \cdot (z / z_{10})^m. \qquad (6.22)$$

Der Exponent m nimmt je nach Schichtung die Werte 0,15 (labil), 0,25 (neutral) bzw. 0,40 (stabil) an. Dieses Potenzgesetz entspricht im Prinzip dem logarithmischen Windprofil in der **Prandtl-Schicht** (s. Abb. 6.14 im Abschnitt 6.6.1) im neutralen Fall.

6.7.1.2 Logarithmisches Windgesetz

Das **logarithmische Windgesetz** spiegelt bei neutralen oder nahezu indifferenten Schichtungsverhältnissen die vertikale Windstruktur in der auch als Prandtl-Schicht bezeichneten **Bodenschicht** gut wider. In dieser einige Dekameter mächtigen Schicht können die turbulenzbedingten Flüsse (s. Abschnitt 6.6.2) als höhenkonstant angesehen werden (**constant flux layer**). Man beobachtet eine starke vertikale Zunahme der skalaren Windgeschwindigkeit, wobei die Windrichtung als Folge des „Kräftespiels" der starken Reibungskraft mit der wenig wirksamen Corioliskraft wiederum mit der Höhe konstant bleibt.

6.7 Vertikale Windstruktur

Die Gleichung für das logarithmische Windgesetz lautet:

$$v_z = (u_* / \kappa) \cdot \ln(z / z_0). \qquad (6.23)$$

Es sind
κ = 0,4 (von-Kármán-Konstante),
u_* = die den turbulenten Zusatzbewegungen proportionale und als Maß für die Intensität des vertikalen Impulsstroms anzusehende **Schubspannungsgeschwindigkeit** bzw. „Reibungsgeschwindigkeit" und
z_0 = Integrationskonstante bzw. Rauigkeitsparameter (s. Abschnitt 6.4.1).

Abb. 6.16 zeigt schematisch das vertikale Windprofil in der Bodenschicht als Potenzgesetz (parabolisches Profil) und als logarithmisches Windgesetz (als Gerade in logarithmischer Darstellung).

6.7.1.3 Ekman-Spirale

Die Ekman-Spirale, benannt nach ihrem Entdecker, dem schwedischen Physiker und Ozeanografen W. Ekman (1874–1954), ist eine anschauliche Darstellung für die sich vom Boden bis zur Obergrenze der planetarischen Grenzschicht vollziehende Windänderung (Geschwindigkeitszunahme bei gleichzeitiger Drehung). Ursprünglich hatte Ekman das Verhalten einer ozeanischen Triftströmung, der vom Wind unmittelbar erzeugten Meeresströmung, mit zunehmender Wassertiefe theoretisch abgeleitet. Anschließend hat er unter vereinfachenden Voraussetzungen ähnliche Überlegungen für die Luftströmungen in der Reibungsschicht angestellt. In Abb. 6.17 markieren die einzelnen Pfeile den Wind in verschiedenen Höhen. Projiziert man sie senkrecht auf die horizontale Koordinatenfläche und verbindet die Endpunkte der entsprechenden Vektoren durch eine Kurve (**Hodograf**), dann resultiert eine logarithmische Spirale, die als **Ekman-Spirale** bezeichnet wird. Sie gibt die Windänderung mit der Höhe in der sich der Prandtl-Schicht (s. Abschnitt 6.6.1) nach oben anschließenden **Oberschicht**, der eigentlichen **Ekman-Schicht**, wieder.

Die Ekman-Schicht zeichnet sich gegenüber der Prandtl-Schicht dadurch aus, dass die turbulenzbedingten Flüsse (s. Abschnitt 6.6.2) nicht mehr höhenunabhängig sind und dass, unter

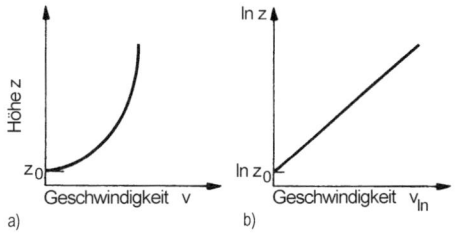

Abb. 6.16: Schematische Darstellung des vertikalen Windprofils in der Bodenschicht als Potenzgesetz (a) und als logarithmisches Gesetz (b)

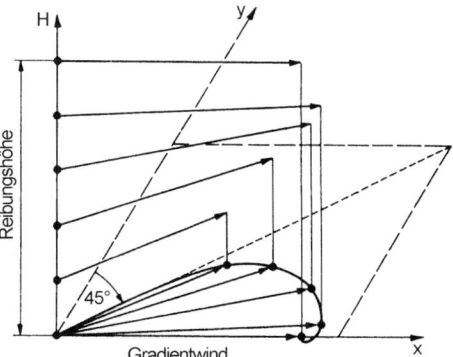

Abb. 6.17: Die Ekman-Spirale als Idealfall der Windänderung mit der Höhe (nach Schirmer et al. 1989)

dem Einfluss von Druckgradientkraft, an Wirkung zunehmender Corioliskraft sowie zusehends abnehmender Reibungskraft, ein Rechtsdrehen (Nordhemisphäre) und eine Zunahme der Geschwindigkeit des Windes mit der Höhe einsetzt. An der Obergrenze der Reibungsschicht, wo die Reibungskraft verschwindet, wird geostrophisches Gleichgewicht (s. Abschnitt 6.3.3) erreicht.

Wegen der vereinfachenden Annahmen entspricht die Ekman-Spirale einem Idealfall. Insbesondere bleibt in der Natur die Windrichtung in der Bodenschicht mit der Höhe etwa konstant. Die Rechtsdrehung des Windes setzt also erst an der Obergrenze der Bodenschicht ein und nicht, wie in Abb. 6.17 zu sehen, an deren Untergrenze (in der Darstellung der Nullpunkt). Ferner ist der reibungsbedingte Ablenkungswinkel des horizontalen Bodenwindes (geotriptischer Wind) gegenüber dem Gradientwind (s. Abschnitt 6.4.2) meist kleiner als 45°.

6.7.2 Vertikale Änderung des geostrophischen Windes. Thermischer Wind

Im Abschnitt 6.3.3 wurde dargelegt, dass sich oberhalb der Reibungsschicht Wind- und Druckfeld quasi im geostrophischen Gleichgewicht befinden. Das bedeutet, dass hier die vertikale Änderung des wahren Windes näherungsweise durch die vertikale Änderung des geostrophischen Windes beschrieben werden kann. Letztere ist abhängig von der Neigung der Druckflächen bzw. der Änderung dieser mit der Höhe. Die Änderung der Neigung der Druckflächen mit der Höhe (und damit des geostrophischen Windes) wiederum ist ursächlich der horizontal inhomogenen Temperaturverteilung in der Atmosphäre zuzuschreiben.

Die Vertikaländerung des geostrophischen Windes kann als Vektordifferenz $\Delta \vec{v}_{geo} = \vec{v}_{geo2} - \vec{v}_{geo1}$ mit $\vec{v}_{geo2}$ bzw. $\vec{v}_{geo1}$ als geostrophischem Wind auf der Druckfläche p_2 an der Obergrenze einer Schicht bzw. auf der Druckfläche p_1 an der Untergrenze der Schicht angesehen werden. Die Ableitung, insbesondere unter Beachtung der statischen Grundgleichung, der Zustandsgleichung der Gase (Gl. 4.2) und der Definitionsgleichung für den geostrophischen Wind (Gl. 6.11) ergibt bei skalarer Betrachtung die **thermische Windgleichung**

$$\Delta v_{geo} = v_{geo2} - v_{geo1}$$
$$= -(R_L / f) \cdot \ln(p_1 / p_2) \cdot \delta \overline{T}/\delta n. \quad (6.24)$$

Es bedeuten

R_L = Gaskonstante,
f = Coriolisparameter,
$\overline{T}$ = Mitteltemperatur der Schicht und
$\delta \overline{T}/\delta n$ = Temperaturgradient senkrecht zu den mittleren Schichtisothermen (n = Richtung des stärksten Gradienten).

Theoretische Überlegungen ergeben, dass der Differenzvektor $\Delta \vec{v}_{geo}$, d. h. der Vektor der vertikalen Scherung des geostrophischen Windes, stets parallel zu den mittleren Isothermen verläuft. Dabei befindet sich auf der Nordhalbkugel die kältere Luft zur Linken (Kältezentren werden im Gegenuhrzeigersinn, Wärmezentren im Uhrzeigersinn umströmt). Der Betrag des Schervektors wächst mit der Größe des Gradienten der Mitteltemperatur an. Aufgrund des Zusammenhanges mit der

Temperaturverteilung nennt man $\Delta \vec{v}_{geo}$ auch den **thermischen Wind** ($\Delta \vec{v}_{geo} = \vec{v}_{geo2} - \vec{v}_{geo1} = \vec{v}_{th}$). Oberhalb der Reibungsschicht sind Windänderungen (Änderungen des geostrophischen Windes) mit der Höhe auf horizontale Temperaturänderungen zurückzuführen. Als Anwendung der thermischen Windgleichung sei der Spezialfall erwähnt, dass zwischen den Druckflächen kein horizontaler Temperaturgradient existiert. Dann ist $\delta T/\delta n = 0$, damit betragsmäßig $v_{th} = 0$ und $v_{geo2} = v_{geo1}$, so dass keine Windänderung mit der Höhe eintritt. Wir sprechen in diesem Fall von **Barotropie**. Bei einer barotropen Schichtung verlaufen die Flächen gleichen Luftdrucks und die Flächen gleicher Temperatur parallel zueinander. Das Antonym zur Barotropie ist die **Baroklinität**. In einer baroklin geschichteten Atmosphäre sind die isothermen Flächen gegenüber den isobaren Flächen unterschiedlich geneigt, schneiden sich also gegenseitig.

6.7.3 Integrale Betrachtung der vertikalen Windstruktur in der freien Atmosphäre

Der Wind weht oberhalb der atmosphärischen Grenzschicht nahezu parallel zu den Isogeopotenziallinien (**dynamische Isohypsen**) der Höhenwetterkarten (Topografien). Seine Stärke nimmt mit der Höhe deutlich zu, wobei das Maximum in Tropopausenhöhe, in den gemäßigten Breiten in ca. 10 km Höhe, anzutreffen ist. Ursache der vertikalen Windzunahme in der freien Atmosphäre sind die sich mit der Höhe verstärkenden horizontalen Druckunterschiede, welche wiederum auf entsprechende horizontale Temperaturunterschiede zwischen kalten und warmen Luftmassen, letztlich auf die markanten Temperaturkontraste zwischen tropischen und polaren Breiten, zurückzuführen sind.

Einfache Überlegungen zur vertikalen **Windänderung in Warm- und Kaltluft** zeigen, dass Temperaturunterschiede zwischen zwei Orten eine Windzunahme mit der Höhe bedingen, wenn die warme Luft mit dem höheren Bodenluftdruck und die Kaltluft mit dem tieferen Bodenluftdruck gekoppelt ist. Eine Verminderung der Windgeschwindigkeit mit der Höhe tritt ein, wenn die warme Luft mit dem tieferen Bodendruck, die Kaltluft mit dem höheren Bodendruck zusammenfällt. Daraus resultiert als Lehrsatz, dass zwischen warmen Hochs und kalten Tiefs die Windgeschwindigkeit vertikal zunimmt, zwischen kalten Hochs und warmen Tiefs dagegen vertikal abnimmt (s. Abschnitte 9.3.1 und 9.3.2).

Die bereits oben erwähnte Tatsache, dass in der freien Atmosphäre die Windgeschwindigkeit bis zur Tropopausenhöhe zunimmt und hier ihr Maximum erreicht, gilt im Normalfall und ist

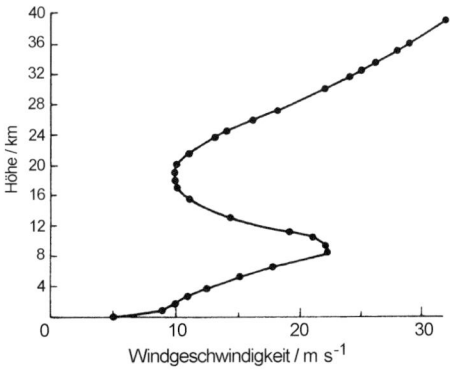

Abb. 6.18: **Vertikales Profil der mittleren Windgeschwindigkeit über Mitteleuropa** (nach Malberg 2002)

als **mittleres vertikales Windprofil** anzusehen. Bei Erweiterung auf die oberhalb der Tropopause gelegenen Schichten nimmt die Windgeschwindigkeit gemäß dem jeweils herrschenden Temperatur- und Druckregime in der unteren **Stratosphäre** wieder ab (bis ca. 20 km Höhe), um dann in der mittleren und oberen Stratosphäre abermals kräftig anzusteigen (Abb. 6.18).

6.8 Strahlströme

In Tropopausenhöhe und in der höheren Stratosphäre treten maximale Windgeschwindigkeiten auf. Ihre Beträge erreichen in Tropopausennähe in den mittleren Breiten Werte von 40 bis 75 m s^{-1}, in extremen Situationen zuweilen 140 bis 150 m s^{-1}. Vergleichsweise beträgt die Stärke der Bodenwinde bei einem Orkan (Windstärke 12) 33 bis 37 m s^{-1}. Der Nachweis der Existenz solcher Starkwindfelder hat zur Definition der **Strahlströme** (**Jetstreams**) geführt, zu denen alle Starkwindfelder in der Höhe gehören, deren Geschwindigkeiten > 30 m s^{-1} betragen. Starke Höhenwindfelder sind als Bänder mit gebietsweise gegebenen Unterbre-chungen wellenförmig um beide Halbkugeln der Erde angesiedelt. Als charakteristische Ausdehnungsparameter sind ihre mittlere Breite mit 100 bis 500 km, ihre mittlere Dicke mit 1 bis 4 km und ihre mittlere Länge mit 1000 bis 10000 km zu nennen. Entsprechend dieser räumlichen Konfiguration mutet die starke Strömung wie ein mächtiger Strahl in einem Raum mit weniger hohen Windgeschwindigkeiten an, was den Begriff „Strahlstrom" begründet.

In den Höhenwetterkarten sind die charakteristische starke horizontale Änderung der Windgeschwindigkeit (5 m s^{-1} pro 100 km) und die sehr große vertikale Windänderung (5 bis 10 m s^{-1} pro km) als markante Windscherungen gut zu erkennen. Letztere sind Ursache für die in bestimmten Jetstreambereichen auftretenden äußerst starken Turbulenzen (**CAT**, s. Abschnitt 6.6.1).

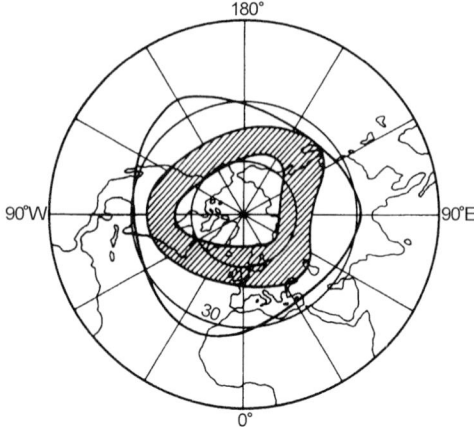

Abb. 6.19: Mittlere geografische Lage von Polarfrontstrahlstrom (schraffiert) und Subtropenstrahlstrom (fette Linie) (aus Malberg 2002)

In Abhängigkeit von der geografischen Lage unterscheidet man entsprechend ihrer Koppelung an die beiden Frontalzonen (s. Abschnitt 9.2) auf jeder Hemisphäre mit dem **Polarfrontstrahlstrom** (auch **Arktikfront-Jetstream** in den mittleren Breiten) und dem **Subtropenstrahlstrom** zwei hochtroposphärische Strahlströme (Abb. 6.19). Dazu kommen als stratosphärische Jetstreams im jeweiligen Winterhalbjahr beider Halbkugeln der arktische / antarktische stratosphärische Strahlstrom oder **Polarnachtstrahlstrom** der subpolaren Gebiete und im Sommer der **äquatoriale Strahlstrom**. Einen äquatorialen Jetstream findet man auch in der oberen Troposphäre (s. auch Abschnitt 7.3).

Ergänzende Ausführungen zum Inhalt dieses Kapitels findet man u. a. in Blackadar (1997), Foken (2003), Fortak (1971), Gill (1982), Holton (1973), Liljequist und Cehak (1984), Malberg (2002), Möller (1973), Pichler (1997), Warnecke (1991) sowie Schirmer et al. (1989).

7 Allgemeine atmosphärische Zirkulation

7.1. Definition und Funktion

Unter der allgemeinen Zirkulation der Atmosphäre werden die großräumigen, dreidimensionalen turbulenten Luftbewegungen verstanden, deren **Hauptfunktion** in der ständigen Neuverteilung von Energie, Masse und Luftbeimengungen besteht. So trägt die Zirkulation in entscheidendem Umfang zum meridionalen Wärmetransport in der Atmosphäre bei, der verhindert, dass sich die Gebiete mit Wärmeüberschuss in den niederen Breiten immer mehr erwärmen und sich die Gebiete mit Wärmedefizit in den hohen Breiten kontinuierlich abkühlen. Zirkulationsprozesse sind mit den mächtigen saisonal bedingten Verlagerungen von Luft verbunden. Die Zirkulation bewirkt die **Advektion** von Luftmassen bestimmter klimatischer Eigenschaften über große Entfernungen sowie Ferntransporte und Vermischung von Luftbeimengungen verschiedener Art wie natürliche und anthropogene Spurengase. Wie in Abschnitt 10.6 erörtert wird, sind Zirkulationsprozesse die wesentlichen Träger von Fernwirkungen im Klimasystem. Die atmosphärische Zirkulation treibt nicht zuletzt die Zirkulation des Ozeans an, die für das Klima vergleichbare planetare Funktionen besitzt. So kommt der Zirkulation die Bedeutung eines sekundären Klimafaktors zu.

Im erweiterten Sinn werden unter dem Begriff der allgemeinen Zirkulation der Atmosphäre auch die **raum-zeitlichen Strukturen** der Felder der Größen verstanden, die auf Entstehung, Aufrechterhaltung und Veränderung der Zirkulation einwirken.

7.2 Entstehung, vertikale Temperaturverteilung und Energetik

Primär entstehen die globalen Zirkulationsprozesse aus **Erwärmungsunterschieden** in der Atmosphäre (analog im Ozean). Zur nichtadiabatischen (= diabatischen, Begriffe in Abschnitt 4.2.2) Erwärmung oder Abkühlung der Atmosphäre tragen die Verteilungen der Strahlungsbilanz der Atmosphäre sowie die von der Erdoberfläche ausgehenden Wärmeströme bei. Bei letzteren handelt es sich um den latenten und fühlbaren Wärmestrom. Betrachtet man die in Frage kommende Schicht der Atmosphäre zwischen 1000 hPa und 10 hPa (etwa von der Erdoberfläche bis in 32 km Höhe), so ruft die Strahlungsbilanz überwiegend Abkühlung hervor. Das gilt für die gesamte Troposphäre ganzjährig, während in dem betrachteten Teil der Stratosphäre mit der Höhe zunehmende Erwärmungsbeträge ab 15 km Höhe zwischen ca. 20° bis 30° Breite im Sommer und 40° bis 60° Breite im Winter mit ebenfalls nach oben zunehmender Tendenz anzutreffen sind. Die höchsten Abkühlungsbeträge findet man in den hohen Breiten der jeweiligen Winterhalbkugel, während dort im Sommer besonders in der Stratosphäre die Abkühlungsbeträge im Mittel sehr gering sind und sogar Vorzeichenwechsel auftreten. Diese Verteilung wird durch die Wärmeströme in charakteristischer Weise verändert. Der Einfluss des fühlbaren Wärmestromes ist mit Erwärmungsbeträgen bis über 2 K d^{-1} in den Subtropen der Winterhalbkugel am größten, seine vertikale Erstreckung überschreitet im Mittel auch in den äquatorialen Breiten 3 km nicht. Daher ist der Einfluss dieses Wärmestromes im Wesentlichen auf die atmosphärische Grenzschicht beschränkt. Die für die Entstehung der großräumigen Zirkulation erforderlichen Erwärmungsunterschiede gewährleistet der mit der Verdunstung von Wasser verbundene latente Wärmestrom nach Freiwerden der Kondensationswärme. Die davon herrührenden Erwärmungsraten findet man in erster Linie in der Nähe des Äquators, wobei in der oberen und mittleren Troposphäre im Mittel Erwärmungsbeträge ≤ 3 K d^{-1} erreicht werden. Weitere, allerdings schwächere Zentren der Freisetzung von Kondensationswärme in der Troposphäre wer-

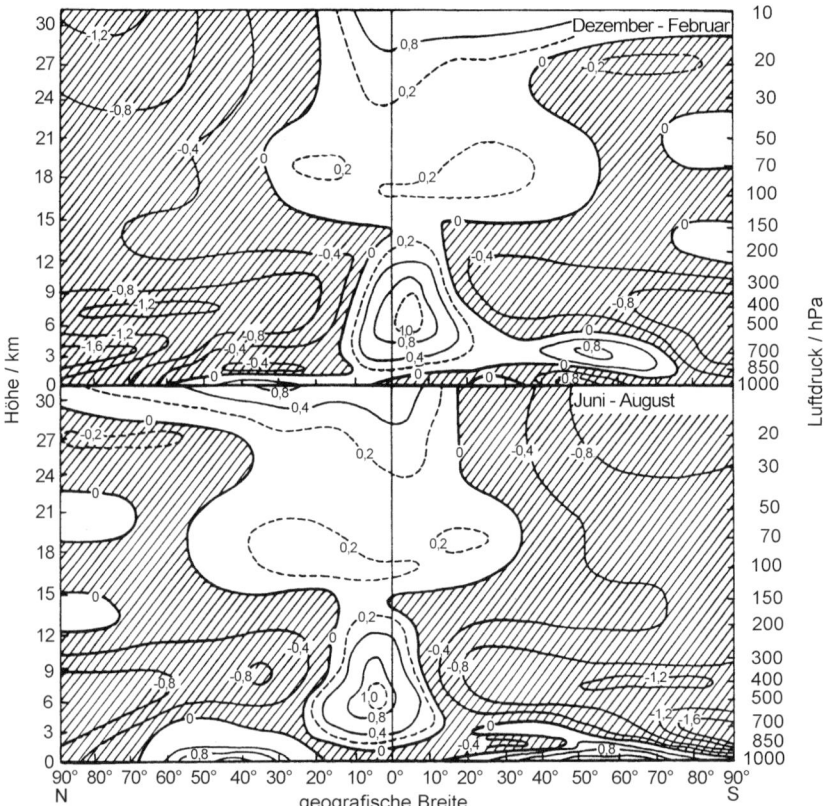

Abb. 7.1: Meridionalschnitt der diabatischen Erwärmungsraten der Atmosphäre in K d^{-1} für den Winter (Südsommer, oben) und den Sommer (Südwinter, unten). Schraffur: Abkühlung, s. auch Abb. 3.11 **(nach Defant 1976)**

7.2 Entstehung, vertikale Temperaturverteilung und Energetik

den in den Breiten gefunden, in denen zyklonale Tätigkeit vorherrscht (s. Kap. 9). In den Tiefdruckgebieten rufen die aufsteigenden Luftbewegungen Abkühlung, Kondensation (Freiwerden von Kondensationswärme) sowie entsprechend Wolken und Niederschläge hervor. Fasst man die Wirkung der erörterten Prozesse auf die zonal gemittelten **diabatischen Temperaturänderungen** der Atmosphäre zusammen, so erhält man das in Abb. 7.1 dargestellte Bild der Erwärmungsraten für den **Winter**. Der verbreiteten und den gesamten betrachteten Höhenbereich erfassenden Abkühlung bis zu Breiten von 10° bis 30° N (mit Ausnahme der Grenzschichterwärmung) auf der Winterhalbkugel stehen ausgeprägte Erwärmungsgebiete im Bereich des Äquators und in der Stratosphäre gegenüber. Für die **Sommerhalbkugel** erscheinen die Gegensätze deutlich herabgesetzt. In der polaren Stratosphäre treten ebenso wie in der Troposphäre der mittleren und subpolaren Breiten Erwärmungsbeträge auf. Die Existenz der aus Abb. 7.1 zu ersehenden Erwärmungs- und Abkühlungsgebiete ist die **primäre Ursache für die globale allgemeine Zirkulation** der Atmosphäre. Dadurch kommt es zu einer im Mittel vorhandenen, jedoch saisonal unterschiedlichen Neigung der Druckflächen in Troposphäre und Stratosphäre. Das ist in Abb. 7.2 schematisch dargestellt. Es kommt in der Darstellung zum Ausdruck, dass die sich entwickelnde Neigung der isobaren Flächen nicht gleichmäßig von den niederen zu den höheren Breiten verläuft. Der Bereich der stärksten Neigung entspricht der **Frontalzone** zwischen warmer und kalter Luft. Den dargelegten Einflüssen der Komponenten des Wärmehaushaltes

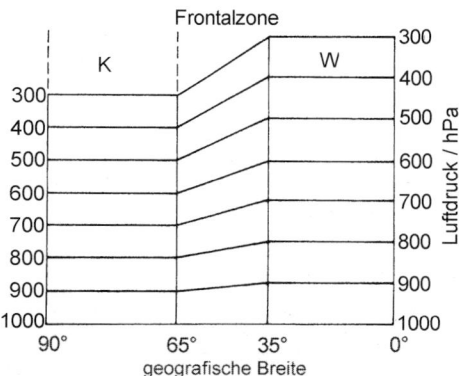

Abb. 7.2: Schematische Darstellung der vertikalen Luftdruckänderung in Warm- und Kaltluft (W, K) sowie der Entstehung der Frontalzone

der Atmosphäre entsprechen die vertikalen Temperaturverteilungen. In Abb. 7.3 ist das zonal und zeitlich gemittelte Temperaturfeld in Troposphäre und unterer Stratosphäre der Nordhalbkugel im Winter dargestellt. Für die Troposphäre sieht man die geneigten Linien gleicher Temperatur, aus deren Lage hervorgeht, dass die Abnahme der Lufttemperatur mit der Höhe in kalter Luft wesentlich schneller erfolgt als in wärmerer Luft. Entsprechend ergibt sich die unterschiedliche Höhenlage der **Tropopause**, die in den Subtropen und Tropen auch im Mittel in einer mehrfachen, blättrigen Struktur erscheint. Die im Mittel niedrigste Temperatur befindet sich mit unter −84 °C in etwa 17 km über dem Äquator. In der Troposphäre sind zwei **Frontalbereiche** zu erkennen. Bei der südlicheren handelt es sich um die troposphärische **Subtropenfront**, die warme Luft von der Luft der mittleren Breiten trennt. Die nördlicher gelegene Front ist die **Polarfront** (s. Abschnitt 9.2.5), die die subpolaren und polaren Luftmassen von denen der

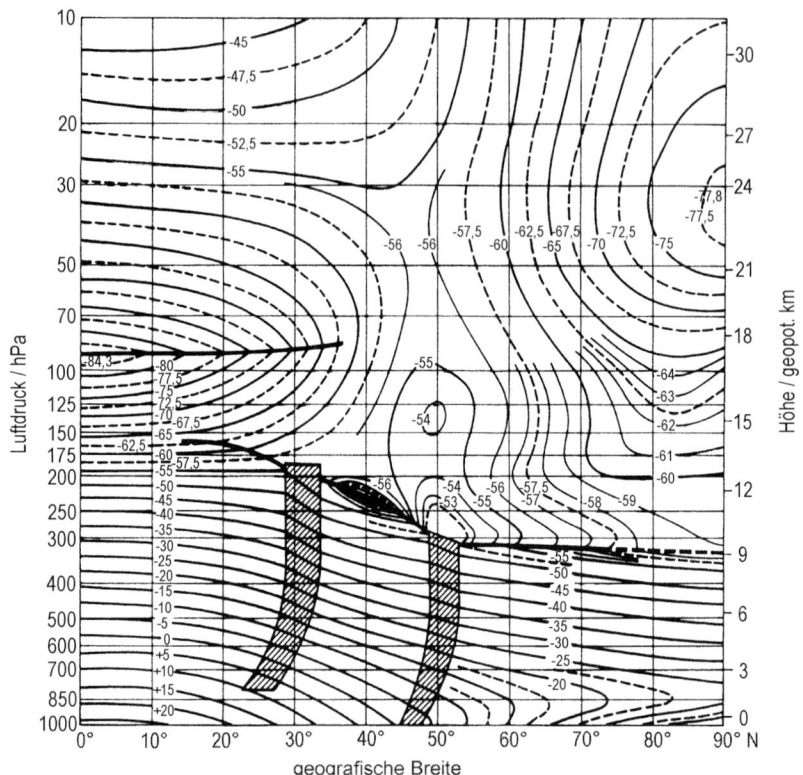

Abb. 7.3: Zeitlich und zonal gemittelte vertikale Verteilung der Lufttemperatur auf der Nordhalbkugel im Winter (DJF). Dargestellt sind die Isothermen (ausgezogene und gestrichelte Linien), die Lage der Tropopause (dicke Linie) und die Lage der Frontalzonen (schraffiert, Polarfront nördlich, Subtropikfront südlich) (nach Defant 1976)

mittleren Breiten scheidet. Im Sommer verlagern sich die beiden Frontalzonen weit nach Norden (Subtropenfront ≥ 40° N, Polarfront ≥ 70° N). In der Stratosphäre nimmt die Temperatur südlich 50° N wieder zu, nördlich davon erkennt man am vorwiegend vertikalen Verlauf der Isothermen ein Gleichbleiben der Temperatur mit der Höhe. In dieser Jahreszeit ist die Lufttemperatur in allen Höhen in den polnahen Breiten niedriger als in den äquatornäheren Bereichen. Das Temperaturminimum erkennt man in ca. 21 km Höhe mit < –77 °C über dem Nordpol. Daraus kann geschlossen werden, dass in dieser Jahreszeit die Neigung der Druckflächen von niederen zu höheren Breiten stark ausgeprägt ist und eine entsprechende Druckgradientkraft wirkt. Zusammen mit der ablenkenden Kraft der Erdrotation (Corioliskraft) ergibt sich bei geostrophischem Gleichgewicht (s. Abschnitt 6.3.3) eine von West nach Ost gerichtete Luftbewegung. In der korrespondierenden Verteilung für den Som-

7.2 Entstehung, vertikale Temperaturverteilung und Energetik

Tab. 7.1: Mittlere Lufttemperaturdifferenzen polare (85° N und S) minus tropische Atmosphäre (20° N und S) in K. - = im Datensatz nicht enthalten (Daten nach Speth und Madden 1987)

Höhe /Druck km / hPa	Winter (DJF)		Sommer (JJA)	
	N	S	N	S
1,5 / 850	−38,5	−41,3	−22,6	−31,0
3,0 / 700	−34,7	−39,0	−20,5	−30,7
5,6 / 500	−32,4	−35,9	−19,5	−28,6
9,2 / 300	−22,4	−30,2	−14,3	−20,1
11,8 / 200	5,7	−18,2	9,9	7,5
16,2 / 100	11,9	−5,9	30,1	35,0
18,4 / 70	5,7	-	26,0	-
20,6 / 50	12,6	-	10,4	-
23,8 / 30	−12,6	-	10,4	-
31,0 / 10	−20,6	-	7,6	-

mer, die hier nicht dargestellt ist, sind die Verhältnisse in der Troposphäre bei geringer ausfallenden Temperaturgegensätzen prinzipiell ähnlich. In der Stratosphäre ist die Lufttemperatur im Sommer indes infolge der starken Einstrahlung während des Polartages über dem Pol höher als über den niederen Breiten. Daraus folgt, dass in der Stratosphäre eine entgegengesetzt gerichtete Neigung der isobaren Flächen und damit auch eine entgegengesetzt zu den winterlichen Verhältnissen wirkende Druckgradientkraft vorhanden sein muss. Aus Tab. 7.1 ist zu entnehmen, dass die die Zirkulation bestimmenden Temperaturdifferenzen auf der Südhalbkugel im Allgemeinen größer ausfallen, die Luftbewegungen demnach stärker sind.

Die Entstehung der allgemeinen Zirkulation der Atmosphäre ist mit charakteristischen **Energieumsätzen** verbunden. Man kann die Atmosphäre als eine Wärmekraftmaschine mit einer resultierenden Bewegung von den Wärmequellen zu den Wärmesenken betrachten. Entsprechend gibt es in der Atmosphäre die **kinetische Energie** E_{kin} (in den Feldern der horizontalen Luftströmungen enthalten), die **potenzielle Energie** E_{pot} oder Lageenergie (in der Verteilung des Geopotenzials enthalten) und die **innere Energie** U (in den Temperaturfeldern unter Berücksichtigung der latenten Energie enthalten). Einige Zahlenwerte enthält Tab. 7.2. Die Summe von potenzieller Energie und innerer Energie wird auch als totale potenzielle Energie bezeichnet. Es steht jedoch nur ein Teil dieser für ihre Umwandlung in kinetische Energie zur Verfügung, der als die verfügbare potenzielle Energie A der Atmosphäre bezeichnet wird. Der größte Anteil der totalen potenziellen Energie erhält den allgemeinen Aufbau und die Struktur der Atmosphäre aufrecht. Verschiedene Prozesse in der Atmosphäre ermöglichen die Transformation von verfüg-

Tab. 7.2: Jahresmittelwerte der Energiearten der Atmosphäre in 10^7 J m^{-2} (ergänzt nach Peixoto und Oort 1992)

	Nord-halbkugel	Süd-halbkugel	Erde
Innere Energie	180,6	180,0	180,3
Potenzielle Energie	70,0	68,7	69,3
Latente Wärme	6,48	6,28	6,38
Totale potenzielle Energie	257,1	255,0	256,0
Verfügbare potenzielle Energie	0,54	0,53	0,54
Kinetische Energie	0,116	0,131	0,123

barer potenzieller Energie in kinetische Energie. In der einfachsten Art ist der **Energiezyklus** der Atmosphäre in Abb. 7.4 dargestellt.

Die kontinuierliche Entstehung verfügbarer potenzieller Energie erfolgt durch die oben dargestellte Verteilung der Erwärmungs- und Abkühlungsgebiete. Nach verschiedenen durchgeführten Abschätzungen liegt die Erzeugungsrate dieser Energie bei etwa 2 W m^{-2}, wodurch das Reservoir der verfügbaren potenziellen Energie A gespeist wird. Wegen des Prinzips der Energieerhaltung hat die Umwandlungsrate in kinetische Energie dieselbe Flussdichte. Schließlich wird derselbe Betrag kinetischer Energie E_{kin} infolge **Reibung** in Wärme verwandelt (**Dissipation**). Die Umwandlung von A in E_{kin} erfolgt durch Hebung warmer und spezifisch leichter Luftmassen sowie die Absenkung kalter, spezifisch schwerer Luftmassen.

Der **Wirkungsgrad der Wärmekraftmaschine Atmosphäre** ist außerordentlich gering. Wenn man die Energieflussdichte im Energiezyklus prozentual

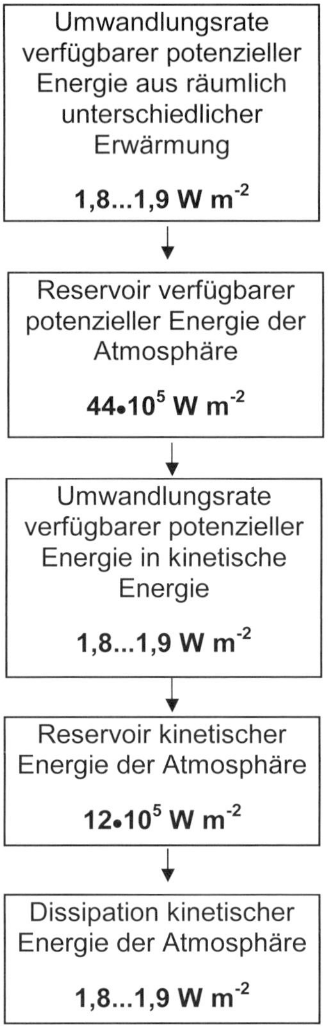

```
┌─────────────────────────┐
│ Umwandlungsrate         │
│ verfügbarer potenzieller│
│ Energie aus räumlich    │
│ unterschiedlicher       │
│ Erwärmung               │
│                         │
│ 1,8...1,9 W m⁻²         │
└───────────┬─────────────┘
            ↓
┌─────────────────────────┐
│ Reservoir verfügbarer   │
│ potenzieller Energie der│
│ Atmosphäre              │
│                         │
│ 44•10⁵ W m⁻²            │
└───────────┬─────────────┘
            ↓
┌─────────────────────────┐
│ Umwandlungsrate         │
│ verfügbarer potenzieller│
│ Energie in kinetische   │
│ Energie                 │
│                         │
│ 1,8...1,9 W m⁻²         │
└───────────┬─────────────┘
            ↓
┌─────────────────────────┐
│ Reservoir kinetischer   │
│ Energie der Atmosphäre  │
│                         │
│ 12•10⁵ W m⁻²            │
└───────────┬─────────────┘
            ↓
┌─────────────────────────┐
│ Dissipation kinetischer │
│ Energie der Atmosphäre  │
│                         │
│ 1,8...1,9 W m⁻²         │
└─────────────────────────┘
```

Abb. 7.4: Einfachster Ablauf der atmosphärischen Energieumwandlungen

in Beziehung zur mittleren Solarstrahlung am Außenrand der Atmosphäre setzt, erhält man einen Wirkungsgrad von nur 0,6 %.

Zu den Prozessen, die die beobachtete Zonalstruktur der Zirkulation aufrechterhalten, gehört das **Drehmoment** der Atmosphäre. Bei diesem handelt es sich um eine wichtige physikalische

Größe für jedes rotierende System. Für ein geschlossenes System ist das Drehmoment eine konservative Größe (die Erde ist fast geschlossen für Masse und externe Kräfte). Es berechnet sich aus der zonal gemittelten Windgeschwindigkeit multipliziert mit dem jeweiligen Abstand der betreffenden Breite von der Erdachse. Von geringen Gezeitenreibungseffekten abgesehen, bleibt das Gesamtdrehmoment der Erde konstant. Jede Änderung des Drehmomentes eines Teiles der Atmosphäre oder ihrer verschiedenen Unterlagen muss durch eine entsprechende Änderung des Drehmomentes eines anderen Teiles dieses Systems ausgeglichen werden. Dazu gehört der Austausch von Drehmoment zwischen der Atmosphäre und der darunter liegenden festen Erde infolge von Reibung. Wenn das resultierende Drehmoment der Atmosphäre in Richtung der Erdrotation wirkt, dann wird die feste Erde ihr Drehmoment auf Kosten des Drehmomentes der Atmosphäre vergrößern. Die Erdrotation wird daher gesteigert. Im umgekehrten Fall besteht die Tendenz einer Verlangsamung der Erdrotation und der Erhöhung des Drehmomentes der Atmosphäre. Damit sind geringe Änderungen der Winkelgeschwindigkeit der Erdrotation verbunden, die sogar eine Bedeutung für die Entstehung von Klimaschwankungen besitzen können. In den niederen Breiten erhält die Atmosphäre Drehimpuls, während dieser in den mittleren Breiten eingebüßt wird. Vorhandene jahreszeitliche Variationen hängen mit der Monsunzirkulation (vgl. Abschnitt 7.4) zusammen. Wichtig ist auch der Drehimpulsanteil, der durch den Druckunterschied zwischen Luv- und Leeseite von Hochgebirgen hervorgerufen wird (Gebirgsmoment).

7.3 Grundstruktur der allgemeinen Zirkulation

7.3.1 Der planetare Wirbel

Auf jeder Hemisphäre wird die allgemeine Zirkulation der Atmosphäre durch einen gewaltigen **zyklonalen Wirbel** geprägt, dessen Achse in erster Näherung der verlängerten Erdachse entspricht. Betrachtet man die zonal gemittelte Geopotenzialverteilung und die Zonalkomponente des Windes (Tab. 7.3) zwischen Äquator und Pol, so ergeben sich die Grundeigenschaften der planetaren Wirbel. Im Winter ist der Wirbel durchgängig bis in den hier erfassten Teil der Stratosphäre von zyklonalem Drehsinn. Eine Ausnahme bildet ein relativ flaches Gebiet mit Ostwinden, die in Zusammenhang mit dem polaren Kältehoch entstehen. Diese Erscheinung ist im Bereich der Antarktis ganzjährig gut ausgebildet. Der Zentralwirbel wird an seinen äquatorwärtigen Flanken durch den **tropischen Ostwindbereich** begrenzt, der sich am Boden bis etwa 30° Breite erstreckt. Seine Breitenausdehnung nimmt im Winter zunächst ab, um ab 15 km Höhe wieder zuzunehmen und ab 22 km Höhe wieder bei ca. 30° zu liegen. Im Sommer sind die Grenzen des Ostwindbereiches bis etwa 17 km Höhe relativ uniform. Die **Intensität des Wirbels** ist im Winter viel stärker ausgeprägt als im Sommer. Sie nimmt mit der Höhe zu, wobei sich die Bereiche maximaler Geschwindigkeit mit der Höhe zu immer höheren Breitengraden ver-

Tab. 7.3: Zonal gemittelte Windgeschwindigkeiten in m s^{-1} in ausgewählten Höhen und Breiten der Nord- und Südhemisphäre. Positive Werte: Westwind; Negative Werte: Ostwind. (Zahlenwerte nach Speth und Madden 1987)

a) Winter (DJF)

Höhe/Druck km / hPa	20°		30°		60°		85°	
	N	S	N	S	N	S	N	S
0,1 / 1000	−3,4	−5,8	1,5	1,6	0,2	4,6	0,6	−3,0
1,5 / 850	−1,8	−1,8	3,8	4,8	2,0	6,7	0,6	−2,1
3,0 / 700	−3,4	2,5	8,4	9,1	3,6	9,4	0,8	−1,2
5,6 / 500	−1,8	10,3	17,8	17,3	6,0	13,3	1,5	0,4
9,2 / 300	19,9	23,1	32,7	31,8	9,6	18,3	2,4	2,0
11,8 / 200	24,6	27,4	39,8	39,0	10,9	22,1	2,7	2,7
16,2 / 100	15,3	13,2	25,9	23,9	13,6	30,8	3,2	4,8

b) Sommer (JJA)

Höhe/Druck km / hPa	20°		30°		60°		85°	
	N	S	N	S	N	S	N	S
0,1 / 1000	−2,3	−4,3	−0,8	−2,2	0,5	3,5	1,0	−2,3
1,5 / 850	−2,5	−2,8	−0,3	0,4	1,2	5,0	0,8	−1,5
3,0 / 700	−2,5	−1,4	0,6	3,0	2,4	7,2	1,1	−0,6
5,6 / 500	−1,9	0,5	2,4	7,5	4,4	10,6	1,8	0,6
9,2 / 300	−1,3	5,9	5,2	14,7	7,7	14,1	2,5	1,3
11,8 / 200	−1,4	8,8	6,5	19,7	7,6	13,7	2,0	1,0
16,2 / 100	−8,9	1,1	−0,4	8,8	2,8	9,1	1,0	0,1

schieben. Im Sommer ist die Dynamik wesentlich schwächer. Bis ca. 15 km Höhe nimmt die Intensität des im Mittel zunächst recht schwachen Wirbels ebenfalls zu. Infolge der oben dargelegten Veränderung des meridionalen Temperaturgradienten in der sommerlichen Stratosphäre kommt es in den darüber liegenden Höhen im Frühjahr zur Umstellung des zyklonalen Wirbels in einen **antizyklonalen Wirbel** (Abb. 7.5). In den Zahlen der Tab. 7.3 b ist diese Umstellung nicht enthalten, da der Datensatz die entsprechenden Höhen nicht enthält. Im Herbst stellt sich die Zirkulation erneut in den zyklonalen Modus um. Der sommerliche antizyklonale Wirbel nimmt mit der Höhe ab. Der jahreszeitliche Wechsel des Drehsinnes des planetaren Wirbels ist eines der Hauptphänomene der allgemeinen Zirkulation der Atmosphäre. Generell ist zu vermerken, dass die Intensität der Zirkulation auf der Südhalbkugel im Allgemeinen stärker ausgeprägt ist als auf der Nordhalbkugel.

7.3 Grundstruktur der allgemeinen Zirkulation

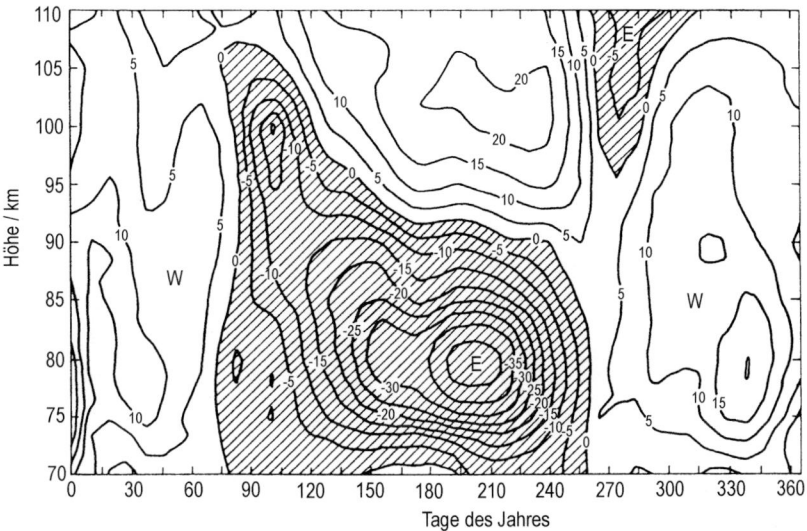

Abb. 7.5: Höhen-Zeit-Schnitt der Zonalkomponente des Windes in m s^{-1} in der Mesosphäre für den mitteleuropäischen Raum für das Jahr 1992. Schraffierte Bereiche = Ostwind (E); weiße Bereiche = Westwind (W) (nach Schminder 1995)

Auf der Grundlage von bodengebundenen Messungen liegen heute auch umfangreiche Kenntnisse über die **Zirkulation in der Mesosphäre** vor. Für den Höhenbereich 70 bis 110 km zeigt Abb. 7.5 Isoplethen der Windkomponenten für den mitteleuropäischen Raum im Jahr 1992. Man erkennt deutlich das sommerliche Ostwindsystem mit Geschwindigkeiten, die in 80 km Höhe bis zu 45 m s^{-1} erreichen. Oberhalb von 90 bis 95 km Höhe wird ebenso wie im Zeitraum zwischen Oktober und März Westwind festgestellt. In den höheren Schichten existiert im Herbst ein Ostwindbereich, der als Teil der thermosphärischen Zirkulation aufzufassen ist. Für die im Mittel schwächere Meridionalkomponente des Windes liegt eine Grenze zwischen Südwind und Nordwind im Sommer bei etwa 85 km Höhe, im Herbst reicht der Südwind höher. Da Abb. 7.5 nur ein Jahr umfasst, sei betont, dass auch in dieser Höhe nicht unerhebliche Variationen von Jahr zu Jahr auftreten, wobei aber die Hauptstrukturen der Zirkulation erhalten bleiben.

Zurückkehrend zu den unteren Strömungssystemen kann festgestellt werden, dass der planetare Wirbel im zonal gemittelten Geopotenzialfeld zwar als symmetrisch ausgebildet erscheint, aber doch deutliche längenabhängige Einflüsse existieren, die die Wirbelsymmetrie beeinträchtigen.

Infolge der Existenz ausgedehnter Hochgebirge in meridionaler Richtung und der Land-Meer-Verteilung werden dem planetaren Wirbel **stehende lange Wellen** aufgeprägt. Sie drücken sich in charakteristischen Abweichungen der Geopotenzialwerte der Druckflächen von den Werten des symmetrischen Wirbels aus. So erscheinen jeweils negative Abweichungen vom Mittelwert im Lee der Hochgebirge (das sind Tröge im Luftdruckfeld) und positive Ab-

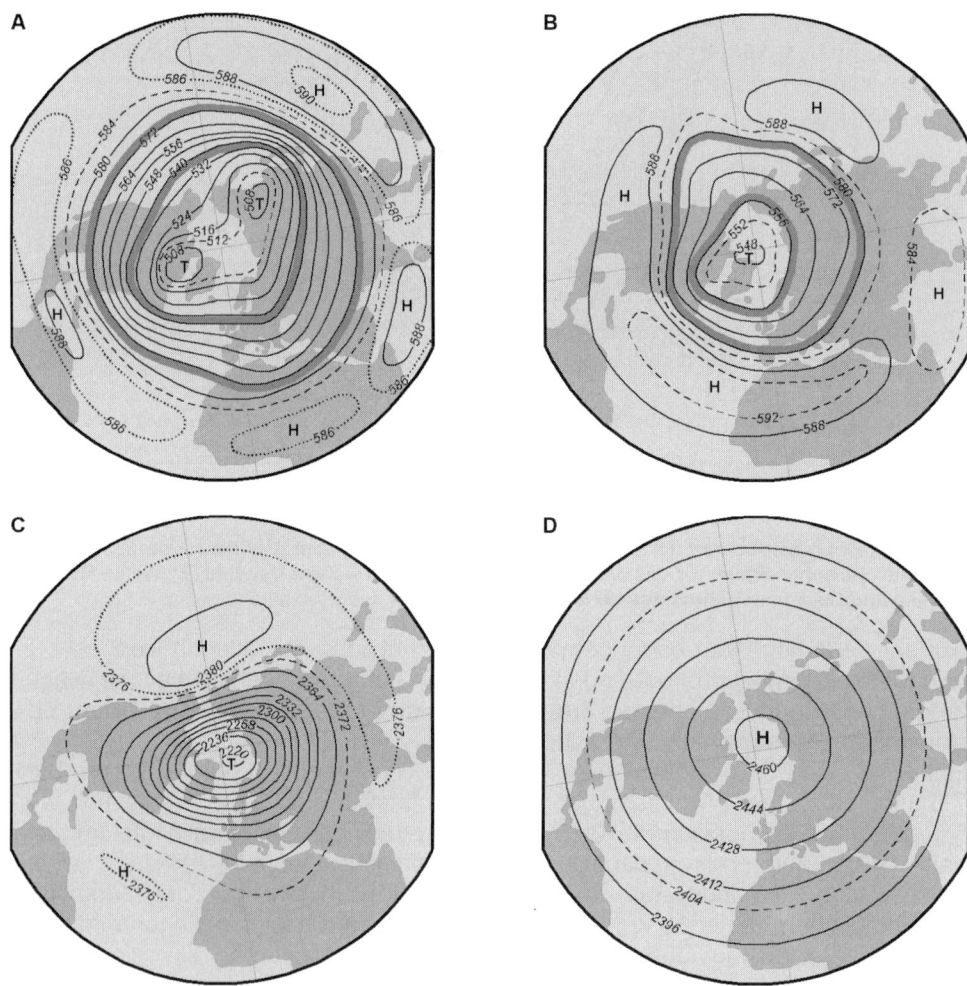

Abb. 7.6: Die mittlere Ausbildung des zirkumpolaren Wirbels der Nordhalbkugel in etwa 5,5 km Höhe (Höhe der 500 hPa-Fläche: A,B) und zwischen 22 km und 25 km Höhe (Höhe der 30hPa-Fläche: C,D) im Januar (links) und im Juli (rechts). Einheit ist das geopotenzielle Dekameter (gpdam). **Dunkle breite Linien in A und B:** Lage der Strahlströme (nach Scherhag 1969 und Defant 1976)

weichungen (Rücken) im Luv dieser Erhebungen der Erdoberfläche. Die Lage der so entstehenden langen Wellen wird im Jahresverlauf infolge des Einflusses der unterschiedlichen Erwärmung der Festländer und der Meere etwas verändert. Diese damit im Wesentlichen orografisch bedingten langen Wellen haben eine große Bedeutung für den großturbulenten Austausch zwischen höheren und niederen Breiten. Abb. 7.6 zeigt die mittlere Ausprägung des zentralen Wirbels in der mittleren Troposphäre (500 hPa-Niveau) und in der Stratosphäre in ca. 24 km Höhe (30 hPa-Niveau) im Januar und Juli. Wie zu sehen ist, dominiert in der mittleren Troposphäre im Winter klar die Westwinddrift, die von den subtropischen Hochdruckzellen begrenzt wird. Kerne des planetaren Wirbels liegen über Kanada und Nordostsibirien. Die Geschwindigkeiten erreichen ihre höchsten Werte im Bereich der Frontalzonen (s. Abschnitt 9.2.4). Man erkennt im Winter drei, im Sommer vier stehende Wellen. In der warmen Jahreszeit ist der Wirbel räumlich viel kleiner und besitzt eine viel geringere Stärke. Die Frontalzonen haben ihre nördlichste Lage. Im hier nicht dargestellten **Strahlstromniveau** (200 hPa, ca. 12 km Höhe) ist das generelle Bild im Winter ähnlich, der Wirbel ist jedoch stärker ausgebildet. Die höchsten Windgeschwindigkeiten erscheinen im Subtropenstrahlstrom (s. Abschnitt 6.8) bei ca. 30° N (im Süden ebenfalls, siehe Tab. 7.3). In der Stratosphäre (Abb. 7.6) findet man im Januar den starken zyklonalen Wirbel, wobei die maximalen Geschwindigkeiten im Polarnacht-Strahlstrom (60 bis 70° N, s. Abschnitt 6.8) beobachtet werden. In dieser Höhe sind noch zwei stehende Wellen auszumachen. Im Sommer findet man in der Höhe von ca. 24 km den recht symmetrischen antizyklonalen Ostwindwirbel. Ein charakteristisches Merkmal des planetaren Wirbels ist die Existenz **langer fortschreitender Wellen** in der mittleren und oberen Troposphäre. Sie sind für Witterung und Wetter von großer Bedeutung. Deren Wellenzahlen/ Breitenkreis betragen bei Wellenlängen von mehreren tausend Kilometern 4 bis > 8. Sie breiten sich vorwiegend von West nach Ost aus. Sie variieren in Abhängigkeit von der jahreszeitlich wechselnden Verteilung der Wärmequellen an der Erdoberfläche. Die planetaren Wellen mit Wellenzahlen 4 bis 7 sind im Wesentlichen barotrope Wellen und werden als **Rossby-Wellen** (nach C. G. Rossby, 1898–1957) bezeichnet. In ihrer einfachsten Form entstehen sie infolge der Variation des Coriolisparameters mit der Breite (s. Abschnitt 6.3.2). Die kürzeren Wellen sind barokline Wellen, die aufgrund der **baroklinen Instabilität** entstehen. Diese entsteht aus kleinen Störungen der zonalen Grundströmung als Folge des meridionalen Temperaturgradienten und der vertikalen Schichtungsverhältnisse. Im Mittel werden Wellen von 3000 bis 7000 km Länge von der baroklinen Instabilität bestimmt. Die Schwingungsamplitude kann stark variieren (Mäanderbildung). Sowohl die Abschnürung kalter zyklonaler Wirbel (cut-off-Prozess) als auch die Blockierung der Westwinddrift (blocking action) wirken sich auf den Wetterablauf aus (s. Kapitel 9).

7.3.2 Struktur der Meridionalzirkulation

Die mit dem planetaren Wirbel verbundene Zonalzirkulation in West-Ost-Richtung ist der dominante Teil der atmosphärischen Zirkulation. In ihrer Ausbildung viel weniger mächtig und räumlich inhomogen sind die für die Energetik der Atmosphäre bedeutsamen Wirbel mit horizontaler, zonal verlaufender Achse ausgebildet (Abb. 7.7). In der zonalen Mittelung treten drei dieser Wirbel auf jeder Hemisphäre hervor:

Hadley-Zelle (nach G. Hadley, 1685–

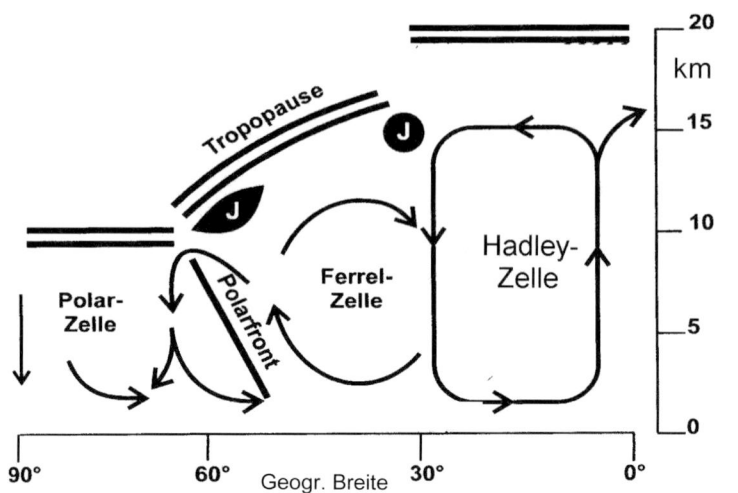

Abb. 7.7: Schematische Darstellung der zonal und zeitlich gemittelten Meridionalzirkulation zwischen Pol und Äquator auf einer Hemisphäre. J bezeichnet die Lage des Polarfront- bzw. des Subtropenfront-Strahlstromes (nach Steinrücke 1998)

1768): Aufsteigen von warmer Luft im Bereich der Innertropischen Konvergenzzone (ITCZ), in der Höhe polwärts gerichtete Bewegungskomponenten, Absinken im Bereich der subtropischen Hochdruckgebiete, Nordost- bzw. Südostpassat im bodennahen Bereich. Es handelt sich um einen Arbeit leistenden Kreisprozess, in dem kinetische Energie freigesetzt wird (aktive Zelle).

Ferrel-Zelle (nach W. Ferrel, 1817–1891): an die Hadley-Zelle polwärts anschließend mit absteigender Luft im Bereich der subtropischen Hochdruckgebiete und aufsteigender Luft in den Zyklonen der mittleren Breiten. Die energetische Funktion ist der der Hadley-Zellen entgegengesetzt (passive Zelle).

Polar-Zelle: am schwächsten ausgebildete Struktur mit Aufsteigen in den Tiefdruckgebieten der gemäßigten Breiten und Absinken in der polaren Region.

Diese Zellen durchlaufen einen Jahresgang hinsichtlich Lage und Intensität. Andere Zirkulationsglieder sind überlagert, so die Monsunzirkulation, die für den Luftmassenaustausch zwischen den Hemisphären von großer Bedeutung ist.

7.4 Zirkulationsglieder an der Erdoberfläche

Die Zirkulation ist eng mit der Verteilung des Luftdruckes im Meeresniveau verbunden (Abb. 7.8). Während des ganzen Jahres findet man am Äquator relativ niedrige Druckwerte. Dieser Bereich wird als **Äquatoriale Tiefdruckrinne** bezeichnet. Sowohl nördlich als auch südlich des Äquators liegen in Breiten von 20° bis 40° in zellularer Struktur die **subtropischen Hochdruckgebiete**. In den folgenden mittleren Breiten bestehen ausgedehnte Gebiete mit niedrigem Luftdruck, zu denen

7.4 Zirkulationsglieder an der Erdoberfläche

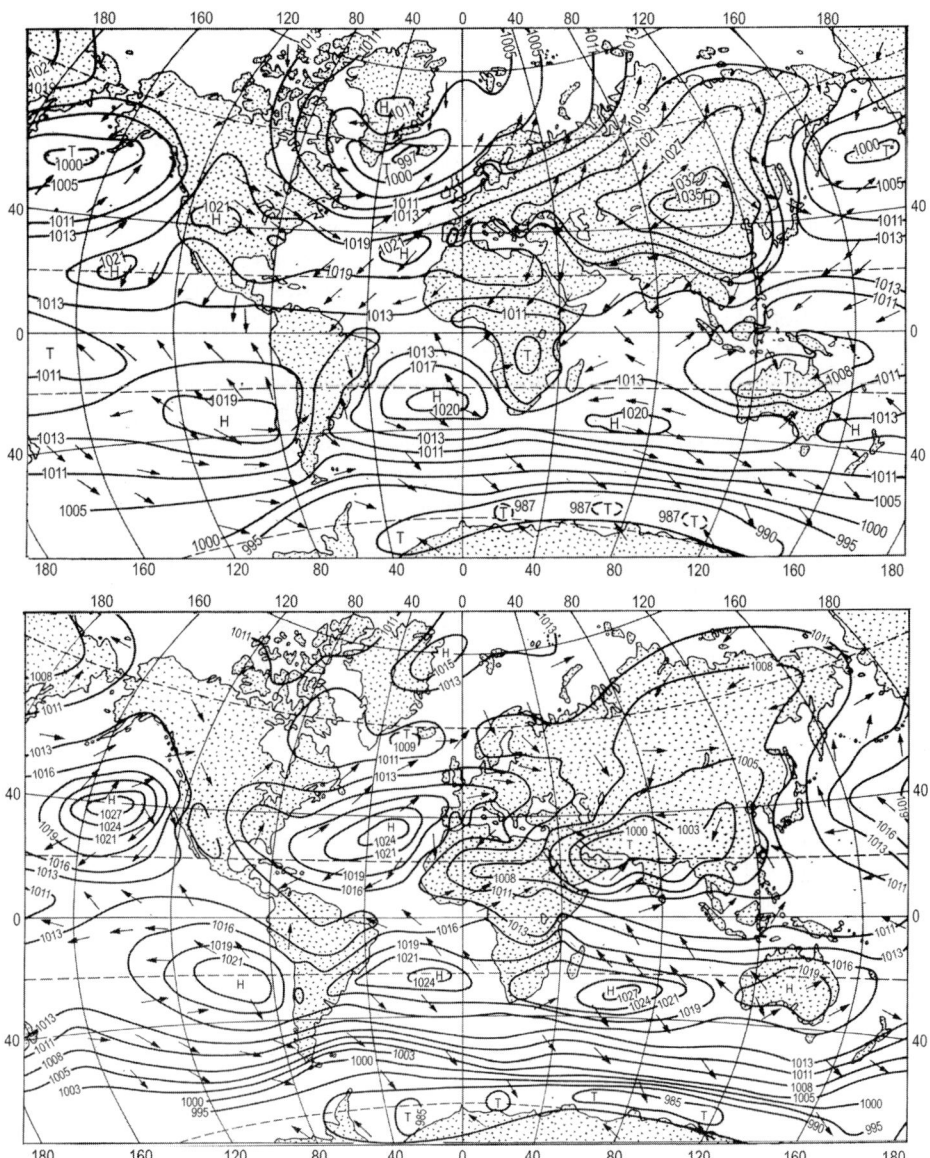

Abb. 7.8: Der mittlere Luftdruck in Meeresniveau in hPa und vorherrschende Luftströmungen im Januar (oben) und im Juli (unten) (nach Pogosjan 1981)

bspw. das bekannte Island-Tief gehört. Auf der Südhalbkugel ist als Folge der Land-Meer-Verteilung der mittlere Luftdruck deutlich niedriger. Die Luftdruckverteilung ist symmetrischer als das im Norden der Fall ist. Im Mittel gibt es dort ganzjährig einen Gürtel niedrigen Luftdrucks entlang 60° S. Vergleicht man die Luftdruckverteilungen für Sommer und Winter, so findet man auf der jeweiligen Winterhalbkugel eine stärkere Zirkulation, was sich in der Drängung der Isobaren ausdrückt. Über den Kontinenten, die vor allem auf der Nordhalbkugel konzentriert sind, entwickeln sich im Winter Hochdruckzellen, über den Ozeanen kommt es gleichzeitig zur Ausbildung oder Verstärkung der Gebiete niedrigen Luftdrucks. Das umfangreiche und starke asiatische winterliche Hochdruckgebiet, die Tiefdruckgebiete bei Island und den Aleuten sind in der kalten Jahreszeit die beherrschenden Strukturen des Druckfeldes und damit der Zirkulation. Im Sommer kommt es infolge der starken Erwärmung über den Kontinenten zur Entwicklung von relativ niedrigen Luftdruckwerten über den Landmassen (zum Beispiel das Hitzetief über Südasien). Gleichzeitig erhöht sich der Luftdruck über den Ozeanen, die Hochdruckgebiete weiten sich aus. Diese jahreszeitlichen Variationen sind mit gewaltigen Luftmassentransporten verbunden, da sich im Winter große Luftmassen über den Kontinenten, im Sommer dagegen über den Ozeanen befinden. Diese Prozesse sind auf der hauptsächlich mit Wasser bedeckten Südhalbkugel viel schwächer.

Die dargestellte Druckverteilung ist auf das engste mit den Luftbewegungen in der Nähe der Erdoberfläche gekoppelt. In der Äquatorialen Tiefdruckrinne findet man sehr schwache Luftbewegungen (daher auch als **Kalmenzone** oder Doldrums bezeichnet), die teils aus Westen, teils aus Osten wehen. Es ist das Gebiet, wo die Passate der Nord- und Südhalbkugel aufeinander treffen. Es wird daher **Innertropische Konvergenzzone (ITCZ)** genannt. Die dort vorherrschende Luftmasse ist sehr feucht und sehr warm. In dieser Zone steigt die Luft auf, und es kommt zu heftigen Kondensationserscheinungen mit ausgedehnter Wolkenbildung und Niederschlägen. In den mächtigen Cumulonimbuswolken, die sich bis durch die dort ohnehin hochgelegene Tropopause erstrecken können, finden gewaltige Energieumsätze statt. Es handelt sich dabei im Wesen um die Einspeisung von im Ozean akkumulierter Wärme, die über den Verdunstungsprozess zunächst in latenter Form (Wasserdampfanreicherung) in den atmosphärischen Energiekreislauf einbezogen wird. Die Innertropische Konvergenzzone, die in verschiedene Zweige aufgespalten sein kann, wandert im Laufe des Jahres besonders über den Kontinenten, indem sie dem Sonnenhöchststand folgt. Während ihre mittlere Lage bei etwa 5° S liegt, gehen ihre Pendelungen bis etwa 20° N und S, in Ausnahmefällen wie über dem südasiatischen Festlandsgebiet sogar bis 30° N (Monsun, s. u.). Nördlich und südlich an die Innertropische Konvergenzzone anschließend gelangt man in die Zone der beständigen **Passatzirkulation**, die besonders über den Ozeanen gut entwickelt ist. Der Nordostpassat der Nordhalbkugel und der Südostpassat der Südhalbkugel gehören als untere Zweige zu den entsprechenden Hadley-Zellen der Meridionalzirkulation. Sie zählen zu den hochreichenden tropischen Ostwinden (Urpassat), die oberhalb der Grenzschicht mit der Passatinversion im Bereich 10° bis 25° N und 5° bis 20° S herrschen. Die Passatwinde entstehen auf den Ostseiten der subtropischen Hochdruckzellen. Ihre Richtung variiert von ursprünglich Nordost bzw. Südost bis zu Ostnordost bzw.

7.4 Zirkulationsglieder an der Erdoberfläche

Ostsüdost oder Ost in Äquatornähe. Wegen der überwiegend nördlichen Lage der Innertropischen Konvergenzzone überströmt der SE-Passat häufig den Äquator. Mit Ausnahme von bestimmten Staugebieten sind die Passate überwiegend trockene und damit niederschlagsarme Luftströmungen. Bei hochliegender Passatinversion (s. Abschnitt 4.2.6.4) bestimmt die charakteristische Passatbewölkung in Form flacher Cumuluswolken das Bild. Im Bereich der Passatwinde liegen im Ozean die stärksten Verdunstungsgebiete, die auch als Nährgebiete des Wasserkreislaufes bezeichnet werden. Die mit Wasserdampf angereicherte Luft wird mit den Passatwinden in den Bereich der Innertropischen Konvergenzzone geführt, wo sie aufsteigt und der Wasserdampf kondensiert. Die freiwerdende Kondensationswärme vergrößert die verfügbare potenzielle Energie der Atmosphäre. Als eine Besonderheit großen Ausmaßes der dargestellten tropischen Zirkulationsverhältnisse kann die **Monsunzirkulation** angesehen werden, die sich durch einen halbjährlichen Richtungswechsel auszeichnet. Man spricht daher vom Winter- und Sommermonsun. Eine Luftströmung kann als Monsun angesehen werden, wenn folgende Bedingungen (Chromov-Ramage-Kriterien) erfüllt sind:
- Der Winkel zwischen häufigster Windrichtung im Januar und Juli muss mindestens 120° betragen.
- Die mittlere Häufigkeit der jeweiligen Hauptwindrichtungen im Januar und Juli muss mindestens 40 % erreichen.
- Die mittlere resultierende Windgeschwindigkeit soll mindestens in einem der Monate Januar und Juli 3 m s^{-1} überschreiten
- In jedem der Monate Januar und Juli hat die Häufigkeit eines Wechsels Zyklone/Antizyklone pro 5°-Feld weniger als 0,5 pro Jahr zu betragen.

Monsungebiete liegen nach diesen Kriterien im gesamten Raum des nördlichen Teiles des Indischen Ozeans bis maximal 20° S, im indischen Subkontinent, in Südostasien bis zum nördlichen Teil Australiens sowie in Teilen Afrikas (Abb. 7.9). Als Ursache für dieses äquatorübergreifende Zirkulationsphänomen kann die jahreszeitlich unterschiedliche Erwärmung der Landgebiete gegenüber den Gebieten der angrenzenden Ozeane angesehen werden. Im Raum des Indischen Ozeans und Südasiens besteht der Wintermonsun aus einer mächtigen Luftströmung, die ihren Ursprung im Raum des Asiatischen Hochdruckgebietes hat. Diese fließt zunächst als **Nordostpassat** äquatorwärts, überquert den Äquator und wird auf der Südhalbkugel entsprechend der ablenkenden Kraft der Erdrotation nach links in eine nordwestliche Strömung umgelenkt. Die Innertropische Konvergenzzone erreicht dann ihre südlichste Lage bei ca. 10° S. Der Wintermonsun unterscheidet sich auch in seinem Aufbau nicht von dem Nordostpassat. Der sommerliche **Südwest-**

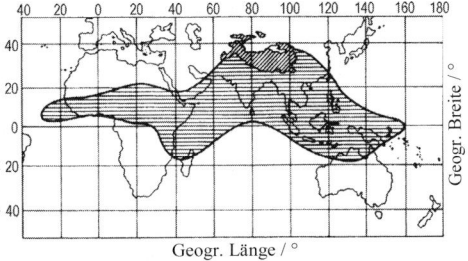

Abb. 7.9: Tropische Monsungebiete nach den Chromov-Ramage-Kriterien (schraffiert). Querschraffiert = Erhebungen > 3000 m ü. NN (nach Hendl et al. 1988)

monsun, der sich bis weit in das Festland hinein erstreckt, entsteht aus dem den Äquator überschreitenden Südostpassat, der auf der Nordhalbkugel nach rechts zu einer Südwestströmung abgelenkt wird. Auslöser dieser Zirkulation ist das sommerliche Hitzetief über Südasien, das seinen Kern im Mittel über Westpakistan besitzt. Dadurch werden entsprechende Druckunterschiede und Neigungen der isobaren Flächen erzeugt. Diese Strömung erstreckt sich bis in den mittleren Bereich der Troposphäre und erreicht mit knapp 10 m s^{-1} in Höhen von ungefähr 1500 m seine maximale Intensität. Das Vordringen des SW–Monsuns ist ein dynamischer Prozess, der durch Oszillationen der **Monsunfront** gekennzeichnet ist. Während der Wintermonsun trocken ist, ist der Sommermonsun infolge der Überquerung großer warmer Meeresgebiete feuchtwarm. Das hat zur Folge, dass mit dem Sommermonsun starke Niederschläge verbunden sind.

Außerhalb der Tropen bestimmt die **Westwinddrift** das Bild der Zirkulation. Darunter versteht man von West nach Ost gerichtete, besonders auf der Nordhalbkugel relativ unbeständige Luftbewegungen zwischen 35° und 60° Breite. Sie entwickeln sich zwischen den subtropischen Hochdruckgebieten und der subpolaren Tiefdruckrinne. Auf der Südhalbkugel ist die Westwinddrift besonders gut ausgebildet. Dort werden im Mittel sehr hohe Windgeschwindigkeiten erreicht. Darauf deuten die seemännischen Bezeichnungen „Roaring forties" (brüllende Vierziger), „Furious fifties" (wütende Fünfziger) und „Shrieking sixties" (kreischende Sechziger) hin. In Richtung der Pole schließt sich besonders im Winter der Bereich der flachen polaren Hochdruckgebiete an, an deren Rand sich die polaren Ostwinde entwickeln.

7.5 Besondere Zirkulationsphänomene in den Tropen

Erhebliche zonale Unterschiede der ozeanischen Oberflächenwassertemperatur entstehen infolge des Vorherrschens kalter Meeresströmungen und des Vorkommens von kaltem Auftriebswasser an den Osträndern der tropischen und subtropischen Meere. Demgegenüber sind die Seegebiete an den Westseiten dieser Ozeanbereiche Domäne warmer Meeresströmungen, während Auftriebsprozesse hier nicht entstehen können (eine Ausnahme bildet der nördliche Teil des westlichen Indischen Ozeans, wo die Strömung sich jahreszeitlich mit dem Monsun ändert). Entlang des Äquators werden von den Osträndern aus bis in die zentralen Seegebiete ebenfalls negative Anomalien der zonal gemittelten Oberflächenwassertemperatur beobachtet. Diese thermische Struktur der Meeresoberfläche ruft eine besondere Zirkulation in den Tropen hervor, die in den 1920er Jahren von G. Walker (1868–1958) entdeckt wurde und mit seinem Namen verbunden ist. Wie aus Abb. 7.10 zu ersehen ist, kommt es im äquatorialen Bereich zum Aufsteigen der Luft über den besonders erwärmten Festländern, über denen sich hochreichende Bewölkung und starke Niederschläge entwickeln. Absteigende Luft stellt sich indes über den kalten Meeresgebieten ein. Auf diese Weise entwickeln sich zonale zelluläre Zirkulationssysteme, die normal zur Hadley-Zelle angeordnet sind. Wie bei dieser handelt es sich bei der

7.6 Praktisch anwendbare Zirkulationsmaße

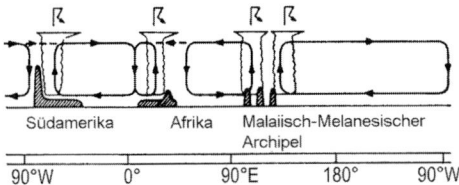

Abb. 7.10: Schematische Darstellung der zonalen Walker-Zirkulation am Äquator. Aufsteigen der Luft über dem Land mit Ausbildung von Cumulonimben und Gewittern, Absteigen über den kühlen Auftriebsgebieten an den ozeanischen Osträndern (nach Flohn 1974)

Walker-Zirkulation ebenfalls um eine thermisch direkte Zirkulation, die für die Energetik der Atmosphäre von besonderer Bedeutung ist.

Eine ganz andere Zirkulationserscheinung, die ihren Ursprung in der tropischen Stratosphäre besitzt, ist die etwa **zweijährige** (mittlere Periode 26 Monate) **Schwingung** der mittleren Zonalkomponente des Windes (**QBO** = quasi-biennial oscillation). Es handelt sich um das periodisch erfolgende Abwechseln von Ostwind und Westwind in der Stratosphäre. Charakteristisch ist, dass sich die jeweils herrschende Windphase von oben nach unten durchsetzt, wobei die mittlere Geschwindigkeit etwa 1 km / Monat beträgt. Ost- und Westwindphase verhalten sich hinsichtlich Geschwindigkeit des Abwärtswanderns, Andauer der Phasen, Geschwindigkeiten und ihrer Veränderung mit der Höhe unterschiedlich. Die Periode dieser Schwingung variiert erheblich zwischen 36 Monaten als Maximum und < 24 Monaten. Das mittlere Bild der Schwingung zeigt Abb. 7.11. Mit der quasi-periodischen Luftbewegung ist auch eine korrespondierende Temperaturschwingung verbunden, wobei die höchsten Temperaturen in den Westwind-, die niedrigsten Temperaturen dagegen in den Ostwindbereichen auftreten. Die jeweilige Phasenlage der QBO steuert nach entsprechenden Untersuchungsergebnissen offenbar den Durchgriff von Einflüssen der variierenden Solaraktivität auf die Zirkulation und den Wetterablauf in der Troposphäre. Von der tropischen Stratosphäre ausgehend, werden der QBO entsprechende Perioden auch in anderen Breitenzonen gefunden. Zahlreiche Arbeiten weisen nach, dass diese Schwingung selbst im Zeitverhalten meteorologischer Größen an der Erdoberfläche in den mittleren Breiten zu finden ist.

Die Ursache der QBO liegt in der Stratosphäre und hängt mit konvektionserregten langen Wellen in der tropischen Atmosphäre zusammen.

7.6 Praktisch anwendbare Zirkulationsmaße

In Anbetracht der Bedeutung der Zirkulation ist es notwendig, kurz auf gebräuchliche Methoden zur Bestimmung von Art und Stärke der Zirkulation einzugehen.

Von speziellen Methoden abgesehen, kann die Zirkulation für ein größeres Gebiet an der Oberfläche oder in interessierenden Höhen aus **horizontalen Druckunterschieden** bestimmt werden. Zur Berechnung der damit verbundenen Bewegung wird geostrophisches Gleichgewicht (s. Abschnitt 6.3.3) zwischen Druck- und Windfeld angenommen. Wenn man vom hohen zum niedrigen Luftdruck blickt, dann weht der Wind nach diesem Modell auf der Nordhalbkugel (Südhalbkugel) im rechten Winkel nach rechts (links). Dabei wird die Reibung vernachlässigt. Die Anwendung führt zu einem **Zonal-**

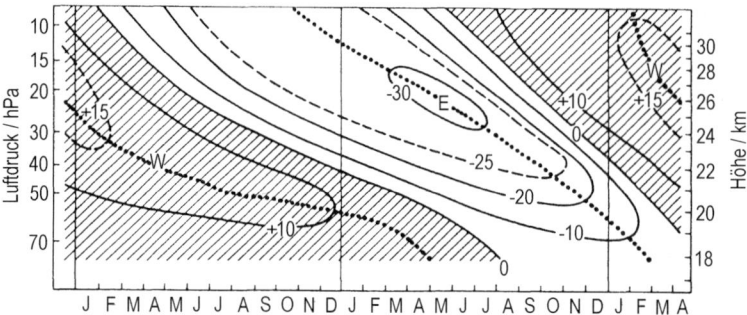

Abb. 7.11: Mittlerer QBO-Zyklus der äquatorialen Stratosphäre (gemittelt aus 14 vollständigen Zyklen im Zeitraum 1/1983 bis 4/1985) Schraffiert: Westwind; weiß: Ostwind, beide in m s^{-1} (nach Naujokat und Marquardt 1992)

index nach C. G. Rossby (1898–1957) als einem Maß für die Stärke der Zonalzirkulation. Im ursprünglichen Sinn versteht man darunter den mittleren zonalen geostrophischen Wind zwischen zwei Breitenkreisen (meist zwischen 40° und 60° Nord). Er ist gegeben durch die Differenzen des mittleren Luftdrucks bzw. der mittleren geopotenziellen Höhe einer Isobarfläche zwischen diesen Breitenkreisen auf einem Längenabschnitt von mindestens 120°. Erreicht dieser Wert einen hohen positiven Betrag, dann ist die West-Ost-Zirkulation stark entwickelt, man spricht von einer High-index-Situation, im umgekehrten Fall von einer Low-index-Situation. Druckindizes werden in vielen Varianten angewendet. Der eine Grenzfall ist die Bildung eines hemisphärischen Zonalindexes zwischen den Breiten 35° und 65° N. Der andere Grenzfall besteht darin, die Druckdifferenz zwischen zwei in der Regel auf gleicher geografischer Länge befindlichen Punkten in den ausgewählten Breiten zu bestimmen, d. h. keine Mittelung über ein Längenintervall vorzunehmen. Beispiele dafür stellen die **Nordatlantische Oszillation** (NAO, s. Abb. 7.12) oder der **Südliche Oszillations-Index** (SOI, s. Abb. 10.17) dar. Die NAO ist die aus der Lage des Azorenhochs und des Islandtiefs resultierende Luftdruckdifferenz (oder Geopotenzialdifferenz) zwischen diesen Aktionszentren, während der SOI der Luftdruckdifferenz zwischen Darwin (Nordaustralien) und Tahiti entspricht. Für die NAO liegen lange Zeitreihen der Monatswerte vor, die ständig ergänzt und analysiert werden (u. a. Jacobeit et al. 2001). Aus zahlreichen Untersuchungen ist hervorgegangen, dass die NAO die starke Variabilität der Zirkulationsverhältnisse in einem großen Raum der Nordhalbkugel gut widerspiegelt. Sie ist eng mit den Witterungs- und Klimabedingungen Europas verbunden. So weisen die 10 mildesten Winter in Berlin zwischen 1826 und 1990 einen mittleren Index-Wert von 1,3 auf, während die entsprechenden strengen Winter einen mittleren Wert von –0,5 erreichen (Abb. 7.12).

7.6 Praktisch anwendbare Zirkulationsmaße

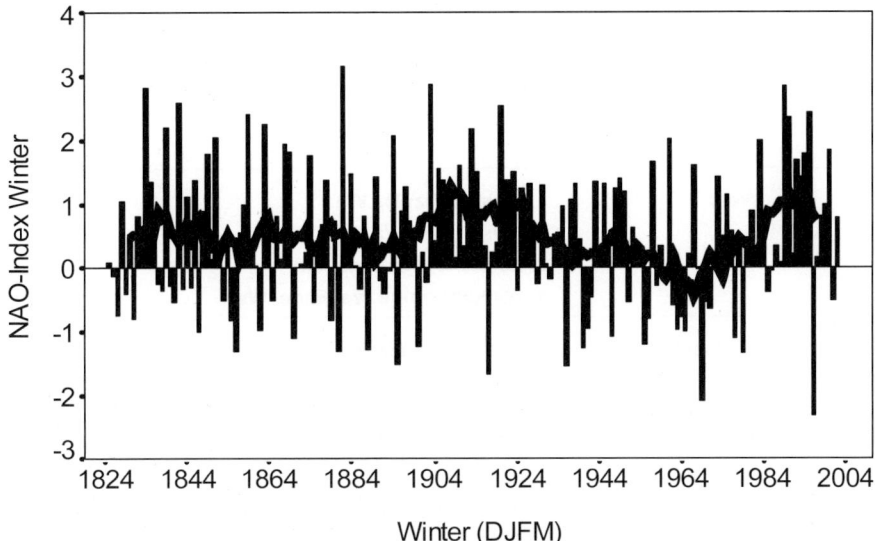

Abb. 7.12: Winterwerte (DJFM) des Nordatlantischen Oszillations-Indexes (NAO) ab 1825/1826. (2002/03: +0,40; 2003/04: –0,20; 2004/05: –0,11). Der Wert ergibt sich aus der auf die Standardabweichung normierten Luftdruckdifferenz Gibraltar minus Südwest-Island (Reykjavik). Positive (negative) Werte bedeuten verstärkte (abgeschwächte) Zonalzirkulation (nach Jones et al. 1997, ergänzt)

Viele weitere Varianten von Druckindizes sind möglich, die auch zur Verdeutlichung von Fernwirkungen der Zirkulationsprozesse genutzt werden. Um den meridionalen Anteil der Zirkulation eines Gebietes zu bestimmen, kann man analoge Luftdruckdifferenzen bestimmen, allerdings in zonaler Richtung, um die zu dieser rechtwinklig verlaufende Strömung zu erhalten.

Langzeitveränderungen der mittleren Luftdruckverteilung und damit der Strömungsverhältnisse zwischen bestimmten Zeitabschnitten können auch durch entsprechende Druckdifferenzkarten deutlich gemacht werden.

Diese Methoden, die auf dem Vergleich gemessener Luftdruck- bzw. Geopotenzialwerte und dynamisch begründeter Beziehungen zwischen Luftdruckdifferenzen und Wind beruhen, sind reproduktionsfähig und können demnach als objektiv angesehen werden. Eine weitere Methode zur Bewertung der Zirkulation wird angewendet, deren Charakter aber stärker subjektiver Natur ist. Es handelt sich um die vergleichende Bewertung von **Wetterlagen** in einem ausgewählten Gebiet. Unter dem Begriff der Wetterlage versteht man den Zustand der Atmosphäre (Wetter) während eines kurzen Zeitabschnittes (1 Tag oder Bruchteile davon) über einem bestimmten Gebiet. In der Regel über mehrere Tage anhaltende gemeinsame Züge der Wetterlage führen zu dem Begriff der **Großwetterlage**, den zuerst F. Baur (1887–1977) geprägt hat. Die für Mitteleuropa bestimmten Großwetterlagen enthält Tab. 7.4. Das Einteilungsprinzip für die Großwetterlagen basiert auf der Zirkulationsform, wie sie durch

Tab. 7.4: Klassifikation der Großwetterlagen Europas (nach Heß und Brezowsky 1977 und Gerstengarbe et al. 1993)

Zirkulationsform	Großwettertyp	Großwetterlage	Mittlere relative Häufigkeit in % 1881–1990
Zonal	West	1. West, antizykl. Wa	5,89
		2. West, zykl. Wz	15,19
		3. Südliche Westlage Ws	3,26
		4. Winkelförmige Westlage Ww	2,59
Gemischt	Südwest	5. Südwest, antizykl. SWa	2,30
		6. Südwest, zykl. SWz	2,05
	Nordwest	7. Nordwest, antizykl. NWa	4,16
		8. Nordwest, zykl. NWz	4,50
	Hoch Mitteleuropa	9. Hoch über Mitteleuropa HM	9,80
		10. Hochdruckbrücke ü. Mitteleuropa BM	6,89 2,66
	Tief Mitteleuropa	11. Tief über Mitteleuropa TM	
Meridional	Nord	12. Nord, antizykl. Na	1,06
		13. Nord, zykl. Nz	2,90
		14. Hoch Nordmeer–Island, antizykl. HNa	3,26
		15. Hoch Nordmeer–Island, zykl. HNz	1,45
		16. Hoch Britische Inseln HB	3,33
		17. Trog Mitteleuropa TrM	3,96
	Nordost	18. Nordost, antizykl. NEa	2,45
		19. Nordost, zykl. NEz	2,24
	Ost	20. Hoch Fennoskandien, antizykl. HFa	3,61
		21. Hoch Fennoskandien, zyklonal HFz	1,04
		22. Hoch Nordmeer–Fennoskandien, antizykl. HNFa	1,24
		23. Hoch Nordmeer–Fennoskandien, zykl. HNFz	1,58
	Südost	24. Südost, antizykl. SEa	2,06
		25. Südost, zykl. SEz	1,51
	Süd	26. Süd, antizykl. Sa	1,96
		27. Süd, zykl. Sz	0,89
		28. Tief Britische Inseln TB	2,24
		29. Trog über Westeuropa TrW	3,12

7.6 Praktisch anwendbare Zirkulationsmaße

die geografische Lage von nahezu ortsfesten Zyklonen und Antizyklonen bestimmt sind. Danach wird einmal zwischen zonaler, meridionaler und gemischter Zirkulationsform und zum anderen nach dem Witterungscharakter über Mitteleuropa (zyklonal oder antizyklonal) unterschieden (Abb. 7.13). Am häufigsten sind die **Westlagen** (Westwetter-, Westwindlagen) vertreten. Sie gehören der zonalen Zirkulationsform an und sind geprägt durch eine stationäre subtropische Antizyklone (Azorenhoch) und eine umfangreiche Zyklone (Zentraltief) zwischen Island und Skandinavien (Islandtief). Wesenszug dieser Lage ist eine andauernde, starke Westströmung bzw. Westdrift (Westwindzone), in der serienweise Tiefs (Zyklonenfamilien) in rascher Folge mit den dazugehörigen Fronten, Wolkenfeldern und Niederschlagsgebieten ostwärts ziehen. Sie transportieren Meeresluft weit nach Europa hinein und sorgen damit für sehr wechselhaftes Wetter (stark maritim geprägte kühle Witterungsabschnitte im Sommer und milde im Winter). Die **Nordwestlage** entsteht, wenn sich das Azorenhoch nordwärts verschiebt. Im zyklonalen Fall ist sie mit ergiebigen Niederschlägen verbunden, besonders im Bereich von Gebirgen. Eine **Südwestlage** entwickelt sich indes, wenn sich das Azorenhoch mit seinem Kern ostwärts ausdehnt. Es kommt dann zu kräftigen Südwestwinden, die im Winter sehr milde Meeresluft nach Mitteleuropa führen. Typischer Vertreter der meridionalen Zirkulationsform ist die **Nordlage** (die Westwinddrift blockierendes Hoch über dem Ostatlantik/Großbritannien und Tief über der Ostsee/Baltikum). Bei dieser Lage erreicht arktische Polarluft auf kürzestem Weg Mitteleuropa. Vom meridionalen Typ sind auch die Ostlagen (Hoch über Nordrussland/Skandinavien, Tief über dem Mittelmeer), die der Witterung ein kontinentales Gepräge verleihen. Mit östlichen Winden wird im Winter kalte Festlandsluft (manchmal sogar sibirische Polarluft) nach Mitteleuropa geführt, die strenge Frostperioden einleitet. Im Sommer bringen die **Ostlagen** dagegen Hitzewellen mit sich. In beiden Fällen herrscht oft lange Trockenheit. Von Bedeutung sind auch die **Südlagen** (tiefer Druck über dem Atlantik, hoher Druck über Osteuropa), bei denen hochreichende subtropische Warmluft von Süden her nach Mitteleuropa strömt, so dass im Sommer in der Regel sonniges, im Winter hingegen in den Niederungen häufig neblig-trübes Wetter dominiert. Im nördlichen Alpenvorland wird die Temperatur durch verstärkte Föhneffekte beeinflusst. Beim weniger häufig vorkommenden Großwettertyp „Tief Mitteleuropa" handelt es sich um ein hochreichendes kaltes Tief, das nasskaltes Wetter mit sich bringt.

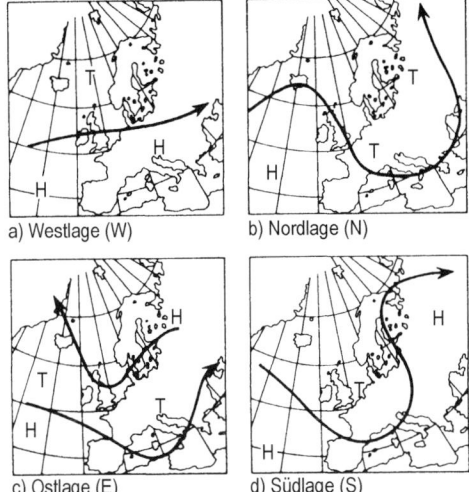

Abb. 7.13: Hauptformen der Großwetterlagen Mitteleuropas

Tab. 7.5: Ausgewählte Rangkorrelationskoeffizienten zwischen der monatlichen Häufigkeit der Großwetterlagen und den Monatswerten der Klimaelemente für den Zeitraum 1893–1989 an der Station Potsdam. Der Zusammenhang ist bei fett geschriebenen Zahlen mit einer Wahrscheinlichkeit von 99 %, bei fett geschriebenen, unterstrichenen Zahlen von 95 % und bei kursiven Zahlen von 90 % statistisch gesichert

Klimaelement	Großwettertyp West		Großwettertyp Ost	
	Januar	Juli	Januar	Juli
Lufttemperatur	**0,53**	–0,27	**–0,66**	*0,38*
Rel. Sonnenscheindauer	–0,02	**–0,27**	*–0,30*	**0,33**
Rel. Luftfeuchte	**0,29**	0,20	–0,19	–0,22

Der häufige Großwettertyp **Hoch über Mitteleuropa** ist durch ein warmes Hoch gekennzeichnet, das im Sommer und im Herbst mit beständigen Schönwetterperioden einhergeht. Das antizyklonal geprägte Wetter im Winter weist dagegen in den Niederungen häufig Nebel und Hochnebel auf (s. Abschnitt 9.3.2.1). Diese Beispiele zeigen, dass die Großwetterlagen mit dem Verhalten der Klimaelemente einer Region statistisch gekoppelt sind. Daher sind Schwankungen der Häufigkeitsverteilung der Großwetterlagen, aber auch Änderungen der Andauer und des Übergangs von einer Großwetterlage zur anderen stets mit klimatischen Schwankungen verbunden (Tab. 7.5).

Die Großwetterlagen sind bis zum 1.1.1881 zurück bestimmt worden und im Katalog der Großwetterlagen, der noch laufend ergänzt wird, enthalten. Anschaulichkeit und leichte Verfügbarkeit der Angaben dürfen indes nicht zu einer unkritischen Anwendung führen. Daher ist es notwendig, sich über die Nachteile der Großwetterlagen im Klaren zu sein. Die Großwetterlagen lassen keine Aussagen über die jeweilige Intensität der Luftbewegungen zu, da sie nur über ihr mittleres Luftdruckfeld definiert sind. Schwerwiegender ist die Tatsache, dass die Bestimmung der Großwetterlage nicht frei von subjektivem Ermessen ist. Verschiedene Bearbeiter können bei der Klassifizierung zu etwas unterschiedlichen Ergebnissen kommen. Dem Haupteinwand gegen die Nichteindeutigkeit der Bestimmung wird begegnet durch die Entwicklung objektiver Klassifizierungsmethoden. Dabei geht man von Gitterpunktswerten numerischer Wetteranalysesysteme aus. Kriterien sind die Zyklonalität bzw. Antizyklonalität der Strömung in Bodennähe und in der mittleren Troposphäre, die großräumige Anströmrichtung und der Feuchtegehalt der Atmosphäre.

Zusammenfassend kann festgestellt werden, dass die in der Verteilung der Klimaelemente zum Ausdruck kommende großräumige Differenzierung des Klimas hinsichtlich der Lufttemperatur von den lokalen Wärmehaushaltsbedingungen und der Wirkung der Advektion, in Bezug auf den Niederschlag von den lokalen Wasserhaushaltsbedingungen sowie ebenfalls entscheidend von den Zirkulationsverhältnissen bestimmt wird. Die Entwicklung numerischer Modelle der allgemeinen Zirkulation (global circulation models) führte zum heute erreichten Stand der Klimamodellierung (s. Abschnitt 11.5.1).

7.6 Praktisch anwendbare Zirkulationsmaße

Zusammenfassende Darstellungen der allgemeinen Zirkulation der Atmosphäre findet man u. a. in den Arbeiten von Defant (1976), Speth und Madden (1987), Galin (1991), Peixoto und Oort (1992), Grotjahn (1993) sowie Steinrücke (1998, 1999).

8 Meteorologische Größen. Ihre Erfassung und Grundeigenschaften

8.1 Meteorologische Größen am Erdboden

8.1.1 Begriffe und Festlegungen

Es werden meteorologische Größen oder Klimaelemente bestimmt, die der Charakterisierung des atmosphärischen Zustandes an einem Ort zu einem gegebenen Zeitpunkt oder als Mittelwert bzw. Summe in einem festzulegenden Zeitintervall dienen. Routinemäßig bestimmte meteorologische Größen enthält Tab. 8.1. Man unterscheidet direkte und abgeleitete bzw. zusammengesetzte Mess- und Beobachtungsgrößen. Letztere werden auf der Grundlage physikalischer Zusammenhänge aus mehreren meteorologischen Größen gebildet (bspw. Verdunstung).

Der gegenwärtige Umfang der durch den Deutschen Wetterdienst (DWD) unterhaltenen **Messnetze** ist beträchtlich (Tab. 8.2). Die Verteilung der synoptisch-klimatologischen Stationen enthält Abb. 8.1. Die hohe Zahl der (ehrenamtlich betriebenen) Niederschlagsmessstellen ist wegen der großen räumlichen Variabilität dieser Größe erforderlich. Meteorologische Beobachtungen werden je nach Stationsart zu bestimmten Terminen durchgeführt, die fest vorgegeben sind. Synoptisch-klimatologische Stationen melden je nach Meldegruppe stündlich. Klimastationen beobachten um 7.30 Uhr MEZ, 14.30 Uhr MEZ sowie 21.30 Uhr MEZ und Niederschlagsmessstellen 7.30 Uhr gesetzlicher Zeit. Im Fall des zunehmenden Einsatzes automatischer, meldender meteorologischer Stationen werden zahlreiche Größen in kurzen Zeitabständen quasikontinuierlich registriert.

Im aktuellen **Meldedienst** des DWD unterscheidet man synoptisch-klimatologische Stationen der Meldegruppe 1 (Wst I) mit stündlichen Messungen und der Meldegruppe 2 (Wst II) mit stündlichen Meldungen zwischen 05 bis 21 Uhr UTC (während der Sommerzeit 04 Uhr UTC bis 21 Uhr UTC) oder 05 Uhr UTC bis 16 Uhr UTC (während der Sommerzeit 04 Uhr UTC bis 15 Uhr UTC). Ferner sind Nebenstationen (Wst III) mit stündlichen Messungen werktags 05 Uhr UTC bis 12 Uhr UTC (während der Sommerzeit 06 Uhr UTC bis 13 Uhr UTC) in Betrieb.

Die aufeinander folgenden Daten der einzelnen Größen bilden eine meteorologische **Zeitreihe**. Sie sollte bei gleichem zeitlichem Abstand der Daten möglichst nicht unterbrochen werden. Das gilt insbesondere für die Stationen, deren Messreihen zum Teil schon länger als 100 Jahre zählen und von höchstem Wert für die Klimaforschung sind (z. B. Säkularstation Potsdam).

Unter den meteorologischen Daten besitzen die **Extremwerte** einen besonders hohen Informationswert. Man versteht darunter den größten oder kleinsten Wert einer meteorologischen Größe in einem bestimmten Zeitraum (Tag,

Tab. 8.1: Größen, die an Stationen der Wetterdienste gemessen bzw. beobachtet werden (nach WMO 1996a)

Größe	Messbereich[1])	Auflösung	Messmodus I = Momentanwert A = gemittelter Wert T = Summe	Erforderliche Genauigkeit im Netzbetrieb	Zeitkonstante des Sensors	Messwertmittelung (Output)	Tatsächliche operationelle Genauigkeit
1 Temperatur							
1.1 Lufttemperatur	−60 – +60 °C	0,1 K	I	±0,1	20 s	1 min	±0,2 K [2])
1.2 Extremtemperaturen	−60 – +60 °C	0,1 K	I	±0,5	20 s	1 min	±0,2 K [2])
Oberflächenwassertemperatur	−2 – +40 °C	0,1 K	I	±0,1	20 s	1 min	±0.1 K [2])
2. Luftfeuchte							
2.1 Taupunkttemperatur	<−60 – +35 °C	0,1 K	I	±0,6	20 s	1 min	±0,5 K [2]) (bis 0,1 K) [3])
2.2 Relative Feuchte	5 – 100 %	1 %	I	±3			
2.2.1 Psychrometer							
Trockentemperatur	−60 – +60 °C	0,2 K	I	±0,1	20 s	1 min	0,2 K [2]) [4])
Feuchttemperatur	−60 – +60 °C	0,2 K	I	±0,1	20 s	1 min	0,2 K [2]) [4])
2.2.2 Festkörpersensor u.a.	0 – 100 %	1 %	I	±3	40 s	1 min	±3 – 5 % (bis 1 %) [3])
3. Luftdruck							
3.1 Luftdruck [5])	920 – 1080 hPa	0,1 hPa	I	±0,1	20 s	1 min	±0,3 hPa
3.2 Tendenz [6])		0,1 hPa	I	±0,2			±0,1 %
4. Wolken							
4.1 Bedeckungsgrad	0 – 8/8	1/8	I	±1/8			±1/8
Höhe der Wolkenuntergrenze	< 30 m – 30 km	30 m	I	±10 bis 100 ±10 % ab 100			≈ 10 m bei Wh.
5. Wind							
5.1 Geschwindigkeit	0 – 75 m s⁻¹	0,5 m s⁻¹	A	±0,5 für ≤ 5 ±10 % für > 5	2-5 m Windweg	2 und/oder 10 min	±0,5 m s⁻¹ [7])
5.2 Richtung	0 – 360°	10°	A	±5 %		2 und/oder 10 min	±5° [7])
5.3 Böen	5 – 75 m s⁻¹	0,6 m s⁻¹	A	±10 %	1 s	3 s [8])	±0,5 m s⁻¹
6. Niederschlag							
6.1 Menge (Höhe)	0 – > 400 mm	0,1 mm	T	±0,1 für ≤ 5 ±2 % für > 5			±5 % [9])
6.2 Schneetiefe	0 – 10 m	1 cm	A [10])	±1 für ≤ 20 ±5 % für > 20			
6.3 Dicke der Eisablagerungen auf Schiffen		1 cm	I	±1 für ≤ 10 ±10 % für > 10			
7. Strahlung							
7.1 Sonnenscheindauer	0 – 24 Std.	0,1 Std.	T	±0,1	20 s		± 2 %
7.2 Strahlungsbilanz		1 MJ m⁻² d⁻¹ (≈ 10 W m⁻²)	T	±0,4 für ≤ 8 ± 5 % für > 8	20 s		± 5 %
8. Sichtweite							
8.1 MOR [11])	< 50 m – 70 km	50 m	T	±50 für ≤ 500 ±10 % für > 500		3 min	±0 – 20 %
8.2 RVR [12])	50 m – 1600 m	25 m	A	±25 bis 150 ±50 bis 1500 ±100 bis 1000 ±200 für > 1000		10 min	
9. Wellen							
9.1 Wellenhöhe	0 – 50 m	0,1 m	A	±0,5 für ≤ 5 ±10 % für > 5	0,5 s	20 min [13])	±10 %
9.2 Wellenperiode	0 – 100 s	1 s	A	±0,5	0,5 s	20 min [13])	±0,5 s
9.3 Wellenrichtung	0 – 360°	10°	A	±10	0,5 s	20 min [13])	±20°
10. Verdunstung							
10.1 Menge (Höhe) d. Kesselverd.	0 – 10 mm	0,1 mm	T	±0,1 für ≤ 5 ±2 % für > 5			

[1]) Unterschiedlich je nach Region
[2]) Größere Fehler bei mangelhaftem Strahlungsschutz
[3]) In der Nähe des Sättigungspunktes
[4]) Größere Fehler bei zu geringer Aspiration u.a.
[5]) Bezogen auf Meeresniveau
[6]) Differenz zwischen zwei Momentanwerten
[7]) Es treten nichtlineare Effekte auf
[8]) Maximales Output-Mittel
[9]) Größere Fehler durch Windeinfluss und Verdunstung
[10]) Mittel über eine größere Fläche am Beobachtungsort
[11]) Meteorological Optical Range, s. Text, S. 183
[12]) Runway Visual Range, s. Text, S. 183
[13]) Bei Registrierungen, sonst kleiner

8.1 Meteorologische Größen am Erdboden

Abb. 8.1: Das synoptisch-klimatologische Messnetz des Deutschen Wetterdienstes am 31.12.2004 (Quelle: DWD 2005)

Tab. 8.2: Mess- und Beobachtungsnetze im Deutschen Wetterdienst, Stand etwa 2000

Netz	Zahl [1]	Bemerkungen
Synoptisch-klimatologisches Netz	173	Stündlich meldende Stationen, davon 121 mit Personal (24-stündig arbeitend) und 52 mit automatischen Messanlagen bestückt
Synoptisch-aerologisches Netz (Dresden, Essen, Greifswald, Hannover, Lindenberg, Meiningen, München, Schleswig, Stuttgart)	9	Radiosondenaufstiege: 00 und 12 Uhr UTC, tlw. auch 06 und 18 Uhr UTC. Radarhöhenwindmessungen: 00, 06, 12, 18 Uhr UTC (Messprogramme teilw. unterschiedlich)
Maritimes Netz	591	4 Bordwetterwarten, 6 automatische Wetterstationen, 581 Meldestellen von Küstenstationen und deutschen Schiffen
Klimabeobachtungsnetz	480	i.d.R. nebenamtlich betreute Stationen
Niederschlagsstationen	3500	
Windmessstationen	113	
Agrarmeteorologisch-Phänologische Netze	2000	Nebenamtliche Beobachter
Ozonmessnetz Bodennahes Ozon Gesamtozon	5 3	Meteorologische Observatorien
Radarmessnetz	16	Im Allgem. im Verbund arbeitend
Radioaktivitätsmessnetz	40	Filtermessanlagen (36), zusätzlich 8 Niederschlagssammelstellen
Strahlungsmessnetz	42	Globalstrahlung (42), darin Stationen mit Messung der diffusen Himmelsstrahlung (27) und der Gegenstrahlung (10)

[1] Die Zahlen sind Veränderungen unterworfen. Insbesondere wird sich die Zahl der mit Personal besetzten Stationen zu Gunsten des Einsatzes von Automatischen Messanlagen verringern.

Monat, Jahr, absolute Extremwerte des gesamten Beobachtungszeitraums).
Als meteorologische **Ereignistage** bezeichnet man das Eintreten oder Ausbleiben einer Erscheinung oder eines Vorgangs in der Atmosphäre bzw. die Tatsache des Über- oder Unterschreitens eines vorgegebenen Schwellenwertes einer meteorologischen Größe innerhalb eines Tages (Tab. 8.3). Zu den Schwellenwerten können auch die größeren Zeitintervalle (in Tagen gezählt) gerechnet werden, die sich durch das Vorhandensein oder Ausbleiben von atmosphärischen Zuständen auszeichnen. Registriert werden andauernde Über- oder Unterschreitungen vorgegebener Schwellenwerte.

Um gesicherte und für ein Gebiet repräsentative Aussagen (s. Abschnitt 8.1.7) über die statistischen Eigenschaften der verschiedenen meteorologischen Größen (damit über das Klima) eines Ortes zu erhalten, ist es erforderlich, die Stationen über lange Zeit zu unterhalten. Um die makroklimatischen Charakteristiken sicher bestimmen zu können, sind Beobachtungen über

Tab. 8.3: Ausgewählte meteorologische Ereignistage

Ereignistag	Definition
Frostwechseltag	Die Lufttemperatur durchläuft im Laufe des Tages einmal oder mehrere Male den Gefrierpunkt
Frosttag	Tagesminimum der Lufttemperatur ≤ 0 °C
Eistag	Tagesmaximum der Lufttemperatur < 0 °C
Sommertag	Tagesmaximum der Lufttemperatur ≥ 25 °C
Heißer Tag	Tagesmaximum der Lufttemperatur ≥ 30 °C
Niederschlagstag	Tagessumme der Niederschlagshöhe ≥ 0,1; ≥ 1,0;...; ≥ 10,0 mm (und analog)
Schneefalltag	Tagessumme der Niederschlagshöhe aus Schnee sowie Schnee mit Regen ≥ 0,1 mm
Schneedeckentag	Tag mit einer Schneedecke ≥ 1 cm Höhe (auch ≥ 0 cm gebräuchlich)
Nebeltag	Tag, an dem mindestens zu einem Termin die horizontale Sichtweite ≤ 1 km beträgt
Gewittertag	Tag, an dem mindestens einmal Donner zu hören ist
Tag ohne Sonnenschein	Tag, an dem kein Sonnenschein registriert wird

mindestens 5 bis 10 Jahre, in der Regel jedoch über 30 Jahre erforderlich. Die für fundierte Aussagen notwendigen Zeiten sind für die verschiedenen meteorologischen Größen unterschiedlich. Die durch die WMO festgelegten **Referenz- oder Normalperioden** umfassen jeweils 30 Jahre und werden jetzt im Abstand von 10 Jahren neu bestimmt (1901/30, 1931/60, 1951/80, 1961/90, 1971/2000). Die Kenntnisse über die rezente Klimaentwicklung (s. Abschnitt 11.4) beruhen wesentlich darauf, dass Mess- und Beobachtungsstationen über viele Jahrzehnte und Jahrhunderte bestehen (Säkularstationen). Um die meso- oder mikroklimatischen Besonderheiten einer Region oder von Standorten bzw. kleinen Arealen zu bestimmen, genügen allerdings wesentlich kürzere Beobachtungszeiten.

Die Ausführungen beziehen sich vor allem auf meteorologische Stationen auf dem Festland. Von großer Bedeutung ist jedoch die Gewinnung **meteorologisch-ozeanographischer Daten auf den Weltmeeren**, die bekanntlich ca. 71 % der Erdoberfläche bedecken. Wenn man von wenigen quasi-ortsfesten Messpunkten (so Wetterschiffe, in neuerer Zeit auch Bojen) absieht, handelt es sich um Messungen und Beobachtungen von fahrenden Schiffen aus (vor allem Handelsschiffe). Die Daten werden zum einen operationell für den Wetterdienst genutzt, zum anderen aber statistisch-klimatologisch ausgewertet. Schon seit Mitte des 19. Jahrhunderts so bearbeiteten Schiffsbeobachtungen verdanken wir die wesentlichen Kenntnisse über das Klima der ozeanischen Gebiete. Zu den maritim-meteorologischen Routinedaten gehören auch die Oberflächenwassertemperatur (in wenigen Fällen auch die vertikale Wassertemperaturverteilung), der Salzgehalt des Wassers und die Seegangsparameter.

8.1.2 Herkömmlich routinemäßig angewendete Mess- und Beobachtungsmethoden

Nachfolgend sollen nur kurze Informationen über die meteorologischen Mess- und Beobachtungsmethoden gegeben werden. Detailangaben können entsprechenden Veröffentlichungen der WMO und des Wetterdienstes oder der Spezialliteratur entnommen werden.

Für die Messung und Registrierung der kurz- und langwelligen **Strahlungsflüsse** (Globalstrahlung, reflektierte Strahlung, langwellige Ausstrahlung, Gegenstrahlung, Strahlungsbilanz, s. Kapitel 3) werden im Netzbetrieb vor allem **thermo-elektrische Pyranometer** verwendet. Es gibt zahlreiche Varianten moderner Strahlungsmessgeräte. Beispielsweise dient als Strahlungssensor eine horizontal angebrachte, galvanisch erzeugte Thermosäule (in Deutschland zuerst von Sonntag 1964 eingeführt), deren Oberfläche geschwärzt ist. Gemessen wird die Temperaturdifferenz zwischen der geschwärzten, die Strahlung absorbierenden Oberfläche und der unteren, nicht der Strahlung ausgesetzten Seite der Thermosäule. Diese ist nach außen durch Kalotten abgeschlossen. Für die Messung der kurzwelligen Strahlungsflüsse handelt es sich dabei um zwei Halbkugelschalen aus Quarzglas, für die Messung der kurz- und langwelligen Strahlung um Lupolenhauben sowie für die alleinige Messung der langwelligen Strahlung um spezielle Siliziumhalbkugelschalen.

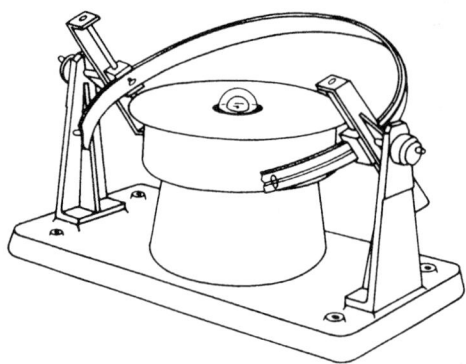

Abb. 8.2: Strahlungsmessgerät mit Schattenring (nach DWD 1986)

Die Pyranometer werden möglichst horizontfrei montiert. Für die Strahlungsgeräte muss das Kosinusgesetz gelten (s. Abschnitt 3.3.3).

Im Allgemeinen werden Strahlungssummen in $J\,cm^{-2}$ über eine gewählte Zeit oder zeitliche Mittelwerte der **Strahlungsflussdichte (Bestrahlungsstärke)** in $W\,m^{-2}$ bestimmt.

Verwendet man zwei Geräte für die kurzwellige Strahlung und versieht das eine mit einem parallaktisch montierten, nachführbaren Schattenring zur Ausblendung der direkten Sonnenstrahlung (Abb. 8.2), erhält man neben der Globalstrahlung die diffuse Himmelsstrahlung sowie aus der Differenz der beiden Größen die direkte Sonnenstrahlung.

Unter der **Sonnenscheindauer** versteht man die in Stunden angegebene Zeit des Vorhandenseins direkter Sonnenstrahlung. Diese Größe wird meist mit dem Sonnenscheinautografen nach Campbell-Stokes registriert (Abb. 8.3), für den es verschiedene Varianten und Weiterentwicklungen gibt. Er besteht aus einer Vollglaskugel von 10 cm Durchmesser, die im Fall von Sonnenschein als Sammellinse wirkt. Diese Kugel wird ebenso wie der Registrier-

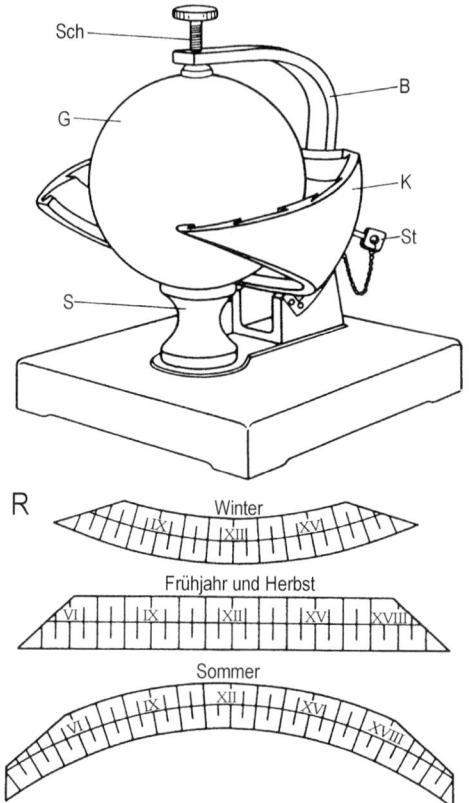

Abb. 8.3: Sonnenscheinautograf nach Campbell-Stokes (nach DWD 1986)
G = schlierenfreie Glaskugel, S = Kugelhalter, Sch = Schraube zum Befestigen der Kugel, K = Kugelschale mit Schlitzen zum Einschieben der Registrierstreifen, St = Stecker zum Feststecken der Registrierstreifen, B = Halterung, die auch zum Einstellen der geografischen Breite dient. R: Registrierstreifen für den Sonnenscheinautograf für Winter (15.10. bis 28. bzw. 29. 2.), Frühjahr (1.3. bis 14.4.) und Herbst (1.9. bis 14.10.) sowie Sommer (15.4. bis 31.8.)

streifen (Abb. 8.3 R) von einem Gestell aufgenommen. Das Gerät wird an geeigneter, im Sektor der einfallenden Sonnenstrahlung an unbeschatteter Stelle, meist in einigen Metern Höhe, unter Beachtung der Himmelsrichtung und der mittleren Ortszeit montiert. Infolge der Brennwirkung wird auf dem aus besonders präparierter Pappe bestehenden Registrierstreifen eine Brennspur erzeugt. Die Brennspuren und -punkte werden nach Vorschriften ausgewertet, die vom Wetterdienst herausgegeben werden. Im Ergebnis der Auswertung erhält man auf 0,1 h angebbare und auf ±0,5 h genaue Stunden- und Tagessummen der Sonnenscheindauer. Bei stark wechselnder Bewölkung erhöht sich der Fehler der Bestimmung der Tagessummen auf ±1 h. Den Wert der relativen Sonnenscheindauer (angegeben in Prozent) erhält man als Verhältnis von gemessener zum astronomisch möglichen Wert (Zeitdifferenz zwischen Sonnenauf- und -untergang).

Der **Luftdruck** als die Kraft, die die Atmosphäre mit ihrer Luftmasse im Schwerefeld der Erde auf eine Einheitsfläche ausübt, ist eine wichtige meteorologische Größe (s. u. a. Abschnitt 2.2). An meteorologischen Stationen wird der Luftdruck mit einem Quecksilberbarometer gemessen (Stationsbarometer, Abb. 8.4). Die Länge der Quecksilbersäule wird mit Hilfe eines Nonius abgelesen. An den so bestimmten Barometerstand wird die Instrumentenkorrektur angebracht. Es folgen die im Abschnitt 2.2.3 genannten Reduktionen des korrigierten Barometerstandes auf 0 °C und Normalschwere. Der so ermittelte, in 0,1 hPa angegebene Stationsdruck wird für die Eintragung in die Bodenwetterkarte auf Meeresniveau korrigiert, sofern die Höhe der Station 700 m ü. NN nicht überschreitet. Der Fehler der Luftdruckmessung mit dem Stationsbarometer beträgt etwa 0,2 hPa (s. Tab. 8.1). Die als Referenzgeräte in den Wetterdiensten vorhandenen Hauptnormalbarometer er-

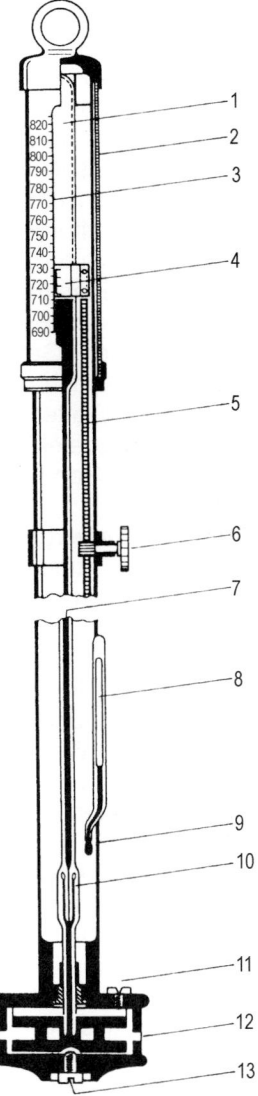

Abb. 8.4: Stationsbarometer (nach DWD 1986)
1 = Torricelli-Vakuum, 2 = Glasschutzrohr,
3 = Hauptskala, 4 = Nonius, 5 = Zahnstange,
6 = Trieb, 7 = Quecksilberröhre,
8 = Thermometer, 9 = Messinghüllrohr,
10 = Luftfalle, 11 = Lufteinlassschraube,
12 = Gefäß, 13 = Betriebsschraube.
Bei dem dargestellten Gerät ist die Skala in Torr (= mm Hg) eingeteilt. Luftdruck/hPa ≈ 1,33 Torr

reichen eine Genauigkeit von 0,02 hPa. Auf Schiffen werden meist Aneroidbarometer eingesetzt. Kernstück dieser Barometer ist ein teilevakuierter, elastischer Körper, der durch den herrschenden Luftdruck solange deformiert wird, bis seine elastischen Widerstände sich mit dem Luftdruck im Gleichgewicht befinden. Gute Geräte erreichen eine Messgenauigkeit von etwa 0,3 hPa. Nach diesem Prinzip arbeiten Barografen, die den Gang des Luftdrucks über eine Woche aufzeichnen. An automatischen Wetterstationen werden zum Teil piezoelektrische Geber eingesetzt, deren Genauigkeit jedoch geringer ist.

Die **Lufttemperatur** wird mit einem der Luft ausgesetzten und vor direkter Sonnenstrahlung geschützten Thermometer in °C gemessen. An meteorologischen Stationen kann konventionell der Schutz des Thermometers vor Sonneneinstrahlung und Nässe durch die standardisierte **Wetterhütte** weitgehend gewährleistet werden. Die weiße Hütte (Abb. 8.5), in der die Messungen in 2 m Höhe ü. Gr. durchgeführt werden und die auf einem mit kurzgehaltenem Gras besetzten Messfeld steht, hat jalousieartige Seitenwände, die eine Belüftung des Inneren ermöglichen. Sie wird so aufgestellt, dass sich die Türen nach Norden öffnen, um beim Ablesen der Instrumente ein Einfallen direkter Sonnenstrahlung zu verhindern. Dessen ungeachtet kann der Hüttenfehler bei der Temperaturmessung einige 0,1 K betragen. Bei Messungen außerhalb von Wetterhütten darf auf wirksamen Strahlungsschutz und Belüftung nicht verzichtet werden. Herkömmlich werden in Deutschland in 0,1 K geteilte Quecksilberglasthermometer (37 cm lang) für einen Messbereich von −35 °C bis 40 °C verwendet (Abb. 8.6).

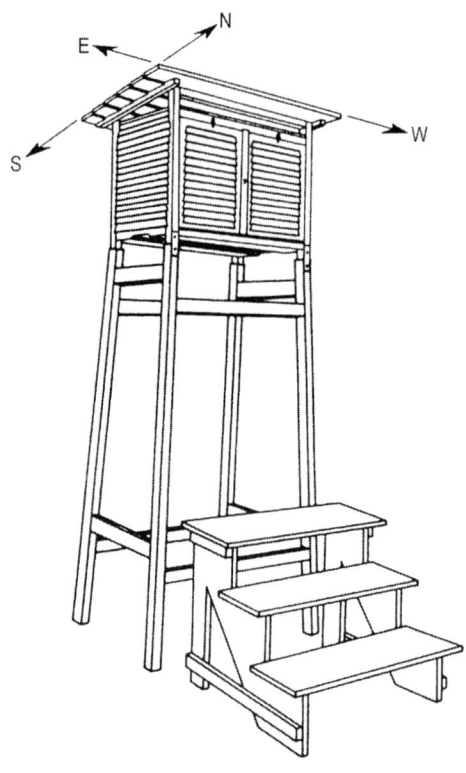

Abb. 8.5: Wetterhütte (nach DWD 1986)

Sie werden ebenso wie die jetzt meist gebrauchten elektrischen Thermometer (Platinwiderstandsthermometer, meist Pt 100) zur Anwendung des psychrometrischen Prinzips paarweise eingesetzt. An die Ablesungen dieser und anderer Quecksilberthermometer müssen Korrekturen gemäß des Eichscheines angebracht werden.

Für die herkömmliche Messung des höchsten und tiefsten Wertes der Lufttemperatur während 24 Stunden werden zwei Arten von Thermometern verwendet (Abb. 8.6). Das **Maximumthermometer** (Teilungswert 0,5 K, Bereich in Deutschland −25 °C bis 40 °C)

8.1 Meteorologische Größen am Erdboden

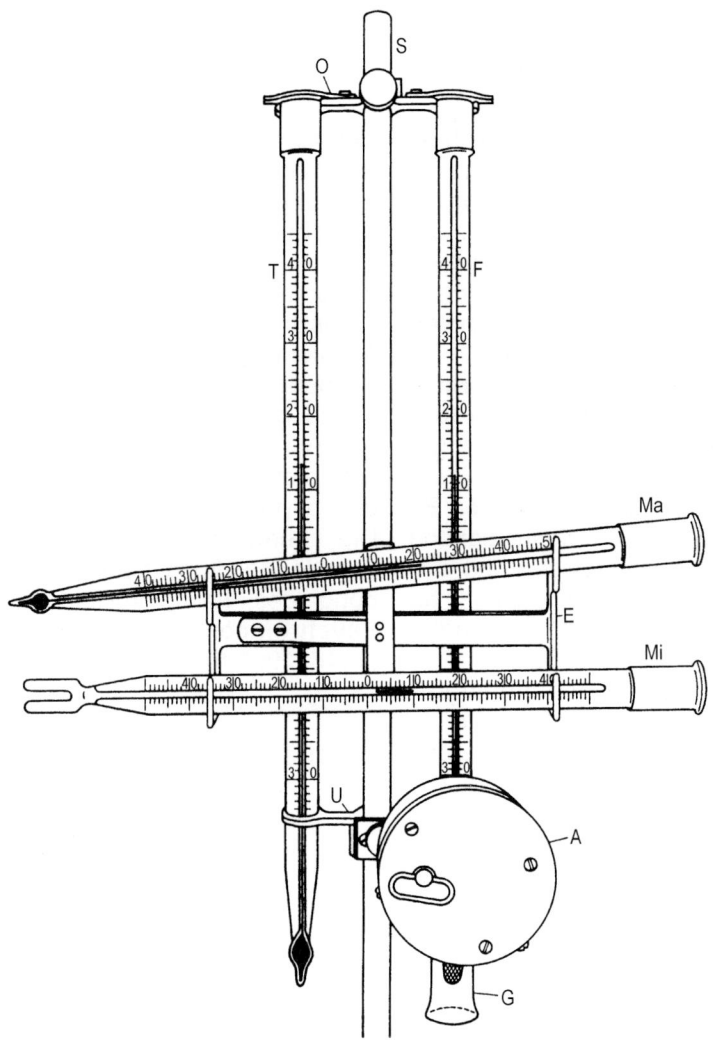

Abb. 8.6: Thermometeraufstellung in der Wetterhütte (nach DWD 1986)
T = trockenes Thermometer, F = feuchtes Thermometer, Ma = Maximumthermometer,
Mi = Minimumthermometer, S = Haltestange, O (U) = oberer (unterer) Thermometerhalter,
E = Halter für Extremthermometer, der im Winterhalbjahr an der Stange S nach oben versetzt wird, A = Aspirator, G = Glasansatzrohr um das mit einer Wasser aufnehmenden textilen Hülle versehene Gefäß des feuchten Thermometers

enthält zur Fixierung des Höchststandes eine Abreißvorrichtung, die bei wieder sinkender Temperatur ein Zurücklaufen des Quecksilbers verhindert (Prinzip des Fieberthermometers). Nach Ablesen der Maximumtemperatur wird der überschüssige Quecksilberfaden per Hand zurückgeschleudert. Das stets in horizontaler Lage einzusetzende **Minimumthermometer** (Teilungswert 0,5 K, von −40 °C bis 30 °C) enthält als thermometrische Flüssigkeit häufig Ethanol. In der Kapillare befindet sich ein von der Thermometerflüssigkeit mitgeführter Glasstift. Dieser bleibt bei wieder zunehmender Temperatur an der tiefsten erreichten Stelle liegen (Abb. 8.6). Das Lufttemperaturminimum wird an der dem Gefäß zugewandten Seite des Glasstiftes abgelesen.

In der Höhe von 5 cm über unbewachsenem Boden (1 m^2) wird das **Erdbodenminimum** der Lufttemperatur gemessen. Dazu dient ein auf einem Halter liegendes Minimumthermometer. Es wird abends 19 Uhr MEZ ausgelegt und 12 Stunden später abgelesen und eingezogen. Bei einer Schneehöhe ab 5 cm wird das Minimumthermometer flach auf die Schneedecke gelegt.

Die Messung der **Bodentemperatur** erfolgt unter einer vegetationsfreien Fläche in den Standardtiefen 2 cm, 5 cm, 10 cm, 20 cm, 50 cm und 100 cm. Allerdings ist der Messfehler in der Tiefe 2 cm sehr hoch. Konventionell werden bis 20 cm Tiefe Bodenwinkelthermometer (Quecksilberthermometer, Teilungswert 0,2 K, Bereich −25 °C bis 45 °C) sowie in 50 cm und 100 cm Tiefe trägere Bodentiefenthermometer (Hüllrohr mit einem am Ende befindlichen Hg-Thermometer, Teilungswert 0,2 K, Bereich −10 °C bis 30 °C) verwendet. Jetzt sind meist elektrische Widerstandsthermometer (Pt 100) in Gebrauch, wobei die Tiefe 2 cm nicht bestückt wird.

Für die Messung der **Luftfeuchte** gibt es zahlreiche Messprinzipien. Genau und zuverlässig arbeitet das psychrometrische Verfahren bei Temperaturen > 0 °C. Ein **Psychrometer** besteht aus zwei paarweise angeordneten gleichen Thermometern (Hg-Thermometer mit einem Teilungswert von 0,2 K oder elektrische Widerstandsthermometer, insbesondere Pt 100). Ein Thermometer („trockenes Thermometer") misst die Lufttemperatur. Das Gefäß des anderen Thermometers („feuchtes Thermometer") trägt eine zu befeuchtende, wasseraufnehmende textile Hülle („Mullstrumpf"). Gemessen werden die Trockentemperatur t und die Feuchttemperatur t'. Letztere ist bei Untersättigung der Luft infolge Abkühlung bei Verdunstung (Verdampfung) des Wassers stets niedriger. Daraus ergibt sich die psychrometrische Differenz t − t'. Die Thermometer müssen eine hinreichende Belüftung haben. Zur Berechnung des Dampfdrucks e wird die **Psychrometerformel** von A. Sprung (1848–1909) herangezogen:

$$e = E_{t'} - \gamma \cdot (t - t'). \tag{8.1}$$

Dabei ist
$E_{t'}$ = aus der Feuchttemperatur zu berechnender Sättigungsdampfdruck (vgl. Abschnitt 5.3).
γ = Psychrometerkonstante. Sie ist thermodynamisch annähernd bestimmt durch
$\Gamma \approx (c_p \cdot p) / (0{,}622 \cdot l_V)$ mit
c_p = spezifische Wärmekapazität der Luft bei konstantem Druck,
l_V = Verdampfungswärme des Wassers und
p = Luftdruck.

Empirische Bestimmungen dieser Größen zeigen ihre Abhängigkeit von der Ventilationsgeschwindigkeit.
Für p = 1000 hPa, t = 20 °C und der Ventilationsgeschwindigkeit > 2,5 m s^{-1} ist $\gamma \approx 0{,}667$ hPa K^{-1}.

In Gebrauch sind Hüttenpsychrometer (Abb. 8.6), elektrische Psychrometer für

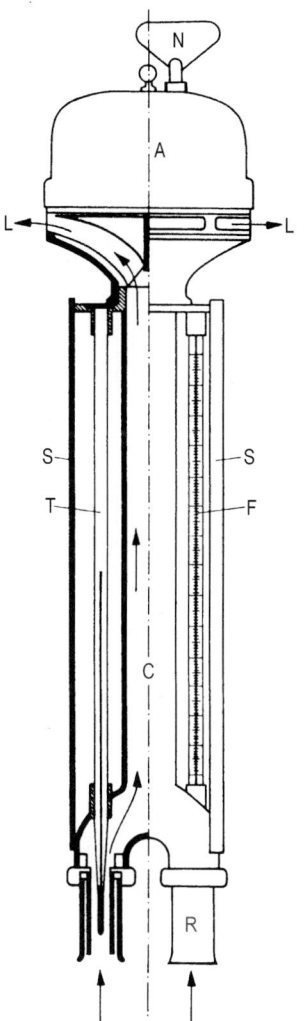

Abb. 8.7: Aspirationspsychrometer (nach DWD 1986)
T = trockenes Thermometer, F = feuchtes Thermometer, N = Schraube zum Aufziehen des Uhrwerks, A = Aspirator, L = Luftaustrittsschlitze, S = Strahlungsschutz, R = doppelwandiges Luftansaugrohr um beide Thermometergefäße (links nicht dargestellt) und C = Verbindungsrohr zum Aspirator

automatische Wetterstationen und Aspirationspsychrometer nach R. Assmann (1845–1918). Dieses schon 1887 entwickelte Gerät dient noch heute als Referenzgerät (Abb. 8.7). Assmann-Psychrometer sind für mobile Messungen im Freien und in Räumen ausgezeichnet geeignet. Für die Auswertung der Messungen gibt es Psychrometertafeln, Nomogramme und entsprechende Rechenprogramme. Aus den Größen e und E können die anderen Feuchtegrößen berechnet werden (s. Abschnitt 5.2).

Für die Feuchtemessung finden weiterhin Haarhygrometer (hygroskopische Eigenschaften), Hygrometer mit Lithiumchlorid- und Goldschlägerhautsensoren (elektrischer Widerstand, elektrische Kapazität), Taupunkthygrometer (Kondensation) u. a. Verwendung.

Die **Bodenfeuchte**, definiert als das in den Bodenporen befindliche und an den Bodenpartikeln gebundene Wasser, wird in einem 10 m mal 10 m großen, grundwasserfernen, natürlich gewachsenen und mit Kurzgras besetzten Messfeld bestimmt. Dazu werden Bodenproben bis 100 cm Tiefe entnommen, die vor und nach der Trocknung (8 Stunden bei 105 °C) gewogen werden. Der Wassergehalt des Bodens ergibt sich als das Verhältnis der Masse des Bodenwassers zur Bodentrockenmasse, das in Gewichts-Prozent angegeben wird. Dieses Verfahren dient heute auch der ständigen Kontrolle elektrischer Verfahren, wobei sich die TDR-Methode (time domain reflection) als eine Methode zur Bestimmung der Dielektrizitätskonstanten des feuchten Bodens zunehmend durchsetzt. Daneben finden auch Tensiometer Anwendung, die die Saugspannung des Wassers messen. Diese Verfahren ergeben die Bodenfeuchte in Volumenprozent, so dass zur Umrechnung in

Gewichtsprozent zusätzlich die physikalischen Bodeneigenschaften bekannt sein müssen.

Die Kenntnis der Bodenfeuchte ermöglicht die angenäherte Berechnung der aktuellen **Verdunstung** (in mm Wasserhöhe/Zeiteinheit) bei Kenntnis der berechenbaren potenziellen Evapotranspiration (s. Abschnitt 15.2.4.2). Darunter versteht man die Verdunstungshöhe von einer den gesamten Boden bedeckenden zusammenhängenden und ausreichend mit Wasser versorgten Kurzgrasdecke unter den gegebenen meteorologischen Bedingungen. Ein Maß für den **Niederschlag** ist die Niederschlagshöhe in Millimetern (mm), die sich ergibt, wenn das Niederschlagswasser den Erdboden gleichmäßig bedeckt und keine Verluste durch Abfluss, Verdunstung und Versickerung eintreten würden. Damit entspricht die Niederschlagshöhe in mm gerade der Wassermenge in Liter/Quadratmeter Bodenfläche. Die Niederschlagshöhe wird auf 0,1 mm bestimmt.

Der in Deutschland meist verwendete Niederschlagsmesser ist der nach G. Hellmann (1854–1939). Er besteht aus einem zylindrischen Metallgefäß mit einem Auffangtrichter und einer Sammelkanne (Abb. 8.8). Die kreisförmige Auffangfläche beträgt 200 cm² (für Messstellen oberhalb 500 m ü. NN werden Gebirgsniederschlagsmesser mit einer Auffangfläche von 500 cm² eingesetzt). Das Gerät wird mit horizontal ausgerichteter Auffangfläche in 1 m Höhe ü. Gr. (im Gebirge auch 1,25 bis 1,50 m ü. Gr.) aufgestellt. Das erfasste Niederschlagswasser wird entweder einmal 07.00 Uhr MEZ oder zu festgelegten Terminen (zusätzliche Messungen bei besonderen Wetterlagen) in

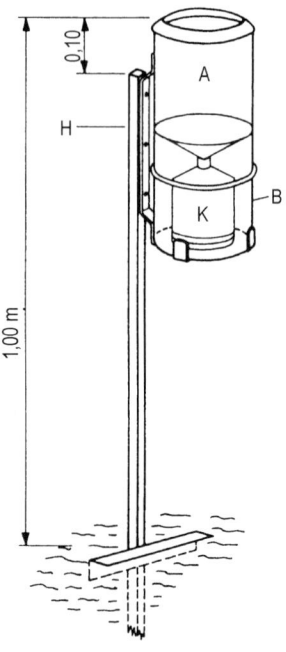

Abb. 8.8: Niederschlagsmesser nach Hellmann (nach DWD 1986)
H = Halter, A = Auffanggefäß, K = Sammelkanne und B = Behälter

einem zugehörigen Messglas mit 0,1 mm-Einteilung gemessen. Feste Niederschläge werden vor dem Messen geschmolzen. Abgesetzte Niederschläge werden mit diesen Geräten nur ungenügend berücksichtigt. Dem Auffangprinzip gleich arbeitet der herkömmliche Niederschlagsschreiber (Tages- oder Wochenumlauf der Registriertrommel).

Niederschlagsmesser, die den gefallenen Niederschlag über längere Zeit sammeln, werden als Totalisatoren bezeichnet. Ihre Aufstellung erfolgt in schwer zugänglichen Gegenden. Die Sammelgefäße sind von unterschiedlicher Form und Größe. Die Geräte tragen vielfach Vorrichtungen gegen zu starken Windeinfluss (Nipher-Ring). Die

Höhe der Auffangfläche über Grund kann bis zu einigen Metern betragen.

So einfach das Prinzip der Niederschlagsmessung dem Anschein nach ist, so schwierig ist es, exakte Messungen durchzuführen bzw. richtige Korrekturen an die Messwerte anzubringen. Es ist daher nicht verwunderlich, dass international viele Unterschiede hinsichtlich Gerätetyp und Aufstellungshöhe bestehen.

Die Aufstellung des Niederschlagsmessers hat so zu erfolgen, dass er nicht im Regenschatten von Bäumen oder Gebäuden steht. Er soll auch nicht dem Wind völlig frei ausgesetzt sein. Die variablen Messbedingungen wirken sich in einer nicht konstanten Genauigkeit der Messwerte aus. Der Messfehler hängt von der Windgeschwindigkeit, der Art und Intensität des Niederschlags sowie erheblich von der Umgebung des Regenmessers ab. Besonders der Windeinfluss bewirkt zu geringe Messwerte der Niederschlagshöhe. Dieser Effekt ist bei Schnee noch ausgeprägter. In der meteorologischen Literatur findet man Korrekturvorschläge. Die von den Wetterdiensten herausgegebenen Niederschlagsdaten sind unkorrigiert.

Auf besondere Schwierigkeiten stößt die Niederschlagsmessung auf See, da besonders bei fahrenden Schiffen hohe Umströmungsgeschwindigkeiten auftreten und die ortsbezogene Maßzahl Höhe/Zeit nicht definiert ist. International standardisierte Schiffsregenmesser stehen noch aus. Ein Prototyp wurde von Hasse et al. (1998) entwickelt.

Zum Einsatz für automatische Wetterstationen gibt es auch für den Niederschlag elektrische Messwandler (Tropfenzählung, Volumenmessung), sodass Höhe und Dauer erfasst werden können. Bei der optischen Niederschlagsmessung wird der Niederschlag durch Bestimmung der optischen Störungen gemessen, die in einem von den fallenden Tropfen modifizierten Infrarotlichtstrahl entstehen. Diese Störungen besitzen charakteristische Strukturen, die mit der Niederschlagsrate korreliert sind. Die Entwicklung neuer Sensoren und Sensorkombinationen erlauben die automatische Bestimmung verschiedener Niederschlagsarten.

Das Tropfengrößenspektrum messen Distrometer, die vor allem im Zusammenhang mit der Niederschlagsbestimmung mit Hilfe von Radar eingesetzt werden (s. Abschnitt 8.3.4).

Weitere Beobachtungen gelten der Niederschlagsdauer mit Erfassung von Beginn und Ende sowie der Art und Intensität von Niederschlägen.

Ist eine Schneedecke vorhanden, werden deren Höhe und Wassergehalt sowie die Höhe einer eventuell vorhandenen Neuschneedecke bestimmt. Der Höhenbestimmung dienen Handschneepegel (50 oder 100 cm Länge, mit Zentimetereinteilung) sowie ortsfeste Schneepegel an Bergstationen. Eine Schneedecke, deren Höhe nur < 1 cm erreicht, wird als 1 cm registriert. Für die Bestimmung des Wasseräquivalentes und der Schneedichte wird eine Schneeprobe der Höhe h in cm entnommen und nach dem Schmelzen die Schmelzwasserhöhe S in mm gemessen. Das spezifische Wasseräquivalent w, gemessen in $mm\,cm^{-1}$, ergibt sich zu

$$w = S / h . \tag{8.2}$$

Die Schneedichte ergibt sich aus der Masse einer Schneeprobe, bezogen auf deren Volumen. Dieser Wert kann leicht in den des spezifischen Wasseräquivalentes umgerechnet werden.

Zur Bestimmung des **Windes** als horizontaler Windvektor werden Windgeschwindigkeit und Windrichtung gemessen. Windmessgeräte (Anemometer) werden im freien Gelände in 10 m Höhe ü. Gr. angebracht, in bebauten und bewachsenen Gebieten kommen auch andere Höhen in Frage. Der Wind verändert sich in der Bodenschicht der Atmosphäre gesetzmäßig mit der Höhe (s. Abschnitt 6.7.1), so dass die Messergebnisse auf das Referenzniveau mit hinreichender Genauigkeit umgerechnet werden können. Da die Windgrößen eine beträchtliche zeitliche Variabilität aufweisen, werden sie kontinuierlich registriert. Aus den Registrierungen können interessierende Kenngrößen entnommen werden (bspw. das 10 min-Mittel der Windgeschwindigkeit).

Die Windrichtung, für deren Bezeichnung die auf einer 360°-Skala von Nord (= 360°) über Ost (= 90°) das Prinzip „woher" gilt (der Wert 0 wird bei umlaufenden Winden angegeben), wird mit Windfahnen gemessen. Diese gibt es in verschiedenen Formen, die aber ein der Messaufgabe angepasstes definiertes Schwingungsverhalten (gedämpftes Pendel) aufweisen müssen. Die Windgeschwindigkeit als der Weg, den der Wind in einer bestimmten Zeit zurücklegt, wird in m s^{-1} gemessen. Daraus lassen sich eventuell gewünschte andere Geschwindigkeitsmaße errechnen (s. Abschnitt 6.2). Die Messung erfolgt im Netzbetrieb am häufigsten mit Hilfe vom Wind angetriebener rotierender Systeme (Propelleranemometer als Referenzgerät, Schalenkreuzanemometer, verschiedene Rotortypen), deren Umdrehungsgeschwindigkeit zumindest für Windgeschwindigkeiten > 5 m s^{-1} linear mit der Windgeschwindigkeit zusam-

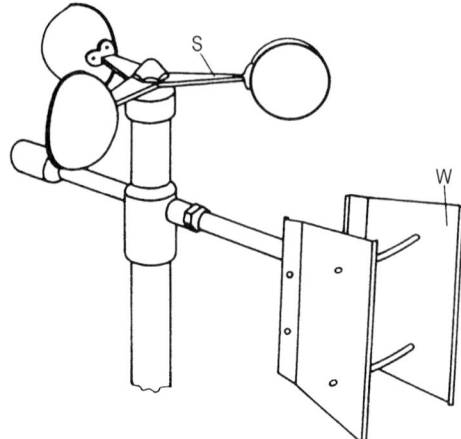

Abb. 8.9: Schalenkreuzanemometer (nach DWD 1986) W = Windfahne und S = Schalenkreuz

menhängt (Abb. 8.9). Diese Messwandler müssen bestimmten Anforderungen hinsichtlich ihres statischen (Ansprechgeschwindigkeit) und dynamischen Verhaltens (definierte Wiedergabe oder Unterdrückung von Schwankungen der Windgeschwindigkeit unterschiedlicher Frequenz) entsprechen.

Als weitere Methode sind Staudruckanemometer gebräuchlich. Nach diesem Prinzip arbeitet zur Erfassung von Windspitzen der Böenschreiber, der früher als Standardgerät im Wetterdienst verwendet wurde.

Für spezielle Messaufgaben gibt es weitere Messverfahren (bspw. Hitzdrahtanemometer, akustische Anemometer, Windprofiler u. a., s. Abschnitte 8.3 und 8.4).

An meteorologischen Stationen des Wetterdienstes oder an Messstellen anderer Einrichtungen werden zusammen mit den meteorologischen Größen Immissionskonzentrationen ausgewählter **Luftbeimengungen** bestimmt. Es handelt sich um feste, flüssige oder gasförmige Stoffe, die zur natürlichen

8.1 Meteorologische Größen am Erdboden

oder anthropogenen Zusammensetzung der Luft gehören und in zeitlich variierenden Konzentrationen auftreten. Dazu zählen Gase wie Schwefeldioxid, Ozon, Kohlenmonoxid u. a., aber auch Schwebstaub sowie Menge und Art der nassen Deposition von an Stäuben gebundenen Beimengungen. Eine Anzahl dieser Stoffe wird auch durch die automatischen meteorologischen Stationen erfasst.

Weitere meteorologische Größen werden visuell beobachtet (in manchen Fällen ist auch eine Messung möglich). Eine wichtige Größe ist der **Bedeckungsgrad** des Himmels mit Wolken. Er gibt an, wieviel Achtel (Okta) des scheinbaren Himmelsgewölbes mit Wolken bedeckt sind. Wolken, die unter 10° über dem Horizont stehen, werden unberücksichtigt gelassen. Besteht keine Horizontfreiheit, so wird die Schätzung nur am sichtbaren Teil des Himmels vorgenommen. Weitere Beobachtungsgegenstände sind die **Wolkengattungen** und Wolkenunterarten, die nach der Internationalen Wolkenklassifikation (in Wolkenatlanten enthalten, s. Abschnitt 5.4.4) bestimmt werden. Weiterhin wird die Höhe der **Wolkenuntergrenze** geschätzt. Für diese Größe gibt es, vornehmlich auf Flugplätzen, auch spezielle Messgeräte (**Ceilometer**).

Unter der horizontalen **Sichtweite** versteht man die größte Entfernung, in der ein schwarzes Objekt hinreichenden Ausmaßes gegen den Horizont gesehen und erkannt werden kann, wenn die allgemeine Beleuchtung auf normale Tageslichtverhältnisse gebracht würde. Die Bestimmung der Sichtweite wird durch die visuelle Schätzung der Sichtbarkeit vorhandener natürlicher Sichtziele (in der Nacht leuchtende Sichtziele) vorgenommen. Sie erfolgt nach bestimmten Entfernungsstufen (Tab. 8.4). Sind azimutabhängige Unterschiede vorhanden, wird der geringste Wert genommen. An Küstenstationen wird die Sichtweite in Richtung Land und See getrennt geschätzt. Dort, wo die Sichtweitenbestimmung von besonderer Wichtigkeit ist, werden automatisch arbeitende Sichtmessgeräte (Transmissometer) eingesetzt. Gemessen wird die Lichtschwächung (Extinktion) zwischen einer definierten Lichtquelle (Sender) und einem Empfänger. Daraus lassen sich Maßzahlen für die Sichtbedingungen ableiten. Dem gleichen Zweck dienen Absorptionsmessungen mit Lasergeräten. Bei der instrumentellen Sichtweitenbestimmung bedient man sich der Größen, die in Tab. 8.1 aufgeführt sind. Die MOR (Meteorological Optical Range) ist die horizontale Entfernung, über die die Transmission von weißem Licht (Farbtemperatur 2700 K) 5 % beträgt bzw. der Lichtstrom um 95 % geschwächt wird (entspricht einem Kontrastschwellenwert von 0,05). Diese Größe ist helligkeitsunabhängig und kann mit Transmissometern oder Videographen gemessen werden. Die RVR (Runway

Tab. 8.4: Entfernungsstufen, nach denen die horizontale Sichtweite geschätzt wird

Stufen der Sichtweite / km		
von	/	bis
< 0,05		
0,05	<	0,20
0,20	<	0,50
0,50	<	1
1	<	2
2	<	4
4	<	10
10	<	20
20	<	50
≥ 50		

Visual Range) ist eine Größe, die der Flugsicherheit dient und als Landebahnsichtweite bezeichnet werden kann. Sie ist definiert als die größte horizontale Entfernung, aus der der Pilot eines Flugzeuges über der Mittellinie der Piste aus einer Höhe von 5 m über der Piste die Landebahnmarkierung oder die Rand- und Mittellinienbefeuerung erkennen kann. Die RVR kann aus der MOR, der Umfeldleuchtdichte und der Lichtstärke der Landebahnbefeuerung berechnet werden.

Ein wichtiger Spezialfall der Sichweitenschätzung ist die Beobachtung von **Nebel** (horizontale Sichtweite in Augenhöhe < 1 km), dessen Beginn und Ende ebenso wie Art und Intensität Gegenstand der Beobachtungen sind. Liegen die Sichtweiten zwischen 0,5 und 1 km, handelt es sich um leichten Nebel, zwischen 0,2 und < 0,5 km um mäßigen Nebel und bei Sicht < 0,2 km um dichten Nebel.

Elektrische und optische Erscheinungen in der Atmosphäre werden ebenso wie der Erdbodenzustand und der Wetterablauf gemäß den Beobachtungsanleitungen des Wetterdienstes erfasst. Ein **Gewitter** wird dann gezählt (und der Tag als Gewittertag bewertet), wenn der Beobachter mindestens einen Donner hört.

8.1.3 Moderne Netzgestaltung – das Konzept Messnetz 2000 des DWD

Die schrittweise Verwirklichung des gemeinsamen Konzepts Messnetz 2000 des Deutschen Wetterdienstes und des Geophysikalischen Beratungsdienstes der Bundeswehr ist ein Beispiel für die moderne und rationelle Gewinnung, Übertragung und Bereitstellung meteorologischer Daten in einem nationalen Basismessnetz. Durch einen immer mehr automatisierten Betrieb des Bodenmessnetzes und der aerologischen Messungen sowie Einbeziehung weiterer Messungen wird die lückenlose Versorgung der Dienste und ihrer Nutzer mit räumlich und zeitlich dem Stand der atmosphärischen Wissenschaft angepassten Daten angestrebt. Gegenwärtig noch vorhandene Defizite werden nach Möglichkeit ausgeglichen.

Rückgrat des Bodenmessnetzes sind die neu entwickelten **automatischen meteorologischen Stationen** AMDA I bis III (s. Abb. 8.10). Neu ist, dass auch die von ehrenamtlichen Beobachtern betreuten Stationen mit Automaten ausgerüstet sein werden, wobei auch diese Daten messzeitnah in einem universellen Datenformat an die Zentrale des DWD übertragen werden. Die Gewinnung von Beobachtungsgrößen, die sich einer Automatisierung noch verschließen, wird weiterhin gewährleistet. Wetterstationen mit DWD-Personal (Wst I) werden mit der automatischen Station AMDA I ausgerüstet, ihre Zahl wird von 121 auf 87 (s. Tab. 8.2) zurückgehen. Dafür wird die Zahl der automatischen Wetterstationen (Wst II), die auf dem Messsystem AMDA II basieren, sich von 51 auf 87 erhöhen. Die Wetterstationen mit ehrenamtlichen Beobachtern (Wst III, ca. 300) sind mit der Anlage AMDA III/S ausgerüstet, und die Niederschlagsstationen mit ehrenamtlichen Beobachtern (Wst IV, ca. 500) arbeiten mit dem Automaten AMDA III/N. Die automatischen Messanlagen werden durch die Entwicklung neuer Sensoren weiterentwickelt.

Ein derartiges Netz ist auf eine zuverlässige und bei Bedarf sehr schnelle

8.1 Meteorologische Größen am Erdboden

Abb. 8.10: Die automatische meteorologische Station AMDA III des Deutschen Wetterdienstes, die Bestandteil der Konzeption Messnetz 2000 ist und an Stationen mit ehrenamtlichen Beobachtern eingesetzt wird. Foto: DWD

Wartung und Betreuung der Messsysteme angewiesen. Nur so können Messwertfehler und -ausfälle minimiert werden. Kontrollmessungen mit konventionellen Messmethoden und ausführliche Vergleichsuntersuchungen sind eine unerlässliche Voraussetzung, um die Inhomogeniäten der langen Zeitreihen von Klimaelementen möglichst gering zu halten (s. Abschnitt 8.1.6). In diesem Zusammenhang ist es wichtig, die sehr langen klimatologischen Messreihen, die für die Analyse des voranschreitenden Klimawandels unentbehrlich sind, in herkömmlicher Weise fortzuführen, wie es die Deutsche Meteorologische Gesellschaft 2000 gefordert hat.

Ein ausführlicherer Überblick über das Konzept Messnetz 2000 des DWD ist in DWD (2000) enthalten.

8.1.4 Datenquellen

Die umfassendsten Quellen für die meteorologischen Daten sind die Originaldokumente der Messstation, die auch die Informationen über die Geschichte der Station (Verlegungen, Veränderungen der Umgebung oder der Instrumentierung u. a.) enthalten.

Die Wetterdienste geben (oft mit erheblicher zeitlicher Verzögerung) Meteorologische Jahrbücher heraus, die auch auf entsprechenden elektronischen Datenträgern (CD-ROM) enthalten sein können. Aus diesen werden stark verdichtete Daten der Hauptelemente gewonnen und publiziert (so die regelmäßig durch die WMO publizierten CLINO-Daten (climate normal), auch World Weather Records, herausgegeben von der Smithonian Institution); für den allgemeinen Gebrauch sind Datenzusammenstellungen in Büchern enthal-

ten (bspw. Müller 1996).
Insbesondere für die Anwendung in der Klimaforschung existieren globale Datensätze des Luftdrucks, des Geopotenzials, der Lufttemperatur u. a. Größen über längstmögliche Zeiträume. Diese Daten sind nicht auf bestimmte Stationen, sondern auf Gitterpunkte (bspw. in 5° mal 5°-Abständen) bezogen.
In den letzten Jahren hat sich das Internet mit zur wichtigsten Quelle für meteorologische u. a. Daten entwickelt. Genannt seien hier nur die Adressen http://www.worldclimate.com/,
http://wmo.ch,
http://www.ncdc.noaa.gov,
http://cdiac.gov.
Von Nutzern gewünschte Datensätze und/oder Auswertungen sind auch vom Deutschen Wetterdienst erhältlich, wobei jedoch nicht unbeträchtliche Kosten entstehen können.
Zahlreiche Datensätze von Messkampagnen und speziellen Messprogrammen existieren bei den jeweiligen Instituten und können im Fall eines begründeten Bedarfs dort angefordert werden.
Bei der Verwendung von Datenzusammenstellungen muss auf Hinweise zur Qualität, zu angebrachten Korrekturen, zur Art der Berechnung von Mittelwerten u. a. geachtet werden. Nicht selten fehlen allerdings entsprechende Angaben oder sie sind unvollständig.

8.1.5 Statistische Grundbearbeitung der Datenreihen

Nach ihrer Gewinnung werden die meteorologischen Daten direkt oder mittels eines Computerprogramms einer ersten Überprüfung bezüglich grober Fehler und Plausibilität unterzogen. Es werden die wichtigsten statistischen Maßzahlen und die Verteilungsfunktionen bestimmt (Tab. 8.5). Bei der statistischen Auswertung, die nach Monaten, Jahreszeiten, Jahren und Vielfachen von Jahren durchgeführt wird, sind die meteorologischen Jahreszeiten zu beachten. So gelten als Frühjahr der Zeitraum vom 1.3. bis 31.5., als Sommer der vom 1.6. bis 31.8., als Herbst der vom 1.9. bis 30.11. und als Winter der vom 1.12. bis 28. (29.) 2. des Folgejahres. Als Sommerhalbjahr wird die Zeit vom 1.4. bis 30.9., als Winterhalbjahr die vom 1.10. bis 31.3. des Folgejahres gerechnet. Für die Lufttemperatur und -feuchte werden gelegentlich davon abweichende natürliche Jahreszeiten definiert (für Mitteleuropa bspw. Frühjahr 1.3. bis 30.4., Sommer 1.5. bis 30.9., Herbst 1. bis 31.10. und Winter 1.11. bis 28. (29.) 2. des Folgejahres).

Tab. 8.5: Einfache statistische Größen gemessener Stichproben meteorologischer Größen

Statistische Kategorie	Statistische Größen
Mittelwert	Arithmetischer Mittelwert Median Modus
Varianzmaße	Mittlere quadratische Abweichung (Streuung) Standardabweichung Schwankungs- bzw. Variationsbreite Extremwerte
Höhere Momente	Schiefe Exzess
Verteilungsfunktion	Normalverteilung log. Normalverteilung Weibull-Verteilung u. a.
Summengrößen	Absolute Summenhäufigkeit Quantile

Liegen nur herkömmliche Terminwerte vor, so werden zur Bestimmung von Tagesmittelwerten aus Terminbeobachtungen Beziehungen wie Tagesmittel der Größe

$$X = (X_{7\,Uhr} + X_{14\,Uhr} + X_{21\,Uhr}) / 3 \quad (8.3)$$

oder für die Lufttemperatur

$$t_{Tagesmittel} = (t_{7\,Uhr} + t_{14\,Uhr} + 2 \cdot t_{21\,Uhr}) / 4 \quad (8.4)$$

angewendet. Die Zeitangaben in diesen Formeln beziehen sich auf die mittlere Ortszeit. Die Formeln geben die Tagesmittelwerte jedoch nur mit einem bestimmten Fehler wieder.

8.1.6 Zur Homogenität meteorologischer Datenreihen

Infolge der Entwicklung der Mess- und Auswertetechnik, der Veränderungen der Bedingungen der Gewinnung der Daten (bspw. Umstellung von einer herkömmlichen zu einer automatischen meteorologischen Station), der Instrumentenausrüstung und der mit der Zeit veränderlichen Umgebung einer Station können in den meteorologischen Datenreihen Veränderungen in der statistischen Struktur, aber auch in der meteorologischen Information auftreten, die allgemein unter dem Begriff der **Inhomogenität** zusammengefasst werden. So gibt es sprunghafte (zum Beispiel bei Verlegung einer Station, erheblicher Veränderung der Umgebung oder auch Ersetzen einer herkömmlichen durch eine automatische Station) und schleichende Veränderungen (Trends) der Messwerte. Elemente der Inhomogenität können auch periodische Veränderungen und/oder Variationen des Andauerverhaltens (Persistenz) der Größen sein. Beeinträchtigungen der Homogenität sind für die einzelnen Größen unterschiedlich.

So ist es erforderlich, Datenreihen vor ihrer weiteren Bearbeitung auf **Homogenität** zu überprüfen. Die einfachen Verfahren wurden bereits vor mehr als einem Jahrhundert durch J. v. Hann (1839–1921) eingeführt. Es wurde erkannt, dass die **Differenzen oder Quotienten** korrespondierender Werte benachbarter Stationen weniger schwanken als die Werte selbst. Treten in den Differenzen- oder Quotientenreihen von Monatswerten sprunghafte oder langsame einsinnige Änderungen ein, so kann eine Inhomogenität an einer der Stationen diagnostiziert werden. Aus dem so durchgeführten Vergleich von Beobachtungsdaten benachbarter Stationen können Lücken in den Datenreihen gegebenenfalls durch Anwendung der Regressionsanalyse ergänzt werden (Methode der **Datenreduktion**). Später wurden einfache und auch anspruchsvollere statistische Methoden der Homogenitätsprüfung eingeführt, so dass diese heute objektiv und schnell vorgenommen werden kann. Zu den **Methoden** gehören die Bildung von Summen- oder Doppelsummenkurven, Aufstellung von Korrelogrammen, Bestimmung der Autokorrelationsfunktion zur Kenntnis des Persistenzverhaltens, Trendberechnungen, Vergleich von Verteilungsfunktionen u. a. Die Inhomogenität kann nicht nur die Mittelwerte, sondern auch die Streuungsgrößen betreffen.

Wurde in einer Datenreihe einer meteorologischen Größe eine Inhomogenität festgestellt, so muss diese möglichst präzise beschrieben und die Ursache festgestellt werden. Eine Korrektur ist nicht zu empfehlen und sollte nur in besonders begründeten Ausnahmefällen erfolgen.

8.1.7 Repräsentativität meteorologischer Stationen

Der Begriff der Repräsentativität von meteorologischen Messungen oder Beobachtungen beschreibt, inwieweit Beobachtungen an einem Punkt (so an einer Station) innerhalb angenommener Schwankungsbreiten für das umliegende Gebiet gültig sind. Neben der **räumlichen Repräsentativität** unterscheidet man auch eine zeitliche, die durch die Größe des Gebietes charakterisiert ist, innerhalb dessen die **Zeitreihen** der meteorologischen Größen eine hinreichend signifikante Kovarianz aufweisen. Die Kenntnis der **zeitlichen Repräsentativität** erlaubt die Beurteilung der Aussagekraft auch kürzerer Datenreihen. Es muss betont werden, dass die Repräsentativität für die verschiedenen meteorologischen Größen durchaus unterschiedlich sein kann. Ein optimales meteorologisches Stationsnetz kann es daher nicht geben, es muss stets ein Kompromiss gefunden werden. Die gemessenen oder beobachteten Größen an einem Punkt enthalten Anteile, die durch die großräumigen atmosphärischen Zustände (Makroklima, synoptische Situation), deren regionale Besonderheiten (Mesoklima, mesometeorologische Strukturen) und durch lokale Einflüsse (Mikroklima) gegeben sind. Letztere wirken sich besonders im Fall eigenbürtiger (autochthoner) Witterung aus (s. Abschnitt 3.10, s. auch Kapitel 12 und 13). Bei fremdbürtigen (allochthonen) Wetterlagen, die durch Advektion und in der Regel höhere Windgeschwindigkeiten geprägt werden, sind die räumlichen Unterschiede zahlreicher meteorologischer Größen gering. Ist der Einfluss lokaler und regionaler Besonderheiten auf die Werte einer meteorologischen Station klein, spricht man von einer **Repräsentativstation**, deren Mess- und Beobachtungsergebnisse innerhalb vorgegebener Abweichungen für ein größeres Gebiet gelten. Generell tragen einheitliche Kriterien zur Anlage von meteorologischen Stationen zur Erhöhung der Repräsentativität bei.

Es existieren mehrere Verfahren, die die Repräsentativität meteorologischer Messungen und Beobachtungen quantitativ bestimmen. Aus diesen folgt, dass die Repräsentativität einer Station je nach betrachteter meteorologischer Größe unterschiedlich zu bewerten ist. So fällt bspw. das Repräsentativgebiet für die Niederschlagshöhe in der Regel viel kleiner aus als das für die Lufttemperatur.

8.2 Aerologische Größen

8.2.1 Allgemeines

Die Aerologie ist das Teilgebiet der Physik der Atmosphäre, das die **freie Atmosphäre** untersucht. Aerologische Größen sind daher meteorologische Parameter aus der Troposphäre und der Stratosphäre. Für die Wetteranalyse und -vorhersage ist die tägliche Gewinnung von Daten aus der freien Atmosphäre eine unerlässliche Voraussetzung. Diese erfolgt im Routinedienst heute mit Radiosonden, in Spezialfällen aber auch mit Hilfe von Flugzeugaufstiegen und ausgedehnteren Horizontalflügen (auch Segelflugzeuge und Hubschrauber), ferngelenkten Flugzeugmodellen, Fesselballons, Drachen (klassischer aerologischer Geräteträger), driftende Ballons, die sich in einer vorgegebenen Höhe über große Ent-

8.2 Aerologische Größen

fernungen bewegen, oder meteorologischen Raketen. Die aerologischen Aufstiege werden im operationellen Betrieb an **Radiosondenaufstiegsstellen** durchgeführt. Weltweit existieren über 700 solcher Stationen, die die Aufstiege in einem festgelegten Rhythmus (00 und 18 Uhr UTC, Höhenwindmessungen 00, 06, 12 und 18 Uhr UTC) starten.

Die Auswertung der Radiosondendaten erfolgt heute weitgehend automatisiert. Endprodukt sind u. a. die Eingangsdaten für das thermodynamische Diagramm nach G. Stüve (1888–1935, s.

Abschnitt 4.2.5), das anhand der vertikalen Verläufe von Luftdruck, Lufttemperatur und Luftfeuchte sowie Wind u. a. die Bestimmung der Abweichungen von den Normalbedingungen sowie von den adiabatischen Temperaturgradienten (s. Abschnitt 4.2.5) gestattet. In der Meteorologie wird die Darstellung des vertikalen Verlaufes der gemessenen Größen als TEMP bezeichnet. Tab. 8.6 enthält als Beispiel die Ergebnisse eines Radiosondenaufstieges am 1.8.1992 in Berlin.

8.2.2 Geräte

Bei der **Radiosonde** als wichtigstem aerologischem Gerät im Routinebetrieb handelt es sich um eine Kombination von Messelementen für die Lufttemperatur, die Luftfeuchte und den Luftdruck mit einem kleinen Sender. Die Radiosonde wird an einem freifliegenden Ballon hängend gestartet (Abb. 8.11). Während des Aufstieges, der Höhen um 30 km in der Regel und Gipfelhöhen um 50 km eher selten erreicht, werden die Messwerte während des im Mittel etwa 90 min dauernden Aufstieges in einem bestimmten Modus an die Bodenstation gesendet. Der Ballon besteht aus Gummi und ist mit Wasserstoff gefüllt. Nach dem Platzen des Ballons bei Erreichen der Gipfelhöhe fällt die Sonde an einem Fallschirm zur Erdoberfläche zurück.

Während früher elektromechanische Radiosonden zum Einsatz kamen, sind es heute elektronisch arbeitende Mess- und Übertragungssysteme. Die Temperaturmessung erfolgt mit Bimetallsensoren, überwiegend jedoch mit Thermistoren und elektrischen Widerstandsthermometern. Für die Druckmessung sind in erster Linie Aneroidbarometer

Tab. 8.6: Ergebnisse eines Radiosondenaufstieges in Berlin-Tempelhof am 1.8.1992

Luftdruck/ hPa	Höhe/ m	Lufttemperatur/ °C	Taupunkt/ °C	Relative Feuchte/ %
6,6	34517	−30,9		
7,0	34133	−31,8		
8,0	33197	−35,4		
10,0	31646	−36,4		
15,0	28874	−42,3		
20,0	26941	−44,9		
25,0	25454	−45,6		
30,0	24250	−49,4		
40,0	22380	−50,8		
50,0	20933	−52,1		
60,0	19758	−53,1		
70,0	18765	−52,5		
80,0	17912	−55,2		
100,0	16486	−54,7		
150,0	13890	−53,2		
200,0	12051	−58,2	−70,9	19
225,0	11304	−55,1	−68,6	18
250,0	10625	−50,3	−66,3	14
300,0	9412	−41,2	−61,3	10
400,0	7396	−26,4	−45,5	15
500,0	5744	−14,4	−30,2	25
600,0	4341	−5,5	−14,0	51
700,0	3114	2,0	−1,3	79
800,0	2019	9,7	7,1	84
850,0	1512	13,5	8,4	71
900,0	1028	16,1	9,2	64
950,0	565	17,2	9,7	61
1000,0	124	21,2	10,1	49
1009,0	46	23,7	13,9	54

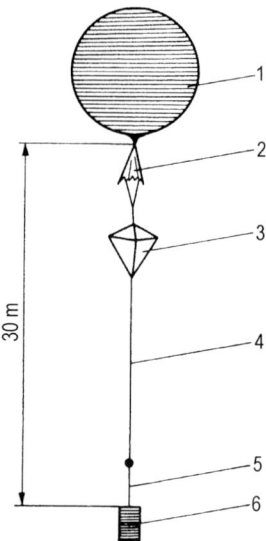

Abb. 8.11: Schematische Darstellung einer Radiosonde
1 = Neopren-Ballon am Boden mit ca. **4 m³** Wasserstoff gefüllt; 2 = Fallschirm, 3 = Radarreflektor, 4 = Seil, 5 = Antenne der Radiosonde; 6 = Radiosonde

(Vidie-Dosen) im Einsatz. Zur Bestimmung der relativen Feuchte werden die hygroskopischen und elektrischen Eigenschaften (Lithiumchlorid-, Kohlenstoff-, Dünnschichtkapazitäts-, Haar- und Goldschlägerhautsensoren) sowie psychrometrische und Taupunkt-Messmethoden herangezogen.

Eine wichtige Aufgabe der Radiosonden besteht in der Messung des **Höhenwindes**. Diese Messung erfolgte früher auf der Basis der Erfassung der Ballonbahn (Ballondrift) und der Kenntnis der Aufstiegsgeschwindigkeit (300 m min^{-1}) mit Hilfe von visuellen Theodolitmessungen des Azimut- und Höhenwinkels. Die in der Gegenwart verwendeten Verfahren sind unabhängig von der Bewölkung und basieren auf der Funkpeilung der Ballonbahn mit einem Radiotheodoliten. Dazu befindet sich am Ballon ein kontinuierlich arbeitender weiterer Sender. Beim Einsatz von Radartheodoliten dagegen trägt der Ballon nur einen Reflektor für Radarwellen. In diesem Fall wird die Ballonbahn aus den reflektierten Impulsen ermittelt. Man erhält den Radarwind (RAWIN). Im Bereich des DWD werden diese Verfahren durch GPS-Satellitennavigationssysteme und teilweise durch den Einsatz automatisch arbeitender Ballonstartsysteme (Autolauncher) im Rahmen des Konzepts Messnetz 2000 umgestellt.

Zum Einsatz kommen ferner **Spezialradiosonden**, zu denen Ozonsonden mit optischen oder elektrochemischen Sensoren sowie Strahlungssonden zählen. Dazu gehören auch langsam steigende Sonden mit speziell angepasster Messhäufigkeit für die Erkundung der atmosphärischen Grenzschicht bis zu Höhen von ca. 2000 m. Derartige kleinaerologische Aufstiege, die vielfach auch mit gefesselten Systemen erfolgen, werden für Forschungszwecke, aber auch durch den Wetterdienst bei ausgewählten Wetterlagen durchgeführt, um die Ausbreitungsbedingungen für Luftbeimengungen zu ermitteln.

Meteorologische Raketen (Wetterraketen) ermöglichen Sondierungen in den Höhen der Atmosphäre von 40 bis 100 km, in die die Radiosonden nicht mehr gelangen und die der herkömmlichen Aerologie nicht mehr zugeordnet werden. Dieser Höhenbereich kann für bestimmte Messungen (Windrichtung und -geschwindigkeit) auch durch indirekte Messungen vom Boden aus erreicht werden. Die bei Raketenaufstiegen auftretenden starken Beschleunigungen stellen besondere Anforderungen an die instrumentelle Bestückung. Die Eigenschaften der Luft in dem zu sondierenden Höhenbereich verlangen spezielle Sensoren für die Messung von Druck und Temperatur. Die Messungen beginnen, nachdem bei Erreichen des Scheitelpunktes ein Fallschirm ausgestoßen wird, der die Geräte zum Erdboden trägt. Angaben über die Windverhältnisse erhält man aus Abdriftmessungen mittels Radar vom Boden aus.

8.3 Fernerkundung atmosphärischer Parameter

8.3.1 Allgemeine Bemerkungen

Während die Messung der herkömmlichen meteorologischen Größen bis auf Ausnahmen (Höhenwind) an Ort und Stelle direkt (in situ) erfolgt, sind in den letzten Jahrzehnten vielfältige **Fernmessverfahren** (remote sensing) im Rahmen der allgemeinen Fernerkundung entwickelt worden. Zur Informationsübertragung ist in diesem Fall ein Medium erforderlich; für einen großen Teil der Anwendungen handelt es sich um elektromagnetische Wellen eines breiten Spektralbereiches. Für die Fernerkundung von Satelliten aus hat die elektromagnetische Wellenstrahlung die vorteilhafte Eigenschaft, dass sie sich auch im Vakuum ausbreitet. Die elektromagnetische Strahlung wird in zweifacher Hinsicht genutzt. Zum einen wird für eine Messung die natürliche Strahlung der interessierenden Wellenlängen genutzt (passive Verfahren), zum anderen werden definierte elektromagnetische Strahlungsquellen eingesetzt und die von der Zielgröße abhängigen Veränderungen bestimmt (aktive Verfahren, vor allem Radar und Lidar). Im unteren Bereich der Atmosphäre kommen auch von entsprechenden Quellen abgestrahlte Schallwellen als Übertragungsmedium in Frage.

Die zahlreichen Methoden der Fernerkundung sind auf die Bestimmung von Größen und Eigenschaften der Atmosphäre (gasförmige, flüssige und feste Bestandteile) sowie auf Oberflächeneigenschaften des Festlandes und des Ozeans gerichtet.

Als besonderes Problem erweist sich die Modifikation eines Nutzsignals durch die Atmosphäre. Diese wird durch Anwendung spezieller Methoden korrigiert (Atmosphärenkorrektur).

Die Anwendung der Fernerkundungsverfahren kann sowohl von der Erdoberfläche als auch von Luftfahrzeugen und Ballons sowie von Satelliten aus vorgenommen werden. Es werden quasi-punktförmige Zielpunkte vermessen, häufig erfolgt aber die Anwendung der Verfahren mittels flächenmäßiger Abtastung der Atmosphäre oder der Erdoberfläche (Scanner-Verfahren).

Besonders die künstlichen **Erdsatelliten** haben sich als ein unverzichtbares Hilfsmittel für Forschung und operationelle Anwendungen erwiesen. Satellitenmessungen werden sowohl zur Vertikalsondierung meteorologischer Größen für höhere Atmosphärenschichten als auch für die Bestimmung großräumiger und mesoskaliger horizontaler Feldverteilungen interessierender Parameter eingesetzt. Bewährt hat sich die Kombination von Satelliten auf geostationären und polumlaufenden Bahnen.

Die modernen Satelliten liefern multispektrale Daten in sehr hoher Auflösung (AVHRR: Advanced Very High Resolution Radiometer). Auf ihnen befinden sich aktive Mikrowellenempfänger, Radaraltimeter für die präzise Höhenmessung, insbesondere des Meeresspiegels, und andere Radarmessgeräte, abtastende Radiometer (ATSR) sowie Kombinationen von Infrarot-Strahlungsmessgeräten. Möglich sind die automatische Wolkenerkennung und Wolkenklassifikation. Bestimmt werden können die Temperatur- und Wasserdampfverteilungen sowie Größen des Strahlungs- und Wärmehaushaltes (bspw. das Earth Radiation Budget Experiment ERBE). Aus Messungen in mindestens zwei Spektralbereichen kann für die Erdoberfläche der Vegetationsindex bestimmt werden, der Umfang, Zustand und damit die jahreszeitliche Entwicklung der Pflanzendecke wiedergibt. Weitere Eigenschaften der Erdoberfläche lassen sich ableiten. Es können umfangreiche Daten für die Ozeanografie gewonnen werden (z. B. Temperatur der Meeresoberfläche, Meereisvorkommen, Neigung der Meeresoberfläche gegenüber dem Geoid, Oberflächenströmungen, Oberflächensalzgehalt, Chlorophyllgehalt u. a.). Als Beispiel kann der **Umweltsatellit ENVISAT** der Europäischen Raumfahrtagentur (ESA) genannt werden, der seit 2001 in 800 km Höhe die Erde umläuft. Das mit einem Kostenaufwand von über 2 Mrd. € entwickelte Messsystem kann über 30 Spurengase gleichzeitig und kontinuierlich erfassen, wodurch eine Überwachung der Entwicklung der Treibhausgase und des stratosphärischen Ozons („Ozonloch") möglich ist. Neben der Erfassung von Prozessen der Physik und Chemie der Atmosphäre können ozeanische Parameter bestimmt, aber auch Erdbewegungen vor Vulkanausbrüchen erkannt werden.

Generell muss betont werden, dass sich die herkömmlichen direkten und die modernen indirekten Messverfahren einander gut ergänzen und dass sie gegenseitig nicht ersetzt werden können. Die Fernerkundungsverfahren zeichnen sich durch eine hohe zeitliche Verfügbarkeit und gute räumliche Auflösung aus. Sie sind aber zum Teil ohne Kalibrierung mit den direkten Verfahren nicht befriedigend verwendbar.

8.3.2 Nutzung von Radiowellen

Im **Ultrakurzwellenbereich** (s. Tab. 3.1) ist die Ausbreitung der Radiowellen von den physikalischen Eigenschaften der unteren Atmosphäre abhängig. Die Ursache dafür ist, dass die Refraktion dieser Wellen von der vertikalen Temperatur- und Feuchteverteilung bestimmt wird. Diese Zusammenhänge ausnutzend, kann man aus den Empfangsbedingungen eines definierten Senders auf Elemente des Aufbaus der atmosphärischen Grenzschicht und zum Teil auch der Troposphäre schließen.

Radiowellen im **Lang-, Mittel- und Kurzwellenbereich** werden zur Sondierung der Ionosphäre herangezogen. Neben speziellen Impulssendern, die die Bestimmung der Höhe der ionisierten Schichten gestatten, werden auch Radiowellen genutzt, die von kommerziellen Radiosendern ausgestrahlt werden. So kann man mit drei geeignet angeordneten Empfängern die Phasenverschiebungen der an einer ionosphärischen Schicht reflektierten Radiowellen messen und so unter bestimmten Voraussetzungen auf die Windverhältnisse in der Höhe der erfassten Schichten schließen.

Aus der Registrierung von **Atmosphe-**

rics (oder einfach Sferics, s. Abschnitte 5.7.3 und 5.7.4) mit Hilfe geeigneter Empfänger kann die Weltgewittertätigkeit überwacht werden. Man versteht darunter vor allem die im Langwellenbereich (5 kHz bis 10 kHz) bemerkbare Impulsstrahlung, die von elektrischen Entladungen in der Atmosphäre ausgeht.

Insgesamt gesehen hat die Nutzung von Radiowellen für die meteorologische Fernerkundung gegenüber neueren Methoden an Bedeutung verloren.

8.3.3 Mikrowellen

Den Frequenzbereich zwischen 0,3 GHz und 3000 GHz (entspricht Wellenlängen von 1 m bis 0,1 mm) rechnet man den Mikrowellen zu. In diesen Spektralabschnitt fallen die Wellenlängen, die für die Radartechnik genutzt werden (s. Abschnitt 8.3.4). Während Anwendungen von **Radar** typisch aktive Verfahren sind, nutzen die passiven Methoden der Mikrowellen-Fernerkundung die Eigenstrahlung (Emission) atmosphärischer und terrestrischer Objekte in diesem Frequenzband aus.

Die **Mikrowellenradiometrie** gewinnt besonders für den Satelliteneinsatz an Bedeutung, da die modernen Geräte heute eine gute räumliche Auflösung aufweisen (bspw. < 50 km für den 22 GHz-Kanal). Vorrangiges Ziel ist die Bestimmung der Größen Luftfeuchte, Wolkenwassergehalt und Niederschlag. Mikrowellenhygrometer messen neben der Strahlungstemperatur den Dampfdruck und das gesamte flüssige Wasser in der Atmosphäre unter Nutzung des Frequenzbereiches 24 GHz bis 31 GHz. Klimatologisch von Bedeutung ist die Bestimmung der Bodenfeuchte der obersten Millimeter und der Schneegebiete.

Die passive Mikrowellenerkundung ist für die ozeanischen Gebiete besonders wichtig, da solche Parameter wie Meereis, Wassertemperatur sowie Wasserinhaltsstoffe mit partiell ausreichender Genauigkeit gemessen werden können. Mit aktiven Methoden kann die Meeresoberfläche abgetastet und aus der Art der Rückstreuung der Mikrowellen auf Seegangseigenschaften und damit auf den Bodenwind geschlossen werden.

Die Vorteile der Mikrowellentechnik liegen in der Unabhängigkeit von der Tageszeit sowie den Wolken- und Wetterbedingungen, Nachteile dagegen in dem hohen instrumentellen Aufwand und den zahlreichen Fremdeinflüssen auf die Messergebnisse.

8.3.4 Radar

Die Anwendung von Radar (Radio Detecting and Ranging) gehört zu den ältesten Fernmessverfahren in der Meteorologie. Sie führte zur Entwicklung des Spezialgebietes **Radarmeteorologie** als einem weiteren Teilgebiet der Physik der Atmosphäre.

Für die meteorologischen Anwendungen werden „Objekte" in der Atmosphäre mit Hilfe der Aussendung kurzer Impulse elektromagnetischer Wellen im Zentimeterbereich durch eine rotierende Antenne geortet. Die von dem Objekt reflektierten oder gestreuten Wellen werden durch dieselbe Antenne wieder empfangen. Die aufgenommenen Signale können auf dem Radarschirm sichtbar gemacht und elektronisch weiterverarbeitet werden. Der Einfluss der Atmosphäre auf die Ausbreitung elektromagnetischer Zentimeterwellen (Wellenlängen < 1 m)

ist neben der Brechung und Reflexion der Wellen an Grenzschichten und Partikeln in der Luft auch durch die Dämpfung der Wellenamplitude infolge von Streuung und Absorption an Partikeln gegeben.
Radargeräte werden stationär oder mobil am Boden, auf Luftfahrzeugen und Satelliten eingesetzt.
Die bodengebundene Radarüberwachung der Atmosphäre, die durch einen sinnvollen Verbund von Radarstationen flächendeckend gestaltet werden kann, dient im operationellen Bereich in erster Linie der Ergänzung der konventionellen meteorologischen Beobachtungen und damit der Verfeinerung der Wetteranalyse sowie insbesondere des Nowcasting und der Kürzestfristprognose. In der Nähe von Flughäfen dient das Wetterradar der Gewährleistung der meteorologischen Flugsicherheit. Radarinformationen bilden mit die Grundlage für Warnungen vor besonderen Wettererscheinungen wie Hagel, Sturm, Starkniederschlägen oder auch der für Flugzeuge gefährlichen Windscherung. Das Beispiel einer Radarkarte zeigt Abb. 8.12.
Eine wichtige Anwendung der Radarmethode über die operationelle Nutzung hinaus ist die Bestimmung von **Niederschlagsraten** in der Reichweite

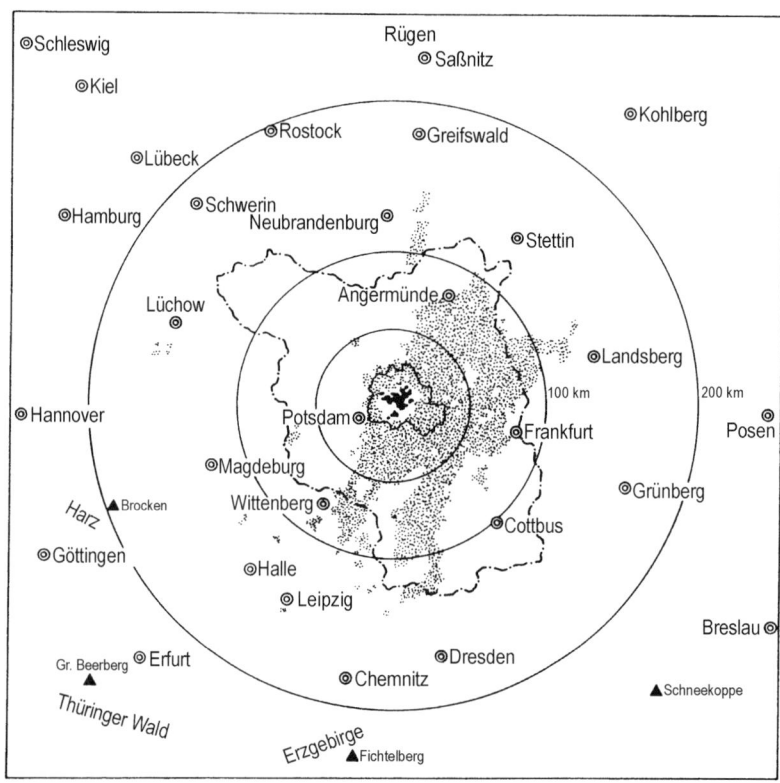

Abb. 8.12: Radarkarte vom 24.2.1997, 09.00 UTC des Instituts für Meteorologie der Freien Universität Berlin. Das Bild zeigt zahlreiche aufgelockerte Regenechos schwacher Intensität, die den Berlin-Brandenburger Raum langsam von West nach Ost überqueren.

einer Anlage (vorzugsweise mit Strahlung der Wellenlänge von 5 cm bis 6 cm) (**Niederschlag-Radar**). Niederschlagsgebiete werden durch Radar geortet, da die Echostrahlung durch Größe und Dichteverteilung der Niederschlagstropfen wesentlich bestimmt wird. Die mittlere Energie, die von Niederschlagsteilchen reflektiert und empfangen wird, beschreibt die meteorologische **Radargleichung**. Fehlerquellen stellen die Einflüsse von Bodeneigenschaften und Überreichweiten dar.

Eine quantitative Niederschlagsaussage aus Radarmessungen bedarf der Kalibrierung mit direkt gemessenen Werten. So kann die Regenrate R unter Berücksichtigung der zu treffenden Annahmen und den damit verbundenen Fehlerquellen aus der mess- und berechenbaren Radarreflektivität Z über die Beziehung

$$Z = a \cdot R^b \qquad (8.5)$$

ermittelt werden. Die Bestimmung der Koeffizienten a und b ist jedoch schwierig. Sie erfolgt über Tropfenspektrummessungen mit Hilfe von Distrometern. Die Koeffizienten sind jedoch sehr variabel und hängen von Ort und Wetterlage ab.

So ist ungeachtet der erreichten Fortschritte die Bestimmung von Flächenniederschlagsdaten als Tages- und Monatswerte noch unsicher, wenngleich die Radar-Niederschlagsmessung in Wetterdiensten bereits genutzt wird.

Eine schon länger bewährte Radaranwendung im Wetterdienst ist die Höhenwindmessung in Verbindung mit Radiosondenaufstiegen mit Messunsicherheiten von 1 m s^{-1} bis 2 m s^{-1} und 3° bis 15° (s. Abschnitt 8.2.2 und Abb. 8.12). Neben diesen schon „klassischen" An-

wendungen des Radarprinzips in der Meteorologie existieren zahlreiche Weiterentwicklungen.

Die **Doppler-Radar-Systeme** nutzen den Doppler-Effekt, nach dem eine Frequenzverringerung bei Vergrößerung und eine Frequenzerhöhung bei Verringerung des Abstandes zwischen gegenseitig bewegtem Sender und Empfänger auftritt. Bei Geräten dieser Art wird nicht nur die Amplitude des zurückgestreuten bzw. reflektierten Signals gemessen, sondern auch die Veränderung der Wellenlänge. Solche Systeme ermöglichen die Bestimmung des dreidimensionalen Windfeldes (**Windprofiler**).

Zur Messung vertikaler Windprofile werden in mindestens drei verschiedene Strahlrichtungen Radarimpulsfolgen ausgesandt. Diese Impulse werden an Inhomogenitäten der turbulent bewegten Atmosphäre gestreut. Aus dem wiederempfangenen Anteil der Streustrahlung können deren Leistung, spektrale Verteilung sowie Radialgeschwindigkeiten berechnet werden. Da die Daten für mehrere Richtungen vorliegen, ergeben sich die Windkomponenten in den erfassten Höhenbereichen sowie kennzeichnende Turbulenzparameter. Es ist möglich, Scherwind- und CAT-Zonen (CAT = Clear Air Turbulence, s. Abschnitt 6.6.1) zu ermitteln.

Durch die gleichzeitige Anwendung von **Schallwellen** (RASS, s. Abschnitt 8.3.7), die der Atmosphäre Inhomogenitäten aufprägen, und dem diese Inhomogenitäten messenden Radar ist es möglich, aus der spektralen Verteilung der Radarechos das Vertikalprofil der Schallgeschwindigkeit zu bestimmen. Da diese definiert von der Temperatur abhängt, erfolgt somit eine Messung des vertikalen Temperaturprofils, was bisher bis in eine Höhe von ca. 5 km möglich ist. Bei Verwendung von mehreren Strahlrichtungen ist aus der Verteilung der Schallgeschwindigkeit auch die Ableitung des vertikalen Windprofils möglich.

Mit Hilfe von **Radaraltimetern** können von Satelliten aus die Abweichungen des aktuellen vom idealen Meeresniveau (Geoid) mit einer Genauigkeit von etwa 10 cm gemessen werden. Damit ist die kontinuierliche Erfassung des oberflächennahen Strömungssystems im Ozean prinzipiell möglich geworden.

8.3.5 Messungen im optischen Spektralbereich

Hier seien zuerst die seit Jahrzehnten gebräuchlichen **Satellitenbilder** genannt, die ursprünglich im sichtbaren Spektralbereich als einfache Informationen über Wolkenverteilung und -arten und daraus ableitbare Prozesse dienten. Heute sind solche Bilder, insbesondere von geostationären Satelliten, in verschiedenen Spektralbereichen ein integraler Bestandteil der synoptischen Meteorologie und auch der öffentlichen Wetterinformationen.

Aus Satellitenaufnahmen (Abb. 8.13)

Abb. 8.13: Europa aus der Sicht des Wettersatelliten METEOSAT am 29.07.2004, 12.00 UTC (sichtbarer Spektralbereich). Zu sehen sind Tiefdruckwirbel mit zum Teil gut entwickelten Frontensystemen über dem Nordatlantik, Nordeuropa und den Alpen (Bild: DWD)

können neben der Verlagerung der Wolkenelemente die Wolkenoberflächentemperaturen aus den Graustufen von Infrarot-Aufnahmen bestimmt werden (dient der Niederschlagsprognose). Ferner werden solche für Analyse und Vorhersage wichtigen Phänomene wie Lage und Eigenschaften der Strahlströme, Wirbelentstehungsprozesse, Fronten, Konvektionszellen u. a. diagnostiziert. Eine besondere Aufmerksamkeit erfahren die Bewölkungsverhältnisse, wobei objektive Verfahren der Wolkenanalyse und -klassifikation auf der Grundlage multispektraler Aufnahmen den Stand bestimmen.

Gleichfalls zu den ältesten Anwendungen der Fernerkundung gehört die **Messung der Temperatur** der Erd- und Meeresoberfläche von Flugzeugen oder Satelliten aus. Gemessen wird die der Temperatur proportionale langwellige Ausstrahlung der Oberfläche in den Spektralabschnitten, in denen die Atmosphäre durchlässig ist („Fenster"). Es sind nicht nur Punktmessungen möglich, sondern auch flächenmäßige Abtastungen, die zu **Thermalbildern** führen. Für hinreichend genaue Messungen sind die Kenntnis der Emissionswerte der Unterlage für langwellige Strahlung (ε-Werte) sowie eine Korrektur der verbleibenden atmosphärischen Einflüsse erforderlich. In Abb. 8.14 ist als Beispiel ein vereinfachtes Thermalbild zu sehen.

Im optischen Spektralbereich werden **Spurengasbestimmungen** der Atmosphäre mit Hilfe sehr hoch auflösender Fourierspektrometer sowohl vom Boden als auch von Satelliten aus vorgenommen. Unter besonderer Berücksichtigung von Komponenten der Chlorchemie werden Fourierspektrometer auch mittels Ballon in die interessierenden Höhenbereiche zwischen 20 und 40 km Höhe gebracht.

Von großer Bedeutung sind die von Satelliten aus vorgenommenen Messungen der **solaren und terrestrischen Strahlungsflüsse** in verschiedenen Spektralbereichen. Daraus wird die planetare Energiebilanz berechnet. Ferner werden aus den gemessenen Strahlungsflussdichten und aus der ebenfalls möglichen Berechnung von thermodynamischen Feldgrößen Vertikalprofile von Temperatur und Feuchte vorwiegend in der Atmosphäre oberhalb der Tropopause bestimmt.

Die Zahl der Aufgabenstellungen und technischen Lösungen ist groß und wächst weiter ständig an. Ein Spezialgebiet der Nutzung des optischen Spektralbereiches ist die Lidarmesstechnik.

8.3.6 Lidar

Der Begriff Lidar (Light Detecting and Ranging) bezeichnet verschiedene Fernmessverfahren für atmosphärische Gase und Aerosolpartikelnverteilungen auf der Grundlage der Lasertechnik. Ein Lidargerät sendet definierte kohärente Lichtimpulse aus. Deren Rück-

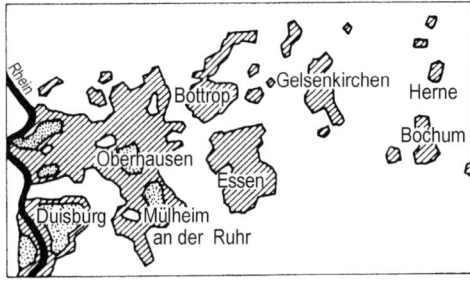

Abb. 8.14: Stark vereinfachtes Satelliten-Thermalbild von Teilen des Ruhrgebietes am 1.5.1986. Dargestellt sind die wärmsten Gebiete (︰︰︰ Wärmeinseln) und warme Bereiche (▨). (nach einer Vorlage in Kiese 1996)

streuung geht zum einen von den Molekülen der atmosphärischen Gase (nach den Gesetzen der Rayleigh-Streuung, vgl. Abschnitt 3.3.2) und zum anderen von den Aerosolteilchen (Mie-Streuung) aus. Die Streuung des ausgesandten Lichtes erfolgt entlang des gesamten Weges des Strahles. Dabei wird vorausgesetzt, dass die Streuung die Wellenlänge des Lichtes nicht verändert (elastische Streuung). Das zurückgestreute Signal kommt zeitlich versetzt am Empfänger an. Dieses **Rückstreu-Lidar** ist die einfachste Realisierung von Lidarverfahren und kommt mit einer festen Wellenlänge aus. Man kann aus den Messergebnissen vertikale Dichte- und Temperaturprofile, Eigenschaften der Grenzschicht, Spektren von Wolkenpartikeln u. a. errechnen. Grundlage der Auswertung ist die Lidargleichung

$$I_R = I_0 \cdot \eta \cdot (A/R^2) \cdot \beta_R \cdot \Delta R \cdot T_R^2 \quad (8.6)$$

mit
- I_R = empfangene Intensität aus der Entfernung R,
- I_0 = emittierte Intensität,
- η = Wirkungsgrad des Sende- und Empfangssystems,
- A = effektive Fläche der Empfangsoptik,
- R = Messentfernung (Strecke zwischen streuendem Medium und Lidargerät),
- β_R = atmosphärischer Rückstreukoeffizient in der Entfernung R,
- T_R = Transmission der Atmosphäre zwischen Lidar-Gerät und der Entfernung R sowie
- ΔR = Wegstreckenelement (bestimmt die Auflösung).

Die Zeitdifferenz zwischen Senden und Empfangen beträgt

$$\Delta t = 2 \cdot R / c,$$

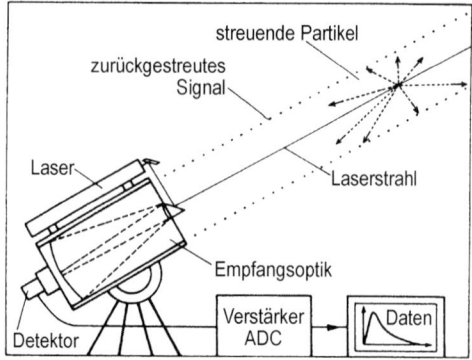

Abb. 8.15: Schematische Darstellung eines atmosphärischen Rückstreu-Lidargerätes (nach Klein und Werner 1993)

woraus

$$R = 0{,}5 \cdot c \cdot \Delta t \quad (8.7)$$

mit
- c = Lichtgeschwindigkeit und
- t = Zeit

folgt.

Die Größen R und t sind somit funktio-

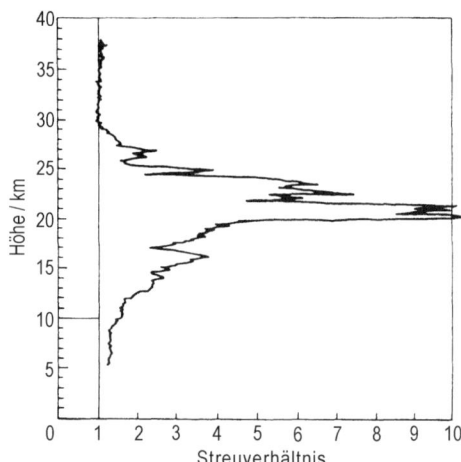

Abb. 8.16: Vertikalprofil des am Institut für Atmosphärische Umweltforschung in Garmisch-Partenkirchen am 19.2.1992 mit einem Rückstreulidargerät (532 nm) gemessenen Rückstreuverhältnisses (= gesamte gemessene Rückstreuung/ berechnete Rückstreuung einer Rayleigh-Atmosphäre, nach Jäger et al. 1994)

nell verbunden, so dass aus der Zeit zwischen Absenden des Impulses und Ankunft des Rückstreusignals die Entfernung bestimmbar ist. Abb. 8.15 zeigt schematisch den Aufbau eines atmosphärischen **Rückstreu-Lidars** und Abb. 8.16 den lidargemessenen vertikalen Verlauf der atmosphärischen Aerosolkonzentration, in dem die durch die Eruption des Vulkans Pinatubo im Juni 1991 stark geprägte stratosphärische Aerosolschicht dominiert.

Zu den weiteren Lidarverfahren gehört das **Raman-Lidar**, das die Verschiebung der Wellenlänge bei der Streuung (Raman-Effekt, inelastische Streuung) berücksichtigt. Es können damit Wasserdampfprofile in der Troposphäre sowie optische Eigenschaften der Atmosphäre und der Aerosolteilchen bestimmt werden. Bisher nur wenig Anwendung in der Atmosphärenerkundung fand das **Fluoreszenz-Lidar**, das auf der Anregung der Moleküle eines zu bestimmenden Spurenstoffes mit Hilfe energiereicher Laserimpulse (UV-Strahlung) beruht. Aus der spektralen Verteilung und dem zeitlichen Verlauf des Fluoreszenzleuchtens lässt sich die Konzentration eines gesuchten Stoffes ermitteln.

Von den anderen Varianten des Lidarprinzips sei noch das **Doppler-Lidar** erwähnt. Aus der Doppler-Verbreiterung des rückgestreuten Lidarsignals lässt sich die Temperatur (±1 K) bestimmen. Von größerer Bedeutung ist jedoch die Möglichkeit der Windmessung aus der windgetriebenen Bewegung der Aerosolteilchen, die in der Doppler-Verschiebung der Mie-Streuung zum Ausdruck kommt. Da der Aufwand erheblich ist und das Verfahren auf eine wolkenarme Atmosphäre beschränkt ist, dürfte die Laser-Doppler-Anemometrie gegenüber den Radar-Windprofilern an Bedeutung verlieren.

8.3.7 Nutzung von Schallwellen

Besonders für die Fernerkundung der atmosphärischen Grenzschicht werden Sondierungssysteme verwendet, die auf der Ausbreitung von Schallwellen in der Atmosphäre beruhen. Im Prinzip handelt es sich dabei um ein **akustisches Radar**. Die Geräte werden als **SODAR** (Sound Detecting and Ranging) bezeichnet. Eine einfache Sodar-Anlage besteht aus einem vertikal orientierten, etwa 3 m hohen Schalltrichter, aus dem kurze Schallsignale (100 ms) gebündelt in die Atmosphäre abgestrahlt werden (Abb. 8.17). Ein geringer Teil dieses Schallstrahles wird wegen der in der Atmosphäre vorhandenen Inhomogenitäten des Brechungskoeffizienten für Schall wieder zur Erdoberfläche gestreut und dort empfangen. In der Sodargleichung für die monostatischen Vertikalsodargeräte (Sender und Empfänger an einem Ort)

Abb. 8.17: Mobiles Radio Acoustic Sounding-System (RASS) der Firma METEK, Elmshorn, das aus drei in verschiedene vertikale Abstrahlwinkel orientierten SODAR-Geräten sowie zwei vertikal ausgerichteten Radargeräten besteht. Das System ermöglicht die Bestimmung vertikaler Temperatur- und Windprofile (Foto: Archiv des Instituts für Geografie der Universität Duisburg-Essen, Campus Essen)

$$C_T^2 = A \cdot U_e^2 \qquad (8.8)$$

bedeuten
U_e = Echoamplitude (in relativen Einheiten),
A = Koeffizient, der durch das Messsystem und durch die Schallgeschwindigkeit und -dämpfung bestimmt wird, und
C_T^2 = Temperaturstrukturparameter, der direkt von der Art des Temperaturspektrums abhängt.

Aus den Messergebnissen können neben dem Temperaturstrukturparameter Informationen über die Inversions- und Mischungsschichthöhe und deren Dynamik entnommen werden.

Auch für Sodar wird das Doppler-Prinzip ausgenutzt. Dabei werden neben einer vertikal orientierten Schallquelle noch zwei geneigte eingesetzt. Aus den spektralen Eigenschaften der rückgestreuten Signale lassen sich dann über den Parameter C_T^2 Eigenschaften der atmosphärischen Grenzschicht bestimmen. Aus der Doppler-Verschiebung der empfangenen Signale können die vertikalen Profile der horizontalen Windgeschwindigkeit und -richtung sowie der Vertikalgeschwindigkeit abgeleitet werden.

In Verbindung mit einem Radargerät besteht bei **RASS-Systemen** (Radio Acoustic Sounding System, vgl. Abschnitt 8.3.4) die Möglichkeit der Bestimmung vertikaler Temperatur- und Windprofile. So hat der DWD im Jahr 1996 am Observatorium Lindenberg den 482 MHz-Windprofiler/RASS in Betrieb genommen, der Sondierungen bis in die untere Stratosphäre erlaubt.

Für unterschiedliche Messstandorte (Gelände, Dächer, Boote) sind die mobilen Mini-Sodar-Systeme von Bedeutung, die für die Messungen des atmosphärischen dreidimensionalen Wind- und Turbulenzfeldes im Höhenbereich zwischen > 20 m bis 2000 m ü. Gr. eingesetzt werden können. Sie decken den Höhenbereich zwischen direkten Messungen und Radar-Windprofilern ab.

Insgesamt sind die Sodar-Geräte gegenüber direkten Verfahren nicht nur vergleichbar bezüglich der zu erzielenden Genauigkeit, sondern auch kostensparend.

8.4 Spezielle Messverfahren

8.4.1 Meteorologische Geländemessungen

Die Aufnahme klimatischer Unterschiede in kleinen Arealen verlangt die Ausarbeitung spezieller Mess- und Erfassungsmethoden. Da in Gebieten mit unregelmäßigem Relief und verschiedenen Arten der Unterlage die Änderungen der interessierenden Klimaelemente bei bestimmten Wetterlagen groß sind, bedarf es engmaschiger Messstationen für Lufttemperatur, Luftfeuchte, Windrichtung und Windgeschwindigkeit sowie den Niederschlag. Für die erstgenannten drei Größen werden die stationären Messungen durch mobile ergänzt. Diese können zu Fuß oder mit dem Fahrrad (Messgänge), nach Möglichkeit aber mit Hilfe von Kraftfahrzeugen durchgeführt werden. Unter diesen sind die Messwagen unentbehrlich geworden. Sie sind in der Lage, die meteorologischen Grundgrößen und die Konzentrationen ausgewählter Luftschadstoffe zu messen und die gewonnenen Daten im Online-Betrieb auszuwerten und geeignet dar-

8.4 Spezielle Messverfahren

Abb. 8.18: Meteorologischer Messwagen der Abt. Angewandte Klimatologie und Landschaftsökologie des Instituts für Geografie der Universität Duisburg-Essen, Campus Essen (Foto: Bongardt)

zustellen (Abb. 8.18). Messwagen können auch über ausfahrbare Masten verfügen, an denen in mehreren Höhen elektrische Aspirationspsychrometer und Anemometer befestigt sind.

Für die mobilen Lufttemperatur- und Luftfeuchtemessungen sind Aspirationspsychrometer am zweckmäßigsten. Sie sind in verschiedenen Ausführungen im Angebot oder in der Literatur beschrieben. Um vergleichbare Ergebnisse zu erzielen, sollten die mobilen an die stationären Messungen angeschlossen werden, wodurch die Einflüsse des Tagesganges eliminiert werden. Mobile Windmessungen tragen bestenfalls orientierenden Charakter, da die zeitliche Variablität von Richtung und Geschwindigkeit besonders groß ist. Die Messungen sollten möglichst über mindestens 10 min ausgeführt und gemittelt werden, um einen Vergleich zwischen verschiedenen Messpunkten überhaupt durchführen zu können. Für den speziellen Nachweis geringer Luftbewegungen können Hitzdraht- bzw. Hitzfilmanemometer oder **Tracer** wie Schwefelhexafluorid (SF_6) verwendet werden. Um nächtliche Kaltluftverteilungen annähernd bestimmen zu können, werden Minimumthermometer abends ausgelegt und am Morgen wieder eingeholt (s. Abschnitt 12.4.2). Frostgefährdete Stellen lassen sich durch Aussetzen frostempfindlicher Indikatorpflanzen ermitteln. Die phänologischen Daten von Wild- oder Kulturpflanzen (siehe Abschn. 15.3) können ebenfalls die regionalen Klimaverhältnisse charakterisieren (Begünstigung von Hang-, Benachteiligung von Tallagen, mesoklimatisch bedingte Ertragsunterschiede u. a.).

Die Erfassung kleinräumiger klimatischer Besonderheiten kann wirksam durch den Einsatz von Fernerkundungsverfahren verbessert werden. Die thermischen Grundstrukturen zu verschiedenen Tageszeiten lassen sich vorteilhaft durch Thermalaufnahmen vom Flugzeug aus bestimmen. Speziell für die Verteilung der Niederschläge im mesoklimatischen Bereich ist die Auswertung von Wetterradardaten zweckmäßig.

Die Sondierung der Bodenschicht über Gelände mit unregelmäßigen Relief- und Unterlagenbedingungen kann mit Hilfe von kleinaerologischen Verfahren (langsam steigende Radiosonden, Fesselballonsonden) oder mit SODAR-Geräten erfolgen.

Eine Zusammenstellung von Methoden enthalten Abb. 8.19 und Abb. 12.30.

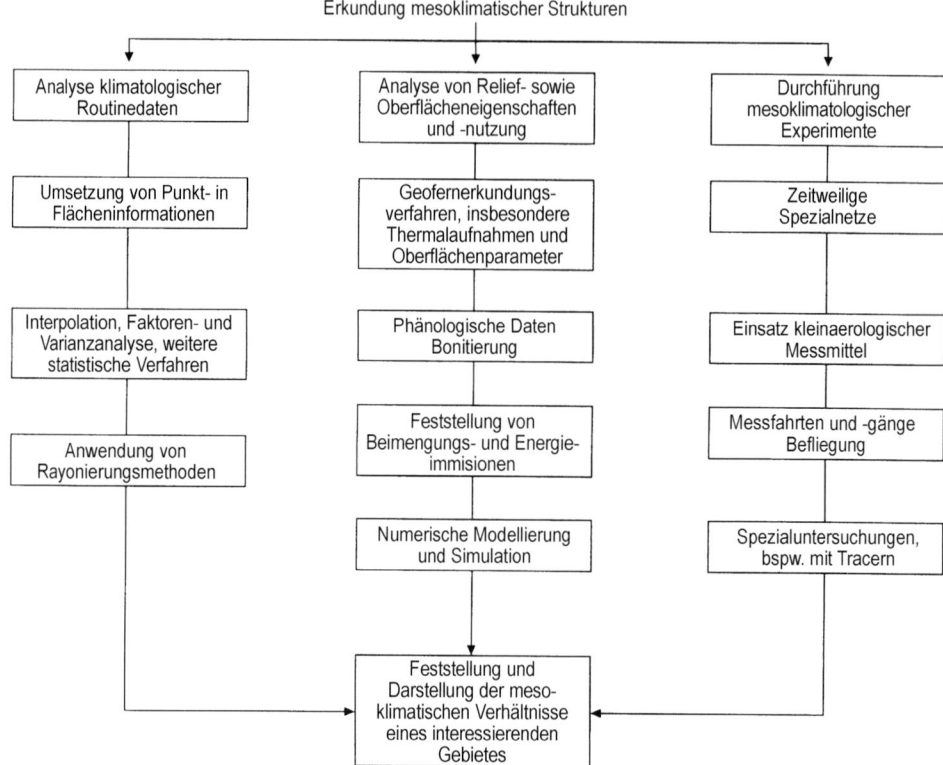

Abb. 8.19: Möglichkeiten zur Erkundung mesoklimatischer Strukturen

8.4.2 Profil- und Turbulenzmessungen

Eine vor allem für die Grundlagenforschung wichtige meteorologische Messmethodik bilden die Profilmessungen in der Bodenschicht. In dieser sind die Flüsse von Impuls, fühlbarer Wärme und latenter Wärme (vertikaler Wasserdampfstrom, Verdunstung) nahezu höhenkonstant. Die Profile von Windgeschwindigkeit, Lufttemperatur und Luftfeuchte verlaufen unter neutralen Schichtungsbedingungen logarithmisch mit der Höhe. Als Messgeräteträger kommen vor allem dünne Metallmasten, bei Bedarf in Teleskopbauweise, in Betracht. Mehrere Gerätesätze in verschiedenen Höhen können auch an der Trosse eines Fesselballons (Tethersonde) befestigt werden. Im Allgemeinen besteht die Instrumentierung der Anlagen aus Schalenkreuzanemometern und elektrischen Psychrometern (Abb. 8.20). Die Austauschströme für Impuls (τ), fühlbare Wärme (Q_H) und latente Wärme (Q_E) lassen sich aus den **Vertikalgradienten** der entsprechenden Zustandsgröße ableiten:

$$\tau = K_m \cdot (\delta u/\delta z), \qquad (8.9)$$
$$Q_H = K_H \cdot (\delta T/\delta z), \qquad (8.10)$$
$$Q_E = K_E \cdot (\delta e/\delta z). \qquad (8.11)$$

8.4 Spezielle Messverfahren

Die mit K bezeichneten Diffusionskoeffizienten sind komplizierte Funktionen der Windgeschwindigkeit, der Stabilität der Schichtung, der Unterlageneigenschaften (Rauigkeit) und einiger experimentell zu bestimmender Konstanten. Relativ einfach gestalten sich die Beziehungen über Wasserflächen mit

$$\tau = \rho_L \cdot C_D \cdot (u_z - u_0) \cdot (u_z - u_0), \quad (8.12)$$
$$Q_H = \rho_L \cdot c_p \cdot C_H \cdot (u_z - u_0) \cdot (T_z - T_0), \quad (8.13)$$

$$Q_E = \rho_L \cdot l_v \cdot C_E \cdot (u_z - u_0) \cdot (q_z - q_0), \quad (8.14)$$

mit
ρ_L = Luftdichte,
c_p = spezifische Wärmekapazität der Luft bei konstantem Druck und
l_v = Verdampfungswärme des Wassers.

Die Transferkoeffizienten C_D (Spannungskoeffizient), C_H (Stanton-Zahl) und C_E (Dalton-Zahl) sind dimensionslos und haben einen von der Windgeschwindigkeit u und der Stabilität der Schichtung in der Bodenschicht abhängigen Wert der Größenordnung $1 \cdot 10^{-3}$. Sie beschreiben zusammen mit der vertikalen Windscherung $u_z - u_0$ (die Indizes z und 0 bezeichnen die Messniveaus in der Höhe innerhalb der Bodenschicht bzw. an der Oberfläche) den Turbulenzzustand der Luft, der die realen Energieflüsse gegenüber den ebenfalls vorhandenen molekularen Prozessen der Leitung, Diffusion und inneren Reibung um Größenordnungen effektiver werden lässt. Die Symbole T_z und T_0 bedeuten die Lufttemperatur in den Niveaus sowie q_z und q_0 die korrespondierenden Werte der spezifischen Feuchte der Luft.

In die Wettervorhersage- und Klimamodelle gehen Gleichungen ein, die eine den so bezeichneten Bulk-Beziehungen Gl. (8.12) bis Gl. (8.14) sehr ähnliche Struktur haben. Allerdings müssen die Koeffizienten C so parametrisiert werden, dass der Einfluss von Pflanzen und Bodenparametern berücksichtigt wird.

Die **direkte Messung der Flussgrößen** in der turbulenten Bodenschicht der Atmosphäre, d. h. des Impulsflusses, des fühlbaren und latenten Wärmestromes sowie der Trockendepositi-

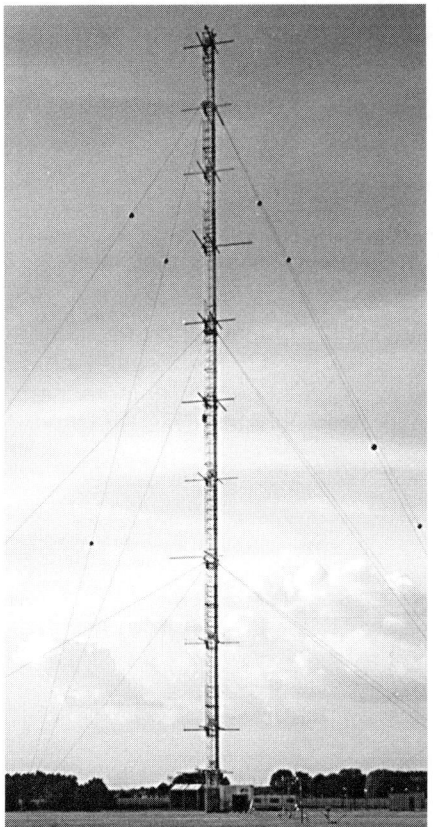

Abb. 8.20: Meteorologischer Messmast für Profilmessungen der Lufttemperatur, der Luftfeuchte und der Windgeschwindigkeit in der Bodenschicht der Atmosphäre am Messfeld Falkenberg bei Lindenberg (Foto: Foken)

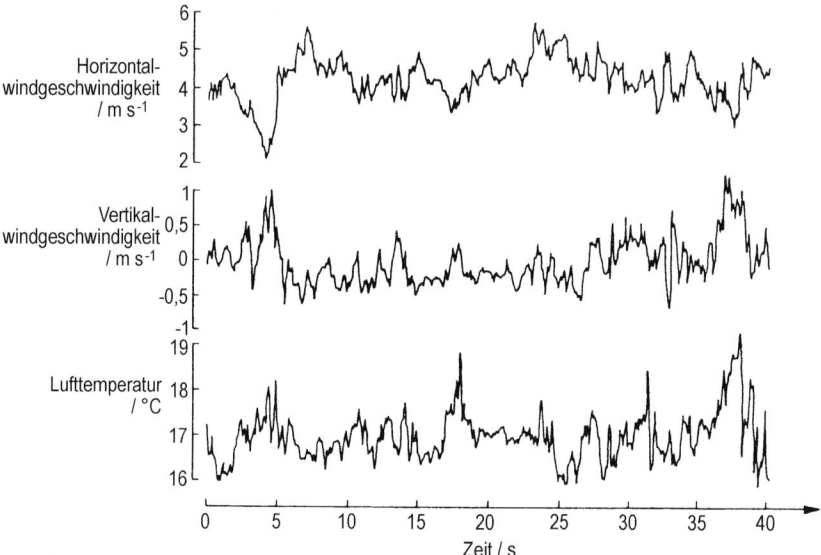

Abb. 8.21: Ausschnitt aus einer Registrierung schneller Schwankungen der Horizontal- und Vertikalwindgeschwindigkeit (positiv nach oben, negativ nach unten gerichtet) und der Lufttemperatur. Positive Korrelationen sind zwischen Lufttemperatur und Vertikalwindgeschwindigkeit sowie negative zwischen diesen Größen und der Horizontalwindgeschwindigkeit zu erkennen

on von Beimengungen, gestaltet sich wesentlich aufwendiger als die Messung der einfachen Zustandsgrößen. Dabei werden besonders hohe Anforderungen an die Messortumgebung gestellt. Gefordert wird eine einheitliche (horizontal homogene) und hindernisfreie Unterlage im Umkreis von einigen 100 m vom Messort entfernt. Fundamentalbestimmungen der genannten Flüsse sowie damit einhergehende Messungen der Turbulenzstruktur lassen sich aus der Kovarianz der Fluktuationen T', q' und u' mit denen der Vertikalgeschwindigkeit w' nach

$$\tau = \rho_L \cdot \overline{u' \cdot w'} \qquad (8.15)$$

$$Q_H = \rho_L \cdot c_p \cdot \overline{T' \cdot w'} \qquad (8.16)$$

$$Q_E = \rho_L \cdot l_v \cdot \overline{q' \cdot w'} \qquad (8.17)$$

bestimmen ($T = \overline{T} + T'$, $q = \overline{q} + q'$, $u = \overline{u} + u'$; Querstriche bezeichnen den Mittelwert, s. Gl. (6.18) und Abb. 8.21). Die Bezeichnungen entsprechen den oben verwendeten. Das Prinzip der Be-

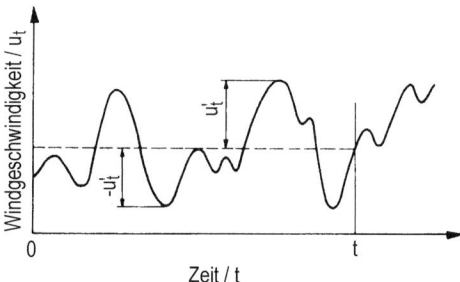

Abb. 8.22: Ausschnitt aus einer Registrierung schneller Schwankungen der Horizontalwindgeschwindigkeit u über die Zeit t. Die gestrichelte Linie markiert den Mittelwert. In festen Zeitabständen werden die Fluktuationen u'(t) als positive und negative Abweichungen vom Mittelwert bestimmt. Zwei Beispiele für u'(t) sind eingetragen

8.4 Spezielle Messverfahren

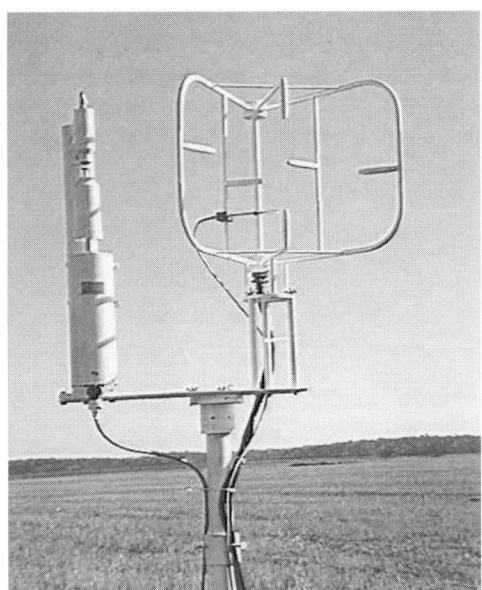

Abb. 8.23: Meteorologische Turbulenzmessanlage, bestehend aus einem akustischen Anemometer (Mitte) zur Messung der horizontalen und vertikalen Windfluktuationen aus Schalllaufzeitmessungen, einem UV-Hygrometer (links unten) zur Messung von Feuchtefluktuationen und einem 12 µm dünnen Platindraht (links oben) zur Messung von Temperaturfluktuationen (Foto: Foken)

stimmung der Fluktuationsgrößen (') zeigt Abb. 8.22. Die Messung dieser Flüsse bedarf zeitlich hoch auflösender Messgeräte für die Lufttemperatur, Luftfeuchte und der horizontalen sowie vertikalen Windgeschwindigkeit in der Bodenschicht der Atmosphäre. Als Sensoren dienen für die Lufttemperatur und für die Windkomponenten bis zu Fluktuationen der Frequenz 20 Hz auflösende dreidimensionale Ultraschallanemometer (mit Ausgabe der Windkomponenten, der Schallgeschwindigkeit und der Lufttemperatur). Für die Messung der Temperaturfluktuationen werden auch sehr empfindlich reagierende dünne Widerstandsdrähte verwendet. Zur Feuchtemessung werden optische Hygrometer eingesetzt, die auf der Absorption von elektromagnetischer Strahlung durch Wasserdampfmoleküle beruhen. Die Absorption erfolgt in Wellenlängenbereichen oder diskreten Wellenlängen. Das ist insbesondere der IR-Bereich (IR-Absorptionshygrometer) oder die UV-Region der Wellenlänge λ = 126 nm (Lyman-Alpha-Hygrometer), wo Zeitkonstanten < 0,01 s (> 100 Hz) erreicht werden. Eine Messanlage zeigt Abb. 8.23.

Messungen der Turbulenzstruktur und der vertikalen Flüsse sind weitgehend der Grundlagenforschung vorbehalten. Sie dienen vor allem der Überprüfung und Kalibrierung der einfacheren Berechnungsformeln, in die Ergebnisse von Profilmessungen oder auch nur Routinedaten eingehen.

Als ergänzende und weiterführende Literatur zum Inhalt dieses Kapitels wird auf Bogush (1989), Doviak und Zrnic (1984), DWD (1986, 2000), Emeis (2000), Foken (1990, 2003), Hantel (1989b), Hesse (1961), Klein und Werner (1993), Liljequist und Cehak (1984), Meyers Taschenlexikon (1987), Müller (1996), Rudloff (1981a, b), Sonntag (1994), WMO (1988) u. a. verwiesen.

9 Wetteranalyse und -prognose

9.1 Zum Begriff der synoptischen Meteorologie

Die synoptische Meteorologie entwickelte sich ab Mitte des 19. Jahrhunderts, nachdem technische Mindestanforderungen erfüllt waren (Erfindung des elektrischen Telegrafen, Verwendung zuverlässig arbeitender Messinstrumente). Geradezu revolutioniert wurde ihre Weiterentwicklung im 20. Jahrhundert durch den Einsatz von Ballons, Spezialflugzeugen, Radiosonden, Raketen, Radargeräten und Satelliten sowie Hochleistungscomputern. Die freie Atmosphäre konnte in die nunmehr dreidimensionale synoptische (und klimatologische) Betrachtungsweise einbezogen werden. Die synoptische Meteorologie befasst sich mit der Diagnose der großräumigen Struktur und zeitlichen Änderung der atmosphärischen Zustandsgrößen (meteorologischen Parameter) auf der Basis synoptischer Beobachtungen. Dies ermöglicht ihre Präsentation in synoptischen Karten (Wetterkarten). Man betrachtet „zusammenschauend" (= synoptisch) den großräumigen Wetterzustand am Boden und in der Höhe zu den synoptischen Beobachtungsterminen, um daraus auf die kurz- und mittelfristige Wetterentwicklung für einen Ort oder eine Region zu schließen.

9.2 Luftmassen

9.2.1 Definition der Luftmassen

Den täglichen Wetterbeobachtungen können wir entnehmen, dass die Luft in größeren Bereichen bezüglich Temperatur, Feuchtigkeit, Stabilitätsverhältnissen, Bewölkung und Beimengungskonzentration (Staubgehalt) ziemlich einheitliche (quasihomogene) Eigenschaften zeigt. Eine solche Luftmenge von einheitlichem Charakter, die hochreichend ein großes Gebiet überdeckt, wird **Luftmasse** genannt, wenn die horizontale Erstreckung > 500 km, die vertikale > 1000 m beträgt und der horizontale Temperaturgradient 1 K / 100 km nicht überschreitet. Die schmalen Übergangszonen zwischen unterschiedlichen Luftmassen werden als **Luftmassengrenzen** bezeichnet; an ihnen ändern sich die Eigenschaften nahezu sprunghaft.

9.2.2 Hauptluftmassen und ihre Entstehungsgebiete

Die Homogenität von Luftmassen ist Ergebnis einer längeren Verweilzeit der Luft im Entstehungsgebiet; sie resultiert aus einem 4 bis 5 Tage dauernden Prozess, bei dem einheitliche physikalische Einflussparameter wie Strahlung, turbulenter und konvektiver Austausch sowie Verdunstung wirken, wobei geografische Lage und Untergrund (Land-Meer-Verteilung, Eis-/ Schneebedeckung) eine dominierende Rolle spielen. Eine längere Verweildauer der Luft ist nur in großen, nahe-

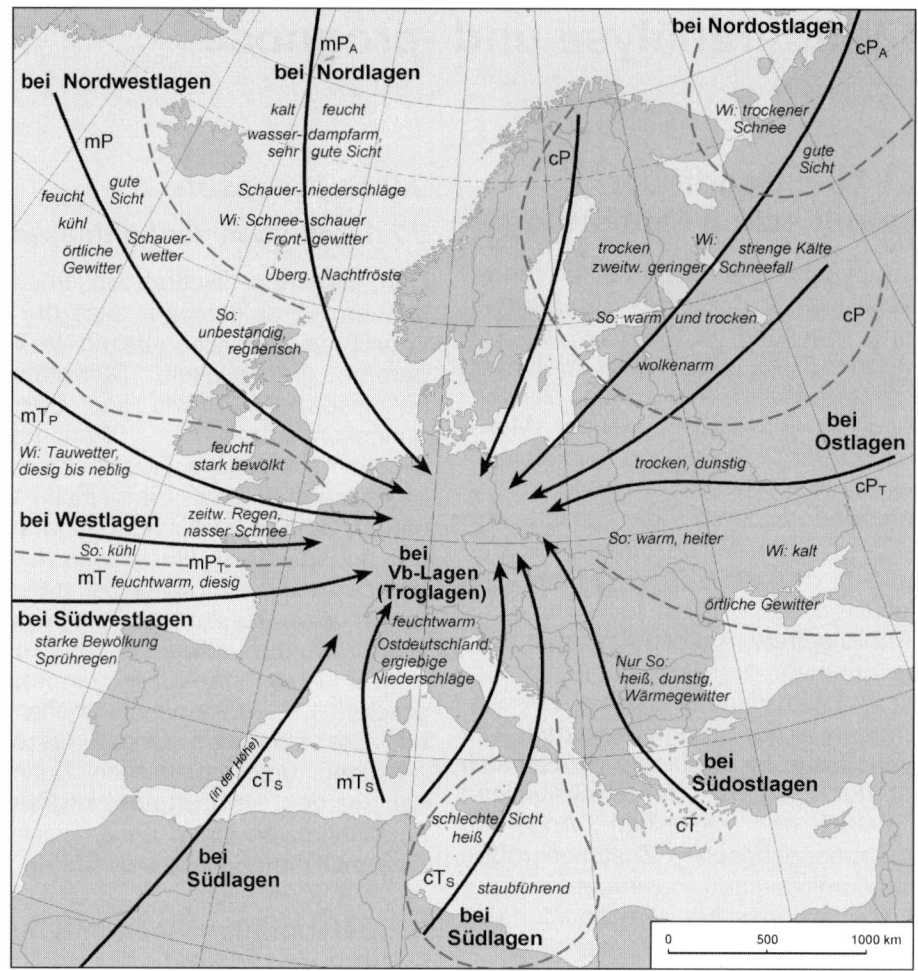

Abb. 9.1: Die Luftmassen Europas und ihre Eigenschaften (nach Schreiber 1957)

zu ortsfesten (quasistationären) Hochdruckgebieten gegeben, die damit als **Hauptquellgebiete** von Luftmassen anzusehen sind.

Gemäß den genannten Konditionen treten als Hauptentstehungsgebiete (Ursprungsgebiete) der Luftmassen das Polargebiet (**Polarluft** P), das Subpolargebiet (**Subpolarluft** PS), die mittleren Breiten (**gemäßigte Luft**), die Subtropen (**Subtropikluft** TS) und die Tropen (**Tropikluft** T) in Erscheinung. Um zwischen Luftmassen maritimen (m) und kontinentalen Ursprungs (c) zu unterscheiden, stellt man die entsprechenden Kürzel den Großbuchstaben voran, also mP, cP, mT, cT. Bei genauer Klassifizierung (Abb. 9.1) unterscheidet man nach ihrer Herkunft neben den für Mitteleuropa relevanten

9.2 Luftmassen

Tab. 9.1: Die Luftmassen Europas (nach Scherhag 1948)

Kurz-bezeichnung	Hauptluftmasse	Luftmasse		Ursprungsgebiet	Weg nach Mitteleuropa	Haupteigenschaften
P_A	Arktische Polarluft	cP_A mP_A	Nordsibirische Polarluft Arktische Polarluft	Nordsibirien Arktis	Osteuropa Nordmeer	extrem kalt sehr kalt, feucht
P	Polarluft	cP mP	Festlands-Polarluft Grönländische Polarluft	Rußland Arktis	Osteuropa Nordatlantik	kalt kalt, feucht
P_T	Gealterte Polarluft	cP_T mP_T	Rückkehrende Polarluft Erwärmte Polarluft	Arktis Arktis	Südosteuropa Azoren	trocken feucht
T_P	Gemäßigte (Tropik-)Luft	cT_P mT_P	Festlandsluft Meeresluft	Mitteleuropa Nordatlantik	- Britische Inseln	- feucht, mild
T	Tropikluft	cT mT	Kontinentale Tropikluft Atlantische Tropikluft	Naher Osten Azoren	Südosteuropa Westeuropa	trocken, heiß feucht, warm
T_S	Tropikluft	cT_S mT_S	Afrikanische Tropikluft Mittelmeer-Tropikluft	Sahara Afrika	Balkan Mittelmeer	trocken, heiß sehr schwül

P = Polarluft, T = Tropikluft, A = Arktis, S = Sahara, c = kontinental, m = maritim

Polarluftmassen mP und cP noch die arktischen Polarluftmassen mP_A und cP_A (Kennzeichnung mit dem Index A). Zugleich beachtet man, dass Luftmassen auf ihrem Weg altern, d. h. die Temperatur sich ändern kann, und kennzeichnet dies mit einem tiefgestellten T (für Erwärmung) bzw. P (für Abkühlung); so symbolisieren mP_T **gealterte maritime Polarluft** (im allgemeinen Sprachgebrauch: erwärmte Polarluft), cP_T **gealterte kontinentale Polarluft** (rückkehrende Polarluft) oder mT_P **gemäßigte maritime Subtropikluft** (Meeresluft) und cT_P **gemäßigte kontinentale Subtropikluft** (Festlandsluft). Als Beispiel einer Luftmasseneinteilung für Europa ist die von R. Scherhag (1907–1971) aufgestellte Klassifikation in Tab. 9.1 enthalten.

9.2.3 Luftmassentransformation

Erfolgt der Transport der Luftmassen aus den Quellgebieten in andere Regionen sehr rasch und auf kürzestem Weg, behalten sie die im Ursprungsgebiet geprägten Eigenschaften bei, am Beobachtungsort vollzieht sich ein abrupter **Luftmassenwechsel** (Wetterumschlag). So bringt Polarluft im Winter einen scharfen Kälteeinbruch, wenn sie auf direktem Wege vom Polargebiet über Skandinavien in Mitteleuropa eindringt. Als einen entsprechenden mesoskaligen Prozess kann man den synoptisch relevanten **Böhmischen Wind** ansehen. Er tritt bei Hochdruckwetterlagen über Mittel- und Osteuropa, vor allem in der kalten Jahreszeit zwischen Oktober und April auf. Bei dieser Druckkonstellation bildet sich im Böhmischen Becken eine kontinentale, also kalte und trockene Luftmasse. Großräumige Absinkbewegungen der Luft innerhalb des Hochdruckgebietes bewirken, dass diese kontinentale Kaltluft bodennah durch Flusstäler in Richtung Sachsen (westwärts sogar nach Oberfranken) strömt. Zu beobachtende Auswirkungen sind hohe Windgeschwindigkeiten, Temperaturfall und gegebenenfalls Schneeverwehungen.

Sind die Transportwege lang, werden die Luftmassen im Prinzip durch dieselben Einflussgrößen transformiert, die ihre Eigenschaften im Quellgebiet herausgebildet haben. So wird beispielsweise eine **Luftmassentransformation** recht wetterwirksam sein, wenn im Winter sehr kalte kontinentale/arktische Polarluft die noch relativ warme Ostsee überströmt; als Folge starker Labilisierung bilden sich kräftige Schneeschauer, die auf Rügen und in Teilen Mecklenburg-Vorpommerns zuweilen eine hohe Schneedecke mit Verwehungen und ein Verkehrschaos auslösen können.

9.2.4 Frontalzonen als Grenzgebiete zwischen Luftmassen

Die Frage, was im äußersten Randbereich von Luftmassen passiert, wo Kalt- und Warmluft dicht aneinander grenzen, ist verknüpft mit der Überlegung, wie die unterschiedlich temperierten Luftmassen überhaupt gegeneinander geführt werden. Als anschauliches Beispiel hierfür dient das bekannte „**Viererdruckfeld**" (Abb. 9.2, s. Abschnitt 6.1), gemäß dem sich im Mittel im Bereich des Atlantischen Ozeans eine schachbrettartige Verteilung typischer Druckgebilde als Aktionszentren zeigt: **Islandtief** und **Azorenhoch** im nordatlantischen Raum, **Neufundlandhoch** und **Bermudatief** westlich davon. Das so gegebene Gegeneinanderführen von Polar- und Subtropikluft bedingt eine Konvergenz der Strömung und in einer bestimmten Zone eine Verschärfung der Temperaturgegensätze. Als entsprechendes Grenzgebiet stellen sich die **Frontalzone** und der **Frontbereich** in der freien Atmosphäre ein. Die Frontalzone ist ca. 500 bis 1000 km breit und weist im 500 hPa-Niveau einen Temperaturgegensatz von 15 bis 20 K auf. Der Frontbereich misst 100 bis 200 km Breite und zeichnet sich durch den stärksten Temperaturgradienten aus (5 K 100 km^{-1}), in Bodennähe ist er nahezu linienhaft eingeengt, so dass man ihn zur Bodenfront, der Grenzlinie zwischen Kalt- und Warmluft am Boden (s. Abschnitt 9.3.1.3), zuordnen kann. Die Frontenbildung nennt man **Frontogenese** (das Antonym ist Frontolyse = Frontenauflösung). Das Frontensystem stellt im Idealfall eine geneigte Grenzfläche zwischen den Luftmassen unterschiedlicher Temperatur dar, an der sich die schwerere kalte Luft keilförmig unter die leichtere warme Luft schiebt. Eine solche Grenzfläche heißt **Frontfläche**. Die Neigung einer Frontfläche (Frontneigung) ist bereits 1906 von M. Margules (1856–1920) berechnet worden (Margules-Formel). Sie ist neben der Abhängigkeit von der geografischen Breite insbesondere durch die Temperatur und Winddifferenz beiderseits der

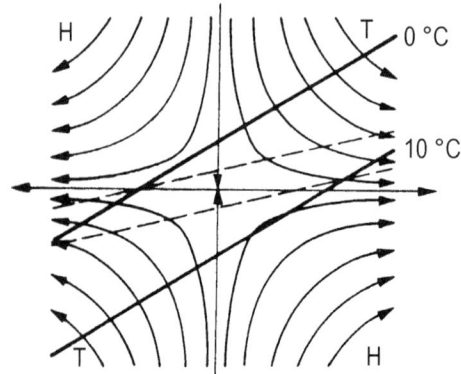

Abb. 9.2: Das Viererdruckfeld im Bereich des Atlantischen Ozeans (nach Malberg 2002)

Grenzfläche bestimmt. Sie beträgt in der stationären Gleichgewichtslage im Durchschnitt 1 : 100 und ist um so größer, je stärker der Geschwindigkeitssprung und je geringer der Temperatursprung sind.

Von Bedeutung ist, dass sich Fronten und Frontalzonen als enger begrenzte Bereiche in der Atmosphäre ausweisen, die stark baroklin sind (s. Abschnitt 6.7.2).

9.2.5 Die Polarfront

Die Polarfront stellt für die mittleren Breiten die wichtigste Front dar und ist als die frontale Grenze zwischen der Polarluft und der subtropischen Luft definiert. Ihre Struktur ist im Zusammenhang mit der Auffassung über die Entwicklung der Zyklonen (s. Abschnitt 9.3.1) durch die **„Polarfronttheorie"** der berühmten norwegischen Meteorologenschule von V. Bjerknes (1862–1951) in den 1920er Jahren frühzeitig erkannt und beschrieben worden.

Die Polarfront umfasst fast die gesamte Halbkugel. Unterbrechungen sind auf die Modifikationen durch die Land-Meer-Verteilung, insbesondere auf die Existenz von Hochdruckgebieten zurückzuführen, deren divergente Strömungsverhältnisse die Polarfrontbildung verhindern bzw. eine schon vorhandene Polarfront zur Auflösung bringen.

Die mittlere Lage der Polarfront ist jahreszeitenabhängig. Im Winter verläuft sie weiter im Süden über Europa hinweg oder gar über dem Mittelmeergebiet, über dem Nordatlantik von Südengland bis zu den Bermudas. Im Sommer liegt sie wesentlich nördlicher. Auch ist sie wegen der größeren Temperaturunterschiede zwischen hohen und niedrigen Breiten im Winter im Vergleich zur warmen Jahreszeit sichtlich ausgeprägter.

Eine Störung der Gleichgewichtslage der Neigung der Polarfront, z. B. durch Strömungsänderungen in einer der beiden Luftmassen, zieht sofort Störungen in der Frontalzone nach sich, wobei letztere bestrebt ist, eine neue Gleichgewichtslage herbeizuführen. Hierbei schwingt sie allerdings zunächst um die neue Lage hin und her (ähnlich wie bei einem aus der Ruheposition gebrachten Pendel). Auf diese Weise werden an der Frontalzone wellenähnliche Prozesse in Gang gebracht, woraus sich nach der oben genannten Polarfronttheorie die wandernden Tiefdruckgebiete entwickeln, welche als Wellen und Wirbel an der Polarfront entlangziehen (s. auch Kapitel 7).

9.3 Zyklonen und Antizyklonen

Unter **Zyklonen** (Tiefdruckgebiete, Tiefs, Symbol T, engl. Low mit dem Symbol L) versteht man Gebiete mit niedrigerem Luftdruck gegenüber der Umgebung. Der Bereich niedrigsten Luftdrucks heißt **Tiefdruckkern**. Analog sind **Antizyklonen** (Hochdruckgebiete, Hochs, Symbol H, engl. High) Gebiete mit höherem Luftdruck gegenüber der Umgebung. Ihr Kern weist den höchsten Druckwert auf. Die **Isobaren** (Linien gleichen Luftdrucks) umschließen den inneren Teil der genannten Druckgebilde kreis- bis ellipsenförmig. Strömungsdynamisch zeigen sich Zyklonen und Antizyklonen als Luftwirbel unterschiedlicher Dimension, die sich durch eine quasivertikale Achse auszeichnen; ihre Rotationsrichtung ist durch die Corioliskraft vorgegeben (s. Abschnitt 6.3.2). So werden auf der Nordhemisphäre die Tiefs vom Wind im Gegenuhrzeigersinn, die Hochs im Uhrzeigersinn umweht, auf der Südhemisphäre ist die Umströmungsrichtung entgegengesetzt (Abb. 9.3). Es soll noch festgehalten werden, dass in den bodennahen Luftschichten eine reibungsbedingte Ablenkung des Windes in das Tief hinein und aus dem Hoch heraus erfolgt (s. Abschnitt 6.4.2), wie sich das in den Abb. 9.4 und 9.5 als **zyklonale** und **antizyklonale Bodenströmung** widerspiegelt, wobei hier jeweils auch die vertikale Zirkulation berücksichtigt ist (**atmosphärisches Kompensationsprinzip**).

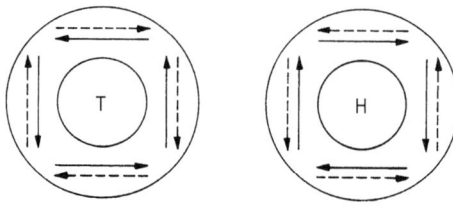

Abb. 9.3: Umströmungsrichtung der Tiefs und Hochs in der freien Atmosphäre bei kreisförmigem Isobarenverlauf. Ausgezogener Pfeil = Nordhalbkugel, gestrichelter Pfeil = Südhalbkugel

9.3.1 Zyklonen

9.3.1.1 Historische Aspekte

Die historische Entwicklung der Vorstellungen über Zyklonen und ihre Auswirkungen ist, wie die Geschichte der Wetterkunde insgesamt, sehr bemerkenswert. So zeichnete der Leipziger Professor H. W. Brandes (1777–1834) Anfang des 19. Jahrhunderts die erste Luftdruckkarte für West- und Mitteleuropa. Die negativen Abweichungen der Druckwerte vom Normalwert bezeichnete er als barometrische Minima (Tiefs), mit denen er auch die Schlechtwettergebiete in Verbindung brachte.

Zu wesentlich detaillierteren Erkenntnissen gelangte der Berliner Meteorologe H. W. Dove (1803–1879). Wie aus seiner Schrift „Über das Gesetz der Stürme" (1840) hervorgeht, waren Stürme nach seiner Anschauung Folge des Kampfes von warmen, südlichen Luftströmungen mit Kaltluftvorstößen aus dem Norden und damit ein Hinweis auf den engen Zusammenhang zwischen Tiefs, Windverhältnissen und Eigenschaften der Luft.

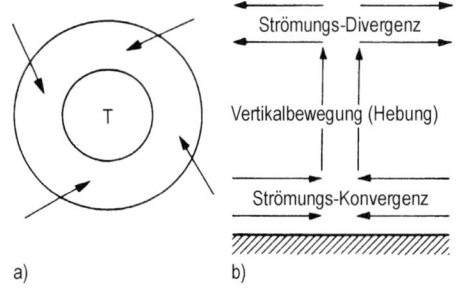

Abb. 9.4: Luftströmungen in einer Zyklone a) Zyklonale Bodenströmung / reibungsbedingte Windablenkung. b) Vertikales Zirkulationsregime bei kreisförmigem Isobarenverlauf

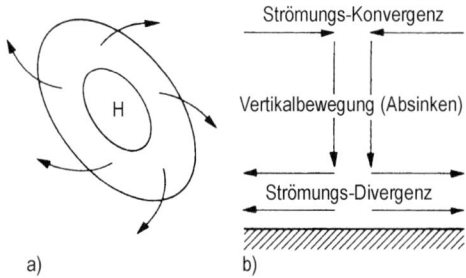

Abb. 9.5: Luftströmungen in einer Antizyklone a) Antizyklonale Bodenströmung / reibungsbedingte Windablenkung. b) Vertikales Zirkulationsregime bei elliptischem Isobarenverlauf

Die Tiefs als Luftwirbel größeren Ausmaßes mit vorderseitigen Warmluft- und rückseitigen Kaltluftvorstößen hat wohl als erster der englische Admiral und Meteorologe R. Fitzroy (1805–1865) durch seine Beobachtungen über See erkannt. Er erregte auch durch Sturmwarnungen (1859) besonderes Aufsehen.

Eine denkwürdige Sturmtiefwetterlage während des Krimkrieges (1853–1856), der das französische Linienschiff „Henri IV" zum Opfer fiel, gab Anlass, die Errichtung von Wetterdiensten mit der täglichen Herausgabe von Wetterkarten und Prognosen zu beschleunigen.

Höhepunkt der Entwicklung der Vorstellungen über Zyklonen war schließlich die im Abschnitt 9.2.5 bereits erwähnte fundamentale „Polarfronttheorie" der norwegischen Meteorologenschule, auf der auch unsere heutigen Anschauungen über die Polarfrontzyklone als häufigsten Zyklonentyp der mittleren und höheren Breiten zum größten Teil noch beruhen.

9.3.1.2 Lebenszyklus der Idealzyklonen

Ungeachtet individueller Besonderheiten haben die Zyklonen gemeinsame Merkmale. Der typische Ablauf der Entstehung einer solchen Zyklone (**Zyklogenese**) lässt sich durch verschiedene Phasen kennzeichnen, die im Abstand von etwa 12 Stunden aufeinander folgen. Die ersten Vorstellungen hierüber von Bjerknes und Solberg wurden später insbesondere durch Untersuchungen von R. Scherhag präzisiert, der Ursachen für Vorgänge an der Frontalzone auch in Veränderungen des Strömungsfeldes in der Höhe verifizieren konnte.

Die Abb. 9.6 präsentiert die einzelnen **Phasen der Polarfrontzyklogenese** im Bodendruckfeld (1) und in der oberen Troposphäre (2). Ausgangspunkt ist der ungestörte Zustand der Frontalzone, eine quasistationäre Front (Luftmassengrenze), (a). Dieser ist in der Höhe eine gleichförmige starke Westströmung überlagert.

Da die quasistationäre Front aus strömungsphysikalischen Gründen nicht stabil sein kann, kommt es zu einer zunächst geringen Ausbuchtung der Polarfront, zu einer wellenförmigen Deformation (b). Mit dieser beginnt die eigentliche Zyklogenese (**Initialphase, Bildungsstadium**). In der Initialphase tritt in den unteren Schichten eine leichte Strömungskonvergenz auf, die großräumige Hebungsvorgänge einleitet. Es setzt Luftdruckfall ein, als dessen Folge eine zyklonale Zirkulation um den Wellenscheitel mit der Herausbildung von **Warm-** und **Kaltfront**. Dabei wächst die Zyklone auch vertikal an.

Warm- und Kaltfront begrenzen den **Warmsektor** der noch jungen Zyklone (c). Den stärksten Druckfall findet man vor der Bodenwarmfront nahe dem Wellenscheitel. Daraus resultiert, dass sich die junge Zyklone (Warmsektorzyklone) in Richtung und mit der Geschwindigkeit der Warmluftströmung verlagert. In der Höhe bildet sich westlich des Tiefkerns ein **Höhentrog**, östlich dieses Kerns hat sich ein **Höhenhochkeil** entwickelt.

In (d) ist gezeigt, dass der Warmsektor seine maximale Ausdehnung bereits überschritten hat und kleiner zu werden beginnt. Diese Phase, die ca. 24 h nach dem Initialstadium erreicht wird

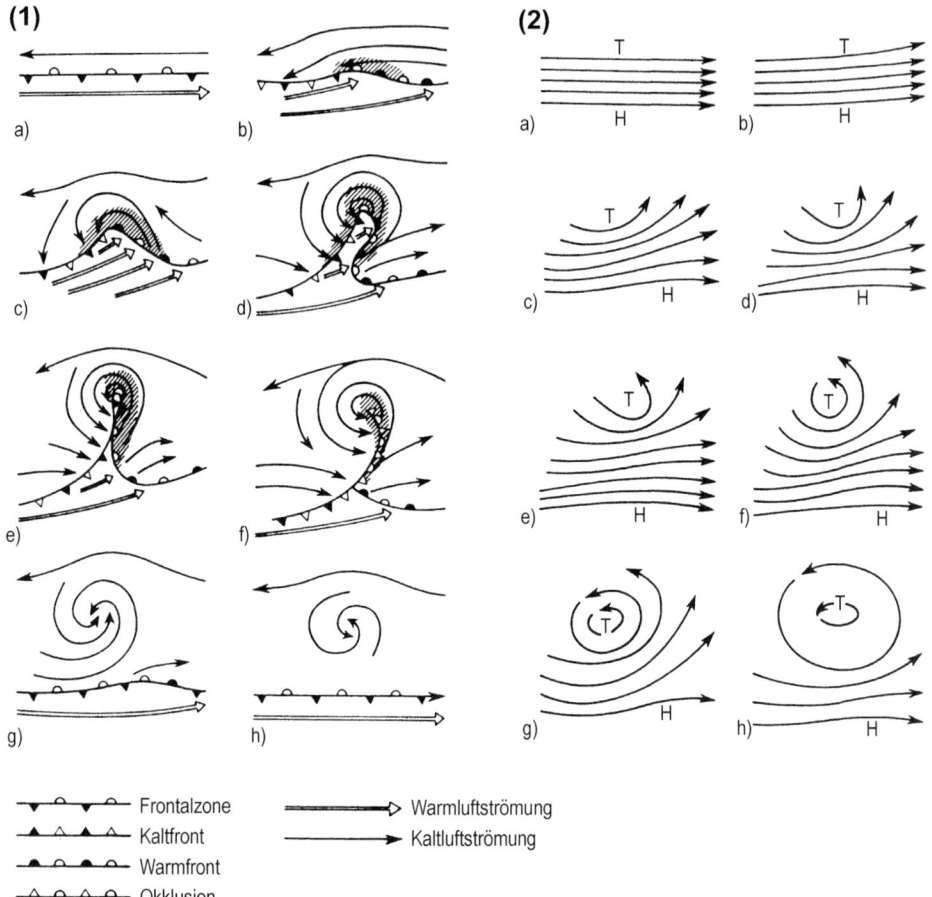

Abb. 9.6: (1) Zyklogenese im Bodendruckfeld. (2) Zyklogenese in der oberen Troposphäre. Erläuterungen im Text (nach Scherhag 1948)

und durch die stärkste zyklonale Rotation geprägt ist, heißt **Reifestadium**. Die Warmfront wird von der schneller wandernden Kaltfront eingeholt, sodass die Warmluft zunehmend nur noch in der Höhe anzutreffen ist, (e) und (f). Den Zustand des Zusammenschlusses/Zusammenklappens von Kalt- und Warmfront nennt man **Okklusion**. Die okkludierende Zyklone verlagert sich bereits wesentlich langsamer als die junge Zyklone, sodass das Frontensystem um ihren Kern herumschwenken kann (Wolkenspirale in den Satellitenbildern). Ihre vertikale Erstreckung ist so angewachsen, dass die zyklonale Rotation nun auch in der höheren Troposphäre und der unteren Stratosphäre wirksam ist (es hat sich ein **Höhentief** herausgebildet).

Teil (g) der Abbildung zeigt den Zustand der voll okkludierten Zyklone (**Alterungsstadium**), die Warmluft ist von der Rückseitenkaltluft vollends vom Boden abgehoben. Dabei hat sich die vorher geneigte vertikale Achse aufgestellt, sodass ein nahezu ortsfestes, bis in große Höhen reichendes (quasistationäres) Tief entsteht.

Da die Warmluft mit dem weiteren Anwachsen der Kaltluft immer mehr nach oben abgedrängt wird, verschwinden die ursprünglichen Temperaturunterschiede, womit auch die primäre Energiequelle für die Zyklogenese erlischt. Die Zyklone erreicht ihre **Auflösungsphase**, in der die zyklonale Rotation immer schwächer wird, das Bodentief sich auffüllt. Letztlich haben wir angenähert wieder den Ausgangspunkt der Zyklogenese (Luftmassengrenze als quasistationäre Front) erreicht (h).

Zumeist treten die Zyklonen, wie sie vorstehend beschrieben worden sind, nicht einzeln, sondern in einer Serie von mehreren, in der Regel von 3 bis 4 Zyklonen auf. Solche Zyklonenserien nennt man treffend **Zyklonenfamilien**. Ursache für ihr Zustandekommen ist der jeweilige nach Süden erfolgende Kaltluftvorstoß auf der Rückseite einer Zyklone. Die südwärts vorstoßende Kaltluft schafft die Ausgangsbedingungen für eine neue Zyklone; sie bewirkt wiederum eine Ausgleichsbewegung der Warmluft an der Frontalzone und somit eine neue Wellenbildung (Initialphase der Zyklogenese). Letztere setzt verständlicherweise etwas südlicher an, und die neue Zyklone schlägt somit eine südlichere Bahn ein, was entsprechend für jede folgende Zyklone einer Serie gilt (Abb. 9.7). Die vorherrschende Verlagerungsrichtung ist dabei von SW nach NE gegeben. Die Bildung weiterer Zyklonen ist nicht mehr möglich, wenn die Kaltluft bis in die Subtropen vorgedrungen und hier rasch umgewandelt worden ist.

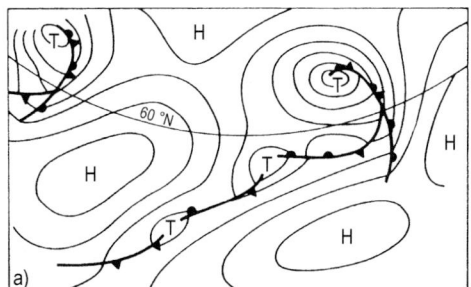

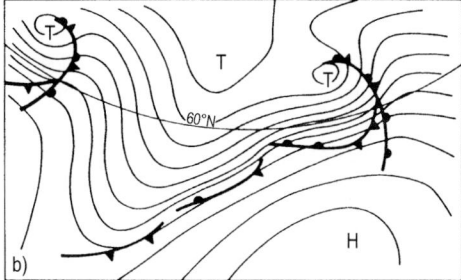

Abb. 9.7: Modell einer Zyklonenfamilie. a) Bodenwetterkarte. b) Höhenwetterkarte (= absolute Topographie einer Druckfläche in der mittleren oder oberen Troposphäre) mit Frontenzug der Bodenkarte

Eine neue Zyklonenserie (Zyklonenfamilie) kann erst wieder mit der Neubildung der Polarfront im Norden einsetzen. Die „Mitglieder" einer Zyklonenfamilie bewirken insgesamt einen massiven Warmlufttransport nach Nordosten, jeweils nur kurzzeitig von Kaltluftvorstößen unterbrochen; am westlichen Ende der Zyklonenserie erfolgt ein Vorstoß hochreichender Polarluft weit nach Süden. Entsprechend der Dominanz von Zyklonenfamilien ist der Witterungsverlauf geprägt (im Sommer häufig durch eine schwülwarme und gewitterträchtige Witterung, die abrupt durch einen kühleren Witterungsabschnitt unterbunden wird).

9.3.1.3 Fronten der Zyklonen

Tiefdruckgebiete zeichnen sich durch ein Frontensystem aus (Warmfront, Kaltfront, Okklusion). Die Begriffe Warmfront und Kaltfront charakterisieren den Vorstoß warmer bzw. kalter Luft gegen kältere bzw. wärmere Luft, wobei die jeweiligen Luftmassengrenzen bis zur Erdoberfläche herabreichen. Bei der Okklusion hingegen erreicht die Grenze zwischen Warm- und Kaltluft den Erdboden nicht, die Warmluft ist nur noch in der Höhe vorhanden.

Die **Warmfront** trennt die Warmluft einer Zyklone von der vorgelagerten kälteren Luftmasse. Dabei gleitet die vordringende leichtere Warmluft auf die vor ihr gelagerte schwerere Kaltluft auf. Aus dem Aufgleitvorgang resultiert eine **Aufgleitfläche** (Warmfrontfläche), deren Schnittlinie mit der Erdoberfläche die Bodenwarmfront darstellt. Entlang der Aufgleitfläche kommt es zur Bildung ausgedehnter Schichtbewölkung (Aufgleitbewölkung). Die Neigung der Warmfrontfläche ist gering und beträgt 1 : 100 bis 1 : 500. Nimmt man eine Steigung von 1 : 100 an, dann folgt, dass in 5 bis 10 km Höhe die ersten Vorboten der Aufgleitbewölkung und damit einhergehende optische Phänomene (bspw. Halo) bereits 500 bis 1000 km vor der eigentlichen Bodenfront sichtbar werden. Die Untergrenze der Wolken sinkt bei Annäherung an die Bodenwarmfront mehr und mehr ab (Abb. 9.8).

Die **Aufgleitbewölkung** beginnt mit feinen Cirren, die wegen der stärkeren Höhenwinde faserig oder hakenförmig strukturiert sind (Ci fib, Ci unc; s. Wolkenklassifikation in Tab. 5.1). Die Cirren verdichten sich sehr bald zu einer geschlossenen hohen Wolkenschicht, dem Cirrostratus (Cs), der für Sonne und Mond noch transparent ist, dessen Aufzug aber bereits Wetteränderung ankündigt. Mit dem weiteren Absinken der Wolkenuntergrenze geht die Aufgleitbewölkung in mittelhohe Schichtbewölkung, den dichten Altostratus (As), über. Er besteht aus Eisteilchen und unterkühlten Wassertröpfchen (Mischwolke). Mit weiterer Annäherung der Bodenwarmfront verdichtet sich der Altostratus, wird vertikal mächtiger, und es setzen verstärkt niederschlagsbildende Prozesse ein. Bald hat die Bewölkung auch das Niveau tiefer Wolken erfasst, und der Altostratus ist in ein dichtes Grau, den hochreichenden Nimbostratus (Ns), übergegangen. Er stellt die eigentliche Regenbewölkung dar. Aus ihm fällt im Sommer länger anhaltender Regen (**Landregen**), im Winter oft stundenlang auch Schnee. Unterhalb der voll ausgebildeten und geschlossenen Warmfrontbewölkung beobachtet man

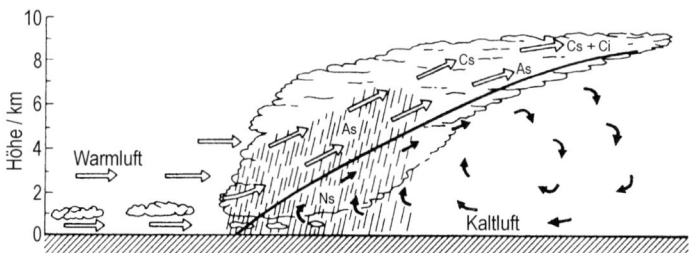

Abb. 9.8: Schematische Darstellung der Warmfront

vielfach zu Wolkenfetzen zerrissene Schichtwolken (Stratus fractus, wenige 100 m über dem Boden). Zugleich werden mit Annäherung an die Warmfront die Sichtverhältnisse immer schlechter, es bildet sich Dunst, im Bodenfrontbereich auch Nebel. Während die Temperatur vor der Front noch keine wesentlichen Änderungen zeigt, nimmt der Wind zu und der Druck fällt.

Mit dem Durchgang der Bodenwarmfront nimmt die vertikale Wolkenmächtigkeit ab, und der Dauerniederschlag versiegt. Auch der Druckfall lässt merklich nach oder hört ganz auf. Die Temperatur steigt mehr oder weniger, in der freien Atmosphäre merklich an, der Wind dreht spürbar nach rechts (frontgebundener **zyklonaler Windsprung** im Windfeld).

Im folgenden, gut ausgeprägten **Warmsektor** herrschen für einheitliche Warmluft charakteristische Wettererscheinungen: lockere Schichtwolkenfelder, aus denen zuweilen noch Sprühregen fällt; mäßige bis schlechte Sichtverhältnisse (Dunst/Nebelfelder); relativ einheitliche Temperaturverhältnisse.

Die **Kaltfront** stellt die Grenze zwischen der rückseitigen kalten Luft einer Zyklone und der vorgelagerten warmen Luftmasse im Warmsektor dar. Ihre Neigung ist mit ≥ 1 : 50 steiler als die der Warmfront, was intensivere Hebungsprozesse der Warmluft und damit intensivere Wettererscheinungen zur Folge hat. Im Gegensatz zu den Warmfronten ist das Erscheinungsbild der Kaltfronten sehr vielfältig. Es ist allgemein üblich, zwei Gruppen zu unterscheiden: die aktiven (schnell ziehenden) und die passiven

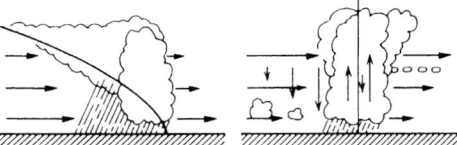

Abb. 9.9: Schematische Darstellung der Kaltfront (links: passive Front, rechts: aktive Front) (nach Schirmer et al. 1989)

(langsam ziehenden) Kaltfronten (Abb. 9.9).

Bei der bei uns am häufigsten auftretenden **aktiven Kaltfront** erfolgt das Vordringen der Kaltluft aktiv gegen die Warmluft in höheren Schichten. Die Kaltluft kommt wegen der Bodenreibung in den bodennahen Luftschichten nicht so schnell voran wie in den höheren Luftschichten, sie eilt in der Höhe etwas voraus. Das bedingt, dass die Frontfläche (Einbruchsfläche), deren Schnittlinie mit der Erdoberfläche die Bodenkaltfront ist, sich wesentlich steiler zeigt als die Aufgleitfläche der Warmfront. Mit dem Vordringen der Kaltluft in der Höhe ist zwangsläufig eine Labilisierung der Luftschichtung verbunden. Es bilden sich längs der Front hochreichende Cumulus- bzw. Cumulonimbuswolken, die Schauer und Gewitter, z. T. mit Hagel, auslösen, begleitet von stark auffrischenden Winden mit **Fallböen** (schon von weitem angezeigt durch Böenkragen unter der eigentlichen Cb-Bewölkung). Dem Charakter der aktiven Kaltfront entsprechend wird ihr Nahen bereits durch im Warmsektor vorauseilende mittelhohe Quellwolken mit turmartigen Quellungen (Altocumulus castellanus) angekündigt, so dass letztere durchaus als Gewittervorboten anzusehen sind. Auffällig ist zugleich das kräftige Absinken der Kaltluft hinter der Kaltfrontwolkenformation (**postfrontale**

Subsidenz) mit rascher Wolkenauflockerung bis zur Aufheiterung (**postfrontale Aufheiterung**).
Bei der **passiven Kaltfront** schiebt sich die Kaltluft keilförmig unter die Warmluft, wobei letztere gehoben wird und folglich passiv auf die Kaltluft aufgleitet. Die erzwungene Hebung hat zur Folge, dass im Prinzip Wettervorgänge in der Art einer Umkehrung des Warmfrontsystems entstehen. Da zusätzlich aber am Vorderrand des entsprechenden Wolkensystems häufig eine Labilisierung der Schichtung und damit Quellwolkenbildung ausgelöst wird, treten dann im Bodenfrontbereich im Sommer Schauer und Gewitter auf (Abb. 9.10). Im Winter dominiert Nimbostratusbewölkung mit Dauerniederschlägen.

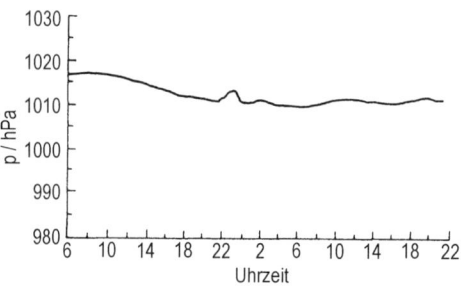

Abb. 9.10: Durchgang einer passiven Kaltfront mit „Gewitternase" im Barogramm (Registrierung in Berlin-Friedrichshagen am 20.8.1992)

Typisch für den Durchgang der Bodenkaltfront sind der auffällige zyklonale Windsprung, der deutliche Luftdruckanstieg und die enorme Sichtbesserung bei gleichzeitigem Aufhören des Niederschlags kurz hinter der Front. Nicht weniger auffällig ist der in der Regel kräftige Temperaturrückgang.
Kommt es (im Reifestadium der Zyklogenese) zu einer Vereinigung der schneller ziehenden Kaltfront mit der Warmfront der Zyklone, spricht man von Okklusion (**Okklusionsfront**). Die Warmluft ist durch kältere Luft vom Boden abgeschnitten (okkludiert) und nur noch schalenförmig in der Höhe vorhanden. Wettererscheinungen von Warm- und Kaltfront sind zusammengerückt, die Fronten nicht mehr durch den Warmsektor voneinander getrennt. Die Luftmassen der Okklusion sind die Kaltluft vor der ursprünglichen Warmfront (Vorderseitenkaltluft), die Kaltluft hinter der Kaltfront (Rückseitenkaltluft) und die abgehobene Warmluft (Warmluftschale). Haben die zwei Kaltluftmassen beiderseits ihrer Grenze annähernd die gleiche Temperatur, dann heißt die Front schlechthin Okklusion. Als Charakteristikum einer Okklusion registrieren wir in diesem Fall lediglich die in der Höhe befindliche abgehobene Warmluftmasse. Ist hingegen die Rückseitenkaltluft kälter als die Vorderseitenkaltluft, spricht man von **Kaltfrontokklusion** (Okklusion mit Kaltfrontcharakter), ist die nachfolgende Kaltluft nicht so kalt wie die vorlaufende, haben wir es mit einer **Warmfrontokklusion** (Okklusion mit Warmfrontcharakter) zu tun (Abb. 9.11). Diese Front ist generell durch eine Schlechtwetterzone charakterisiert. Da der Warmsektor der Zyklone fehlt und die Wettervorgänge von Warm- und Kaltfront zusammengerückt sind, ergibt sich, dass die Aufgleitbewölkung direkt in die für die Kaltfront typische Quellbewölkung übergeht und Dauerniederschläge sogleich von Schauern abgelöst werden.

9.3 Zyklonen und Antizyklonen

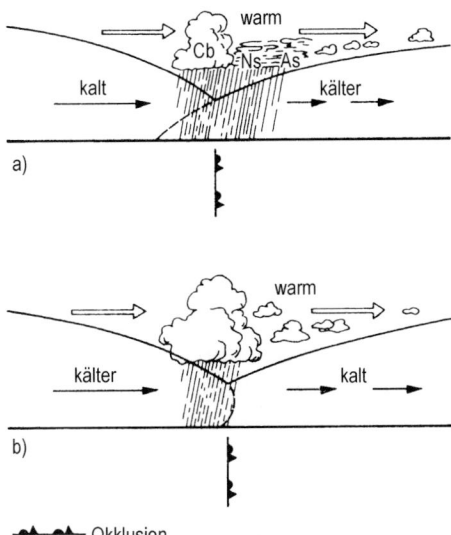

Abb. 9.11: Okklusion mit a) Warmfrontcharakter und b) mit Kaltfrontcharakter

9.3.1.4 Wetterablauf beim Durchzug einer Idealzyklone

Nachfolgend wird der Durchzug einer Idealzyklone erläutert.

Die typischen Wettervorgänge an den Fronten bedingen, dass mit dem Durchzug einer Zyklone eine charakteristische Aufeinanderfolge von Wetterereignissen verbunden ist. Letztlich beruhen die bestimmten zeitlichen Abläufe darauf, dass bei der Zyklogenese immer wieder die gleichen physikalischen Prozesse wirksam werden. Es ist aber zu bedenken, dass sich der zeitliche Ablauf der Wetterphänomene und deren Auswirkung in Abhängigkeit von der Energieverteilung in der Atmosphäre in unterschiedlicher Intensität und differenziert in den verschiedenen Teilbereichen einer Zyklone vollziehen kann. Wahrzunehmen ist die Reihenfolge solcher Vorgänge in unseren Breiten (manchmal in nahezu „klassischer" Form), wenn atlantische Zyklonen Mitteleuropa überqueren.

Abb. 9.12 zeigt zusammenfassend die mit dem Durchzug einer **Idealzyklone** (Warmsektorzyklone mit gut ausgeprägten Fronten) verbundenen Wettererscheinungen, die ein Beobachter registriert, wenn sich die Zyklone mit ihrem Zentrum nördlich von ihm von Westen nach Osten verlagert. Generell unterscheiden wir dabei das **Vorderseitenwetter** mit dem in der Regel 100 bis 300 km breiten präfrontalen Niederschlagsgebiet, das Warmsektorwetter mit seinen in Abhängigkeit von der Entfernung vom Tiefkern spezifischen Merkmalen und das **Rückseitenwetter** mit seinem mehr oder weniger wechselhaften Gepräge (postfrontales Schauerwetter). Im Prinzip ist der Übergang vom Vorderseiten-/Warmsektorwetter zum Rückseiten-

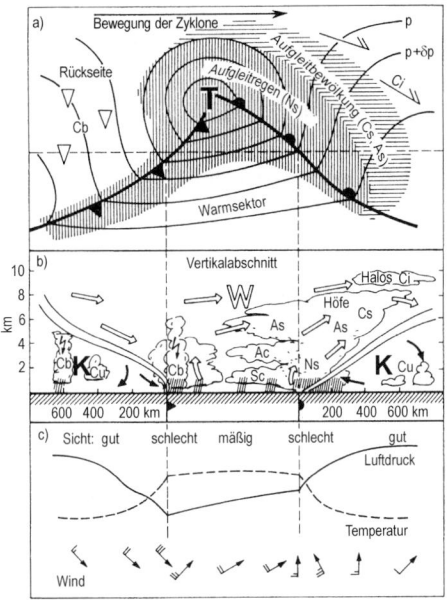

Abb. 9.12: Wettererscheinungen beim Durchzug einer Idealzyklone (nach DWD 1987)

wetter durch den Übergang von stabiler zu labiler Bewölkung mit Labilitätsniederschlägen geprägt. Charakteristisch ist, dass die an die Kaltfront gebundene Niederschlagszone zwar von größerer Intensität, aber in der Regel nicht so breit wie das Niederschlagsfeld vor der Warmfront ist (die Niederschläge hören kurz nach Kaltfrontdurchgang zunächst fast abrupt auf). Abb. 9.12 verdeutlicht gleichzeitig, dass das Wettergeschehen natürlich anders abläuft, wenn der Kern der Zyklone südlich vom Beobachter vorbeizieht.

Für die Verhältnisse in der freien Atmosphäre (meist charakterisiert durch die **Topografien** der 500 hPa- und 300 hPa-Fläche) sind wellenförmige Stromlinienmuster (lange Wellen) charakteristisch. Den langen Wellen sind zahlreiche kürzere Wellen (Wellenlängen 2000 bis 5000 km) überlagert. Letztere verlagern sich mit höherer Geschwindigkeit, wobei sie in ihrer Bewegungsrichtung von den langen Wellen „geführt" („gesteuert") werden.

9.3.1.5 Tropische Wirbelstürme

Tropische Wirbelstürme sind Ausdruck der mächtigsten Ansammlung von kinetischer Energie, die wir in der Troposphäre antreffen. Wegen ihrer verheerenden Wirkung sorgen sie immer wieder für Schlagzeilen und haben selbst in der Belletristik (z. B. J. Conrad: „Taifun") ihren Niederschlag gefunden. In Bangladesch kamen im November 1970 bei einem Taifun 250000 Menschen ums Leben; an der Ostküste der USA richten alljährlich Hurrikans Schäden von mehreren Mrd. Euro an (so auch die Hurrikan-Serie im Golf von Mexiko und in der Karibik im Jahr 2005). Unter ihnen zerstörte der besonders verheerende Hurrikan „Katrina" Ende August 2005 die Stadt New Orleans.

Auf der gesamten Erde entstehen pro Jahr durchschnittlich ca. 50 tropische Wirbelstürme. Ihr Durchmesser beträgt einige 100 km, erreicht also nicht die Dimension der Tiefs der mittleren Breiten. Ihre Lebensdauer beträgt mehr als eine Woche.

Tropische Wirbelstürme werden unterschiedlich bezeichnet. Sie heißen z. B. **Taifune** in den Gewässern Chinas und Japans, **Hurrikane** östlich der Westindischen Inseln und im Karibischen Meer, **Zyklone** (Singular: Zyklon) im Golf von Bengalen, **Kapverdische Orkane** im Atlantik sowie auf der Südhalbkugel **Südseeorkane**, speziell in Nordaustralien **Willy-Willies** (Singular: Willy-Willy) und im südlichen Indischen Ozean **Mauritiusorkane**.

Tropische Wirbelstürme sind Tiefdruckgebiete der Tropen, die primär aus (präexistierenden) Störungen der tropischen Ostströmung entstehen. Charakteristisch ist das Fehlen unterschiedlicher Luftmassen. Ihre gewaltige Energie schöpfen sie aus der Freisetzung latenter Energie des Wasserdampfes durch labilitätsbedingte kräftige Hebung der wasserdampffreichen tropischen Luft. Folgende, ihre Entstehung begünstigende Faktoren müssen unbedingt berücksichtigt werden:

a) Tropische Wirbelstürme entstehen nur über warmen Ozeanflächen mit einer Wassertemperatur $\geq 27\,°C$. Der tropische Ozean ist ein solcher Wärmespeicher bzw. -spender. Er ist Voraussetzung dafür, dass die notwendige ungeheure Menge latenter Energie des Wasserdampfes verfügbar ist und

9.3 Zyklonen und Antizyklonen

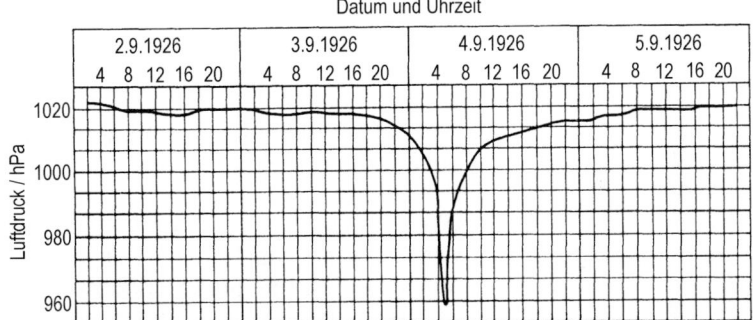

Abb. 9.13: Barogramm beim Vorüberzug eines ostasiatischen Taifuns vom 2. bis 5.9.1926

in kinetische Wirbelenergie umgesetzt werden kann.

b) Trotz hoher Wassertemperaturen bilden sich tropische Wirbelstürme nicht in einem 4° bis 7° breiten Streifen beiderseits des Äquators. Dies ist ein Hinweis darauf, dass für die Wirbelsturmentstehung eine gewisse Mindestgröße der Corioliskraft notwendig ist.

c) Notwendig ist eine ausgeprägte Konvergenz der Bodenströmung. Sie bewirkt einmal die für die Kondensation unabdingbaren Hebungsprozesse, zum anderen sorgt sie für den laufenden Wasserdampfnachschub aus den umgebenden warmen Wasserflächen.

d) In Tropopausenhöhe muss die Strömung stark divergent sein. Diese Strömungsdivergenz vermag dem labilitätsbedingten Aufsteigen der wasserdampfreichen und warmen Tropikluft zusätzliche Impulse zu verleihen. Sie ist es letztlich auch, die die markante Druckerniedrigung um teilweise 100 hPa im Wirbelzentrum bewirkt, welche schließlich den tropischen Wirbelsturm auslöst; infolge des rapiden Druckfalls ergibt sich beim Durchzug des Wirbels eine trichterförmige Druckkurve (Abb. 9.13).

Mit der Ausbildung des sich rasch verstärkenden Tiefs strömt die Luft der bodennahen Schichten spiralförmig zum Zentrum hin. Das infolge heftiger Konvektion bedingte Aufstrudeln der feuchtwarmen Luft vollzieht sich charakteristischerweise in langen, intensiven Gewitterbändern, in denen die Luft naturgemäß stürmisch in die Höhe schießt, wobei sie gleichzeitig kreisförmig um die Wirbelachse rotiert. Absinkende Luftbewegungen beobachtet man in auffälliger Weise unmittelbar im Zentrum des Wirbels in einem ca. 10 bis 50 km weiten Bereich, so dass die Konvektion völlig unterdrückt wird und eine kreisförmige, meist wolkenlose und zugleich windschwache Zone – das markante **Auge des Orkans** – entsteht. Letzteres zeigt sich eindrucksvoll in Satellitenbildern und verrät die jeweilige Entwicklungsstufe des tropischen Wirbelsturms. Seine ungeheure Energie und Wucht konzentrieren sich in einer ca. 300 km breiten Zone um das Auge herum, die von dunklen Wolkenmassiven erfüllt ist, aus denen sintflutartige Regenfälle stürzen (Abb. 9.14). Nicht selten fallen binnen weniger Stunden 500 bis 1000 mm Niederschlag (vergleichsweise beträgt die durchschnittliche Jahresniederschlags-

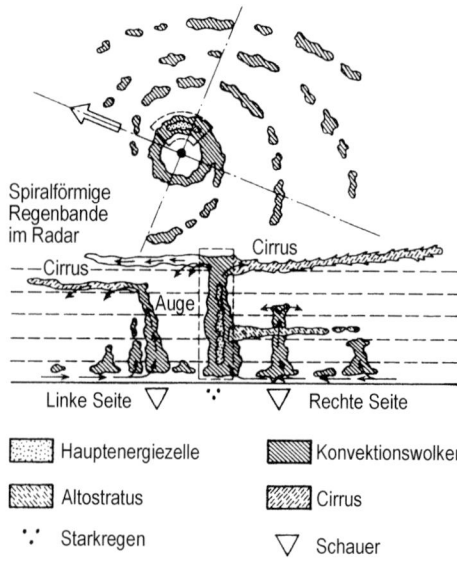

Abb. 9.14: Aufbau eines tropischen Wirbelsturms (nach Scharnow et al. 1990)

höhe Mitteleuropas 650 mm). Nicht weniger verheerend sind die Windgeschwindigkeiten von 150 bis 300 km h^{-1} (Rotations-/Wirbelgeschwindigkeit; die mittlere Translationsgeschwindigkeit des gesamten Systems beträgt 15 bis 25 km h^{-1}). Außerordentlich starke Böen steigern die zerstörende Wirkung des Windes. Neben diesen Gefahren drohen beim Überqueren von Küstengebieten und Inseln meterhohe Flutwellen. Die enorme Druckentlastung im Orkanauge bewirkt eine zusätzliche Erhöhung des Wasserstandes bis zu 1 m.

Die **Zugbahnen** tropischer Wirbelstürme verlaufen zunächst gemäß der tropischen Ostströmung meistens am Südrand des Subtropenhochs westwärts, um danach polwärts einzuschwenken. Erreichen die Wirbelstürme auf ihrer Zugbahn die Westdrift der mittleren Breiten, verwandeln sie sich oft in eine für diese Breiten typische Zyklone und bringen sich gegebenenfalls als Sturm- bzw. Orkantief mit ausgeprägten Fronten nachhaltig in Erinnerung.

Über kaltem Wasser lösen sich die Wirbelstürme rasch auf, weil ihre eigentliche Energiequelle (Wärme- und Wasserdampfzufuhr vom warmen Meer) nicht mehr gegeben ist. Akzeleriert wird die Auflösung über dem Festland, wo zusätzlich die stärkere Bodenreibung hemmend wirkt (rascher Druckausgleich, rasches Auffüllen des Tiefs am Boden).

In den am meisten gefährdeten Regionen sind miteinander kommunizierende **Orkanwarndienste** eingerichtet. Sie werten laufend die Wettermeldungen von speziell ausgerüsteten Schiffen, Flugzeugen und Satelliten aus. Bei gleichzeitigem Einsatz von Radarsystemen können Entstehung, Zugbahn und weiteres Verhalten der tropischen Wirbelstürme erfasst und rechtzeitig Warnungen herausgegeben werden. Einer Wirbelsturmbekämpfung bzw. -beeinflussung sind leider enge Grenzen gesetzt.

9.3.1.6 Kleinräumige Wirbelstürme

Zu den kleinräumigen Wirbelstürmen zählen die Tornados, Tromben und Staubhosen. Als **Tornado** (amerikanischer Name für **Großtrombe**) bezeichnet man einen sehr heftigen kleinräumigen Wirbelwind, der unter speziellen Bedingungen Begleiterscheinung einer Cumulonimbuswolke (Cb tuba) ist. Tornados entstehen im Westen der USA in über 90 % aller

9.3 Zyklonen und Antizyklonen

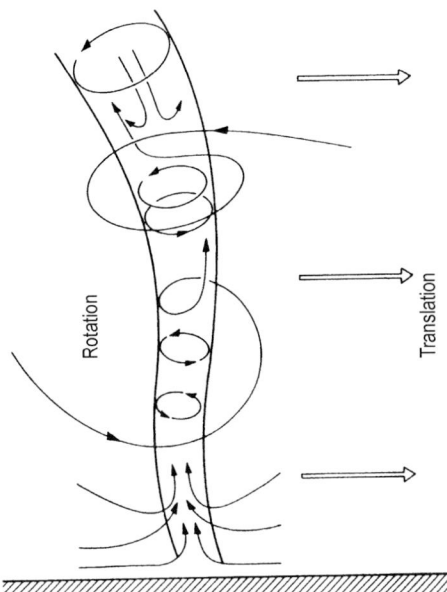

Abb. 9.15: Schematische Darstellung der Luftströmung in einem Tornado (nach Malberg 1994)

Fälle im Zusammenhang mit Kaltfrontgewittern und „Squall lines" (s. Abschnitt 5.7); speziell, wenn an solchen Fronten trockenkalte Luft von den Rocky Mountains mit ausgeprägt feuchtwarmer Luft aus dem Golf von Mexiko zusammenprallt, sodass wegen der dann auf engstem Raum herrschenden extrem großen Temperatur- und Feuchtegegensätze durch erhöhte Labilität an einer günstigen Stelle in einer Gewitterwolke heftige Vertikalbewegungen eingeleitet werden. Die regelrecht emporschießenden Luftmassen müssen durch die von allen Seiten konvergierende Luft ersetzt werden. Letztere gerät mit Annäherung an das Zentrum in immer heftigere Rotation. Damit verstärken sich die Zentrifugalkräfte, die ihrerseits das Wirbelsystem lateral abschließen. Luft kann nur noch von unten nachströmen (Abb. 9.15).

Letztlich hat sich ein begrenzter Bereich außerordentlich hoher Vertikal- und Rotationsgeschwindigkeiten gebildet, der zum **Tornadoschlauch** führt, welcher aus der Gewitterwolke allmählich abwärts zum Boden wächst. Durch die Zentrifugalkräfte kommt es zur enormen Druckerniedrigung im Tornadokern. Außerdem kühlen sich die zum Druckminimum konvergierenden Luftelemente durch adiabatische Expansion ab, so dass Wasserdampfkondensation einsetzt und ein zusätzlich mit aufgewirbeltem Staub erfüllter Wolkenschlauch, eben der Tornadoschlauch, entsteht. Als „Rüssel" ist er sichtbares Zeichen dieses Wirbelsystems. Sein Durchmesser variiert zwischen einigen Metern und Hektometern.

Der Durchzug eines Tornados ist mit einem plötzlichen extrem Luftdruckfall von 50 bis 100 hPa und entsprechend hohen Windgeschwindigkeiten von mehreren 100 km h^{-1} verbunden. Die Schneise der Verwüstungen, die ein Tornado hinterlässt, ist durchschnittlich 5 bis 10 km (minimal ≤ 1 km, maximal 300 km) lang und einige 100 m breit. Bei Zuggeschwindigkeiten von 50 bis 100 km h^{-1} resultiert damit eine Lebensdauer der Tornados von wenigen Minuten bis zu einigen Stunden. Die zerstörerische Gewalt äußert sich darin, dass Dächer davon fliegen, Gebäude explosionsartig bersten, Bäume entwurzelt und sogar sehr schwere Gegenstände wie Autos durch die Luft gewirbelt werden. Das mit explosiver Gewalt erfolgende Zerbersten von Gebäuden ist darauf zurückzuführen, dass beim Überqueren eines Tornados der Außendruck ganz plötzlich abfällt, während der Innendruck sich nur langsam ändert, wodurch ein starker Überdruck im Gebäudeinneren entsteht.

Derartige kleinräumige Wirbelstürme treten zuweilen auch in Mitteleuropa auf, allgemein unter dem Begriff **Tromben** oder **Windhosen** bekannt. Sie entwickeln aber längst nicht die zerstörerische Gewalt der oben beschriebenen Tornados, sieht man einmal von den berühmten Ausnahmen ab. Zu solchen gehört eine Trombe, die oft zitiert im Juli 1968 Pforzheim überquerte und auf ihrer 27 km langen Zugbahn bei Windgeschwindigkeiten von mindestens 270 km h^{-1} in einem 200 bis 600 m breiten Streifen Zerstörungen schlimmster Art hinterließ. Der angerichtete Gesamtschaden betrug 65 Mio. Euro. Als Beispiel aus jüngster Zeit ist die Trombe vom 23.6.2004 zu nennen, die bei (geschätzter) Windgeschwindigkeit von mindestens 250 km h^{-1} in Micheln (Sachsen-Anhalt) eine Spur verheerendster Zerstörungen hinterließ. Ein ähnlicher Wirbelsturm „fräste" am 19.7.2004 eine Schneise der Verwüstung durch Duisburg.

Als letzter auffälliger Vertreter kleinräumiger Wirbelstürme mit vertikaler Achse seien die **Kleintromben** genannt, bekannt auch als Staubhosen bzw. Staubteufelchen. Sie entstehen u. a. über großen Sandflächen. Sichtbares Zeichen ist eine wenige Meter emporwachsende Staubsäule, die unter rotierender Bewegung eine kurze Wegstrecke zurücklegt, um dann abrupt zusammenzubrechen. Entstehungsursache ist primär eine starke lokale Überhitzung. Dabei bilden sich Konvektionsblasen, die sich plötzlich und stark beschleunigt von der Sandfläche abheben und aufsteigen (s. Abschnitt 4.2.1). Als Ausgleich strömt in das entstandene Miniaturdruckfallgebiet die Umgebungsluft. Dies geschieht so heftig, dass sie stark zu rotieren beginnt und dabei Staub, Sand und leichtere Gegenstände (bis zur Luftmatratze) mehrere Meter hochwirbelt.

9.3.2 Antizyklonen

Antizyklonen (Hochdruckgebiete, Hochs) sind Gebiete hohen Luftdrucks bzw. hoher Lage einer Isobarenfläche. Sie weisen kein Frontensystem auf. Wie in den Abb. 9.3 und 9.5 bereits gezeigt, werden Hochs auf der Nordhalbkugel im Uhrzeigersinn umströmt (antizyklonales Strömungssystem). In der Reibungsschicht beobachten wir unter dem Einfluss der hier auf horizontale Luftbewegungen wirkenden Kräfte (s. Abschnitt 6.4) ein allseitiges Ausströmen der Luft aus den Hochdruckgebieten und Abströmen zum tieferen Druck, wobei die Strömung reibungsbedingt divergent ist. Die abströmende Luft kann im Sinne des atmosphärischen Kompensationsprinzips nur durch absinkende Luft aus der Höhe ersetzt werden; über dem Bodenhoch herrscht eine horizontale konvergente Strömung, die den Massenzufluss in der Höhe bewirkt. Es entsteht ein vertikaler Kreislauf, der durch die Hebungsvorgänge in den benachbarten Zyklonen geschlossen wird. Das Absinken der Luft aus der Höhe führt zu einer adiabatischen Erwärmung, also zur Temperaturerhöhung mit Ausbildung einer dynamischen Absinkinversion (bei nächtlicher Ausstrahlung entsteht eine Strahlungsinversion, s. Abschnitt 4.2.6), die Temperaturerhöhung bedingt eine Abnahme der relativen Feuchte; die Austrocknung der Luft wiederum führt zur

Wolkenauflösung (in sommerlicher Hochs entstehen durch Thermik/Konvektion tagsüber gegebenenfalls Schönwettercumuli). Antizyklonen weisen also stabile Schichtungsverhältnisse auf, die den Vertikalaustausch zwischen bodennaher Reibungsschicht und der freien Atmosphäre verhindern (austauscharme Wetterlage).

Die Entstehung eines Hochs nennt man **Antizyklogenese**. Für sie ist charakteristisch, dass die Höhenkonvergenz größer ist als die Divergenz in den bodennahen Schichten. Andererseits wird der Abbau eines Hochs (Antizyklolyse) durch Luftdruckfall am Boden angezeigt. Dies kann nur geschehen, wenn der Massenzufluss in der Höhe abnimmt, während die bodennahe Luft weiter auseinander fließt.

Die Atmosphäre ist im Bereich der Antiyzklonen im Regelfall warm (warme/dynamische Hochs). Bei genauer Betrachtung muss man dem thermischen Aufbau entsprechend neben den warmen Hochs auch kalte Hochs unterscheiden.

9.3.2.1 Warme Hochs

Bekanntester Vertreter der warmen Antizyklonen ist das **Azorenhoch** mit der typisch großen horizontalen Ausdehnung und starken vertikalen Mächtigkeit. Weitere typische Kennzeichen hochreichender warmer Antizyklonen sind ihre große Beständigkeit und ihr ausgeprägtes Verharrungsvermögen; sie gehören zu den quasistationären Druckgebilden in der Atmosphäre mit weitgefächerter Isobarenanordnung.

Die Wettererscheinungen in Verbindung mit warmen Hochs können durchaus vielfältig sein, sind sie doch signifikant abhängig von der Jahreszeit, vom Untergrund und von der auf den Beobachtungsort bezogenen Lage des Kerndrucks. So herrscht bei einem sommerlichen Hoch über dem Festland sonniges bis heiteres und warmes bis heißes Wetter mit ausgeprägtem Tagesgang der Lufttemperatur, der relativen Feuchte, des Windes und der Wolkenbildung (tagsüber Bildung von Schönwettercumuli durch Thermik/Konvektion, abends Wolkenauflösung). Andererseits können sich je nach geografischer Gegebenheit lokale Windsysteme mit täglicher Periode herausbilden (s. Abschnitt 12.6).

Gänzlich anders als im Sommer ist das Wettergeschehen der entsprechenden Hochdrucklage über dem Festland im Winter (z. B. Hoch über Mitteleuropa). Ist die Festlandsluftmasse anfänglich trocken, bleibt der Himmel zunächst klar, und die Temperaturen sinken nachts zumal über einer frischen Schneedecke stark ab. Die bald entstehende Strahlungsinversion kann durch die Wintersonne nicht mehr aufgelöst werden, so dass sich zusehends Wasserdampf und Dunst an dieser Sperrschicht akkumulieren. Ist der Sättigungszustand erreicht, bilden sich tiefliegende Schichtwolken oder ausgedehnte Nebel- und Hochnebelfelder, so dass im Flachland bzw. in den Niederungen über längere Zeit neblig-trübes und nasskaltes Wetter, zuweilen mit Schneegriesel oder Sprühregen, herrscht und auch hier von einem Schönwettergebiet nicht gesprochen werden kann. Oberhalb der Inversion scheint bei blauem Himmel und ausgezeichneter Fernsicht sowie ungewöhnlich milden Temperaturen die Sonne. Als Folge der austauscharmen Wetterlage besteht die

Tendenz der Akkumulation von Luftverunreinigungen.

9.3.2.2 Blockierende Hochs

Zuweilen kann sich aus einem Keil des Azorenhochs eine selbständige Hochdruckzelle ablösen und über Mittel- oder Nordeuropa zu einer stationären, warmen Antizyklone werden. Da sie oft langlebig ist, blockiert sie für geraume Zeit die Weststrümung (**blockierendes Hoch**, blocking-action). Da blockierende Hochs als hochreichende, nahezu ortsfeste warme Hochs die Tiefs, Wellen und Druckfall-/Drucksteiggebiete weit um sich „herumsteuern", sind sie als **Steuerungszentren** anzusehen. Dies widerspiegelt sich auch in den Höhenwetterkarten, wobei die Höhenströmung zeigt, dass blockierende Antizyklonen beidseitig von tiefem Druck, ähnlich dem griechischen Buchstaben Ω, umrahmt sind (**Omega-Lage**).

9.3.2.3 Kalte Hochs und Zwischenhochs

Kalte Hochs treten immer dort auf, wo die Kaltluft (hohe spezifische Dichte) eine gewisse vertikale Mächtigkeit aufweist. Sie stellen stets flache Druckgebilde dar. Man unterscheidet die rasch wandernden und die quasistationären **kalten Antizyklonen**.

Die rasch wandernden Antizyklonen der mittleren Breiten entstehen zumeist in der Rückseitenkaltluft von Zyklonen (Polarlufteinbrüche). Ihre rasche Verlagerung erfolgt in Richtung der kräftigsten Kaltluftadvektion. Charakteristische Luftmasseneigenschaften sind starke Absinkbewegungen und geringer Wasserdampfgehalt. Sommerliche kalte Hochs werden schnell in warme Hochs umgewandelt (hohe Einstrahlung und Absinkbewegungen erwärmen die Luft).

Nahezu ortsfeste kalte Antizyklonen (**Kältehochs**) entstehen mit auffallender Regelmäßigkeit im Winter im Bodendruckfeld und sind mit 2 bis 3 km Höhe nur von geringer vertikaler Mächtigkeit. Darüber (ab 700 hPa) sind sie bereits von einer zyklonal geprägten Höhenströmung überlagert. Entstehungsursache der Kältehochs ist die strahlungsbedingte Auskühlung der bodennahen Luftschichten über dem Festland, die durch die winterliche Schneedecke von großer Intensität ist. Typischer Vertreter ist das Kältehoch über Sibirien, zugleich kräftigstes Hoch der Erde (1040 hPa bis 1065 hPa, Extremwert bis 1084 hPa), das bei entsprechender Ostwindwetterlage auch in Mitteleuropa strenge Kälte auslösen kann. In seinem Kernbereich können die Temperaturen bis −70 °C absinken; in einem der antarktischen Kältehochs im Südwinter wurde mit −91,5 °C das absolute Temperaturminimum in Bodennähe beobachtet (s. Tab. 1.2). Als kaltes (flaches) **Zwischenhoch** (geschlossene Isobaren, Abb. 9.16) oder kalter (flacher) Zwi-

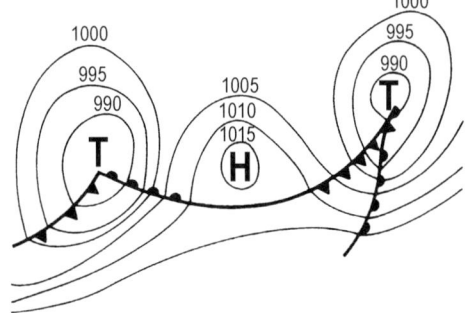

Abb. 9.16: Kaltes Zwischenhoch (Luftdruckangaben in hPa)

9.3 Zyklonen und Antizyklonen

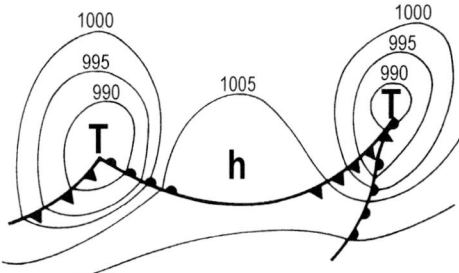

Abb. 9.17: Kalter Hochkeil (Luftdruckangaben in hPa)

schenhochkeil (offene Isobaren, Abb. 9.17) wird das Gebiet relativ höheren Bodenluftdrucks zwischen zwei Tiefs (den korrespondierenden Zyklonen) bezeichnet. Beide verlagern sich wie die benachbarten Tiefs rasch und zeichnen sich bei Annäherung durch abnehmende Schauertätigkeit und Nachlassen des böigen Windes aus, oft kommt es zur raschen Aufheiterung. Die Wetterberuhigung ist aber wegen der größeren Zuggeschwindigkeit der Druckgebilde nur von kurzzeitiger Dauer, und neue Eintrübung kündigt bereits das nachrückende Tief an.

Zyklonen und Antizyklonen scheren als großdimensionierte Gebilde in Abhängigkeit von der Wirkung der breitenabhängigen Corioliskraft aus der Westdrift nach Norden bzw. Süden aus (Abb. 9.18).

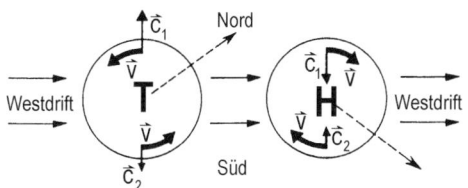

Abb. 9.18: Ausscheren von Zyklonen und Antizyklonen aus der Westdrift auf der Nordhalbkugel; $\vec{V}$ **= Windgeschwindigkeit,** $\vec{C}$ **= Coriolisbeschleunigung (nach Flohn 1960)**

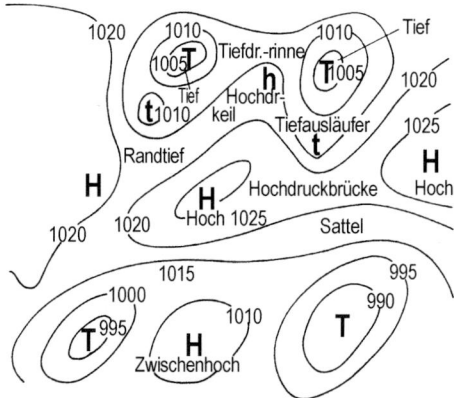

Abb. 9.19: Mögliche Druckgebilde der Bodenwetterkarte (Luftdruckangaben in hPa)

Desgleichen sei auf die Vielfalt möglicher Luftdruckstrukturen (**Isobarenformen**) der Bodenwetterkarte hingewiesen (Abb. 9.19). Der Sattelpunkt entsteht als neutraler Punkt aus einer ganz speziellen Druckkonstellation (schachbrettartige Anordnung von je zwei Tiefs und Hochs). Die möglichen Druckgebilde der Höhenwetterkarte zeigt Abb. 9.20.

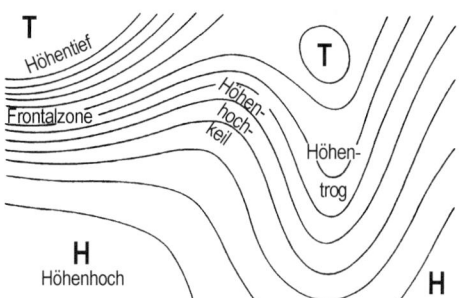

Abb. 9.20: Druckgebilde der Höhenwetterkarte (= absolute Topografie einer Druckfläche in der mittleren oder oberen Troposphäre)

9.4 Wetterprognose

Wunsch und Bestreben der Menschen, das Wetter vorherzusagen, sind wohl gleich alt und ähnlich motiviert wie der Wunsch, steuernd oder „korrigierend" in den natürlichen Wetterablauf einzugreifen. Die Frage „Wie wird das Wetter?" ist so leicht formuliert, aber so schwer zu beantworten. Die **Wettervorhersage** gilt als äußerst schwieriges Vorhersageproblem. Dem amerikanischen Mathematiker J. v. Neumann (1903–1957) zufolge ist sie das zweitschwierigste Vorhersageproblem nach der Vorhersage des menschlichen Verhaltens.

Der Beginn der wissenschaftlich begründeten Wettervorhersage ist eng korreliert mit der Entwicklung der synoptischen Meteorologie ab Mitte bis gegen Ende des 19. Jahrhunderts. Heute ist die Wetterprognose nicht mehr wegzudenken, ganz gleich, ob es um die Unterrichtung der Allgemeinheit über das aktuelle und voraussichtlich zu erwartende Wettergeschehen oder um spezielle Wettervorhersagen für die Luft- und Seefahrt oder für die Wirtschaft und das Gesundheitswesen geht.

9.4.1 Synoptische Beobachtung und Wetterkarte

Grundlage der Wettervorhersage ist die Diagnose des dreidimensionalen atmosphärischen Zustandes zum Ausgangszeitpunkt der Prognose, also die Erstellung von aktuellen **Boden-** und **Höhenwetterkarten** als Momentaufnahmen des Wetterzustandes über entsprechend großen Räumen zu einem bestimmten Zeitpunkt. Neben diesen synoptischen Karten werden für die Diagnose zusätzlich z. B. durch Radiosondenaufstiege (aerologische Aufstiege) erschlossene Diagramme/Zustandskurven über die vertikalen Verhältnisse in der Atmosphäre an einem Punkt oder längs eines räumlichen Vertikalschnittes genutzt, desgleichen Zusatzinformationen, wie sie beispielsweise durch Radar- und Satellitenbilder gegeben sind.

Zur Erstellung zuverlässiger **Wetterkarten** („Arbeitswetterkarten") für den Prognosemeteorologen sind synoptische Wetterbeobachtungen (gleichzeitige/zusammenschauende Beobachtungen/Betrachtungen) unerlässlich (s. Abschnitt 8.1). Um die Datenfülle übersichtlich zu gestalten und die Wettermeldungen international verständlich und schnell auszutauschen, wurde ein Ziffernkode (Kodeform für den Fernschreiber), der **Wetterschlüssel**, entwickelt. Weltweit sind es mehr als 9000 Landstationen (in Mitteleuropa weit über 100 synoptische Beobachtungsstationen) und zahlreiche Schiffe sowie wenige ortsfeste Wetterschiffe, die Wetterbeobachtungen zu den festgelegten Terminen anstellen und diese als verschlüsselte Wettertelegramme absetzen.

Die Wettertelegramme einer Station gehen zur nächsten nationalen Sammelstelle. In Deutschland ist dies die zuständige Einrichtung des **DWD** (Deutscher Wetterdienst). Die gesammelten Beobachtungswerte werden über ein wetterdienstinternes Kommunikationsnetz von der Zentrale des DWD in Offenbach automatisch abgerufen. Letzteres speist eine bestimmte Auswahl der Meldungen in das internationale Datennetz ein, das von der **WMO** aufgebaut worden ist. Daneben sind Hochleistungsrechner unverzicht-

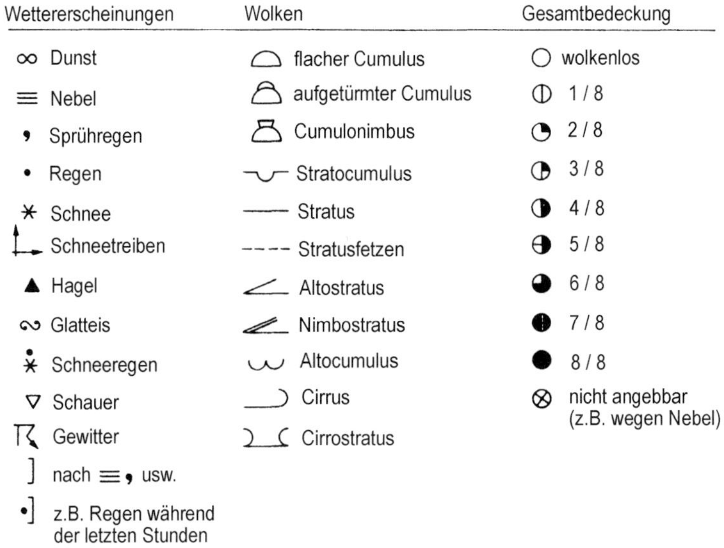

9.4 Wetterprognose

Wettererscheinungen	Wolken	Gesamtbedeckung
∞ Dunst	⌒ flacher Cumulus	○ wolkenlos
≡ Nebel	⌒ aufgetürmter Cumulus	◐ 1/8
, Sprühregen	⌂ Cumulonimbus	◖ 2/8
• Regen	⌒ Stratocumulus	◐ 3/8
✱ Schnee	⎯ Stratus	◐ 4/8
↳ Schneetreiben	⎯⎯⎯ Stratusfetzen	⦶ 5/8
▲ Hagel	⟋ Altostratus	● 6/8
∽ Glatteis	⟋ Nimbostratus	● 7/8
✶ Schneeregen	⌣ Altocumulus	● 8/8
∇ Schauer	⌒ Cirrus	⊗ nicht angebbar (z.B. wegen Nebel)
⎡ Gewitter	⌒ Cirrostratus	
] nach ≡, usw.		
•] z.B. Regen während der letzten Stunden		

Abb. 9.21: Meteorologische Symbole

bar, die den internationalen Datenaustausch, hier also das Absetzen und den Empfang der verschlüsselten Wetterbeobachtungen steuern, die dann weltweit verfügbar sind. Dem Standort entsprechend wählen die Meteorologen die benötigten Informationen aus dem Gesamtprogramm aus, um sie in Wetterkarten einzutragen. Dies geschieht mit einem Plotter, der eine Eintragungskarte herstellt. Um auch hier größtmögliche Übersichtlichkeit und Einheitlichkeit zu gewährleisten, erfolgt das Eintragen einer Wettermeldung nach einem bestimmten Stationsschema. Die wichtigsten Symbole sind in Abb. 9.21 enthalten.

Im Gesamtdatenpaket sind auch die gemeldeten aerologischen Messdaten bezüglich Druck, Wind, Temperatur und Feuchte (gewonnen aus Flugzeug- und Radiosondenaufstiegen sowie Satellitenmessungen) enthalten. Aus ihnen konstruiert der Computer sofort die Höhenwetterkarten, in denen die Topografie bestimmter Druckflächen dargestellt ist. Unter diesen erlaubt die 850 hPa-Fläche (etwa Untergrenze der freien Atmosphäre) Aussagen über die zu erwartenden Höchsttemperaturen in Wetterhüttenhöhe (Lufttemperaturmaxima) und die 700 hPa-Fläche über die Verlagerung von großflächigen Niederschlagsgebieten. Die 500 hPa-Fläche, die nahezu die Mitte der Troposphäre charakterisiert (unterhalb und oberhalb dieser Fläche befindet sich je etwa die Hälfte der Masse der gesamten Atmosphäre), ist Steuerungsniveau von Zyklonen und Antizyklonen mit ihren Druckänderungsgebieten. Die Hauptdruckflächen der oberen Troposphäre sind für den Luftverkehr von großer Aussagekraft.

der numerischen Vorhersage entwickelt worden, aber das Verhältnis Rechenzeit/Echtzeit war > 1. Entscheidend für Güte und Frist der numerischen Wettervorhersage ist die möglichst fehlerfreie Bestimmung des Anfangszustandes. Da die Messdaten aus der Atmosphäre diese Forderung nicht hinreichend erfüllen, müssen theoretische Verfahren der vierdimensionalen Datenanalyse (**Datenassimilation**) angewendet werden. Zahlreiche atmosphärische Prozesse, besonders die, deren Abmessungen kleiner sind als die Abstände der Rechenpunkte und der Rechenflächen in der Vertikalen, müssen durch großskalige Größen ausgedrückt werden, die das Modell selbst berechnet (**Parametrisierung**). Ein besonderes Problem besteht in der Wiedergabe der Eigenschaften der Erdoberfläche, insbesondere in der Simulation der Gebirge. Auf diese Weise enthalten die Wettervorhersagemodelle, die sich in ihrem grundsätzlichen Aufbau von den Klimamodellen (s. Kapitel 14) nicht unterscheiden. Fehler und Ungenauigkeiten, die zum Teil unvermeidbar sind, zum Teil aber auch auf der noch nicht ausreichenden Computerkapazität und auf den noch nicht vollständigen Kenntnissen über die atmosphärischen Prozesse beruhen.

Beim DWD werden aufeinander abgestimmte numerische Wettervorhersagemodelle im Maßstab der Hemisphäre/Erde, Europas und Deutschlands betrieben, die gegenwärtig optimal mögliche Ergebnisse gewährleisten (Tab. 9.2). Das **Europa-Modell** ist in das globale Modell eingesetzt (eingenestet), dessen horizontale Auflösung etwa 200 km beträgt. Die entsprechende Auflösung des Europa-Modells beträgt bei einem Zeitschritt von 5 min ca. 50 km. Im Modellgebiet existieren auf jeder Rechenfläche 181 Gitterpunkte in zonaler und 129 Gitterpunkte in meridionaler Richtung. In der Vertikalen werden 20 Schichten mit 21 Schichtgrenzen, davon acht Schichten

Tab. 9.2: Modellkette des Deutschen Wetterdienstes in den 1990er Jahren (nach Majewski 1995)

Modell	Typ	Maschengröße	Zahl der Schichten	Erfasstes Gebiet	Seitlicher Rand	Initialisierung	Startzeit UTC	Länge der Vorhersage
GM	Spektral	T106 *) ~ 200 km	19	Globale Atmosphäre	keine	Vierdimensionale Datenassimilation im 6-std. Zyklus	00:00 12:00	168 h 168 h
EM	Gitternetz	0,5° ~ 55 km	20	Europa und Nordatlantik	GM	wie GM	00:00 12:00	78 h 78 h
DM	Gitternetz	0,125° ~ 14 km	20	Deutschland und Umgebung	EM	wie GM	00:00 12:00	36 h 36 h

*) Spektrale Auflösung 106 Wellen auf dem Großkreis; GM = Globales Modell; EM = Europamodell, DM = Deutschlandmodell

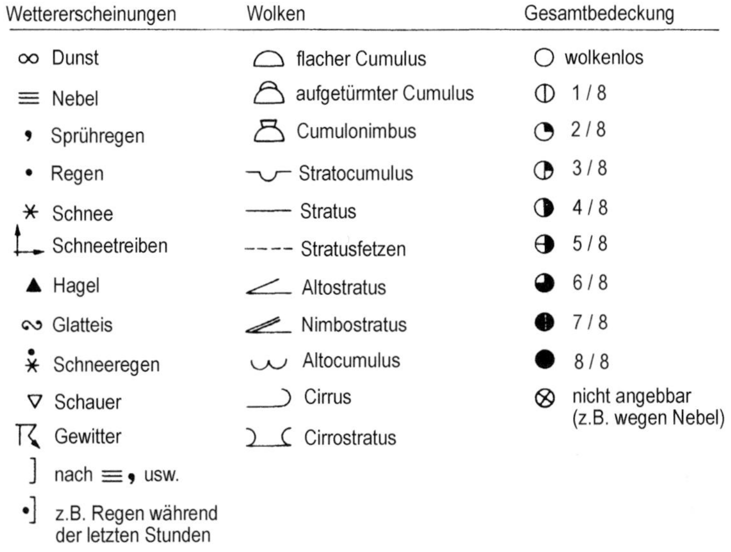

9.4 Wetterprognose

Wettererscheinungen	Wolken	Gesamtbedeckung
∞ Dunst	⌒ flacher Cumulus	○ wolkenlos
≡ Nebel	⌒ aufgetürmter Cumulus	◐ 1/8
’ Sprühregen	⌒ Cumulonimbus	◔ 2/8
• Regen	⌒ Stratocumulus	◕ 3/8
✱ Schnee	— Stratus	◑ 4/8
↳ Schneetreiben	---- Stratusfetzen	◉ 5/8
▲ Hagel	∠ Altostratus	◕ 6/8
∾ Glatteis	∠ Nimbostratus	● 7/8
✱̇ Schneeregen	⌣ Altocumulus	● 8/8
∇ Schauer	⌒ Cirrus	⊗ nicht angebbar (z.B. wegen Nebel)
⚡ Gewitter	⌒⌒ Cirrostratus	
] nach ≡, ’ usw.		
•] z.B. Regen während der letzten Stunden		

Abb. 9.21: Meteorologische Symbole

bar, die den internationalen Datenaustausch, hier also das Absetzen und den Empfang der verschlüsselten Wetterbeobachtungen steuern, die dann weltweit verfügbar sind. Dem Standort entsprechend wählen die Meteorologen die benötigten Informationen aus dem Gesamtprogramm aus, um sie in Wetterkarten einzutragen. Dies geschieht mit einem Plotter, der eine Eintragungskarte herstellt. Um auch hier größtmögliche Übersichtlichkeit und Einheitlichkeit zu gewährleisten, erfolgt das Eintragen einer Wettermeldung nach einem bestimmten Stationsschema. Die wichtigsten Symbole sind in Abb. 9.21 enthalten.

Im Gesamtdatenpaket sind auch die gemeldeten aerologischen Messdaten bezüglich Druck, Wind, Temperatur und Feuchte (gewonnen aus Flugzeug- und Radiosondenaufstiegen sowie Satellitenmessungen) enthalten. Aus ihnen konstruiert der Computer sofort die Höhenwetterkarten, in denen die Topografie bestimmter Druckflächen dargestellt ist. Unter diesen erlaubt die 850 hPa-Fläche (etwa Untergrenze der freien Atmosphäre) Aussagen über die zu erwartenden Höchsttemperaturen in Wetterhüttenhöhe (Lufttemperaturmaxima) und die 700 hPa-Fläche über die Verlagerung von großflächigen Niederschlagsgebieten. Die 500 hPa-Fläche, die nahezu die Mitte der Troposphäre charakterisiert (unterhalb und oberhalb dieser Fläche befindet sich je etwa die Hälfte der Masse der gesamten Atmosphäre), ist Steuerungsniveau von Zyklonen und Antizyklonen mit ihren Druckänderungsgebieten. Die Hauptdruckflächen der oberen Troposphäre sind für den Luftverkehr von großer Aussagekraft.

9.4.2 Grundzüge der synoptischen Wetteranalyse

Liegen Boden- und Höhenwetterkarten sowie als grundlegende Hilfsmittel Satellitenbilder, Spezialkarten aerologischer Aufstiege (Temps) und Karten für die dreistündigen Luftdruckänderungen (Tendenzkarten mit den Isallobaren als Linien gleicher Druckänderung) vor, beginnt die Wetteranalyse. Dabei unterscheidet man die synoptische und die numerische (mittels Computer erstellte) Wetteranalyse.

Die herkömmliche synoptische **Wetteranalyse** beginnt mit der Analyse der Bodenwetterkarte, wobei die Frontenanalyse (Lage und Art der Fronten) und die Darstellung der Luftdruckverteilung (Feststellung der Lage und Intensität der Druckgebilde sowie großräumigen Windverhältnisse) die Hauptarbeitsgänge sind.

Als Erstes kennzeichnet man in der Karte die Niederschlagsgebiete bzw. Gebiete mit Hydrometeoren farbig (z. B. Niederschläge grün, Gewitter rot, Nebel gelb). Dann vergleicht man zur Bestimmung der Frontenlage und Frontenart unter Heranziehung der Karten des Vortermins die eingetragenen Wetterelemente bzw. Wettererscheinungen benachbarter Stationen, wobei eine sprunghafte Änderung der Windrichtung (Windkonvergenz), die Drucktendenzverhältnisse und auffällige Wettererscheinungen (z. B. Gewitter) besondere Beachtung finden. Speziell zur Feststellung der Frontenart ist die Luftmassenanalyse relevant. Hierzu werden Temperatur, Taupunkt und Sichtverhältnisse vor und hinter der Front verglichen sowie die Temperaturverteilung im 850 hPa-Niveau ausgewertet. Die Analyse des Luftdruckfeldes erfolgt durch Zeichnen von Isobaren im Abstand von 5 hPa z. B. bei der „Europa-" und „Nordhemisphärenkarte" bzw. von 1 hPa bei regionalen Wetterkarten (z. B. der „Deutschlandkarte"). An den Fronten zeigt sich ein unstetiger Isobarenverlauf (Isobarenknick). Für das Beispiel einer Wetterkarte wird auf Abb. 2.2 verwiesen.

Die Analyse der **Höhenwetterkarten** beinhaltet vorrangig die Beurteilung des Isohypsenverlaufs, wobei besonderer Wert auf die großräumigen Luftmassentransporte gelegt wird. Gebiete starker Isohypsendrängung (hohe Windgeschwindigkeiten) weisen die Frontalzonen aus (s. Abschnitt 9.2.4). In den absoluten Topografien der 300- und 200 hPa-Flächen wird zusätzlich die Lage der Starkwindfelder durch Linien gleicher Windgeschwindigkeiten (Isotachen) hervorgehoben. Die Auswertung der relativen Topografien erlaubt die genaue Beurteilung des Höhentemperaturfeldes (Lage von Warm- und Kaltluft). Zum Begriff „Topografien" vgl. Abschnitt 2.2.4.

9.4.3 Herkömmliche Verfahren der Wettervorhersage

Mit den synoptischen Beobachtungen, den Wetterkarten und der Wetteranalyse ist die Diagnose des dreidimensionalen atmosphärischen Zustands möglich und damit der aktuelle Ablauf der Wettervorgänge erkennbar. Damit ist die Grundlage vorhanden, Schlüsse auf die Weiterentwicklung des Wettergeschehens zu ziehen. Neben den im Ergebnis der numerischen Wettervorhersage entstehenden Vorhersagekarten bedient man sich in Abhängigkeit von der Unterteilung der Wettervorhersage in Kurz-, Mittel- und Langfristprognose der **synoptischen Methode** sowie statistischer Verfahren. Dabei beruht die synoptische Methode darauf, aus der genau analysierten bisherigen Wetterentwicklung z. B. auf die voraussichtliche Frontenlage und Luftdruckverteilung zu extrapolieren, wobei auch automatisierte Frontenbestimmungssysteme von Bedeutung sind. Sie stellt eine Reihe von physikalisch begründeten Regeln, Verfahren und Erkenntnissen zur Erfassung der Bewegung der Fronten und Druckzentren bzw. zur Steuerung der Luftdruckänderungsgebiete am Boden bereit.

Die physikalisch-statistischen Methoden sind objektive Vorhersagehilfen, die die numerisch erzeugten Produkte interpretieren. So gibt es mathematisch-statistische Beziehungen (Regressionsgleichungen), die Zusammenhänge zwischen den zu prognostizierenden Größen (Prediktanden) und einer Reihe von bedingenden Variablen (Prediktoren) beschreiben. Je nach Ausdehnung der Vorhersageintervalle unterscheidet man Nowcasting (bis zu 2 h), Kürzestfristvorhersage (bis zu 12 h), Kurzfristvorhersage (12 bis 72 h) sowie Mittelfrist (3 bis 10 d) und Langfristprognose (> 10 d). Unter Nowcasting versteht man die aktuelle Diagnose des Wettergeschehens mit unmittelbarer linearer Extrapolation für einen definitiv minimalen Vorhersagezeitraum (bis 2 h im Voraus), was z. B. für aktuelle Warnungen vor gefährlichen Wettererscheinungen von Bedeutung sein kann.

9.4.4 Numerische Wettervorhersage

Als numerische Wettervorhersage wird die unter vorgegebenen Anfangs- und Randbedingungen vorgenommene Vorausberechnung von meteorologischen Größen wie Luftdruck, Geopotenzial, Lufttemperatur u. a. bezeichnet. Kernstück der Modelle sind die Differenzialgleichungen der Thermo- und Hydrodynamik, die die interessierenden Größen enthalten und miteinander verbinden. Wegen der Nichtlinearität der Bewegungsgleichungen kann die Modellierung nur numerisch vorgenommen werden, was spezifische Fehler nach sich zieht. Bis heute gibt es keine direkte numerische Wettervorhersage, berechnet werden vielmehr die großräumigen Verteilungen der meteorologischen Größen. Zur Finalprognose für ein bestimmtes Gebiet gelangt man mit Hilfe bestimmter, meist statistischer Interpretationsverfahren. Die wichtigsten Methoden sind neben verschiedenen Expertenmodellen die perfect prog-Methode (PP) und die Modellausgangsdatenstatistik (MOS = model output statistics). Bei der ersteren werden die Zusammenhänge zwischen dem vorherzusagenden Wetterelement und den großräumig berechneten Verteilungen auf der Grundlage langjähriger Beobachtungsreihen ermittelt. Die statistischen Beziehungen können auf die vorhergesagten Felder angewendet werden. MOS dagegen verwendet keine beobachteten Daten, sondern in der Vergangenheit prognostizierte Werte der interessierenden Größen. Die Verfahren sind weit entwickelt und gehen auf eine durchgehend auf Algorithmen beruhende, automatische finale Wetterprognose hin.

Die modernen Computer erlauben jetzt, dass die Rechenzeit sehr klein gegenüber der Echtzeit ist. Vorher waren zwar die theoretischen Grundlagen der numerischen Vorhersage entwickelt worden, aber das Verhältnis Rechenzeit/Echtzeit war > 1. Entscheidend für Güte und Frist der numerischen Wettervorhersage ist die möglichst fehlerfreie Bestimmung des Anfangszustandes. Da die Messdaten aus der Atmosphäre diese Forderung nicht hinreichend erfüllen, müssen theoretische Verfahren der vierdimensionalen Datenanalyse (**Datenassimilation**) angewendet werden. Zahlreiche atmosphärische Prozesse, besonders die, deren Abmessungen kleiner sind als die Abstände der Rechenpunkte und der Rechenflächen in der Vertikalen, müssen durch großskalige Größen ausgedrückt werden, die das Modell selbst berechnet (**Parametrisierung**). Ein besonderes Problem besteht in der Wiedergabe der Eigenschaften der Erdoberfläche, insbesondere in der Simulation der Gebirge. Auf diese Weise enthalten die Wettervorhersagemodelle, die sich in ihrem grundsätzlichen Aufbau von den Klimamodellen (s. Kapitel 14) nicht unterscheiden. Fehler und Ungenauigkeiten, die zum Teil unvermeidbar sind, zum Teil aber auch auf der noch nicht ausreichenden Computerkapazität und auf den noch nicht vollständigen Kenntnissen über die atmosphärischen Prozesse beruhen.

Beim DWD werden aufeinander abgestimmte numerische Wettervorhersagemodelle im Maßstab der Hemisphäre/Erde, Europas und Deutschlands betrieben, die gegenwärtig optimal mögliche Ergebnisse gewährleisten (Tab. 9.2). Das **Europa-Modell** ist in das globale Modell eingesetzt (eingenestet), dessen horizontale Auflösung etwa 200 km beträgt. Die entsprechende Auflösung des Europa-Modells beträgt bei einem Zeitschritt von 5 min ca. 50 km. Im Modellgebiet existieren auf jeder Rechenfläche 181 Gitterpunkte in zonaler und 129 Gitterpunkte in meridionaler Richtung. In der Vertikalen werden 20 Schichten mit 21 Schichtgrenzen, davon acht Schichten

Tab. 9.2: Modellkette des Deutschen Wetterdienstes in den 1990er Jahren (nach Majewski 1995)

Modell	Typ	Maschengröße	Zahl der Schichten	Erfasstes Gebiet	Seitlicher Rand	Initialisierung	Startzeit UTC	Länge der Vorhersage
GM	Spektral	T106 *) ~ 200 km	19	Globale Atmosphäre	keine	Vierdimensionale Datenassimilation im 6-std. Zyklus	00:00 12:00	168 h 168 h
EM	Gitternetz	0,5° ~ 55 km	20	Europa und Nordatlantik	GM	wie GM	00:00 12:00	78 h 78 h
DM	Gitternetz	0,125° ~ 14 km	20	Deutschland und Umgebung	EM	wie GM	00:00 12:00	36 h 36 h

*) Spektrale Auflösung 106 Wellen auf dem Großkreis; GM = Globales Modell; EM = Europamodell, DM = Deutschlandmodell

in den untersten 2 km, aufgelöst. Das Modell dient der detaillierten Vorhersage der bodennahen meteorologischen Größen, der Bewölkung und des Niederschlages. Es ist geeignet, anderen Modellen (so Seegangsmodellen, Modellen für die Ausbreitung von Luftverunreinigungen) die erforderlichen Eingangsdaten zu liefern. Während die Nowcasting-Verfahren weitgehend auf den manuellen synoptischen Verfahren beruhen, nimmt der Anteil der numerisch erzeugten Aussagen mit der Zunahme der Prognosefrist zu. Deren Anteil an der Kürzestfristvorhersage ist noch relativ klein. Die numerische Vorhersage bildet aber bereits die Grundlage der Kurzfristvorhersage. Ganz von den modernen Methoden beherrscht ist die Mittelfristvorhersage.

Zur Weiterentwicklung der **Modellkette** des DWD für die numerische Wettervorhersage sei betont, dass seit Dezember 1999 zwei neue Vorhersagemodelle, GME und LM, operationell eingesetzt werden. Dabei tritt das neue Global-Modell GME (Gitterweite 60 km, 31 Schichten) an die Stelle der bisherigen Vorhersagemodelle GM und EM (s. Tab. 9.2.). Das neue Lokal-Modell LM (Gitterweite 7 km, 35 Schichten) operiert über dem Gebiet des Deutschland-Modells DM und zeichnet sich wegen seines nicht hydrostatischen Charakters durch eine neue Qualität aus (s. Abschnitt 14.3.3). Seit 2002 wurden in Abhängigkeit von der Rechenkapazität der verfügbaren Hochleistungsrechner bereits wertvolle Erfahrungen gewonnen mit der stufenweise zu steigernden Auflösung der Modelle bei besonderer Beachtung der Problematik der Datenassimilation, der modellinternen Parametrisierungen, des Postprocessing und der Interpretation. Bei der Entwicklung des GME galt es, den zwingenden Forderungen der Nutzer Genüge zu leisten, z. B. nach der eigenen globalen Vorhersagekapazität im Kurzfristbereich, nach der expliziten Erfassung der synoptischen und meso-α-Skala, nach der flexiblen Bereitstellung der seitlichen Randwerte für das LM und für andere Regionalmodelle weltweit sowie nach einer umfassenden meteorologischen Datenbasis für globale Ausbreitungsrechnungen (relevant für die Vorhersage der Ausbreitung radioaktiver Substanzen). Der Endausbau der neuen Modellkette GME/LM des DWD (voraussichtlich nach 2005 erreichbar) hat für das GME die Realisierung einer Gitterweite von ca. 30 km und von 45 Schichten, für das LM die Realisierung von etwa 3 km und von 50 Schichten zum Ziel.

9.4.5 Wege zur Langfristprognose

Die Langfristprognose umfasst einen Vorhersagezeitraum von > 10 Tagen. Es gibt Versuche, Monats- bzw. Jahreszeitenprognosen des Witterungscharakters aufzustellen. Die Langfristvorhersage ist nach Inhalt und Arbeitsmethode von den kürzerfristigen Prognosen verschieden. Die Unsicherheiten und Fehler wachsen mit der Zunahme des Vorhersagezeitraumes. Grundsätzlich kann festgestellt werden, dass der Anfangszustand, von dem die numerischen Wettervorhersagen abhängen, nach 2 bis 3 Wochen keinen Einfluss mehr auf die Rechenergebnisse hat. Die Prognosen sind dann nicht besser als einfache Persistenz- oder Klimawertprognosen (s.

Abschnitt 9.4.6). Jenseits dieser Grenze spielen die häufig variablen Randbedingungen des Systems Erde/Atmosphäre, zu denen auch die äußeren Einflussgrößen gehören, eine entscheidende Rolle. Dazu gehören die Solarstrahlung und ihre Variationen, Veränderungen der Erdoberfläche und der Zusammensetzung der Atmosphäre, der Zustand des Ozeans, anthropogene Einflüsse u. a. Die Vorhersagen entsprechen nunmehr den Klimavorhersagen und sind Wahrscheinlichkeitsaussagen.

Ansätze zu Langfristvorhersagen beruhen auf verschiedenen Grundlagen. So wird versucht, Vorhersagen der Zirkulationsverhältnisse mit Hilfe von dynamischen Zirkulationsmodellen über 1 bis 2 Monate durchzuführen. Die Mehrzahl der Methoden ist jedoch empirisch-statistischer Art.

Dazu gehört die **Methode der ähnlichen Fälle**, die auf der Annahme beruht, dass ähnliche Anomalieverteilungen des Luftdrucks oder anderer Größen zu ähnlichen Weiterentwicklungen führen. Teilweise erfolgreich war die Beachtung von Kovarianzen der interessierenden Größen an weit entfernten Punkten, die eine bestimmte Zeitverschiebung aufweisen (**Telekonnektions-Methode**). Im Wesentlichen ohne Erfolg blieb die Suche nach persistenten Perioden im Zeitablauf der meteorologischen Größen. Auch der Berücksichtigung der Eigenschaften des Sonnenfleckenzyklus blieb bis jetzt ein anhaltender Erfolg verwehrt. Gewisse Informationen über Zusammenhänge im Witterungsablauf eines Jahres, wie sie in den Singularitäten zum Ausdruck kommen, lassen wegen Unregelmäßigkeiten ihres Eintretens ebenfalls keine prognosefähigen Aussagen zu.

Da die Erfolgsquoten der Langfristvorhersage sehr gering sind, werden durch den Wetterdienst keine derartigen Prognosen veröffentlicht.

9.4.6 Zur Prognosegüte

Bei der objektiven Bewertung der **Güte der Wettervorhersage** können grundsätzlich die folgenden Aussagen getroffen werden: a) Angesichts der Kompliziertheit und Problemfülle der Wetterprognose ist ein beachtliches, aber über einige Jahre hinweg auch konstantes Niveau erreicht. Es bedarf aller Anstrengungen, um die lokale und regionale Prognose vom bisherigen Niveau auf ein noch höheres zu heben. Auch geringe Verbesserungen sind nur unter Einsatz großer Mittel zu erreichen. b) Die Prognosegüte verringert sich mit Verlängerung des Vorhersagezeitraums; die Eintreffwahrscheinlichkeit der Mittel- und erst recht der Langfristprognose bleibt im Allgemeinen hinter der der Kurzfrist- und kurzfristigen Vorhersage zurück.

c) **Prognosefehler** treten besonders in Abschnitten mit sehr unbeständigem Wetter auf, so dass die Eintreffgenauigkeit gegenüber „ruhigeren" Zeiträumen drastisch sinkt. Gründe sind hier die Vielfalt und Komplexität der Wetterereignisse, die im zeitlichen, auch kurzfristigen, Ablauf prognostisch schwer zu erfassen sind. d) Die Grenze der Brauchbarkeit einer berechneten Vorhersagekarte wird heute allgemein mit 6,5 Tagen, die theoretisch äußerste Grenze der Vorhersagbarkeit (Vorhersagerechnungen) mit 2 bis 3 Wochen angenommen. Damit bleibt also noch ein beachtlicher Spielraum

9.4 Wetterprognose

für weitere Fortschritte auf dem Forschungsgebiet der numerischen Wetterprognose.

Wegen ihrer komplizierten Abhängigkeiten, Wirkungen und Rückkoppelungen ist die Vorhersage der meteorologischen Größen mehr oder weniger unterschiedlich schwierig und somit z. T. unsicher. Die größte **Treffsicherheit** finden wir bei der Vorhersage des Luftdrucks und damit (wegen der engen Koppelung) des Windes. Dabei ist die Windvorhersage über Meeresgebieten (geringer, gleichmäßiger Reibungseinfluss) besonders treffsicher.

Zur Beurteilung der Vorhersageleistung wird bevorzugt als Fehlerbewertungsmaß der mittlere quadratische Fehler (root mean square error = rmse)

$$\text{rmse} = (\Sigma m_i^2 / N)^{1/2} \qquad (9.1)$$

mit
m = Prognosefehler (Differenz beobachteter minus vorhergesagter Wert einer Größe),
i = 1 ... N und
N = Zahl der herangezogenen Fälle
benutzt.

Um eine Prognosemethode beurteilen zu können, muss sie mit einer **Referenzprognose** verglichen werden. Als Referenzprognosen können bereits eingeführte Verfahren dienen. Im einfachsten Fall wird die Konstanz des betrachteten Elements („Heute wie gestern") oder das Eintreffen des klimatologischen Mittelwertes (Klima-Referenzprognose) angenommen. Eine Prognose-Methode ist nur dann sinnvoll, wenn sie bessere Ergebnisse als die Referenzprognose liefert. So wird das Zuverlässigkeitsmaß RV (RV = reduction in error variance) in % nach

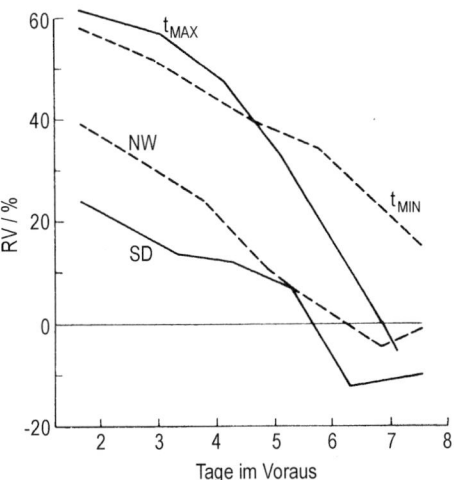

Abb. 9.22: Gemittelte Vorhersageleistung (für 1992) im Bereich des DWD in Zuverlässigkeitsprozenten (RV-Prozente) für die tägliche Maximumtemperatur (t_{Max}), die tägliche Minimumtemperatur (t_{Min}), die Niederschlagswahrscheinlichkeit (NW) und die Sonnenscheindauer (SD) in Abhängigkeit von der Prognosefrist (nach Gagel und Thomalla 1993)

$$\text{RV} = \{1 - (\text{rmse}_{Prog.} / \text{rmse}_{Ref.})^2\} \cdot 100 \qquad (9.2)$$

bestimmt. Tritt RV = 100 % ein, dann handelt es sich um eine fehlerfreie Vorhersagemethode. Abb. 9.22 zeigt als Beispiel die Vorhersageleistung der täglichen Maximumtemperatur. Gegenüber dem Zeitraum 1970/74 wurden höhere RV-Werte erzielt und die Vorhersagefrist erweitert.

Die in diesem Kapitel beschriebenen Prognoseaspekte sind besonders relevant für die Vorhersage von extremen Wetterlagen und Unwetterereignissen. Über deren Möglichkeiten bei besonderer Anwendung der Mittelfrist- und Jahreszeitvorhersagen und über die Analyse der Prognosegüte wird in Böttger (2002) berichtet.

Als ergänzende Literatur zu diesem Kapitel kann auf DWD 1987, Heyer 1993, Kurz 1990, Malberg 2002, Reiter 1970, Reuter 1982, Scharnow et al. 1990, Scherhag 1948 u. a. sowie auf DWD (2002) verwiesen werden.

10 Das Klimasystem der Erde

10.1 Zum Klimabegriff

Wie bereits in Kapitel 1 ausgeführt wurde, kommt man aus der Zusammenfassung der Augenblickszustände der Atmosphäre (= Wetter) für einen Ort oder eine Region zu dem Begriff Klima. Vom griechischen Verb κλίνειν (= neigen) abgeleitet, wurde er zunächst nur auf die unterschiedliche Sonneneinstrahlung in den verschiedenen Breitenzonen angewendet. Im modernen Sinne gehen in den Begriff Klima jedoch zahlreiche mess- oder beobachtbare Eigenschaften ein (vgl. Abschnitt 10.2). Seit dem 19. Jahrhundert sind zahlreiche **Klimadefinitionen** aufgestellt worden. Den modernen Auffassungen am besten entsprechen jene Klimadefinitionen, die Klima dem schnell veränderlichen Wetter gegenüberstellen, und es als die **Synthese des Wetters** über einen Zeitraum sehen, der lang genug ist, um dessen statistische Eigenschaften bestimmen zu können. Daraus ergibt sich, dass die Beschreibung des Klimas als verallgemeinertes Wetter zur Konsequenz hat, dass es prinzipiell dieselben Informationen wie die verschiedenen Wetterzustände selbst enthält. Damit ist die Klimatologie mit den Gebieten der Physik und Chemie der Atmosphäre eng verbunden. Weiter muss betont werden, dass zu den **statistischen Eigenschaften** nicht nur die Mittelwerte der verschiedenen, das Klima bestimmenden meteorologischen Größen (Klimaelemente) gehören, sondern auch alle statistischen Parameter, die das Verhalten der Größen als statistischen Prozess charakterisieren (Streumaße, Extremwerte, Verteilungsfunktionen, höhere Momente, Erhaltungsneigung usw., s. Abschnitt 8.1.5). Daraus folgt, dass die Bestimmung des Klimas eines Ortes oder einer Region Klimabeobachtungen über ein bestimmtes Zeitintervall voraussetzt. Nach der Empfehlung der Meteorologischen Weltorganisation (WMO) werden jeweils 30-jährige Perioden als **Bezugs- oder Referenzzeiträume** verwendet (aktuelle Bezugsperiode 1971/2000, auch noch gebräuchlich 1961/90). Des weiteren sei darauf hingewiesen, dass sich der Klimabegriff im Allgemeinen auf die Nähe der Erdoberfläche (Wetterhüttenniveau: 2 m ü. Gr.) bezieht. Aus den Klimadefinitionen geht meist nicht klar hervor, dass das Klima auch in verschiedenen Maßstabsbereichen betrachtet werden muss (s. Abschnitt 1.3). Die Ursachen für die dem **Meso- und Mikroklima** gegenüber dem makroklimatischen Verhältnissen zuzurechnenden räumlichen Klimaanomalien sind die häufig abwechslungsreichen Arten der Orografie, die Höhe über dem Meeresspiegel, die physikalischen Bodeneigenschaften sowie die Bodenbedeckung und Bebauung (Kapitel 12). Letztere erweist sich als eine wichtige klimabeeinflussende Eigenschaft an der Erdoberfläche (Kapitel 13).

10.2 Klimafaktoren und -elemente

Klimafaktoren sind Prozesse und Zustände, die zur Entstehung des Klimas führen, es aufrechterhalten und auch verändern.

Zu den **herkömmlichen Klimafaktoren** gehören die mit der geografischen Breite variierende Sonnenstrahlung (solares Klima), die Land- und Meerverteilung (maritimes und kontinentales Klima) sowie die Höhe über dem Meeresniveau (Gebirgsklima). Als Klimafaktor ist ferner die Zusammensetzung der Atmosphäre zu betrachten. Die in der Gegenwart zu beobachtende schnelle Veränderung der Konzentration strahlungsaktiver Spurengase sowie die gewonnenen Kenntnisse über ihre Veränderungen in der Erdgeschichte verlangen diese Zuordnung.

Für das Klima hat die **atmosphärische Zirkulation** eine oft entscheidende klimabildende Bedeutung (s. Kapitel 7 und 11). Da die atmosphärische Zirkulation von den ursprünglichen Klimafaktoren selbst abhängt, kann sie als sekundärer Klimafaktor bezeichnet werden.

Unter **Klimaelementen** versteht man meteorologische oder andere Größen, die einzeln sowie durch ihr Zusammenwirken das Klima in den verschiedenen Maßstabsbereichen kennzeichnen.

Zu den Klimaelementen gehören nicht nur solche Größen wie Lufttemperatur und Luftfeuchte, Niederschlag, Windgeschwindigkeit und -richtung, Bedeckungsgrad und Luftdruck, sondern auch zahlreiche weitere Größen. Die Komponenten des Strahlungs- und Wärmehaushaltes gelten ebenso als Klimaelemente wie die verschiedenen Luftbeimengungen. Es finden weiterhin Größen Verwendung, die sich aus der Überschreitung von Schwellenwerten primärer Klimaelemente, aus Temperatursummen (Kälte- und Wärmesummen), aus der Häufigkeit des Auftretens bestimmter Ereignisse u. ä. ergeben. Darüber hinaus gibt es zahlreiche Maßzahlen, die geeignet sind, Eigenschaften des Klimasystems qualitativ und quantitativ zu beschreiben (Blattflächenindex, Höhe der atmosphärischen Grenzschicht, Schneetiefe, Wetterlagen, Luftdruckindizes, ozeanografische Größen u. a.). Ein Überblick zu den wichtigsten Größen wird in Kapitel 8 gegeben.

10.3 Das Klimasystem und seine Haupteigenschaften

Die Lehre von den Klimafaktoren wurde seit Anfang der 1970er Jahre durch die Einführung des Konzeptes des Klimasystems erweitert. Danach umfasst das Klimasystem der Erde alle für die Genese, Erhaltung und Variabilität des Klimas wichtigen **Geosysteme** (Abb. 10.1). Es enthält als Untersysteme (oder Komponenten) die Atmosphäre selbst, die Hydrosphäre (insbesondere die Ozeane, aber auch alles andere Wasser, das sich oberhalb und unterhalb der Erdoberfläche im Kreislauf befindet), die Lithosphäre (Relief und Böden), die Biosphäre (vor allem die Vegetation der Landoberflächen, aber auch das Phytoplankton der Ozeane) und die Kryosphäre (Auftreten von Eis und Schnee an und unter der Erdoberfläche).

Das Klimasystem erhält die entscheidende **Energiezufuhr** durch die Sonnenstrahlung in ihrer raum-zeitlichen

10.3 Das Klimasystem und seine Haupteigenschaften

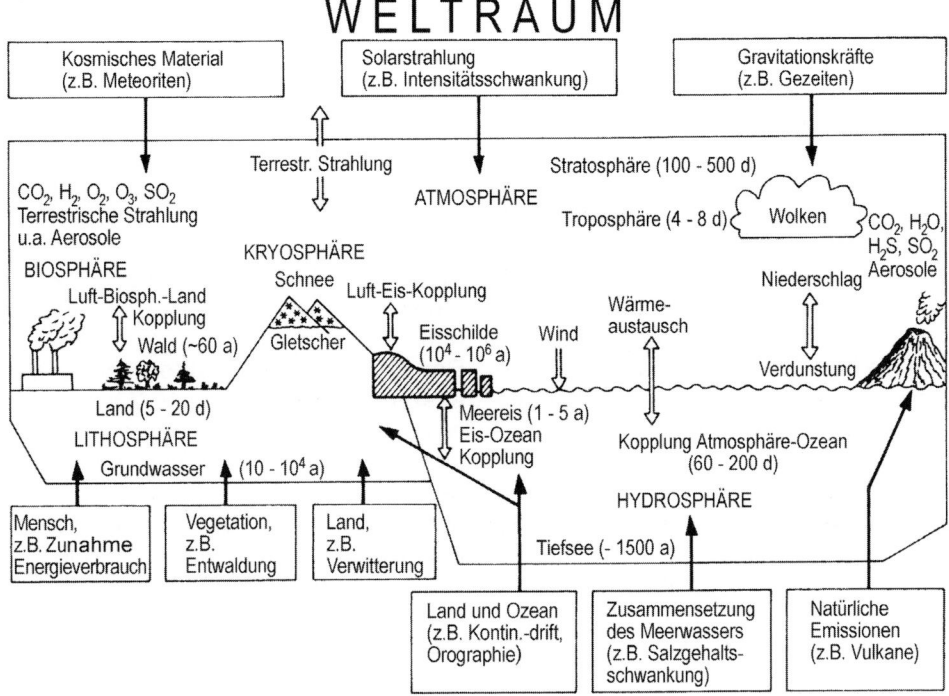

Abb. 10.1: Das Klimasystem der Erde (nach verschiedenen Autoren). Die Zeitangaben sind Reaktionszeiten auf äußere Störungen

Verteilung und den aus dieser transformierten Energieflüssen in der Atmosphäre und an der Erdoberfläche. Einen weiteren, in der Bedeutung jedoch stark zurücktretenden äußeren Antrieb erfährt das Klimasystem durch die in unregelmäßiger Folge vorkommenden explosiven **Vulkanausbrüche**, die über die Verstärkung der stratosphärischen Aerosolschicht den Strahlungshaushalt des Systems verändern und so klimatische Anomalien an der Erdoberfläche verursachen können. Seit Beginn der breiten Industrialisierung in der zweiten Hälfte des 19. Jahrhunderts ist der **Einfluss des Menschen** auf das globale Klima ständig gewachsen, so dass heute anthropogene Klimaschwankungen in Betracht gezogen werden müssen.

Daher ist es erforderlich, im Klimasystem auch die Tätigkeit der menschlichen Gesellschaft als wesentliche Einflussgröße zu berücksichtigen.

Analog zum globalen Klimasystem können auch Klimasysteme definiert werden, die niederskalige Klimate enthalten (s. Kapitel 12).

Das Verständnis der Wirkungsweise dieses komplexen und in hohem Maße nichtlinear reagierenden Systems, das die gesamten planetarischen Umweltbedingungen des Menschen enthält, ist Voraussetzung für die Beurteilung von Klimaschwankungen und deren Auswirkungen auf Mensch und Natur (s. Kapitel 11). Im Klimasystem entsteht eine Vielfalt räumlicher Klimaunterschiede, deren Grundzüge in den Klimaklassifikationen enthalten sind.

Das Klimasystem ist sehr komplex. Seine Komponenten stehen untereinander in meist ausgeprägten **Wechselwirkungen**, und es gibt zahlreiche Rückkoppelungen. Es kann als ein offenes System hinsichtlich des Energieaustausches angesehen werden, während es bezüglich des Stoffaustausches im Wesentlichen geschlossen ist. Es ist mit den Methoden der theoretischen Physik prinzipiell möglich, aus der Kenntnis der das System charakterisierenden Größen, zu denen auch die Klimaelemente gehören, den thermohydrodynamischen Zustand des Systems vollständig zu beschreiben. Darauf basierend werden **Klimamodelle** entwickelt, die in ihren fortgeschrittenen Varianten, wie den globalen gekoppelten Ozean-Atmosphäre-Modellen, bereits Klimasystem-Modelle sind (vgl. Abschnitt 11.5.1).

Die Verknüpfung der verschiedenen Teile des Klimasystems durch die einzelnen Stoff-, Energie- und Impulsflüsse geht mit den für das Klima sehr wichtigen Wechselwirkungsprozessen einher, von denen den **Rückkoppelungsschleifen** eine ganz besondere Bedeutung zukommt. Diese bewirken zusammen mit den außerordentlich unterschiedlichen Reaktionszeiten auf äußere Störungen das nichtlineare Verhalten des Gesamtsystems. Wie aus Abb. 10.1 hervorgeht, variieren die verschiedenen Bestandteile des Klimasystems hinsichtlich ihrer Zeitkonstanten zwischen 10^6 Jahren (Eisschilde) und Tagen (Troposphäre u. a.). Daraus ergibt sich aber auch, dass es zur Klimamodellierung nicht immer notwendig ist, das gesamte System zu berücksichtigen. Die Atmosphäre kann für Zeitmaßstäbe im Bereich von Tagen bis Wochen für sich allein untersucht werden, wobei die anderen Teilsysteme nur als externe Antriebe oder Randbedingungen berücksichtigt werden. Allgemein kann man sagen, dass mit der Länge der interessierenden Zeitskalen der Umfang der zu berücksichtigenden Teile des Klimasystems zunimmt. Für die Modellierung paläoklimatologischer Abläufe sind alle Teile des Klimasystems in geeigneter Weise einzubeziehen.

Der allgemeine **Charakter des Klimasystems** geht aus Abb. 10.2 hervor. So wird ein System als ergodisch oder transitiv bezeichnet, wenn verschiedene Anfangszustände immer zu ein- und demselben Satz statistischer Systemeigenschaften führen, was für die Anwendung auf das Klima dem statisti-

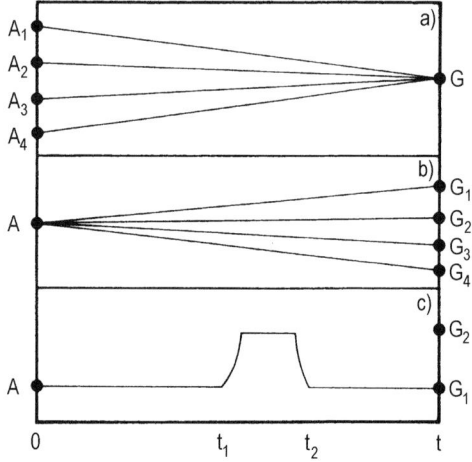

Abb. 10.2: Ein transitives System a) erzeugt auch bei verschiedenen Anfangszuständen A_1, A_2 usw. nach der Zeit t nur einen Gleichgewichtszustand G, während das intransitive System b) bei nur einem Anfangszustand A verschiedene Gleichgewichtszustände G_1, G_2 usw. nach Ablauf der Zeit t hervorruft. c) Das Klimasystem der Erde weist die Gleichgewichtszustände G_1 (Warmklima) und G_2 (Klima in Eiszeitaltern) auf. Es wird daher als **fast-intransitiv bezeichnet** (nach Lorenz 1968)

schen Verhalten der Klimaelemente entspricht. Wenn die Anfangszustände jedoch gleich bleiben, das System aber verschiedene Sätze statistischer Eigenschaften erzeugt, dann wird ein derartiges System als intransitiv bezeichnet. Wie aus paläoklimatologischen Befunden gefolgert werden kann, hat das Klimasystem der Erde unter der Bedingung einer relativ konstanten Sonneneinstrahlung über lange Zeitabschnitte der bisherigen Erdentwicklung ein stabiles Warmklima hervorgerufen. Das kann als transitive Phase des Verhaltens des Klimasystems aufgefasst werden. Es gab jedoch charakteristische Unterbrechungen dieses Systemverhaltens. Schon ab dem Proterozoikum (s. Tab. 11.1 in Abschn. 11.2) kam es in unregelmäßiger Folge zu grundlegenden Änderungen. Die von da ab in der Erdgeschichte erscheinenden Eiszeitalter sind in sich durch warme und kalte Abschnitte (Warm- und Kalt- bzw. Eiszeiten) gekennzeichnete Perioden mit im Mittel kälterem Klima. Das trifft auch auf das gegenwärtige, seit etwa 1,5 Mio. Jahren herrschende känozoische Eiszeitalter zu. Diese „Störungen" des herrschenden Warmzeitklimas werden als intransitives Systemverhalten aufgefasst, so dass das Klimasystem der Erde einen fast-intransitiven Charakter besitzt.

Wie schon erwähnt, bestehen zwischen den Teilen des Klimasystems **Wechselwirkungen**. Unter diesen muss auf die Bedeutung der Rückkoppelungen für die Erhaltung und Veränderung des Klimas besonders hingewiesen werden. Von einer **positiven Rückkoppelung** wird gesprochen, wenn die Wechselwirkungsprozesse dazu führen, dass sich eine entstandene Klimastörung immer weiter verstärkt (Selbstverstärkungseffekt). Wenn dagegen eine einmal entstandene Anomalie im Klimasystem zu Reaktionen führt, die diese Anomalie wieder beseitigt, so handelt es sich um eine **negative Rückkoppelung** (Selbstregulierungseffekt). Durch die im Klimasystem ablaufenden negativen Rückkoppelungsprozesse wird diesem die erforderliche Stabilität verliehen. Treten aber Bedingungen ein, unter denen sich positive Rückkoppelungen über längere Zeit entwickeln können, kann das die Ursache dafür sein, dass das Klima schließlich aus einem Gleichgewichtszustand in einen anderen übergeht. Es wirken dann erneut negative Rückkoppelungsmechanismen, die den neuen Gleichgewichtszustand stabil halten. Rückkoppelungsvorgänge treten im Klimasystem oft sehr komplex und schwer erkennbar auf. Sie sind daher in ihrer Gesamtheit noch nicht hinreichend bekannt. Auch das trägt dazu bei, dass Aussagen über die künftige Entwicklung des Klimas noch mit erheblichen Unsicherheiten behaftet sind.

Rückkoppelungsprozesse findet man besonders im Bereich der Kryosphäre sowie in Zusammenhang mit dem atmosphärischen Wasserdampf und der Bildung der verschiedenen Wolkenarten. So kann bei der Erwärmung der unteren Atmosphäre infolge der anthropogenen Verstärkung des Treibhauseffektes mehr Wasserdampf in die Luft gelangen. Wasserdampf ist jedoch selbst ein wirksames Treibhausgas, so dass ein erhöhter Wasserdampfgehalt der Luft zur weiteren Zunahme der Erwärmung führt. Es entwickelt sich eine positive Rückkoppelung, die allerdings durch die dann vor sich gehende (Wasser-)Wolkenbildung und damit einhergehende Albedoerhöhung an der Wolkenoberfläche wieder ausgeglichen wird. Als äußerst wichtig erweist sich die **Eis-Albedo-Rückkoppelung**.

Kommt es zur Bildung von Eis- oder Schneeflächen, so erhöht sich die Albedo der Oberfläche, die dann selbst bei erheblicher Einstrahlung weniger Energie aufnehmen kann. Es bestehen damit alle Voraussetzungen für die Fortsetzung einer Abkühlung und die Ausbreitung der Schnee- und Eisflächen.

Änderungen in den äußeren Antrieben und interne Prozesse im Klimasystem erzeugen die **Klimaschwankungen**, wobei als Besonderheit zu vermerken ist, dass sich diese auf das System selbst auswirken, was besonders die Biosphäre und die Kryosphäre betrifft (vgl. Abschnitt 11.6).

10.4 Antriebe des Klimasystems

Der Antrieb für die Klimaprozesse erfolgt primär durch die räumlich ungleichmäßige Absorption elektromagnetischer **Strahlungsenergie der Sonne**. Alle anderen äußeren Einflüsse, zu denen auch die Partikelstrahlung der Sonne gerechnet werden kann, sind in ihrer Wirkung viel geringer. Spürbare Anomalien im raum-zeitlichen Verhalten von Klimaelementen rufen starke Vulkaneruptionen hervor.

Verlauf und Veränderungen der Solarstrahlung vom Außenrand der Atmosphäre bis zur Erdoberfläche wurden schon in Kapitel 3 dargestellt. Für das Klima und seine Veränderungen ist die Frage der zeitlichen Beständigkeit der Solarstrahlung wichtig. Während man ursprünglich die am Oberrand der Atmosphäre ankommende Sonnenstrahlung als konstant ansah (daher wurde der Begriff „**Solarkonstante**" gewählt, s. Abschnitt 3.1), ist heute infolge der verbesserten Kenntnisse der Sonnenphysik und der Möglichkeit kontinuierlicher, vom Einfluss der Atmosphäre befreiter Messungen der Solarkonstanten von Satelliten aus bekannt, dass die ankommende Strahlung kürzer- und längerperiodischen sowie unregelmäßigen Schwankungen unterliegt. Die verbesserten Kenntnisse haben dazu geführt, dass verschiedene Werte der Solarkonstanten in der Literatur genannt werden, die sich jedoch nicht mehr als 0,5 % voneinander unterscheiden. Die durch bodengebundene Messungen gewonnenen Werte dieser entscheidenden Größe sind etwa 4 W m^{-2} niedriger als die von Satelliten bestimmten. Reguläre und damit genau bekannte Änderungen des Betrages der Solarkonstanten kommen durch den im Laufe eines Jahres wechselnden Abstand Sonne-Erde ($\approx$ 4 %) zustande (s. Abschnitt 3.1.3). Für jeden Punkt der Erdoberfläche genau bestimmbar sind die Auswirkungen der langfristigen Änderungen der **Erdbahnparameter auf die ankommende Strahlung**. Die so bezeichneten Milankovich-Parameter (Milutin Milankovich 1879-1958) spielen innerhalb von Eiszeitaltern für den Übergang von Warm- und Kaltzeiten eine wichtige Rolle. Neben der Erdrotation, die den Tagesgang der Solarstrahlung bedingt, sind es die Schwankungen der ersten numerischen Exzentrizität der den Jahresgang der Strahlung bewirkenden Erdumlaufbahn (Periode 110000 und 400000 Jahre). Diese Größe schwankt zwischen 0 (Kreisbahn) und 0,07. Das veränderliche Datum (Lage auf der Erdumlaufbahn) von Perihel und Aphel

10.4 Antriebe des Klimasystems

(Perioden 23000 und 18800 Jahre) modifiziert die ankommende Strahlung für die jeweiligen Sommer- und Winterhemisphären. Desgleichen die Neigung der Erdachse zwischen 22° und 24,5° (gegenwärtig etwa 23°, Periode ca. 41000 Jahre). Ferner bewegt sich die Rotationsachse der Erde kreisförmig um eine zur Erdachse senkrechte Linie. Diese Präzession entsteht als Folge der Wirkung der Gravitationskraft der Sonne und des Mondes auf die abgeplatte Erde, und sie besitzt eine Periode von 26000 Jahren. Die Erdbahnelemente in verschiedenen Epochen sind in Abb. 10.3 dargestellt (s. auch Herterich 2002). Während die Schwankungen der Erdbahnelemente die ankommende Solarstrahlung in genau berechenbarer Weise modifizieren und umverteilen, sind die Schwankungen der von der Solarkonstanten, der solaren Teilchenstrahlung und Teilchenstrahlung aus dem interstellaren Raum in ihrer Wirkung auf das Klimasystem schwieriger zu erfassen. So bestehen zwischen den Schwankungen der Solarkonstanten und den Veränderungen der Solaraktivität Zusammenhänge, die kompliziert und bis jetzt auch nicht eindeutig sind (s. Abschnitt 3.1). Für die Klimaschwankungen von Bedeutung sind die längerperiodischen Variationen der **Sonnenfleckenrelativzahlen** mit Periodenlängen um 40, 50, 80, 90 (Gleissberg-Zyklus) und um 180 Jahre (José-Zyklus). Deren Überlagerung führt im zeitlichen Gang zu Minima und Maxima der Solaraktivität (so das Spörer-Minimum im Übergang vom 15./16. Jahrhundert und das Maunder-Minimum in der zweiten Hälfte des 17. Jahrhunderts), die zum Teil mit Klimaänderungen zusammenfallen. Allerdings erweisen sich die Aussagen der meisten der zahlreichen Arbeiten über die gefundenen Zusammenhänge nicht als so persistent, um den solaren Einfluss auf das Klima zuverlässig zu bestimmen. In statistisch gesicherter Weise wurde gezeigt, dass große Längen des etwa 11-jährigen Sonnenfleckenzyklus (Schwabe-Zyklus) negativen hemisphärischen Temperatur-

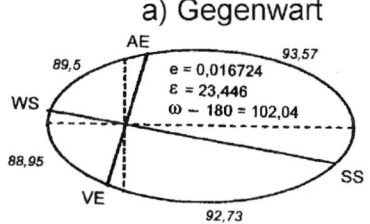

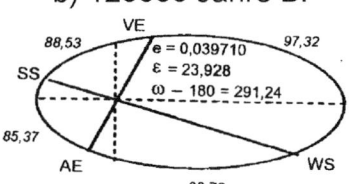

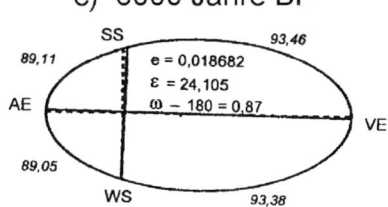

Abb. 10.3: Erdbahnelemente zu verschiedenen Zeitpunkten. e = Exzentrizität der Erdumlaufbahn; ε = Neigung der Erdachse als Winkel zwischen der Rotationsachse der Erde und der Senkrechten zur Erdbahnebene (Präzession); ω = Längenabstand des Perihels zum Frühlingspunkt. AE, VE: Lage der Tagundnachtgleichen im Herbst und Frühling, WS, SS: Lage der Winter- und Sommersonnenwendpunkte. Zahlen: Anzahl der Tage zwischen den bezeichneten Punkten auf der Erdumlaufbahn, BP (before present) = vor heute (nach Joussaume et al. 1999)

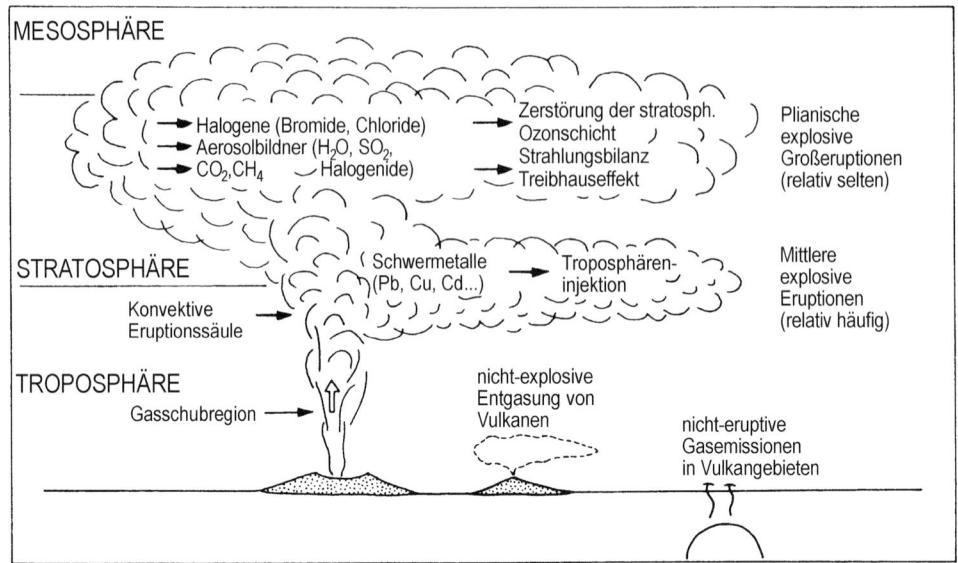

Abb. 10.4: Eintrag vulkanischer Materie in die Atmosphäre (nach Schmincke 1986, verändert)

anomalien und kleinen positiven Temperaturanomalien entsprechen. Weitere Untersuchungen ergaben, dass die solaren Effekte auf das Klima in den letzten ca. 100 Jahren mit einem Temperatureffekt von 0,2 bis 0,3 K im globalen Mittel als eher gering anzusehen sind. Energetisch entspricht die seit 1880 erfolgte Zunahme des CO_2-Gehaltes der Atmosphäre einer Flussdichte von etwa 2,4 W m^{-2}, während in Zusammenhang mit dem Gleissberg-Zyklus nach Modellrechnungen eine Variabilität der die Erdoberfläche erreichenden Strahlung 0,5 bis 0,75 W m^{-2} ausmacht. Mit Hilfe statistischer Modellierung wurden Werte von 2,1 bis 2,8 bzw. 0.1 bis 0,5 gefunden. Die variable Solarstrahlung beeinflusst auch die vertikale Temperaturverteilung und die Stratosphäre einschließlich der Ozonchemie. Die Wirkungen der Teilchenstrahlung auf die untere Atmosphäre und damit auf das Klimasystem sind erst unsicher bekannt.

Einen ganz andersartigen und wesentlich geringeren Antrieb des Klimasystems bilden starke, explosionsartig ablaufende **Vulkanausbrüche**, bei denen feste Stoffe, Flüssigkeiten und Gase bis in die Stratosphäre gelangen können. Je nach Stärke eines Vulkanausbruches kann die ausgeschleuderte Materie in die Troposphäre oder Stratosphäre eingebracht werden (Abb. 10.4). Hierbei handelt es sich um eine stoffliche Koppelung des Erdinneren mit der Atmosphäre. Für das globale Klima ist die vulkanogene Verstärkung der stratosphärischen Aerosolschicht (Junge-Schicht) in einer Höhe von 20 bis 25 km wirksam. Die Aerosolteilchen dieser Schicht bestehen aus winzigen Tröpfchen wässriger Schwefelsäure sowie Silikatteilchen, wobei die in großen Massen vorkommenden schwefelhaltigen Gase, die sich in wässrige Schwefelsäure umwandeln, besonders effektiv sind. Die kleinsten Teilchen können einige Jahre in der Stratosphäre verbleiben und durch ihre Wirkung auf den Strahlungshaushalt und die luftchemischen Vorgänge Einfluss auf das Klima nehmen. Die vulkanischen Exhalationen enthalten weiterhin eine Vielzahl von Stoffen wie Bromide, Chloride, Wasser, Schwefeldioxid, Kohlendioxid, Methan und verschiedene Schwermetallanteile wie Blei, Kupfer, Cadmium und weitere, die die Chemie der Atmosphäre und über diese auch das Klima beeinflussen (s. Tab. 10.1).

Die Klimawirkung ist daher sehr differenziert und wird u. a. von Umfang und Geschwindigkeit der Ausdehnung der eruptierten Substanzen bestimmt.

Die ankommende Sonnenstrahlung wird von den bis in die Stratosphäre geschleuderten vulkanogenen Aerosolteilchen gestreut und absorbiert. Die damit verbundene Absorption von kurzwelliger, aber auch langwelliger Strahlung führt zur Erwärmung der Stratosphäre und im Mittel zur Abkühlung in der unteren Atmosphäre sowie am Erdboden. Ein interessanter Effekt sind die eindrucksvollen Rotfärbungen des Himmels in der Dämmerung, die besonders auf die Massen von Schwefeldioxid, die sich vom Ort der Eruption aus schnell global ausbreiten, zurückzuführen sind. In der Folge von Eruptionen gelangen auch große Mengen Wasserdampf in die Atmosphäre und werden als juveniles Wasser neu in den globalen Wasserkreislauf eingeführt. Das gleichfalls freigesetzte Kohlendioxid ist von der Masse her klein gegenüber den anthropogenen Emissionen, so dass es klimatisch nicht besonders ins Gewicht fällt. Die vulkanischen Stoffeinträge beeinflussen aber die **stratosphärische Ozonschicht** besonders durch die Bildung von Chlor- und Bromradikalen. Diese bilden sich durch fotolytische Prozesse und sind in der Lage, durch

Tab. 10.1: Nordhemisphärische Temperaturanomalien infolge starker Vulkanausbrüche (nach Graf 2002, ergänzt)

Vulkan	Jahr	Explosivität 1–8	Relative Trübung [1]	SO_2-Ausstoß / Mt [2]	Lufttemperaturanomalie NH / K
Laki-Spalte, Island	1783	4	2300	100	
Tambora, Indonesien	1815	7	3000	130	–0,4 bis –0,7
Cosiguina, Nicaragua	1835	5	4000		
Askja, Island	1875	5	1000		
Krakatau, Indonesien	1883	6	1000	32	–0,3
Tarawera, Neuseeland	1886	5	800		
Santa Maria, Guatemala	1902	6	600	13	–0,4
Ksudach, Kamtschatka	1907	5	500		–0,2
Katmai, Alaska	1912	6	500	12	–0,3
Agung, Indonesien	1963	4	800	5 bis 13	0 bis –0,1
St. Helens, USA	1980	5	500	1	
El Chichon, Mexiko	1982	5	800	7	–0,2
Pinatubo, Philippinen	1991	6	1000	16 bis 20	–0,5

[1] Werte relativ zu Krakatau (T = 1000)   [2] besonders ältere Werte unsicher

verschiedene Reaktionsabläufe Ozon abzubauen. Daher tragen Vulkaneruptionen verstärkend zu dem beobachteten Rückgang der stratosphärischen Ozonschicht bei.

Es hat sich gezeigt, dass zwischen der Stärke eines **Vulkanausbruchs** und der Größe der nachfolgenden **Klimaanomalien** kein linearer Zusammenhang besteht. Dabei lässt sich die Wirkung einzelner Vulkanausbrüche auf die meteorologischen Verhältnisse in der Nähe des Erdbodens empirisch nur schwierig und meist nicht eindeutig nachweisen. Es zeigt sich jedoch im Mittel eine Abkühlung in der Nähe der Erdoberfläche von einigen Zehnteln Kelvin (Tab. 10.1). Diese Anomalien sind aber in den Jahreszeiten sowie in den verschiedenen Regionen infolge von Albedovariationen und Veränderungen der Zirkulation unterschiedlich, wobei sie sogar ihr Vorzeichen ändern können. Wie man Tab. 10.1 entnehmen kann, erreichen die vulkanogenen Lufttemperaturanomalien in der Nähe der Erdoberfläche die Größenordnung der globalen Temperaturänderungen der letzten 100 bis 150 Jahre. Vor allem hat der Ausbruch des Mt. Pinatubo den in den letzten Jahrzehnten registrierten globalen Temperaturanstieg vorübergehend unterbrochen. Mit Hilfe von Klimamodellen kann man den Einfluss von Vulkaneruptionen auf das Klima simulieren. So wurde festgestellt, dass nordhemisphärische Eruptionen vor allem in den Tropen bis ca. 3 Jahre nach Ausbruch mit einer Abkühlung in Erscheinung treten. In allen Breiten muss mit geänderten Niederschlags- und Bewölkungsverhältnissen infolge modifizierter Zirkulation gerechnet werden. Global verhalten sich die Jahresmittelwerte der Trübung der Atmosphäre (ausgedrückt durch die optische Dicke, vgl. Abschnitt 3.3.4) invers zu den entsprechenden Werten der Lufttemperaturanomalien. Starke Vulkanausbrüche stellen einen spürbaren und einige Jahre anhaltenden Einfluss auf das Klimasystem dar. Die Effektivität hängt von der Häufigkeit des Vorkommens sowie der Stärke der Eruptionen ab. Von aktueller Bedeutung ist, dass die Auswirkungen von Vulkanausbrüchen auf die Atmosphäre wegen der insgesamt abkühlenden Wirkung zeitweise die Erwärmung durch den zusätzlichen Treibhauseffekt verringern oder kompensieren.

Zusammenfassend kann festgestellt werden, dass sowohl die Veränderungen der Solaraktivität als auch die Wirkungen starker Vulkaneruptionen zu den Ursachen von Klimaschwankungen in dem heute besonders interessierenden Zeitbereich der Größenordnung 100 Jahre gezählt werden müssen.

Neben den behandelten externen energetischen Antrieben der Prozesse im Klimasystem müssen auch die **internen Antriebe** genannt werden, die die Strahlungsbilanz verändern. Dazu zählen die sich verändernden **Treibhausgaskonzentrationen** der Atmosphäre (Abschnitte 2.3.2 und 10.5.1), die Wirkung der verschiedenen **Aerosolteilchen** in der Atmosphäre, darunter das abkühlend wirkende Sulfataerosol, das anthropogenen und natürlichen Quellen entstammt (s. Abschnitt 10.5.1) und auch das **ENSO-/El Niño-Phänomen**, das mit beträchtlichen Wärmehaushaltsänderungen im Klimasystem verbunden ist (Abschnitt 10.6).

Externe und interne Antriebe unterliegen zeitlichen Änderungen, die mit Klimaschwankungen verbunden sind. Für die letzten ca. 150 Jahre sind die energetischen Änderungen und die mit ihnen zusammenhängenden Temperaturvariationen der Tab. 10.2 zu entnehmen.

10.5 Teilsysteme

10.5.1 Atmosphäre

Die Rolle, die der Atmosphäre selbst im Klimasystem zukommt, ergibt sich aus ihrem Gehalt an strahlungsaktiven Spurengasen, ihrem Gehalt an Aerosolteilchen in verschiedenen Schichten und der Existenz von Wolken unterschiedlicher Art.

Wie in Abschnitt 2.3.3 ausgeführt wurde, vollziehen sich gegenwärtig in der Konzentration der strahlungsaktiven **Spurengase** (Treibhausgase) starke Veränderungen. Diese über 80 ≥ 3-atomigen Gase bewirken zusammen mit dem Wasserdampf den Treibhauseffekt (s. Abschnitt 3.5), der für das gegenwärtige Klima im störungsfreien, mithin nicht anthropogenen Fall mit 30 ±5 K anzusetzen ist. Die anthropogene Zunahme dieser Spurengase verursacht eine Verstärkung des natürlichen Treibhauseffekts (anthropogener oder zusätzlicher Treibhauseffekt). Die atmosphärischen Spurengase absorbieren und emittieren im langwelligen Spektralbereich. Allein fünf dieser Bestandteile der Atmosphäre bewirken etwa 98 % des natürlichen Treibhauseffekts. Dabei handelt es sich um den Wasserdampf (ca. 21 K Beitrag zum natürlichen Treibhauseffekt), das Kohlendioxid (ca. 7 K), das Methan (ca. 1 K), das Distickstoffoxid (ca. 1,5 K) und das troposphärisches Ozon (ca. 2,4 K). Der Rest wird durch eine Anzahl weiterer Gase in der Atmosphäre bewirkt, zu dieser gehören auch die Fluorchlorkohlenwasserstoffe (FCKW), die besonders durch ihre zerstörende Wirkung auf das stratosphärische Ozon bekannt geworden sind. Die Konzentrationen der genannten Gase steigen gegenwärtig infolge anthropogener Emissionen beträchtlich an. Das wichtigste und bekannteste Spurengas dieser Art ist das Kohlendioxid (CO_2). Während der präindustrielle Kohlendioxidgehalt etwa 280 ppm(V) betrug, lag der Wert für 2004 bei 376 (Messort Mauna Loa-Observatorium, Hawaii). Die mittlere Pro-Kopf-Emission stieg von etwa 3 t C auf 91 t 1860, 2563 t 1960 auf ca. 6500 t am Ende des 20. Jahrhunderts (Abb. 2.6). Die anderen relevanten Spuren-

Tab. 10.2: Vergleich der Änderungen anthropogener und natürlicher Prozesse des globalen Antriebs des Klimasystems zwischen 1850 und 1990 (nach Houghton et al. 1996) und dazu gehörige statistisch berechnete globale Lufttemperaturänderungen an der Erdoberfläche, (nach Schönwiese et al. 1997), MRM-Modell: multiples Regressionsmodell, NNM: Neuronales Netz-Modell

Prozess	Antrieb / W m^{-2}	Globales Lufttemperatursignal K		Signalstruktur
		Nach MRM-Modell	Nach NNM-Modell	
Treibhausgase	2,1 – 2,8	0,8 (0,8 – 1,2)	0,9 (0,7 – 1,3)	Trend (+)[1]
Sulfataerosol	0,3 – 0,9	0,1 (0,1 – 0,4)	0,3 (0,1 – 0,5)	Trend (-)[2]
Vulkaneruptionen	bis 4,0 [3]	0,2 (0,1 – 0,4)	0,2 (0,1 – 0,2)	Episodisch (-)
Sonnenaktivität	0,1 – 0,5	0,1 (0,1 – 0,2)	0,2 (0,1 – 0,2)	Fluktuierend (+)
ENSO/El Niño	–	0,2 (0,1 – 0,3)	0,2 (0,2 – 0,3)	Episodisch (+)

[1] nichtlinear progressiv [2] stufenweise degressiv [3] Ein Jahr nach Pinatubo-Ausbruch, s. Tab. 10.1

gase wurden in Abschnitt 2.3.3.4 (s. Abb. 2.7, 2.9 bis 2.11) erörtert.

Die Klimaentwicklung der nächsten Jahrzehnte wird wesentlich davon abhängen, wie sich der **äquivalente Kohlendioxidgehalt** (Wirkung aller Treibhausgase auf CO_2 umgerechnet) verändern wird, was von der weltwirtschaftlichen Entwicklung und der Realisierung von Einsparungsabsichten abhängt (Abb. 10.5).

Eine Verdoppelung des äquivalenten CO_2-Gehaltes der Atmosphäre führt im Tropopausenniveau zu einer Erhöhung der Strahlungsbilanz um 4,3 W m^{-2}. Dieser zusätzliche Energieeintrag entspricht einer Temperaturerhöhung um 1,2 K. Wenn die wirkenden Rückkoppelungsmechanismen berücksichtigt werden, kommt man jedoch zu einer tatsächlichen Erwärmung an der Erdoberfläche, die etwa um den Faktor 2 bis 4 höher ausfällt.

Die Anwesenheit von **Aerosolpartikeln**

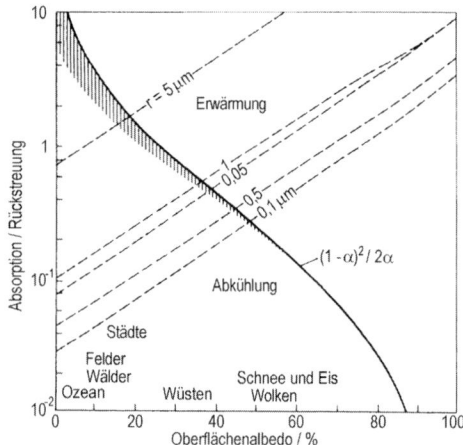

Abb. 10.6: Klimawirkung von Aerosol. Beziehung zwischen dem Verhältnis Absorption/Rückstreuung und der Oberflächenalbedo unter Berücksichtigung des Partikelradius r (vereinfacht nach Mitchell 1971). α = Reflexionskoeffizient der Oberfläche

kann in der Atmosphäre sowohl zur Erwärmung als auch zur Abkühlung führen (vgl. Abschnitt 2.3.3.5). Die Klimawirkung des Aerosols hängt vom Verhältnis Absorption/Rückstreuung der jeweiligen Aerosolart, von der Albedo der Oberfläche und von der Aerosolgröße ab (Abb. 10.6). So wird das Aerosol eines interessierenden Größenbereiches, welches nur wenig absorbiert und eine starke Rückstreufähigkeit besitzt, über dem Ozean (geringe Albedo) zu einer deutlichen Abkühlung führen. Die Abhängigkeit von der Bodenalbedo hängt mit der je nach Größe der Teilchen variierenden effektiven Weglänge der Strahlung zusammen.

Eine Aerosolzunahme kann in Abhängigkeit von seinen optischen Eigenschaften und der Oberflächenalbedo eine Veränderung der planetaren Albedo hervorrufen. Im langwelligen Strahlungsbereich weist das Aerosol nur ge-

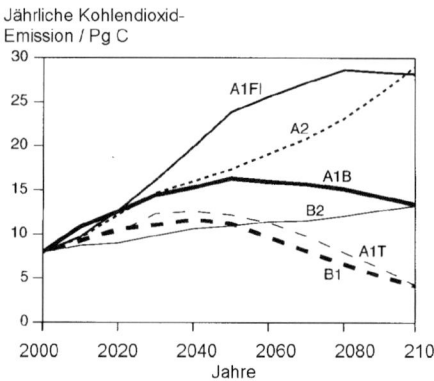

Abb. 10.5: SRES-Kohlendioxid-Emissions-Szenarien unter Annahme verschiedener globaler ökonomischer, demografischer und technischer Entwicklungen im 21. Jahrhundert (mit und ohne Klimaschutzmaßnahmen) nach IPCC Special Report on Emission Scenarios (SRES, 2000). Für Klimamodellrechnungen wird häufig das Szenarium A2 verwendet.
1 Pg = 1 Gt = 10^9 t

10.5 Teilsysteme

ringe Effekte auf. Neben der direkten Wirkung auf die Strahlung und Strahlungsbilanz üben die Aerosolteilchen eine wichtige Klimawirkung durch ihre Eigenschaft als Kondensations- und Sublimationskerne aus. Die Mikrophysik der Wolken wird von der Konzentration, Löslichkeit und Größe der Partikeln beeinflusst. Für das Klima von Bedeutung ist, dass sich um so mehr Wolkentröpfchen (allerdings mit immer kleinerem Radius) bilden, je mehr Wolkenkondensationskerne vorhanden sind. Durch diesen Prozess erhöht sich die Albedo der Wolken.

Die Klimawirkung der Aerosole ist im Allgemeinen regional unterschiedlich und von der jeweiligen Quellenergiebigkeit abhängig. Die Gesamtwirkung tendiert im Klimasystem hinsichtlich der bodennahen Lufttemperatur zu einer Abkühlung, was die Wirkungen des zusätzlichen Treibhauseffekts der Atmosphäre herabsetzt.

Auch die Erscheinung der **Wolken** ist mit fundamentalen Prozessen im Klimasystem verbunden. Die einzelnen Wolkengattungen und -arten entstehen durch dynamische und thermodynamische Vorgänge in der Atmosphäre. Sie stehen in Wechselwirkung mit den kurz- und langwelligen Strahlungsströmen. Wolken sind sichtbarer Ausdruck des atmosphärischen Teiles des Wasserkreislaufes. Mit der Wolkenbildung und -auflösung erfolgt eine ständige Neuverteilung von fühlbarer und latenter Wärme sowie von Strahlungsarten. So kommt es im Zusammenhang mit den Wolken zu zahlreichen Rückkoppelungsprozessen im Klimasystem. Eine große Bedeutung kommt den Wolken für die **Strahlungsbilanz der Erdoberfläche** zu. Beeinflusst werden die Albedo, der Absorptionsgrad und die Transmission der einfallenden Sonnenstrahlung im System Erde/Atmosphäre. Wegen der unterschiedlichen Abhängigkeit der Albedo und des Emissionsvermögens der Wolken von ihrem Wassergehalt kommt es beim Auftreten von optisch dickeren Wolken (tiefe und mittelhohe Wolken) eher zur Abkühlung und bei optisch dünneren (hohen) Wolken dagegen zur Erwärmung an der Erdoberfläche. Wolken sind somit äußerst wichtig für die ständige Regulierung der strahlungsbedingten Erwärmung und Abkühlung.

Die allgemeine klimatische Bedeutung wird auch aus dem Vergleich mittlerer Hauptzahlen der Strahlungsbilanz des Systems Erde/Atmosphäre deutlich (nach Harrison et al. 1990, zitiert bei Raschke und Quante 2002):

$W\,m^{-2}$	Globales Mittel	Wolkenfreie Erde	Temp.-effekt
Wärmestrahlung in den Weltraum	234	266	+
Absorbierte Sonnenstrahlung	239	288	−
Planetare Albedo	30 %	15 %	+

Veränderungen von Wolkenmenge und Wolkeneigenschaften führen demnach zu Temperaturänderungen an der Erdoberfläche und konkurrieren so mit anderen temperaturändernden Vorgängen. Diese Größen werden durch den Menschen über den Luftverkehr direkt beeinflusst. Flugzeugabgase, die in Höhen von 8 bis 12 km emittiert werden, führen zur Bildung der bekannten Kondensstreifen, die jedoch nur kurze Zeit bestehen. Die in der Atmosphäre verbleibenden Kerne und Partikeln führen zur Bildung von Cirrus-Bewölkung, die von der natürlichen nicht zu unterscheiden ist und die zu einer Erwärmung an der Erdoberfläche beiträgt. Die Abgase enthalten ferner CO_2 und greifen in die Ozonchemie ein.

10.5.2 Ozean

Die Bedeutung der Weltmeere für das Klima ergibt sich aus der Tatsache, dass sie über 71 % der Erdoberfläche bedecken und dass sie 97 % des gesamten im Kreislauf befindlichen Wassers enthalten. Die Klimawirkung wird zum einen aus den physikalisch-chemischen Grundeigenschaften des Wassers und zum anderen aus den vielfältigen Wechselwirkungsprozessen an der Grenzfläche zwischen Wasser und Atmosphäre hervorgerufen.

Zu den Wechselwirkungen zwischen Ozean und Atmosphäre (Abb. 10.7) gehören alle mit dem Wärmehaushalt verbundenen Energieflüsse, der Impulsaustausch, der Austausch von Wasser, Gasen und anderen Stoffen. Aus den primär kleinräumigen Vorgängen der Wechselwirkung Ozean–Atmosphäre ergibt sich großräumig die für die Klimagenese grundlegende Funktion des Ozeans als oberflächennaher **globaler Wärmespeicher**. Die turbulenzbedingte effektive vertikale Wärmeübertragung im oberflächennahen Ozean sowie dessen verzögerte Erwärmung und Abkühlung führen zur Entstehung des maritimen Klimas mit seinen bekannten Eigenschaften. Der ozeanische Wärmespeicher ist allerdings begrenzt auf die **Warmwassersphäre** (Grenzisothermenbereich 8 bis 10 °C). Ihre Grenze an der Oberfläche bilden die auf beiden Hemisphären vorhandenen ozeanischen Polarfronten

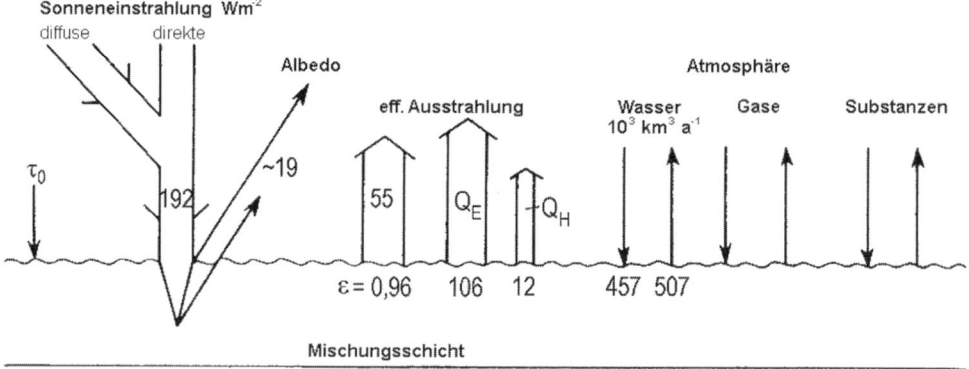

Abb. 10.7: Prozesse der Wechselwirkung Ozean–Atmosphäre an der Oberfläche. τ_0 = Windschubspannung. Wasserhöhenäquivalente für Niederschlag und Verdunstung betragen +126 bzw. –140 cm

10.5 Teilsysteme

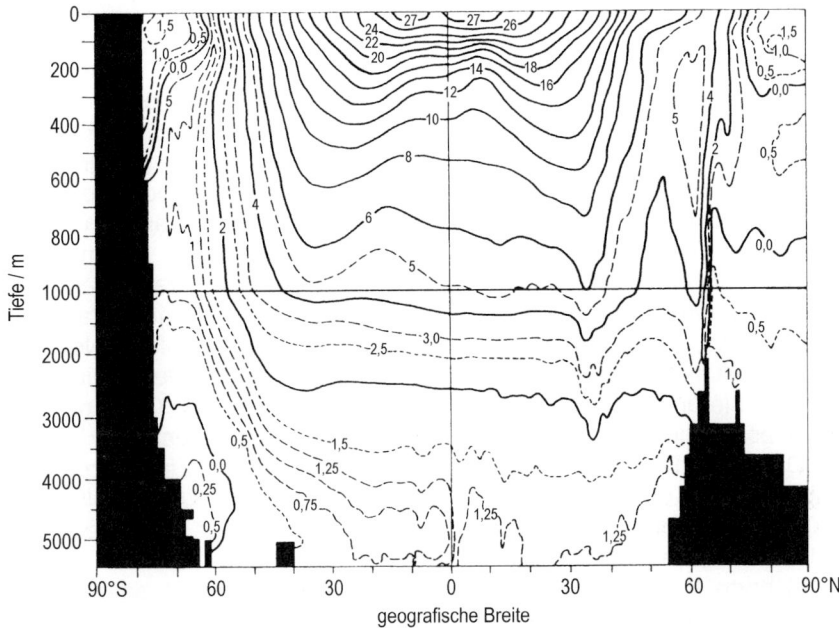

Abb. 10.8: Zonal gemittelter Vertikalschnitt der Jahresmittelwerte der Wassertemperatur (°C) des Weltmeeres. In der Tiefenskala tritt bei 1000 m eine Veränderung des Maßstabes ein (nach Levitus 1982)

in 50° bis 60° Breite. Ihre größte Tiefe liegt aus dynamischen Ursachen im Bereich der Subtropen bei ≥ 500 m. Den zonal gemittelten Verlauf der Isothermen der Wassertemperatur zeigt Abb. 10.8. Die anderen ozeanischen Gebiete gehören der mächtigen Kaltwassersphäre an, auf der die den Wärmespeicher Ozean bildende Warmwassersphäre wie eine dünne Linse aufliegt. Daher ist das Weltmeer mit einer mittleren Temperatur von 3,8 °C relativ kalt.

Einen ebenfalls klimawirksamen Austauschprozess an der Meeresoberfläche stellt der Austausch von Wasser dar. Der **globale Wasserkreislauf** findet seinen Ursprung in der von ozeanischen subtropischen Gebieten (Nährgebiete des Wasserkreislaufes) ausgehenden Verdunstung. Der Hauptteil des globalen Wasserkreislaufes verläuft vom Meer zum Meer, während der kleinere kontinentale Kreislauf über die Atmosphäre und den Abfluss mit diesem gekoppelt ist (s. Abschnitt 5.1).

Auch der Substanzaustausch zwischen Ozean und Atmosphäre (wechselseitiger Übergang von Aerosol in Hydrosol) ist von klimatischer Bedeutung. Der Ozean ist die bedeutendste Senke für Luftverunreinigungen. In umgekehrter Richtung gehen vor allem Meersalze in die Atmosphäre über. Geochemisch gesehen gibt es einen globalen Kreislauf von Stoffen, die man als zyklisches Salz bezeichnet.

In Hinblick auf das Klima ist es von großer Bedeutung, dass Ozean und Atmosphäre in einem ständigen **Gasaustausch** stehen. Die atmosphärischen Gase unterliegen unterschiedlichen Löslichkeitsbedingungen. So ist die Löslichkeit von CO_2 im Wasser bedeutend größer als die von Stickstoff und Sauerstoff. Eine weittragende Besonderheit des CO_2 besteht darin, dass es im Meer dem Massenwirkungsgesetz unterworfen ist, was zur Carbonat- und Hydrogencarbonatbildung im Meer und damit zu einem Entzug von atmosphärischem **Kohlendioxid** führt. Der Austausch von CO_2 zwischen Atmosphäre und Ozean vollzieht sich auf unterschiedliche Art. Zunächst besteht die einfache Löslichkeit dieses Gases im Meerwasser, die um so größer ist, je kälter das Wasser und je höher der ausgeübte Druck ist. Ein anderer Weg eröffnet sich durch die Kohlenstoffaufnahme durch Organismen (beginnend mit der Fotosynthese). Der biologisch gespeicherte Kohlenstoff wird in der Tiefe remineralisiert und kann unter geeigneten Bedingungen, so in Auftriebsgebieten, wieder in Oberflächennähe gebracht werden. Bei Erwärmung wird weniger CO_2 gelöst, der Ozean gibt dieses Gas ab. Dann werden in der Deckschicht die mit dem Kohlenstoffumsatz verbundenen Lebensprozesse gesteigert. Ein weiterer Effekt ist die Erhöhung der Stabilität der Dichteschichtung bei Erwärmung, was die vertikale Vermischung von Nährstoffen erschwert. Zwischen Klima und Kohlenstoffhaushalt des Ozeans bestehen so komplexe Rückkoppelungen.

Von großer Bedeutung für **Stabilität und Variabilität** des Klimas ist die dynamische Koppelung von Atmosphäre und Ozean. Diese wird mittels der dem Quadrat der Windgeschwindigkeit proportionalen tangentialen Windschubspannung an der Meeresoberfläche realisiert. Die Übertragung von Bewegungsgröße auf das Meer ruft über die Auslösung der Ekmanschen Triftströmung eine Neigung der Meeresoberfläche und der isobaren Flächen im Inneren des Meeres hervor. Es kommt zur Ausbildung von Gradientströmungen, die im geostrophischen Gleichgewicht stehen. Einen gleichartigen großräumigen Effekt bewirken auch die Vorgänge, die den marinen Wärme- und Wasserhaushalt bestimmen. Räumliche Unterschiede der von Wassertemperatur und Salzgehalt bestimmten Massenverteilung bedingen ebenfalls Neigungen der Druckflächen im Meer. Die globale Funktion der aus der Gesamtheit der Meeresströmungen bestehenden allgemeinen ozeanischen Zirkulation besteht in der ständigen Umverteilung von Energie und Wasser einschließlich seiner Beimengungen.

Im Ozean wirken verschiedene Prozesse, um Wärme aus den Wärmeüberschussgebieten in die Wärmedefizitgebiete zu befördern. So trägt der Ozean mit seiner **Zirkulation** im gleichen Umfang wie die Atmosphäre dazu bei, Wärme aus den Gebieten mit positiver Energiebilanz in die Breiten zu trans-

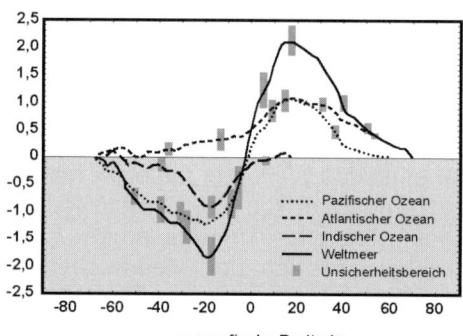

Abb. 10.9: Zonale Jahresmittelwerte des meridionalen Wärmetransports in den einzelnen Ozeanen und im Weltmeer nach Wärmehaushaltsberechnungen mit Angabe der Unsicherheitsbereiche (nach Trenberth und Solomon 1994). 1 PW = 10^{15} W

portieren, in denen es überwiegend zu einer Abkühlung kommt. Damit wirkt die Gesamtheit der Meeresströmungen dahin, das globale Klima im Gleichgewicht zu halten. In Abb. 10.9 ist zu sehen, dass diese Wärmetransporte im Ozean im Mittel auf jeder Halbkugel polwärts gerichtet sind, wobei die Maxima der polwärts gerichteten Wärmeströme zwischen 30° und 40° N bzw. etwa 40° S erreicht werden. Die Maxima des ozeanischen Wärmetransports liegen zwischen den Subtropen und den mittleren Breiten, die der Atmosphäre dagegen im Übergangsbereich zwischen den mittleren und den subpolaren Breiten. Die zonal gemittelte Kurve dieses Wärmetransportes für das gesamte Weltmeer unterscheidet sich von denen für die einzelnen Ozeane. Während nur die Pazifik-Kurve dem global gemittelten Verlauf grundsätzlich entspricht, ist die Kurve für den Indischen Ozean von der Land-Meer-Verteilung bestimmt. Eine auffallende Anomalie zeigt der Atlantische Ozean, indem dort in allen Breiten ein nordwärts gerichteter Wärmestrom nachgewiesen werden kann. Den Wärmeabtransport aus den Tropen bewirken noch weitere ozeanografisch-meteorologische Prozesse. Dazu gehört die Ausbildung von **thermohalinen Strömungskomponenten**, die durch Unterschiede im Massenhaushalt entstehen. Die oberflächennahen Wassermassen, die mit den Strömungen in polnahe Gewässer gelangen, unterliegen im Zusammenhang mit der infolge Wärmeabgabe an die Atmosphäre eintretenden Abkühlung einer entsprechenden Dichtezunahme (die Temperatur des Dichtemaximums liegt bei Ozeanwasser unterhalb des ebenfalls vom Salzgehalt abhängigen Gefrierpunktes). Die gravitationsbedingte thermohaline Konvektion dieser Wassermassen ist ein bestimmender ozeanografischer Prozess in den hohen Breiten. Das durch die Konvektion absinkende Wasser führt zur Bildung von Boden- und Zwischenwasser, d. h. von Tiefseewassermassen, deren Bewegung die Tiefseezirkulation bildet. Teile des subpolaren Nordatlantiks, des Nordpolarmeeres sowie die Wedellsee in der Antarktis sind die Hauptgebiete mit tiefgreifender thermohaliner Zirkulation, die besonders durch die klimatische Variabilität auf der Zeitskala von Jahrzehnten angetrieben wird. In Abb. 10.10 ist schematisch die Vorstellung eines **ozeanischen „Fließbandes"** enthalten, das aus absteigenden und auftauchenden Zweigen besteht. Die Dauer eines Zyklus dürfte etwa der Zeitkonstanten der Tiefsee entsprechen. Wird die Kontinuität des polwärtigen Transports relativ warmen Wassers mit Wärmeabgabe an die Atmosphäre und konvektionsbedingtem Absinken des abgekühlten Oberflächenwassers in die tieferen Ozeanschichten gestört, könnten abrupt anmutende Klimaänderungen innerhalb weniger Jahre über größeren Gebieten eintreten. Es kommt dann zur Ausbildung regionaler Klima-

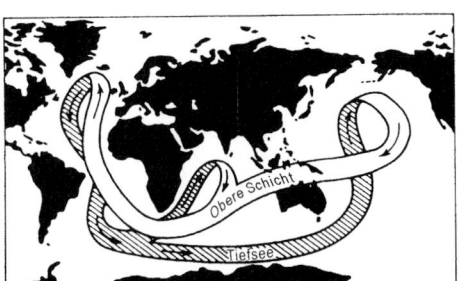

Abb. 10.10: Thermohaliner Wasserkreislauf im Ozean mit Absink- und Aufstiegsregionen (oceanic conveyor belt) (aus Raschke 1992, verändert)

anomalien infolge des komplexen Zusammenwirkens ozeanischer, atmosphärischer und kryosphärischer Prozesse.

Es kann heute insbesondere durch die Befunde von Eisbohrkernanalysen in Grönland und in der Antarktis als nachgewiesen gelten, dass es im Quartär häufig Klimasprünge gegeben hat, d. h. schnelle und tiefgreifende Klimaveränderungen eingetreten sind, die mit entsprechenden Folgen verbunden waren. So kann angenommen werden, dass die auf der Nordhemisphäre gegenüber der Südhalbkugel etwa doppelt so starken Änderungen mit den verschiedenen Zuständen des nordwärts gerichteten Wärmetransportes im Nordatlantik in ursächlicher Verbindung stehen. Das erwähnte ozeanische Fließband läuft nicht regelmäßig. Es können drei Zustände unterschieden werden (Rahmstorf 2002):

Warmzeitmodus: Die Konvektionsgebiete liegen in der Grönland- und Labradorsee, was etwa dem relativ stabilen gegenwärtigen Zustand entspricht.

Kaltzeitmodus: Die Zone maximaler Konvektion ist bereits südlich von Island zu finden. Die Zirkulation ist schwächer ausgeprägt, das Klima in Europa ist dadurch kälter. Es wurde nachgewiesen, dass im Pleistozän ein mindestens 24-facher Wechsel zwischen diesen Moden stattgefunden haben muss. Es handelt sich dabei um die nach den Entdeckern benannten Dansgaard-Oeschger-Zyklen, die möglicherweise eine Periode von 1500 Jahren aufweisen.

Kaltzeitlicher Stillstandsmodus: Bei Übertritt von großen Eismassen in den Ozean (mit Verringerung der Meerwasserdichte verbunden) kann es zu einer vollständigen Unterbindung der ozeanischen Konvektion und damit des Wärmetransportes nach Norden kommen. Dieser instabile Modus führt zu starken Abkühlungseffekten. Im Pleistozän soll dieser Typ mindestens sechsmal vorgekommen sein. Dazu gehört die erneute starke Abkühlung nach Ende der letzten Kaltzeit, die unter dem Begriff Jüngere Dryas (ca. 12700 bis 11500 v. h., s. Abschnitt 11.3) bekannt ist. Die Moden der ozeanischen Zirkulation sind von Änderungen der atmosphärischen Zirkulation begleitet.

Es sei darauf hingewiesen, dass sich Vorgänge dieser Art auch in abgeschwächter Form mit weniger dramatischen Begleitumständen abspielen können. So kann die Abkühlung nach der um 1940 kulminierten „Erwärmung der Arktis" (s. Abschnitt 11.4; auch Hupfer und Tinz 2006) auf dieses Zusammenspiel von Zirkulation, Eisbildung und -transport sowie Dichteände-

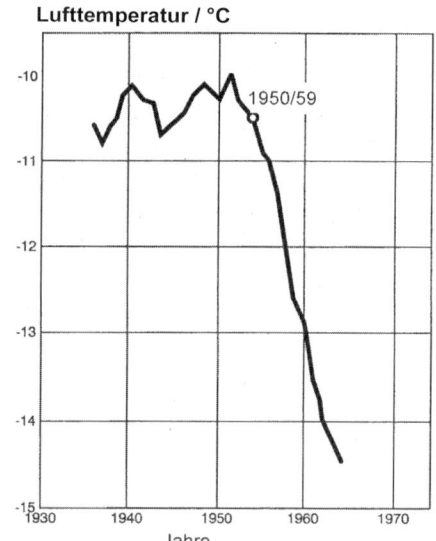

Abb. 10.11: Zehnjährig übergreifend gemittelte Lufttemperaturjahreswerte für Franz-Josef-Land (nach Scherhag 1970)

10.5 Teilsysteme

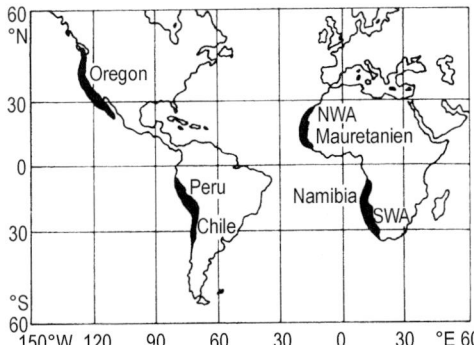

Abb. 10.12: Die Hauptauftriebsgebiete der Weltmeere vor den Westküsten Amerikas und Afrikas. NWA = Nordwestafrikanische und SWA = südwestafrikanisches Auftriebsgebiet

rung durch Temperatur- und Salzgehalt mit zurückgeführt werden (Dickson et al. 1996). Regional ist die Abkühlung sehr stark gewesen (Abb. 10.11).

Zur Verringerung des Wärmeüberschusses in den Tropen und Subtropen tragen die küstennahen **Auftriebsprozesse** des Weltmeeres bei (Abb. 10.12). Unter dem Einfluss des ablandig bis küstenparallel wehenden Passats kommt es im Bereich von tropischen und subtropischen Ostrandküsten der Ozeane zum Aufquellen („upwelling"). Das auftreibende kühlere Wasser stammt aus einigen hundert Metern Tiefe. In den betroffenen küstennahen Meeresgebieten setzen auch kalte Meeresströmungen (die Ostrandströmungen) äquatorwärts ein, wodurch die negativen Wassertemperaturanomalien verstärkt werden. Infolge von Divergenzen im Stromfeld entstehen Auftriebsgebiete ähnlicher Funktion auch im küstenfernen Ozean. Diese ändern ihre Lage im Laufe der Jahreszeiten, was im Zusammenhang mit korrespondierenden Schwankungen des Windfeldes und entsprechenden Verlagerungen des Stromfeldes bezüglich des Äquators steht.

Abtransport von Wärme aus den warmen Zonen geht auch mit den **tropischen Wirbelstürmen** einher (s. Abschnitt 9.3.1.5). Diese bilden sich außerhalb einer Zone von 5° um den Äquator (zu geringe ablenkende Kraft der Erdrotation in der Nähe des Äquators) in den Seegebieten mit maximalen Oberflächenwassertemperaturen. Es handelt sich um thermisch angetriebene Zirkulationen, zu deren Auslösung eine präexistierende atmosphärische Störung erforderlich ist. Die Wirbelstürme bewegen sich von ihren Ursprungsgebieten auf gekrümmten Bahnen nach Norden oder Süden, wobei sie Zugbahnen bevorzugen, auf denen sie maximal mögliche fühlbare und latente Wärme aufnehmen können. Sie folgen daher den Gebieten mit relativer maximaler Wassertemperatur. Da die Ströme fühlbarer und latenter Wärme im Bereich der tropischen Wirbelstürme maximale Werte erreichen, kommt es zu einem Wärmeentzug für die betroffenen Gebiete.

Als ein letzter Mechanismus der Wärmeabfuhr aus den tropischen und subtropischen Meeren sei die starke **Verdunstung** und der damit verbundene Wärmeentzug unter dem Einfluss der relativ beständigen Passatwinde genannt. Mit dem Nordost- bzw. Südostpassat werden die mit Wasserdampf angereicherten Luftmassen in den Bereich der Innertropischen Konvergenzzone geführt, wo die Luft aufsteigt. Bei den folgenden, meist heftigen Kondensationsvorgängen, die mit der Bildung mächtiger, die ganze Troposphäre durchsetzender Cumulonimben verbunden ist, wird Wärme frei, die in der Atmosphäre verteilt wird bzw. von den Wolkenoberflächen nach oben abgestrahlt wird. Dieser Vorgang ist für die atmosphärische Energetik und damit für die Ausbildung der allgemeinen Zirkulation der Atmosphäre von grundlegender Bedeutung. Treten Störungen auf, können bestimmte Klimafluktuationen erscheinen (vgl. Abschnitt 10.6).

10.5.3 Landoberflächen und Biosphäre

Die Vielgestaltigkeit der Landoberflächen unterscheidet sich in ihrem Einfluss auf das großräumige Klima und damit in ihren Wechselwirkungen mit der Atmosphäre stark von der global dominierenden Wasseroberfläche des Ozeans. Die Kategorien dieser Wechselwirkung zwischen jeweiliger Oberfläche und Atmosphäre gemäß Abb. 10.7 bleiben erhalten. Jedoch verschiebt sich die Bedeutung der einzelnen Teilprozesse.

Die Landoberflächen zeichnen sich durch unterschiedliche Höhenverteilungen mit entsprechenden Neigungen der Erdoberfläche bis hin zur Existenz von Gebirgen unterschiedlichen Ausmaßes aus. Diese Randbedingung unterliegt nur in geologischen Zeitmaßstäben (auch klimawirksamen) Veränderungen. Jedoch kann sie für die hier besonders interessierenden Zeitskalen als unveränderlich angesehen werden.

Die globale klimatologische Bedeutung der **Hochgebirge** besteht in ihrer Eigenschaft, als Hindernis für die Luftbewegungen zu wirken. Das ist ein planetarischer Effekt, der im Lee großer Gebirgszüge zur Bildung quasi-stationärer Tröge im troposphärischen Geopotenzial- und Strömungsfeld mit effektiven meridionalen Transporten von Impuls, Wärme und Wasserdampf führen. Die Bedeckung der Oberfläche mit ihren nach physikalischen, chemischen und biologischen Eigenschaften unterschiedlichen Böden sowie mit der ebenfalls mannigfaltigen Vegetation ist eine weitere allgemeine Eigenschaft. Die landschaftlichen Charakteristiken unterliegen häufig ausgeprägten jahreszeitlichen Veränderungen. Die Boden- und Oberflächenfeuchte sowie die Zusammensetzung der bodennahen Luft sind für die Wechselwirkung zwischen Landoberflächen und Klima besonders wichtig. Diese Größen sind unregelmäßig in Raum und Zeit verteilt und am schwierigsten der globalen Berechnung zugänglich.

Zu den klimawirksamen Eigenschaften gehören die **Oberflächen- und Bodenparameter**. Eine Schlüsselgröße ist die Albedo, die für die meisten Landgebiete höher ist als für den Ozean. Die Absorption der verbleibenden Strahlung erfolgt bei unbewachsenen Böden unmittelbar an der Oberfläche. Die Bodenoberfläche erwärmt sich dadurch bei Einstrahlung sehr stark, da der Wärmefluss im Boden (Bodenwärmestrom) durch die nur wenig effektive molekulare Wärmeleitung reguliert wird. Die tägliche und die jährliche Wärmewelle dringen in Abhängigkeit von der Bodenart nur bis in geringe Tiefen vor. Die Folge ist ein extremes thermisches Verhalten im Bereich der Bodenoberfläche, das wiederum den fühlbaren Wärmestrom steuert. Dieser ist über vegetationslosen Landflächen größer als über dem Ozean und variiert in der Regel unter Vorzeichenwechsel stark zwischen Tag und Nacht sowie Winter und Sommer. Der mit der Verdunstung verbundene latente Wärmestrom ist wegen der häufig eingeschränkten Verfügbarkeit von Wasser an der vegetationsfreien Bodenoberfläche kleiner als der über Gewässern. Die langwelligen Strahlungsflüsse werden durch das langwellige Emissionsvermögen der Oberfläche modifiziert, wobei man als charakteristischen Wert $\varepsilon = 0{,}95$ annehmen kann.

Das kontinentale Verhalten und die Besonderheiten der Wärmehaushaltskomponenten führen zu den Grundzügen des **kontinentalen Klimas** mit den bekannten thermischen Kontrasten im Tages- und Jahresgang der Lufttemperatur. An der Erdoberfläche erfolgt die Dissipation der kinetischen Energie der Atmosphäre. Der Impulsaustausch hängt von der aerodynamischen Rauigkeit der Landoberflächen ab. Diese Eigenschaft wird durch die Rauigkeitshöhe z_0 beschrieben (s. Abschnitt 6.4.1), die in einem breiten Wertebereich zwischen $\leq 0{,}0001$ (größere Gewässer) und > 2 m (hohe Bebauung) variiert. Damit im Zusammenhang steht, dass die Windverhältnisse in den untersten Schichten durch die tangentiale Schubspannung des Windes an der Erdoberfläche bestimmt werden. Im Geschwindigkeitsbereich zwischen 10 und 20 m s^{-1} nimmt diese Größe Werte zwischen 0,1 und 0,3 N m^{-2} an.

Die **Vegetationsdecke**, die die feste Erdoberfläche in ihrem größten Teil überzieht, wirkt sich einerseits auf das Klima aus, andererseits ist die Vegetation in ihrer Mannigfaltigkeit und Menge selbst vom Klima abhängig (Claussen 2002). Der Zusammenhang zwischen Lufttemperatur und Niederschlag auf der einen und der Ausdehnung wichtiger Vegetationsformen auf der anderen Seite ist in Abb. 10.13 dargestellt.

Was Besonderheiten des Wärmehaushaltes angeht, so bestimmt bei Vegetationsdecken mit geringer vertikaler Ausdehnung (Gras) noch der Boden die Größe der Albedo und damit die Strahlungsbilanz. Wegen der schon bei diesem Vegetationstyp vorhandenen wärmeisolierenden Funktion verringert sich der Bodenwärmestrom gegenüber unbewachsenen Oberflächen bei gleichen Bodenparametern. Der fühlbare Wärmestrom verkleinert sich ebenfalls. Der latente Wärmestrom wird dagegen größer, da zur Evaporation des Bodens nun die Transpiration des Grases hinzukommt. Zur Verdunstung des unbewachsenen Bodens (Evaporation) tritt die der Pflanzen (Transpiration). Die Gesamtverdunstung wird als **Evapotranspiration** bezeichnet. Mit zunehmender Höhe der Pflanzen wird die scharfe Grenze zwischen Atmosphäre und Boden dadurch aufgelöst, dass die Vegetation eine Zwischenschicht bildet (Hindernisschicht, canopy layer). Albe-

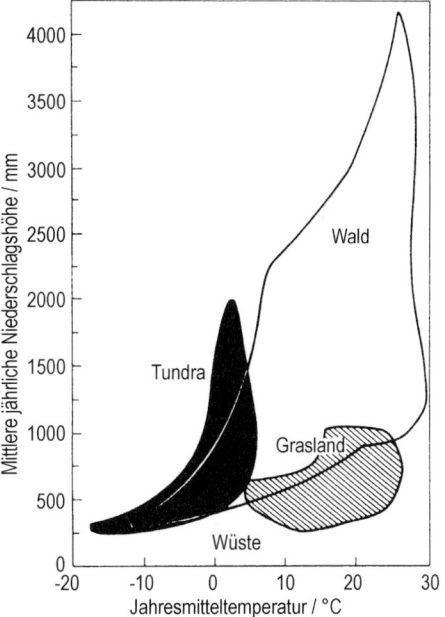

Abb.10.13: Verteilung von Wald, Grasland, Tundra und Wüste in Abhängigkeit von der Jahresmitteltemperatur und der mittleren jährlichen Niederschlagshöhe (nach Lieth 1975)

do und Strahlungsbilanz hängen von der Art und damit von Farbe und Helligkeit der Pflanzen ab.

Die verdunstende Oberfläche erhöht sich entsprechend der Gesamtblattfläche, so dass die reale Verdunstung die bei Wassersättigung eintretende potenzielle Verdunstung der Oberfläche sogar übertreffen kann. Je nach Klimagebiet besitzen die Pflanzen Anpassungsmechanismen, um einer Austrocknung zu begegnen. Zur Modellierung des Energie- und Gasaustausches sind die SVAT-Modelle (SVAT = Soil-Vegetation-Atmosphere-Transfer; s. Kap. 15) am weitesten entwickelt. Mit diesen werden die trockene Deposition bzw. die Flüsse von Gasen wie Ozon, Stickoxide, Ammoniak u. a. bestimmt. Diese vertikalen Austauschprozesse genügen gleichen Gesetzmäßigkeiten wie die, die den Austausch von fühlbarer und latenter Wärme sowie Impuls in der Bodenschicht der Atmosphäre kontrollieren. Landoberflächen und Vegetation spielen eine wichtige Rolle in den biogeochemischen **Stoffkreisläufen**, insbesondere im Kohlenstoffkreislauf. Die bekannte Zunahme des CO_2-Gehaltes der Atmosphäre ist dadurch gekennzeichnet, dass dem Trend ein ausgeprägter Jahresgang überlagert ist (Abb. 2.7). Dessen Ursache ist der jahreszeitliche Wechsel der Vegetation. Die Schwankungsbreite dieses Jahresganges hat in den letzten Jahrzehnten zugenommen. Durch Brände (vor allem Waldbrände) werden beträchtliche Mengen von CO_2 in die Atmosphäre emittiert. Auf diesem Weg gelangen auch Kohlenmonoxid, Kohlenwasserstoffe, Stickoxide und Schwefelverbindungen in die Atmosphäre, was sich in der Erhöhung des troposphärischen Ozongehaltes auswirkt.

Die gegenwärtig vor sich gehenden, beträchtlichen **Änderungen der Landnutzung** bleiben nicht ohne Folgen auf das Klima. Dazu gehört die Desertifikation, die fortschreitende Wüstenbildung. Der Anteil der Wüsten an der festen Landoberfläche (außer Antarktika) beträgt gegenwärtig ca. 7 %. In den gefährdeten Gebieten können schon vergleichsweise geringe klimatische Schwankungen die Vegetation nachhaltig schädigen, zumal durch Überweidung und ungenügende Wasserbewirtschaftung die Empfindlichkeit ohnehin gesteigert ist. Die gegenwärtige Wüstenbildungsrate wird auf ca. 60000 $km^2 a^{-1}$ geschätzt. Veränderungen der Landoberfläche gehen auch infolge der Versalzung von Feldflächen vor sich. Versalzte Flächen machen gegenwärtig etwa 0,44 % der Festlandsoberfläche aus, der jährliche Zuwachs beträgt ca. 15000 km^2. Ökologisch besonders gefährlich ist die Entwaldung, durch die vorzugsweise Feldflächen entstehen. Zur Zeit sind noch etwa 30 % der Festlandsoberfläche bewaldet, der Waldrückgang vollzieht sich räumlich und zeitlich sehr unterschiedlich. Der Übergang von Wald zu Feld oder Savanne erfolgt in den Tropen bei einer Gesamtfläche des Tropenwaldes von ca. $7 \cdot 10^6$ km^2. Dieser bedeutende Eingriff in die Natur ist von erheblichen Folgen auch für die Atmosphäre begleitet. Im globalen Maßstab ist das vor allem der Eingriff in den Kohlenstoffkreislauf, der zu einer weiteren Verstärkung des Treibhauseffekts führt.

Eine gleichfalls klimatisch bedeutende Veränderung der Landnutzung vollzieht sich durch die fortschreitende Ausbreitung der Stadtflächen (Urbanisierung). Um das Jahr 2000 betrug die Stadtbevölkerung etwa die Hälfte der Gesamtbevölkerung, während ihr Anteil um 1900 noch bei 14 % lag. Neben dem relativen Anwachsen der Stadtbevölkerung ist es vor allem die Tendenz zur Herausbildung von Riesenstädten, die sowohl ihr eigenes Mesoklima hervorrufen als auch durch Emissionen in die globalen Naturhaushalte eingreifen (s. Kapitel 13).

10.5.4 Kryosphäre

Die gegenwärtigen Luftdruck- und Temperaturverhältnisse an der Erdoberfläche erlauben das Vorkommen von Wasser in allen drei Aggregatzuständen. Die Gesamtheit des Auftretens von Eis an und unter der Erdoberfläche wird als Kryosphäre bezeichnet (Abb. 10.14). Sie enthält etwa 2 % des gesamten im Kreislauf befindlichen Wassers. Die Kryosphäre ist Produkt des Klimas, sie wirkt aber ihrerseits auf das Klima zurück. Die Kryosphäre spielt eine wichtige Rolle für die Herausbildung des gegenwärtigen Klimas, aber auch für die Auslösung von Klimaschwankungen infolge der besonderen physi-

Tab. 10.3: Teile der Kryosphäre sowie deren Größe und Volumen (nach verschiedenen Autoren aus Watson et al. 1996)

Bestandteil	Fläche / Mio. km^2	Volumen / Mio. km^3
Jahreszeitlicher Schnee:		
Nordhemisphäre Wi	46,3	
Nordhemisphäre So	3,7	<0,01
Südhemisphäre Wi	0,9	
Südhemisphäre So	<0,1	
Gebirgsgletscher und Eiskappen	0,6	0,09
Eisschilde:		
Grönland	1,7	2,95
Westl. Antarktika	2,4	3,40
Östl. Antarktika	9,9	25,92
Antarkt. Eisschelfe	1,6	0,79
Permafrost	25,4	0,16
Fluss- und Seeneis	<1,0	
Meereis:		
Nordhemisphäre Wi	16,0	0,05
Nordhemisphäre So	9,0	0,03
Südhemisphäre Wi	19,0	0,03
Südhemisphäre So	3,5	<0,01

Wi = Winter, So = Sommer

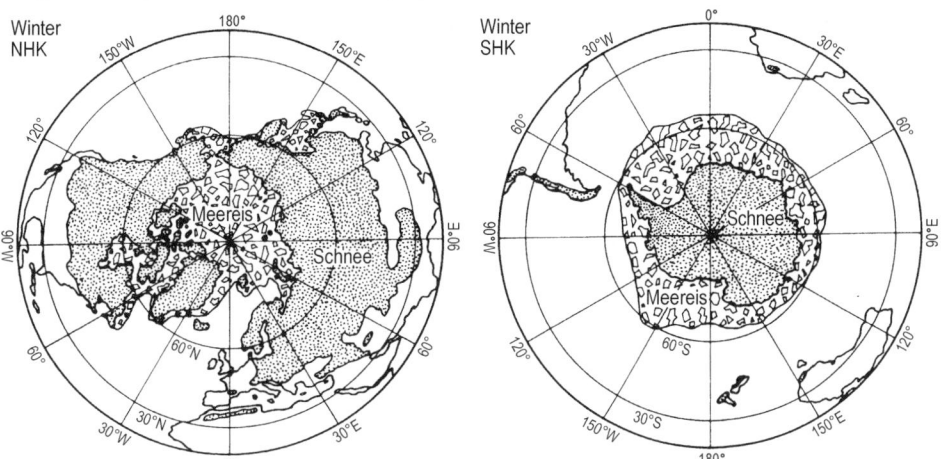

Abb. 10.14: Mittlere Verteilung von Meereis und Schnee im Winter der Nord- und Südhalbkugel (nach Untersteiner 1994, verändert)

kalischen Eigenschaften von Schnee und Eis. Ihre einzelnen Teile (Tab. 10.3) haben im Klimasystem sehr unterschiedliche Zeitkonstanten. Für das globale Klima sind vor allem die Teile der Kryosphäre mit Zeitkonstanten $\geq 10^2$ Jahren von entscheidender Bedeutung (Lozán et al. 2006).

Eis und Schnee unterscheiden sich von anderen Unterlagen der Atmosphäre wesentlich durch ihre starke Reflexion der Sonnenstrahlung, ihre Strahlungseigenschaften im Spektralgebiet der terrestrischen Strahlung (hohes Emissionsvermögen), ihre Bedeutung als Wärmesenke infolge der großen Schmelzwärme des Eises, ihre geringe Wärmeleitfähigkeit (Isolatorwirkung) und die für Eis- und Schneeoberflächen herabgesetzten Werte der aerodynamischen Rauigkeit. Diese Eigenschaften lösen Rückkoppelungsprozesse (besonders die Schnee-Eis-Albedo-Rückkoppelung) im Klimasystem aus, die eine fortschreitende Abkühlung bewirken können. Dieser sind jedoch infolge des Einsetzens negativer Rückkoppelungen (so über die Zirkulation) Grenzen gesetzt.

Das **Meereis** besteht aus gefrorenem Meer- oder Flusswasser mit charakteristischen Zeitkonstanten von Monaten bis Jahren, die hauptsächlich auf die großen latenten Wärmemengen, die beim Gefrieren und Schmelzen umgesetzt werden, zurückzuführen sind. Meereis kommt auf etwa 7 % der Fläche des Ozeans vor. Die Bildung von Meereis ist eng mit der vom Salzgehalt des Meerwassers abhängigen Verschiebung der Temperaturen des Gefrierpunktes und des Dichtemaximums verbunden. Bei Ozeanwasser liegt die Temperatur des Dichtemaximums unterhalb des Gefrierpunktes, so dass bei Abkühlung die thermische Konvektion, die zur Bildung von Boden- und Tiefenwassermassen führt, bis zur Erreichung des Gefrierpunktes in der gesamten Wassersäule nicht unterbrochen wird. Die dann in der Wassersäule entstehenden Eisteilchen steigen auf und bilden an der Oberfläche zunächst einen Eisbrei, der zu amorphem Eis zusammenfriert. Die mit der Eisbildung und Eisschmelze zusammenhängenden Salzgehaltsschwankungen sind wegen der durch sie bewirkten Verstärkung- bzw. Abschwächung der thermohalinen Konvektion äußerst klimawirksam. Meereis steht mit der auf ihm lagernden Schneedecke (wenn vorhanden) und der darüber befindlichen Atmosphäre sowie mit dem darunterliegenden Wasser in Wechselwirkung. Sowohl der Austausch von Strahlungs- und Wärmeenergie zwischen Meer und Atmosphäre als auch die windbedingte Durchmischung des oberflächennahen Wassers werden bei Eis stark modifiziert oder ganz unterbunden. Die Meereisverhältnisse unterliegen erheblichen zeitlichen Veränderungen, unter denen der Jahresgang eine große Schwankungsbreite aufweist. In den letzten Jahrzehnten ist das Meereis auf der Nordhalbkugel um etwa 3 % zurückgegangen (Abb. 10.15).

Schnee zeichnet sich durch eine relativ kleine Zeitkonstante (Tage bis Monate) sowie einen breiten Albedobereich (30 % bis 90 %) aus. Das langwellige Emissionsvermögen beträgt $\varepsilon = 0{,}95$ bis $0{,}998$, die Wärmeleitfähigkeit liegt je nach Schneedichte zwischen 0,08 und 2 W m^{-1} K^{-1}. Die im Mittel durch einen Wert der Rauigkeitshöhe $z_o = 10^{-4}$ m charakterisierte aerodynamisch glatte Oberfläche prägt das Windfeld über Schnee. Schneedecken befinden sich in Wechselwirkung mit dem Substrat

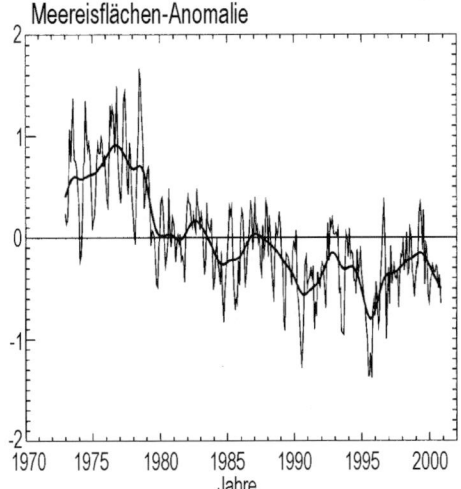

Abb. 10.15: Auf passiver Mikrowellensondierung von Satelliten beruhende monatliche Anomalien der arktischen Meereisfläche (in 10^6 km^2 von 1973 bis 2000, Bezugsperiode 1973/96). Dick: tiefpassgefilterter Verlauf (nach Houghton et al. 2001)

und mit der Atmosphäre. Die lokale Klimabeeinflussung ergibt sich aus der im Vergleich zum schneefreien Boden geringeren Strahlungsbilanz, wodurch sich eine Abnahme der Oberflächentemperatur einstellt. Die effektive Ausstrahlung und die kleinen Werte des fühlbaren Wärmestromes bedingen eine Abkühlung der über der Schneedecke lagernden bodennahen Luftmasse, verbunden mit der Entstehung von Bodeninversionen. Das Vorkommen von Schnee variiert erheblich und steht mit den Klima- und Zirkulationsschwankungen in Verbindung.

Wenn die Bodentemperaturen nicht über den Gefrierpunkt steigen, und das Bodenwasser dadurch ständig gefroren ist, spricht man von ewigem Frostboden oder **Permafrostboden**. Das betrifft einen großen Teil der Erdoberfläche, besonders in den nördlichen Teilen Eurasiens und Nordamerikas. Es bestehen erhebliche jahreszeitliche Schwankungen in der räumlichen Verbreitung und vertikalen Verteilung. Der Permafrostboden dringt in Sibirien 1300 bis 1500 m, in Nordkanada nur 400 bis 600 m in den Boden ein. Im Laufe des Jahres kann ein Auftauen an der Oberfläche bis zu einigen Metern Tiefe erfolgen. Das Phänomen, das vor allem ein Überbleibsel der letzten Kaltzeiten darstellt, verdankt seine Erhaltung dem Energiegleichgewicht zwischen dem Wärmestrom aus dem Erdinneren und der Energiebilanz der Erdoberfläche, wobei Bodenwassergehalt und thermische Eigenschaften des Bodens wichtige Einflussgrößen sind. Auch dieser Teil der Kryosphäre reagiert relativ empfindlich auf Klimaschwankungen.

Von geringerer Bedeutung für das globale Klima sind die **Gebirgsgletscher** (Tab. 10.4), die aber wegen ihrer relativ raschen Reaktion auf Klimaschwankungen zu den empfindlichen Klimaindikatoren gehören. Die Gletscher entstehen in Gebirgen dort, wo mehr fester Niederschlag fällt als durch die Prozesse der Ablation wieder beseitigt wird. Gletscher unterscheiden sich von einer mehrjährig anhaltenden Schneeansammlung durch ihre Dynamik, die zu dem klimaabhängigen Vorrücken (als Reaktion auf eine Klimaabkühlung) oder Zurückziehen (als Reaktion auf Erwärmungsphasen) führt. Neben der Temperatur bedingen insbesondere die Variabilität der Winterniederschläge sowie die Möglichkeit des Auftretens sommerlicher Schneefälle die Gletscherreaktion. So zeigen die Gletscher keine einheitliche Reaktion auf die klimatischen Schwankungen.

Tab. 10.4: Einige Charakteristiken des Inlandeises und der Gebirgsgletscher (nach Houghton et al. 1990)

Parameter	Antarktika	Grönland	Gebirgsgletscher
Fläche / 10^6 km²	11,97	1,68	0,55
Volumen / 10^6 km³ Eis	29,33	2,95	0,11
Mittlere Dicke / m	2488	1575	200
Mittlere Erhebung über NN / m	2000	2080	-
Meeresspiegeläquivalent / m	65	7	0,35
Akkumulation / km³ a^{-1}	2700	535	-
Ablation / km³ a^{-1}	15–16	280	-
Kalbung / km³ a^{-1}	2200	255	-
Massenumsatzzeit / a	ca. 15000	ca. 50	50–100

Den auf langen Zeitskalen klimatisch wirksamsten Teil der Kryosphäre bilden die **Eisschilde Antarktikas und Grönlands** (Tab. 10.4). Sie erstrecken sich bis zu Höhen von etwa 3000 m ü. NN in Grönland und über 4000 m ü. NN in Antarktika. Diese Eisvolumina haben mit 10^4 bis 10^6 Jahren die größten Zeitkonstanten im Klimasystem. Im Falle von anhaltenden Klimaschwankungen benötigt das antarktische Inlandeis, besonders der Landteil des Eisschildes im Osten des Kontinents, mindestens 10^3 Jahre, um sein Volumen merklich zu verändern. Das schließt nicht aus, das an den Randbereichen (insbesondere in der Westantarktis) beträchtliche Veränderungen in Zusammenhang mit den rezenten Klimaänderungen vor sich gehen können.

Die großen Eisschilde stellen vor allem durch ihre hohe Albedo gewaltige Wärmesenken dar. Die dadurch entstehenden tiefen Temperaturen an der Gletscheroberfläche wirken sich auf den Massenhaushalt aus, da kaum Schmelzen an der Oberfläche stattfindet. So setzt sich die Massenbilanz Antarktikas gegenwärtig aus den Komponenten Akkumulation (infolge von Niederschlägen und Sublimation) und Ablation (äußerst geringes Schmelzen, Werte in Tab. 10.4), basales Schmelzen (450 km³ a^{-1} infolge hohen Druckes an der Sohle), Eisbergproduktion (2200 km³ a^{-1}) und Schneetreiben (vom Inlandeis auf das Meer gerichtet, 20 km³ a^{-1}) zusammen. Aus diesen Zahlen kann man den Schluss ziehen, dass der Massenhaushalt Antarktikas derzeit leicht positiv bis ausgeglichen ist. Die mittlere Massenbilanz von Grönland ist hinsichtlich der Umsätze wesentlich kleiner und gegenwärtig ebenfalls etwa ausgeglichen. Die Eisschilde wirken direkt (infolge Abkühlung, hinsichtlich der Klimaschwankungen besonders im Hinblick auf die langen Zeitskalen) und indirekt (Meeresspiegeländerungen, Meereis, Salzgehaltsänderungen) auf das Klima. Letzteres gilt auch für die relativ kurzperiodischen Klimafluktuationen, wie sie sich in den letzten Jahrzehnten durch das Zusammenspiel von Kryosphäre, Atmosphäre und Ozean im Nordatlantik ergeben haben (vgl. Abschnitt 10.5.2). Unter dem antarktischen Inlandeis befindet sich eine bis zu 10 m mächtige Schicht, die aus Eis, Wasser und Bodenmaterial besteht. Eine derartige Schicht verleiht den beiden großen Eisschilden und in kleinerem Maßstab auch den Gebirgsgletschern die Fähigkeit zum plastischen Gleiten. Dabei hängt die Deformierbarkeit dieser Unterschicht von der Temperatur und vom Druck des gebildeten Wassers ab. Als Wärmequelle ist hier der Erdwärmestrom in der Größenordnung 10^{-2} W m^{-2} entscheidend. Mit diesem basalen Gleiten sind die schnellen Gletscherbewegungen (surging) verbunden, die wahrscheinlich bei Überschreiten einer kritischen Mächtigkeit des Eises auftreten. Diese sind infolge der damit verbundenen Änderungen der Wärmehaushaltsbedingungen des Meeres in der Lage, kürzerfristige Klimaschwankungen auszulösen.

10.6 Fernwirkungen im Klimasystem

In den verschiedenen Regionen der Erde können klimatische Variationen und Anomalien auf der Zeitskala von Wochen bis Jahren beobachtet werden, deren auslösende Ursache räumlich weit entfernt gefunden wird. In diesem Sinn werden signifikante simultane oder zeitverschobene Korrelationen zwischen zeitlichen Fluktuationen der Klimaelemente an weit auseinanderliegenden Punkten auf der Erde als **Fernwirkungen** (teleconnections) bezeichnet. An ihrer Entstehung sind Zirkulationsprozesse in der Atmosphäre und im Ozean ebenso wie der Energieaustausch zwischen und in diesen Teilen des Klimasystems maßgeblich beteiligt.

Zu den schon länger bekannten Indikatoren für solche Fernwirkungen gehören ausgewählte **Luftdruck- bzw. Geopotenzialdifferenzen**, die statistisch signifikante Korrelationen mit den großräumigen Feldverteilungen dieser Größen wie auch verschiedener Klimaelemente aufweisen.

Am bekanntesten sind die **Nordatlantik-Oszillation** (NAO, s. Abschnitt 7.6 sowie Abb. 7.12 die Nordpazifik-Oszillation (NPO)). Die NAO (NPO analog für den Nordpazifik) ist in einfachster Form als die Druck- bzw. Geopotenzialdifferenz zwischen Islandtief und Azorenhoch definiert. Die NAO zeigt beispielsweise eine signifikante negative Korrelation zwischen der Winterstrenge in großen Teilen Europas (je stärker die Zonalzirkulation, desto milder die europäischen Winter, Abb. 10.16). Für die Klimavariablität in der Arktis ist die **Arktische Oszillation** (AO) von großer Bedeutung, die ähnlich wie die NAO definiert ist, aber die Zonalströmung zwischen ca. 45° und 70° N repräsentiert.

Die tiefgreifendsten und am meisten untersuchten Fernwirkungen im Klimasystem sind globaler Natur und mit den Begriffen **El Niño** (span. „das Christkind", EN) und **Südliche Oszillation** (Southern Oscillation, SO), oft kombiniert zu **ENSO**, verbunden. Mit EN haben die Anwohner der Küsten Nordperus und Südekuadors die jährlich um die Weihnachtszeit zu beobachtende Abschwächung des küstennahen Kaltwasserauftriebes (s. Abschnitt 10.5.2) bezeichnet. Es handelt sich dabei um die mit der jahreszeitlich geringsten Ausprägung des Südostpassats einhergehende Ausbreitung von warmem Wasser des Nordäquatorialstromes bis zu einigen Grad südlicher Breite. Im hier interessierenden Sinn ist der Begriff eingeschränkt auf die Bezeichnung der besonders starken Ereignisse, die in unregelmäßiger Folge vorkommen. Es wurden über 60 derartige Ereignisse seit dem Jahr 1541 nachgewiesen, was einem mittleren Abstand von ca. 7 Jahren entspricht. Sehr starke EN-Ereignisse traten 1982/83 und 1998/99 auf. Bei EN ist der Gradient der Oberflächenwassertemperatur in der Ost-

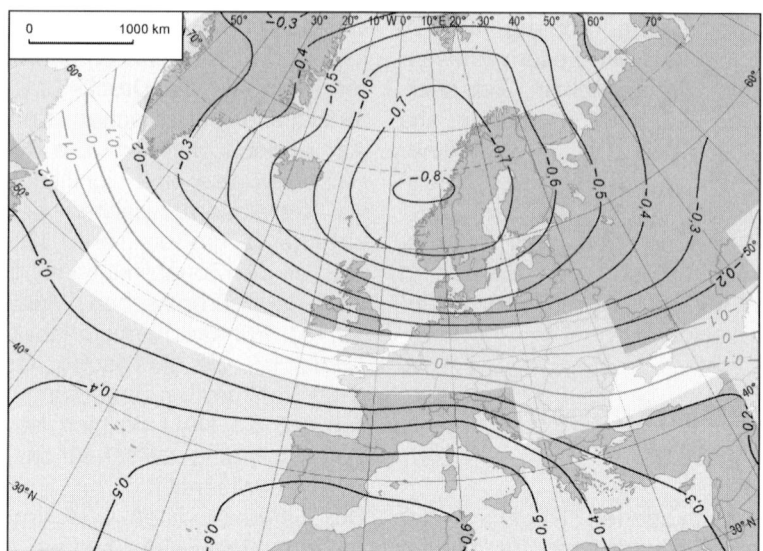

Abb. 10.16: Korrelationsfelder der bodennahen Lufttemperatur für Potsdam und des Luftdruckfeldes im Januar für 1899–1996. Nicht blasse Bereiche: Signifikanzniveau > 95% (nach Tinz, pers. Mitt.)

West-Richtung gerade entgegengesetzt als unter ungestörten Bedingungen gerichtet. Eine beherrschende Struktur ist die weitgreifende Ausbreitung des warmen Wassers in den Küstenregionen und in einem breiten Streifen um den Äquator im Pazifik. Zeitreihen der Oberflächenwassertemperatur im EN-Gebiet zeigt Abb. 10.17.

Während unter den normalen Kaltwasserauftriebsbedingungen und entsprechend stabiler Schichtung der Atmosphäre Niederschlagsarmut und im Hinterland unfruchtbare, wüstenartige Verhältnisse vorherrschen, sind bei EN-Ereignissen heftige und ergiebige Niederschläge charakteristisch. Der Jahresabfluss kann um das 40- bis 50-fache gesteigert sein.

Die küstennahen Auftriebsregionen an den tropischen und subtropischen Osträndern der Ozeane zählen zu den fruchtbarsten Meeresgebieten, das

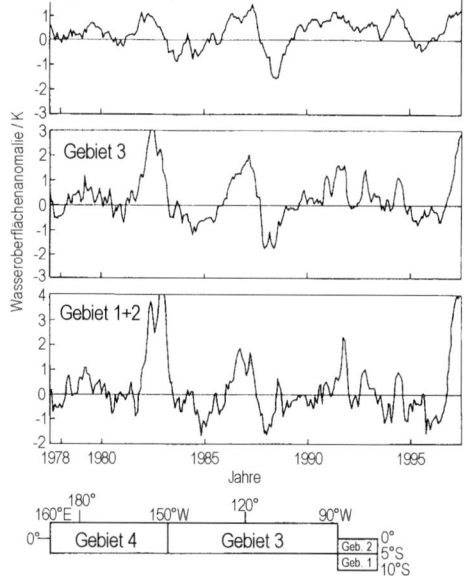

Abb. 10.17 Zeitreihen der auf den klimatologischen Mittelwert bezogenen Anomalien der Oberflächenwassertem-peratur in den El Niño-Gebieten im äquatorialen Pazifik (nach Climate Diagnostics Bulletin No. 1996/12)

10.6 Fernwirkungen im Klimasystem

warme Wasser der Nordäquatorialströmungen dagegen ist nährstoffarm. Bei EN wandern die Fische und andere Lebewesen ab oder gehen ein. Das ist mit tiefgreifenden Konsequenzen für die Wirtschaft und die Nutzung der betroffenen Küstenbereiche verbunden. Diese unregelmäßig eintretenden Naturereignisse korrelieren eng mit einem erstrangigen Telekonnektions-Indikator, der **Südlichen Oszillation**. Darunter versteht man die Luftdruckdifferenz zwischen der nordaustralischen Station Darwin und Tahiti oder zwischen anderen geeigneten Stationspaaren. Die zeitliche Entwicklung der auf die Standardabweichung normierten **SOI (Südlicher Oszillations-Index)** und des Luftdruckes an den genannten Stationen enthält Abb. 10.18. Durch Vergleich mit der Darstellung in Abb. 10.17 ist unschwer zu erkennen, dass niedrige Werte des SOI mit EN-Ereignissen verbunden sind.

Somit erweist sich der übergeordnete Begriff **ENSO** als ein beide Hemisphären erfassender klimafluktuationsbildender Prozess, der in der Atmosphäre und im Ozean abläuft. Die innere Abfolge eines ENSO-Ereignisses lässt sich in seinen allgemeinen Zügen charakterisieren. Als Ausgangspunkt kann eine typische Zonalwindanomalie über dem westlichen Pazifik sowie die im Allgemeinen dann eintretende Abschwächung der Passatzirkulation angesehen werden. Damit kann warmes, im Normalfall unter der Wirkung der Passate am Westrand des tropischen Pazifiks aufgestautes Wasser über die Ausbildung ozeanischer, am Äquator geführter langer Ozeanwellen in die zentralen und östlichen Teile des Stillen Ozeans gelangen. Die Wasserstände am Westrand nehmen ab. Damit verbunden sind Änderungen im Stromsystem, die mit einem Absinken der Temperatursprungschicht im östlichen Teil des Pazifik einhergehen. Es kommt zur EN-typischen Erwärmung des Oberflächenwassers und der Luft bis in die zentralen Teile des Ozeans. In der Atmosphäre wird die zwischen Ozean und Festland in zonaler Richtung sich ausbildende Walker-Zirkulation (vgl. Abschnitt 7.5) umgekehrt. Die Ausbildung der negativen SOI-Phase geht mit einer Verstärkung des Subtropenstrahlstroms sowie mit zahlreichen klimatologischen Anomalien (insbesondere des Niederschlages) in der Tropenzone einher. Damit sind die Voraussetzungen gegeben, dass von dem eigentlichen ENSO-Raum im äquatorialen Pazifik Wirkungen in andere Regionen, die auch außerhalb der Tropen liegen können, ausgehen. Ursache für die Fernwirkungen sind die über ausgedehnten Ozeangebieten auftretenden Anomalien des Energieaustausches zwischen Ozean und Atmosphäre, die zu Veränderungen der verfügbaren potenziellen Energie und damit der kinetischen Energie der Atmosphäre (s. Abschnitt

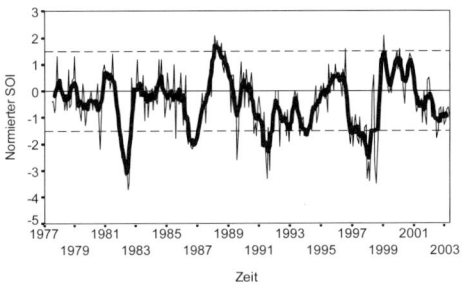

Abb. 10.18: Fünfmonatlich übergreifend gemittelter Verlauf der auf die mittlere jährliche Standardabweichung bezogenen Anomalien des Südlichen Oszillationsindexes (SOI). Die Bezugsperiode ist 1971/2000. (nach Climate Diagnostics Bulletin No. 2003/05)

7.2) und damit der großräumigen Zirkulation führen.

ENSO-Ereignisse sind daher nicht nur an den betroffenen Küstenabschnitten des Pazifiks (insbesondere Rückgang der Fischerei), sondern auch in anderen Regionen Verursacher beträchtlicher Schäden an Personen und materiellen Werten.

Von erheblicher klimatischer Bedeutung sind die zu **El Niño** entgegengesetzten Ereignisse, die als **La Niña** (= das Mädchen) bezeichnet werden. Dabei handelt es sich um die Fälle, bei denen der Auftrieb an der äquatorialen Westküste des Pazifik und am Äquator besonders stark ausgebildet und das Wasser demzufolge eine bedeutende negative Temperaturanomalie besitzt. Da auch La Niña-Episoden mit beträchtlichen Veränderungen des ozeanischen Wärmehaushaltes und der Energieeinspeisung in die Atmosphäre verbunden sind, wurden als Folge in zahlreichen Regionen gehäuft Wetterextreme und Witterungsanomalien festgestellt.

10.7 Klimazonen und Klimatypen

Die bisherigen Ausführungen in diesem Kapitel haben gezeigt, dass die Klimaelemente im gegenseitigen konsistenten Zusammenhang weite und variable Wertebereiche einnehmen können. Es kann daher festgestellt werden, dass im Klimasystem zahlreiche Klimatypen existieren. Diese können den übergeordneten Klimazonen zugeordnet werden, die primär durch die Breitenabhängigkeit der Solarstrahlung gegeben sind. Um zu einer übersichtlichen Darstellung zu kommen, müssen systematische Ordnungen in angemessener räumlicher Auflösung erarbeitet werden, die dem Wesen des Klimasystems entsprechen. Die Beschreibung des Klimas ist Gegenstand der **regionalen Klimatologie**, für die ausführliche Darstellungen existieren.

Auf den Erkenntnissen der regionalen Klimatologie beruhen die zahlreich existierenden **Klimaklassifikationen**, die die Verteilung der Klimate in einem Raum systematisch bestimmen und ordnen. Systematisierung und übersichtliche Darstellung der klimatologischen Beobachtungsergebnisse sind Ziel und Aufgabe der Klimaeinteilungen.

So wie das Klima in verschiedenen räumlichen Maßstabsbereichen existiert (vgl. Tab. 12.1) gibt es auch maßstabsbezogene Klimaklassifikationen. Hier sollen nur globale Klassifikationen behandelt werden, deren Sinn darin besteht, die örtlichen Einzelklimate nach geeigneten Gesichtspunkten zu typisieren und die Verbreitung der ermittelten Klimatypen auf der Erdoberfläche kartografisch darzustellen. Die große Zahl der Klimaelemente und klimatologischen Erscheinungen zwingt dabei zu starken Verallgemeinerungen, die je nach der Fragestellung verschieden sein werden. Es kommt darauf an, dass eine Klimaeinteilung mit möglichst wenigen Einzelfaktoren auskommt, wobei man charakteristische Größen wählen muss und solche, die eine große Anzahl weiterer klimabezogener Größen beeinflussen. Die Vielzahl der klimatischen Faktoren auf der einen, der Fragestellungen bezüglich einer Klimaeinteilung auf der anderen Seite hat zur Folge, dass es eine sehr große Anzahl von Klimaeinteilungen gibt. In den letzten ca. 100 Jahren wurden Klimaklassi-

10.7 Klimazonen und Klimatypen

fikationen nach verschiedenen Gesichtspunkten entwickelt, die jedoch nur zum Teil den Anforderungen genügen. Klimaklassifikationen dürfen nicht nur Gegenstand der klimatologischen Grundlagenforschung, sondern müssen gleichermaßen anwendungsorientiert sein. So gibt es Gliederungen, die für die Nutzung in verschiedenen Disziplinen wie Pflanzenökologie, Bodenkunde und Geomorphologie, Hydrologie, Bioklimatologie und Medizin-Meteorologie, Landwirtschaft sowie Klimaschutz technischer Güter aufgestellt worden sind. Neben den Gesamtklassifikationen gibt es Teilklassifikationen, die sich nur auf Teile der Erdoberfläche beziehen oder nur Teilfragen einer allgemeinen Klimaklassifikation berühren wie die Abgrenzung von **Kontinentalität** und **Maritimität** oder von trockenen und feuchten Gebieten.

Die diesen verschiedenen Herangehensweisen entspringenden Ordnungen müssen die Existenz verschiedener Klimatypen objektiv widerspiegeln. Das heißt, dass in der Natur vorhandene klimatische Grenzbereiche in allen Klassifikationsansätzen sichtbar werden müssen. Das betrifft insbesondere die Abgrenzung von Bereichen mit ozeanischem und kontinentalem Klima, von Wüstenklimaten, Monsungebieten sowie der für die Gebirge und Höhenlagen typischen Klimate. Daher ist es eine wichtige Voraussetzung wissenschaftlich korrekter Klimaklassifikationen, dass objektiv begründete Grenzdefinitionen zwischen Klimazonen und Klimatypen bestimmt werden. Dabei kommt es aber darauf an, dass eine möglichst optimale, nicht zu große Zahl von Klimatypen definiert wird, um die Übersichtlichkeit zu erhalten.

Nach solchen Gesichtspunkten aufgestellte Klimaklassifikationen stellen ein wichtiges Hilfsmittel für die Untersuchung von Klimaschwankungen und ihren Auswirkungen dar. So können aus den Unterschieden der Verteilung der Klimatypen in verschiedenen Zeitabschnitten Schlussfolgerungen für eingetretene klimatische Veränderungen gezogen werden. Das macht jedoch erforderlich, dass Klimaklassifikationen immer auf Daten einer bestimmten Referenzperiode beruhen, was aber bei den meisten wegen der nicht ausreichenden Verfügbarkeit von Daten nicht der Fall ist. Auch die Auswirkungen von Klimaschwankungen (vgl. Abschnitt 11.6) gehen mit korrespondierenden Veränderungen der räumlichen Lage und der Ausdehnung von Klimatypen einher. Wichtige Begriffe zur Klimaklassifikation enthält Tab. 10.5.

Hinsichtlich der zugrunde gelegten Methodik haben sich zwei Hauptrichtungen der Klimaklassifikation herausgebildet. Die eine Richtung orientiert sich an den Wirkungen des Klimas auf Naturbereiche, insbesondere auf die Vegetation. Die Klassifikation selbst erfolgt mit Hilfe der Klimaelemente Lufttemperatur und Niederschlag in ihrer gegenseitigen Verknüpfung, ihren saisonalen Variationen und geeigneten wirkungs-

Tab. 10.5: Begriffe zur Klimaklassifikation (nach Knoch und Schulze 1952)

Klimate	Klimaräume
Zonenklima	**Klimazone bzw. Klimagürtel**
Klimahaupttyp	**Klimaregion**
Klimatyp	**Klimaprovinz**
Übergangs- bzw. Zwischenklima	**Klimaübergangs- bzw. Klimazwischenprovinz**
Klimauntertyp	**Klimaunterprovinz**

bezogenen Schwellenwerten. Dieses Herangehen führt zu den **effektiven Klimaklassifikationen**. Die meisten der in der Literatur vorgestellten Klimaklassifikationen gehören zu dieser Gruppe. Die andere Richtung geht nicht von der Klimawirkung, sondern von der Klimagenese aus. Die Zahl der **genetischen Klimaklassifikationen** ist viel geringer. In den bisher vorgeschlagenen Varianten werden die atmosphärische Zirkulation oder die Luftmassendynamik als genetische Merkmale herangezogen, während die Komponenten des Wärme- und Wasserhaushaltes der Erdoberfläche als originäre klimagenetische Größen bisher nur in geringem Umfang berücksichtigt wurden. Hier wird je eine repräsentative Klassifikation dieser Richtungen kurz dargelegt.

Eine der ältesten und am besten durchgearbeiteten effektiven Klimaklassifikationen ist die auf W. **Köppen** (1846–1941) zurückgehende Einteilung. Nach Köppens eigenen Worten handelt es sich bei dieser Klimaeinteilung, die ab der Wende vom 19. zum 20. Jahrhundert in verschiedenen Versionen publiziert und ergänzt wurde, um eine, „die Tatsachen und ihre Wirkung auf die Natur zu einem möglichst klaren Bild zusammenfassen will". Köppen führte dabei eine Buchstabenkennzeichnung der Klimate mit dem Ziel ein, damit zu einer „Klimaformel" zu kommen. Die Beobachtungstatsachen können so in einfacher und einprägsamer Form zusammengestellt werden. Der erste Buchstabe markiert die Klimazone, der zweite den Klimatyp sowie der dritte den Klimauntertyp. Weitere Buchstaben können eine feinere Unterteilung oder die nähere Erläuterung besonderer Klimaelemente bringen.

Insgesamt zeichnet sich diese Klassifikation durch eine klare Struktur und die gute Berücksichtigung der Landschaftszonen (Tundra, Wald, Steppe, Wüste) aus, so dass sie in vielen Ländern auch im Schulunterricht Verwendung fand und findet. Die Mängel bestehen in der Unvollkommenheit der Trockenheitskriterien, die auf bestimmten Funktionalen der Abhängigkeit der Trockenheit von Temperatur und Niederschlag beruhen. Höhenlagen werden in dieser Klassifikation nur über die Temperatur berücksichtigt, was dazu führen kann, dass tropische Höhenklimate wie polare Klimate klassifiziert werden. Eine Verbesserung des Köppenschen Systems legte Trewartha im Jahr 1968 vor. Diese Klassifikation soll hier unter Berücksichtigung weiterer Modifikationen als Beispiel vorgestellt werden (Tab. 10.6, Kartendarstellung s. u. a. in Hendl 1991). In dieser Einteilung werden die Gebirgsklimate hinsichtlich der Temperatur als eine höhenlagebedingte Modifikation benachbarter Tieflandsklimate aufgefasst. Sie tragen daher gleiche Signaturen. Die formelmäßige Klimabezeichnung wird durch die Kennbuchstaben G (bei Höhen > 500 m) und H (bei Höhen > 2500 m) ergänzt.

Eine wesentliche Grundlage der Köppenschen Klimaklassifikation bilden Schwellenwerte der Lufttemperatur und des Niederschlages, wobei auch die Andauerwerte dieser Größen Berücksichtigung finden. Durchgängig werden die Auswirkungen des Klimas auf die Vegetation berücksichtigt.

Die erweiterte Klimaklassifikation nach **Köppen-Trewartha** enthält sechs Klimazonen, die mit einer Ausnahme nur mit Hilfe der Lufttemperatur voneinander unterschieden werden (s. auch Abb. 10.19 und 10.20).

10.7 Klimazonen und Klimatypen

Tab. 10.6: Die Klimatypen der Klassifikation von Köppen und Trewartha (nach Hendl 1991)

Lfd. Nr.	Klimaformel	Bezeichnung
1	Ar	Tropisches immerfeuchtes Klima
2	Am *)	Tropisches wechselfeuchtes Klima mit extremer Feuchtperiode
3	Aw	Tropisches wechselfeuchtes Klima mit trockener Winterperiode
4	As	Tropisches wechselfeuchtes Klima mit trockener Sommerperiode
5	BS	Steppenklima (Semiarides Klima)
6	BW	Wüstenklima (Arides Klima)
7	BM *)	Marines Trockenklima
8	Cw	Subtropisches wintertrockenes Klima
9	Cs	Subtropisches sommertrockenes Klima
10	Cr	Subtropisches immerfeuchtes Klima
11	Do	Ozeanisches temperiertes Klima
12	Dc	Kontinentales temperiertes Klima
13	Eo *)	Winterwärmerer ozeanischer Typ
14	Ec *)	Winterkälterer kontinentaler Typ
15	Ft	Tundrenklima
16	Fi	Eisklima

*) Diese Klimatypen werden nur von v. Rudloff (1981a) benutzt

Klimazone **A**: Das sind die tropischen Feuchtklimate, in denen absolute Frostfreiheit auch in den Festlandsbereichen herrscht. Die mittlere Lufttemperatur des kältesten Monats liegt bei ≥ 18 °C in Meeresbereichen.

Klimazone **B**: Die Trockenklimate werden durch die Grenzbedingung r < 20 [(t−10) + 0,3 PS] mit t = Monatsmitteltemperatur in °C und PS = prozentualer Anteil des Sommerniederschlages (April bis September) an der Jahresniederschlagshöhe abgegrenzt.

Klimazone **C**: Das sind die in der ursprünglichen Köppenschen Einteilung nicht enthaltenden subtropischen Klimate. Die Mitteltemperatur des kältesten Monats liegt unter 18 °C, die Monatsmitteltemperatur von 8 bis 12 Monaten jedoch bei ≥ 10 °C.

Klimazone **D**: Die Zone der temperierten Klimate ist durch Monatsmitteltemperaturen von ≥ 10 °C in 4 bis 7 Monaten des Jahres gekennzeichnet.

Klimazone **E**: Dem borealen Klima werden Gebiete zugeordnet, in denen die Monatsmitteltemperatur von 1 bis 3 Monaten ≥ 0 °C beträgt.

Klimazone **F**: Die polaren Klimate sind gegeben, wenn die Monatsmitteltemperatur des wärmsten Monats unter 10 °C liegt.

Diese Klimazonen werden dann durch Klimatypen unterteilt (Tab. 10.6), in denen weitere Strukturen abgegrenzt werden können. So bedeuten die Buchstaben in der Klimaformel:

a: heiße Sommer. Mitteltemperatur des wärmsten Monats > 22 °C.

b: warme Sommer. Mitteltemperatur des wärmsten Monats < 22 °C, mindestens vier Monate mit Mitteltemperaturen von ≥ 10 °C.

c: kühle Sommer. Mitteltemperatur des wärmsten Monate < 22 °C, ein bis drei Monate mit einer Mitteltemperatur von ≥ 10 °C.

d: strenge Winter. Mitteltemperatur des kältesten Monate > −38 °C.

g: Ganges-Typ des jährlichen Temperaturverlaufes. Das Jahresmaximum tritt vor der Sommersonnenwende und der sommerlichen Regenzeit ein.

h: heiß. Jahresmittel der Lufttemperatur > 18 °C.

k: kalt. Jahresmittel der Temperatur unter 18 °C.

Es gibt noch mehr Möglichkeiten zur weiteren Unterteilung. Als eine **hydrologisch orientierte effektive Klimaklassifikation** sei die von A. **Penck**

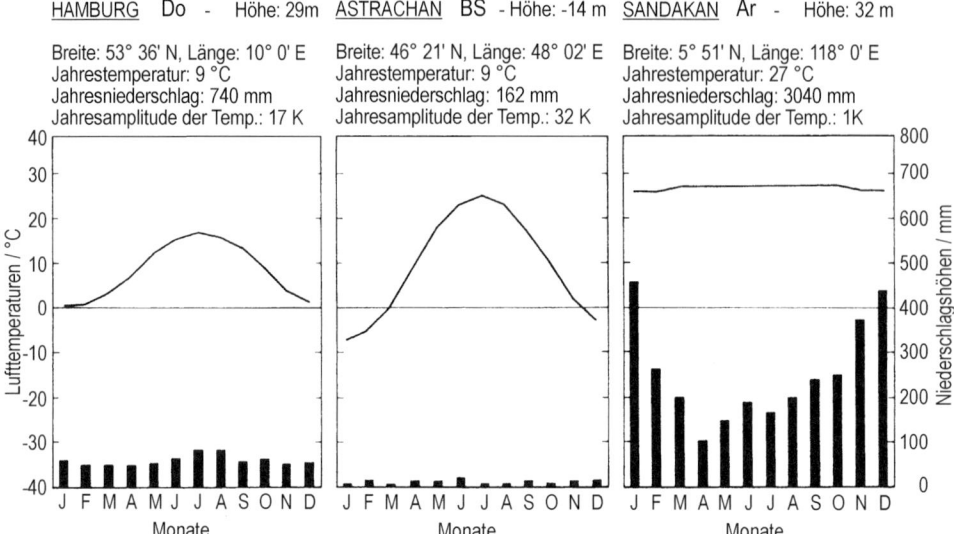

Abb. 10.19: Beispiele für Jahresgänge der Lufttemperatur und der Niederschlagshöhe für die Klimate Do, BS und Ar der Klimaklassifikation von Köppen und Trewartha

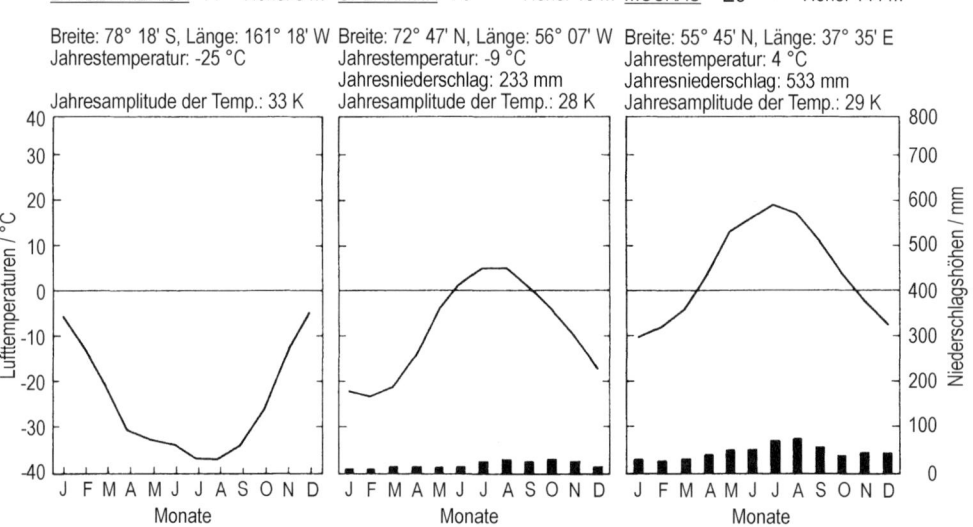

Abb. 10.20: Beispiele für Jahresgänge der Lufttemperatur und der Niederschlagshöhe für die Klimate Fi, Ft und Ec der Klimaklassifikation von Köppen und Trewartha

(1858–1945) erwähnt. In dieser werden die folgenden Klimate mit inzwischen standardisierten Bezeichnungen unterschieden.

Im vollhumiden Klima sind die Niederschläge meist gleichmäßig über das

10.7 Klimazonen und Klimatypen

Jahr verteilt. Der im Allgemeinen vorhandene Jahresgang des **Niederschlags** führt nicht zu ausgeprochenen Trockenperioden. Die Flüsse weisen eine ständige Wasserführung auf.

Das semihumide Klima ist im Jahresverlauf durch einen deutlichen Unterschied zwischen humiden und ariden Zeitabschnitten gekennzeichnet. Insgesamt aber bleibt der Niederschlag höher als die **Verdunstung**. Entsprechend den Niederschlägen zeigen die Flüsse stärkere Jahresschwankungen ihrer Wasserführung.

Das subnivale Klima zeichnet sich durch eine ausgedehnte Schneedecke aus, deren Schmelzwasser zur Zeit der Schneeschmelze zum großen Teil durch die Flüsse abgeleitet wird. In den Flüssen des subnivalen Klimas werden zur Zeit der Schneeschmelze Hochwasser erzeugt.

Im vollariden Klima bleiben die jährlichen Niederschlagshöhen unter 100 mm. Die hohen Temperaturen verhindern ein Eindringen der spärlichen Niederschläge in den Boden zugunsten der Verdunstung. Die potenzielle Verdunstung ist viel höher als der Niederschlag.

Auch im semiariden Klima bleibt die mittlere jährliche Niederschlagshöhe geringer als die Verdunstung. Allerdings ist der Niederschlag in weniger als 5 Monaten höher als die Verdunstung. Damit ist im semiariden Gebiet die Niederschlagssumme im Allgemeinen höher als in den ariden Gebieten. Die häufig als Starkregen fallenden Niederschläge fließen großenteils oberflächig ab.

Im vollnivalen Klima fällt der Niederschlag in Form von Schnee. Da mehr Niederschlag fällt als durch die Ablation entfernt werden kann, erfolgt der Abtransport durch die Gletscherbewegungen.

Das seminivale Klima ist dadurch gekennzeichnet, dass der überwiegende Teil des Niederschlages in Form von Schnee fällt.

Von Bedeutung sind weiterhin die vegetationsbezogenen Klimaklassifikationen (Ivanov, Thornthwaite, Budyko, Hennig) sowie die nach landwirtschaftlichen (Schreiber, Seljaninov), bioklimatischen (Gregorczuk) und nach technischen Gesichtspunkten (Hoffmann) aufgestellten Einteilungen.

Als ein Beispiel für eine einfache, aber physikalisch gut begründete Klassifikation sei noch auf die diesbezügliche Anwendung des **Strahlungs-Trockenheits-Index** nach **Budyko** hingewiesen. Dieser stellt den Quotienten zwischen der Strahlungsbilanz einer stets feuchten Fläche und der Energie dar, die für die Verdunstung des gefallenen Niederschlages aufgewendet werden muss (Tab. 10.7). Die detaillierte und zur Anwendung am besten geeignete **genetische Klassifikation** ist die von

Tab. 10.7: Mittlerer jährlicher Strahlungs-Trockenheits-Index. STI = Strahlungsbilanz einer stets feuchten Fläche/(Verdunstungswärme des Wassers · Niederschlagshöhe) (nach Budyko 1971)

Strahlungs-Trockenheits-Index STI	Vegetationstyp Tropen	Vegetationstyp Außertropen
> 3,00	Wüste	Wüste
2,00 – 3,00	Halbwüste	Halbwüste
1,00 – 1,99	Savanne	Steppe, Hartlaubwald
0,80 – 0,99	Halbimmergrüner Wald	Waldsteppe, Breitlaubwald
0,45 – 0,79	Regenwald	Koniferenwald, Lorbeerwald
< 0,45		Tundra

Hendl ab 1963 vorgeschlagene. Da die Zirkulationsverhältnisse ein großes klimagenetisches Potenzial besitzen, werden in dieser Klassifikation Elemente der Großraumzirkulation für die tropischen und außertropischen Räume und weitere meteorologische Kriterien herangezogen. Dabei handelt es sich um die grundlegenden Strukturformen der atmosphärischen Zirkulation in Bodennähe, zu denen die ganzjährige oder jahreszeitliche Andauer von tropischen Großraumströmungen und die Hauptarten der außertropischen zyklonalen Wirbelsysteme, insbesondere die Polarfrontzyklone und die Arktik-(Antarktik-)zyklone ebenso gehören wie die thermischen und hygrischen Eigenschaften der Hauptluftströmungen in Abhängigkeit von der Beschaffenheit der Erdoberfläche, die Temperatur- und Feuchteschichtung der Hauptluftströmungen in ihrer jahreszeitlichen Variabilität, die orografischen Lee- und Staueffekte innerhalb der Zirkulationsglieder und schließlich die autochthone Klimagestaltung auf orografisch abgeschlossenen Hochplateaus. Die ermittelten vier **Klimazonen** sowie die zugehörigen **Klimatypen** finden ihre gegenseitige Abgrenzung durch ein globales Liniensystem, das die Grenzfunktionen enthält. Dabei handelt es sich um die mittleren Achsenpositionen der randtropischen Hochdruckzellen, die mittleren Achsenpositionen der außertropischen Höhentröge und die mittleren Positionen von wichtigen Konvergenzlinien und Fronten. Ferner wird zur Abgrenzung die Häufigkeit thermodynamisch wichtiger Strömungseigenschaften für bestimmte Jahresabschnitte herangezogen.

Unterschieden werden das Tropische Zonenklima (mit den Klimatypen Kontinentales Kernpassatklima, Maritimes Kernpassatklima, Kernpassat-Wechselklima mit sommerlicher maritimer Randpassat-Witterung, Äquatoriales Passatkonvergenz-Klima, Maritimes Luvseiten-Passatklima, Maritimes Leeseiten-Passatklima, Monsunklima sowie Luvseiten-Monsunklima mit sommerlicher Stauniederschlagsperiode; das Subtropische Zonenklima mit den Klimatypen Kernpassat-Wechselklima mit winterlicher Zyklonal-Witterung und Kernpassat-Wechselklima mit winterlicher Luvseiten-Zyklonalwitterung) und das Außertropische Zonenklima (mit den Klimatypen Temperiertes Zyklonalklima, Subpolares Zyklonalklima, Polares Zyklonalklima, Monsunales Zyklonalklima, Luvseiten-Zyklonalklima und Leeseiten-Zyklonalklima). Zusätzlich wird noch ein Paraautochtones Plateauklima abgeteilt.

10.8 Hauptrichtungen der modernen Klimatologie

Die Klimatologie, die mit dem Bewusstwerden der massiven anthropogenen Eingriffe in das Klimasystem seit den 1970er Jahren eine Entwicklung ohnegleichen erfahren hat, ist in erster Linie auf die qualitative und quantitative Erforschung aller Teile des globalen Klimasystems gerichtet. Damit wird ermöglicht, die für Vergangenheit und Gegenwart analysierten globalen und regionalen Klimaschwankungen besser zu verstehen. Die ehrgeizigste und zugleich gesellschaftlich notwendige Zielstellung besteht in der bedingten Vorhersage künftiger Klimaänderungen und ihrer komplexen Auswirkungen. Das Attribut „bedingt" ist erforderlich, weil jede Klimavorhersage auf den Annahmen über die Antriebe des Klimasystems beruht, so über die weitere Entwicklung der CO_2-Emission. Ferner ist die Aufmerksamkeit auf die Analyse meso- und mikroklimatischer Strukturen im gegliederten Terrain der Festländer gerichtet, um zum einen die regionalen Ausprägungen globaler Änderungen zu erfassen und zum anderen die regionalen und lokalen Klimabesonderheiten umweltgerecht zu nutzen.

Zur Erreichung dieser Zielstellung haben sich methodische Schwerpunkte der Klimaforschung entwickelt, die miteinander verzahnt sind und sich zum Teil gegenseitig bedingen:

Zu nennen ist die **Diagnostizierung des Schwankungsspektrums** der Klimaelemente auf der Grundlage der vorliegenden Beobachtungen und Messungen sowie die Analyse der rezenten Klimaschwankungen auf globaler und regionaler Basis. Das Klimasystem-Monitoring-Projekt der WMO ist auf die Schaffung der erforderlichen Datenbasis gerichtet. Beeindruckende Fortschritte erzielte die Rekonstruktion der klimatischen Verhältnisse in der Erdgeschichte (Gegenstand der **Paläoklimatologie**) mit den Schlussfolgerungen für die möglichen Grundzustände des Klimasystems, die Bedingungen ihrer Wandlung sowie die Geschwindigkeit des Wechsels zwischen verschiedenen Klimazuständen.

Eine zentrale Aufgabe bildet die **Modellierung** des globalen und regionalen Klimas in allen Maßstabsbereichen. Die gekoppelten globalen Ozean-Atmosphäre-Modelle stellen die einzige Methode der Wahl für die Aufstellung von Klimaprognosen auf der Grundlage begründeter Szenarien im Zeitbereich der Größenordnung 10^2 Jahre sowie das Studium der **Auswirkungen von Klimaschwankungen** dar. Hier kommt es besonders darauf an, die horizontale und vertikale Auflösung der globalen Modelle zu erhöhen und die im Klimasystem für die jeweilige Modellierungsaufgabe wichtigen Prozesse möglichst gut zu erfassen.

Eine entscheidende Grundlage der Klimatologie ist in der **Gewinnung von Mess- und Beobachtungsdaten** sowohl auf der Grundlage der regulären Messnetze als auch im Rahmen spezieller Forschungsvorhaben zur Verbesserung der Kenntnisse über das Klimasystem zu suchen. Zu letzteren zählen das Weltklimaforschungsprogramm als Rahmen der globalen Klimaforschung sowie solche Vorhaben wie das abgeschlossene Weltozean-Zirkulationsexperiment (WOCE), das Globale Energie- und Wasserkreislauf-Experiment (GEWEX) und das Internationale Geosphäre-Biosphäre-Programm (IGBP) mit seinen vielfältigen Unterprogrammen sowie das Internationale Polarjahr 2007/2008. Ein besonderes Anliegen dieser Programme besteht darin, die Klimamodellierung zu verbessern.

Schließlich gehören dazu die Untersuchungen der **lokalen und regionalen Klimabesonderheiten** mit dem Ziel der Berücksichtigung der Erkenntnisse in der Landes- und Regionalplanung (s. Kapitel 12 und 14).

Ergänzende und weiterführende Ausführungen zum Inhalt dieses Kapitels findet man u. a. in Beniston (1998), Blüthgen und Weischet (1980) Brasseur (1997), Hartmann (1994), Hendl et al. (1988), Hendl (1997), Houghton et al. 2001, Hupfer (1991, 1996), Lange (2002), Peixoto und Oort (1992), Schönwiese (2003) und Weischet (1995).

11 Klimaschwankungen und ihre Wirkungen

11.1 Definition und Ursachen von Klimaschwankungen

Den Begriff der Klimaschwankung kann man im Zusammenhang mit der in den Abschnitten 1.2 und 10.1 gegebenen Klimadefinition erklären. Danach liegt eine Klimaschwankung bzw. Klimaänderung immer dann vor, wenn sich die statistischen Eigenschaften eines oder mehrerer Klimaelemente signifikant ändern. Zu Klimaschwankungen kommt es, wenn die äußeren Einflüsse auf das Klimasystem Änderungen unterliegen, und wenn sich Eigenschaften des Klimasystems selbst verändern. Klimatische Schwankungen können aber auch als Folge von Wechselwirkungen zwischen den Teilen des Klimasystems ohne äußere Einwirkungen entstehen. Da die statistischen Größen im Allgemeinen nur für größere Datenkollektive sinnvoll bestimmbar sind, können Klimaänderungen aus den Differenzen statistischer Eigenschaften in verschiedenen Zeitabschnitten berechnet werden. International wurden schon 1935 dreißigjährige „Normal"- oder Referenzperioden eingeführt. Es sei betont, dass es sich bei Klimaschwankungen auf keinen Fall nur um Veränderungen der Mittelwerte, sondern ebenso um entsprechende Veränderungen der Streuung, höherer statistischer Momente, Häufigkeitsverteilungen, der Extremwerte u. a. handelt. In direkten und indirekten Aufzeichnungen klimarelevanter Größen findet man ganz verschiedene Formen von Änderungen, die schematisch in Abb. 11.1 zusammengestellt sind. So kann man von Klimaschwankungen auch sprechen, wenn innerhalb einer betrachteten Periode der durch die Variabilität der Klimaelemente gekennzeichnete Prozess nicht stationär ist und sich die entscheidenden Prozessparameter mit der Zeit ändern. Mit welchen Konsequenzen Veränderungen des Mittelwertes und der Streuung (meist ausgedrückt durch die Standardabweichung) unter einer bestimmten Verteilungsfunktion (im einfachsten Fall Gaußsche Normalverteilung) oder bei gleichzeitiger Änderung beider Parameter verbunden sind, zeigt Abb. 11.2. Das einfache Schema macht deutlich, dass auch geringe Änderungen des Mittelwertes und der Streuung

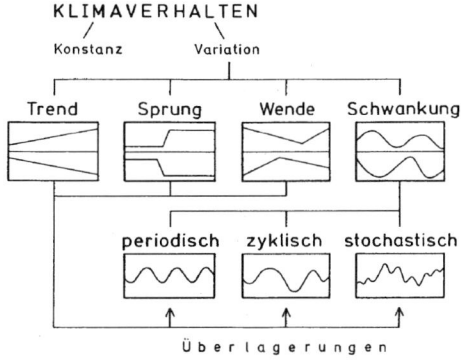

Abb. 11.1: Erscheinungsformen von Klimaschwankungen in Zeitreihen von Klimaelementen (nach Schönwiese 2002)

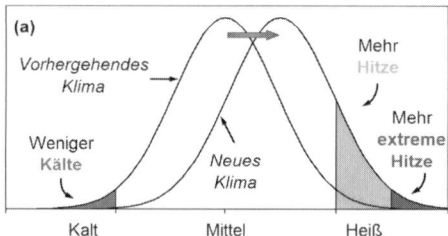

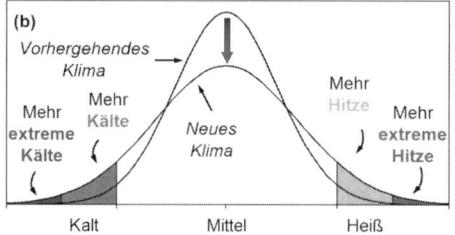

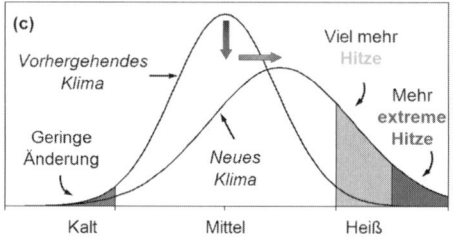

Abb. 11.2: Schematische Darstellung der Wirkung von Veränderungen der Verteilungsfunktion der Lufttemperatur wenn sich a) der Mittelwert, b) die Streuung und c) beide Parameter ändern (nach Folland und Karl 2001)

zu erheblichen Veränderungen der Extremwerte führen können.

Da regulär bestimmte **Klimadaten** für globale Betrachtungen erst seit ca. 150 Jahren, für einzelne Stationen auch schon mehr als 300 Jahre zurück vorliegen, muss man sich für die Diagnostik des Klimas und seiner Schwankungen in der vorinstrumentellen Periode und in der geologischen Vergangenheit Informationen verschiedener Art („**Proxydaten**") sowie mithilfe paläoklimatologischer Methoden rekonstruierter Klimadaten bedienen. Die Fortschritte der Paläoklimaforschung ermöglichen, dass die Grundzüge des Klimas, in bestimmten Fällen auch Einzelheiten, in den verschiedenen Phasen der Erdentwicklung ermittelt werden können.

Eine wichtige Ursache für Klimaschwankungen unterschiedlichen Maßstabes stellen Schwankungen der solaren Energiezustrahlung dar (Änderungen der Solarkonstante im Zusammenhang mit der veränderlichen **Solaraktivität**, strahlungsschwächender Einfluss interstellarer Materie, Änderungen der Parameter der Erdbahn um die Sonne, vgl. Abschnitt 10.4, Abb. 10.3). Eine weitere Ursache für relativ kurz andauernde Klimavariationen liegt im troposphärischen und vor allem im stratosphärischen **Aerosol** (Vulkaneruptionen, natürliche und anthropogene Quellen, vgl. Abschnitt 2.3.3.5 und 5.5). Starke Vulkaneruptionen können das Klima über mehrere Jahre beeinflussen (vgl. Abschnitt 10.4).

Von hervorragender Bedeutung für die Klimageschichte mit ihren zum Teil tiefgreifenden Wandlungen sind Änderungen der **strahlungsbedingten Antriebe** des Klimasystems. In Abb. 11.3 sind die seit etwa 1750 eingetretenen Veränderungen zu sehen, wobei jedoch quantitativ erhebliche Unsicherheiten bestehen. Von hervorragender Bedeutung sind die Schwankungen der **Zusammensetzung der Atmosphäre**, insbesondere durch die Wirkung auf den natürlichen Treibhauseffekt. Hier handelt es sich um mehrere Spurengase (vgl. Abschnitt 2.3.3 und 10.5.1), unter denen dem Kohlendioxid die größte Bedeutung zukommt. Daher ist meist

11.1 Definition und Ursachen von Klimaschwankungen

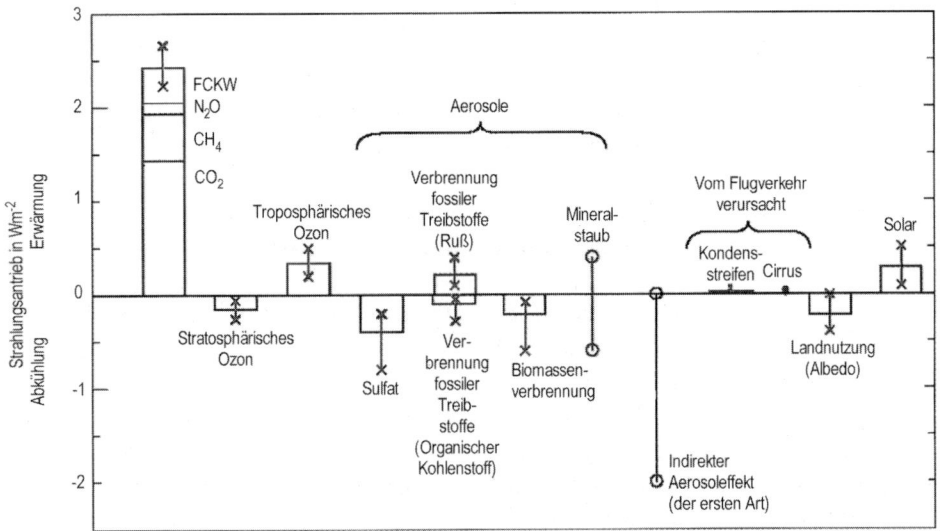

Abb. 11.3: Wirkung verschiedener Strahlungsantriebe des Klimasystems zwischen 1750 und 2000 (nach Houghton et al. 2001 aus Cubasch 2002)

nur von diesem Gas die Rede. In diesem und anderem Zusammenhang sind auch Änderungen der **Vegetation** mit Klimaschwankungen verbunden (Claussen 2003). Natürliche und anthropogene **Veränderungen der Erdoberfläche** ziehen zum Teil erhebliche Konsequenzen für das Klima nach sich.

Für die Entwicklung des Erdklimas in sehr langen Zeiträumen sind die **Kontinentalverschiebung** und die **gebirgsbildenden Prozesse** entscheidende Klimafaktoren.

Das Klimasystem ist aber auch ohne äußere Einflüsse fähig, eine Klimavariabilität zu erzeugen. Derartige **Autooszillationen** können mehrere Dezennien, für das gekoppelte System Ozean/Atmosphäre sogar über Perioden von Jahrhunderten und mehr andauern. Es gibt zahlreiche Eiszeittheorien oder -hypothesen, jedoch fehlt bisher eine verbindliche und in sich konsistente Theorie, die alle Fragen beantwortet.

Unter Nutzung schon länger bekannter Ergebnisse wird der Beginn der Prozesse, die zur Auslösung des **quartären Eiszeitalters** geführt haben, auf die Zeit vor etwa 15 bis 30 Mio. Jahren datiert (diese Zeitangaben variieren bei den verschiedenen Autoren sehr stark!). In dieser Zeit führten die Lage der tektonischen Platten und die vor sich gehenden Gebirgsbildungsvorgänge zum verstärkten Ausfall festen Niederschlages. Die Albedo-Eis-Rückkoppelung konnte wirksam werden und die Voraussetzungen für weitere Abkühlung und weitere Schnee- und Eisakkumulation erzeugen. Mit der Zeit kam es von den Polargebieten her zu einer weltweiten Abkühlung. Diese verstärkte sich mit dem Auftreten ausgedehnter Meereisflächen und ungünstigen Strahlungsverhältnissen (Erdbahnparameter, s. Abschnitt

10.4). Die Rückkoppelungen, die dabei eine Rolle spielen, sind vielfältig. Mit der Abkühlung verringert sich die Intensität des hydrologischen Zyklus. Das führte im Laufe der Zeit zu verschiedenen Veränderungen in der Natur, wodurch CO_2 gebunden und der Treibhauseffekt der Atmosphäre verringert wurde. Die zum Teil irreversible Kohlenstoffbindung in den sich abkühlenden Meeren und den trockener werdenden Festländern erwies sich als besonders wirksam für die Klimaumgestaltung. Die Klimaunterschiede wurden in meridionaler Richtung mit der Zeit immer ausgeprägter. Das konnte nicht ohne Folgen für die Zirkulation von Atmosphäre und Ozean bleiben. Auf der Nordhalbkugel bildeten sich weit verbreitete kontinentale Gletscher. Ihr Wachstum fand schließlich durch die infolge der geringen Niederschlagsbildung nicht mehr mögliche Ernährung sein Ende. Fortschreitende Vegetationslosigkeit und Austrocknung des Bodens veränderten die Albedo und führten zum Eintrag von Aerosolteilchen in die Atmosphäre. Wahrscheinlich bestand eine starke Verstaubung der Luft und der Eisflächen, was eine Erwärmung begünstigte. Die CO_2-Aufnahme durch Böden und Wasser wurde nach und nach weniger, die entsprechenden Flüsse des Gases änderten zum Teil ihr Vorzeichen. So wurden Rückkoppelungen im Klimasystem in Gang gesetzt, die eine Wiedererwärmung begünstigten. Der Temperaturabhängigkeit des ozeanischen Kohlenstoffhaushaltes kommt insgesamt eine Schlüsselrolle beim Entstehen und Vergehen von ausgedehnten Vereisungen zu. Selbst die zahlreichen kürzeren Klimavariationen mit zum Teil großer Amplitude innerhalb der jeweils das Klima bestimmenden Warm- und Kaltzeiten lassen sich durch zeitweilige Schwankungen im CO_2-Haushalt erklären (Seuffert 1993, vgl. Abb. 2.5). Der Übergang in eine Kaltzeit wird vor allem initiiert durch Schwankungen der Solarkonstanten und der Bahnparameter der Erde (Abb. 10.3).

Für die nächste Zukunft, d. h. im Rahmen eines Zeitmaßstabes von 10^2 Jahren, ist ein mit Erwärmung verbundener Klimawandel infolge des anthropogen verstärkten Treibhauseffektes der Atmosphäre wahrscheinlich. Für den Zeitbereich von 10^4 bis 10^5 Jahren dagegen kann der Übergang in eine neue Kaltzeit erwartet werden.

11.2 Warmzeiten und Eiszeitalter – Grundzustände des Klimasystems

Mit der Entwicklung der Erdatmosphäre (vgl. Abschnitt 2.3.1) begann im Präkambrium (vor über 500 Mio. Jahren, s. Tab. 11.1) die **Klimageschichte**. Für das älteste, das primordiale Klima, gibt es nur wenige Klimazeugen, wenn auch die Bildung der ältesten Sedimente auf die Zeit vor etwa 3,7 Mrd. Jahren und der ältesten Fossilien auf die Zeit vor etwa 3,35 Mrd. Jahren datiert werden kann. Die zeitliche Auflösung des Klimaablaufes bleibt in den frühen Abschnitten der Erdentwicklung sehr grob. Die umfangreichen und genauen paläoklimatologischen Verfahren gestatten es heute, für die gesamte Erdgeschichte einen Klimaüberblick zu geben. In Abb. 11.4 ist der vermutliche Klimaablauf vom Präkambrium bis zur Gegenwart anhand relativer Schwankungen der Lufttemperatur und des

11.2 Warmzeiten und Eiszeitalter – Grundzustände des Klimasystems

Tab. 11.1: Erdgeschichtliche Zeittafel (nach Eißmann und Hänsel 1991)

Äon	Ära	Periode		Epoche	Alter / 10^6 a Beginn v. h.
Phanerozoikum	Känozoikum	Quartär		Holozän	0,015
				Pleistozän	1,5
		Tertiär	Neogen	Pliozän	10
				Miozän	25
			Paläogen	Oligozän	37
				Eozän	58
				Paläozän	67
	Mesozoikum	Kreide		Obere K.	105
				Untere K.	137
		Jura		Malm	157
				Dogger	172
				Lias	195
		Trias		Keuper	205
				Muschelkalk	215
				Buntsandstein	225
	Paläozoikum	Perm		Zechstein	240
				Rotliegendes	285
		Karbon		Siles	325
				Dinant	350
		Devon		Oberes D.	359
				Mittleres D.	370
				Unteres D.	405
		Silur			440
		Ordovizium			500
		Kambrium		Oberes K.	515
				Mittleres K.	540
				Unteres K.	570
Riphäikum					1 250
Proterozoikum					2 000
Archaikum					2 870
Katarchaikum		Wahrscheinliches Alter / 10^9 a: Erdkruste 4,8 Erde 4,9 Sonnensystem 5,0			

Niederschlages dargestellt. Aus dem Bild kann die grundlegende Schlussfolgerung gezogen werden, dass das Klima insgesamt eine bemerkenswerte relative Konstanz aufgewiesen hat, da die Differenz der globalen mittleren Lufttemperatur zwischen Warm- und Kaltzeiten 10 bis 15 K kaum überschritten haben dürfte. Innerhalb des so gesteckten Rahmens gab es in allen Zeiten ausgeprägte Klimaänderungen, was sich in der Abfolge wärmerer und kühlerer sowie trockenerer und feuchterer Zeitabschnitte ausdrückt. Der relativ schnelle Wechsel zwischen den Grundzuständen weist auf den fast-intransitiven Charakter des Klimasystems hin (vgl. Abschnitt 10.3). Die Warmzeiten in der Klimageschichte überwogen bei weitem und können daher als das charakteristische Klima für den Planeten Erde angesehen werden. Aber mit dem Präkambrium beginnend wird das permanente Warmklima immer wieder durch das Auftreten von Zeitabschnitten mit kälterem Klima unterbrochen, die als **Eiszeitalter** bezeichnet werden (Abb. 11.4). Diese Klimaübergänge sind stets global oder zumindest hemisphärisch nachweisbar. Desgleichen kann man davon ausgehen, dass die Eiszeitalter der Erdgeschichte in ähnlicher Weise in eine Abfolge von Kalt- und Warmzeiten gegliedert waren wie es in der rezenten Periode, dem Quartär, der Fall ist. Die Eiszeitalter, die eine Alternative für den stabilen Klimazustand darstellen, sind im Vergleich zur Andauer der Warmzeiten kurz und wirken dadurch wie Störungen des allgemeinen Klimaablaufes.

Das **Warmzeitalter im Mesozoikum**, das sich bis in den mittleren Teil des Tertiärs erstreckt, ist mit ca. 160 Mio. Jahren Andauer bestimmend für das dem **Eiszeitalter des Quartärs** vorausgehende Klima. Dieses bereitet sich durch die im Tertiär langsam einsetzende Abkühlung vor. Schließlich erfolgt der Übergang des relativ einheitlichen Warmklimas zu einem für Eiszeital-

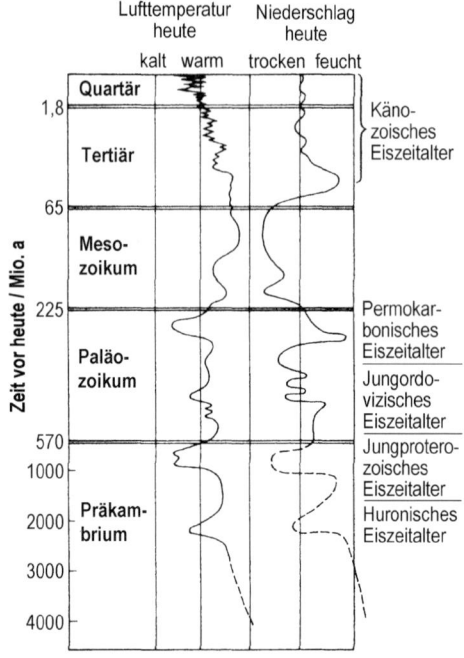

Abb. 11.4: Verlauf der relativen Abweichungen der Lufttemperatur und des Niederschlages für die gesamte Erdgeschichte (nach Frakes aus Eißmann und Hänsel 1991)

ter offenbar typischen oszillierenden Temperaturregime. Zeitabschnitte höheren und geringeren Niederschlages wechselten einander so ab, dass eine eindeutige Zuordnung zu den Temperaturanomalien anscheinend nicht gegeben ist. Wenn auch innerhalb der bisherigen Gesamtdauer des Quartärs von 1,5 bis 2 Mio. Jahren nur etwa 100000 Jahre (≥ 5 % der Zeit) durch starke und weitreichende Eisvorstöße mit entsprechender Abkühlung des Klimas gekennzeichnet waren, so bilden diese doch das bestimmende Merkmal im Quartär. Quartäre Klimaoszillationen sind zahlreich nachgewiesen worden. Nach für das heutige Mitteldeutschland erhobenen Befunden gab es mindestens sieben ausgeprägte Kaltzeiten mit einem tiefgreifenden Klimawechsel, wozu noch mehr als 20 Klimadepressionen niederen Ranges kommen.

11.3 Zur jüngsten Klimageschichte

Die Grundabfolge im jüngeren Teil des Pleistozäns, die hemisphärisch nachweisbar ist, kann wie folgt charakterisiert werden:

Die **Elster-Kaltzeit** (andere Bezeichnungen sind Mindel, Kansan) herrschte in der Zeit zwischen 440000 und 230000 Jahren vor heute (v. h.), d. h. sie hatte eine Dauer von 210000 Jahren. Die Jahresmitteltemperaturen in Mitteleuropa lagen zwischen ca. 3 °C und −7 °C. Innerhalb dieser Zeit kam es zu starken und ausgedehnten Vereisungen mit mehreren eingelagerten Erwärmungsphasen (Alz, Amper, Atter, Biber, Donau, Günz).

Es folgt die **Holstein-Warmzeit** (Mindel/Riss, Yarmouth) im Zeitraum von 230000 bis 200000 Jahren v. h. Diese relativ kurze Periode von 30000 Jahren Dauer war durch eine Jahresmitteltemperatur von etwa 11 °C in Mitteleuropa gekennzeichnet.

Die **Saale-Kaltzeit** (Riss, Illinoian) liegt zwischen 200000 und 130000 Jahren v. h. (Dauer 70000 Jahre). In diesem Vereisungsstadium, für das entsprechende Jahresmittelwerte der Lufttemperatur zwischen 3 °C und −8 °C angesetzt werden können, kam es wiederum zu starken, ausgedehnten Vereisungen, die allerdings durch mindestens zwei Erwärmungsphasen unterbrochen worden sind.

Die letzte Zeit wärmeren Klimas war die **Eem-Warmzeit** (Riss/Würm, Sangamon), die 35000 Jahre andauerte und zwischen 95000 und 130000 Jahre v. h. zeitlich zugeordnet werden kann. Die mitteleuropäische Jahresmitteltemperatur kann zu etwa 11 °C abgeschätzt werden. Es ist ein Ergebnis der Paläoklimaforschung, dass für diesen warmen Abschnitt ebenso wie für die angrenzenden Kaltzeiten abrupte und relativ kurz anhaltende Schwankungen nachgewiesen wurden (Abb. 11.5, Tab. 11.2), die unter der Bezeichnung Dansgaard-Oeschger-Zyklen bekannt geworden sind. Der Übergang zur jüngsten Kaltzeit beanspruchte etwa 3000 bis 4000 Jahre.

Die bisher letzte Eiszeit war die **Weichselkaltzeit** (Würm, Wisconsin) mit einer Gesamtdauer von 80000 Jahren zwischen 90000 und 10000 Jahren v. h. Wie in der Saale-Kaltzeit sind die Jahresmitteltemperaturen in Mitteleuropa bei 3 °C bis −8 °C anzunehmen. Diese vorerst letzte Kaltzeit ist ebenfalls durch starke Vereisungen und mindestens neun eingelagerte Erwärmungsperioden (Interstadiale) gekennzeichnet. Aus dieser Zeit sind viele Einzelheiten bekannt, die die Rekonstruktion des Klimas ermöglichen. Räumliche Verteilungen von Klimagrößen können dem „Atlas of Paleoclimates and Paleoenvironments of the Northern Hemisphere" von Frenzel et al. (1992) entnommen werden. Einen Gesamtüberblick vermittelt auch Ehlers (1998, 2001).

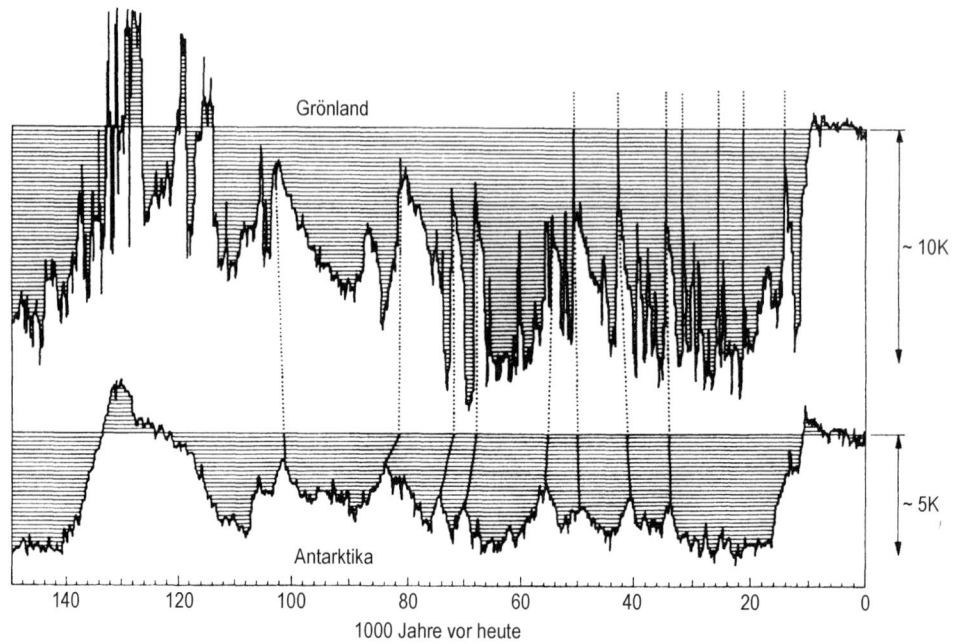

Abb. 11.5: Aus dem Isotopengehalt von Eisbohrkernen bestimmter relativer Temperaturverlauf der letzten 145000 Jahre (nach Jouzel et al. 1994, gekürzt aus Nicholls et al. 1996)

Aus Eiskernuntersuchungen (besonders Grönland) ist bekannt, dass die Warm- und Kaltzeiten keineswegs klimatisch homogene Zeitabschnitte waren. Wie Abb. 11.5 zeigt, ist der Temperaturverlauf durch Variationen mit unterschiedlicher Periode charakterisiert, die eine erhebliche Amplitude aufweisen. Diese Befunde, die mit ähnlichen Ergebnissen aus Sedimentbohrkernen des Nordatlantischen Ozeans korrelieren und somit anscheinend globalen Charakter besitzen, zeigen überzeugend die Existenz einer starken Klimavariabilität im Pleistozän (s. auch Tab. 11.2).

Die letzte Phase der Weichsel-Kaltzeit in Mitteleuropa kann auf den Zeitraum 20000 bis 18000 Jahre v. h. angesetzt werden. Es war eine Zeit maximaler Abkühlung, bei der die mittlere globale Lufttemperatur an der Erdoberfläche um etwa 5 K unter dem Wert für das gegenwärtige Klima liegend geschätzt wird. In den von der Vereisung betroffenen Gebieten war die mittlere Lufttemperatur wesentlich niedriger, so in Westeuropa etwa um 12 K, in Osteuropa sogar um mehr als 15 K. Die Verteilung der mittleren jährlichen Lufttemperaturabweichungen in diesem kalten Endstadium der Weichselkaltzeit zeigt die Darstellung in Abb. 11.6. Infolge des Eisvolumens und der niedrigen Ozeantemperaturen lag der Meeresspiegel damals 80 bis 130 m niedriger als heute.

Abb. 11.7 enthält den allerdings kritisch aufgenommenen Versuch, die nordhemisphärische Lufttemperaturentwicklung in Bodennähe für die letzten 1000 Jahre zu rekonstruieren. Bei der Be-

11.3 Zur jüngsten Klimageschichte

Tab. 11.2: Begriffe zur Paläoklimatologie der letzten 150000 Jahre (nach Folland und Karl 2001, verändert)

Begriff	Angaben zum Begriff
Holozän	~ 10000 J. v. h. bis jetzt
Maximale Erwärmung/Klimaoptimum	~ 4500 – 6000 J. v. h. (Europa), 10000 – 6000 J. v. h. (Südhemisphäre)
Letzter Eisrückgang	~ 18000 – 10000 J. v. h.
Zeit sehr schneller Enteisung am Ende des Pleistozäns (Termination 1)	~ 14000 J. v.h.
Jüngere Dryas	~ 12700 – 11500 J. v. h.
Antarktische Kälteumkehr	14000 – 13000 J. v. h.
Bölling-Alleröd Warmperiode	14500 – 13000 J. v. h. (Europa)
Letzter Vereisungszeitraum (Glazial)	~ 74000 – 14000 J. v. h.
Letztes glaziales Maximum	~ 25000 – 18000 J. v. h.
Letzter Interglazial-Höhepunkt	~ 124000 J. v. h.
Höhepunkt Eem-Warmzeit	~ 128000 – 118000 J. v. h.
Zeit sehr schneller Veränderung am Ende der Eem-Warmzeit (Termination 2)	~ 130000 J. v. h.
Heinrich-Ereignisse*)	Infolge arktischer Meereisausbrüche sich weit nach Süden ausdehnende kalte Ereignisse in der Zeit von ~ 7000 bis 10000 J. v. h.
Dansgaard-Oeschger-Ereignisse	Warm-Kalt-Oszillationen mit einer Dauer von 2000 bis 3000 Jahren
Bond-Zyklen	Quasi-Zyklus während der letzten Kaltzeit, deren Periode dem Abstand zweier aufeinanderfolgender Heinrich-Zyklen entspricht

*) Heinrich (1988)

urteilung ist zu beachten, dass die Darstellung insbesondere vor 1400 schwer abwägbare Unsicherheiten enthält und dass es sich um eine angenäherte hemisphärische Mittelung handelt. Die in der Kurve erkennbaren geringen Temperaturerhöhungen (Klimaoptima) und Erniedrigungen (Klimapessima) waren regional unterschiedlich ausgebildet. Die Darstellung macht aber vor allem deutlich, dass die Erwärmung im 20. Jahrhundert ein singuläres Ereignis gegen Ende des 2. Jahrtausends darstellt. In der Neuzeit war besonders die **„Kleine Eiszeit"** ein bemerkenswertes, jedoch stark differenziertes Klimapessimum. Dies war ein Abschnitt unterschiedlicher klimatologischer Charakteristika, das seit Mitte des 16. Jahrhunderts voll entfaltet war

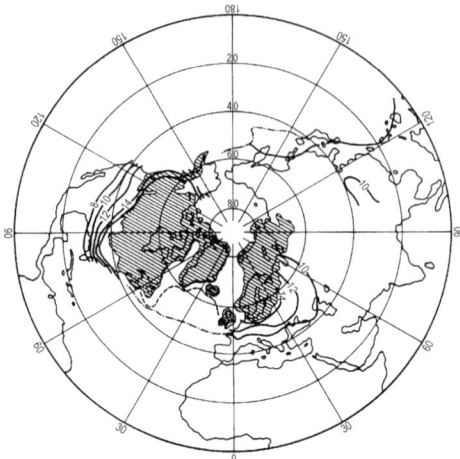

Abb. 11.6: Ausdehnung der Vereisung und Abweichungen der mittleren jährlichen Lufttemperatur von den gegenwärtigen Werten in K zur Zeit der maximalen Abkühlung vor etwa 20000 bis 18000 Jahren vor heute. Schraffiert: Eisschilde, gestrichelte (strichpunktierte) Linie: Meereisgrenze im Sommer (im Winter) (nach Frenzel et al. 1992, vereinfacht)

zeichnete sich durch strenge Winter in verschiedenen Teilabschnitten und zeitweise auch durch kühle Sommer aus. Starke Vulkanausbrüche beeinflussten das Klima, so der Ausbruch des Tambora 1815 mit dem darauf folgenden „Jahr ohne Sommer" 1816 in vielen Teilen der Welt. Für die Beurteilung der gegenwärtigen Klimaentwicklung ist es von Bedeutung, dass der kühlste Klimaabschnitt (in Mitteleuropa etwa 1 bis 2 K unter den gegenwärtigen Werten) des 2. Jahrtausends noch die zweite Hälfte des 19. Jahrhunderts wesentlich beeinflusste. Die Verschlechterung des Klimas in der Kleinen Eiszeit war von verschiedenen Folgen begleitet. Ein markantes Zeichen in der Natur waren die sich ausbreitenden Gebirgsgletscher, die in den Schweizer Alpen um 1850 ihr Maximum erreichten (vgl. Abschnitt 11.6.2). Der Einfluss des Menschen auf das Klima war bis zum Beginn der breiten Industrialisierung gering. Es

und bis in die zweite Hälfte des 19. Jahrhunderts reichte. Die Kleine Eiszeit

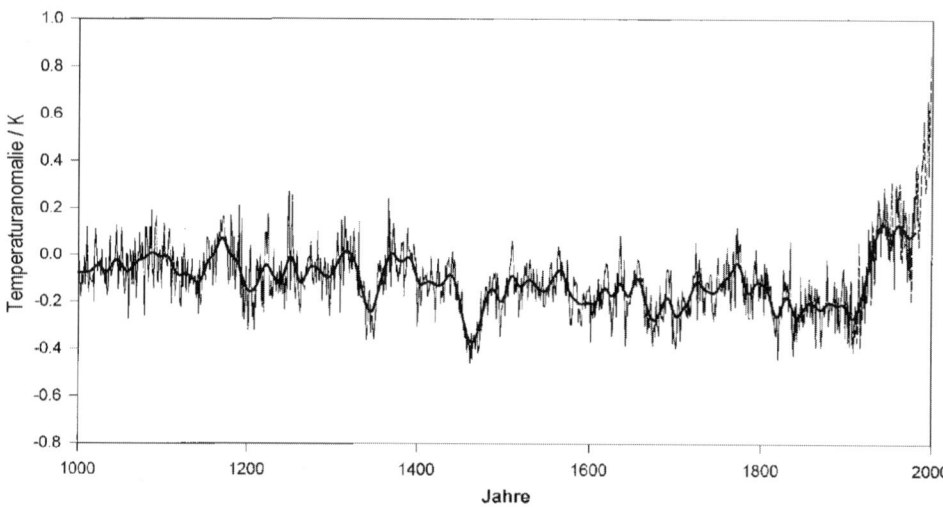

Abb. 11.7: Annähernd rekonstruierte Anomalien der bodennahen Lufttemperatur der Nordhemisphäre seit dem Jahr 1000. Dick: geglättete Kurve, gestrichelt: beobachtete Werte (nach Mann et al. 1999)

wurde zusammen mit dem natürlichen Übergang in eine wärmere Klimaphase immer stärker. Der Abb. 11.7 ist auch zu entnehmen, dass die rezente Erwärmung einen leicht abnehmenden Temperaturtrend im 2. Jahrtausend aufhebt.

11.4 Klimaschwankungen des 19. und 20. Jahrhunderts

Relativ zuverlässige globale Mittelwerte der bodennahen Lufttemperatur bzw. deren Anomalien stehen auf der Grundlage von Messungen seit etwa der Mitte des 19. Jahrhunderts für die Analyse der Schwankungen des globalen Klimas zur Verfügung.

Die langen Reihen der globalen oder hemisphärischen Lufttemperatur liegen ausschließlich in Form von **Anomalien** vor, die auf eine bestimmte Referenzperiode bezogen sind. Die für die Zusammenstellung solcher Reihen erforderlichen Daten sind häufig inhomogen und unterschiedlicher Art (z. B. Stationsmessungen oder nach Ort und Zeit variable Messungen auf See). Dazu kommen regional ganz unterschiedliche Messwertdichten, die besondere Interpolationsverfahren verlangen. Bei den umfangreichen Untersuchungen zur Aufstellung langer Reihen der bodennahen Lufttemperatur hat sich herausgestellt, dass die Bildung und Mittelung von Anomalien genauere Werte ergibt als die Beibehaltung von Absolutwerten. Details können der Arbeit von Jones et al. (1999) entnommen werden. Für die überwiegend verwendete Referenzperiode 1961/90 beträgt danach der globale Mittelwert 14,0 °C, der für die mehr mit Land bedeckte Nordhalb-

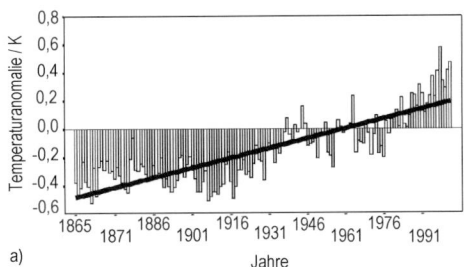

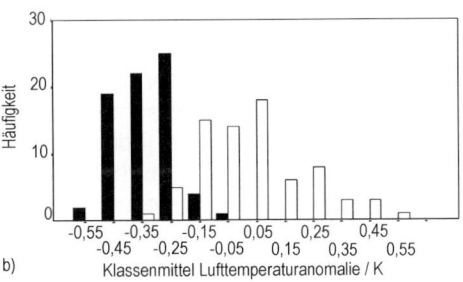

Abb. 11.8: (a) Auf die Referenzperiode 1961/90 bezogene jährliche Anomalien der global gemittelten bodennahen Lufttemperatur von 1865 bis 2002. 2003: 0,48 K, 2004: 0,46 K. Daten nach Jones et al. (2003), ergänzt.
(b) Häufigkeitsverteilungen der globalen Lufttemperaturanomalien 1865–2002. Schwarz: 1865/1928, N = 73; weiß: 1929–2002, N = 74. Klassenbreite 0,1 K (vgl. Abb. 11.2)

kugel 14,6 °C und der für die Südhalbkugel 13,4 °C.

Die in Abb. 11.8a dargestellte Entwicklung der auf den Zeitraum 1961–1990 bezogenen Anomalien der Jahreswerte der globalen Lufttemperatur in Oberflächennähe für die Zeit von 1856 bis 2002 kann als in den wesentlichen Zügen real angesehen werden. Die Abweichungen vom Mittelwert des Zeitraums 1961–1990 weisen bis in die zweite Hälfte der 1930er Jahre ausschließlich negative Abweichungen bis zu maximal einem halben Grad auf (nur 1879 wurde das mittlere Niveau der Referenzperiode knapp erreicht). In diesem „global kalten" Abschnitt schwankte die globale Mitteltemperatur erheblich. Nach Beginn des 20. Jahrhunderts nehmen die negativen Anomalien ab. Das Jahr 1938 hatte erstmals eine positive Abweichung vom gewählten Mittelwert. In der ersten Hälfte der 1940iger Jahre kulminierte die vielfach nachgewiesene erste Erwärmung im 20. Jahrhundert, die hauptsächlich unter dem Stichwort „**Erwärmung der Arktis**" bekannt wurde (maximale positive Anomalie 0,18 K für 1944). Zwischen Ende der 1940er und den 1970er Jahren herrschten unterschiedliche, überwiegend jedoch negative Abweichungen vor. Ab 1979 traten bis zum Ende der Darstellung (2002) ausschließlich positive Anomalien auf, die jedoch unterschiedliche Beträge hatten. Mit einer Temperaturabweichung von 0,58 K war das Jahr 1998 das bisher wärmste Jahr. Die Änderungsbeträge dieser aus einer starken Datenkomprimierung errechneten Weltmitteltemperatur können nur relativ gering sein, so dass die im dargestellten Zeitraum eingetretene Erwärmung von 0,7 K bis 0,8 K (davon 0,3 K bis 0,4 K seit etwa 1960) beachtlich ist. Die Teilzeiträume 1856–1928 und 1929–2002 unterscheiden sich statistisch signifikant voneinander (Abb. 11.8b). Die Häufigkeitsverteilungen der beiden Teilzeiträume überlappen sich nur in einem relativ kleinen Anomaliebereich. Die maßgeblichen statistischen Eigenschaften unterstreichen das:

	1856/1928	1929/2002
Mittelwert	−0,33	0,03
Standardabweichung	0,10	0,19
Schiefe	0,16	0,67
Exzess	−0,37	0,28

Damit sind alle Bedingungen für eine klimatische Änderung erfüllt. In Abb. 11.9 sind die monatlichen Anomalien der mittleren globalen Lufttemperatur für den Zeitraum 1988 bis Mai 2003 dargestellt. Von wenigen geringfügigen Ausnahmen abgesehen, lag die Temperatur in jedem Monat über der der Referenzperiode. Das zeigt, dass die vor sich gehende Klimaänderung nicht auf einzelne besonders hohe anomale Werte zurückgeht, sondern dass es sich bei aller Variabilität um einen kontinuierlich verlaufenden Erwärmungsprozess handelt.

Umfangreiche Untersuchungen am gesamten vorliegenden Datenmaterial lassen die Schlussfolgerung zu, dass es unwahrscheinlich ist, dass der in den globalen Mitteltemperaturen beobachtete Trend seine Ursache ausschließlich in Naturprozessen hat. Vielmehr muss davon ausgegangen werden, dass die Anreicherung der Atmosphäre mit Treibhausgasen und Sulfataerosol zu den wesentlichen Ursachen für die eingetretenen Änderungen gehören (Houghton et al. 1996, 2001).

Für eine Verstärkung des Treibhauseffektes spricht auch die **Temperaturentwicklung in der freien Atmosphäre**, für die jedoch nur viel kürzere Beobachtungsreihen vorliegen. Es zeigt sich seit den 1970er Jahren eine leichte tendenzielle Erwärmung der Troposphäre, die auf der Nordhalbkugel und besonders in den Tropen stärker ausgebildet ist. Demgegenüber weist die Temperatur in der unteren Stratosphäre eine deutliche Tendenz der Abnahme auf (Abb. 11.10).

Die **räumliche Verteilung der Temperaturänderung** der letzten ca. 100 Jahre an der Erdoberfläche ist dadurch gekennzeichnet, dass die stärkste Er-

11.4 Klimaschwankungen des 19. und 20. Jahrhunderts

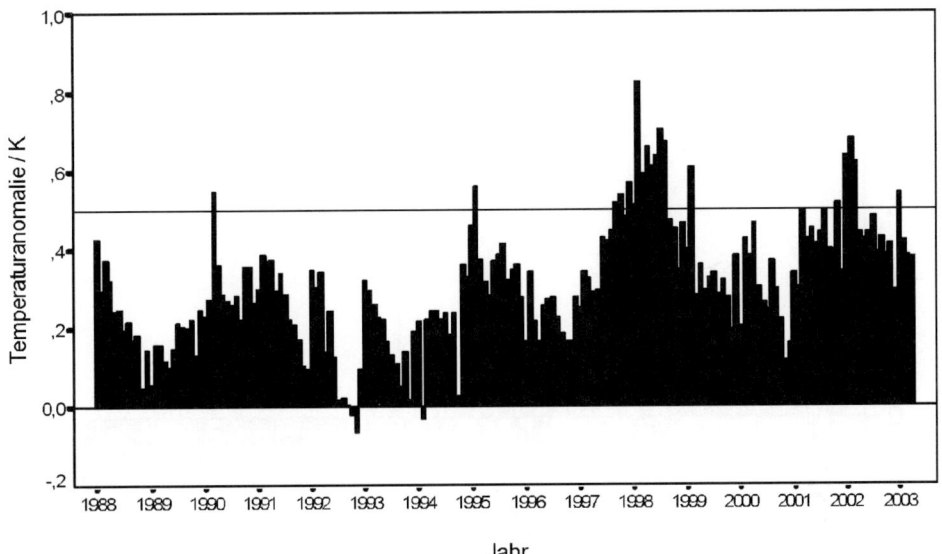

Abb. 11.9: Monatliche Anomalien der global gemittelten bodennahen Lufttemperatur, bezogen auf 1961/90. Bis Juni 2005 traten keine negativen Werte auf. Daten aus Climate Diagnostics Bulletin, fortlaufend aktualisiert

wärmung über den Kontinenten der Nordhalbkugel zwischen 40° und 70° Breite erfolgt ist. Die Erwärmung ist nicht gleichmäßig, es treten auch Abkühlungsgebiete auf. Die Änderungen sind im Winter stärker ausgeprägt als im Sommer. Im Allgemeinen nehmen die Beträge der Änderung mit der Breite zu. Eine entsprechende räumliche Inhomogenität der Temperaturänderung wird auch von den Klimamodellen vorhergesagt (vgl. Abschnitt 11.5). Zur Verteilung der Temperaturänderungen s. Houghton et al. (2001), auch Werner et al. (2000), und zur Verknüpfung der räumlichen und zeitlichen Änderungen Gerstengarbe et al. (2003).

An den dargestellten Entwicklungen hat die **Zunahme der täglichen Minima** der Lufttemperatur über den Landgebieten mehr Anteil als der Anstieg der Maxima (Easterling et al. 1998). Die damit gegebene Abnahme der Tagesamplitude steht mit einer Zunahme des Bedeckungsgrades in den betroffenen Gebieten in Übereinstimmung. Eine weitere Besonderheit findet man in den Tropen in der **Zunahme des troposphärischen Wasserdampfgehaltes**

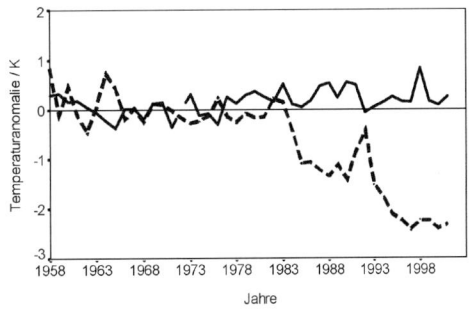

Abb. 11.10: Mittlere globale Lufttemperaturanomalien (Bezugsperiode 1958–1977) für die Schicht 850 bis 300 hPa (ca. 1,5 bis 9 km, ausgezogene Kurve) und 100 bis 50 hPa (ca. 16 bis 20 km, gestrichelte Kurve) von 1958 bis 2001. 2002: 0,40 (–1,49); 2003: 0,38 (–1,56); 2004: 0,40 (–1,59) (nach Angell 2003)

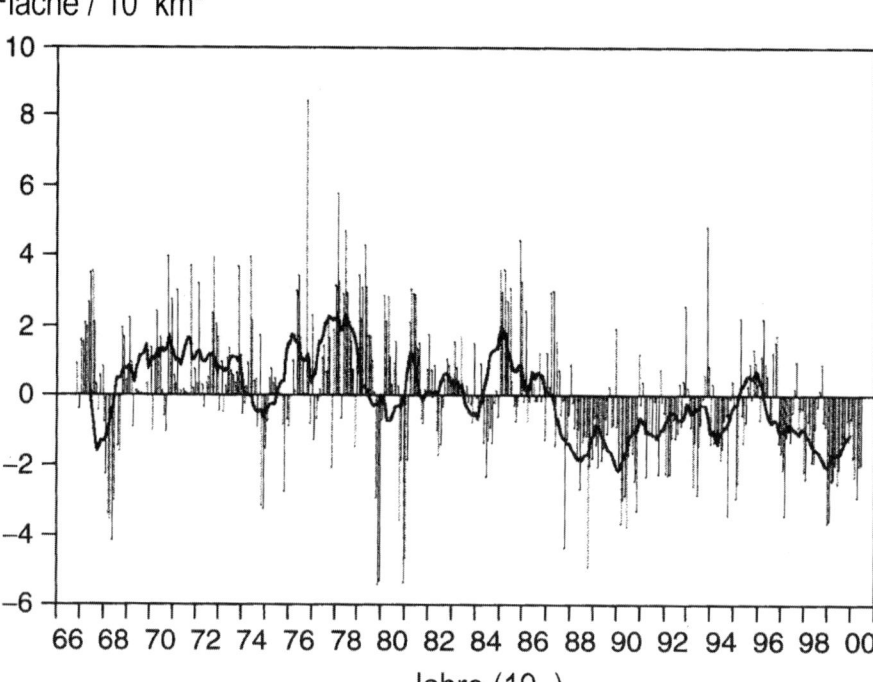

Abb. 11.11: Ausdehnung der Schneeflächen über den Landgebieten der Nordhemisphäre (einschl. Grönland) von November 1966 bis Mai 2000. Fett: zwölfmonatlich übergreifend gemittelte Kurve (extrapoliert). Für den dargestellten Zeitraum beträgt der Mittelwert der Schneefläche $25{,}2 \cdot 10^6$ km^2 (aus Folland und Karl 2001)

seit den letzten Jahrzehnten, was mit einer Temperaturzunahme in der tropischen und äquatorialen Troposphäre korrespondiert. Als Ursache dafür kann die als Folge gestiegener Oberflächenwassertemperaturen des Ozeans vergrößerte Verdunstung angesehen werden. Das führt wiederum zur Verstärkung des mittleren meridionalen Temperaturgradienten, was Zirkulationsschwankungen nach sich zieht. Eine dritte Auffälligkeit besteht darin, dass es besonders in den nordpolaren Gebieten des Nordatlantischen Ozeans zwischen dem Ende der 1960er und Anfang der 1980er Jahre keine Erwärmung, sondern sogar eine **Abkühlung**, besonders im Herbst und Winter, gegeben hat. Als Ursache dafür kann das Zusammenwirken von Atmosphäre, Ozean und Kryosphäre, das zu einer Verringerung der thermohalinen Konvektion im Ozean führte (vgl. Abschnitt 10.5.2) angesehen werden. Dessen ungeachtet zeigen die monatlichen Schneedeckenwerte für die Landgebiete der Nordhemisphäre seit den 1980er Jahren eine abnehmende Tendenz (Abb. 11.11). Es kann somit festgestellt werden, dass die Struktur der rezenten Klimaveränderungen durch räumliche und zeitliche Inhomogenitäten gekennzeichnet ist.

Globale Zusammenfassungen der

11.4 Klimaschwankungen des 19. und 20. Jahrhunderts

langzeitlichen Verläufe von **Niederschlag und Verdunstung** weisen darauf hin, dass beide Größen im Fall der globalen Temperaturzunahme ebenfalls zunehmen. Das legt die Annahme nahe, dass sich der Wasserkreislauf mit zunehmender globaler Erwärmung intensiviert. Auswertungen der Niederschlagsverteilung auf der Nordhalbkugel zeigen, dass die Jahreswerte im südlichen Teil (5° bis 35° N) etwa seit Mitte des 20. Jahrhunderts abnahmen und im nördlichen Teil (35° bis 70° N) über den Kontinenten korrespondierend dazu zunahmen. Jedoch gibt es auch hier erhebliche räumliche Unterschiede. Eine Zusammenfassung der bisherigen Befunde zu den beobachteten groß-

Atmosphäre 	- Temperatur der unteren Stratosphäre: –0,2 K bis –0,5 K seit 1979 - Obere Troposphäre wenig Änderung - Untere Troposphäre +0,2 bis +0,4 K seit 1990 - Obere Troposphäre ohne globalen e-Trend seit 1980 - 16 % e-Anstieg in den Tropen - +2 % Bedeckungsgrad über Land im 20. Jh. - +2 % Bedeckungsgrad über den Ozeanen seit 1992 - keine signifikante Änderung der Stürme in den Außertropen
Landoberflächen 	- Globale Lufttemperatur +0,4 bis +0,8 K seit 19. Jh. - Ausdehnung Schneedecke –10 % bez. 1966/86 - Verbreiteter Rückgang der Gebirgsgletscher - Stärkere Zunahme der T-minima als der -maxima - Verkürzung der Eissaison in Flüssen und Seen - Abnahme der Zahl der Frosttage und Zunahme der Zahl der Sommertage
Ozean 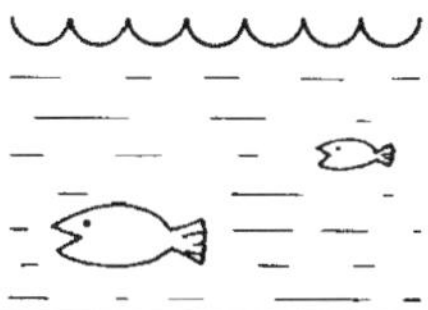	- Lufttemperaturzunahme um 0,4 bis 0,8 K seit 19. Jh. - SST-Zunahme um 0,4 bis 0,8 K seit 19. Jh. - Deckschicht (0 bis 300 m) +0,04 K / Dezennium - Rückgang der Stärke und Ausdehnung des Meereises - Häufigkeit tropischer Wirbelstürme unverändert
Wasserkreislauf 	- Beschleunigung des Wasserkreislaufes - e-Anstieg am Boden der Nordhalbkugel - Niederschlagszunahme im 20. Jh. um 5 % bis 10 % in mittleren Breiten und um 2 % bis 4 % in niederen Breiten - Zunahme der Starkniederschlagsereignisse

Abb. 11.12: Zusammenfassung beobachteter klimatischer Schwankungen
(SST = Oberflächenwassertemperatur, e = Dampfdruck) (nach verschiedenen Quellen)

Tab. 11.3: Relative Häufigkeit verschieden temperierter Großwetterlagen im Sommer (JJA) und Winter (DJF) in Prozent für die Station Potsdam (nach Schubert und Hupfer 1992)

Periode	Sommerwarm	Sommerkühl	Wintermild	Winterkalt
1901/30	31,6	51,0	39,3	27,1
1931/60	40,4	49,3	35,8	33,3
1961/90	46,7	42,3	43,1	31,2
1901/90	Zunahme	Abnahme	Zunahme	Indifferent

räumigen klimatischen Trends gibt Abb. 11.12.

Die Ungleichheit der Temperaturänderungen im großräumigen Maßstab ist mit **Schwankungen der allgemeinen Zirkulation** der Atmosphäre verbunden. Im regionalen Maßstab ziehen Zirkulationsschwankungen den größten Teil der beobachteten Klimaänderungen nach sich. Als Beispiel seien die beobachteten Veränderungen der Zonalzirkulation, ausgedrückt durch die Nordatlantische Oszillation (NAO) im Winter in den mittleren und höheren Breiten der Nordhalbkugel genannt (Abb. 7.12). Damit gehen Veränderungen der Zahl der Tiefs mit einem Kerndruck ≤ 950 hPa einher, die bspw. vom Zeitraum 1951/70 zu 1971/90 auf mehr als das Doppelte angestiegen waren. Die klimatische Wirkung der Zirkulationsvariationen zeigt Abb. 10.16 mit dem Korrelationsfeld zwischen der Wintertemperatur in Potsdam und dem Luftdruckfeld. Je niedriger der Luftdruck im Norden und je höher er im Süden ist (gesteigerte Zonalzirkulation), desto milder fallen die Januartemperaturen in Potsdam aus. Für den Zeitraum von 1780 bis 1995 fanden Beck et al. (2001) Details des Zusammenhanges zwischen dem großräumigen Luftdruckfeld und dem Lufttemperatur- sowie Niederschlagsgeschehen zahlreicher Stationen in Mitteleuropa.

Den variablen Transport von Luftmassen unterschiedlicher Eigenschaften verdeutlicht der Verlauf der Häufigkeit des Großwettertyps West (Abb. 11.13) im Sommer und Winter (s. auch Abschnitt 7.6, Tab. 7.5). Man erkennt nicht nur die unterschiedlichen Verhältnisse im Sommer und Winter, sondern auch die längerperiodischen Schwankungen,

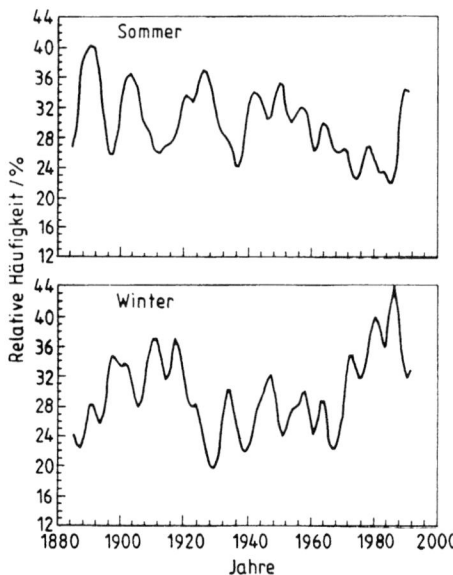

Abb. 11.13: Beispiele für die zehnjährig tiefpassgefilterten Änderungen der relativen Häufigkeit des Großwettertyps West im Sommer (nach Schubert 1994)

11.4 Klimaschwankungen des 19. und 20. Jahrhunderts

die mit den Klimafluktuationen in direkter Beziehung stehen.

Jacobeit und Dünkeloh (2003) untersuchten für das Winterhalbjahr den Zusammenhang zwischen Luftdruckfeld und den sehr variablen Niederschlägen im Mittelmeerraum und konnten die dort beobachteten Trends in der zweiten Hälfte des 20. Jahrhunderts auf korrespondierende Zirkulationsschwankungen zurückführen.

Dem entsprechen die berechneten Änderungen der Häufigkeit im Auftreten der Großwetterlagen, die infolge der Advektion unterschiedlicher Luftmassen zur Erwärmung oder Abkühlung in einem Gebiet beitragen (Tab. 11.3).

Unter diesem Aspekt sind die klimatischen Schwankungen zu beurteilen, die an einer Station oder in einem Gebiet nachgewiesen worden sind.

Im **europäischen Raum** sind in den letzten ca. 100 Jahren Klimaschwankungen überwiegend im Sinne einer Erwärmung beobachtet worden. Die eingetretenen Änderungen variieren allerdings erheblich nach Jahreszeit und Lage. Die ausgeprägteste Erwärmung ist zwischen 1891 und 1990 für die Jahresmittelwerte mit einem linearen Trendwert von ≥ 1,5 K im westrussischen Raum eingetreten (Abb. 11.14). Mehr als 1 K Erwärmung wurde auch im Bereich der Iberischen Halbinsel festgestellt. In den übrigen Gebieten lagen die Erwärmungsbeträge um 0,5 K, während in Polen und benachbarten Ländern eine Abkühlung bzw. ein Gleichbleiben der Temperatur auftrat. Die unmittelbaren Ursachen für räumlich so unterschiedliche Temperaturänderungen dürften in den gleichzeitig eingetretenen Änderungen der allgemeinen Zirkulation zu suchen sein. Mit der Temperaturänderungsstruktur ist

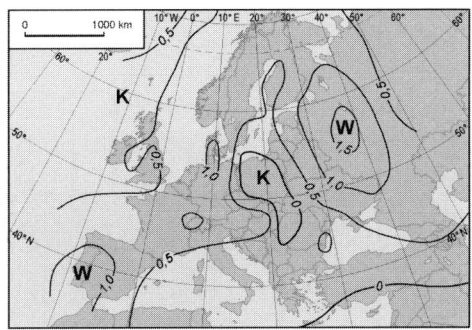

Abb. 11.14: Trendverteilung der Jahresmittelwerte der Lufttemperatur in K für den Zeitraum 1891–1990 in Europa. W = wärmer, K = kälter (nach Schönwiese et al. 1997)

die entsprechende Verteilung der Niederschlagstrendwerte in einigen Zügen verbunden (Abb. 11.15). So tritt das für die Nordhalbkugel typische Änderungsmuster mit einer Zunahme der mittleren jährlichen Niederschlagshöhen im Norden und einer Abnahme im Süden auf, wobei der Grenzbereich allerdings sehr unregelmäßig verläuft. Die Temperaturtrendwerte für die Winter- (Dezember bis Februar) und Sommermonate (Juni bis August) lassen den Schluss zu, dass die im Jahreswert hervortretende Erwärmung über Russland fast ausschließlich den winterlichen Verhältnissen mit Spitzenwerten

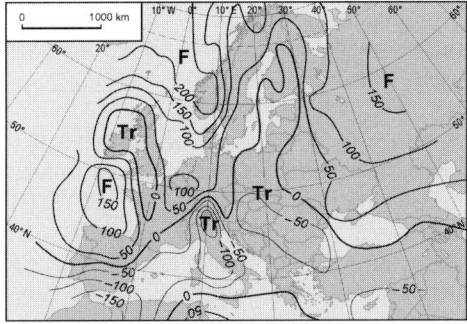

Abb. 11.15: Trendverteilung der Jahresmittelwerte der Niederschlagshöhe in mm für den Zeitraum 1891–1990 in Europa. Tr = trockener, F = feuchter (nach Schönwiese et al. 1997)

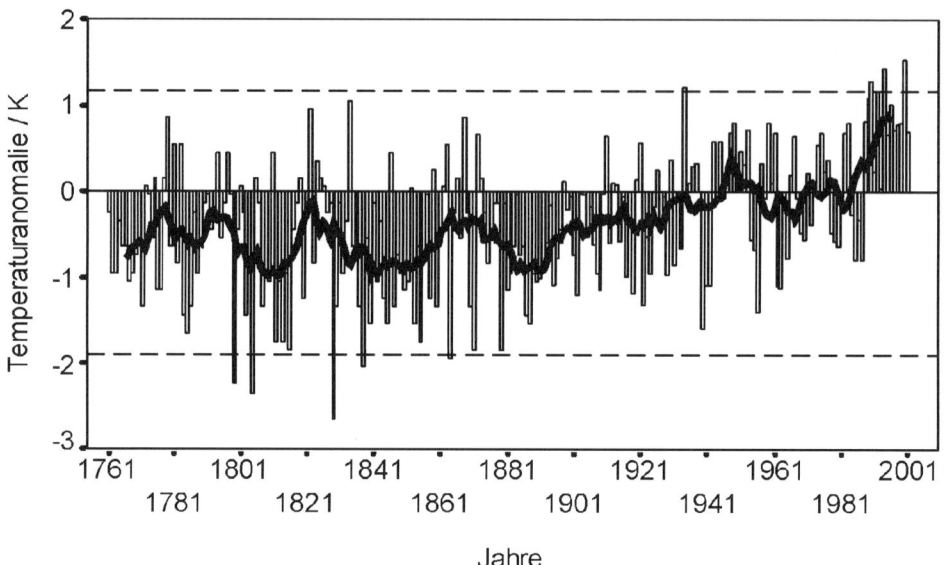

Abb. 11.16: Gebietsmittel der bodennahen Lufttemperaturanomalien für Deutschland im Zeitraum 1761–2001, bezogen auf 1961/90). 2002: 1,4; 2003: 1,2; 2004: 0,8 (Daten nach Rapp und Schönwiese 1995, ergänzt)

von 2,5 K / 100 Jahre zuzuschreiben ist. Im Ostseeraum und im nördlichen Skandinavien wurde in dieser Jahreszeit eine Abkühlung mit Werten > 1 K festgestellt. Diese Befunde deuten darauf hin, dass während dieses Zeitraumes häufiger milde Luftmassen im Winter bis tief in den Kontinent vorgedrungen sind. Im Sommer sind die Temperaturänderungen dem Betrag nach geringer als im Winter, wobei aber auch maximale Werte ≥ 1 K vorkommen.

In Abb. 11.16 ist ein Gebietsmittel der Jahresmitteltemperatur für **Deutschland** (in den heutigen Grenzen) seit 1761 dargestellt. Man erkennt eine für das Übergangsgebiet zwischen maritimen und kontinentalen Verhältnissen typische, hohe zwischenjährliche Variabilität, wobei die nicht regelmäßig verteilten Minima auf die episodischen Strengwinter zurückzuführen sind. In den letzten Jahrzehnten besteht die Tendenz häufiger positiver Anomalien, wobei jedoch beachtet werden muss, dass auch im 18. und 19. Jahrhundert warme Jahre das Bild mit bestimmten. Das bisher wärmste Jahr in der Deutschland-Reihe war 2000 mit einem Anomaliewert von 1,55 K. In Tab. 11.4 sind die Trendwerte für verschiedene Perioden für die Gebietsmittel der Lufttemperatur und des Niederschlages in Deutschland verzeichnet. Es ist jedoch zu beachten, dass die Werte nicht für einzelne Gebiete Gültigkeit haben. Einzelheiten zur Klimavariabilität in Deutschland können dem Nationalatlas (Kappes et al. 2003) entnommen werden.

Die Erwärmungstendenz führte generell dazu, dass in den rezenten Jahrzehnten die milden Winter häufiger, die strengen dagegen weniger häufig aufgetreten sind. Der Klimacharakter

11.4 Klimaschwankungen des 19. und 20. Jahrhunderts

Tab. 11.4: Lufttempertur- und Niederschlagstrends für Deutschland in verschiedenen Perioden (nach Rapp 2000, Schönwiese 2003a)

Klimaelement	Periode	Frühjahr	Sommer	Herbst	Winter	Jahr
Lufttemperatur-Trends in K/Periode	1891–1990	+0,6	+0,7	+1,2	+0,8	+0,8
	1961–1990	+0,8	+0,4	0	+10,7	+0,7
	1981–2000	+1,3	+0,7	–0,1	+2,3	+1,1
Niederschlags-Trends in %/Periode	1801–1990	+11	0	+16	+19	+9
	1961–1990	–9	–9	+10	+20	+3
	1981–1990	+13	+4	+17	+34	+16

selbst wechselte zwischen mehr maritimen und mehr kontinentalen Zügen. Die aus der Differenz zwischen wärmstem Monat und kältestem Monat eines Jahres gebildete Größe der thermischen Kontinentalität zeigt in ihrem Verlauf für Mitteleuropa, dass vor 1850 kontinentale Verhältnisse mit der Tendenz zu kalten Wintern vorherrschten, allerdings unter erheblichen Schwankungen von Jahr zu Jahr. Im Zusammenhang mit der auch dieses Gebiet erfassenden Erwärmung kam es danach zu einer maritimen Phase der Klimaentwicklung (häufigere milde Winter). Nach einem Minimum um 1920 stieg die Kontinentalität zunächst wieder an (warme Sommer und mehrere kalte Winter), um in den letzten Jahrzehnten tendenziell wieder abzunehmen bzw. mittlere Werte anzunehmen (häufige milde Winter, warme Sommer).

Für große Teile Europas ist die eingetretene **Milderung der Winter** die bedeutendste klimatische Änderung, die seit Vorliegen von Beobachtungen nachzuweisen ist. Die mittlere winterliche Kältesumme (Betrag der Summe der negativen Tagesmittel der Lufttemperatur für November bis März) ist in Berlin seit Mitte des 19. Jahrhunderts zurückgegangen. Zur Unterdrückung der starken Fluktuationen von Winter zu Winter sind in Abb. 11.17 die Abweichungen von Dezennienmittelwerten vom Mittelwert 1971/2000 dargestellt. Dieser Befund gibt das Wesen der rezenten Klimaänderungen gut wieder: Klimaschwankungen vollziehen sich durch Änderungen der Häufigkeitsverteilungen der Klimaelemente, was das Auftreten extremer Ereignisse in jedem Zeitabschnitt einschließt. So können unter den Bedingungen einer tendenziellen Wintererwärmung durchaus auch extrem strenge Winter vorkommen. Im Berliner Raum sind sechs sehr milde Winter nach 1960 eingetreten, aber ähnliche Dichten sehr milder Winter wurden auch schon in der zweiten Hälfte des 19. Jahrhunderts beobachtet. Der letzte extrem strenge Winter im Berlin-Brandenburger Raum wurde

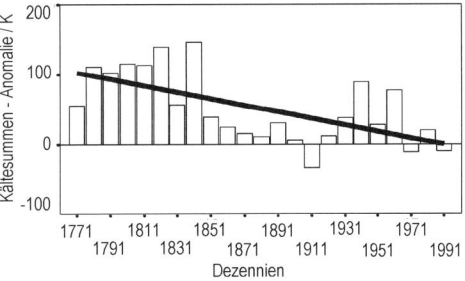

Abb. 11.17: Dezennienmittel der Kältesummen für Berlin. Kältesumme = Summe der negativen Tagesmittel der Lufttemperatur in °C zwischen November und März eines Winters. Bezugsperiode 1771/2000

1946/47 registriert. Hinsichtlich der klimatischen Entwicklung im Sommer ist für dieses Gebiet die Zunahme der Zahl der sehr warmen Sommer in den letzten Jahrzehnten sowie der Rückgang der sehr kühlen Sommer hervorstechend (Chmielewski 2003). Weitere Änderungen betreffen u. a. die Zunahme der mittleren täglichen Extreme der Lufttemperatur. Entsprechend erhöhte sich die für den Charakter eines Sommers wichtige Anzahl der Sommertage ($T_{max} \geq 25\,°C$). Parallel dazu verlief eine tendenzielle Abnahme der Niederschläge im Sommer, vor allem im Juli, und im Herbst, was sich auch auf die mittleren Jahreshöhen auswirkte (Abb. 11.18). Das sehr trockene Jahr 2003 hat diesen Trend weiter verstärkt. Der Vergleich mit den in Tab. 11.3 mitgeteilten Zahlen zeigt jedoch, dass das Vorherrschen einer Niederschlagsabnahme besonders für die nordöstlichen Teile Deutschlands charakteristisch ist.

Allgemein kann festgestellt werden, dass alle Klimaelemente seit Vorliegen von Beobachtungen langzeitlichen Änderungen unterschiedlicher Struktur und räumlicher Verteilung unterworfen waren.

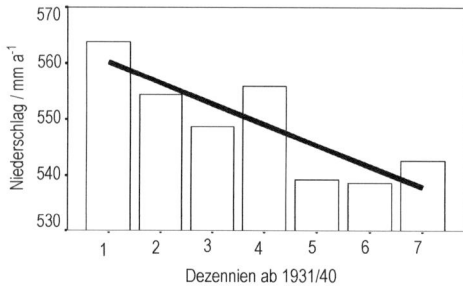

Abb. 11.18: **Mittlere jährliche Niederschlagshöhen in Berlin-Dahlem für die Dezennien 1931/40 (1) bis 1991/2000 (7) mit linearer Ausgleichsgerade** (Daten aus Chmielewski 2003)

11.5 Zur künftigen Klimaentwicklung

11.5.1 Klimamodelle

Es ist erforderlich, auf der Grundlage der heutigen Kenntnis des Klimasystems Anhaltspunkte für die möglichen Veränderungen des Klimas vor allem im angebrochenen Jahrhundert zu finden, die einen entscheidenden Ausgangspunkt für das Beschließen von Verhütungs- und/oder Anpassungsstrategien bilden können. Zur Bestimmung der wesentlichen Charakteristiken eines vor allem durch anthropogene Einflüsse auf die Atmosphäre veränderten Klimas dient die **Klimamodellierung**. Die mit Klimamodellen mögliche Vorhersage des Klimas ist jedoch nur relativ, da solche Prognosen von der Wahl der Randbedingungen abhängen, und zwar im aktuellen Fall von der weiteren Entwicklung der Emission der Treibhausgase über einen Zeitraum von vielen Jahrzehnten. Ist die Annahme der künftigen menschlichen Einflüsse auf das Klimasystem falsch, berechnet selbst ein vollkommenes Modell ein unzutreffendes Klima. Klimamodelle sind quantitative Beschreibungen des Klimasystems und Ausdruck des Standes der Klimatheorie. Die Modellierung des Klimasystems muss möglichst umfassend seine physikalischen, chemischen, biologischen sowie systeminternen Eigenschaften enthalten. Die entsprechenden Zustände und Prozesse werden durch zeitabhängige mathematische Gleichungen beschrieben. Diese können im Allgemeinen nur numerisch gelöst werden, was unter Berücksichtigung der vorzugebenden Randbedingungen in Abhängigkeit von der zur Verfügung

11.5 Zur künftigen Klimaentwicklung

stehenden Rechenkapazität eine Vorausberechnung in die Zukunft ermöglicht.

Es gibt **Klassen von Klimamodellen**, die sich in der prinzipiellen Zielsetzung und in der Vollständigkeit der Erfassung des Klimas unterscheiden. Zu den einfacheren Modellen zählen die **Energiebilanzmodelle**. Zielgröße ist hier die Temperatur, während die dynamischen Prozesse nur implizit eine Rolle spielen. Diese Modelle werden vom 1. Hauptsatz der Thermodynamik ausgehend abgeleitet (vgl. Abschnitt 4.1.2). Sie erlauben die Abschätzungen der globalen Gleichgewichtstemperatur des Systems Erde/Atmosphäre in Abhängigkeit von Änderungen der solaren Einstrahlung, des Aerosolgehaltes, der Albedo und der Spurengaskonzentrationen. Sie dienen grundsätzlichen Untersuchungen der Empfindlichkeit des Klimas gegenüber definierten Änderungen von Einflussgrößen. Das gilt besonders für die in vertikaler Richtung auflösenden eindimensionalen **Strahlungs-Konvektions-Modelle**. Mit diesen Modellen kann die Wirkung verschiedener vertikaler Verteilungen von Spurengasen, Wasserdampf und Aerosol im Zusammenhang mit atmosphärischen Prozessen auf den Wärmehaushalt und die vertikale Temperaturverteilung studiert werden.

Klimavorhersagen im oben genannten Sinn werden mit Hilfe von **Zirkulationsmodellen** aufgestellt. Die Zirkulationsmodelle (s. auch Kapitel 14) sind prinzipiell geeignet, die atmosphärischen Prozesse einschließlich der Wechselwirkungen mit der Unterlage in ihrer Vielfalt zu erfassen. Am weitesten entwickelt sind die globalen Modelle der Allgemeinen Zirkulation (GCM), die aus einem Satz partieller Differenzialgleichungen der Thermo- und Hydrodynamik bestehen, die die dynamischen und anderen physikalischen Prozesse in der Atmosphäre im Prinzip vollständig beschreiben. Diese Gleichungen sind nichtlinear und mit dem Auftreten komplizierter Rückkoppelungen verbunden. Sie unterscheiden sich nicht von den entsprechenden Gleichungen der Wettervorhersagemodelle (s. Kapitel 9), wohl aber in der Art der Anwendung. Für die Berechnung der Wettervorhersage ist die genaue Bestimmung des Anfangszustandes entscheidend. Dagegen ist für die Klimamodellierung die Berücksichtigung der Randbedingungen ausschlaggebend.

Globale Zirkulationsmodelle berechnen die Felder des Bodenluftdruckes, der horizontalen Geschwindigkeitskomponenten, des Geopotenzials von Druckflächen sowie der Lufttemperatur und -feuchte mit Hilfe der statischen Grundgleichung, der Bewegungsgleichungen, der Kontinuitätsgleichung, des 1. Hauptsatzes der Thermodynamik und der Feuchtebilanzgleichung. Da Lösungen des Gleichungssystems nur numerisch möglich sind, treten infolge der angewendeten **Approximationstechniken** spezifische Fehler auf. Die Berechnungen erfolgen zunächst innerhalb eines endlichen räumlichen Gitternetzes, dessen Dichte die räumliche Auflösung der Klimagrößen bestimmt. Das Gitternetz wiederholt sich in den verschiedenen Berechnungshöhen (bis zu 40). So erhalten die Modelle eine volle Dreidimensionalität. Die räumliche Auflösung legt auch den Zeitschritt der numerischen Berechnung fest. Typische Zeitschritte liegen bei 10 bis 50 min. Neben der Gitternetzmethode hat sich im Hinblick auf die Verkürzung der Rechenzeit ein spektrales Berechnungsverfahren durchgesetzt. Nach dem Fouriertheorem kann jede periodische Funktion als Summe von Sinus- und Kosinuswellen aufgefasst werden, so dass auch die Klimaelemente in Form der periodischen Kugelflächenfunktionen dargestellt werden können. Bei dieser Methode wird die horizontale Auflösung durch die Zahl der auf dem Großkreis berechneten Wellen bestimmt. Man benötigt 15 bis 30 Wellen, um die allgemeinen Züge des globalen Klimas darzustellen. Die meisten Zirkulationsmodelle sind semi-spektrale Modelle, da sowohl die Gitternetzmethode als auch die spektrale Methode angewendet werden. Dem Grad der räumlichen Auflösung der Felder der Klimagrößen entspricht in den Modellen die jeweilige Auflösung von Eigenschaften des Klimasystems wie die Land-Meer-Verteilung, die Hochgebirge, die Oberflächeneigenschaften u. a.

Die begrenzte räumliche Auflösung der Modelle macht die vielfältige Anwendung von **Parametrisierungen** erforderlich. Man versteht darunter die mathematisch-physikalische Darstellung der Abhängigkeit einer Größe oder eines Prozesses, die im Modell explizit nicht bestimmt werden können, von Größen, die im Modell berechnet werden. Das betrifft vor allem solche kleinskaligen Prozesse wie Konvektion, Bewölkung, Niederschlag in verschiedenen Formen, Energieaustausch u. a., deren räumliche Abmessungen kleiner als die Abstände der Gitterpunkte und vertikalen Rechenflächen sind. Diese Prozesse können sich stark auf die modellierten großräumigen Vorgänge auswirken. Die Güte solcher Parametrisierungen entscheidet wesentlich mit über die Qualität eines Klimamodells.

Die fortgeschrittensten Modelle zur Berechnung der Klimaentwicklung in den nächsten ca. 100 Jahren sind gekoppelte **Ozean-Atmosphäre-Modelle**. Die Ozeanmodelle sind prinzipiell ähnlich aufgebaut wie die Atmosphärenmodelle. Sie sind in der Lage, die Grundzüge der ozeanischen Zirkulation und der damit verbundenen Wassermassenverteilung in den wesentlichen Zügen richtig darzustellen. Das Schema der Koppelung zwischen Ozean- und Atmosphären-GCM zeigt Abb. 11.19. Die spezifischen Fehler, die in beiden Modellen enthalten sind, machen häufig eine besondere Modellanpassung (als Flusskorrektur bezeichnet) bei Langzeitintegrationen erforderlich.

Gesonderte Modelle (auch Module in den komplexen Modellen) betreffen die atmosphärische Chemie, die an die Ozean-Atmosphäre-Modelle angekoppelt werden können, um die wichtigsten

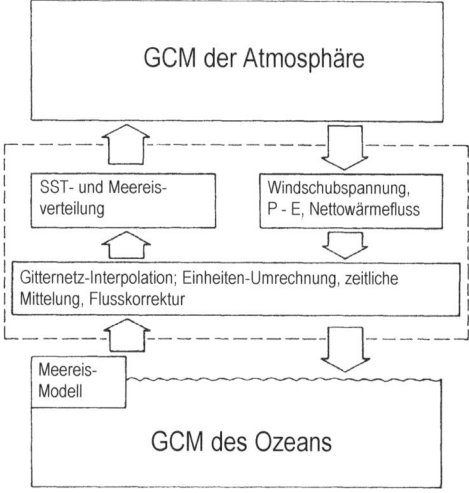

Abb. 11.19: Schematische Darstellung der Koppelung eines allgemeinen Zirkulationsmodells (GCM) der Atmosphäre und des Ozeans. SST = Sea Surface Temperature, Oberflächenwassertemperatur, P – E = Niederschlag minus Verdunstung (nach Max-Planck-Institut für Meteorologie, Hamburg)

11.5 Zur künftigen Klimaentwicklung

reaktiven Prozesse sowie Stoff- und Phasenumwandlungen in der Atmosphäre erfassen zu können. Weitere wichtige Teilmodelle umfassen die Vegetation, die Hydrologie und die Eisdynamik. Notwendige Teil- oder Prozessmodelle berechnen die Strahlung (Berechnung der kurz- und langwelligen Strahlungsströme in der Atmosphäre), die Bildung und Auflösung von Wolken, die Auslösung von Konvektion in der Atmosphäre, die Bildung, Umwandlung und Schmelze von Schnee, die Bodenfeuchte sowie übergreifend für Atmosphären- und Ozeanmodelle den Wasserkreislauf, das Meereis und die klimawirksame Bildung von ozeanischem Tiefenwasser durch Konvektion bei Abkühlung an der Oberfläche im Ozean.

Als Beispiel für ein modernes gekoppeltes Ozean-Atmosphäre-Modell kann die Version ECHAM4 (seit 2005 auch ECHAM5) des Max-Planck-Instituts für Meteorologie Hamburg angesehen werden. Dieses Modell besitzt atmosphärenseitig eine flexible Auflösung in horizontaler und vertikaler Richtung. Verfügbar sind die spektralen Auflösungen T21, T42 und T106 (die Zahlen bedeuten die auf einem Großkreis aufgelösten Wellen, T = truncation) in bis zu 39 Schichten bis 75 km Höhe. Das Modell enthält ein verbessertes Strahlungsmodell, die Neuformulierung der Wolkenphysik sowie eine korrektere Berücksichtigung der planetarischen Grenzschicht, realistischere mittlere atmosphärische Aerosol- sowie Landoberflächenalbedo-Verteilungen und neben weiteren Verbesserungen auch die SO_4-, NO_x- und CH_4-Chemie sowie die O_3-Chemie.

Man verwendet zwei Ansätze für Modellexperimente mit gekoppelten Ozean-Atmosphäre-Klimamodellen. Beim ersten wird ein im Gleichgewicht befindliches Klima durch die sprunghafte Änderung einer wichtigen Randbedingung (meist Verdoppelung des CO_2-Gehaltes) aus dem Gleichgewicht gebracht. Das Modell berechnet den entsprechenden neuen Gleichgewichtszustand (Gleichgewichtsmodellierung). Der andere Ansatz betrifft die Variation eines in Bezug auf die Randbedingungen im Gleichgewicht befindlichen Klimas durch eine kontinuierliche und den beobachteten Verhältnissen näher kommende Veränderung einer wichtigen Randbedingung. Das Modell folgt dieser Änderung und berechnet die zeitabhängigen Reaktionen (transiente Modellierung).

Als Kriterium der Leistungsfähigkeit der globalen Zirkulationsmodelle kann ihre Fähigkeit angesehen werden, das gegenwärtige Klima zu simulieren. Man kann feststellen, dass die verschiedenen Klimamodelle die Grundzüge der globalen Verteilung der Klimaelemente richtig wiedergeben. Allerdings zeigen die verschiedenen Modellvarianten sowohl individuelle als auch gewisse einheitliche Abweichungen von den beobachteten Verteilungen. Von allen Größen wird die bodennahe Lufttemperatur relativ am besten wiedergegeben. Besondere Abweichungen treten in den Polargebieten auf, die mit der ungenügenden Auflösung der kalten Bodenschicht zusammenhängen dürften. Breitenabhängige Differenzen betragen mehrere Kelvin und sind auf der Nordhalbkugel stärker ausgeprägt als auf der Südhalbkugel.

Modellvergleiche sind in den IPCC-Berichten (Houghton et al. 1996, 2001) enthalten. Aus Tab. 11.5 können die bestehenden mittleren Unterschiede zwischen einer Anzahl globaler gekoppelter Zirkulationsmodelle und den beobachteten Größen entnommen werden.

Die Langzeitvariation der Klimamodelle unter nicht veränderten Randbedingungen (Kontrolllauf) zeigt am Beispiel der mittleren globalen Lufttemperatur in Bodennähe klimatische Schwankungen von einigen Zehntel Kelvin. Die richtige Wiedergabe dieser natürlichen, im Klimasystem entstehenden Variabilität ist ein wichtiges Erfordernis für die Modellierung.

Die **Stärken der Klimamodelle** beruhen darauf, dass die wesentlichen physikalisch-chemischen Vorgänge im Klimasystem richtig erfasst werden. Die **Schwächen** betreffen u. a. die detaillierte Berücksichtigung der verschiedenen Zweige des Wasserkreislaufes (Modellierung der Bewölkung, der Niederschläge und der Bodenfeuchte) sowie der Landoberflächenprozesse. Hauptrichtungen der gegenwärtigen Entwicklung sind die Erhöhung der räumlichen Auflösung und die Verringerung von Unsicherheiten in der Kenntnis des Klimasystems.

Prinzipien der kleinräumigen Klimamodellierung enthält Kapitel 14.

Tab. 11.5: Vergleich mit verschiedenen Klimamodellen erhaltener globaler und hemisphärischer Größen (nach Houghton et al. 1996)

Element	Dimension	Jahreszeit	Mittelwert, beob.	Zahl d. Modelle	Mittlere Abweichung	s	Modellierung Max.	Modellierung Min.
Bodennahe Lufttemp.	°C	Winter DJF	12,4	11	1,06	1,01	15,5	9,6
		Sommer JJA	15,9	11	0,94	1,01	19,6	14,0
Niederschlag	mm d^{-1}	Winter DJF	2,74 (= 1001 mm a^{-1})	10	0,25	0,31	3,78	2,39
		Sommer JJA	2,90 (= 1059 mm a^{-1})	10	0,23	0,24	3,74	2,50
Schneedecke NHK	10^6 km^2	Winter DJF	44,7	11	8,9	5,56	64,4	34,3
		Sommer JJA	7,8	11	5,8	5,23	28,4	2,1
Meereis NHK	10^6 km^2	Winter DJF	15,0	9	3,5	1,76	19,1	9,3
		Sommer JJA	9,8	9	4,7	2,75	16,7	< 1
Meereis SHK		Winter DJF	16,7	9	7,5	4,78	24,7	< 1
		Sommer JJA	5,3	9	4,5	4,57	18,9	< 1

NHK = Nordhalbkugel, SHK = Südhalbkugel, s = Standardabweichung

11.5.2 Szenarien der zukünftigen Entwicklung der Treibhausgase und Aerosole

Die künftige Klimaentwicklung hängt entscheidend davon ab, welche Entwicklung sich hinsichtlich der Emission von Treibhausgasen und von Aerosolpartikeln vollziehen wird. Da Prognosen dazu von der zukünftigen Entwicklung der Weltwirtschaft und vom Erfolg der Bemühungen um Verringerung der Belastung der Atmosphäre mit diesen Bestandteilen abhängen und nicht verlässlich vorliegen, bedient man sich Szenarien möglicher, auch extremer Entwicklungen. **Emissionsszenarien** des IPCC enthält Abb. 10.5. Diese werden den Klimamodellrechnungen zugrunde gelegt. Die Emissionsszenarien umfassen den Zeitraum bis zum Ende des 21. Jahrhunderts und berücksichtigen Emissionen von Kohlendioxid, Methan, Distickstoffoxid, Fluorchlorkohlenwasserstoffen und anderen Gasen sowie von verschiedenen Aerosolarten. Den CO_2-Verlauf und die energetische Wirkung der häufig verwendeten Szenarien IS92a und A2 zeigt Abb. 11.20. Deren wichtigsten Kenngrößen in zeitlicher Auflösung enthält Tab. 11.6.

11.5.3 Das anthropogene Klima

Die Veränderung des Strahlungshaushaltes infolge einer Verdoppelung des CO_2-Gehaltes (aufgefasst als äquivalentes Mischungsverhältnis, das den Einfluss der anderen anthropogenen Treibhausgase mit enthält) wird relativ gering sein. Zu größeren Beträgen kommt man erst, wenn die Modelle die verschiedenen Rückkoppelungsprozesse mit berücksichtigen. Unter Zugrundelegung der im Abschnitt 11.5.2 erwähnten Emissionsszenarien kann nach den Befunden der verschiedenen Modellrechnungen bis zum Ende des 21. Jahrhunderts mit einer **Erhöhung der mittleren globalen Lufttemperatur** in Oberflächennähe zwischen 1,4

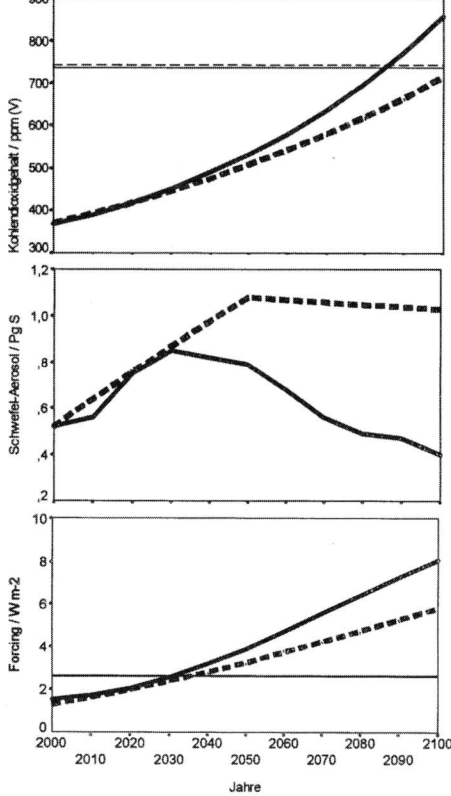

Abb. 11.20: Verlauf des Kohlendioxidgehaltes der Troposphäre (oben), des Schwefelaerosolgehaltes (Mitte) und der Strahlungsanregung (Forcing, unten) auf der Basis der zu Klimaprognosen herangezogenen IPCC-Szenarien IS92a (gestrichelt) und A2 (ausgezogen), die die Entwicklung ohne oder nur wenig wirksamen Klimaschutzmaßnahmen widerspiegeln. Die waagerechten Linien oben markieren die Verdoppelung des CO_2-Gehaltes, unten Forcing und Zeitpunkt der unterschiedlichen Entwicklung (Daten nach Houghton et al. 2001)

Tab. 11.6: Kenngrößen von zwei häufig verwendeten Treibhausgasszenarien (Daten nach Houghton et al. 2001)

Jahr	Kohlenstoff			CO_2	Aerosol	Energie
	Emission durch fossile Energieträger	Emission durch Abholzung und Landnutzung	Emission gesamt	Konzentration in der Atmosphäre	Masse Sulfat-Aerosol SO_4	Beeinflussung Strahlungshaushalt (forcing)
	Pg C/a			ppm (V/V)	Pg S	W m^{-2}
Szenario A 2 (SRES 2000)						
2000	6,90	1,07	7,97	369	0,52	1,33
2010	8,46	1,12	9,58	390	0,56	1,74
2020	11,01	1,25	12,25	417	0,75	2,04
2030	13,53	1,19	14,72	451	0,85	2,56
2040	15,01	1,06	16,07	490	0,82	3,22
2050	16,49	0,93	17,43	532	0,79	3,89
2060	18,49	0,67	19,16	580	0,68	4,71
2070	20,49	0,40	10,89	635	0,56	5,56
2080	22,97	0,25	23,22	698	0,49	6,40
2090	25,94	0,21	26,15	771	0,47	7,22
2100	28,91	0,18	29,09	856	0,40	8,07
Szenario IS92a (Houghton et al. 1992)						
2000	7,10	1,30	8,40	372	0,52	1,31
2010	8,68	1,22	9,90	393	0,64	1,63
2020	10,26	1,14	11,40	418	0,76	2,00
2030	11,62	1,04	12,66	446	0,87	2,40
2040	12,66	0,92	13,58	476	0,98	2,82
2050	13,70	0,80	14,50	509	1,08	3,25
2060	14,68	0,54	15,22	544	1,07	3,76
2070	15,66	0,28	15,94	580	1,06	4,24
2080	17,00	0,12	17,12	620	1,05	4,74
2090	18,70	0,06	18,76	664	1,04	5,26
2100	20,40	–0,10	20,30	715	1,03	5,79

und 5,8 K gerechnet werden, wobei die statistisch beste Schätzung bei etwa 2,5 K liegt. In Abb. 11.21 sind modellierte künftige Temperaturverläufe für verschiedene Emissionsszenarien enthalten. Abb. 11.22 zeigt die Modellierung der Temperatur rückwirkend ab 1861 nach Dezennien. Darin ist der der Verstärkung des Treibhauseffektes entgegen wirkende steigende Schwefelaerosolgehalt berücksichtigt. Der infolge der Verbesserung der Rechenkapazität jetzt mögliche Beginn solcher Rechnungen schon zu Beginn des Einsatzes anthropogener Treibhausgasemissionen setzt den Fehler herab, der entsteht, wenn die Rechnungen erst nach Einsetzen der Veränderungen der Zusammensetzung der Atmosphäre beginnen (Kaltstartfehler). Außerdem macht der frühe Beginn der Modellrechnungen den Vergleich mit den Beobachtungen möglich. In Abb. 11.22 ist die gute Übereinstimmung der Rechnungen mit den Beobachtungen ebenso zu erkennen wie der zu erwartende Anstieg der globalen Lufttemperatur. Dieser wird jedoch erheblich reduziert,

11.5 Zur künftigen Klimaentwicklung

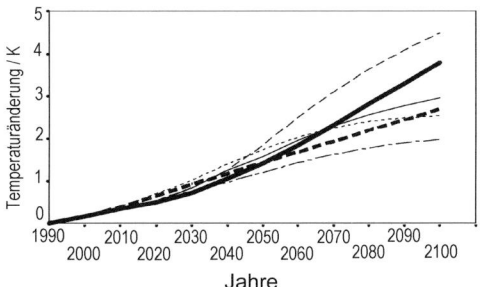

Abb. 11.21: Modellierte Änderungen der mittleren globalen bodennahen Lufttemperatur für verschiedene Emissionsszenarien (s. Abb. 10.5). Ausgezogen: A1F1, gestrichelt: A1B, punktiert: A1T, fett: A2, strichpunktiert: B1, fett gestrichelt: B2 (Daten nach Houghton et al. 2001)

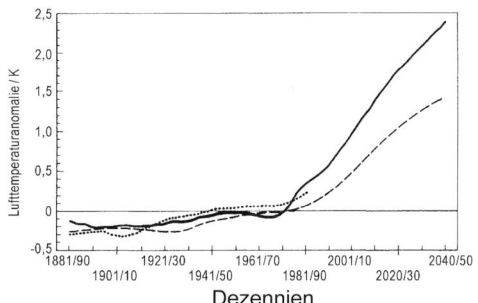

Abb. 11.22: Modellierte und beobachtete Gänge der Änderung der globalen Dezennienmittelwerte der Lufttemperatur in 2 m ü. Gr. in K relativ zu den Mittelwerten für die Periode 1951/80. Dargestellt sind die berechneten Werte unter ausschließlicher Berücksichtigung des CO_2-Gehaltes (ausgezogen) und der zusätzlichen Wirkung von Sulfataerosol (gestrichelt) sowie des beobachteten Verlaufs bis 1992 (punktiert) (nach Cubasch 1995, verändert)

wenn die Sulfataerosolkonzentrationen Berücksichtigung finden. Damit wird zugleich deutlich, dass sich die elementaren Aussagen über die künftige Klimaentwicklung immer noch im Fluss befinden und voraussichtlich weitere Präzisierungen erfahren werden (s. a. Houghton et al. 2001).

Die mittlere globale Lufttemperatur ist eine ziemlich abstrakte Größe, die lediglich als Indikator für eintretende Klimaänderungen dient. Für die großräumige **Verteilung der Temperaturänderungen** kann festgestellt werden, dass die Änderungsbeträge über den Kontinenten größer als über den Ozeanen sein werden. Am geringsten wird die Erwärmung voraussichtlich in den ozeanischen Gebieten sein, wo tiefreichende Konvektion die Tiefseezirkulation anregt. In Übereinstimmung mit den schon vorliegenden Beobachtungsergebnissen wird die stärkste Erwärmung im Winter in den hohen Breiten der Nordhalbkugel erwartet, die mit einem markanten Rückgang des Auftretens von Meereis verbunden sein wird.

Die Modellergebnisse weisen Kontinuität zu den bisherigen Beobachtungen auf, wie am Beispiel mehrerer Größen in Tab. 11.7 gezeigt wird.

Die infolge von Rückkoppelungsprozessen räumlich ungleiche Erwärmung führt zu korrespondierenden **Schwankungen der allgemeinen atmosphärischen Zirkulation**. Diese wiederum erzeugen komplexe Strukturen der Klimaänderungen im regionalen Maßstab. Von großer Bedeutung ist die erwartete **Verstärkung des globalen Wasserkreislaufes**, wobei mit einer Erhöhung der mittleren globalen Niederschlagshöhe um etwa 10 % gerechnet werden kann. Allerdings wird diese nicht gleichmäßig alle Gebiete betreffen. Es wird vielmehr zu Verschiebungen von feuchten und trockenen Gebieten kommen, die auch jahreszeitlich unterschiedlich ausfallen werden.

Tab. 11.7: Abschätzung der Relevanz beobachteter und modellierter Änderungen für extreme Wetter- und Klimabedingungen (nach Cubasch et al. 2001, leicht verändert)

Signifikanz der Beobachtungen in den letzten Jahrzehnten des 20. Jahrhundert	Änderungen von Größen und Erscheinungen	Wahrscheinlichkeit der Änderung im Verlauf des 21. Jahrhunderts
Hoch	Höhere Maximumtemperaturen und mehr heiße Tage über nahezu allen Landgebieten	Sehr hoch
Sehr hoch	Höhere Minimumtemperaturen, weniger Eis- und Frosttage über nahezu allen Landgebieten	Sehr hoch
Sehr hoch	Reduzierte tägliche Temperaturschwankung über den meisten Landgebieten	Sehr hoch
Hoch für viele Gebiete	Anstieg der gefühlten Temperatur über Landgebieten	Sehr hoch über den meisten Gegenden
Hoch über vielen Landbereichen der mittleren und höheren Breiten der Nordhalbkugel	Intensivere Niederschlagsereignisse	Sehr hoch über vielen Gebieten
Hoch in wenigen Regionen	Zunahme kontinentaler sommerlicher Trockenperioden und damit erhöhtes Dürrerisiko	Hoch über den meisten innerkontinentalen Gebieten der mittleren Breiten (für andere Gebiete fehlen Analysen)
In den wenigen vorliegenden Analysen nicht beobachtet	Zunahme der maximalen Windgeschwindigkeiten in tropischen Wirbelstürmen	Hoch über einigen Gegenden
Ungenügende Daten für eine Bewertung	Zunahme der Niederschlagsmenge und -intensität in tropischen Wirbelstürmen	Hoch über einigen Gegenden

Man kann feststellen, dass im Fall einer anthropogenen Klimaschwankung alle Klimaelemente betroffen sein werden. Dabei ist zu beachten, dass sich Klimaänderungen immer über die Veränderungen ihrer statistischen Häufigkeitsverteilung vollziehen. Die Änderung der Häufigkeit der Extremwerte wird spürbarer sein als die Verschiebungen der Mittelwerte (s. Abb. 11.2). So ist besonders beim Übergang in einen neuen Klimazustand auch mit dem häufigeren **Auftreten von Extremwerten** und extremen Wetterzuständen zu rechnen. In diesem Zusammenhang sind Untersuchungen von Bedeutung, die die künftige Entwicklung der Sturmhäufigkeit und -stärke betreffen (Abb. 11.23).
Von dieser Entwicklung werden auch höhere Schichten der Atmosphäre nicht unberührt bleiben. Das verdeutlicht für die Lufttemperatur die Darstellung in Abb. 11.24. Es handelt sich um zonal gemittelte Lufttemperaturänderungen gegenüber dem Kontrolllauf (Modellrechnungen ohne Änderung der Randbedingungen) für die Jahre 26 bis 30 nach der sprunghaft vorgegebenen

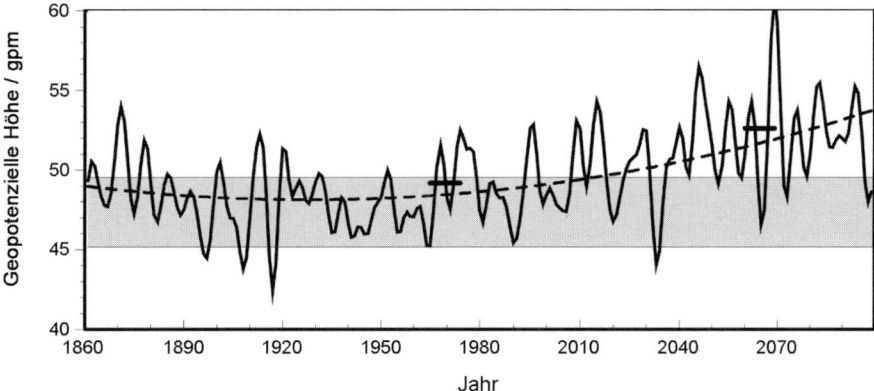

Abb. 11.23: Sturmtendenz (storm track activity) über Nordwesteuropa (60° W bis 20° E, 40° bis 70° N), ausgedrückt durch die mittleren jährlichen Anomalien der geopotenziellen Höhe in gpm der 500 hPa-Fläche zwischen 1850 und 2100. Die Daten beruhen auf Modellrechnungen mit einem Treibhausgas-Szenario durch das Modell ECHAM4_OPYC (DKRZ Hamburg) (nach Ulbrich und Christoph 1999).
Ausgezogen: vierjährig übergreifende Jahresanomalien; gestrichelt: quadratische Anpassung; dunkles Band: Bereich der Variabilität, die durch den Kontrolllauf erzeugt wird

Verdoppelung des CO_2-Gehaltes einer Gleichgewichtsmodellierung für Winter und Sommer. Die größten Änderungen treten im Winter in der Nähe von 75° N mit etwa 5 K ein. In der Troposphäre wird wie auch in der unteren Stratosphäre in den mittleren und niederen Breiten eine Erwärmung zwischen > 0 K und ca. 2 K berechnet. In dem erfassten Teil der Stratosphäre herrscht dagegen Abkühlung. Im Sommer bleibt dieser Effekt ziemlich unverändert erhalten, während in der Troposphäre die Erwärmungsbeträge in den untersten Schichten geringer ausfallen. Diese Änderungsstruktur ist mit der Annahme eines sich verstärkenden Treibhauseffektes verträglich.

Zusammenfassend kann festgestellt werden, dass die fortgeschrittenen Klimamodelle, insbesondere die gekoppelten Ozean-Atmosphäre-Zirkulationsmodelle, sehr gut geeignet sind, die Grundzüge eines künftigen Klimas zu erkennen. Die in Abb. 11.25 zusammengefassten wichtigen Ergebnisse sind jedoch stets abhängig von der Richtigkeit der gewählten Randbedingungen, im aktuellen Fall von der Entwicklung der Emission von CO_2 und anderen Treibhausgasen sowie von der Wirkung der atmosphärischen Aerosolbestandteile.

11.6 Auswirkungen von Klimaschwankungen

Angesichts der Wahrscheinlichkeit einer anthropogenen Klimaänderung im 21. Jahrhundert ist es unbedingt geboten, sich mit den möglichen Folgen von Klimaschwankungen für Natur und Gesellschaft zu befassen. Das ist erforderlich, um die aufwendigen Maßnahmen zur Einschränkung der Emission von Treibhausgasen zu begründen sowie die Voraussetzungen für die Entwick-

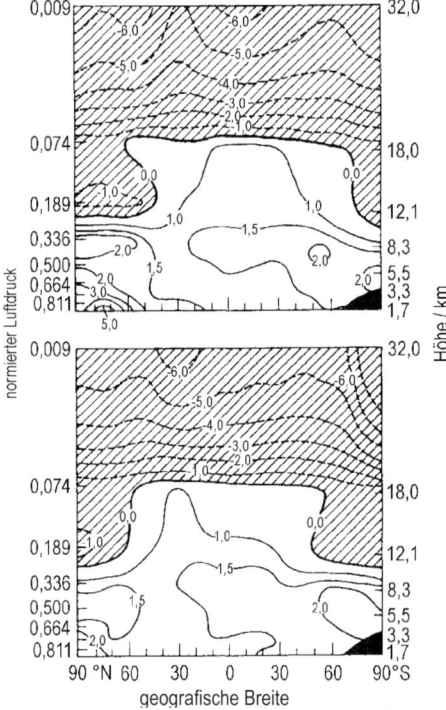

Abb. 11.24: Zonal gemittelte Lufttemperaturdifferenzen in K für 2·CO_2 minus Kontrolllauf (= 1·CO_2) der Jahre 26 bis 30 einer Gleichgewichtsmodellierung für den Winter (DJF, oben) und für den Sommer (JJA, unten). Auf der linken Ordinate ist der auf den Bodenluftdruck normierte Luftdruck aufgetragen (nach Washington und Meehl 1989)

lung von Anpassungsstrategien zu fördern.

Die großen Klimaänderungen in der Erdvergangenheit gingen mit Änderungen in der Natur einher. **Klimasensitivitätsstudien** sind in der Gegenwart für die Abschätzung der Folgen künftiger Klimaschwankungen von großer Bedeutung. In enger Wechselwirkung mit der Klimamodellierung entwickelt sich die **Klimafolgenforschung**. Die Untersuchungen erstrecken sich nicht nur auf die Reaktion der verschiedenen Naturbereiche auf die Klimaschwankungen. Einbezogen werden auch die möglichen Reaktionen von Menschen, Völkern oder Staaten auf so geänderte Umweltbedingungen. In Abb. 11.26 ist schematisch dargestellt, welche Schritte erforderlich sind, um zu Aussagen über den Klimaimpakt zu kommen, wobei auch noch äußere Einflüsse zu berücksichtigen sind. Dabei muss man bedenken, dass jeder der Schritte mit spezifischen Unsicherheiten behaftet ist bzw. auf Annahmen beruht.

Um die Folgen von Klimaschwankungen abschätzen zu können, benötigt man möglichst hoch aufgelöste Klimamodelldaten, die die gegenwärtigen Modelle noch nicht liefern können. Daher werden verschiedene Verfahren entwickelt und Methoden eingesetzt, um Klimamodellergebnisse auch regional ausnutzen zu können (**Downscaling-Methoden**). Die Klimafolgenforschung selbst ist transdisziplinär. Durch sie greift die Klimaproblematik auf die verschiedenen Zweige der Naturwissenschaften, aber auch auf die Wirtschafts- und Sozialwissenschaften über.

11.6.1 Auswirkungen auf das Klimasystem

Veränderungen der atmosphärischen Zustände und Prozesse, wie sie die Klimaänderungen darstellen, wirken sich auch in Teilbereichen des Klimasystems aus. Dazu zählen die Ozeane und Meere, die Kryosphäre und die Biosphäre.

Im Bereich des **Ozeans** ist die Dynamik des mittleren Wasserstandes wichtiger Klimaindikator und bedeutende -folge zugleich. Im raum-zeitlichen Mittel gleichen sich Niederschlag und Verduns-

11.6 Auswirkungen von Klimaschwankungen

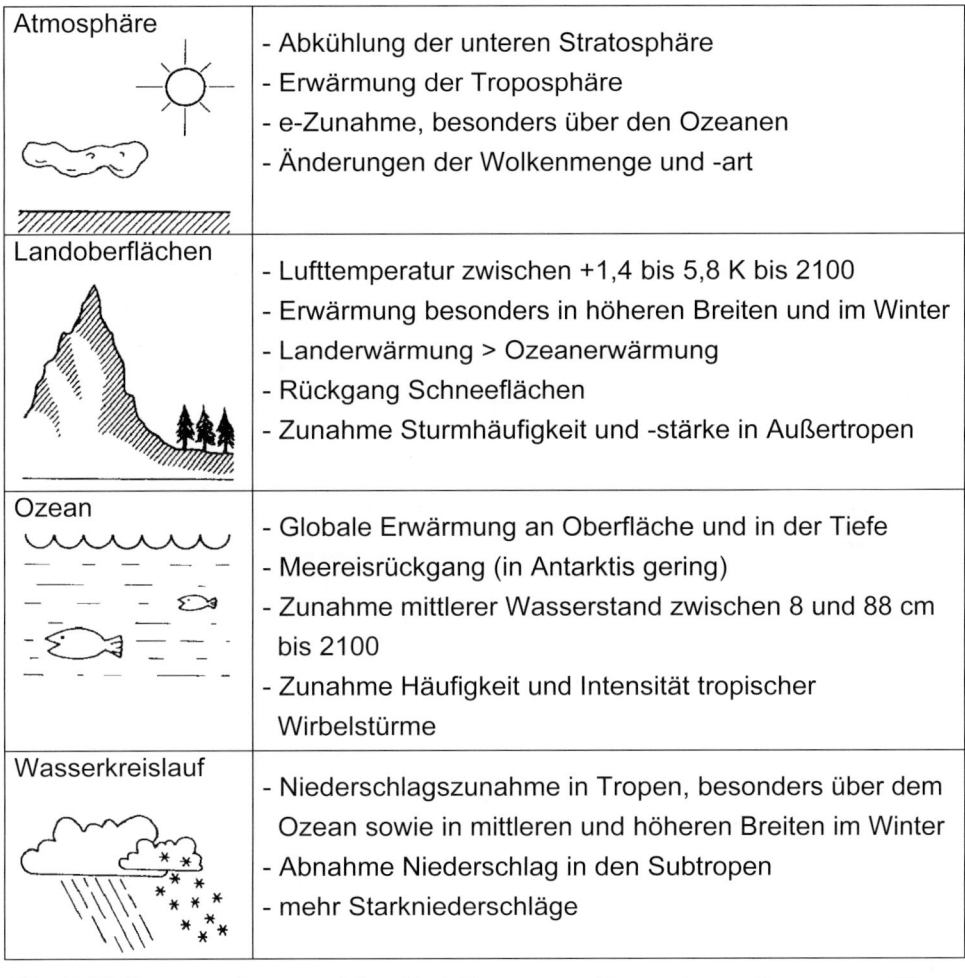

Abb. 11.25: Zusammenfassung einiger Modellierungsergebinsse einer anthropogenen Klimaschwankung (nach verschiedenen Quellen)

tung gerade aus, da die Menge des im Kreislauf befindlichen Wassers etwa konstant ist. Da die großen Eismassen zumindest zunächst ihre Massenbilanz nur langsam ändern, hängen die langfristigen Wasserstandsschwankungen heute im Wesentlichen von den jeweiligen Temperaturverhältnissen in der Deckschicht des Weltmeeres ab. Während der eustatische Wasserstandsanstieg nach der letzten Kaltzeit 80 bis 130 m betrug, lag die weltweite **Zunahme des Wasserstandes** innerhalb der letzten ca. 100 Jahre bei 20 bis 25 cm. Wenngleich dieser Anstieg in den verschiedenen Teilen der Welt einmal schneller und einmal langsamer vor sich ging, so zeigt sich auch gegenwärtig keine Beschleunigung dieses Prozesses. Zu den erstrangigen Folgen des durch den Menschen veränderten Klimas gehört die weitere Zunahme des

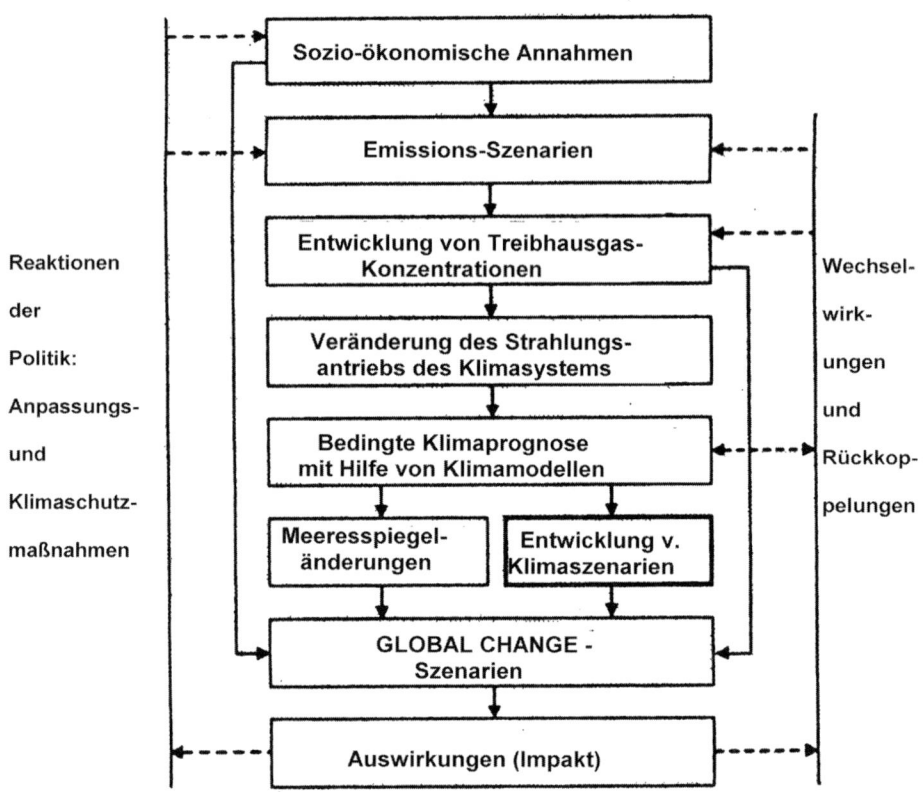

Abb. 11.26: Erforderliche Schritte und zu berücksichtigende Einflüsse, um zu Aussagen über die Auswirkungen von Klimaschwankungen zu kommen. Es ist zu beachten, dass alle Schritte und Einflüsse von Unsicherheiten geprägt sind (nach Mearns und Huhne 2001)

Wasserstandes der Weltmeere. Auf der Grundlage der oben erwähnten Szenarien wird eine Wasserstandszunahme bis zum Ende des 21. Jahrhunderts in Abhängigkeit von den angenommenen Szenarien gegenüber 1990 berechnet (Abb. 11.27 a). In dieser Zeit wird die thermische Expansion des Meerwassers die dominierende Ursache bilden (Abb. 11.27 b). Kryosphärische Veränderungen spielen voraussichtlich nur eine relativ untergeordnete Rolle, für die Antarktis wird sogar ein Eiszuwachs angenommen. Es ist zu beachten, dass die Änderungsbeträge in den verschiedenen ozeanischen Regionen ungleichmäßig sein werden. Die Folgen der Transgression um ca. 50 cm für niedrig gelegene Inseln und Küstenregionen können in der Migration der bedrohten Bevölkerung bei Entzug ihrer natürlichen Wirtschaftsgrundlagen und alternativ in hohen Aufwendungen für den Küstenschutz liegen. Der langzeitliche Gang der Wassertemperatur des Ozeans weist ähnliche Züge auf wie der der globalen Lufttemperatur (Abb. 11.8). Die hemisphärischen **Wasser-**

11.6 Auswirkungen von Klimaschwankungen

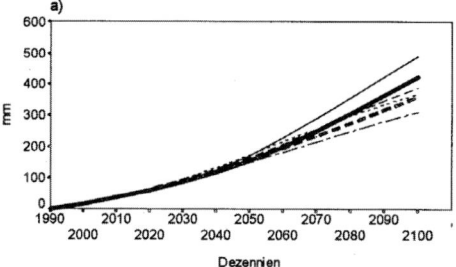

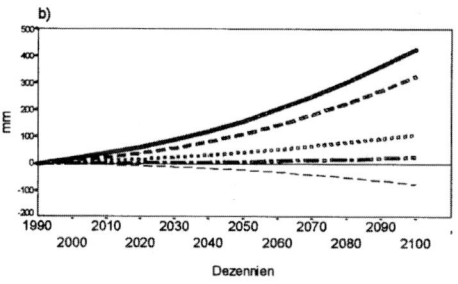

Abb. 11.27: a) Mit Klimamodellen berechnete mittlere Wasserstandsentwicklung im Weltmeer für verschiedene Emissionsszenarien (s. Abb. 10.5). Ausgezogen: A1F1, gestrichelt: A1B, punktiert: A1T, fett: A2, strichpunktiert: B1, fett gestrichelt: B2 b) Mittlere modellierte Wasserstandsentwicklung im Weltmeer für das Szenarium A2 (ausgezogen) und deren Anteile aus der thermischen Expansion der oberen Ozeanschichten (gestrichelt), von Gletschern und Eisansammlungen (punktiert), vom Grönländischen (strichpunktiert) und antarktischen Eisschild (dünn gestrichelt) (Daten aus Houghton et al. 2001)

temperaturänderungen sind besonders auf der Nordhalbkugel gut ausgeprägt und haben im 20. Jahrhundert eine Schwankungsbreite von > 0,5 K durchlaufen. Die Veränderungen dieser Größe haben auch Folgen für die biologischen Verhältnisse. Die klimatischen Schwankungen wirken sich auf das Verhalten anderer ozeanografischer Größen sowie auf die Zirkulation aus. Zu lokalen **Salzgehaltsschwankungen** kann es bei Veränderungen des Niederschlags- und Verdunstungsregimes kommen, aber auch im Bereich ozeanischer Frontalzonen, die empfindlich auf Veränderungen der atmosphärischen Zirkulation reagieren. Besonders rasch kann in relativ kleinen Nebenmeeren wie der Ostsee der Einfluss atmosphärischer Änderungen nachgewiesen werden.

Eindrucksvolle Folgen von Klimaschwankungen sind für die **Kryosphäre**, insbesondere für die Schneeflächen, das **Meereis** und die Gebirgsgletscher festzustellen. Von diesen Veränderungen sind besonders die Randzonen betroffen, in denen Meereis vorkommt. Dazu gehört auch die jährliche Eisbildung in der Ostsee. In Abb. 11.28 ist die lange Beobachtungsreihe der jährlichen maximalen Eisfläche der Ostsee dargestellt. Man sieht sowohl die hohe Variabilität dieses Parameters als auch die rezente Tendenz der Abnahme der Eisausdehnung. Abschätzungen für diese Größe auf der Grundlage von Klimamodellrechnungen haben ergeben, dass im 21. Jahrhundert ein markanter Rückgang des Auftretens und der Ausdehnung von Meereis in der Ostsee eintreten wird. Dabei bleibt die hohe Variabilität zumindest in den ersten Jahrzehnten noch erhalten.

Empfindliche Indikatoren für Klimaschwankungen sind die **Gebirgsgletscher**. Mit dem Übergang von der Kleinen Eiszeit zum gegenwärtigen Klima (vgl. Abschnitt 11.2) ist die Ausdehnung der Gletscher in den Hochgebirgen in den meisten Fällen zurückgegangen. In Abhängigkeit von Gletscherart und Lage variiert die Klimaempfindlichkeit (s. a. Haeberli et al. 1998, 2001). Durch die erwartete Erwärmung in den höheren nördlichen Breiten dürfte auch der in Sibirien und Kanada verbreitete **Permafrostboden** durch Verkleinerung der

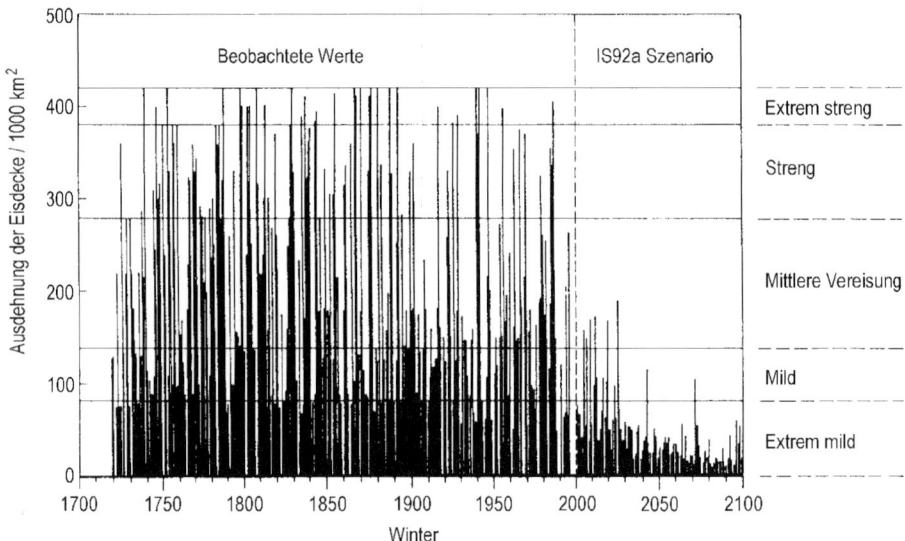

Abb. 11.28: Maximale jährliche Bedeckung der Ostsee mit Eis nach Beobachtungen und ab 2000 nach Modellrechnungen mit dem Klimamodell ECHAM4 auf der Grundlage des IPCC-Szenariums IS92a (keine oder nur unwirksame Klimaschutzmaßnahmen, s. Abb. 11.20) (nach Tinz 2003)

Fläche und tieferes Eindringen der jährlichen Temperaturwellen verändert werden. Siedlungen, Industrie- und andere Anlagen geraten in diesen Gebieten bei Fortschreiten der Erwärmung in akute Gefahr.

Vegetation und Klima stehen innerhalb des Klimasystems der Erde in Wechselwirkung (vgl. Abschnitt 10.5.3, Kap. 15). Während das Klima auf die Ausprägung der Arten und die Verbreitung der Vegetation Einfluss nimmt, wirkt die Vegetation vielfältig auf das Klima zurück. Klimaänderungen und Schwankungen des CO_2-Gehaltes ändern die Struktur der terrestrischen und marinen Ökosysteme insbesondere über die Veränderungen der biogeochemischen Stoffkreisläufe. Seit der letzten Kaltzeit sind markante Änderungen in der Lage und Ausdehnung der Vegetationszonen eingetreten. So sind unter den gegenwärtigen Verhältnissen die Wüsten ausgedehnter, die Zone der mediterranen Vegetation hat sich erweitert und nordwärts verlagert. Besonders starke Ausdehnung erfuhren die Waldgebiete. In ähnlicher Weise werden sich die Klima- und Vegetationszonen unter den Bedingungen eines verdoppelten CO_2-Gehaltes der Atmosphäre verändern. Nach vorliegenden Ergebnissen ist damit zu rechnen, dass bei abnehmender globaler Nettoprimärproduktion (< 10 %) der Wald global um 11 % zugunsten von Savannen und Steppen reduziert wird. Die Tundra wird verschwinden (Tab. 11.8). Wälder erfahren eine Destabilisierung, wenn sie sich langsamer anpassen als sich die Umwelt verändert. Eine Gegensteuerung kann durch waldbauliche Maßnahmen und Förderung einer großen genetischen Vielfalt innerhalb der Individuen

Tab. 11.8: Mit Klimamodellen berechnete Änderungen in der Flächenausdehnung der Hauptklima- und Vegetationszonen (nach Emanuel et al. 1985)

	Relativer Flächenanteil in %	
	Gegenwart	$2 \cdot CO_2$ *)
Klimazonen:		
Tropisches Klima	25	40
Subtropisches Klima	16	14
Warm-temperiertes Klima	21	25
Kalt-temperiertes Klima	15	20
Boreales Klima	23	< 1
Vegetationszonen:		
Wüsten	20,6	23,8
Tundra	3,3	-
Wälder	58,4	47,4
Grasland	17,7	28,9

*) Verdoppelung gegenüber dem vorindustriellen Wert

von Populationen erfolgen. Die Entwicklung der Böden als wichtige Funktionselemente terrestrischer Ökosysteme ist eng mit der Vegetation verknüpft, und es bestehen zwischen diesen vielfältige Wechselwirkungen. Klimaänderungen wirken vielseitig auf Verwitterung, Biomasseproduktion, den bodenbiologischen Abbau organischer Substanz sowie auf den Wasserhaushalt. Mit zunehmender Bodentemperatur und -feuchte nimmt die Aktivität der Bodenlebewesen zu, der Abbau organischer Substanz beschleunigt sich.

11.6.2 Klimaempfindliche Bereiche

Es gibt in Natur und Gesellschaft Bereiche, die besonders empfindlich auf Klimaschwankungen reagieren.
Auf dem Gebiet der **Landwirtschaft** können Klimaschwankungen in die zivilisatorische Sphäre direkt und indirekt einwirken (Abb. 11.29). Dieser Teil des Klimaimpakts ist zuerst Gegenstand entsprechender Untersuchungen gewesen. So ist die Änderung der Jahresmittelwerte der globalen Lufttemperatur um 1 K in hohen Breiten gleichbedeutend mit einer Änderung der Vegetationsperiode um 3 bis 4 Wochen. Das erste Erwärmungsmaximum im letzten Jahrhundert (um 1940) war in den höheren nördlichen Breiten von einer Ausbreitung der Anbauzonen nach Norden und einer Erhöhung der Erträge begleitet. Untersuchungen der Dauer der Vegetationsperiode in Mitteleuropa ergaben für das 20. Jahrhundert starke Schwankungen und resultierende Verlängerungen (s. Kap. 15). Wenngleich angenommen wird, dass die Pflanzenbauerträge im Fall der Verdoppelung des CO_2-Gehaltes im globalen Mittel gleich bleiben, sind doch tiefgreifende Änderungen der agroklimatischen Bedingungen zu erwarten, die regional zu veränderten Erträgen und Anbaurisiken führen werden. So wird die erwartete anthropogene Klimaänderung in den verschiedenen Teilen der Welt sowohl positive als auch negative Effekte auf die landwirtschaftliche Produktion haben. In den höheren Breiten der Nordhalbkugel ist eine erhöhte Produktivität infolge der verlängerten Vegetationsperiode wahrscheinlich. Andere Regionen werden anscheinend durch einen Produktivitätsrückgang gefährdet sein. Solche Einschätzungen werden mit der Zeit präziser vorgenommen werden können.
Der hydrologische Kreislauf ist in allen Maßstabsbereichen auf das engste mit den Klimabedingungen verbunden. Selbst relativ geringe Klimaschwankungen können sich so auf den **Wasserhaushalt** eines Gebietes auswirken,

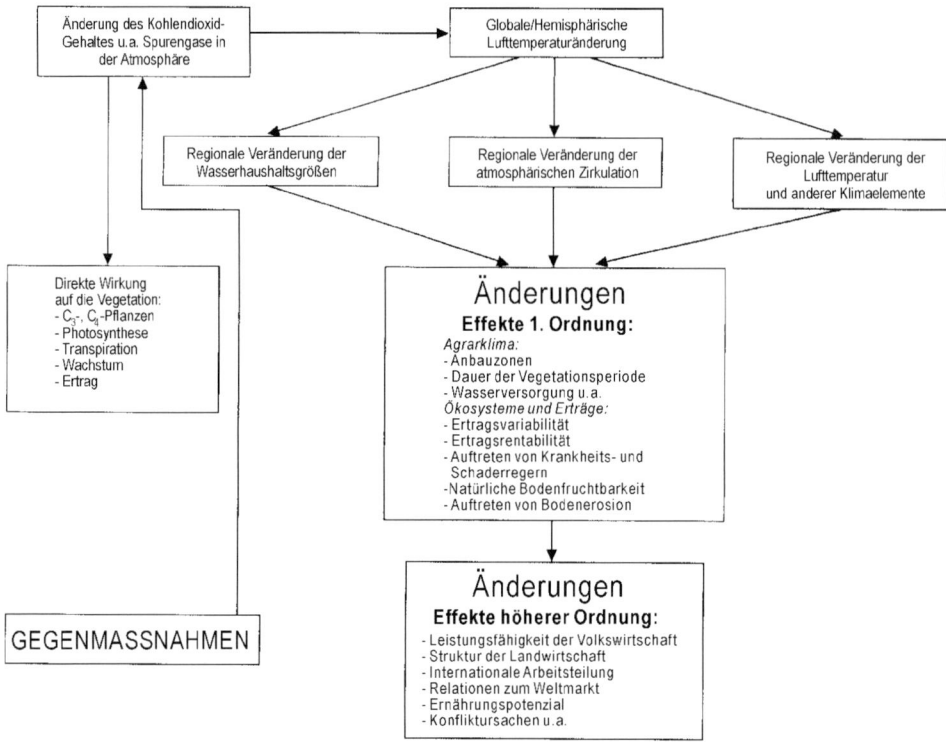

Abb. 11.29: Der Einfluss von Klimaschwankungen auf die Landwirtschaft

sodass ernste Probleme in der Bereitstellung von Trinkwasser entstehen. Das gilt insbesondere für Randgebiete von Trockenzonen, aber auch für Gebiete mit starker Nutzung des natürlichen Wasserangebotes. Der Klimaimpakt auf die Wasserversorgung kann nur im Zusammenhang mit den erwarteten Niederschlagsänderungen betrachtet werden (Lozán et al. 2004). In diesem Zusammenhang ist die Veränderung der Schneeverhältnisse sehr wichtig. Dauer und Höhe einer Schneedecke sind für Hoch- und Mittelgebirgsregionen im Hinblick auf den Wintersport ein wichtiger Wirtschaftsfaktor. Schneefälle, Höhe und Dauer der Schneedecke sowie die Abschmelzrate sind aber auch mit dem Auftreten von Hochwasserereignissen verbunden. Als außerordentlich klimaempfindlich erweisen sich **Küstenzonen**, die Berührungsräume von Litho-, Hydro- und Atmosphäre. Die Beeinflussung dieses Übergangsbereiches zwischen Land und Meer durch die Atmosphäre wird vor allem durch die lokalen und regionalen Windverhältnisse realisiert. Änderungen dieser infolge von Schwankungen der allgemeinen atmosphärischen Zirkulation wirken sich unmittelbar auf die Küstenprozesse aus. Aber auch die entsprechende Variabilität anderer Klimaelemente zeigt im Küstenbereich Auswirkungen. Für die Veränderungen im Uferbereich spielen die dynamischen Prozesse die wichtigste Rolle. Zu diesen gehören die extremen kurzzeitigen Wasserstandsänderungen, die an Gezeitenküsten als Sturmfluten und an gezeitenarmen Küsten auch als Sturmhochwasser bezeichnet werden (Hupfer und Tinz 2002). Zu solchen Ereignissen kommt es unter dem Einfluss von Starkwindfeldern, die einen Stau an der betreffenden Küste verursachen. Ändern sich Anzahl und Zugbahnen der Sturmzyklonen, die Bestandteil der atmosphärischen Zirkulation sind (s. Abb. 11.23), kann es zu Änderungen der Häufigkeit solcher exzeptioneller Wasserstandsereignisse führen (s. auch Hupfer et al. 2003). Diese beeinflussen auch Strömung und Seegang, die in veränderlicher Weise zur Abrasion und Akkumulation von Küstenabschnitten beitragen. Besonders empfindlich auf Klima- und Zirkulationsänderungen reagieren auch gezeitenbeeinfluste Ästuare sowie innere Küstengewässer, wie sie an der Ostseeküste in Form der Bodden und Haffe vorkommen.

Zu den allgemein empfindlichen Zonen gehören, auch in Bezug auf den Klimaimpakt, die sich immer umfangreicher entwickelnden **urbanen Regionen** mit einer Fläche von ca. 0,25 % der bewohnbaren Erdoberfläche. Städte besitzen ein eigenes Klima (s. Kapitel 13). Anlage und Bauweise von Städten sind für Zeiträume vorgesehen, die größer sind als der zur Zeit überblickbare zeitliche Maßstab der erwarteten Klimaänderung (s. auch Kuttler 1998, 2001). Wenn das Stadtklima selbst eine relativ isolierte Erscheinung ohne eigene Fernwirkung darstellt, so beeinflussen die großen urbanen Ballungsgebiete die Zusammensetzung der Atmosphäre und damit indirekt das Klima erheblich. Es wird geschätzt, dass etwa 85 % der Emissionen von CO_2, FCKW und NO_x sowie anderen Stoffen von solchen Ballungsgebieten ausgehen (Henninger und Kuttler 2004). Bei Eintreten von Klimaschwankungen kann mit einem starken urbanen Klimaimpakt gerechnet werden. So kann ein Temperaturanstieg für Städte in kalten Klimaregionen mit Vor- und Nachteilen verbunden sein, hingegen sind für die Städte in den warmen Regionen vor allem negative Effekte zu erwarten. Die Verstärkung oder Abschwächung des Wärmeinseleffektes unter dem Einfluss von Klimaschwankungen hängt in erster Linie von der Gestaltung der Städte ab. Wegen der zu erwartenden langen Standzeit der Gebäude und Anlagen ist besonders frühzeitig mit der Einbeziehung klimatischer Aspekte in die Bebauungsplanung und Baudurchführung zu beginnen.

Hinsichtlich der Reaktion der **Volksgesundheit** auf den Klimawandel besteht wahrscheinlich eine breite und meist ungünstige, direkte oder indirekte Wirkung (Tab. 11.9). Bei den direkten Einflüssen handelt es sich um häufiger vorkommende Hitzewellen und Wetterextreme.

11.7 Das Klimaproblem der Gegenwart

Für die Gesamtheit der globalen Umweltveränderungen wurde der Begriff **Globaler Wandel** („Global Change") geprägt. Dieser Begriff enthält die anthropogenen Veränderungen in Natur und Gesellschaft sowie die natürlichen Veränderungen, denen der Planet Erde im Laufe seiner Evolution schon immer ausgesetzt war. Dabei bestehen zwischen dem globalen Klimawandel und den anderen Umweltveränderun-

Tab. 11.9: Bewertung der Empfindlichkeit der menschlichen Gesundheit gegenüber Klimaschwankungen (nach Kalkstein et al. 1996)

Beeinträchtigung	Empfindlichkeit gegenüber Klimaschwankungen
Mortalität infolge Klimastress	+++
Morbidität infolge Klimastress	+
Allergie/Asthma	++
Überträgerabhängige Infektionskrankheiten (Malaria, Flussblindheit, Gelbfieber, Hirnhautentzündung u. a.)	++ (+)
Andere Infektionskrankheiten (Cholera u. a.)	
UVB Strahlungseffekte	+ (++)
Hautkrebs	+++
Augenerkrankungen (Katarakte)	+ (+)
Reaktion des Immunsystems	+ (+)

+++ = hohe, ++ = deutliche und + = geringe Empfindlichkeit

gen, die die geophysikalischen und biologischen Voraussetzungen für eine nachhaltige Entwicklung (sustainable development) der belebten Natur und der menschlichen Gesellschaft beinhalten, enge Zusammenhänge. Die Wahrscheinlichkeit einer tiefgreifenden Klimaänderung wie auch weiterer Veränderungen in der Natur in den nächsten Jahrzehnten sind hoch. Es kann nicht mit Sicherheit vorhergesagt werden, wie bekannte Selbstregulationsmechanismen auf die Entwicklung reagieren werden und wie hoch die Schwellenwerte sind, jenseits der das Klima einem neuen Gleichgewichtszustand zustrebt. Die Erkenntnis, dass mit hoher Wahrscheinlichkeit tief greifende und spürbare Veränderungen der atmosphärischen Umwelt eintreten werden, wird früher oder später jeden Bereich in Natur und Gesellschaft angehen. Dabei spielt das rapide Anwachsen der Erdbevölkerung auf ca. 10 Mrd. Menschen bis zum Jahr 2050 eine entscheidende Rolle. Das beschleunigt Rückkoppelungen zwischen der Natur und der Gesellschaft.
Keines der großen **globalen Probleme** (Verfügbarkeit von Wasser, Böden, Artenvielfalt, Ressourcenknappheit, Bevölkerungszunahme) existiert unabhängig, in jedes von ihnen wirkt das veränderliche Klima hinein. Daher werden seit Jahren internationale politische Bemühungen mit dem Ziel der Reduzierung der Emission von Treibhausgasen unternommen. Die UN-Konferenz für Umwelt und Entwicklung 1992 in Rio de Janeiro war eine sehr bedeutende Gipfelkonferenz, durch die wichtige Dokumente der **Klimapolitik** verabschiedet wurden. Darunter ist die am 21.3.1994 in Kraft getretene Konvention zur Klimaschwankung (Convention on Climate Change) zu verstehen. In diesem Dokument, das 26 Artikel enthält, erklären die Teilnehmer ihre Bereitschaft, das Klimasystem der Erde zum Nutzen der gegenwärtigen und der zukünftigen Generationen zu schützen. Ursachen für Klimaschwankungen sind zu vermeiden oder zu verringern. Das Recht jedes Landes auf eine nachhaltige Entwicklung wird darin ausdrücklich anerkannt. In Artikel 2 wird das Grundanliegen formuliert: „Das Endziel der Konvention und der einschlägigen gesetzlichen Instrumente ist es, die Stabilisierung der Treibhausgaskonzentrationen in der Atmosphäre auf einem Niveau zu erreichen, auf dem eine ge-

fährliche anthropogene Störung des Klimasystems verhindert wird. Ein solches Niveau sollte innerhalb eines Zeitraumes erreicht werden, der ausreicht, damit sich die Ökosysteme auf natürliche Weise den Klimaänderungen anpassen können, die Nahrungsmittelproduktion nicht bedroht wird und die wirtschaftliche Entwicklung auf nachhaltige Weise fortgeführt werden kann." Wenngleich diese Konvention einen Fortschritt auf dem Gebiet der Klimapolitik markiert, so waren mit ihrer Annahme doch keine praktischen Schritte zur Eindämmung der Emissionen verbunden. Wie die Folgekonferenzen zu dieser Konvention seit 1995 ergaben, sind Fortschritte zu konkreten Vereinbarungen der Emissionsverminderungen äußerst schwer und bis jetzt nur in unbefriedigender Weise zu erzielen.

Das Kyoto-Protokoll von 1997 sah erstmals konkrete Verpflichtungen der teilnehmenden Länder zur Senkung der Emissionen von CO_2 und anderen Treibhausgasen um mindestens 5 % in Bezug auf den Stand 1990 bis zum Zeitraum 2008/12 vor. Um eine Ratifizierung zu erreichen, wurden zahlreiche Zugeständnisse gemacht, so dass dieser Beginn einer tatsächlichen vereinbarten Emissionsminderung eher symbolischen Charakter hat. Der weitgehende Rückzug der USA und anderer Staaten als Hauptemittenten von Treibhausgasen aus der Klimaschutzpolitik stellte einen schweren Rückschlag dar. Bei schwieriger Weltwirtschaftslage treten zunehmende Interessenkonflikte zwischen Staatengruppen hervor. Hervorgehoben werden muss dabei die besondere Verantwortung der Industrieländer, die den größten Anteil der bisherigen Emissionen zu verantworten haben, sowie das Recht aller Länder auf angemessene Entwicklung.

Da nach dem bisherigen Verlauf der internationalen Klimapolitik Abschluss und Einhaltung effektiver Reduzierungsmaßnahmen als zweifelhaft angesehen werden müssen und damit die Wahrscheinlichkeit der anthropogenen Klimaänderung weiter steigt, muss der Problematik der **Anpassung** erhöhte Aufmerksamkeit geschenkt werden. Eine Anpassung kann spontan (in der Natur) oder geplant (naturnahe Wirtschaftsbereiche) erfolgen. Sie hängt vom technologischen Fortschritt, von den Finanzmitteln und dem Informationsniveau ab. Somit dürften auch die Möglichkeiten der Anpassung zwischen den entwickelten und unterentwickelten Ländern weit auseinanderklaffen. Die größte Verwundbarkeit gegenüber Klimaschwankungen besteht dort, wo die größte Empfindlichkeit mit der geringsten Anpassungsfähigkeit zusammenfällt.

Als Auswahl weiterführender und ergänzender Literatur können, Eißmann und Hänsel (1991), Frenzel (1967), Schwarzbach (1988) für die Paläoklimatologie, Gassmann (1994), Houghton (1997), Hupfer (1991, 1996), Lozán et al. (1998, 2001 sowie 2006), Deutsche IPCC-Koordinierungsstelle (2002) und Schönwiese (1992, 2003a) für die Klimaentwicklung bis zur Gegenwart, Hantel (1989a), Henderson-Sellers und McGuffie (1987) und Trenberth (1992) für die Klimamodellierung sowie Bruce et al. (1996) sowie Lozán et al. (1998, 2001, 2004) und Münchener Rückversicherung (2004) für die Klimafolgenforschung genannt werden. Für das Gesamtgebiet von herausragender Bedeutung sind die IPCC-Reports Houghton et al. (2001) und

McCarthy et al. (2001). Eine deutschsprachige Kurzfassung ist durch die Deutsche IPCC-Koordinierungsstelle (2002) herausgebracht worden. Hingewiesen sei ferner auf die jährlich erscheinenden Klimastatus-Berichte des Deutschen Wetterdienstes (Offenbach/M).

12 Mikro- und Mesoklima

12.1 Charakteristika des Mikro- und Mesoklimas

Die vorangegangenen Kapitel widmeten sich überwiegend den Belangen des Groß- beziehungsweise Makroklimas. Dessen wesentliche Merkmale werden durch die globale Zuordnung der Sonnenstrahlung, die Höhenlage, die Land-Meer-Verteilung sowie die allgemeine Zirkulation der Atmosphäre festgelegt (s. Kapitel 7). Auf dieser generalisierenden Grundlage beruht letztlich die Einteilung in verschiedene Klimazonen, die Räume mit gleichartigem Klima repräsentieren und eine globalklimatische Gliederung der Erde anhand von Klimaklassifikationen zulassen (s. Kapitel 10).

Im Gegensatz zum Makroklima steht das **Mikroklima**. Sein Untersuchungsgegenstand ist das Klima auf „kleinem Raum" beziehungsweise der „bodennahen Luftschicht", wie es durch die Wirkung der Erdoberfläche, des Mikroreliefs, eines Ufers oder eines Baumes geprägt wird. Es handelt sich hierbei um ein Grenzflächen- beziehungsweise Kleinklima, das in Abhängigkeit von der Oberflächengestaltung, Bodeneigenschaft und Bodenbedeckung eine große Vielfalt aufweisen kann (s. auch Abschnitt 1.3). Obwohl die Unterschiede in den räumlichen und zeitlichen Maßstäben zwischen Makro- und Mikroklima mehrere Größenordnungen erreichen, existiert das Kleinklima nicht unabhängig vom Großklima, sondern ist vielmehr in dieses „eingebettet".

Zwischen Makroklima und Mikroklima ist das **Mesoklima** einzuordnen, das sowohl durch natur- als auch kulturräumliche Gliederungselemente der Erdoberfläche charakterisiert wird. Wegen des Bezuges zu bestimmten Geländeformen und Flächennutzungstypen verwendet man zur Kennzeichnung des Mesoklimas synonym die Begriffe **Gelände-** beziehungsweise **Landschaftsklima**. Berge, Täler, Küsten, Inseln und Beckenlandschaften zählen ebenso dazu wie Waldgebiete, Städte und Dörfer. Ein besonderer Typ des Mesoklimas, mit allerdings stark ausgeprägten mikroklimatischen Aspekten, ist das **Stadtklima**, auf das wegen seiner besonderen Bedeutung für die Lebensumwelt der meisten Menschen auf der Erde in Kapitel 13 genauer eingegangen wird.

Die kennzeichnenden Parameter der den verschiedenen Klimabegriffen zugeordneten räumlichen und zeitlichen Größen (auch „Maßstäbe" beziehungsweise „Skalen" genannt) enthält Tab. 12.1. Ihre Abgrenzungen zueinander sind nicht starr, sondern stellen fließende Übergänge dar, was in diesem Kapitel durch die Herstellung der notwendigen Zusammenhänge verdeutlicht wird.

Aussagen zu klein- und geländeklimatischen Verhältnissen können auf verschiedene Weise getroffen werden. Dazu zählen sowohl **Messungen im Gelände** (s. Kapitel 8) als auch die Anwendung numerischer (mathematischer) oder physikalischer (in Windkanälen durchgeführter) **Modellsimulationen** (s. Kapitel 14). Sind sta-

Tab. 12.1: Klimaeinteilung in Abhängigkeit vom räumlichen und zeitlichen Maßstab
(nach Hupfer 1989, verändert)

Skala	Begriff	Maßstab		Beispiele
		Räumlich	Zeitlich	
MIKRO	Grenzflächenklima	Millimeter bis Zentimeter	Sekunden bis Minuten	Blatt, einzelne Pflanze, Wirkungen des Mikroreliefs
	Kleinklima	Meter bis 10^2 Meter	Minuten bis Stunden	Feld, Baumgruppe, Waldlichtung Ufer, Gipfel, Bodennahe Luftschicht
MESO	Standortklima	10^2 Meter bis Kilometer	Stunden bis Tage	Dorf, kleine Stadt, Insel, Waldgebiet, Obstplantage...
	Landschaftsklima	Kilometer bis 10^2 Kilometer	Tage bis Monate	Flugplatz, Großstadt, größere Insel, Küstengebiet, Landschaften, Mittelgebirge
MAKRO	Klimahaupttyp/ Klimatyp	10^2 bis 10^3 Kilometer	Monate	Passatklima, Mittelmeerklima, feuchtgemäßigtes Klima
	Zonenklima	10^2 bis 10^4 Kilometer	Jahreszeiten, Jahre	Polarklima, Tropenklima, Trockenklima
	Globalklima	Abmessungen Erde bzw. Hemisphäre	Jahrzehnt und länger	Klima der Erde

tionsabhängige Datenerfassungen vorzunehmen, sollte zu Beginn geprüft werden, ob nicht auf Routinedatenquellen der Wetterdienste zurückgegriffen werden kann. Diese können genutzt werden, wenn zumindest eine Station als repräsentativ für die zu untersuchende topografische Einheit anzusehen ist. Oft ist das aber nicht möglich, da die Dichte der betriebenen Stationsnetze eher auf die Lösung übergeordneter Aufgaben zugeschnitten und deshalb meist zu gering ist. Bei stationsabhängigen Datenerfassungen besteht grundsätzlich das Problem der Umsetzung der gewonnenen **Punktdaten** in Flächeninformationen. Um **Flächenwerte** mit hohen Informationsdichten zu generieren, muss auf kombinierte Methoden zurückgegriffen werden (zum Beispiel empirische Verfahren, Interpolationen, Modellierungen, Fernerkundungsverfahren). Dabei werden vielfach auch die Ergebnisse (pflanzen-)phänologischer Untersuchungen eingebunden, da deren Ergebnisse Raumverteilungen klimatologischer Parameter repräsentieren (s. Kapitel 15).

Am Anfang einer jeden Untersuchung sollte die Auswertung vorhandenen Datenmaterials stehen, auf das zum Beispiel in Form von Tabellen und Karten

(Klimaatlanten) zurückgegriffen werden kann. Für viele Siedlungsgebiete existieren darüber hinaus meist großmaßstäbig angelegte **synthetische Klimafunktionskarten,** die zusätzliche Informationen bereitstellen (s. Abschnitt 12.7).

Für die Durchführung von **Geländemessungen** steht eine entsprechende Untersuchungs- und Messmethodik zur Verfügung, auf die in Kapitel 8 und Abschnitt 12.7 näher eingegangen wird. Die Länge eines Messzeitraumes richtet sich nach den jeweils zu untersuchenden Phänomenen. Dabei sollten auch saisonale Aspekte berücksichtigt werden, sodass es sinnvoll ist, Messstationen für einen Zeitraum von mindestens einem Jahr zu betreiben.

12.2 Geschichtliche Aspekte der Mikro- und Mesoklimatologie

Wissenschaftshistorisch betrachtet dürften die Ursprünge der Mikro- und Mesoklimatologie – die anfangs noch nicht so benannt wurden – in der zweiten Hälfte des 19. Jahrhunderts liegen. Der russische Gelehrte A. I. Wojeikov (1842–1916) war wohl einer der ersten Wissenschaftler, die nicht nur globalklimatische Phänomene erklärten, sondern systematisch auch kleinklimatische, an die Vegetation und den Boden gebundene Eigenschaften wissenschaftlich untersuchten. Von Wojeikov stammt beispielsweise der heute noch im Zusammenhang mit der Beschreibung der klimatischen Verhältnisse in Pflanzenbeständen verwendete Begriff „**äußere tätige Oberfläche**". Diese entspricht etwa der Bestandsoberfläche und regelt als Grenzfläche des Pflanze-Atmosphäre-Kontinuums im Wesentlichen den Strahlungs- und Wärmeumsatz des bedeckten Bodens.

Nach den wegweisenden Untersuchungen des Finnen T. Homen (1858–1923) zur Energiebilanz von Böden im Jahr 1897 konnte – auf diesen Ergebnissen aufbauend – 1911 der deutsche Botaniker G. Kraus (1841–1915) die erste Monographie zum Thema „Boden und Klima auf kleinstem Raum" vorlegen. 30 Jahre später veröffentlichte dann der Meteorologe R. Geiger (1894–1981) sein grundlegendes, später auch international bekannt gewordenes Buch „Das Klima der bodennahen Luftschicht", das bis zum Jahre 1961 in der vierten deutschen Auflage erschien. Dieses Lehrbuch der Mikroklimatologie, das in verschiedene Sprachen übersetzt wurde (zum Beispiel: englische Ausgabe 1966 „The Climate near the Ground"), trägt für die Klimatologie Pioniercharakter. Es bietet nach wie vor einen guten Überblick über die facettenreichen Eigenschaften des Kleinklimas, wobei Untersuchungsergebnisse aus Deutschland besondere Berücksichtigung fanden.

In der Folgezeit traten verschiedentlich Meteorologen und Klimatologen in Europa und Übersee mit zum Teil umfangreichen Veröffentlichungen über das Klima im bodennahen Bereich hervor. Dazu zählen die Russin S. A. Saposhnikova (1950) mit „Mikroklima und Lokalklima", die Nordamerikaner O. G. Sutton (1953, „Micrometeorology") und R. E. Munn (1966, „Descriptive Micrometeorology"), der Ungar D. Berenyi (1967) mit dem in deutscher Übersetzung vorliegenden Buch „Mik-

roklimatologie" sowie der Japaner M. Yoshino (1975) mit „Climate in a small area".
Diese **Standardwerke der Mikro- und Mesoklimatologie** mit jeweils unterschiedlich starker Betonung der auf die Herkunftsländer der Verfasser bezogenen Beispiele, wurden ergänzt durch das Buch des Kanadiers T. R. Oke (1990, „Boundary Layer Climates") sowie das der Engländer J. L. Monteith und M. Unsworth (1995, „Principles of Environmental Physics"). Allgemeineren Darstellungscharakter mikrometeorologischer Sachverhalte mit durchaus stärkerer Akzentuierung der mathematisch-physikalischen Grundlagen streben die Lehrbücher von R. B. Stull (1988, „An Introduction to Boundary Layer Meteorology"), von S. P. Arya (2001, „Introduction to Micrometeorology"), von T. Foken (2003, „Angewandte Meteorologie") sowie von J. Bendix (2004, „Geländeklimatologie") an.

Über aktuelle Forschungsergebnisse aus dem Bereich des Klein- und Geländeklimas unterrichtet mittlerweile eine Fülle von Einzelarbeiten (zusammenfassender Überblick zum Beispiel in Arnfield 1998a, b; 2000; 2001a, b; 2003), die in verschiedenen meteorologisch beziehungsweise klimatologisch ausgerichteten Fachzeitschriften veröffentlicht werden. Hierzu zählen Publikationen wie „Boundary Layer Meteorology", „Meteorologische Zeitschrift", „International Journal of Biometeorology", „Journal of Applied Meteorology", „Atmospheric Environment", „Theoretical and Applied Climatology" „International Journal of Climatology" sowie „Progress in Physical Geography".

12.3 Bodennahes Klima

Die mikroklimatischen Verhältnisse der bodennahen Luftschicht werden weitestgehend durch Art und Gestaltung der Bodenoberfläche als Klimafaktor geprägt. Dabei spielt der Strahlungs- und Wärmeumsatz, d. h. die Energiebilanz an der Grenzfläche Boden/Atmosphäre (Strahlungsreferenzfläche), eine maßgebliche Rolle. So werden die thermischen Eigenschaften des unbewachsenen Erdbodens im Wesentlichen durch dessen Dichte, Struktur, Zusammensetzung, Porenvolumen, Wasserleitfähigkeit und Feuchtigkeit bestimmt. Das thermische Regime der bodennahen Luftschicht wird entscheidend durch die Größe der Strahlungsbilanz gesteuert. Das zeigt sich insbesondere während autochthoner (eigenbürtiger) Wetterlagen, wenn beispielsweise windschwache Sommertage, die durch Wolkenarmut gekennzeichnet sind, zu hohen Ein- und Ausstrahlungswerten führen. In Mitteleuropa weisen etwa 20 % der Tage und 30 % der Nächte die Charakteristika derartigen **Strahlungswetters** auf (Wilmers 1976). Tagsüber entwickelt sich dann in unmittelbarer Oberflächennähe ein vertikaler Temperaturgradient mit stark überadiabatischer, labiler Schichtung ($\gamma > 1$ K 100 m^{-1}). Eine solche Temperaturverteilung wird als **Einstrahlungstyp** (Geiger) bezeichnet. Abends und verstärkt nachts setzt sich dann bei negativer Strahlungsbilanz und zunehmender stabiler Schichtung ($\gamma < 1$ K 100 m^{-1}) beziehungsweise sogar Ausbildung einer Boden- oder Strahlungsinversion der **Ausstrahlungstyp** durch. Stabiles windarmes Wetter reduziert die Mischungsschichthöhe und unterbindet weitgehend den turbulenten atmosphärischen Austausch.

Der Begriff Ausstrahlungstyp darf jedoch nicht darüber hinwegtäuschen, dass die langwellige Ausstrahlung tagsüber bei starker Sonneneinstrahlung aufgrund hoher Oberflächentemperaturen größer ist als nachts. Allerdings wird die Ausstrahlung am Tage durch die Einstrahlung überkompensiert, was nachts natürlich nicht der Fall ist.

Im Idealfall verhält sich bei ungestörtem Wetter der Verlauf der **Bodentemperaturen** in Abhängigkeit von der Tiefe in etwa spiegelbildlich zur Höhenabhängigkeit der Lufttemperaturen, mit allerdings unterschiedlich stark ausgeprägtem Gradienten (Abb. 12.1).

Einen besonderen Einfluss auf das Klima der bodennahen Luftschicht üben **Bodenbedeckungen** aus. Diese können aus Pflanzenbeständen unterschiedlicher Art, Dichte und Höhe, aber auch aus Laubstreu, Schnee und künstlich aufgebrachten Abdeckungen wie Stroh, Mulch oder im Pflanzenbau verwendeten Folien bestehen. Ferner beeinflusst das Relief – durch Hangneigung, -wölbung und -exposition – die mikro- und mesoklimatischen Verhältnisse nachhaltig.

Der Energieumsatz unmittelbar an Oberflächen muss an jedem Ort und zu jedem Zeitpunkt ausgeglichen sein (s. Kapitel 3), denn eine „Wärmespeicherung" ist nur dann möglich, wenn „Masse" zur Verfügung steht. Während sich für opake (lichtundurchlässige) Oberflächen die Energiebilanz auf die entsprechende Strahlungsumsatzfläche bezieht, müssen die Energieflussdichten von Materialien, die mehr oder weniger transparent sind und in die die Strahlung unterschiedlich tief eindringen kann, auf Volumina bezogen werden. Dabei spielt die **Eindringtiefe** der Strahlung eine erhebliche Rolle. Die Begrenzungsflächen derartiger Medien zur Atmosphäre können zum Beispiel aus Wasser, Eis, Schnee oder Vegetation bestehen. In derartigen Fällen muss die Gleichung der bereits bekannten **Oberflächenenergiebilanz** (s. Abschnitte 3.6, 3.7, insbesondere auch zur Vorzeichenregelung)

$$Q + Q_H + Q_E + Q_{Adv} + Q_{Nd} + Q_B = 0 \qquad (12.1)$$

um den Speicherterm ΔQ_S (bei Pflanzenbeständen ist das zum Beispiel der Bestandeswärmestrom) erweitert werden, wodurch die Energieänderung in dem zu betrachtenden Volumen berücksichtigt wird. Aus Gl. (12.1) ergibt sich dann die **Volumenenergiebilanz**

$$Q + Q_H + Q_E + Q_{Adv} + Q_{Nd} + Q_B + \Delta Q_S = 0. \qquad (12.2)$$

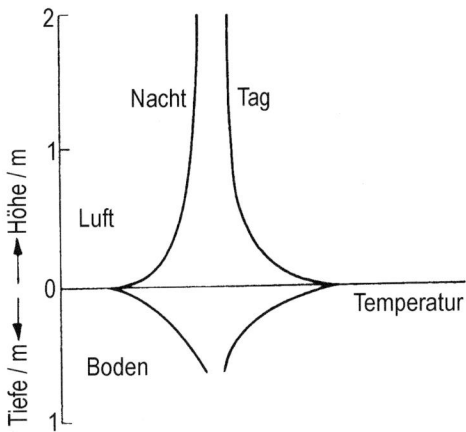

Abb. 12.1: Schematische Darstellung des Ein- und Ausstrahlungstyps der vertikalen Temperaturverteilung über und unter der Erdoberfläche (fester, unbewachsener Boden) während eines Strahlungstages (nach Geiger 1961)

Die Größe ΔQ_S ist negativ, wenn Q > 0, und positiv, wenn Q < 0 ist. Für den Fall, dass sich die Strahlungs- und Wärmeflussdichten in das beziehungsweise aus dem Volumen im Gleichgewicht befinden, wird $\Delta Q_S = 0$. Der Advektionsterm Q_{Adv} und der Niederschlagsterm Q_{Nd} werden in den Bilanzgleichungen meist vernachlässigt, insbesondere dann, wenn ausschließlich windstille (und trockene) Strahlungswetterlagen betrachtet werden. Grundsätzlich ist die Bestimmung der einzelnen Terme der Energiebilanz sehr aufwendig und mit Fehlern behaftet. Das bedeutet, dass die gemessenen Bilanzgrößen in der Regel nicht zu einer vollständigen Schließung der jeweiligen Gleichungen führen und somit Restglieder mit zum Teil nicht unerheblich hohen Werten übrig bleiben können. Hierauf kann jedoch nicht weiter eingegangen werden. Stattdessen wird auf die Behandlung dieses „Residuenproblems" in entsprechender Literatur verwiesen (z. B. Foken 2003).

12.3.1 Wärmeumsatz des unbewachsenen Untergrundes

Die Wärmebilanz einer Oberfläche wird durch deren Strahlungsbilanz Q bestimmt. Zunächst einmal soll für einen **„idealen Standort"** der Wärmeumsatz erörtert werden. Hierbei handelt es sich um einen nicht mit Vegetation bestandenen homogenen ebenen Untergrund. Dieser soll für solare Strahlung undurchlässig sein und nicht durch Randeffekte beeinträchtigt werden. Neben der Oberflächenfarbe ist das Material, aus dem der Untergrund besteht, für den zeitabhängigen Transport der Wärmemengen maßgebend. Die wichtigsten thermischen Größen werden nachfolgend kurz erläutert. Beispielwerte für verschiedene Stoffe enthält Tab. 12.2.

Spezifische Wärmekapazität c (in $J\,kg^{-1}\,K^{-1}$) früher „spezifische Wärme" genannt: Energie, die notwendig ist, um eine Temperaturänderung von einem Kelvin in einem Kilogramm eines Stoffes herbeizuführen. Bei Gasen, die im Gegensatz zu Flüssigkeiten und Feststoffen kompressible Medien sind, unterscheidet man zwischen der spezifischen Wärmekapazität bei konstantem Druck c_p und bei konstantem Volumen c_V.

Wärmekapazitätsdichte ζ (in $J\,m^{-3}\,K^{-1}$): vergleichbar c, jedoch auf das Volumen bezogen. Je größer die entsprechenden Werte von c beziehungsweise ζ sind, umso größer ist die Wärmemenge, die für eine bestimmte Temperaturänderung aufgewendet werden muss. Da Wasser zum Beispiel eine hohe spezifische Wärmekapazitätsdichte hat ($\zeta = 4{,}2\,MJ\,m^{-3}\,K^{-1}$), d. h. viel Energie notwendig ist, um eine Temperaturänderung zu bewirken, sind große Wasserkörper durch ein thermisch ausgeglichenes (auch konservativ genanntes) Klima charakterisiert. Meeres- und Küstenklimate sind bekannte Beispiele dafür.

Wärmeleitfähigkeit λ (in $W\,m^{-1}\,K^{-1}$): Wärmetransport erfolgt durch Stöße von Teilchen (Atome, Moleküle), ohne dass diese ihren Platz verändern. Die Maßeinheit besagt, dass der eindimensionale Wärmetransport innerhalb eines Materials entlang einer Strecke von einem Meter betrachtet wird, wenn zwischen Anfangs- und Endpunkt eine Temperaturdifferenz von einem Kelvin

12.3 Bodennahes Klima

Tab. 12.2: Mittlere Werte thermischer Größen für ausgewählte Medien; alle Größen sind temperaturabhängig (nach Oke 1990 und Zmarsly et al. 2002)

Medium	Dichte	Spezifische Wärmekapazität	Wärmekapazitätsdichte	Wärmeleitfähigkeitskoeffizient	Temperaturleitfähigkeitskoeffizient	Wärmeeindringkoeffizient
	ρ / kg m^{-3}	c / J kg^{-1} K^{-1}	ζ / J m^{-3} K^{-1}	λ / W m^{-1} K^{-1}	a / m^2 s^{-1}	b / J s$^{-0,5}$ m^{-2} K^{-1}
Luft (unbewegt)	1,2	1010[1)]	1200	0,025	$20{,}50 \cdot 10^{-6}$	5
Luft (turbulent)	1,2	1010[1)]	1200	≈ 125	0,10	390
Neuschnee	100	2090	$0{,}21 \cdot 10^6$	0,08	$0{,}38 \cdot 10^{-6}$	130
Altschnee	480	2090	$1{,}00 \cdot 10^6$	0,42	$0{,}42 \cdot 10^{-6}$	650
Eis	920	2100	$1{,}93 \cdot 10^6$	2,24	$1{,}16 \cdot 10^{-6}$	2080
Wasser (unbewegt)	1000	4180	$4{,}18 \cdot 10^6$	0,57	$0{,}14 \cdot 10^{-6}$	1545
Beton	2400	880	$2{,}11 \cdot 10^6$	1,51	$0{,}72 \cdot 10^{-6}$	1785
Felsgestein	2680	840	$2{,}25 \cdot 10^6$	2,19	$4{,}93 \cdot 10^{-6}$	2220
Moor (trocken)	300	1920	$0{,}58 \cdot 10^6$	0,06	$0{,}10 \cdot 10^{-6}$	190
Moor (nass)	1100	3650	$4{,}02 \cdot 10^6$	0,50	$0{,}12 \cdot 10^{-6}$	1420
Lehmboden (trocken)	1600	890	$1{,}42 \cdot 10^6$	0,25	$0{,}18 \cdot 10^{-6}$	600
Lehmboden (nass)	2000	1550	$3{,}10 \cdot 10^6$	1,58	$0{,}51 \cdot 10^{-6}$	2210
Sandboden (trocken)	1600	800	$1{,}28 \cdot 10^6$	0,30	$0{,}23 \cdot 10^{-6}$	620
Sandboden (nass)	2000	1480	$2{,}96 \cdot 10^6$	2,20	$0{,}74 \cdot 10^{-6}$	2550

[1)] bei konstantem Druck

besteht. Die Wärmeleitung erreicht im Allgemeinen in festen Körpern hohe, in Flüssigkeiten mittlere und in Gasen niedrige Werte. In der Luft spielt λ deshalb praktisch keine Rolle, da hier der Wärmeaustausch im Wesentlichen über den turbulenten Wärmetransport erfolgt. Im Boden stellt die Wärmeleitung dagegen die dominierende Art der Energieübertragung dar.

Temperaturleitfähigkeit a (in m^2 s^{-1}; berechnet aus λ / ζ): Fähigkeit eines Stoffes, Temperaturunterschiede auszugleichen, beispielsweise zwischen verschiedenen Bodentiefen. Dominiert wird a durch die Wärmekapazitätsdichte ζ. Weist letztere einen großen Wert auf, ist die Temperaturleitfähigkeit klein und umgekehrt. Je größer zum Beispiel a für einen Boden ist, um so schneller gleicht sich ein Temperaturunterschied zwischen verschiedenen Bodenschichten aus. Unbewegte Luft besitzt einen außerordentlich kleinen Wert, turbulent bewegte Luft hingegen einen um fünf Größenordnungen höheren Wert.

Wärmeeindringkoeffizient b (in J s$^{-0,5}$ m^{-2} K^{-1}) berechnet aus $(\lambda \zeta)^{0,5}$:

hierbei handelt es sich um ein Maß für die Geschwindigkeit der Wärmeaufnahme beziehungsweise -abgabe und damit für die Wärmespeicherung eines Stoffes. Unbewegte Luft kann beispielsweise nur wenig Wärme speichern, Felsuntergrund hingegen wesentlich mehr.

Wärmeübergangskoeffizient α (in $W\,m^{-2}\,K^{-1}$): hiermit wird die Wärmeübertragung zwischen der Oberfläche eines festen Körpers (Boden) und einem strömenden Medium (Luft oder Wasser) bezeichnet. Der Wärmeübergangskoeffizient ist keine Konstante, sondern verändert sich unter anderem positiv mit der Geschwindigkeit des strömenden Mediums.

Auf die mathematisch-physikalische Herleitung der vorgenannten thermischen Parameter kann hier nicht eingegangen werden. Stattdessen wird auf entsprechende Literatur verwiesen (zum Beispiel Zmarsly et al. 2002).

Der zwischen den genannten Größen bestehende Zusammenhang zeigt, dass die Änderung der Temperatur in einer bestimmten Bodentiefe nicht nur von der Wärmezufuhr an der Bodenoberfläche, sondern in erheblichem Maße auch von den Wärmetransporteigenschaften des Bodens und damit von der Bodenfeuchte abhängt.

Verfügt ein Boden über eine gute Wärmeleitfähigkeit und eine große Wärmekapazitätsdichte, dann kann, entsprechende Einstrahlung vorausgesetzt, eine große Wärmemenge aufgenommen und gespeichert werden. Diese steht dann nicht mehr einer sofortigen Erwärmung der bodennahen Luft zur Verfügung, sondern wird mit dem Bodenwärmestrom Q_B dem Bodenspeicher zugeführt. Umgekehrt kann bei negativer Strahlungsbilanz Wärme vom Boden abgegeben werden. Die Abkühlung der Bodenoberfläche und damit auch der Luft ist dann weniger intensiv.

Thermische Mikroklimate über gut wärmeleitenden Böden (zum Beispiel verdichteten Ackerböden) weisen daher einen ausgeglichenen, solche über schlecht leitenden Böden (zum Beispiel trockenen Moorböden, die in ihrem Substrat viel Luft enthalten) einen extremen Temperaturgang auf. Abb. 12.2 zeigt dieses exemplarisch anhand der Tagesverläufe der Oberflächentemperaturen zweier Böden mit unterschiedlichen Wärmeleitfähigkeitskoeffizienten. Der besser Wärme leitende Boden (λ_2 = 16 $W\,m^{-1}\,K^{-1}$) weist ein niedrigeres und sich später einstellendes Temperaturmaximum sowie ein höheres Minimum auf als der schlechter leitende Boden (λ_1 = 4 $W\,m^{-1}\,K^{-1}$). Die unterschiedliche Phasenlage der Tageswelle der Oberflächentemperaturen kann bei

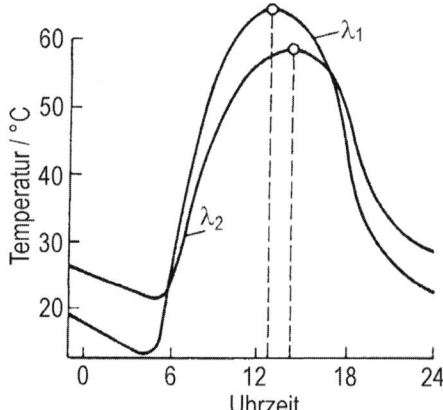

Abb. 12.2: Abhängigkeit der Amplitude und Phase des Tagesganges der Bodenoberflächentemperaturen von der Wärmeleitfähigkeit des Bodens (λ_1 = 4 $W\,m^{-1}\,K^{-1}$ beziehungsweise λ_2 = 16 $W\,m^{-1}\,K^{-1}$) (nach Fiedler 1987, verändert)

verschiedenen Flächen, die nebeneinander liegen (zum Beispiel Acker/ Weide; Acker/Wald), zu thermisch induzierten, allerdings auf die bodennahe Luftschicht beschränkten **Mikrozirkulationen** führen.

Bei Böden mit hoher Temperaturleitfähigkeit dringen Temperaturwellen, die als Temperaturänderungen beobachtet werden, verhältnismäßig tief in den Boden ein. Geringe Temperaturleitfähigkeit ist ein Zeichen dafür, dass sich Temperaturänderungen von der Oberfläche langsam und nur bis zu einer geringen Tiefe fortsetzen. Damit ist die in einer bestimmten Bodentiefe gegenüber der Oberfläche auftretende Phasenverschiebung bestimmter Temperaturwerte bei hoher Temperaturleitfähigkeit klein, bei geringer Leitfähigkeit aber groß. Die Wirkung des Bodens auf das Eindringen der Wärme hat zur Folge, dass mit zunehmender Tiefe eine Amplitudenschwächung und eine zunehmende Verspätung der Maxima beziehungsweise Minima eintritt. Das gilt für den **Tagesgang** wie auch für den **Jahresgang**. Im Tagesgang (Abb. 12.3) wird in 2 cm Tiefe das Maximum gegen 12 Uhr erreicht; in 50 cm Tiefe jedoch erst nach 21 Uhr. Im Jahresgang (Abb.

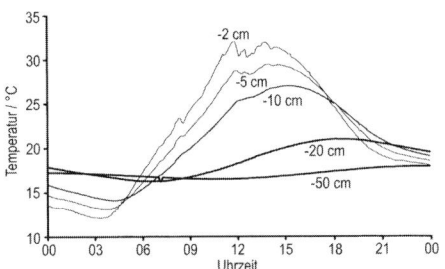

Abb. 12.3: Tagesgang der Bodentemperatur am 5.6.1998 auf einer Brache in Lindenberg (nach Foken 2003, verändert)

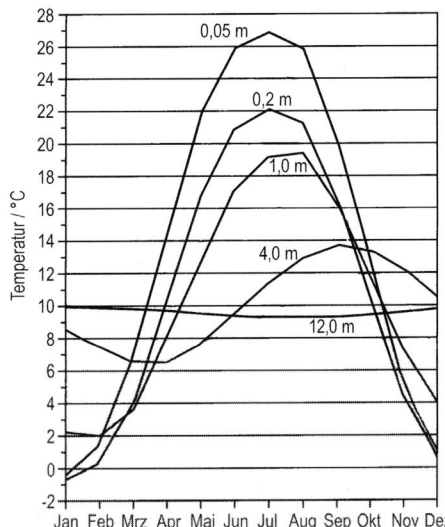

Abb. 12.4: Jahresgang der Bodentemperatur in einem Sandboden bei Potsdam (1961 bis 1990) (nach Lehmann und Kalb 1993, verändert)

12.4) führt die Phasenverschiebung in einem Sandboden beispielsweise dazu, dass sich das höchste Monatsmittel der Bodentemperatur in 5 cm Tiefe im Juli einstellt, in 1 m Bodentiefe im August und in 12 m Tiefe erst im Februar. Die niedrigsten Monatsmittel werden entsprechend im Januar, Februar und August erreicht. In 12 m Bodentiefe kommt es somit zu einer „Umkehr" der **thermischen Jahreszeiten**, und da der Effekt sehr klein ist, lassen sich kaum Temperaturänderungen beobachten (Jahresmitteltemperatur).

In welchem Maße die **Bodenfeuchtigkeit** einen Einfluss auf die Höhe der Bodenoberflächentemperaturen hat, zeigt Abb. 12.5. Gleiche Strahlungsbedingungen vorausgesetzt, weist ein gut mit Wasser versorgter Boden im Vergleich zum trockenen Substrat während des ganzen Tages eine deutlich niedri-

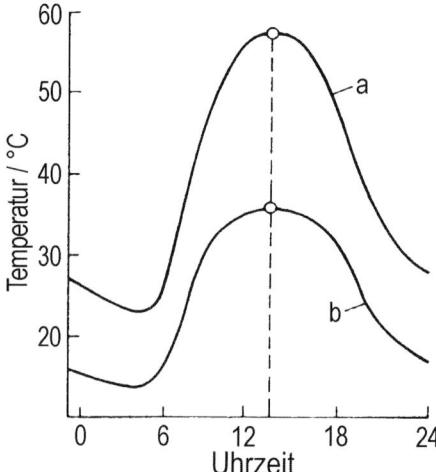

Abb. 12.5: Abhängigkeit der Bodenoberflächentemperatur von der Verdunstung (a = trockener Boden, b = feuchter Boden) und der Tageszeit (nach Fiedler 1987)

gere Oberflächentemperatur auf, wobei die mittäglichen Maximalwerte um mehr als 20 K voneinander abweichen. Die niedrigeren Temperaturen des feuchten Bodens beruhen allerdings nicht nur auf der erhöhten Wärmeleitfähigkeit λ gegenüber dem trockenen Boden, sondern auch auf der für die Verdunstung aufzuwendenden Energie ($q_{v,w\ 20\ °C}$ = 2,45 MJ kg^{-1}). Nasse beziehungsweise feuchte Böden sind deshalb relativ kalte Böden. Signifikante Änderungen der thermischen Größen für Böden treten bei Wassersättigung – im Vergleich zum trockenen Zustand – auf (Tab. 12.2).

Grundsätzlich kann in diesem Zusammenhang festgestellt werden, dass eine Zunahme des Bodenfeuchtegehaltes in den meisten Böden zunächst einen Anstieg der Wärmeleitfähigkeit, Wärmekapazitätsdichte, Temperaturleitfähigkeit und des Wärmeüberganges bewirkt (Abb. 12.6). Das liegt daran, dass sich die Bodenpartikeln unter Verdrängung der Bodenluft mit Haftwasser umgeben, sodass bis zu einem mittleren **Bodenwassergehalt** die Temperaturleitfähigkeit zum Beispiel erst ansteigt, bei weiterer Feuchtigkeitszufuhr jedoch abnimmt, weil die Wärmeleitfähigkeit dann ein konstantes Niveau erreicht, während die Wärmekapazitätsdichte durch die Wasserzufuhr weiter ansteigt.

Im Vergleich zu festem Boden zeichnen sich **Gewässer** (große, tiefe Seen, aber auch breite Flüsse) durch besondere strahlungsklimatische (fotoaktinische), thermische und strömungsdynamische Eigenschaften aus. Der Einfallswinkel und die Intensität der Strahlung sowie die Trübung des Wassers bestimmen die Eindringtiefe der in den Wasserkörper einfallenden Strahlung. Die Reflexion an der Wasseroberfläche ist von deren Bewegung und vom Sonnenstand abhängig. Bei großer Zenitdistanz der

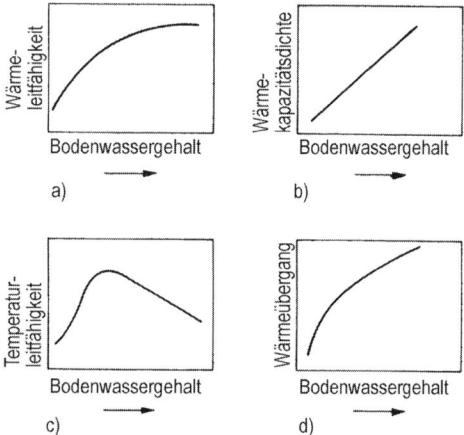

Abb. 12.6: Schematische Darstellung der Abhängigkeit der Wärmeleitfähigkeit (a), der Wärmekapazitätsdichte (b), der Temperaturleitfähigkeit (c) und des Wärmeübergangs (d) vom Bodenwassergehalt (nach Oke 1990)

12.3 Bodennahes Klima

Sonne zum Beispiel erreicht die Albedo hohe Werte (80 % bis 90 %), bei kleiner Zenitdistanz liegen diese nur bei 3 % bis 4 %. Die Reflexion an der Wasseroberfläche kommt auch der Umgebung zugute, sodass die Westufer von Seen und Flüssen bei entsprechender Einstrahlung morgens, die Ostufer abends zusätzliche Strahlung empfangen. Die hohe spezifische Wärmekapazität von unbewegtem Wasser (c_W = 4,2 kJ kg^{-1} K^{-1}), der niedrige Wärmeleitfähigkeitskoeffizient (λ_W = 0,57 W m^{-1} K^{-1}) sowie ein auf dynamischer Turbulenz und Konvektion beruhender horizontaler und vertikaler Massenaustausch führen dazu, dass Wasserkörper in ihrem thermischen Verhalten relativ „konservativ" sind, was sich in geringen Temperaturschwankungen widerspiegelt. Die mittlere tägliche Oberflächentemperaturänderung (ΔT_W) eines Wasserkörpers kann nach Gl. (12.3)

$$\Delta T_W = \Delta Q_S / (c_p \cdot \rho_W \cdot z_W) \quad (12.3)$$

mit

ΔQ_S = während des Tages vom Gewässer aufgenommene beziehungsweise abgegebene Wärme / W m^{-2},

c_p = spezifische Wärmekapazität bei konstantem Druck / J kg^{-1} K^{-1},

ρ_W = Dichte des Wassers / kg m^{-3} und

z_W = Tiefe des Gewässers / m

berechnet werden.

Auf den Ozeanen beträgt diese Schwankung im Tagesverlauf nur wenige Zehntel Kelvin. In flachen Gewässern nähern sich die Temperaturunterschiede jedoch jenen von festem Boden. Während die Bodenart noch deutlich auf den Temperaturgang der bodennahen Luftschicht einwirkt, ist dieser über einer Wasseroberfläche infolge kleiner Q_H-Werte im Allgemeinen nur gering ausgeprägt. Eine gleichmäßige räumliche und zeitliche Temperaturverteilung über Wasserflächen ist die Folge, solange keine Advektion wärmerer oder kälterer Luft erfolgt.

Im Gegensatz zu festem Boden übt eine Wasserfläche wegen ihrer geringen **Rauigkeit** (10^{-4} m $\leq z_o \leq$ 10^{-3} m) nur eine schwache Bremswirkung auf die Luftbewegung aus. Höhere Windgeschwindigkeiten können deshalb bis in unmittelbarer Nähe der Wasseroberfläche beobachtet werden.

Die **Luftfeuchtigkeit über Wasserflächen** ist im Vergleich zu festem Boden meist erhöht. Ihr Wert wird jedoch noch übertroffen von Pflanzenbeständen an See- oder Flussufern, die bei optimaler Wasserversorgung und höherer Lufttemperatur in Folge der Transpiration mehr Wasser verdunsten. Das kann zu Luftfeuchtigkeitswerten führen, die über denjenigen von Wasserflächen liegen (s. auch Abschnitt 13.12.1, Tab. 13.22).

Ist ein Boden mit **Schnee** bedeckt, so verändert sich in Abhängigkeit von der Eiskristallgröße und -struktur, dem Flüssigwassergehalt und dem Verschmutzungsgrad des Schnees die Energiebilanz des Untergrundes. Eine aerodynamisch glatte Schneedecke ($z_o \approx$ 10^{-4} m) lässt darüber hinaus hohe Windgeschwindigkeiten bis in unmittelbare Oberflächennähe zu. Die kurzwellige **Albedo** beläuft sich auf 75 % bis 90 %, über Neuschnee ($\rho_{Neuschnee}$ = 100 kg m^{-3} bis 200 kg m^{-3}) können fast 100 % erreicht werden. Bei Altschnee oder nassem Schnee ($\rho_{Altschnee}$ = 300 kg m^{-3} bis 500 kg m^{-3}) nehmen die Albedowerte stark ab ($\leq$ 50 %). Im langwelligen Bereich ist die Albedo sehr klein, das Emissionsvermögen mit ε = 0,95 bis 0,99 entsprechend groß, sodass Schnee annähernd als Schwarzstrahler bezeichnet werden kann (s. Kapitel 3). Die hohen Werte der kurzwelligen Albedo, des Emissionsvermögens und die zumindest bei Neuschnee wegen des Lufteinschlusses äußerst geringe Wärmeleitfähigkeit ($\lambda_{Neuschnee}$ = 0,08 W m^{-1} K^{-1}; s. Tab. 12.2), die derjenigen trockenen Moorbodens (λ_{Moor} = 0,06 W m^{-1} K^{-1}) kaum nachsteht, bewirken über Schneedecken bei windarmem Strahlungswetter eine vertikale Temperaturverteilung, die derjenigen des „Ausstrahlungstyps" (Abb.12.1) entspricht.

Zwischen Boden- und Schneeoberfläche können sich große Temperaturgradienten einstellen. In dem in Abb. 12.7 dargestellten Beispiel sind das maximal 20 K. Der Boden ist in diesem Fall ab 5 cm Tiefe nicht mehr gefroren. Für Pflanzen und Tiere, die unter einer Schneedecke leben, stellt diese einen ausgezeichneten **Kälteschutz** dar. Sobald jedoch Pflanzenteile aus dem Schnee herausragen, sind sie durch Erfrieren, durch frostbedingte Trockenheit, die sich bei anhaltender Transpiration einstellt (Winterdürre, Frosttrocknis) sowie durch Schnee- beziehungsweise Eisdrift insofern gefährdet, als bei hohen Windgeschwindigkeiten mittransportierte Schnee- oder Eiskristalle zur Verletzung des oberirdischen Vegetationskörpers führen können.

12.3.2 Luftfeuchtigkeit und Wind

Das in der Atmosphäre enthaltene Wasser ist hauptsächlich auf Verdunstungsprozesse an der Boden- oder Wasseroberfläche zurückzuführen. Der Wasserdampftransport erfolgt über turbulente Diffusion und ist unter anderem abhängig vom jeweils herrschenden Sättigungsdefizit der Luft. Die höchsten Luftfeuchtigkeitswerte treten meist in Bodennähe auf, während sie mit zunehmender Höhe abnehmen. Allerdings lassen sich auch die umgekehrten Verhältnisse beobachten, wenn über einem kalten Untergrund neben einer Temperatur- auch eine **Feuchteinversion** entsteht. Hierbei wird der dem Boden aufliegenden Luft durch Kondensation an den Oberflächen Feuchtigkeit entzogen (Tauabsatz), wodurch diese trockener wird. Für die beiden genannten vertikalen Feuchteverteilungen prägte Geiger die Begriffe **Nasstyp** (Luftfeuchtezunahme zum Boden) und **Trockentyp** (Luftfeuchteabnahme zum Boden). Der Nasstyp herrscht hauptsächlich tagsüber vor, der Trockentyp im Allgemeinen nachts bei Taubildung und verminderter Transpiration von Pflanzen (Abb. 12.8).

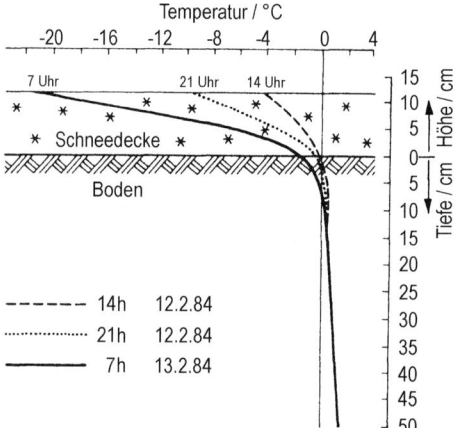

Abb. 12.7: **Temperaturverlauf innerhalb einer Schneedecke und im Erdboden in Weihenstephan, Februar 1984** (nach Häckel 1999)

12.3 Bodennahes Klima

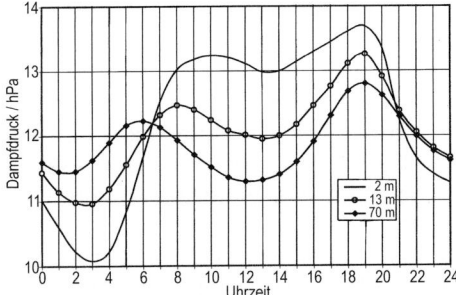

Abb. 12.8: Tagesgänge des Dampfdruckes in verschiedenen Höhen an austauscharmen Strahlungstagen im Juni über einer Wiese im Norden von Hamburg (nach Frankenberger 1951 aus Horbert 2000)

Der Dampfdruck zeigt im **Tagesgang** zwei Minima, wobei das stärkere frühmorgens mit dem Temperaturminimum zusammenfällt. Das schwächere Minimum zur Mittagszeit trennt das morgendliche/vormittägliche Neben- vom abendlichen Hauptmaximum. Diese vorübergehende Abnahme des Dampfdrucks ist auf stärkeren Massenaustausch und eventuellen Rückgang der Transpirationsleistung der Pflanzen (Stomataschluß) bei starker Sonneneinstrahlung zurückzuführen. Das abendliche Maximum bildet sich bei Zunahme der Schichtungsstabilität, bevor eine deutliche Abnahme der Verdunstungsleistung den Dampfdruck auf niedrige nächtliche Werte sinken lässt. Die Tagesgänge sind bodennah stärker ausgeprägt als in größerer Entfernung von der Oberfläche, was auch auf den schnelleren Wechsel zwischen stabilen (überwiegend morgens und abends) und labilen atmosphärischen Schichtungsverhältnissen (überwiegend mittags und nachmittags) in Bodennähe zurückzuführen ist. Die bekannte **Doppelwelle des Wasserdampfgehaltes** der Luft ist für die hier dargestellten Höhen gut zu erkennen. Dem Tagesgang von Lufttemperatur und Luftfeuchtigkeit vergleichbar, ergibt sich auch für die **Windgeschwindigkeit** ein charakteristischer höhenabhängiger Verlauf, der ebenfalls besonders gut während windschwacher Strahlungswetterlagen zur Geltung kommt. Wie Abb. 12.9 zu entnehmen ist, treten zum Beispiel in 8 m Höhe tagsüber die höchsten, nachts die niedrigsten Windgeschwindigkeiten auf. Die hohen Werte, die sich insbesondere zur Mittagszeit hier einstellen, sind auf die während dieser Zeit bei labiler Schichtung meist stark entwickelte Turbulenz zurückzuführen, die einen konvektionsbedingten Impulstransport zur Oberfläche verursacht. Dabei wird Luft aus der Höhe, die dort eine höhere Geschwindigkeit besitzt, nach unten transportiert und Luftpakete geringerer Geschwindigkeit nach oben, die dort für eine Abbremsung der Strömung sorgen und im Tagesgang zu ei-

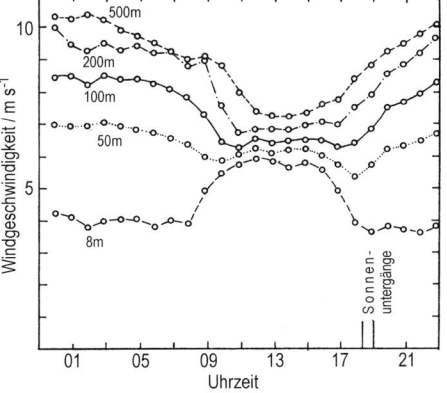

Abb. 12.9: Tagesgänge der Windgeschwindigkeiten zwischen 8 m und 500 m Höhe (40-tägiges Mittel) über rauigkeitsarmer ländlicher Fläche während Strahlungswetterlagen in Australien (nach Mahrt 1981 aus Arya 2001)

nem gegenläufigen Verhalten der Windgeschwindigkeit mit zunehmender Entfernung vom Erdboden führen. Bei den abends eintretenden und bis zum frühen Morgen andauernden stabilen bodennahen Schichtungsverhältnissen wird der Vertikalaustausch mit der Höhe hingegen erschwert beziehungsweise – je nach Schichtungsstabilität – sogar ganz unterbunden, sodass die Windgeschwindigkeit in der Höhe nicht mehr bis zum Boden durchgreifen kann. In Bodennähe kommt es deshalb zu einer Windberuhigung, da die untere Luftschicht dann von der darüberliegenden Schicht thermisch und dynamisch entkoppelt ist. Die deutlich höheren Windgeschwindigkeiten (hier in 500 m Höhe) sind ein Beleg dafür. Herrscht jedoch eine Wetterlage mit übergeordnet hohen Windgeschwindigkeiten vor (zum Beispiel allochthone Witterung), dann bildet sich in der Regel keine Temperaturinversion aus, und die Eigenständigkeit des Mikroklimas der bodennahen Luftschicht wird aufgehoben.

12.3.3 Mikroklima des vegetationsbedeckten Bodens

Das Klima wirkt auf den pflanzenbedeckten Boden in vielfältiger Weise ein. Die genaue Kenntnis der klimatischen Einflussgrößen stellt zum Beispiel eine wichtige Voraussetzung zur Optimierung von Pflanzenerträgen, für den natürlichen Schutz vor Schädlingsbefall und zur Schaffung von Grundlagen für die Parametrisierung als Bestandteil von Klimamodellen für unterschiedliche Skalenbereiche dar.
Während bei unbewachsenem Boden der Strahlungsumsatz an der Bodenoberfläche erfolgt, wird er in einer Pflanzendecke unregelmäßig über das gesamte Bestandsvolumen verteilt. Von der eintreffenden Strahlung gelangt dabei nur ein Teil in Abhängigkeit von der jeweiligen Bestandsstruktur, Belaubungsdichte und Blattstellung zum Erdboden.
Es gibt verschiedene Möglichkeiten, den Einfluss von Pflanzenbeständen auf die Strahlungsströme zu quantifizieren. Hierzu zählen (nach Larcher 2001):
Blattflächenindex (LAI, leaf area index): Maß für den Überdeckungsgrad eines Bestandes, gebildet aus dem Quotienten der Gesamtsumme der Blattoberflächen (m^2) und der Grundfläche des Bestandes (m^2). Da die Blätter in mehreren Niveaus übereinander angeordnet sind, spricht man auch vom kumulativen LAI, wenn das gesamte Kronendach gemeint ist. Die LAI-Werte schwanken je nach Vegetationstyp, Phänophasen und damit der Jahreszeit in weiten Bereichen. So verfügen boreale Nadelwälder beispielsweise über einen kumulativen LAI von 7 bis 16. Wiesen und Graslandschaften (zum Beispiel Steppen) erreichen hingegen nur Werte zwischen 1 und 5.
Blattflächendichte (LAD, leaf area density): Raumfüllung durch das Laub. Hierbei wird die Blattfläche nicht auf die projizierte Bodenfläche, sondern – zum Beispiel bei Bäumen – auf das Volumen des beblätterten Kronenbereichs bezogen ($m^2\,m^{-3}$). Vorteil dieser Größe ist es, dass auch die Unterschiede in der Blattanordnung und -stellung, somit die räumliche „Entfaltung der Assimilationsflächen", erfasst werden können.
Pflanzenflächenindex (PAI, plant area index; auch Gesamtflächenindex genannt): Hierbei wird neben der Projek-

12.3 Bodennahes Klima

tionsfläche der Blätter (m^2) auch diejenige der Stämme und Äste (m^2) berücksichtigt. PAI-Werte für Laubbäume belaufen sich beispielsweise auf 5,5 während der belaubten und 0,6 während der laubfreien Phase (Mayer et al. 2002a).

Die Strahlungsflussdichte, die einen Bestand erreicht, nimmt von dessen Oberfläche bis zum Boden im Allgemeinen exponentiell ab, und zwar in Abhängigkeit vom Überdeckungsgrad. Dieser Zusammenhang kann unter Abwandlung des Lambert-Bouguer-Beer-Gesetzes (s. Abschnitt 3.3.4) nach Gl. (12.4) wie folgt berechnet werden (hier nach Larcher 2001):

$$J_z = J_o \cdot e^{-k \cdot LAI_z} \qquad (12.4)$$

mit
J_z = Strahlungsflussdichte im Abstand z vom Kronendach / $W\ m^{-2}$,
J_o = Strahlungsflussdichte oberhalb des Kronendaches / $W\ m^{-2}$,
k = pflanzen- beziehungsweise bestandstypischer Extinktionskoeffizient / –,
LAI_z = Blattflächenindex im Abstand z vom Oberrand des Bestandes pro Einheit der Bodenfläche / –.

Beim **Extinktionskoeffizienten k** (s. auch Abschnitt 3.3.4) handelt es sich allgemein um eine Proportionalitätskonstante, die – bezogen auf eine Wegstrecke (Einheit m^{-1}) – als Schwächungsmaß der Strahlung, verursacht durch Absorption und Streuung in der Atmosphäre, aufzufassen ist. In einem Pflanzenbestand hängt k von verschiedenen Faktoren ab, die im Wesentlichen die Strahlungsabsorption und -streuung bewirken, nämlich von der Bestandesart und -dichte, Blattstellung,

Transmission der Blätter sowie der Lage und Größe von Bestandeslücken. Da sich der Extinktionskoeffizient in seiner Anwendung auf Bestände nicht auf eine Wegstrecke (wie bei der Atmosphäre) bezieht, sondern meist auf den PAI, ist er als dimensionslos zu betrachten (Gl. 12.5).

Für den Wellenlängenbereich der **fotosynthetisch aktiven Strahlung (PAR;** siehe unten) kann k für einen Waldbestand wie folgt berechnet werden (Mayer et al. 2002a):

$$k = -\ln (PAR_z / PAR_0) / PAI \qquad (12.5)$$

mit
PAR_z = PAR in der Höhe z = 1,5 m über dem Boden / $W\ m^{-2}$,
PAR_0 = PAR über dem Bestand (z/H = 1,3) / $W\ m^{-2}$,
H = Höhe des Bestandes / m,
PAI = Pflanzenflächenindex / –.

Laubbäume erreichen **k-Werte** von 0,6 bis 3,1. Für die belaubte Phase werden niedrigere Werte, für die laubfreie Phase höhere Werte erreicht. Dieser Unterschied hängt mit der dominierenden Vorwärtsstreuung von PAR im Sommer sowie dem im Winter niedrigeren Sonnenstand und dem kleineren PAI-Wert zusammen. Für grasbedeckte Flächen sind Extinktionskoeffizienten von 0,3 bis 0,5 typisch. Breitflächige Pflanzenbestände (Hochstauden, Sonnenblumen) erreichen Werte zwischen 0,7 und 1,0 (Larcher 2001).

Der größte Teil der in einen Bestand eindringenden Strahlung wird von den oberirdischen Pflanzenorganen wellenlängenabhängig reflektiert, absorbiert und transmittiert. Im sichtbaren Bereich weist die Reflexion von grünen Blättern bei λ = 550 nm ein Maximum auf. Fast 40 % der einfallenden Strahlung werden hier reflektiert. Die Vegetation erscheint dem Auge deshalb grün. Mit zunehmender Wellenlänge nimmt die Reflexion stark ab und erreicht mit weniger als 15 % ein Minimum bei λ = 680 nm. Danach steigen die Reflexionswerte im nahen Infrarot auf über 80 % der eingestrahlten Energie an. Diese Tatsache macht man sich beispielsweise im Rahmen der Fernerkundung vegetationsbedeckter Böden mittels Infrarotmessung zunutze, wobei man aus dem Reflexionsspektrum den Vitalitätszustand der Pflanze ermitteln kann.

Die **spektrale Wirkungsfunktion der Fotosynthese** wird im Wesentlichen durch das fotochemische Verhalten des Chlorophylls bestimmt. Wellenlängenbereiche zwischen 380 nm und 500 nm sowie zwischen 600 nm und 720 nm sind für das pflanzliche Leben von besonderer Bedeutung, da in diesen Abschnitten die Absorptionsmaxima des Chlorophylls a und b sowie die der Carotinoide liegen. Man bezeichnet deshalb diese Bereiche des Strahlungsspektrums als **fotosynthetisch aktive Strahlung PAR (Photosynthetic Active Radiation**; 380 nm < λ < 720 nm). Ihr Anteil an der Globalstrahlung beträgt etwa 30 %.

Vegetationsbestandener Boden erzeugt im Vergleich zum Freiland ein eigenes Bestandsklima, dessen meteorologische Größen je nach Höhe, Dichte und Struktur des Pflanzenbestandes von denen des Freilandes abweichen. Da vielfach die Bestandsobergrenze gleichzeitig auch als Grenzfläche (Strahlungsreferenzfläche) angesehen werden muss, wurde schon frühzeitig der Begriff „äußere tätige Oberfläche" beziehungsweise „aktive Oberfläche"

eingeführt (s. Abschnitt 12.2). Es handelt sich hierbei allerdings nicht um eine scharf ausgebildete Flächengrenze, sondern um einen dreidimensionalen Übergangsbereich. Für einen Pflanzenbestand muss deshalb die volumenbezogene Energiebilanz (s. Gl. 12.2) um die Stoffwechselwärme der Pflanzen ΔQ_P erweitert werden (bezüglich ΔQ_S s. Gl. 12.2). Die Energiebilanz des Bestandes lautet dann:

$$Q + Q_H + Q_E + Q_B + Q_{Adv} + Q_{Nd} + \Delta Q_S + \Delta Q_P = 0. \qquad (12.6)$$

Der Energieaufnahme der Pflanzen durch die **Nettofotosynthese** (= Bruttoproduktion abzüglich des Verlustes durch Atmung), bei der tagsüber Glucose und Sauerstoff gebildet werden, steht nachts eine Energiefreisetzung durch Respiration der Pflanzen (Abbau von Glucose zu CO_2 und H_2O) gegenüber. Endothermer und exothermer Prozess sind durch die **Fotosynthesegleichung** wie folgt miteinander verknüpft:

$$6\ CO_2 + 12\ H_2O + (2{,}9\ MJ\ mol^{-1}) \rightarrow C_6H_{12}O_6 + 6\ H_2O + 6\ O_2. \qquad (12.7)$$

Die Nettoenergieaufnahme der Pflanzen beläuft sich auf nur etwa 2 % bis 4 % der Globalstrahlungsflussdichte. Da diese Werte sehr niedrig sind, werden sie bei Betrachtungen von Bestandsenergiebilanzen meistens nicht berücksichtigt.

Die **Wasserbilanz** eines pflanzenbedeckten Standortes wird im Vergleich zu nacktem Boden bei gleichen Niederschlagsmengen durch Art und Dichte des Bestandes bestimmt. Werden künstliche Bewässerung sowie Zu- und Abflüsse von Oberflächen- oder Bodenwasser nicht berücksichtigt, dann erfolgt der Wassereintrag hauptsächlich

12.3 Bodennahes Klima

über Regen und Schnee, in geringerem Maße durch Tau und Reif, ggf. auch durch **Guttation** und **Destillation** (Abb. 12.10). Bei der Guttation wird flüssiges Wasser an Blattzähnen und -spitzen durch Hydathoden (Wasserspalten) und Drüsen aktiv von der Pflanze abgeschieden. Destillation oder Innentau nennt man denjenigen Vorgang, bei dem es infolge eines Wasserdampftransportes aus den tieferen (wärmeren) Schichten des Bodens an der (kälteren) Oberfläche zur Kondensation kommt. Der Innentau ist vom Tauabsatz aus der bodennahen Luftschicht zu unterscheiden. Sowohl Guttation als auch der oberflächennahe Innentau sind bei Bilanzierungen aufgrund ihrer Geringfügigkeit vernachlässigbar.

Der **Wasseraustrag** aus dem Bestand erfolgt durch Evapotranspiration, Oberflächenabfluss und Versickerung in den Boden, aber auch durch Evaporation des Interzeptionswassers (Haft- beziehungsweise Benetzungswasser) und durch Sublimation des der Pflanzendecke aufliegenden Schnees beziehungsweise durch dessen eventuelle

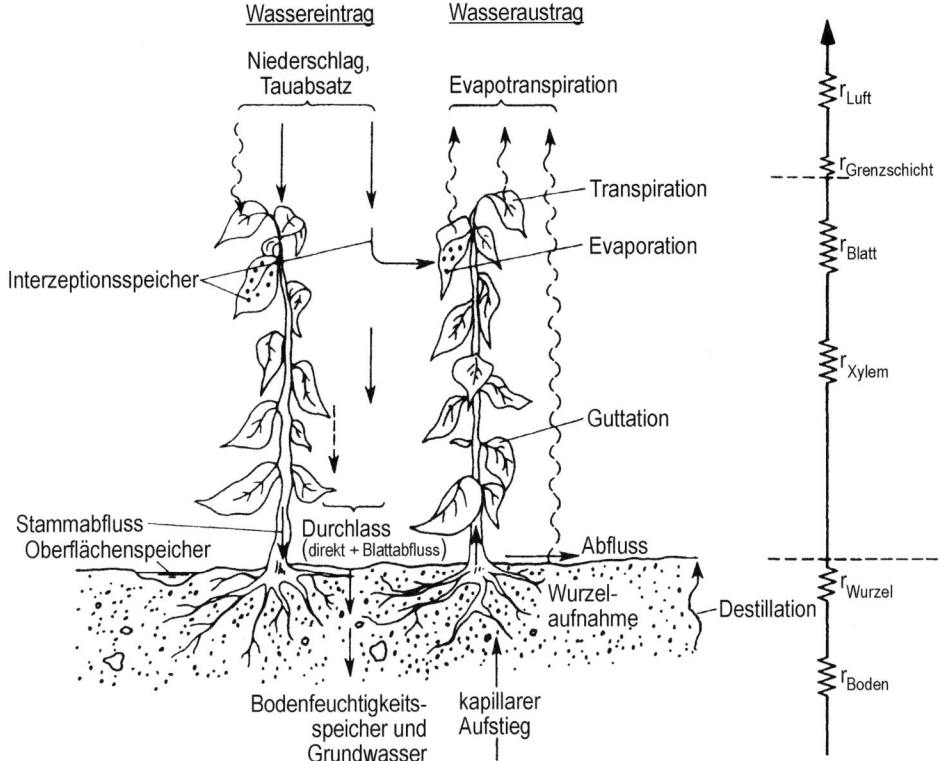

Abb. 12.10: Schematische Darstellung des Wasserhaushaltes eines pflanzenbedeckten Bodens mit Angaben der Wassertransportwiderstände r (nach Oke 1990, verändert)

Windverfrachtung. Blattorgane und Geäst stellen je nach Bau, Anordnung und Verteilung für den fallenden und abgesetzten Niederschlag einen **Interzeptionsspeicher** dar, dessen Wirksamkeit auch von der Tropfengröße, Häufigkeit und Ergiebigkeit des Niederschlagsereignisses abhängt. Spitzenwerte von bis zu 70 % (bezogen auf die Freilandniederschlagshöhe) lassen sich für besonders dichte Bestände bei kleintropfigem Regen nachweisen (s. Abschnitt 12.3.3.2). Dieser Benetzungsanteil geht dem Boden verloren, da es nach Beendigung des Niederschlagsereignisses bei ausreichendem Wasserdampfsättigungsdefizit der Atmosphäre verdunstet.

Die **Benetzungsdauer** bei Blättern spielt unter anderem für die Ausbreitung von Pflanzenkrankheiten eine wichtige Rolle, da die Keimung von krankheitsauslösenden Pilzsporen an das Vorhandensein eines Wasserfilms gebunden ist.

Das den Boden erreichende Wasser besteht aus dem durch Bestandslücken fallenden Niederschlag, dem Tropfwasser sowie dem Stammabfluss. Es steht somit dem Oberflächen-, Boden- und **Grundwasserspeicher** zur Verfügung, woraus der Pflanzenwasserbedarf sowie die Grundwasserversorgung gedeckt werden. Grundsätzlich stellen Pflanzenbestände, insbesondere jedoch Wälder, aufgrund ihrer durch die Blätter verursachten Oberflächenvergrößerung (LAI, LAD, siehe oben) sowie der Bodenspeicherfähigkeit gegenüber dem Wassereintrag Puffersysteme dar, die zu einer zeitlichen Streckung und damit Regulierung des Abflusses führen. Das Auftreten von Abflussspitzen – zum Beispiel nach Starkregenfällen –, die zu erosivem Bodenabtrag führen können, wird dadurch weitgehend vermieden.

Vegetationsbedeckter, gut wasserversorgter Boden ist ein wichtiger Wasserdampfproduzent für die Atmosphäre. Der Feuchtetransport ist hauptsächlich an die **stomatäre Transpiration** durch Spaltöffnungen gebunden, deren Intensität von der Pflanze gesteuert werden kann; in geringerem, wenn auch nicht unbedeutendem Maße (~ 10 %) erfolgt die nicht durch die Pflanze beeinflussbare **kutikuläre Transpiration** über die Außenwände (Epidermiszellen) der Blätter. Darüber hinaus steuern feuchter Boden und – falls vorhanden – Interzeptions- und Guttationswasser einen weiteren Teil zur Verdunstung bei. Wasser, das aus dem Bestandsboden über die Pflanze in die Atmosphäre transportiert wird, muss verschiedene Widerstände (r) in den Umweltmedien Boden, Bestand und Atmosphäre überwinden. Auf der rechten Seite von Abb. 12.10 wurden die entsprechenden elektrischen Analoga für die einzelnen Kompartimente aufgenommen.

Der **Gesamtwiderstand** (r_{ges}), der einem Wassertransport entgegensteht, setzt sich zusammen aus den Einzelwiderständen des Bodens (r_{Boden}) und der Wurzel (r_{Wurzel}), aus den Transportwiderständen innerhalb der Wasserleitungsbahnen der Pflanze (r_{Xylem}) sowie der Spaltöffnungen ($r_{Stomata}$), dem Grenzschichtwiderstand (Blatt / Atmosphäre) (r_{Blatt}) und dem atmosphärischen Widerstand (r_{Luft}). Im Falle einer trockenen Bestandesoberfläche lassen sich die dem Verdunstungsstrom entgegenstehenden Widerstände auf den Bestandeswiderstand ($r_{Bestand}$) reduzieren, der durch Gl.

12.3 Bodennahes Klima

Tab. 12.3: Repräsentative Werte von Gesamtwiderständen (r_{ges}) für die Verdunstung verschiedener Oberflächen[1] (nach Oke 1990)

Oberfläche	(r_{ges}) / s m^{-1}
Wasser	200
Weide	140
Getreide	70 – 100
Wälder	≈ 130

[1]) Berechnet für eine Windgeschwindigkeit von 3 m s^{-1} in 2 m ü. Gr.
Bestandsmerkmale: mittlere Stomataöffnung, keine Bewässerung, trockene Pflanzenoberfläche

$$r_{Bestand} \sim r_{Stomata} / LAI \qquad (12.8)$$

(12.8) näherungsweise ausgedrückt werden kann.

Große Widerstände gegenüber einem Wassertransport ergeben sich somit, wenn die Stomata geschlossen sind beziehungsweise der Blattflächenindex klein ist. Repräsentative Werte der Gesamtwiderstände (r_{ges}) für Flächen unterschiedlicher Nutzung enthält Tab. 12.3. Während hiernach für eine Wasserfläche ein vergleichsweise hoher Wert resultiert, liegen die Widerstände gegenüber einem Wasserdampftransport der aufgeführten Bestände zum Teil deutlich darunter.

Das Widerstandsprinzip wird auch zur numerischen Modellierung des Energie- und Stoffaustausches zwischen Pflanze und Atmosphäre verwendet. Meist wird dabei auf ein Einschichtenmodell zurückgegriffen, das sich dadurch auszeichnet, dass nur Boden, Pflanze und Atmosphäre ohne weitere Schichtendifferenzierung betrachtet werden. Die Soil-Vegetation-Atmosphere (SVAT)-Modelle sind ein Beispiel dafür (s. Foken 2003 und Abschnitt 15.2.1).

Der **Wasserverbrauch von Pflanzenbeständen** verhält sich etwa proportional zu ihrer Grünmasse. Bei sehr dichten Beständen nimmt die Verdunstung jedoch aufgrund der dann eintretenden Strahlungsminderung, des reduzierten Massenaustausches und des geringeren Wasserdampfsättigungsdefizites ab.

Die **Transpirationsrate einer Pflanze** (J) stellt die Wasserabgabe bezogen auf die gesamte Blattoberfläche (Ober- und Unterseite) dar und ist von der Diffusionsleitfähigkeit für Wasserdampf D_W (= Kehrwert des Diffusionswiderstandes) und dem Wasserdampfsättigungsdefizit zwischen Pflanzenvolumen und Luft (ΔE) wie folgt abhängig:

$$J = D_W \cdot \Delta E. \qquad (12.9)$$

Die in Tab. 12.4 angegebenen Werte der Bestandsverdunstung wurden auf die Grundflächeneinheiten der entsprechenden Bestände und nicht auf die Blattoberflächen bezogen. Während für Holzpflanzenbestände bis zu 2000 mm a^{-1} an Bestandsverdunstung möglich sind, erreichen krautige Vegetation bis maximal 1500 mm a^{-1} und an Trockenstandorten angepasste Pflanzengesellschaften nur bis zu 1000 mm a^{-1} (s. auch Abschnitt 15.2.4.1). Charakteristische Eigenschaften von Bestandsklimaten werden nachfolgend an Beispielen für „niedrige Pflanzendecken" und „Wald" erläutert.

12.3.3.1 Niedrige Pflanzendecken

Unter niedrigen Pflanzendecken werden Bestände zusammengefasst, die nur geringe Höhen über Grund (~ 1 m) erreichen. Hierzu zählen zum Beispiel Gräser, Kräuter, Getreidefelder, Blu-

Tab. 12.4: Transpiration von Pflanzenbeständen (nach Angaben aus Larcher 2001, verändert)

Vegetationstyp	Bestandesverdunstung in mm pro Jahr oder pro Vegetationsperiode	mm pro Tag
Holzpflanzenbestände		
Tropische Baumplantagen	1000 – 1500	2,5 – 4
Tropische Tieflandregenwälder	900 – 2000	–
Montane Tropenwälder	500 – 850	–
Eucalyptusbestände	700 – 800	6 – 7
Immergrüne Lorbeerwälder	650 – 750	2 – 2,5
Hartlaubgehölze	400 – 600	–
Laubabwerfende Wälder der gemäßigten Zone	300 – 600	3 – 5
Waldsteppe	200 – 400	–
Immergrüne Nadelwälder	300 – 600	2,5 – 4,5
Ericaceenheiden	100 – 200	2 – 5
Grasland und krautige Vegetation		
Schilfbestände und Röhricht	1300 – 1600	6 – 12
Hochstaudenfluren	800 – 1500	–
Nasswiesen	1100	8 – 15
Getreidefelder	400 – 500	8 – 10
Prärien und Savannen	–	4 – 6
Mähwiesen und Weiden	250 – 400	4 – 6
Trockenrasen und Steppen	um 200	0,5 – 2,5
Offene Vegetation		
Halophytengesellschaften	–	2 – 5
Alpine Schuttfluren	10 – 20	0,3 – 0,4
Flechtentundra	80 – 100	–
Trockenwüsten	–	0,01 – 0,4

menbeete und Sträucher.
Zunächst soll die Verteilung der in einen derartigen Bestand eindringenden **Globalstrahlung** exemplarisch für eine dichtbewachsene Wiese betrachtet werden. Wie Tab. 12.5 entnommen werden kann, wird die Globalstrahlung innerhalb des Bestandes entsprechend Gl. (12.4) reduziert. Es zeigt sich, dass die Abnahme auf dem ersten halben Meter nach Eindringen in den Bestand nur gering ist. Sie beträgt in diesem Fall 4 %. Das liegt an dem in dieser Höhe nur mäßig ausgeprägten Überdeckungsgrad, der allerdings bei einem hochgewachsenen reifen Getreidefeld wegen der an der Bestandsoberfläche

Tab. 12.5: Vertikale Flussdichte der Globalstrahlung innerhalb eines 1 m hohen Wiesenbestandes (nach Geiger 1950)

	Wiese			
Höhe im Bestand / m	1,0	0,5	0,1	0,0
Flussdichte der Globalstrahlung / W m^{-2}	751	724	193	133
Anteil / %	100	96	26	18

12.3 Bodennahes Klima

wachsenden Ähren wesentlich höher sein kann. Mit tieferem Eindringen der Strahlung erfolgt eine stärkere Abnahme der Strahlungsflussdichte. Während in 10 cm noch 26 % des Oberflächenwertes nachgewiesen werden, sind es an der Bodenoberfläche nur noch 18 %. Grundsätzlich gilt, dass in Abhängigkeit von Höhe und Dichte eines Pflanzenbestandes die Strahlungsreferenzfläche über dem Boden angehoben wird. Bei locker stehenden Pflanzen erfolgt dagegen der Strahlungsumsatz an oder in der Nähe der Bodenoberfläche. Die Höhenlage des hieraus resultierenden Lufttemperaturmaximums variiert deshalb mit der Mächtigkeit der Pflanzendecke. Das bedeutet, dass das Temperaturmaximum bei großblättrigen Blütenpflanzen, die sich zum Beispiel durch horizontal gestellte Blätter auszeichnen (Blumenbeete), dicht unter der Oberfläche der Blätter liegt.

Wie sich unterschiedliche Vegetationsdecken auf **die Tagesschwankung der Bodentemperatur** in Abhängigkeit von der Tiefe im Vergleich zu unbewachsenem Boden auswirken, zeigt Abb. 12.11.

Während beispielsweise an der Oberfläche eines vegetationsfreien Bodens mit 22 K die größte Tagesschwankung auftritt, lässt sich unter einer Grasnarbe mit 8 K ein stark gedämpfter, d. h. wesentlich kleinerer Wert finden. Die Unterschiede setzen sich – geringer werdend – bis in eine Tiefe von etwa 30 cm fort; darunter gleichen sich dann die Werte immer mehr an. Mit Gras bedeckter Boden oder auch der angeführte Kartoffel- beziehungsweise Weizenbestand wirken auf den darunterliegenden Untergrund wegen ihres hohen Luftgehaltes als Wärmepuffer (wegen der schlechten Wärmeleitfähigkeit von Luft), und zwar sowohl hinsichtlich der

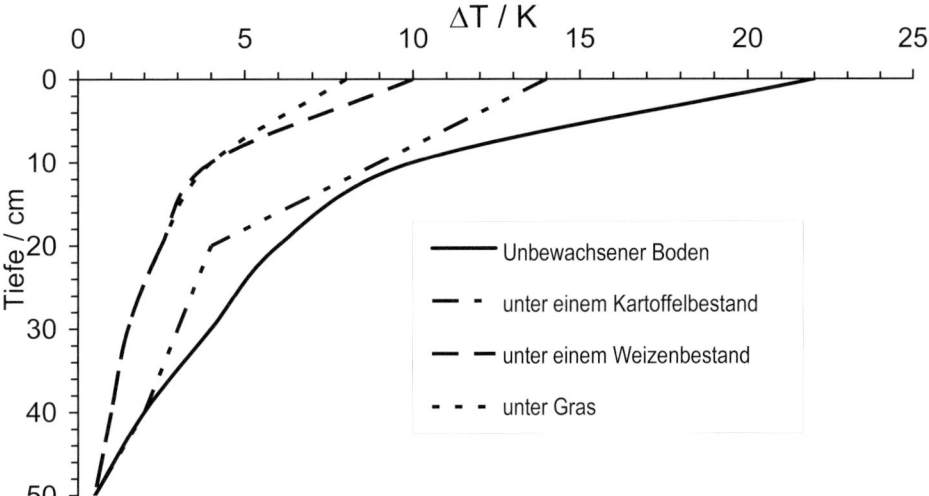

Abb. 12.11: Einfluss von Vegetationsdecken auf die Tagesschwankung der Bodentemperatur (ΔT) in Abhängigkeit von der Bodentiefe (nach Daten aus Häckel 1999)

tagsüber eindringenden als auch der nachts von diesen Oberflächen abgegebenen Wärmeströme. Die Isolationswirkung gegenüber dem Bodenwärmestrom kann zum Beispiel so groß sein, dass Grasflächen im Vergleich zu nicht bewachsenem Boden eher taunass sind als nicht bewachsene Oberflächen.

Herrscht bodennah eine **negative Strahlungsbilanz** vor, so erfolgt die Abkühlung zunächst in Höhe der Pflanzenoberfläche. Da aber die kühle Luft aufgrund ihrer höheren Dichte mehr oder weniger tief in den Pflanzenbestand absinkt, werden sich letzten Endes die Temperaturminima bei verschiedenen Pflanzenarten in unterschiedlicher Höhe einstellen. In einem Blumenbeet kann die kalte Luft meist bis zum Boden absinken, sodass hier die tiefste Temperatur an der Bodenoberfläche gemessen wird. Bei Wiesen sind hingegen die unteren Teile der Halme meist so verfilzt, dass das Temperaturminimum nicht an der Bodenoberfläche, sondern einige Zentimeter darüber beobachtet wird, da sich hier die Kaltluft sammelt.

Die **Luftfeuchtigkeit** ist aufgrund der Evapotranspiration innerhalb einer Pflanzendecke meistens höher als über unbewachsenem Boden. Allerdings besteht die Möglichkeit der Umkehr dieser Verhältnisse, wenn die Pflanzen so licht stehen, dass sich der Erdboden tagsüber infolge der Einstrahlung erwärmen kann. In diesem Fall nehmen oberflächennah die Temperatur zu und die Feuchte am Boden ab. Auch hier sind die im Einzelnen auftretenden Feuchtigkeitsverhältnisse erheblich von der Art des Pflanzenbestandes abhängig. Das gilt auch für die Komponenten der Energiebilanz einer niedrigen Pflanzendecke, die maßgeblich auf deren Wasserverfügbarkeit beruhen. Hierauf wird in Kapitel 15 am Beispiel eines Kulturpflanzenbestandes näher eingegangen. Im Vergleich zu einem Waldbestand reagiert kurzer Pflanzenwuchs wesentlich schneller auf Schwankungen der **Oberflächen- und Bodenwasserversorgung**. Herrscht zum Beispiel während trockener sommerlicher Witterung über längere Zeit Wasserknappheit vor, dann erfolgt tagsüber bei relativ hohen Bestandstemperaturen ein Wärmetransport, der im Wesentlichen durch Q, Q_H, ΔQ_S und Q_B bestimmt wird. Der latente Wärmestrom Q_E spielt als Wärmesenke wegen der eingeschränkten Evapotranspiration dann nur eine untergeordnete Rolle. Das ändert sich jedoch, sobald der Boden wieder ausreichend mit Wasser versorgt ist und dadurch Evapotranspiration ermöglicht wird. Als wesentliche Wärmesenke tritt dann Q_E auf, während Q_B, Q_H und ΔQ_S deutlich niedrigere Werte annehmen. Wie sich z. B. Abb. 15.2 entnehmen lässt, können Spitzenwerte des latenten Wärmetransportes von bis zu 400 W m^{-2} (E ≈ 0,6 mm h^{-1}) am frühen Nachmittag erreicht werden, während die Maxima für Q_H und Q_B nur Werte zwischen 50 bis 100 W m^{-2} ergeben. Auf der Grundlage von Tageswerten eines gut mit Wasser versorgten Wiesenstandortes wurden die **Energiehaushaltskomponenten** in Abb. 12.12 gegenübergestellt. Hierbei wurde die Globalstrahlung (GS) zu 100 % angesetzt und die Bilanzglieder darauf bezogen. Danach entfallen 23 % auf die Albedo, 29 % auf die effektive Ausstrahlung A_{eff} (G – A) und 38 % auf Q_E. Über den

12.3 Bodennahes Klima

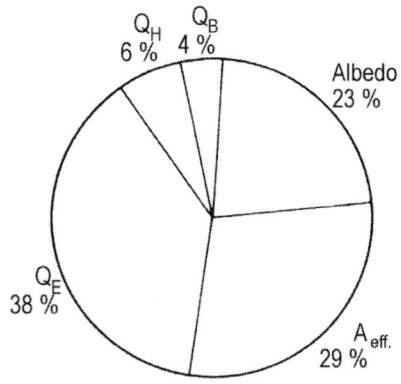

Abb. 12.12: Energieflussdichten in Bezug zur Globalstrahlung (= 100 %) für eine kurzgeschnittene Wiese im Solling während einer Strahlungswetterlage vom 7. bis 9. Juli 1970 (nach Eils 1972)

fühlbaren Wärmestrom Q_H gelangen 6 % der Energie in die Atmosphäre und über Q_B nur 4 % in den Untergrund. Der überragende Anteil der für die Verdunstung aufzuwendenden Energie wird auch daran deutlich, dass das Bowenverhältnis mit Bo = 0,16 sehr klein ist (s. Abschnitt 3.7).

12.3.3.2 Waldbestände

Unter einem Wald versteht man eine aus Pflanzen und Tieren bestehende Lebensgemeinschaft, die sich aus Baumbeständen unterschiedlicher Dichte und Schichtung zusammensetzt (Stockwerkbau; Mindestbestockungshöhe 3 m bis 5 m). Die Verbreitung von Wäldern wird überwiegend makroklimatisch bestimmt (Burschel 1995). Das beschattende Kronendach führt in der Regel zu einem typischen Bestandsklima, das als **Waldklima** außerordentlich differenziert in Erscheinung treten kann. Dieses ist von der Zusammensetzung (Laub-, Nadel- oder Mischwald), der Bewirtschaftungsform (Reinbestand, Plenterwald, Dauerwald, Femel-, Saum- oder Kahlschläge) und vom Alter eines Bestandes abhängig (Schonung, Dickung, Stangenholz, Hallenwald). Nachfolgend werden nur die Verhältnisse in bewirtschafteten Forsten Mitteleuropas betrachtet.

Auf die Probleme des Waldrandklimas kann hier nicht eingegangen werden (vgl. jedoch hierzu zum Beispiel Flemming 1987).

Aufgrund ihres im Vergleich zum Freiland veränderten Strahlungs-, Wärme- und Wasserhaushaltes sind zum Beispiel im Tagesgang die Ein- und Ausstrahlungswerte sowie die Amplituden der Oberflächen- und Lufttemperatur, der Luftfeuchtigkeit und der Windgeschwindigkeit im Stammraum geringer. Auch die Niederschlagshöhen sind als Folge der Interzeption durch das Kronendach reduziert und der Abfluss niedriger und zeitlich verzögerter als im Freiland. Darüber hinaus binden Wälder in erheblichem Maße Luftverunreinigungen, atmosphärisches CO_2 und setzen Sauerstoff frei. Auch tragen sie zur Lärmdämpfung bei. Dem Waldklima sind verschiedene **human-biometeorologische Wohlfahrtswirkungen** zu eigen, die als Schon- und Heilklima Bedeutung für den erholungsuchenden Menschen besitzen (Mayer und Höppe 1984).

Kronendach und Kronenraum stellen in Bezug auf den **Strahlungsumsatz** die „äußere tätige Oberfläche" dar (s. Abschnitt 12.2). Da der kumulative Blattflächenindex LAI (s. Abschnitt 12.3.3) hier einen Maximalwert erreicht, ist die Lichtabnahme im Kronenraum am stärksten. Der Anteil der Strahlung, der bis auf den Erdboden gelangt, hängt allerdings von der Art des Waldbestandes, seiner Belaubung, seinem Alter und seinem Gesundheitszustand sowie von den Windverhältnissen ab. So wirkt sich das „Waldsterben" insofern stark strahlungsbeeinflussend aus, als dass es häufig zu einer „Verlichtung" des Kronendaches kommt und demzufolge zu einer höheren Strahlungsdurchlässigkeit führt. In gesunden Beständen hingegen schließen sich die Kronen mit zunehmendem Alter, sodass im Laufe der Zeit die in Jungbeständen vorhandene Strahlungsdurchlässigkeit schwindet. Nur noch etwa 5 % der Strahlung dringen dann bis zum Bestandsboden durch. Beträgt beispielsweise die in die Bestandsoberfläche eines 25 m hohen Laubmischwaldes einfallende Flussdichte der PAR zur Mittagszeit etwa 1200 µmol Photonen $m^{-2} s^{-1}$ ($\approx$ 265 W m^{-2}), dann nimmt ihr Wert von 10 m Bestandshöhe bis zum Boden auf unter 50 µmol Photonen $m^{-2} s^{-1}$ ($\approx$ 11 W m^{-2}) ab. Unterschiede in der Vertikalverteilung fallen besonders dann auf, wenn die Strahlungsflussdichten eines sonnigen Tages mit denen eines trüben Tages verglichen werden (Abb. 12.13). Während an einem trüben Tag die eindringende Globalstrahlung absolut betrachtet geringer ist, nimmt sie jedoch relativ langsamer im Bestand ab, da die diffuse Strahlung dann einen größeren Anteil an der Globalstrahlung besitzt.

Strahlungs-, Wärme- und Massenaustausch bestimmen die vertikale **Lufttemperaturverteilung im Wald** (Abb. 12.14). Nachts bestehen bei windschwacher Wetterlage nur kleine Temperaturunterschiede. Während der Zeit maximaler Einstrahlung allerdings wird zunächst die Temperatur der Kronenoberfläche stark erhöht, anschließend steigt die Temperatur im gesamten

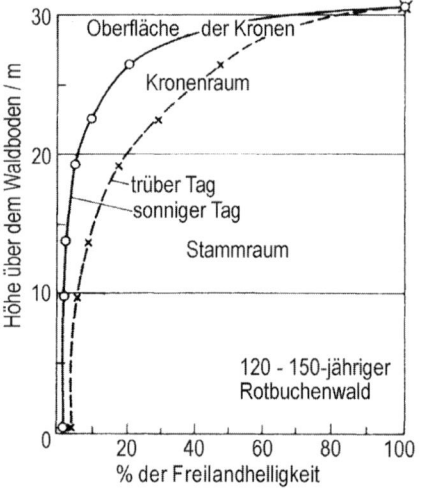

Abb. 12.13: Lichtabnahme in einem dichtbelaubten Rotbuchenbestand (nach Geiger 1961)

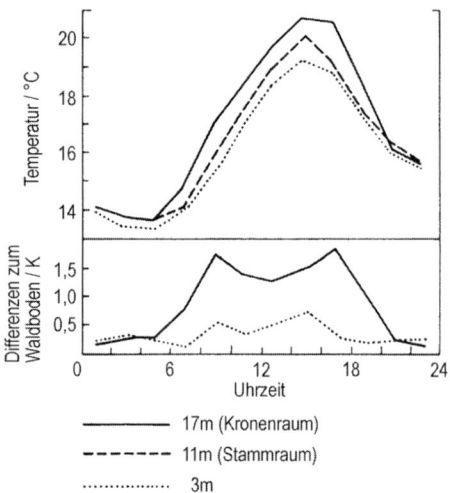

Abb. 12.14: Sommerlicher Tagesgang der Lufttemperatur in einem Buchenbestand (nach Geiger 1961)

12.3 Bodennahes Klima

Kronenraum an. Sehr bald wird die Temperatur dort höher als die der Kronenoberfläche, sodass sich um Mittag und am frühen Nachmittag die höchsten Werte im Kronenraum einstellen. Zwischen Boden und Bestandsoberfläche hat sich eine Temperaturinversion ausgebildet, die den Luftaustausch bei Windstille zwischen Stammraum und darüberliegender Atmosphäre behindert. Die Temperaturen im unteren Stammraum folgen der Temperaturerhöhung nur zögernd, sodass der tägliche Temperaturgang am Boden wenig strukturiert ist. Da der Kronenbereich die maßgebliche Ausstrahlungsfläche ist, sickert nachts kühle Luft in den Bestand hinein. Dadurch sinken abends die tagsüber erhöhten Werte rasch ab, sodass im Laufe der Nacht die Ausgangslage mit geringen Temperaturunterschieden (Isothermie beziehungsweise schwache Inversion) zwischen den einzelnen Höhen wieder erreicht wird.

Bei der Behandlung der **Energiebilanz** sollen der Wärmeumsatz durch Stoffwechselprozesse der Bäume ΔQ_P und die Wärmespeicherung durch den Bestand ΔQ_S nicht berücksichtigt werden. Abb. 12.15 enthält für hochsommerliche Witterung exemplarisch die mittleren Tagesgänge der Wärmehaushaltskomponenten eines Buchenwaldes. Die Wärmebilanz Q erreicht zur Zeit des Sonnenhöchststandes rund 470 W m^{-2}. Diesem Wert stehen als Wärmesenken der turbulente latente Wärmestrom über die Verdunstung mit Q_E von etwas mehr als 300 W m^{-2} gegenüber (E = 0,5 mm h^{-1}). Für den turbulenten fühlbaren Wärmestrom Q_H werden rund 140 W m^{-2} und für die Bodenerwärmung Q_B nur etwa 30 W m^{-2} aufge-

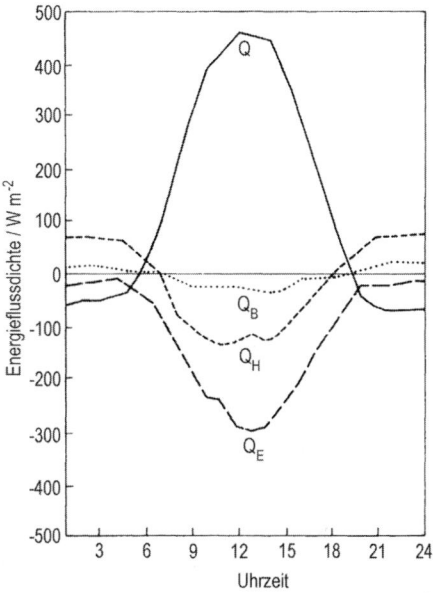

Abb. 12.15: Mittlere Tagesgänge der Wärmehaushaltskomponenten (Q, Q_B, Q_H, Q_E) eines Buchenwaldes im Juni 1970 (nach Kiese 1972, verändert)

wendet. Wie man den Vorzeichen der einzelnen Terme entnehmen kann, ist Q nachts negativ. Der Verdunstungsterm Q_E bleibt in diesem Beispiel auch des Nachts mit bis zu 30 W m^{-2} negativ, sodass hierüber Energie an die Atmosphäre abgeführt wird. Unter Zugrundelegung der spezifischen Verdunstungswärme von Wasser ($q_{v,W\ 15\ °C}$ = 2,47 MJ kg^{-1}), kann zwischen 20 Uhr und 6 Uhr insgesamt etwa 0,5 mm Wasser verdunstet werden. Dagegen erfolgt durch Q_H nachts (positives Vorzeichen) ein Wärmetransport in den Bestand hinein, der maximal 70 W m^{-2} erreicht, während aus dem Bodenwärmestrom Q_B (ebenfalls positiv) allenfalls 15 W m^{-2} resultieren. Der Energieaufwand für die Verdunstung ist tagsüber erheblich. Während der Vegetationsperiode (Mai bis September) wurden über den latenten Wärmetransport Q_E fast 84 % von Q abgeführt. Der Gesamtbetrag der Verdunstung lag in diesem Zeitraum bei 373 mm, wovon 134 mm auf die Interzeptionsverdunstung entfielen.

Die vertikale Verteilung der **Luftfeuchtigkeit** innerhalb eines Waldbestandes ist auch davon abhängig, ob der Untergrund mit Vegetation bedeckt ist und ob diese gut mit Wasser versorgt ist. Trifft dieses zu, so ist die Luftfeuchtigkeit in Bodennähe am größten (Abb. 12.16). Nach oben (Stammraum) nehmen die Werte dann leicht ab, bis im Kronenraum die Feuchtigkeit wieder ansteigt. Es ergibt sich ein nahezu paralleler Tagesgang der relativen Luftfeuchtigkeit im Vergleich zwischen Waldboden und Baumkronenbereich, wobei die Feuchtigkeitswerte über dem Waldboden höher sind als über den Kronen. Die Differenz der Feuchtigkeitswerte zwischen beiden Höhen erreicht ihr Maximum am Nachmittag.

Wälder besitzen wegen ihrer vergleichsweisen großen Rauigkeitslänge z_0 und Verdrängungsschichtdicke beziehungsweise Verschiebungshöhe d_0 (s. Abschnitt 6.4.1) einen erheblichen Einfluss auf die Höhe der **Windgeschwindigkeit** und die Änderung der Windrichtung. Die Windgeschwindigkeit wird innerhalb des Kronen- und Stammraums nach der vorhandenen Struktur und der Dichte des Unterwuchses unterschiedlich stark reduziert. Bei Laubbäumen ist dieser Einfluss zum Beispiel während der Vegetationszeit stärker ausgeprägt als im unbelaubten Zustand. Abb. 12.17 zeigt exemplarisch Vertikalprofile der horizontalen Windgeschwindigkeiten in einem Jungkiefernbestand mit Unterwuchs für verschiedene Wetterlagen. Der Darstellung kann entnommen wer-

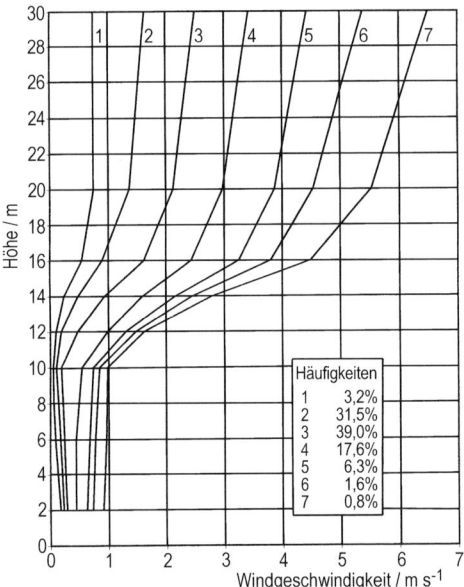

Abb. 12.17: Mittlere Vertikalprofile der Windgeschwindigkeit in verschiedenen Abstufungen (1–7) in einem Jungkiefernbestand (Prozentangaben = Häufigkeit der Windgeschwindigkeitsklassen 1–7; nach Horbert 2000)

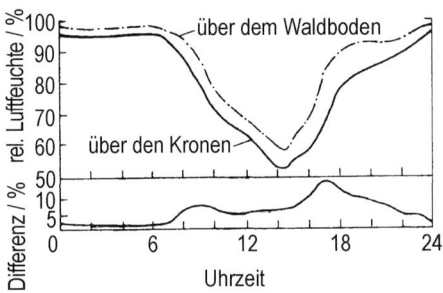

Abb. 12.16: Tagesgang der relativen Luftfeuchtigkeit in einem Kiefernbestand sowie Differenzen zum Waldboden (nach Geiger 1950)

12.3 Bodennahes Klima

den, dass die Werte im Stammraum (0 m bis 10 m Höhe) annähernd höhenkonstant sind und auf niedrigem Niveau (≤ 1 m s^{-1}) verharren, unabhängig von der Stärke des Windes in 30 m Höhe. Erst im Kronenraum (≥ 12 m Höhe) kann der Wind bei höheren Geschwindigkeiten in den Bestand soweit eingreifen, dass sich deutlich voneinander unterscheidende Werte – je nach Umlandwindgeschwindigkeit – einstellen. Der Stammraum weist damit atmosphärische Austauschverhältnisse auf (Windschwäche sowie häufiges Auftreten von Temperaturinversionen, s. Abb. 12.14), die in Hinblick auf einen Abtransport von **Luftverunreinigungen** als außerordentlich problematisch anzusehen sind. Bodennah emittierte Spurenstoffe, die zum Beispiel von befahrenen Straßen ausgehen, die durch Waldgebiete führen, aber auch durch Siedlungsemissionen, die in bewaldeten Gebieten freigesetzt werden, können die Luftqualität daher stark einschränken. Der atmosphärische **CO$_2$-Gehalt** eines Waldstandortes wird nicht nur durch die Respiration von Pflanzen und Boden bestimmt, sondern auch durch die Windgeschwindigkeit maßgeblich beeinflusst. Abb. 12.18 enthält die diurnalen CO$_2$-Volumenmischungsverhältnisse für belaubte und unbelaubte Phasen. Herrscht schwachwindiges sommerliches Strahlungswetter vor, so bildet sich meist ein gut ausgeprägter Tagesgang (Abb. 12.18 a) mit höchsten Werten frühmorgens und niedrigsten Werten während der hellen Tagesstunden heraus. Das morgendliche Maximum ist auf die (im Vergleich zum Winter) relativ hohen sommerlichen Nachttemperaturen zurückzuführen, die sich steigernd auf die CO$_2$-Quellen (Respiration

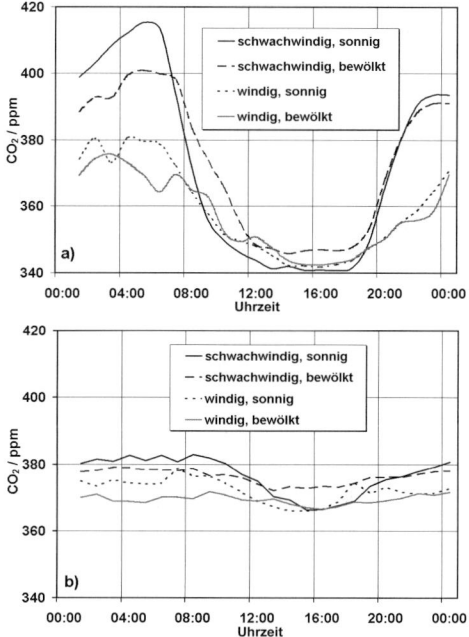

Abb. 12.18: Tagesgänge des CO$_2$-Volumen-Mischungsverhältnisses an einem Waldstandort während der belaubten (a) und unbelaubten (b) Phase in Ungarn (nach Haszpra 1995, verändert)

der Pflanzen und Bodenlebewesen sowie bakterielle Zersetzung im Boden) auswirken. Ein wolkenloser Himmel und negative Strahlungsbilanz bedingen darüber hinaus den Aufbau einer stabilen Schichtung, die neben der Windschwäche den atmosphärischen Austausch einschränken (siehe oben). Tagsüber treten die Fotosynthese sowie bessere Austauschverhältnisse als wirksame CO$_2$-Senken auf. Im Gegensatz dazu steht der wesentlich schwächer strukturierte Tagesgang bei bewölktem und windigem Wetter, da dann der Austausch mit der Umgebung besser ist.

Im Winter (Abb. 12.18 b) lässt sich ein

vergleichsweise schwacher Tagesgang nur bei windarmem Strahlungswetter erkennen. Allgemein niedrigere Temperaturen und die reduzierte Aktivität der Biosphäre verhindern deutlichere Unterschiede zwischen Tag und Nacht.

Der auf einen Wald fallende **Niederschlag** wird je nach Art des Bestandes in verschiedener Weise weitergeleitet und auch umverteilt. Am Beispiel eines belaubten und winterkahlen Eichenbestandes in den mittleren Breiten soll die **Wasserbilanz** erläutert werden (Abb. 12.19). Als Bestandsniederschlag wird diejenige Wassermenge bezeichnet, die ein Pflanzenbestand über den Niederschlag erhält. Der Bestandsniederschlag setzt sich zusammen aus

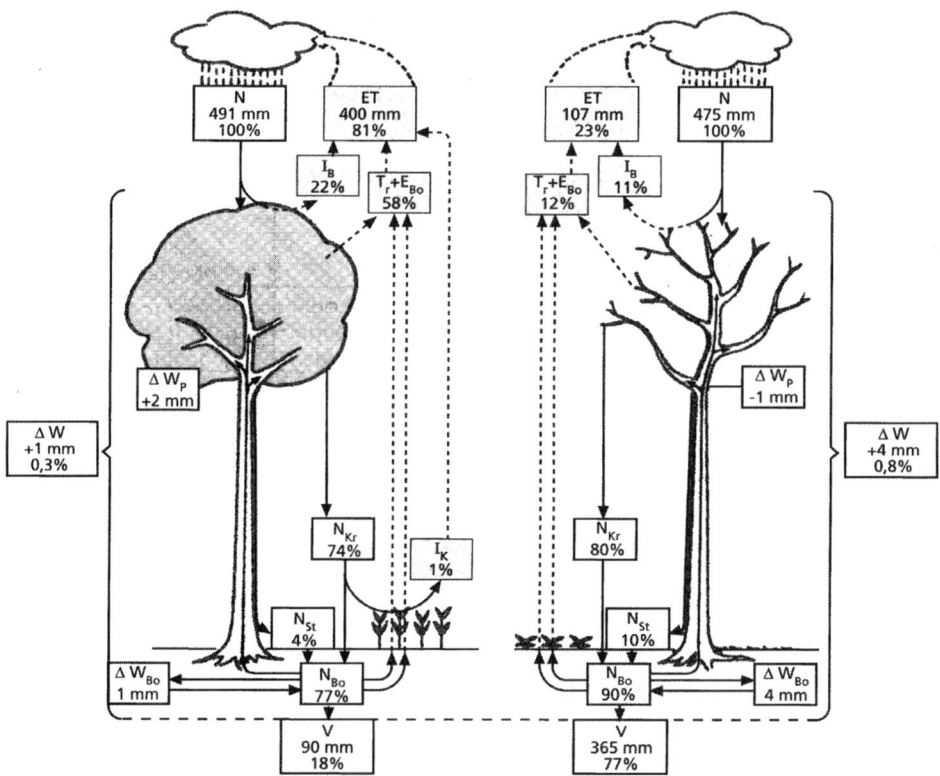

Abb.12.19: Wasserbilanz eines Eichenwaldes im belaubten und im winterkahlen Zustand. N = Freilandniederschlag, N_{KR} = Kronentrauf, N_{ST} = Stammablauf, N_{BO} = Infiltration (in den Boden einsickerndes Wasser), V = Versickerung, ET = Evapotranspiration, Tr = Bestandtranspiration, E_{BO} = Bodenverdunstung, I_B = Interzeption durch die Baumschicht, I_k = Interzeption durch die Krautschicht, ΔW = gesamter Wasservorrat im Ökosystem, ΔW_P = Wasservorrat in der Phytomasse, ΔW_{BO} = Wasservorrat im Boden. Im Jahresdurchschnitt fallen 966 mm Niederschlag auf diesen Wald, 52,5% davon gehen durch Interzeptionsverdunstung, Transpiration und Bodenverdunstung an die Atmosphäre zurück, 47% versickern, 0,5% werden im Biomassenzuwachs gespeichert (nach Larcher 2001)

12.3 Bodennahes Klima

- dem Kronendurchlass (Niederschlag, der durch Bestandslücken fällt),
- dem Stammablauf (Wasser, das am Stamm und an den Ästen abläuft) und
- dem Kronentrauf (Wasser, das nach Benetzung der Blätter abtropft).

Da Kronendächer von Wäldern unterschiedlich ausgeprägt sind, wird der Waldboden auch ungleichmäßig mit Niederschlägen versorgt, wodurch zum Beispiel die Wurzelausdehnung sowie Art und Dichte des Unterwuchses bestimmt werden. Bäume mit glatten Stämmen und steil stehenden Ästen leiten über den Stammablauf relativ viel Wasser in den Boden, was zum Beispiel bei Buchen der Fall ist. Mehr als das 1,5-fache dessen, was auf gleicher Fläche im Freiland den Boden erreicht, fließt an den Stämmen ab. Der Unterwuchs in der direkten Umgebung dieser Bäume ist deshalb besonders stark ausgeprägt (Larcher 2001). Der in Abb. 12.19 dargestellten Bilanz ist zu entnehmen, dass im belaubten Zustand 81 % (rund 400 mm) des Niederschlagwassers (491 mm = 100 %) verdunsten, wozu die Bestandstranspiration T_r und die Bodenverdunstung E_{Bo} 58 % sowie die Interzeptionsverdunstung I_B 22 % beisteuern. Dafür müssen durchschnittlich etwa 6 MJ m^{-2} d^{-1} (70 W m^{-2}) für den latenten Wärmestrom Q_E aufgewendet werden. Im winterkahlen Zustand (Oktober bis April) erreicht die Gesamtverdunstung des Bestandes nur 107 mm (23 %) des Freilandniederschlags (475 mm = 100 %). Q_E beläuft sich dann auf 1,1 MJ m^{-2} d^{-1} entsprechend 13 W m^{-2}. Da im Winter die stomatäre und kutikuläre Verdunstung nicht wirksam ist, erfolgt die Bestandsverdunstung zu etwa gleichen Anteilen über die Bodenverdunstung E_{Bo} (12 %) und die Evaporation des Interzeptionswassers der Baumschicht I_B (11 %). Die Jahresniederschlagshöhe, die auf den Eichenwald fällt, beläuft sich auf 966 mm, wovon 507 mm (rund 53 %) verdunstet werden. Hierfür ist ein durchschnittlicher latenter Wärmestrom Q_E von 3,2 MJ m^{-2} d^{-1} entsprechend 37 W m^{-2} notwendig. Da der Jahresmittelwert der Strahlungsbilanz Q in den mittleren Breiten etwa 50 W m^{-2} beträgt (s. Abb. 3.14), werden für Q_E des Eichenwaldes rund 75 % von Q aufgewendet.

Für den fühlbaren Wärmestrom Q_H und damit für die Lufterwärmung sowie insbesondere für den Bodenwärmestrom Q_B bleibt deshalb nur ein geringer Anteil übrig. Von hydrologischer Seite ist darauf hinzuweisen, dass Laubwaldböden hauptsächlich im Winter über die Versickerung V den Grundwasserspeicher auffüllen. Von den winterlichen Niederschlägen werden nämlich 77 % (365 mm), von den Sommerniederschlägen hingegen nur 18 % (90 mm) dem Grundwasserspeicher zugeführt.

Eine wichtige Rolle in der Wasserbilanz vegetationsbedeckter Flächen spielt die **Interzeption** (Niederschlagsrückhaltung) durch Haft- beziehungsweise Benetzungswasser an den oberirdischen Pflanzenteilen). In dem oben genannten Beispiel beläuft sich die Interzeption I_B der Baumschicht im Sommer auf 22 %, im Winter hingegen nur auf 11 % der jeweiligen Niederschlagssumme. Die Interzeption hängt von der Bestandesstruktur sowie der Art und Menge des Niederschlags ab. Sie ist um so höher, je weniger ergiebig und kleintropfiger der Regen ist. Dabei muss berücksichtigt werden, dass bei einsetzendem Regen zuerst die Blätter benetzt werden, bevor das Wasser abtropft beziehungsweise den Stamm hinunterfließt. Somit ist die Benetzungskapazität als Durchlassgrenzwert anzusehen. Bei Nadelwald ist sie etwa doppelt so hoch wie bei Laubwald (1 mm in belaubtem, 0,5 mm in unbelaubtem Zustand). Bei schwachem Regen werden im Fichtenwald 60 % bis 80 % (Angaben jeweils bezogen auf die Freilandniederschlagshöhe) von den Kronen zurückgehalten, im Buchenwald etwa 50 %. Mit zunehmender Niederschlagsstärke nimmt dieser Anteil ab. Im Buchenwald ist der an den Stämmen ablaufende Anteil mit bis zu 20 % recht hoch; im Fichtenwald ist er wesentlich geringer beziehungsweise gar nicht vorhanden. Der von den Kronen abtropfende Anteil beträgt im Buchenwald etwa 50 bis 60 %; im Fichtenwald dagegen schwankt er zwischen 20 % bei schwachem und etwa 70 % bei starkem Regen. Die in Abb. 12.20 dargestellten Extrem-Verhältnisse für Zirben zeigen zum Beispiel, dass diese aufgrund ihres dichten Kronenschlusses selbst bei hoher Niederschlagsmenge (20 mm / Ereignis) nicht mehr als 30 % Regen durchlassen. Meist wird der Kronenauffang als **Interzeptionsverlust** betrachtet. In nebelreichen Gebieten (Gebirgen) kann allerdings durch Auskämmen von Nebel der Wassereintrag durchaus höher sein als die Summe des Freilandniederschlags. Hierbei handelt es sich dann um einen **Interzeptionsgewinn**, der gerade in Gebieten mit geringen (fallenden) Niederschlagsmengen ökologisch von großer Bedeutung ist (Nebelküste, Nebelwald).

Vegetationsbestandene Flächen wirken aufgrund ihrer relativ großen Akzeptorflächen und wegen der Windberuhigung durch den Bestand als effektive Filter gegenüber gas- und partikelförmigen Luftverunreinigungen. In welchem Maße die **Luftqualität** durch einen Wald beeinflusst wird, in dem selbst keine anthropogenen Emissionen, zum Beispiel durch Kfz-Verkehr, freigesetzt werden, zeigen die in Tab. 12.6 exemplarisch aufgeführten Spurenstoffkonzentrationen. So werden an Waldstandorten vergleichsweise zu Verkehrsstationen – mit Ausnahme des Ozons – wesentlich niedrigere Werte erreicht. Bezogen auf die jeweiligen Mittelwerte sind es bei PM_{10} etwa die Hälfte, beim NO nur 2 % und beim NO_2 etwa ein Fünftel der Werte, die an Straßen gemessen werden. Aber auch im Vergleich zu den Mittelwerten, die auf der Auswertung der Daten aller Stationen des Rhein-Ruhr-Gebietes (allerdings ohne Verkehrs- und Sondermessstationen) beruhen, wird die wesentlich bessere Luftqualität des Waldes deutlich. Noch gravierender fallen

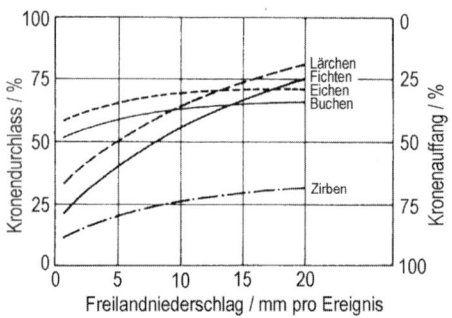

Abb. 12.20: Kronendurchlass und Kronenauffang von Wäldern bei verschiedenen Niederschlagsintensitäten. Relativwerte in Prozent des Freilandniederschlags (nach Larcher 1994)

12.3 Bodennahes Klima

Tab.12.6: Jahresmittelwerte ($\bar{x}$) und 98 %-Werte[1] ausgewählter atmosphärischer Spurenstoffkonzentrationen für das Rhein-Ruhr-Gebiet[2] sowie Verkehrs-[3] und Waldstationen[4] (Datengrundlage: 2004; nach Landesumweltamt NRW) (- = keine Daten)

	Rhein-Ruhr-Gebiet		Verkehrsstationen		Waldstationen	
	$\bar{x}$	98 %-Wert	$\bar{x}$	98 %-Wert	$\bar{x}$	98 %-Wert
SO_2 [5] (µg m^{-3})	7	36	7	25	-	-
PM_{10} [6] (µg m^{-3})	25	-	29	-	14	-
NO [5] (µg m^{-3})	19	148	43	180	1	8
CO [5] (mg m^{-3})	-	-	0,6	1,8	-	-
NO_2 [5] (µg m^{-3})	32	72	50	99	9	38
O_3 [5] (µg m^{-3})	34	114	-	-	57	122

[1] 98 %-Wert – die dargestellten Werte werden nur von 2% aller Messwerte überschritten; Mittelwert aus Halbstundenmittelewerten berechnet
[2] Mittelwert von 27 Stationen (Bonn bis Wesel und Unna bis Krefeld), ohne Verkehrsstationen und Sonderstationen.
[3] Mittelwerte der Messstationen Düsseldorf-Mörsenbroich und Essen-Ost
[4] Mittelwerte der Messstationen Eggegebirge, Eifel und Rothaargebirge
[5] Mittelwerte aus Stundenmittelwerten berechnet
[6] Mittelwerte aus Tagesmittelwerten berechnet
Alle gemessenen Größen haben einen Temperaturbezug von 20 °C

die Unterschiede aus, wenn beispielsweise die 98 %-Werte gegenübergestellt werden. Beim NO wird – bezogen auf die Verkehrsstationen – Faktor 23 erreicht. Bezüglich des sekundären Spurenstoffes Ozon zeigt sich jedoch das bekannte Bild, dass „Reinluftgebiete", in diesem Fall die Waldstandorte, höhere Werte aufweisen als diejenigen der hier genannten Vergleichsstationen. Das liegt unter anderem an dem für die Ozonentstehung höheren NO_2/NO-Verhältnis im Waldbestand (hier: 9,0) im Vergleich zum Wert des „Rhein-Ruhr-Gebietes" (hier: 1,7). Damit wird der wesentlich geringere Einfluss des ozonabbauenden NO im Wald deutlich. Berücksichtigt werden muss aber auch, dass biogene Kohlenwasserstoffe (wie Terpene, Isoprene etc.) in Wäldern durch Bildung des Vorläufergases NO_2 zusätzlich zu einer nicht anthropogenen Ozonentstehung beitragen (s. a. Abschnitt 13.11.1).

Wie bereits erwähnt, beruht die bessere Luftqualität in Wäldern auch auf deren **Filterwirksamkeit** gegenüber Luftinhaltsstoffen (Ad- und Absorption an Blättern und Zweigen sowie stomatäre Inkorporation atmosphärischer Spurenstoffe). **Trockene** und **nasse** (Regen, Schnee) sowie **feuchte** (Nebel, Tau) **Deposition** dienen als „Senkenmechanismen", da sie atmosphärische Spurenstoffe dem Boden zuführen (Kuttler 1991).

Bei der **trockenen Deposition** werden gas- und partikelförmige Spurenstoffe an exponierten Oberflächen abgelagert beziehungsweise von diesen aufgenommen, bevor nachfolgender Niederschlag die abgesetzten Teilchen abwäscht und dem Boden zuführt. Die

Vorgänge, die die **trockene Spurenstoffdeposition** steuern, sind die
- Sedimentation (Ablagerung; betrifft insbesondere Partikeln mit $r \geq 0{,}5$ μm),
- Impaktion (trägheitsbedingte Anlagerung an Hindernissen aus einer Strömung),
- Diffusio- und Thermophorese (Transport mithilfe vorhandener Wasserdampf- oder Temperaturgradienten in der Atmosphäre, s. Abschnitt 5.5.1) sowie
- molekulare und turbulente Diffusion.

Während die trockene Deposition permanent vorherrscht, tritt die **nasse Deposition** nur dann auf, wenn Regen- oder Schneeniederschläge den Erdboden erreichen. Bei der über die verschiedenen Niederschlagsarten erfolgenden nassen Ablagerung spielen die Inkorporation von Spurenstoffen in Wolkentröpfchen (in cloud scavenging, rainout), die Lösung von Spurenstoffen in Wolken- und Regentropfen sowie die Impaktion durch den fallenden Niederschlag (below cloud scavenging, washout) eine wichtige Rolle (Möller 2003; s. auch Abschnitt 5.5).

Unter **feuchter Deposition** werden die Ablagerungen über die verschiedenen Nebelarten (Strahlungs-, Hoch- und Wolkennebel) an Bäumen zusammengefasst. Hierbei handelt es sich um einen Wassereintrag – meist einen Interzeptionsgewinn – der in nebelreichen Bergländern je nach Wassergehalt des Nebels mengenmäßig denjenigen des Niederschlags übertreffen kann. Die Entstehungsbedingungen des Nebels bestimmen auch weitgehend die Herkunft der Spurenstoffe, die dem Nahbereich (bei Auftreten von Strahlungsnebel) beziehungsweise Fernbereich (Hochnebel, Wolkennebel) entstammen können.

Sollen die in einen Bestand über die drei Depositionsarten eingetragenen **Luftinhaltsstoffe** zwecks späterer quantitativer und qualitativer Analyse erfasst werden, müssen Probennahmen sowohl des Stammablauf- sowie des Kronen- und Tropfwassers als auch des Nebels erfolgen. Da dieses Vorgehen meist sehr aufwendig ist, beschränkt man sich häufig auf die Messung des Gesamteintrags (bulk-Niederschlag), der zum Teil deutliche

Tab. 12.7: Atmosphärische Spurenstoffeinträge (in kg ha^{-1}a^{-1}) unter Waldbestands[1]-, Freiland[2]- und Nebelbedingungen[3] im nördlichen Teil des Fichtelgebirges (Messperiode: 1.4.2001 bis 31.3.2002; nach Wrzesinsky 2004)

Ion	H^+	Na^+	K^+	NH_4^+	Mg^{2+}	Ca^{2+}	Cl^-	NO_3^-	SO_4^{2-}
(1) Bestandsniederschlag	0,2	7,0	20,4	14,1	1,3	8,5	12,2	54,5	35,5
(2) Freilandniederschlag	0,1	1,2	0,1	7,9	0,1	1,4	3,2	25,1	15,0
(3) Nebeldeposition	0,1	2,0	0,3	9,8	0,2	0,6	2,8	27,9	14,0
(4) Freilandniederschlag plus Nebeldeposition	0,2	3,2	0,4	17,7	0,3	2,0	6,0	53,0	29,0
(5) Differenz (1) – (4)	0,0	3,8	20,0	–3,6	1,0	6,5	6,2	1,5	6,5

[1] Überwiegend Fichtenbestand (Picea abies (L.) KARST. Alter: 50a – 150a
[2] wöchentliche „wet-only"-Proben
[3] mittels eines aktiven Nebelsammlers (Bayreuth Heatable Active Strand Cloudwater Collector, BCC)

Unterschiede zwischen Laub- und Nadelbäumen aufweist (Kuttler 1991). Schlüsselt man hingegen die Spurenstoffeinträge auf, dann ergeben sich die in Tab. 12.7 exemplarisch dargestellten Depositionen. Im Falle des Sulfates wird im Nadelwaldbestand über zweimal mehr deponiert als jeweils mit dem Freiland- und Nebelniederschlag den Messgeräten zugeführt wird. Aus der Differenz der Eintragsraten (Bestandsniederschlag minus Freilandniederschlag/Nebeldeposition) lässt sich auf die trockene Ablagerung schließen. Dabei muss jedoch für bestimmte Ionen (wie Kalium, Calcium und Magnesium) berücksichtigt werden, dass es durch Auswaschung von den Pflanzenoberflächen (Leaching) zu einer Anreicherung von Spurenstoffen im Bestandsniederschlag kommt.

So vorteilhaft die starke Filterwirksamkeit von Bäumen für die Säuberung der Atmosphäre ist, so nachteilig wirkt sie sich auf die Ökosysteme aus. Um diese besser vor dem schädigenden Einfluss atmosphärischer Spurenstoffe schützen zu können, wurden kritische Depositionsschwellen (**critical loads**) (Gravenhorst et al. 2000) für einzelne Schadstoffe definiert, bei deren Unterschreitung keine negativen Auswirkungen auf das jeweilige Ökosystem zu erwarten sind. So belaufen sich zum Beispiel im Falle des Stickstoffeintrags die „critical loads" für Laubwälder auf 5 bis 20 kg ha^{-1} a^{-1}, während Hochmooren nur 3 bis 5 kg ha^{-1} a^{-1} zugeführt werden dürfen, um eine Schädigung zu vermeiden. Die relativ große Spannweite der für Laubwald genannten Werte beruht darauf, dass auch das Ausgangsgestein, auf dem ein Wald wächst, einen wichtigen Einfluss auf die ökologischen Auswirkungen hat. So reagieren Wälder auf Kalkstein- oder Mergeluntergründen meist weniger empfindlich auf die Deposition atmosphärischer Spurenstoffe als solche auf Granit, Gneis oder Quarzit.

12.4 Einfluss der Geländegestalt auf das Mikro- und Mesoklima

12.4.1 Besonderheiten des Energieumsatzes

Die Geländegestalt wirkt sich vielfältig auf die meteorologischen Elemente des Meso- und Mikroklimas aus. Die nachfolgenden Ausführungen orientieren sich ausschließlich an Gebieten mit relativ geringer Reliefenergie, wie sie im Allgemeinen den geomorphologischen Hohl- und Vollformen der Mittelgebirge zu eigen sind. Fragen der Hochgebirgsklimatologie wird hier nicht nachgegangen (s. aber Abschnitt 12.6.3). Die **Strahlungsverhältnisse** in hügeligem Gelände werden großräumig durch die geografische Breite, die Deklination und den Azimut der Sonne (Tages- und Jahreszeit), kleinräumig durch Hangneigung und Hangexposition bestimmt.

Die Flussdichte der direkten Strahlung auf unterschiedlich geneigte Hänge kann für die Zeit des Sonnenhöchststandes nach Gl. (12.10) generell wie folgt berechnet werden:

$$I' = I \cdot (\cos z \cdot \cos ß + \sin z \cdot \sin ß \cdot \cos α) \qquad (12.10)$$

mit
I' = Strahlungsflussdichte auf den Hang / W m^{-2},
I = Strahlungsflussdichte auf eine zur Strahlungsrichtung senkrechte

Fläche / W m^{-2},
z = Zenitdistanzwinkel der Sonne / °,
ß = Hangneigung / ° und
α = Azimutwinkel (bezogen auf den Meridian) / °.

Tab. 12.8 enthält für eine Ebene, einen Süd- sowie einen Nordhang die Monatssummen der Globalstrahlung für ausgewählte Monate der Jahreszeiten. Die Unterschiede zwischen den beiden Hängen erreichen bei einer Neigung von 30° im März und September maximale Werte von 140 kWh m^{-2} respektive 134 kWh m^{-2}. Der schwach geneigte Südhang ist hinsichtlich des Strahlungsgenusses für das Pflanzenwachstum von besonderer Bedeutung. Dieser trocknet im Frühjahr bei einem fast 7-fach höheren Strahlungsgenuss (30° Hangneigung) im Vergleich zum Nordhang – gleiche Böden vorausgesetzt – wesentlich schneller ab, was große **Standortvorteile**, zum Beispiel für die Aussaat, mit sich bringt. Analoges gilt für den Herbst, wo ein Südhang von 30° Neigung fast viermal so viel Strahlung erhält wie ein Nordhang. Da die pflanzliche Produktion von Zucker und Stärke auch von der Einstrahlungsstärke abhängig ist, resultieren hieraus beispielsweise für Mais, Zuckerrüben, Obst und Wein große Standortvorteile gegenüber den Nordhanglagen.

Neben der Veränderung der kurzwelligen Strahlungsströme durch die Geländegestalt wird auch die **langwellige Strahlungsbilanz** (effektive Ausstrahlung A_{eff}) nachhaltig beeinflusst. Diese erfährt nämlich durch **Horizontüberhöhungen** des Geländes erhebliche Beeinträchtigungen. Da es eine Vielzahl von Geländeformen gibt, deren Einfluss hier im Einzelnen nicht besprochen werden kann, wird auf fünf gene-

Tab. 12.8: Monatssummen der Globalstrahlung (GS / kWh m^{-2}) bei wolkenlosem Himmel für einen Ort in 50° N bei mittlerer Atmosphärentrübung (nach Morgen 1957, ergänzt)

Monat	Hangneigung	Südhang	Nordhang	$GS_{Südhang} - GS_{Nordhang}$
Dezember	0°	23	23	0
	10°	41	8	33
	20°	58	0	58
	30°	70	0	70
	90°	96	0	96
März	0°	102	102	0
	10°	130	82	48
	20°	148	57	91
	30°	164	24	140
	90°	141	0	141
Juni	0°	216	216	0
	10°	226	206	20
	20°	227	191	36
	30°	218	165	53
	90°	81	23	58
September	0°	125	125	0
	10°	150	107	43
	20°	167	75	92
	30°	179	45	134
	90°	130	0	130

12.4 Einfluss der Geländegestalt auf das Mikro- und Mesoklima

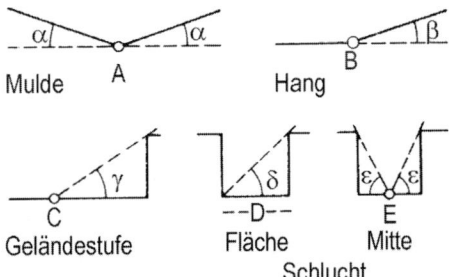

Abb. 12.21: Typen unterschiedlicher Geländeformen, auf die sich die in Tab. 12.9 enthaltenen Werte der effektiven Ausstrahlung A_{eff} beziehen. o = Bezugspunkte (nach Geiger 1961)

ralisierte Typen näher eingegangen, die in Abb. 12.21 dargestellt sind. Die hierfür berechneten Werte von A_{eff} sind in Tab. 12.9 enthalten.

Legt man für die genannten Oberflächenformen beispielsweise einen Abschirmwinkel von 30° zugrunde, so ergibt sich eine relativ geringfügige Verminderung von A_{eff} für eine Mulde, einen Hang und eine Geländestufe sowie für den Ausstrahlungspunkt in der Schluchtmitte (zwischen 10 % und 20 %). Verlegt man diesen Punkt jedoch an den Schluchtrand (D), so resultiert hieraus eine Reduzierung von A_{eff} um rund 38 %, was auf die Strahlungskompensierung durch die Wandfläche zurückzuführen ist. Bei größer werden-den Abschirmwinkeln nimmt die effektive Ausstrahlung weiter ab und wird in einigen Fällen Null, wenn der Grenzwinkel von 90° erreicht ist.

Die **Lufttemperaturverhältnisse** in gegliedertem Gelände werden besonders nachhaltig während windschwacher Strahlungswetterlagen durch die Energiebilanz der Oberflächen bestimmt. Hierbei spielt neben der Ausrichtung und Neigung die Oberflächenbeschaffenheit (Bodenart, Bewuchs) eine besondere Rolle. Wird zum Beispiel nur wenig Energie für den latenten Wärmestrom Q_E benötigt, kann der Rest der Strahlungsbilanz für den fühlbaren Wärmestrom Q_H sowie den Bodenwärmestrom Q_B aufgewandt werden. Wie bereits bei der Darstellung des Strahlungsgenusses für unterschiedlich exponierte Flächen und Hangneigungen gezeigt wurde, erhalten Süd- und Südwesthanglagen die meiste Strahlung und erreichen die höchste Temperatur, woraus die bekannten (positiven) Wirkungen für den Pflanzenwuchs resultieren (s. Abschnitt 15.2.2). Allerdings muss in diesem Zusammenhang neben Bodenart, Bodentyp und Bodenfeuchte (s. Abschnitt 12.3.1) auch der Aufbau der Vegetationsdecke (s. Abschnitt 12.3.3) be-

Tab. 12.9: Effektive Ausstrahlung A_{eff} abgeschirmter beziehungsweise geneigter Flächen in Prozent der Ausstrahlung freier horizontaler Flächen (nach Geiger 1961)

Winkel / °	0	5	10	15	20	30	45	60	75	90
Mulde A	100	99,6	98,2	95,5	91,5	79,3	54,9	28,2	7,9	0
Hang B	100	99,6	98,6	97,0	95,1	90,0	79,6	66,7	52,8	39,6
Geländestufe C	100	99,7	99,2	98,8	97,9	95,1	87,7	77,2	63,9	50,0
Schluchtfläche D	100	93,0	86,2	79,7	73,7	62,2	45,2	29,6	14,3	0
Schluchtmitte E	100	99,3	98,4	97,6	95,8	90,2	75,4	54,4	27,9	0

rücksichtigt werden, da hierdurch das oberflächennahe Temperaturverhalten bestimmt wird.

Dunkle Böden mit geringer Albedo führen in der Regel zu höheren Temperaturen als helle Oberflächen (z. B. Karst). Kleinräumige Temperaturdifferenzen können lokale Zirkulationen auslösen (zum Beispiel Wald-Feld-Wind, Hangwind, s. Abschnitte 12.3.1 und 12.6.2).

12.4.2 Kaltluftentstehung und -dynamik

Wie bereits gezeigt wurde, wirken sich die Oberflächeneigenschaften und -formen insbesondere während autochthoner Strahlungswetterlagen auf die Temperaturverteilung der bodennahen Luftschicht aus. Die lokale Entstehung und Dynamik von **Kaltluft** stellt dabei ein bedeutsames geländeklimatisches Phänomen dar, das auch wegen seiner Relevanz für Planungsprozesse nachfolgend näher behandelt werden soll.

Im Gegensatz zu advehierter (allochthoner) Kaltluft wird unter lokaler (autochthoner) Kaltluft ein Luftvolumen verstanden, das bei **negativer Strahlungsbilanz** eine niedrigere Temperatur im Vergleich zu seiner Umgebung aufweist und in der Höhe durch eine Strahlungsinversion begrenzt wird. Wird der Taupunkt dieser Luft unterschritten, bildet sich Bodennebel, der das Vorhandensein von lokaler Kaltluft sichtbar werden lässt.

Im Zusammenhang mit lokaler Kaltluft stellen die Produktivität, der Abfluss, die Fließgeschwindigkeit und das transportierte Volumen wichtige Größen dar, auf die nachfolgend eingegangen wird.

Unter **Kaltluftproduktivität** wird die Bildung eines Volumens kalter Luft pro Fläche und Zeit (üblicherweise angegeben in $m^3\ m^{-2}\ h^{-1}$) verstanden. Bisher existieren allerdings weder für die Temperatur noch für die Größe des die Kaltluft charakterisierenden Volumens Schwellenwerte, die erreicht werden müssen, um von lokaler Kaltluft sprechen zu können. Es ist jedoch üblich geworden, die Kaltluftproduktivität nach der Größe des „untertemperierten" Luftvolumens zu beurteilen. Ein **Kaltluftvolumen** $V_{Kaltluft}$ lässt sich zum Zeitpunkt der größten Höhe der Bodeninversion wie folgt berechnen (Wiesner 1986):

$$V_{Kaltluft} = \frac{\alpha_{ST} \cdot \varepsilon \cdot (a - b \cdot 10^{-c \cdot e}) \cdot (T_{KL} - T_B) \cdot \Delta t \cdot A_F}{\rho_L \cdot c_p \cdot \Delta T_R}$$

(12.11)

mit

ε = Emissionsgrad des Bodens / –,

α_{St} = Wärmeübergangskoeffizient / $W\ m^{-2}\ K^{-1}$,

a, b, c = empirische Konstanten (a = 0,820, b = 0,250 und c = 0,95),

e = Dampfdruck / hPa,

T_{KL} = Temperatur der Kaltluft / K,

T_B = Temperatur in Bodennähe / K,

Δt = Dauer der negativen Strahlungsbilanz / s,

A_F = Ausstrahlungsfläche / m^2,

c_p = spez. Wärmekapazität der Luft bei konstantem Druck / $J\ kg^{-1}\ K^{-1}$,

ρ_L = Dichte der Luft / $kg\ m^{-3}$ und

ΔT_R = Abkühlungsbetrag der Luft durch Strahlung über der Erdoberfläche / K.

Nach Gl. (12.11) hängt die Kaltluftent-

12.4 Einfluss der Geländegestalt auf das Mikro- und Mesoklima

stehung sowohl von meteorologischen Größen als auch von den Eigenschaften des Untergrundes (Bedeckung, Farbe, Dichte, Feuchtigkeit) ab.

Bildet sich Kaltluft auf ebener Fläche, dann erfolgt ein Austausch mit der wärmeren Umgebung nur über die Dichteunterschiede zwischen kalter und warmer Luft. Hügeliges Gelände hingegen ermöglicht entstehender Kaltluft durch die Gravitation eine zusätzliche Dynamik, die von der Hangneigung und jeweiligen Form der Oberfläche abhängt.

Die bodengebundenen Größen legen den Anteil der Strahlungsabsorption des Untergrundes und damit dessen Oberflächentemperatur sowie die Höhe der Wärmeleitfähigkeit und der Wärmekapazität fest. Auf den besonderen Einfluss des **Bodenwassergehaltes** auf das Wärmeverhalten des Untergrundes wurde bereits in Abschnitt 12.3.1 hingewiesen. Da neben dem Bedeckungsgrad des Bodens dessen Porosität, Permeabilität und Wassergehalt witterungsbedingt gerade in den oberflächennahen Schichten innerhalb kurzer Zeit erheblich schwanken können, ist die Angabe von Mittelwerten zur Kaltluftproduktivität naturgemäß großen Schwankungen unterworfen. Grundsätzlich lässt sich aber festhalten, dass Böden mit hoher Dichte die Wärme besser leiten und deshalb schlechtere Kaltluftproduzenten sind als solche, die neben geringer Dichte eine schlechte Wärmeleitfähigkeit aufweisen. Qualitative Angaben zur Kalturzeugung lassen sich für verschiedene Nutzungsarten Tab. 12.10 entnehmen.

Hochwald wird im Allgemeinen als schlechter Kaltluftproduzent angesehen, weil die Temperaturen im Stammraum wegen des Abschirmeffektes durch das Kronendach nicht so tief absinken wie über einer offenen Wiesenfläche. Auch findet bei **Waldbeständen** in ebener Lage kaum ein Kaltlufttransport in die waldfreie Umgebung statt (Ausnahme: Waldwind, der tagsüber räumlich allerdings nur sehr begrenzt auftritt). Bei Hangwäldern hingegen kann die entstehende kältere Luft schwerkraftbedingt aus dem Stammraum herausfließen und die Umgebungstemperatur in geringem Maße absenken.

Die vertikale Mächtigkeit der Kaltluft, die Geschwindigkeit des Kaltluftflusses sowie das Kaltluftvolumen hängen im Wesentlichen von der Fläche des Einzugsgebietes und der Geländeneigung ab. In kleinen Einzugsgebieten kann am Fuß eines Hanges oder am Ausgang eines Tales von Kaltluftmächtigkeiten ausgegangen werden, die zu Beginn einer Strahlungsnacht gering sind und nur 1 m betragen, im Verlaufe der Nacht aber durchaus auf etwa 4 m anwachsen können (King 1973). Für große Täler und insbesondere ebene

Tab. 12.10: Qualitative Einstufung der Kaltluftproduktionsfähigkeit verschiedener natürlicher Oberflächen (nach Baumgartner 1963; hier aus Dütemeyer 2000)

schlecht	←	Kaltluftproduktionsfähigkeit				→	gut
unbewachsener Boden	Brachfeld	Hackfrüchte	Getreide	Trockene Wiese	Feuchte Wiese	Schonung u. Niederwald	Trockenes Moor

Flächen werden wesentlich höhere Schichtdicken ermittelt. Die stärksten Kaltluftabflüsse lassen sich am häufigsten im Sommer beobachten, während im Winter Kaltluftabflüsse seltener sind. Beispiele zur Kaltluftproduktivität für verschiedene Täler und Hänge bei unterschiedlicher Flächennutzung enthält Tab. 12.11.

Um entscheiden zu können, ob ein **Kaltluftabfluss** in reliefiertem Gelände stattfindet, kann als entsprechendes Kriterium der Quotient (A) aus horizontalem Luftdruckgradienten und Auftriebsterm (Gl. 12.12) herangezogen werden. Ist A < 1, kann von einem lokalen Kaltluftfluss ausgegangen werden.

$$A = (f \cdot v_{geo} \cdot \theta_o) / (g \cdot \Delta\theta \cdot \sin\alpha) \quad (12.12)$$

mit
- f = Coriolisparameter / s^{-1} (s. Kap. 6),
- v_{geo} = geostrophische Windgeschwindigkeit am Boden / m s^{-1},
- θ_o = mittlere potenzielle Temperatur außerhalb des Kaltluftabflusses / K,
- g = Schwerebeschleunigung / m s^{-2},
- $\Delta\theta$ = Temperaturdifferenz über die Schichtdicke der Kaltluft / K,
- α = Hangneigung / °.

In schwach geneigtem Gelände (α < 5°) bestimmten Franke und Tetzlaff (1987) zu Beginn einer abendlichen Kaltluftentstehung einen Quotienten A < 0,2, der sich bei abnehmendem geostrophischen Wind und zunehmender Temperaturdifferenz im Laufe der Nacht auf A < 0,02 verringerte, womit sich ein hangabwärtiger Kaltluftabfluss durchsetzte.

Die mittlere **Kaltluftabflussgeschwindigkeit** über hängigem und rauigkeitsarmem Gelände lässt sich mit Hilfe von Gl. (12.13) wie folgt berechnen (Defant 1933):

$$u = \sqrt{\frac{g \cdot h_{KL}}{\mu} \cdot \frac{\theta - \theta_{KL}}{\theta} \cdot \sin\alpha} \quad (12.13)$$

mit
- u = mittlere hangparallele Geschwindigkeit der bodennahen Kaltluft / m s^{-1},
- g = Schwerebeschleunigung / m s^{-2},
- h_{KL} = Kaltluftmächtigkeit / m,
- μ = Reibungskonstante (Wald: 0,005 bis 0,1; sonst 0,002),
- θ = Temperatur der Luft außerhalb der Kaltluft / K,
- θ_{KL} = Temperatur der Kaltluft / K,
- α = Hangneigung / °.

Die in Gl. (12.13) enthaltene vertikale Kaltluftmächtigkeit h_{KL} ergibt sich für rauigkeitsarme Flächen mit hinreichender Genauigkeit aus dem Briggschen Ansatz (s. Groß et al. 1996) nach Gl. (12.14) zu

$$h_{KL} = 0{,}0375 \cdot \sin\alpha^{2/3} \cdot x_{KL} \quad (12.14)$$

mit
- h_{KL} = strömungswirksame Kaltluftmächtigkeit / m,
- α = Hangneigung / °,
- x_{KL} = zurückgelegte Fließstrecke / m.

Strömende Kaltluft erreicht in der Regel Geschwindigkeiten zwischen 0,5 m s^{-1} und 1 m s^{-1}, in seltenen Fällen bis zu maximal 3 m s^{-1} (s. Tab. 12.11). Wird auf einer geneigten Fläche abfließende Kaltluft durch ein Hindernis, zum Beispiel einen Bahn- oder Straßendamm, gestaut, dann sind die in dem abfallenden Gelände luvseitig gelegenen Flächen besonders frostgefährdet. Abhilfe ist dadurch zu erzielen, dass entsprechende Öffnungen für den Kaltluftabfluss geschaffen werden. Liegen die vor

12.4 Einfluss der Geländegestalt auf das Mikro- und Mesoklima

Tab. 12.11: Kaltluftproduktionsraten (nach Dütemeyer 2000 und VDI 2003)

Standort	Landnutzung	Hangneigung / °	Kaltluftproduktivität / $m^3 \, m^{-2} \, h^{-1}$	Abflussgeschwindigkeit / $m \, s^{-1}$ Volumenstrom / $m^3 \, s^{-1}$	Quelle
Kleintäler bei Losheim (Eifel)	Kurzgehaltene Weide	5 – 9	12	0,8 – 1,2 —	King 1973
Rohrackertal (bei Stuttgart)	Gemischt, unbebaut	14	15	2 —	Kost 1982, zit. in KRdL 1993
Pfinztal (bei Karlsruhe)	Teilbebaute Talsohle, gemischt, z. T. bebaut	8 – 11	6	k. A.	Heldt 1984
Beierbachtal (N-Schwarzwald)	Halb Wald, halb Wiese / Acker gemischt, unbebaut	15	32	0,2 – 1,2 23000	Hauf und Witte 1985
Gehrdener Berg (bei Hannover)	Landwirtschaftl. Fläche	3,5	k. A.	0,8 —	Franke und Tetzlaff 1987
Höllental (S-Schwarzwald) Dreisamtal	Halb Wald, halb Wiese / Acker gemischt	k. A. (schätzw. 1° – 6°)	Weide: 11 Wald: 13	3 —	Groß 1989 (modelliert)
Würzenbachtal	Gemischt, unbebaut	–	13,7	— 38000	Vogt 1990
Kronberg	Verschiedene Nutzungen	–	4 – 33	–	Hergert et al. 1993
Kronsberg (bei Hannover)	Landwirtschafl. Fläche	5	12	0,4 – 1,9 —	Groß et al. 1996
Michelbachtal	Gemischt, z. T. bebaut	Hangneigung: 13 Sohlenneigung 4	9,6	— 30000	Hartenstein 2000

Frost oder vor einem Kaltluftsee zu schützenden Flächen in einem Tal, so kann man die Kaltluft durch einen quer zum Hang verlaufenden Wald- oder Heckenstreifen umleiten.
Das **transportierte Kaltluftvolumen** lässt sich beispielsweise für rauigkeitsarme wiesenbestandene Taloberflächen nach der von King (1973) gefundenen empirischen Formel abschätzen (Gl. 12.15):

$$A = \left(400 \cdot \sqrt{E \cdot \sin\alpha \cdot \sin\beta}\right)^{0,72} \quad (12.15)$$

mit
A = transportiertes Kaltluftvolumen / $m^3 \, s^{-1}$,
E = Einzugsgebiet der Kaltluft / m^2,
α = Hangneigung / ° und
β = Talsohlenneigung / °.

Bei der Entstehung von Kaltluftseen in einer Senke oder einem Tal ist zu

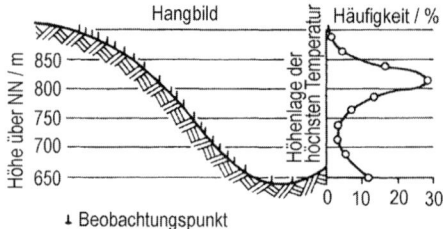

Abb. 12.22: Lage der warmen Hangzone (nach Geiger 1950)

beachten, dass sich abfließende Luft anders verhält als Wasser. Denn Luft erwärmt sich während des Herabgleitens von einem Hang adiabatisch und, da die am Hang abfließende Luft im Austausch mit der darüber liegenden wärmeren Atmosphäre steht, wird auch immer wieder wärmere Luft an den Hang herangeführt, sodass es zur Ausbildung einer sogenannten **warmen Hangzone** kommt. Abkühlung findet demnach im Tal und auf den seitlichen Talschultern statt, während der dazwischenliegende Hang meist wärmer ist. Die höchsten Temperaturen mit der Ausbildung der warmen Hangzone ergeben sich am häufigsten in der oberen Hälfte eines Hanges (Abb. 12.22). Bioklimatisch zeichnet sich die warme Hangzone dadurch aus, dass sie meist nebelarm und kaum frostgefährdet ist und aufgrund ihrer höheren Temperaturen einen früheren pflanzlichen Austrieb erlaubt. Auch wird sie wegen des höheren Strahlungsgenusses bevorzugt als Siedlungsfläche genutzt.

Durch Veränderung der Bodenoberfläche kann die lokale Kaltluftproduktivität herauf- oder herabgesetzt werden. So führt die Umwandlung einer landwirtschaftlich genutzten Fläche in Baum- oder Waldbestände zu einer geringeren Kaltluftentstehung. Auch ist bei einem Wechsel von Grün- zu Ackerland davon auszugehen, dass die Kaltluftproduktivität abnimmt (Schirmer et al. 1993). Denn durch die Bodenverdichtung wird die Wärmeleitung erhöht, was eine Verminderung der Kaltluftproduktivität nach sich zieht. Urbane Gebiete können zum Beispiel die Entstehung von Kaltluft durch die „städtische Wärmeinsel" (s. Abschnitt 13.7) gänzlich unterbinden.

In reliefiertem Gelände (zum Beispiel in frostgefährdeten Tälern und Senken) kann der Entstehung von Kaltluftansammlungen zum Beispiel durch Aufforstung oder Anlage ausreichend großer **Wasserflächen** entgegengewirkt werden. In welchem Maße sich gerade Wasserkörper mit ihrer hohen Wärmekapazität auf das thermische Verhalten von darüberströmender Kaltluft theoretisch auswirken können, belegt das in Abb. 12.23 dargestellte Beispiel. Die hier ermittelte Temperaturerhöhung der Kaltluft ist abhängig von der Überströmungslänge der Wasseroberfläche, der Temperaturdifferenz zwischen überstreichender Kaltluft und Wasserkörper sowie der Kaltluftgeschwindigkeit. Legt man eine Weglänge von 1000 m und eine Temperaturdifferenz zwischen Wasser und darüber streichender Kaltluft ($\Delta t_L = t_{Wasser} - t_{Kaltluft}$) von anfangs 10 K zugrunde, so resultiert für eine 2 m mächtige Kaltluftschicht, die sich mit 0,5 m s^{-1} über die Wasserfläche bewegt, nach 1000 m eine Temperaturerhöhung von etwa 9 K. Mit zunehmender Geschwindigkeit nimmt dabei der Erwärmungseffekt ab: So wird bei 10-fach höherer Kaltluftgeschwindigkeit diese letztendlich nur noch um etwa 3 K im Vergleich zum Anfangszustand er-

12.4 Einfluss der Geländegestalt auf das Mikro- und Mesoklima

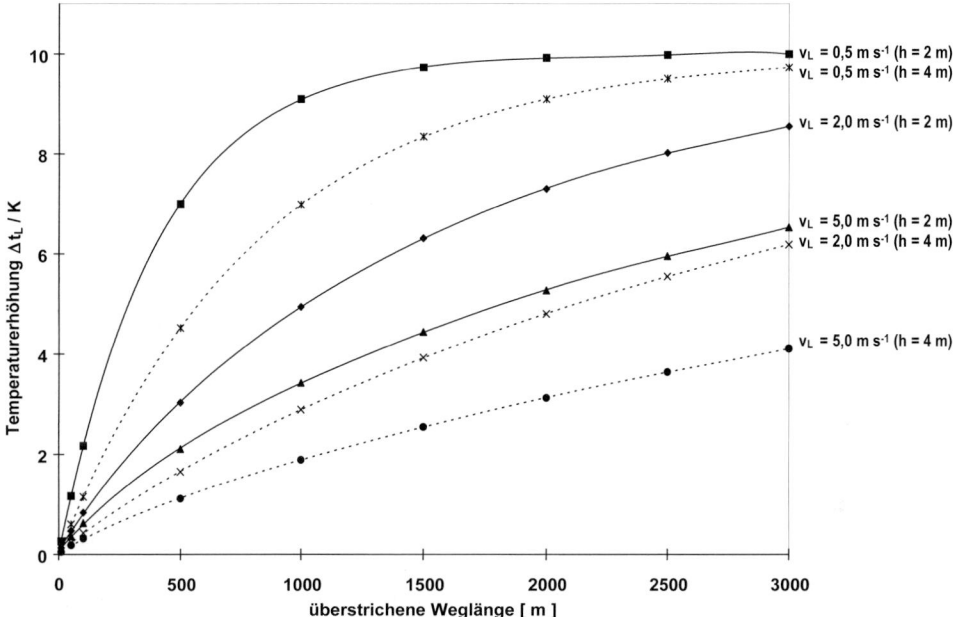

Abb. 12.23: Temperaturerhöhung (Δt_L) einer über wärmeres Wasser ($\Delta t_L = t_{Wasser} - t_{Kaltluft} = 10$ K) bewegten Luftschicht für verschiedene Windgeschwindigkeiten (v_L) (nach Berechnungen von Ropertz, aus Kuttler 1997)

wärmt. Werden größere Schichtdicken (hier zum Beispiel 4 m) berücksichtigt, fallen die Temperaturerhöhungen natürlich kleiner aus.

Zur Bestimmung der Produktivität und Dynamik von Kaltluft über einer Oberfläche lassen sich Geländemessungen und Modellrechnungen einsetzen. Standortmessungen sind von gerätetechnischer Seite her als aufwendig anzusehen, da Punkt- und Flächenerhebungen mit der Aufnahme von horizontalen und vertikalen Profilen unterhalb und oberhalb der Bodenoberfläche für verschiedene meteorologische Größen durchzuführen sind. Auch spielt die möglichst genaue Bestimmung der Bodenfeuchte dabei eine maßgebliche Rolle. In geneigtem Gelände ist darüber hinaus der Kaltluftabfluss zu erfassen.

Für dessen Nachweis bietet sich der Einsatz optischer oder chemischer Tracer (Raucherzeuger respektive Schwefelhexafluorid SF_6, Tetrafluormethan CF_4, Hexafluorethan C_2F_6; Kuttler 1996) an.

Werden numerische oder physikalische Modelle zur Simulation verwendet, sollte sichergestellt sein, dass diese die Thermo- und Strömungsdynamik von Kaltluftvolumina in realistischer Weise wiedergeben. Dabei hängt die Genauigkeit der Modellergebnisse in hohem Maße von den Eingabedaten zur Geländestruktur, der Landnutzung sowie den bodenphysikalischen Größen ab. Überblicke über die verschiedenen Modellanwendungen finden sich bei Gerth 1986, Groß 1989, Schädler und Lohmeyer 1994, Kuttler und Romberg 1992 sowie in Kap. 14. Ausführlich werden Probleme der lokalen Kaltluft in der gleichnamigen VDI Richtlinie 3787 Bl. 5 (2003) behandelt.

12.5 Niederschläge in reliefiertem Gelände

Die Niederschlagsverteilung in reliefiertem Gebiet hängt von dessen Ausrichtung zur niederschlagsbestimmenden Windrichtung, der Windgeschwindigkeit und der Hangneigung ab. Danach wird ein luvseitiger Hang (vergleichbar dem Strahlungsgewinn der der Sonne zugeneigten Flächen) mehr Niederschlag erhalten als dessen windabgewandte Leeseite. Die Niederschlagshöhe ist dabei von der **Windgeschwindigkeit** abhängig. Ein Beispiel vom Hohenpeißenberg soll dieses erläutern (Grunow 1953, Häckel 1999).

Beträgt die Windgeschwindigkeit an einem 20° geneigten Hang 2 m s^{-1}, dann erhält der Luvhang etwa 12 % Niederschlag mehr, während auf der Leeseite 10 % weniger gemessen werden als über ebener Fläche.

Mit Zunahme der Windgeschwindigkeit nehmen auch die Unterschiede zwischen beiden Hangpositionen zu. Das gilt in diesem Fall aber nicht unbegrenzt. Denn ab einer Windgeschwindigkeit von 7 bis 8 m s^{-1} erhält nunmehr der leeseitige Hang um etwa 10 % mehr Regen und Schnee als die Ebene. Das liegt daran, dass der Niederschlag über den Gipfel getragen wird und die Strömung in Lee eine abwärts gerichtete Komponente aufweist, wodurch es dort – und nicht am Luvhang – zu einer Erhöhung der Niederschlagshöhe kommt.

Expositionsabhängigikeiten lassen sich vor allem in den Wintermonaten, bedingt durch unterschiedliche Niederschlagsintensität und Sonnenbestrahlung gut beobachten. So sind Unterschiede in der Dauer der **Schneebedeckung** im Gebirge geeignete Indikatoren.

Wie Tab. 12.12 entnommen werden kann, herrschen geschlossene Schneedecken an Nordhängen wesentlich länger vor als an Südhängen. Die Unterschiede zwischen beiden Expositionen belaufen sich auf bis zu 1,5 Monate pro Jahr, was sich nicht nur auf den Kulturpflanzenanbau und die Besiedlung, sondern auch auf den Wintersport in erheblichem Maße auswirkt.

12.6 Mesoräumige Windsysteme

In diesem Abschnitt werden exemplarisch mesoräumige Windsysteme vorgestellt. Hierbei handelt es sich um Lokal- beziehungsweise Regionalwinde,

Tab. 12.12: Schneedeckendauer in Tagen pro Jahr (d a^{-1}) bei Nord- und Südhanglagen in den Alpen (nach Schreiber 1982)

Höhe / m	Nordhang / d a^{-1}	Südhang / d a^{-1}	Differenz / d a^{-1}
1000	125	95	30
1500	180	135	45
2000	230	200	30
2500	305	260	45
3000	365	320	45

die hinsichtlich ihrer Genese voneinander unterschieden werden: Während für die eine Gruppe horizontale – meist lokal auftretende – Luftdruckunterschiede den wesentlichen Antrieb für Ausgleichsströmungen darstellen, wird die Entstehung der anderen Gruppe hauptsächlich durch vertikale Luftbewegungen geprägt. Zu den erstgenannten Zirkulationstypen zählen als bekannteste Vertreter die **Land-/Seewinde** und **Berg-/Talwinde** mit tagesperiodischer Richtungsumkehr sowie der ausschließlich vom Umland in Stadtgebiete wehende **Flurwind**, dessen Auftreten allerdings von verschiedenen Faktoren abhängt, auf die in Abschnitt 13.10.2 eingegangen wird. Das Entstehen dieser Grenzschichtwindsysteme ist im Allgemeinen an ungestörtes Strahlungswetter bei schwachem oder fehlendem übergeordneten Luftdruckgradienten gebunden. Zum zweiten Zirkulationstyp zählen **Überströmungen von Gebirgen**, die durch mesoräumige Luftdruckkonstellationen verursacht werden und zu charakteristischen klimatologischen Erscheinungen sowohl auf der Luv- als auch auf der Leeseite von Massenerhebungen führen.

12.6.1 Land- und Seewind

Land- und Seewinde entstehen an Küsten und sind auf die unterschiedlichen physikalischen Wärmeeigenschaften von Boden und Wasser zurückzuführen. Während die Lufttemperaturen über Land einstrahlungsabhängig einem deutlichen Tagesgang unterliegen, sind davon die Temperaturen über den Wasserflächen kaum betroffen. Durch die höheren Werte über Land heben sich vormittags die Flächen gleichen Luftdrucks insbesondere in der Höhe an und lassen hier im Idealfall einen Luftdruckgradienten mit ablandiger Strömungsrichtung (oberer Landwind) entstehen, dessen Gegenstück in Bodennähe eine auflandige Luftströmung (Seewind) zur Folge hat (Abb. 12.24). Massenverlust und dementsprechender Luftdruckfall über Land (**lokales Tief**) stehen Massenzuwachs und Luftdruckanstieg über dem Wasserspiegel (**lokales Hoch**) gegenüber. Aufsteigende Luftbewegung über Land kann zur Entstehung von Konvektionswolken, ja sogar zu Wärmegewittern

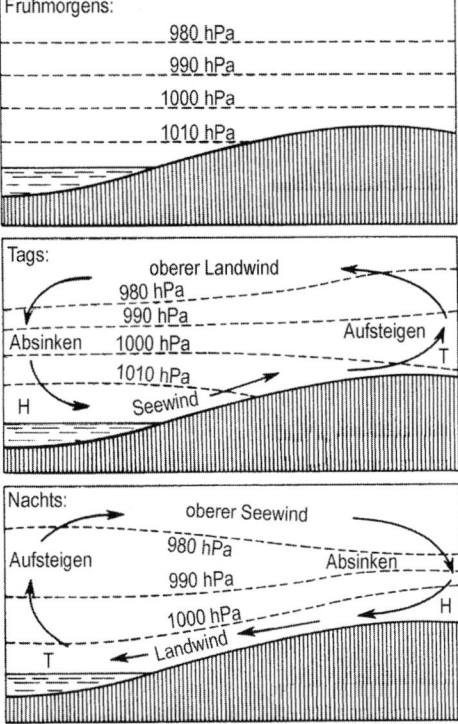

Abb. 12.24: Schematische Darstellung der Entstehung der Land-/Seewind-Zirkulation (nach Busch und Kuttler 1990, verändert)

führen, während gleichzeitig über See absinkende Luftbewegung mit Wolkenarmut vorherrscht. Abends und nachts kehren sich bei vergleichsweise warmem Wasser und stärkerer Abkühlung des Landes (lokales Hoch) im Idealfall die Strömungsrichtungen um und lassen nunmehr bodennah einen Landwind entstehen, der in der Höhe von einem Seewind (oberer Seewind) überlagert ist.

Der **Seewind** ist im Allgemeinen stärker als der Landwind. Das liegt daran, dass bei hoher Einstrahlung der turbulente fühlbare Wärmestrom Q_H wesentlich höhere Luftschichten erfasst, wodurch sich die darauf beruhenden Druckunterschiede und Windbewegungen stärker ausbilden können. Nachts hingegen verhindert bei stabiler Schichtung über dem schneller auskühlenden Land eine nur wenig hochreichende bodennahe Luftschicht größere Druckunterschiede, was nur schwache Windbewegungen zur Folge hat. Die ablenkende Kraft der Erdrotation (s. Abschnitt 6.3.2) kann bei diesen kleinräumigen Zirkulationen vernachlässigt werden.

Über die **thermische Wirkung** des Seewindes im Küstenbereich informiert Abb. 12.25 anhand eines Temperaturvergleiches zwischen einer am Strand liegenden Station und einem hinter einer Düne landeinwärts gelegenen Standort. Während bis etwa 11 Uhr die Temperaturverläufe an beiden Stationen vergleichbare Werte aufweisen, setzt unter Winddrehung am späten Vormittag der Seewind ein und führt am Strand zu einem markanten Temperaturrückgang von etwa 21 °C auf rund 15 °C, während an dem im Schutz einer Düne gelegenen Standort höhere Temperaturen beibehalten werden. Das niedrige Tempe-

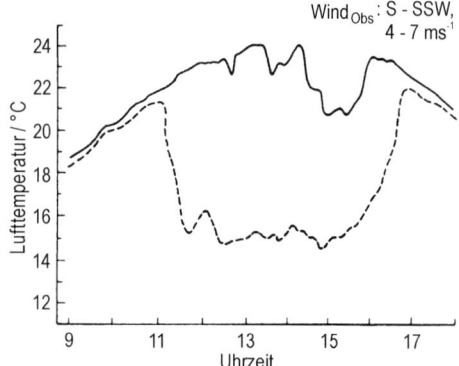

Abb. 12.25: Lufttemperaturverlauf bei Seewind zwischen den ca. 200 m voneinander entfernt liegenden Messpunkten Observatorium (durch Düne geschützt) (—) und Strand (- - - -) an der Ostseeküste bei Zingst am 17. Mai 1966 (nach Hupfer 1996)

raturniveau direkt am Strand ist an die Dauer des Seewindes gebunden (bis etwa 17 Uhr). Mit seinem spätnachmittäglichen Abflauen steigen deshalb am Strand die Temperaturen wieder an und erreichen das Niveau der windgeschützt gelegenen Station.

Die **vertikale Mächtigkeit** des Seewindes erreicht im Allgemeinen 100 bis 400 m. Seine **horizontale Reichweite** beträgt an den Küsten der mittleren Breiten bis zu 30 km, in den Tropen können hingegen weit höhere Werte ($\approx$ 100 km) erreicht werden. Dort sind die Windgeschwindigkeiten wegen der größeren Temperaturunterschiede auch höher als in den mittleren Breiten. Selbst an den Ufern großer Binnenseen lassen sich bei ungestörten Strahlungswetterlagen Land- und Seewinde beobachten. Hierfür sind Bodensee und Gardasee bekannte Beispiele. Abb. 12.26 zeigt für die an der Nordostküste des Bodensees gelegene Stadt Friedrichshafen die

12.6 Mesoräumige Windsysteme

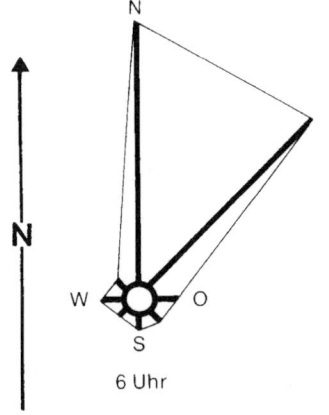

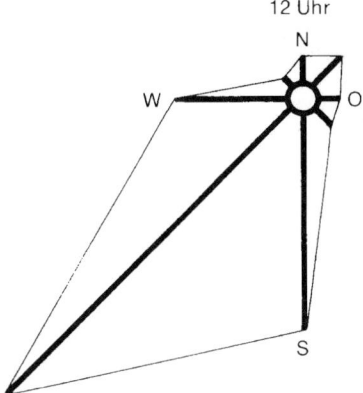

Abb. 12.26: Windrichtungverteilung in Friedrichshafen (Bodensee) um 6 Uhr und 12 Uhr im Juli unter Einfluss der Land-Seewind-Zirkulation (nach Aichele, unveröffentl., aus Häckel 1999)

sommerliche Windrichtungsverteilung während des Vorherrschens der Land-/Seewind-Zirkulation. Zum Frühmorgentermin (6 Uhr) überwiegt noch der Landwind mit vorherrschenden nördlichen und östlichen Richtungen, zum Mittagstermin (12 Uhr) hingegen setzt sich der aus südlichen und südwestlichen Richtungen wehende Seewind durch.

Das Auftreten von Land- und Seewinden ist in den mittleren Breiten vorwiegend an den Sommer gebunden, in den niederen Breiten lässt sich dieses Zirkulationssystem jedoch ganzjährig beobachten.

12.6.2 Berg- und Talwind

Die Berg- und Talwindzirkulation stellt ebenfalls ein lokales Windsystem mit tagesperiodischer Richtungsumkehr dar, das bei ruhigem Strahlungswetter in gebirgigem Gelände auftreten kann. Seine Entwicklung soll im Tagesgang – allerdings in stark generalisierter Form – kurz dargelegt werden (Abb. 12.27).

Bei Sonnenaufgang herrscht noch der nächtliche **Bergwind** vor (1, schwarze Pfeile). Nach Sonnenaufgang wird die Luft über einem Gebirge wegen der höher liegenden Boden- und damit Strahlungsumsatzflächen stärker erwärmt als vergleichbare Höhen über einer Ebene. Dadurch bildet sich in den Gipfelregionen ein lokales thermisches Tief aus, wodurch Luft aufgrund des sinkenden Drucks beginnt, in das Gebirge von außen einzuströmen. Dessen starke morphologische Gliederung führt dazu, dass überwiegend die Täler als Leitbahnen für die ins Gebirge transportierte Luft dienen. Der aus dem Gebirgsvorland stammende, in die Täler eindringende und diese hinaufwehende Wind wird **Talwind** (2) genannt. Der Talwind setzt im Laufe des Vormittags ein und kann Geschwindigkeiten von 4 bis 6 m s^{-1} erreichen. Gegen Abend, mit untergehender Sonne, wird der Talwind schwächer und schläft

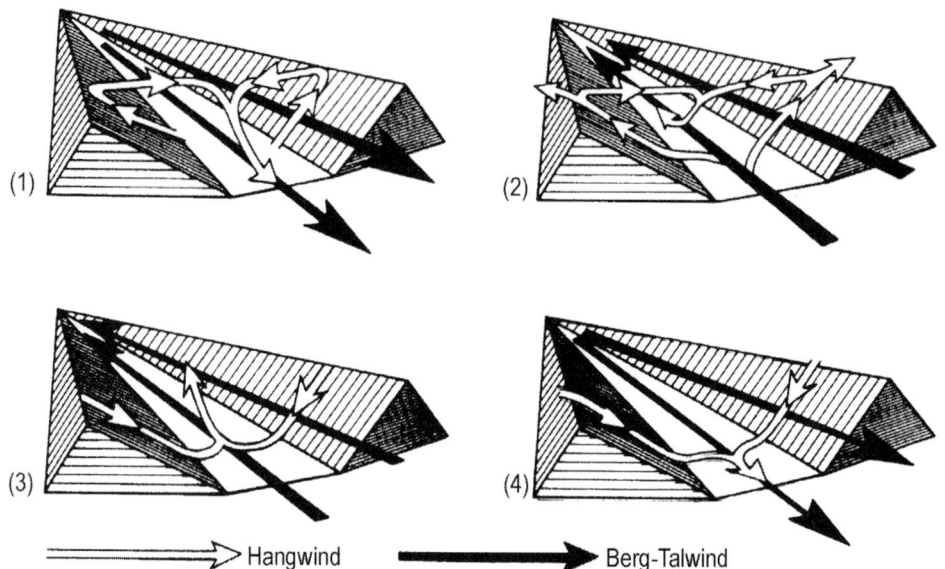

Abb. 12.27: Entstehung des Berg-/Talwind-Systems sowie des Hangwindsystems; Erläuterung siehe Text (nach Defant 1949, aus Häckel 1999)

schließlich ganz ein (Übergang zwischen 3 und 4). Nach einer gewissen Übergangsphase (Windstille) dreht sich nach Sonnenuntergang die Strömungsrichtung um, und es entsteht ein **Bergwind**, der aus dem Gebirge in das Vorland hinausweht (4). Ursache hierfür ist die in der Höhe schnellere und stärkere Abkühlung der Luft (wegen der hochliegenden Ausstrahlungsflächen im Vergleich zu gleichhohen Flächen in der Ebene), so dass Kaltluft schwerkraftbedingt dem Geländegefälle folgend, durch die Täler abfließt. Der Kreislauf schließt sich mit Sonnenaufgang am folgenden Morgen, wenn der Bergwind – ebenfalls wieder nach einer gewissen Übergangszeit – durch den Talwind abgelöst wird.

Vom Berg-/Talwind-System ist das **Hangwindsystem** (s. weiße Pfeile in Abb. 12.27) zu unterscheiden, dessen Entstehung – wiederum entsprechende Wetterlagen vorausgesetzt – ebenfalls an reliefiertes Gelände gebunden ist.

Während das Berg- und Talwindsystem großräumiger angelegt ist und den gesamten Talquerschnitt erfasst, beschränkt sich die Wirkung des Hangwindsystems im Wesentlichen nur auf die hangnahe Luftschicht und ist deshalb eher der Mikroskala zuzuordnen. Auch sind die Strömungsgeschwindigkeiten der **Hangauf- und Hangabwinde** mit $1\ m\ s^{-1}$ bis $2\ m\ s^{-1}$ deutlich geringer als diejenigen des Berg-/Talwindsystems.

Das Hangwindsystem wird dadurch initiiert, dass bei beginnender morgendlicher Einstrahlung und damit einsetzender Erwärmung die zunächst parallel verlaufenden Isothermen der hangnahen Luftschicht angehoben werden (Abb. 12.28). Damit entsteht ein Druck-

12.6 Mesoräumige Windsysteme

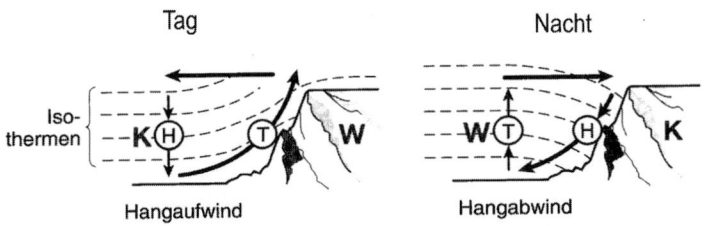

Abb. 12.28: Generalisierte Darstellung des Hangwindsystems; Erläuterung siehe Text (nach Schönwiese 2003a)

gefälle, das eine Luftströmung nach sich zieht, die zum Hang gerichtet ist, und an diesem nach oben abgelenkt wird (Hangaufwind). Die am Hang aufsteigende Luft verursacht eine Aufwölbung der Flächen gleichen Druckes, sodass nunmehr die Luft nach oben strömt. Gleichzeitig setzt das Aufsteigen der Luft an der Hangschulter eine damit verbundene, etwa von der Talmitte zum Hangfuß gerichtete Rezirkulation in Gang, die am Talgrund zu einer Zunahme des Luftdrucks führt, wodurch der Kreislauf des Systems geschlossen wird.

Die abendliche beziehungsweise nächtliche Abkühlung bewirkt eine Umkehrung der hier dargestellten Verhältnisse. Nunmehr bildet sich durch verstärkte Abkühlung über den Hangflächen – die Isothermen sind hangnah nach unten abgesenkt – ein thermisches Hoch. Aus diesem strömt Luft dem Gefälle folgend dem Hangfuß und der Talmitte zu, um dort – wiederum in gewisser Entfernung vom Hang – vertikal aufzusteigen und den Kreislauf durch Strömungsverbindung mit der Hangschulter zu schließen.

Beide Windsysteme wurden wegen des gemeinsamen, zeitlich jedoch durchaus entkoppelten Auftretens in Kombination dargestellt (Abb. 12.27). Wie der Abbildung zu entnehmen ist, stellen sich morgens, wenn der nächtliche Bergwind noch talauswärts weht, auf den sonnenseitigen erwärmten Hängen bereits **Hangaufwinde** ein (1). Tagsüber wird die über die Hangaufwinde transportierte Luft zum Teil auch in das Talwindsystem eingebunden (2). Abends reagieren die Hangflächen auf die abnehmende Bestrahlungsstärke durch die Sonne schon mit der Ausbildung von **Hangabwinden**, während die vergleichsweise trägere Talwindzirkulation noch einige Zeit andauert (3), bevor diese vom Bergwind als dominierender nächtlicher Strömungsrichtung abgelöst wird (4).

Berg-/Talwindsysteme können so stark ausgeprägt sein, dass sie auch das Vorland von Gebirgen mit einbeziehen und sich zu Vorland- und Gebirgswinden entwickeln. Dabei kann die aufsteigende Luftbewegung über Gebirgen mit Wolkenbildung verbunden sein, die bei feuchtwarmer Atmosphäre zu nachmittäglich einsetzenden Gewittern führt.

12.6.3 Gebirgsüberströmungen

In Lee von Massenerhebungen können

starke böige Winde auftreten, die jeweils als lokale Teilstücke synoptisch gesteuerter mesoräumiger Zirkulationen entstehen und zu spezifischen Witterungseigenarten in ihrem Einflussgebiet führen. Zu den bekanntesten Vertretern zählen der **Föhn**, der **Chinook** und die **Bora**, die neben ihrer lokalen geografischen Bedeutung auch überregional als Prototypen von Gebirgsüberströmungen mit sehr unterschiedlichen thermischen Auswirkungen gelten. Der Schwerpunkt der nachfolgenden Ausführungen liegt auf der Darstellung des Föhns, da dieser in vielen Gebirgen zu beobachten ist.

12.6.3.1 Föhn

Unter Föhn (lat. favonius, lauer Westwind) versteht man einen nach Überquerung eines Gebirgskamms auftretenden warmen, trockenen böigen Wind. Föhn kann an fast allen Gebirgen der Erde beobachtet werden. Er wurde zuerst für die Alpen beschrieben, wo er als **Süd-** oder **Nordföhn** in Erscheinung tritt. Wegen seiner besonderen klimatologischen Bedeutung soll hierauf näher eingegangen werden (s. hierzu und im folgenden insbesondere Hoinka 1990, Pichler 1982, Kuhn 1989).

Unterschieden werden beim Südföhn – einer von Süden nach Norden die Alpen überquerenden Luftströmung – der hochreichende (klassische) Föhn und der flache (seichte) Föhn. Letztgenannter bezieht seinen Namen daher, dass sich seine Überströmung nur etwa bis zum 700 hPa-Niveau erstreckt. In dieser Höhe wird die untere südwestliche Luftbewegung in der Regel von einer darüber vorherrschenden Weststömung abgelöst. Der flache Föhn ist relativ selten und wird deshalb nicht behandelt.

Ergänzend wird wegen der Namensähnlichkeit noch auf den **freien Föhn** hingewiesen, der allerdings nichts mit dem böigen Gebirgswind zu tun hat. Es handelt sich hierbei vielmehr um eine in der freien Atmosphäre auftretende Luftströmung, die an Absinkvorgänge in Hochdruckgebieten gebunden ist, wodurch Temperaturzunahme, Feuchtigkeitsrückgang und Bewölkungsabnahme – allerdings ohne Hindernisüberwindung – hervorgerufen werden.

Der **klassische Föhn** ist durch eine kräftige und hochreichende Südweststömung über den Alpen charakterisiert, die in der Höhenwetterkarte durch einen westrussischen Hochdruckkeil und ein Tief über dem Ostatlantik verursacht wird. Die Bodenwetterkarte weist in solchen Fällen für Norditalien einen Hochdruckrücken auf mit tiefem Druck über dem süddeutschen Alpenvorland sowie S-förmigem Verlauf und starker Drängung der Isobaren („**Föhnnase**„) über dem Alpenhauptkamm. Hier können wesentlich höhere Windgeschwindigkeiten (bis zu 30 m s^{-1}) auftreten als in Luv oder Lee des Gebirges (Abb. 12.29).

Föhn kommt in den Alpen an etwa 50 Tagen im Jahr vor, vornehmlich im Frühjahr und Herbst. Als typische **Föhnerscheinungen** sind zu nennen: Stauniederschläge in Luv, Föhnmauer am Alpenhauptkamm, Leewellen, lentikulare Wolkenformen („Föhnschiffchen", Ac lent, s. Abschnitt 5.4.4), sowie – je nach Durchgreifen der Föhnströmung bis auf den Talgrund – Temperaturanstieg und Luftfeuchtigkeitsrückgang. Neben die klassische Föhntheorie, wonach die Temperaturzu-

12.6 Mesoräumige Windsysteme

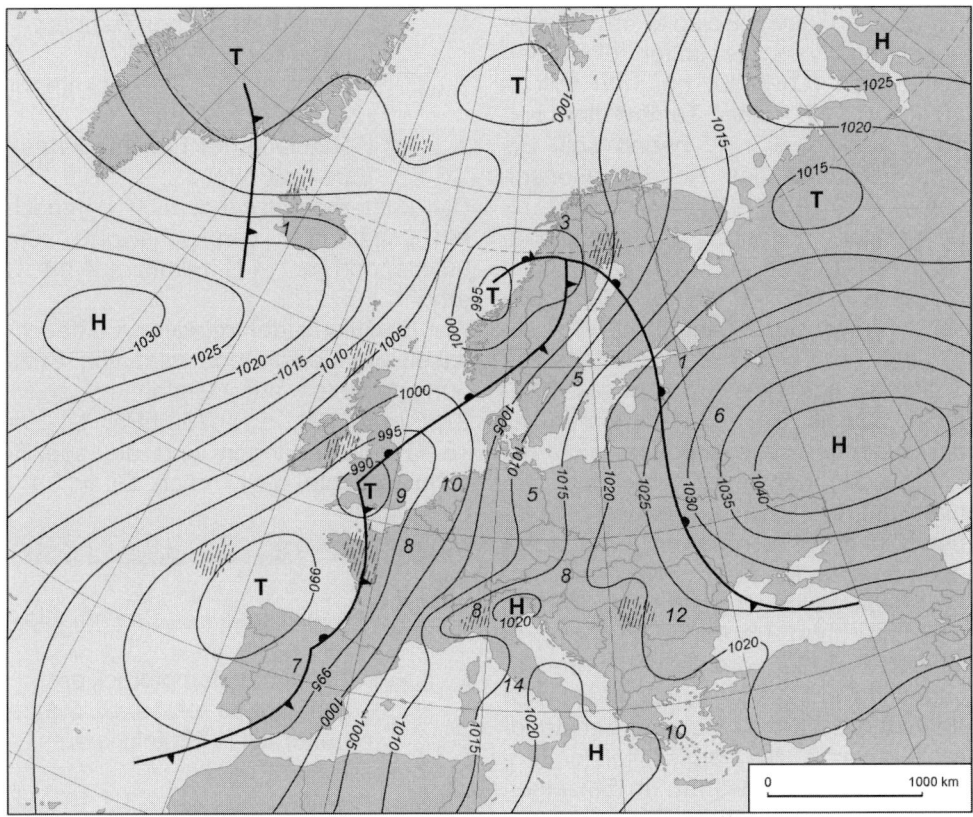

Abb. 12.29: Bodenwetterkarte vom 6.11.1966 (nach Liljequist und Cehak 1984; verändert)

nahme in Lee allein auf dem **thermodynamischen Prozess** bei der Gebirgsüberströmung – begleitet von heftigen Stauniederschlägen in Oberitalien – beruht, ist diejenige getreten, die die Föhnentstehung auf **strömungsdynamische Prozesse** zurückführt. Hierdurch erfolgt nämlich Absinken und Kompressionserwärmung von Luft aus mittleren Höhen, wodurch es bodennah durch Wegräumen vorhandener Kaltluft und Ersatz durch wärmere Luft zu einem Temperaturanstieg kommt. Indirekt gestützt wird die strömungsdynamische Theorie mit trockener Überströmung der Alpen auch dadurch, dass bei Vorherrschen von Südföhn in nur 50 % der Fälle gleichzeitig auftretende kräftige Stauniederschläge am Südalpenrand beobachtet werden (Hoinka 1990).

Für die auf dem thermodynamischen Prozess beruhende Situation, die aus didaktischen Gründen gerne zur Erläuterung der Föhnentstehung herangezogen wird, wird nachfolgend die sich zwischen Luv und Lee einstellende Temperaturerhöhung und Feuchtigkeitsabnahme rechnerisch abgeschätzt (zur Thermodynamik s. Kapitel 4).

Es wird in diesem Beispiel davon ausgegangen, dass die gegen die Alpen von Süden (Luvseite) geführte Luft in 100 m ü. NN eine Temperatur von 10 °C und 70 % r. F. haben soll. Bis zum Erreichen des Kondensationsniveaus (700 m ü. NN) nimmt die Lufttemperatur zunächst trockenadiabatisch ab. Danach setzt bis zum Gipfel (2700 m ü. NN, −8 °C) feuchtadiabatische Temperaturabnahme mit Wolkenbildung ein, wobei der kondensierte überschüssige Wasserdampf als Stauregen ausfällt. Beim Herabströmen auf der Alpennordseite erwärmt sich die Luft wegen der meist über den Gebirgskamm hinausreichenden Staubewölkung („**Föhnmauer**") zunächst noch feuchtadiabatisch. Nach weiterem Feuchtigkeitsverlust erfolgt der Abstieg der Luft dann trockenadiabatisch. In diesem Beispiel wird jedoch vereinfachend davon ausgegangen, dass sich die Luft zwischen Gipfel und Leestandort (500 m ü. NN) ausschließlich trockenadiabatisch erwärmt. Im Einzelnen ergeben sich folgende Bestimmungsgrößen, von denen die Lufttemperatur (Gl. 12.16) und die Luftfeuchtigkeit (Gl. 12.17 bis 12.19) am Leestandort abhängen:

$$\mathbf{t_{Lee} = t_{Luv} - \Gamma_{tr} \cdot (z_{Kond} - z_{Luv}) - \Gamma_f \cdot (z_{Gipfel} - z_{Kond}) + \Gamma_{tr} \cdot (z_{Gipfel} - z_{Lee})} \quad (12.16)$$

mit
t_{Lee} = Lufttemperatur in Lee / °C,
t_{Luv} = Lufttemperatur in Luv (10 °C),
Γ_{tr} = trockenadiabatischer Temperaturgradient / 1 K 100 m^{-1},
z_{Kond} = Höhe des Kondensationsniveaus (700 m ü. NN),
z_{Luv} = Höhenlage des Luvstandortes (100 m ü. NN),
Γ_f = feuchtadiabatischer Temperaturgradient / 0,6 K 100 m^{-1},
z_{Gipfel} = Höhenlage des Gebirgskamms (2700 m ü. NN) und
z_{Lee} = Höhenlage des Leestandortes (500 m ü. NN).

Die Lufttemperatur hat sich demnach am Leestandort vergleichsweise zum Luvstandort um 4 K mithin auf 14 °C erhöht.

Zur Ermittlung der relativen Luftfeuchtigkeit am Leestandort wird von Sättigungsfeuchte am Gipfel (z_{Gipfel} = 2700 m ü. NN, p = 730 hPa, t_{Gipfel} = −8 °C) ausgegangen und die spezifische Feuchte q_{Gipfel} nach Gl. (12.17) berechnet:

$$\mathbf{q_{Gipfel} \approx 0{,}622 \cdot E_{W,Gipfel} / p_{Gipfel}} \quad (12.17)$$

mit
q_{Gipfel} = spezifische Feuchte am Gipfel / kg kg^{-1},
$E_{W,Gipfel}$ = Sättigungsdampfdruck am Gipfel (3,33 hPa; s. Gl. 5.5),
p_{Gipfel} = Luftdruck in Gipfelniveau (730 hPa).

Hieraus resultiert q_{Gipfel} = 2,8 · 10^{-3} kg kg^{-1}. Es wird vorausgesetzt, dass die spezifische Feuchte beim Abstieg erhalten bleibt (mithin $q_{Gipfel} = q_{Lee}$), sodass sich für den Dampfdruck am Leestandort q_{Lee} (mit p = 950 hPa) nach Einsetzen der Werte in Gl. (12.18) ergibt:

$$\mathbf{q_{Lee} = 2{,}8 \cdot 10^{-3} \text{ kg kg}^{-1} \cdot 950 \text{ hPa} / 0{,}622 \text{ kg kg}^{-1} = 4{,}3 \text{ hPa}.} \quad (12.18)$$

Nach Gl. (12.19)

$$\mathbf{f_{Lee} = q_{Lee} / E_{W,Lee} \cdot 100 \%} \quad (12.19)$$

mit
$E_{W,Lee}$ = Sättigungsdampfdruck am Leestandort (15,9 hPa; t_{Lee} = 14 °C)

beläuft sich die relative Luftfeuchtigkeit am Leestandort somit auf $f_{Lee} \approx$ 27 %.

Im Vergleich zum Ursprungswert am Luvstandort hat die relative Luftfeuchtigkeit am Leestandort mithin um 43 % abgenommen.

Oft gleitet der Föhn auf die in den Tälern der Leeseite liegende lokale Kaltluft auf, sodass sich eine scharfe Temperaturinversion mit typisch sichtbarer Dunstgrenze und erhöhter bodennaher Immissionsbelastung einstellt. Je größer der Höhenunterschied zwischen Gipfel und Leeseite und je wärmer und feuchter die Ausgangsluftmasse ist, desto stärker nimmt die Lufttemperatur zu und um so trockener kann die Luft sein.

Im Gegensatz zum Südföhn steht der **Nordföhn** als eine von Norden nach Süden die Alpen überquerende Luftströmung. Da diese wegen ihrer Herkunft aus den nördlichen Breiten meist kälter ist und die föhnartige Erwärmung der Luft deshalb geringer ausfällt, ist im Allgemeinen nur von einer mäßigen Klimawirksamkeit in den Südalpen auszugehen. Herrscht allerdings eine Nordföhnlage vor, dann stellen sich die oben genannten typischen Föhneigenschaften mit plötzlich einsetzender Abnahme der Luftfeuchtigkeit in den Südalpen – zum Beispiel im Tessin – ein. Nordföhn tritt jedoch seltener auf als Südföhn.

Föhn kann mit komplexen **humanbiometeorologischen Auswirkungen** verbunden sein. So treten häufig mit seinem Einsetzen als belastend empfundene Befindensstörungen beim Menschen auf, deren Ursache unter anderem in kurzperiodischen Luftdruckschwankungen (Periodendauer 4 bis 20 Minuten) der Föhnströmung zu suchen sein dürften, die an internen Grenzschichten (zum Beispiel an der Oberfläche der Kaltluftseen) zur Auslösung von „Schwerewellen" (Kelvin-Helmholtz-Wellen) führen und sich bei wetterfühligen Personen als Störgrößen auf den Regelkreis des Blutdrucks auswirken (Richner 1989 in Kuhn 1989).

12.6.3.2 Bora und Chinook

Während der Föhn zu einer charakteristischen Temperaturzunahme führt, verursacht die **Bora** (griech. boreas, Nordwind) eine signifikante Temperaturabnahme. Der Name Bora wird deshalb auch als Prototyp für kalte Fallwinde angesehen. Die Dalmatinische Bora beispielsweise tritt mit kräftigen Winden, die nicht selten auch Sturmstärke erreichen, insbesondere im Winter auf, wenn durch die synoptische Lage verursacht, kalte Luft aus der ungarischen Tiefebene zur Adria transportiert wird. Dabei lässt sich – je nach Ausprägung der Druckzentren – eine zyklonale von einer antizyklonalen Bora unterscheiden. In der Regel reicht die dynamische Erwärmung der Luft beim Abstieg vom Küstengebirge in die Adrianiederung nicht aus, um die Temperaturen dieser Kaltluft merklich zu erhöhen. Im Gegenteil: Boraereignisse gehen meist mit Kälteeinbrüchen am überwiegend warmen Adriatischen Meer einher. Der klimatologische Einfluss der Bora auf die Küsten Dalmatiens ist zum Beispiel so stark, dass sich hier nur in geschützten Lagen die mediterrane Vegetation voll entwickeln konnte (Yoshino 1976).

Der **Chinook** (indianersprachlich) ist im Vergleich zu Föhn und Bora ein Beispiel für einen warmen oder kalten Gebirgswind, der am Ostrand der Rocky Mountains auftritt, und je nach Herkunft der zugeführten Luftmasse entweder föhnartig (warm) oder boraartig (kalt) sein kann.

Das liegt daran, dass die Rocky Mountains – im Gegensatz zu den zonal ausgerichteten Alpen – in meridionaler Richtung verlaufen und bei südwestlicher Anströmung einen warmen, bei nordwestlicher Anströmung hingegen einen kalten Chinook verursachen. Da der Chinook in die ektropische Weststömung eingebunden ist, lässt er sich relativ häufig beobachten, insbesondere im Winter als überwiegend warme (in 43 % der Fälle), seltener als kalte (19 %) Luftströmung. In 38 % der Fälle ist dabei keine Temperaturänderung festzustellen. Es werden maximale Windgeschwindigkeiten von bis zu 60 m s^{-1} (!) erreicht (Südföhn in den Alpen: 30 m s^{-1}). Die Trockenheit der Luft kann mit 10 bis 20 % r. F. noch niedriger sein als die des Alpenföhns (20 bis 30 % r. F.; Daten nach Hoinka 1990).

Zusammenstellungen und Beschreibungen weiterer Regional- und Lokalwinde finden sich bei Schamp (1964) und Forrester (1982).

12.7 Anwendungsorientierte Mikro- und Mesoklimatologie

Die Mikro- und Mesoklimatologie haben in den vergangenen drei Jahrzehnten eine erhebliche Wandlung ihres Fachgebietes durchgemacht. Von der ursprünglich überwiegend in der Grundlagenforschung angesiedelten Fachdisziplin entwickelte sich dieser Zweig der Klimatologie kontinuierlich zu einer pragmatisch orientierten Forschungsrichtung. Auch wurde ihr Aufgabenbereich um die Analyse des chemisch-physikalischen Verhaltens der Luftinhaltsstoffe erweitert. Es erschien deshalb sinnvoll, den neu gestellten fachlichen Ansprüchen mit einer Umbenennung des Arbeitsgebietes Folge zu leisten. Aus der praxisorientierten Mikro- und Mesoklimatologie ist die **Umweltmeteorologie** hervorgegangen, die sich sowohl mit der Analyse der stofflichen als auch der energetischen Wechselwirkungen zwischen der Atmosphäre und der Lebensumwelt von Organismen beschäftigt und dabei als Fachdisziplin auch den globalen Bereich umfassen kann. Die anthropogenen Eingriffe und deren Folgen auf die physikalischen und chemischen Zustände und Prozesse der atmosphärischen Umwelt stehen im Vordergrund des wissenschaftlichen Interesses. Umweltmeteorologische Forschung hat darüber hinaus Lösungswege zur Vermeidung beziehungsweise Verminderung von negativen Umwelteinflüssen aufzuzeigen. Ihre Arbeitsweise kann deshalb nur interdisziplinär angelegt sein. Sie bedient sich dabei entsprechender Untersuchungsmethoden, um das weitgespannte Spektrum meteorologischer und lufthygienischer Probleme zu lösen. Das vielfältige Arbeitsgebiet der Umweltmeteorologie stützt sich dabei auf die in den vergangenen Jahrzehnten immer stärker werdende Berücksichtigung der **Planungsfaktoren** „Klima" und „Luft" in verschiedenen deutschen gesetzlichen Regelwerken, deren wichtigste in Tab. 12.13 zusammengestellt sind.

Umweltmeteorologische **Bezugsräume** sind überwiegend auf die Raumgrößen der Mikroskala α und β sowie die Mikroskala γ (zur Einteilung s. Abschnitte 1.3 und 12.1) festgelegt. Hierunter fallen zum Beispiel Industriegebiete, Verkehrsflächen und Städte mit ihren meist heterogenen Flächennutzungen ebenso wie

12.7 Anwendungsorientierte Mikro- und Mesoklimatologie

Tab. 12.13: Berücksichtung der Planungsfaktoren „Klima" und „Luft" in verschiedenen deutschen gesetzlichen Regelwerken (nach Kuttler und Dütemeyer 2003)

- Bundesimmissionsschutzgesetz (BImSchG) i. d. F. v. 26.09.2002
- Technische Anleitung zur Reinhaltung der Luft (TA-Luft) i. d. F. v. 24.07.2002
- Gesetz über die Umweltverträglichkeitsprüfung (UVPG) i. d. F. v. 18.06.2002
- Baugesetzbuch (BauGB), i. d. F. v. 24.06.2004
- Baunutzungsverordnung (BauNVO) i. d. F. v. 22.04.1993
- Bau- und Raumordnungsgesetz (BauROG) i. d. F. v. 31.12.2001
- Raumordnungsverordnung (ROV) vom 13.12.1990
- Bundesnaturschutzgesetz (BnatSchG), i. d. F. v. 25.03.2002
- Bundeswaldgesetz (BWaldG) i. d. F. v. 29.10.2001
- Umweltgesetzbuch (UGB) v. 09.09.1997

die Behandlung von Fragen aus den Bereichen von Land- und Forstwirtschaft sowie der Erholungsgebiete. Aber auch Probleme, die sich aus der Planung und dem Einsatz von regenerativen Energien ergeben, sind Gegenstand umweltmeteorologischer Untersuchungsverfahren, für die jeweils auf die Fragestellung abgestimmte Mess- oder Beobachtungsgrößen zu erfassen sind. Grundsätzlich muss entschieden werden, ob eine Analyse der aktuellen Situation vorzunehmen ist oder eine Prognose über sich zukünftig einstellende Verhältnisse erforderlich ist, die sich zum Beispiel durch geplante Änderungen von Flächennutzungen ergeben.

Generell lässt sich die **umweltmeteorologische Untersuchungsmethodik** in vier Abschnitte unterteilen, die in Abb. 12.30 zusammengefasst dargestellt sind. Hierbei handelt es sich um:

- Auswertung vorhandenen Datenmaterials, insbesondere vorhandener Karten,
- Datenerhebung im Gelände durch meteorologische und/oder phänologische Beobachtungen, *In-Situ*-Messungen physikalischer und chemischer Größen, Einsatz von Fernerkundungsverfahren,
- Anwendung physikalischer beziehungsweise numerischer Modellsimulationen zur Diagnose und Prognose sowie
- Bewertung (Bonitierung) der Ergebnisse mittels relativer oder absoluter Verfahren.

Im Einzelfall ist zu klären, welche Arbeitsabschnitte berücksichtigt werden müssen.

Zur notwendigen **Datenbeschaffung** können die Auswertungen topografischer und thematischer Karten sowie Beobachtungen und Messungen im Gelände herangezogen werden. Dadurch kann der klimatisch/lufthygienische Istzustand eines zu untersuchenden Gebietes beschrieben werden. Aussagen über einen Planungszustand hingegen können meist erst mithilfe aufwendiger physikalischer oder numerischer Modellierungen erfolgen. Geländebeobachtungen kommen wegen der vielfältigen Abhängigkeit der Vegetation von klimatischen und lufthygienischen Einflüssen durch die Kartierung der pflanzensoziologischen und phänologischen Verhältnisse sowie der Aufnahme eventuell auftretender Immissionsschäden eine besondere Bedeutung zu (s. Kap. 15). Meteorologische und lufthygienische Messungen sind zur

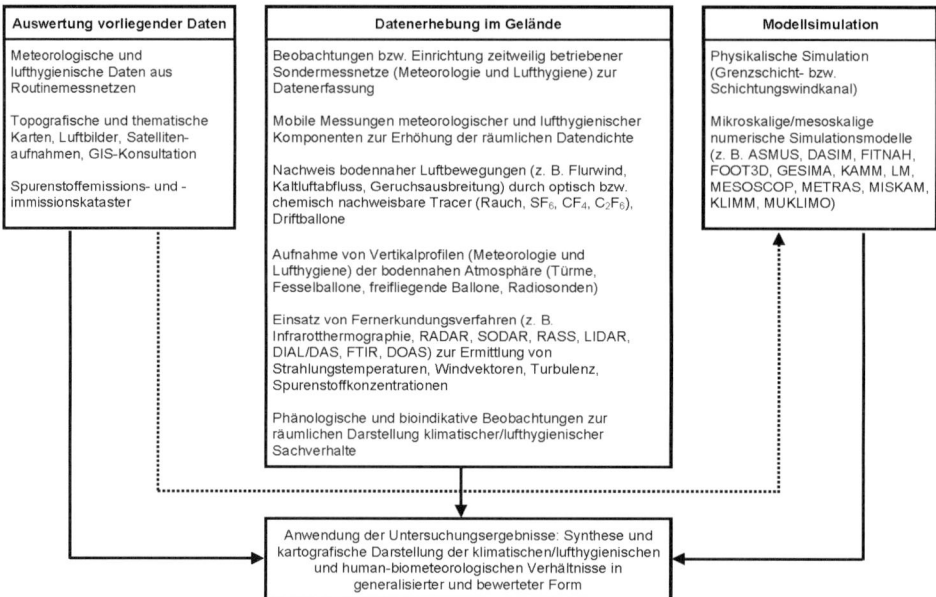

Abb.12.30: Umweltmeteorologische Untersuchungsmethoden (nach VDI 2002; verändert)

Absicherung der Ergebnisse meist unumgänglich. Dabei ist zu berücksichtigen, dass das Messkonzept so angelegt wird, dass bei hoher räumlicher und zeitlicher Auflösung die horizontalen und vertikalen Eigenschaften der bodennahen Luftschicht hinreichend erfasst werden. Der Nachweis der strömungsdynamischen Komponenten kann im Gelände dabei durch Einsatz optischer beziehungsweise chemischer Tracer erfolgen (s. Abschnitt 12.4.2). Auch sollten neben stationären Messungen mobile Datenerfassungen auf festgelegten Routen erfolgen, um über Punktaussagen hinaus Flächenaussagen zu ermöglichen.

Modellergebnisse zu Strömungs- und Ausbreitungsvorgängen basieren entweder auf Untersuchungen in Grenzschichtwindkanälen oder auf der Anwendung numerischer Simulationen. Je nach Anwendungsfall, Größe des Untersuchungsgebietes sowie Komplexität der Fragestellung wird man die eine oder andere Methode bevorzugen (s. Kap. 14).

Mit Hilfe empirisch-statistischer Methoden können bei Berücksichtigung verschiedener, durch die Flächennutzung vorgegebener Eingangsgrößen gebietsspezifische Aussagen zur Klimaeignung für die Regionalplanung gemacht werden (VDI 2002; Schirmer et al. 1993).

Um die Ergebnisse geländeklimatologischer Aufnahmen hinsichtlich ihrer Bedeutung möglichst objektiv einstufen zu können, müssen diese bewertet werden. Die Ziele einer Bewertung liegen bei-

12.7 Anwendungsorientierte Mikro- und Mesoklimatologie

spielsweise in der Ermittlung klimatisch/lufthygienischer **Belastungs- und Ausgleichsräume**, im Nachweis der Empfindlichkeit einer Fläche gegenüber bestimmten Nutzungen, der Ausweisung positiver oder negativer Klimafunktionen oder in der vorausschauenden Optimierung von Bauleitplänen.

Bei den Bewertungsverfahren wird eine relative von einer absoluten Validierung unterschieden. Bei der relativen **Bewertung** werden räumliche beziehungsweise zeitliche Unterschiede gemessener Größen ermittelt, ohne dass diese auf Grenzwerte bezogen werden. Die absolute Bewertung orientiert sich hingegen an Grenzwerten.

Bei der Beurteilung der humanbiometeorologischen Wirkungsfaktoren kann zur Einschätzung der fotoaktinischen Wirkungen auf den UV-Index, zur Begutachtung der thermischen Lebensumwelt des Menschen auf verschiedene Indices (zum Beispiel PMV, PET, pt; s. Kap. 15) und zur Bewertung der lufthygienischen Verhältnisse auf entsprechend festgelegte rechtswirksame Belastungswerte (Mayer et al. 2002b) oder Grenzwerte zurückgegriffen werden (Kuttler 1999 sowie Kap. 15).

Dadurch wird es den Klimatologen ermöglicht, planungsrelevante Sachverhalte anwendungsorientiert zu vermitteln. Für die flächenbezogene Darstellung haben sich kartografisch aufbereitete klimatische und lufthygienische Daten durchgesetzt. Beispiele hierzu enthält Tab. 12.14.

Tab. 12.14: Zusammenfassung Lufthygiene und Klima betreffender Karten (nach VDI 1997)

Unmittelbar Lufthygiene und Klima betreffend	
Luftreinhaltepläne Immissionskataster Emissionskataster	Analytische Karten - Temperaturkarten - Niederschlagskarten - usw. Synthetische Karten - Klimaeignungskarten - Klimavorbehaltskarten - Klimafunktionskarten
Planungsempfehlungskarten	
Mittelbar Lufthygiene und Klima berücksichtigende Karten	
Kartenmaterial der	- Landschaftsplanung - Agrarstrukturplanung - Erholungsplanung - Forstplanung - Bauleitplanung

13 Stadtklima

Die Stadtklimatologie ist der Teil der Umweltmeteorologie, der sich mit den stofflichen und energetischen Wechselwirkungen zwischen der Atmosphäre und dem urbanen Lebensraum beschäftigt. In Abhängigkeit von der Stadtgröße und dem Umfang der zugrunde liegenden Fragestellungen werden dabei Prozesse innerhalb der atmosphärischen Grenzschicht behandelt, die dem mikro- und mesoskaligen Bereich zuzuordnen sind.

13.1 Begriffsdefinition und geschichtlicher Aspekt

Der städtische Siedlungsraum verursacht im Vergleich zu seiner nicht bebauten Umgebung klimatische und lufthygienische Veränderungen, die allgemein unter dem Begriff „**Stadtklima**" zusammengefasst werden. Hierbei handelt es sich um eine anthropogene Klimamodifikation. Diese basiert auf dem Einfluss von Bebauung, Abwärme und Luftbeimengungen, tritt weltweit in Ballungszentren auf und wird durch die Intensität der Nutzung fossiler Energieträger, aber auch durch die geografische Lage von Städten modifiziert.

Da im Verlauf des 21. Jahrhunderts über 70 % der Erdbevölkerung in Städten – darunter in 27 Megastädten mit jeweils ≥ 10 Mio. Einwohnern – leben werden (Birg 2004), ist davon auszugehen, dass immer mehr Menschen den vielfach nachteiligen stadtklimatischen Auswirkungen ausgesetzt sein werden. Wissenschaft und Stadtplanung bemühen sich weltweit, diese Entwicklung zu verhindern oder zumindest positiv zu beeinflussen.

Erste Anzeichen für die Wahrnehmung von Stadtklima und Luftverschmutzung finden sich bei den Griechen und Römern. So werden Arbeiten auf diesen Gebieten Vitruvius (75 v. Chr. – 26 v. Chr.; „Stadtplanung und Klimabedingungen") und Horaz (ca. 24 v. Chr.; „Luftverschmutzung in Rom") zugeschrieben, die die Probleme der Stadtplanung in Zusammenhang mit den klimatischen und lufthygienischen Einflüssen aufgriffen. In der Neuzeit war es insbesondere John Evelyn (1620–1706), der wohl als einer der ersten die unter starker „Luftverpestung" leidende Stadt London untersuchte und den Einfluss der Windrichtung auf die Luftqualität herausstellte. Seine Ergebnisse fasste er im Jahre 1661 in der weithin bekannt gewordenen Monografie „Fumifugium" zusammen.

Erste systematische Untersuchungen der stadtklimatischen Verhältnisse von London gehen zum Beispiel auf den vielseitigen englischen Chemiker und Apotheker L. Howard (1772–1864; s. auch Abschnitt 5.4.4) zurück, der für die damaligen Verhältnisse sehr genau wärmeklimatische Unterschiede zwischen London und seiner Umgebung in ihrer zeitlichen und räumlichen Abhängigkeit untersuchte, deren Zustandekommen erklärte und die Ergebnisse in einem dreibändigen Werk, das mehrere Auflagen erlebte, publizierte (Howard 1833).

Das immer umfangreicher werdende Datenmaterial erlaubte es schließlich dem deutschen Benediktinerpater Albert Kratzer im Rahmen seiner im Jahre 1937 angefertigten Dissertation über „Das Stadtklima" einen äußerst umfassenden Überblick über diese Forschungsdisziplin zu geben (zweite Auflage 1956). Schließlich dauerte es bis zum Jahre 1981, bis erneut eine Monografie zur Stadtklimatologie vorgelegt wurde, die allerdings überwiegend auf den nordamerikanischen Raum zugeschnitten war (Landsberg 1981).

In den Folgejahren entwickelte sich insbesondere in Deutschland die Angewandte Stadtklimatologie neben der Grundlagenforschung als praxisorientierte Teildisziplin, da die Erkenntnisse über den Zusammenhang zwischen Klima, Lufthygiene und Planung für die Entscheidungsträger im Städtebau eine immer bedeutendere Rolle spielten. Dieses schlug sich nicht nur in verschiedenen umfangreichen Buchpublikationen nieder (zum Beispiel Schirmer et al. 1993, Helbig et al. 1999), sondern fand auch in zahlreiche deutsche gesetzliche Regelwerke (s. Tab. 12.13, Abschnitt 12.7) sowie in verschiedene praxisorientierte Richtlinien Eingang (zum Beispiel des VDI und DIN, www.vdi.de).

Darüber hinaus stehen mittlerweile ein vielseitiges Messinstrumentarium sowie ein breit gefächertes Spektrum an physikalischen und numerischen Modellen zur Verfügung, um stadtklimatische Ist- und Planzustände nachweisen und simulieren zu können (s. Kapitel. 14).

13.2 Genese des Stadtklimas

Die Ursachen des urbanen Klimas beruhen in erster Linie auf mikro- und mesoskaligen Einflüssen, wozu
- die Stadtgröße,
- die Einwohnerzahl,
- die Art der urbanen und ruralen Flächennutzungstypen,
- die topografischen urbanen und ruralen Verhältnisse,
- der Anteil des Versiegelungsgrades des Bodens,
- die Intensität der dreidimensionalen urbanen Strukturierung,
- die Emissionsart und -stärke gasförmiger, fester und flüssiger Luftbeimengungen sowie
- die fühlbare und latente Abwärme aus technischen Prozessen

zählen.

Aber auch makroskalige Einflüsse wie
- die Breitenlage bzw. Klimazone sowie
- die Entfernung von Städten zu großen Wasserkörpern

wirken auf das Stadtklima ein. Allerdings treten die eher großräumig bedingten Faktoren in ihrer stadtklimatischen Prägung im Allgemeinen hinter diejenigen des mikro- und mesoskaligen Bereiches zurück (Wienert und Kuttler 2005). Wichtige stadtklimatische Steuerungsgrößen sind demnach die Größe und Bebauungsstruktur von Städten. Zu letzterer zählen die Oberflächenrauigkeit, Bebauungsdichte, das thermische und hydrologische Verhalten der städtischen Oberflächen und Baukörper, die Zuordnung und Mischung von bebauten und nicht bebauten Flächen, die Abwärme- und Wasserdampfemissionen sowie die Freisetzungsstärke und -art von Luftverunreinigungen. Hierdurch werden sowohl die urbane Energiebilanz (Strahlungs- und Wärmehaushalt; s. Abschnitt 13.6) als auch die Wasserbilanz (s. Abschnitt 13.8) beeinflusst.

13.3 Nachweis des Stadtklimas

Beim Nachweis klimatischer Unterschiede zwischen Stadt und Umland muss beachtet werden, dass urbane Messdaten zusammengesetzte Werte (W) repräsentieren, die aus wenigstens drei Einzelkomponenten bestehen (Lowry 1977). Hierbei handelt es sich um
- eine globalklimatische, großräumig vorgegebene Wirkgröße („Hintergrundwert" H),
- eine durch die Topografie bestimmte regionale Beeinflussung („Topografiewert" T) sowie
- einen auf die Verstädterung zurückzuführenden Einfluss („Verstädterungswert" V).

Dieser Sachverhalt ist in Gl. (13.1) dargestellt, wobei ergänzend der Witterungstyp (i), der Messzeitpunkt (t) sowie die räumliche Zuordnung des Messstandortes im Stadtgebiet (x) bekannt sein müssen:

$$W_{itx} = H_{itx} + T_{itx} + V_{itx} \quad (13.1)$$

Um den ausschließlich auf der Verstädterung beruhenden klimatischen Einfluss zu ermitteln, ist es notwendig, den zum aktuellen Zeitpunkt während einer bestimmten Wetterlage an einem festgelegten Ort gemessenen Wert ($W_{it(akt)x}$; „Aktualwert") von demjenigen abzuziehen, der bei gleicher Wetterlage und Standortlage vor Errichtung der Stadt, das heißt in der präurbanen Phase („Präurbanwert"), ermittelt würde ($W_{it(präurb)x}$).

Eine derartige Vorgehensweise zur Bestimmung des verstädterungsbedingten Klimaeffektes ist meistens nicht möglich, da die entsprechenden Daten fehlen. Deshalb muss entweder auf
- eine Analyse von Vergleichsmessungen (präurban/urban) im Windkanal bzw. durch numerische Modellsimulation,
- Regressionsanalysen einzelner Klimaparameter in Abhängigkeit von der Zeit oder
- aktuelle Geländemessungen an mindestens zwei Standorten, die die urbane und rurale Situation repräsentieren, bzw. auf entsprechend durchgeführte mobile Messungen

zurückgegriffen werden.

Üblicherweise wird dem zuletzt genannten Punkt der Vorzug bei Stadtklimaanalysen gegeben. Hierbei ist darauf zu achten, dass der rurale Messstandort frei anströmbar und eben ist, auf gleicher Geländehöhe wie der Stadtstandort liegt und nicht durch die städtische Abluftfahne (s. Abschnitt 13.5) beeinflusst wird.

Die Festlegung repräsentativer Standorte für die zu erfassenden meteorologischen und lufthygienischen Größen erfordert wegen der Heterogenität städtischer Flächennutzungen große Sorgfalt. Dieses lässt sich annähernd nur über eine sinnvolle Generalisierung und Aufteilung des Stadtkörpers unter klimatologischen bzw. lufthygienischen Gesichtspunkten erreichen. Flächen, die durch gleichartiges mikro- und mesoklimatisches Verhalten oder durch ähnliche Luftqualität geprägt sind, werden dabei als „Klimatope" oder „Aerotope" bezeichnet. Die auf Stationsmessungen beruhenden Werte erlauben streng genommen nur punktuelle Aussagen. Um flächenbezogene Daten zu erhalten, muss entweder das Messnetz durch zusätzliche stationäre oder mobile Messungen (s. Kapitel 8) verdichtet werden oder auf numerische bzw. physikalische Simulationsmodelle zurückgegriffen werden, die neben meteorologischen Parametern auch Klimafaktoren wie orts-, bebauungs- und straßenverkehrstypische Größen berücksichtigen. Soll die Auswirkung beabsichtigter Flächenumwidmungen untersucht werden, sind diagnostische Modelle anzuwenden, die Planungszustände simulieren können (s. Abschnitt 12.7). Einen Überblick über umweltmeteorologische Messmethoden, die auch in der Stadtklimatologie Anwendung finden, enthält Abb. 12.30.

13.4 Struktur und Beschaffenheit städtischer Oberflächen

Ein Charakteristikum städtischer Oberflächen stellt deren **Versiegelung** dar. Hierunter versteht man eine mehr oder weniger vollständige Abdichtung der Oberflächen durch undurchlässige Materialien, so dass Wasser und Gase nicht mehr ungehindert zwischen Boden und Atmosphäre ausgetauscht werden können.

Grundsätzlich kann zwischen einer **Überflur- und Unterflurversiegelung** unterschieden werden. Während die Überflurversiegelung dem o. g. Sachverhalt entspricht, kann durch die Unterflurversiegelung der vertikale Transport dieser Stoffe innerhalb des Bodens unterbunden werden. U-Bahn-, Kanal- und Leitungssysteme, Tiefgaragen und Keller sowie Untergrundpassagen und -geschäftsstraßen sind Beispiele für eine Unterflurversiegelung. Wenn in diesem Kapitel von Versiegelung gesprochen wird, ist damit allerdings ausschließlich die Überflurversiegelung gemeint, durch die Siedlungsflächen im weitesten Sinne charakterisiert werden. Als **Versiegelungsgrad** wird das Verhältnis von versiegelter Fläche zur entsprechenden Stadtfläche bezeichnet. Dieser Wert ist keine konstante Größe, wie der Anstieg des durchschnittlichen Anteils der Siedlungs- und Verkehrsflächen in Deutschland von 6 % (1950/51) auf 12,3 % (2002) zeigt (Dosch und Beckmann 2003). Auskunft über die gängige Einteilung von Siedlungs- und Verkehrsflächen nach Versiegelungsstufen gibt Tab. 13.1.

Durch Versiegelung und Kanalisation werden Niederschläge in der Regel

Tab. 13.1: Beschreibung der Versiegelungsstufen (nach Wessolek und Renger 1998, verändert)

Versiegelungsstufe %		Flächencharakteristik
I	10 – 50	Mäßige Versiegelung: Einfamilienhaussiedlungen, Kleingartengebiete, Zeilenhaussiedlungen; Mittelwert 30 %
II	50 – 75	Mittlere Versiegelung: Blockrandbebauung, Nachkriegsbaugebiete; Mittelwert 60 %
III	75 – 90	Starke Versiegelung: städtische Baugebiete mit Blockbebauung, ältere Industrieanlagen; Mittelwert 80 %
IV	90 – 100	Sehr starke Versiegelung: unzerstörte Blockbaugebiete der Innenstadtbezirke und Industrieflächen, die in jüngerer Zeit entstanden oder verändert worden sind; Mittelwert 90 %

13.4 Struktur und Beschaffenheit städtischer Oberflächen

rasch abgeführt, sodass sowohl eine Versickerung in den Untergrund als auch ein späterer kapillarer Aufstieg an die Oberfläche stark eingeschränkt oder verhindert werden. Wegen der dadurch verminderten Verdunstung nehmen die Oberflächentemperaturen, der fühlbare Wärmestrom sowie der Bodenwärmestrom auf Kosten des latenten Wärmestroms zu.

Mit Hilfe des **Abflussbeiwertes** ψ, der als Quotient aus Wasserabfluss und gefallenem Niederschlag definiert ist, lassen sich Angaben über denjenigen Anteil des Wassers machen, der abfließt, versickert oder verdunstet. Für Straßen, betonierte Plätze und Hausdächer ergeben sich beispielsweise hohe Abflussbeiwerte, natürliche speicherfähige Substrate (Bodenbedeckungen auf Spielplätzen und in Gärten) weisen hingegen geringere Werte auf (s. Abschnitt 13.4.1.2). Diese Flächen vermindern den Wasserabfluss, verstärken die Versickerung und Speicherung und ermöglichen somit auch die Verdunstung. Dadurch bleiben die Oberflächen- und Lufttemperaturen dieser Flächen niedrig.

Bedingt durch ihre Dreidimensionalität weisen Stadtkörper im Allgemeinen eine Oberflächenvergrößerung auf, die das Mehrfache ihrer Grundfläche erreichen kann. Möglichkeiten, den Grund- und Aufriss von Städten, d. h. die Lage, Anordnung und Struktur von Gebäuden für klimatologische Zwecke zu klassifizieren, sind durch verschiedene Kenngrößen gegeben. Zu ihnen zählen
- die Höhe der Straßenrandbebauung,
- die Straßenbreite,
- der Verhältniswert dieser beiden Parameter,
- der Richtungsverlauf von Straßen,
- die Bebauungsdichte,
- Art und Aufbau von Grünflächen,
- das Auftreten und die Verteilung straßenbegleitender Vegetation,
- die Stellung der Gebäude zu Verkehrswegen (trauf- oder giebelständig) sowie
- die verwendeten Baustoffe und das Vorhandensein oder Fehlen von Wasserflächen.

Eine geschlossene Bebauung herrscht in Innenstädten vor, die vielerorts ihren Altstadtcharakter bewahrt haben. Vororte zeichnen sich hingegen vielfach durch aufgelockerte Bebauungsstrukturen („Gartenstadtcharakter") aus. Während in früheren Zeiten niedriger gebaut und auf Baustoffe wie Naturstein, Ziegel oder Holz zurückgegriffen wurde, sind in den modernen Städten an deren Stelle Beton und Stahl mit wesentlich veränderten thermischen Eigenschaften getreten (s. Abschnitt 13.4.1.1).

Die aerodynamischen Eigenschaften der verschiedenen Oberflächen eines Stadtgebietes lassen sich mit Hilfe des **Rauigkeitsparameters** z_0 sowie der Verdrängungsdicke d_0 charakterisieren, die als Maße für die Unebenheit von Flächen gelten (zur Definition s. Abschnitt 6.4.1).

Der Rauigkeitsparameter kann nach einem empirischen Ansatz von Lettau (1969) nach

$$z_0 = 0{,}5 \cdot h_M \cdot s_M \cdot s^{-1} \qquad (13.2)$$

mit
h_M = mittlere Hindernishöhe / m,
s_M = mittlere Windangriffsfläche des Hindernisses / m² und
s = spezifische Fläche / m², die das Hindernis einnimmt,
berechnet werden.

Die spezifische Fläche s für die Gebäude eines Stadtviertels ist nach Gl. (13.3)

$$s = A \cdot N^{-1}, \qquad (13.3)$$

wobei
A = Gesamtfläche / m² und
N = Zahl der Hindernisse
sind. Die Verdrängungsdicke d_0 kann über Gl. (13.4) zu

$$d_0 \approx 2/3 \cdot h_M \qquad (13.4)$$

mit h_M = mittlere Hindernishöhe / m abgeschätzt werden.
Tab. 13.2 enthält für ausgewählte Baukörperstrukturen entsprechende z_0- und d_0-Werte. Hierbei kann es sich lediglich um Orientierungswerte handeln, da Windrichtungsabhängigkeiten durch die sich ändernden Wirkungsquerschnitte bestehen.

13.4.1 Thermische und hydrologische Eigenschaften städtischer Oberflächen

Versiegelte Flächen unterscheiden sich von natürlichem Untergrund in ihren thermischen und hydrologischen Reaktionen. Sie können deshalb in besonderer Weise die klimatischen Verhältnisse von Siedlungsgebieten beeinflussen.

13.4.1.1 Thermische Eigenschaften städtischer Oberflächen

Farbe, Zusammensetzung, Versiegelungsgrad, Oberflächenrauigkeit, Wasserversorgung sowie Ausrichtung zum solaren Strahlungseinfall und thermische Eigenschaften entscheiden darüber, wieviel Energie über die urbanen Oberflächen aufgenommen, in den Untergrund weitergeleitet bzw. von diesem an die Atmosphäre abgegeben wird, wie ausgewählte Beispiele in Tab. 13.3 belegen.
Asphalt stellt in Städten das bevorzugte Material der Flächenversiegelung dar. Es zeichnet sich im Vergleich zu natürlichem Boden (zum Beispiel trockenem Lehmboden) über eine dreimal so hohe Wärmeleitfähigkeit sowie doppelt so hohe Werte der Temperaturleitfähigkeit und des Wärmeeindringkoeffizienten aus. Dunkler Asphalt heizt sich im Vergleich zu natürlichen Materialien bei starker Sonneneinstrahlung am stärksten auf, wenn er trocken ist, da dann

Tab. 13.2: Rauigkeitshöhen (z_0) und Verdrängungshöhen (d_0) für ausgewählte Baukörperstrukturen[1] (nach Theurer 1993)

Baukörperstruktur	z_0 / m	d_0 / m
Stadtzentren	2,4	10
Blockrandbebauung, 3- bis 5-geschossig	2,1	9
Industrieanlagen	1,6	12
Wohnblöcke in Zeilenbau, 3- bis 5-geschossig	1,5	7
Dichte Wohnbebauung, Ein- und Mehrfamilienhäuser, 1- bis 3-geschossig	1,4	4
Wohnbebauung, Einfamilienhäuser, 1- bis 2-geschossig	1,3	2
Gewerbegebiete	0,6	5

[1] Bei einem Anströmwinkel von β = 0°; β = Winkel zwischen der Hauptorientierungsrichtung einer Bebauung und der Anströmrichtung

13.4 Struktur und Beschaffenheit städtischer Oberflächen

Tab. 13.3: Thermische Eigenschaften[1] künstlicher und natürlicher Materialien (nach Zusammenstellungen aus Oke 1990 und Zmarsly et al. 2002)

Material	Anmerkungen	Dichte ρ / $\frac{kg}{m^3} \cdot 10^3$	Spezifische Wärmekapazität c / $\frac{J}{kg \cdot K} \cdot 10^3$	Wärmekapazitätsdichte ζ / $\frac{J}{m^3 \cdot K} \cdot 10^6$	Wärmeleitfähigkeitskoeffizient λ / $\frac{W}{m \cdot K}$	Temperaturleitfähigkeitskoeffizient a / $\frac{m^2}{s} \cdot 10^{-6}$	Wärmeeindringkoeffizient b / $\frac{J}{m^2 \cdot s^{0,5} \cdot K}$
Asphalt		2,11	0,92	1,94	0,75	0,38	1205
Beton	Gasbeton	0,32	0,88	0,28	0,08	0,29	150
	Schwerbeton	2,40	0,88	2,11	1,51	0,72	1785
Naturstein		2,68	0,84	2,25	2,19	4,93	2220
Backstein	durchschn.	1,83	0,75	1,37	0,83	0,61	1065
Lehmziegel	durchschn.	1,92	0,92	1,77	0,84	0,47	1220
Holz	weich	0,32	1,42	0,45	0,09	0,20	200
	hart	0,81	1,88	1,52	0,19	0,13	535
Stahl		7,85	0,50	3,93	53,30	13,60	14475
Glas		2,48	0,67	1,66	0,74	0,44	1110
Gipsplatte	durchschn.	1,42	1,05	1,49	0,27	0,18	635
Dämmmaterial	Polystyrol	0,02	0,88	0,02	0,03	1,50	25
	Kork	0,16	1,80	0,29	0,05	0,17	120
Lehmboden (40 % Porenvolumen)	trocken	1,60	0,89	1,42	0,25	0,18	600
	gesättigt	2,00	1,55	3,10	1,58	0,51	2210
Wasser	4 °C, unbewegt	1,00	4,18	4,18	0,57	0,14	1545
Luft	10 °C, unbewegt	0,0012	1,01	0,0012	0,025	20,50	5
	turbulent	0,0012	1,01	0,0012	≈ 125	$0,10 \cdot 10^6$	390

[1] Die Eigenschaften aller aufgeführten Größen sind temperaturabhängig

kein Energietransport über die Verdunstung Q_E stattfindet. Dadurch steht der Betrag der Strahlungsbilanz ausschließlich für die Luft- und Bodenerwärmung zur Verfügung. Das unterscheidet eine derartige Oberfläche von natürlichem Boden, der häufig Feuchtigkeit enthält und diese unter Aufwand von Energie in die Atmosphäre transportiert, so dass natürliche Oberflächen in der Regel kühler sind. Auch ändern sich die thermischen Eigenschaften eines wassergesättigten Bodens im Vergleich zu trockenem Substrat erheblich, wie das Beispiel „Lehmboden" (Tab. 13.3) zeigt.

Das Temperaturverhalten einer trockenen sommerwarmen Asphaltoberfläche wird exemplarisch in Abb. 13.1 dargestellt.
In Bezug auf die Lufttemperatur ist festzustellen, dass diese den ganzen Tag über – insbesondere zur Mittagszeit – deutlich unter der Oberflächentemperatur liegt. Daraus resultiert ein in die Atmosphäre gerichteter Energietransport, der tagsüber und nachts die Luft mit Wärme versorgt. Es stellt sich aber auch zwischen Oberfläche und Boden (–8 cm) ein Temperaturgradient ein, der allerdings im Tagesgang das Vorzeichen und damit die Richtung

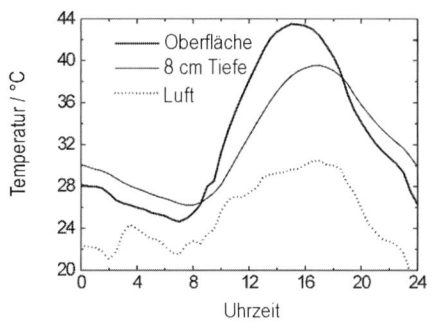

Abb. 13.1: Tagesgang der Luft- und Asphalttemperaturen am 11.08.1994 in Wien (nach Anandakumar 1999)

Tab. 13.4: Oberflächentemperaturen verschiedener Flächennutzungen in Köln um 20 Uhr und um 3 Uhr während der Strahlungsnacht vom 30.06./01.07. 1993 (Grundlage: IR-Thermalbefliegung, $\varepsilon = 1,0$; nach Kuttler, unveröffentlicht)

Oberfläche	$t_{O\,(20\,MEZ)}$ / °C	$t_{O\,(3\,MEZ)}$ / °C	$T_{O\,(20-3)}$ / K
Hauptstraße, Innenstadt	22	17	5
Hauptstraße, Umland	20	13	7
Gebäude, Innenstadt	21	17	4
Gebäude, Umland	21	13	8
Gleisanlage	21	12	9
Friedhof	19	12	7
Rhein	18	18	0
Wald	17	11	6
Acker	14	9	5

ändert. Zwischen 9 Uhr und 19 Uhr ist dieser Gradient von der Oberfläche in den Boden gerichtet, wodurch ein Wärmetransport in die Tiefe erfolgt. Zwischen 19 Uhr und 9 Uhr hingegen sind die Untergrundtemperaturen höher als die der Oberfläche, so dass die Richtung des Temperaturgradienten wechselt, wodurch Wärme nach oben geleitet wird. Dieser Wärmetransport sorgt dafür, dass auch nachts relativ hohe Oberflächentemperaturen – in diesem Fall zwischen 25 °C und 28 °C – erhalten bleiben. Die nächtliche Abkühlung über asphaltierten Flächen ist somit stark eingeschränkt. Das kann gerade in schlecht belüfteten Straßenschluchten zu hohen nächtlichen Temperaturen führen. Mithilfe von Infrarot-Thermalbildern (s. Abschnitt 8.3.5) lässt sich der nächtliche Abkühlungsprozess für verschiedene Nutzungen flächenhaft darstellen, wenn Aufnahmen zu verschiedenen Zeiten vorgenommen wurden und diese miteinander verglichen werden (Tab. 13.4). Hiernach ergeben sich für den Abendtermin (20 Uhr) die höchsten Oberflächentemperaturen für die Nutzungstypen „Hauptstraßen und Gebäude in der Innenstadt" sowie für „Gleisanlagen" (Weber 2004). Am stärksten kühlen sich bis 3 Uhr Gleisanlagen (9 K) sowie Straßen und Gebäude im Umland (7 K bis 8 K) ab. Im Vergleich dieser Bebauungsstrukturen zum 20 Uhr-Termin zeigt sich jedoch, dass die in der Innenstadt verlaufenden Straßen und gelegenen Gebäude eine wesentlich höhere „Temperaturhaltefähigkeit" besitzen. Die Innenstadtgebäude kühlen sich auch wegen der Horizontüberhöhungen vergleichsweise nur halb so stark ab wie die im Umland befindlichen. Die kältesten Flächen zum 3 Uhr- und 20 Uhr-Termin sind Äcker und Wälder, über denen Kaltluft entstehen kann (s. auch Abschnitt 12.4.2). Größere Wasserkörper (Rheinwasser) weisen hingegen wegen ihrer thermischen Trägheit meist nur geringe Temperaturänderungen auf und bleiben nachts die wärmsten der hier genannten Oberflächen (s. auch Abschn. 13.12.1).

13.4.1.2 Hydrologische Eigenschaften städtischer Oberflächen

Unter hydrologischen Eigenschaften urbaner Oberflächen werden Abfluss, Infiltration, kapillarer Aufstieg, Verdunstung sowie Versickerung von Wasser verstanden. Diese Eigenschaften werden unter anderem vom Versiegelungsgrad, Porenvolumen sowie von der Porosität, dem Gefälle und der materialspezifischen Benetzungskapazität bestimmt. Beispiele für Abflussbeiwerte (Def. s. Abschnitt 13.4) verschiedener Flächennutzungen enthält Tab. 13.5.

Für die **Infiltration** von Wasser in den versiegelten Untergrund sind Porosität und Durchlässigkeit des abdichtenden Materials maßgeblich. Verglichen mit natürlichem Boden nehmen diese bei Verwendung oberflächenverschließender Beläge stark ab, sodass zum Beispiel in Plattenbeläge nur noch ein Bruchteil des Wassers versickern kann (Tab. 13.6). Sind Fugen oder Risse durch tonreichen Straßenstaub an der Oberfläche verstopft, so muss von geringeren Infiltrationsraten ausgegangen werden als bei durchlässigen, mit Sand gefüllten Öffnungen.

13.5 Aufbau der Stadtatmosphäre

Die atmosphärische oder – allgemeiner ausgedrückt – planetare Grenzschicht eines rauigkeitsarmen ebenen Umlandes gliedert sich in die **laminare Grenzschicht**, in die **Bodenschicht** (Prandtl-Schicht) und in die darüber liegende **Mischungsschicht** (Ekman-

Tab. 13.5: Abflussbeiwerte (ψ) für Oberflächen und Bebauungsarten (nach Müller 1979)

Oberflächen	Abflussbeiwert ψ	Bebauungsart	Mittlerer Abflussbeiwert ψ
Dachflächen, Straßendecken	0,85 – 1,0	Sehr dicht	0,7 – 0,9
		Geschlossen	0,5 – 0,7
Fugendichtes Pflaster	0,80 – 1,0	Offen	0,3 – 0,5
Gewöhnliches Pflaster	0,50 – 0,7		
Chaussierung und Mosaikpflaster	0,40 – 0,6	Gartenreiche Außenviertel	0,2 – 0,3
		Unbebautes Gelände	0,1 – 0,2
Promenadenbefestigung	0,15 – 0,3		
		Sportplätze, Gleisanlagen	0,1 – 0,2
Unbefestigte Flächen	0,10 – 0,2		
Parkanlagen und Gärten	0,00 – 0,1	Parkanlagen	0,0 – 0,1

Tab. 13.6: Porosität und Durchlässigkeit typischer Belagsarten. Relativwerte im Vergleich zu natürlichem Boden mittlerer Lagerungsdichte (nach Blume 1992, verändert)

Relativwert	Belagsart
1,0	Natürlicher Boden mittlerer Lagerungsdichte
0,6	Wassergebundene Decke (Schotterrasen, Kiesflächen und Rasengittersteine auf natürlichem Boden)
0,4	Mosaik- und Kleinpflaster mit großen offenen Fugen
0,3	Mittel- und Großpflaster mit offenen Fugen und Sand / Kiesunterbau
0,2	Verbundpflaster, Kunststein- und Plattenbeläge (Kantenlänge der Einzelkomponenten > 16 cm)
0,1	Asphaltdecken, Pflaster und Plattenbeläge mit Fugenverguss oder gebundenem Unterbau
0,0	Dachflächen von Gebäudeteilen

Schicht; s. Abschnitt 2.1.1).
Die **Bodenschicht** kann eine Mächtigkeit von mehreren Dekametern aufweisen. Impuls-, Wärme- und Feuchteflüsse sind in ihr höhenunabhängig. Die darüberliegende **Mischungsschicht** (Mixing Layer, ML), die mehrere hundert Meter mächtig werden kann, weist dagegen bereits höhenabhängige Änderungen der genannten Eigenschaften auf (s. Abschnitt 6.6.1).
Im Siedlungsbereich führen sowohl die Struktur und räumliche Anordnung von Gebäuden als auch die für Stadtgebiete typischen Stoff- und Energieströme zur Modifikation der planetaren Grenzschicht (Planetary Boundary Layer, PBL; Abb. 13.2 a).
Unter den klimatisch optimalen Verhältnissen einer windschwachen strahlungsreichen Wetterlage stellen sich die Unterschiede zwischen einer Stadt- und Umlandatmosphäre besonders gut heraus. Die PBL des flachen und homogenen Umlandes einer Stadt lässt sich in eine Bodenschicht (Prandtlschicht, Surface Layer, SL) und die darüber liegende Mischungsschicht (Ekmanschicht, Mixing Layer, ML) unterteilen. Die Mächtigkeit der Bodenschicht wird in der Regel mit etwa 10 % der Grenzschichthöhe angegeben (Abb. 13.2 a). In ihr gelten die Flussdichten von Impuls, Wärme und Feuchte als quasikonstant, auch dominiert die Schubspannung noch über die Gradient- und Corioliskraft.
Die bauliche Komplexität eines Stadtkörpers führt zu einer feineren vertikalen Untergliederung der Stadtatmosphäre. Diese ist weitgehend abhängig von der Art, Größe, Flächendichte und Ausrichtung (Längs- und Querachsenlage) der Bebauung. Im Allgemeinen bildet die von der Bodenoberfläche bis zum mittleren Dachniveau definierte Stadthindernisschicht (Urban Canopy Layer, UCL) den unteren Teilbereich der sogenannten Stadtreibungsschicht aus (Urban Roughness Sublayer, URS, vgl. Abb. 13.2 b). Die Strömung innerhalb der URS ist stark lokal geprägt und wird durch die spezifische Anordnung einzelner Rauigkeitselemente (Abb. 13.2 c) charakterisiert. Die geometrische Zuordnung von Haushöhen (H) und Straßenbreiten (Width, W), die die Horizonteinschränkung bestimmen, erfolgt am einfachsten mit Hilfe des Himmelssichtfaktors (Sky View Factor, SVF; zur Erläuterung s. Abschnitte 13.6.1 und 13.7.2).
Oberhalb der URS nehmen diese Einflüsse auf das Strömungsfeld ab, so dass ein homogenes Turbulenzfeld vorliegt. In Analogie zur Bodenschicht

13.5 Aufbau der Stadtatmosphäre

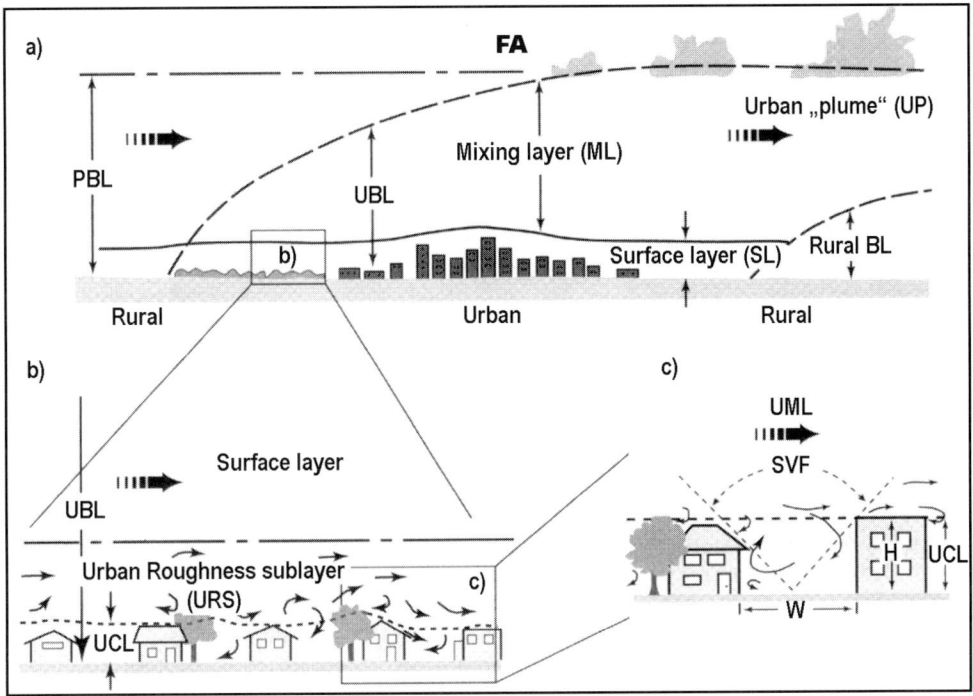

Abb. 13.2: Modifikation der planetaren Grenzschicht (PBL) durch einen Stadtkörper (nach Oke 1997, Erläuterung im Text)

des Umlandes kann wiederum eine Quasikonstanz der turbulenten Flussdichten angenommen werden. Den Abschluss nach oben bildet die städtische Mischungsschicht (Urban Mixing Layer, UML), deren Mächtigkeit im Durchschnitt ein bis zwei Kilometer beträgt. Hier schwindet allmählich der Einfluss der Schubspannung zugunsten der Zunahme von Gradient- und Corioliskraft. Erst in der freien Atmosphäre (Free Atmosphere, FA), die über dem städtischen „Störkörper" in einer größeren Höhe als über dem Umland beginnt, lässt sich ein Stadteffekt kaum noch nachweisen.

Die vorgenannte schematische Gliederung der Stadtatmosphäre kann durch die vorherrschende Windströmung modifiziert werden. So entwickelt sich luvseitig vom Rauigkeitssprung Umland-Stadt in Abhängigkeit von der Stärke der Wechselwirkungen mit der Unterlage ihre Mächtigkeit. Sie erreicht im Idealfall ein Maximum über der Stadt und passt sich leeseitig nach Überschreiten der Bebauungsgrenzen wieder den vom Umland vorgegebenen Oberflächenverhältnissen an. Allerdings kann oberhalb der Umlandbodenschicht (Rural BL) die urbane **Abluftfahne** (Urban Plume, UP) bei entsprechenden Windverhältnissen noch mehrere Kilometer fortbestehen und – turbulenzbedingt – auch den Boden erreichen, bevor sie endgültig aufgelöst wird. In Einzelfällen kann das dazu führen, das weitab von den Siedlungsgebieten stadtklimatische Verhältnisse im Umland auftreten.

Unter windarmen Strahlungswetterbedingungen weist die Stadtatmosphäre mit ihrem Schichtenaufbau eine gut strukturierte diurnale Abhängigkeit auf, wobei tagsüber durch Konvektion die Mischungsschicht wesentlich mächtiger ist als nachts. Das beeinflusst auch die Ausbreitung von Luftbeimengungen und damit deren Konzentrationen.

13.6 Städtischer Strahlungs- und Wärmehaushalt

Die urbane Energiebilanz setzt sich aus dem Strahlungs- und Wärmehaushalt eines Stadtkörpers zusammen. Einen Einfluss nehmen dabei der Gehalt an Luftbeimengungen in der städtischen Grenzschicht sowie die Art, Gliederung, Nutzungsstruktur und Exposition der städtischen Oberflächen.

Unter der Voraussetzung von Windstille und Niederschlagsfreiheit besteht die urbane Energiebilanz an der Grenzfläche Boden/Luft aus den in Gl. (13.5) genannten Einzelgliedern:

$$Q + Q_{anthr} + Q_{met} + Q_H + Q_E + Q_B = 0 \quad (13.5)$$

mit
Q = Strahlungsbilanz,
Q_{anthr} = anthropogene Wärmeflussdichte,
Q_{met} = metabolische Wärmeflussdichte,
Q_H = fühlbare Wärmeflussdichte,
Q_E = latente Wärmeflussdichte,
Q_B = Bodenwärmestrom.

Für die genannten Größen gilt jeweils die Einheit $W\,m^{-2}$. Der Term ΔQ_S wird zusätzlich zu Q_B dann verwendet, wenn die Wärmeflussdichte auf das Volumen des Untergrundes, der Gebäude (bis Dachniveau) sowie auf das Luftvolumen unterhalb des Dachniveaus bezogen wird.

Nach dem Energieerhaltungssatz muss die Summe der einzelnen Glieder der Energiebilanz einer Fläche ausgeglichen sein und wird deshalb gleich Null gesetzt (s. Abschnitt 3.7); zum Problem der Schließung der Energiebilanz s. Foken (1998). Die bisher bereits bekannten Glieder der Energiebilanz werden in der Stadt durch die Terme Q_{anthr} und Q_{met} ergänzt (Gl. 13.5), weshalb hierauf kurz eingegangen wird.

Unter der **anthropogenen Wärmestromdichte** (Q_{anthr}) werden die thermischen Emissionen zusammengefasst, die aus dem Betrieb von Kraftfahrzeugen, Kraftwerken und Industrieanlagen sowie aus der Gebäudeklimatisierung (Heizen und Kühlen) resultieren (s. Abschnitt 13.6.2.1).

Mit **metabolischer Wärmestromdichte** (Q_{met}) wird die im Wesentlichen durch den Menschen freigesetzte Wärme beschrieben, die an der Energiebilanz trotz hoher urbaner Bevölkerungsdichte flächenbezogen nur einen geringen Anteil ausmacht, wie nachfolgende Abschätzung zeigt: Berücksichtigt man zum Beispiel einen „mittleren Aktivitätszustand" von etwa 200 Watt pro Person einer 600000 Einwohner zählenden Großstadt (A = 200 km^2), dann wird durch Q_{met} eine mittlere Wärmestromdichte von nur 0,6 $W\,m^{-2}$ erreicht. Das bedeutet, dass selbst hohe Einwohnerdichten in urbanen Gebieten nicht in der Lage sind, ausschließlich durch den Metabolismus verursachtes, das thermische Stadtklima beeinflussende, hohe Werte zu erzielen. Für die Gebäudeklimatologie, die hier nicht behandelt wird, stellt hingegen die durch den menschlichen Stoffwechsel produzierte Wärme einen wichtigen Faktor dar. Bei der nachfolgenden Diskussion der urbanen Energiebilanz wird Q_{met} deshalb nicht mehr aufgegriffen.

13.6.1 Städtische Strahlungsbilanz

Die Strahlungsbilanz Q (Gl. 13.5) ist als Ergebnis der Bilanzierung der Strahlungsflussdichten aufzufassen und stellt damit gleichzeitig auch die Ausgangsgröße für die Energiebilanz dar (bezüglich der Vorzeichenkonvention s. Abschnitt 3.7).

Werden lange Betrachtungszeiträume zugrunde gelegt, unterscheiden sich trotz zum Teil großer Differenzen der Einzelterme die urbane und rurale Bilanz in der Summe nur geringfügig. Werden hingegen kleine Zeitintervalle betrachtet, fallen die Unterschiede stärker ins Gewicht (Helbig 1987).

Insgesamt zeichnet sich die **urbane Strahlungsbilanz** im Allgemeinen dadurch aus, dass in Abhängigkeit von der Luftverschmutzung die **kurzwelligen Strahlungsflussdichten** im Vergleich zum Umland niedriger sind. In den vergangenen Jahrzehnten ist die Strahlungsattenuation (Strahlungsschwächung) durch die städtische Dunstglocke im Rahmen von Luftreinhaltemaßnahmen insbesondere in den mitteleuropäischen Industriegebieten allerdings zurückgegangen. In der heutigen Zeit ist davon auszugehen, dass die Verminderung der Globalstrahlung etwa 10 % erreicht. Wie stark allerdings bodennah gemessene Werte schwanken können, zeigt Abb. 13.3. Die Reduzierung der Globalstrahlung ist darüber hinaus wellenlängenabhängig und kann unter ungünstigen Bedingungen sogar zu einer weitgehenden Absorption insbesondere von Wellenlängen λ < 400 nm führen. Im langwelligen Bereich können sich jedoch die Strahlungswerte erhöhen. Insgesamt resultieren für die Strahlungsströme etwas niedrigere Werte für den bebauten Bereich. Zugleich ist allerdings die kurzwellige

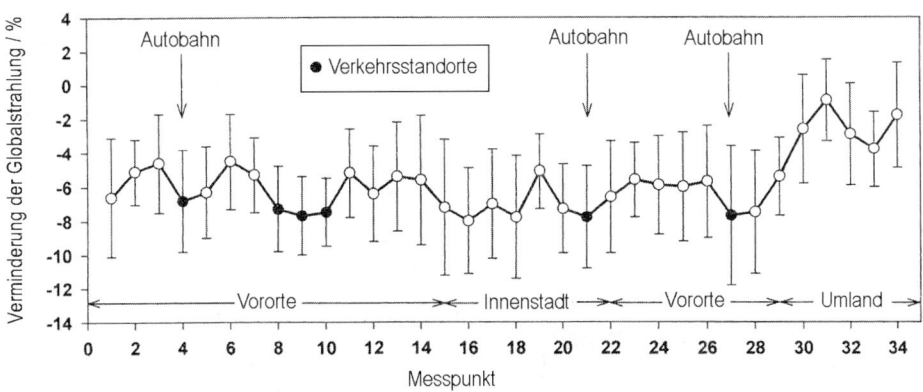

Abb. 13.3: Verminderung der Globalstrahlung im Stadtgebiet von Essen im Vergleich mit einer Umlandstation, Datenbasis: 13 Messfahrten bei wolkenlosem Himmel durch Essen, N-S-Route, August 1998 bis Mai 2000 (nach Kuttler und Schäfers 2000)

Albedo (dunkle Oberflächen, Mehrfachreflexionen innerhalb von Straßenschluchten) geringer. Grundsätzlich bedeutet dies, dass die Strahlungsflüsse mit der Höhe über Grund variieren. Hierauf wird nicht weiter eingegangen, sondern es werden exemplarisch nur die Verhältnisse an der Bodenoberfläche betrachtet.

Das Mosaik der Oberflächen mit seiner vielfältigen Farbgebung und den unterschiedlichen Expositionen zur einfallenden Strahlung sowie der Jahres- und Tagesgang der Sonnenstrahlung erschweren es, mittlere Albedowerte für Stadtgebiete anzugeben. Der in Tab. 13.7 genannte Stadtgebietsmittelwert von 0,15 (Spanne: 0,1 bis 0,3) bezieht sich auf europäische und nordamerikanische Städte. Im Vergleich zu natürlichen Werten des Umlandes heben sich diese Werte nur wenig ab. Allerdings können sich große Unterschiede in den Reflexionseigenschaften zwischen Stadt und Umland im Winter ergeben, wenn in der Stadt die Schneeoberfläche durch Verschmutzung dunkler wird bzw. eher schmilzt als im Umland.

Die **langwelligen Strahlungsflussdichten** werden durch die Temperatur der Oberflächen und der Atmosphäre (auch durch Wasserdampf und weitere strahlungsaktive Spurenstoffe) sowie die entsprechenden langwelligen Emissionsgrade ε (s. Tab. 13.7) bestimmt. Auf die langwellige Ausstrahlung A_{eff} wirkt sich in Straßenschluchten neben meist höheren Oberflächentemperaturen in Städten insbesondere der **Himmelssichtfaktor** (Sky View Factor, ψ_s) aus. Hierbei handelt es sich um denjenigen Anteil der von einem Oberflächenelement ausgehenden Strahlung, der nicht auf andere Oberflächen trifft, sondern in den freien Himmel entlassen

Tab. 13.7: Strahlungseigenschaften von typischen Baumaterialien, Stadtflächen und natürlichen Oberflächen (nach Helbig 1987)

Oberfläche	Reflexionsgrad α (λ = 0,4–0,7 μm)	Emissionsgrad ε (λ = 4–100 μm)
Straßen		
Asphalt	0,05 – 0,20	0,95
Mittelwert: Straße	0,18	
Wände		
Beton	0,10 – 0,35	0,71 – 0,90
Beton, weiß	0,71	
Ziegel	0,20 – 0,40	0,90 – 0,92
Naturstein	0,20 – 0,35	0,85 – 0,95
Holz	–	0,90
Kalkmörtel	0,27	0,91
Mittelwert: Wände	0,30	
Dächer		
Teer und Split	0,08 – 0,18	0,92
Dachziegel	0,10 – 0,35	0,90
Schiefer	0,10	0,90
Wellblech	0,10 – 0,16	0,13 – 0,28
Fenster		
Glas: Sonnenhöhe > 60°	0,08	0,87 – 0,94
Glas: Sonnenhöhe 10°–60°	0,09 – 0,52	0,87 – 0,92
Anstriche		
weiß	0,50 – 0,90	0,85 – 0,95
rot, braun, grün	0,20 – 0,35	0,85 – 0,95
schwarz	0,02 – 0,15	0,90 – 0,98
Stadtgebiet		
Wertebereich	0,10 – 0,30	0,85 – 0,95
Mittelwert: Stadt	0,15	–
Natürliche Oberflächen		
trockener, heller Sandboden	0,25 – 0,45	0,91
Getreidefeld	0,10 – 0,25	–
Wiese	0,15 – 0,25	–
Laubwald	0,15 – 0,20	0,90
Nadelwald	0,10 – 0,15	0,90
Wasserflächen	0,03 – 0,10	0,97
dunkler Ackerboden	0,07 – 0,10	0,90 – 0,98
Neuschneedecke	0,75 – 0,90	0,99
Altschneedecke	0,40 – 0,70	–

13.6 Städtischer Strahlungs- und Wärmehaushalt

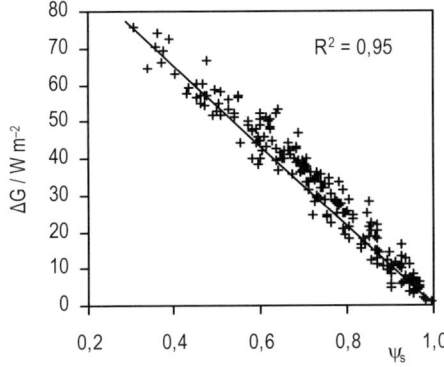

Abb. 13.4: Zusammenhang zwischen der Zunahme der langwelligen Gegenstrahlung ($\Delta G = G_s - G_u$) und dem Himmelssichtfaktor ψ_s bei wolkenlosem Himmel. Datenbasis: acht nächtliche Messfahrten, Krefeld, Sommer 2003 (nach Blankenstein und Kuttler 2004)

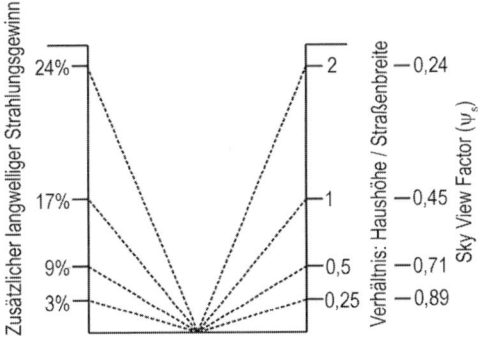

Abb. 13.5: Gewinn langwelliger Strahlung am Boden einer Straßenschlucht in Abhängigkeit vom Verhältnis zwischen Haushöhe und Straßenbreite bzw. vom Himmelssichtfaktor ψ_s (nach Daten aus Blankenstein und Kuttler 2004)

wird. Hindernisfreie Standorte haben deshalb einen Wert von $\psi_s = 1{,}0$. Berechnet man die Differenz der langwelligen Gegenstrahlung zwischen Stadt- und Umlandstandorten ($\Delta G = G_s - G_u$) und trägt die Werte in Abhängigkeit von ψ_s auf (Abb. 13.4), dann zeigt sich der dominierende Einfluss der Horizonteinschränkung auf G: Während bei 80 % „freiem Himmel" der Stadtstandort nur etwa 20 W m^{-2} mehr an langwelliger Strahlung erhält als ein hindernisfreier (Umland-) Standort, wird bei stärker eingeschränkter Himmelssicht (zum Beispiel 40 %) mit etwa 65 W m^{-2} ein mehr als dreifach so hoher Wert erreicht. Das verdeutlicht in diesem Zusammenhang auch Abb. 13.5, in der der zusätzliche langwellige **Strahlungsgewinn** in Abhängigkeit des Verhältnisses Haushöhe/Straßenbreite und des Himmelssichtfaktors dargestellt sind. Während sich bei einem Quotienten von 1 (Haushöhe = Straßenbreite, $\psi_s = 0{,}45$) dieser Wert auf 17 % beläuft, steigt er auf 24 % an, wenn sich die Haushöhe vergleichsweise verdoppelt beziehungsweise ψ_s auf 0,24 abnimmt.

Zusammenfassend sind die Unterschiede der Strahlungsbilanzglieder zwischen Stadt und Umland exemplarisch für den Großraum Vancouver in Abb. 13.6 dargestellt. Grundsätzlich zeigt sich, dass die **Stadt-Umlanddifferenzen** für Q gering sind. So ist die Strahlungsbilanz in diesem Beispiel tagsüber in der Stadt nur um rund 3 %, in der Nacht um 10 % niedriger als der Umlandwert. Diese weitgehende Kompensation der Bilanzen beruht darauf, dass sich die individuell sehr unterschiedlichen kurz- und langwelligen Strahlungsströme weitgehend ausgleichen.

13.6.2 Städtische Wärmebilanz

Die städtische Wärmebilanz soll, wie bereits die Strahlungsbilanz (s. Abb. 13.6), für einen Umland- und Stadtstandort ebenfalls für den Großraum

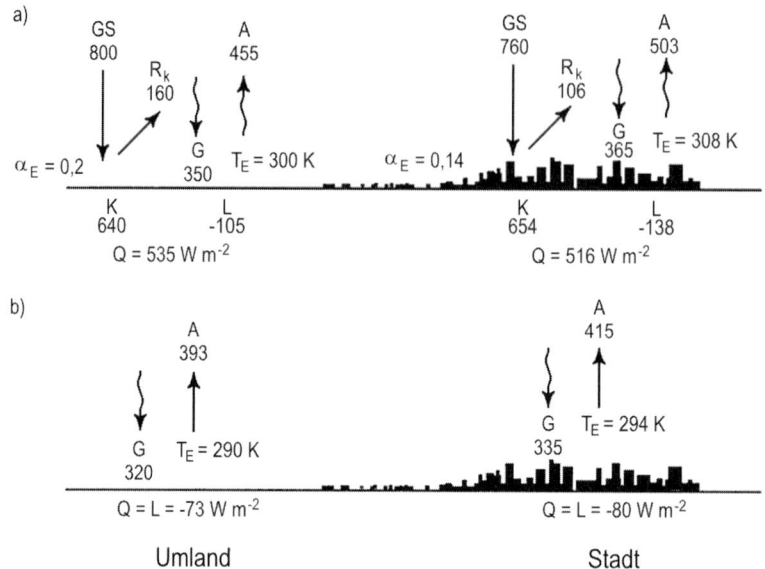

Abb. 13.6: Schematische Darstellung der Komponenten der Strahlungsbilanz für einen Umland- und Stadtstandort während eines wolkenlosen Sommertages: a) mittags, b) nachts; α_E = Albedo, T_E = Oberflächentemperatur, GS = Globalstrahlung, A = terrestrische Ausstrahlung, G = atmosphärische Gegenstrahlung, R_k = kurzwellige Reflexstrahlung, K, L, Q = kurz- bzw. langwellige und gesamte Strahlungsbilanz, alle Strahlungskomponenten in W m^{-2} (nach Oke 1997, verändert)

Vancouver im Tag-/Nachtvergleich erläutert werden (Abb. 13.7). Am Tage dominiert im Umland der Verdunstungswärmestrom Q_E über den fühlbaren turbulenten Wärmestrom Q_H. In der Stadt hingegen verhalten sich beide nahezu umgekehrt zueinander. Hinzu kommt in der Stadt ein nicht unerheblicher Betrag durch die anthropogene Wärme Q_{anthr}, der im Umland fehlt. Auch ist in der Stadt der Speicherterm ΔQ_S (s. Abschnitt 13.6) fast doppelt so groß wie derjenige im Umland. Nachts wird über Q_H, Q_E und ΔQ_S Energie zur unversiegelten Oberfläche des Umlandes transportiert. In der Stadt erfolgt dies nur durch die gespeicherte Wärme ΔQ_S; Q_H und Q_E sind hingegen eher von den Oberflächen weg gerichtet.
Der **Speicherterm** spielt in Städten je nach Untergrund- und Gebäudebeschaffenheit eine unterschiedlich große Rolle: Tagsüber kann er mehr als 0,3 Q erreichen, nachts sogar der Strahlungsbilanz entsprechen. Das Bowen-Verhältnis (Bo = Q_H / Q_E; s. Abschnitt 3.9) weist in Abhängigkeit von der Oberflächenbeschaffenheit deutliche Unterschiede auf, die besonders stark im Tagesgang hervortreten (Abb. 13.8). Dadurch, dass morgens und abends im Stadtbereich Bo-Werte < 1,0 auftreten, zeigt sich, dass auch in Städten die Verdunstung zu diesen Tageszeiten eine offensichtlich nicht zu unterschätzende Rolle beim Energietransport übernehmen kann. Dass sich über bewachsenem Boden (Wald, Rasen) morgens und abends hohe negative Bo-Werte ergeben, liegt an den unter-

13.6 Städtischer Strahlungs- und Wärmehaushalt

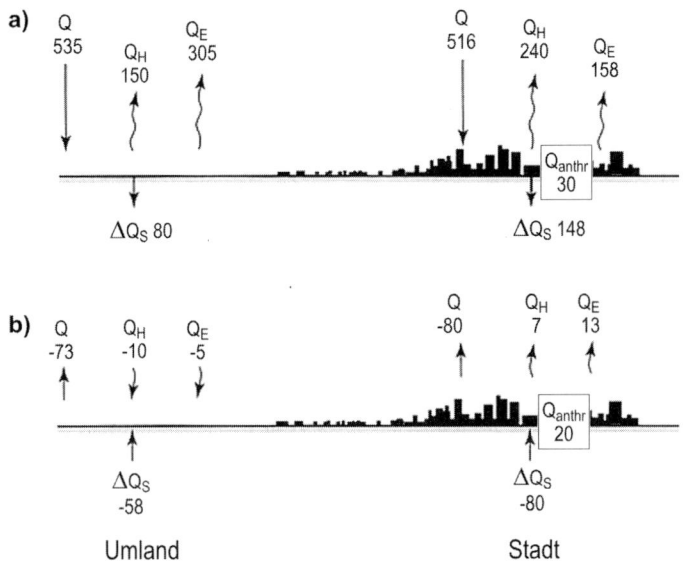

Abb. 13.7: Schematische Darstellung der Komponenten der Wärmebilanz für einen Umland- und einen Stadtstandort während eines wolkenlosen Sommertages: a) mittags, b) nachts (nach Oke 1997, verändert)

schiedlichen Flussrichtungen der Wärmetransportgrößen Q_H und Q_E, die einerseits zur Oberfläche, andererseits von ihr weg gerichtet sind.

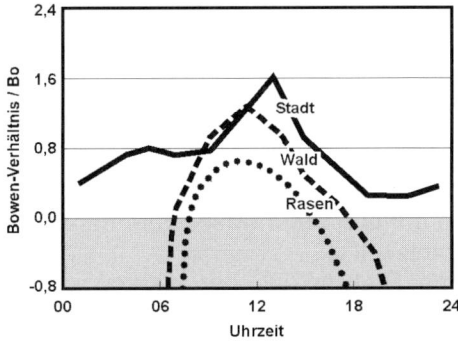

Abb. 13.8: Tagesgang des Bowen-Verhältnisses (Bo) für verschiedene Oberfächen (nach Garstang et al. 1975, verändert)

13.6.2.1 Anthropogene Wärmeproduktion

Die anthropogenen Wärmestromdichten können in Abhängigkeit von der Wirtschaftsstruktur, vom Energieverbrauchsverhalten der Bevölkerung sowie von der geografischen Breite und topografischen Lage eines städtischen Siedlungskörpers sehr unterschiedliche Werte annehmen. So werden große Wärmeflüsse sowohl durch hohe Einwohnerdichten als auch durch einen hohen Pro-Kopf-Energieverbrauch verursacht (Tab. 13.8). Auch lassen sich Tages-, Wochen- und Jahresgänge beobachten. In einigen nordamerikanischen Großstädten führt der Energieverbrauch dazu, dass die anthropogenen Wärmestromdichten morgens und abends um bis zu 50 % höher sein können als das Tagesmittel (Sailor et

Tab. 13.8: Pro-Kopf-Energieverbrauch, Flussdichten der anthropogenen Wärmeproduktion (Q_{anthr}) und der natürlichen Strahlungsbilanz (Q) ausgewählter Städte (nach Zusammenstellungen aus Helbig 1987, Oke 1990, Steinecke 1999, Ichinose et al. 1999)

Stadt (geogr. Breite)	Jahr	Jahreszeit	Fläche km²	Bevölkerung 10⁶ Ew	Einwohnerdichte Ew km⁻²	Pro-Kopf-Verbrauch GJ Ew⁻¹ a⁻¹	Q_{anthr} W m⁻²	Q W m⁻²	$\frac{Q_{anthr}}{Q} \cdot 100$
Fairbanks (64° N)	1965-70	Jahr	37	0,03	810	740	19	18	106
Reykjavik (64° N)	1992	Jahr	38	0,1	2680	1100	35	90	39
Sheffield (53° N)	1952	Jahr	48	0,5	10420	58	19	56	34
Berlin (West) (52 °N)	1967	Jahr	234	2,3	9830	67	21	57	37
Vancouver (49° N)	1970	Jahr	112	0,6	5360	112	19	57	33
Budapest (47° N)	1970	Jahr Sommer Winter	113	1,3	11500	118	43 32 51	46 100 –	93 – –
Montreal (40° N)	1961	Jahr Sommer Winter	78	1,1	14102	221	99 57 153	52 92 13	190 62 1177
Manhattan (40° N)	1967	Jahr Sommer Winter	59	1,7	28810	128	117 40 198	93 – –	126 – –
Tokyo (35° N)	1989	Jahr Sommer Winter	612	8,1	13235	70	31 25 40	59 100 17	53 25 235
Los Angeles (34° N)	1965-70	Jahr	3500	7,0	2000	331	21	108	19
Hongkong (22° N)	1971	Jahr	1046	3,9	3730	34	4	~110	4
Singapur (1° N)	1972	Jahr	568	2,1	3700	25	3	~110	3

al. 2003). Besonders hohe Q_{anthr}-Werte ergeben sich in winterkalten Ballungsräumen (Gebäudeheizung), aber auch in sommerheißen Siedlungsgebieten (Gebäudekühlung). Im Innenstadtbereich von Tokyo wurden zum Beispiel Tagesmittelwerte von über 400 W m⁻² mit Punktmaxima von bis 1600 W m⁻² (Ichinose et al. 1999) nachgewiesen, wobei allerdings die Hälfte dieser Energie auf den Warmwasserverbrauch von Hotels entfiel.

Eine Reduzierung der anthropogenen Wärmeemissionen lässt sich am einfachsten durch Energieeinsparungen erreichen.

So mindern effektive Wärmedämmungen von Gebäuden in winterkalten Klimaten den Energieverbrauch erheblich. Auch ergeben sich Energieeinsparungen beim Betrieb von Klimaanlagen, wenn die Gebäude begrünt wurden (Fassaden-/Dachbegrünung, s. Abschnitt 13.12.2). Ebenso wirkt sich eine Erhöhung der Albedo der Gebäudeaußenfassaden und -dächer temperaturmindernd aus. Für helle Gebäude nordamerikanischer Städte konnte auf der Basis numerischer Modellsimulationen ein um bis zu 15 % geringerer Energieverbrauch in den Sommermonaten gegenüber dunklen, die Sonnenstrahlung besser absorbierenden Gebäudehüllen nachgewiesen werden (Akbari et al. 1999).

Durch industrielle thermische Punktquellen wie Kraftwerke, Kühltürme und Raffinerien können sogar extreme Wärmeflussdichten auf kleiner Fläche (> 10 kW m^{-2}) verursacht werden, die indirekt zu lokalklimatischen Beeinträchtigungen wie Einstrahlungsminderungen durch Kühlturmfahnen, zur Entstehung „anthropogener Cumuluswolken", zu Sprühregen (im Winter zu Reifglätte) führen oder räumlich begrenzte „Industrieschneefälle" auslösen können (s. Abschnitt 13.9.3).

13.7 Städtische Überwärmung

Das wohl bekannteste und am besten untersuchte stadtklimatologische Faktum stellt die urbane Überwärmung dar, die vergleichsweise zum Umland sowohl durch höhere Oberflächen- als auch Lufttemperaturen charakterisiert werden kann. In der Fachliteratur hat sich dafür der Begriff „städtische Wärmeinsel" (**Urban Heat Island**, **UHI**) eingebürgert.

13.7.1 Charakteristiken der städtischen Überwärmung

Der Begriff **städtische Wärmeinsel** beschreibt eine sich vom kühleren Umland abhebende, meist inselartig auftretende urbane Überwärmung, deren Intensität durch die horizontale positive Temperaturdifferenz ($\Delta t = t_{Stadt} - t_{Umland}$) zwischen Stadt und Umland angegeben oder durch einen streckenbezogenen horizontalen Temperaturgradienten ($\Delta t_{Stadt-Umland}/\Delta x_{Stadt-Umland}$) beschrieben wird. Städtische Wärmeinseln sind in mitteleuropäischen Städten hauptsächlich bei ruhigem sommerlichen Strahlungswetter nachts ausgebildet.

Wärmearchipel ist allerdings der treffendere Begriff, da Stadtgebiete nie einheitlich überwärmt sind, sondern aufgrund der heterogenen Flächennutzungsstruktur durchaus mehrere Wärmezentren mit dazwischen liegenden Bereichen niedrigerer Temperaturen aufweisen, wie das in Abb. 13.9 dargestellte Beispiel zeigt. Der Begriff Wärmearchipel hat sich jedoch in der Fachliteratur nicht durchsetzen können. Neben Intensitätsunterschieden, die durch Topografie und Stadtstruktur vorgegeben werden, weisen urbane Wärmeinseln auch tages- und jahreszeitliche Abhängigkeiten auf.

13.7.1.1 Räumliches Erscheinungsbild

Temperaturunterschiede zwischen Stadt und Umland werden entweder anhand von Datenvergleichen repräsentativer Feststationen ermittelt oder mobil im Rahmen von Messfahrten, die über Stadt-Umlandrouten führen, während windstiller, nächtlicher Strahlungs-

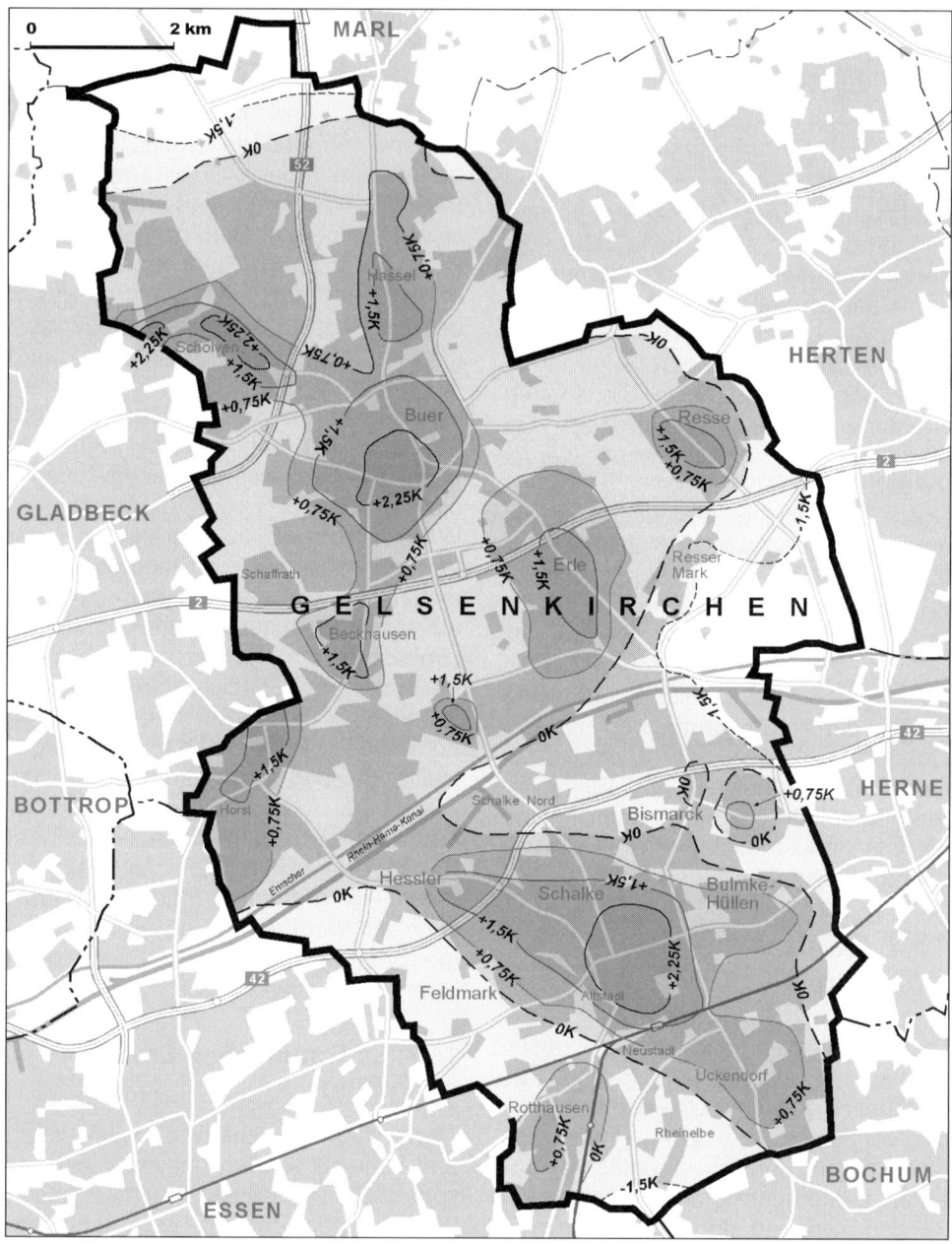

Abb.13.9: Verteilung der bodennahen Lufttemperaturdifferenzen (in K, Isanomalen) bezogen auf den Mittelwert von drei strahlungsnächtlichen Messfahrten (31.3./01.04., 16./17.06., 26./27.7.1999; nach Kuttler und Barlag 2002)

wetterlagen bestimmt. Werden mehrstündige mobile Messungen durchgeführt, muss die übergeordnete Temperaturveränderung bei der Auswertung durch eine „chronologische Korrektur" des Datenmaterials mit berücksichtigt werden. Die korrigierten Einzeldaten werden üblicherweise zu Linien gleicher Temperaturabweichung vom Mittelwert (Isanomalen) zusammengefasst und in Karten dargestellt (Abb. 13.9).

Dabei trennt die „Null-Isanomale" überwärmte von kühleren Bereichen. Die Lage der „Wärmedome" fällt jedoch nicht unbedingt flächenscharf mit dem bebauten Untergrund zusammen. Vielmehr kann sie durch den auch bei windschwachen Strahlungswetterlagen bestehenden atmosphärischen Austausch beeinflusst werden. So lässt sich insbesondere an Stadträndern ein durch Kaltluftzufluss aus dem Umland gegliederter buchtenreicher Verlauf der Wärmeinsel beobachten, der unabhängig vom Versiegelungsgrad ist. Grundsätzlich lassen sich verschiedene **Typen städtischer Überwärmungen** in vertikaler Abfolge unterscheiden (Tab. 13.9). Hierzu zählen die Bodenwärmeinsel (UHI der Oberflächen), die Stadthindernisschichtwärmeinsel (UHI der UCL) und die Stadtgrenzschichtwärmeinsel (UHI der UBL). Die vom Untergrund her beeinflusste **Bodenwärmeinsel** wird durch die Oberflächentemperaturen bestimmt. Da dieser Wärmeinseltyp im Wesentlichen deckungsgleich mit der Verbreitung der bebauten Gebiete ist, kann sie als flächenscharf ausgebildet angesehen werden. Ihr Nachweis erfolgt anhand der Messung von Oberflächentemperaturen (s. Abschnitt 8.3.5).

Die **Stadthindernisschichtwärmeinsel** (UHI der UCL), die sich auf den Luftraum zwischen Boden und mittlerer Dachhöhe bezieht, ist auf die Oberflächenvergrößerung und Energiefreisetzung (A, Q_H, Q_{anthr}), thermische Trägheit der Baukörper sowie eine verringerte effektive Ausstrahlung durch die Horizonteinschränkung (ψ_s, s. Abschnitt 13.6.1) in Straßenschluchten zurückzuführen. Nachgewiesen wird sie mit Hilfe von stationär oder mobil durchgeführten Lufttemperaturmessungen (s. Abschnitt 8.1.2). Dieser Wärmeinseltyp ist in seiner Verbreitung nur noch quasideckungsgleich mit der bebauten Fläche, da es sich hierbei um ein überwärmtes Luftvolumen handelt, das schon bei geringer Luftbewegung, zum Beispiel auch durch zufließende Umlandkaltluft (Flurwind, s. Abschnitt 13.10.2), einer dreidimensional ausgeprägten Deformation unterliegt.

Darüber schließt sich die **Stadtgrenzschichtwärmeinsel** (UHI der UBL) an, deren Entstehung im Wesentlichen auf turbulenten Wärmetransporten von unten, aber auch von oben beruht. Dieser Wärmeinseltyp kann sich bereits soweit in die Atmosphäre erstrecken, dass seine Ausbreitung dem übergeordneten Windfeld unterliegt und zu der erwähnten leewärtigen Abdrift der städtischen Abluftfahne (UP) führt (s. Abschnitt 13.5). Der Nachweis dieses Wärmeinseltyps erfolgt u. a. durch Messungen der entsprechenden Parameter mittels Vertikalsondierungen oder Fernerkundungsverfahren (s. Abschnitt 8.3).

Tab. 13.9: Ursachen und beeinflussende Faktoren der Entstehung städtischer Wärmeinseln (UHI) in vertikaler Abfolge

Typ	Ursachen	Beeinflussende Faktoren
Bodenwärmeinsel (Nachweis: IR-Thermografie)	- Erhöhte Absorption kurzwelliger Strahlung - Geringe Verdunstung - Hoher Bodenwärmestrom	- Niedrige Oberflächenalbedo - Geringe Wärmeleitfähigkeit - Trockene, vegetationslose Oberflächen
Stadthindernisschichtwärmeinsel (Nachweis: Messungen in 2 m ü. Gr.)	- Erhöhte Absorption kurzwelliger Strahlung - Erhöhte atmosphärische Gegenstrahlung - Verringerte effektive langwellige Ausstrahlung - Anthropogene Wärmeproduktion - Erhöhte Wärmespeicherung - Verringerte Verdunstung - Eingeschränkte turbulente Durchmischung	- Stadtgeometrie: größere Oberflächen, Mehrfachreflexion - Luftbeimengungen: größere Strahlungsabsorption und -reemission - Siedlungs- und verkehrsbedingte Abwärme - Untergrund: hoher Versiegelungsgrad; vegetationslose Oberflächen
Stadtgrenzschichtwärmeinsel (Nachweis: Vertikalsondierungen)	- Anthropogene Wärmequellen - Erhöhung des fühlbaren Wärmestromes von unten und oben (Inversion) - Erhöhte Absorption kurzwelliger Strahlung	- Industrielle und siedlungsbedingte Wärmeemittenten - Wärmeinsel der Stadthindernisschicht (Wärmefluss von innerstädtischen Flächen des Boden- und Dachniveaus) - Dunstglocke, Turbulenzzunahme, Wärmezufuhr aus darüberliegender Inversion - Luftbeimengungen: verstärkte Absorption durch gas- und partikelförmige Spurenstoffe

13.7.1.2 Zeitliches Erscheinungsbild

Die Intensität städtischer Wärmeinseln lässt für autochthone Wetterlagen eine enge Bindung an die Tages- und Jahreszeit erkennen, wie das Beispiel einer UHI in der Stadthindernisschicht für eine mitteleuropäische Großstadt zeigt (Abb. 13.10). Die größten UHI-Intensitäten treten hier erwartungsgemäß in der zweiten Nachthälfte der Sommermonate Juni bis August auf, wobei sich die Wetterlagenabhängigkeit in der zellulär geprägten Überwärmungsstruktur widerspiegelt. Im Vergleich zur Nacht ergeben sich zur Mittagszeit hingegen während aller Monate des Jahres keine oder nur schwach positive Temperaturunterschiede zwischen Stadt und Umland. Im Juli kommt es sogar zu einer Umkehr der Verhältnisse (zwischen 11 Uhr und 14 Uhr), wobei

13.7 Städtische Überwärmung

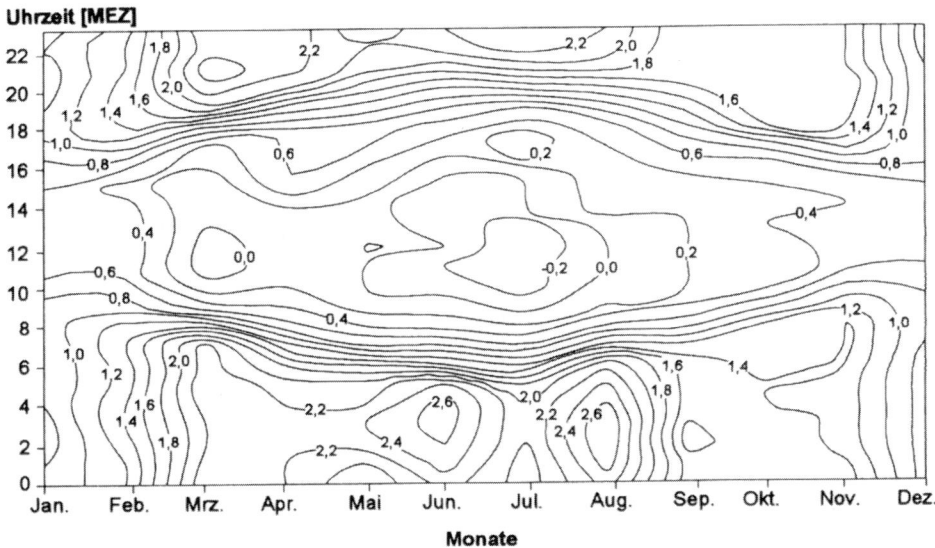

Abb. 13.10: Stündliche Differenzen der Lufttemperaturen (Δt_{S-U}) zwischen einer Innenstadt- und einer Freilandstation in der UCL. Großraum Düsseldorf, Messhöhe 2 m ü. Gr., Messperiode Januar 1993 bis Januar 1994 (nach Kuttler 1997)

die leicht negative Temperaturdifferenz auf eine etwas größere Erwärmung des Umlandes hindeutet (**Urban Cool Island, UCI**). Diese überwiegend während starker Einstrahlung auftretende Situation ist auf den Schattenwurf der Gebäude, auf die Verlagerung der maßgeblichen Strahlungsreferenzflächen vom Straßen- ins Dachniveau und auf die Ableitung von Wärme in die Baumaterialien (ΔQ_S) zurückzuführen.

In welchem Maße sich die städtische Überwärmung im Vergleich zum Umland im Tagesgang während einzelner Jahreszeiten verändert, zeigt Abb. 13.11. Dabei fällt auf, dass die Änderungsraten der Lufttemperatur im Stadtkörper ($\Delta T/\Delta t$) niedriger sind als im Umland. Morgens stellen sich zunächst an beiden Standorten relativ hohe Werte ein, die nachmittags abnehmen und sich nach Durchlaufen eines unterschiedlich hohen und zeitlich versetzt auftretenden Maximums kreuzen (crossing over). Bereits vor Sonnenuntergang setzt eine verhältnismäßig starke Abkühlung im Umland ein, während sich der Stadtkörper durch einen größeren „Temperaturhalteeffekt" auszeichnet. Die höchsten stündlichen Änderungsraten der Lufttemperaturen werden im Umland erreicht, während für die Temperatur in der Stadt sowohl flachere Verlaufskurven als auch zeitliche Verschiebungen der Extremwerte charakteristisch sind. Diese Unterschiede sind im Wesentlichen auf die vergleichsweise größeren Werte der urbanen Wärmespeicherung ΔQ_S zurückzuführen.

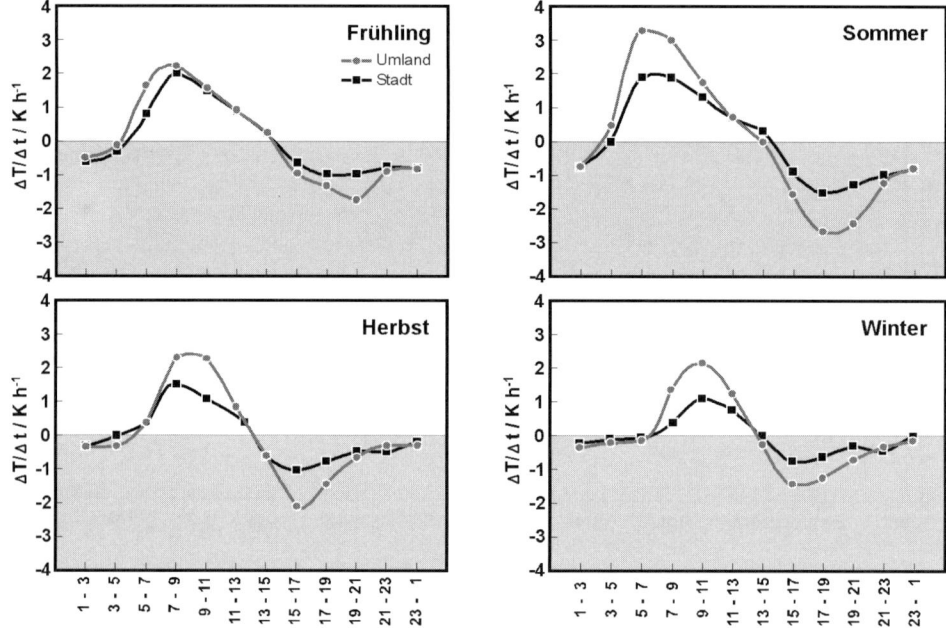

Abb.13.11: Stündlichen Änderungen der Lufttemperatur (ΔT/Δt) an einem Stadt- und einem Umlandstandort für verschiedene Jahreszeiten (nach Kuttler 1988)

13.7.2 Abhängigkeiten der städtischen Überwärmung

Die städtische Überwärmung wird in ihrer Intensität sowohl durch meteorologische Faktoren als auch durch die geografische Lage und auf die Stadt bezogene Größen (Topografie, Baukörperstruktur, Flächennutzung, Einwohnerzahl) bestimmt. Derartige Abhängigkeiten können ggf. zur Vorhersage der urbanen Übertemperaturen genutzt werden, wobei für räumlich hoch aufgelöste Prognosen allerdings auf komplexe numerische Modelle zurückgegriffen werden sollte (s. Kap. 14). Beispiele verschiedener Einflussfaktoren sind anhand der entsprechenden empirischen Gleichungen in Kasten 13.1 zusammengestellt.

Die größten Temperaturdifferenzen zwischen Stadt und Umland lassen sich grundsätzlich während autochthoner Wetterlagen beobachten. Um ein ausschließliches „Schönwetterphänomen" handelt es sich hierbei jedoch nicht. Denn wie Untersuchungen in mitteleuropäischen Städten gezeigt haben, können urbane Überwärmungen (UHI > 0 K) mit unterschiedlichen Intensitäten an bis zu 80 % der Jahresstunden auftreten.

Hinsichtlich der meteorologischen Größen wurde verschiedentlich der Einfluss der Windgeschwindigkeit, des Bedeckungsgrades sowie der atmosphärischen Schichtungsverhältnisse auf die urbane Überwärmung untersucht: Mit zunehmender Wolkenbedeckung bzw. Windgeschwindigkeit nimmt die Intensität der städtischen Wärmeinsel in der

Regel ab (Gl. 13.6 und 13.7). Ein hoher **Bedeckungsgrad** tagsüber senkt die nächtliche Wärmeinselintensität aufgrund der fehlenden direkten Einstrahlung (Gl. 13.8). Für die Stadt Freiburg i. Brsg. ließen sich zum Beispiel bei wolkenlosem Himmel mittlere Wärmeinselintensitäten von 6,5 K, bei bedecktem Himmel (Bedeckungsgrad 8/8) hingegen nur solche von 2,5 K nachweisen (Nübler 1979).

Hohe **Windgeschwindigkeiten** sorgen über die Advektion für eine vergleichsweise Nivellierung der Strahlungs- und Energiebilanzen, woraus geringere räumliche Temperaturunterschiede resultieren (Gl. 13.9 und 13.10). Die Abhängigkeit der UHI von der Windgeschwindigkeit wird auch von der Stadtgröße beeinflusst, die den Wert einer kritischen Windgeschwindigkeit bestimmt, bei deren Überschreiten der Wärmeinseleffekt gänzlich verschwindet (s. Abschnitt 13.10.1).

Stabile atmosphärische Schichtungsverhältnisse im Umland fallen häufig mit der Entstehung von Wärmeinseln zusammen, während bei neutraler bzw. labiler Schichtung keine Überwärmung nachgewiesen werden kann. So kann die Stärke der urbanen Wärmeinsel am besten über den Vertikalgradienten der potenziellen Temperatur im ländlichen Umland nahe der Stadtgrenze abgeschätzt werden (Gl. 13.11 bis Gl. 13.13), wenn Möglichkeiten zur entsprechenden Messung bestehen. Dieser weist eine Abhängigkeit vom Bedeckungsgrad auf.

Neben den genannten meteorologischen Einflussgrößen steuern aber auch die urbanen Oberflächenbedeckungen sowie die meist an die **Einwohnerzahl** gekoppelte Stadtgröße die urbane Überwärmung (Abb. 13.12). Die Größe einer Stadt, die auch durch die Einwohnerzahl charakterisiert wird, hat erheblichen Einfluss auf die maximale Temperaturanomalie. Am besten beschreibt eine logarithmische Funktion die Beziehung zwischen Einwohnerzahl und Übertemperatur (Gl. 13.14 bis Gl. 13.19), wobei eine positive Abhängigkeit gegeben ist ($0{,}74 < R^2 < 0{,}98$). Bei einem Vergleich zwischen nordamerikanischen, westeuropäischen, koreanischen und westjapanischen Städten lassen sich unterschiedliche Steigungen in den Regressionsfunktionen erkennen. Hierfür sind Gebäudekonstruktion, Bebauungsdichte, Anteil an Grün- und Wasserflächen sowie das Energieverbrauchsverhalten der Bevölkerung in unterschiedlichem Maße verantwortlich. So wurden die verschiedenen Steigungsmaße in den Regressionsbeziehungen zwischen nordamerikanischen und europäischen Städten auf die höhere anthropogene Wärmeproduktion (Gebäudeklimatisierung) der nordamerikanischen Städte sowie die vergleichsweise höheren Evapotranspirationsraten (E) und den damit höheren latenten Wärmestrom (Q_E) bei vermindertem sensiblen Wärmestrom (Q_H) der europäischen Städte zurückgeführt. Die markanten Unterschiede zwischen kleinen (< 300000 Ew) und großen Städten (> 300000 Ew) in Japan und Korea (Abb. 13.12) dürften dagegen darauf beruhen, dass in kleineren Städten mehr Holz als traditionelles Baumaterial verwendet wird, eine eher ländliche Lebensweise üblich ist und eine im Vergleich zu den Millionenstädten andere Flächennutzung im Umland vorherrscht (Park 1987).

In einigen Untersuchungen (u. a. Böhm 1998) wird die Eignung der Bevölkerungsanzahl als Indikator für die Inten-

Kasten 13.1: Meteorologische und stadtbedingte Abhängigkeiten der städtischen Wärmeinsel UHI

1 Abhängigkeiten von Klimaelementen

1.1 Wolkenbedeckungsgrad und Windgeschwindigkeit (Uppsala, Schweden):

$$UHI = (a - b \cdot N_{10}) / u_{mit} \quad (13.6)$$

1.2 Wolkenbedeckungsgrad und Windgeschwindigkeit (Barcelona; Spanien):

$$UHI = -0{,}583 \cdot N_8 - 0{,}077 \cdot 0{,}278 \cdot u + 6{,}44 \quad (13.7)$$
$$r = 0{,}97$$

1.3 Wolkenbedeckungsgrad und Luftdruck (Barcelona; Spanien):

$$UHI = -0{,}612 \cdot N_8 + 0{,}044 \cdot p - 39{,}772 \quad (13.8)$$
$$r = 0{,}95$$

1.4 Windgeschwindigkeit (Vancouver; Kanada)

$$UHI = 9{,}63 / u^{0{,}52} \quad r = 0{,}79 \quad (13.9)$$

1.5 Windgeschwindigkeit (Calgary; Kanada):

$$\Delta T_a / \Delta x = 4{,}12 \cdot u^{-0{,}36} \quad r = -0{,}86 \quad (13.10)$$

1.6 Vertikaler Temperaturgradient (Calgary, Montreal; Kanada):

$$\Delta T_a / \Delta x = 68{,}84 \cdot (\partial\Theta/\partial z)^{0{,}909} \quad r = 0{,}92 \quad (13.11)$$

$$\Delta T_a / \Delta x = 0{,}327 \cdot [(\partial\Theta/\partial z)/u]^{0{,}597} \quad (13.12)$$
$$r = 0{,}88$$

$$UHI = (\partial\Theta/\partial z) \cdot h \quad (13.13)$$

2 Abhängigkeiten von urbanen Klimafaktoren (windarmes Strahlungswetter)

2.1 Einwohnerzahl (kanadische und US-amerikanische Städte):

$$UHI_{max} = 2{,}96 \cdot \lg Ew - 6{,}41 \quad r = 0{,}98 \quad (13.14)$$

2.2 Einwohnerzahl (europäische Städte):

$$UHI_{max} = 2{,}01 \cdot \lg Ew - 4{,}06 \quad r = 0{,}86 \quad (13.15)$$

2.3 Einwohnerzahl (Korea):

Ew < 300 000:
$$UHI_{max} = 1{,}46 \cdot \lg Ew - 5{,}93 \quad r = 0{,}99 \quad (13.16)$$

Ew > 300 000:
$$UHI_{max} = 3{,}43 \cdot \lg Ew - 16{,}58 \quad r = 0{,}99 \quad (13.17)$$

2.4 Einwohnerzahl (Japan):

Ew < 300 000:
$$UHI_{max} = 0{,}85 \cdot \lg Ew - 2{,}46 \quad r = 0{,}92 \quad (13.18)$$

Ew > 300 000:
$$UHI_{max} = 4{,}83 \cdot \lg Ew - 23{,}81 \quad r = 0{,}97 \quad (13.19)$$

2.5 Himmelssichtfaktor (nordamerikanische, europäische, australasiatische Innenstadtgebiete):

$$UHI_{max} = 15{,}27 - 13{,}88 \cdot \psi_s \quad r = -0{,}93 \quad (13.20)$$

2.6 Himmelssichtfaktor (Malmö, Schweden; Winternacht):

$$T_a = 3{,}3 - 1{,}6 \cdot \psi_s \quad r = -0{,}48 \quad (13.21)$$

2.7 Himmelssichtfaktor (Malmö, Schweden; Winternacht):

$$T_s = 19{,}0 - 20{,}0 \cdot \psi_s \quad r = -0{,}82 \quad (13.22)$$

2.8 Haushöhen/Straßenbreitenverhältnis, (nichtsymmetrische Straßenschluchten, Singapur):

$$UHI_{max} = 0{,}952 \cdot (\text{Median } H/W) - 0{,}021 \quad (13.23)$$
$$r = 0{,}53$$

2.9 Haushöhen/Straßenbreitenverhältnis, (symmetrische Straßenschluchten, europäische, nordamerikanische, australasiatische Innenstadtgebiete):

$$UHI_{max} = 7{,}54 + 3{,}97 \cdot \ln(H/W) \quad r = 0{,}94 \quad (13.24)$$

2.10 Versiegelung (Japan, Sommer):

$$UHI_{max} = 9 \cdot F_v - 0{,}09 \quad r = 0{,}98 \quad (13.25)$$

2.11 Versiegelung (Korea, Sommer):

$$UHI_{max} = 24 \cdot F_v - 1{,}11 \quad r = 0{,}96 \quad (13.26)$$

2.12 Versiegelung (München):

$$T_{a,mit} = 7{,}5 + 1{,}6 \cdot F_v \quad r = 0{,}78 \quad (13.27)$$

2.13 Versiegelung (München):

Sommertag:
$$T_s = 27{,}5 + 11{,}7 \cdot F_v \quad r = 0{,}85 \quad (13.28)$$

Herbsttag:
$$T_s = 22{,}3 + 12{,}1 \cdot F_v \quad r = 0{,}90 \quad (13.29)$$

13.7 Städtische Überwärmung

2.14 Versiegelung (Südjapan, Sommer):

Nachmittags:
$T_a = 29{,}3 + 1{,}7 \cdot F_v$ $r = 0{,}70$ (13.30)

Nachts:
$T_a = 20{,}0 + 1{,}5 \cdot F_v$ $r = 0{,}75$ (13.31)

2.15 Grünflächenanteil (Südjapan, Sommer):

Nachmittags:
$T_a = 30{,}8 - 1{,}7 \cdot F_g$ $r = -0{,}68$ (13.32)

Nachts:
$T_a = 21{,}4 - 1{,}5 \cdot F_g$ $r = -0{,}75$ (13.33)

3 Abhängigkeiten von Klimaelementen und -faktoren

3.1 Einwohnerzahl, Umlandwindgeschwindigkeit (Kanadische Städte):

$$UHI = 1{,}91 \cdot \lg Ew - 2{,}07 \cdot \sqrt{u_{mit} - 1{,}73} \quad (13.34)$$

$r = 0{,}91$

3.2 Stadtgröße, anthropogene Wärmeemission, vertikaler Temperaturgradient:

$$UHI = \sqrt{\frac{d \cdot Q_{anthr} \cdot (\partial \Theta / \partial z)}{\rho \cdot c_p \cdot u}} \quad (13.35)$$

3.3 Stadtgröße, anthropogene Wärmeemission, Differenz zwischen urbanem und ruralem vertikalen Temperaturgradienten, Windgeschwindigkeit:

$$UHI = \sqrt{\frac{2 \cdot \Delta x \cdot Q_{anthr} \cdot \Delta \alpha}{\rho \cdot c_p \cdot u}} \quad (13.36)$$

4 Zeitliche Abhängigkeiten

4.1 Tageszeit (stündliche UHI, Uppsala, Schweden):

R<1: $UHI = 0{,}004 / (0{,}004 + 0{,}06^{(4{,}064 \cdot R)})$ (13.37)

R>1: $UHI = 0{,}011 / (0{,}011 + 14{,}442^{(-4{,}195 \cdot (2 - R))})$ (13.38)

R = 1,5 (bei Sonnenaufgang); = 2,0 (bei wahrem Mittag); = 0,5 (bei Sonnenuntergang); = 1,0 bei wahrer Mitternacht)

4.2 Zeit-Trend (Berlin, Jahresmitteltemperaturen 1883–1980):

$UHI_{max} = 0{,}9987 + 0{,}0025 \cdot T_a$ (13.39)

Formelzeichen: a, b = stadtabhängige Regressionskoeffizienten; c_p = spez. Wärme der Luft bei konst. Druck / J kg^{-1} K^{-1}; d = charakteristischer Durchmesser der Stadt / m; Ew = Einwohnerzahl; F_g = Grünflächenanteil / 10^{-1}; F_v = Versiegelungsgrad / 10^{-1}; h = Mischungsschichthöhe / m; H/W = Verhältnis zwischen Haushöhe H und Straßenbreite W; N_8, N_{10} = Wolkenbedeckungsgrad in Achteln bzw. Zehnteln; p = Luftdruck / hPa; Q_{anthr} = Freisetzung anthropogener Wärme in der Stadt / W m^{-2}; R = normierte Tageszeit; t = Anzahl Jahre nach 1893; T_a, $T_{a,mit}$ = Lufttemperatur bzw. mittlere Lufttemperatur / °C; T_s = Oberflächentemperatur / °C; u, u_{mit} = Windgeschwindigkeit bzw. mittlere Windgeschwindigkeit / m s^{-1}; UHI = mittlere Wärmeinselintensität / K; UHI_{max} = maximale Wärmeinselintensität / K; $\Delta\alpha$ = Stadt-Umland-Differenz zwischen den Vertikalgradienten der potenziellen Temperatur Θ / K je 100 m; $\Delta\alpha$ = horizontale Distanz; ρ = Luftdichte / kg m^{-3}; ψ_s = Himmelssichtfaktor; $(\Delta T_a / \Delta x)$ = horizontaler Temperaturgradient zwischen luvseitigem Stadtrand und Stadtzentrum / K m^{-1}; $(\partial\Theta/\partial z)$ = vertikaler Gradient der potenziellen Temperatur Θ / K m^{-1}

Quellen: Sundborg 1950 (Gl. 13.6), Moreno-Garcia 1994 (Gl. 13.7, Gl. 13.8); Oke 1976 (Gl. 13.9); Nkemderim 1980 (Gl. 13.10 bis Gl. 13.12); Oke und East 1971 (Gl. 13.13); Oke 1973 (Gl. 13.14, Gl. 13.15, Gl. 13.24, Gl. 13.34); Park 1986 (Gl. 13.16 bis Gl. 13.19); Oke 1981, 1982 (Gl. 13.20); Barring et al. 1985 (Gl. 13.21, Gl. 13.22.); Goh und Chang 1999 (Gl. 13.23); Baumgartner et al. 1985 (Gl.. 13.27 bis Gl. 13.29); Saito et al. 1990/1991 (Gl. 13.25, Gl. 13.26, Gl. 13.30 bis Gl. 13.33); Hanna 1969 (Gl. 13.35); Summers 1964 (Gl. 13.36), Barton und Oke 2000 (Gl. 13.37, Gl. 13.38); Helbig 1987 (Gl. 13.39)

Die Gleichungen beziehen sich auf die urbane Wärmeinselintensität sowie die Luft- und Oberflächentemperaturen. Alle aufgeführten Regressionsbeziehungen wurden empirisch ermittelt.

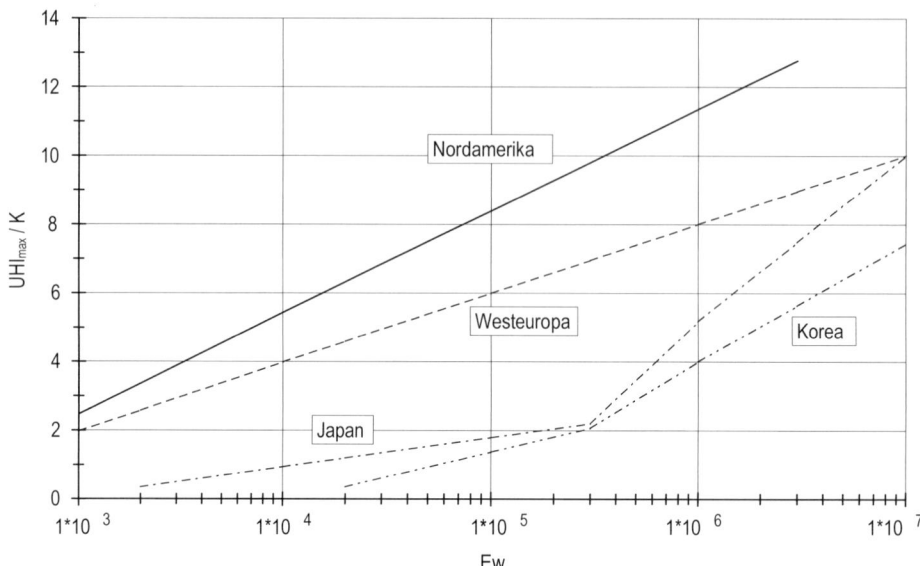

Abb. 13.12: Abhängigkeit der maximalen städtischen Wärmeinselintensität (UHI$_{max}$) von dem Logarithmus der Einwohnerzahl (Ew) für Städte in Nordamerika, Westeuropa, Japan und Korea (nach einer Zusammenstellung aus Matzarakis 2001)

sität der urbanen Wärmeinsel stark angezweifelt, weil sie wesentlich mehr von stadtspezifischeren Faktoren, wie Gesamtenergieverbrauch, Freisetzung von anthropogener Wärme, Anteile von versiegelten und begrünten Flächen an der gesamten Stadtfläche, Gebäudedichte und Baukörpervolumen abhängt. Diese Stadtkennzeichen sind bisher hinsichtlich ihres Zusammenhangs mit der urbanen Wärmeinselintensität kaum untersucht worden, weil es meistens an geeigneten Ausgangsdaten mangelt. Die Bevölkerungsanzahl hingegen lässt sich relativ leicht ermitteln.

Die **Bebauungsdichte** und damit die Horizonteinschränkung durch Gebäude hat nachhaltigen Einfluss auf die Intensität städtischer Wärmeinseln. Der **Himmelssichtfaktor** ψ_s (s. Abschnitt 13.6.1) verhält sich umgekehrt proportional zur maximalen Wärmeinselintensität. Hohe Werte von ψ_s zwischen 0,8 und 0,9 sind eng korreliert mit Wärmeinselintensitäten von 2 K bzw. 3 K, während Werte des Himmelssichtfaktors von 0,3 zu maximalen Wärmeinselintensitäten von 10 K bis 11 K führen können (Gl. 13.20 bis Gl. 13.22). Alternativ zum Himmelssichtfaktor wird das Verhältnis zwischen Haushöhe und Straßenbreite (H/W) als Maß für die Bebauungsstruktur herangezogen, sofern die betrachteten Straßenschluchten ausreichend lang und gegenüberliegende Seiten symmetrisch sind (Gl. 13.24). Bei Nichterfüllen dieses Kriteriums, fällt die Abhängigkeit der Wärmeinselintensität vom H/W-Verhältnis deutlich schlechter aus (Gl. 13.23). Ein linearer Zusammenhang zwischen urbaner Wärmeinsel und Versiegelungsgrad wurde sowohl für die Luft- als auch für die Oberflächentemperaturen bestimmt (Gl. 13.25 bis Gl. 13.31). Analoge Ergebnisse liefert die Abhängigkeit der Überwärmung vom Grünflächenanteil einer Stadt (Gl. 13.32 und Gl. 13.33).

Untersuchungen **kombinierter Abhängigkeiten** der städtischen Wärmeinsel von meteorologischen und stadttypischen Faktoren berücksichtigen Parameter wie die Windgeschwindigkeit und den Vertikalgradienten der Lufttemperatur zusammen mit der Einwohnerzahl, der Stadtgröße oder der anthropogenen Wärmeemission (Gl. 13.34 bis Gl. 13.36).

Überwärmungen unterliegen insbesondere in Großstädten auch einem zeitlichen Trend, der auf die urbane Entwicklung zurückgeführt wird (Gl. 13.37 bis Gl. 13.39). So stieg die mittlere jährliche Temperaturdifferenz zwischen Berlin (Stadtstandort) und Potsdam (Umlandstandort) von 1,03 K (1901–1925) über 1,15 K (1926–1950) auf 1,21 K in den Jahren 1951 bis 1975 an (Helbig 1987). Der Anstieg ist relativ gering und verläuft bei Berücksichtigung der Einzeljahre nicht kontinuierlich. Eine Aufschlüsselung des linearen Trends nach Jahreszeiten zeigt, dass die zeitliche Entwicklung für die Wintermonate am stärksten ausgeprägt ist. Das könnte auf einen dominierenden Einfluss der anthropogenen Wärme (Q_{anthr}) auf die Wärmeinselintensität hinweisen. Aber auch das Stadtwachstum selbst zieht einen über Jahre erfolgenden Temperaturanstieg nach sich.

13.7.3 Auswirkungen der städtischen Überwärmung

Die städtische Wärmeinsel kann sich in positiver, aber auch in negativer Weise auf Siedlungsgebiete und damit auf die urbane Umwelt des Menschen auswirken. Als nachteilig wird das gleichzeitige Auftreten hoher Lufttemperaturen und Luftfeuchtigkeitswerte angesehen, das zur **thermischen Belastung** des menschlichen Körpers führen kann. Zur Klassifizierung der Wärmebelastung stehen verschiedene human-biometeorologische Indizes zur Verfügung, auf die in Abschnitt 15.4.1.3 eingegangen wird. Schon ein Vergleich der Anzahl klimatologischer Ereignistage zwischen Stadt und Umland verdeutlicht die thermischen Vor- und Nachteile beider Klimatope für die Sommer- und Wintersituation (Tab. 13.10). So ist die Zahl der „warmen Tage" in der Stadt fast doppelt so hoch wie im Umland und die nächtliche Abkühlung in den Straßenschluchten entsprechend reduziert, was sich an der Zahl der „heißen Nächte" zeigt, die vergleichsweise in der Innenstadt viermal so häufig auftreten. Für den nächtlichen Aufenthalt im Freien kann das von Vorteil sein, zum Beispiel wegen der hohen Zahl an „Grillpartytagen". Jedoch dürfte die Schlafqualität des Städters darunter erheblich leiden und sich der Energieverbrauch für den Betrieb von Klimaanlagen erhöhen.

Die städtische Überwärmung führt aber auch zu einer Verkürzung der Frostperiode, zu geringerer Frostintensität, einer deutlichen Abnahme der Anzahl an Frost- und Eistagen sowie zu einer Verkürzung der Schneedeckendauer. Auch die Zahl der Heiztage kann deutlich unter dem Vergleichswert des Umlandes liegen und damit zu einer spürbaren Reduzierung des Heizwärmebedarfs führen.

Das größere Wärmeangebot, die trockneren Standorte und niedrigeren

Tab. 13.10: Anzahl klimatologischer Ereignistage im Stadtgebiet von Gelsenkirchen. Messzeitraum 01.11.1998 bis 31.10.1999 (nach Kuttler und Barlag 2002, verändert)

	Ereignistage	Definition	Stadt	Umland
Winter	Frosttage	$t_{min} < 0\ °C$	36	57
	kalte Tage	$t_{mit} < 0\ °C$	19	21
	Heiztage	$t_{mit} < 15\ °C$	238	255
Sommer	warme Tage	$t_{mit} \geq 20°C$	49	25
	Sommertage	$t_{max} \geq 25\ °C$	47	39
	heiße Tage	$t_{max} \geq 30\ °C$	14	10
	„Grillpartytage"	$t_{21h} > 20\ °C$	50	22
	„heiße Nächte"	$t_{0h} > 20\ °C$	21	5

Windgeschwindigkeiten sowie das Vorhandensein von Luftverunreinigungen in der urbanen Atmosphäre wirken sich auch auf das pflanzliche Leben in Städten aus. Zu den allgemeinen Veränderungen, die für die **Vegetation** im städtischen Lebensraum festzustellen sind, zählen ein früherer Beginn der Vegetationsperiode (Abb. 13.13), das verstärkte Vorkommen frost- und kälteempfindlicher Arten, zum Beispiel Sommerflieder (*Buddleja davidii*) und Götterbaum (*Ailanthus altissima*) (Wittig und Streit 2004) sowie Licht liebende und nitrophile (= Stickstoff liebende) Pflanzen (Tab. 13.11).

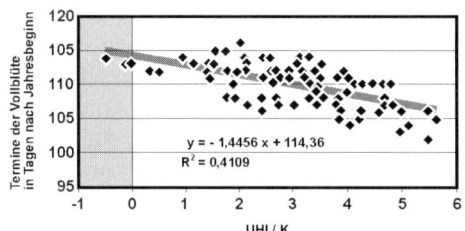

Abb. 13.13: Zusammenhang zwischen dem Eintritt der Vollblüte von Forsythia suspensa und der urbanen Wärmeinselintensität in Debrecen/Ungarn, Frühling 2003 (nach Lakatos und Gulyas 2003, verändert)

Unterrepräsentiert ist dagegen eine azidophile (= Säure liebende) und Feuchtigkeit liebende Vegetation. Der Hauptanteil der städtischen Vegetation zählt zu den wintergrünen Pflanzen (80 %). Hinsichtlich des Pflanzenstatus ist festzustellen, dass mit 20 % der geringste Teil auf alteingesessene Arten entfällt, der größte Teil ist hingegen direkt oder indirekt durch den Menschen heimisch geworden.

Während man einerseits zahlreiche Beeinflussungen durch städtische Umweltfaktoren auf die Pflanzenwelt nachweisen kann, besteht andererseits die Möglichkeit, die Blatt- und Blütenentwicklung geeigneter Pflanzen in ihrer Reaktion auf bestehende Umweltverhältnisse (vor allem Wärmeinsel) als Zeigerwert (Pflanzenphänologie, Bioindikation; s. Abschnitt 15.3) zu nutzen.

13.8 Stadthydrologische Aspekte

Der städtische Wasserhaushalt wird im Vergleich zum Umland durch den im Allgemeinen hohen Versiegelungsgrad, die eingeschränkte Versickerung und den verstärkten Abfluss bestimmt. Fer-

13.8 Stadthydrologische Aspekte

Tab. 13.11: Charakteristika extrem urbanophiler Pflanzenarten für mitteleuropäische Verhältnisse (nach Wittig 1991, verändert)

Mittlere Zeigerwerte [1]	Erläuterung
Licht	Lichtpflanzen, die nur ausnahmsweise bei weniger als 40 % der relativen Beleuchtungsstärke [2] vorkommen
Temperatur	Mäßigwärmezeiger bis Wärmezeiger
Feuchtigkeit	Trockenheitsanzeiger
Morphologisch-anatomischer Bau:	Angaben in %:
hygrophytisch [3]	0
mesophytisch [4]	40
sklerophytisch [5]	60
Blattausdauer:	Angaben in %:
sommergrün	20
überwinternd grün	80
Status:	Angaben in %:
Indigene [6]	20
Archäophyten [7]	30
Neophyten [8]	50

[1] nach Ellenberg (1979)
[2] maßgebend ist für alle Arten die relative Beleuchtungsstärke, die am Standort zur Zeit der vollen Belaubung der sommergrünen Pflanzen (etwa Mitte Juni bis Mitte Oktober) herrscht
[3] Pflanzen, die an ständig feuchten Standorten vorkommen
[4] Pflanzen, die an mäßig feuchten Standorten vorkommen
[5] an trockene Standorte angepasste Pflanzen
[6] alteingesessene Pflanzen
[7] Arten, die in prähistorischer Zeit mit direkter und indirekter Hilfe des Menschen in ein Gebiet gelangt sind
[8] erst in historischer Zeit eingewanderte bzw. unabsichtlich eingeschleppte Pflanzen

ner trägt das weitgehende Fehlen einer Vegetationsdecke dazu bei, dass weniger Wasser über die pflanzliche Transpiration und die Verdunstung von Interzeptionswasser in die Atmosphäre gelangt. Auch mangelt es im Unterschied zu bewachsenem Boden an oberirdischen (zum Beispiel Laub, Gehölze) und unterirdischen Wasserspeichermöglichkeiten, durch die Abflussspitzen nach Niederschlagsereignissen abgeschwächt werden können. Der Wasserkreislauf einer Stadt wird ferner durch Zu- und Abfuhr von Wasser für Versorgungszwecke beeinflusst, das sowohl durch Leitungen als auch über offene Kanäle in die Stadt gelangt. Darüber hinaus erfolgen Wasserdampftransporte durch Industrieprozesse, Kühlturmschwaden und Kfz-Emissionen in die Stadtatmosphäre.

Die städtischen Luftfeuchtigkeits- und Niederschlagsverhältnisse sind vor dem Hintergrund der in Gl. (13.40) dargestellten **urbanen Wasserbilanz** zu sehen, die sich in der veränderten Fassung von Helbig (1987) aus folgenden Einzelgliedern zusammensetzt:

$$P + F + W + ET + \Delta R + \Delta S + \Delta A + I = 0 \quad (13.40)$$

mit P dem Niederschlag, F der Wasserfreisetzung durch Verbrennungsprozesse, W der kanalisierten Wasserzufuhr aus Flüssen oder Staubecken, ET der Evapotranspiration, ΔR dem Nettoabfluss, ΔS der Nettowasserspeicherung, ΔA der Nettofeuchteadvektion und der Interzeption I. Alle Einheiten beziehen sich auf mm pro Zeiteinheit. Von den hier genannten Quellen- und Senkentermen werden F und W durch den Menschen im Wesentlichen direkt beeinflusst, während ET, ΔR und ΔS über den Anteil der versiegelten Fläche beziehungsweise durch die Oberflächenverdichtung eher indirekt anthropogen gesteuert werden. Über die Höhe der Wasserfreisetzung durch Verbrennungsprozesse F und deren Anteil an der Gesamtsumme finden sich in der Literatur widersprüchliche Angaben: Einerseits wird diesem Faktor ein relativ großer Einfluss beigemessen (Mayer et al. 2003), andererseits wird die Beeinträchtigung als marginal angesehen (Grimmond et al. 1986, Arnfield 2003). Auf jeden Fall ist eine Abhängigkeit von der jeweiligen Stadtgröße und den Nutzungsstrukturen anzunehmen. Während F und W Gewinngrößen des Niederschlags sind, bilden ET, I sowie ΔS eine kleine und ΔR wegen der versiegelten Oberflächen eine große Senke.

Für vier verschiedene typisch urbane Oberflächen enthält Tab. 13.13 wichtige Wasserhaushaltskomponenten. Hieran zeigt sich die außerordentlich große Variabilität der Wasserbilanz auf kleinem Raum. So weisen Asphaltflächen in Bezug auf den Abfluss mit 72 % des Niederschlags den größten Wert auf, während über Rasengittersteinen (typisch für befestigte Stellplätze) nur 5 % abfließen. Die Versickerung verhält sich entsprechend: Während in den Asphalt nur 8 % eindringen, sind es bei den anderen Materialien, die durch mehr oder weniger große Öffnungen mit dem Untergrund in Verbindung stehen, bis zu 60 %. Eine stadtklimatisch außerordentlich wichtige Größe stellt die Verdunstung dar. Wie den Werten für die genannten Oberflächen entnommen werden kann, werden zwischen 20 % (Asphalt) und maximal 45 % (Rasengittersteine) des Jahresniederschlags verdunstet. Damit ist ein erheblicher Energieaufwand verbunden ($q_{v,W(20\ °C)}$ = 2,45 MJ kg^{-1}), der für die Erwärmung der Atmosphäre am Standort (A, Q_H) dann nicht mehr zur Verfügung steht. Ein Beispiel soll das verdeutlichen: Veranschlagt man für Berlin eine durchschnittliche Jahressumme der Strahlungsbilanz von 440 kWh m^{-2} a^{-1}, dann beläuft sich die für die Verdunstung E aufzuwendende latente Wärme Q_E der Asphaltfläche (E = 126 mm a^{-1}) auf rund 85 kWh m^{-2} a^{-1} und für die Rasengittersteinfläche (E = 282 mm a^{-1}) auf rund 191 kWh m^{-2} a^{-1}. Entsprechend werden für die Asphaltfläche nur 19 %, für die Oberfläche aus Rasengittersteinen hingegen 43 % der Jahressumme der Strahlungsbilanz für die Verdunstung aufgewendet. Unterschiede zu den Werten in Tab. 13.12 beruhen auf Rundungen. Die niedrigen Luft- und Oberflächentemperaturen über den verdunstungsaktiveren Flächen sind ein Beleg für die höheren Q_E-Werte.

Neben den klimatischen Auswirkungen spielen versiegelte oder teilversiegelte

Tab. 13.12: Wasserhaushaltskomponenten versiegelter Flächen in Berlin (Messperiode: April 1985 bis März 1986; nach Wessolek 2001)

Material	Niederschlag		Abfluss		Versickerung		Verdunstung	
	mm	%$_{Nd}$	mm	Δ, %$_{Nd}$	mm	Δ, %$_{Nd}$	mm	Δ, %$_{Nd}$
Kunststeinplatten mit Mosaikpflaster (Gehweg)	631	100	104	16	319	51	208	33
Betonverbundsteine	631	100	103	16	379	60	149	24
Rasengittersteine	631	100	32	5	318	50	282	45
Straße (Asphalt)	631	100	455	72	51	8	126	20

Oberflächen eine herausragende Rolle für die **Grundwasserneubildung** in Städten. So können Versiegelungsmaterialien mit hohen Fugenanteilen (zum Beispiel Betonverbundsteine) sowie auf Böden aufgebrachte Verdunstungssperrschichten (zum Beispiel Kies) höhere Grundwasserneubildungsraten zulassen als freie Ackerflächen. Das liegt daran, dass einsickerndes Wasser durch die teilweise erfolgte Oberflächenversiegelung stärker gegen Verdunstung geschützt ist als unbedeckter Boden. Städte müssen daher hinsichtlich der Grundwasserneubildungsrate differenziert betrachtet werden.

13.9 Luftfeuchtigkeit, Nebel und Niederschlag

13.9.1 Luftfeuchtigkeit

Im Gegensatz zu Untersuchungen zum thermischen Verhalten von Stadtkörpern liegen bislang nur wenige Arbeiten vor, die über das Verhalten der Luftfeuchtigkeit im besiedelten Bereich umfassend Auskunft geben. Wie bei allen Untersuchungen zum Stadtklima hängen auch in diesen Fällen die Ergebnisse davon ab, an welchen Standorten und bei welcher Wetterlage gemessen wurde. Nachfolgend werden die Luftfeuchtigkeitsverhältnisse für einen Sommer- und einen Wintermonat exemplarisch an Daten dreier Standorte des Großraums München dargestellt (Mayer et al. 2003), die für die Wohngebietssituation und die Aufenthaltsdauer der Bewohner als typisch angesehen werden können. Für dieses Beispiel wird auf den Dampfdruck e als konservative Größe und nicht auf die relative Feuchte zurückgegriffen, da sich letztere invers zur Lufttemperatur verhält und deshalb nicht für eine Diskussion über Luftfeuchteunterschiede zwischen Stadt und Umland geeignet ist.

Bei den Standorten handelt es sich um:
- Stadtzentrum, Innenhof ($\psi = 0{,}25$; Versiegelungsanteil der Umgebung: 80 %),
- Stadtzentrum, Park ($\psi_{Sommer} = 0{,}15$, $\psi_{Winter} = 0{,}65$; Versiegelungsanteil der Umgebung: 20 %),
- Stadtrand, Grünfläche (kurz gehaltener Rasen, $\psi_{Sommer} = 0{,}55$; $\psi_{Winter} = 0{,}80$; Versiegelungsanteil der Umgebung: 5 %).

Die Luftfeuchteverhältnisse werden als städtischer **Feuchteüberschuss** (Urban Moisture Excess, UME) auf der Basis der Differenzen zwischen Stadtzentrum, Innenhof und Stadtrand, Grünfläche ($\Delta e = e_{Stadtzentrum} - e_{Stadtrand}$) für einen mittleren Tagesgang im Sommer und Winter dargestellt. Wie Abb. 13.14 zeigt, weist der urbane Feuchtigkeitsüberschuss UME im Sommer einen gut strukturierten, im Winter (Abb. 13.15) hingegen keinen Tagesgang auf. Auf die hier ebenfalls eingezeichneten UHI-Werte wird nicht eingegangen.

Im Sommer ergeben sich zwei Maxima positiver Feuchtedifferenzen und zwar tagsüber und nachts, die durch Minima morgens (8 Uhr) und abends (20 Uhr) voneinander getrennt sind. Dabei ist die Ausbildung des Tagesganges (Abb. 13.14) im Wesentlichen auf die relativ starken diurnalen Feuchteschwankungen des Umlandstandortes zurückzuführen. Während im Umland zum Beispiel die Luftfeuchtigkeit morgens (zwischen 4 Uhr und 8 Uhr) hohe Werte aufweist, ändert sich die Luftfeuchtigkeit am **Innenstadtstandort** während

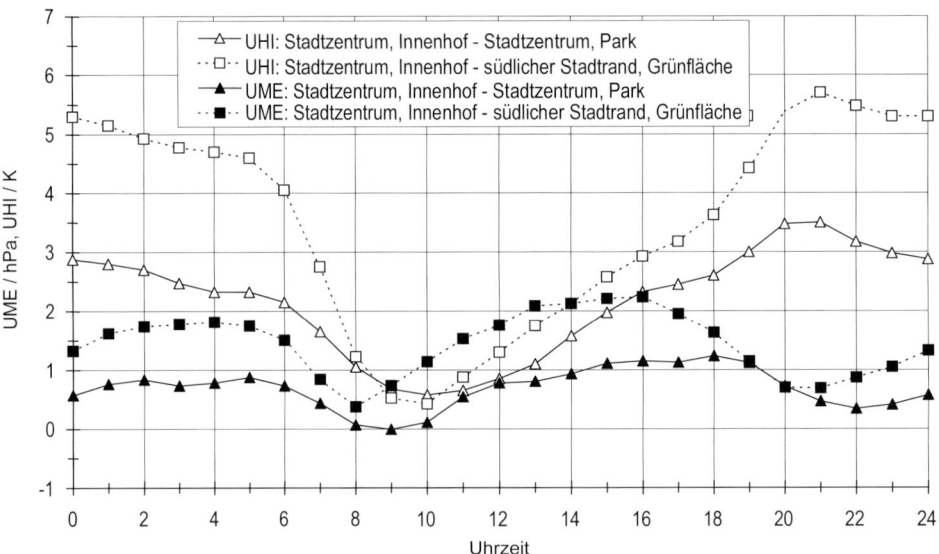

Abb. 13.14: Mittlere Tagesgänge der urbanen Feuchteinsel UME und der urbanen Wärmeinsel UHI in 2 m Höhe ü. Gr. im Sommermonat August 1981 (nach Mayer et al. 2003)

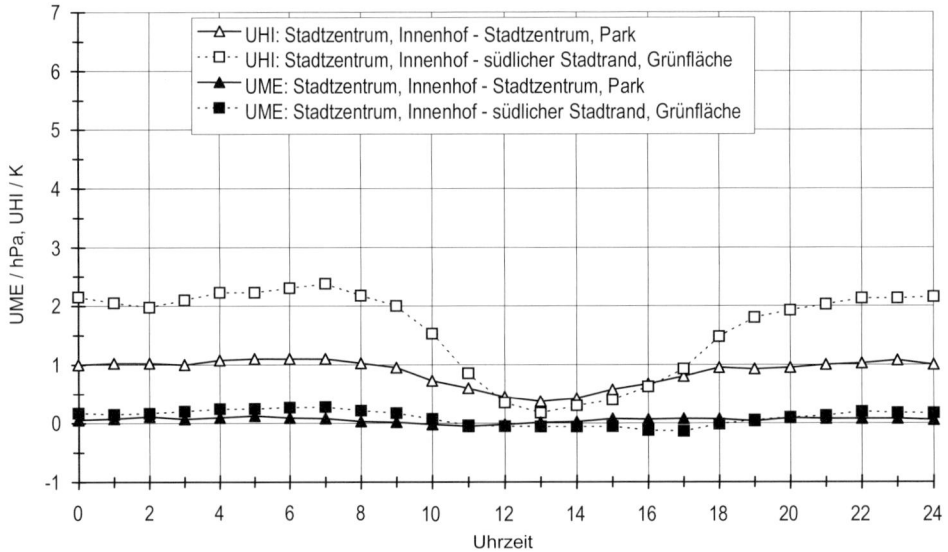

Abb. 13.15: Mittlere Tagesgänge der urbanen Feuchteinsel UME und der urbanen Wärmeinsel UHI in 2 m Höhe ü. Gr. im Wintermonat Januar 1982 (nach Mayer et al. 2003)

dieses Zeitabschnittes kaum. Erst nach 8 Uhr nimmt die Luftfeuchtigkeit am **Umlandstandort** deutlich ab, während sie sich im Stadtzentrum leicht erhöht und erst wesentlich später und auch langsamer dort wieder niedrigere Werte annimmt. Die im Vergleich zum Innenstadtstandort größere Tagesamplitude im Umland dürfte auf die hier wesentlich stärker Einfluss nehmenden Faktoren der bodennahen atmosphärischen Schichtungs- und damit Austauschverhältnisse zurückzuführen sein als im Stadtzentrum. Während im Umland morgens bei noch stabiler Schichtung die einsetzende Evapotranspiration zuerst einmal für einen Anstieg der Luftfeuchtigkeit sorgt, nimmt diese nach 8 Uhr durch die beginnende Konvektion ab. Abends steigt der Dampfdruck in der bodennahen Umlandatmosphäre bei zunehmender Stabilisierung trotz abnehmender Evapotranspiration zunächst wieder an, um dann nachts endgültig niedrige Werte durch weiter nachlassende Verdunstung zu erreichen. Die Luftfeuchtigkeit am Innenstadtstandort unterliegt hingegen nur geringen Tagesschwankungen. Der vorgenannte Vergleich zeigt, dass es in der Stadt im Sommer feuchter ist als im Umland, während sich im Winter die Werte beider Standorte angleichen. Größere Unterschiede zwischen Stadt und Umland im Tagesgang treten jedoch während **Strahlungswetterlagen** auf. Anhand von Untersuchungen, die in Christchurch (Neuseeland) ausschließlich für sommerliche und winterliche Strahlungswetterlagen höhenabhängig für Tag und Nacht durchgeführt wurden, zeigte sich, dass in der Stadt insbesondere bodennah tagsüber niedrigere, nachts höhere spezifische Feuchten als im Umland auftraten (Abb.

13.16). Als Gründe für die tagsüber sich einstellende geringere Luftfeuchte werden eine eingeschränkte Evapotranspiration in der Stadt sowie ein vertikaler Feuchtetransport genannt, der mit der absteigenden Strömung trockenere Luft nach unten führt. Die nächtliche Erhöhung der urbanen Luftfeuchte wird einer bis in die Nacht anhaltenden Evapotranspiration bei allgemein höheren Lufttemperaturen zugeschrieben. Dies gilt auch für den an den turbulenten Austausch gekoppelten vertikalen Wasserdampftransport aus der Stadtgrenzschicht (UBL) in die Stadthindernisschicht (UCL) und die durch die städtische Wärmeinsel bedingte geringere Taubildung.

13.9.2 Nebel

Bis etwa zur Mitte des zwanzigsten Jahrhunderts zeichneten sich Großstädte insbesondere in Mitteleuropa dadurch aus, dass sie im Vergleich zum Umland über eine höhere jährliche Anzahl an Nebeltagen verfügten als ihre nicht bebauten Umlandgebiete. Hierfür wurde insbesondere die Luftverunreinigung als potenzielle Quelle für Kondensationskerne verantwortlich gemacht. Mit der Verbesserung der Luftqualität setzte allerdings eine mehr oder weniger kontinuierliche Abnahme der Anzahl an Nebeltagen ein, was exemplarisch in Abb. 13.17 dargestellt ist. Offenbar scheint eine umgekehrt proportionale Abhängigkeit zur Bebauungsdichte zu bestehen. Erklärt wird diese Entwicklung mit dem größer werdenden Wärmeinseleffekt, der an das Stadtwachstum gekoppelt ist.

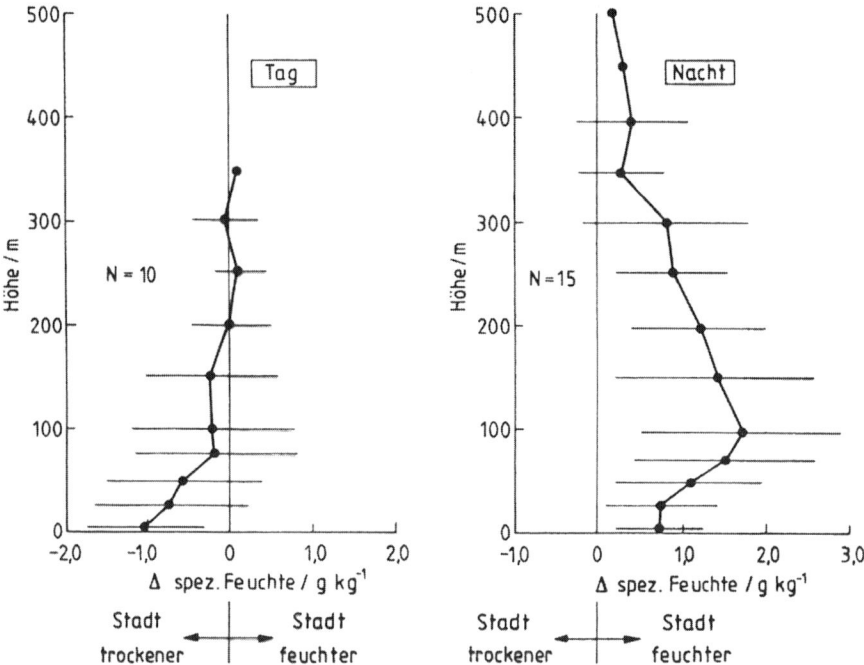

Abb. 13.16: Höhenabhängigkeit der Differenzen der spezifischen Feuchte (g kg^{-1}) zwischen Stadt- und Umlandatmosphäre in Christchurch (Neuseeland), gemittelt über sommerliche und winterliche Strahlungswetterlagen (nach Tapper 1990)

13.9.3 Niederschlag

Die Frage, ob urbane Ballungsräume zu einer Erhöhung oder Verminderung von Niederschlägen führen, ist bis heute nicht zweifelsfrei geklärt. Das hängt damit zusammen, dass die einzelnen Faktoren, die die Niederschlagshöhe und -struktur bestimmen, in komplexer Weise voneinander abhängen und somit ein aufwändiges und langfristiges Messprojekt erfordern. Die Einflussstärke lässt sich nicht immer genau ermitteln. Grundsätzlich sind drei Prozesse zu unterscheiden, die zu einer urbanen Niederschlagsmodifikation führen können (vgl. auch Shepherd 2005):

a) Beeinflussung der Wolkendynamik durch Wärmeinseleffekt und städtische Oberflächenrauigkeit,
b) Eingriffe in wolkenphysikalische Prozesse durch Partikelemissionen aus urban-industriellen Quellen und
c) Modifizierung der Grenzschichtprozesse durch rauigkeitsbedingte Tropfenablenkung im bodennahen Windfeld.

Im Einzelnen resultiert hieraus folgendes:

13.9 Luftfeuchtigkeit, Nebel und Niederschlag

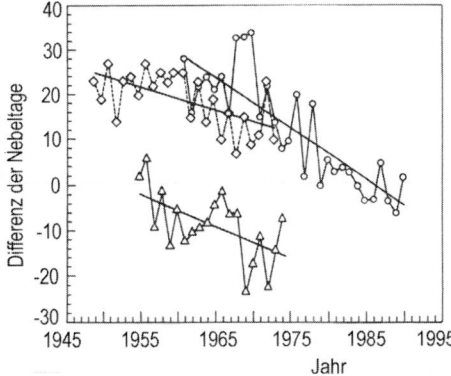

Abb. 13.17: Jahreswerte der relativen Nebelhäufigkeit (Standort mit stärkerem Urbanisierungstrend minus Standort mit geringerem Urbanisierungstrend) in Zeiträumen mit parallelem Stationsbetrieb (o: München; Δ: Nürnberg; ◊: Augsburg; nach Sachweh und Köpke 1995)

Zu a): Die **Wärmeinsel** und die größere Oberflächenrauigkeit verursachen ein Anheben und Umfließen der auf eine Stadt zuströmenden Luft. Dadurch kommt es zu lateraler Konvergenz in Lee, die durch vertikale Divergenz ausgeglichen wird. Niederschlagszunahmen in Lee wurden vielfach beobachtet. Darüber hinaus zeigen urban geprägte Räume neben einem abendlichen Niederschlagsmaximum eine weitere morgendliche Niederschlagsspitze, die mit dem Tages- und Jahresgang der Wärmeinselintensität in enger Beziehung stehen dürfte (Abb. 13.18).
Zu b): Die Eignung von in urbanindustriellen Gebieten emittierten Partikeln als **Wolkenkondensationskerne** hängt von der Beschaffenheit ihrer Oberflächen ab. Es gilt: Je ähnlicher ein Partikel einem Eiskristall ist, desto geeigneter ist es als Sublimationskern. Atmosphärische Spurenstoffe, die aus löslichen oder oberflächenaktiven Stoffen bestehen und sich Partikeln anlagern, können ebenfalls die Niederschlagsbildung beeinflussen (Möller 2003). Wichtig ist weiterhin, dass es verschiedene anthropogene Möglichkeiten gibt, die Übersättigung der Luft und damit die Wahrscheinlichkeit einer Kondensation zu beeinflussen. Hierzu zählen die Veränderung der Größenspektren der Kerne durch industrielle Emissionen, aber auch durch den Einsatz neuer Filtertechnologien, eine Beeinflussung des Salzgehaltes und die Art des Salzes im Wolkenwasser wie auch die Möglichkeit einer Veränderung der Oberflächenspannung durch Emission oberflächenaktiver Substanzen.
Zu c): Der Weg eines fallenden Regentropfens durch die städtische Grenzschicht wird dadurch beeinflusst, dass unterschiedliche **Rauigkeitslängen** bei kleineren Tropfen Ablenkungen um mehrere hundert Meter

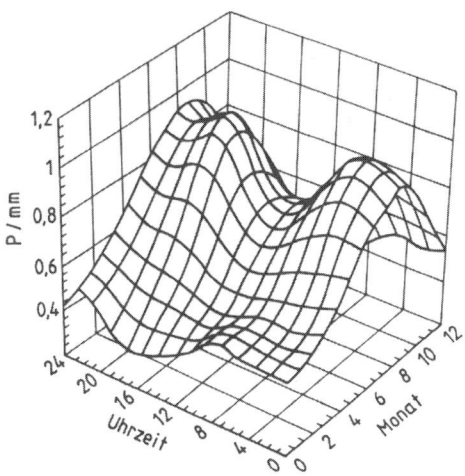

Abb. 13.18: Mittlere stündliche Niederschlagshöhe (P) in Abhängigkeit von der Tages- und Jahreszeit (Station: Essen-Steele 1953 bis 1987; nach Schütz 1996)

verursachen können. Dieser Effekt kommt einem „Auskämmen" des Niederschlags über Gebieten großer Rauigkeit sehr nahe (Abb. 13.19).

Von den genannten Prozessen, die zu städtischen **Niederschlagsmodifikationen** führen, weist die urbane Überwärmung offenbar den größten Einfluss auf. So sind die Zahl der Gewitter und die Häufigkeit von Starkregen über bebautem Gebiet während der warmen Jahreszeit deutlich erhöht (Landsberg 1981). Im Allgemeinen ist davon auszugehen, dass ein Stadtgebiet die natürlichen Niederschlagsprozesse zwar modifiziert, selbst aber keinen zusätzlichen Niederschlag erzeugt. Durch die genannten Faktoren dürfte es somit zu einer räumlichen Umverteilung der Regenspenden kommen, wobei in Lee einer Stadt höhere Niederschlagswerte als an anderen Stellen zu erwarten sind.

Im Gegensatz zu den genannten niederschlagsverstärkenden oder sogar -auslösenden Faktoren ergab eine Analyse satellitengestützter Auswertungen von Abluftfahnen großer Ballungsräume (Rosenfeld 2000), dass industriell verschmutzte Luft offensichtlich kleinere Partikeln (r < 14 µm) enthält als natürliche Wolken mit Kondensationskerngrößen r > 25 µm. Die kleineren Partikeln sollen die Nukleation stark hemmen beziehungsweise letztlich sogar unterbinden, wodurch eine Regentropfenentstehung verhindert oder zumindest eingeschränkt wird. Das würde bedeuten, dass Städte oder Industriegebiete eher zu einer Unterdrückung der Niederschlagsbildung führen anstatt diese zu verstärken. Eine andere, ebenfalls satellitengestützte Untersuchung zum Niederschlagsaufkommen in der Umgebung nordamerikanischer Städte kommt jedoch zu einem gegenteiligen Ergebnis (Shepherd et al. 2002). Es bleibt abzuwarten, ob die aus den genannten Satellitenmessungen gezogenen Schlüsse durch Daten entsprechender Niederschlagsmessnetze bestätigt werden können.

Auch die Verteilung **fester Niederschläge** wird durch Stadtgebiete beeinflusst. Zusammen mit dem höheren Anteil vertikaler, nicht schneebedeckter Flächen und der schnelleren Verschmutzung der urbanen Schneedecke bewirken diese während der betreffenden Wetterlagen Abnahmen der kurzwelligen Albedo in der Stadt, wodurch der Wärmeinseleffekt unterstützt wird (Mayer und Noack 1980). Auch ist die Zahl der Tage mit einer Schneedecke gegenüber dem Umland meist reduziert, was auf den Wärmeinseleffekt und die Schneebeseitigung zurückgeführt werden kann.

Wesentlich eindeutiger als die Beeinflussung von Niederschlägen durch große Siedlungsgebiete ist das Auftreten lokal begrenzter so genannter **„Stadt- oder Industrieschneefälle"**

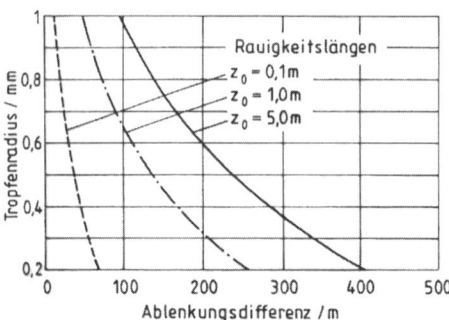

Abb. 13.19: Berechnete Differenzen der horizontalen Tropfenablenkung nach Durchfallen der Grenzschicht aus einer Höhe von 300 m ü. Gr. für unterschiedliche z_0-Werte in Abhängigkeit vom Tropfenradius (nach Schütz 1996)

(Harlfinger et al. 2000), die bisher beispielsweise in Berlin, Mannheim, Freiburg i. Brsg., Basel, Bern und Graz nachgewiesen werden konnten. Diese anthropogenen Schneefälle, die auf wenigen Quadratkilometern Schneehöhen von mehreren Zentimetern erreichen können, werden durch Punktquellen (zum Beispiel Wasserdampfemissionen durch Kühltürme) ausgelöst. Derartige Schneefälle wurden überwiegend in den frühen Morgenstunden bei Vorherrschen antizyklonaler Wetterlagen, stark ausgebildeter Temperaturinversion in der bodennahen Atmosphäre, hoher Luftfeuchtigkeit und geringer Windgeschwindigkeit beobachtet. Auch zeichneten sie sich durch höhere Konzentrationen an Luftinhaltsstoffen (insbesondere Sulfat und Chlorid) aus (Malissa et al. 1980).

13.10 Städtisches Windfeld

13.10.1 Grundeigenschaften des Windfeldes

Im Vergleich zum flachen Umland wird das Windfeld einer Stadt durch die Bebauung (aerodynamische Rauigkeit) und den Wärmeinseleffekt (Auswirkungen auf das Luftdruckfeld) beeinflusst.

Im Allgemeinen zeichnen sich Siedlungsgebiete durch folgende Charakteristiken der Luftströmung aus:
- niedrigere Windgeschwindigkeiten,
- eine höhere Anzahl an Schwachwindstunden,
- eine größere Häufigkeit von Windstillen,
- eine Zunahme der mechanischen und thermischen Turbulenz sowie der Böigkeit und
- eine durch die Feingliederung der Oberfläche vorgegebene, meist starke Beeinflussung der Windrichtungen als Folge der Kanalisierung durch Straßenschluchten (Düseneffekte) und Umlenkungseffekte an Gebäudekanten.

Eine Zunahme der Horizontalwindgeschwindigkeit mit der Höhe ü. Gr. lässt sich sowohl durch das **logarithmische Windgesetz** (Gl. 13.41) als auch durch das **Potenzgesetz** (Gl. 13.42) für die Prandtlschicht bei neutraler Schichtung berechnen. Auf beide wurde in allgemeiner Form bereits in Abschnitt 6.7.1 (Zeichenerklärung siehe dort) eingegangen. Bei Vorherrschen dichter Bebauungsstrukturen sind allerdings nutzungstypabhängige z_0- und d_0-Werte (Beispielwerte in Tab. 13.2) bzw. entsprechende Rauigkeitsexponenten (m), die in Innenstadtgebieten ($z_0 > 1$ m) Werte von $m > 0,4$ und im flachen Umland etwa 0,1 annehmen, zu verwenden.

$$v_z = (u_* / \kappa) \cdot \ln(z - d_0 / z_0) \quad (13.41)$$
$$v_z = v_{10} \cdot (z / z_{10})^m \quad (13.42)$$

Während sich über einem Stadtgebiet die durch die Bodenreibung ausgelöste Störung bis in Höhen von rund 500 m erstrecken kann, stellt sich bei geringerer Rauigkeitshöhe in Vororten ein weitgehend unbeeinflusster Gradientwind schon bei etwa 400 m und über dem ebenen Umland sogar in weniger als 300 m Höhe ü. Gr. ein.

Es ist schwierig, generalisierende Angaben zum Windfeld einer Stadt zu machen, da die Bebauungsdichte starken räumlichen Schwankungen unterworfen ist. Beispiele für klimatopabhängige Unterschiede enthält Tab. 13.13. Die Werte belegen, dass nicht nur bebaute Gebiete zu Windgeschwindigkeitsabnahmen führen können, sondern auch Grünflächen, die

dichten Baumbestand aufweisen.
Ein besonderes Charakteristikum innerstädtischer Gebiete stellt die **Austauscharmut** dar, die sich nachteilig auf den Abtransport von Wärme und Luftverunreinigungen auswirkt und damit human-biometeorologisch eine wichtige Einflussgröße ist (s. auch Abschnitt 15.4). Austauscharmut kann sowohl durch die Anzahl von Schwachwindstunden ($u \leq 1,5$ m s^{-1}) sowie die Dauer von Schwachwindepisoden (Tab. 13.14) als auch durch den auf ein bestimmtes Volumen bezogenen bodennahen Luftaustausch dargestellt werden.

Städte in Tallage sind von der Durchlüftungsarmut besonders betroffen, wie das Beispiel für die thüringische Stadt Gera belegt (Groß 1999). Anhand einer numerischen Simulation zum bodennahen Luftaustausch ergaben sich während einer autochthonen Strahlungsnacht im bebauten Talbereich Luftaustauschraten der Atmosphäre von < 1 h^{-1} (= einmaliger Wechsel des gesamten Luftvolumens pro Stunde). Für diese Berechnung wurden die untersten 30 m der Atmosphäre bei einer Länge der Stadthindernisschicht von 7 km und einer Breite von 2 km zugrunde gelegt. Auf den angrenzenden Höhen außerhalb der Stadt wurden hingegen Luftaustauschraten von > 10 h^{-1} nachgewiesen.

In dichtbebauten Stadtgebieten herr-

Tab. 13.13: **Mittlere stündliche Windgeschwindigkeiten in verschiedenen Klimatopen der Stadt Düsseldorf in 4 m bis 6 m ü. Gr.** (Messperiode: Januar 1993 bis Januar 1994; nach Kuttler 2000)

Freiland (Kuppe)	Vorort	Industrie	Grünfläche	Innenstadt, rheinfern	Innenstadt, rheinnah	Gewerbe	Aue
100 %	69 %	60 %	49 %	57 %	71 %	54 %	74 %
3,5 m s^{-1}	2,4 m s^{-1}	2,1 m s^{-1}	1,7 m s^{-1}	2,0 m s^{-1}	2,5 m s^{-1}	1,9 m s^{-1}	2,6 m s^{-1}

Tab. 13.14: **Anzahl der Schwachwindepisoden** (mittlere Windgeschwindigkeit $\leq 1,5$ m s^{-1}) unterschiedlicher, aber mindestens sechsstündiger Dauer in verschiedenen Klimatopen der Stadt Düsseldorf in 4 m bis 6 m ü. Gr. (Messperiode Januar 1993 bis Januar 1994; nach Kuttler 2000)

Episodendauer in Stunden	Station							
	Freiland (Kuppe)	Vorort	Industrie	Grünfläche	Innenstadt, rheinfern	Innenstadt, rheinnah	Gewerbe	Aue
≤ 6	30	153	201	252	231	130	198	171
6 – 9	17	68	54	82	104	66	71	82
10 – 19	2	77	129	138	110	59	95	80
20 – 29	1	7	17	23	13	3	22	8
30 – 39	0	0	0	5	1	0	5	1
≥ 40	0	1	1	4	3	2	5	0
Maximale Dauer einer Episode in Stunden	22	42	42	60	45	71	74	31

schen allerdings nicht immer niedrigere Windgeschwindigkeiten als im Umland vor. Vielmehr hängt der **Windgeschwindigkeitsunterschied** ($\Delta u = u_{Stadt} - u_{Umland}$) von der übergeordneten Strömungsgeschwindigkeit ab, wie Abb. 13.20 zeigt. Hiernach ist die urbane Windgeschwindigkeit höher, wenn ein Wert der Umlandwindgeschwindigkeit von ≤ 4 m s^{-1} (im Mittel bei 1,5 m s^{-1}) unterschritten wird. Der Grund dürfte in der städtischen Wärmeinsel UHI zu suchen sein, die sich gerade bei Schwachwindlagen stark ausprägt. Klarheit schafft ein Vergleich des Tagesganges der positiven Windgeschwindigkeitsdifferenzen (Δu_{s-u}) mit den entsprechenden UHI-Werten (Abb. 13.21). Es zeigt sich, dass etwa zwischen 22 Uhr und 6 Uhr nicht nur die stärksten UHI-Intensitäten auftreten, sondern mit diesen auch die größte Häufigkeit der Windgeschwindigkeitsüberhöhung im Stadtgebiet zusammenfällt. Während im Umland zu dieser Zeit meist eine bodennahe Temperaturinversion vorherrscht, zeichnet sich die Innenstadt wegen der durch den Wärmeinseleffekt verursachten thermischen Turbulenz durch labile bzw. neutrale atmosphärische Schichtungsverhältnisse aus. Der hierdurch verbesserte Austausch kann zu einer leicht höheren Windgeschwindigkeit im Stadtbereich führen, der in diesem Fall an bis zu 120 Tagen im Jahr (= 30 % aller Nachtstunden) auftritt. Verfügt die Stadt über geeignete Ventilationsbahnen, die die Verbindung zum Umland herstellen, kann unter Umständen Umlandkaltluft dem Stadtkörper zugeführt werden.

Siedlungsgebiete führen nicht nur zu einer Modifikation der Windgeschwindigkeit, sondern auch zu einer erheblichen Beeinflussung der **bodennahen Windrichtungen**, wie das in Abb. 13.22 dargestellte Beispiel der Stadt Düsseldorf zeigt: An einer Freiland-

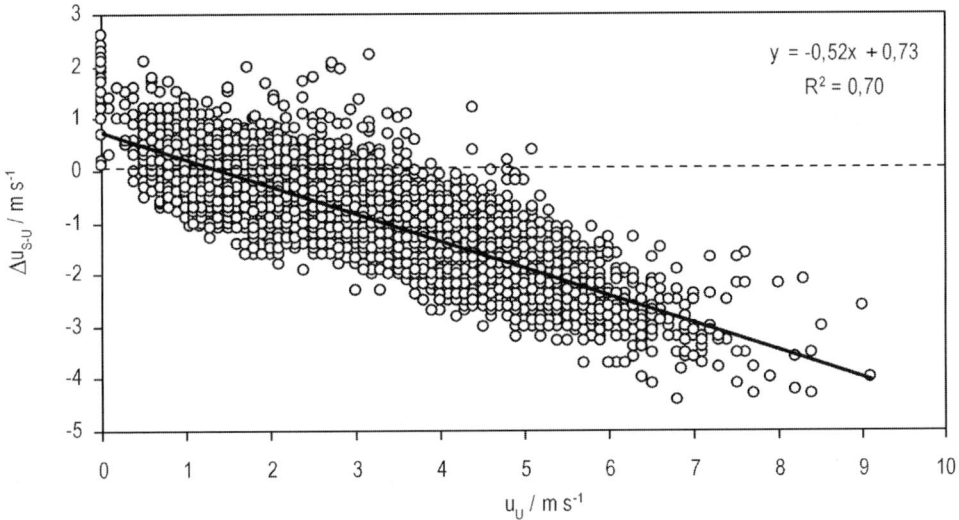

Abb. 13.20: Abhängigkeit der Windgeschwindigkeitsdifferenzen zwischen Stadt und Umland (Δu_{S-U}) von der Umlandwindgeschwindigkeit (u_U) für die Periode Juli 1995 bis Juni 1996 in Köln (nach Daten aus Dütemeyer 2000)

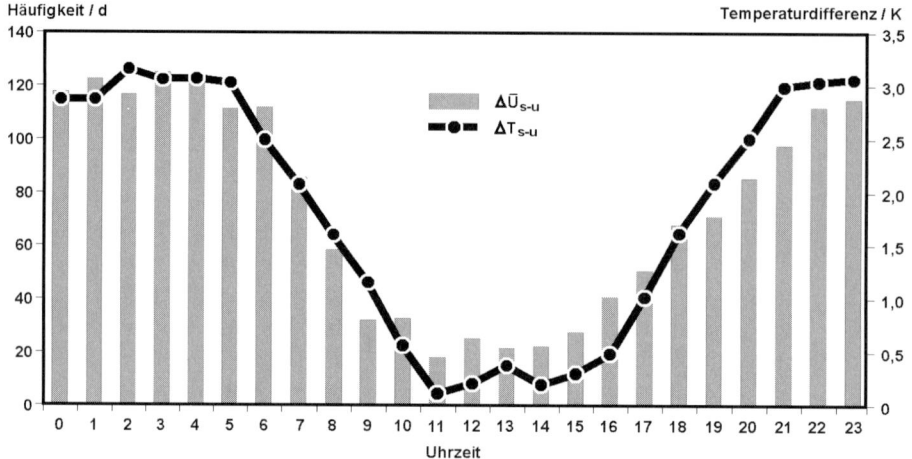

Abb. 13.21: Häufigkeit der positiven Windgeschwindigkeitsdifferenzen ($\Delta \bar{u}_{s-u}$) in Tagen als Funktion der diurnalen Wärmeinselintensität (ΔT_{s-u}) in Düsseldorf, Messperiode: Januar 1993 bis Januar 1994

station im Rheintal mit überwiegend unbeeinflussten Strömungsverhältnissen dominieren die Windrichtungen Südsüdost und Südwest. Dagegen weisen die übrigen stadtbeeinflussten Stationen z. T. erhebliche Abweichungen auf. So wird die Windverteilung der rheinnahen Innenstadtstation (ähnlich die rheinferne Station) durch den Verlauf großer Straßenzüge geprägt: Während ein Maximum für die Westrichtung nachgewiesen werden konnte, waren alle anderen Richtungen unterrepräsentiert. Ganz andere Windverteilungen wurden für die übrigen Stationen in Abhängigkeit von Lage, Existenz von Bahntrassen und anderen Hindernissen nachgewiesen. Schließlich bleibt festzustellen, dass die Windrichtungsverteilungen insbesondere an den Vorortstationen auch durch Kaltluftflüsse, die nachts bei Schwachwindwetterlagen auftreten können, beeinflusst werden.

13.10.2 Städtische Lokalwindzirkulation

Als städtische Lokalwindzirkulation soll eine zwischen Umland und Stadt auftretende Luftströmung verstanden werden, die auf dem Temperaturunterschied zwischen Stadt und Umland beruht und bei großräumig geringen Windgeschwindigkeiten und autochthonen Witterungsbedingungen auftreten kann. Dieser als **Flurwind** bekannte Lokalwind zeichnet sich durch eine bodennahe, wenige Meter mächtige, meist intermittierend auftretende Luftbewegung geringer Geschwindigkeit aus, die im Idealfall radial in die Stadt eindringt. Der für die Strömung notwendige Luftdruckgradient zwischen Stadt und Umland beruht auf den Unterschieden der Energiebilanz, die bei windschwachen Strahlungswetterlagen besonders deutlich hervortreten. Die schematische Darstellung in Abb. 13.23 gilt für den Fall einer Stadt in ebener Lage, die weder durch Land-/Seewinde

13.10 Städtisches Windfeld

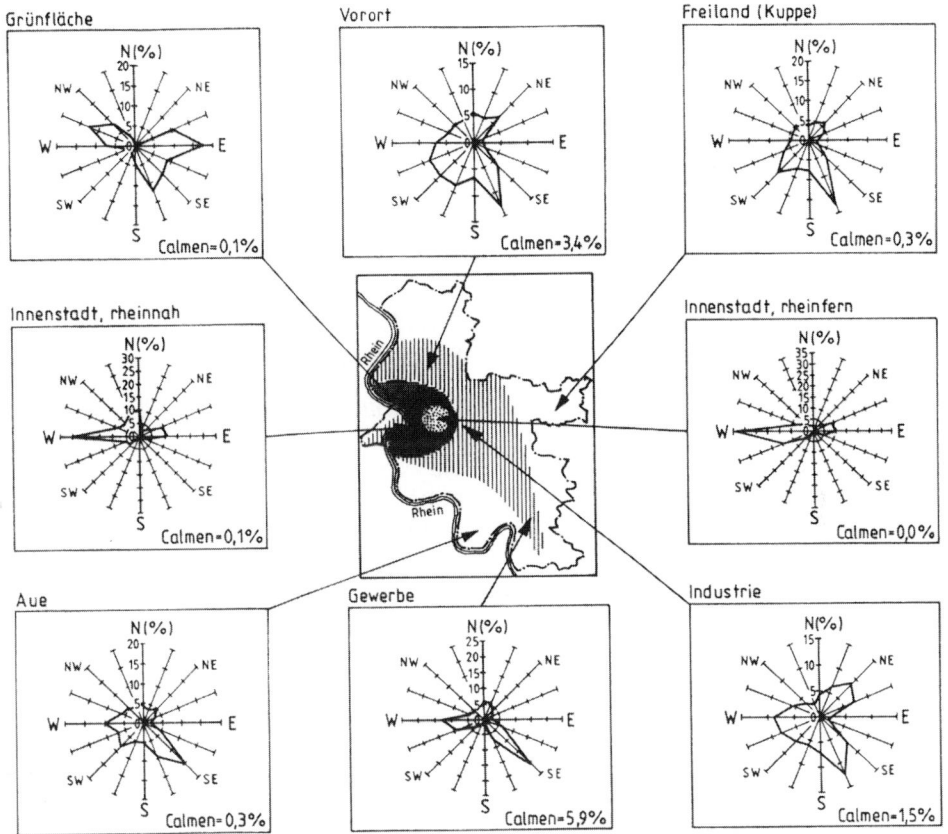

Abb. 13.22: Häufigkeitsverteilung der Windrichtung (in %) für verschiedene Klimatope der Stadt Düsseldorf in 4 m bis 6 m ü Gr. (Messperiode Januar 1993 bis Januar 1994)

noch durch Berg-/Talwinde strömungsdynamisch beeinflusst wird. Die stark generalisierte Abbildung zeigt, dass der niedrige Luftdruck, der sich in der erwärmten Stadt am Boden einstellt, zusammen mit dem in der Höhe auftretenden höheren Druck Kompensationsströmungen zur Folge hat. Die bodennahe, unter höherem Druck stehende kühlere Umlandluft (lokale Kaltluft) wird in die Stadt transportiert, erwärmt sich dort, steigt auf und fließt – dem Druckgefälle entsprechend – wieder ins Umland zurück. Wegen der geringen Ausmaße der Zirkulation kann die Corioliskraft vernachlässigt werden. Das Auftreten von Flurwinden weist einen Tagesgang und einen Jahresgang auf. Da in der UCL die größten Temperaturunterschiede zwischen Stadt und Umland nachts und im Sommer auftreten, ist zu dieser Zeit auch mit der größten Flurwindintensität zu rechnen. Die **Eindringtiefe kühler Umlandluft** in die Stadt ist von der Wärmeinselintensität, der daraus resultierenden Flur-

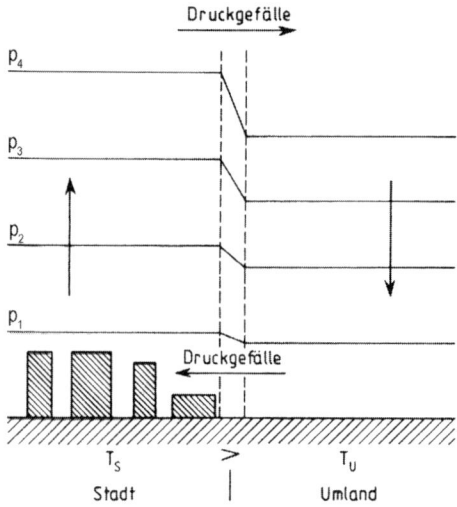

Abb. 13.23: Schematische Darstellung der Entstehung des Flurwindes, p_1 bis p_4 = Isobaren (nach Hupfer und Chmielewski 1990)

windgeschwindigkeit und insbesondere von der Gestaltung stadtklimarelevanter **Luftleitbahnen** abhängig, die entsprechende strömungsbegünstigende Cha-

Tab. 13.15: Allgemeine Charakteristika von Luftleitbahnen (nach Mayer et al. 1994)

- $z_0 < 0{,}5$ m
- d_0 vernachlässigbar
- Längen-/Breitenverhältnis etwa 20 : 1
- Hindernisbreite innerhalb der Luftleitbahn < 10 % der Breite der Luftleitbahn
- Hindernishöhe innerhalb der Luftleitbahn < 10 m
- Keine Bebauungs- oder Bewuchsvorsprünge an den Rändern
- Bei mehreren Hindernissen innerhalb der Luftleitbahn sollte das Verhältnis von Hindernishöhe zu horizontalem Abstand der Hindernisse < 0,1 für Gebäude bzw. < 0,2 für Bäume sein
- Längere Seite eines Hindernisses sollte parallel zur Achse der Luftleitbahn ausgerichtet sein

rakteristiken aufweisen sollte (Tab. 13.15). Eine Zusammenstellung der für den Kaltlufttransport wichtigen Luftleitbahnen enthält Tab. 13.16.

13.11 Stadttypische Luftverunreinigungen

13.11.1 Emission und Entstehung

Die urbane Luftqualität wird durch zahlreiche Emissionsquellen sowie durch die vom atmosphärischen Austausch abhängige Transmission (= Translation + turbulente Diffusion) bestimmt. Zu den wichtigsten Verursachern gas- und partikelförmiger Luftbeimengungen zählen in mitteleuropäischen Ballungsräumen der Kfz-Verkehr, die Industrie und das Gewerbe, Kraft- und Fernheizwerke sowie Haushalte, wobei Abhängigkeiten vom Industrialisierungsgrad, von der Wirtschaftsstruktur sowie von der geografischen Lage der Ballungsräume bestehen. In anderen Ländern prägen darüber hinaus Emissionen, die der Biomasseverbrennung entstammen, sowie herantransportierter Staub aus Wüsten- bzw. Steppengebieten (Indien, China) oder anderen winderosionsanfälligen Flächen die Luftqualität auch von Ballungsräumen.

Je nach Emissionsart sind die genannten Quellen in unterschiedlichen Maßen an der Luftverschmutzung beteiligt. Exemplarisch wird die Emissionssituation in Deutschland für ausgewählte Spurenstoffe in Tab. 13.17 dargestellt.

Hiernach sind etwa 50 % der NO_x-, fast 40 % der CO- sowie beinahe 15 % der NMVOC-Freisetzungen auf den Kfz-

Tab. 13.16: Luftleitbahnen und ihre Eignung für den Kaltlufttransport (nach Kuttler und Romberg 1992, Beckröge 1990)

| 1. Ein- und Ausfallstraßen
– niedrige z_0-Werte; tagsüber starke Aufheizung
    → Labilisierung der bodennahen Luftschicht
    → Erhöhung der Reibungswiderstände
– Freisetzung von Kfz-Emissionen
– Vorbelastung durch Hausbrandemissionen der Straßen begleitenden Bebauung möglich, insbesondere im Winter
Wertung: Nutzung nicht ohne weiteres zu empfehlen; Luftqualitätsanalyse insbesondere hinsichtlich des Einzugsgebietes auf potenzielle Immissionen notwendig
    → Verbesserung der Luftqualität kaum zu erwarten

2. Bahntrassen
– niedrige z_0-Werte; tagsüber starke Aufheizung
    → Labilisierung der Luft
    → Erhöhung der Reibungswiderstände wenn kein Diesellokbetrieb, dann kaum Freisetzung von Emissionen
– nachts starke Abkühlung der Schotterflächen
    → Stabilisierung der Luft
    → kleine Reibungswiderstände
Wertung: Nutzung zu empfehlen, wenn kein Diesellokbetrieb
    → Verbesserung der Luftqualität kaum zu erwarten | 3. Grünflächen / Parkanlagen
– mehr oder weniger niedrige z_0-Werte; tagsüber kaum Aufheizung
    → Stabilisierung der bodennahen Luftschicht
    → Senkung des Reibungswiderstandes
– Möglichkeit der Entwicklung von Eigenzirkulationen
– Keine Freisetzung von Emissionen
– Aerosol- und Gasfilterung
Wertung: Nutzung zu empfehlen
    → Verbesserung der Luftqualität zu erwarten

4. Fließ- / Stillgewässer
– sehr niedrige z_0-Werte; tagsüber – bei entsprechender Größe – kaum Aufheizung
    → Stabilisierung der bodennahen Luftschicht
    → Senkung der ohnehin niedrigen Reibungswiderstände
– Möglichkeit der Entwicklung von Eigenzirkulationen (Stadt- / Seewindsystem bzw. Stadt-/Flusswindsystem)
– keine Freisetzung von Emissionen
– Senke für Gase und Aerosole
Wertung: Nutzung zu empfehlen
    → Verbesserung der Luftqualität zu erwarten; allerdings: Minderung des thermischen Effekts in der Nacht durch möglicherweise warmen Wasserkörper |

Verkehr zurückzuführen. Von den genannten Stoffen sind es im Wesentlichen NO_x (NO, NO_2), CO und NMVOC, die auf die **Ozonbildung** Einfluss nehmen. Intensive Sonnenstrahlung bewirkt eine Dissoziation der in den Vorläufersubstanzen enthaltenen Ozonquelle NO_2, woraus der zur Ozonbildung notwendige atomare Sauerstoff entsteht (Gl. 13.43). In einer nachfolgenden Reaktion wird aus atomarem und molekularem Sauerstoff Ozon gebildet (Gl. 13.44). Hierzu wird ein inerter Stoßpartner (M) zur Energieabfuhr benötigt. Das entstandene Ozon reagiert mit seiner Senke Stickstoffmonoxid wieder zu molekularem Sauerstoff und der Ozonquelle Stickstoffdioxid (Gl. 13.45).

$$NO_2 + h\nu \xrightarrow{\lambda \leq 420\ nm} NO + O \quad (13.43)$$

$$O + O_2 + M \rightarrow O_3 + M \quad (13.44)$$

$$NO + O_3 \rightarrow NO_2 + O_2 \quad (13.45)$$

Die Gleichungen 13.43 bis 13.45 stellen somit ein fotochemisches Gleichgewicht zwischen Ozon, atomarem und molekularem Sauerstoff dar (Gl. 13.46),

Tab.13.17: Emissionen nach ausgewählten Sektoren in Deutschland (Daten für 2003, nach UBA 2005, http://www.uba.de/emissionen/veroeffentlichungen.htm)

Quelle	CO_2 in kt	CH_4 in kt	N_2O in kt	NO_x in kt	CO in kt	NMVOC in kt	SO_2 in kt	STAUB (SSP) in kt
Energiebedingte Emissionen, davon:	841692 (97 %)[1]	733 (20 %)	30 (15 %)	1315 (92 %)	3571 (86 %)	358 (24 %)	562 (91 %)	135 (50 %)
Öffentliche Elektrizitäts- und Wärmeversorgung	362582	6	12	266	119	9	340	12
Verarbeitendes Gewerbe	129056	6	3	154	638	6	113	3
Transport	170209	11	14	700	1756	199	1	95
Industrieprozesse	23676 (3 %)	19 (0,5 %)	33 (16 %)	12 (0,9 %)	584 (14 %)	124 (8 %)	55 (9 %)	92 (34 %)
Landwirtschaft	-	2269 (63 %)	128 (62 %)	101 (7,1 %)	-	228 (15 %)	-	-
Gesamt	865367	3582	205	1428	4155	1460	616	271

[1] Prozent der Gesamtemission (Summen ergeben nicht immer 100 %, da nur exemplarische Auswahl)

wodurch es wegen des Auf- und Abbaus von Ozon zu keiner merklichen Anreicherung dieses Spurenstoffs kommt:

$$[O_3] \approx K \cdot \frac{[NO_2]}{[NO]} \quad (13.46)$$

Die Ozonkonzentration $[O_3]$ ist demnach proportional zu K und zum Konzentrationsverhältnis von Stickstoffdioxid $[NO_2]$ zu Stickstoffmonoxid $[NO]$. Die Größe K stellt unter anderem eine Funktion der Strahlungsintensität dar.

Für eine Verschiebung des chemischen Gleichgewichtes in Richtung Ozon – also einer verstärkten Ozonbildung – bedarf es daher weiterer chemischer Reaktionen. Dabei handelt es sich um Oxidationen von Kohlenwasserstoffen (RH, wobei R einen Rest bezeichnet) (Gl. 13.51) und/oder Kohlenmonoxid (CO) (Gl. 13.54).

Die verstärkte Ozonbildung, die durch die Nettoreaktionsgleichungen (13.51) und (13.54) wiedergegeben wird, bezeichnen Kley und Volz-Thomas (1990) als „**Ozonmaschine**". Betrachtet man die beiden Reaktionen, dann fällt auf, dass in ihnen die Stickstoffoxide (NO) und (NO_2), ebenso wie die Hydroxyl- (OH) und Peroxylradikale (HO_2) und (RO_2) nicht auftreten. Diese Stoffe werden im Laufe der Reaktionen (Gl. 13.47 bis Gl. 13.50 und Gl. 13.52 bis Gl. 13.53) chemisch gebildet und wieder abgebaut. Sie fungieren also als Katalysatoren. Die Bildung bodennahen Ozons (O_3) stellt eine radikalisch-fotochemische Oxidation von Kohlenwasserstoffen (Gl. 13.51) und/oder von Kohlenmonoxid (Gl. 13.54) dar. Kohlenwasserstoffe weisen im Vergleich zu Kohlenmonoxid eine höhere **Ozonbildungsrate** auf. Dies hat zwei Gründe: Einerseits können bei der Oxidation eines Kohlenwasserstoffmoleküls zwei

Moleküle Ozon entstehen (Gl. 13.51), während ein Molekül Kohlenmonoxid lediglich ein Ozonmolekül liefert (Gl. 13.54). Andererseits sind Kohlenwasserstoffe in der Regel reaktiver als Kohlenmonoxid.

$$RH + OH + O_2 \rightarrow RO_2 + H_2O \quad (13.47)$$

$$RO_2 + NO + O_2 \rightarrow NO_2 + HO_2 + R'CHO \quad (13.48)$$

$$NO + HO_2 \rightarrow NO_2 + OH \quad (13.49)$$

$$2\,(NO_2 + h \cdot \nu + O_2 \rightarrow NO + O_3) \quad (13.50)$$

$$RH + 4O_2 + 2\,h \cdot \nu \rightarrow 2\,O_3 + R'CHO + H_2O \quad (13.51)$$

$$CO + OH + O_2 \rightarrow CO_2 + HO_2 \quad (13.52)$$

$$NO + HO_2 \rightarrow NO_2 + OH \quad (13.49)$$

$$NO_2 + h \cdot \nu + O_2 \rightarrow NO + O_3 \quad (13.53)$$

$$CO + h \cdot \nu + 2\,O_2 \rightarrow CO_2 + O_3 \quad (13.54)$$

Neben Ozon (O_3) entstehen noch weitere Substanzen, z. B. Aldehyde (R'CHO). Man bezeichnet diese Stoffe gemäß ihrer Bildung und Eigenschaften als **Fotooxidantien**. Ein weiteres wichtiges Fotooxidanz ist das Peroxyacetylnitrat ($CH_3C(O)O_2NO_2$), das oft mit „PAN" abgekürzt wird. Da Fotooxidantien (wie das Ozon) nicht direkt emittiert, sondern erst chemisch gebildet werden, bezeichnet man sie als **sekundäre Spurenstoffe**.

Grundsätzlich muss bei der Analyse der lufthygienischen Situation in Städten bedacht werden, dass sowohl Emissionen als auch Immissionen durch die im Allgemeinen höheren Temperaturen in der Stadt beeinflusst werden können. So verdunsten die durch Lösemittelverwendung und durch den Kfz-Verkehr (Tankatmung, Betankungsvorgänge) freigesetzten Kohlenwasserstoffe umso stärker, je wärmer es ist. Höhere Temperaturen führen auch zu einer stärkeren Freisetzung biogener NMVOC (beispielsweise Isopren, Terpene), die eine nicht zu unterschätzende Rolle bei der Ozonproduktion spielen. Die Ozonbildung verhält sich proportional zur Intensität der Strahlung und der Temperatur, was an sonnenscheinreichen Sommertagen auch wegen der dann verstärkt einsetzenden vertikalen Transporte aus der atmosphärischen Reservoirschicht zu den bekannten hohen Konzentrationen am frühen Nachmittag führt.

13.11.2 Immissionssituation

Die städtische Immissionssituation wird anhand internationaler und nationaler Fallbeispiele erläutert.

13.11.2.1 Internationale Fallbeispiele

Nachfolgend wird der Grad der Luftverunreinigung für verschiedene Großstädte in globaler Sicht dargestellt. Grundsätzliche Probleme ergeben sich hinsichtlich der Datenvergleichbarkeit unter anderem dadurch, dass die Verfügbarkeit der Messwerte für die aufgeführten Ballungsräume sehr unterschiedlich ist. Das liegt auch daran, dass vielfach weder Emissionskataster noch in ausreichendem Maße Dauermessstationen zur Verfügung stehen, um Immissionsdaten zu erhalten. Auch werden nicht überall dieselben Spurenstoffe in gleichen Zeiträumen erfasst. Tab. 13.18 enthält Daten von städtischen Hintergrundstationen auf der Basis von Jahresmittelwerten, die

Tab. 13.18: Jahresmittelwerte atmosphärischer Spurenstoffe für ausgewählte Ballungsgebiete aus globaler Sicht (Angaben in µg m^{-3}; CO in mg m^{-3}; SST = Gesamtschwebstaub; PM$_{10}$ = lungengängiger Feinstaub Ø ≤ 10 µm (nach Mücke, WHO, Berlin, persönliche Mitteilung)

Kontinent / Stadt	SO$_2$	NO$_2$	O$_3$	CO	SST	PM$_{10}$	Jahr
(je eine städtische Hintergrundmeßstation)							
EUROPA							
Athen	23	54	56	1,3		33	2003
Brüssel	10	49	35	1,0		44	2003
Budapest	21	42	43		55	35	2003
Edinburgh	6	50	42			25	2003
Helsinki	3	24	45			16	2003
Kopenhagen		23	47			16	2003
London	8	57	30			30	2003
Madrid	11	56	34	1,0		35	2003
Prag	8	35	50			44	2003
Rhein-Ruhr-Gebiet	7	32	34	0,5		25	2004
Sofia	5	22	53	1,0		68	2003
Tallinn	1	14	50			19	2003
Vilnius	3	23	48			25	2003
Warschau	14	21	46			30	2003
Wien	6	32	49			34	2003
Zürich	6	38	49	0,5		29	2003
AFRIKA							
Durban	15						1998
Kapstadt	6	37	38			24	2002
ASIEN							
Hongkong	18	52	44	0,7		53	2003
Kalkutta	10	73			230		2002
Neu-Delhi	9	43			420		2002
Pusan	20	60	50			58	2002
Seoul	12	72	30			65	2002
NORDAMERIKA							
Los Angeles	6	74	34	1,6		37	1999
Montreal	10	41		0,8	39		1993
Vancouver	21	55	10	1,5	39		1993
MITTELAMERIKA							
Guadalajara	32	75	50	2,6		53	1999
Mexiko-Stadt	31	56	330		192		1993
SÜDAMERIKA							
Caracas	35	79			63		1994/95
Lima	135	159					1999
Mendoza	3	58			34		1998
Montevideo	110	31		0,1			1999
Quito	22				165	74	1998
Santiago de Chile	23	86	12	2,8			1995
Sao Paulo	17	61	64		138	72	1999
AUSTRALIEN/NEUSEELAND							
Sydney		33	18	5,0	70	31	1995
Auckland	< 3	13		0,7	29	20	1999

unter Berücksichtigung der oben angesprochenen Probleme eine Vergleichbarkeit zumindest für einen Teil der Spurenstoffe zulassen. Die Gruppe der flüchtigen organischen Verbindungen (NMVOC) konnte für diese Auswertung

allerdings nicht herangezogen werden.
Die **globale Situation** der Luftverunreinigungen in den aufgeführten Großstädten lässt sich zusammenfassend wie folgt darstellen.

SO_2:
Die SO_2-Immissionskonzentrationen wurden in den vergangenen Jahrzehnten insbesondere in den westlichen Industrieländern durch den Einbau von Filtern und Rauchgaswäschern in Industrieanlagen und Kraftwerkskaminen, durch Einsatz schwefelarmen Brennstoffs sowie durch Änderung des Verbrauchsverhaltens der Bevölkerung (Gas anstelle von Kohle und Öl) vielerorts reduziert. In anderen Ländern schränkt diese Luftverunreinigung die Luftqualität allerdings durch relativ hohe Konzentrationen ein, wie die Werte für Lima und Montevideo belegen.

NO_2:
Der überwiegende Teil der NO_2-Immissionen dürfte weltweit aus der Kfz-bedingten Primäremission von NO entstehen. Gebiete, in denen der Abgaskatalysator noch nicht verbreitet ist oder die sich durch hohes Verkehrsaufkommen auszeichnen, weisen häufig hohe NO_2-Werte auf. Nach den hier zusammengestellten Beispielen betrifft das in erster Linie die Städte Lima, aber auch Santiago de Chile und Caracas.

O_3:
Die Ozonkonzentrationen des hier zugrunde gelegten Städtekollektivs bewegen sich zwischen 10 µg m^{-3} und 330 µg m^{-3}. Extreme Belastungen wurden nur für Mexiko-Stadt festgestellt. Allerdings stammt dieser Wert aus dem Jahr 1993, neue Werte liegen leider nicht vor.

CO:
Die CO-Konzentrationen bewegen sich in den meisten Ballungsräumen zwischen 1 mg m^{-3} und 2 mg m^{-3}. Davon abweichende höhere Werte werden zum Beispiel in Sydney, Santiago de Chile und Guadalajara erreicht.

SST, PM_{10}:
Schwebstäube werden nicht nur durch Industrie, Hausbrand und Kfz-Verkehr emittiert, sondern können auch durch Deflation von Bodenmaterialien in die Atmosphäre gelangen; durch letztgenannten Vorgang sind vorrangig die hohen Werte von Neu-Delhi, Kalkutta und Mexiko-Stadt bedingt. Zu PM_{10} wird auch Ruß gezählt, der überwiegend aus dem Betrieb von Dieselfahrzeugen, dem Reifenabrieb sowie aus der Verbrennung von Kohle und Öl resultiert.

13.11.2.2 Nationale Fallbeispiele

Die Beschreibung der nationalen Immissionssituation soll exemplarisch anhand des Datenmaterials erfolgen, das für Europas größten Industrieraum, das **Rhein-Ruhr-Gebiet**, zur Verfügung steht (Tab. 13.19). Im Vergleich zu den Konzentrationswerten des Rhein-Ruhr-Gebietes sind diejenigen – mit Ausnahme des SO_2 – an den Verkehrsstationen zum Teil deutlich erhöht. Unter ungünstigen atmosphärischen Austauschbedingungen (Schwachwind, Temperaturinversion) können sowohl im Sommer als auch im Winter kurzfristig auftretende hohe Immissionskonzentrationen beobachtet werden.

Tab. 13.19: Jahresmittelwerte ($\bar{x}$) und 98 %-Werte[1] ausgewählter atmosphärischer Spurenstoffkonzentrationen für das Rhein-Ruhr-Gebiet[2] und Verkehrsstationen[3] (Datengrundlage: 2004; nach Landesumweltamt NRW) (- = keine Daten)

Spurenstoff	Rhein-Ruhr-Gebiet		Verkehrsstationen	
	$\bar{x}$	98 %-Wert	$\bar{x}$	98 %-Wert
SO_2 [4] ($\mu g\ m^{-3}$)	7	36	7	25
PM_{10} [5] ($\mu g\ m^{-3}$)	25	-	29	-
NO [4] ($\mu g\ m^{-3}$)	19	148	43	180
CO [4] ($mg\ m^{-3}$)	-	-	0,6	1,8
NO_2 [4] ($\mu g\ m^{-3}$)	32	72	50	99
O_3 [4] ($\mu g\ m^{-3}$)	34	114	-	-
Benzol [6] ($\mu g\ m^{-3}$)	2,9	-	-	-

[1] 98 %-Wert – die dargestellten Werte werden nur von 2 % aller Messwerte überschritten; Mittelwert aus Halbstundenwerten berechnet
[2] Mittelwert von 27 Stationen (Bonn bis Wesel und Unna bis Krefeld), ohne Verkehrsstationen und Sonderstationen
[3] Mittelwerte der Messstationen Düsseldorf-Mörsenbroich und Essen-Ost
[4] Mittelwerte aus Stundenmittelwerten berechnet
[5] Mittelwerte aus Tagesmittelwerten berechnet
[6] Basis: 55 Passivsammlerstationen
Alle gemessenen Größen haben einen Temperaturbezug von 20 °C.

Sommersmog oder fotochemischer Smog zeichnet sich durch hohe Konzentrationen an Fotooxidantien aus (s. Abschnitt 15.4.3.1). Ozon zählt daher zur Leitkomponente dieses Smogtyps. Im Rahmen von Sommersmogereignissen auftretende hohe Ozonkonzentrationen weisen in den Ballungsräumen einen gut strukturierten Tagesgang mit höchsten Werten am Frühnachmittag und niedrigsten Konzentrationen in der Nacht auf. In Umlandgebieten mit geringer Kfz-Dichte stellt sich hingegen eine auf vergleichsweise hohem Niveau liegende O_3-Konzentration ein, die kaum einen Tagesgang aufweist. Der in diese Gebiete ferntransportierte Smog wird im Gegensatz zum O_3-Tagesverlauf in Ballungsräumen abends durch die O_3-Senke NO nicht abgebaut, da der Kfz-Verkehr als Emittent dort weitgehend fehlt.
Winterliche **austauscharme Wetterlagen** führten in der Vergangenheit des Öfteren zur Entstehung von **Wintersmog** (s. Abschnitt 4.2.6.6 und 15.4.3.1), wenn die Konzentrationen an SO_2, NO_x, Schwebstaub und CO hohe Werte erreichten. Leitkomponenten dieses Smogtyps, der meist in Verbindung mit Nebel auftritt, sind Schwefeldioxid und Staub. Auf Grund der durchgeführten Luftreinhaltemaßnahmen (Filtereinbau in Kraftwerksschornsteine, Einsatz schwefelarmer Brennstoffe, Einführung von Kfz-Katalysatoren etc.) ist dieser Smogtyp zum Beispiel im Ruhrgebiet seit vielen Jahren nicht mehr aufgetreten.
Die in Abb. 13.24 dargestellte Trendentwicklung ausgewählter Luftqualitätsindikatoren zeigt für alle Spurenstoffe zum Teil starke Konzentrationsabnahmen zwischen 1981 und 2003. Lediglich die Ozonwerte nehmen mit etwa 1 % bis 2 % pro Jahr zu.
Die Freisetzung der genannten Spurenstoffe ist nicht nur unter luftchemi-

13.11 Stadttypische Luftverunreinigungen

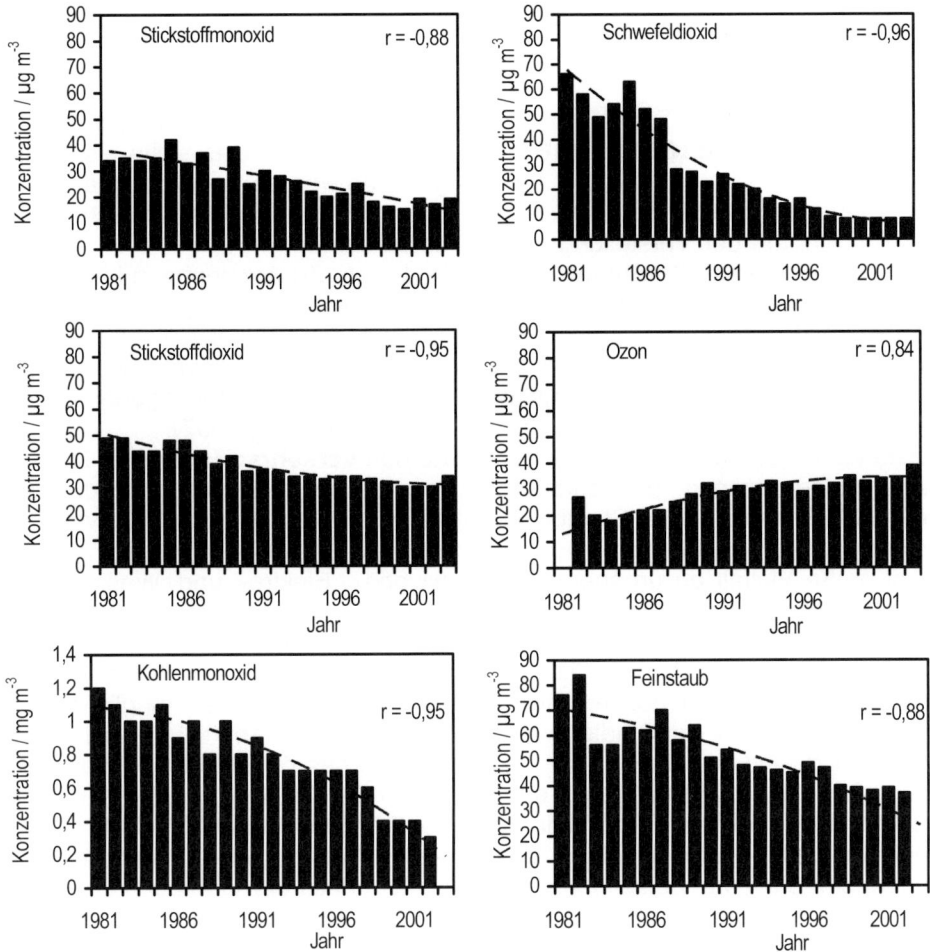

Abb. 13.24: Veränderung der Konzentrationen ausgewählter atmosphärischer Spurenstoffe im Rhein-Ruhr-Gebiet für den Zeitraum 1981–2003 (Datengrundlage: 53 ortsfeste Stationen, Landesumweltamt NRW, Essen, 2004)

schen Gesichtspunkten im Hinblick auf eine unmittelbare Schädigung der belebten und unbelebten Umwelt zu sehen, sondern auch in ihrer strahlungsklimatischen Wirkung für das globale Klima. Diese Einflussnahme ist insbesondere von der **atmosphärischen Aufenthaltsdauer** der Spurenstoffe und bei Gasen von der chemischen Konversionsrate abhängig, wodurch die jeweiligen Reichweiten bestimmt werden.

Dabei sind Straßen- und Verkehrsstaub sowie NO eher im mikroskaligen Bereich wirksam, SO_2, NO_2, NMVOC sowie O_3 vorwiegend auf den Mesomaßstab beschränkt, während Sulfat- und Nitrataerosolteilchen, N_2O, CO_2

und CH$_4$ weitgehend das globale Klima beeinflussen (s. Abschnitt 11.5).

13.12 Gezielte Beeinflussung des Stadtklimas

Die Steuerung stadtklimatischer Prozesse sollte von der Vorstellung getragen sein, ein **ideales Stadtklima** durch planerische Eingriffe für die Stadtbewohner anzustreben.

Unter „idealem Stadtklima" wird „ein räumlich und zeitlich variabler Zustand der Atmosphäre in urbanen Bereichen" verstanden, „bei dem sich möglichst keine anthropogenen Schadstoffe in der Luft befinden und den Stadtbewohnern im fußläufigen Bereich eine möglichst große Vielfalt an urbanen Mikroklimaten unter Vermeidung von Extremen geboten wird" (Mayer 1989, S. 53). Eine derartige Forderung lässt sich in strengem Sinne nur dort realisieren, wo Neugründungen von Städten vorgesehen sind und bereits in der Planungsphase Stadtklimatologen in enger Abstimmung mit den Entscheidungsträgern zusammenarbeiten. Das dürfte in großem Stil zum Beispiel auf den asiatischen, insbesondere auf den chinesischen Raum zutreffen, wo in den nächsten Jahrzehnten zahlreiche Millionenstädte geplant sind. Realistischerweise gilt dies für bestehende Städte nicht. Hier kann es allenfalls Aufgabe der Stadtplanung sein, dem Ideal durch Maßnahmen stadtklimatisch wirksamer Umfeldverbesserungen näher zu kommen und die Belastungen möglichst zu minimieren, so dass zumindest ein **tolerierbares Stadtklima** erzielt werden kann. Durch die derzeit in einigen deutschen Großstädten zu beobachtende Bevölkerungsabwanderung (schrumpfende Städte, shrinking cities) könnten bestehende Stadtstrukturen zukunftsweisend auf neue Anforderungen ausgerichtet und dabei stadtklimatische Erkenntnisse in den Planungsvollzug integriert werden. Das sollte als Chance gesehen werden, freiwerdenden Wohnraum auch stadtklimatologisch sinnvoll umzuwidmen.

In diesem Zusammenhang können verschiedene Handlungsfelder genannt werden, die aus der Durchführung verkehrs- und objektorientierter Maßnahmen sowie flächenbezogener Eingriffe bestehen (Barlag 1997).

Zu den **verkehrsorientierten Maßnahmen** zählen eine weitere Reduzierung der Kfz-Emissionen bzw. der verstärkte Einsatz emissionsarmer Fahrzeuge (Hybrid-, Elektro- und Wasserstoffantrieb), die Vermeidung unnötiger Individualfahrten, ein optimales Verkehrsmanagement, das durch entsprechende Leitsysteme einen möglichst kontinuierlichen Verkehrsfluss sichert, ein Ausbau des öffentlichen Personennahverkehrs (ÖPNV) mit Erhöhung der Taktfrequenz und – bei der Anlage neuer Wohngebiete – diese so zu gestalten, dass der Gebrauch des Kfz für Versorgungsfahrten grundsätzlich minimiert werden kann.

Die **objektorientierten Maßnahmen** umfassen eine Einschränkung des Energieverbrauchs für den Gebäudebetrieb (Heizen, Kühlen, Lüften, Beleuchten) durch klimagerechtes Bauen (s. Abschnitt 13.12.2). Hierunter ist eine optimale Standortwahl von Neubaugebieten mit entsprechender Gebäudekonzeption, -ausrichtung, -form, -anordnung und -wärmedämmung zu verstehen. Da in den winterkalten Gebieten nach wie vor ein großer Teil der Primärenergie für die Hausbeheizung aufgewendet werden muss, ist auf energiesparenden Wärmeschutz bei Gebäuden zu achten.

Zu den **flächenbezogenen Maßnahmen** zählen zum Beispiel eine Auflockerung der Bebauungsstruktur, die Schaffung oder Sicherung klimarelevanter naturbelassener Freiflächen sowie die Erhaltung bzw. strukturelle Verbesserung von Luftleitbahnen, über die Umlandfrischluft in das bebaute Gebiet geführt werden kann. Neben Wasserflächen spielen in diesem Zusammenhang innerstädtische Grünflächen eine besondere Rolle (s. Abschnitt 13.12.1). Bei optimaler Gestaltung verhindern oder reduzieren diese thermische Belastungen, wenn ein Luftaustausch zwischen ihnen und der bebauten Fläche gewährleistet ist. Klimameliorierende Eigenschaften mit Fernwirkung werden von Horbert (2000) allerdings nur solchen Grünflächen zuerkannt, die eine Mindestgröße von 50 ha aufweisen.

Aber auch kleinere Flächen können umweltverbessernd wirken, wenn diese über ein Verbundsystem (Luftleitbahnen) optimal miteinander vernetzt sind. Die Schaffung zusätzlicher Grünflächen sollte bei Nutzungsänderungen (Industriebrachen, Bebauungslücken, ungenutzte Bahnlinien, Verlegung von Parkraum unter die Erde usw.) ebenso ins Auge gefasst werden wie die Möglichkeit der Begrünung von Hausfassaden und Dachflächen, die nicht nur für das Einzelobjekt, sondern auch darüber hinaus positive Wirkungen auf das Stadtklima haben. Die folgenden Beispiele beziehen sich auf mitteleuropäische Verhältnisse.

13.12.1 Wirkungen innerstädtischer Grün- und Wasserflächen

Rasenflächen stellen einen großen Teil der innerstädtischen Grünflächen dar. Bei guter Wasserversorgung weisen diese an sommerlichen Strahlungstagen im Vergleich zu angrenzenden versiegelten Flächen niedrigere Oberflächentemperaturen und auch geringere Lufttemperaturen auf. Bei schlechter Wasserversorgung heizt sich allerdings zum Beispiel Kurzgras stark auf, sodass von einer Kühlwirkung nicht mehr gesprochen werden kann. Ihre größte thermische Wirkung dürften Rasenflächen aufgrund ihrer isolierenden Wirkung in Bezug auf den Bodenwärmestrom abends und nachts bei negativer Strahlungsbilanz besitzen. Diese Gebiete kühlen dann stark ab und heben sich als innerstädtische Kaltluftflächen heraus. Die grundsätzlichen Unterschiede zwischen den einzelnen Komponenten der Energiebilanz für eine gut wasserversorgte Wiese und eine versiegelte Fläche („Stadtfläche") zeigt Abb. 13.25. Während der Bodenwärmestrom (Q_B) an beiden Standorten nach Höhe und Amplitude einen vergleichbar ähnlichen Tagesgang aufweist, lassen sich deutliche Unterschiede für die fühlbaren und latenten Wärmeströme (Q_H und Q_E) zwischen beiden Klimatopen erkennen. Am Wiesenstandort wird etwa soviel Energie mit dem latenten Wärmestrom (Q_E) an die Atmosphäre abgeführt wie im Stadtgebiet über den fühlbaren Wärmestrom (Q_H). Dafür steht am Wiesenstandort für die Lufterwärmung gerade soviel Energie zur Verfügung wie am Stadtstandort für die Verdunstung aufgewendet wird. Das heißt, dass bei

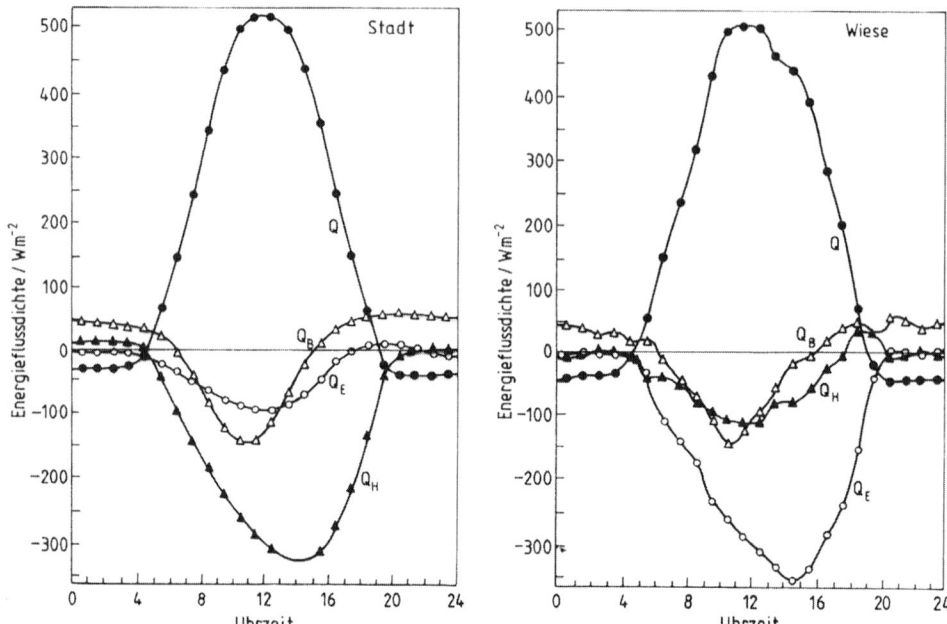

Abb. 13.25: Komponenten der Energiebilanz über einer Wiese und einem Stadtgebiet (Q = Strahlungsbilanz, Q_B = Bodenwärmestrom, Q_E = latenter Wärmestrom, Q_H = sensibler (fühlbarer) Wärmestrom; nach Miess 1982)

vergleichbaren Strahlungsbilanzwerten (Q) über der Rasenfläche für die Lufterwärmung wesentlich weniger Energie verfügbar ist als über der Stadtoberfläche.
Baum- und strauchbestandene Flächen können die vorgenannten positiven klimatischen Effekte noch weiter verstärken, da sie durch Transpiration und Schattenwurf auch tagsüber für niedrigere Temperaturen sorgen.
Nachts hingegen können sich dort bei starker Überschirmung höhere Temperaturen als auf einer Rasenfläche einstellen. Die relative Luftfeuchte ist in einem Stadtwald meist höher als über einer Rasenfläche. Die Ursachen liegen in der niedrigeren Lufttemperatur und in der Windberuhigung durch den Bestand. Baumbestandene Flächen transpirieren im Vergleich zu Kurzgras (100 %) mit 140 % (dreijähriger Kiefernbestand) bzw. 170 % (ebenso alte Eichen) deutlich mehr. Weiterhin weisen Bäume nach Niederschlägen wegen des größeren Interzeptionsanteils (20 % bis 30 %, bezogen auf den Freilandniederschlag; s. Abschnitt 12.3.3.2) höhere Evaporationsraten als Rasenflächen auf, deren Interzeptionsanteil nur bei etwa 5 % liegt. Da der größte Teil der Globalstrahlung bereits vom Kronendach abgeschirmt und absorbiert wird, steht tagsüber weniger Energie für die Bodenerwärmung und Wärmespeicherung zur Verfügung als es bei Rasen oder gar versiegelten Flächen der Fall ist. Ferner bewirken

13.12 Gezielte Beeinflussung des Stadtklimas

Baumbestände eine Reduzierung der Windgeschwindigkeit, wodurch Aerosolpartikeln, aber auch Gase aus der vorbeiströmenden Luft ausgefiltert werden können. Da die Depositionsgeschwindigkeiten atmosphärischer Spurenstoffe für Rasenflächen im Allgemeinen niedriger sind als für Baumbestände, erfolgt auf ersteren eine vergleichsweise geringere Ablagerung von Luftverunreinigungen. **Ausgleichszirkulationen** zwischen einer kühleren Grünfläche und ihrer wärmeren Umgebung können human-biometeorologisch in bebautem Gebiet dann wirksam werden, wenn die transportierte Kaltluft über Schneisen in die Bebauung eindringen kann. Mauern und hohe Häuserfronten, die Grünflächen von ihrer Umgebung trennen, verhindern klimatische Wirkungen in der Stadt. Neben dem Vorhandensein von Luftleitbahnen, die einen Transport von Kaltluft begünstigen (s. Tab. 13.16), hängt der klimatische Einflussbereich innerstädtischer Grüngebiete von ihrer Größe ab. Je größer diese ist, desto stärker ist tendenziell auch ihre Fernwirkung (Abb. 13.26).

Das **straßenbegleitende Grün** kann ebenfalls zu einer Verbesserung des Mikroklimas beitragen. Welche Auswirkung zum Beispiel allein der Transpirationskühlung einer baumbestandenen Straße auf die Lufttemperatur zukommt, wird anhand nachfolgender Modellüberlegung für die Zeit der stärksten mittäglichen Einstrahlung beschrieben (zusammengestellt nach Oke 1989 und Larcher 2001). Zugrunde

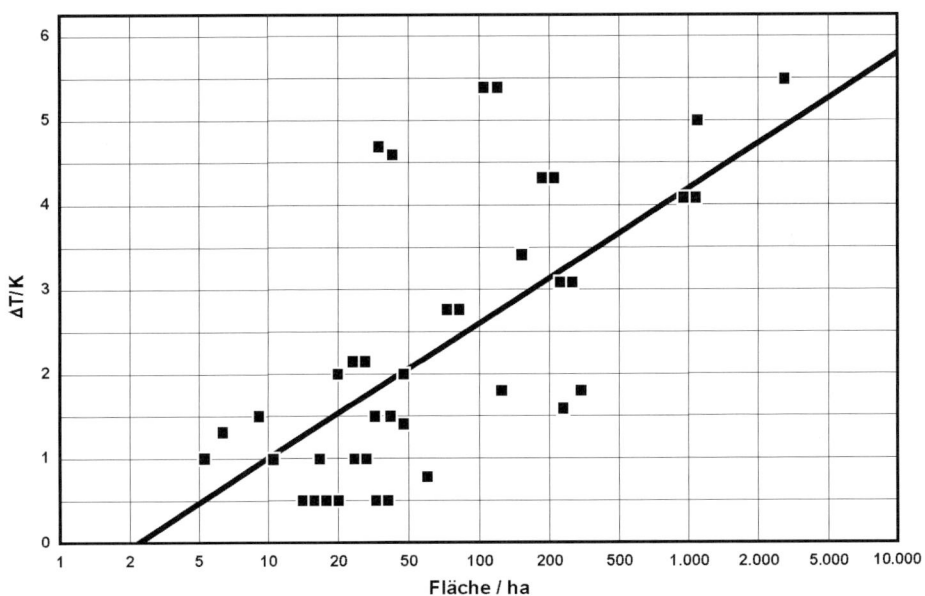

Abb.13.26: Differenzen der Lufttemperatur (ΔT) verschiedener Berliner Grünanlagen zu ihrer bebauten Umgebung in Abhängigkeit von ihrer Größe in einer mäßig austauscharmen Strahlungsnacht bei NE- bis E- Wind (09.07.1982, alle Daten auf 23 Uhr MEZ bezogen; nach v. Stülpnagel 1987)

gelegt wird ein kubischer Straßenausschnitt mit einer Kantenlänge von 10 m. Darin sollen sich straßenseitig sechs einzeln stehende Bäume mit jeweils einer Blattfläche von 25 m^2 befinden. Für die Transpirationsrate pro Quadratmeter und Mittagsstunde wurde ein Wert von 100 g Wasser zugrunde gelegt, dessen Verdunstung einen Energieaufwand von 68 W m^{-2} benötigt. Unter Berücksichtigung der gesamten Blattfläche der sechs Bäume ergibt sich für Q_E ein Wert von 10,2 kW. Es wird ferner vorausgesetzt, dass ein hundertfacher Luftwechsel in der Stunde erfolgt, was einer durchschnittlichen Windgeschwindigkeit von 0,3 m s^{-1} entspricht. Unter Berücksichtigung der spezifischen Wärmekapazität der Luft bei konstantem Volumen (c_v = 1,3 kJ m^{-3} K^{-1}) resultiert daraus für das Luftvolumen des betrachteten Straßenabschnitts eine Abkühlung von 0,28 K h^{-1}. Ein Vergleich mit einer nicht begrünten Straßenschlucht gleicher räumlicher Verhältnisse ergibt dagegen eine Erwärmung von 1 K h^{-1}. Darüber hinaus ist zu berücksichtigen, dass es sich hierbei ausschließlich um die durch die Transpiration der Bäume verursachte Lufttemperaturerniedrigung handelt. Die zusätzliche, aber effektive Temperaturerniedrigung infolge der Verringerung der bestrahlten Fläche durch den Schattenwurf wurde nicht berücksichtigt.

Fassadenbegrünungen an Gebäuden (zum Beispiel immergrüner Efeu, wilder Wein, etc.) weisen in mikroklimatischer und lufthygienischer Hinsicht zahlreiche Vorteile auf. Hierzu zählen eine Absenkung der Hauswandoberflächentemperatur bei starker Einstrahlung, eine Erhöhung der hauswandnahen Luftfeuchtigkeit sowie eine Verringerung des winterlichen Wärmeverlustes für die Innenräume. Darüber hinaus führt die relativ große pflanzliche Oberfläche zur Ab- und Adsorption von Luftschadstoffen, wodurch es in Hausnähe zu einer Verbesserung der Luftqualität kommen kann.

Dachbegrünungen können ebenfalls die klimatischen Verhältnisse eines Hauses und seiner unmittelbaren Umgebung nachhaltig verbessern. Dies belegen Vergleiche zwischen einem begrünten und einem mit Grobkies bedeckten Flachdach (Tab. 13.20). Die unterschiedlichen Werte der Strahlungs- und Energiebilanz, die sich während eines Sommertages einstellen, führen dazu, dass bei einer Lufttemperatur von 25 °C das Gründach nur eine um 5 K höhere Oberflächentemperatur erreicht, das Kiesdach hingegen einen um 15 K höheren Wert. Ein Vergleich der Verdunstungswerte zwischen feuchtem Gründach und trockenem Kiesdach verdeutlicht die großen Unterschiede zwischen einer „versiegelten" und einer begrünten Fläche.

In Bezug auf den „**Wasserhaushalt**" beider Dachoberflächen ist festzustellen, dass bei einem jährlichen Niederschlag von 750 mm vom Kiesdach nur ein geringer Teil (100 mm bis 150 mm), vom beregneten begrünten Dach jedoch 700 mm verdunsten. Das begrünte Dach ist wegen seines etwa 40 cm mächtigen Untergrundes in der Lage, rund 150 mm Niederschlag zu speichern, was etwa der durchschnittlichen Niederschlagsmenge von zwei Monaten entspricht. Dadurch wird bei Starkregen zum Beispiel der Spitzenabfluss in die Kanalisation vermindert. Während die sich hierdurch einstellenden klimatischen Verbesserungen in unmittelbarer Umgebung einer Dachbegrü-

13.12 Gezielte Beeinflussung des Stadtklimas

Tab. 13.20: Abschätzung der Komponenten des Wärmehaushalts für ein begrüntes Dach („Grün") und ein Kiesdach („Kies")[1] (nach Höschele und Schmidt 1974)

Meteorologische Größen / Wärmehaushaltskomponenten		Sommer, mittags		Jahresmittel		
		„Grün" (feucht)	„Kies" (trocken)	„Grün"		„Kies"
				mit Beregnung	ohne Beregnung	
Lufttemperatur t_L	°C	25,0		10,0		
Dampfdruck	hPa	16,0		10,0		
Windgeschwindigkeit	m s^{-1}	1,0		2,5		
Globalstrahlung GS	W m^{-2}	1000,0		140,0		
Kurzwelliger Reflexionskoeffizient α_k		0,15	0,38	0,15	0,18	0,36
Kurzwellige Strahlungsbilanz	W m^{-2}	850	620	120	115	90
Langwellige Strahlungsbilanz	W m^{-2}	−110	−200	−50	−55	−60
Fühlbarer Wärmestrom Q_H						
Latenter Wärmestrom Q_E						
Verdunstung	W m^{-2}	−70	−210	−15	−30	−30
Bodenwärmestrom	W m^{-2}	−585	0	−60	−35	−10
	mm h^{-1}	0,8	0	0,086	0,050	0,014
	W m^{-2}	−85	−210	5	5	10
Bodenoberflächentemperatur t_0	°C	30	40	11	11,5	12
$\Delta t = t_0 - t_L$	K	5	15	1	1,5	2

[1] Die Messungen wurden auf einer 2200 m² großen Dachfläche vorgenommen, die zu 1200 m² mit Cotoneaster dammeri radicans, Amelanchier canadensis, Malus sargentii, Potentilla fruticosa „Bad Zwischenahn" und Polyantharosen begrünt war und zu 1000 m² aus einer hellen Kiesauflage bestand

nung spürbar sind, können in weiterer Entfernung signifikante Änderungen nicht nachgewiesen werden. Allerdings müsste sich bei einer Vielzahl begrünter Dächer durch einen Summeneffekt eine klimatische Verbesserung auch für einen größeren Stadtbereich erzielen lassen. Am wirkungsvollsten für ihre Umgebung sind Dachbegrünungen, die auf niedrigen Häusern angebracht sind. Auf Hochhäusern dürfte sich die klimameliorierende Wirkung allenfalls auf die bepflanzte Dachfläche beziehen.

Gewässer weisen aufgrund ihrer physikalischen Eigenschaften im Vergleich zu ihrer versiegelten Umgebung in klimatischer Hinsicht zahlreiche Unterschiede auf. Hierzu zählen die durch Wasserflächen hervorgerufene geringe Beeinflussung des Windfeldes, das veränderte Verhalten der Reflexion, die Ausbildung charakteristischer Luftfeuchtigkeitsfelder sowie die Möglichkeit, gas- und partikelförmige Luftinhaltsstoffe zu binden. Die Ausprägung der genannten Faktoren ist dabei nicht nur von Größe, Tiefe, Verlauf und Lage eines Gewässers im Stadtbereich abhängig, sondern auch von seiner Art (Fließ- oder stehendes Gewässer).

Die wichtigsten Punkte zum klimatischen Verhalten von Gewässern enthält Tab. 13.21. Untersuchungen zur Reichweite der klimameliorierenden Wirkung von Fließgewässern ergaben für windschwache Strahlungswetterlagen an 100 m breiten, senkrecht vom Wasserkörper wegführenden Straßen im Vergleich zum städtischen Mittelwert Temperaturreduzierungen von 1 K bis in eine Entfernung von 400 m. Für die temperaturreduzierende und luftfeuchtigkeitserhöhende Wirkung in Abhängigkeit von der Eindringtiefe ist es wichtig, ob Gewässer an ihren Rändern

Tab. 13.21: Physikalische und klimatische Eigenschaften von Gewässern in städtisch bebautem Raum (nach verschiedenen Quellen)

Größen	Typische Werte/Eigenschaften der urbanen Gewässer
Sonnenstrahlung	Eindringtiefe variabel in Abhängigkeit von Sonnenstand, Wellenlänge und Trübungsgrad des Wassers
Absorption der Sonnenstrahlung	im kurzwelligen Bereich 90 % bis 97 %, im langwelligen Bereich 95 %
Albedo	Reflexion der direkten Sonnenstrahlung groß bei Sonnenhöhen < 30° und umgekehrt, Reflexion der diffusen Himmelsstrahlung azimutunabhängig niedrig
Oberlicht	durch gerichtete Reflexion an der Oberfläche
Unterlicht	durch Streustrahlung an den Wassermolekülen und Beimengungen, auch durch Reflexion am Gewässergrund
Wärmespeicherung (spez. Wärmekapazität)	mit 4,2 kJ kg^{-1} K^{-1} hoch (s. Tab. 13.3)
Wärmeleitfähigkeitskoeffizient	mit 0,6 W m^{-1} K^{-1} gering (s. Tab. 13.3)
Oberflächentemperaturschwankung ΔT_W	abhängig von der Tiefe (z): $\Delta T_W \sim z^{0,25}$
Bowenverhältnis	niedrig (Wasser Bo = –0,2; bebautes Gebiet 1 < Bo < 2)
Vertikaler Austausch	turbulent infolge von Strömungen und Konvektion
Rauigkeitslänge	sehr klein, Wasser ist aerodynamisch glatt
Oaseneffekt	latenter Wärmestrom > Strahlungsbilanz, Ausgleich durch Wärmeadvektion aus bebauter Umgebung
Randeffekte	Wechselwirkung Ufer – Gewässer abhängig von Gewässergröße und Bebauungsdichte der Umgebung, Effekte tags > nachts
Lufttransport	bei Schwachwindlagen über Fließgewässern durch Mitführgeschwindigkeit
Verdunstung	hoch, aber von Windexposition des Gewässers abhängig (Windwirklänge)
Lage im bzw. zum Stadtgebiet	kann als Luftleitbahn zum Frischlufttransport aus dem Umland dienen

offen oder durch Dämme bzw. Spundwände gegenüber dem Stadtkörper geschlossen sind. Hindernisse von 5 m bis 10 m Höhe können den Temperatureffekt in den benachbarten Straßen beträchtlich reduzieren. Straßenverlauf, -breite, Kfz-Dichte sowie die ufersäumende Art der Bebauung entscheiden auch über die Reichweite des Gewässereinflusses. So dringt beispielsweise die von einem Fluss ausgehende Luftfeuchtigkeitszunahme nur etwa ein Drittel so tief in dicht bebaute Stadtteile ein wie in aufgelockert bebaute Gebiete.

13.12.2 Klimaangepasstes Bauen

Das Anliegen klimagerechten Bauens ist es, für den Hausbewohner ein zuträgliches, von den äußeren Witterungseinflüssen weitgehend unabhängiges Innenraumklima zu schaffen. Um diesem Anspruch in möglichst allen Klimazonen gerecht zu werden, sind unterschiedlich große Aufwendungen baulicher Art notwendig, die zum Beispiel zu typischen Hausformen in den Klimazonen geführt haben, auf die schon Kaßner (1910) hinweist. Als Ziele klimagerechten Bauens in den mittleren, winterkalten Breiten sind in erster Linie die Einsparung an fossilen Energieträgern für Heizzwecke sowie die bessere Nutzung der Sonnenstrahlung zu nennen. Da Haushalte und Kleinverbraucher in Deutschland einen Anteil von etwa 40 % am **Endenergieverbrauch** aufweisen, wovon fast 80 % für den Raumwärmebedarf aufgewandt werden, sollte eine bessere Nutzung der Raumwärme angestrebt werden. Das kann sinnvoll durch eine höhere Effizienz des solaren Wärmegewinns und durch bessere Isolierung erfolgen. Anzustreben ist deshalb einerseits ein möglichst optimaler Wärmeschutz, um Transmissionswärmeverluste zu minimieren, andererseits zum Beispiel Glasfassaden so zu gestalten, dass die zugestrahlte Sonnenenergie im Sommer gut abgeschirmt werden kann, um Überwärmung und damit den energieverzehrenden Einsatz von Klimaanlagen möglichst überflüssig zu machen und im Winter die zugestrahlte Sonnenenergie möglichst optimal zu nutzen.

Außenmauern wie auch Fenster sollten sich durch kleine Wärmedurchgangskoeffizienten (k-Werte in $W\,m^{-2}\,K^{-1}$) auszeichnen. Da gut isoliertes Mauerwerk k-Werte von 0,5 bis 0,9 aufweist, ist das Energieeinsparpotenzial der Hauswände bereits weitgehend erschöpft. Hingegen verursachen Fenster mit rund 40 % der eingesetzten Heizenergie nach wie vor die größten Wärmeverluste an einem Gebäude. Dabei hängt der Wärmeverlust oder -gewinn durch Fenster von ihrer Exposition ab. Deshalb sollten große Fenster nach Süden (mit fakultativen Beschattungsmöglichkeiten) und kleine Fensteröffnungen nach Norden orientiert sein. So benötigen Räume bei winterlichem Strahlungswetter mit nach Süden ausgerichteten Fenstern bei einem Fensterflächenanteil von 40 % pro Hauswand nur noch 75 % der Heizenergie, die man für einen Raum mit fensterloser Fassade aufwenden müsste. In andere Richtungen exponierte Fassaden mit Fenstern (z. B. Nord) sind hingegen mit Wärmeverlusten verbunden. Diese werden umso höher, je größer der entsprechende Fensterflächenanteil ist (Abb. 13.27). Da in der

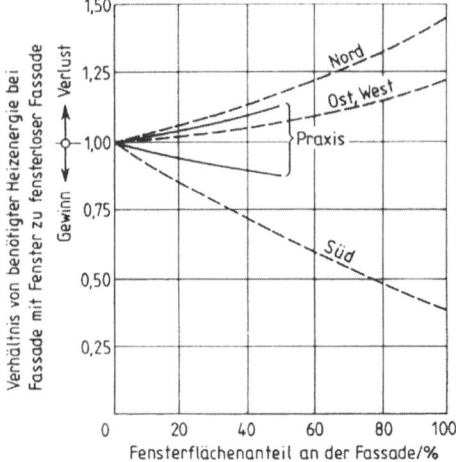

Abb. 13.27: Verhältnis von benötigter Heizenergie bei Fassade mit Fenster zu fensterloser Fassade in Abhängigkeit vom Fensterflächenanteil und von der Orientierung (wolkenloser Wintertag). Zugrunde gelegte Daten: Doppelverglasung der Fenster (Klarglas), Raum in schwerer Bauart (inmitten eines größeren Bürogebäudes) (nach Gertis und Hauser 1979)

Nacht der Wärmeverlust aufgrund der fehlenden Kompensation durch die Einstrahlung an allen Hauswänden unabhängig von der Exposition groß ist, können durch Anbringen von Rollläden spürbare Energiegewinne erzielt werden. Eine weitere Möglichkeit zur Vermeidung unerwünschter Wärmeverluste besteht in der Verwendung von besonders gut isolierendem Fensterglas. Der gute **Wärmeschutz** dieser Fenster wird dadurch erreicht, dass auf der nach außen gerichteten Seite der inneren Scheibe eine dünne Silber- oder Zinnschicht aufgedampft wird, die die langwellige Strahlung absorbiert, die kurzwellige hingegen hindurch lässt. Der Raum zwischen den beiden Scheiben kann mit dem Edelgas Argon gefüllt sein, dessen Wärmeleitungskoeffizient nur 2/3 des Wertes von Luft erreicht. Zusammen mit dem solaren Strahlungsgewinn lassen sich letztendlich Energieverbräuche realisieren, die mit Werten von 30 kW h m^{-2} a^{-1} bis 70 kW h m^{-2} a^{-1} denen von Niedrigenergiehäusern sehr nahe kommen („Energieeffizienzklasse A"). In den sonnenscheinreichen Sommermonaten ist dagegen zu gewährleisten, dass die Bewohner vor Hitzestress geschützt werden. Da die Innenraumbehaglichkeit nicht nur durch die Lufttemperatur bestimmt wird, sondern insbesondere von den Strahlungstemperaturen der Umschließungsflächen abhängig ist, sollten diese vor zu hohen Oberflächentemperaturen durch Auftragen eines hellen reflektierenden Außenanstrichs oder durch Anbringen einer Fassadenbegrünung geschützt werden. Diese Maßnahmen reduzieren den anthropogenen Wärmeverbrauch durch sparsameren Einsatz von Raumklimaanlagen.

13.12.3 Stadtklima und globale Klimaentwicklung

Vor dem Hintergrund einer für Ende des 21. Jahrhunderts vorausgesagten Verdoppelung der atmosphärischen CO_2-Konzentration wird für Europa davon ausgegangen, dass es zu einer durchschnittlichen, regional jedoch durchaus unterschiedlichen Erwärmung von etwa 2 K gegenüber dem Vergleichsjahr 1985 kommt (Houghton et al. 2001). Unter Zugrundelegung der Ergebnisse verschiedener Klimamodellanalysen (Wagner 1994, Groß 1996b) kann der globale Einfluss auf die thermischen und lufthygienischen Verhältnisse mitteleuropäischer Großstädte abgeschätzt werden. Wie sich die thermischen Bedingungen als Folge

13.12 Gezielte Beeinflussung des Stadtklimas

Tab. 13.22: Klimatologische Ereignistage für den Ballungsraum Berlin unter gegenwärtigen und veränderten Klimabedingungen (nach Wagner 1994, verändert)

Klimatologische Ereignistage		Gegenwart	Modellierung nach Szenarium A für Ende 21. Jh. [1)]	Änderung
		Mittlere Anzahl an Tagen pro Jahr		
Extrem heiße Tage	$t_{max} \geq 39\ °C$	0,01	0,04	+0,03
Heiße Tage	$t_{max} \geq 30\ °C$	5,40	11,70	+6,3
Sommertage	$t_{max} \geq 25\ °C$	27,20	41,80	+14,6
Frosttage	$t_{min} \leq 0\ °C$	56,60	38,60	−18,0
Eistage	$t_{max} \leq 0\ °C$	22,00	8,80	−13,2
Extrem kalte Tage	$t_{max} \leq -10\ °C$	0,70	0,11	−0,59

[1)] Szenarium A: Bei gleich bleibender Zunahme von 2 % CO_2 pro Jahr

der Modellszenarien für Berlin verändern werden, zeigt Tab. 13.22 anhand der Darstellung ausgewählter **klimatologischer Ereignistage**. So wird zum Beispiel die Winterstrenge (Anzahl der Eis- und Frosttage) abnehmen, die Sommerwärme (heiße Tage und Sommertage) nimmt hingegen zu. Daraus dürfte eine Energieeinsparung im Winter wegen reduzierter Beheizung von Gebäuden resultieren, der im Sommer ein gesteigerter Betrieb von Klimaanlagen wegen des zunehmenden Bedarfs an Kühlung gegenüberstehen kann. Letzteres gilt allerdings nur, wenn die Anzahl und der Betrieb von Gebäudeklimaanlagen erhöht wird. Für die Stadt Essen konnte zum Beispiel anhand des Stromverbrauchs berechnet werden, dass der Jahresverbrauch durch den winterlichen Minderverbrauch um 8 % zurückgehen wird. Ein Teil dieser Einsparung würde allerdings durch verstärkten Betrieb von Klimaanlagen in den warmen Monaten wieder aufgezehrt, so dass die Jahresstromeinsparung nur noch bei etwa 5 % läge (Kuttler 2002). In subtropischen Ländern spielt der winterliche Energieeinsatz hingegen nur eine untergeordnete Rolle. Eine wichtige Steuerungsgröße im Energieverbrauch stellt hier die sommerliche Raumkühlung dar. Diese dürfte sich, nach Untersuchungen im Großraum Los Angeles, im Vergleich zu 1985 um ein Drittel erhöhen (Oke 1994). Der höhere Verbrauch führt auch zu einer zusätzlichen städtischen Überwärmung, stärkeren Luftbelastung durch anthropogene Spurenstoffe und Verringerung der für die Energiebereitstellung notwendigen Ressourcen. Die genannten Beispiele aus den beiden Klimazonen belegen, dass der regionale Aspekt einer globalen Klimaveränderung einen großen Einfluss auf den Energieverbrauch haben wird.

Doch auch der bodennahe **atmosphärische Austausch** wird durch eine prognostizierte globale Erwärmung verändert. Für Berlin konnte Groß (1996b) nachweisen, dass es zu einem häufigeren Auftreten hochreichender Temperaturinversionen (> 300 m) kommen wird, und zwar im Vergleich zu 1985 um mehr als 20 %. Die Anzahl flacher bzw. geringmächtiger Inversionen dürfte nach den vorliegenden Modellaussagen abnehmen. Da mächtigere Inversionen im Vergleich zu flachen Inversionen eine größere Erhaltungsneigung aufweisen, dürfte sich hierdurch das Problem der Luftverunreinigung aufgrund der längeren Dauer derartiger Episoden verschärfen. Das könnte sich besonders auf die Ozonkonzentrationen auswirken, da diese sowohl mit der Strahlungsflussdichte als auch mit der Temperatur positiv korreliert sind. Es zeigt sich an Untersuchungen aus Essen, dass aufgrund der Emission der Vorläufergase (anthropogene und biogene Kohlenwasserstoffe; AVOC, BVOC) im sommerlichen Temperaturbereich zwischen 25 °C und 30 °C von Zunahmen der Ozonwerte von etwa 5 % je Kelvin auszugehen ist (Kuttler 2002). Um sowohl der sommerlichen Überwärmung als auch dem prognostizierten Anstieg sekundärer Luftverunreinigungen entgegenzuwirken, sollte der Anteil an Grünflächen in den Städten erhöht werden, da diese durch Reduktion der Oberflächen- und Lufttemperaturen nicht nur den thermischen Komfort verbessern, sondern auch zu Energieeinsparungen durch Beschattung und Verdunstung führen sowie in Küstenstädten dem Windschutz dienen. Würde bei der intensiven Begrünung städtischer Areale ferner darauf geachtet, dass nur solche Pflanzen Verwendung fänden, die hinsichtlich der Freisetzung biogener Kohlenwasserstoffe (sekundäre Pflanzenstoffe wie Isopren, Monoterpene) zur Gruppe der so genannten emissionsarmen Spezies zählen (Freisetzung von $< 2\,\mu g\,g^{-1}\,h^{-1}$ (g = Gramm Blatttrockenmasse) an Isopren sowie $< 1\,\mu g\,g^{-1}\,h^{-1}$ an Monoterpenen; Taha 1996), dann würde einer pflanzenbedingten Produktion an Ozonvorläufergasen dadurch kein Vorschub geleistet. Letztendlich dürfte generell eine verstärkte pflanzliche Fotosynthese zu einer erhöhten Aufnahme an CO_2 führen, was die Reduktion dieses infrarotaktiven Gases in der Atmosphäre nach sich zieht und damit auch einer globalen Klimaänderung entgegenwirkt.

14 Modellierung für den Meso- und Mikroklimabereich

14.1 Anforderungen der Praxis

Die vielfältigen klimatischen Erscheinungen und Besonderheiten im meso- und mikroräumigen Bereich beeinflussen unmittelbar die Umwelt des Menschen. Daher wird der Erforschung des Klimas in diesem Maßstabsbereich besondere Aufmerksamkeit geschenkt, wie aus den Ausführungen in den Kapiteln 12 und 13 bereits hervorgegangen ist. Bei der praktischen Anwendung der erzielten Erkenntnisse geht es vor allem darum, zu beurteilen, wie sich anthropogene Veränderungen auf Gesundheit und Wohlbefinden der Menschen auswirken. So muss in **Umweltverträglichkeitsprüfungen** (UVP) möglichst genau festgestellt werden, wie sich geplante Standorte für Industrie- und Wirtschaftsunternehmen, neue Wohnviertel in Städten, die Anlage von Dämmen und Bepflanzungen, der Bau von Verkehrsanlagen u. a. hinsichtlich der Veränderung des Meso- und Mikroklimas einschließlich der luftchemischen Verhältnisse und der Bedingungen für die Ausbreitung von Luftbeimengungen auswirken. Da im Allgemeinen hohe Investitionssummen und lange Nutzungszeiträume auf dem Spiel stehen, kommt den begutachtenden Klimatologen eine hohe Verantwortung zu.

Herkömmlich ist man bei Aufgabenstellungen dieser Art so vorgegangen, dass man die Erkenntnisse und Gesetzmäßigkeiten, die in den Kapitel 12 und 13 in Übersichtsform dargestellt worden sind, auf das zu untersuchende Problem anwendet. Auf dieser Grundlage werden die Veränderungen abgeschätzt, die der zu untersuchende Eingriff hervorrufen wird. Diese Aussagen sind meist qualitativer Natur und müssen häufig sogar vage bleiben.

Ermöglicht durch die rasanten Fortschritte der Rechentechnik wurden parallel zu den operationellen numerischen Wettervorhersagemodellen (s. Kapitel 9) **Klimamodelle** entwickelt. Diese werden generell aufgestellt, um das sehr komplexe System atmosphärischer Zustände und Prozesse unter Berücksichtigung von Wechselwirkungen und Rückkoppelungen der verschiedenen Klimafaktoren zu simulieren (GCM, s. Abschnitt 11.5.1). Gleichen Anforderungen unterliegen Modelle zur Anwendung auf begrenzte Areale. Diese meso- und mikroskaligen Klimamodelle erlauben unter genau definierten großräumigen Bedingungen die detaillierte Feststellung des Ist-Zustandes des Klimas und auch der Veränderungen, die nach anthropogenen Modifizierungen von klimabildenden Faktoren zu erwarten sind.

Für den meso- und mikroräumigen Skalenbereich bestehen charakteristische **Unterschiede gegenüber den GCM** (zur Entwicklung seit den 1970er Jahren siehe Schlünzen 2002):

- starke Verkleinerung der Rechengitter und der Zeitschritte sowie
- Aufstellung angepasster Modelle an die zu untersuchende Problematik.

Ab einem Modellgebiet von 10 km x 10 km und kleiner entspricht die Einstellung des Luftdruckfeldes in Abhängigkeit vom Mikrorelief, von der Rauigkeitslänge sowie vom Auftreten von Vertikalbewegungen, Staudruckeffekten und Schwerewellen nicht mehr der hydrostatischen Grundgleichung (s. Abschnitt 2.2.2). Auftretende vertikale Beschleunigungen dürfen nicht mehr vernachlässigt werden. Diese entstehen in gegliedertem Gelände bei unregelmäßig verteilten Erhebungen und Einsenkungen. Man spricht daher von nicht-hydrostatischen Modellen.

In den folgenden Ausführungen werden Modelle dieser Art unter besonderer Berücksichtigung der in der Beratungspraxis des Deutschen Wetterdienstes (DWD) und anderer Einrichtungen angewendeten Varianten zur objektiven Klimaanalyse beschrieben. Es handelt sich dabei im Wesentlichen um Prototypen verschiedener Stufen meso- und mikroskaliger dynamischer Modelle, um Modelle zur Bestimmung der Ausbreitung von Luftbeimengungen einschließlich solcher, die chemische Umwandlungen in der unteren Atmosphäre beschreiben. Dadurch sollen potenzielle Nutzer in die Lage versetzt werden, diese zum Teil sehr aufwendigen Methoden zur Erkundung meso- und mikroklimatischer Strukturen sowie von Abläufen im Hinblick auf spezifische Aufgabenstellungen zu beurteilen.

14.2 Statistische Voruntersuchungen

Um modellgestützte Analysen des Klimas in kleinen Arealen vornehmen zu können, muss man sich mit den **Eigenschaften des vorgesehenen Modellierungsgebietes** vertraut machen. Das betrifft auf der Grundlage entsprechender kleinmaßstäbiger Karten Topografie und Relief, Bodenarten, Vegetation, Nutzungsarten und Besiedlung sowie Quellen von Luftverunreinigungen.

Ferner müssen die für das Gebiet vorhandenen meteorologischen Daten, Emissions- und Immissionswerte u. a. für die Beurteilung der klimatischen Besonderheiten vorhandenen Informationen verfügbar gemacht sowie deren Qualität auf der Grundlage von Routineverfahren (z. B. Homogenitätsprüfungen, s. Abschnitt 8.1.5) geprüft werden.

Solche Datenzusammenstellungen, die man zum Teil auch Geografischen Informationssystemen (GIS) entnehmen kann, werden zur Vorbereitung der Modellierung und auch als Eingabedaten benötigt.

Außerdem sind solche Datenzusammenstellungen als Grundlage für eine **statistische Modellierung** interessierender meso- und mikroskaliger klimatischer Phänomene geeignet. Die Ergebnisse können auch der Verifikation von Modellrechnungsergebnissen dienen.

Nachstehend werden zwei Beispiele behandelt, die in der Beratungspraxis des DWD angewendet werden.

Windklimatologie: Um Einblicke in das Windklima eines Gebietes zu erhalten, werden Messungen über einen hinreichend langen Zeitraum (≥ 10 Jahre) für ein bestimmtes Gebiet ausgewertet. Der DWD unterhält eine große Anzahl an Windmessstationen hinsichtlich Höhe ü. NN, Landnutzung, Bebauung usw. unterschiedlichen Standorten, die für interessierende Gebiete durch zeitweise eingerichtete Messstellen

14.2 Statistische Voruntersuchungen

ergänzt werden können. Die Originaldaten werden vorher auf die Standardhöhe 10 m ü. Gr. umgerechnet (s. Foken 2003).

Die mittlere jährliche Windgeschwindigkeit eines Ortes kann nach den statistischen Auswertungen durch eine Regressionsbeziehung höherer Ordnung ermittelt werden, in die die geografische Breite und Länge sowie die Höhe ü. NN als Regressoren eingehen. Die Gleichung kann durch die Einbeziehung des prozentualen lokalen Hindernisanteils, der aus dem Wald- und Bebauungsanteil ermittelt wird, ergänzt werden. Ferner wird zur Kennzeichnung der Topografie eine Beziehung berücksichtigt, in die die Geländeneigung eingeht. Zwischen den Messwerten und den berechneten Werten beträgt nach den vorliegenden Studien der Korrelationskoeffizient r = 0,99, die Reststreuung beläuft sich auf 0,14 m s^{-1}.

Wendet man eine solche Beziehung beispielsweise auf den Berliner Raum an, so erhält man die in Tab.14.1 aufgeführte Abhängigkeit der mittleren jährlichen Windgeschwindigkeit von Höhenstufen bei einem angenommenen Hindernisanteil von 35 %. Bei völlig ungestörtem Gelände (Hindernisanteil 0 %) erhöhen sich die Werte um den Faktor 1,3. Bei völlig bebautem Terrain (100 %) beträgt der Faktor 0,55. Es tritt eine Verringerung der Windgeschwindigkeit ein. Ähnliche Korrekturen werden bei Vorherrschen bestimmter Reliefelemente angewendet.

Die auf diese Weise erhaltenen Windverteilungen eines Gebietes sind in der Regel nicht massenkonsistent. Durch die Anwendung spezieller dynamischer Modelle können Informationsgehalt und Genauigkeit solcher Analysen erheblich verbessert werden (s. Abschnitt 14.3).

Durchlüftung: Um die Durchlüftungsverhältnisse eines Gebietes mit statistischen Mitteln quantitativ zu erfassen, müssen die Verteilung der jährlichen Inversionshäufigkeit als ein Maß für den vertikalen Luftaustausch und die mittlere jährliche Windgeschwindigkeit (s. oben) als Indikator für die horizontale Luftversetzung sowie die Dispersion von Luftschadstoffen bekannt sein. Zusätzlich ist es erforderlich, die nächtliche Produktion, die Ansammlung und Bewegung von Kaltluft zu bestimmen (s. Abschnitt 12.4.2).

Die höchsten Inversionshäufigkeiten fallen zeitlich etwa mit dem Erreichen des täglichen Minimums der Lufttemperatur zusammen. Aus vorliegenden Daten kann man für jeden Tag des Jahres ein vertikales Profil der Minimumtemperaturen berechnen, wobei diese Größe zwar im 2 m ü. Gr.-Niveau gemessen wird, jedoch in verschiedenen Höhen ü. NN. Die Tagesprofile können zu einem mittleren jährlichen Wert zusammengefasst werden (Tab. 14.1). Aus den Zahlen der Tabelle, die für den Berliner Raum ermittelt worden sind, geht hervor, dass die jährliche Anzahl von Tagen mit Inversionen mit der Höhe abnimmt. Während im Bereich 26 bis 50 m an 64 % der Tage Inversionen auftreten, sind es im Bereich 126 bis 150 m nur noch ca. 41 %. Die Kaltluftdynamik kann empirisch abgeschätzt werden. In der Praxis werden dazu einfache Kaltluftabflussmodelle angewendet.

Statistisch-empirische Untersuchungen auf der Grundlage gemessener Daten geben einen ersten Überblick über die interessierenden mesoklimatischen Prozesse; genauere

Tab. 14.1: Höhenabhängigkeit der mittleren jährlichen Zahl von t_{min}-Inversionen und der Windgeschwindigkeit im Berliner Raum für 1980–1989 (nach DWD)

Höhe ü. NN / m	t_{min}-Inversionen / Anzahl Jahr^{-1}	Mittlere jährliche Windgeschwindigkeit / m s^{-1}
26 – 50	234	2,88
51 – 75	230	2,91
76 – 100	217	2,93
101 – 125	191	2,96
126 – 150	149	2,99

Aussagen bedürfen der Anwendung aufwendigerer Modelle, die nachstehend beschrieben werden. So kann man sich durch die statistische Verknüpfung zwischen Emissions-, Klima- bzw. Wetterdaten und Immissionswerten an interessierenden Standorten einen ersten Überblick über die lufthygienische Situation verschaffen.

14.3 Modelle für das Mesoklima (MEKM)

14.3.1 Allgemeine Grundlagen für dreidimensionale MEKM

Modelle dieser Klasse sind umfassend für alle Aufgabenstellungen geeignet und daher sehr aufwendig. Die Modellausstattung ist nicht immer gleich, sondern wird problemangepasst gestaltet. Diese Modelle werden eingesetzt für die vollständige Berechnung der meteorologischen Felder in Abhängigkeit von den Randbedingungen, zur Bestimmung der nächtlichen Kaltluftdynamik, für quantitative Beurteilungen der Auswirkungen von Landnutzungsänderungen verschiedenster Arten sowie zur Festlegung günstiger Standorte für Produktionsanlagen der Industrie und der Landwirtschaft. Sie sind darüber hinaus geeignet für das Finden optimaler Standorte für Windenergieanlagen. Ferner geht es um die Ausbreitung von Luftschadstoffen, wozu auch die Berechnung hochauflösender Windklimatologien für ein interessierendes Gebiet gehört.

Von einem globalen Klimamodell (GCM, s. Abschnitt 11.5.1) unterscheidet sich ein Mesoklimamodell (MEKM) vor allem durch die **Zielstellung der Modellierung** und durch die Größe des Modellierungsgebietes. GCM werden in erster Linie eingesetzt, um die Entwicklung von Klimaschwankungen im Klimasystem der Erde in relativ grober (von den Computer-Ressourcen abhängiger) räumlicher Auflösung bei langen Integrationszeiten zu simulieren, während es bei den MEKM darauf ankommt, mesoklimatische Strukturen und Prozesse in Abhängigkeit von den Eigenschaften der Unterlage und definierten Einflüssen von der Modellumgebung zu berechnen.

Den **physikalischen Kern** von MEKM bildet ebenso wie bei den GCM ein Satz von Erhaltungs- und Bilanzgleichungen. Diese Gleichungen sind die Navier-Stokes-Bewegungsgleichung (s. Abschnitt 6.5, Gl. 6.17):

$$\delta \vec{v} / \delta t = -\vec{v} \cdot (\nabla \vec{v}) - (1/\rho_L) \cdot \nabla p + \vec{g} + \vec{C} + \vec{F}_R \quad (14.1)$$

- Kontinuitätsgleichung:

$$\delta \rho_L / \delta t = -\nabla \cdot (\rho_L \vec{v}) \quad (14.2)$$

- Temperaturtendenzgleichung (1. Hauptsatz, s. Abschnitt 4.1.2):

14.3 Modelle für das Mesoklima (MEKM)

$$\delta\theta/\delta t = -\theta \cdot (\nabla\,\theta) - (1/\rho_L \cdot c_p) \cdot \nabla\,Q_H$$
$$+ \{(1/\rho_L \cdot c_p) \cdot \nabla\,(Q + Q_q)\} \quad (14.3)$$

- Feuchtetendenzgleichung:

$$\delta s/\delta t = -\vec{v} \cdot (\nabla q) - \{(1/\rho_L \cdot l_v) \cdot \nabla\,(Q_E + E_q)\} \quad (14.4)$$

mit

$\vec{v}$ = Geschwindigkeitsvektor,
$\vec{C}$ = Coriolisvektor (ablenkende Kraft der Erdrotation),
$\vec{F}_R$ = Reibungsvektor,
c_p = spezifische Wärmekapazität bei konstantem Druck / J kg^{-1} K^{-1},
g = Schwerebeschleunigung / m s^{-2},
p = Luftdruck /N m^{-2},
q = spezifische Luftfeuchte / kg kg^{-1},
t = Zeit / s,
Q_H = fühlbarer Wärmestrom / W m^{-2},
Q = Strahlungsbilanz / W m^{-2},
Q_q = Kondensationswärme / W m^{-2},
θ = potenzielle Temperatur der Luft / K und
ρ_L = Luftdichte / kg m^{-3}.

Dazu kommen noch die Turbulenzenergiegleichung sowie die Adiabatengleichung (s. Abschnitt 4.2.5) und die Gasgleichung (s. Abschnitt 4.1.1) als Zustandsgleichungen.
Die Bedeutung der Zeichen kann dem Symbolverzeichnis entnommen werden.
Auf dieser Grundlage berechnen die Modelle zeitabhängige meteorologische Felder, die die dynamischen und die auf Grund thermisch verursachter Inhomogenitäten entstehenden Zirkulationsprozesse beschreiben wie auch Wolkenbildungen und alle Größen, die die Ausbreitung von Luftbeimengungen beeinflussen.
Die Grundgleichungen und damit die MEKM können je nach zu untersuchender Problemstellung und vorhandenen Rechenmöglichkeiten verändert und vereinfacht werden.
Wenn es die jeweilige Aufgabenstellung erlaubt, auf prognostische Berechnungen (möglich durch die zeitabhängigen Terme in den Grundgleichungen) zu verzichten, erhält man Ergebnisse, die bestimmte Zustände beschreiben. Die dazugehörigen Modellvarianten werden als **diagnostische Modelle** bezeichnet.
Um auswertbare Ergebnisse zu erhalten, müssen in diesem Maßstabsbereich die Grundgleichungen im Allgemeinen einer Schallwellenfilterung unterworfen werden (möglich durch die die schnellen Dichteschwankungen unterdrückende Boussinesq-Approximation des Grundgleichungs-System).
Dieses Erfordernis steht im Zusammenhang mit einer wichtigen Besonderheit dieser Modellklasse, die sie von den GCM unterscheidet. Die ersten Modelle dieser Art (erste Hälfte der 1970er Jahre), die räumlich gröber aufgelöst waren als die heutigen, enthielten die einfache Beziehung zwischen Luftdruck und Höhe, wie sie in der statischen Grundgleichung (s. Abschnitt 2.2.2) zum Ausdruck kommt. Die heute verwendeten MEKM sind bei Modellgebieten von 10 km x 10 km und kleiner fast ausschließlich **nicht-hydrostatisch**.
Ebenfalls im Gegensatz zu den GCM wird für die MEKM ein dem Relief folgendes **Koordinatensystem** angewendet.
Bei umfangreichen MEKM-Simulationen wird ein Modellsystem verwendet, das aus mehreren **Untersystemen** besteht, die zum Teil auf den Grundgleichungen basieren, andererseits aber auch angekoppelt werden.

Es handelt sich dabei um das eigentliche dynamische oder Strömungsmodell, das Turbulenzmodell und das thermische Modell. Module werden u. a. einbezogen für die Strahlungsprozesse, die Hydrologie, die unterschiedlichen Oberflächenbedeckungen einschließlich Schneedecke, die Grenzflächen sowie für die Ausbreitung von Luftbeimengungen und für luftchemische Umwandlungen im Modellgebiet (Abb. 14.1).

Wegen ihrer relativen Selbständigkeit werden in den Abschnitten 14.5 und 14.6 Ausbreitungs- und Chemiemodelle gesondert behandelt.

Es liegt auf der Hand, dass alle MEKM-Rechnungen einer sorgfältigen **Verifikation** auf der Grundlage von Routinemessungen (s. Abschnitt 14.2) oder auch anhand von Daten aus temporären Sondermessnetzen bedürfen.

Für Architektur und Betrieb der Modelle sind weiterhin folgende Erfordernisse unerlässlich:

Numerische Lösung: Da analytische Lösungen der Modellgleichungen nur in Spezialfällen bei starker Vereinfachung möglich sind, muss das Gleichungssystem numerisch gelöst werden. Am häufigsten wird die Methode der finiten Differenzen verwendet. Mit dieser werden die räumlichen und

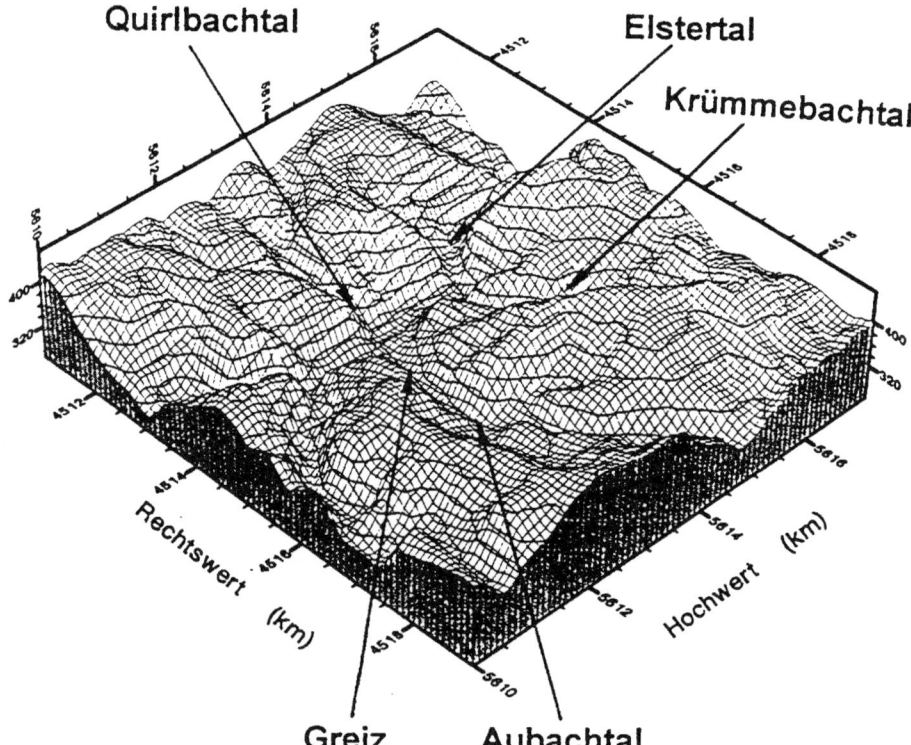

Abb. 14.1: Beispiel eines mesoskaligen Modellierungsgebietes mit terrainfolgendem Rechengitter (nach Groß 1999)

zeitlichen Differenzialquotienten in den Gleichungen in Differenzenquotienten übergeführt. Das hat erst die Entwicklung der Rechentechnik möglich gemacht. Die Berechnungen erfolgen dann an den diskreten Punkten eines Rechengitters („Euler-Gitter") für jede vorgesehene Höhe (Abb. 14.1).

Auflösung in horizontaler und vertikaler Richtung: Die Abstände der Gitterpunkte betragen bei jüngeren MEKM meist 0,1 bis 1 km in Abhängigkeit von der Modellgebietsgröße (s. Tab. 14.2). Der vertikale Abstand der Rechenflächen ist zum Teil viel kleiner als der Abstand der Berechnungspunkte in der Horizontalen und ungleichmäßig. Das ist wegen der oft starken Änderung der meteorologischen Größen mit der Höhe notwendig. In Anpassung an die Struktur der atmosphärischen Grenzschicht haben die untersten Rechenflächen nur einen Abstand von wenigen Metern voneinander, während in den größeren Höhen die Abstände meist zwischen 1 km und 10 km liegen.

Zeitliche Auflösung: Die Zeitschrittweite hängt von der horizontalen räumlichen Auflösung ab und ist umso kleiner, je feiner diese Auflösung ist. Im Allgemeinen liegen die Zeitschritte im Bereich von Minuten.

Modellgebiet: Die Modellgebietsgröße von MEKM kann je nach Problemstellung bis 200 km x 200 km betragen, wobei die vertikale Erstreckung die ganze Troposphäre erfassen kann.

Rand- und Anfangsbedingungen: Randbedingungen müssen lateral sowie für die obere und untere Begrenzungsfläche vorgegeben werden. Die Berücksichtigung der letzteren erfolgt durch entsprechende Eingabedaten (s. unten). Für die Umgebung und damit an den Rändern des Modellgebietes werden auf der Basis von Beobachtungen die für die jeweilige Problemstellung zutreffenden Verteilungen des großräumigen oder regionalen Klimas vorgesehen. Wenn bestimmte Situationen oder Besonderheiten des Modellgebietes simuliert werden sollen (z. B. Smog, Auftreten von Nebel, lokale Zirkulationen), werden die Charakteristika der jeweils zutreffenden Großwetterlage als Randbedingung gewählt. Diese können konstant oder zeitlich veränderlich vorgesehen werden.

Die **Initialisierung** einer bestimmten numerischen Simulation erfolgt so, dass die Umgebungsbedingungen zu Beginn auch für das Modellgebiet gelten. Häufig wird die Initialisierung für das Modellgebiet mit Hilfe vereinfachter Modelle vorgenommen, z. B. bei Annahme horizontaler Homogenität durch ein vertikal auflösendes eindimensionales Modell.

Eingangsdaten: Je umfassender ein MEKM formuliert wird, desto mehr Anforderungen an die Eingangsdaten werden in quantitativer und qualitativer Hinsicht gestellt. Im Allgemeinen müssen für jeden Gitterpunkt an der Oberfläche folgende Größen vorgegeben werden: Höhe über NN, Maßzahlen zur Kennzeichnung des Reliefs, Rauigkeitslänge, kurzwellige Albedo, Wärmeleitfähigkeit der Unterlage (s. Tab. 12.2) sowie ggfs. Hilfsgrößen zur Berechnung der Solarstrahlung. Für die verschiedenen Vegetations- und Bodenarten, ggfs. auch der Bebauung, werden häufig bestimmte Klassen (s. Tab. 14.2) verwendet. Zur möglichst genauen Ermittlung der Eingangsdaten kann man sich verschiedener

Tab. 14.2: Angaben zur Auflösung und zu den Eingangsdaten einiger MEKM (nach Schlünzen 1994 sowie Groß und Etling 2003); WVM = Wettervorhersagemodell

Modell	Auflösung und Größe			Eingangsdaten			
	Vertikale Auflösung / m	Horizontale Auflösung / km	Kleinste Modellgebietsgröße / km²	Topografie, Boden und Vegetation	Meteorologische Daten/ Eingesetzte Modelle	Emissionsdaten	Initialisierung
FITNAH	1 – 1000	0,0001 – 5	0,05 x 0,05	Orografie, 4–10 Boden- und Vegetationstypen	$V_{geostr.}$, Profile von T und q, 1- bis 2-dim. Modelle	Inertes Tracergas	Start m. Ergebnissen der 1- bis 2-dim. Modelle u. a.
GESIMA	50 – 500	0,5 – 5	50 x 50	Orografie, 19 Boden- und Vegetationstypen	$V_{geostr.}$, Profile von T und q, 1-dim. Modell	Inertes Tracergas	Start m. Ergebnissen des 1-dim. Modells
KAMM	20 – 200	0,1 – 10	10 x 10	Orografie, Boden- u. Vegetationstypen, Anfangs-Bodentemperatur u. -feuchte	$V_{geostr.}$, Profile Messwerte, WVM	Verschiedene Gase/Chemie, Quellenstärke zeitabhängig	Start nach Preprocessing mit WVM
MESOSCOP	1 – 2000	0,0007 – 10	1 x 1	Orografie	Polytrope Atmosphäre mit Störung		Zunahme der Windgeschw. mit der Störung
METRAS	2 – 1000	0,01 – 10	1 x 1	Orografie, 10 Vegetationstypen, Anfangswassergehalt des Bodens	$V_{geostr.}$, Profile von T, q, Flüssigwasser. 1-dim. Modell	Verschiedene Gase/Chemie, Quellenstärke zeitabhängig	Start m. Ergebnissen des 1-dim. Modells u. a.

$V_{geostr.}$ = Geschwindigkeit des geostrophischen Windes, T = absolute Lufttemperatur, q = spezifische Feuchte

Unterlagen, vorzugsweise aber der Geografischen Informationssysteme (GIS) bedienen.

Parametrisierungen: Die Lösung der obigen Gleichungssysteme erfolgt an Gitterpunkten endlichen Abstandes voneinander in bestimmten Zeitschritten. Entsprechend müssen die Gleichungen gemittelt werden, wodurch in diesen zusätzliche Terme entstehen. Wie bei allen anderen Klimamodellen auch, müssen die Wirkungen von subskaligen Prozessen durch physikalisch fundierte, mathematische Beziehungen mit solchen Größen verbunden werden, die durch das Modell berechnet werden. Derartige Parametrisierungen betreffen vor allem die Turbulenz und ihre Eigenschaften.

Die Bestimmungsvorschriften für Größen, die aus den Korrelationen turbulenter Anteile von Variablen entstehen (s. Foken 2003), machen eine Schließung der betreffenden Gleichung bei Erreichen einer bestimmten Ordnung erforderlich („Schließungsproblem"). Es handelt sich meist um eine Schließung 1. Ordnung. Das bedeutet, dass die Parametrisierung darin besteht, dass man die gesuchten Größen mit den vertikalen Gradienten von durch das Modell berechenbaren meteorologischen Elementen wie potenzielle Temperatur, spezifische Feuchte oder Windgeschwindigkeit verknüpft. In solchen Ansätzen tritt ein turbulenter Diffusionskoeffizient K (s. Abschnitt 8.4.2, Foken 2003) auf, für dessen Bestimmung es verschiedene Verfahren gibt. Wichtige Parametrisierungen sind auch in Zusammenhang mit der Bestimmung der Wärmebilanz der Unterlage erforderlich.

Für die hier aufgeführten Punkte existieren vielfältige Varianten und Möglichkeiten, die man für mehrere MEKM in übersichtlicher Weise bei Schlünzen (1996) findet.

14.3.2 Vereinfachte Modelle

Eindimensionale Modelle: Bei zahlreichen Aufgabenstellungen ist es nicht erforderlich, die vollen dreidimensionalen MEKM anzuwenden. Man kann aus diesen vereinfachte Modelle ableiten, die geringeren Aufwand erfordern und auch im Fall kleinerer Computeressourcen beherrschbar sind. Diese können verwendet werden, wenn man annehmen darf, dass sich die interessierenden meteorologischen Elemente in horizontaler Richtung nur wenig ändern (Homogenität der Unterlage, realisiert über größeren Wasserflächen, auch Gebiete mit geringer Reliefenergie). Mit diesen Modellen kann man Aussagen über interessierende Parameter und Prozesse und ihre Höhenvariation gewinnen. Es können auch Zeitreihen der meteorologischen Variablen berechnet werden. Derartige Modelle werden im Sinne einer „**Vormodellierung**" zur Initialisierung eines dreidimensionalen MEKM verwendet.

Schichtenmodelle: Diese Modelle enthalten nicht die üblichen Rechenflächen, sondern nur Schichten unterschiedlicher Dicke. Die Schichten (z. B. drei) werden dem prinzipiellen Aufbau der unteren Atmosphäre angepasst (Bodenschicht, Grenzschicht, Oberschicht, s. auch Prandtl-Schicht und Ekman-Schicht in Abschnitt 6.6). Die berechneten Größen sind dann Mittelwerte für die betreffende Schicht.

Windfeldmodelle: Diese Modelle dienen nur der Berechnung des horizontalen Strömungsfeldes und von Turbulenzgrößen im Modellierungsraum.

In der Praxis bewährt hat sich das Dreischichtenmodell REWIMET (Heimann 1986).

Ferner kann man Windfeldmodelle einsetzen, um ein auf der Basis von Windmessungen empirisch konstruiertes Windfeld in einem vom Relief her nicht zu komplizierten Modellgebiet so anzupassen, dass die Kontinuitätsgleichung für das Gebiet erfüllt ist. Eine Übersicht über diese massenkonsistenten Modelle gibt Groß (1996a).

Kaltluftabflussmodelle: Durch vertikale Mittelung der Grundgleichungen erhält man die in der Hydrodynamik bekannten Flachwassergleichungen, mit denen man die Bewegungen von Wasser oder Luft, wenn diese spezifisch schwerer als ihre Umgebung sind, berechnet. Außer der Schwerebeschleunigung treten in diesen Gleichungen keine antreibenden Kräfte auf.

14.3.3 Ausgewählte Modelle

Auch in Deutschland wurden in den letzten Jahrzehnten etliche MEKM entwickelt, die sich bei der Lösung wissenschaftlicher und praktischer Aufgabenstellungen bewährt haben. Eine aktuelle Übersicht ist in **http://www.stadtklima.de/webklima//DE/D_1tools.gtm** enthalten (Zusammenstellung von A. Matzarakis, Freiburg/Br.). Es wird auch auf die Übersichten in Schlünzen (1994) und Groß und Etling (2003) verwiesen. Vollständigkeit würde den Rahmen dieses Kapitels sprengen. Tabelle 14.2 enthält für einige Modelle Angaben über Auflösung, Modellgebietsgröße und Eingabedaten.

Die **Anwendungen** der genannten Modelle erstrecken sich insbesondere auf nächtliche Kaltluftabflüsse, Landnutzungsänderungen (bspw. Abholzungen, Anlegen von Siedlungen und Fabrikationsstätten u. a.), Land-Seewind-Zirkulation, Berg- und Talwindsystem, Besonderheiten der vertikalen Windverteilung, spezielle Wolkenbildungen, detaillierte Feldverteilungen der Klimaelemente, Windpotenzial-Bestimmungen, Herausbildung mesoklimatischer Strukturen, Untersuchung der Skalenabhängigkeit physikalischer Prozesse, Ausbreitung von Luftbeimengungen einschließlich chemischer Umwandlungen im Modellierungsgebiet, städtische Wärmeinsel u. a.

Die nachstehend aufgeführten Modelle, die auf Personalcomputern betrieben werden können, sind mit PC gekennzeichnet.

FITNAH (**f**low over **i**rregular **t**errain with **n**atural and **a**nthropogenic **h**eat sources): An den Universitäten Darmstadt und Hannover durch F. Wippermann (1922–2005) und G. Groß (Groß 1992) entwickeltes umfassendes dreidimensionales MEKM, das für komplexe Problemstellungen im mesoklimatischen Bereich auch in der Praxis des DWD eingesetzt wird. Beispiele für Anwendungen dieses in verschiedenen Ausführungen existierenden Modells enthalten die Abb. 14.2 bis 14.4.

FOOT3D (**f**low **o**ver **o**rographically structured **t**errain): Dreidimensionales, an der Universität Köln entwickeltes MEKM (Brücher, 1997). Komplexes prognostisches Modell, das u.a. zur Gewinnung von Windklimatologien eingesetzt wird.

GESIMA (**Ge**esthachter **Sim**ulationsmodell für die **A**tmosphäre): Am For-

14.3 Modelle für das Mesoklima (MEKM)

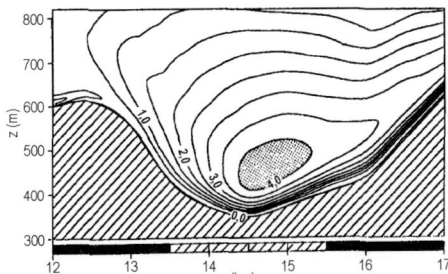

Abb. 14.2: Vertikalschnitt der nächtlichen Windgeschwindigkeit im Raum Freiburg/Br. (Modell FITNAH), (nach Gross 1989).
Abszisse: schwarzer Streifen – Wald, schraffierter Streifen - Stadtgebiet

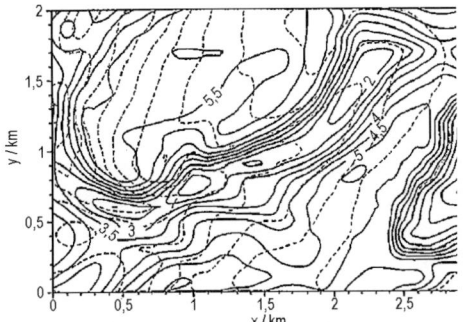

Abb. 14.4: Mit dem Modell FITNAH berechnete Lufttemperaturverteilung in 0,7 m ü. Grund in °C um 6 Uhr nach einer Strahlungsnacht im Frühjahr in einem Seitental der Mosel. Die Höhenlinien sind gestrichelt dargestellt (nach Groß 1985)

schungszentrum Geesthacht entwickeltes komplexes dreidimensionales MEKM (Kapitza und Eppel 1992). Vielfältige Anwendungen, insbesondere auch im maritimen Bereich zur Seegangsberechnung.

KAMM (**K**arlsruher **a**tmosphärisches **m**esoskales **M**odell):
An der Universität Karlsruhe entwickeltes komplexes MEKM (Adrian 1994). Vor allem bekannt geworden durch die Anwendung in den Dreiländeruntersuchungen des Mesoklimas im Oberrheingraben-Gebiet in den 1980er Jahren.

KLAM (**K**alt**l**uft**a**bfluss**m**odell): Im Ingenieurbüro Lohmeyer, Karlsruhe, entwickeltes, auf den Flachwassergleichungen beruhendes Modell zur Berechnung der zeitabhängigen nächtlichen Kaltluftverteilung, -mächtigkeit und -dynamik. Koppelung mit Ausbreitungsmodellen ist möglich (PC).
Dieses ist nicht zu verwechseln mit dem Modell KLAM des DWD, das zu der Modellgruppe MUKLIMO gehört (s. Abschnitt 14.4).

KLIM (**Kli**mamodell **M**ainz): An der Universität Mainz entwickeltes MEKM (Eichhorn et al. 1997) zur Simulation verschiedener mesoklimatischer Phänomene und Strukturen besonders im Rhein-Main-Gebiet, darunter Aufbau eines Immissonskatasters (PC).

LM (**L**okal**m**odell): Anspruchsvolles

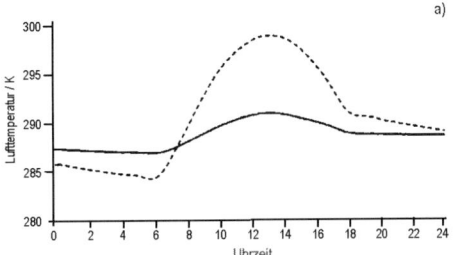
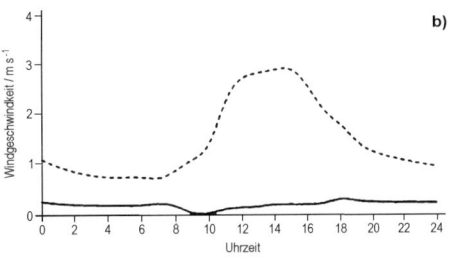

Abb. 14.3: Beispiel der Änderung der Tagesgänge der Lufttemperatur (a) und der Windgeschwindigkeit (b) nach einer Abholzung (Modell FITNAH), (nach Groß 1988)
Ausgezogen: Ursprünglicher Zustand; gestrichelt: nach Abholzung

operationelles Modell, das das DWD-Globalmodel GMFI ergänzt (s. Abschnitt 9.4.4). Das im DWD entwickelte LM (Doms et al. 2003) hat eine Gitterauflösung von 7 km (in einer speziellen Version 1 km) bei einem Zeitschritt von 40 s. Es ist fähig, alle synoptischen Prozesse zu simulieren (Großrechner).
MESOSCOP (**meso**scale model **O**ber**p**faffenhofen): Bei der DLR entwickeltes Modell (Schumann et al. 1987). Vielfältige Anwendungen, insbesondere zur Simulation von Wolken und Strömungsprozessen.
METRAS (**Me**soskaliges **Tra**nsport- und **S**trömungsmodell): An der Universität Hamburg in Zusammenarbeit mit anderen Instituten entwickeltes Modell (Schlünzen 1994), das schwerpunktmäßig der Simulierung der Ausbreitung von Beimengungen dient. Die Variante METRASb dient der praktischen Anwendung im Umweltbundesamt und ist für PC geeignet.
REWIMET (**Re**gionales **Wi**ndmodell): Am Institut für Physik der Atmosphäre der DLR entwickeltes hydrostatisches Dreischichtenmodell (Heimann 1986). Bewährtes Modell für Modellgebietsgrößen zwischen 20 km x 20 km bis 200 km x 200 km bei einer Gitterauflösung von 2 km bis 10 km. Es wurde in VDI (1992) als verbindlich für praktische Anwendungen erklärt (PC).
Eine Weiterentwicklung von REWIMET ist **REWIH3D** (**Re**gional**w**indmodell **h**ydrostatisch **3**-**d**imensional) von Heimann (1992).

14.4 Modelle für das Mikroklima (MIKM)

14.4.1 Allgemeine Grundlagen für MIKM

Der Übergang von MEKM zu Mikroklimamodellen MIKM ist fließend. Während sich MEKM über einen breiten **Skalenbereich** von regional (10 km bis 100 km) bis lokal (100 m bis 1000 m) erstrecken, liegen die Abmessungen der zu erfassenden Phänomene bei MIKM nur im Skalenbereich von 1 m bis 100 m. Die zugehörigen Zeitschritte liegen entsprechend im Sekundenbereich. Auch bei den MIKM handelt es sich meist um ein **Modellsystem**, wobei die Grundgleichungen, die unterschiedlich vereinfacht bzw. modifiziert werden können, den Gl. (14.1) bis (14.4) entsprechen. Bei der notwendigen feineren räumlichen Auflösung auf dem Rechengitter ist es erforderlich, dass alle MIKM auf nichthydrostatischer Grundlage formuliert werden. Da bei natürlichen, nicht bebauten Oberflächen die klimatischen Unterschiede im Mikrobereich ebenso wie die korrespondierenden Ausbreitungsverhältnisse nicht so groß sind und ihre Kenntnis in der Praxis im Allgemeinen nicht so wichtig ist, werden die existierenden MIKM fast ausschließlich für die **Modellierung des Stadtklimas** und seiner Mikroausprägungen eingesetzt.
Mit MIKM kann die Verteilung der meteorologischen Größen im Bereich städtischer Strukturen wie Straßenschluchten, Plätze, Parks usw. simuliert werden. Durch Koppelung mit einem Ausbreitungsmodell (s. Abschnitt 14.5) kann u. a. die Ausbreitung von Autoabgasen verfolgt werden. Ferner

14.4 Modelle für das Mikroklima (MIKM)

dienen Modelle dieser Art dazu, den Standort und die Form von Gebäuden zu optimieren sowie den thermischen und Windkomfort innerhalb städtischer Strukturen zu bestimmen sowie Grundlagen für Verbesserungen zu finden. Wenn mittlere oder Gleichgewichtszustände untersucht werden sollen, erfolgt die Modellierung diagnostisch (zeitunabhängig).

Übersichten zu dieser Modellklasse geben u. a. Groß (1999), Groß und Etling (2003) und Kerschgens (1999).

Die **Größe des Modellierungsgebietes** ist unterschiedlich und beträgt horizontal charakteristisch 0,5 km x 0,5 km. In der Vertikalen kann es bis zur Höhe der Troposphäre und darüber hinaus reichen, bleibt aber oft nur innerhalb des Grenzschichtbereiches. Nicht immer bildet die Oberfläche die untere Begrenzung solcher Modelle, sie kann vielmehr in der Größenordnung 1 m unter dieser liegen, so dass Bodentemperatur und -feuchte als Variablen mit berücksichtigt werden können.

Für jeden Gitterpunkt im Modellierungsgebiet müssen **Eingangsdaten** wie Feinrelief, Wasserflächen, Vegetation, Versiegelungsgrad, Standorte der Bauten sowie ihre **Porosität**, Lage und Art der Quellen von Schadgasen und Partikeln, anthropogene Wärmequellen und -senken, Feuchtequellen und -senken und Rauigkeitslängen ermittelt und eingegeben werden. Unter der für jede Gitterzelle vorzugebenden Porosität der Bebauung versteht man das Maß für die Durchlässigkeit von Bauwerken für den Wind (in Analogie für die Durchlässigkeit von Materialien gegenüber Flüssigkeiten oder Gasen). Je kleiner die Porosität ist, desto stärker wird die von außen kommende Strömung modifiziert. Sie kann seitlich ausweichen und die Gebäude umströmen, aber auch nach oben abbiegen und die Bebauung überströmen. Schließlich kann der Wind bei Eintritt in die Bebauung eine Beschleunigung erfahren. Somit ist die so verstandene Porosität eine wichtige Eingangsgröße. Ferner müssen die Größen eingegeben werden, die das thermische Verhalten der verschiedenen Unterlagen bestimmen.

Randbedingungen: Für die MIKM werden ebenso wie für die MEKM die seitlichen Randbedingungen vorgegeben. Diese können entweder zeitlich variabel oder stationär sein. Am seitlichen und oberen Rand herrscht meist für den Wind Geostrophie, und die statische Grundgleichung ist gültig. Im Modellierungsgebiet werden die Variablen in Form der Abweichungen von den Randwerten ermittelt und dargestellt.

Die untere Randbedingung kann entweder fest vorgegeben werden oder mittels eines angeschlossenen Energiebilanzmodells parametrisiert werden.

Häufig wird das MIKM in ein größerskaliges Modell eingebettet (kann bspw. ein Wettervorhersagemodell sein), ein Verfahren, das als **Nesting** bezeichnet wurde. Es gibt auch Modellsysteme mit Mehrfach-Nesting. Das Nesting kann gekoppelt (Wechselwirkung zwischen den beiden Modellen zugelassen) oder entkoppelt (nur Beeinflussung des MIKM durch die Umgebung) angelegt werden. Das Nesting-Verfahren wird besonders für Episodenuntersuchungen als unerlässlich angesehen.

Wie bereits für die MEKM ausgeführt, erfolgt die **Initialisierung** der MIKM-Läufe mit einer vorgeschalteten Modellierung. Dazu dient im Allgemeinen auch hier ein eindimensionales Energiebilanzmodell, das auf der Grundlage horizontaler Homogenität die Variation der wichtigen Größen mit der Höhe berechnet.

Umfangreiche **Parametrisierungen** müssen auch in dieser Modellklasse vorgenommen werden. So müssen einfache Ansätze für die subskaligen turbulenten Flüsse, die Strahlungsbilanz, die städtische Wärmespeicherung und die anthropogenen Wärmequellen und -senken gefunden werden.

Hinsichtlich des besonderen Problems der Parametrisierung der Turbulenz müssen bei der hohen Auflösung der MIKM bereits die kleinen, ursprünglichen Turbulenzelemente (s. Foken 2003) berücksichtigt werden. Auch die mit der städtischen Porosität verbundenen turbulenten Bewegungen müssen in bekannten oder vom Modell berechenbaren Größen ausgedrückt werden.

Für den oberen Rand des Modells müssen Randbedingungen in Übereinstimmung mit den seitlichen Rändern vorgesehen werden.

14.4.2 Charakterisierung ausgewählter Modelle

In den vergangenen Jahren sind zahlreiche MIKM für urbane Anwendungen entwickelt worden. In der Zusammenstellung von Mazarakis (s. o.) werden ca. 20 solcher Modelle ausgewiesen. Dabei handelt es sich bei über der Hälfte um Modelle, bei denen die Ausbreitung von Luftbeimengungen in städtischen Strukturen die Hauptrolle spielt. Hier werden vier typische Modelle genannt, von denen mehrere in der Beratungspraxis des DWD fest verankert sind. Modellierungsbeispiele für den mikroklimatischen Bereich enthalten die Abb. 14.5 und 14.7.

MISKAM (**Mi**kro**s**kaliges **K**lima- und **A**usbreitungs**m**odell): Dieses Modellsystem wurde an der Universität Mainz entwickelt (s. KLIM im Abschnitt 14.3.3). Es handelt sich um ein dreidimensionales Strömungs- und Ausbreitungsmodell für kleinräumige Anwendungen, das vor allem der Kenntnis der Wind- und Immissionsverhältnisse in Straßenzügen dient (Eichhorn 1989). Das Modell gestattet die Berechnung der interessierenden Felder bei rechtwinkligen Blockstrukturen, wobei auch Sedimentation und Deposition von Luftschadstoffen berücksichtigt werden können. Punkt- und Linienquellen können entsprechend den realen Bedingungen auf dem Modellgitter verteilt werden. Es dient hauptsächlich der Kenntnis der Ausbreitung im Bereich von einigen Metern bis zu 100 m. Eine PC-Version (WINMISKAM) existiert.

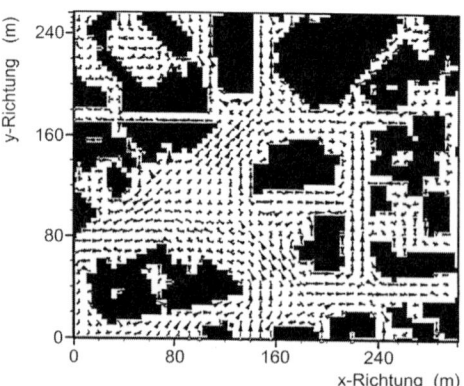

Abb. 14.5: Häufigkeitsverteilung der Windrichtung in 2 m Höhe ü. Gr. in der Innenstadt von Weimar (nach Groß 1999)

14.4 Modelle für das Mikroklima (MIKM)

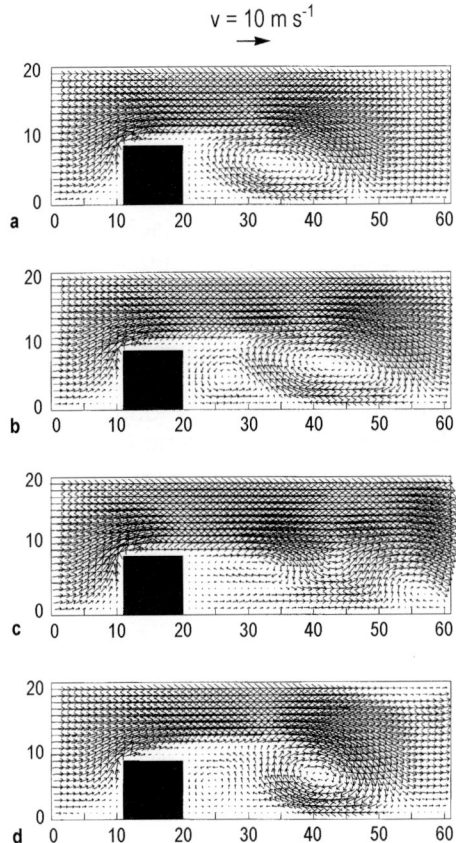

Abb. 14.6: Modellierung der Bildung und Ablösung von Wirbeln hinter einem Häuserblock bei neutraler Schichtung der Luft und einer Umgebungswindgeschwindigkeit von 10 m s^{-1}. Der zeitliche Abstand zwischen den Darstellungen (von oben nach unten) beträgt je 5 s (nach Hermel 1997)

MITRAS (**Mi**kroskaliges Chemie-, **Tra**nsport- und **S**trömungsmodell): Dieses vor allem für wissenschaftliche Zwecke an der Universität Hamburg in Zusammenarbeit mit anderen Instituten entwickelte dreidimensionale Modell ist die mikroskalige Variante des MEKM METRAS (s. Abschnitt 14.3.3) und wurde von Schlünzen et al. (2000) dokumentiert.

Es ermöglicht die Berechnung der Windkomponenten, der Lufttemperatur, des Dampfdrucks, des Flüssigwassergehaltes, des Wolkenwassergehaltes sowie der Konzentrationen verschiedener Gase und Partikeln im prognostischen Modus, während Druckstörungen und Deposition diagnostisch bereitgestellt werden. Die Größe des Modellierungsgebietes erstreckt sich horizontal von 100 m x 100 m bis zu 1 km x 1 km und vertikal von 1 m bis zu 25 km Höhe. Die ungleichmäßig mögliche Auflösung reicht von 1 m bis 100 m in horizontaler Richtung und von 1 m bis ca. 500 m Höhe mit dem Zeitschrittbereich von 0,01 s bis 1 s (bei chemischen Größen auch abweichend). Das Modell enthält umfangreiche Parametrisierungen. Entkoppeltes Einbetten in größerskaliges Modell (Nesting) ist möglich.

MUKLIMO (**M**ikroskaliges **U**rbanes **Kli**ma**mo**dell): Es handelt sich um eine Gruppe hydrodynamischer MIKM unterschiedlicher Dimension, deren Grundlagen und Möglichkeiten von Sievers und Zdunkowski (1986) und in Nachfolgearbeiten entwickelt worden sind. Dieses Modell wird im DWD als Standardmodell angewendet. Am weitesten entwickelt ist das dreidimensionale **MUKLIMO_3**. Bei den Anwendungen geht es meist um die Modellierung der stadtklimatologischen Auswirkungen besonders häufig auftretender charakteristischer Wetterlagen bzw. meteorologischer Situationen mit einem zeitlichen Maßstab von Stunden.

Berechnet werden die dreidimensionalen Felder von Windgeschwindigkeit und -richtung, der Lufttemperatur, und -feuchte, der Konzentration von einem oder mehreren Luftschadstoffen sowie der Bodentemperatur und -feuchte. Für letztere wird entweder die Wärmeleitungsgleichung oder ein spezielles Bodenfeuchte/-temperatur-Modell angewendet. Das Modell kann sowohl Einzelgebäude bzw. Blöcke (Abb. 14.7 und 14.8), aber auch flächenhafte Bebauungen berücksichtigen. In MUKLIMO können die Gitterabstände unterschiedlich gewählt werden, so dass in besonders wichtigen Bereichen des Modellgebietes eine höhere Auflösung möglich ist. Das Modell unterscheidet zwischen Ein- und Ausströmungsbedingungen. Am oberen Modellrand erfolgt die Kopplung an die Bedingungen der Umgebung, wobei die Randwerte von einem übergeordneten Modell geliefert werden. Der untere Rand hat bei MUKLIMO den Charakter einer Zwischengrenzfläche. Diese ist undurchlässig für Luft, aber durchlässig für Wärme und Feuchte. Der untere Rand des Modells befindet sich in 1 m Tiefe. Dort werden die Bodentemperatur und -feuchte fest vorgegeben.

Der Wärme- und Strahlungsumsatz erfolgt nicht nur am Boden, sondern auch an den Gebäudewänden und Dächern. Die Verteilung der Strahlung wird in Abhängigkeit von der für jeden Gitterpunkt eingegebenen Bebauungsdichte berechnet. Am Boden wird für den Strahlungs- und Wärmeumsatz bei unversiegelten Oberflächen der Bewuchs berücksichtigt (Canopy-Layer, s. Kapitel 13).

Das Modell wird für die meteorologischen Größen mit Hilfe eines eindimensionalen Vorschaltmodells initialisiert, bei dem horizontale Homogenität vorausgesetzt wird und nur vertikale Änderungen existieren.

Zur MUKLIMO-Gruppe gehört auch das im DWD in der Beratungspraxis eingesetzte zweidimensionale Kaltluftabflussmodell KLAM_31, das hochaufgelöst die Bewegung und Mächtigkeit nächtlicher Kaltluftbildungen berechnet.

UBIKLIM (**U**rbanes **B**io**KLI**ma**M**odell): Es handelt sich um eine auf den Menschen bezogene Bewertung des Mikro- bzw. Stadtklimas, wie sie in der Praxis des DWD vorgenommen wird. In UBIKLIM geht das bewährte „Klima-Michel-Modell" ein (s. Abschnitt 15.4.1.3) Es liefert das durchschnittliche subjektive thermische Empfinden

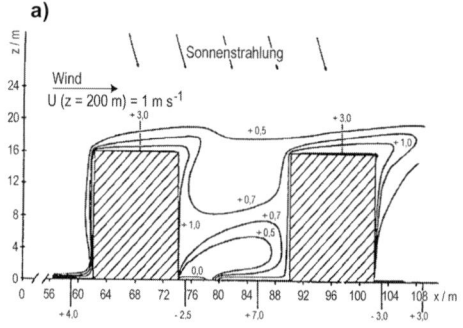

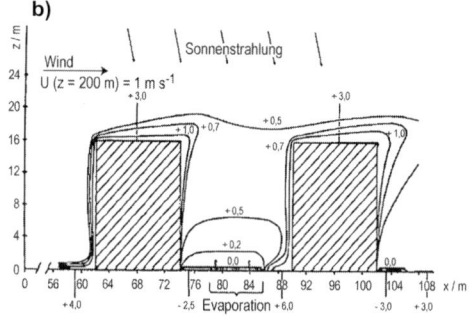

Abb. 14.7: Lufttemperaturverteilungen (dargestellt sind Differenzen zum Rand des Modellierungsgebietes) im Bereich einer von Häusern gesäumten Straße bei solarer Einstrahlung und sehr geringer Windgeschwindigkeit (Modell MUKLIMO, nach Sievers und Zdunkowski 1986)
a) Straße ohne Verdunstung
b) Straße mit Verdunstung (Grünstreifen in der Mitte)

eines definierten Menschen, wobei die Komfortskala entweder auf dem PMV-Wert oder auf der gefühlten Temperatur beruht (s. Abschnitt 15.4). Die für die Bewertung erforderlichen Größen Lufttemperatur, Dampfdruck, Windgeschwindigkeit sowie die kurz- und langwelligen Strahlungsflüsse werden von einem an das Bioklimamodell angekoppelten MIKM hoher Auflösung geliefert. Letzteres berechnet für gegebene Umgebungssituationen die meteorologischen Felder, die für die flächendeckende Bestimmung der thermischen Komfortklassen erforderlich sind. Bekleidung und körperliche Aktivität des „Klima-Michel" werden dabei als konstant angenommen. Die Ergebnisse werden gewöhnlich kartografisch im Maßstab von 1 : 10000 dargestellt. Der große Vorteil dieses oder der anderen Modelle besteht vor allem darin, dass neben den Ist-Zuständen die Änderungen nach Eingriffen in die Struktur der Oberfläche (insbesondere städtebauliche Maßnahmen) relativ zuverlässig bestimmt und beurteilt werden können.

14.5 Ausbreitungsmodelle

14.5.1 Einführung

Analyse und Vorhersage der Ausbreitung von Luftschadstoffen gehören zu den wichtigsten Aufgaben der Umweltmeteorologie mit hoher Praxisrelevanz. Auf die Ausbreitungsprozesse wurde bereits in den Abschnitten 4.2.2.6 und 6.6.2 eingegangen. Die **Ausbreitung von Gasen oder Partikeln** in der Atmosphäre, die Punkt-, Linien-, Flächen- oder Volumenquellen entstammen, kann über sehr große Entfernungen bis zum globalen Maßstab (Ferntransport) erfolgen. Die bei weitem größte Anzahl von Problemstellungen betrifft jedoch Entfernungen um die Quellen, die dem Mesomaßstab zugerechnet werden können. Besonders in Städten, wo die Quellendichte sehr hoch ist, interessiert vor allem die **Ausbreitung von Abgasen** (bspw. vom Kfz-Verkehr) im Mikromaßstab. Initiiert von praktischen Erfordernissen wurden für diese Maßstabsbereiche zahlreiche Ausbreitungsmodelle entwickelt, die entweder autonom oder mit den in den vorausgegangenen Abschnitten erörterten Meso- und Mikroklimamodellen betrieben werden können.

Allen Modellen gemeinsam ist die **Bilanzgleichung für Luftbeimengungen** (14.5), die besagt, dass die zeitliche Änderung der Konzentration an einem Ort (in 14.5 linke Seite) bestimmt wird durch den Transport infolge des mittleren Windes (rechte Seite: 1. Term) und durch den Transport infolge der turbulenten Diffusion (2. Term), durch die Quellen (3. Term) und Senken (4. Term) für die betrachteten Stoffe sowie im Fall chemisch aktiver Stoffe durch die Wechselwirkungen mit anderen Beimengungen (5. Term). Dieser Sachverhalt kann durch die Gleichung

$$\delta c_i / \delta t = -\nabla \cdot (\overline{c_i \cdot \vec{v}}) - \nabla \cdot (\overline{c_i' \cdot \vec{v}'}) + Q_{Ei} + Q_{Di} + Q_{Ci} \qquad (14.5)$$

beschrieben werden. Darin bedeuten

c_i = mittlere Konzentration einer Beimengung i / kg m^{-3},
$\vec{v}$ = mittlerer Windvektor / m s^{-1},
c_i', $\vec{v}'$ = turbulenzbedingte Fluktuationen der entspr. Größen,
$\overline{c_i \cdot \vec{v}'}$ = mittlere Korrelation der entspr. Fluktuation,
Q_{Ei} = Emissionsrate des Stoffes i

folge der angewendeten numerischen Verfahren und Vereinfachungen auf.
Für diese relativ wenig angewendeten Modelle sind meteorologische **Eingangsdaten** erforderlich. Eine besondere Rolle spielt auch hier die **Parametrisierung** der Turbulenz. Häufig werden Ansätze herangezogen, in denen Diffusionskoeffizienten (oder Austauschkoeffizienten) verwendet werden. Daher werden Modelle dieser Art auch als **K-Modelle** bezeichnet. Die Informationen über den vertikalen Verlauf dieser Größen und des Windes werden häufig eindimensionalen Grenzschichtmodellen entnommen. Damit können dreidimensionale Strömungsmodelle betrieben und mit dem Ausbreitungsmodell gekoppelt werden. Das stellt einen deutlichen Fortschritt gegenüber den Gauß-Modellen dar. Die Einheit von MEKM und K-Modell erlaubt die Berücksichtigung zeitlicher und räumlicher Änderungen der meteorologischen Elemente im Untersuchungsgebiet. Eine kritische Auseinandersetzung mit dieser Modellgruppe findet man bei Peters et al. (1995).

14.5.4 Lagrangesche Ausbreitungsmodelle

Als Alternative zur Eulerschen Auffassung besteht nach J. L. Lagrange (1736 –1813) das Ziel der Hydrodynamik darin, die Ortskoordinaten eines bewegten Teilchens in kurzen Zeitabständen über eine größere Distanz zu verfolgen, d. h. die **Bahnkurven** (oder Trajektorien) zu kennen. Nach diesem Prinzip funktionieren unter den Ausbreitungsmodellen die **Teilchensimulationsmodelle**, die auch als Lagrangesche Modelle bezeichnet werden. Voraussetzung für ihre Anwendung ist, dass die Teilchen so klein sind, dass sie durch die Luftströmungen passiv mitgeführt werden.

Zielgröße ist der Ortsvektor eines betrachteten Teilchens $\vec{X} = X(x, y, z)$ zur jeweiligen Zeit t unter Berücksichtigung des Zeitschrittes Δt. Für ein einzelnes Teilchen gilt die Relation (betragsmäßig)

$$X_{t+\Delta t} = X_t + \bar{v}_{x,t} \cdot \Delta t \qquad (14.9)$$

$\bar{v}$ ist hier die mittlere Geschwindigkeit des betrachteten Teilchens. In bekannter Weise (s. Foken 2003) kann der Augenblickswert der Geschwindigkeit dargestellt werden als

$$c_{x,t} = \bar{v}_{x,t} + v'_{x,t} \qquad (14.10)$$

Der erste Term auf der rechten Seite kann als Betrag des mittleren Windes, mit dem sich das Teilchen bewegt, interpretiert werden, während der zweite Term die momentanen turbulenzbedingten Abweichungen vom Mittelwert bezeichnet, die wiederum parametrisiert werden müssen. Die Größen $\bar{V}$ und die Turbulenzparameter können wiederum angekoppelten MEKM entnommen werden.
In den Teilchensimulationsmodellen wird die Gl. (14.6) auf eine Vielzahl von Teilchen (Größenordnung 10^5) angewendet.
Die Lagrange-Modelle simulieren gut die Ausbreitung von Schadstoffen, die von einer **Punktquelle** emittiert werden. Erheblichen Aufwand verlangt die Einbeziehung von Chemiemodellen und die Berücksichtigung mehrerer Quellen und Quellenarten (Quellenensembles).
Die gut ausgearbeiteten Lagrange-Modelle stellen heute für viele Anforderungen der Praxis die Methode der Wahl dar (TA Luft 2002).

eines definierten Menschen, wobei die Komfortskala entweder auf dem PMV-Wert oder auf der gefühlten Temperatur beruht (s. Abschnitt 15.4). Die für die Bewertung erforderlichen Größen Lufttemperatur, Dampfdruck, Windgeschwindigkeit sowie die kurz- und langwelligen Strahlungsflüsse werden von einem an das Bioklimamodell angekoppelten MIKM hoher Auflösung geliefert. Letzteres berechnet für gegebene Umgebungssituationen die meteorologischen Felder, die für die flächendeckende Bestimmung der thermischen Komfortklassen erforderlich sind. Bekleidung und körperliche Aktivität des „Klima-Michel" werden dabei als konstant angenommen. Die Ergebnisse werden gewöhnlich kartografisch im Maßstab von 1 : 10000 dargestellt. Der große Vorteil dieses oder der anderen Modelle besteht vor allem darin, dass neben den Ist-Zuständen die Änderungen nach Eingriffen in die Struktur der Oberfläche (insbesondere städtebauliche Maßnahmen) relativ zuverlässig bestimmt und beurteilt werden können.

14.5 Ausbreitungsmodelle

14.5.1 Einführung

Analyse und Vorhersage der Ausbreitung von Luftschadstoffen gehören zu den wichtigsten Aufgaben der Umweltmeteorologie mit hoher Praxisrelevanz. Auf die Ausbreitungsprozesse wurde bereits in den Abschnitten 4.2.2.6 und 6.6.2 eingegangen. Die **Ausbreitung von Gasen oder Partikeln** in der Atmosphäre, die Punkt-, Linien-, Flächen- oder Volumenquellen entstammen, kann über sehr große Entfernungen bis zum globalen Maßstab (Ferntransport) erfolgen. Die bei weitem größte Anzahl von Problemstellungen betrifft jedoch Entfernungen um die Quellen, die dem Mesomaßstab zugerechnet werden können. Besonders in Städten, wo die Quellendichte sehr hoch ist, interessiert vor allem die **Ausbreitung von Abgasen** (bspw. vom Kfz-Verkehr) im Mikromaßstab. Initiiert von praktischen Erfordernissen wurden für diese Maßstabsbereiche zahlreiche Ausbreitungsmodelle entwickelt, die entweder autonom oder mit den in den vorausgegangenen Abschnitten erörterten Meso- und Mikroklimamodellen betrieben werden können.

Allen Modellen gemeinsam ist die **Bilanzgleichung für Luftbeimengungen** (14.5), die besagt, dass die zeitliche Änderung der Konzentration an einem Ort (in 14.5 linke Seite) bestimmt wird durch den Transport infolge des mittleren Windes (rechte Seite: 1. Term) und durch den Transport infolge der turbulenten Diffusion (2. Term), durch die Quellen (3. Term) und Senken (4. Term) für die betrachteten Stoffe sowie im Fall chemisch aktiver Stoffe durch die Wechselwirkungen mit anderen Beimengungen (5. Term). Dieser Sachverhalt kann durch die Gleichung

$$\delta c_i / \delta t = -\nabla \cdot (\overline{c_i \cdot \vec{v}}) - \nabla \cdot (\overline{c_i' \cdot \vec{v}'}) + Q_{Ei} + Q_{Di} + Q_{Ci} \qquad (14.5)$$

beschrieben werden. Darin bedeuten

c_i = mittlere Konzentration einer Beimengung i / kg m^{-3},
$\vec{v}$ = mittlerer Windvektor / m s^{-1},
$c_i', \vec{v}'$ = turbulenzbedingte Fluktuationen der entspr. Größen,
$\overline{c_i \cdot \vec{v}'}$ = mittlere Korrelation der entspr. Fluktuation,
Q_{Ei} = Emissionsrate des Stoffes i

Q_{Di} = Depositionsrate des Stoffes i / kg m^{-3} s^{-1},
Q_{Ci} = Umwandlungsrate des Stoffes i durch chemische Prozesse / kg m^{-3} s^{-1}.

Nachstehend werden die drei gängigen Methoden beschrieben, die der Aufstellung von Simulationsmodellen der Ausbreitung zugrunde liegen. Welcher **Modelltyp** in einem konkreten Fall gewählt wird, hängt von verschiedenen Faktoren wie Kenntnis der notwendigen Eingangsdaten, der gewünschten Genauigkeit, von den Rechenmöglichkeiten und nicht zuletzt von der Anerkennung der Ergebnisse im Zuge von gesetzlich vorgeschriebenen Umweltverträglichkeitsprüfungen ab.

Übersichten zu dieser Problematik sind bei Schlünzen (2002) und Groß und Etling (2003) zu finden.

14.5.2 Ausbreitungsmodell vom Gauß-Typ

Betrachtet man die in Abb. 4.14 (s. Abschnitt 4.2.6.5) dargestellten **Ausbreitungstypen**, so wird dem Betrachter zu Recht der Eindruck vermittelt, dass die Form der stark von den Stabilitätsbedingungen der Grenzschicht abhängigen Rauchfahnen in erster Näherung Gaußschen Normalverteilungen (C. F. Gauß, 1777–1855) ähneln. Mit zunehmender Entfernung von der Quelle wird die Dispersion der Beimengungen um die mittlere Ausbreitungsrichtung immer größer. Eine frühe deutschsprachige Beschreibung dieser Modelle gab Böer (1964).

Die Gaußschen **Abgasfahnen-Modelle** werden durch analytische Lösungen der Gl. (14.5) gewonnen, allerdings unter der Voraussetzung relativ einschneidender **Vereinfachungen** wie Stationarität der Felder der atmosphärischen Größen und des Ausbreitungsprozesses sowie der Quellstärke. Die horizontale Inhomogenität der meteorologischen Felder sowie die Höhenabhängigkeit von Wind und Turbulenzeigenschaften werden ebenso wie chemische Umwandlungen in der Atmosphäre nicht berücksichtigt.

In Analogie zur eindimensionalen Gaußschen Wahrscheinlichkeitsdichtefunktion

$$f(x) = (1/\sigma \sqrt{2\pi}) \cdot \exp[-(x - \mu)^2 / 2\pi^2] \quad (14.6)$$

mit
σ = Dispersion (angenähert durch die Standardabweichung),
x = Einzelwert der Funktion,
μ = Erwartungswert (angenähert durch den Mittelwert)

lautet die Lösungsgleichung für das Gaußsche Ausbreitungsmodell (biaxiale Verteilungsfunktion):

$$c(x,y,z) = Q / (2 \cdot \pi \cdot u \cdot \sigma_y \cdot \sigma_z) \cdot [\exp(-y^2 / 2 \cdot \sigma_y^2) + \exp(-(z - H)^2 / 2 \cdot \sigma_z^2) + \exp(-(z + H)^2 / 2 \cdot \sigma_z^2)] \quad (14.7)$$

mit
c = Konzentration der Luftbeimengung
Q = Quellstärke / kg s^{-1},
u = horizontale Komponente des Windvektors in x-Richtung (= Ausbreitungsrichtung) / m s^{-1},
σ = Standardabweichung der Luftbeimengungsverteilung in y- (σ_y) oder z-Richtung (σ_z),
H = effektive Schornsteinhöhe / m
z = Höhe über NN / m,
y = horizontaler Abstand normal zur Richtung der Ausbreitung (x-Richtung) / m.

Die σ-Größen hängen von den **Turbulenzeigenschaften** ab und müssen parametrisiert werden. Sie können wie folgt durch Diffusionskoeffzienten (K) ausgedrückt werden (s. Foken 2003):

$\sigma_y = 2 \cdot K_y \cdot t$ bzw. $\sigma_z = 2 \cdot K_z \cdot t$ (14.8)

mit
t = Zeit.

Wie bei anderen Modellen benötigt man problemangepasst definierte **Randbedingungen**. Diese Modellklasse ist die zuerst entwickelte und angewendete Methode zur quantitativen Kenntnis der Ausbreitungsverhältnisse.

Im Ergebnis liefern die Fahnenmodelle **stationäre Konzentrationsfelder** in Abhängigkeit von der Quellentfernung und -stärke. In Quellnähe (bis ca. 10 km), für hohe Quellen und ebenes Gelände sind die Fehler im Fall längerer Berechnungszeiträume am geringsten. Zu dieser Methode gibt es zahlreiche Verbesserungen und Varianten. Die einschneidenden Bedingungen der Stationarität von Quellstärke und meteorologischen Parametern können dadurch gemildert werden, dass man das Gaußsche **Puff- oder Wolkenmodell** anwendet. Bei diesem wird der gesamte Berechnungszeitraum in kleine Zeitabschnitte eingeteilt. Für jedes dieser Zeitabschnitte wird das Basismodell mit jeweils verschiedenen Quellstärken und Ausbreitungsparametern betrieben. Auf diese Weise kann auf der Grundlage von stationären Einzelzuständen eine Aussage über die nichtstationäre Entwicklung annähernd gewonnen werden.

14.5.3 Eulersche Ausbreitungsmodelle

Nach L. Euler (1707–1783) besteht das Ziel der Hydrodynamik darin, dass der Strömungsvektor (oder eine davon abhängige Größe) an jedem Ort und zu jedem Zeitpunkt bekannt ist. Dieses Ideal streben die Eulerschen Ausbreitungsmodelle an. Es handelt sich um Modelle, die auf der numerischen Lösung der Gl. (14.5) beruhen. Je nach Größe des zu erfassenden Gebietes, seines Reliefs und auch der zur Verfügung stehenden Computerressourcen wird ein **Gitternetz** (s. Abschnitt 14.3) für die Erdoberfläche und für ausgewählte Höhen angelegt. Entsprechend der Maschenweite werden Volumenmittelwerte der Konzentration von Luftbeimengungen für jeden Zeitschritt berechnet. Man erhält so die Verteilung eines gesuchten Schadstoffes mit der Zeit in dem betrachteten Gebiet.

Der große Vorteil dieser Modelle besteht darin, dass Quellenzahl und -anordnung frei wählbar sind. Günstig ist auch, dass chemische Umwandlungen berücksichtigt werden können. Die Koppelung mit **Depositionsmodellen** macht auch die Einbeziehung von Gasen möglich, die spezifisch schwerer sind als Luft.

Als Nachteil ist vor allem der Umstand zu erwähnen, dass infolge der erforderlichen Glättung der Konzentrationswerte (Mittelung über die Gittervolumina) eine „künstliche Diffusion" auftritt, die besonders in der Nähe der Quellen die reale Konzentrationsverteilung verfälscht. Dieser Fehlerquelle sucht man zu begegnen, indem man für die quellennahen Bereiche ein Gaußsches Fahnenmodell einsetzt, das gerade dort die geringste Fehlerquote aufweist. Fehler treten auch in-

folge der angewendeten numerischen Verfahren und Vereinfachungen auf.
Für diese relativ wenig angewendeten Modelle sind meteorologische **Eingangsdaten** erforderlich. Eine besondere Rolle spielt auch hier die **Parametrisierung** der Turbulenz. Häufig werden Ansätze herangezogen, in denen Diffusionskoeffizienten (oder Austauschkoeffizienten) verwendet werden. Daher werden Modelle dieser Art auch als **K-Modelle** bezeichnet. Die Informationen über den vertikalen Verlauf dieser Größen und des Windes werden häufig eindimensionalen Grenzschichtmodellen entnommen. Damit können dreidimensionale Strömungsmodelle betrieben und mit dem Ausbreitungsmodell gekoppelt werden. Das stellt einen deutlichen Fortschritt gegenüber den Gauß-Modellen dar. Die Einheit von MEKM und K-Modell erlaubt die Berücksichtigung zeitlicher und räumlicher Änderungen der meteorologischen Elemente im Untersuchungsgebiet. Eine kritische Auseinandersetzung mit dieser Modellgruppe findet man bei Peters et al. (1995).

14.5.4 Lagrangesche Ausbreitungsmodelle

Als Alternative zur Eulerschen Auffassung besteht nach J. L. Lagrange (1736–1813) das Ziel der Hydrodynamik darin, die Ortskoordinaten eines bewegten Teilchens in kurzen Zeitabständen über eine größere Distanz zu verfolgen, d. h. die **Bahnkurven** (oder Trajektorien) zu kennen. Nach diesem Prinzip funktionieren unter den Ausbreitungsmodellen die **Teilchensimulationsmodelle**, die auch als Lagrangesche Modelle bezeichnet werden. Voraussetzung für ihre Anwendung ist, dass die Teilchen so klein sind, dass sie durch die Luftströmungen passiv mitgeführt werden.

Zielgröße ist der Ortsvektor eines betrachteten Teilchens $\vec{X} = X(x, y, z)$ zur jeweiligen Zeit t unter Berücksichtigung des Zeitschrittes Δt. Für ein einzelnes Teilchen gilt die Relation (betragsmäßig)

$$X_{t + \Delta t} = X_t + \overline{v}_{x, t} \cdot \Delta t \qquad (14.9)$$

$\overline{v}$ ist hier die mittlere Geschwindigkeit des betrachteten Teilchens. In bekannter Weise (s. Foken 2003) kann der Augenblickswert der Geschwindigkeit dargestellt werden als

$$c_{x, t} = \overline{v}_{x, t} + v'_{x, t} \qquad (14.10)$$

Der erste Term auf der rechten Seite kann als Betrag des mittleren Windes, mit dem sich das Teilchen bewegt, interpretiert werden, während der zweite Term die momentanen turbulenzbedingten Abweichungen vom Mittelwert bezeichnet, die wiederum parametrisiert werden müssen. Die Größen $\overline{V}$ und die Turbulenzparameter können wiederum angekoppelten MEKM entnommen werden.
In den Teilchensimulationsmodellen wird die Gl. (14.6) auf eine Vielzahl von Teilchen (Größenordnung 10^5) angewendet.
Die Lagrange-Modelle simulieren gut die Ausbreitung von Schadstoffen, die von einer **Punktquelle** emittiert werden. Erheblichen Aufwand verlangt die Einbeziehung von Chemiemodellen und die Berücksichtigung mehrerer Quellen und Quellenarten (Quellenensembles).
Die gut ausgearbeiteten Lagrange-Modelle stellen heute für viele Anforderungen der Praxis die Methode der Wahl dar (TA Luft 2002).

14.5.5 Modellwahl

In der Literatur findet man zahlreiche Ausbreitungsmodelle, die nach den beschriebenen Grundverfahren arbeiten. Darunter befinden sich große Modellsysteme, die mit MEKM und MIKM gekoppelt sind und einen hohen Aufwand verlangen, aber auch Modelle, die relativ leicht handzuhaben und auf Personalcomputern genutzt werden können. Für einen potenziell Interessierten erhebt sich die Frage, welches Modell für seine Aufgabenstellung (Ausbreitung von Gasen einschließlich Gerüchen sowie Aerosolpartikeln) in Frage kommt.

Einer diesbezüglichen Entscheidung muss eine **Problem- und Datenanalyse** für das Untersuchungsgebiet vorausgehen. Von großer Bedeutung ist auch, welchen **Verbindlichkeitsgrad die Ergebnisse** der Modellierung haben sollen, wobei in diesem Zusammenhang zudem wichtig ist, ob für die anzufertigenden Gutachten finanzielle Mittel zur Verfügung stehen. Handelt es sich um die Durchführung einer Umweltverträglichkeitsprüfung, so müssen die Ergebnisse gegebenenfalls rechtlich belastbar sein. In diesem Fall ist es geboten, die Modelle in Abhängigkeit von der konkreten Aufgabenstellung zu verwenden, die in der von der Bundesregierung bestätigten „Technischen Anleitung zur Reinhaltung der Luft" (TA Luft 2002) zusammen mit den zugehörigen VDI-Richtlinien (VDI 2000, 2002) enthalten sind. In der VDI-Richtlinie (VDI 2002) sind das empfohlene Lagrange-Modell und die für die Anwendung erforderlichen Voraussetzungen enthalten. Dabei handelt es sich um Modelle, die nach dem Urteil kompetenter Fachleute die gegenwärtig besten sind. Die Technische Anleitung enthält auch einschlägige Rechtsvorschriften sowie Immissionsgrenzwerte für die Luftschadstoffe.

Es sei erwähnt, dass innerhalb der Europäischen Union bereits seit den 1980er Jahren Richtlinien für die Harmonisierung von Umweltverträglichkeitsprüfungen hinsichtlich der Kontrolle und der Beurteilung der Luftqualität einschließlich von Ausbreitungsmodellen existieren, die immer wieder aktualisiert werden (85/337/EWG, 96/62/EG, 1999/30/EG, 2000/69/EG und 2002/3/EG). Eine Harmonisierung wird darüber hinaus für alle in diesem Kapitel erwähnten Modellklassen angestrebt.

Für die **Beurteilung der Ergebnisse** ist zu beachten, dass auch die modernsten Modelle gegenüber Immissionsmessungen immer noch um ± 50 % abweichen können, was jedoch im Lichte der Entwicklung der Ausbreitungsmodellierung schon einen erheblichen Fortschritt darstellt.

Der DWD verfügt ebenso wie einschlägige Ingenieurbüros über die entsprechend der Aufgabenstellung erforderlichen Modelle und das für ihre richtige Anwendung notwendige Knowhow. Allerdings sind für Aufträge dieser Art erhebliche finanzielle Mittel notwendig.

14.6 Weitere Modelle

Wie aus den Ausführungen in den vorangegangenen Abschnitten schon hervorgegangen ist, enthalten die dreidimensionalen MEKM und MIKM Module, mit denen die chemische Umwandlung emittierter Gase modelliert werden kann. Die Aufstellung von **Chemiemodellen** ist für eine reale

Beurteilung der Quantität und Qualität der Immissionen unverzichtbar.

Bisher hat man schon chemische Stoffe in der Atmosphäre nachgewiesen, deren Zahl in die Tausende geht (Graedel und Crutzen 1994). Die Gase befinden sich in der Luft in unterschiedlicher Phase. Zum Teil lagern sie sich auch an Aerosolteilchen oder an Niederschlagsteilchen verschiedener Art an. In der Troposphäre befinden sich wesentlich mehr reaktive organische als anorganische Gase, wodurch die Entstehung oxidierter Verbindungen und damit Wasserlöslichkeit ermöglicht wird. Es liegt auf der Hand, dass die große Zahl von Spurengasen sowohl natürlichen als auch anthropogenen Quellen entstammt. Am meisten untersucht sind die Schwefel- und Stickstoffverbindungen sowie das Ozon. Eine aktuelle Übersicht über das Wesen und die Probleme solcher Modelle gibt Schlünzen (2002).

Bevor Chemiemodelle formuliert werden können, müssen die **Reaktionsmechanismen** möglichst unter in-situ-Bedingungen geklärt werden. Das ist aber durch Messungen in der Atmosphäre nur bedingt möglich, so dass auch Labor- und Reaktionskammerexperimente zur Klärung durchgeführt werden müssen. Dabei geht es insbesondere auch um die Wechselwirkungen zwischen den chemischen Abläufen sowie Umwandlungen und den meteorologischen Prozessen. Für die chemischen Transformationen sind besonders die Sonnenstrahlung, die relative Luftfeuchte und die Temperatur von Bedeutung. In den Modellen selbst werden oft Gruppen von Spurengasen ähnlichen Molekülaufbaus, sowie auch die **Aerosolteilchen**, -verteilungen und deren Wechselwirkungen mit der Gasphasenchemie und der Wolkenbildung berücksichtigt. Desgleichen bestehen Beziehungen zwischen Aerosol und den meteorologischen Größen, insbesondere zur relativen Luftfeuchte. Je nach Größe unterliegen die Aerosolteilchen der Deposition, deren Beschreibung ebenfalls immanenter Bestandteil von Chemiemodellen ist. Unter der **Deposition** versteht man die Ablagerung atmosphärischer Bestandteile an Oberflächen verschiedenster Art. Sind die Gase an Staub gebunden, der zu Boden sinkt, spricht man von trockener Deposition, sind sie dagegen im Wasserdampf der Luft gelöst und gelangen mit dem Niederschlag zum Boden, so handelt es sich um nasse Deposition (s. Abschnitt 12.3.3.2). Beide Arten müssen in den Modellen erfasst werden.

Für die Modellierung der chemischen Prozesse in der unteren Atmosphäre ist auch die Berücksichtigung der Art und Wirkungsweise der **Emissionen** erforderlich. Das hat sich in den letzten Jahrzehnten mit dem Übergang von relativ hoch über Grund befindlichen, punktförmigen Quellen großer Mächtigkeit (Industrieanlagen, Kraftwerke) zu mehr flächen- und linienhaften Quellen, die vor allem der Kfz-Verkehr und die Haushalte hervorrufen, vollzogen.

Chemiemodelle sollten immer mit meteorologischen Modellen gekoppelt sein, weil die vielfältigen Wechselwirkungen zwischen den meteorologisch-klimatologischen Vorgängen und den Reaktionsmechanismen nur in einem einheitlichen Modellsystem berücksichtigt werden können. Das Schema eines einfachen Chemiemodells zeigt Abb. 14.8.

14.6 Weitere Modelle

Insgesamt kann festgestellt werden, dass erheblicher Forschungsbedarf zur möglichst umfassenden Berücksichtigung der **Multiphasenchemie** in den Modellen ebenso besteht wie zur Feststellung der Relationen zwischen Chemie und Meteorologie. Die experimentellen Untersuchungen müssen verstärkt werden.

Die schon oben erwähnten Modelle **METRAS** und **MITRAS** (Universität Hamburg u. a.) können als chemisch anspruchsvoll gekennzeichnet werden. Diese Modelle berücksichtigen solche Spurenstoffe wie SO_2, NO_2, NO, O_3, VOC, CO_2 sowie Partikeln in der festen Phase. Die zeitliche Auflösung ist sehr hoch und kann den Erfordernissen der chemischen Umwandlungen angepasst werden.

Das schweizerische Modell **MetPhot-Mod** (**Met**eorologisch-**phot**ochemisches

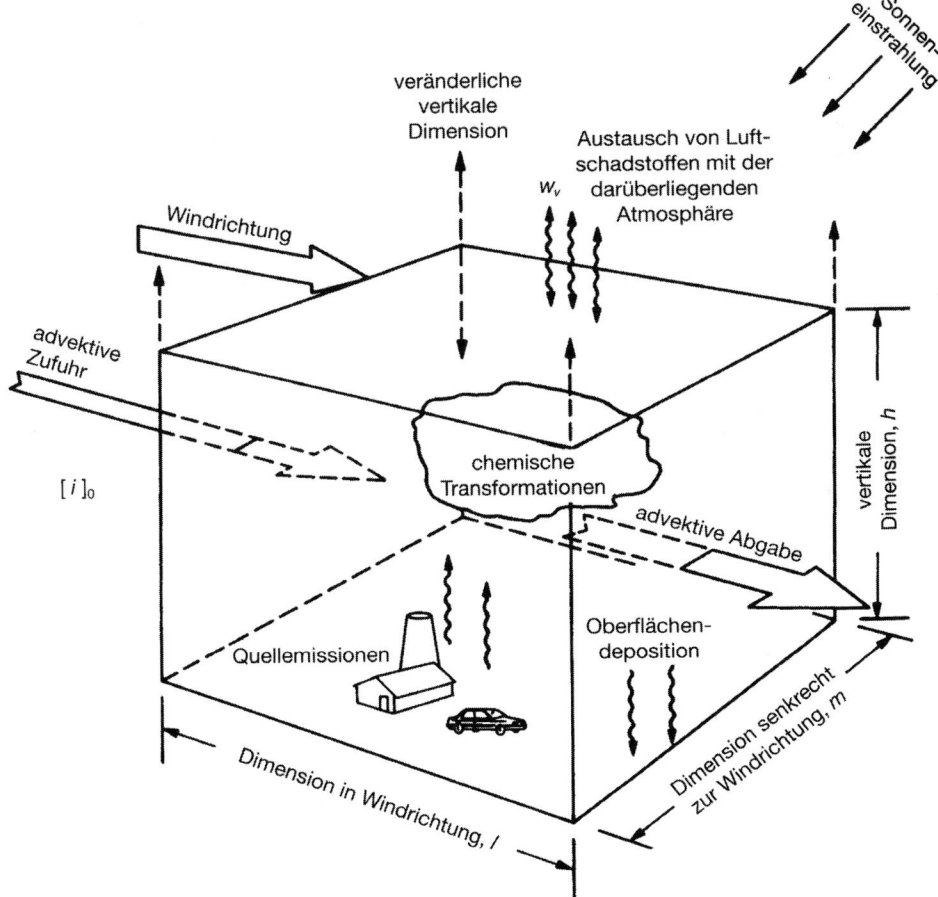

Abb. 14.8: Schematische Darstellung eines einfachen Luftchemiemodells (nach Graedel und Crutzen 1999)

Modell), das an der Universität Bern entwickelt wurde, wird besonders für die Modellierung sommerlicher Bodenozonepisoden eingesetzt. In diesem dreidimensionalen, prognostischen Eulerschen MEKM wird die sich unter dem Einfluss der Sonnenstrahlung aus der Advektion der Vorläufersubstanzen wie Stickoxide und Kohlenwasserstoffe ergebende Ozonbildung simuliert. Die Transporte werden unter Berücksichtigung des Reliefs, der Windverhältnisse und der speziellen Windsysteme berechnet. Die verschiedenen, im Modell enthaltenen Module können wahlweise zu- oder abgeschaltet werden.

Als letztes seien noch die **Beleuchtungs- oder Beschattungsmodelle** erwähnt, die verhältnismäßig einfach, jedoch für die Praxis sehr wichtig sind. Sowohl in Gebirgen und Arealen mit bedeutenden Reliefunterschieden sowie in Stadtgebieten ist es zur Beurteilung von klimatischen Besonderheiten im meso- und mikroklimatischen Bereich wichtig, aus der Verteilung von Höhe, Hangneigung und -exposition sowie der städtischen Strukturen die potenziellen Besonnungs- und Beschattungszeiten (einschließlich scheinbar mehrfacher Sonnenauf- und -untergangszeiten) zu berechnen. In der Arbeit von Enders (1979) findet man eindrucksvolle Beispiele solcher Berechnungen für das Hochgebirge.

Die einschlägigen Modelle berechnen flächendeckend im interessierenden Gebiet für beliebige Höhen ü. Gr. den prozentualen Anteil der Beschattungszeiten an der astronomisch möglichen Sonnenscheindauer für zu wählende Zeitabschnitte. Ausgegeben werden auch die Horizontüberhöhungen und die Himmelssichtfaktoren (s. Abschnitt 13.6.1). Meist enthalten die Modelle auch die näherungsweise Berechnung der einfallenden kurzwelligen **Sonnenstrahlung** wie auch der Reflexstrahlung in energetischen Einheiten. Genannt werden hier nur die Modelle **Metsun** der Fa. Metcon (Pinneberg) und **Shadow**, das an der Universität Bochum entwickelt wurde. Modelle dieser Art können auf PC angewendet werden.

14.7 Abschließende Hinweise

Die Vielfalt der bestehenden Möglichkeiten zur Modellierung im meso- und mikroräumigen Bereich konnte in diesem Kapitel nur angedeutet werden. Ein potenzieller Nutzer muss daher die Auswahl sehr sorgfältig vornehmen, wenn er die Absicht hat, ein oder mehrere Modelle praktisch anzuwenden. Jedes Simulationsmodell ist in der Regel für einen bestimmten Einsatzzweck entwickelt worden. Daher haben sowohl der DWD als auch einschlägige Firmen stets mehrere Modelle im Einsatz, aus denen sie die für eine bestimmte Problemstellung optimale Variante auswählen. Wie weiter oben schon ausgeführt, hängt die Modellwahl auch von der angestrebten Rechtsverbindlichkeit der erzielten Ergebnisse und Aussagen ab. Diese gewährleisten die in der TA Luft empfohlenen Modelle.

Auf alle Fälle muss sich ein potenzieller Nutzer davor hüten, irgendein Modell nur schematisch anzuwenden, auch wenn es online oder auf PC gerechnet werden kann. Mit vollem Recht weist Kerschgens (1999) darauf hin, dass solche Modelle für Nutzer ohne meteorologischen Sachverstand nicht geeignet sind.

14.7 Abschließende Hinweise

Bei Modellrechnungen handelt es sich stets um die Widerspiegelung des erreichten Verständnisgrades der untersuchten Prozesse. Wie schon weiter oben erwähnt, haben die hier behandelten Modelle im Allgemeinen noch eine größere Fehlerspanne. Zu dem Fehlerspektrum tragen alle in den vorausgegangenen Abschnitten behandelten Eigenschaften und Voraussetzungen der Modelle bei. Auf wenigstens stichprobenhafte Validierungen der erzielten Modellergebnisse sollte nach Möglichkeit nicht verzichtet werden.

15 Biometeorologie

15.1 Einleitung

Viele Bereiche des menschlichen Lebens werden von Wetter und Klima beeinflusst. In einigen Fachdisziplinen sind die Wirkungen des Wetters und des Klimas so markant, dass spezielle meteorologische Forschung und Beratung für diese Zweige notwendig sind. Hierzu zählen u. a. die Land- und Forstwirtschaft.

Die **Biometeorologie** ist ein Spezialgebiet der Meteorologie und erforscht die direkten und indirekten Einflüsse der Atmosphäre auf lebende Organismen. Gebiete der Biometeorologie sind dementsprechend die Agrar- und Forstmeteorologie sowie die Human-Biometeorologie.

Die **Agrar- und Forstmeteorologie** scheinen auf den ersten Blick sehr ähnliche Disziplinen zu sein, da in beiden Bereichen Einflüsse des Wetters und der Witterung auf Pflanzen untersucht werden. Unterschiede ergeben sich jedoch durch die verschiedene Lebensdauer der betrachteten Pflanzen. In der Forstmeteorologie ist infolge der Langlebigkeit eines Waldbestandes der Witterungscharakter eines einzelnen Jahres nicht so ausschlaggebend wie für das Gedeihen von Feldfrüchten. Das heißt jedoch nicht, dass einzelne exzeptionelle Witterungsereignisse wie schwere Stürme oder lang anhaltende Dürreperioden keinen Einfluss auf den Bestand haben. Allgemein müssen jedoch bei forstwirtschaftlichen Maßnahmen wie der Anpflanzung von Jungbäumen oder dem Schlagen von Beständen längerfristige Aspekte berücksichtigt werden.

Die Landwirtschaft muss seit jeher das Wetter als einen wichtigen Produktionsfaktor berücksichtigen. Hiervon zeugen u. a. zahlreiche Wetter- und Bauernregeln. Die klimatischen Bedingungen einer Region bestimmen in erster Linie die Anbaueignung und -form landwirtschaftlicher Kulturen. Hingegen beeinflusst der jährliche Witterungsverlauf Wachstum und Entwicklung der Pflanzen und zu einem großen Teil auch die Höhe des Ertrages bzw. seine Qualität. Die Bestandsführung wie Düngung, Pflanzenschutz und weitere agrotechnische Maßnahmen werden durch die Variabilität des Wetters wesentlich mitbestimmt.

Ein kleineres Teilgebiet, das die Wirkungen des Wetters und des Klimas auf die Entwicklung von Pflanzen und Tieren und deren Saisonalität untersucht, ist die **Phänologie**. Diesem Forschungsgebiet wurde in den letzten Jahren wieder verstärkt Aufmerksamkeit geschenkt, da sich phänologische Beobachtungen als gute Indikatoren für den Nachweis von Klimaänderungen erwiesen haben (s. Abschnitt 15.3).

Der Mensch unterliegt in seinem Befinden ebenfalls der Variabilität der Witterung und extremen Wetterereignissen. Statistischen Umfragen zufolge leidet nahezu jeder zweite Mensch unter der Veränderlichkeit des Wetters. Die **Human-Biometeorologie** untersucht diese Wirkungen in vielfältiger Art und Weise (s. Abschnitt 15.4).

15.2 Agrarmeteorologie

15.2.1 Aufgaben der Agrarmeteorologie

Die **Agrarmeteorologie** beschäftigt sich als Teilgebiet der Biometeorologie traditionell mit den Auswirkungen des Wetters, der Witterung und des Klimas auf die Landwirtschaft. Im Vordergrund der Betrachtungen steht jeweils das System „Boden – Pflanze – Atmosphäre".

Traditionelle wissenschaftliche Problemstellungen in der Agrarmeteorologie sind u. a.:
- der Energie-, Wasser- und Stoffkreislauf unter besonderer Berücksichtigung bodennaher Bereiche,
- der Einfluss des Wetters und der Witterung auf Entwicklung, Wachstum und Ertragsbildung landwirtschaftlicher Nutzpflanzen,
- witterungsbedingte Schäden und ihre Verhütung,
- das meteorologisch bedingte Auftreten und die Entwicklung von Krankheits- und Schaderregern in Kulturpflanzenbeständen,
- agrarmeteorologische Messungen im Bestand und Untersuchungen zum Bestandsklimas,
- agrarklimatische Standortbeurteilungen,
- die Beregnungssteuerung und -beratung sowie
- die Entwicklung von Modellen, die die Wechselbeziehungen zwischen Boden, Pflanze und Atmosphäre detailliert beschreiben (SVAT-Modelle, SVAT: Soil Vegetation Atmosphere Transfer).

In der Agrarmeteorologie werden wie in der Mikrometeorologie (s. Kapitel 12) die klimatischen Verhältnisse der bodennahen Bereiche betrachtet und darüber hinaus deren Wirkung auf die Pflanzenentwicklung und das Pflanzenwachstum untersucht. Ausgehend von der Energiebilanz eines Pflanzenbestandes sollen in den nachfolgenden Abschnitten sowohl der Bodenwärmehaushalt als auch der Bodenwasserhaushalt einschließlich Fragen der Verdunstung und des Mikroklimas von Pflanzenbeständen behandelt werden. Der Abschnitt endet mit einer kurzen Diskussion über mögliche Folgen des globalen Klimawandels in der Landwirtschaft.

15.2.2 Aspekte der Energiebilanz eines Pflanzenbestandes

Die **Energiebilanz** an der aktiven Fläche eines Bestandes ergibt sich, wie auch am Erdboden, aus der Bilanzierung der auf die Fläche auftreffenden und diese wieder verlassenden Strahlungs- und Wärmeströme (s. Abschnitte 3.6, 3.7). Der Bereich, in dem der Hauptumsatz der Strahlungsenergie erfolgt, wird als aktive oder auch tätige Fläche des Bestandes bezeichnet. Sie liegt bei gut entwickelten Pflanzenbeständen etwa im oberen Drittel der Bestandshöhe, bei sehr dichten geschlossenen Beständen fast an deren Oberfläche. Die Energie, die für die Verdunstung (Q_E), die Erwärmung des Bestandes (ΔQ_S) und des Erdbodens (Q_B) sowie der Luft (Q_H) im Verlauf eines Tages maßgeblich zur Verfügung steht, wird durch die Strahlungsbilanz bestimmt. Die Energieaufnahme der Pflanzen für Stoffwechselprozesse (ΔQ_P) kann im Allgemeinen vernachlässigt werden (s. Abschnitt 12.3.3).

Abb. 15.1 zeigt den Verlauf der **Strahlungsbilanz** über einer vegetations-

15.2 Agrarmeteorologie

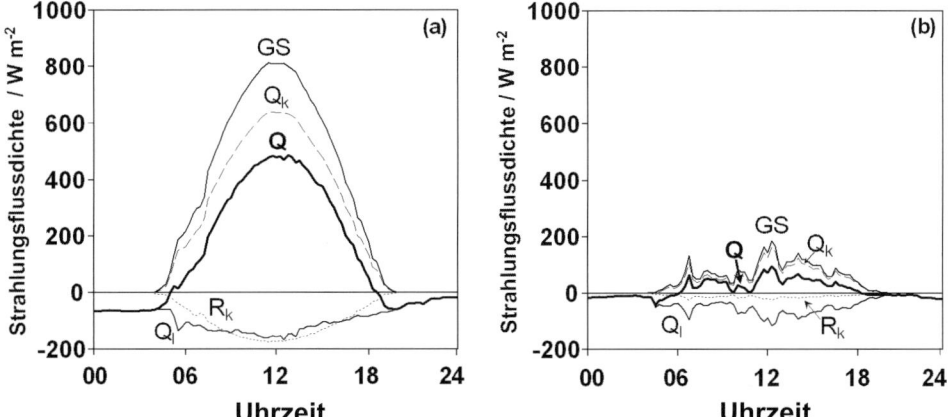

Abb. 15.1: Tagesgang der Strahlungsbilanz für einen (a) Strahlungstag (18.5.) und (b) einen trüben Tag (19.5.), Daten: Agrarmeteorologisches Intensivmessfeld der Humboldt-Universität zu Berlin, Berlin-Dahlem

freien Fläche (Sandboden) im Mai. Deutlich sind die Unterschiede an den beiden betrachteten Tagen. Während an dem Strahlungstag Maximalwerte der Globalstrahlung von 800 W m^{-2} um die Mittagszeit gemessen wurden, erreichten die Höchstwerte an dem darauf folgenden, stark bewölkten Tag keine 200 W m^{-2}. Die Strahlungsbilanz an dem trüben Tag beträgt lediglich 10 % des Wertes vom Vortag. Dementsprechend weniger Energie stand an diesem Tag für die Verdunstung und Erwärmung von Boden und Luft zur Verfügung.

In Abb. 15.2 ist der Verlauf der Energiebilanzgrößen im Bereich eines gut mit Wasser versorgten Beta-Rübenbestandes dargestellt. Während der erste Tag (7.8.) ebenfalls eine typische Strahlungswetterlage zeigt, ist die Globalstrahlung an den Folgetagen zunehmend durch Bewölkung verringert. In allen Fällen wird der größte Teil der tagsüber zur Verfügung stehenden Strahlungsenergie durch die Evapotranspiration des Bestandes verbraucht

(ca. 70 %). Nur ein geringer Energieanteil verbleibt für die Erwärmung der Luft und des Bodens in dieser Entwicklungsphase. Dies ist für gut mit Wasser versorgte Pflanzenbestände charakteristisch. Der starke Wärmeentzug durch Verdunstung und die Strahlungsabsorption durch das Blattwerk im Bereich der tätigen Fläche führen zur Ausbildung eines charakteristischen Mikroklimas im Bestand (s. Abschnitt 15.2.5).

Die **Solarstrahlung** ist die primäre Energiequelle für die Bildung organischer Substanz der Pflanzen (Fotosynthese). Etwa 45 % der an der Erdoberfläche auftreffenden Energie entfallen auf den Wellenlängenbereich zwischen 380 und 720 nm (Fotosynthetisch Aktive Strahlung: PAR), der von den Pflanzen fotosynthetisch genutzt wird. Die Schwächung der Strahlung innerhalb eines Bestandes hängt von der Dichte und Verteilung der Blätter sowie ihrer Neigung zur einfallenden Strahlung ab. Die am tiefsten liegenden Blattschichten werden aufgrund der

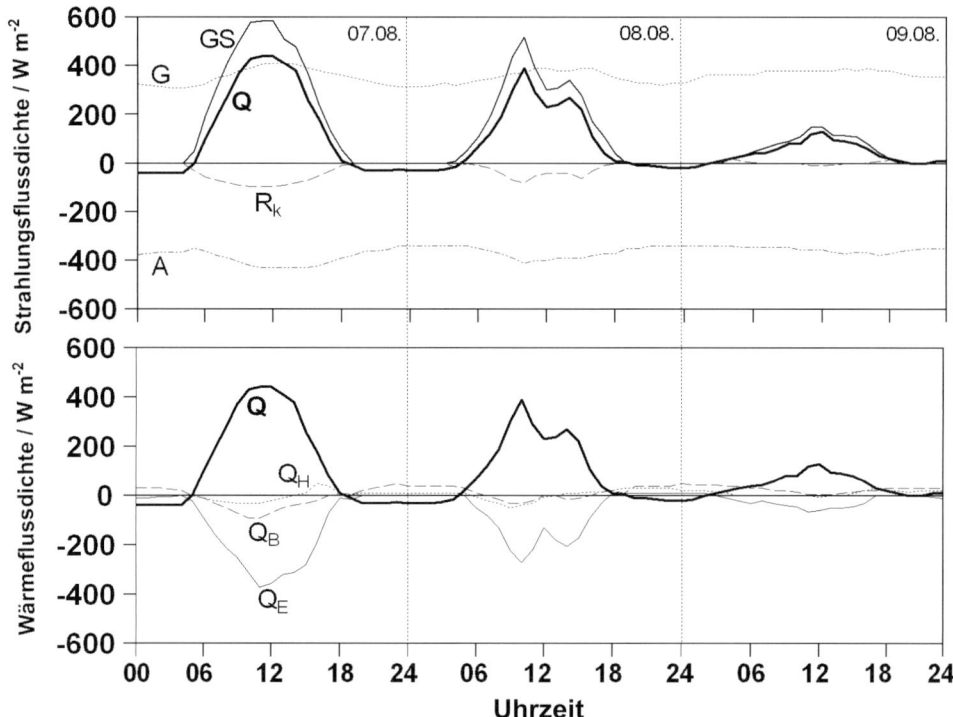

Abb. 15.2: Verlauf der Einzelgrößen der Energiebilanz im Bereich eines Beta-Rübenbestandes Anfang August in Berlin-Dahlem (nach Krzysch 1984, verändert)

Strahlungsschwächung im Bestand nur noch einen geringen Teil der zugestrahlten Energie erhalten. Wieviel Prozent der einfallenden kurzwelligen Strahlung den Erdboden eines Bestandes tatsächlich erreicht, ist vom **Blattflächenindex** (Leaf Area Index: LAI) abhängig, der für landwirtschaftliche Kulturen Werte zwischen 4 und 5 aufweist (s. Abschnitt 12.3.3). Zudem hat die Solarstrahlung am Grund eines Bestandes eine veränderte spektrale Zusammensetzung. Im sichtbaren Spektralbereich (400 bis 760 nm) wird der größte Teil der Strahlung vom Chlorophyll der Pflanzen absorbiert. Die Absorption der Strahlung im grünen Spektralbereich (540 nm) ist nicht so stark wie die des fotosynthetisch genutzten roten und blauen Anteils, wodurch uns das von einem Pflanzenbestand reflektierte bzw. hindurchgelassene Licht grün erscheint. Im Spektralbereich des nahen Infrarot wird der Hauptteil der Strahlung fast zu gleichen Teilen von der Pflanze durchgelassen und reflektiert (Abb. 15.3), der absorbierte Anteil ist dementsprechend gering.

Diese Eigenschaft der Pflanzen wird bei der Fernerkundung durch Satelliten genutzt (s. auch Abschnitt 8.3). Der sprunghafte Anstieg des Reflexionsgrades von Chlorophyll bei 0,7 µm im Gegensatz zu unbewachsenem Boden oder Wasseroberflächen wird zur Defi-

15.2 Agrarmeteorologie

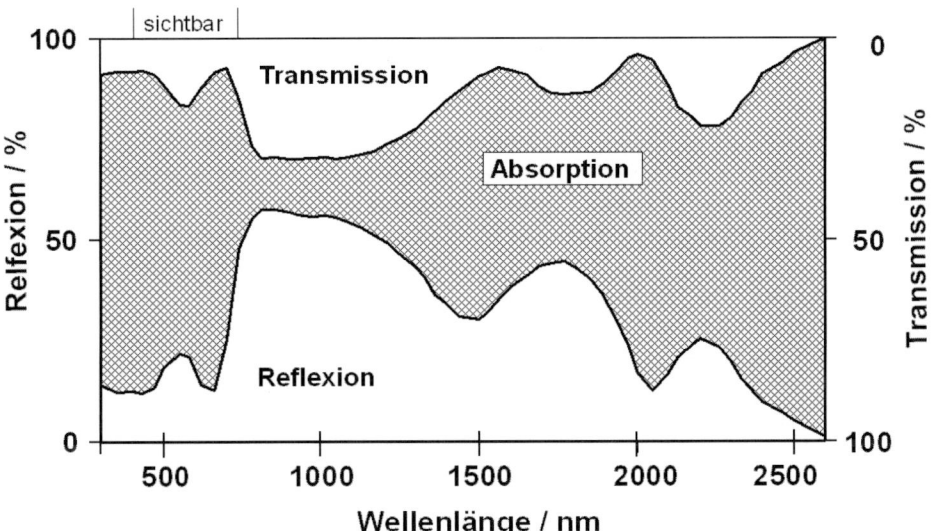

Abb. 15.3: Idealisierter Zusammenhang zwischen Reflexions-, Transmissions- und Absorptionsvermögen eines grünen Blattes (nach Monteith 1978, verändert)

nition des **NDVI** (Normalized Difference Vegetation Index) genutzt. Je aktiver das Chlorophyll der Pflanzen ist, desto größer ist der Anstieg des Reflexionsgrades vom Rot zum nahen Infrarot. Die Spektralradiometer der NOAA- oder Landsat-Satelliten messen daher die von der Erdoberfläche reflektierte Strahlung im Wellenlängenbereich des roten Lichtes R_1 (0,58 bis 0,68 µm) und im nahen Infrarot R_2 (0,725 bis 1,1 µm). Aus dem Quotienten $(R_2 - R_1) / (R_2 + R_1)$ ergibt sich der dimensionslose NDVI, der durch die Normalisierung im Bereich zwischen −1 und 1 liegt. Wasserflächen haben einen NDVI von −1, hingegen liegen die Werte für einen unbewachsenen Boden nahe bei Null. Der NDVI von Vegetationsflächen steigt bis auf ca. 0,70 und liefert damit Informationen über die Entwicklung, Dichte und Vitalität des Bestandes. Er erlaubt die quantitative Bestimmung wichtiger Folgeparameter wie die bei der Fotosynthese absorbierte Strahlung, den Blattflächenindex sowie die Landoberflächenbedeckung bzw. -nutzung.

15.2.3 Der Bodenwärmehaushalt

Der **Bodenwärmestrom** (Q_B) ist der Energieanteil, der bei positiver Strahlungsbilanz an der Erdoberfläche durch molekulare Wärmeleitung in tiefere Bodenschichten gelangt bzw. bei negativer Strahlungsbilanz zur Bodenoberfläche hin gerichtet ist (s. Abschnitt 12.3). An Strahlungstagen im Sommer erreicht er Werte von ca. 50 bis 100 W m^{-2}. Es gilt

$$Q_B = -\lambda \cdot \frac{\partial T_B}{\partial z}. \tag{15.1}$$

Der Bodenwärmestrom ist proportional zum Temperaturgradienten $\partial T_B/\partial z$ im Boden und von dessen Wärmeleitfähigkeit (λ) abhängig (s. Abschnitte 3.7 und 12.3.1). Entsprechend der physikalischen Eigenschaften des Bodens kann dieser Wert stark variieren.

Allgemein wird λ von der Bodenart, insbesondere von der Textur (Korngröße), dem Porenvolumen, der Bodendichte und vor allem vom aktuellen Wassergehalt des Bodens bestimmt. Mit zunehmender Bodenfeuchtigkeit erhöht sich die Wärmeleitfähigkeit des Bodens deutlich.

Die **Temperatur im Erdboden** wird darüber hinaus noch von der spezifischen Wärmekapazität (c) bzw. unter Berücksichtigung der Bodendichte durch die Wärmekapazitätsdichte (ζ) beeinflusst (s. Abschnitt 12.3.1). Eine Maßzahl für die Schnelligkeit des Eindringens einer Temperaturänderung von der Bodenoberfläche in tiefere Schichten ist das Verhältnis der Wärmeleitfähigkeit zur Wärmekapazitätsdichte, die als Temperaturleitfähigkeit (a = λ / ζ) bezeichnet wird. Während die Wärmeleitfähigkeit eines Bodens mit zunehmender Bodenfeuchtigkeit asymptotisch wächst, ergibt sich für die Temperaturleitfähigkeit ein Optimum bei einer mittleren Feuchtigkeit (s. Abb. 12.6). Mit zunehmender Nässe erhöht sich die spezifische Wärmekapazität und damit die Wärmekapazitätsdichte, sodass die Temperaturleitfähigkeit des Bodens wieder abnimmt. Einige Zahlenwerte für λ, c und a enthält Tab. 12.2 (Abschnitt 12.3.1).

Die zeitliche Temperaturänderung im Boden lässt sich mit der Wärmeleitungsgleichung

$$\frac{\partial T}{\partial t} = a \cdot \frac{\partial^2 T}{\partial z^2} \qquad (15.2)$$

beschreiben. Die Lösung dieser Gleichung besagt, dass sich eine an der Erdoberfläche vorhandene Temperaturänderung unter Dämpfung und Phasenverschiebung in tiefere Bodenschichten ausbreitet. Für den Tagesgang ergibt sich, je nach Bodenart, eine Eindringtiefe der Temperaturwelle von etwa 0,5 bis 1 m. Abb. 15.4 zeigt den Tagesgang der Bodentemperatur in verschiedenen Tiefen an den bereits zuvor diskutierten Beispieltagen im Mai. Deutlich sind hier die zeitliche Verzögerung des Temperaturmaximums (Pha-

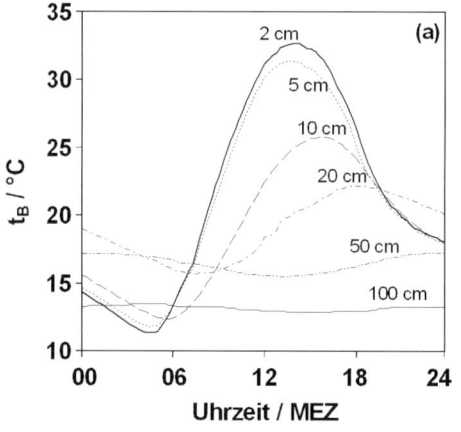
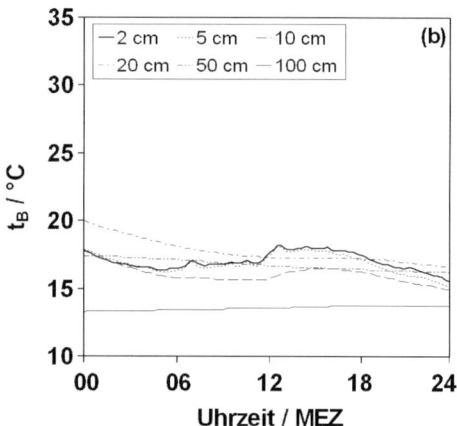

Abb. 15.4: Tagesgang der Bodentemperatur (t_B) in einem Sandboden zwischen 2 cm und 100 cm Tiefe an einem (a) Strahlungstag (18.5.) und (b) trüben Tag (19.5.), Daten: Agrarmeteorologisches Intensivmessfeld der Humboldt-Universität zu Berlin, Berlin-Dahlem

senverschiebung) und die Abnahme der Amplitude mit zunehmender Tiefe erkennbar. Die Höchsttemperatur in 2 cm Tiefe (32,7 °C) wurde am 18.5. um 14.00 Uhr erreicht. In 20 cm Tiefe war das Maximum von 22,2 °C erst vier Stunden später zu beobachten. An dem bedeckten Tag sind die Temperaturunterschiede in den einzelnen Tiefen nur noch gering, da der Strahlungsstrom an der Erdoberfläche kaum Variationen zeigt (Abb. 15.1). In 1 m Tiefe ist an beiden Tagen kaum noch ein Tagesgang erkennbar. Hier liegt im Allgemeinen die Grenze für das tägliche Eindringen der Temperaturwelle. Standardmesstiefen für die Registrierung der Erdbodentemperaturen sind daher 2, 5, 10, 20, 50 und 100 cm. Im Jahresverlauf dringt die Temperaturschwankung an der Bodenoberfläche etwa 10 bis 20 m tief in einen Sandboden ein. In 12 m Tiefe treten die mittleren Höchst- und Tiefstwerte der Bodentemperatur gegenüber der Lufttemperatur bereits um ein halbes Jahr versetzt auf (s. Abschnitt 12.3.1, Abb. 12.4).

Durch die gezielte Änderung der physikalischen Eigenschaften des Bodens, d.h. in erster Linie durch eine Veränderung der Wärmeleitfähigkeit des Bodens, kann in der Landwirtschaft das Temperaturmilieu im Boden in einem gewissen Umfang beeinflusst werden. Möglichkeiten bestehen hier u. a. in der Auflockerung der Krume, der Bewässerung oder der Verwendung von Mulchdecken. Beispielsweise werden durch das Mulchen die Tagesschwankungen im Boden deutlich reduziert. Positive Nebenwirkungen dieser Deckschichten liegen in der Verbesserung des Bodenwasserhaushalts infolge einer geringeren Verdunstung und in der Verminderung des Unkrautwuchses. Oberhalb von Mulchdecken nimmt allerdings die Frostgefahr zu, da der nächtliche, zur Bodenoberfläche gerichtete Wärmestrom jetzt viel geringer ist.

15.2.4 Der Bodenwasserhaushalt

Wasser ist neben dem Kohlendioxid der zweite Stoff für die Fotosynthese der Pflanzen. Es ist Transportmedium für die Nährstoffe aus dem Boden sowie für die gebildeten Assimilate innerhalb der Pflanze. Darüber hinaus gibt Wasser den Pflanzen den nötigen „Halt". Hängende Blätter und sich umbiegende Stängel deuten auf akuten Wassermangel hin. Krautige Pflanzen enthalten immerhin zwischen 80 und 95 % Wasser; selbst verholzte Pflanzen haben noch einen Wasseranteil bis zu 50 %.

Der **Bodenwasserhaushalt** hängt, neben der witterungsbedingten Wasserzufuhr durch Niederschlag, dem Wasserverlust durch Verdunstung und dem Entzug durch die Pflanzen, ebenfalls von den Eigenschaften des Bodens ab. Für einen vegetationsbedeckten Standort ergibt sich die folgende Wasserbilanzgleichung (alle Größen in mm):

$$P = I + E + T + R_o + V_s + \Delta S. \qquad (15.3)$$

Die Änderung des Wasservorrates im Boden (ΔS) berechnet sich damit aus der Höhe des gefallenen Niederschlages (P), abzüglich der Verluste durch Interzeption (I), Verdunstung von der Bodenoberfläche (E), Wasseraufnahme und Transpiration des Bestandes (T), durch oberirdischen Abfluss (R_O) und schließlich durch Versickerung des Wassers in den Grundwasserbereich (V_S).

Der interzipierte Niederschlag (I, in mm) ist von der Pflanzenart (Größe und

Form der Blattfläche, Blattstellung) und der Intensität sowie Dauer und Häufigkeit der Niederschlagsereignisse abhängig. Ein Teil des an den Pflanzenteilen hängenbleibenden Wassers erreicht den Boden durch Abtropfen oder durch den so genannten Stamm- bzw. Stängelabfluss, der restliche Teil verdunstet. Bei landwirtschaftlichen Kulturen beträgt die Interzeptionsverdunstung ca. 10 bis 20 % des Niederschlages. Zur Abschätzung dieser Größe schlägt Hoyningen-Huene (1980) für landwirtschaftliche Kulturen folgende, vom Blattflächenindex (LAI) abhängige Beziehung vor:

$$I = -0{,}42 + 0{,}245 \cdot P + 0{,}2 \cdot LAI + 0{,}0271 \cdot P \cdot LAI + 0{,}0111 \cdot P^2 - 0{,}0109 \cdot LAI^2. \tag{15.4}$$

Abgesehen von der Interzeption sind alle weiteren Terme auf der rechten Seite von Gl. (15.3) von den Eigenschaften des Bodens abhängig. Somit wird der Boden zum hydrologischen Speicher-, Regler- und Verteilersystem. Über die Verdunstung sind die Energie- und Wasserbilanz miteinander gekoppelt, wobei die spezielle Verdunstungswärme (L) den Umrechnungsfaktor für den latenten Wärmestrom (Q_E) in mm Verdunstungshöhe (ET) darstellt (Gl. 15.5):

$$ET = \frac{Q_E}{L}. \tag{15.5}$$

Unter den klimatischen Bedingungen in Mitteleuropa, mit Höchstwerten der mittleren täglichen Strahlungsbilanz von 200 W m^{-2} ergeben sich maximale Tagesraten der Verdunstung von 7 mm d^{-1}. In Deutschland variieren die Tagesmittel der Strahlungsbilanz zwischen ca. 15 W m^{-2} für trübe Tage bzw. winterliche Bedingungen und ca. 140 W m^{-2} an Strahlungstagen zum Sonnenhöchststand.

Das Wasser in der ungesättigten Zone des Bodens wird als **Bodenfeuchte** bezeichnet. Es unterliegt deutlich jahreszeitlichen Schwankungen und ist daher entsprechend den klimatischen Standortverhältnissen nicht immer ausreichend vorhanden. Nur in seltenen Fällen reichen die Wurzeln der Pflanzen bis in das Grundwasser hinein, so dass sie ihren Wasserbedarf uneingeschränkt decken können. An grundwassernahen Standorten (Flurabstand $\leq 0{,}8$ m) ist durch kapillaren Aufstieg des Grundwassers in Trockenzeiten eine Verbesserung der Feuchteverhältnisse in der durchwurzelten Zone möglich.

Zur Ermittlung der Bodenfeuchte existieren direkte und indirekte Messverfahren. Der anschaulichste Weg ist die gravimetrische Methode. Hierbei wird direkt mittels eines Bohrstocks eine Bodenprobe entnommen und diese gewogen (Masse der feuchten Bodenprobe: m_f). Anschließend wird der Bodenprobe, durch Trocknung bei einer Temperatur von 105 °C, die Feuchte entzogen und nachfolgend abermals die Masse der Probe bestimmt (Trockenmasse: m_t). Die Bodenfeuchte in Masseprozent (F_M) ergibt sich dann zu

$$F_M = \frac{m_f - m_t}{m_t} \cdot 100. \tag{15.6}$$

Sie ist damit das in Prozent ausgedrückte Verhältnis der Masse des Bodenwassers an der Masse des trockenen Bodens. Man kann die Bodenfeuchte auch in Volumenprozent (F_V) angeben oder in Bezug zum Niederschlag in mm. Unter Berücksichtigung der Lagerungsdichte des Bodens ρ_s (in g cm^{-3}) berechnet sich die Bodenfeuchtigkeit in Volumenprozent zu

$$F_V = \rho_s \cdot F_M \, . \tag{15.7}$$

Die mittlere Dichte eines Standardbodens liegt zwischen $1{,}3 \cdot 10^3$ und $1{,}6 \cdot 10^3$ kg m^{-3}. Für eine 10 cm mächtige Schicht entspricht die Bodenfeuchte in Volumenprozent exakt der Wassermenge des Bodens in mm.

Ein Nachteil dieser direkten Methode liegt darin, dass die Proben im Labor ausgewertet werden müssen, und dass durch die ständige Probennahme das Bodenprofil im Laufe der Jahre zerstört wird. Daher wurden Verfahren entwickelt, mit denen indirekt, d. h. durch die Messung anderer physikalischer Größen, auf die Feuchteverhältnisse im Boden geschlussfolgert werden kann. Zu diesen Methoden der Bodenfeuchtemessung gehört u. a. die TDR-Messtechnik (Time Domain Reflectometry: TDR). Dieses Messverfahren nutzt die Beziehung zwischen der dimensionslosen Dielektrizitätskonstanten (ε) eines Mediums (Bodensubstrat: ε = 1 bis 3, Luft: ε = 1, Wasser: ε = 80) und dessen volumetrischen Wassergehalt. Die Methode beruht auf der Messung der Laufzeit eines hochfrequenten elektromagnetischen Impulses durch eine im Boden platzierte Sonde hin und zurück, die sich mit zunehmender Feuchtigkeit erhöht. Unter Berücksichtigung der Länge der Sonde (l in cm) und der Laufzeit des Impulses innerhalb der Leiterstäbe (t in ns) ergibt sich die Dielektrizitätszahl für die Bodensäule (ε_B, s. Gl. 15.8). Hieraus kann über eine Eichkurve auf die Feuchtigkeit im Boden geschlossen werden ($\varepsilon_B \approx 0$ bei F_V = 0 Vol.%, $\varepsilon_B \approx 80$ bei F_V = 100 Vol.%). Die Proportionalitätskonstante (c_0) ist hierbei die Lichtgeschwindigkeit in 10^7 m s^{-1}:

$$\varepsilon_B = \left(c_0 \cdot \frac{t}{2l} \right)^2 . \tag{15.8}$$

Für die Kennzeichnung des Wasserhaushalts eines Bodens werden häufig Begriffe wie Feldkapazität und Welkepunkt verwendet. Die maximal gegen die Schwerkraft in einem natürlich gelagerten Boden gehaltene Wassermenge wird als **Feldkapazität** (FK) bezeichnet. Sie entspricht etwa der Summe der Volumenanteile der feinen (< 0,2 µm) und mittleren Poren eines Bodens (0,2 bis 10 µm) und ist damit im Wesentlichen von der Korngrößenverteilung im Boden sowie vom Bodengefüge, d. h. von der räumlichen Anordnung der unregelmäßig geformten Bodenpartikeln abhängig. Mit zunehmendem Anteil kleiner Bodenpartikeln vergrößert sich die innere Fläche des Bodens und somit die Möglichkeit zur Wasserbindung. Dementsprechend ergibt sich in der Regel für die einzelnen Bodenarten folgende Abstufung: FK(Sand) < FK(Lehm) < FK(Schluff) < FK(Ton). Die für die Pflanzen verfügbare Wassermenge liegt unterhalb der Feldkapazität und wird dementsprechend als **nutzbare Feldkapazität** (nFK) bezeichnet. Sie ergibt sich aus der Differenz zwischen Feldkapazität und **permanentem Welkepunkt** (WP). Letzt genannter Zustand ist nicht erst erreicht, wenn der Boden absolut trocken ist, sondern wenn die Bindung der Wassermoleküle im Boden so stark ist, dass die Pflanzen mit ihren Wurzeln dem Boden kein Wasser mehr entziehen können. Diese starke Wasserbindung besteht in den feinen Poren. In diesem Fall kann das von den Pflanzen transpirierte Wasser nicht mehr nachgeliefert werden, sie beginnen zu welken. Aus Tab. 15.1 ist ersichtlich, dass

Tab. 15.1: Mittlere Kennwerte des Bodenwasserhaushalts für unterschiedliche Böden in Vol.%. FK: Feldkapazität, WP: Welkepunkt, nFK: nutzbare Feldkapazität (nach verschiedenen Autoren)

Kennwert	Sandboden	Lehmboden	Tonboden
FK	17	35	42
WP	4	15	20
nFK	13	20	22

bei einem Tonboden mit seinem sehr hohen Anteil an Feinporen (ca. 35 %, bei Sand hingegen nur 5 %) dieser Wert schon bei 20 Vol.% liegt. Dies entspricht, bezogen auf eine 50 cm mächtige Bodenschicht, immerhin noch einem Wassergehalt von 100 mm. Am Versuchsstandort Berlin-Dahlem sind dies für einen schwach bis mittel schluffigen Sand nur 23,5 mm (4,7 Vol.%), was dem Wert in Tab. 15.1 für einen Sandboden sehr nahe kommt. Die Feldkapazität beträgt jedoch hier 23,6 Vol.% (118 mm für die oberen 50 cm Boden), sodass sich für den Dahlemer Boden immerhin noch eine nutzbare Feldkapazität von 18,9 Vol.% ergibt.

In Jahren mit größeren saisonalen Niederschlagsdefiziten, wie beispielsweise im Jahr 2000 mit einer ausgeprägten Vorsommertrockenheit von Mai bis Juni (Abb. 15.5), können die Werte des Bodenwassergehalts über längere Zeiträume auf den Welkepunkt absinken. Dies ist in dem gezeigten Beispiel vor allem bei Winterroggen und Hafer deutlich zu erkennen, wo die Werte nahezu drei Monate lang um diesen Grenzwert schwanken. Auch beim Mais erreichen die Werte, hier zeitlich etwas später, das Niveau des Welkepunktes. Erst durch ein starkes Niederschlagsereignis Ende Juli (29.7.: 26,0 mm) ent-

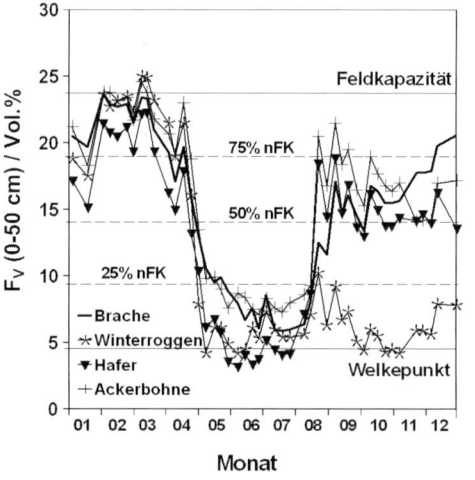
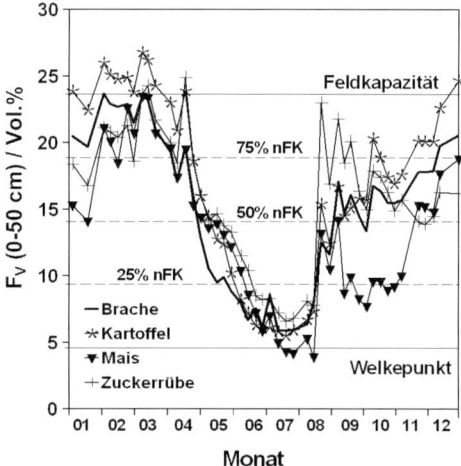

Abb. 15.5: Jahresgang der Bodenfeuchte (F_V) unter Brache und unter ausgewählten landwirtschaftlichen Nutzpflanzen im Jahr 2000, Daten: Agrarmeteorologisches Intensivmessfeld der Humboldt-Universität zu Berlin, Berlin-Dahlem

spannt sich die Situation merklich. Lediglich unter dem Winterroggenbestand, wo Ende Juli nochmals ein als Gründüngung genutzter Stoppelzwischenfruchtanbau ausgebracht wurde, bleibt die Bodenfeuchte bis zum Jahresende niedrig.

Unter Praxisbedingungen wären in diesem Jahr Beregnungsmaßnahmen erforderlich gewesen, da für optimale Wachstumsbedingungen Bodenfeuchtewerte zwischen 60 und 80 % der nutzbaren Feldkapazität notwendig sind. Werte unter 30 % der nFK führen zu Wachstums- und Ertragsdepressionen infolge Wassermangels, längere Zeiträume mit Werten der nFK über 80 % können durch Bodenluftmangel ebenfalls schädigend wirken. In dem hier beschriebenen Versuch (Chmielewski und Köhn 1999) unterbleibt Beregnung generell, sodass als Folge der Trockenheit deutliche Ertragsverluste bei allen Getreidearten und Körnerleguminosen beobachtet wurden.

15.2.4.1 Die Verdunstung von Pflanzenbeständen

In der Landwirtschaft und im Gartenbau spielt die Verdunstung eine entscheidende Rolle zur Berechnung des Bodenwasserhaushalts als Grundlage für Beregnungsmaßnahmen oder für die Beurteilung der Befahrbarkeit landwirtschaftlicher Nutzflächen. Die Verdunstung eines Pflanzenbestandes wird als **Evapotranspiration** (ET) bezeichnet (s. Abschnitt 12.3.3). Sie ist die Summe aus der Evaporation (E) des Bodens und der Transpiration (T) der Pflanzen. Die Evaporation eines feuchten Bodens wird maßgeblich durch den Zustand der bodennahen Luftschicht gesteuert. Voraussetzung für Verdunstung ist ein Dampfdruckgefälle von der feuchten Bodenoberfläche zur umgebenden Luft (Sättigungsdefizit). Sie wird durch große Werte der Globalstrahlung, eine starke Erwärmung des Bodens sowie durch hohe Windgeschwindigkeiten und den hiermit verbundenen Abtransport der mit Wasserdampf angereicherten Luft verstärkt.

Als **potenzielle Evaporation** (Ep) bezeichnet man die Verdunstung freier Wasserflächen oder des Bodens bei uneingeschränktem Wasservorrat. Hierzu zählt auch die Verdunstung des Wassers von Pflanzenoberflächen (Interzeptionsverdunstung). Messtechnisch kann die Evaporation von Wasserflächen mit Hilfe von **Verdunstungspfannen** bzw. **-kesseln** gemessen werden (Abb. 15.6). Gebräuchlich sind hierfür Geräte wie das Class-A-Pan (CAP, Verdunstungsfläche 1,14 m^2) oder die Verdunstungswaage nach Wild (Verdunstungsfläche 250 cm^2). Während das CAP auf einem Holzrost im Freien steht, wird die Wild'sche Waage in einer Wetterhütte oder unter einem Schutzdach aufgestellt, sodass bei diesem Gerät der in der Messperiode gefallene Niederschlag nicht zu berücksichtigen ist. Durch die Unterschiede in der Größe und Aufstellung der Messgeräte ergeben sich deutlich geringere Verdunstungsraten bei der Wild'schen Waage gegenüber dem CAP. Ein dennoch großer Vorteil der Wild'schen Waage besteht darin, dass sie über das ganze Jahr hindurch, also auch in der kalten Jahreszeit, eingesetzt werden kann.

Bei Böden liegt die **tatsächliche (reale) Evaporation** (E) meist unter den potenziellen Werten. Dies gilt vor allem in den Sommermonaten. Die freie Verdunstung von Wasseroberflächen, wie

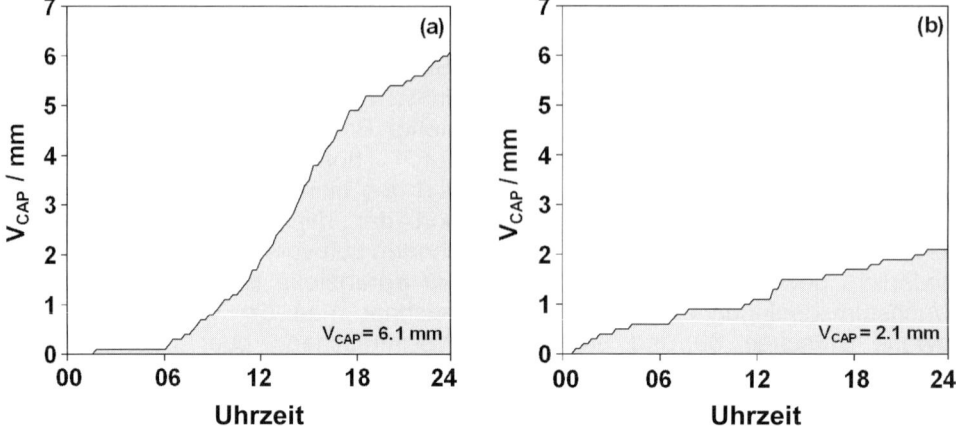

Abb. 15.6: Kumulative Class-A-Pan Verdunstung (V_{CAP}) an einem (a) Strahlungstag (18.5.) und (b) trüben Tag (19.5.), Daten: Agrarmeteorologisches Intensivmessfeld der Humboldt-Universität zu Berlin, Berlin-Dahlem

bspw. bei Seen, entspricht immer der potenziellen Evaporation. Mit zunehmendem Sättigungsdefizit in der Atmosphäre nimmt die Evaporation von Gewässern kontinuierlich zu, hingegen nimmt die Bodenevaporation infolge der Austrocknung des Bodens ab.

Unter der **Transpiration** eines Bestandes ist die physiologisch regulierte Verdunstung der Pflanzen zu verstehen. Sie wird genau wie die Evaporation von den atmosphärischen Zuständen beeinflusst, jedoch zusätzlich durch die Pflanzen über die Stomata gesteuert. Das stomatäre Transpirationsvermögen ist arten- und sortenspezifisch, da es von der Anzahl, Größe und Dichte der Stomata einer Pflanze abhängig ist. Über die Stomata kann die Pflanze aktiv ihren Wasserverbrauch regulieren. Bei Wassermangel wird daher die tatsächliche Transpiration der Pflanzen stark von den potenziellen Werten abweichen. Am Versuchsstandort Berlin-Dahlem bspw. liegt die reale Transpiration von Getreide für den Zeitraum von März bis August im Mittel bei etwa 70 % der potenziellen Werte.

15.2.4.2 Die potenzielle Evapotranspiration

Die **potenzielle Evapotranspiration** (ETp) ist ein Maß für den maximalen Wasserverlust eines vegetationsbedeckten Standortes durch Verdunstung. Da im Gegensatz zur potenziellen Evaporation die potenzielle Transpiration eine pflanzenspezifische Größe ist, muss diese auf eine genau definierte Vegetationsfläche bezogen werden. Nach Penman wird für die Berechnung der potenziellen Evapotranspiration eine ausgedehnte, geschlossene, ausreichend bewässerte und kurzgehaltene grüne Grasfläche zugrunde gelegt (**Gras-Referenzverdunstung**). In einer verallgemeinerten Definition der International Commission of Irrigation and Drainage wird die ETp definiert als „diejenige Wasserdampfmenge, die von einer ganz oder teilweise mit Vegetation bedeckten, unter optimaler Wasser- und Nährstoffversorgung stehenden Fläche bei ungehindertem Wassernachschub unter den gegebenen meteorologischen und bodenphysikalischen, vegetationsspezifischen und pflanzenbaulichen Randbedingungen pro Zeiteinheit maximal in die Atmosphäre transferierbar ist".

Die Definitionen zeigen, dass die Messung der ETp äußerst kompliziert ist. Als einzige Geräte kommen hierzu **Lysimeter** in Frage. Dies sind aufwendige Messanlagen zur Bestimmung des Wasserhaushalts von Bodenkörpern mit bekannter Abmessung, Eigenschaft und vorgegebenem Bewuchs. Zur Ermittlung der potenziellen Referenzverdunstung ist das Lysimeter und die unmittelbare Umgebung des Gerätes mit Gras zu bepflanzen und durch Feuchtezufuhr (Beregnung, Grundwasserstand) der Bodenwassergehalt auf Feldkapazität zu halten.

Darüber hinaus existiert eine Vielzahl einfacherer Geräte, die der groben Abschätzung der Verdunstungshöhe dient. Das Messprinzip dieser Geräte ist ähnlich und besteht darin, dass Wasser von einer künstlichen Oberfläche (Fließpapier, Keramik, Ton) uneingeschränkt verdunsten kann. Die verdunstenden Flächen haben gerätespezifische Verdunstungswiderstände, die in grober Näherung das mit Wasser gefüllte Pflanzenblatt bei voll geöffneten Stomata darstellen. Zu diesen Messgeräten gehören u. a. die **Evaporimeter** nach Piché, Mitscherlich und Czeratzki, die im Freien aufgestellt werden (Schrödter, 1985). Obwohl die Geräte sehr unterschiedlich in ihrer Bauart und ihrer Aufstellungsweise sind und damit entsprechend große Differenzen in den absoluten Verdunstungsraten aufweisen, besteht eine gute Korrelation zwischen den täglichen Messwerten. Die absoluten Werte der Evaporimeter sind infolge des „Oaseneffekts" gegenüber den berechneten Verdunstungshöhen auf der Basis empirischer Formeln stark überhöht. Unter diesem Effekt versteht man die hohe Verdunstung feuchter Flächen (Oasen) in einer trockenen Umgebung, die aus der advektiven Energiezufuhr resultiert.

In Tab. 15.2. sind vieljährige Daten zur Verdunstung verschiedener Evaporimeter zusammengestellt. Die höchste mittlere Verdunstungsrate zeigt hier das Evaporimeter nach Piché, das mit einer Fließpapierscheibe als verdunstende Fläche den geringsten Verdunstungswiderstand aufweist. Mit Hilfe von standortspezifischen Korrekturgleichungen ist es möglich, die Evaporimeter zur Abschätzung der potenziellen Evapotranspiration zu verwenden (Tab. 15.3). Selbst sehr einfache Geräte wie das Piché-Evaporimeter können dann

Tab. 15.2: Statistische Angaben zur Verdunstungshöhe V verschiedener Evaporimeter nach Wild, Piché, Mitscherlich, Czeratzki, Class-A-Pan im Vergleich mit berechneten Werten der potenziellen Evapotranspiration ET_P nach Haude, Turc und Penman von Mai bis Oktober in mm, 1981 bis 2000 (x: mittlere Summe, s: Standardabweichung, V_{max}: maximale Summe, V_{min}: minimale Summe), Daten: Agrarmeteorologisches Intensivmessfeld der Humboldt-Universität zu Berlin, Berlin-Dahlem

	V_{WILD}	$V_{PICHÉ}$	V_{MITSCH}	V_{CZER}	V_{CAP}	$ET_{P\ HAU}$	$ET_{P\ TURC}$	$ET_{P\ PEN}$
x	269,6	950,8	723,9	643,2	664,3	521,0	473,3	512,5
s	43,2	141,5	100,8	95,6	101,3	71,2	45,3	63,6
V_{min}	202,1	706,6	566,0	496,5	469,5	403,7	378,4	407,3
V_{max}	345,4	1261,6	917,8	819,2	830,3	638,1	544,1	646,4

Tab. 15.3: Korrekturgleichungen zur Berechnung der täglichen potenziellen Evapotranspiration (ETp in mm d^{-1}) zwischen Mai und Oktober aus Evaporimetermessungen (V) in 1 m Höhe für Berlin-Dahlem (R^2: Bestimmtheitsmaß, m: zeitabhängige Ausgleichsfaktoren, s. Tabellen-Fußnote), Daten: Agrarmeteorologisches Intensivmessfeld der Humboldt-Universität zu Berlin, 1981 bis 2000

Evaporimeter nach	Korrekturgleichung auf der Basis der ETp nach *Penman*	R^2
Piché[1]	$ETp_{PICHÉ} = -1{,}0 + 2{,}41 \cdot \sqrt{m \cdot V_{PICHÉ}}$	0,83
Czeratzki[2]	$ETp_{CZER} = -1{,}2 + 2{,}54 \cdot \sqrt{m \cdot V_{CZER}}$	0,86
Mitscherlich[3]	$ETp_{MITSCH} = -1{,}0 + 2{,}44 \cdot \sqrt{m \cdot V_{MITSCH}}$	0,85

[1] m Piché Evaporimeter: Mai: 0,53; Juni: 0,64; Juli: 0,60; Aug.: 0,52; Sep.: 0,47; Okt.: 0,35
[2] m Ceratzki Evaporimeter: Mai: 0,79; Juni: 0,90; Juli: 0,86; Aug.: 0,79; Sep.: 0,72; Okt.: 0,55
[3] m Mitscherlich Evaporimeter: Mai: 0,69; Juni: 0,81; Juli: 0,76; Aug.: 0,69; Sep.: 0,64; Okt.: 0,49

realistische Werte der ETp liefern. Zur **Berechnung** der **potenziellen Evapotranspiration** existiert darüber hinaus eine Vielzahl empirischer Gleichungen, die durch meteorologische Größen parametrisiert wurden. Ein weit verbreiteter und international anerkannter Ansatz ist die thermodynamische **Verdunstungsformel nach Penman** (1948, 1956):

$$ETp_{PENMAN} = \frac{\frac{\partial E}{\partial T} \cdot \frac{Q-Q_B}{L} + \gamma \cdot A_{adv}}{\frac{\partial E}{\partial T} + \gamma}$$

(15.9)

Diese Gleichung wurde für Südengland entwickelt und ist Grundlage für viele empirische Formeln (z. B. Allen 1986). Eingangsgrößen zur Berechnung der potenziellen Tagesverdunstung in mm d^{-1} sind die Strahlungsbilanz (Q in W m^{-2}), der Bodenwärmestrom (Q_B in W m^{-2}) und die Steigung der Sättigungsdampfdruckkurve ($\partial E/\partial T$ in hPa K^{-1}) bei der gegebenen Lufttemperatur (t in °C). Da der Bodenwärmestrom meist als Eingangsgröße nicht verfügbar ist, wird er gelegentlich vernachlässigt bzw. werden nur 60 % der Strahlungsbilanz zur Berechnung der ETp angesetzt (Wendling et al. 1991). Die Größe L ist die temperaturabhängige Verdunstungswärme, also diejenige Wärmeenergie, die für die Verdunstung von 1 mm Wasser pro Tag erforderlich ist (L = 28,9 – 0,028 · t, in W d m^{-2} mm^{-1}). Zur Abschätzung des advektiven Energieanteils (A_{adv} in mm d^{-1}) werden das Tagesmittel der Windgeschwindigkeit in 2 m Höhe (u_{2m} in m s^{-1}) und das mittlere Sättigungsdefizit (E – e in hPa) benötigt, wobei sich bei der Verwendung der Konstanten nach Schrödter (1985) folgende Gleichung ergibt:

$$A_{adv} = (0{,}27 + 0{,}233 \cdot u_{2m}) \cdot (E-e).$$

(15.9.1)

Die Steigung der Sättigungsdampfdruckkurve bei gegebener Temperatur lässt sich mit den nachfolgenden Formeln ermitteln (Sonntag 1990):

$$\frac{\partial E}{\partial T} = 6{,}112 \cdot e^{\left(\frac{17{,}62 \cdot t}{243{,}12 + t}\right)} \cdot \frac{4284}{(243{,}12 + t)^2}$$

über Wasser (–45 °C bis 60 °C)

15.2 Agrarmeteorologie

$$\frac{\partial E}{\partial T} = 6{,}112 \cdot e^{\left(\frac{22{,}46 \cdot t}{272{,}62 + t}\right)} \cdot \frac{6123}{(272{,}62 + t)^2}$$

über Eis (−65 °C bis 0,01 °C). (15.9.2)

Für die Psychrometer-Konstante kann im Fall von Wasser $\gamma \approx 0{,}653$ hPa K^{-1} und bei Eis $\gamma \approx 0{,}575$ hPa K^{-1} gesetzt werden.

Eine einfachere Gleichung zur Abschätzung der potenziellen Evapotranspiration in mm d^{-1} ist die **Formel nach Turc** (1961), die ursprünglich für Frankreich und Nordafrika entwickelt wurde. Die hier angegebene Version

$$ETp_{TURC} = \frac{(GS + 93\,k) \cdot (t + 22)}{150 \cdot (t + 123)} \quad (15.10)$$

wurde von Wendling et al. (1991) für die Verwendung in Deutschland modifiziert. Eingabewerte sind ausschließlich die Tagessumme der Globalstrahlung (GS in J cm^{-2}) und das Tagesmittel der Lufttemperatur (t in °C). Der Faktor k ist ein Korrekturwert, der Unterschiede in der Bewölkung und relativen Luftfeuchtigkeit zwischen Küste und Inland berücksichtigt. Bis zu 50 km Entfernung von der Küste kann im Mittel k = 0,6 verwendet werden, sonst beträgt k = 1.

Ebenfalls wird in Deutschland häufig die **Formel nach Haude** (1952) zur Berechnung der ETp (mm d^{-1}) verwendet. Für die Gleichung

$$ETp_{HAUDE} = f \cdot (E - e)_{II} \quad (15.11)$$

wird ausschließlich das Sättigungsdefizit zum Klimatermin II um 14.30 Uhr benötigt. Mit Hilfe des zeitabhängigen Haude-Faktors (f) ist eine Anpassung der Gleichung für unterschiedliche Zeiträume und für verschiedene Fruchtarten möglich (Tab. 15.4). Dies ist ein wesentlicher Grund für die weite Verbreitung dieses Ansatzes. Rechnerisch können sich bei der Gleichung 15.11 Werte mit $ETp_{HAUDE} > 7$ mm d^{-1} ergeben, die für die klimatischen Bedingungen in Mitteleuropa aus energetischen Gründen nicht möglich sind. In diesem Fall wird der berechnete Wert auf den Höchstwert von 7,0 mm d^{-1} begrenzt.

Zur Berechnung der potenziellen Evapotranspiration von landwirtschaftlichen Nutzpflanzenbeständen kann neben der Haude-Formel jede beliebige Gleichung zur Berechnung der Gras-Referenzverdunstung verwendet werden, wenn diese mit einem zeitabhängigen Faktor multipliziert wird, der die Bestandsentwicklung berücksichtigt (k_c: Bestandskoeffizient). Je nach Entwicklung des Bestandes ist eine potenzielle Evapotranspiration möglich, die unter ($k_c < 1$) oder über ($k_c > 1$) der Referenzverdunstung liegt. Beispielsweise kann bei winterannuellen Getreidearten von November bis Februar ein k_c-Wert von 0,65 verwendet werden. Für Hafer beträgt k_c bei guter Bestandsentwicklung im Juni immerhin 1,4 (s. DVWK 1996).

15.2.4.3 Die tatsächliche Evapotranspiration

Die Kenntnis der tatsächlichen bzw. **realen Evapotranspiration** (ET) ist Voraussetzung für die Bestimmung des Wasserverbrauchs von Nutzpflanzen. Sie ist definiert als die von einem Pflanzenbestand unter den gegebenen meteorologischen Bedingungen tatsächlich in die Atmosphäre transferierte Wassermenge. Die Bestimmung der realen Evapotranspiration ist mit Hilfe direkter Messverfahren (Lysimeter) und mit indirekten Methoden (Bodenwasserbilanzierung, Energiebilanzverfah-

Tab. 15.4: Monatliche Haude-Faktoren f (mm hPa^{-1}) für Gras (GR), Winterweizen (WW), Winterroggen (WR), Wintergerste (WG), Winterraps (WS), Mais (MA), Sommergerste (SG), Hafer (HA), Kartoffeln (frühe KA$_f$, mittelfrühe KA$_m$, späte KA$_s$), Zuckerrüben (ZR), Ackerbohnen (AB), Erbsen (ER), Sonnenblumen (SB) (nach Löpmeier 1994)

Monat / Kulturart	01	02	03	04	05	06	07	08	09	10	11	12
GR	0,20	0,20	0,21	0,29	0,29	0,28	0,26	0,25	0,23	0,22	0,20	0,20
WW	0,18	0,18	0,19	0,26	0,34	0,38	0,34	0,22	0,21	0,20	0,18	0,18
WR,WG	0,18	0,18	0,20	0,30	0,38	0,36	0,28	0,20	0,18	0,18	0,18	0,18
WS	0,18	0,18	0,20	0,32	0,37	0,35	0,26	0,20	0,18	0,18	0,18	0,18
MA	0,15	0,15	0,18	0,14	0,18	0,26	0,26	0,26	0,24	0,21	0,14	0,14
SG,HA	0,15	0,15	0,18	0,25	0,30	0,36	0,26	0,18	0,18	0,18	0,18	0,18
KA$_f$	0,15	0,15	0,18	0,26	0,36	0,35	0,30	0,20	0,18	0,18	0,18	0,18
KA$_m$	0,15	0,15	0,18	0,20	0,25	0,35	0,36	0,35	0,25	0,18	0,18	0,18
KA$_s$	0,15	0,15	0,18	0,20	0,22	0,30	0,35	0,36	0,30	0,18	0,18	0,18
ZR	0,15	0,15	0,18	0,15	0,23	0,30	0,36	0,32	0,26	0,19	0,14	0,14
AB	0,15	0,15	0,18	0,25	0,32	0,36	0,36	0,36	0,30	0,18	0,18	0,18
ER	0,15	0,15	0,18	0,25	0,35	0,36	0,34	0,30	0,20	0,18	0,18	0,18
SB	0,15	0,15	0,18	0,20	0,25	0,32	0,36	0,34	0,25	0,18	0,18	0,18

ren, Profilmethode, Eddy-Kovarianz-Methode) möglich. Generell ist die Ermittelung der realen Verdunstung messtechnisch außerordentlich aufwendig. Eine Einführung in die verschiedenen mikrometeorologischen Methoden gibt Foken (2003).

Ein in Vegetations- bzw. auch in mesoskaligen Modellen (s. Abschnitt 14) häufig benutzter Ansatz zur Berechnung der tatsächlichen Evapotranspiration (mm h^{-1}) ist die Gleichung nach Penman und Monteith (Monteith 1965):

$$ET = \frac{\frac{\partial E}{\partial T} \cdot \frac{Q - Q_B}{L} + \frac{\rho_L \cdot c_p}{r_a} \cdot (E - e)}{\frac{\partial E}{\partial T} + \gamma \cdot (1 + \frac{r_c}{r_a})} \quad (15.12)$$

Hier sind r_a der aerodynamische Verdunstungswiderstand der Atmosphäre und r_c der mittlere Bestandswiderstand, der die pflanzenphysiologischen und bestandsspezifischen Merkmale der Verdunstung sowohl über die Stomata als auch über den Boden beschreibt. Die Größe r_c steuert die Verdunstung zwischen Null und dem Maximalwert. Im Bereich der potenziellen Verduns-tung liegen die Werte von r_c in Abhängigkeit vom Pflanzenbestand zwischen 30 und 90 s m^{-1}, unter trockenen Verhältnissen kann der Widerstand auf 600 bis 800 s m^{-1} ansteigen. Der aerodynamische Widerstand beträgt bei geringen Windgeschwindigkeiten (0,5 m s^{-1} bis 1,0 m s^{-1}) und niedriger Bestandshöhe (z. B. kurzes Gras) ca. 300 s m^{-1} bis 600 s m^{-1} und verringert sich bei hoher Windgeschwindigkeit (10 m s^{-1}) auf 30 s m^{-1}. Die genaue Bestimmung dieser Widerstände ist nur mit Präzisionslysimetern möglich. Ausgehend von der obigen Gleichung schlagen für rein klimatologische Berechnungen Allen et al. (1994) eine Formel mit konstanten Widerständen (r_a = 208 s m^{-1}, bei Windgeschwindigkeiten von 1 m s^{-1} und r_c = 70 s m^{-1}) zur Berechnung von Stundenwerten der potenziellen Evapotranspiration einer kurzen, ständig feuchten Grasfläche (h = 12 cm, Bodenfeuchte 70 % nFK, Albedo von 0,23) vor. Die Gras-Referenzverdunstung errechnet sich nach:

15.2 Agrarmeteorologie

$$ETp_{ALLEN} = \frac{\frac{\partial E}{\partial T} \cdot \frac{Q - Q_B}{L} + \gamma \cdot \frac{3{,}75}{t + 273} \cdot u_{2m} (E - e)}{\frac{\partial E}{\partial T} + \gamma \cdot (1 + 0{,}34 \cdot u_{2m})} \quad (15.3)$$

Diese Gleichung wird von der FAO zur Berechnung der **Referenzverdunstung** empfohlen und ermöglicht den Vergleich zwischen verschiedenen Standorten. Die reale Verdunstung eines beliebigen Pflanzenbestandes kann diesen Wert, je nach Kulturart, Entwicklungsphase und aktueller Wasserversorgung des Bestandes, unter- bzw. überschreiten. Eine gute Übersicht über die vielfältigen Ansätze zur Berechnung der Verdunstung geben die Merkblätter zur Wasserwirtschaft (DVWK 1996).

15.2.5 Das Bestandsklima

Wie bereits besprochen, erfolgt der Energieumsatz einer geschlossenen Pflanzendecke im oberen Teil des Bestandes. Der Wind wird durch die erhöhte Rauigkeit des Bestandes abgebremst und nimmt zum Boden hin schnell ab (Abb. 15.7). Da hierdurch die turbulente Luftbewegung stark eingeschränkt ist, erfolgt der Austausch der atmosphärischen Eigenschaften innerhalb der Pflanzendecke hauptsächlich durch Wärmestrahlung und -leitung bzw. durch molekulare Diffusion. Es bilden sich **bestandstypische Gradienten** der Lufttemperatur, Luftfeuchte und der CO_2-Konzentration der Luft aus. Abb. 15.7 enthält idealisierte Vertikalprofile der Strahlungsbilanz, Windgeschwindigkeit, Lufttemperatur, des Dampfdrucks und der CO_2-Konzentration für eine Strahlungswetterlage am Tag und in der Nacht. Der Verlauf der

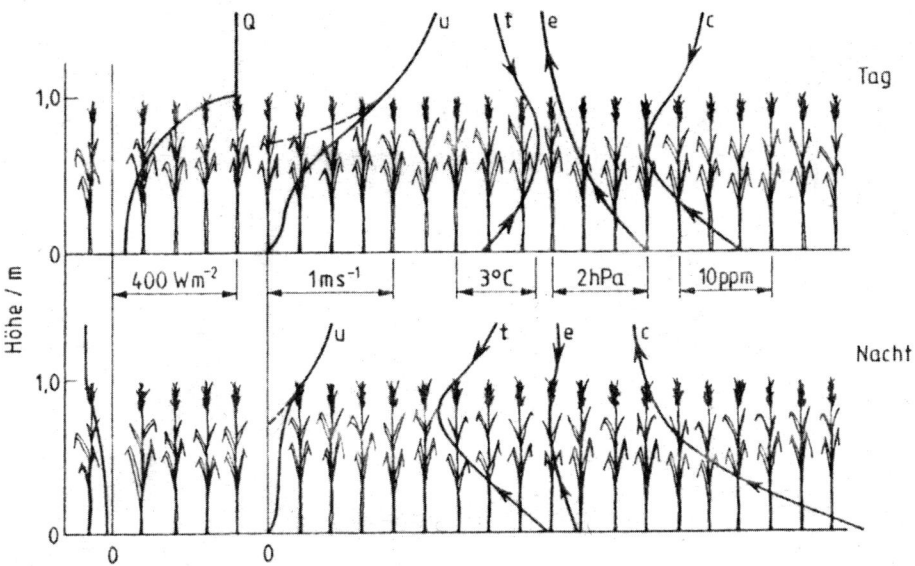

Abb. 15.7: Idealisierte Profile der Strahlungsbilanz (Q), Windgeschwindigkeit (u), Lufttemperatur (t), des Dampfdrucks (e) und der CO_2-Konzentration (c) in einem Getreidebestand der Höhe z. Die gestrichelten Windprofile stellen eine Extrapolation der logarithmischen Beziehung zwischen u und (z – d) über den Blättern dar (nach Monteith 1978, verändert)

Strahlungsbilanz im Bestand zeigt deutlich die am Tag zu beobachtende Abschwächung der Globalstrahlung in der oberen Hälfe des Bestandes. In den Nachtstunden, in denen die Ausstrahlung überwiegt, ist das Profil gespiegelt. Die Ausstrahlung des Bodens wird durch die Pflanzen mehr oder weniger stark verhindert. Der Strahlungsumsatz erfolgt damit tags wie auch nachts an der aktiven Fläche der Pflanzenschicht. Dementsprechend werden die **Extremwerte der Lufttemperatur** in dieser Zone beobachtet. Am Tage wird die oberste Schicht des Bestandes stark erwärmt, in der Nacht kühlt sie sich entsprechend ab. Sowohl innerhalb des Bestandes als auch an der Bodenoberfläche und im Erdboden selbst sind die Tagesschwankungen geringer als an der aktiven Fläche. Die starke Abkühlung der Luft an der Bestandsobergrenze führt in diesem Bereich zur Taubildung. Dies ist die Ursache für die Bildung eines schwachen Dampfdruckminimums in dieser Zone während der Nacht. Durch die **Evaporation** des Bodens und die **Transpiration** der Pflanzen stellt der Bestand tagsüber eine große Wasserdampfquelle dar. Der Dampfdruck nimmt meist vom Erdboden nach oben hin ab. Das Profil des **Kohlendioxidgehalts** der Luft im Bestandesinneren wird durch die Assimilation der Pflanzen am Tage und durch ihre Atmung in der Nacht beeinflusst. Tagsüber entsteht ein CO_2-Minimum im oberen Drittel der Bestandeshöhe, wo die stärksten Fotosyntheseleistungen erreicht werden. In den Nachtstunden bildet sich ein ausgeprägtes CO_2-Profil mit abnehmenden Werten vom Boden bis zur Obergrenze des Bestandes aus. Dies ist auf die Bodenatmung und die Respiration der Pflanzen zurückzuführen.

Der Verlauf der Profile ist vom Entwicklungsstadium der Pflanzen sowie von den meteorologischen (Wetterlage) und pflanzenmorphologischen Bedingungen (Art, Höhe und Dichte des Bestandes) abhängig. Die größten mikroklimatischen Unterschiede – im Vergleich zu einer vegetationsfreien Fläche – bilden sich in einem gut entwickelten Pflanzenbestand an Strahlungstagen heraus (Abb. 15.8). Kurz vor Sonnenaufgang ist die pflanzenfreie Fläche (Basis) durch die nächtliche Ausstrahlung kälter als der Pflanzenbestand. Nach Sonnenaufgang nähern sich die beiden Kurven an und schneiden sich, sodass ab den Vormittagsstunden bis zum frühen Nachmittag der Bestand wärmer als die vegetationsfreie Fläche ist. Die größten Temperaturdifferenzen treten zum Sonnenhöchststand auf. Mit tiefer stehender Sonne am Nachmittag dringt weniger Strahlung in den Bestand ein, wodurch jetzt die Bestandesluft im Vergleich zur Basis kühler ist. Hingegen wird die vegetationsfreie Basis weiterhin von der Sonne beschienen, sodass hier die Temperaturen höher bleiben. Nach Sonnenuntergang verhindert ein zur Oberfläche gerichteter Bodenwärmestrom, dass die Temperaturen auf der Basis in den frühen Nachtstunden unter die Werte im Bestandesinneren sinken. Kurz vor Mitternacht sind in dem angeführten Beispiel Wolken aufgezogen und haben die nächtliche Ausstrahlung und damit Abkühlung in 20 cm Höhe reduziert.

15.2 Agrarmeteorologie

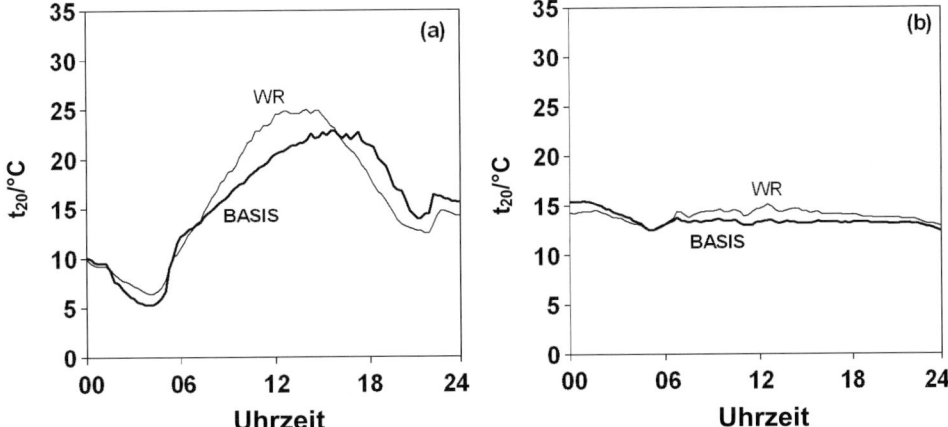

Abb. 15.8: Tagesgang der Lufttemperatur in 20 cm Höhe (t_{20}) über einer vegetationsfreien Fläche (BASIS) und in einem 1 m hohen Winterroggenbestand (WR) zum Ende des Ährenschiebens an einem (a) Strahlungstag (18.5.) und (b) trüben Tag (19.5.), Daten: Agrarmeteorologisches Intensivmessfeld der Humboldt-Universität zu Berlin, Berlin-Dahlem

Am 19.05. ist infolge der geringen Einstrahlung (s. Abb. 15.1) kaum ein Tagesgang erkennbar. Zum Sonnenaufgang haben sich beide Kurven angeglichen. Ab 6.30 Uhr bleibt dennoch an dem trüben Tag die Lufttemperatur im Bestandesinneren höher, da hier Energie gespeichert wird, die zur Erwärmung der Luft beiträgt. Im Vergleich zum Vortag ist jedoch der Temperaturunterschied zwischen Bestand und pflanzenfreier Fläche nur gering.

Zusammenfassend kann man für das **Mikroklima eines Getreidebestandes** folgende Aussagen treffen (Abb. 15.9):

- Die klimatischen Verhältnisse innerhalb eines Pflanzenbestandes können sehr stark von denen einer unbewachsenen Fläche abweichen.
- Im Mittel ist der Getreidebestand im Inneren (Messhöhe: 20 cm) zwischen ca. 9 und 15 Uhr wärmer als die vegetationsfreie Fläche, in der übrigen Zeit kühler als diese.
- Maximale Differenzen ergeben sich an Strahlungstagen und können Temperaturunterschiede von maximal 9 K sowie Feuchtedifferenzen bis zu 6 hPa bzw. 30 % relativer Luftfeuchte hervorbringen.
- Die größten Temperaturunterschiede treten im Tagesverlauf zum Sonnenhöchststand und in der Entwicklung kurz vor der Ernte (P4) auf, da jetzt die Sonnenstrahlen tief in den Bestand eindringen können, dieser aber noch so dicht ist, dass die Wärme hier gespeichert werden kann.
- Abgesehen von den Bedingungen in der Blattentwicklungs- und Bestockungsphase (P1) ist der Pflanzenbestand nahezu immer feuchter als die vegetationsfreie Fläche.
- Die größten Dampfdruckdifferenzen treten im Zeitraum der Blütenanlage- und Blühphase (P3) auf, wenn der Bestand – bei sehr hohem Blattflächenindex – stark transpiriert.

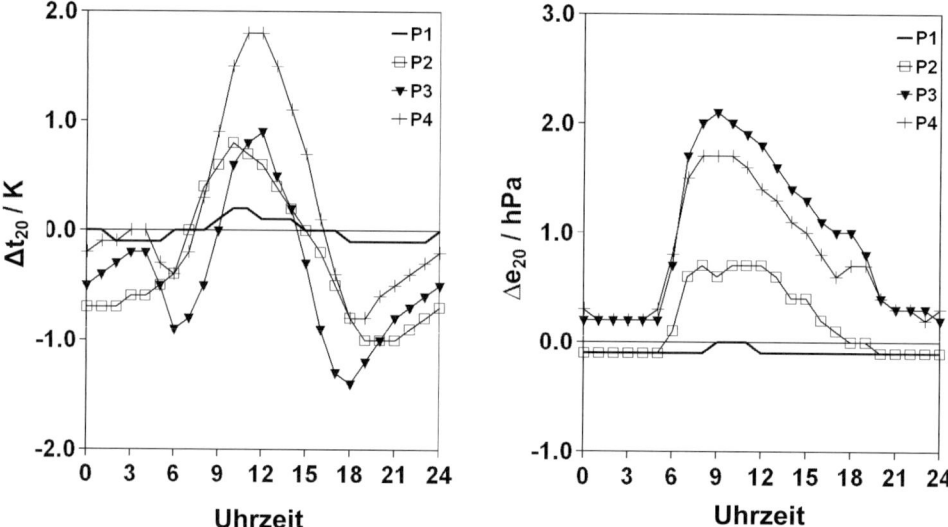

Abb. 15.9: Mittlere Temperaturdifferenzen (Δt_{20}) und mittlere Dampfdruckdifferenzen (Δe_{20}) zwischen Winterroggenbestand und vegetationsfreier Fläche in 20 cm Höhe in verschiedenen Entwicklungsstadien (P1: Blattentwicklungs- und Bestockungsphase, P2: Schoss- und Ährenschwellphase, P3: Blütenanlage- und Blühphase, P4: Kornfüllungs- und Reifephase), Daten: Agrarmeteorologisches Intensivmessfeld der Humboldt-Universität zu Berlin, Berlin-Dahlem, 1981 bis 1999

- In der Kornfüllungs- und Reifephase trocknet der Bestand zunehmend ab, sodass die Dampfdruckdifferenzen zwischen Bestand und vegetationsfreier Fläche wieder abnehmen.

15.2.6 Agrarmeteorologische Beratung

Da in der Landwirtschaft immer mehr Fragen einer ökologisch vertretbaren und nachhaltigen Bewirtschaftung im Vordergrund stehen, gewinnt die agrarmeteorologische Beratung als Grundlage einer umweltgerechten Betriebsführung zunehmend an Bedeutung. Diese Aufgabe obliegt heute noch hauptsächlich dem Geschäftsfeld Landwirtschaft des Deutschen Wetterdienstes (http://www.agrowetter.de), der hierzu eine Agrarmeteorologische Forschungsstelle in Braunschweig und Außenstellen in Geisenheim, Leipzig, Schleswig sowie Zolling für die regionale Beratungstätigkeit unterhält. Mit speziellen **Beratungsangeboten** soll sowohl dem Landwirt als auch dem Garten- und Weinbauern Hilfestellung bei den witterungsabhängigen Betriebsabläufen gegeben werden. Neben allgemeinen und frei verfügbaren Informationen zum Agrarwetter wie dem aktuellen Bodenfeuchteverlauf, den Bodentemperaturen, der realen und potenziellen Verdunstung, der Phytophthora-Prognose (Krautfäule bei Kartoffeln), der Waldbrandgefahr und anderen Mitteilungen werden auch kostenpflichtige Produkte online angeboten. Hierzu gehören u.a.

- AGROWETTER Prognose: ein Online-Beratungssystem für die Land- und Forstwirtschaft mit Hinweisen zu

optimalen Aussaat- und Ernteterminen,
- AGROWETTER Pflanzenentwicklung: aktuelle und statistische Daten der Phänologie,
- AGROWETTER Berichte: Wochenbericht und Monatsberichte für einzelne Regionen und Bundesländer,
- AGROWETTER Beregnung: Beregnungsempfehlungen für über 20 Kulturarten für einen Zeitraum von 5 Tagen

sowie weitere gebührenpflichtige Produkte wie das Wetterfax für die Landwirtschaft und für den Weinbau.

15.2.7 Klimawandel und Agrarmeteorologie

Die Wahrscheinlichkeit eines globalen Klimawandels stellt die **Agrarmeteorologie** vor neue und umfangreiche Aufgaben. Hierzu zählt u.a. die Problemvermittlung zwischen der Klimatologie und den Agrarwissenschaften, wobei die Agrarmeteorologie eine Art „Brückenfunktion" übernehmen muss. Hierbei geht es beispielsweise um die exakte Darstellung der vielfältigen Gesichtspunkte einer globalen Klimaänderung. Teilaspekte sind u. a. die richtige Verwendung der Ergebnisse von Klimamodellrechnungen (General Circulation Models) und die Beurteilung der Aussagefähigkeit von Klimaszenarien. Darüber hinaus kann das Wissenschaftsgebiet einen Beitrag leisten, Änderungen des Agrarklimas darzustellen (s. Abschnitt 11.6), Veränderungen in der Vegetationsentwicklung, im Wachstum und in der Ertragsbildung landwirtschaftlicher Nutzpflanzen unter dem Aspekt von Global Change zu bestimmen und bei der Entwicklung von Anpassungsstrategien mitzuwirken. Die Agrarmeteorologie leistet damit einen unmittelbaren Beitrag zur **Klimafolgenforschung** (Klimaimpaktforschung) auf dem Agrarsektor. Die einleitend aufgeführten wissenschaftlichen Fragestellungen in der Agrarmeteorologie sind nach wie vor aktuell, müssen jedoch zunehmend unter dem Aspekt globaler Klimaänderungen betrachtet werden.

Unter veränderten klimatischen Bedingungen, wie sie infolge einer globalen Erwärmung auftreten können, ergeben sich für die Pflanzenproduktion in den verschiedenen Teilen der Welt sowohl positive als auch negative Effekte (s. Abschnitt 11.6). Diese können sich auf Ertragshöhe, -stabilität und -qualität der Kulturarten auswirken. In diesem Zusammenhang müssen sowohl die **direkten Wirkungen** eines höheren CO_2-Gehalts (CO_2-Düngungseffekt) der Atmosphäre als auch die indirekten Wirkungen betrachtet werden, die sich aus den geänderten Klimaverhältnissen ergeben.

C_3-Pflanzen (z. B. Getreidearten der mittleren Breiten, Kartoffeln, Zuckerrüben) werden in jedem Fall stärker von den höheren CO_2-Gehalten der Luft profitieren als C_4-Pflanzen (z. B. Mais und Zuckerrohr). Bei optimaler Wasser- und Nährstoffversorgung könnten die Erträge von C_3-Getreidearten bei einer Verdoppelung des atmosphärischen CO_2-Gehalts (700 ppm) im Mittel um 28 % steigen (McCarthy et al. 2001). Sowohl für C_3- als auch für C_4-Pflanzen wird sich bei höheren CO_2-Konzentrationen eine bessere Wassernutzungseffizienz ergeben. Dies resultiert daraus, dass die Pflanzen bis zum Schließen der Stomata, beispielsweise im Fall von Wassermangel, mehr Kohlendioxid aufnehmen können, als dies unter heutigen Bedingungen möglich ist. Diese förderlichen Wirkungen eines höheren CO_2-Gehalts sind jedoch stark von der Temperatur und Wasserverfügbarkeit am Standort abhängig. Der CO_2-Düngungseffekt könnte somit unter realen Bedingungen deutlich geringer ausfallen.

Zu den **indirekten Wirkungen** zählen neben den klimatischen Veränderungen selbst auch die veränderten Wachstums- und Entwicklungsbedingungen der Pflanzen. Die Verlängerung der Vegetationsperiode (s. Abschnitt 15.3.4) kann hauptsächlich in den mittleren und höheren Breiten den Anbau neuer Kulturarten und die Veränderung von Fruchtfolgen ermöglichen. Jedoch lässt sich nicht jede tropische und subtropische Kulturart in höheren Breiten erfolgreich anpflanzen, da hier die Licht- und Strahlungsverhältnisse mitunter limitierend sind.

Darüber hinaus wird es zur **Verschiebung von Anbauzonen** kommen. Modellrechnungen zeigen, dass sich die landwirtschaftlich nutzbaren Gebiete im Falle einer globalen Erwärmung in höhere Breiten ausweiten werden. Im Gegenzug könnte die Produktivität in einigen tropischen und subtropischen Regionen der Erde abnehmen. Dieses Ergebnis entspricht den Aussagen des IPCC (Houghton et al. 2001). Zum wiederholten Mal wird hier unterstrichen, dass der Klimawandel die Entwicklungsländer unverhältnismäßig stark treffen könnte.

Auf moderate **klimatische Veränderungen** wird sich die moderne Landwirtschaft in den entwickelten Ländern relativ gut einstellen können. Sie hat vielfältige Möglichkeiten, sich durch Veränderungen im Management wie u. a. in der Fruchtfolge, der Sortenwahl, der Bodenbearbeitung an die neuen Bedingungen anzupassen. Zunehmender Trockenheit in witterungssensitiven Entwicklungsabschnitten der Pflanze kann in begrenztem Maße durch Beregnung begegnet werden, wenngleich sich hierdurch die Kosten in der landwirtschaftlichen Produktion erhöhen. Mit dem weiteren Voranschreiten der klimatischen Veränderungen wird es zunehmend schwieriger, geeignete Anpassungsmaßnahmen für die heute etablierten Nutzpflanzenarten zu entwickeln. Der Übergang zu neuen Sorten und Anbaustrategien wird dann zwangsweise notwendig.

Abschätzungen der **globalen Getreideproduktion** auf der Grundlage verschiedener Klimamodellszenarien zeigen, dass durch geeignete Anpassung durchaus negative Effekte des Klimawandels auf die Ertragsbildung von Nutzpflanzen kompensiert werden können (Abb. 15.10). Sollen diese Maßnahmen erfolgreich sein, so sind bereits heute Forschungs- und Entwicklungsarbeiten hierzu notwendig.

Entscheidend wird sein, ob sich die Landwirtschaft schnell genug und eigenständig an den Klimawandel anpassen kann, oder ob politische Maßnahmen und Programme erforderlich sind. Gerade die Zeiten des Übergangs von einem Klimazustand zu einem neuen veränderten Zustand können zu erheblichen Adaptionsproblemen auf regionaler und lokaler Ebene führen. Hierzu zählt u. a. die Zunahme der interannuellen Klimavariabilität, auf die sich selbst eine hoch entwickelte Landwirtschaft nur schwer einstellen kann.

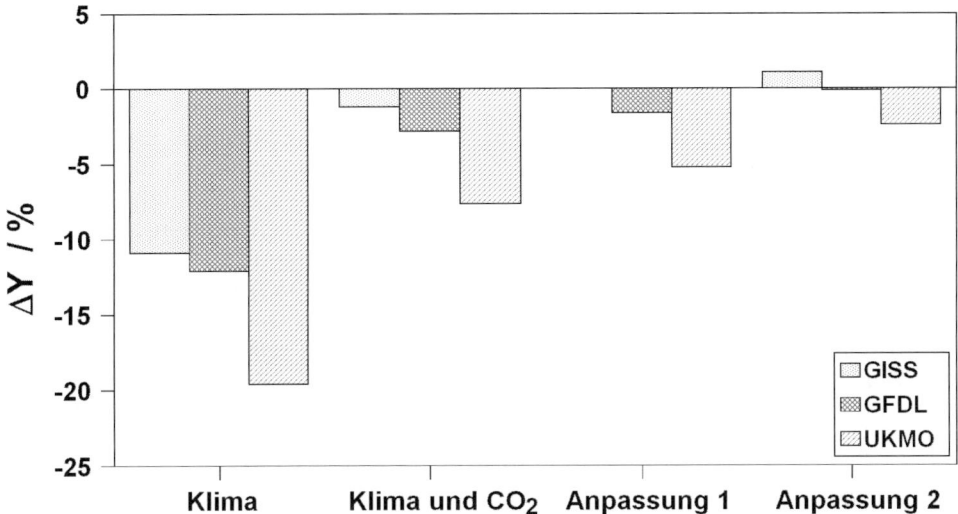

Abb. 15.10: Mögliche prozentuale Veränderung der globalen Getreideproduktion bis 2060 (ΔY) nach verschiedenen Modellszenarien (GISS, GFDL, UKMO) unter Berücksichtigung verschiedener Anpassungsstrategien. Anpassung 1: Veränderung der Aussaat um < 1 Monat, Zusatzwasser im Bewässerungsanbau, Verwendung verschiedener, aber bereits verfügbarer Sorten. Anpassung 2: Veränderung der Aussaat > 1 Monat, höhere Applikation von Düngemitteln, Ausdehnung des Bewässerungsanbaus, Anwendung neu entwickelter Sorten (nach Reilly und Schimmelpfennig 1999)

15.3 Pflanzenphänologie

Die **Phänologie** ist die Lehre von den jahreszeitlich wiederkehrenden Entwicklungsstadien in der Pflanzen- und Tierwelt. Diese Stadien – auch als phänologische Phasen oder kurz Phänophasen bezeichnet – sind in der Pflanzenphänologie u. a. im Frühjahr der Blattaustrieb, die Blattentfaltung und Blüte von Pflanzen, im Sommer die Fruchtreife sowie im Herbst die Blattverfärbung und der Blattfall. Für landwirtschaftliche Nutzpflanzen, wie für Getreide, sind neben dem Bestell- und Erntetermin auch der Beginn des Auflaufens und des Schossens sowie die Reifestadien (Milch-, Teig- und Gelbreife) von Interesse.

In der Tierwelt lassen sich ebenfalls saisonale Vorgänge finden, wie die Termine des Vogelzuges, der Beginn und das Ende des Winterschlafes einiger Arten oder die Entwicklungszyklen von Insekten. Dieser Bereich der Phänologie wird als Tierphänologie bezeichnet.

Zu den Aufgaben der Phänologie gehört es, das zeitliche Auftreten der Phänophasen zu beobachten und in Bezug zur atmosphärischen Umwelt zu setzen. Hierdurch erhält man Aussagen über den Einfluss von Witterung und Klima auf die Saisonalität in der Flora und Fauna.

Pflanzenphänologische Beobachtungen haben eine sehr lange Tradition. Die vermutlich ältesten phänologischen Aufzeichnungen der Kirschblüte stammen aus Japan und sind auf das

Jahr 705 n. Chr. datiert. Erwähnenswert sind auch die privaten phänologischen Aufzeichnungen der Familie Marsham aus Schottland, die über sechs Generationen hinweg von 1736 bis 1925 Pflanzenbeobachtungen durchgeführt hat.

Abb. 15.11 zeigt den Beginn des Blattaustriebs einer Rosskastanie in Genf von 1808 bis 2002. Dies ist eine von zwei in der Schweiz existierenden historischen phänologischen Reihen. Auffällig ist die zunehmende Verfrühung des Blattaustriebs der Kastanie seit Beginn unseres Jahrhunderts um ca. einen Monat. Die Ursachen hierfür dürften in der Verstärkung des städtischen Wärmeinseleffektes liegen, aber auch in der globalen Erwärmung.

Erste flächendeckende phänologische Beobachtungen gehen auf Initiative des schwedischen Botanikers Carl von Linné zurück, der 1750 in Schweden ein Netz mit 18 Standorten einrichtete. Das erste internationale phänologische Beobachtungsnetz entstand 1781. Es war an die meteorologischen Beobachtungen der „Societas Meteorologica Palatina" zu Mannheim geknüpft und umfasste 32 Stationen, die in einem Gebiet von Nordamerika bis zum Ural und von Grönland bis zum Mittelmeer lagen. Schließlich wurden auf Initiative von H. Hoffmann (1819–1891) und E. Ihne (1859–1943) seit 1883 kontinuierliche und nach einheitlichen Richtlinien durchgeführte phänologische Beobachtungen in ganz Europa aufgenommen, die in einer fortlaufenden Reihe bis 1941 veröffentlicht wurden. Um die Entwicklung der Phänologie nach dem 2. Weltkrieg in Deutschland haben sich vor allem Fritz Schnelle (1900–1990) und Franz Seyfert (1908–1986) verdient gemacht. Das heutige Netz, der überwiegend ehrenamtlichen phänologischen Melder des Deutschen Wetterdienstes (DWD), umfasst ca. 1550 Beobachter. Beobachtungsobjekte sind - wildwachsende Pflanzen, Forst- und

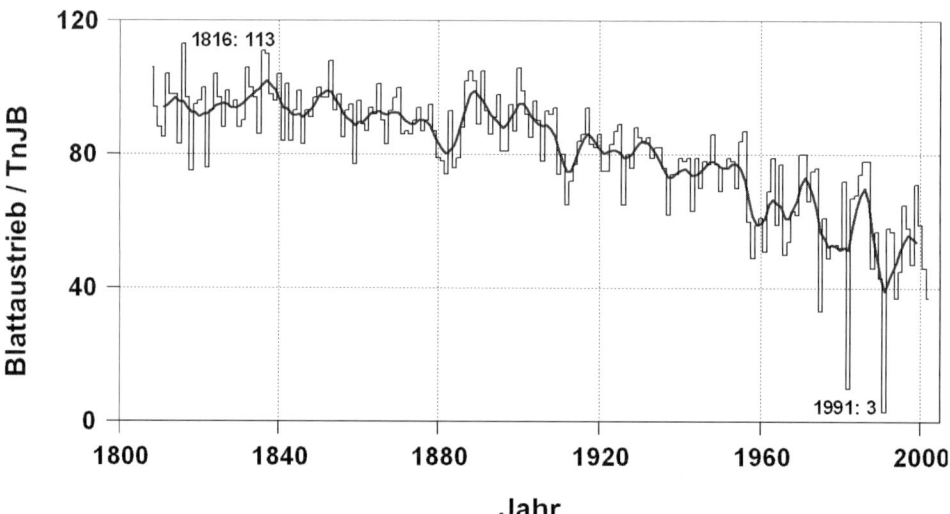

Abb. 15.11: Eintrittsdaten des Blattaustriebs einer Rosskastanie in Genf, 1808-2002 (aus Defila und Clot 2001, ergänzt). TnJB: Tage nach Jahresbeginn

Ziergehölze,
- landwirtschaftliche Nutzpflanzen sowie
- Obstgehölze und Weinreben,

an denen insgesamt 147 Phänophasen nach einheitlichen Richtlinien (DWD 1991) beobachtet werden.

In unseren Nachbarländern wie in **Österreich** und in der Schweiz haben phänologische Beobachtungen ebenfalls eine lange Tradition. Bereits in der ersten Hälfte des 19. Jahrhunderts wurden von einigen Pionieren in Österreich-Ungarn phänologische Beobachtungen und Aufzeichnungen angestellt. Die ersten Ansätze für ein phänologisches Netz mit einer verbindlichen Beobachtungsanleitung gehen auf das Jahr 1851 zurück, als Karl Fritsch (1812 –1879), von der in jenem Jahr gegründeten Zentralanstalt für Meteorologie und Geodynamik in Wien, seinen „Entwurf eines Systems zur Ausführung von Vegetations-Beobachtungen im k. k. botanischen Garten in Wien" veröffentlichte. Der erste Anstoß zu einem öffentlichen phänologischen Dienst in der Republik Österreich ist im Jahr 1926 zu finden. Die Zentralanstalt für Meteorologie und Geodynamik in Wien unterhält seit 1928 ein phänologisches Messnetz, mit einer Unterbrechung von 1938 bis 1945 (Koch und Scheifinger 2002). Der **Schweizerische** Wetterdienst gründete 1951 ein phänologisches Beobachtungsnetz. Es umfasst heute rund 160 Beobachtungsstationen in verschiedenen Regionen und Höhenlagen. Die tiefstgelegene Station befindet sich im Tessin in etwa 200 m und die höchstgelegene in 1800 m über NN im Engadin. Heute werden 69 Phänophasen und 26 verschiedene Pflanzenarten beobachtet (Defila 2002).

15.3.1 Internationale Phänologische Beobachtungsnetze

Um die Vergleichbarkeit der Pflanzenbeobachtungen zu verbessern, ist es bei der **Einrichtung internationaler phänologischer Beobachtungsnetze** erforderlich, vegetativ – also nicht durch Samen – vermehrtes Pflanzenmaterial zu verwenden.

Diesem Konzept folgend, wurde 1957 durch Fritz Schnelle und Ernst Volkert das Netz der Internationalen Phänologischen Gärten Europas (IPG, www.agrar.hu-berlin.de/pflanzenbau/agrarmet/ipg.html) gegründet, an dessen Erfolg maßgeblich Wissenschaftler wie A. Baumgartner und H. Lieth beteiligt waren. Anstoß hierfür gab der Beschluss der Agrarmeteorologischen Kommission der WMO zur Einrichtung eines internationalen phänologischen Beobachterprogramms. In den derzeit in weiten Teilen Europas verteilten, mehr als 60 Gärten wachsen insgesamt 23 ausgewählte Arten von Bäumen und Sträuchern (Abb. 15.12). Die IPGs sind verschiedenen Institutionen angeschlossen, die auch die Beobachter stellen. Die älteste der 23 deutschen Stationen ist beim Deutschen Wetterdienst in Offenbach angesiedelt.

In diesen Gärten werden an erbgleichen, phänologisch aussagekräftigen Gehölzen (u. a. Lärche, Fichte, Kiefer, Birke, Buche, Pappel, Eiche, Linde, Weide) Beobachtungen durchgeführt. Mit Hilfe eines solchen standardisierten biologischen Messnetzes lässt sich die großräumige Vegetationsentwicklung in Europa und deren Abhängigkeit von Witterungs- und Klimaeinflüssen untersuchen. Klimaänderungen und Umweltbelastungen können an den Pflanzen ebenfalls nachgewiesen werden.

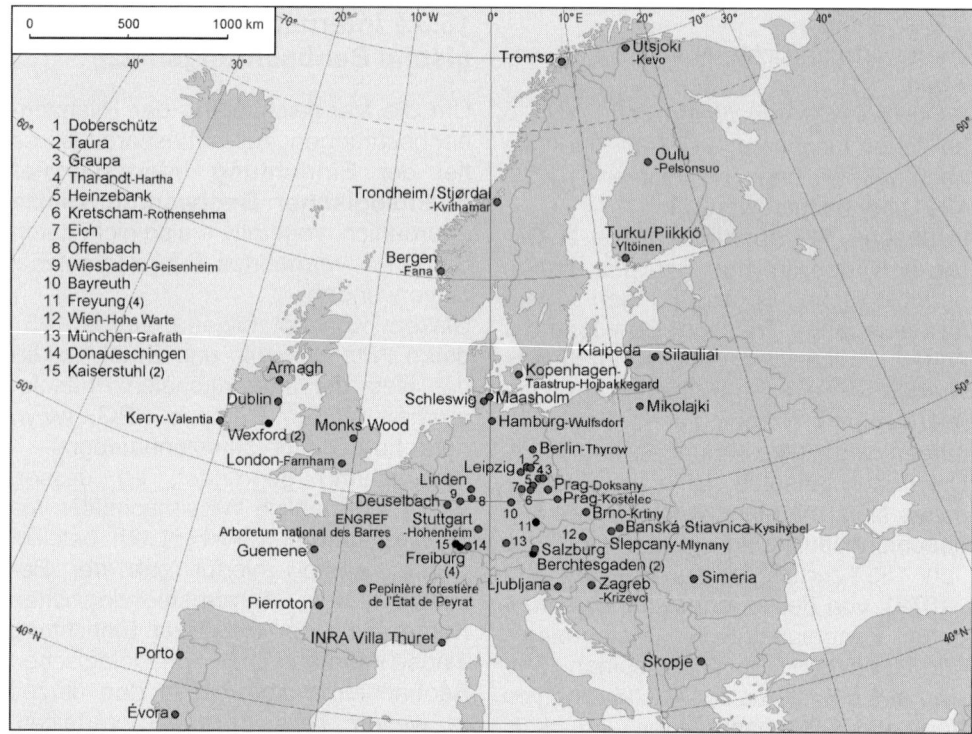

Abb. 15.12: Lage der Internationalen Phänologischen Gärten (IPG) in Europa, Daten: Humboldt-Universität zu Berlin, Stand 2005

In Ergänzung zu den IPGs wurde 1998 durch die Arbeitsgruppe Phänologie der Internationalen Gesellschaft für Biometeorologie (www.fsd.nl/isb) ein Globales Phänologisches Beobachtungsnetz (GPM, www.dow.wau.nl/msa/gpm) gegründet, das sich noch im Aufbau befindet (Bruns et al. 2003). Das Beobachtungsprogramm umfasst vor allem Obstgehölze wie Apfel, Kirsche, Birne usw. (Standardprogramm) und wird durch ein Blühphasenprogramm ergänzt. Das Beobachtungsnetz soll vor allem über die mittleren Breiten der Erde ausgedehnt werden (35° N bis 66,5° N, 23,5° S bis 50° S). Es besteht bisher aus 17 Stationen u. a. in China, Deutschland, Estland, Niederlande, Slowakei, Tschechien und USA (Stand 2005).

15.3.2 Pflanzenentwicklung und Witterung

Verschiedene Standortfaktoren wie Witterung und Klima, der Bodenwasserhaushalt und die Versorgung der Pflanze mit Nährstoffen beeinflussen das Pflanzenwachstum in mannigfacher Weise. Hierbei ist zu berücksichtigen, dass die einzelnen Faktoren in gegenseitiger Abhängigkeit voneinander zur Wirkung kommen. Die Gesamtheit dieser Wirkungen findet dann im Wachstumsrhythmus der Pflanze ihren Ausdruck.

15.3 Pflanzenphänologie

Von den Witterungsgrößen sind zumindest in den mittleren und höheren Breiten die Lufttemperatur und die Solarstrahlung wichtige Einflussfaktoren. Die Strahlung wirkt direkt, aber auch indirekt über die Temperatur auf die Pflanze ein, wobei beide Wirkungen in Abhängigkeit voneinander stehen und kaum zu trennen sind.

Für die direkte Wirksamkeit der **Solarstrahlung** auf das Wachstum der Pflanze sind Lufttemperaturen über dem Gefrierpunkt erforderlich, da die meisten biologischen Prozesse an flüssiges Wasser gebunden sind. Bei gleicher Lufttemperatur kann dann das Wachstum der Pflanze durch stärkere Bestrahlung beschleunigt werden. Bestimmte phänologische Phasen können somit bei gleicher Lufttemperatur dort früher eintreten, wo Sonnenscheindauer und Bestrahlungsstärke höher sind. Derartige Gegenden sind beispielsweise die kontinentalen Regionen Europas oder Gebiete mit häufigen Föhnwetterlagen. Die Zunahme der Bestrahlungsstärke mit der Höhe über dem Meeresspiegel wird meist durch abnehmende Temperaturen in ihrer Wirkung auf die Pflanzenentwicklung kompensiert, so dass in Höhenlagen die Phänophasen verspätet eintreten.

Die **Temperatur** der bodennahen Luftschicht wird maßgeblich durch den Energieumsatz an der Erdoberfläche bestimmt. Somit kommt die indirekte Wirkung der Strahlung über die Lufttemperatur zur Geltung. Steigende Temperaturen fördern bis zu einem Optimum die Entwicklungsgeschwindigkeit der Pflanzen, da sich die Reaktionsgeschwindigkeit biochemischer Prozesse im Bereich von 0 bis 30 °C bei einer Temperaturzunahme von jeweils 10 K verdoppelt. Die Eintrittstermine phänologischer Phasen lassen sich daher sehr gut mithilfe der Lufttemperatur beschreiben. Bereits zum Ende der Vegetationszeit im Herbst bereiten sich die Bäume und Sträucher auf den Vegetationsbeginn im kommenden Jahr vor. Knospen werden angelegt und die Pflanze tritt nachfolgend in die Winterruhe (Dormanz) ein. In diesem Zustand führen für das Wachstum und die Entwicklung der Gehölze normalerweise förderliche Temperaturen noch nicht zum Austrieb der Knospen. Die Pflanze muss zuvor über einen bestimmten Zeitraum, der von Pflanzenart zu Pflanzenart verschieden ist, niedrigen Temperaturen (**chilling temperatures** ca. 0 bis 10 °C) ausgesetzt sein, bevor in den Knospen die austriebshemmenden Stoffe abgebaut werden. Diesen Zustand erreichen die Bäume und Sträucher meist schon gegen Ende des Jahres. Erst jetzt können für das Wachstum der Gehölze günstige Temperaturen die Entwicklung der Knospen weiter vorantreiben, so dass nach dem Erreichen einer bestimmten Temperaturschwelle oder Temperatursumme die Knospen im Frühjahr aufbrechen, sich die Blätter entfalten bzw. die Bäume und Sträucher zu blühen beginnen. Je höher die Temperaturen zum Ende des Winters und im zeitigen Frühjahr sind, desto früher werden in der Regel die Phänophasen beobachtet.

Zur Veranschaulichung dieses Zusammenhanges ist in Abb. 15.13 die Korrelation zwischen den Monatsmitteln der Lufttemperatur und dem Beginn der Blattentfaltung der Rosskastanie in Sachsen dargestellt. Im langjährigen Mittel setzt der Blattfall der Kastanie hier Anfang Oktober ein. Im Verlauf dieses Monats sind an den

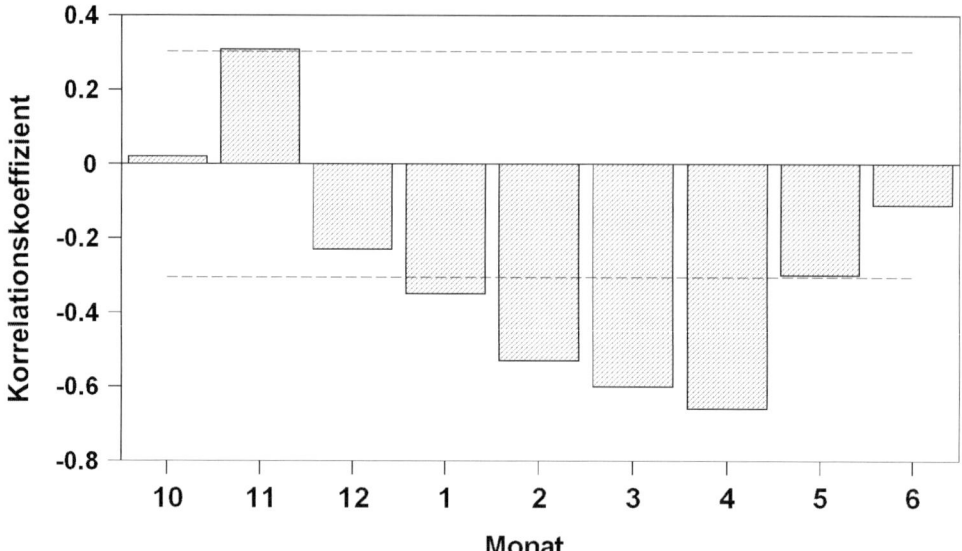

Abb. 15.13: Korrelation zwischen Monatsmitteln der Lufttemperatur und dem Beginn der Blattentfaltung der Rosskastanie in Sachsen, 1961–2000. Horizontale Linien: Signifikanzschwelle des Korrelationskoeffizienten (a ≤ 0,05)

kahler werdenden Ästen die neuen Knospen bereits zu erkennen. Im November ergibt sich eine positive Korrelation zwischen Lufttemperatur und Blattaustrieb, da die niedrigeren Temperaturen in diesem Zeitraum den für die Weiterentwicklung der Knospen notwendigen Kältereiz liefern. Bereits ab Dezember kehren sich die Vorzeichen der Korrelationskoeffizienten um. Dies bedeutet, dass sich nun die Knospen bei Temperaturen, die für die Pflanzenentwicklung förderlich sind, weiter entwickeln. Dieser Zusammenhang verstärkt sich kontinuierlich bis Ende April, wenn im Mittel die ersten Knospen aufbrechen und sich die Fiederblätter der Kastanie entfalten. Zum Sommer nimmt der Einfluss der Lufttemperatur auf das Eintreten phänologischer Phasen ab, da zu dieser Zeit des Jahres die durchschnittlichen Temperaturen näher an den für die Pflanzenentwicklung optimalen Werten liegen. Dennoch lassen sich einzelne Phänophasen wie die Fruchtreife von Obstgehölzen gut mit Temperatursummen beschreiben. Im Herbst ändert sich wiederum der Zusammenhang zwischen Lufttemperatur und Phaseneintritt. Überdurchschnittliche Temperaturen im September und Oktober können die physiologische Aktivität bei manchen Baumarten (u. a. Birke, Kastanie, Eiche) verlängern, so dass die Blattverfärbung etwas später einsetzt. Der Zusammenhang zwischen der mittleren Temperatur und den Herbstphasen ist jedoch relativ gering. Blattverfärbung und Blattfall werden vermutlich stärker durch fotoperiodische Reize (Kurztag) und durch singuläre Witterungsereignisse wie Kaltlufteinbrüche oder Frühfröste ausgelöst.

Aus dem starken Zusammenhang zwischen Pflanzenentwicklung und Luft-

15.3 Pflanzenphänologie

temperatur ergibt sich im Mittel eine deutliche Abhängigkeit **phänologischer Phasen** (P) von der geografischen Breite (φ), der Kontinentalität – die hier über die geografische Länge (λ) ausgedrückt wird – und von der Höhe über dem Meeresspiegel (h):

$$P_{\lambda,\varphi,h} = c + a_\lambda \cdot \lambda + a_\varphi \cdot \varphi + a_h \cdot h. \tag{15.14}$$

Die breitenabhängige Änderung der Lufttemperatur im Frühling zeigt sich darin, dass der Vegetationsbeginn mit ca. 2,5 Tagen um einen Breitengrad fortschreitet (Tab. 15.5). Im Mittel zieht der Frühling in Europa mit einer Geschwindigkeit von 44 km d^{-1} von S nach N, mit 200 km d^{-1} von W nach E ein und verspätet sich um 3 Tage/100 m Höhenzunahme. Das Ende der Vegetationsperiode dagegen verfrüht sich mit zunehmender Höhe um 1 Tag/100 m, mit zunehmender Länge um 0,2 Tage / 100 km und mit zunehmender Breite um 0,1 Tag / 100 km. Für die Länge der Vegetationsperiode ergibt sich damit eine Verkürzung um 4 Tage / 100 m Höhe, um 0,7 Tage / 100 km von West nach Ost und um 2,4 Tage / 100 km von Süd nach Nord. Im langjährigen Durchschnitt beginnt die Vegetationsperiode in Mitteleuropa zwischen dem 10. und dem 25. April. Viel früher treiben dagegen die Bäume an den Küsten des Mittelmeers aus, Nachzügler sind eindeutig die Gehölze in Skandinavien (Abb. 15.14).

Für rein klimatologische Betrachtungen erweist sich in Zentraleuropa die mittlere Temperatur von Februar bis April (T_{24}) als ein gutes Maß zur Abschätzung des Vegetationsbeginns (Abb. 15.15). Nicht nur die Blattentfaltung vieler Pflanzen ist mit diesem Mittelwert gut korreliert, sondern auch die Blüte einiger Obstgehölze wie u. a. die von der Kirsche und dem Apfel.

Die Regression belegt, dass eine Temperaturzunahme von 1 K im zeitigen Frühjahr (t_{24}) zu einer Verfrühung der Blattentfaltung in Europa von einer Woche (6,68 Tage) führt. Für urbane Räume lässt sich daher, im Vergleich zum kühleren Umland, ebenfalls ein zeitigerer Phaseneintritt von ca. einer Woche nachweisen.

Die Wirkungen des **Niederschlages** auf die pflanzliche Entwicklung ist, zumindest in den mittleren Breiten, gegenüber den Temperatureinflüssen vergleichsweise gering. Sichtbare Zeichen hierfür sind die zögerliche Abreife der Nutzpflanzenbestände in sehr feuchten Jahren bzw. die Notreife bei extremer Trockenheit.

Die Temperaturen in den Tropen und Subtropen liegen für die Pflanzenentwicklung meist im optimalen Bereich,

Tab. 15.5: Abhängigkeit des mittleren Beginns (B: Mittlere Blattentfaltung von Birke, Vogelkirsche, Eberesche, Alpenjohannisbeere), Endes (E: Mittlerer Blattfall von Birke, Vogelkirsche, Küblerweide, Alpenjohannisbeere) und der durchschnittlichen Länge (L = E − B) der Vegetationsperiode in Europa von geografischen Koordinaten, 1961–2000. Regressionskoeffizienten: a_λ für Länge, a_φ für Breite, a_h für Höhe; c = Regressionskonstante (nach Rötzer und Chmielewski 2001)

Ereignis	c	a_λ (Tage / °)	a_φ (Tage / °)	a_h (Tage / m)
B[1]	−32,6	0,3867	2,5550	0,0314
E[2]	310,6	−0,1607	−0,0508	−0,0095
L[3]	343,2	−0,5474	−2,6057	−0,0409

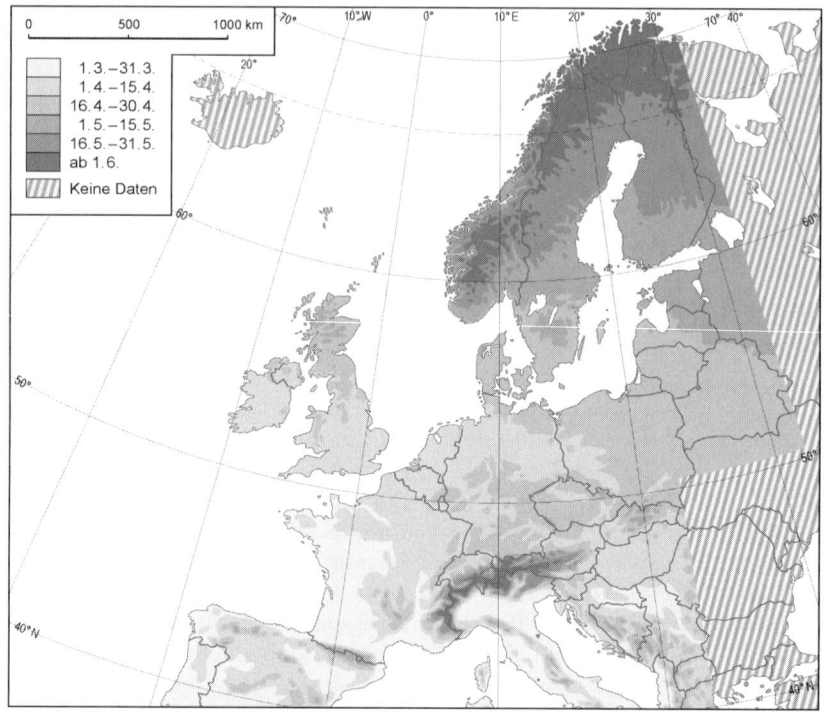

Abb. 15.14: Mittlerer Beginn der Vegetationsperiode in Europa, 1961–2000 (nach Rötzer und Chmielewski 2001, verändert)

sodass der Temperaturfaktor hier von geringer Bedeutung ist. Ein etwas stärkerer Zusammenhang ist in den Tropen zwischen der Tageslänge und dem Neuaustrieb bzw. der Blattentfaltung von Gehölzen zu beobachten. Natürlich sind hier die saisonalen Phänomene nicht so augenscheinlich wie in den mittleren Breiten. Das ganze Jahr hindurch finden sich in den Tropen Pflanzen, die blühen oder Früchte tragen.

In den semiariden Zonen der Erde hingegen hängt die Vegetationszeit eng mit dem Beginn der Regenzeiten zusammen. In ariden Regionen ist das Auftreten phänologischer Phasen oft an einzelne episodische Niederschlagsereignisse gekoppelt, danach vertrocknen die krautigen Pflanzen wieder.

15.3.3 Verwendung phänologischer Daten

Phänologische Daten finden in vielen Bereichen wie in der Agrar- und Forstwirtschaft, der regionalen Klimatologie, der Botanik, Geografie, Imkerei, Medizin sowie im Tourismus und nicht zuletzt in den Medien Verwendung (Tab. 15.6).

Eine außerordentlich lange Tradition haben phänologische Beobachtungen in der Landwirtschaft und im Gartenbau (s. hierzu Chmielewski 2003). Phänologische Daten werden hier beispielsweise genutzt, um die Vegetationszeit in einer Region zu bestimmen. Hierauf basierend ist es möglich, Anbaupläne

15.3 Pflanzenphänologie

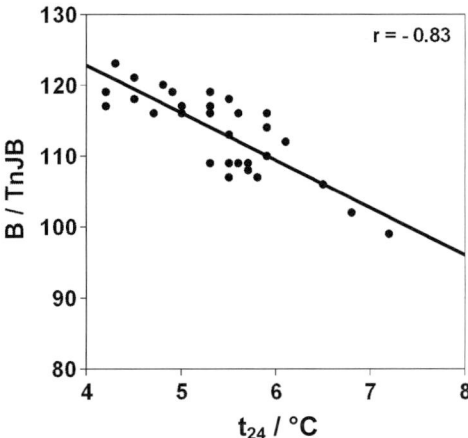

Abb. 15.15: Zusammenhang zwischen der mittleren Lufttemperatur von Februar bis April (t_{24}) und dem Vegetationsbeginn in Europa (B), 1969–2000. B = 149,4 − 6,68 t_{24}. TnJB: Tage nach Jahresbeginn (nach Chmielewski und Rötzer 2001, verändert)

zu entwickeln, die neben einer optimalen Sortenwahl auch Aussagen zur Fruchtfolge und zum Zwischenfruchtanbau beinhalten.

Die gesamte Bestandesführung in der Landwirtschaft, von der Aussaat bis zur Ernte, wird an die Entwicklung der Pflanzen ausgerichtet. Phänologische Beobachtungen helfen den optimalen Zeitpunkt für agrotechnische Maßnahmen wie Düngung, Bewässerung und Pflanzenschutz zu bestimmen. Im Obstbau sind vor allem die Blühzeiten der Gehölze von Interesse, da Spätfröste im Extremfall zum Verlust der gesamten Ernte führen können und entsprechende Schutzmaßnahmen rechtzeitig einzuleiten sind. Im Rahmen der agrarmeteorologischen Beratung des DWD werden daher phänologische Beobachtungen von „Sofortmeldern" verwendet, die phänologische Beob-

Tab. 15.6: Mögliche Verwendung phänologischer Beobachtungen

Nutzungsgebiet	Verwendung
Landwirtschaft, Gartenbau und Forstwirtschaft	Anbaueignung von Kulturpflanzen Bestandesführung (Düngung, Pflanzenschutz, Bewässerung, Arbeitsmaßnahmen) Frostschutz im Obst- und Gartenbau Waldbrandwarndienst Definition natürlicher Jahreszeiten
Agrarmeteorologie	Erntevorhersage Abgrenzung relevanter Entwicklungsstadien zur Untersuchung der Ertragsbildung von Nutzpflanzen und zur Beschreibung des Mikroklimas in Pflanzenbeständen Modellierung (Wasserhaushalts-, Ertragsmodelle, usw.)
Human-Biometeorologie	Polleninformationsdienst
Regionale Klimatologie	Nachweis geländeklimatischer Besonderheiten, z. B. von Kaltluftsammelgebieten
Klimawirkungsforschung	Impakt von Klimaänderungen auf die Biosphäre, Landwirtschaft, Forstwirtschaft, usw.
Fernerkundung	Eichung von Satellitendaten, z. B. Werte des NDVI
Imkerei	Umsetzen der Bienenvölker
Tourismus	Höhepunkt der Obst- und Heideblüte bzw. Laubverfärbung im Herbst

achtungen aus landwirtschaftlich und obstbaulich stark genutzten Regionen möglichst zeitnah weiterleiten.

Auf internationaler Ebene erfährt die Phänologie seit dem Anfang der 1990er Jahre eine Renaissance. Ausdruck hierfür sind nicht nur die gestiegene Anzahl von Publikationen zu diesem Thema, sondern auch die zahlreichen Aktivitäten zur Ausweitung bzw. Neukonzipierung phänologischer Beobachtungsnetze. Die relativ einfach zu gewinnenden phänologischen Daten erweisen sich heute von großem Wert, nicht zuletzt für fundamentale Fragen in der Debatte um den globalen Klimawandel und die damit verbundenen Auswirkungen auf die Natur. Nachfolgend werden hierzu einige Beispiele gegeben.

15.3.4 Klimawandel und Phänologie

Viele Studien in den letzten Jahren haben anschaulich gezeigt, dass **Veränderungen in den Phänophasen** von Pflanzen gute Indikatoren für Klimaänderungen sind. Vor allem die Frühjahrsphasen zeigen eine klare Tendenz zur Verfrühung, die in eindeutigem Zusammenhang zu den höheren Temperaturen im zeitigen Frühjahr seit dem Ende der 1980er Jahre in Mitteleuropa steht. Signifikante Trends lassen sich für nahezu alle Pflanzenarten nachweisen, d. h. sowohl für wildwachsende Pflanzen als auch für landwirtschaftliche Nutzpflanzen und Obstgehölze (Chmielewski et al. 2004).

Als Beispiel soll an dieser Stelle nochmals der Zeitpunkt des Vegetationsbeginns in Europa herangezogen werden. Dieser Termin hat sich in den letzten Jahren deutlich verschoben. Zwischen 1989 und 2000 notierten die Beobachter in den Internationalen Phänologischen Gärten in 10 von 12 Jahren einen verfrühten Vegetationsbeginn (Abb. 15.16). Immer früher beginnen die Bäume zu ergrünen, besonders stark ist dieser Trend in Mitteleuropa zu beobachten. Dieser zeitige Frühling in der Pflanzenwelt korrespondiert gut mit den Befunden der Klimaforschung. Seit dem Ende der 1980er Jahre führen Veränderungen der atmosphärischen Zirkulation über Europa zu höheren Temperaturwerten zwischen Februar und April.

Die bisher beobachtete **Ausdehnung der Vegetationszeit** in Europa ist vor allem auf den früheren Vegetationsbeginn zurückzuführen und weist seit 1969 einen Trend von +3,5 Tagen pro Jahrzehnt auf.

Während eine allgemeine Verlängerung der Vegetationsperiode für die Landwirtschaft durchaus positive Effekte für die Sortenwahl, die Fruchtfolge oder den Zwischenfruchtanbau hat, führen höhere Temperaturen innerhalb der Vegetationszeit zugleich zu einer Verkürzung der Phasenlänge zwischen zwei aufeinander folgenden Entwicklungsstadien. Für landwirtschaftliche Nutzpflanzen kann es hierdurch zu negativen Effekten bei der Ertragsbildung kommen. Die Folgen wären Mindererträge oder eine höhere Ertragsvariabilität. Ebenfalls ist die in den letzten Jahren zu beobachtende Verfrühung der Blüte von Obstgehölzen kritisch zu bewerten, da sich hierdurch die Spätfrostgefährdung erhöhen kann. Unabhängig von dem allgemeinen Trend zur Erwärmung im Frühjahr können stets Wetterlagen auftreten, die Kaltluft aus Norden nach Mitteleuropa führen.

15.4 Human-Biometeorologie

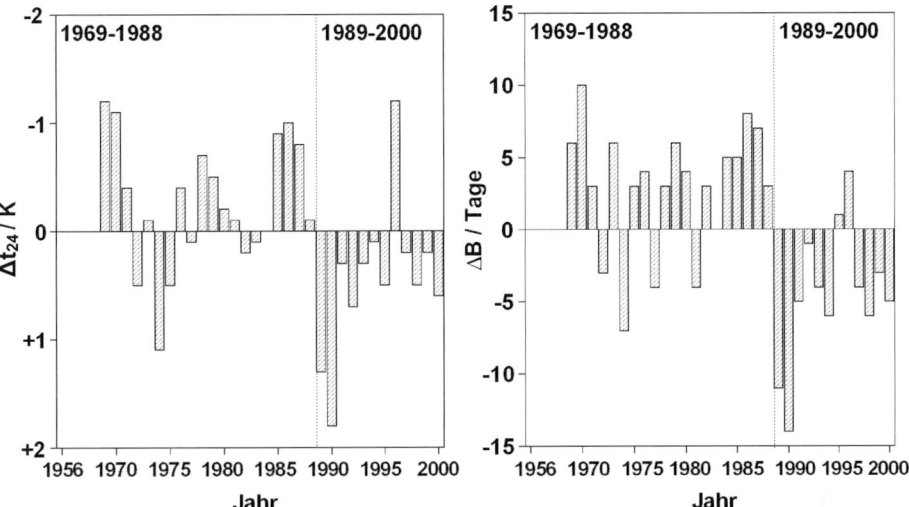

Abb. 15.16: Veränderungen der mittleren Lufttemperatur von Februar bis April (Δt_{24}) und des Vegetationsbeginns in Europa (ΔB), 1969 – 2000 (erweitert nach Chmielewski und Rötzer 2002)

15.4 Human-Biometeorologie

Der Mensch registriert alle Wetterveränderungen, d. h. er reagiert auf den Wechsel der Lufttemperatur und des Luftdrucks sowie auf Regen, Nebel, Wind und Sonnenstrahlung. Im Normalfall passt sich der Körper diesen oft rasch wechselnden atmosphärischen Zuständen schnell und problemlos an. Sie sind eine ständige Anregung für ihn und haben daher eine positive Wirkung. Die Reaktionen des Organismus sind im Allgemeinen nicht spürbar und lassen sich nur im Labor messen.

Nach statistischen Erhebungen (Höppe et al. 2002) glaubt jedoch jeder zweite Bundesbürger an einen mehr oder weniger starken Zusammenhang zwischen Wetter und Gesundheit. Zu den Befindlichkeitsstörungen zählen Symptome wie Kopfschmerzen/Migräne (61 %), Abgeschlagenheit/Erschöpfung (47 %), Schlafstörungen (46 %), Müdigkeit (42 %), Gelenkschmerzen (40 %), Gereiztheit (31 %), Niedergeschlagenheit (27 %), Schwindel (26 %), Konzentrationsstörungen (26 %) und Narbenschmerzen (23 %). Ob all diese Leiden allein auf das Wetter und dessen Veränderlichkeit zurückzuführen sind, ist fraglich, jedoch können bestimmte Wetterlagen und -umschwünge nachweislich zu Überreaktionen des Organismus, vor allem bei älteren oder gesundheitlich geschwächten Menschen führen.

Die **Human-Biometeorologie** befasst sich daher mit der Wirkung des Wetters auf den Menschen als einen natürlichen, physikalisch-chemischen Umweltfaktor. Hierbei lassen sich vier so genannte Wirkungskomplexe unterscheiden: der thermische, der fotoaktinische, der luftchemische und der bereits oben angesprochene neurotrope Wirkungskomplex, der den Einfluss des

Wetters auf den gesunden und kranken Menschen betrifft.

15.4.1 Der thermische Wirkungskomplex

Der **thermische Wirkungskomplex** beschäftigt sich mit dem Wärmehaushalt des Menschen und den in diesem Zusammenhang stehenden Möglichkeiten der Wärmeabgabe des Körpers.
Das Vorhandensein der Erdatmosphäre ist der erste natürliche Wärmeschutz des Menschen. Durch sie wird die Ausstrahlung der Erdoberfläche reduziert (natürlicher Treibhauseffekt). Die Atmosphäre schafft damit eine der Voraussetzungen für das Leben auf unserem Planeten. In Abhängigkeit von den klimatischen Bedingungen auf der Erde ist in den meisten Regionen zusätzlicher Wärmeschutz durch entsprechende Kleidung, Wohnungen und Heizungssysteme nötig. Zunehmend finden aber auch in der warmen Jahreszeit Klimaanlagen Verwendung, um das thermische Wohlbefinden zu verbessern. Im Mittelpunkt der human-biometeorologischen Untersuchungen stehen hier vor allem Fragen der Wärmebelastung im Sommer und des Kältestresses im Winter. Hierzu werden Modellrechnungen zum Wärmehaushalt des menschlichen Körpers vorgenommen.

15.4.1.1 Die Wärmebilanz des Menschen

Durch den Stoffwechsel produziert der menschliche Körper im Inneren ständig Wärme (**Metabolismus**). Der Energieumsatz des Menschen im Ruhezustand wird als Grundumsatz bezeichnet und beträgt, bezogen auf die Körperoberfläche des Menschen, ca. 40 W m^{-2}. Jede noch so leichte Tätigkeit erhöht den Energieumsatz des Körpers und damit die Produktion von Wärme (Tab. 15.7).
Um die Kerntemperatur des menschlichen Körpers von 37 °C konstant zu halten, muss Wärme über die Haut an die Umgebung abgegeben werden. Die Hauttemperatur ist von der Strahlungsbilanz (Q) abhängig. Neben der Ausstrahlung, die nur wirksam ist, wenn die umgebenden Flächen (Luft, Wände, Erdboden) kälter als die Hautoberfläche sind, kann Wärme durch Konvektion (Q_H) vom Körper weg transportiert werden. Wärmestrahlung und Konvektion werden auch als Formen der trockenen Wärmeabgabe bezeichnet und umfassen etwa 70 bis 80 % der Gesamtwärmeabgabe.
Eine zweite Form der **Wärmeabgabe** ist der Wärmeverlust durch Verdunstung von der Hautoberfläche (Q_E) und der latente Wärmeentzug durch Atmung (Q_{Re}). Diese mitunter als feuchte Wärmeabgabe bezeichneten Mechanismen betragen ca. 20 bis 30 % der Gesamtwärmeabgabe des Körpers. Durch Verdunstung wird dem Körper im Mittel ca. 1 Liter Flüssigkeit am Tag entzogen. In Extremfällen kann der Wasserverlust durch Schweißbildung (Q_{SW}) wesentlich höher liegen. Verliert der Mensch mehr als 7 % seines Körpergewichts an Wasser, so führt dies zum Tode.
Die **Wärmebilanz** des menschlichen Körpers lässt sich unter stationären Bedingungen mit folgender Gleichung annähernd darstellen (alle Terme in W):

$$M + W + Q + Q_H + Q_E + Q_{SW} + Q_{Re} = 0$$

(15.15)

Mit M wird die metabolische Wärmeproduktion im Körper, d. h. die biologi-

Tab. 15.7: Gesamtenergieumsatz für verschiedene Tätigkeiten (auszugsweise nach Fanger 1972)

Aktivität	Gesamtenergieumsatz M/A_{Du}[*] / W m^{-2}
Schlafen (Grundumsatz)	41
Sitzen, ruhig	58
Stehen, entspannt	70
Gehen in der Ebene mit 3,2 km h^{-1}	116
mit 4,8 km h^{-1}	150
mit 6,4 km h^{-1}	220
Büroarbeit	110
Gymnastik	175 bis 230
Autofahren (City)	170
Körperlich schwere Arbeit (z. B. Straßenbau)	250

[*] Die durchschnittliche Körperoberfläche (A_{Du}) eines Menschen liegt zwischen 1,6 und 1,8 m²

schen Prozesse, die im Körperinneren Wärme produzieren, beschrieben. W ist die äußere mechanische Leistung. Die Gleichung beschreibt die Möglichkeiten der physikalischen Wärmeregulation, die ausschließlich von den klimatischen Bedingungen abhängig ist.

Der Mensch verfügt jedoch zusätzlich über eine physiologische **Thermoregulation**, die durch das Zentralnervensystem gesteuert wird und eine gleichmäßige innere Körpertemperatur anstrebt. Bei Kältewirkung werden die Blutgefäße in der Peripherie verengt (Kontraktion), sodass sich die Hauttemperatur verringert und die weitere Wärmeabgabe eingeschränkt wird. Außerdem wird das so genannte Kältezittern eingeleitet. Im entgegengesetzten Fall wird durch eine erhöhte Blutzufuhr die Wärme aus dem Inneren des Körpers in die Kapillaren unter der Haut abgeleitet (Dilatation). Gleichzeitig erfolgt eine Schweißabsonderung, wodurch sich die feuchte Wärmeabgabe des Körpers beachtlich erhöht. Die Behaglichkeit des Menschen kann in dieser Situation stark variieren.

15.4.1.2 Thermische Behaglichkeit

Der Bereich der thermischen Behaglichkeit liegt bei mittleren Hauttemperaturen von 33 bis 34 °C. Dieser Zustand wird vom menschlichen Körper angestrebt, da er in diesem Bereich optimal arbeitet. Alle Abweichungen aus dem Behaglichkeitsbereich stellen zusätzliche Anforderungen an das Thermoregulationssystem dar. Temperaturen der Haut unter 29 °C werden als kühl, hingegen Temperaturen über 35 °C als warm empfunden. Von den meteorologischen Größen sind vor allem Globalstrahlung, Lufttemperatur, Luftfeuchtigkeit und Windgeschwindigkeit von Bedeutung für die thermische Behaglichkeit des Menschen. Hohe Lufttemperaturen können die Wärmeabgabe von der Hautoberfläche durch Ausstrahlung und Konvektion einschränken. Ebenfalls erschweren hohe Werte der relativen Luftfeuchtigkeit die feuchte Wärmeabgabe. Diese kommt jedoch kaum zum Erliegen, da in den meisten Fällen ein Feuchtigkeitsgefälle von der Hautoberfläche zur umgebenden Luft besteht.

Ebenfalls liegt in den meisten Regionen der Erde die Lufttemperatur unterhalb der mittleren Hauttemperatur von 33 °C. Niedrige Temperaturen und hohe Windgeschwindigkeiten verstärken hingegen die Wärmeabgabe des Körpers. Die auf die Haut auftreffende Globalstrahlung führt dem Körper Wärme zu und kann erfahrungsgemäß den Abkühlungseffekt von Lufttemperatur und Wind abschwächen oder kompensieren.

Als Inbegriff der thermischen Unbehaglichkeit wird von den meisten Menschen der Zustand der **Schwüle** empfunden, der durch das Zusammenwirken von bestimmten Schwellenwerten der Lufttemperatur und Luftfeuchte verursacht wird. Darüber hinaus ist diese subjektive Empfindung noch von weiteren Parametern wie der Windgeschwindigkeit und Bekleidung abhängig. Obwohl die Schwüle physiologisch schwer zu definieren ist und nach Hentschel (1982) als ein Sonderfall in der Skala des thermischen Empfindens aufgefasst werden muss, ergibt sich aus mehreren Untersuchungen eine Schwülegrenze bei einem Dampfdruck von 18,8 hPa (Abb. 15.17). Oberhalb dieses Schwellenwertes werden die atmosphärischen Bedingungen ausgesprochen belastend – also als schwül empfunden.

Belastbarkeit und Konzentrationsfähigkeit des Menschen nehmen in solchen Situationen schnell ab. Beispielsweise konnte eine Zunahme in der Anzahl von Verkehrs- und Betriebsunfällen mit ansteigendem Temperatur-Feuchte-Milieu nachgewiesen werden (Jendritzky et al. 1978).

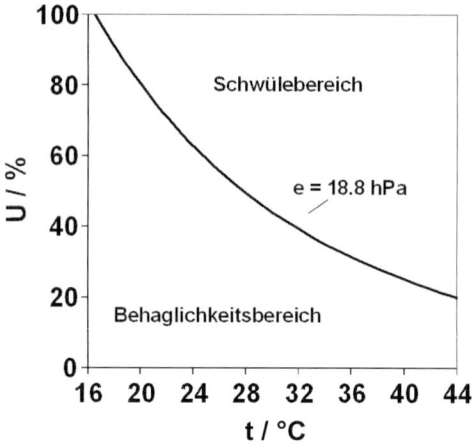

Abb. 15.17: Schwülegrenze (nach Werten von Scharlau 1950). U: Relative Luftfeuchte, t: Lufttemperatur, e: Dampfdruck

15.4.1.3 Thermische Bewertungsmethoden

Zur Bewertung der thermischen Reize auf den Menschen wurden in der Vergangenheit verschiedene **empirische Formeln** verwendet (effektive Temperatur, Äquivalenttemperatur, usw.), die neben der Lufttemperatur Größen wie den Dampfdruck bzw. die relative Luftfeuchtigkeit und die Windgeschwindigkeit berücksichtigen. Diese Verfahren sind heute weniger gebräuchlich, weil sie die physiologischen Reaktionen des Körpers nicht berücksichtigen. Vielmehr wird versucht, die unterschiedlichen Flüsse des Wärmeaustausches zwischen Mensch und Umgebung mithilfe von **Wärmebilanzmodellen** für den menschlichen Organismus zu beschreiben. Dementsprechend ist sowohl die durch den Stoffwechsel gebildete Wärme, die Tätigkeit des Menschen, als auch die Isolationswirkung der Kleidung zu berücksichtigen. Zu diesen Modellen zählen die „Komfort-

15.4 Human-Biometeorologie

gleichung" nach Fanger (1972), das „Klima-Michel-Modell" (KMM) von Jendritzky et al. (1979, 1990) und das „Münchner Energiebilanzmodell für Individuen" (MEMI) nach Höppe (1984). Wegbereitend waren hierbei die Arbeiten von Fanger (1972), der eine Gleichung der thermischen Behaglichkeit für Innenräume aufstellte (15.16):

$$PMV = \left[0{,}028 + 0{,}303 \cdot e^{\left(-0{,}036 \cdot \frac{M}{A_{Du}}\right)}\right] \cdot \left[\frac{H}{A_{Du}} - E_D - E_{SW} - E_{RE} - L - R - C\right] \quad (15.16)$$

Für die Berechnung des thermischen Befindens (**PMV: Predicted Mean Vote**) werden die innere Wärmeproduktion des Menschen (H in W) pro Einheitsfläche (A_{DU} in m^2), die Wasserdiffusion durch die Haut (E_D in $W\,m^{-2}$), die Verdunstung von Schweiß auf der Hautoberfläche (E_{SW} in $W\,m^{-2}$), der latente Wärmeentzug durch Atmung (E_{RE} in $W\,m^{-2}$), der trockene Wärmeverlust durch Atmung (L in $W\,m^{-2}$), der Strahlungswärmeverlust (R in $W\,m^{-2}$) und die Wärmeabgabe durch Konvektion (C in $W\,m^{-2}$) berücksichtigt (s. auch Jendritzky et al. 1990). Der erste Klammerausdruck in Gl. (15.16) ist ein empirischer Term für die Anpassung der Formel an die psycho-physische Skala, die das thermische Befinden einer größeren Gruppe von Menschen zum Ausdruck bringt (PMV). Der Wert PMV = 0 bedeutet für die Mehrheit von Personen thermische Behaglichkeit, obwohl noch ein geringer Prozentsatz von Individuen (5 %) thermischen Diskomfort empfindet. Abweichungen von diesem Wert drücken zunehmende Unbehaglichkeit – also Diskomfort aus. Positive Werte charakterisieren Wärmebelastung, negative Zahlen hingegen einen wachsenden Kältereiz (s. Tab. 15.8). Die in der Tabelle bereits dargestellten Größen PET und PT werden später erklärt.

Für Personen, die sich im Freien aufhalten, sind die zu behandelnden Strahlungsverhältnisse weitaus komplizierter, sodass die Behaglichkeitsgleichung um ein detailliertes Strahlungsmodell erweitert werden musste. Die Wirkung der einzelnen Strahlungsflüsse auf den Wärmehaushalt des Menschen wird über die mittlere Strahlungstemperatur (T_{mrt}) beschrieben. Sie ist als einheitliche Temperatur einer schwarz strahlenden (s. Abschnitt 3.2) Umschließungsfläche definiert, die zum gleichen Strahlungsenergiegewinn eines Menschen führt wie die aktuellen, unter Freilandbedingungen meist sehr uneinheitlichen kurz- und langwelligen Strahlungsflüsse.

Aus der Koppelung beider Ansätze entstand das sogenannte „**Klima-Michel-Modell**" nach Jendritzky et al. (1990), das ausgehend von einem Modellmenschen (Michel: männlich, 35 Jahre, 1,75 m groß, 75 kg schwer, Hautoberfläche A_{DU} = 1,8 m^2) das durchschnittliche subjektive Empfinden einer Person (Behaglichkeit, Wärmebelastung, Kältestress) für stationäre Freilandbedingungen berechnet. Im Modell werden neben der Bekleidung des Menschen, ausgedrückt durch den Wärmedurchgangswiderstand der Bekleidung (I_{cl} in clo, 1 clo = 0,155 $m^2\,K\,W^{-1}$, Shorts: I_{cl} = 0,1 clo, Polarkleidung: I_{cl} = 4,0 clo, s. VDI 1998), auch Aktivitäten wie Gehen und Laufen zugelassen, die einen Einfluss auf die innere Wärmeproduktion des

Tab. 15.8: Thermisches Empfinden und Belastungsstufen für PMV (Predicted Mean Vote), PET (Physiologisch Äquivalente Temperatur), pt (Gefühlte Temperatur, nach Matzarakis und Mayer 1997, Staiger et al. 1997)

PMV	PET / °C [1]	pt / °C [2]	Thermisches Empfinden	Physiologische Belastungsstufe
> 3,5	> 41	> 38	sehr heiß	extreme Wärmebelastung
> 2,5 ... 3,5	> 35 ... 41	> 32 ... 38	heiß	starke Wärmebelastung
> 1,5 ... 2,5	> 29 ... 35	> 26 ... 32	warm	mäßige Wärmebelastung
> 0,5 ... 1,5	> 23 ... 29	> 20 ... 26	leicht warm	schwache Wärmebelastung
−0,5 ... 0,5	18 ... 23	0 ... 20	behaglich	keine Belastung
<−0,5 ... −1,5	< 18 ... 13	< 0 ... −13	leicht kühl	schwacher Kältestress
<−1,5 ... −2,5	< 13 ... 8	< −13 ... −26	kühl	mäßiger Kältestress
<−2,5 ... −3,5	< 8 ... 4	< −26 ... −39	kalt	starker Kältestress
< −3,5	< 4	< −39	sehr kalt	extremer Kältestress

[1] bei einem Arbeitsumsatz von 80 W und einem Wärmedurchgangswiderstand von 0,9 clo
[2] Annahme eines flotten Gehens und die Möglichkeit, seine Bekleidung anzupassen

Menschen haben (s. Tab. 15.7).
Das „Klima-Michel-Modell" hat weite Verbreitung für die bioklimatische Bewertung von Regionen, in der Umweltepidemiologie und zur Charakterisierung von Kurortklimaten gefunden. In jüngster Zeit wurde das Modell zur Bewertung des Bioklimas in verschiedenen räumlichen und zeitlichen Skalen verwendet (u. a. Tinz 2000; Jendritzky et al. 2002).
Abb. 15.18 zeigt eine sommerliche, extrem wärmebelastende Situation in Berlin. Bei geringer Windgeschwindigkeit erreichen die mittäglichen Temperaturen Werte von fast 35 °C. Selbst bei leichter Sommerkleidung und geringer Aktivität im Freien trat bereits ab 9 Uhr eine starke Wärmebelastung auf, die nahezu ununterbrochen bis 17 Uhr anhielt. Der Spitzenwert von PMV = 4,0 wurde an diesem Tag mehrfach erreicht. Da die Nachttemperatur nicht unter 18 °C sank, war selbst zu dieser Zeit kaum wärmere Bekleidung für das thermische Wohlbefinden erforderlich. Im Mittel werden solche extremen

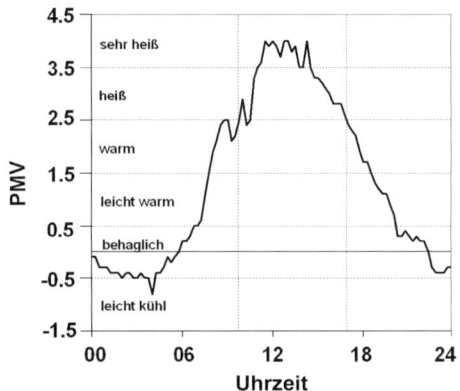

Abb. 15.18: Predicted Mean Vote (PMV) an einem Tag mit extremer Wärmebelastung in Berlin-Dahlem (21.07.1998) für eine langsam laufende Person (M/A_{Du} = 116 W m^{-2}), bekleidet mit einem leichten Straßenanzug (0,8 clo) (berechnet mit dem Programm RayMan, Matzarakis et al. 1999)

15.4 Human-Biometeorologie

thermischen Belastungen von PMV > 3,5 in den Außenbezirken von Berlin nur einmal jährlich für wenige Stunden erreicht (Tab. 15.9). Starke Belastung tritt hingegen an immerhin 17 Tagen im Jahr auf.

Der Deutsche Wetterdienst nutzt das KMM darüber hinaus im Rahmen der täglichen Wettervorhersage zur Berechnung der **Gefühlten Temperatur** (**pt: Perceived Temperature**, Staiger et al. 1997). Sie ist definiert als die Lufttemperatur in einer Referenzumgebung (Schatten, Windstille, U = 50 %, t = t_{mrt}), in der eine Standardperson (Klima-Michel, Definition s. oben) mit 4 km h^{-1} in der Ebene wandert. Die Bekleidung des Klima-Michel kann in weiten Bereichen (I_{cl} = 0,5 ... 1,75 clo) variiert werden, um möglichst thermischen Komfort zu erreichen. Für die Berechnung dieser Größe wurde zusätzlich ein Korrekturfaktor nach Gagge et al. (1986) eingeführt, der die Wirkung der Luftfeuchtigkeit auf die feuchte Wärmeabgabe des Menschen beschreibt. Im Gegensatz zum PMV-Wert hat die Gefühlte Temperatur eine Dimension (°C) und ist damit für die breite Öffentlichkeit ein wesentlich anschaulicheres Maß für das thermische Empfinden (s. Tab. 15.8).

Sonnenschein, Windstille und hohe Werte der relativen Luftfeuchte können die Gefühlte Temperatur im Sommer deutlich über die Lufttemperatur steigen lassen. Solche Bedingungen waren vor allem im Jahr 2003 in Südwesteuropa gegeben, beispielsweise in Frankreich, wo zahlreiche Menschen infolge der starken Wärmebelastung starben. Bei geringen Feuchtewerten und mäßigem Wind kann der Wert auch im Sommer leicht unterhalb der Lufttemperatur liegen. Im Winter sind bei niedrigen Temperaturen und insbesondere hohen Windgeschwindigkeiten Differenzen zwischen Lufttemperatur und Gefühlter Temperatur bis zu 15 K möglich. Damit liefert die Gefühlte Temperatur sowohl Aussagen zur sommerlichen Wärmebelastung als auch zum winterlichen Kälteempfinden. Neben der Gefühlten Temperatur ist, vor allem in Nordamerika, der **Windchill-Index** (W in °C) ein weit verbreitetes Maß zur Charakterisierung des Wärmeentzugs der dem Wind ungeschützt ausgesetzten Haut. Dieser empirische Index wurde überarbeitet und gegenüber dem bislang gebräuchlichen Index (Windchill-Gleichung nach Siple und Passel 1945) auf eine neue, physiologisch realistische Basis gestellt. Der im Winter 2001/2002 gleichzeitig in Kanada und in den USA eingeführte Index lautet:

$$W = 13{,}12 + 0{,}6215 \cdot t - 11{,}37 \cdot u_{10}^{0,16} + 0{,}3965 \cdot t \cdot u_{10}^{0,16}, \qquad (15.17)$$

wobei

Tab. 15.9: Mittlere jährliche Anzahl von Tagen (N_d) und Stunden (N_h) mit Wärmebelastung in Berlin-Dahlem, 1998–2003 (Bekleidung: 0,8 clo, Tätigkeit: langsames Gehen, 116 W m^{-2}), s: Standardabweichung

PMV	Thermisches Empfinden	Thermische Belastung	N_d	s_d	N_h	s_h
> 1,5 ... 2,5	warm	mäßig	22,2	8,3	174,1	49,4
> 2,5 ... 3,5	heiß	stark	16,8	6,7	40,0	18,8
> 3,5	sehr heiß	extrem	1,0	0,6	1,6	2,0

t = Lufttemperatur (°C) und
u_{10} = Windgeschwindigkeit in 10 m Höhe (km h^{-1}) ist.

Dieser Index basiert u. a. auf einem Modell, das den Wärmeverlust des menschlichen Gesichts berücksichtigt, da dieser Teil des Körpers dem kalten Winterwetter meist ungeschützt ausgesetzt ist. Bei einer winterlichen Lufttemperatur von −5 °C und einer Windgeschwindigkeit von 20 km h^{-1} ergibt sich, entsprechend Gl. (15.17), ein thermisches Empfinden (Windchill) von −12 °C (Tab. 15.10).

Neben dem „Klima-Michel-Modell" steht für vertiefende thermophysiologische Betrachtungen das „**Münchner Energiebilanzmodell für Individuen**" (**MEMI**) zur Verfügung (Höppe 1984), das sich besonders für Untersuchungen eignet, in denen medizinische Belange im Vordergrund stehen. Dieses Modell basiert ebenfalls auf der Wärmebilanzgleichung des Menschen. Zusätzlich können hier individuelle Eingangsgrößen (Alter und Geschlecht) berücksichtigt werden. Darüber hinaus werden im Modell reale Werte für die Hauttemperatur und die Schweißverdunstung berechnet. Vergleichbar mit der Gefühlten Temperatur lässt sich aus MEMI die „**Physiologisch Äquivalente Temperatur**" (**PET**) ableiten (Höppe und Mayer 1987). Sie ist definiert als die Lufttemperatur einer Referenzumgebung (t = t_{mrt}, u = 0,1 m s^{-1}, e = 12 hPa), die eine Person mit einer Aktivität von 80 W (sitzende Bürotätigkeit) und einem konstanten Isolationswert der Kleidung von I_{cl} = 0,9 clo empfindet. Diese Bedingungen zielen darauf hin, die aktuelle thermische Belastung im Freien auf eine vergleichbare Belastung in einem Innenraum zu übertragen. Behaglichkeit wird entsprechend der gewählten Kleidung bei PET-

Tab. 15.10: Windchill-Index in Abhängigkeit von der Lufttemperatur (t in °C) und der Windgeschwindigkeit in 10 m Höhe (u_{10} in km h^{-1}), berechnet nach Gl. (15.17)

u_{10} \ t	5	0	−5	−10	−15	−20	−25	−30	−35	−40	−45	−50
5	4	−2	−7	−13	−19	−24	−30	−36	−41	−47	−53	−58
10	3	−3	−9	−15	−21	−27	−33	−39	−45	−51	−57	−63
15	2	−4	−11	−17	−23	−29	−35	−41	−48	−54	−60	−66
20	1	−5	−12	−18	−24	−31	−37	−43	−49	−56	−62	−68
25	1	−6	−12	−19	−25	−32	−38	−45	−51	−57	−64	−70
30	0	−7	−13	−20	−26	−33	−39	−46	−52	−59	−65	−72
35	0	−7	−14	−20	−27	−33	−40	−47	−53	−60	−66	−73
40	−1	−7	−14	−21	−27	−34	−41	−48	−54	−61	−68	−74
45	−1	−8	−15	−21	−28	−35	−42	−48	−55	−62	−69	−75
50	−1	−8	−15	−22	−29	−35	−42	−49	−56	−63	−70	−76
55	−2	−9	−15	−22	−29	−36	−43	−50	−57	−63	−70	−77
60	−2	−9	−16	−23	−30	−37	−43	−50	−57	−64	−71	−78
65	−2	−9	−16	−23	−30	−37	−44	−51	−58	−65	−72	−79
70	−2	−9	−16	−23	−30	−37	−44	−51	−59	−66	−73	−80
75	−3	−10	−17	−24	−31	−38	−45	−52	−59	−66	−73	−80
80	−3	−10	−17	−24	−31	−38	−45	−52	−60	−67	−74	−81

15.4 Human-Biometeorologie

Werten von ca. 20 °C erreicht (s. Tab. 15.8). Bei starker Solarstrahlung im Sommer können die Werte der PET deutlich über der Lufttemperatur liegen und bei hohen Windgeschwindigkeiten im Winter unter die Lufttemperatur absinken.

Abb. 15.19 zeigt berechnete Werte der PET für die bereits mehrfach betrachteten Beispieltage. Unter den sehr strahlungsintensiven Bedingungen, wie sie am 18.5. gegeben waren, steigt die PET rascher als die Lufttemperatur an und befindet sich bis 18 Uhr kontinuierlich über der Lufttemperatur. Das thermische Empfinden an diesem Frühlingstag lag somit deutlich höher als das beobachtete Temperaturmaximum von 21,6 °C. Vor allem die starke Einstrahlung hat zu PET-Werten bis nahezu 30 °C geführt. In den Nachtstunden sank die PET infolge der kühlenden Wirkung des Windes unter die Werte der Lufttemperatur. Die größten nächtlichen Differenzen ergaben sich zwischen 22 Uhr (18.5.) und 3 Uhr (19.5.) infolge des deutlich auffrischenden Windes, der den Wetterumschwung eingeleitet hat. In dieser Zeit ist auch die größte negative Abweichung der PET von der Lufttemperatur zu beobachten (1.45 Uhr: $\Delta T = -6{,}7$ K). Im Verlauf des 19.5. liegt die PET infolge sehr geringer Einstrahlung und höherer Windgeschwindigkeiten, stetig unter den Werten der Lufttemperatur. Dieses Beispiel unterstreicht anschaulich den Wert dieses Indexes für die Beurteilung des subjektiven Temperaturempfindens.

Die bisher dargestellten Wärmebilanzmodelle gehen von stationären Bedingungen aus, d. h. die betrachteten Personen hielten sich für längere Zeit bei gleich bleibender Aktivität unter konstanten Umweltbedingungen im Freien auf.

Mithilfe des „**Instationären Münchner Energiebilanz-Modells**" (**IMEM**), das eine Weiterentwicklung von MEMI darstellt, lassen sich auch zeitlich veränderliche meteorologische Verhältnisse sowie Änderungen der Aktivität und Bekleidung modellieren. Um dies zu re-

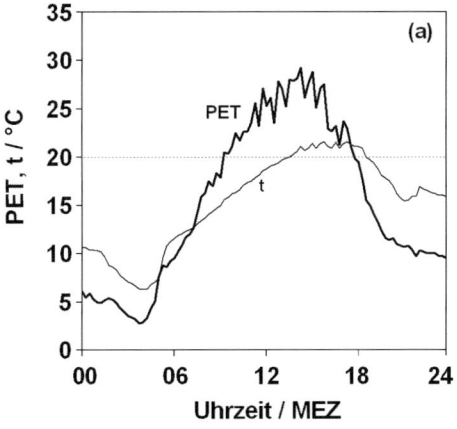 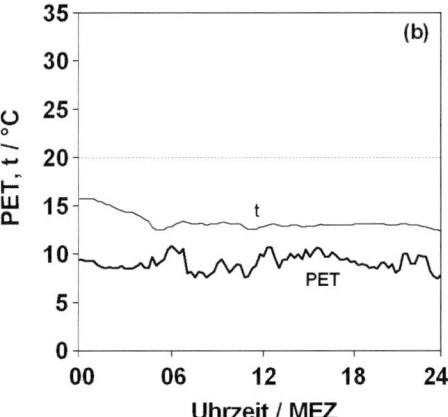

Abb. 15.19: Verlauf der Lufttemperatur (t) und Physiologisch Äquivalenten Temperatur (PET) für einen (a) Strahlungstag (18.5.) und (b) trüben Tag (19.5.). Daten: Humboldt-Universität zu Berlin, Berlin-Dahlem (berechnet mit dem Modell RayMan; nach Matzarakis et al. 1999)

alisieren, muss die Speicherung von fühlbarer Wärme im menschlichen Körper berücksichtigt werden, die zu Veränderungen der Kern- und Hauttemperatur führt. Einen umfassenden Überblick über die hier vorgestellten thermischen Bewertungsmethoden gibt die VDI 1998. Gegenwärtig richten sich die Anstrengungen der Human-Biometeorologen auf die Definition eines **Universellen Thermischen Klimaindex** (**UTCI**), der die bis heute international sehr unterschiedlichen Verfahren zur physiologischen Bewertung der thermischen Umweltbedingungen harmonisieren soll. Der UTCI sollte in allen Klimaten anwendbar sein und als internationaler Standard für Vorhersage- und Warndienste dienen.

15.4.2 Der fotoaktinische Wirkungskomplex

Bleierne Müdigkeit, größeres Schlafbedürfnis, Nervosität, Gereiztheit oder Depressionen: das sind für einige Menschen typische Winterleiden, wenn die Tage kurz sind und der Himmel bedeckt ist. Die sichtbare Strahlung hat also vor allem für den Menschen eine psychische Wirkung. Allgemein erscheint in den mittleren Breiten bei gleichen Temperaturverhältnissen der März für die meisten Menschen wesentlich freundlicher als der November. Bei dem zuvor besprochenen Wärmehaushalt des Menschen spielt vor allem die langwellige Strahlung eine Rolle. In diesem Abschnitt steht die kurzwellige UV-Strahlung im Vordergrund, die sich in die drei Wellenlängenbereiche UV-A (400 bis 315 nm), UV-B (315 bis 280 nm) und UV-C (280 bis 100 nm) untergliedern lässt.

15.4.2.1 UV-Strahlung und Erythembildung

Die Solarstrahlung besteht zu 4 % aus UV-Strahlung (52 % sichtbares Licht, 44 % Wärmestrahlen). Je nach Wellenlänge, Stärke und Expositionsdauer führt diese Strahlung zu unterschiedlichen Wirkungen beim Menschen. Sie bräunt die Haut, lässt sie aber auch schneller altern, sie kann das Immunsystem beeinflussen, die Augen schädigen und im Extremfall zu Hautkrebs führen. Ein gut dosiertes Sonnenbad hat aber auch positive Effekte, da die ultraviolette Strahlung den Vitamin- und Stoffwechselhaushalt sowie die Hämoglobinbildung und das vegetative Nervensystem positiv beeinflusst. Insgesamt kann es hierdurch zu einem verbesserten subjektiven Wohlbefinden kommen.

Die Erdatmosphäre bietet nicht nur einen natürlichen Wärmeschutz, sondern stellt auch ein Filter für die **UV-Strahlung** dar. Hierbei ist die Ozonschicht, mit der höchsten Ozonkonzentration zwischen 23 und 25 km Höhe, von Bedeutung (s. Abschnitt 2.1.2), die das Vordringen der energiereichen Fotonen (UV-C) bis zur Erdoberfläche verhindert. Am Erdboden wird daher nur noch Solarstrahlung im Wellenlängenbereich oberhalb von 280 nm gemessen. Auch die UV-B-Strahlung wird entsprechend der variablen Ozonkonzentration abgeschwächt. Mit der in den letzten Jahrzehnten eingetretenen saisonalen Zerstörung der Ozonschicht kann sich dies freilich ändern, sodass auch Anteile des für Mensch, Tier und Pflanze schädlichen UV-C bis in die Biosphäre vordringen können. Mögliche Folgen wären Schädigungen in den Gewebezellen und

15.4 Human-Biometeorologie

DNS-Ketten. Während sich Pflanzen sowie aquatisches Zoo- und Phytoplankton kaum dieser Strahlung entziehen können, kann der Mensch reagieren und sein Verhalten an die aktuelle Situation anpassen. Aus diesem Grund wird seit einigen Jahren von vielen Wetterdiensten ein international standardisierter, täglicher UV-Bestrahlungswert prognostiziert (WMO 1998):

$$UVI = k \cdot \int_{280}^{400} E_\lambda \cdot \varepsilon_\lambda \cdot d\lambda \quad . \quad (15.18)$$

Dieser dimensionslose **UV-Index** (**UVI**) ist ein Maß für die tägliche maximale erythemwirksame Ultraviolettstrahlung bei wolkenlosem und klarem Himmel. In Gl. (15.18) ist E_λ (W m^{-2}) die spektrale Bestrahlungsstärke und ε_λ die spektrale Wirkungsfunktion für das Erythem (Sonnenbrand) (CIE 1987). Durch die Konstante k = 40 W^{-1} m^2 liegt der Index in einem Wertebereich zwischen 0 (geringe) und etwa 12 (hohe UV-Intensität). In Deutschland erreicht der Index sommerliche Maximalwerte von etwa 6 bis 8.

Der UVI ändert sich mit der Jahreszeit und geografischen Breite, da er stark vom Sonnenstand abhängig ist. Ebenfalls ist er von der Ozonschichtdicke, der Höhenlage des Ortes, der Bodenbeschaffenheit – hier muss vor allem das Vorhandensein von Neuschnee berücksichtigt werden – und den Bewölkungsverhältnissen abhängig. In dem vom Deutschen Wetterdienst vorhergesagten UVI werden diese Faktoren berücksichtigt (Staiger et al. 1997).

Für die Bildung des **Sonnenbrandes** ist die UV-B Strahlung verantwortlich. Die maximale Erythem-Empfindlichkeit der Haut liegt bei 297 nm. Hier kann der Mensch Vorsorge treffen und übermäßige Bestrahlung, vor allem der wenig pigmentierten Haut, vermeiden. Bei richtiger Dosierung der Bestrahlungsdauer regt die UV-B Strahlung die Haut an, vermehrt Pigmente zu bilden und führt somit zu ihrer Bräunung. Der UV-A Anteil der Solarstrahlung führt ebenfalls zu einer Veränderung der Hautfarbe, jedoch nicht über die Erythembildung, sondern über das in der Haut gespeicherte Pigment Melanin.

Beim Sonnenbad ist zu beachten, dass entsprechend des jeweiligen Hauttyps die tägliche maximale Bestrahlungsdauer nicht überschritten wird. Der bereits erwähnte UV-Index ist hierbei ein nützliches Kriterium. Durch Variationen des atmosphärischen Ozongehalts kann dieser Wert bei gleichen Bewölkungsverhältnissen von Tag zu Tag stark variieren.

Tab. 15.11 gibt einige leicht zu befolgende Verhaltensregeln für den Aufenthalt im Freien bei verschiedenem UVI. Da die **Sonnenbrandempfindlichkeit** individuell sehr verschieden ist, werden hier 4 Hauttypen unterschieden, bei denen variable Dosiswerte (Einwirkzeit der Strahlung) zu derselben Hautrötung führen. Personen mit sehr empfindlicher Haut (Hauttyp I) erreichen die Sonnenbrandschwelle etwa in der halben Zeit wie Menschen vom Hauttyp II. Der Hauttyp IV bleibt eher von einem Sonnenbrand verschont. Generell sollte beachtet werden, dass die menschliche Haut im Frühjahr gegenüber der Strahlung empfindlicher ist als im Hochsommer. Kleinkinder bis zu einem Alter von einem Jahr sollten

Tab. 15.11: Schutzempfehlungen für verschiedene Bereiche des UV-Indexes sowie Sonnenbrandzeiten für die verschiedenen Hauttypen (I–IV) bei ungebräunter Haut (nach DWD 1996)

UVI	Belastung	Sonnenbrandzeit nach Hauttypen (I–IV)[*]				Schutzmaßnahmen
		I	II	III	IV	
0–1	gering	unwahr-scheinlich	unwahr-scheinlich	unwahr-scheinlich	unwahr-scheinlich	I–IV: nicht erforderlich
2–4	erhöht	> 25 Min.	> 30 Min.	> 45 Min.	> 60 Min.	I: erforderlich II–III: empfehlenswert IV: nicht erforderlich
5–7	hoch	> 15 Min.	> 20 Min.	> 25 Min.	> 35 Min.	I: unbedingt erforderlich II–IV: erforderlich
≥ 8	extrem	< 10 Min.	< 15 Min.	< 20 Min.	< 25 Min.	I–IV: unbedingt erforderlich

[*] I: Sehr helle Haut, rötliches oder hellblondes Haar, meist Sommersprossen
   II: Helle Haut, blondes Haar, eventuell Sommersprossen
   III: Hellbraune Haut, dunkelblond, brünett
   IV: Braune Haut, dunkle oder schwarze Haare, keine Sommersprossen

überhaupt nicht der direkten Sonnenbestrahlung ausgesetzt werden. Es empfiehlt sich daher an Strahlungstagen, den UVI bei längerem Aufenthalt im Freien zu berücksichtigen.

15.4.3 Der luftchemische Wirkungskomplex

Der luftchemische Komplex befasst sich mit den Reaktionen, die natürliche und anthropogene Luftbeimengungen im menschlichen Organismus auslösen. Der Sauerstoffgehalt in der Atemluft ist für den Menschen mehr als ausreichend. Immerhin hat die ausgeatmete Luft noch einen O_2-Gehalt von 14 %. Der Luftbedarf des Menschen hängt von seiner Tätigkeit ab. In Ruhe reichen ca. 10 Atemzüge pro Minute, wobei bei jedem Atemvorgang im Durchschnitt ein halber Liter Luft eingeatmet wird. Der höhere Sauerstoffbedarf bei schwerer Arbeit oder sportlicher Betätigung kann durch die Erhöhung der Atemtiefe, aber auch durch die Steigerung der Atemfrequenz realisiert werden. Nur im Hochgebirge kann es durch die Abnahme des Sauerstoff-Partialdrucks in der Luft zu Atemnot und zu Beschwerden kommen.

15.4.3.1 Atmosphärische Spurengase

Spurengase, die zu weniger als 1 Volumenprozent in der Atmosphäre enthalten sind, werden meistens in parts per million (ppm) angegeben. Hierzu zählen vor allem die klassischen Luftschadstoffe Schwefeldioxid (SO_2), Stickstoffdioxid (NO_2), Stickstoffmonoxid (NO) und Kohlenmonoxid (CO), die

15.4 Human-Biometeorologie

eine nachweislich schädliche Wirkung auf den menschlichen Organismus haben. Die Konzentration dieser Spurengase ist räumlich verschieden und im Mittel im ländlichen Raum deutlich geringer als in Ballungszentren (s. Abschnitt 13.10). Innerhalb der Großstädte treten, hauptsächlich in der Nähe stark befahrener Straßen, hohe Konzentrationen auf. **Spurenstoffanreicherungen** in der Atmosphäre, wie sie noch bis in die 1980er Jahre gemessen wurden (Smog, s. Abschnitt 4.2.6.6), sind heute nur noch selten zu beobachten. Damals führte vor allem der Einsatz von Kohle für Heizzwecke zu einer übermäßigen Schwefeldioxid- und Rußproduktion. Dementsprechend wurden bei lang anhaltenden, austauscharmen winterlichen Inversionswetterlagen mitunter sehr hohe SO_2-Konzentrationen in der Luft gemessen. In diesem Zusammenhang ist nach wie vor der London-Smog im Dezember 1952 ein viel zitiertes Beispiel. Die SO_2-Konzentration der Atemluft erreichte Spitzenwerte von bis zu 900 ppb. Diese immense Luftverschmutzung hatte zahlreiche Todesfälle zur Folge. Dieses als **Wintersmog** bezeichnete Phänomen wird heute in Mitteleuropa kaum noch beobachtet. Ursache hierfür sind die strengen Vorschriften für die Emission von Spurenstoffen, die u.a. in der Technischen Anleitung Luft (TA 2002), in europäischen und nationalen Regelungen für die Zulassung von Kraftfahrzeugen sowie in den Verordnungen über Verdunstungsverluste an Tankstellen geregelt sind. Ein gutes Beispiel für die Wirksamkeit solcher Verordnungen ist die starke Reduktion von SO_2-Emissionen, zumindest in den westlichen Industrieländern.

Des Weiteren dürfte die deutliche Abnahme der Winterstrenge infolge der Zunahme von winterlichen Westlagen zu der Abnahme von Smog-Wetterlagen geführt haben. Der kalte Winter 2002/03 hat uns diese Situation wieder in Erinnerung gerufen. Eine extrem stabile Wetterlage im Februar 2003 führte in Süddeutschland, in Österreich und in der Schweiz zu starken Belastungen der Atemluft. Wenngleich es in diesem Winter zu keinen nennenswerten Konzentrationen beim atmosphärischen SO_2-Gehalt gekommen ist, stiegen in der Schweiz die höchsten Tagesmittel für Feinstaub (s. weiter unten) auf das Dreifache des Grenzwertes. Ebenfalls kam es auch bei Stickstoffdioxid zu Grenzwertüberschreitungen. Damit dürfte das Thema Wintersmog noch nicht völlig der Vergangenheit angehören, wenngleich in den letzten Jahren vielmehr der Sommersmog in das öffentliche Interesse getreten ist.

Sommersmog, auch fotochemischer Smog genannt, entsteht bei intensiver Sonneneinstrahlung aus Stickoxiden (NO_X), Kohlenmonoxid (CO) und flüchtigen organischen Verbindungen (NMVOC: VOC ohne Methan). Während im Wintersmog Verbrennungsprodukte (Schwefeldioxid, Kohlenmonoxid) und Stäube direkt gesundheitsbeeinträchtigend wirken, wird die schädigende Wirkung des Sommersmogs von Fotooxidantien wie u. a. Ozon (O_3) oder Peroxyacetylnitrat (PAN) verursacht. Ozon ist schwer wasserlöslich und für alle Lebewesen toxisch. Hierdurch kann das von Mensch und Tier eingeatmete oder von den Pflanzen aufgenommene O_3 weit in die Lunge bzw. in das Gewebe eindringen und somit Entzündungen hervorrufen bzw. Zellstrukturen schädigen. In Deutsch-

die vom Wind getragenen **Pollen** (Größe ca. 5 bis 30 µm), auf die vor allem Allergiker in der Hauptblütezeit der Pflanzen empfindlich reagieren. Hier sind in erster Linie die Pollen von windbestäubten Pflanzen von Interesse. Die Reaktionen des Körpers richten sich meist nur gegen bestimmte Pollenarten (verbreitet sind allergische Reaktionen auf Gräser und Birkenpollen) mit den bekannten Symptomen wie Schleimhautreizungen, Heuschnupfen mit allen Begleiterscheinungen oder sogar Asthma. In der Hauptblütezeit der Pflanzen im Frühjahr können sich in 1 m^3 Luft über 30 Pollen befinden. Die Blühphasen folgen dem Einzug des Vegetationsbeginns in Europa, der sich mit einer Geschwindigkeit von 44 km d^{-1} von Süden nach Norden ausbreitet (s. Abschnitt 15.3.2). Aus diesem Grund wird während der Vegetationsperiode die Bevölkerung durch die Medien über die Belastung der Luft mit Blütenpollen informiert. Grundlage für die Pollenflugvorhersage des DWD sind aktuelle phänologische Beobachtungen, gemessene Pollenkonzentrationen und die mittelfristigen Wetterprognosen. Die Angaben des Polleninformationsdienstes geben Auskunft über die Belastung der Luft (schwach < 4, mäßig 4 bis 20, stark 21 bis 50 Pollen pro m^3 Luft) mit sechs allergologisch wichtigen Blütenpollen (Hasel, Erle, Birke, Gräser, Roggen, Beifuß). Abb. 15.20 zeigt einen Pollenflugkalender, der über die Blütezeiten der wichtigsten Pflanzen in den mittleren Breiten informiert. Im Einzeljahr sind die Blütezeit der Pflanzen und die Stärke des Pollenfluges stark vom Witterungsverlauf und von atmosphärischen Transportprozessen abhängig, sodass die Pollenflugvorhersage eine gezielte Prophylaxe für Allergiker ermöglicht. Darüber hinaus gibt es weitere Allergene, die ebenfalls natürlichen (Tierhaare, Pilze, Insektengifte) bzw. chemischen Ursprungs (Arzneimittel, Textilien, Kosmetika, usw.) sind.

15.4.3.3 Luftbelastungs- und Luftqualitätsindizes

Im Rahmen der Luftqualitätsüberwachung wird eine Reihe von atmosphärisch-antropogenen Spurenstoffen in der Außenluft routinemäßig erfasst. Hierzu gehören die klassischen Spurenstoffe wie CO, NO_2, O_3, SO_2 und Stäube (u. a. PM_{10}). Zur Beschreibung der aktuellen Gesamtbelastung der Luft kann es sinnvoll sein, die einzelnen gemessenen Spurenstoffkonzentrationen in einem Index zu vereinen (Baumüller und Reuter, 1995). Solche Luftbelastungsindizes sind in Deutschland und in anderen Staaten (u. a. Großbritannien, Frankreich, USA) zur allgemeinen Beschreibung der lufthygienischen Situation bei der Stadt- und Regionalplanung entwickelt worden. Sie dienen darüber hinaus zur Information der Bevölkerung über den integralen Zustand der Außenluft in einem bestimmten Zeitraum.

Die **Luftbelastungsindizes** (air stress indices, **ASI**) berechnen sich meist aus der Summe der Einzelkonzentrationen (C_i) bezogen auf einen Leit- oder Grenzwert (B_i) des jeweiligen Luft-Spurenstoffs (Gl. 15.19):

$$ASI = \frac{1}{n} \sum_{i=1}^{n} \frac{C_i}{B_i} \quad \text{bzw.} \quad ASI = \sum_{i=1}^{n} \frac{C_i}{B_i}.$$

(15.19)

eine nachweislich schädliche Wirkung auf den menschlichen Organismus haben. Die Konzentration dieser Spurengase ist räumlich verschieden und im Mittel im ländlichen Raum deutlich geringer als in Ballungszentren (s. Abschnitt 13.10). Innerhalb der Großstädte treten, hauptsächlich in der Nähe stark befahrener Straßen, hohe Konzentrationen auf. **Spurenstoffanreicherungen** in der Atmosphäre, wie sie noch bis in die 1980er Jahre gemessen wurden (Smog, s. Abschnitt 4.2.6.6), sind heute nur noch selten zu beobachten. Damals führte vor allem der Einsatz von Kohle für Heizzwecke zu einer übermäßigen Schwefeldioxid- und Rußproduktion. Dementsprechend wurden bei lang anhaltenden, austauscharmen winterlichen Inversionswetterlagen mitunter sehr hohe SO_2-Konzentrationen in der Luft gemessen. In diesem Zusammenhang ist nach wie vor der London-Smog im Dezember 1952 ein viel zitiertes Beispiel. Die SO_2-Konzentration der Atemluft erreichte Spitzenwerte von bis zu 900 ppb. Diese immense Luftverschmutzung hatte zahlreiche Todesfälle zur Folge. Dieses als **Wintersmog** bezeichnete Phänomen wird heute in Mitteleuropa kaum noch beobachtet. Ursache hierfür sind die strengen Vorschriften für die Emission von Spurenstoffen, die u.a. in der Technischen Anleitung Luft (TA 2002), in europäischen und nationalen Regelungen für die Zulassung von Kraftfahrzeugen sowie in den Verordnungen über Verdunstungsverluste an Tankstellen geregelt sind. Ein gutes Beispiel für die Wirksamkeit solcher Verordnungen ist die starke Reduktion von SO_2-Emissionen, zumindest in den westlichen Industrieländern.
Des Weiteren dürfte die deutliche Abnahme der Winterstrenge infolge der Zunahme von winterlichen Westlagen zu der Abnahme von Smog-Wetterlagen geführt haben. Der kalte Winter 2002/03 hat uns diese Situation wieder in Erinnerung gerufen. Eine extrem stabile Wetterlage im Februar 2003 führte in Süddeutschland, in Österreich und in der Schweiz zu starken Belastungen der Atemluft. Wenngleich es in diesem Winter zu keinen nennenswerten Konzentrationen beim atmosphärischen SO_2-Gehalt gekommen ist, stiegen in der Schweiz die höchsten Tagesmittel für Feinstaub (s. weiter unten) auf das Dreifache des Grenzwertes. Ebenfalls kam es auch bei Stickstoffdioxid zu Grenzwertüberschreitungen. Damit dürfte das Thema Wintersmog noch nicht völlig der Vergangenheit angehören, wenngleich in den letzten Jahren vielmehr der Sommersmog in das öffentliche Interesse getreten ist.
Sommersmog, auch fotochemischer Smog genannt, entsteht bei intensiver Sonneneinstrahlung aus Stickoxiden (NO_X), Kohlenmonoxid (CO) und flüchtigen organischen Verbindungen (NMVOC: VOC ohne Methan). Während im Wintersmog Verbrennungsprodukte (Schwefeldioxid, Kohlenmonoxid) und Stäube direkt gesundheitsbeeinträchtigend wirken, wird die schädigende Wirkung des Sommersmogs von Fotooxidantien wie u. a. Ozon (O_3) oder Peroxyacetylnitrat (PAN) verursacht. Ozon ist schwer wasserlöslich und für alle Lebewesen toxisch. Hierdurch kann das von Mensch und Tier eingeatmete oder von den Pflanzen aufgenommene O_3 weit in die Lunge bzw. in das Gewebe eindringen und somit Entzündungen hervorrufen bzw. Zellstrukturen schädigen. In Deutsch-

land reagieren rund 10 bis 15 % der Bevölkerung empfindlich auf Ozon (UBA 2003). Beim Menschen können das Ozon bzw. die zur Ozonbildung notwendigen Vorläufersubstanzen u. a. zu Reizungen der Augen, Schleimhäute und zu Kopfschmerzen führen. Eine erhöhte Atemfrequenz und ein größeres Atemvolumen verstärken zweifelsfrei die Ozonaufnahme beim Menschen, wodurch die Gefahr von Schädigungen zunimmt. Bei hohen Ozonkonzentrationen sollten daher die körperlichen Aktivitäten im Freien auf ein Minimum reduziert werden.

Zum Schutz der menschlichen Gesundheit und anderer Schutzgüter wie die Vegetation, wurden von der Europäischen Union bereits im Jahr 1992 erste **Ozon-Schwellenwerte** festgesetzt (Richtline 92/72/EWG), die in die 22. Verordnung zur Durchführung des Bundes-Immissionsschutzgesetzes (22. BImSchV) übernommen wurden. Seit September 2003 werden die hier festgelegten Schwellenwerte durch das neue Wertesystem entsprechend der Richtlinie 2002/3/EG des Europäischen Parlaments und des Rates über den Ozongehalt der Luft vom 12. Februar 2002 ersetzt.

Als Grenzwert für den Gesundheitsschutz gilt ein 8-Stunden-Mittelwert von 120 $\mu g\ m^{-3}$, unterhalb dessen mit keinen gesundheitlichen Gefahren für die Bevölkerung zu rechnen ist (Tab. 15.12). Die weiteren hier festgelegten Schwellenwerte berücksichtigen mögliche kurzzeitige Gesundheitsbeeinträchtigungen für empfindliche Bevölkerungsgruppen bei 180 $\mu g\ m^{-3}\ h^{-1}$, ein erhöhtes Risiko für die Gesamtbevölkerung bei 240 $\mu g\ m^{-3}\ h^{-1}$ sowie die Einleitung emissionsmindernder Maßnahmen bei den Vorläufersubstanzen ab einem 3-Stunden-Mittelwert von 240 $\mu g\ m^{-3}$. Hierzu zählen u. a. Fahrverbote für Fahrzeuge mit hohem Schadstoffausstoß. Die neue Richtlinie enthält darüber hinaus Zielwerte mit einem Zeithorizont bis 2010 bzw. 2020. Tägliche Ozonvorhersagen des Umweltbundesamtes sind im Internet unter der Adresse www.env-it.de/luftdaten/start.fwd abrufbar.

Zum **Schutz der Vegetation** wurde in der EU-Richtlinie ein kumulativer Belastungsindex, der AOT40-Wert (Accumulated Exposure Over a Threshold of 40 ppb), aufgenommen. Dieser Expositionsindex ergibt sich aus der Summe der mittleren stündlichen Ozonkonzentrationswerte über 40 ppb (ca. 80 $\mu g\ m^{-3}$) während des Tages (8 bis 20 Uhr). Die Einheit des Wertes sind ppb-Stunden. Bei einer Überschreitung von 10000 ppb-Stunden von April bis September kann mit Schäden bei Wäldern gerechnet werden, bei einer Überschreitung von 3000 ppb-Stunden summiert von

Tab. 15.12: Schwellenwerte der Ozonkonzentration für einzuleitende Schutzmaßnahmen für die Bevölkerung (nach der Richtlinie 2002/3/EG)

Schwellenwert für:	Mittelungsintervall	Mittelwert
Gesundheitsschutz	8 Stunden	120 $\mu g\ m^{-3}$
Unterrichtung der Bevölkerung	1 Stunde	180 $\mu g\ m^{-3}$
Auslösung des Warnsystems	1 Stunde	240 $\mu g\ m^{-3}$
Emissionsmindernde Maßnahmen	3 Stunden	240 $\mu g\ m^{-3}$

Mai bis Juli bereits mit Schäden bei anderen Pflanzengemeinschaften und landwirtschaftlichen Nutzpflanzen (als Schadensmaß werden Ertragsverluste von 5 % angenommen). Das Langfristziel der EU-Richtlinie sieht für den Schutz der Vegetation AOT40-Werte unter 3000 ppb-Stunden von Mai bis Juli vor. Sichtbare Ozonschäden an Pflanzen sind Wachstumsstörungen und Blattschäden (Nekrosen, Verfärbungen, usw.). Bei landwirtschaftlichen Nutzpflanzen kann es hierdurch zu messbaren Ertragsminderungen kommen.

Der Luft sind natürlich auch Stoffe beigemengt, die zu durchaus positiven Wirkungen beim Menschen führen. Pflanzenbestandene Flächen geben Duftstoffe (Terpene, ätherische Öle) an die Luft ab, die den Aufenthalt in Wäldern angenehm machen.

15.4.3.2 Aerosolpartikeln

Neben den Spurengasen befindet sich in der Atmosphäre eine Vielzahl kleiner fester und flüssiger Partikeln, die mit dem Trägergas Luft als **Aerosol** bezeichnet werden (s. Abschnitt 5.5.1 und 10.5). Sie können natürlichen Ursprungs (Salzpartikeln, Staube, vulkanisches Material, Pollen, Sporen, Pflanzenreste) und anthropogener Herkunft (Sulfate, Nitrate, Stäube, Ruß, Flugasche) sein. Während gasförmige Luftbeimengungen beim Einatmen bis in die Lungenbläschen vordringen können, werden die Aerosolpartikeln je nach Größe in den äußeren und inneren Atemwegen festgehalten. Partikeln mit einem Durchmesser von mehr als 10 μm werden als Grobstaub bezeichnet. Sie erreichen beim Einatmen nur den Nasen-Rachenraum. Damit sind Grobstäube medizinisch gesehen ungefährlicher als **Feinstäube** (**PM$_{10}$**) mit einer Partikelgröße (PM: Particulate Matter) $\leq$ 10 μm. Feinstäube können beim Einatmen bis in die Luftröhre (Partikeldurchmesser: 3 bis 5 μm), die Bronchien (2 bis 3 μm), die Bronchiolen (1 bis 2 μm) und sogar in die Lungenbläschen (0,1 bis 1 μm) vordringen und sich dort festsetzen. Quellen für Feinstäube sind der Kraftverkehr, Baustellen und aufgewirbelter Straßenstaub. Neben den primären Feinstaubpartikeln werden weitere, sehr kleine feste und flüssige Partikeln durch chemische Umwandlungen aus gasförmigen Verbrennungsprodukten gebildet, die mitunter toxisch sein können. Entsprechend verschiedener Studien besteht ein direkter Zusammenhang zwischen dem Feinstaubgehalt der Luft und der Sterblichkeitsrate an Erkrankungen der Atmungsorgane.

Im Jahr 1999 wurde eine neue Richtlinie des Europäischen Rates erlassen (Council Directive 1999/30/EC), die die Messung von PM$_{10}$ und langfristige **Grenzwerte** für den Schutz der menschlichen Gesundheit festlegt. Dementsprechend darf der 24-Stunden-Grenzwert von 50 μg m^{-3} PM$_{10}$ ab dem 1.1.2005 nicht öfter als 35 mal im Jahr an einer Station überschritten werden. Die Annäherung an diesen Zielwert erfolgt seit Januar 2001 schrittweise. Bis zum Jahr 2010 ist eine weitere sukzessive Reduktion der zulässigen jährlichen Überschreitung dieses Schwellenwertes vorgesehen. In Deutschland sind diese Regelungen in der 22. Verordnung zur Durchführung des Bundes-Immissionsschutzgesetzes (22. BImSchV) in der Fassung vom 11. September 2002 übernommen.

Nicht so gefährlich wie Feinstäube sind

die vom Wind getragenen **Pollen** (Größe ca. 5 bis 30 µm), auf die vor allem Allergiker in der Hauptblütezeit der Pflanzen empfindlich reagieren. Hier sind in erster Linie die Pollen von windbestäubten Pflanzen von Interesse. Die Reaktionen des Körpers richten sich meist nur gegen bestimmte Pollenarten (verbreitet sind allergische Reaktionen auf Gräser und Birkenpollen) mit den bekannten Symptomen wie Schleimhautreizungen, Heuschnupfen mit allen Begleiterscheinungen oder sogar Asthma. In der Hauptblütezeit der Pflanzen im Frühjahr können sich in 1 m^3 Luft über 30 Pollen befinden. Die Blühphasen folgen dem Einzug des Vegetationsbeginns in Europa, der sich mit einer Geschwindigkeit von 44 km d^{-1} von Süden nach Norden ausbreitet (s. Abschnitt 15.3.2). Aus diesem Grund wird während der Vegetationsperiode die Bevölkerung durch die Medien über die Belastung der Luft mit Blütenpollen informiert. Grundlage für die Pollenflugvorhersage des DWD sind aktuelle phänologische Beobachtungen, gemessene Pollenkonzentrationen und die mittelfristigen Wetterprognosen. Die Angaben des Polleninformationsdienstes geben Auskunft über die Belastung der Luft (schwach < 4, mäßig 4 bis 20, stark 21 bis 50 Pollen pro m^3 Luft) mit sechs allergologisch wichtigen Blütenpollen (Hasel, Erle, Birke, Gräser, Roggen, Beifuß). Abb. 15.20 zeigt einen Pollenflugkalender, der über die Blütezeiten der wichtigsten Pflanzen in den mittleren Breiten informiert. Im Einzeljahr sind die Blütezeit der Pflanzen und die Stärke des Pollenfluges stark vom Witterungsverlauf und von atmosphärischen Transportprozessen abhängig, sodass die Pollenflugvorhersage eine gezielte Prophylaxe für Allergiker ermöglicht. Darüber hinaus gibt es weitere Allergene, die ebenfalls natürlichen (Tierhaare, Pilze, Insektengifte) bzw. chemischen Ursprungs (Arzneimittel, Textilien, Kosmetika, usw.) sind.

15.4.3.3 Luftbelastungs- und Luftqualitätsindizes

Im Rahmen der Luftqualitätsüberwachung wird eine Reihe von atmosphärisch-antropogenen Spurenstoffen in der Außenluft routinemäßig erfasst. Hierzu gehören die klassischen Spurenstoffe wie CO, NO_2, O_3, SO_2 und Stäube (u. a. PM_{10}). Zur Beschreibung der aktuellen Gesamtbelastung der Luft kann es sinnvoll sein, die einzelnen gemessenen Spurenstoffkonzentrationen in einem Index zu vereinen (Baumüller und Reuter, 1995). Solche Luftbelastungsindizes sind in Deutschland und in anderen Staaten (u. a. Großbritannien, Frankreich, USA) zur allgemeinen Beschreibung der lufthygienischen Situation bei der Stadt- und Regionalplanung entwickelt worden. Sie dienen darüber hinaus zur Information der Bevölkerung über den integralen Zustand der Außenluft in einem bestimmten Zeitraum.

Die **Luftbelastungsindizes** (air stress indices, **ASI**) berechnen sich meist aus der Summe der Einzelkonzentrationen (C_i) bezogen auf einen Leit- oder Grenzwert (B_i) des jeweiligen Luft-Spurenstoffs (Gl. 15.19):

$$ASI = \frac{1}{n} \cdot \sum_{i=1}^{n} \frac{C_i}{B_i} \quad bzw. \quad ASI = \sum_{i=1}^{n} \frac{C_i}{B_i}$$

(15.19)

15.4 Human-Biometeorologie

Als Bezugswerte können **Richtwerte** des Bundes-Immissionsschutzgesetzes (BImSchV), **Grenzwerte** der Europäischen Union (EU-Richtlinien), Immissionswerte der TA-Luft, maximale Immissionskonzentrationen (MI-Werte) etc. herangezogen werden. Das Ergebnis ist eine dimensionslose Zahl, die zur Charakterisierung der Luftbelastungssituation dient. Über eine Bewertungsskala (I bis VI, s. Tab. 15.13) ist eine einfache Beurteilung der lufthygienischen Situation möglich.

Für längerfristige Planungsaufgaben können zur Berechnung des Index Jahresmittelwerte der Spurenstoffkon-

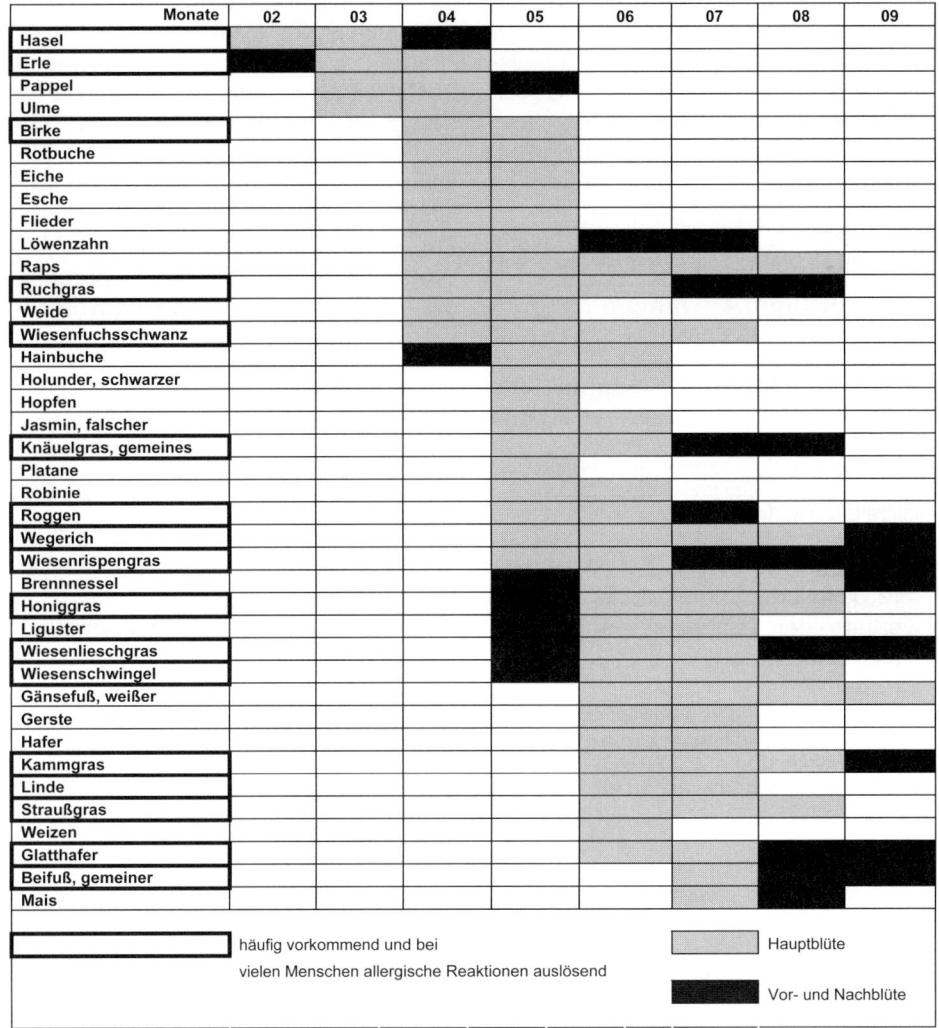

Abb. 15.20: Pollenflugkalender. Dargestellt sind mittlere Eintrittstermine phänologischer Phasen für Deutschland (nach DWD)

zentration verwendet werden, wobei als Bezugswerte EU-Leitwerte (**Vorsorgewerte**) dienen. Bei den Luftbelastungsindizes handelt es sich nicht um eine bundesweite, verbindliche Regelung, sondern vielmehr um die Möglichkeit, einen Überblick über die lufthygienische Situation einer Region zu geben, ohne die verschiedenen Grenzwerte im Einzelnen kennen zu müssen. Für Baden-Württemberg wurde beispielsweise zur Unterrichtung der Bevölkerung über die Spurenstoffbelastung der Luft folgender tagesbezogener Luftbelastungsindex ASI_{BW} entwickelt (Mayer et al. 2002b):

$$ASI_{BW} = \frac{C(SO_2)^{1)}}{350 \mu g m^{-3}} + \frac{C(CO)^{2)}}{10 mg m^{-3}} + \frac{C(NO_2)^{1)}}{200 \mu g m^{-3}} + \frac{C(O_3)^{1)}}{180 \mu g m^{-3}} + \frac{C(PM10)^{3)}}{50 \mu g m^{-3}}$$

(15.20)

[1)] höchste tägliche 1-Stunden Konzentration
[2)] höchste tägliche 8-Stunden Konzentration
[3)] mittlere tägliche Konzentration

Die Bezugswerte stellen EU-Standards für die einzelnen Spurenstoffe dar. Die Bewertung der Luftbelastung ist Tab. 15.13 zu entnehmen.

Tab. 15.13: Zuordnung von Bereichen substanzspezifischer Immissionskonzentrationen zu ASI_{BW}-Klassen und ASI_{BW}-Werten (Luftbelastung von I nach VI zunehmend, nach Mayer et al. 2002)

ASI_{BW} Klasse	ASI_{BW} Wertebereich
I	< 0,5
II	0,5 bis < 1,1
III	1,1 bis < 1,7
IV	1,7 bis < 2,3
V	2,3 bis < 2,9
VI	≥ 2,9

Luftqualitätsindizes stellen eine Weiterentwicklung der Luftbelastungsindizes dar, da in ihnen die integrative Wirkung der Spurenstoffe auf die menschliche Gesundheit berücksichtigt wird (EPA, 1999), d. h. diese Indizes sind wirkungsbezogen. Für Baden-Württemberg wurde ebenfalls solch ein Index (**Daily Air Quality Index**, **DAQx**) vorgeschlagen (Mayer et al. 2002). Hierbei wurden für jeden Spurenstoff bestimmte Konzentrationsbereiche festgelegt, die in ihrer epidemiologischen und toxischen Wirkung auf den Menschen einer Klasse (1 bis 6) zugeordnet sind (Tab. 15.14).

Zur Berechnung der exakten DAQx-Werte für jeden einzelnen Spurenstoff gilt folgende Berechnungsvorschrift (EPA, 1999):

$$DAQ_X = \left[\left(\frac{DAQx_2 - DAQx_1}{C_2 - C_1} \right) \cdot (C_{aktuell} - C_1) \right] + DAQx_1 \quad (-)$$

(15.21)

mit den Indizes 1 = unterer und 2 = oberer Grenzwert der DAQx-Werte bzw. Konzentrationen (C).

Hierbei erfolgt keine mathematische Verknüpfung der DAQx-Werte für die individuellen Spurenstoffe wie in Gl. (15.20). Der tägliche Luftqualitätsindex ergibt sich aus dem Spurenstoff mit dem höchsten DAQx-Wert, d. h. der Index wird somit auf eine Immissionskomponente reduziert.

Für andere Regionen Deutschlands existieren ähnliche Indizes, auf die hier nicht im Einzelnen eingegangen wird. Zweifelsfrei besteht auf diesem Gebiet weiterer Forschungsbedarf, der auf eine einheitliche und möglichst international standardisierte Definition solcher Indizes ausgerichtet sein sollte.

15.4 Human-Biometeorologie

Tab. 15.14: Zuordnung von Bereichen substanzspezifischer Immissionskonzentrationen zu DAQx-Klassen und DAQx-Werten (nach Mayer et al. 2002b)

DAQx Klasse	DAQx Wertebereich	Klassifikation	c_{CO} [2) $/ mg\, m^{-3}$	c_{NO_2} [1) $/ \mu g\, m^{-3}$	c_{O_3} [1) $/ \mu g\, m^{-3}$	c_{PM10} [3) $/ \mu g\, m^{-3}$	c_{SO_2} [1) $/ \mu g\, m^{-3}$
1	≤ 1,4	sehr gut	0,0 – 0,9	0 – 24	0 – 32	0,0 – 9,9	0 – 24
2	1,5 – 2,4	gut	1,0 – 1,9	25 – 49	33 – 64	10,0 – 19,9	25 – 49
3	2,5 – 3,4	befriedigend	2,0 – 3,9	50 – 99	65 – 119	20,0 – 34,9	50 – 119
4	3,5 – 4,4	ausreichend	4,0 – 9,9	100 – 199	120 – 179	35,0 – 49,9	120 – 349
5	3,5 – 5,4	schlecht	10,0 – 29,9	200 – 499	180 – 239	50,0 – 99,9	350 – 999
6	≥ 5,5	sehr schlecht	≥ 30,0	≥ 500	≥ 240	≥ 100	≥ 1000

[1) Maximaler 1h-Mittelwert pro Tag, [2) Maximaler 8h-Mittelwert pro Tag, [3) Tagesmittelwert

Generell ist jedoch darauf hinzuweisen, dass diese Indizes nur eine zusätzliche Information zu den vorhandenen lufthygienischen Bewertungskriterien der einzelnen Spurenstoffe darstellen und diese nicht ersetzen sollen.

15.4.4 Der neurotrope Wirkungskomplex

Der letzte der vier Wirkungskomplexe behandelt, wie eingangs geschildert, den Einfluss der verschiedenen Wetterreize auf den Menschen. Während der gesunde Organismus diese Reize ohne spürbare Reaktion verkraftet, zeigen sich bei **wetterfühligen** Menschen Befindlichkeitsstörungen, die an bestimmte Wetterlagen gebunden sind. Wetterfühlige Personen, dies sind ca. 30 % der mitteleuropäischen Bevölkerung, nehmen die Reize des Wetters (Wärme, Kälte, Feuchtigkeit, Wind) subjektiv verstärkt wahr. Ihr Organismus reagiert mit Kopfschmerzen, Migräne, Schlafstörungen, Müdigkeit oder Herzklopfen und nervöser Unruhe. Wetterfühligkeit ist weniger als Krankheit, sondern vielmehr als eine Überempfindlichkeit des Organismus gegenüber atmosphärischen Zuständen zu verstehen, die vermehrt bei Wetterlagenwechsel auftritt.

Menschen, die im Laufe ihres Lebens Krankheiten und Verletzungen erlitten haben und dadurch gegenüber Wetterreizen besonders sensibel geworden sind, werden als **wetterempfindlich** eingestuft. So verspüren viele Menschen nach Knochenbrüchen bei Wetterwechsel Schmerzen an den Bruchstellen, auch wenn diese schon viele Jahre verheilt sind. Zu beachten ist bei wetterempfindlichen Menschen, dass bestehende chronische oder latente Krankheiten durch bestimmte Wetterlagen ausgelöst oder verstärkt werden können, wie Migräne, Bronchitis, Herz-Kreislauf-Erkrankungen oder rheumatische Beschwerden. Akute Bronchitis tritt beispielsweise an nebeligen Tagen auf, wenn hohe Luftfeuchtigkeit und Kälte die Schleimhäute reizen. Rheuma spüren Patienten vermehrt bei Regen, hoher Luftfeuchtigkeit und fallendem Luftdruck sowie bei Temperaturfall. Wetterfühligkeit und Wetterempfindlichkeit werden heute zusammenfassend als „**Atmospheric Related Syndrom**" (**ARS**) bezeichnet. Tab. 15.15 gibt einen Überblick über einige Gesundheitsstörungen, die bei bestimmten Wetterlagen vermehrt auftreten können. Die Ursachen hierfür sind bis heute noch nicht vollständig geklärt. Es ist daher eine wichtige Aufgabe der human-biometeorologischen Forschung, die für ARS relevanten Wirkfaktoren, die Rezeptoren im Organismus und die hierdurch ausgelösten Reaktionen beim Menschen weiter zu studieren. Bereits heute wird vermutet, dass zu den Auslösern von ARS **niederfrequente Luftdruckschwankungen** gehören, die an Fronten entstehen, wenn sich Luftmassen übereinander schieben. Ähnliche Effekte treten auch beim Föhn (s. Abschnitt 12.6.3.1) auf, der ebenfalls als Auslöser für Unwohlsein gilt. Darüber hinaus werden **Sferics** (s. Abschnitt 8.3.2) – sehr schwache, kurze elektromagnetische Impulse, die in Zusammenhang mit Gewittern entstehen können – als Ursache für witterungsbedingte Gesundheitsstörungen in Betracht gezogen. Diesen Faktoren ist gemeinsam, dass sie sowohl im Freien als auch in Innenräumen nachweisbar sind und dem Wettergeschehen vorauseilen. Dies würde erklären, dass wetterfühlige Menschen den Wechsel der Wetterlagen oft vorzeitig wahrnehmen.

Neben den oben bereits erwähnten Vorhersagen zur Gefühlten Temperatur, zum UV-Index und zum Pollenflug wird auch für wetterfühlige oder wetterempfindliche Menschen eine Vielzahl von Informationen bereitgestellt. Hierzu gehören die **Biowetterberichte** im Rundfunk und Fernsehen, Telefonansagedienste und umfangreiche Informationen im Internet. Betroffene Personen erhal-

Tab. 15.15: Mögliche Auswirkungen atmosphärischer Prozesse auf wetterfühlige und wetterempfindliche Personen. Wetterklassen: 1 Hoch (auch Zwischenhoch), 2 warmluftadvektive Tiefvorderseite, 3 Tiefzentrum, 4 kaltluftadvektive Tiefrückseite, 5 indifferentes Wetter, (+) günstiger Einfluss, (•) ungünstiger Einfluss (nach Laschewski und Jendritzky 2003)

Wetterklassen	1	2	3	4	5
Migräne		•			
Kopfschmerz		•	•	•	
Schlaftiefe		•			
Allg. Befindlichkeitsstörung	+	•	•		(•)
Unfallbereitschaft	+	•			
Blutungen		•			
Thrombose / Embolie		•			
Inflammatio		•			
Hypotonie	+	•	•		
Hypertonie			•	•	
Herzinfarkt	+	•	•	•	
Angina Pectoris	+	•	•	•	
Herzinsuffizienz	+	•	•	•	
Apoplektischer Insult				•	
Asthma		•	•	•	
Chronische obstrukt. Bronchitis		•	•	•	
Chronische Polyarthritis				•	
Spasmen		•		•	
Koliken			•		
Phantomschmerzen		•	•		
Diabetes mellitus		•			
Depressionen		•			

ten hier neben aktuellen Wetterinformationen Hinweise über mögliche zu erwartende wetterbedingte Symptome bzw. Verhaltensvorschläge bei besonderen Wetterlagen. Bei speziellen Fragen erteilt das Geschäftsfeld Medizin-Meteorologie des DWD weitergehende Auskunft.

15.4.5 Klimawandel und Gesundheit

Das menschliche Wohlbefinden und die Gesundheit hängen eng mit den klimatischen Bedingungen und Wetterabläufen in einer Region zusammen. Jegliche Klimaänderungen bergen daher ein Risiko für die Gesundheit des Menschen in sich.

Ähnlich wie in der Landwirtschaft sind auch bei der Beurteilung der gesundheitlichen Folgen des Klimawandels direkte und indirekte Auswirkungen zu unterscheiden. Zu den **direkten Wirkungen** zählen die unmittelbaren Folgen, die ein verändertes Klima auf den Menschen hat, wie der Anstieg der Mitteltemperatur, die Zunahme von Hitzewellen oder auch die Folgen von Dürre, Überschwemmungen, Hochwasser, Stürmen, Erdrutschen, Lawinenabgängen usw.

Die erhöhte Mortalitätsrate während kurzzeitiger **Hitzeperioden** ist bereits aus der Vergangenheit bekannt. Ein anschauliches Beispiel war die sprunghafte Zunahme von Todesfällen in außergewöhnlich heißen sommerlichen Witterungsperioden, wie im Jahr 2003 in Frankreich, 1995 in Chicago und 1987 in Athen. Betroffen waren hierbei vor allem ältere Menschen sowie Personen, die an Herz-Kreislauferkrankungen litten, sodass der Tod in vielen Fällen nur vorweg genommen wurde.

Diese Tatsache wird ebenfalls durch Studien belegt (u. a. Jendritzky 1998).

Im Zusammenhang mit dem globalen Klimawandel wird von einer Zunahme von Hitzeperioden ausgegangen (Houghton et al. 2001), die zu einer Verdoppelung der hierdurch bedingten Todesfälle bis zum Jahr 2020 führen können (McMichael 1996). Stark betroffen sind vor allem große städtische Ballungszentren, in denen sich Wärmeinseln ausbilden. Zudem wird die nächtliche Abkühlung durch den in den Klimaszenarien prognostizierten überdurchschnittlich starken Anstieg der Minimumtemperaturen verringert.

Positive Effekte des Klimawandels auf die Gesundheit können durch die Abnahme der **Winterstrenge** in mittleren und hohen Breiten der Erde hervorgerufen werden. Hier wird teilweise von einer Abnahme der klimabedingten Sterblichkeit ausgegangen. Ob hierdurch der Anstieg der durch Hitzeperioden hervorgerufenen Mortalität in den Sommermonaten im globalen Maßstab kompensiert werden kann, ist noch unsicher.

Witterungsbedingte Extreme wie Stürme, Dürren, Fluten und Hochwasser führen seit jeher zu zahlreichen Verletzten und Toten. Ein Anstieg der Häufigkeit solcher Extremereignisse wird zwangsläufig zu einer Zunahme der hiervon betroffenen Menschen führen.

Auf indirektem Weg wirken sich Klimaänderungen durch die Verschiebung und Ausdehnung von Gebieten mit Krankheitsüberträgern (z. B. Moskitos) aus. Die Verbreitungsgebiete dieser Überträger (Vektoren) sind eng an die klimatischen Bedingungen geknüpft, d. h. meist an bestimmte Temperatur- und Feuchtigkeitsverhältnisse. Die

Übertragung von **Vektor-Krankheiten** wie Malaria (fieberhafte Erkrankung, die durch parasitische Einzeller der Gattung Plasmodium verursacht wird) oder Dengue (grippeähnliche Erkrankung mit hohem Fieber) ist bei optimaler Luftfeuchtigkeit an bestimmte Temperaturbereiche gebunden. Optimale Werte liegen für viele Moskitoarten im Bereich von 30 °C. Bei diesen Temperaturen wird mehr Nachwuchs produziert, da die Larven schneller reifen. Ebenfalls verkürzt sich die Inkubationszeit der Malariaparasiten und Viren in den Moskitos. Zunehmende Niederschläge erhöhen zudem die Anzahl und Größe der Wasserflächen, die zur Eiablage dienen.

Gegenwärtig leben ca. 40 % der Weltbevölkerung in Malaria-gefährdeten Regionen, 400 bis 500 Millionen Menschen werden jährlich neu infiziert und über eine Million Personen, meistens Kinder unter fünf Jahren, sterben jedes Jahr an der Malaria-Infektion (McMichael und Githeko 2001). Das Dengue-Virus wird ebenfalls von Stechmücken übertragen und ist vor allem in urbanen Räumen der feuchten Tropen eine weit verbreitete Krankheit.

Nach Modellrechnungen können sich unter geänderten Klimabedingungen die Gebiete mit potenzieller Übertragung von **Malaria** und **Dengue** in diesem Jahrhundert ausdehnen und damit mehr Menschen mit diesen Krankheiten infiziert werden. Beispielsweise werden nach Martens et al. (1999) im Jahr 2080 ca. 300 Mio. Menschen mehr in Gebieten mit Malaria tropica-Gefährdung und 150 Mio. Menschen mehr in Regionen mit Malaria tertiana-Gefahr leben (Abb. 15.21). Die letzt genannte Malariaart kommt auch in den mittleren Breiten vor, in denen es nach jüngsten Modellrechnungen zu einer deutlichen Erhöhung des Infektionspotenzials kommt, da hier die Mindesttemperatur für die Krankheitsübertragung überschritten wird (s. auch McMichael und Githeko 2001).

In vielen Fällen sind Bevölkerungsschichten mit niedrigem Einkommen sowohl durch die Folgen von Hitzewellen als auch von Virus-Krankheiten stärker betroffen als soziale Gruppen mit hohem Einkommen, die sich eine gute Gesundheitsvorsorge leisten können. Tropische und subtropische Regionen werden von gesundheitlichen Gefährdungen vermutlich stärker berührt sein als Gebiete der mittleren und hohen Breiten.

Weitere Aspekte, die die menschliche Gesundheit unter veränderten klimatischen Bedingungen betreffen, sind die Luft- und Wasserqualität, der Zugang zu sauberem Trinkwasser und die Folgen einer weiteren Abnahme des stratosphärischen Ozons. Für vertiefende Studien wird auf den IPCC-Bericht der Arbeitsgruppe II (McCarthy et al. 2001) verwiesen.

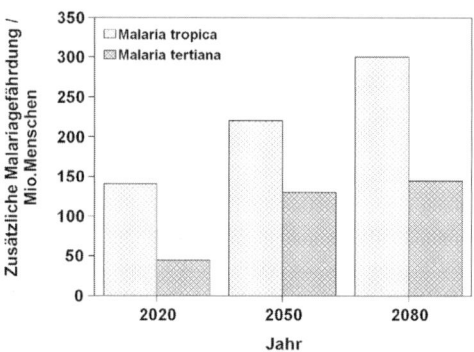

Abb. 15.21: Zusätzliche Zahl von Malaria tropica (Plasmodium falciparum Parasit) und Malaria tertiana (Plasmodium vivax Parasit) gefährdeter Menschen in den Jahren 2020, 2050 und 2080 (nach Modellrechnungen von Martens et al. 1999)

15.4 Human-Biometeorologie

Als **ergänzende** bzw. **weiterführende Literatur** werden darüber hinaus für den Teilabschnitt Agrarmeteorologie im Kapitel 15 die Lehrbücher von v. Eimern und Häckel (1979), Geiger (1961), Seemeann et al. (1979), Griffiths (1994) empfohlen. Als Informationsquelle für spezielle Fragen zur Verdunstung sind das Buch von Schrödter (1985) sowie die Merkblätter des DVWK (1996) gut geeignet. Ein Standardwerk in der Phänologie ist nach wie vor das Buch von Schnelle (1955). Moderne Aspekte der Phänologie werden in Lieth (1975) und in dem Lehrbuch von Schwartz (2003) behandelt.

Human-biometeorologische Gesichtspunkte sind in den Werken von Bullrich (1981), Hentschel (1982), Jendritzky et al. (1990) und Trenkle (1992) vertieft. Die VDI-Richtlinie 3787, Blatt 2 (VDI 1998) gilt bis heute als Standard für die human-biometeorologische Bewertung von Klima und Lufthygiene sowie für die Stadt- und Regionalplanung.

Internationale wissenschaftliche Ergebnisse auf dem Gebiet der Biometeorologie werden vor allem in den Zeitschriften „Agricultural and Forest Meteorology" und „International Journal of Biometeorology" sowie in einer Vielzahl weiterer Fachzeitschriften publiziert.

Literaturverzeichnis

Teil 1: Lehrbücher und Monografien

Arya, S. P. (2001): Introduction to Micrometeorology, 2. Aufl., International Geophysics Series 79, Academic Press.

Balzer, K., Enke, W., Wehry, W. (1998): Wettervorhersage, Mensch und Computer – Daten und Modelle. Berlin: Springer.

Baumgartner, A., Liebscher, H.-J. (1996): Lehrbuch der Hydrologie. Bd. 1: Allgemeine Hydrologie – Quantitative Hydrologie. 2. Aufl. Berlin, Stuttgart: Gebr. Borntraeger.

Baumgartner, A., Reichel, E. (1975): Die Weltwasserbilanz – Niederschlag, Verdunstung und Abfluß über Land und Meer sowie auf der Erde im Jahresdurchschnitt. München: Oldenbourg.

Bendix, J. (2004): Geländeklimatologie. Berlin, Stuttgart: Gebr. Borntraeger.

Beniston, M. (1998): From Turbulence to Climate. Numerical Investigations of the Atmosphere with a Hierarchy of Models. Berlin: Springer.

Birg, H. (1996): Die Weltbevölkerung. München: C. H. Beck.

Blackadar, A. K. (1997): Turbulence and Diffusion in the Atmosphere. Berlin: Springer.

Blüthgen, J., Weischet, W. (1980): Allgemeine Klimageographie. Berlin: De Gruyter.

Blume, H. P. (Hrsg.) (1992): Handbuch des Bodenschutzes. 2. Aufl. Landsberg: Ecomed.

Böer, W. (1964): Technische Meteorologie. Teubner: Leipzig.

Börngen, M., Tetzlaff, G. (Hrsg.) (2000): Weikinn, C.: Quellentexte zur Witterungsgeschichte Europas von der Zeitwende bis zum Jahre 1850. Hydrographie, Teil 5 (1751–1800). Berlin, Stuttgart: Gebr. Borntraeger.

Brasseur, G. P. (1997): The Stratosphere and ist Role in the Climate. NATO ASI Series I: Global Environmental Change V. Berlin: Springer.

Budyko, M. I. (1971): Klima und Leben (russ.). Leningrad: Gidrometeoizdat.

Bullrich, K. (1981): Atmosphäre und Mensch. Frankfurt/M.: Umschau-Verlag.

Busch, P., Kuttler, W. (1990): Klimatologie. 2. Aufl. – In: Grundriß Allgemeine Geographie. Paderborn: Schöningh.

Byers, H. R. (1965): Elements of cloud physics. Chicago: University Press.

Cermak, J. E., Davenport, A. G., Plate, E. J., Viegas, D. X. (Hrsg.) (1995): Wind climate in cities. Dordrecht, Boston, London: Kluwer Academic Publishers.

Cubasch, U., Kasang, D., (2000): Anthropogener Klimawandel. Stuttgart: Klett-Perthes.

Dietze, G. (1957): Einführung in die Optik der Atmosphäre. Leipzig.

Eimern, van, J., Häckel, H. (1979): Wetter- und Klimakunde. Ein Lehrbuch der Agrarmeteorologie, 3. Aufl., Stuttgart: Ulmer.

Emeis, S. (2000): Meteorologie in Stichworten. Berlin, Stuttgart: Gebr. Borntraeger.

Endlicher, W. (1991): Klima, Wasserhaushalt, Vegetation. Darmstadt: Wiss. Buchgesellschaft.

Etling, D. (2002): Theoretische Meteorologie, 2. Aufl, Berlin: Springer.

Fabian, P. (1992): Atmosphäre und Umwelt. 4. Aufl. Berlin: Springer-Verlag.

Fanger, P. O. (1972): Thermal Comfort. Analysis and Applications in Environmental Analysis. New York: Mc Graw-Hill.

Flemming, G. (1994): Wald – Wetter – Klima. Einführung in die Forstmeteorologie. 3. Aufl. Berlin: Deutscher Landwirtschaftsverlag.

Foken, Th. (2003): Angewandte Meteorologie. Mikrometeorologische Methoden. Berlin, Heidelberg: Springer.

Fortak, H. (1971): Meteorologie. Berlin: Habel.

Frenzel, B. (1967): Die Klimaschwankungen des Eiszeitalters. Braunschweig: Vieweg.

Gassmann, F. (1994): Was ist los mit dem Treibhaus Erde? Stuttgart, Leipzig: B.G. Teubner.

Geiger, R. (1950): Das Klima der bodennahen Luftschicht. 3. Aufl. Braunschweig: F. Vieweg & Sohn.

Geiger, R. (1961): Das Klima der bodennahen Luftschicht. 4. Aufl. Braunschweig: F. Vieweg & Sohn.

Gill, A. E. (1982): Atmosphere-Ocean Dynamics. New York: Academic Press.

Graedel, T. E., Crutzen, P. J. (1994): Chemie der Atmosphäre. Bedeutung für Klima und Umwelt. Berlin, Oxford: Spektrum Akademischer Verlag.

Guderian, R. (Hrsg.) (2000): Handbuch der Umweltveränderungen und Ökotoxikologie. 3 Bde. in 6 Teilbd. Berlin: Springer.

Häckel, H. (1999a): Farbatlas Wetterphänomene. Ulmer, Stuttgart.

Häckel, H. (1999b): Meteorologie. 4. Aufl. Stuttgart: Ulmer.

Haeberli, W., Hoeltle, M., Maisch, M. (1998/2001): Gletscher – Schlüsselindikatoren der globalen Klimaänderung (Glaciers as Key Indicators of Global Climate Change). – In: Lozán et al. 1998 /2001), 213-221/212-220.

Hartmann, D. L. (1994): Global Physical Climatology. San Diego: Academic Press.

Haurwitz, B., Austin, J. M. (1944): Climatology. New York: McGraw-Hill.

Helbig, A., Baumüller, J., Kerschgens, M. J. (Hrsg.) (1999): Stadtklima und Luftreinhaltung. 2. Aufl. Berlin: Springer.

Henderson-Sellers, A., McGuffie, K. (1987): A Climate Modeling Primer. Chichester: J. Wiley & Sons.

Hendl, M., Marcinek, J., Jäger, E. (1988): Allgemeine Klima-, Hydro- und Vegetationsgeographie. 2. Aufl. Gotha: VEB Hermann Haack.

Hendl, M. (1997): Allgemeine Klimageographie. – In: Hendl, M., Liedtke, H. (Hrsg.): Lehrbuch der Allgemeinen Physischen Geographie. Justus Perthes Verlag Gotha, 329–448.

Henning, D. (1989): Atlas of the Surface Heat Balance of the Continents. Berlin, Stuttgart: Gebr. Borntraeger.

Hentschel, G. (1982): Das Bioklima des Menschen. 2. Aufl. Berlin: Volk und Gesundheit.

Hesse, W. (1961): Handbuch der Aerologie. Leipzig: Akad. Verlagsgesellschaft.

Heyer, E. (1993): Witterung und Klima. 9. Aufl. Stuttgart, Leipzig: B. G. Teubner.

Holton, J. R. (1973): An Introduction to Dynamic Meteorology. New York: Academic Press.

Houghton, J. T., Ding, Y., Griggs, D. J., Noguer, M., van der Linden, P., Dai, X., Maskell, K., Johnson, C. I. (Hrsg.) (2001): Climate Change 2001: The Scientific Basis. Contribution of Working Group I to the Third Assessment Report of the Intergovernmental Panel on Climate Change. Cambridge: Cambridge University Press, United Kingdom and New York: NY, USA.

Houghton, J. T., Jenkins, G. J., Ephraums, J. J. (Hrsg.) (1990): Climate Change. The IPCC Scientific Assessment. Cambridge: University Press.

Houghton, J. T., Meiro Filho, L. G., Callandar, B. A., Harris, N., Kattenberg, A., Maskell, K. (1996): Climate Change 1995 – The Science of Climate Change. Contribution of WG I to the Second Assessment Report of the IPCC. Cambridge: University Press.

Houze, R. A. Jr. (1993): Cloud Dynamics. San Diego: Academic Press.

Hupfer, P. (1996): Unsere Umwelt: Das Klima. Stuttgart, Leipzig: B. G. Teubner.

Hupfer, P. (Hrsg.) (1991): Das Klimasystem der Erde. Diagnose und Modellierung, Schwankungen und Wirkungen. Berlin: Akademie-Verlag.

Hupfer, P., Chmielewski, F.-M. (Hrsg.) (1990): Das Klima von Berlin. Berlin: Akademie-Verlag.

Hutter, K. (1991): Dynamik umweltrelevanter Systeme. Berlin: Springer.

International Cloud Atlas (1956): Geneva: WMO.

Iribarne, J. V., Cho, H.-R. (1980): Atmospheric Physics. Dordrecht: Reidel.

Junge, C. (1963): Air Chemistry and radioactivity. New York: Academic Press.

Kappas, M., Menz, G., Richter, M., Treter, U. (Hrsg.) (2003): Klima, Pflanzen- und Tierwelt. Bd. 3 des Nationalatlas Bundesrepublik Deutschland. Heidelberg, Berlin: Spektrum Akademischer Verlag, 32–83.

Kertz, W. (1992): Obere Atmosphäre und Magnetosphäre. Einführung in die Geophysik 2. Mannheim: Bibliographisches Institut. Hochschultaschenbuch 535.

Kessler, A. (1985): Heat Balance Climatology. – World Survey of Climatology, Vol. 1A. Amsterdam: Elsevier.

Klige, R. K., Danilov, I. D., Koniscev, D. (1998): Geschichte der Hydrosphäre (russ.). Nautschnyj Mir, Moskva.

Kratzer, P. A. (1956): Das Stadtklima. 2. Aufl. Braunschweig: Vieweg.

Kraus, H. (2004): Die Atmosphäre der Erde. 3. Aufl., Berlin: Springer.

Kuttler, W. (Hrsg.) (1995): Handbuch zur Ökologie. 2. Aufl. Berlin: Analytica Verlagsgesellschaft. = Handbücher zur angew. Umweltforschung, Bd 1.

Lamb, H. H. (1989): Klima und Kulturgeschichte. Der Einfluß des Wetters auf den Gang der Geschichte. Rowohlts Enzyklopädie Kulturen und Ideen. Reinbek: Rowohlt.

Landsberg, H. (1981): The urban climate. Intern. Geophys. Ser., Vol. 28. New York: Academic Press.

Lange, H. J. (2002): Die Physik des Wetters und des Klimas. Berlin: D. Reimer.

Larcher, W. (1994): Ökophysiologie der Pflanzen. 5. Aufl. Stuttgart: Ulmer.

Larcher, W. (2001): Ökophysiologie der Pflanzen. 6. Aufl. Stuttgart: Ulmer.

Liljequist, G. H., Cehak, K. (1984): Allgemeine Meteorologie. Braunschweig, Wiesbaden: Vieweg.

Liou, K. N. (1992): Radiation and Cloud Processes in the Atmosphere. New York: Oxford University Press.

Littmann, T., Steinrücke, J., Bürger, M. (2004): Elemente des Klimas. Perthes Geographie-Kompakt. Gotha und Stuttgart: Klett-Perthes.

Lozán, J. L., Graßl, H., Hupfer, P. (1998): Warnsignal Klima. Wissenschaftliche Fakten. Hamburg: Wiss. Auswertungen.

Lozán, J. L., Graßl, H., Hupfer, P., Pipenburg, D., Hubbert, H.-W. (2006): Warnsignale aus den Polarregionen. Hamburg: Wiss. Auswertungen.

Malberg, H. (2002): Meteorologie und Klimatologie. 4. Aufl. Berlin: Springer.

Martyn, D. (1992): Climates of the World. Developments in Atmospheric Science 18. Amsterdam: Elsevier.

McCarthy, J. J., Canziani, O. F., Leary, N. A., Dokken, D. J., White, K. S. (Hrsg.) (2001): Climate Change 2001: Impact, Adaptation, and Vulnerability. Contribution of Working Group II to the Third Assessment Report of the Intergovernmental Panel on Climate Change, Cambridge University Press, Cambridge, United Kingdom and New York, USA.

Möller, D. (2003): Luft – Chemie, Physik, Biologie, Reinhaltung, Recht. Berlin, New York: de Gruyter.

Möller, F. (1973): Einführung in die Meteorologie. Bd. 1 und 2. Mannheim: Bibliogr. Inst.

Monteith, J. L., Unsworth, M. H. (1995): Principles of environmental physics. 2. Aufl. London: Arnold.

Moussiopoulos, N. (2003): Air quality in cities. Berlin: Springer.

Müller, W. (1979): Städtebau. Technische Grundlagen. Stuttgart: B. G. Teubner.

Münchener Rückversicherung (2004): Wetterkatastrophen und Klimawandel. Münchener Rückversicherungsgesellschaft. München.

Oke, T. R. (1990): Boundary layer climates. 2. Aufl. London: Methuen & Co Ltd. 1990 (1. Aufl. 1978).

Pichler, H. (1997): Dynamik der Atmosphäre. 3. Aufl. Mannheim: Spektrum Akademischer Verlag.

Pogosjan, C. P. (1981): Umweltfaktor Atmosphäre. Leipzig: B. G. Teubner.

Pruppacher, H. R., Klett, J. D. (1978): Microphysics of clouds and precipitation. Dordrecht: Reidel.

Reiter, E. R. (1970): Strahlströme. Berlin: Springer.

Reuter, H. (1982): Die Wettervorhersage. Wien: Springer.

Rödel, W. (2000): Physik unserer Umwelt: Die Atmosphäre. 3. Aufl. Berlin: Springer.

Rudloff, W. v. (1981a): World Climates. Stuttgart: Wiss. Verlagsges.

Scharnow, U., Berth, W., Keller, W. (1990): Maritime Wetterkunde. Berlin: transpress.

Scherag, R. (1948): Neue Methoden der Wetteranalyse und Wetterprognose. Berlin: Springer.

Schirmer, H., Buschner, W., Cappel, A. Matthäus, H. G. und Schlegel, M. (1989): Wetter und Klima. Wie funktioniert das? Mannheim: Meyers Lexikonverlag.

Schirmer, H., Kuttler, W., Löbel, J., Weber, K. (Hrsg.) (1993): Lufthygiene und Klima. Ein Handbuch zur Stadt- und Regionalplanung. Düsseldorf: VDI-Verlag.

Schmincke, H. U. (1986): Vulkanismus. Darmstadt: Wiss. Buchgesellschaft.

Schnelle, F. (1955): Pflanzenphänologie. Leipzig: Akad. Verlagsges. Geest & Portig.

Schönwiese, C.-D. (1992): Klima im Wandel. Tatsachen, Irrtümer, Risiken. Stuttgart: Deutsche Verlags-Anstalt.

Schönwiese, C.-D. (2000): Praktische Statistik für Meteorologen und Geowissenschaftler. 3. Aufl. Stuttgart: Gebr. Borntraeger.

Schönwiese, C.-D. (2003a): Klimatologie. 2. Aufl. Stuttgart: Ulmer.

Schrödter, H. (1985): Verdunstung. Anwendungsorientierte Meßverfahren und Bestimmungsmethoden. Berlin, Heidelberg: Springer.

Schwartz, M. D. (Hrsg.) (2003): Phenology: An Integrative Environmental Science. Boston, Dordrecht, London: Kluwer Academic Publishers.

Schwarzbach, M. (1988): Das Klima der Vorzeit. Eine Einführung in die Paläoklimatologie. 4. Aufl. Stuttgart: F. Enke.

Sellers, W. D. (1965): Physical Climatology. Chicago: University of Chicago Press.

Stull, R. B. (1988): An introduction to boundary layer meteorology. Dordrecht, Boston, London: Kluwer Academic Publishers.

Trenkle, H. (1992): Klima und Krankheit. Darmstadt: Wiss. Buchges.

Trenkle, H. (1992): Klima und Krankheit. Darmstadt: Wiss. Buchgesellschaft.

Warnecke, G. (1991): Meteorologie und Umwelt. Eine Einführung. Berlin: Springer.

Weischet, W. (1996): Regionale Klimatologie. Teil 1. Die neue Welt – Amerika, Neuseeland, Australien. Stuttgart: Teubner.

Weischet, W. (2002): Einführung in die Allgemeine Klimatologie. 6. Aufl. Berlin, Stuttgart: Gebr. Borntraeger.

Weischet, W., Endlicher, W. (2000): Regionale Klimatologie Teil 2. Die Alte Welt: Europa. Stuttgart: Teubner.

Wittig, R. (1991): Ökologie der Großstadtflora. Stuttgart: Gustav Fischer.

Wittig, R., Streit, W. (2004): Ökologie. Stuttgart: Ulmer.

Yoshino, M. M. (1975): Climate in a small area. An introduction to local meteorology. Tokyo: University of Tokyo Press.

Yoshino, M. M. (1976): Local wind Bora. Tokyo: University of Tokyo Press.

Zmarsly, E., Kuttler, W., Pethe, H. (2002): Meteorologisch-klimatologisches Grundwissen. 2. Aufl. Stuttgart: Ulmer.

Teil 2: Weitere Literatur

Adrian, G. (1994): Zur Dynamik des Windfeldes über orographisch gegliedertem Gelände. – Ber. Deutsch. Wetterd. Nr. 188, Offenbach/M.: DWD.

Aitken, Y. (1974): Flowering Time, Climate and Genotype, Melbourne: Univ. Press, 193 S.

Akbari, H., Konopacki, S., Pomerantz, M. (1999): Cooling energy savings potential of reflective roofs for residential and commercial buildings in the United States. – Energy 24, 391–407.

Allen, R. G. (1986): A Penman for all Seasons. – J. Irrig. Drain. Div., ASCE, 112, 348–369.

Allen, R. G., Smith, M., Perrier, A. Pereira, L. S. (1994): An update for definition of reference evapotranspiration. – ICID Bulletin 43, 1–34.

Anandakumar, K. (1999): A study on the partition of net radiation into heat fluxes on a dry asphalt surface. – Atm. Environ. 33, 3911–3918.

Angell J. K. (2003): Annual and seasonal global temperature deviations in troposphere and lower stratosphere as derived from radiosonde records, 1958–1998. Daten bis 2002 in: http://cfiac.esd.oml.gov/ftp/trends/temp/angell/glob.dat.

Arnfield, A. J. (1998a): Micro- and mesoclimatology. – Progr. In Phys. Geogr. 22, 1, 103–113.

Arnfield, A. J. (1998b): Micro- and mesoclimatology. – Progr. In Phys. Geogr. 22, 4, 533–544.

Arnfield, A. J. (2000): Micro- and mesoclimatology. – Progr. In Phys. Geogr. 24, 2, 261–271.

Arnfield, A. J. (2001a): Micro- and mesoclimatology. – Progr. In Phys. Geogr. 25, 1, 123–133.

Arnfield, A. J. (2001b): Micro- and mesoclimatology. – Progr. In Phys. Geogr. 25, 4, 560–569.

Arnfield, J. (2003): Two decades of urban climate research: A review of turbulence, exchanges of energy and water, and the urban heat island. – Int. J. Climatolol. 23, 1–26.

Bakan, S., Hinzpeter, H. (1988): Atmospheric Radiation. Landolt-Börnstein N. Serie, V/4b, Berlin: Springer, 110–186.

Bakan, S., Raschke, E. (2002): Der natürliche Treibhauseffekt. DWD (Deutscher Wetterdienst, Hrsg.): Das Klimasystem der Erde. – Promet 28, H. 3-4, 85–94. Offenbach/M.: DWD.

Barlag, A.-B. (1993): Planungsrelevante Klimaanalyse einer Industriestadt in Tallage – dargestellt am Beispiel der Stadt Stolberg (Rhld.). Essener Ökologische Schriften 1. Magdeburg: Westarp Wissenschaften.

Barlag, A.-B. (1997): Möglichkeiten der Einflussnahme auf das Stadtklima. VDI-Berichte 1330, 127–146.

Barring, L., Mattsson, J. O., Lindquist, S. (1985): Canyon geometry, street temperatures and urban heat island in Malmö, Sweden, – J. Climatol. 5, 333–444.

Barton, M., Oke, T. R. (2000): Test of the performance of an algorithmic scheme of the hourly urban heat island. – Prepr. 3rd Symp. Urban Environm., Aug. 2000, Davis. Boston: Americ. Met. Soc., 80–81.

Baumgartner, A. (1963): Einfluss des Geländes auf Lagerung und Bewegung der nächtlichen Kaltluft. – In: Schnelle, F. (Hrsg.): Frostschutz im Pflanzenbau, Bd. 1. BLV Verlagsgesellschaft: München.

Baumgartner, A., Mayer, H., Noack, E.-M. (1985): Stadtklima Bayern – Abschlußbericht zum Teilprogramm „Thermalkartierungen". Bayr. Staatsminist. Landesentw. u. Umweltfrage, Reihe Materialen Nr. 39, München.

Baumüller, J. Reuter, U. (1995): Die summarische Bewertung von Luftschadstoffen durch einen Luftbelastungsindex. Staub-Reinh. Luft, 55, 137–141.

Baur, F., Philipps, H. (1935): Der Wärmehaushalt der Lufthülle der Nordhalbkugel im Januar und Juli und zur Zeit der Äquinoktien und Solstitien. – Gerlands Beitr. z. Geophysik 45, 82–132.

Beck, Ch., Jacobeit, J., Philipp, A. (2001): Variability of North-Atlantic-European Circulation Patterns Since 1780 and Corresponding Variations in Central European Climate. – In: Brunet India, M., D. López Bonillo (Hrsg.), Detecting and Modelling Regional Climate Change. Berlin: Springer, 321–331.

Beckmann, G., Klopries, B. (1990): CO_2-Anstieg in der Troposphäre. Ein Kardinalproblem der Menscheit. Lichtbogen Nr. 208, Hüls AG.

Beckröge, W. (1990): Dreidimensionaler Aufbau der städtischen Wärmeinsel am Beispiel der Stadt Dortmund. Materialien zur Raumordnung, Geogr. Inst. Ruhr-Univ. Bochum, 41.

Bernhardt, K., Mäder, C. (1987): Statistische Auswertung von Berichten über bemerkenswerte Witterungsereignisse seit dem Jahre 1000. Z. Meteorol. 37, 120–130.

Bissolli, P, Göring, L., Lefebvre, Ch. (2001): Extreme Wetter- und Witterungsereignisse im 20. Jahrhundert. – In: Klimastatusbericht 2001. Offenbach: DWD, 20–31.

Blankenstein, S., Kuttler, W. (2004): Impact of street geometry on downward longwave radiation and air temperature in an urban environment. – Meteorol. Zeitschr. 13, 373–379.

Bogush, A. J. (1989): Radar and the atmosphere. Norwood: Artech House.

Böhm, R. (1998): Urbanbias in temperature time series – a case study for the city of Vienna, Austria. – Climatic change 38, 113–128.

Böttger, H. (2002): Vorhersage von extremen Wetterlagen und Unwetterereignissen – Möglichkeiten und Anwendungen der Mittelfrist- und Jahreszeitvorhersagen. Deutsches Komitee für Katastrophenvorsorge. Zweites Forum Katastrophenvorsorge 24.–26. Sept. 2001 Leipzig „Extreme Naturereignisse – Folgen, Vorsorge, Werkzeuge". Hrsg. Von G. Tetzlaff, T. Trautmann, K. S. Radtke. Bonn und Leipzig.

Bruce, J. P., Lee, H., Haites, E. F. (1996): Climate Change 1995 – Economic and Social Dimensions of Climate Change. Contribution of WG III to the Second Assessment Report of the IPCC. Cambridge: University Press.

Brücher, W. (1997): Numerische Studien zum Mehrfachnesting in einem nicht-hydrostatischen Modell. – Mitt. Inst. Geophys. Meteor. Univ. Köln 119.

Bruns, E., Chmielewski, F.-M., v. Vliet, A. J. H. (2003): The Global phenological monitoring concept towards international standardisation of phenological networks. – In: Schwartz, M.

D. (Hrsg): Phenology: An Integrative Environmental Science. Boston, Dordrecht, London: Kluwer Academic Publishers, 93–104.

Budyko, M. I. (1963): Atlas der Wärmebilanz der Erde. Moskau: Gidrometeoizdat.

Burschel, P. (1995): Forstökologie. – In: Kuttler, W. (Hrsg.): Handbuch zur Ökologie, 2. Aufl. Berlin: Analytica-Verlag, 121–129.

CDIAC (Carbon Dioxide Information and Analysis Center, U.S. Dept. Of Energy, Oak Ridge, Tennessee): http://cdiac.esd.oml.gov, 2003 (Kohlenstoffemission).

Chmielewski, F.-M. (2003): Phenology and Agriculture. – In: Schwartz, M. D. (Hrsg): Phenology: An Integrative Environmental Science. Boston, Dordrecht, London: Kluwer Academic Publishers, 505–522.

Chmielewski, F.-M. (2003): Rezente Veränderungen der Lufttemperatur und der Niederschlagshöhe in Berlin-Dahlem, 1931–2000. – In: Chmielewski, F.-M., Foken, Th. (Hrsg.): Beiträge zur Klima- und Meeresforschung. Berlin und Bayreuth 2003, 79–90.

Chmielewski, F.-M., Köhn, W. (1999): The long-term agrometeorological field experiment at Berlin-Dahlem. Agricultural and Forest Meteorology 96, 39–48.

Chmielewski, F.-M., Müller, A., Bruns, E. (2004): Climate changes and trends in phenology of fruit trees and field crop in Germany,1961–2000, Agricultural and Forest Meteorology 121 (1–2), 69–78.

Chmielewski, F.-M., Rötzer, T. (2001): Response of tree phenology to climate change across Europe. – Agricult. and Forest Meteorol. 108, 101–112.

Chmielewski, F.-M., Rötzer, T. (2002): Annual and spatial variability of the beginning of growing season in Europe in relation to air temperature changes. – Climate Research. 19, 257–264.

Chromov, S. P., Mantonova, L. I. (1963): Meteorologisches Wörterbuch (russ.). Leningrad: Gidromet. Izdat.

CIE (1987): A reference action spectrum for ultraviolet induced erythema in human skin. International Commission on Illumination (CIE) Research Note. CIE Journal 6, 17–22.

Claussen, M. (2003): Die Rolle der Vegetation im Klimasystem. – DWD (Deutscher Wetterdienst, Hrsg.): Klimamodellierung, Teil 1. – Promet 29, H. 1–4, 80–89. Offenbach/M.: DWD.

Council Directive 1999/30/EC relating to limit values for sulphur dioxide, nitrogen dioxide and oxides of nitrogen, particulate matter and lead in ambient air, Official J. L163, 41–60, 29/06/1999.

Cubasch, U. (1992): Das Klima der nächsten 100 Jahre. – Phys. Bl. 48, 85–89.

Cubasch, U. (1995): Climate change experiments in Hamburg. Publ. Acad. of Finland 6/95. Helsinki: Painatuskeskus OY, 435–437.

Cubasch, U. (2002): Variabilität der Sonne und Klimaschwankungen. – Promet 28, H. 3-4, 123–132 (s. a. Mitt. DMG H. 1, 2002, 19–25).

Cubasch, U., Meehl, G. A., Boer, G. J., Stouffer, R. J., Dix, M., Noda, A., Senior, C. A., Raper, S., Yap, K. S. (2001): Projections of future climate change. – In: Houghton, J. T., Ding, Y., Griggs, D. J., Noguer, M., van der Linden, P., Dai, X., Maskell, K., Johnson, C. I. (Hrsg.): Climate Change 2001: The Scientific Basis. Contribution of Working Group I to the Third Assessment Report of the Intergovernmental Panel on Climate Change. Cambridge: Cambridge University Press, 525–582.

Defant, A. (1933): Der Abfluss schwerer Luftmassen auf geneigtem Boden nebst einigen Bemerkungen zur Theorie stationärer Luftströme. – Sitzungsber. Preuß. Akad. Wiss., Physikal.-Mathem. Klasse 18, 624–635.

Defant, F. (1949): Zur Theorie der Hangabwinde, nebst Bemerkungen zur Theorie der Berg- und Talwinde. – Arch. Meteorol. Geophys. Bioklimatol, Ser. A., 421–450.

Defant, F. (1976): Die allgemeine Zirkulation der Atmosphäre. – Promet 6, 1–32. Offenbach: DWD.

Defila, C. (2002): Pflanzenphänologie des Engadins. Trends bei pflanzenphänologischen Zeitreihen. – Jber. Natf. Ges. Graubünden 111, 39–47.

Defila, C., Clot, B. (2001): Phytophenological trends in Switzerland. – Int. J. Biometeorol. 25, 203–207.

Deutsche IPCC-Koordinierungsstelle des BMBF und des BMU (2002): Klimaänderung 2001. Synthesebericht. Bonn.

Dickson, R., Lanzier, J., Meincke, J., Rhines, P., Swift, J. (1996): Long-term coordinated changes in the convective activity of the North Atlantic. Prog. Oceanog. 38, 241–295.

DMG (Deutsche Meteorologische Gesellschaft) (1999): Die Basis des anthropogenen Treibhauseffektes: Veränderte Strahlungsflüsse in der Atmosphäre. Stellungnahme der DMG 1999 (c/o Institut für Meteorologie der Freien Universität Berlin, Carl-Heinrich-Becker-Weg 6–10, 12165 Berlin).

DMG (Deutsche Meteorologische Gesellschaft) (2002): Lange Klimareihen – unerlässlich für die Klimaforschung. Mitt. DMG H. 1, 2002, 16.

Dorns, G., Schättler, U., Schulz, J.-P. (2003): Kurze Beschreibung des Lokal-Modells LM und seiner Datenbanken auf dem Datenserver (DAS) des DWD. Deutscher Wetterdienst, Geschäftsfeld Forschung und Entwicklung. Offenbach/M.

Dosch, F., Beckmann, G. (2003): Stand und Perspektiven der Siedlungsflächenentwicklung (Kap. 3). – In: Bundesamt für Bauwesen und Raumordnung (BBR) (Hrsg.): Berichte, Bd. 16: Bauland- und Immobilienmärkte. Bonn, Berlin.

Doviak, R. J., Zrnic, D. S. (1984): Doppler Radar and weather observations. Orlando: Academic Press.

Dütemeyer, D. (2000): Urban-Orographische Bodenwindsysteme in der städtischen Peripherie Kölns. Essener Ökologische Schriften 12, Hohenwarsleben: Westarp-Wissenschaften.

DVWK (1996): Ermittlung der Verdunstung von Land- und Wasserflächen. – DVWK-Merkblätter zur Wasserwirtschaft, Heft 238/1996. DVWK (Deutscher Verband für Wasserwirtschaft und Kulturbau e. V.), Wirtschafts- und Verlagsgesellschaft Gas und Wasser mbH, Bonn.

DWD (Deutscher Wetterdienst) (1986): Anleitung für die Beobachter an den Klimastationen des Deutschen Wetterdienstes. 9. Aufl. Offenbach/M.

DWD (Deutscher Wetterdienst) (1987): Allgemeine Meteorologie. Leitfäden für die Ausbildung im DWD. Nr. 1. Offenbach/M.

DWD (Deutscher Wetterdienst) (1991): Anleitung für die phänologischen Beobachter des Deutschen Wetterdienstes. 3. Aufl. Offenbach/M.

DWD (Deutscher Wetterdienst) (1996): UV-Index. Informationsblatt. Geschäftsfeld Medizin-Meteorologie, Freiburg.

DWD (Deutscher Wetterdienst) (2000): Meteorologische Datengewinnung im Deutschen Wetterdienst. Offenbach/M.

DWD (Deutscher Wetterdienst, Hrsg.) (2002): Das Klimasystem der Erde. – Promet 28, H. 3–4. Offenbach/M.

DWD (Deutscher Wetterdienst, Hrsg.) (2003a): Klimamodellierung, Teil 1. – Promet 29, H. 1–4. Offenbach/M.

DWD (Deutscher Wetterdienst, Hrsg.) (2003b): Umweltmeteorologie. – Promet 30, H. 1–2. Offenbach/M.

Easterling, D. R., Horton, B., Jones, P. D., Petersen, T. C., Karl, T. R., Parker, D. E., Salinger, M. J., Razuvayev, V., Plummer, N., Jamason, P., Folland, C. K. (1998): Maximum and Minimum Temperature Trends for the Globe. – Science 277, 5324.

Ehlers, J. (1998/2001): Die Klimaentwicklung von den Anfängen bis zum Holozän (The History of Climate from the Early Stages to the Holocene). – In: Lozán et al. 1998/2001, 49–54/55–60.

Eichhorn, J. (1989): Entwicklung und Anwendung eines dreidimensionalen mikroskaligen Stadtklima-Modells. Dissertation, Universität Mainz, FB Physik. Mainz.

Eichhorn, J., Cui, K., Flender, M., Kandlbinder, T., Panhans, W.-G., Ries, R., Siebert, J., Trautmann, T., Wedi, N., Zunkowski, W. D. (1997): A three-dimensional viscous topography mesoscale model. – Beitr. Phys. Atm. 70, 301–317.

Eichhorn, J., Schrodin, R., Zdunkowski, W. (1986): Numerische Simulation des urbanen Klimas mit einem dreidimensionalen Modell. – Ann. Meteorol. 23, 104–105. Offenbach/M: DWD.

Eils, W. (1972): Der Wärmehaushalt einer Wiese in Abhängigkeit unterschiedlicher Bewuchshöhe. – Ber. Inst. Meteor. Klimatol. TU Hannover 7, 1–80.

Eißmann, L., Hänsel, C. (1991).: Klimate der geologischen Vorzeit. – In: Hupfer, P. (Hrsg.) (1991): Das Klimasystem der Erde. Diagnose und Modellierung, Schwankungen und Wirkungen. Berlin: Akademie-Verlag, 297–342.

Ellenberg, H. (1979): Zeigerwerte der Gefäßpflanzen Mitteleuropas. 2. Aufl. Scripta Geobot 9. Göttingen.

Emanuel, W. R., Shugart, H. H., Stevenson, M. P. (1985): Climatic Change and the broad-scale distribution of terrestrial ecosystem complexes. – Climatic Change 7, 29–43.

Enders, G. (1979), Theoretische Topoklimatologie. – Forschungsberichte 1/1979, Nationalpark Berchtesgaden.

EWG-Richtlinie 92/72 vom 21.09.1992 über die Luftverschmutzung durch Ozon. – Amtsblatt der Europ. Gemeinschaften, Nr. 297/1–297/7.

Fiedler, F. (1987): Problemkreise des mesoskaligen Klimas. – Promet 3/4, H. 1–5. Offenbach: DWD.

Fischer, H., Graßl, H., Quenzel, H., Köpke, P. (1999): Die Basis des anthropogenen Treibhauseffektes: Veränderte Strahlungsflüsse in der Atmosphäre. Stellungnahme der Deutschen Meteorologischen Gesellschaft zu den Grundlagen des Treibhauseffektes. DMG, Juni 1999.

Fleagle, R. G., Businger, J. R. (1963): Introduction to atmospheric physics. New York: Academic Press.

Flemming, G. (1987): Wald – Wetter – Klima. 2. Aufl. Berlin: Deutscher Landwirtschaftsverlag.

Flohn, H. (1960): Zur Didaktik der Allgemeinen Zirkulation der Atmosphäre. – Geogr. Rundsch. 12, 129–142 u. 189–195

Flohn, H. (1974): Moderne Aspekte der Erforschung der Erforschung der atmosphärischen Zirkulation in den Tropen (russ.). – Beitr. d. Symp. über physikalische und dynamische Klimatologie Leningrad 1971, 183–202. Leningrad. Gidrometeoizdat.

Foken, Th. (1990): Turbulenter Energieaustausch zwischen Atmosphäre und Unterlage. Methoden, meßechnische Realisierung sowie ihre Grenzen und Anwendungsmöglichkeiten. – Ber. Deutsch. Wetterd. Nr. 180. Offenbach/M.: DWD.

Foken, Th. (1998): Die scheinbar ungeschlossene Energiebilanz am Erdboden. – Sitzungsberichte der Leibniz-Sozietät 24, 131–150.

Folland, C. K., Karl, T. R. (2001): Observed Climate Variability and Change. – In: Houghton, J. T., Ding, Y., Griggs, D. J., Noguer, M., van der Linden, P., Dai, X., Maskell, K., Johnson, C. I. (Hrsg.): Climate Change 2001: The Scientific Basis. Contribution of Working Group I to the Third Assessment Report of the Intergovernmental Panel on Climate Change. Cambridge: University Press, 99–181.

Forester, F. H. (1982): Winds of the world. – Weatherwise 35, 202–210.

Franke, J., Tetzlaff, G. (1987): Zum Auftreten interner Schwerewellen im Kaltluftabfluss. – Meteorol. Rundsch. 40, 118-126.

Frenzel, B., Pécsi, M., Velichko, A. A. (1992): Atlas of the paleoclimates and paleoenvironments of the Northern Hemisphere, Late Pleistocene–Holocene. Stuttgart und Jena: Fischer.

Gagel, K., Thomalla, K. A. (1995): Nutzung der Wettervorhersagemodelle in der Prognosepraxis. Deutsche Meteorol. Ges. 1995, Numerik und Synoptik, 571–588, Beiheft zu den Mitteilungen. Traben-Trarbach.

Gagge A. P., Fobelets, A. P., Berlund, P. E. (1986): A standard predictive index of human response to the thermal environment. – ASHRAE Trans. 92, 709–731.

Galin, M. B. (1991): Die allgemeine Zirkulation der Atmosphäre und ihre Energetik. – In: Hupfer, P. (Hrsg.) (1991): Das Klimasystem der Erde. Diagnose und Modellierung, Schwankungen und Wirkungen. Berlin: Akademie-Verlag, 131–145.

Garstang, P. D., Tyson, G., Emmitt, D. (1975): The structure of heat islands. – Rev. Geophys. Space Phys. 13, 139–165.

Gerstengarbe, F.-W., Fraedrich, K., Österle, H., Werner, P. C. (2003): Space-time variability of observed temperature trends. – In: Chmielewski, F.-M., Foken, Th. (Hrsg.) (2003): Beiträge zur Klima- und Meeresforschung. Berlin und Bayreuth, 25–31.

Gerstengarbe, F.-W., Werner, P. C., Busold, W., Rüge, U., Wegener, K.-O. (1993): Katalog der Großwetterlagen Europas nach Paul Hess und Hellmuth Brezowski 1881–1992. 4. Aufl. Offenbach/M: DWD.

Gerth, W.-P. (1986): Klimatische Wechselwirkungen in der Raumplanung bei Nutzungsänderungen. – Ber. Deutsch. Wetterd. Nr. 171. Offenbach/M.: DWD.

Gertis, K., Hauser, G. (1979): Energieeinsparung infolge Sonneneinstrahlung durch Fenster. – Klima + Kälte-Ingenieur 3, 107–111.

Goh, K. C., Chang, C. H., (1999): The relationship between height to width ratios and the heat island intensity at 22:00 h for Singapore. – Int. J. Climatolol. 19, 1011–1023.

Graf, H. (2002): Klimaänderungen durch Vulkane. – Promet 28, H. 3-4, 133–138.

Gravenhorst, G., Kreilein, H., Schnitzler, K. G., Ibrom, A., Nützmann, E. (2000): Trockene und nasse Deposition von Spurenstoffen aus der Atmosphäre. – In: Guderian, R. (Hrsg.) (2000): Atmosphäre, Band 1B. Berlin: Springer, 147–227.

Griffiths, J. F. (Hrsg.) (1994): Handbook of Agricultural Meteorology. Oxford University Press.

Grimmond, S., Oke, T. R., Steyn, D. G. (1986): Urban water balance I: A model for daily totals. – Water Resources Research 22, 1397–1403.

Groß, G. (1985): Numerische Simulation nächtlicher Kaltluftabflüsse und Tiefsttemperaturen in einem Moselseitental. – Meteorol. Rundsch. 38, 161–171.

Groß, G. (1988): A Numerical Estimation of the Deforestation Effects on Local Climate in the Area of the Frankfurt International Airport. Beitr. – Phys. Atm. 61, 219–231.

Groß, G. (1989): Numerical Simulation of the Nocturnal Flow Systems in the Freiburg Area for Different Topographies. – Beitr. Phys. Atm. 62, 57–72.

Groß, G. (1996a): On the applicability of numerical mass-consistent wind field models. – Boundary-Layer Meteor. 77, 370–394.

Groß, G. (1996b): Stadtklima und globale Erwärmung, – Geowissenschaften 14, 245–248.

Groß, G. (1999): Numerische Modellierung stadtklimatischer Aspekte. Wiss. Mitt. a. d. Inst. f. Meteor. d. Univ. Leipzig u. dem Inst. f. Troposphärenforschung Leipzig 13, 2–64.

Groß, G., Etling, C. (2003): Numerische Simulationsmodelle. – Promet 30, H. 1/2, 28–38, Offenbach/M.: DWD.

Groß, G., Frey, T., Mosimann, T., Trute, P., Lessing, R. (1996): Die Untersuchung kleinräumiger Kaltluftflüsse mittels empirischer Abschätzung und numerischer Simulation, – Meteorol. Zeitschr., N. F. 5, 76–89.

Groß, G., Wippermann, F. (1987): Channeling and Countercurrent in the Upper Rhine Valley: Bumerical Simulations. – J. Clim. Appl. Meteorol. 26, 1293–1304.

Grotjahn, R. (1993): Global Atmospheric Circulations. Observations and Theories. New York und Oxford: Oxford University Press.

Grunow, J. (1953): Niederschlagsmessungen am Hang. – Meteorol. Rundsch. 6, 85–91.

Häger, Ch., Würth, G., Kohlmaier, G. H. (1998/2001): Der Kohlenstoffkreislauf im Klimasystem (The Carbon Cycle within the Climate System). In: Lozán et al. 1998/2001), 42–48/38–44).

Hanna, S. R. (1969): Urban meteorology. – ATDL Contrib. No. 35, Air Res. Lab., Oak Ridge, Tenn.

Hantel, M. (1989a): Climate Modeling. Landolt-Börnstein N. Serie V/4cc/2. Berlin: Springer, 1–116.

Hantel, M. (1989b): The present global surface climate. Landolt-Börnstein N. Serie V/4c/2. Berlin: Springer, 117–474.

Harlfinger, O., Kobinger, W., Fischer, G. (2000): Industrieschneefälle – ein anthropogenes Phänomen. – Meteorol. Zeitschr. 9, 231–236.

Hartenstein, M. (2000): Analyse eines Bergwindsystems im Nordschwarzwald (Michelbachtal bei Gaggenau) unter Berücksichtigung seiner stadtklimatisch-lufthygienischen Bedeutung. – Karlsruher Schriften zur Geografie und Geoökologie, Band 11, Karlsruhe.

Hasse, L., Grossklaus, M., Uhlig, K., Timm, P. (1998): A ship rain gauge for use in high wind speeds. – J. Atm. Oceanic Techn. 15, 380–386.

Haszpra, L. (1995): Carbon dioxide concentration measurements at a rural site in Hungary. – Tellus B, 47, 17–22.

Haude, W. (1952): Verdunstungsmenge und Evaporationskraft eines Klimas. – Ber. Deutsch. Wetterd. US-Zone Nr. 42, 225–229.

Hauf, T., Witte, N. (1985): Fallstudie eines nächtlichen Windsystems, – Meteorol. Rundsch. 38, 33-42.

Heimann, D. (1986): Estimation of regional surface layer wind field characteristics using a three-layer mesoscale model. – Beitr. Phys. Atm. 54, 392–501.

Heimann, D. (1992): Three-dimensional modeling of cold fronts interacting with northern Alpine foehn. – Meteor. Atm.Phys. 48, 139–163.

Heinrich, H. (1988): Origin and Consequences of Cyclic Ice Ratting in the Northeast Atlantic Ocean uring the Past 130,000 Years. – Quaternary Research 29, 142–152.

Helbig, A. (1987): Beiträge zur Meteorologie der Stadtatmosphäre. Abhandl. Meteorol. Dienst d. DDR Nr. 137.

Heldt, K. (1984): Räumliche und zeitliche Struktur von Kaltluftabflüssen am Rheintalrand bei Karlsruhe. Dipl.-Arbeit. Inst. f. Meteorol. u. Klimaforsch. d. Univ. Karlsruhe.

Hellmann, G. (1917): Über die Bewegung der Luft in den untersten Schichten der Atmosphäre (2. Mitt.). – Meteorol. Zeitschr. 34, 273–285.

Hendl, M. (1991): Globale Klimaklassifikation. – In: Hupfer, P. (Hrsg.) (1991): Das Klimasystem der Erde. Diagnose und Modellierung, Schwankungen und Wirkungen. Berlin: Akademie-Verlag, 218–266.

Hendl, M. (1997): Allgemeine Klimageographie. – In: Hendl, M., Liedtke, H. (1997): Lehrbuch der Allgemeinen Physischen Geographie. 3. Aufl. Gotha: Justus Perthes, 329–448.

Henninger, S., Kuttler, W. (2004): Mobile measurements of carbon dioxide within the urban canopy layer of Essen, Germany. – In: Proc. 5th Symp. Urban Environm., 23.–26. Aug. 2004, Vancouver, Canada, AMS, pp. J12.3.

Herbert, F. (1987): Data for the basic structure of the atmosphere. Landolt-Börnstein N. Serie. V/4a, 37–139. Berlin: Springer.

Hergert, T., Mosimann, T., Trute, P. (1993): Großmaßstäbige Klima- und immissionsökologische Analyse und Prognose für die Bauleitplanung. – Geosynthesis, H. 5. Hannover.

Hermel, T., (1997): Verfahren und Empfindlichkeitsstudien zur mikroskaligen Strömungsmodellierung. – Mitt. Inst. Geophys. Meteorol. Univ. Köln 116.

Herterich, K. (2002): Variabilität der Erdbahnparameter und Klimaänderungen. – Promet 28, H. 3-4, 117–122. Offenbach/M.: DWD.

Hess, P., Brezowsky, H. (1977): Katalog der Großwetterlagen Europas. – Ber. Deutsch. Wetterd. Nr. 113. Offenbach/M.: DWD.

Hoinka, K.-P. (1990): Untersuchung der alpinen Gebirgsüberströmung bei Südföhn. Deutsche Forschungsanstalt für Luft- u. Raumfahrt DLR-FB 90-30, Oberpfaffenhofen.

Hoinka, K.-P. (1992): Gebirgsüberströmung, Leewellen und Impulsfluß. – Promet 1, H. 1–26. Offenbach/M.: DWD.

Höppe, P. (1984): Die Energiebilanz des Menschen. – Wiss. Mitt. Meteorol. Inst. Univ. München 49.

Höppe, P., Mayer, H. (1987): Planungsrelevante Bewertung der thermischen Komponente des Stadtklimas. – Landschaft u. Stadt 19, 22–30.

Höppe, P., v. Mackensen, S. Nowack, D., Piel, E. (2002): Prävalenz von Wetterfühligkeit in Deutschland. – Deutsch. Med. Wochenschr. 127, 15–20.

Horbert, M. (2000): Klimatologische Aspekte der Stadt- und Landschaftsplanung. – Schriftenr. Fb Umwelt und Gesellschaft, TU Berlin 113.

Hörmann, G., Chmielewski, F.-M. (2001): Chapter 3.32: Consequences for agriculture and forestry. – In: Lozán, J. L., Hupfer, P, Graßl, H. (Hrsg.): The climate of the 21. century. Wiss. Auswertungen, Hamburg, 322–330.

Höschele, K., Schmidt, H. (1974): Klimatische Wirkungen einer Dachbegrünung. – Garten und Landschaft 6, 334–337.

Howard, L. (1833): Climate of London deduced from meteorological observations. Third Ed. in 3 Volums. London.

Hoyningen-Huene v., J. (1980): Mikrometeorologische Untersuchungen zur Evapotranspiration von bewässerten Pflanzenbeständen. – Ber. Inst. Meteorol. Klimatol. Univ. Hannover 19.

Hupfer, P. (1989): Klima im mesoräumigen Bereich. – Abh. Meteor. Dienst d. DDR Nr. 141, 181–192.

Hupfer, P. (1996b): Unsere Umwelt: Das Klima. Stuttgart, Leipzig: Teubner.

Hupfer, P., Harff, J., Sterr, H., Stigge, H.-J. (2003): Die Wasserstände an der Ostseeküste. Entwicklung – Sturmfluten – Klimawandel. Sonderheft „Die Küste" Nr. 66, Heide/Holstein.

Hupfer, P., Tinz, B. (2002): Langzeitänderungen im ufernahen Bereich der deutschen Ostseeküste. Klimastatusbericht 2001, Offenbach/M.: DWD, 206–217.

Hupfer, P., Tinz, B. (2006): Verhalltes Warnsignal: Die Erwärmung des Nordpolargebietes während der ersten Hälfte des 20. Jahrhunderts. In: Lozán, J. L. et al. (Hrsg.) (2006).

Ichinose, T., Shimodozono, K., Hanaki, K. (1999): Impact of anthropogenic heat on urban climate in Tokyo. – Atm. Environ. 33, 3897–3909.

Isemer, H.-J., Hasse, L. (1985/87): The Bunker Climate Atlas of the North Atlantic Ocean. Vol. 1 und 2. Berlin: Springer.

Jacobeit, J., Dünkeloh, A. (2003): Zirkulationsdynamik mediterraner Niederschlagsschwankungen – kanonische Korrelationsanalyse für das Winterhalbjahr seit Mitte des 20. Jahrhunderts. – In: Chmielewski, F.-M., Foken, Th. (Hrsg.): Beiträge zur Klima- und Meeresforschung. Berlin, Bayreuth, 39–49.

Jacobeit, J., Jones, P., Davies, T., Beck, Ch. (2001): Circulation Changes in Europe Since the 1780s. – In: Jones, P. D. et al. (Hrsg.): History and Climate: Memories of the Future? Dordrecht, Boston, London. Kluwer Academic Publishers, 79–99.

Jaeger, L. (1976): Monatskarten des Niederschlags für die ganze Erde. – Ber. Deutsch. Wetterd. Nr. 139, Offenbach /M.: DWD.

Jaenicke, R. (1987): Aerosol Physics and Chemistry. Landolt-Börnstein, N. Serie V/4b. Berlin: Springer, 391–456.

Jäger, H. (1994): Anthropogenic Source of Observed Change in Stratospheric Background Aerosol? – Proceedings of an Internat. Scientif. Colloquium on Impact of Emissions from Aircraft and Spacecraft upon Atmosphere, Köln, April, 18–20.

Jäger, H., Freudenthaler, V., Homburg, F. (1994): Stratospheric Aerosols and Pinatubo Eruption Clouds. – 17th International Laser Radar Conference, Abstracts of Papers, Sendai, Japan, 371–374.

Jäger, K.-D. (2002): Oscillations of the water balance during the holocene in interior Central Europe – features, dating and consequences. Quarternary International 91, 33–37.

Jendritzky, G. (1998): Einwirkungen von Klimaänderungen auf die Gesundheit des Menschen in Mitteleuropa. – In: Deutscher Wetterdienst (Hrsg.): Klimastatusbericht 1998, Offenbach/M.

Jendritzky, G., Scheid, G., Grätz, A. (2002): Das Bioklima der Bundesrepublik Deutschland. Bioklimakarte mit Informationsbroschüre. 3. Aufl. Gütersloh: Flöttmann.

Jendritzky, G., Menz, G., Schirmer, H., Schmidt-Kessen, W. (1990): Methodik der räumlichen Bewertung der thermischen Komponente im Bioklima des Menschen (Fortgeschriebenes Klima-Michel-Modell). – Beitr. d. Akad. f. Raumforschung u. Landesplanung 114, 7–69.

Jendritzky, G., Sönning, W., Swantes, H. J. (1979): Ein objektives Bewertungsverfahren zur Beschreibung des thermischen Milieus in der Stadt- und Landschaftsplanung („Klima-Michel-Modell"). – Beitr. Akad. f. Raumforschung u. Landesplanung 28, 85 S.

Jendritzky, G., Stahl, T., Cordes, H. (1978): Der Einfluss des Wetters auf das Verkehrsunfallgeschehen. – Zeitschr. f. Verkehrssicherheit 24, 119–127.

Jeske, H. (1987): Meteorological optics and radiometeorology. Landolt-Börnstein N. Serie. V/4b, 187–348. Berlin: Springer.

Jones, P. D., New, M., Parker, D. E., Martin, S., Rigor, I. G. (1999): Surface Air Temperature and Changes Over the Past 100 Years. – Rev. Geophys. 37, 173–199.

Jones, P. D., Parker, T. E., Osborn, T. J., Briffa, K. R. (2003): Global and hemispheric temperature anomalies – land and marine instrumental records. – In: http://cdiac.esd.oml.gov/trends/temp/jonescru/jones.html.

Joussaume, S., Taylor, K., Harrison, S. (1999): Monsoon changes for 6000 years ago: results of 18 simulations from the paleoclimate modeling intercomparison project (PMIP). – Geophys. Res. Letters 1, 17–25.

Jouzel J., Lois, C., Johnson, S. J., Grootes, P. (1994): Climate instabilities. Greenland and Antarctic records. – C. R. Acad. Sci. Ser. II 319, 65–77.

Kalkstein, L. S., Maunder, W. J., Jendritzky, G. (1996): Climate and Human Health. 2. Aufl. WMO-Nr. 843. Geneva: WMO.

Kapitza, H., Eppel, D. (1992): The non-hydrostatic mesoscale model GESIMA. Part I: equations and tests. – Beitr. Phys. Atm. 65, 129–146.

Kaßner, C. (1910): Die meteorologischen Grundlagen des Städtebaus. – Städtebauliche Vorträge 3 (6).

Keeling, C. D., Whorf, T. R. (2002): Atmospheric Carbon Dioxide record from Mauna Loa, 1958–2002. http://cdiac.esd.oml.gov/ftp/maunaloaco2/maunaloa.co2.

Kerschgens, M. J. (1999): Grundlagen der Modellierung des Stadtklimas und der Schadstoffausbreitung. – In: Helbig, A., Baumüller, J., Kerschgens, M. J. (Hrsg.) (1999): Stadtklima und Luftreinhaltung. Berlin: Springer, 332–353.

Kiehl, J. T., Trenberth, K. E. (1997): Earth's Annual Global Mean Energy Budget. – Bull. Am. Met. Soc. 78, 197–208.

Kiese, O. (1972): Bestandsmeteorologische Untersuchungen zur Bestimmung des Wärmehaushalts eines Buchenwaldes. – Ber. Inst. Meteorol. Klimatol. TU Hannover 6.

Kiese, O. (1996): Luftaustauschprozesse im Ruhrgebiet. Ein Beitrag zur Klimatologie einer Region. – In: Holtmeier, F. K. (Hrsg.): Beitr. aus den Arbeitsgeb. Inst. Landschaftsökol. Univ. Münster, Band 1. Münster. 47–74.

King, E. (1973): Untersuchungen über kleinräumige Änderungen des Kaltluftflusses und der Frostgefährdung durch Straßenbauten. – Ber. Deutsch. Wetterd. Nr. 130. Offenbach/M.: DWD.

Klein, V. Werner, C. (1993): Fernmessung von Luftverunreinigungen mit Lasern und anderen spektroskopischen Verfahren. Berlin: Springer.

Kley, D., Volz-Thomas, A. (1990): Die Belastung der Umwelt durch troposphärisches Ozon. – Jahresbericht Forschungszentrum Jülich, 25–35.

Knoch, K., Schulze, A. (1952): Methoden der Klimaklassifikation. – Petermanns Geogr. Mitt., Erg.-Heft Nr. 249.

Koch, E., Scheifinger, H. (2002): Phänologie Österreichs. – In: Klimahandbuch der Österreichischen Bodenschätzung, Klimatographie Teil 2. Innsbruck: Universitätsverlag Wagner.

Kortüm, F. (1966): Beiträge zur Klimatologie des Wärmehaushaltes der Erdoberfläche im norddeutschen Flachland. Habil.-Schrift. Berlin: Humboldt-Universität zu Berlin.

Kost, W.-J. (1982): Experimentelle Untersuchungen zur Ausbreitung von Luftbeimengungen in einem Talsystem. Diplomarbeit, Inst. f. Meteorol. Univ. Karlsruhe.

Kraus, H. (1987): Specific Surfaces Climates. Landolt-Börnstein N. Serie V/4b/1. Berlin: Springer, 29–92.

Krzysch, G. (1984): Strahlungs- und Energieumsatz landwirtschaftlicher Nutzpflanzenbestände. – In: Krzysch, G., Hünicken, C., Köhn, W. (Hrsg.) (1984): Agrarmeteorologische Datenerfassungsstation zur Untersuchung des Einflusses der Witterungsfaktoren auf Entwicklung, Wachstum und Ertragsbildung landwirtschaftlicher Nutzpflanzen., Schriftreihe FB Internat. Agrarentwicklung, Nr. IV/44, TU-Berlin 1984, 98–102.

Kuhn, M. (1989): Föhnstudien. Darmstadt: Wiss. Buchgesell.

Kurz, M. (1990): Synoptische Meteorologie. 2. Aufl. Leitfäden für die Ausbildung im DWD. Nr. 8. Offenbach/M.: DWD.

Kuttler, W. (1986): Raum-zeitliche Analyse atmosphärischer Spurenstoffeinträge in Mitteleuropa. – Bochumer Geogr. Arb. 47.

Kuttler, W. (1988): Spatial and temporal structures of the urban climate – a survey. – In: Grefen, K., Löbel, H. (Hrsg.) (1988): Environmental Meteorology. Dordrecht: Kluwer, 305–333.

Kuttler, W. (1991): Transfermechanism and Depositionrates of Atmospheric Pollutants. – In: Esser, G., Overdieck, D. (Hrsg) (1991): Modern Ecology. Basic and Applied Aspects. Amsterdam: Elsevier, 509–538.

Kuttler, W. (1996): Aspekte der Angewandten Stadtklimatologie. – Geowiss. 6, 221–228.

Kuttler, W. (1997): Städtische Klimamodifikationen. – VDI-Berichte 1330, 97–100.

Kuttler, W. (1998): Veränderungen des Stadtklimas. – In: Lozán, J. L., Graßl, H., Hupfer, P., Sterr, H. (Hrsg.): Warnsignal Klima – Wissenschaftliche Fakten. Geo, Hamburg, 349–354.

Kuttler, W. (1999): Human-biometeorologische Bewertung stadtklimatologischer Erkenntnisse für die Planungspraxis. Wiss. Mitt. Inst. Met. Leipzig 13, 100–115.

Kuttler, W. (2000): Stadtklima (Kap. 4). – In: Guderian, R. (Hrsg.): Handbuch der Umweltveränderungen und Ökotoxikologie. Bd. 1B, Atmosphäre, Springer, 420–470.

Kuttler, W. (2002): Urban Climate and Global Climate Change. – In: Lozán, J. L., Graßl, H., Hupfer, P. (Hrsg.) (2002): Climate of the 21st Century: Changes and Risks. Wiss. Auswertungen, Hamburg, 344–349.

Kuttler, W. (2004): Stadtklima, Teil 1: Grundzüge und Ursachen. – In: UWSF Zeitschr. f. Umweltchemie und Ökotoxikologie 16, 187–199.

Kuttler, W. (2004): Stadtklima, Teil 2: Phänomene und Wirkungen. – In: UWSF Zeitschr. f. Umweltchemie und Ökotoxikologie 16, 263–274.

Kuttler, W., Barlag, A.-B. (2002): Mehr als städtische Wärmeinseln. Essener Unikate – Berichte aus Forschung und Lehre 19, 84–97.

Kuttler, W., Dütemeyer, D. (2003): Umweltmeteorologische Untersuchungsmethoden. – Promet 30, 15–27. Offenbach/M.: DWD.

Kuttler, W., Romberg, E. (1992): On the Occurrence and Effectiveness of Country Breezes by means of Wind Tunnel and in Situ-Measurements. – 9th World Clean Air Congress, Montreal, Canada, 30. Aug. – 4. Sept. 1992, pp. JU-9A.04, 1–12.

Kuttler, W., Schaefers, S. (2000): On the detection of intra-urban global radiation differences by mobile measurements. Third Symposium on the Urban Environment, 18.–20. Aug. 2000, Davis, AMS, 147–148.

Kuttler, W., Zmarsly, E. (2000): Natürlicher und anthropogener Treibhauseffekt – Ursachen und Auswirkungen. – Petermanns Geogr. Mitt. 144, 6–13.

Labitzke, K. Die Stratosphäre – Phänomene, Geschichte, Relevanz. Springer 1999.

Lakatos, L., Gulyas, A. (2003): Connection between phonological phases and urban heat island in Debrecen and Szeged, Hungary. – Acta Climatologica et Chorologica 36–37, 79–83.

Laschewski, G., Jendritzky, G. (2003): Umweltbelastungen und ihre Auswirkungen auf die menschliche Gesundheit. – In: Beyer A., Eis D. (Hrsg.) (2003): Praktische Umweltmedizin, Sektion 09, Komplexe Umwelteinwirkungen Teil 8: Klima. Berlin, Heidelberg, New York: Springer, Folgelieferung 2/2003.

Laube, M., Höller, H. (1988): Cloud physics. Landolt-Börnstein, N. Serie V/4b, 1–109. Berlin: Springer.

Lehmann, A., Kalb, M. (1993): 100 Jahre meteorologische Beobachtungen an der Säkularstation Potsdam 1893–1992. Offenbach/M.: DWD, 3–32.

Lettau, H. H. (1969): Note on the aerodynamic roughness parameter on the basis of roughness element description. – J. Appl. Meteorol. 8, 828–832.

Levitus, S. (1982): Climatological Atlas of the World Ocean. NOAA Professional Paper Nr. 13, Washington D. C.

Lieth, H. (1974): Phenology and Seasonality Modeling. NewYork, Heidelberg, Berlin: Springer.

Lieth, H. (1975): Modeling the Primary Productivity of the World. – In: H. Lieth, Whittacker, R. H. (Hrsg.), Primary Productivity of the Biosphere. Berlin: Springer.

List, R. J. (Hrsg.) (1951): Meteorological Tables. 6th ed. Washington, D. C.: Smithsonian Institute.

Löpmeier, F.-J. (1994): Berechnung der Bodenfeuchte und Verdunstung mittels agrarmeteorologischer Modelle. – Zeitschr. Bewässerungswirtschaft 29, 157–167.

Lorenz, E. N. (1968): Climatic Determinism. – Meteorol. Monogr. 8, 30.

Lowry, W. P. (1977): Empirical estimation of urban effects on climate: a problem analysis. – J. Appl. Meteorol. 16, 129–135.

Lozán, J. L., Graßl, H., Hupfer, P. (2001): Climate of the 21st Century: Changes and Risks. Scientific Facts. Hamburg: Wiss. Auswertungen 2001.

Lozán, J. L., Graßl, H., Hupfer, P., Menzel, L., Schönwiese, C.-D. (Hrsg.) (2004): Warnsignal Klima: Genug Wasser für alle? Wissenschaftliche Auswertungen, Hamburg.

Majewski, D. (1995): Das Deutschlandmodell des DWD. Traben-Trarbach: Deutsche Meteorolog. Ges., Beiheft zu den Mitteilungen.

Malissa, H., Puxbaum, H., Wopenka, B. (1980): Zur chemischen Zusammensetzung von urbanen Niederschlägen. – Fresenius Z. Anal. Chem. 301, 279–286.

Mann, M. E., Bradley, R. S., Hughes, M. K. (1999): Northern hemisphere temperatures during the past millennium: inferences, uncertainties, and limitations. – Geophys. Res. Letters 26, 759–762.

Martens, P., Kovats, R. S., Nijhof, S., de Vries, P., Livermoore, M. T. J., Bradley, D. J., Cox, J., McMichael, A. J. (1999): Climate change and future populations at risk of malaria. – Global Environ. Change 9, 89–107.

Mason, N. J. (1971): The physics of clouds. 2. Aufl. Oxford: Clarendon-Press.

Matzarakis, A. (2001): Die thermische Komponente des Stadtklimas. – Ber. Meteor. Inst. Univ. Freib. 6.

Matzarakis, A., Mayer, H. (1997): Regionalisierung der Physiologischen Äquivalenttemperatur für Griechenland. – Ann. Meteorol. 33, 113–117.

Matzarakis, A., Rutz, F., Mayer, H. (1999): Estimation and calculation of the mean radiant temperature within urban structures. – In: Biometeorology and Urban Climatology at the Turn of the Millennium (ed. by R. J. de Dear, J. D. Kalma, T. R. Oke and A. Auliciems): Selected Papers from the Conference ICB-ICUC '99, Sydney, WCASP-50, WMO/TD No. 1026, 2000, 273–278.

Mayer, H. (1989): Workshop „Ideales Stadtklima" am 26. Okt. 1988 in München. Mitt. Deutsch. Meteorol. Ges. 3/89, 52–54.

Mayer, H., Beckröge, W., Matzarakis, A. (1994): Bestimmung von stadtklimarelevanten Luftleitbahnen. – UVP-Report 1994, H. 5, 265–268.

Mayer, H., Höppe, P. (1984): Die Bedeutung des Waldes für die Erholung aus der Sicht der Humanbioklimatologie. – Forstwiss. Centralbl. 103, 125–131.

Mayer, H., Holst, T., Schindler, D. (2002a): Mikroklima in Buchenbeständen – Teil I: Photosynthetisch aktive Strahlung. – Forstw. Centralbl. 121, 301–321.

Mayer, H., Kalberlah, F., Ahrens, D., Reuter, U. (2002b): Analyse von Indizes zur Bewertung der Luft. – Gefahrstoffe – Reinh. der Luft 62 (4), 177–183.

Mayer, H., Matzarakis, A., Iziomon, M. G. (2003): Spatio-temporal variability of moisture conditions within the Urban Canopy Layer. – Theor. Appl. Climatol. 76, 165–179.

Mayer, H., Noack, E. M. (1980): Einfluß der Schneedecke auf die Strahlungsbilanz im Großraum München. – Meteorol. Rundsch. 33, 65–74.

McMichael, A. J. (1996): Human Population Health. – In: Watson, R. T., Zinyowera, M. C., Moss, R. H. and Dokken, D. J. (Hrsg.): Climate Change 1995. Impacts, Adaptions and Mitigations of Climate Change: Scientific-Technical Analyses, Cambridge, 561–584.

McMichael, A. J., Githeko, A. (2001): Human Health (Chapter 9). – In: McCarthy, J. J., Canziani, O. F., Leary, N. A., Dokken, D. J., White, K. S. (Hrsg.) (2001): Climate Change 2001: Impact, Adaptation, and Vulnerability. Contribution of Working Group II to the Third Assessment Report of the Intergovernmental Panel on Climate Change, Cambridge University Press, Cambridge, United Kingdom and New York, USA, 451–485.

Mearns, L. O., Huhne, M. (2001): Climate Scenario Development. – Houghton, J. T., Ding, Y., Griggs, D. J., Noguer, M., van der Linden, P., Dai, X., Maskell, K., Johnson, C. I. (Hrsg.): Climate Change 2001: The Scientific Basis. Contribution of Working Group I to the Third Assessment Report of the Intergovernmental Panel on Climate Change, Cambridge University Press, Cambridge, United Kingdom and New York, USA, 739–768.

Miess, M. (1982): Umweltökologische Aspekte städtischer Siedlungsräume. – In: Meyer, H. (Hrsg.) (1982): Bäume in der Stadt. Stuttgart: Ulmer, 46–83.

Milankovich, M (1941).: Kanon der Erdbestrahlung und seine Anwendung auf das Eiszeitenproblem. – Königl. Serb. Acad. Spezial. Publ. N 133, 1-633, Beograd.

Mitchell, J. M. (1971): The effect of atmospheric aerosols on climate with special reference temperature near the Earth's surface. – J. Appl. Meteorol. 10, 71–85.

Monteith, J. L. (1965): Evaporation and environment. – Proc. Symp. Soc. Exp. Biol. 19, 205–234.

Monteith, J. L. (1978): Grundzüge der Umweltphysik. Darmstadt: Steinkopff.

Moreno-Garcia, M. C (1994): Intensity and form of the urban heat island in Barcelona. – Int. J. Climatol. 14, 705–710.

Morgen, A. (1957): Die Besonnung und ihre Verminderung durch Horizontbegrenzung. – Veröff. Meteor. Hydrol. Dienst DDR 12.

Müller, M. J. (1996): Handbuch ausgewählter Klimastationen der Erde. 5. Aufl. Trier: Forschungsstelle Bodenerosion der Universität Trier Mertesdorf (Ruwertal).

Naujokat, B., Marquardt, C. (1992).: Die annähernd zweijährige Schwingung (QBO). – Promet, H. 2–4, 62–68. Offenbach/M.: DWD.

Nicholls, N., Gruza, G. V., Jouzel, J., Karl, T. R., Ogallo, L. A., Parker, D. E. (1996): Observed Climate Variability and Change. – In: Houghton, J. T., Meiro Filho, L. G., Callandar, B. A., Harris, N., Kattenberg, A., Maskell, K. (1996): Climate Change 1995 – The Science of Climate Change. Contribution of WG I to the Second Assessment Report of the IPCC. Cambridge: University Press, 132–192.

Nkemdirim, L. C. (1980): A test of a laps rate/wind speed model for estimating heat island magnitude in an urban air shed. – J. Appl. Meteorol. 19, 748–756.

Nübler, W. (1979): Konfiguration und Genese der Wärmeinsel der Stadt Freiburg. – Freiburger Geogr. H. 16.

Oke, T. R. (1973): City size and the urban heat island. Atmospheric Environment 7, 769–779.

Oke, T. R. (1976): The distinction between canopy and boundary layer urban heat islands. – Atmosphere 14, 268–277.

Oke, T. R. (1981): Canyon geometry and the nocturnal urban heat island: comparison of scale model and field observations. – J. Climatol. 11, 237–254.

Oke, T. R. (1982): The energetic basis of the irban heat island. – Quart. J. R. Met. Soc. 108, 1–24.

Oke, T. R. (1984): Methods in urban climatology. Appl. Climatology. – Züricher Geogr. Schriften 14, 19–29.

Oke, T. R. (1994): Global Change and Urban Climates. – In: Proceedings 13th International Congress on Biometeorology, 12.–13.09.1993, Calgary, Canada, 1994, 123–134.

Oke, T. R. (1997): Urban Environments. – In: Bailey, W. G., Oke, T. R., Rouse, W. R. (Hrsg.): The surfaces climates of Canada. Montreal, Kingston, London, Buffalo: McGill-Queen's University Press, 303–327.

Oke, T. R., East, C. (1971): The urban boundary layer in Montreal. – Bound. Layer. Meteorol. 1, 411–437.

Orlanski, I. (1975): A rational subdivision of scales for atmospheric processes. – Bull. Am. Meteorol. Soc. 56, 527–530.

Park, H.-S. (1986): Features of the urban heat island in Seoul and its surrounding cities. – Atm. Environ. 20, 1559–1866.

Park, H.-S. (1987): Variations in the urban heat island intensity affected by geographical environments. – Environ. Research Center Papers 11, 1987, University of Tsukuba, Japan.

Peixoto, J. P., Oort, A. H. (1992): Physics of Climate. New York: American Institute of Physics.

Penman, H. L. (1948): Natural evaporation from open water, bare soil, and grass. – Proc. Roy. Soc. London, A198, 120–146.

Penman, H. L. (1956): Estimation evaporation. – Trans. Amer. Geophys. Union 17, 43–50.

Peters, L. K. et al. (1995): The current state future direction of Eularian models in simulating the troposheric chemistry and transport of trace species. A review. – Atmos. Environm. 29, 189–222.

Pichler, H. (1982): Regionale und mesoskalige Prozesse im Alpenbereich. – Ann. Meteorol. 19, 85–91.

Prinn, R. G., Weiss, R. E., Fraser, P. J. (2000): A history of chemically and radiatively important gases in air deduced from ALE/GAGE/AGAGE. – J. Geophys. Res. 105,17751–17792.

Rahmstorf, S. (2002): Ocean circulation and climate during the last 120000 years. – Nature 419, 207–214.

Rapp, J. (2000): Konzeption, Problematik und Ergebnisse klimatologischer Trendanalysen für Europa und Deutschland. – Ber. Deutsch. Wetterd. Nr. 212, Offenbach/M.

Rapp, J., Schönwiese, C.-D. (1995): Atlas der Niederschlags- und Temperaturtrends in Deutschland 1891–1990. Frankfurter Geowiss. Arbeiten, Ser. B, Meteorologie und Geophysik, Bd. 5, Frankfurt am Main.

Raschke, E. (Hrsg.) (1992): Contributions to the Global Energy and Water Cycle Experiment (GEWEX). Geesthacht: GKSS.

Raschke, E., Quante, M. (2002): Wolken und Klima. – Promet 28, H. 3-4, 95–107. Offenbach/M.: DWD.

Reilly, J. M., Schimmelpfennig, D. (1999): Agricultural impact assessment, vulnerability, and the scope for adaptation. – Climatic Change 43, 745–788.

Renger, M. (1998): Bodenwasser- und Grundwasserhaushalt. – In: H. Sukopp, R. Wittig (Hrsg.): Stadtökologie. 2. Aufl. Stuttgart: Fischer.

Rogers, R. R., Yau, M. K. (1989): A Short Course in Cloud Physics. Oxford: Pergamon Press.

Rosenfeld, D. (2000): Suppression of Rain and Snow by Urban and Industrial Air Pollution. – Science 287, 1793–1796.

Rosenkranz, F. (1951): Grundzüge der Phänologie mit besonderer Berücksichtigung von Österreich. Wien: G. Fromme.

Rötzer, T., Chmielewski, F.-M. (2001): Phenological maps of Europe. – Climatic Research 18, 249–257.

Rudloff, v., W. (1981b): Weltklimate. Eine Weiterentwicklung der Köppenschen Klimaklassifikation. – Naturwiss. Rundsch. 34, 443–450.

Sachweh, M., Köpke, P. (1995): Radiation fog and urban climate. – Geophys. Res. Letters 22, 1073–1075.

Sailor, D. J., Lu, L., Fan, H. (2003): Estimating urban anthropogenic heating profiles and their implications for heat island developments. – In: 5th Internat. Conf. Urban Climate, Lodz, Poland, 1.–5. Sept. 2003, Book of Abstracts, 132.

Saito, I., Ishihara, C., Katayama, T. (1990/1991).: Study of the effect of green areas on the thermal environment in an urban area. – Energy and Buildings 15/16, 493–498.

Schädler, G., Lohmeyer, A. (1994): Simulation of nocturnal drainage flows on personal computers. – Meteorol. Zeitschr. N. F. 3, 167–171.

Schamp, H. (1964): Die Winde der Erde und ihre Namen. Regelmäßige, periodische und lokale Winde als Klimaelemente. Wiesbaden: F. Steiner.

Scharlau K. (1950): Einführung eines Schwülemaßstabes und Abgrenzung von Schwülezonen durch Isohygrothermen. – Erdkunde 4, 188–201.

Scherhag, R. (1969): Klimatologische Karten der Nordhemisphäre. – Abh. Inst. f. Meteor. u. Geophys. 100. FU Berlin.

Scherhag, R. (1970): Die gegenwärtige Abkühlung der Arktis. Berliner Wetterkarte (Freie Universität Berlin) Nr. 31/70 und 105/70, Berlin.

Schlünzen, K. H. (1994): Mesoscale modeling in complex terrain – an overview on the german non-hydrostatic models. – Beitr. Phys. Atm. 67, 243–253.

Schlünzen, K. H. (2002): Simulation of transport and chemical transformations in the atmospheric boundary layer – review of the past 20 years developments in science and practice. – Meteorol. Zeitschr., 303–313.

Schminder, R. (1995): Die Entwicklung des Arbeitsgebietes Physik der Hochatmosphäre am Geophysikalischen Observatorium Collm. – In: Meteorol. Arbeiten aus Leipzig I. Wiss. Mitt. Inst. f. Meteor. d. Univ. Leipzig 1,1–21.

Schönwiese, C.-D. (2002): Beobachtete Klimatrends im Industriezeitalter. Ein Überblick global/Europa/Deutschland. – Ber. Inst. Meteor. u. Geophysik d. Univ. Frankfurt/M. 106, Frankfurt/M.

Schönwiese, C.-D. (2003b): Jahreszeitliche Struktur beobachteter Temperatur- und Niederschlagstrends in Deutschland. – In: Chmielewski, F.-M., Foken, Th. (Hrsg.): Beiträge zur Klima- und Meeresforschung. Berlin, Bayreuth, 59–68.

Schönwiese, C.-D., Denhard, M., Grieser, J., Walter, A. (1997): Assessments of the global anthropogenic greenhouse and sulphate signal using different types of simplified climate models. – Theor. Appl. Climatol. 57, 119–124.

Schönwiese, C.-D., Rapp, J., Fuchs, T., Denhard, M. (1993/1997): Klimatrend-Atlas Europa 1891–1990. – Ber. d. Zentrums für Umweltforschung 20. Frankfurt/M.: (Auch: Climate Trend Atlas of Europe. Dordrecht: Kluwer Academic Publishers 1997).

Schreiber, D. (1957): Physische Geographie von Deutschland III (Klima). Lehrbrief für das Fernstudium der Oberstufenlehrer. Berlin.

Schrödter, H. (1985): Verdunstung. Anwendungsorientierte Messverfahren und Bestimmungsmethoden. Berlin: Springer.

Schubert, S. (1994): A weather generator based on the European 'Grosswetterlagen'. – Climat. Research. 4, 191–202.

Schubert, S., Hupfer, P. (1992): Allgemeine Zirkulation und Klimaschwankungen im mitteleuropäischen Raum. – Wiss. Z. Humboldt-Univ. Berlin, R. Mathem./Naturwiss. 41, 5–16.

Schütz, M. (1996): Anthropogene Starkregenmodifikationen im komplex-urbanen Raum am Beispiel des Ruhrgebietes. Dissertation. FB 9, Essen: Universität/GHS.

Schumann, U., Hauf, T., Höller, H., Schmidt, H., Volkert, H. (1987): A mesoscle model for the estimation of turbulencem clouds and flow over mountains; formulation and validation examples. Beitr. Phys. Atm. 60, 413–446.

Seemann, J., Chirkov, Y. I., Lomas, J., Primault, B. (1979): Agrometeorology. New York, Heidelberg, Berlin: Springer.

Seuffert, O. (1993): Die Eiszeit lebt! – Lebt die Eiszeit? – Petermanns Geogr. Mitt. 137, 153–167.

Shepherd, J. M. (2005): A Review of Current Investigations of Urban-Induced Rainfall and Recommendations for the Future. Earth Interactions, Vol. 9, Paper No. 12, 1–27.

Shepherd, J. M., Pierce, H., Negri, A. J. (2002): Rainfall modification by major urban areas: Observations from spaceborn rain radar on the TRMM satellite. – J. Appl. Meteorol. 41, 689–701.

Sievers, U., Zdunkowski, W. G. (1986): A microscale urban climate model. – Beitr. Phys. Atm., 59, 4986, 13–40.

Siple, P. A., Passel, C. F. (1945): Measurement of dry atmospheric cooling in subfreezing temperatures. – Proc. Am. Phil. Soc. 89, 177–199.

Smith, L. P. (1975): Methods in Agricultural Meteorology. Amsterdam: Elsevier.

Sonntag, D. (1964): Ein Pyranometer bzw. Effektivpyranometer mit galvanisch erzeugter Thermosäule. – Zeitschr. Meteorol. 17, 49–56.

Sonntag, D. (1990): Important new values of the physical constant of 1986, vapour pressure formulations based on the ITC-90 and psychrometer formulae. – Zeitschr. Meteorol. 40, 340–344.

Sonntag, D. (1994): Advancements in the field of hygrometry. – Meteorol. Zeitschr. N. F. 3, 51–66.

Speth, P., Madden, R. A. (1987): The observed general circulation of the atmosphere. – In: Landolt-Börnstein, N. Serie V/4a. Berlin: Springer, 140–453.

SRES (2000): IPCC Special Report on Emission Scenarios. Cambridge: Cambridge University Press.

Staiger, H., Bucher, K., Jendritzky, G. (1997): Gefühlte Temperatur. Die physiologisch gerechte Bewertung von Wärmebelastung und Kältestress beim Aufenthalt im Freien in der Maßzahl Grad Celsius. – Ann. Meteorol. 33, 100–107.

Staiger, H., Schubert, U., Vogel, G. (1997): Solarer UV-Index. Definition, Einflussgrößen, Verteilung, Vorhersage im Deutschen Wetterdienst und strahlenhygienische Ziele. – Ann. Meteorol. 33, 126–132.

Steinecke, K. (1999): Urban climatological studies in the Reykjavik subarctic environment, Iceland. – Atm. Environ. 33, 4157–4162.

Steinrücke, J. (1998): Die Bedeutung der Allgemeinen Zirkulation der Atmosphäre und Ozeane für das Klima. – In: Lozán, J. L., Graßl, H., Hupfer, P. (1998): Warnsignal Klima. Hamburg: Wiss. Auswertungen.

Steinrücke, J. (1999): Changes in the Northern-Hemisphere Zonal Circulation in the Atlantic-European Sector since 1881 and their Relationship to Precipitation Frequencies in the Mediterranean and Central Europe. – Bochumer Geogr. Arb. 65.

Stülpnagel, A. v. (1987): Klimatische Veränderungen in Ballungsgebieten unter besonderer Berücksichtigung der Ausgleichswirkung von Grünflächen, dargestellt am Beispiel von Berlin (West). Dissertation. Berlin: Technische Universität.

Stüve, G. (1927): Potentielle und pseudopotentielle Temperatur. – Beitr. Phys. Atm. 13.

Summers, P. W. (1964): An urban ventilation model applied to Montreal. PhD. Thesis McGill Univ. Montreal.

Sundborg, A. (1950): Local climatological studies of the temperature conditions in an urban area. – Tellus 2, 222–232.

Taha, H. (1996): Modelling impacts of increased urban vegetation on ozone air quality in the South Coast Air Basin. – Atm. Environ. 30, 3423–3430.

TA Luft (2002): Erste Allgemeine Verwaltungsvorschrift zum Bundesimmissionsschutzgesetz (Technische Anleitung zur Reinhaltung der Luft – TA Luft vom 24. Juli 2002, GMBl. 2002, H. 25–29, 511–605.

Tapper, N. J. (1990): Urban influences on boundary layer temperature und humidity: results from Christchurch, New Zealand. – Atm. Environ. 24 B, 19–27.

Theurer, W. (1993): Ausbreitung bodennaher Emissionen in komplexen Bebauungen. – Mitt. Inst. Hydr. Wasserwirt. Univ. Karlsruhe 45.

Tinz, B. (1996): On the Relation Between Annual Maximum Extent of Ice Cover in the Baltic Sea and Sea Level pressure as Well as Air Temperature Field. – Geophysica 32, 319–341.

Tinz, B. (2000): Der thermische Impakt von Klimaschwankungen im Bereich der deutschen Ostseeküste. Dissertation am FB Geowissenschaften der Freien Universität Berlin. Aachen: Shaker-Verlag.

Tinz, B. (2003): Die Nordatlantische Oszillation und ihr Einfluss auf die europäischen Lufttemperaturen. Klimastatusbericht 2002. Offenbach/M: DWD.

Trenberth, K. E. (2002): Earth System Processes. – In: M. C. McCracken, J. S. Perry (eds): Encyclopedia of Global Environmental Change. Chichester: J. Wiley & Sons Ltd., 13–30.

Trenberth, K. E. (Hrsg.) (1992): Climate System Modelling. Cambridge: Cambridge University Press.

Trenberth, K. E., Caron, J. M., Stepaniak, D. P. (2001): The atmospheric energy budget and implications for surface fluxes and ocean heat transports. – Climate Dynamics 17, 259–276.

Trenberth. K. E., Solomon, A. (1994).: The global heat balance: heat transports in the atmosphere and ocean. – Climate Dynamics 10, 107–134.

UBA (2002): Umweltdaten Deutschland. Umweltbundesamt, Berlin.

UBA (2003): Hintergrundinformation Sommersmog. Umweltbundesamt, Berlin.

Ulbrich U., Christoph, M. (1999): A shift of the NAO and increasing storm track activity over Europe due to anthropogenic greenhouse gas forcing. – Climate Dynamics 15, 551–559.

Untersteiner, N. (1994): The cryosphere. – In: Houghton, J. T. (Hrsg.), The global climate. Cambridge: Cambridge University Press, 121–140.

VDI (Hrsg.) (1988): Stadtklima und Luftreinhaltung. Ein wiss. Handbuch für die Praxis in der Umweltplanung. Berlin: Springer.

VDI (1997): Richtlinie 3787, Bl. 1: Umweltmeteorologie – Klima- und Lufthygiene für Städte und Regionen. Berlin: Beuth Verlag.

VDI (1998): Richtlinie 3787, Bl. 2: Umweltmeteorologie. Methoden zur human-biometeorologischen Bewertung von Klima und Lufthygiene für die Stadt- und Regionalplanung. Teil I. Klima. Berlin: Beuth Verlag.

VDI (2002): Richtlinie 3787, Bl. 9: Umweltmeteorologie. Berücksichtigung von Klima und Lufthygiene in räumlichen Planungen. Gründruck. Berlin: Beuth Verlag.

VDI (2003): Richtlinie 3787, Bl. 5: Umweltmeteorologie – Lokale Kaltluft. Berlin: Beuth Verlag.

Vogt, J. (1990): Thermisch bedingte lokale Windsysteme im Stadtgebiet von Luzern und ihre Beeinflussung durch städtebauliche Maßnahmen. Luzerner Stadtökologische Studien, 116, 127–168. Luzern.

Vogt, J. (1997): Lokale Kaltluft und ihre Relevanz für die räumliche Planung. Habil.-Schrift Tübingen.

Volland, H. (1987): Atmospheric electricity. Landolt-Börnstein N. Serie V/4b, 349–391. Berlin: Springer.

Wagner, D. (1994): Wirkung regionaler Klimaänderungen in urbanen Ballungsräumen. – Meteorol. Inst. Humboldt-Univ. Berlin 7, 1–14.

Wanner, H. (1986): Die Grundstrukturen der städtischen Klimamodifikationen und deren Bedeutung für die Raumplanung. – Jahrb. Geogr. Ges. Bern 55, 67–84.

Washington, W. M., Meehl, G. A. (1989): Climate sensitivity due to increased CO_2: experiments with a coupled atmosphere and ocean general circulation model. – Climate Dynamics 4, 1–38.

Watson, R. T., Zinyowera, M. C., Moss, R. H. (1996): Climate Change 1995 – Impacts, Adaptations and Mitigation of Climate Change: Scientific-Technical Analyses. Contribution of WG II to the Second Assessment Report of IPCC. Cambridge: University Press.

Weber S. (2004): Energiebilanz und Kaltluftdynamik einer urbanen Luftleitbahn. Essener Ökologische Schriften 21. Hohenwarsleben: Westarp Wissenschaften.

Wendling, U., Schellin, H.-G., Thoma, M. (1991): Bereitstellung von täglichen Informationen zum Wasserhaushalt des Bodens für die Zwecke der agrarmeteorologischen Betreuung. – Zeitschr. Meteorol. 41, 468–475.

Werner, P. C, Gerstengarbe, F.-W., Fraedrich, K., Osterle, H. (2000): Climate Change in the Northatlantic/European Sector. – Int. J. Climatol. 20, 463–471.

Wessolek, G. (2001): Bodenüberformung und -versiegelung. Handbuch der Bodenkunde, 11. Erg. Lfg. 04/01, 1–29.

Wessolek, G., Renger, M. (1998): Bodenwasser- und Grundwasserhaushalt. – In: Sukopp, H., Wittig, R. (Hrsg) Stadtökologie, 2. Aufl. Stuttgart, Jena: Gustav Fischer, 186–200.

WHO (2001): AMIS – Air Quality and Health-Air Management Information System 3.0. Geneva: WMO.

Wienert, U. (2002): Untersuchungen zur Breiten- und Klimazonenabhängigkeit der urbanen Wärmeinsel. – Essener Ökologische Schriften 16.

Wienert, U., Kuttler, W. (2005): The dependence of the urban heat island intensity on latitude – a statistical approach. – Met. Zeitschr., Vol. 14, No. 5, 677–686.

Wiesner, K. P. (1986): Programme zur Erfassung von Landschaftsdaten, eine Bodenerosionsgleichung und ein Modell der Kaltluftentstehung. – Heidelberg Geogr. Arb. 79.

Wilmers, F. (1976): Die Anwendung von Wettertypen bei ökoklimatischen Untersuchungen. – Wetter und Leben, 28, 224–235.

WMO (1988): World Meteorological Organization: Instruments and Observing Methods. WMO/TD Nr. 222. Geneva: WMO.

WMO (1996a): World Meteorological Organization: Guide to Meteorological Instruments and Methods of Observation. 6th edition. WMO Nr. 8. Geneva: WMO.

WMO (1996b): World Meteorological Organization: WMO-Statement on the status of the global climate in 1995. WMO Nr. 838. Geneva: WMO.

WMO (1998): World Meteorological Organization: Global Atmosphere Watch. Report of the WMO – WHO Meeting of Experts on Standardization of UV Indices and their Dissemination to the Public (WMO/TD Nr. 921). Geneva: WMO.

Wrzesinsky, T. (2004): Direkte Messung und Bewertung des nebelgebundenen Eintrags von Wasser und Spurenstoffen in ein montanes Waldökosystem. Diss. Univ. Bayreuth.

Würth, G., Hager, Ch., Kohlmaier, G. (2001): The Carbon Cycle within the Climate System. – In: Lozán, J. L., Graßl, H., Hupfer, P. (2001): Climate of the 21st Century: Changes and Risks. Scientific Facts. Hamburg: Wiss. Auswertungen, 38–44.

Teil 3: Auswahl an Internetadressen

Hinweis: Die Erreichbarkeit der nachfolgend genannten Internetpräsenzen wurde im Februar 2006 geprüft.

Aufgrund der häufigen betreiberseitigen Änderung von Internetadressen kann eine Erreichbarkeit für einen späteren Zeitpunkt nicht garantiert werden. Sollte eine Internetpräsenz nicht erreichbar sein, wird die Suche über die einschlägigen Suchmaschinen empfohlen.

Alfred-Wegener-Institut für Polar- und Meersforschung
http://www.awi-bremerhaven.de/

Deutsche Umweltgesetze
http://www.bmu.de/de/1024/js/sachthemen/gesetzestexte/aktuell_gesetzestexte/

Deutscher Wetterdienst
http://www.dwd.de/

Deutsches Klimarechenzentrum
http://www.dkrz.de/

DLR – Deutsches Zentrum für Luft und Raumfahrt
http://www.dlr.de/

Europäische Umweltagentur
http://reports.eea.eu.int/signals-2001/index_html

European Meteorological Society
http://www.emetsoc.org/

Greenpeace's Climate Countdown
http://archive.greenpeace.org/~climate/climatecountdown/

Humboldt-Universität zu Berlin, Landwirtschaftlich-Gärtnerische Fakultät, Agrarmeteorologie
http://www.agrar.hu-berlin.de/pflanzenbau/agrarmet/

IPCC Intergovernmental Panel on Climate Change)
http://www.ipcc.ch/

Johann Wolfgang Goethe-Universität Frankfurt/Main, Institut für Meteorologie und Geophysik, Klimaforschung
http://www.rz.uni-frankfurt.de/IMGF/meteor/klima/

Karlsruher Wolkenatlas
http://www.wolkenatlas.de/

Landesumweltamt NRW
http://www.lua.nrw.de

Max-Planck-Institut für Meteorologie Hamburg
http://www.mpimet.mpg.de/

NASA Visible Earth – Satellitenbilder
http://visibleearth.nasa.gov/

NASA Earth from Space – Satellitenbilder
http://earth.jsc.nasa.gov/sseop/efs/

Potsdam-Institut für Klimafolgenforschung (PIK)
http://www.pik-potsdam.de/

Säkularstation Potsdam (Klimastation)
http://www.potsdam-klima.de

Umweltbundesamt
http://www.umweltbundesamt.de

UN Abteilung für Nachhaltige Entwicklung
http://www.un.org/esa/sustdev

UN Umweltprogramm (UNEP)
http://www.unep.ch

UN UNEP Klimaänderung
http: //climatechange.unep.net

Universität Duisburg-Essen, Campus Essen, Abt. Angew. Klimatologie und Landschaftsökologie:
http://www.uni-due.de/klimatologie

Universität Karlsruhe, Institut für Meteorologie und Klimatologie
http://www.imk.physik.uni-karlsruhe.de

US Carbon Dioxide Information and Analysis Center (CDIAC)
http://cdiac.esd.oml.gov

US Climate Diagnostics Center
http://www.cpc.ncep.noaa.gov
Bulletin:http://www.cpc.ncep.noaa.gov/products/analysis_monitoring/bulletin/index.html.

US National Center for Atmospheric Research (NCAR)
http://www.ncar.ucar.edu/

Verein Deutscher Ingenieure / VDI-Richtlinien
http://www.vdi.de

Wissenschaftlicher Beirat für Globale Umweltprobleme bei der Bundesregierung /WBGU)
http://www.wbgu.de/

World Meteorological Organization (WMO)
http://www.wmo.ch

Wuppertal-Institut für Klima, Umwelt und Eneregie
http://www.wupperinst.org

Symbolverzeichnis

A	Anfangszustand; Ausstrahlung der Erdoberfläche; Strahlung eines Körpers; Albedo; Arbeit; Fläche
A_A	langwellige Ausstrahlung der Atmosphäre in den Weltraum
A_{eff}	effektive Ausstrahlung
A_F	Ausstrahlungsfläche
ASI	Luftbelastungsindex
B	Wasserspeicherung
Bo	Bowenverhältnis (Bo = Q_H/Q_E)
$\vec{C}$	Coriolisvektor (ablenkende Kraft der Erdrotation)
C	Integrationskonstante; Feuchtezufuhr durch Industrieprozesse und Kühltürme; Wärmeabgabe durch Konvektion, Stoffkonzentration
C_E	Transferkoeffizient für latente Wärme (Dalton-Zahl)
C_H	Transferkoeffizient für fühlbare Wärme (Stanton-Zahl)
DAQ_x	Täglicher Luftqualitätsindex
D_W	Diffusionsleitfähigkeit für Wasserdampf
E	Sättigungsdampfdruck (E_W und $E_{t'}$: über Wasser, E_E: über Eis); Evaporation, Einzugsgebiet
E_D	Wärmediffusion durch die Haut
E_{RE}	feuchter Wärmeverlust durch Atmung
E_{SW}	Hautoberfläche
EW	Einwohnerzahl
ET	Evapotranspiration
ET_p	potenzielle Evapotranspiration
F	Wasserfreisetzung durch Verbrennungsprozesse; Bodenfeuchte
$\vec{F}$	Kraft
$\vec{F}_R$	Reibungskraft
$\vec{F}_z$	Zentrifugalkraft
F_G	Grünflächenanteil
FK	Feldkapazität
F_V	Versiegelungsgrad

G	energetischer Zustand; atmosphärische Gegenstrahlung; Gleichgewichtszustand
G_A	in der Atmosphäre zur Erdoberfläche gerichtete langwellige Strahlung
G_f	Gewicht der feuchten Bodenprobe
GS	Globalstrahlung
G_t	Gewicht der trockenen Bodenprobe
H	Höhe einer Geopotenzialfläche (geopozentielle Höhe); Halbtageslänge in Radian; diffuse Himmelsstrahlung; Bestandshöhe; innere Wärmeproduktion
I	Strahlungsflussdichte; Interzeptionshöhe; Interzeption
I_0	Solarkonstante
I_z	Strahlungsflussdichte im Abstand z vom Kronendach
J	Transpirationsrate einer Pflanze
J_0	Strahlungsflussdichte am Oberrand eines Bestandes
J_{LAI}	Strahlungsflussdichte für bestimmten Blattflächenindex
K	turbulenter Diffusionskoeffizient; Austauschkoeffizient; Konzentrationsverhältnis
K_E	Austauschkoeffizient für latente Wärme
K_H	Austauschkoeffizient für fühlbare Wärme
L	Strahlung der Sonne, trockener Wärmeverlust durch Atmung
LAI	Blattflächenindex
L_{abs}	in der Atmosphäre absorbierte langwellige Strahlung
L_0	Strahlungsflussdichte der Sonne
M	Zenitluftmasse; metabolische Wärmeproduktion
N	Zahl der Fälle; Wolkenbedeckungsgrad
nFK:	nutzbare Feldkapazität
NN	Normalniveau
P	Niederschlagshöhe; phänologische Phase
$\vec{P}$	Druckkraft
PAI	Pflanzenflächenindex
PAR	fotosynthetische aktive Strahlung
PE	potenzielle Evaporation
PET	physiologisch äquivalente Temperatur
PMV	predicted mean vote

Symbolverzeichnis

PS	prozentualer Anteil der Niederschläge im Sommerhalbjahr
PT	potenzielle Transpiration
Q	Strahlungsbilanz einer Fläche; Wärmemenge
Q^*	Strahlungsbilanz
Q_a	anthropogene Wärmeproduktion
Q_A	Strahlungsbilanz der Atmosphäre
Q'_A	Wärmebilanz der Atmosphäre
Q_{abs}	in der Atmosphäre absorbierte Sonnenstrahlung
Q_{ADV}	Advektionswärmestrom
Q_{anthr}	anthropogener Wärmestrom
Q_B	Bodenwärmestrom
Q_{Ci}	Umwandlungsrate von Emissionen
Q_{Di}	Depositionsrate
Q_E	latenter Wärmestrom bzw. bei Kondensation in der Atmosphäre freiwerdende Wärme
Q_{Ei}	Emissionsrate
Q_H	fühlbarer Wärmestrom
Q_{kA}	aus der Atmosphäre in den Weltraum reflektierte und gestreute Strahlung
Q_M	metabolische Wärmeproduktion
Q_{MET}	metabolische Wärmeflussdichte
Q_{ND}	Niederschlagswärmestrom
Q_q	Kondensationswärme
Q_{RE}	latenter Wärmestrom durch Verdunstung bei der Atmung
Q_S	Wärmevorrat
Q_T	latenter Wärmestrom durch Verdunstung von der Hautoberfläche
R	Sonnenfleckenrelativzahl; Regenrate; normierte Tageszeit; Wärmeverlust der Haut
R^2	Bestimmtheitsmaß
R_k	kurzwellige reflektierte Strahlung
R_L	Gaskonstante für trockene Luft
R_O	Abflusshöhe, oberirdisch
R_W	Gaskonstante für Wasserdampf
Re	Reynoldszahl
RV	reduction in error variance (Zuverlässigkeitsmaß)

S	turbulenzbedingter Fluss einer Eigenschaft; direkte Sonnenstrahlung bei Sonnenhöhe h auf eine Fläche; spezifische Entropie
S_0	mittlere Einstrahlung am Außenrand der Atmosphäre
S_z	direkte Sonnenstrahlung bei h = 90° (Zenit)
T	Temperatur in K; Transpirationshöhe; Linkescher Trübungsfaktor; Transpiration
T_L	Lufttemperatur
T_B	bodennahe Temperatur
T_W	Wassertemperatur
U	relative Feuchte, relative Luftfeuchtigkeit; innere Energie
UHI	Wärmeinselintensität
UVI	UV-Index
V	Volumen des Gasgemisches Luft, Luftvolumen; allg. Volumen
V_S	Versickerungshöhe
W	Schmelzwasserhöhe; Wasserzufuhr; Straßenbreite; mechanische Leistung; Windchill-Index
WG(Gew.%)	Bodenfeuchtigkeit in Gewichtsprozent
WG(Vol.%)	Bodenfeuchtigkeit in Volumenprozent
WP	Welkepunkt
Y	Distanz
Z	Zenitdistanzwinkel der Sonne; Radarreflektivität
a	Absorptionsgrad; absolute Feuchte; Temperaturleitfähigkeit; Psychrometerkonstante; Strahlungsreaktion auf Konzentrationsänderung eines Gases
a'	Extinktionskoeffizient
b	Wärmeeindringkoeffizient
$\vec{b}$	Beschleunigungsvektor
c	Lichtgeschwindigkeit; spezifische Wärmekapazität (c_p bei konstantem Druck, c_v bei konstantem Volumen); Stoffkonzentration
c_p	spezifische Wärmekapazität bei konstantem Druck
d	Tag des Julianischen Jahres
d_0	Verdrängungsdicke
d_h	Schichtdicke einer durchstrahlten Luftmasse

Symbolverzeichnis

e	Dampfdruck
f	Coriolisparameter; Anzahl der Sonnenflecken; Haude-Faktor
g	Schwerebeschleunigung; Anzahl der Sonnenflecken
h	Planck-Konstante; Planksches Wirkungsquantum; Höhe; Sonnenhöhe; Höhe einer Schneeprobe; Stationshöhe in Hektometern
h_{KL}	Kaltluftmächtigkeit
h_M	mittlere Hindernishöhe
$\vec{i}; \vec{j}; \vec{k}$	Einheitsvektoren in x-, y- und z-Richtung
k	Reibungskoeffizient; $(c_p - c_v) / c_p = 0{,}286$; Attenuationskoeffizient; Extinktionskoeffizient
kA	kapillarer Aufstieg
l	mittlere Entfernung Erde–Sonne; Verdampfungswärme
l_V	Verdampfungswärme des Wassers
m	Brechungsindex; Masse, Exponent im Potenzgesetz für v_h; Mischungsverhältnis; Prognosefehler; Reibungskonstante
m_l	Molekulargewicht der trockenen Luft
m_W	Molekulargewicht des Wasserdampfes
n	Anzahl
p	Luftdruck, Druck eines Gasgemisches
p_0	Luftdruck am Boden
p_i	Partialdrücke der Einzelgase im Gasgemisch
pt	Perceived Temperature (gefühlte Temperatur)
q	spezifische Feuchte; spezifische Wärmemenge
r	Entfernung eines Punktes vom Erdmittelpunkt; Korrelationskoeffizient; Krümmungsradius; Verdunstungswiderstand (mit Indizes)
r_E	Erdradius
rmse	root mean square error (mittlerer quadratischer Fehler)
s	spezifische Entropie; Länge einer durchstrahlten Luftmasse; Standardabweichung; spezifische Fläche
s_M	mittlere Windangriffsfläche
t'	Feuchttemperatur
t	Zeit; Temperatur in °C; Stundenwinkel
$t_Ä$	Äquivalenttemperatur
u	Windgeschwindigkeit; Zonalkomponente des Windvektors
u, v, w	Betrag des Windgeschwindigkeitsvektors in x-, y-, z-Richtung

$\vec{v}$	dreidimensionaler Geschwindigkeitsvektor (Windvektor)
$\vec{v}_{geo}$	geostrophischer Windvektor
$\vec{v}_h$	horizontaler Windvektor
v_{ln}	logarithmischer Wind
v_R	Reibungswind (geotriptischer Wind)
v_T	Terminalgeschwindigkeit (stationäre Fallgeschwindigkeit)
v_z	Vertikalbewegung (-geschwindigkeit)
w	Vertikalgeschwindigkeit; spezifisches Wasseräquivalent von Schnee
x	Wärmeübergangskoeffizient, Distanz
x,y,z	kartesische Koordinaten
z	Höhe; Tiefe
z_0	Rauigkeitshöhe (-länge, -parameter)
z_{NN}	Meeresniveau
z_W	Gewässertiefe
α	spezifisches Volumen; Reflexionskoeffizient; Konstante in der Magnus-Formel; Wärmeübergangskoeffizient; Azimutwinkel
α_k	kurzwelliger Reflexionskoeffizient; Azimutwinkel
α_p	planetarischer Reflexionskoeffizient
α_{St}	Strahlungsübergangskoeffizient
β	Konstante in der Magnus-Formel; Hangneigung
β_1	Einfallswinkel
β_2	Brechungswinkel
Γ_d	trockenadiabatischer Temperaturänderungsbetrag
Γ_f	feuchtadiabatischer Temperaturänderungsbetrag
γ	Psychrometerkonstante
Δ_A	Nettofeuchteadvektion
Δ_α	Stadt-Umland-Differenz der Vertikalgradienten der potenziellen Temperatur
ΔQ_P	Stoffwechselwärme der Pflanzen
ΔQ_S	Wärmespeicherung im Boden; - in der Bebauung
Δ_R	Nettowasserabfluss
ΔS	Wassergehaltsänderung; Wasserspeicher

Symbolverzeichnis

ΔT_R	Abkühlungsbetrag der Luft durch Strahlung
Δt	Andauer
Δ_Θ	Temperaturdifferenz über die Kaltluftschichtdicke
Δx	horizontale Distanz
δ	Deklination
$\delta/\delta t$	zeitliche (partielle) Ableitung
$\delta E/\delta T$	Steigung der Sättigungsdampfdruckkurve E_t
ε	Emissionsgrad (Emissionsvermögen); relative Dielektriztätskonstante;
ζ	Wärmekapazitätsdichte
Θ	potenzielle Temperatur; Winkel zur Erfassung der Exzentrizität der Erdumlaufbahn
$\Theta_Ä$	potenzielle Äquivalenttemperatur
Θ_{KL}	Temperatur der Kaltluft
κ	v. Kármán-Konstante; Diffusionsleitfähigkeit für Wasser
λ	Wellenlänge; Wärmeleitkoeffizient, Wärmeleitfähigkeit; geografische Länge
μ	dynamische Zähigkeit
ν	Frequenz; kinematische Zähigkeit
ρ	Dichte
ρ_L	Luftdichte; Dichte trockener Luft
ρ_d	Dichte trockener Luft
ρ_S	Dichte des Bodens
ρ_W	Dichte des Wasserdampfes; Dichte des Wassers
σ	Stefan-Boltzmann-Konstante
τ	Optische Dicke; Impuls
τ_0	Windschubspannung an der Meeresoberfläche
Φ	Geopotenzial
ϕ	geografische Breite
ψ	Abflussbeiwert
ω	Winkelgeschwindigkeit der Erdrotation
∇	vektorieller Nabla-Operator (Divergenzoperator $\vec{i}\delta/\delta x + \vec{j}\delta/\delta x + \vec{k}\delta/\delta x$)

Sachregister

Abfluss 465
Abflussbeiwert 375
Abgasausbreitung 449
Abgasfahnen-Modell 450
Abluftfahne 381
Absinkinversion 82
Absorption 45, 249
Absorptionshygrometer 205
Adiabatengleichung 80
adiabatische Temperaturänderung 75
Advektion 145
Aerologie 188
Aeronomie 3
Aerosol 35, 95, 246, 248, 276, 454, 505
- Background- 97
- kontinentales 97
- maritimes 97
Aggregation 104
Agrarmeteorologie 459, 460, 479
Air Stress Index, ASI 506
Aitken-Kerne 95
Al-Aziziyah 8
Albedo 48, 54, 249, 257, 325, 383
Allergen 506
allochthon 66, 350
Alterungsstadium 214
AMDA, automatische meteorologische Station 184
Anemometer 182
Aneroidbarometer 176, 189
Anomalie 285
Antarktis 262
anthropogene Wärmeflussdichte 382
Antizyklogenese 224
antizyklonale Krümmung 120
antizyklonale Strömung 130
antizyklonaler Wirbel 152
Antizyklone 211, 224
Aphel 42
Approximation 295

äquatoriale Tiefdruckrinne 156
ARS, atmospheric related syndrom 509
Aspirationspsychrometer 179
Atmosphäre 1, 247
Atmosphärenkorrektur 191
atmosphärische Grenzschicht 131
atmosphärisches Fenster 46
Atmospheric Related Syndrom, ARS 509
Atmospherics 192
ATSR 192
Aufgleitbewölkung 216
Aufgleitfläche 216
Aufgleitinversion 83
Aufheiterung, postfrontale 217, 218
Auflösungsphase 215
Auftriebsprozess, ozeanischer 255
Auge des Orkans 221
Ausbreitung 449
- Gase 449
- Partikeln 449
Ausbreitungsmodell 449
- Eulersches 451
- Lagrangesches 452
Ausgleichszirkulation 425
Ausstrahlung 57, 173
- effektive 55
Ausstrahlungstyp 318
austauscharme Wetterlage 420
Austauscharmut 410
Austauschkoeffizient 137
autochthon 64, 350
Autooszillation 277
AVHRR, advanced very high resolution radiometer 191
Azorenhoch 210, 225

Background-Aerosol 97
Bahnkurve 452

barisches Windgesetz 129
barokline Instabilität 155
Baroklinität 141
Barometer 175
barometrische Höhenformel 23
Barotropie 141
Beaufortskala 123
Bebauungsdichte 398
Bedeckungsgrad 183, 395
Behaglichkeit, thermische 493
Beleuchtungsmodell 456
Benetzungsdauer 332
Beobachtungsstation 169
Beratung, agrarmeteorologische 478
Berg-/Talwind 357, 359
Bergeron-Findeisen-Prozess 100, 105
Bergwind 359
Bermudatief 210
Beschattungsmodell 456
Bestandsklima 330, 337, 475
Bestrahlungsstärke 174
Bewegungsgleichung 436
Bewertung 369
Bezugsraum 366
Bezugszeitraum 237
Bilanzgleichung 449
Bildungsstadium 213
Biometeorologie 459
Biosphäre 256
Blattflächendichte 328
Blattflächenindex 328, 462
Blauthermik 74
Blitz 109
blocking-action 226
Blütenpollen 506
Bodenbedeckung 319
Bodenfeuchte 179, 466
Bodenfeuchtigkeit 323
Bodeninversion 82
Bodenparameter 256
Bodenrauigkeit 131
Bodenschicht 380
Bodenströmung 212

Bodentemperatur 178, 319, 323, 335, 464
Bodenthermometer 178
Bodenwärmeinsel 391
Bodenwärmestrom 61, 256, 463, 472
- urbaner 382
Bodenwassergehalt 324, 351
Bodenwasserhaushalt 465
Bodenwetterkarte 228
Böenfrontgewitter 107
Böenschreiber 182
Böhmischer Wind 209
Böigkeit 134
Bora 365
Bowen-Ludlam-Prozess 104
Bowen-Verhältnis 63, 386
Brechungsgesetz nach Snellius 51
Briggsche Gleichung 352
Bromradikal 245
Brownsche Koagulation 103
Budykoscher Strahlungs-Trockenheits-Index 271
Bulk-Beziehung 203
Buys-Ballotsches Gesetz 133

Campbell-Stokes, Sonnenscheinautograf 174
CAT, Clear Air Turbulence 136
Ceilometer 183
Chemiemodell 454
Cherrapunji 9, 115
chilling temperature 485
Chinook 365
Chlorradikal 245
Cirrocumulus 95
Cirrostratus 95
Cirrus 94
Clausius-Clapeyronsche Gleichung 90
climate normal 185
CLINO, climate normal 185
Coriolisbeschleunigung 126
Corioliskraft 126
Coriolisparameter 129
critical loads 347
crossing over 393

Cumulonimbus 95
Cumulus 94, 95

Dachbegrünung 426
Daily Air Quality Index, DAQx 508
Dalton-Gesetz 7
Dalton-Minimum 43
Dalton-Zahl 60, 203
Dampfdruck 89
Dansgaard-Oeschger-Zyklus 254
Datenanalyse 231
Datenassimilation 231
Datenquelle 185
Datenreduktion 187
Deformation 121
Dengue 512
Deposition 345, 454
Depositionsmodell 451
Depositionsschwelle 347
Destillation 331
diabatische Temperaturänderung 147
diagnostisches Modell 437
diffuse Himmelsstrahlung 49
Diffusionskoeffizient 137, 203
Diffusionswachstum 99, 100
Diffusiophorese 97
Dilatationsachse 121
Dispersionskern 96
Dissipation 39, 150
Distickstoffoxid 34, 247
Distrometer 181
Divergenz 121
Dobson-Einheit 31
Donner 110
Doppler-Lidar 199
Doppler-Radar 195
Downscaling 304
Drehmoment 150
Druck
- dynamischer 20
- hydrostatischer 19
- Partial- 26
Druckkraft 125
DU, Dobson-Einheit 31
Durchlüftung 435
dynamische Turbulenz 135
dynamischer Druck 20

ECHAM4, 5-Modell 297
Eem-Warmzeit 281
effektive Ausstrahlung 55
Eindringtiefe 46, 319, 413
Eingangsdaten 439
Einstrahlung 40
Einstrahlungstyp 318
Einwohnerzahl 395
Eis 260
Eis-Albedo-Rückkopplung 242
Eiskerntheorie 98
Eiskristall 102
Eisnebel 100
Eispartikel 102
Eisschild 262
Eistag 172
Eiswolken 93, 100
Eiszeit 280
Eiszeitalter 280
Ekman-Schicht 17, 139
Ekman-Spirale 139
El Niño 246, 263
El Niño-Oszillation 263
elektromagnetisches Spektrum 41
Elster-Kaltzeit 281
Emission 247, 454
Emissionsgrad 45
Emissions-Szenarien 299
EN, El Niño-Oszillation 263
Energie 149
- innere 149
- kinetische 149
- potenzielle 149
Energiebilanz 339, 382, 460
- Oberflächen- 319
- Pflanzenbestands- 460
- Volumen- 319
Energiebilanzmodell 295
Energieeffizienzklasse 430
Energieeinsparpotenzial 429
Energiezyklus 150
ENSO, El Niño / Southern-Oscillation 246, 263
Entropie 73
Entwaldung 258
Entwicklung, nachhaltige 312
ENVISAT 192
ERBE, Earth Radiation Budget Experiment 192

Sachregister

Erdachse 42
Erdrotation 11
Ereignistage 172, 400
Erwärmung der Arktis 286
Erwärmungspotenzial 27
Eulersches Ausbreitungs-
  modell 451
Euler-Wind 126, 129
Europa-Modell 232
Evaporation 87, 469, 476
- potenzielle 469
- reale 469
Evaporimeter 471
Evapotranspiration 88,
  257, 469
- potenzielle 470
- reale 473
Exosphäre 19
Extinktion 45
Extinktionskoeffizient 50,
  329
Extremwert 7, 169, 302
Exzentrizität 41

Fallböe 217
Fallgeschwindigkeit 103
Fallstreifen 106
Fangladung 109
Fassadenbegrünung 426
FCKW 34
Feinstaub 505
Feldkapazität 467
Fenster, atmosphärisches
  46
Fernerkundung 191
Fernwirkung 263
Ferrel-Zelle 156
Fesselballon 202
Feuchte
- absolute 89
- relative 89
- spezifische 89
Feuchteinversion 326
Feuchteüberschuss 403
Feuchteverteilung, verti-
  kale 326
Filterwirksamkeit 345
Findeisen-Reifenscheid-
  Wichmann-Theorie 108
FITNAH-Modell 442
Flächenwerte 316
Fließband, ozeanisches
  253
Fluorchlorkohlenwasser-
  stoff, FCKW 34
Fluoreszenz-Lidar 199

Flurwind 357, 412
Föhn 362
Föhnmauer 364
Föhnnase 362
FOOT3D-Modell 442
Forstmeteorologie 459
fotoaktinischer Wirkungs-
  komplex 500
fotochemischer Smog 503
fotochemisches Gleichge-
  wicht 415
Fotodissoziation 26
Fotooxidant 85, 503
Fotosphäre 39
Fotosynthese 26, 330
Fotosynthesegleichung
  330
fotosynthetisch aktive
  Strahlung 329, 461
Fouriertheorem 296
Fresnelsches Spiege-
  lungsgesetz 49
Front
- Kalt- 213, 217
- Monsun- 160
- Okklusions- 218
- Polar- 147
- Subtropen- 147
- Warm- 213, 216
Frontalniederschlag 115
Frontalzone 147, 210
Frontbereich 210
Frontfläche 210
Frontgewitter 107
Frontogenese 210
Frostgraupel 104
Frosttag 172
Frostwechseltag 172
fühlbarer Wärmestrom 58,
  60, 63, 136, 145, 202
Furious fifties 160

Gartenbau 469
Gasausbreitung 449
Gasgleichung, allgemeine
  72
Gas-Partikel-Konversion
  35
Gebirge 256
Gebirgsmoment 151
Gebirgsüberströmung 357
Gefrierkern 98
gefühlte Temperatur 497
Gegenstrahlung 55, 57,
  173
Geländegestalt 347

Geländeklima 315
Geländemessung 200
gemäßigte Luft 208
Geografie 2
Geoid 11
geometrischer Tempera-
  turgradient 74
Geophysik 1
Geopotenzial 20
geopotenzielle Höhe 130
geostrophisch-antitripti-
  scher Wind 133
geostrophischer Wind 129
geostrophisch-zyklo-
  strophischer Wind 131
Geosystem 238
geotriptischer Wind 133,
  138
Gesetz
- barisches Wind- 129
- Buys-Ballotsches 133
- Fresnelsches Spiege-
  lungs- 49
- Jungesches Potenz- 97
- Keplersches 7
- Kirchhoffsches Strah-
  lungs- 44
- Kosinus- 49
- Lambert-Bouguer-
  Beersches 50
- logarithmisches Wind-
  132, 139
- Newtonsches
  Gravitations- 7
- Newtonsches, Zweites
  119
- Plancksches 43
- Potenzansatz- 138
- Snelliussches
  Brechungs- 51
- Stefan-Boltzmann- 44
- Umweltgesetze 367
- Wiensches Verschie-
  bungs- 44
GESIMA-Modell 442
Gewässer 324
- städtische 427
Gewitter 106
Gewittertag 172
Gigantic Jets 110
Gitternetz 451
Glasfassade 429
Gleichgewicht 78
Gleichgewichtswind 130
Gleichung
- Adiabaten- 80
- allgemeine Gas- 72

- Bodenwärmestrom- 463
- Briggsche 352
- Clausius-Clapeyronsche 90
- Defantsche Kaltluftabfluss- 352
- Fotosynthese- 330
- Haudesche Verdunstungsformel 473
- hydrostatische Grund- 21, 75
- Interzeptionsverdunstung 466
- Kaltluftbildungsmodell nach Wiesner 350
- Kontinuitäts- 123
- Luftbelastungsindex 506
- Luftqualitätsindex 508
- Magnus-Formel 90
- Margules-Formel 210
- Navier-Stokes-Bewegungs- 436
- Penman-Monteith-Verdunstungsformel 474
- Penmansche Verdunstungsformel 472
- phänologische Phase 487
- PMV 495
- Poisson 80
- Psychrometerformel 178
- Referenzverdunstung 474
- thermische Wind- 140
- Turcsche Verdunstungsformel 473
- UV-Index 501
- Verdunstungshöhe 466
- Wärmeleitungs- 464
- Wasserbilanz- 465
- Windchill 497

Gleissberg-Zyklus 42, 243, 244
Gletscher 261, 307
Global Change 311
Globaler Wandel 311
Global-Modell 233
Globalstrahlung 49, 54, 57, 173, 334
Gradientkraft 125
Gradientwind 131
Graupel 105
Gravitationsgesetz 7
Gravitationskoagulation 103

Grenzschicht 17
- atmosphärische 131, 146
- laminare 17, 135, 379
Grenzwert 505, 507
Grillpartytag 399
Grönland 262
Größe 169
Großtrombe 222
Großwetterlage 163
Grundgleichung 21
Grundlagenforschung 202
Grundwasserbereich 465
Grundwasserneubildung 403
Grundwasserspeicher 332
grüner Strahl 52
Guttation 331
GWP, Global Warming Potential 27

Haarhygrometer 179
Hadley-Zelle 155
Hagel 104, 105
Halo 51
Handschneepegel 181
Hangwind 360
Hangzone, warme 354
Haudesche Verdunstungsformel 473
Hauptnormalbarometer 176
Hauptquellgebiet 208
Hauttyp 501
heißer Tag 172
Hellmannscher Niederschlagsmesser 180
Hellmannscher Potenzansatz 138
Heterosphäre 18
Himmelssichtfaktor 384, 398
Himmelsstrahlung 49
Hindernisschicht 257
Hitzdrahtanemometer 182
Hitzeperiode 511
Hoch 131
- Azoren- 210, 225
- Kälte- 226
- lokales 357
- Mitteleuropa 166
- Neufundland- 210
- Zwischen- 226
Hochdruckgebiet 156
- subtropisches 156
Hochgebirge 256

Hodograf 139
Höhe, geopotenzielle 130
Höhenhochkeil 213
Höheninversion 82
Höhentief 214
Höhentrog 213
Höhenwetterkarte 228
Höhenwind 190
Holstein-Warmzeit 281
Homogenität 187, 207
Homosphäre 18
Horizontüberhöhung 348
Human-Biometeorologie 365, 459, 491
humanbiometeorologische Wohlfahrtswirkungen 337
Hurrikan 220
Hüttenpsychrometer 178
Hydrologie 2
hydrologischer Zyklus 87
Hydrometeor 98
Hydrometeorologie 88
hydrostatische Grundgleichung 21, 75, 130
hydrostatischer Druck 19
Hygrometer 179
hypsometrischer Temperaturgradient 74

ICAO-Standardatmosphäre 15, 19
idealer Standort 320
ideales Stadtklima 422
Idealzyklone 219
IMEM, Instationäres Münchner Energiebilanz-Modell 499
Immission 417
Impuls 202
Impulsstrom 136
in-cloud-scavenging 97
Index, südlicher Oszillations- 162
indifferent 77
Industrieschneefall 408
Inertialsystem 127
Infiltration 379
Infrarot 41
Inhomogenität 187
Initialphase 213
innere Energie 149
Innertropische Konvergenzzone 114, 158, 255
Instabilität, barokline 155
interner Antrieb 246

Interzeption 331, 343, 465
Interzeptionsverdunstung 466
Interzeptionswasser 343
Inversion 81, 137
- Absink- 82
- Aufgleit- 83
- Boden- 82
- freie 82
- Höhen- 82
- Passat- 83
- Schrumpfungs- 82
- Strahlungs- 82, 225
- Subsidenz- 82
- Turbulenz- 83
Ionosphäre 19, 110
IR-Absorptionshygrometer 205
Islandtief 210
Isobare 125, 211, 227
Isogone 120
Isohypse 125, 130, 141
Isotache 120
Isothermie 81
ITCZ, innertropische Konvergenzzone 158

Jahresgang
- Bodentemperatur 323
- Luftfeuchte 112
- Lufttemperatur 66
- Niederschlag 115
- Solarstrahlung 40
- Strahlungshaushalt 62
- Wärmehaushalt 62
Jetstream 142
José-Zyklus 243
Jungesches Potenzgesetz 97
Junge-Schicht 97, 244

Kalme 158
Kalmenzone 158
Kältehoch 226
Kälteschutz 326
Kaltfront 213, 217
Kaltfrontokklusion 218
Kaltluft 336, 350
Kaltluftabfluss 352
Kaltluftabflussmodell 442
Kaltluftbildung 350
Kaltluftmächtigkeit 352
Kaltluftproduktivität 350
Kaltluftvolumen 350
Kaltwasserauftrieb 263

Kaltzeitmodus 254
KAMM-Modell 443
Karte
- Bodenwetter- 228
- Höhenwetter- 228
- synthetische Klimafunktions- 317
- Wetter- 228
Keplersche Gesetze 7
kinetische Energie 149
Kingsche Gleichung 353
Kirchhoffsches Strahlungsgesetz 44
KLAM-Modell 443
Kleintrombe 224
Klima 1, 5, 237
Klimaanomalie 246
Klimadaten 276
Klimadefinitionen 237
Klimaelement 169, 238
Klimafaktor 238
Klimafolgenforschung 304, 479
klimagerechtes Bauen 429
Klimageschichte 278
Klimaimpakt 479
Klimaklassifikation 266
- nach Hendl 272
- nach Köppen-Trewartha 268
- nach Penck 270
- effektive 267
- genetische 268, 271
Klimaklassifikationen
- nach Köppen 268
Klima-Michel-Modell 495
Klimamodell 240, 294, 433
Klimapolitik 312
Klimaraum 271
Klimaschwankung 275
Klimasystem 240
Klimatologie 2, 3, 272
- regionale 266
Klimatyp 266
Klimazone 266, 268
KLIM-Modell 443
K-Modell 452
Knoten 123
Koagulation 103
Kohlendioxid 244, 247, 252
- im Wald 341
- Pflanzenbestand 476
Kohlenmonoxid 419, 503
Kohlenstoffkreislauf 28

Köhler-Diagramm 91
Kompensation 18
Kompensationsprinzip 212
Kondensationsadiabate 79
Kondensationswärme 87
kontinentales Klima 257
Kontinentalität 267
Kontinuitätsgleichung 123
Kontraktionsachse 121
Konvektion 74
Konvektionswolken 93
konvektiver Wärmestrom 60
Konvergenz 122
Konvergenzzone, innertropische 158
Konzentrationsfeld 451
Koordinatensystem 437
Körper, schwarzer 43
Kosinusgesetz 49
Kovarianz 204
Krümmung 120
Krümmungseffekt 90
Kryosphäre 259, 307
Kugelblitz 110
Kurzwelle 192
kurzwellige Strahlung 45, 53
Küstenzone 310
kutikuläre Transpiration 332
k-Wert 329

Labil 77
LAD, Blattflächendichte 328
Ladungseffekt 90
Lagrangesches Ausbreitungsmodell 452
LAI, Blattflächenindex 328, 462
Lambert-Bouguer-Beersches Gesetz 50
laminare Grenzschicht 17, 135, 379
laminare Strömung 135
Land-/Seewind 357
Landnutzung 258
Landnutzungsänderung 436
Landoberfläche 256
Landregen 216
Landschaftsklima 315
Landwind 357

Landwirtschaft 309, 460, 469
Langfristprognose 233
Langmuir-Kettenreaktion 105
Langwelle 192
langwellige Strahlung 45, 173
langwellige Strahlungsbilanz 348
latente Wärme 58, 87
latente Wärmeflussdichte 382
latenter Wärmeentzug 492
latenter Wärmestrom 58, 60, 63, 136, 145, 202
Leewellen 93
Leewellenturbulenz 136
Lenard-Effekt 108
Lidar 197
LM-Modell 443
logarithmisches Windgesetz 132, 139, 409
lokales Hoch 357
lokales Tief 357
Lokal-Modell 233
London-Smog 503
Looping 137
Lösungseffekt 91
Luftbelastungsindex 506
luftchemischer Wirkungskomplex 502
Luftdruck 19, 175
Luftdruck, Messung 23
Luftdruckgradientkraft 125
Luftdruckschwankung 510
Luftfeuchte 89, 111, 178
Luftfeuchtigkeit 89, 325, 336, 403
Luftleitbahn 414
Luftmasse 207
- gemäßigte Luft 208
- Polarluft 208
- Subpolarluft 208
- Subtropikluft 208
- Tropikluft 208
Luftmassengewitter 107
Luftmassengrenze 207
Luftmassentransformation 210
Luftmassenwechsel 209
Luftqualität 414
- im Wald 344
- urbane 414
Luftqualitätsindex 508

Luftqualitätsüberwachung 506
Luftspiegelung 52
Lufttemperatur 64, 176, 267, 285, 349, 389, 472, 485
- Jahresgang 66
- Pflanzenbestand 476
- städtische 389
- Tagesgang 66
Luftverunreinigungen 341
Lyman-Alpha-Hygrometer 205
Lysimeter 471

Magnus-Formel 90
Makrometeorologie 7
Makroskala 6
Malaria 512
Margules-Formel 210
Maritimität 267
Massendivergenz 123
Massenkonvergenz 123
Masseprozent 466
Maßstab, atm. Prozesse 6
Mauna Loa-Observatorium 247
Maunder-Minimum 43
Mauritiusorkan 220
Maximumthermometer 176
Meereis 260, 307
MEKM, Mesoklimamodell 436
Meldedienst 169
MEMI, Münchner Energiebilanzmodell für Individuen 498
Mesoklima 237, 315
Mesoklimamodell 436
Mesometeorologie 7
Mesopause 18
MESOSCOP-Modell 444
Mesoskala 6
Mesosphäre 18
Mesozoikum 280
Messfahrt 200, 389
Messmethoden 173, 367
Messnetz 169, 184
Messstation 169
Messung 315, 367
- Luftdruck 23
Messwagen 200
metabolische Wärmeflussdichte 382
Metabolismus 492

Meteorologie 1
- Makro- 7
- Meso- 7
- Mikro- 7
Methan 33, 247
MetPhotMod-Modell 456
METRAS-Modell 444, 455
Metsun-Modell 456
Mie-Streuung 48
MIKM, Mikroklimamodell 444
Mikroklima 237, 315, 322, 477
Mikroklimamodell 444
Mikrometeorologie 7
Mikroskala 6
Mikrowelle 41, 193
Mikrowellenradiometrie 193
Mikrozirkulation 323
Milankovich-Parameter 242
Minimumthermometer 178
Mischkern 96
Mischnebel 100
Mischungsschicht 380
Mischungsverhältnis 89
Mischwolken 93, 100
MISKAM-Modell 446
MITRAS-Modell 447, 455
Mittelwelle 192
mobile Messung 200
Modell 231, 240, 294, 315, 433
- Abgasfahnen- 450
- Ausbreitungs- 449
- Beleuchtungs- 456
- Beschattungs- 456
- Chemie- 454
- Depositions- 451
- diagnostisches 437
- Eulersches Ausbreitungs- 451
- Europa- 232
- FITNAH 442
- FOOT3D 442
- GESIMA 442
- Global- 233
- IMEM 499
- K- 452
- Kaltluftabfluss- 442
- KAMM 443
- KLAM 443
- KLIM 443
- Klima-Michel- 495
- Lagrangesches Ausbreitungs- 452

Sachregister

549

- LM 443
- Lokal- 233
- MEMI 498
- MESOSCOP 444
- MetPhotMod 456
- METRAS 444, 455
- Metsun 456
- MISKAM 446
- MITRAS 447, 455
- MUKLIMO 447
- MUKLIMO_3 447
- REWIH3D 444
- REWIMET 444
- Schichten- 441
- Shadow 456
- SVAT 460
- Teilchensimulations- 452
- UBIKLIM 448
- Wärmebilanz- des Menschen 494
- Windfeld- 441
- Wolken- 451
Modellgebiet 439
Modellierung 434
- statistische 434
- des Stadtklimas 444
Modellkette 233
Modellsimulationen 315
Monsun 159
- Südwest- 159
Monsunfront 160
Monsunzirkulation 159
MOR, Meteorological Optical Range 183
MOS, model output statistics 231
MUKLIMO-Modell 447
Multiphasenchemie 455

Nabla-Operator 123
nachhaltige Entwicklung 312
Nachtwolken 95
NAO, nordatlantische Oszillation 162, 263
Nasstyp 326
Navier-Stokes-Bewegungsgleichung 436
NDVI, Normalized Difference Vegetation Index 463
Nebel 92, 100, 184, 225, 405
- städtischer 405

Nebeltag 172
Nettofluss 123
Nettostrahlung 57
Neufundlandhoch 210
Newtonsches Gravitationsgesetz 7
nichthydrostatisch 437
Niederschlag 180, 267, 271, 289, 406, 465, 487
- im Wald 342
Niederschlag-Radar 195
Niederschlagsmesser 180
Niederschlagsmodifikation 408
Niederschlagstag 172
Niederschlagsverteilung 112
NMVOC, Nichtmethan-Kohlenwasserstoffe 503
Nomogramm 179
Nordatlantische Oszillation, NAO 162, 263
Nordföhn 365
Nordlage 165
Nordostpassat 159
Nordpazifische Oszillation, NPO 263
Nordwestlage 165
Normalperiode 173
NPO, nordpazifische Oszillation 263
Nukleation 99
numerische Lösung 438
numerische Wettervorhersage 231
Nutation 11

Oberfläche 317
Oberflächenenergiebilanz 319
Oberflächenparameter 256
Oberflächentemperatur 44
Oberschicht 139
Okklusion 214
Okklusionsfront 218
Omega-Lage 226
Optik 51
optische Dicke 50
Orografisches Gewitter 107
Ostlage 165
Ostwindbereich 151
Oszillation 263
- Auto- 277
- nordatlantische 162

- nordpazifische 263
Ozean 250
Ozean-Atmosphäre-Modell 296
ozeanische Verdunstung 255
ozeanischer Auftriebsprozess 255
ozeanisches Fließband 253
Ozon 17, 31, 33, 85, 192, 419, 503
- stratosphärisches 31, 245
- troposphärisches 33, 247
- Vorläufersubstanzen 85
Ozonbildung 415
Ozonbildungsrate 416
Ozonchemie 244
Ozonloch 32, 192
Ozonschicht 245
Ozon-Schwellenwerte 504
Ozonsonde 190

PAI, Pflanzenflächenindex 328
Paläoklimatologie 273, 283
PAN, Peroxyacetylnitrat 85, 503
PAR, fotosynthetisch aktive Strahlung 329, 461
Parametrisierung 232, 296, 441, 446
Partikelausbreitung 449
Partikelstrahlung 40
Passat 158, 255, 263
- Nordost- 159
- Südost- 263
Passatgebiet 114
Passatinversion 83
Passatzirkulation 158
perceived temperature, pt 497
Perfect Prog-Methode, PP 231
Perihel 42
Perlmutterwolken 95
Permafrost 261, 308
Permafrostboden 261, 308
Peroxyacetylnitrat (PAN) 503
Pflanzenflächenindex 328
Pflanzenphänologie 481

Phänologie 459, 481
phänologische Phase 487
Phänophase 481, 490
phoretische Kräfte 97
physiologisch äquivalente Temperatur, PET 498
Plancksches Gesetz 43
Planungsfaktor 366
Platinwiderstandsthermometer 176
Pleistozän 254
PM_{10} 418, 419, 505
PMV, Predicted Mean Vote 495
Poisson-Gleichung 80
Polarfront 147
Polarfronttheorie 211
Polargebiet 114
Polarluft 208
Polar-Zelle 156
Pollen 506
Pollenflugkalender 506
Polwanderung 11
Porosität 445
postfrontale Aufheiterung 217, 218
postfrontale Subsidenz 217, 218
Potenzgesetz 138, 409
- Jungesches 97
potenzielle Äquivalenttemperatur 81
potenzielle Energie 149
potenzielle Evaporation 469
potenzielle Evapotranspiration 470
potenzielle Temperatur 80
potenzielle Verdunstung 88
PP, perfect prog-Methode 231
Prandtl-Schicht 17, 138
Präzession 11
Predicted Mean Vote, PMV 495
Profilmessungen 202
Prognosegüte 234
Proxydaten 276
pseudopotenzielle Temperatur 81
Psychrometer 178
Psychrometerformel 178
Punktdaten 316
Punktquelle 452
Pyranometer 173

QBO, Quasi-Biennial Oscillation 161
Quartär 280
Quecksilberbarometer 175
Quecksilberglasthermometer 176

Radar 193
Radaraltimeter 196
Radarmeteorologie 193
Radiosonde 189
Radiowelle 41, 192
Rainout 87, 97
Rakete 190
Raman-Lidar 199
RASS 200
Rauchfahne 83
Rauigkeit 131, 203, 325
Rauigkeitselement 131
Rauigkeitsgleichung 375
Rauigkeitslänge 132, 407
Rauigkeitsparameter 132, 375
Raumladung 108
Raumwärmebedarf 429
Rayleigh-Streuung 47
reale Evaporation 469
reale Evapotranspiration 473
Referenzperioden 173
Referenzverdunstung 470, 474, 475
Referenzzeitraum 237
Reflexion 48
Reflexstrahlung 173
Refraktion 52
Regen 105
Regenbogen 53
Regengürtel 114
regionale Klimatologie 266
Regionalplanung 368
Reibung 150
Reibungskraft 131
Reibungsschicht 138
Reibungswind 133
Reifestadium 214
Reifgraupel 104
remote sensing 191
Revolution 7
REWIH3D-Modell 444
REWIMET-Modell 444
Reynolds-Zahl 135
Rhein-Ruhr-Gebiet 419

Richtwert 507
Riming-Prozess 104
roaring forties 160
Rossby-Welle 155
Rotation 122
Rotationsellipsoid 11
Rotationssphäroid 11
Rotor-Turbulenz 136
Rückkoppelung 240, 241, 278
Rückseitenwetter 219
Rückstreu-Lidar 198, 199
Runway Visual Range, RVR 184

Saale-Kaltzeit 281
Satellit 191, 196
Satellitenbild 196
Sättigungsdampfdruck 89
Sättigungsdampfdruckkurve 472
Sättigungsdefizit 89
Schalenkreuzanemometer 182
Scheinkraft 128
Schichtenmodell 441
Schichtung 328
- feuchtindifferente 78
- feuchtlabile 78
- feuchtstabile 78
- trockenindifferente 78
- trockenlabile 77
- trockenstabile 78
Schiffsregenmesser 181
Schnee 105, 260, 325
Schneebedeckung 356
Schneedecke 288
Schneedeckentag 172
Schneefalltag 172
Schönwetterelektrizität 106
Schrumpfungsinversion 82
Schubspannungsgeschwindigkeit 139
Schwabe-Zyklus 243
schwarzer Körper 43
Schwebstaub 419
Schwefeldioxid 419, 503
Schwefelhexafluorid 201
Schwefelsäure 35
Schwellenwert 172
Schwüle 494
Seeding-Prozess 105
Seewind 358

sekundärer Spurenstoff 417
Senke 122
SF$_6$, Schwefelhexafluorid 201
Sferics 193, 510
Shadow-Modell 456
shrieking sixties 160
Sichtweite 183
Singularität 68
Skala 6
- Makro- 7
- Meso- 7
- Mikro- 7
Skalenbereich 444
Sky View Factor, SVF 384
Smog 84
- fotochemischer 503
- Sommer- 33, 85, 503
- Winter- 85, 503
SO, südliche Oszillation 263
SODAR 199
SOI, südlicher Oszillations-Index 162, 265
Soil Vegetation Atmosphere Transfer, SVAT 258
Soil Vegetation Atmosphere Transfer SVAT-Modell 460
Solaraktivität 42, 276
Solarkonstante 39, 242
Solarstrahlung 39, 40, 461, 485
- Jahresgang 40
- Tagesgang 40
Sommertag 172
Sonne 39, 242
Sonnenbrand 501
Sonneneinstrahlung 503
Sonnenfleckenrelativzahl 42, 243
Sonnenscheinautograf 174
Sonnenscheindauer 174
Sonnenstrahlung 456
Sonnenwind 40
Spannungskoeffizient 203
Speicherterm 386
Spektrum
- elektromagnetisches 41
- Schwarzkörper- 56
Sperrschicht 83
spezifische Wärmekapazität 320
Spör-Minimum 43

Sprühregen 105
Sprungsche Psychrometerformel 178
Spurengas 247, 502
Spurenstoff 414
- sekundärer 417
Squall line 107
Srömung 119
Stadtgrenzschicht 380
Stadtgrenzschichtwärmeinsel 391
Stadthindernisschicht 380
Stadthindernisschichtwärmeinsel 391
städtische Wärmebilanz 385
städtische Wärminsel 389
Stadtklima 315, 371
- ideales 422
- Ursachen 372
Stadtklimatologie 371
Stadtschneefall 408
Standardatmosphäre 1, 19
Stanton-Zahl 60, 203
Statistik 186
statistische Modellierung 434
Statistisch-empirische Untersuchung 435
Staub 419, 505
Staudruckanemometer 182
Stefan-Boltzmann-Gesetz 44
stehende Welle 153
Steuerungszentrum 226
Stickoxide 503
Stickstoffdioxid 419
Stillstandsmodus 254
Stoffkreislauf 30, 258
Stoffwechsel 492
Stoma 470
stomatäre Transpiration 332
Stoßionisation 109
Strahlstrom 136, 142, 155
Strahlung
- kurzwellige 45, 53, 173
- langwellige 45
- terrestrische 54
- UV- 500
Strahlungsbilanz 56, 63, 145, 173, 249, 257, 350, 382, 383, 472
- Atmosphäre 57
- Erdoberfläche 57, 249

- langwellige 348
- Pflanzenbestand 460, 475
- urbane 383
Strahlungsenergie 242
Strahlungsfluss 173, 197
Strahlungsflussdichte 174
Strahlungsinversion 82, 225
Strahlungs-Konvektions-Modell 295
Strahlungsschutz 176
Strahlungssonde 190
Strahlungstemperatur 44
Strahlungs-Trockenheits-Index 271
Strahlungsumsatz 337
Strahlungsverhältnisse 347
Strahlungswetter 318, 405
Stratocumulus 95
Stratopause 18
Stratosphäre 145, 244
Stratus 94, 95
Streuung 47
- Mie- 48
- Rayleigh- 47
Stromfeld 119
Stromlinie 120
Strömung
- antizyklonale 130
- laminare 135
- stationäre 120
- zyklonale 130
Stüve-Diagramm 79
Sublimation 98
Sublimationsnukleation 99
Subpolarluft 208
Subsidenz, postfrontale 217, 218
Subsidenzinversion 82
Subtropen 158
Subtropenfront 147
Subtropikluft 208
subtropischer Trockengürtel 114
subtropisches Hochdruckgebiet 156
Südlage 165
Südliche Oszillation, SO 263
Südlicher Oszillations-Index, SOI 162, 265
Südostpassat 263
Südwestlage 165
Südwestmonsun 159
surging 263

sustainable development 312
SVAT, Soil Vegetation Atmosphere Transfer 258
SVAT, Soil Vegetation Atmosphere Transfer Modell 460
synoptische Meteorologie 207
synthetische Klimafunktionskarte 317, 369

Tagesgang
- Bodentemperatur 323
- Energiebilanz im Wald 339
- Kohlendioxid im Wald 341
- Luftfeuchte 112, 327
- Luftfeuchte im Wald 340
- Lufttemperatur 66
- Lufttemperatur im Wald 338
- Lufttemperatur über Asphalt 378
- Niederschlag 115
- Solarstrahlung 40
- Strahlungshaushalt 62
- Wärmehaushalt 62
Taifun 220
Talwind 359
Taupunkt 90
Taupunktdifferenz 90
Taupunkttemperatur 90
TDR-Methode 179
Teilchensimulationsmodell 452
Telekonnektion 234, 263
Temperatur 176, 197, 285
- Boden- 319
- gefühlte 497
- Meerwasser- 250
- Oberflächen- 44
- physiologisch äquivalente 498
- potenzielle 80
- potenzielle Äquivalent- 81
- pseudopotenzielle 81
- Strahlungs- 44
- Taupunkt- 90
- virtuelle 72
Temperaturänderung
- trockenadiabatische 75
- adiabatische 75

- feuchtadiabatische 76
Temperaturgradient
- geometrischer 74
- hypsometrischer 74
Temperatur-Höhenkurve 76
Temperaturleitfähigkeit 321, 376
Temperaturzuschlag, virtueller 72
Tensiometer 179
Terminalgeschwindigkeit 103
terrestrische Strahlung 54
Tethersonde 202
Thermalbild 197
Thermik 73
Thermikschlauch 73
thermische Behaglichkeit 493
thermische Belastung 399
thermische Jahreszeiten 323
thermische Turbulenz 135
thermische Windgleichung 140
thermischer Wind 141
thermischer Wirkungskomplex 492
Thermistor 189
thermohaline Strömungskomponente 253
Thermometer 176
Thermophorese 97
Thermoregulation 493
Thermosphäre 19
Tief 131
- Bermuda- 210
- Island- 210
- lokales 357
- Mitteleuropa- 165
Tiefdruckkern 211
Tiefdruckrinne, äquatoriale 156
Topografie 22, 24, 130, 220
Tornado 131, 222
Tornadoschlauch 223
Totalisator 180
Tracer 201
Trägheitskraft 128
Trajektorie 120
Transferkoeffizienten 203
Translation 121
Transmission 46, 183, 249

Transpiration 332, 465, 470, 476
Transpirationsrate 333
Treibhauseffekt 27, 55
Treibhausgas 246, 247
trockenadiabatische Temperaturänderung 75
Trockengürtel 114
Trockentyp 326
Trombe 131, 222, 223
Tropen 158, 160
Tropenregen 115
Tropikluft 208
tropischer Regengürtel 114
Tropopause 16, 147
Troposphäre 15, 145
troposphärisches Ozon 247
Trübungsfaktor 50
Turbulenz 134, 135, 202, 451
Turbulenzinversion 83
Turbulenzspektrum 136
Turbulenzstruktur 204
Turcsche Verdunstungsformel 473

Überdestillieren 100, 104
UBIKLIM-Modell 448
UCI, Urban Cool Island 393
UHI, Urban Heat Island 389
Ultrakurzwelle 192
Ultraschallanemometer 205
Umweltgesetze 367
Umweltmeteorologie 366
Umweltverträglichkeitsprüfung 433
universeller thermischer Klimaindex UTCI 500
Urban Cool Island 393
Urban Heat Island 389
urbane Abluftfahne 381
urbane Energiebilanz 382
urbane Strahlungsbilanz 383
urbane Wasserbilanz 401
UTCI, universeller thermischer Klimaindex 500
UV-Index 501
UV-Strahlung 41, 500

Vegetation 257, 277, 308, 328
Vegetationszeit 490
Vektor-Krankheit 512
Ventilationsbahn 411
Verdampfungswärme 60
Verdrängungsdicke 132, 376
Verdunstung 88, 180, 255, 271, 289, 465, 492
- aktuelle 88
- Gras-Referenz- 470
- ozeanische 255
- potenzielle 88
Verdunstungsformel
- nach Haude 473
- nach Penman 472
- nach Penman und Monteith 474
- nach Turc 473
Verdunstungshöhe 466
Verdunstungskessel 469
Verdunstungspfanne 469
Verifikation 438
Versalzung 258
Verschiebungsgesetz 44
Verschiebungshöhe 132
Versickerung 465
Versiegelung 374
Versiegelungsgrad 374
Vertikalaustausch 328
Vertikalbeschleunigung 134
vertikale Feuchteverteilung 326
vertikales Windprofil 138
Vertikalgeschwindigkeit 204
Vertikalgradient 202
Vertikalstrom, luftelektrischer 106
Vidie-Dosen 190
Viererdruckfeld 210
Virgae 106
virtuelle Temperatur 72
virtueller Temperaturzuschlag 72
VOC 503
Volumenenergiebilanz 319
v. Kármán-Konstante 139
Vorderseitenwetter 219
Vorhersage 228
Vorläufersubstanzen 85, 504
Vorticity 122

Vulkanausbruch 239, 244, 246

Wald 337, 351
Waldklima 337
Walker-Zirkulation 161, 265
Wärme
- fühlbare 58
- Kondensations- 87
- latente 58, 87
warme Hangzone 354
Wärmeabgabe 492
Wärmearchipel 389
Wärmebilanz
- Atmosphäre 57
- Mensch 492
- städtische 385
Wärmebilanzmodell 494
- des Menschen 494
Wärmedurchgangskoeffizient 429
Wärmeeindringkoeffizient 321, 376
- urbaner 376
Wärmeflussdichte, anthropogene 382
Wärmekapazität, spezifische 320, 321
Wärmekapazitätsdichte 320, 321
Wärmeleitfähigkeit 320, 321, 376
- urbane 376
Wärmeleitungsgleichung 464
Wärmeleitungskoeffizient 321, 430
Wärmesaldo 60
Wärmespeicher 250
Wärmestrom 136
- Boden- 61, 256
- fühlbarer 58, 60, 63, 136, 145, 202
- konvektiver 60
- latenter 58, 60, 63, 136, 145, 202
Wärmestromdichte, anthropogene 387
Wärmeübergangskoeffizient 322
Wärmeverlust 492
Warmfront 213, 216
Warmfrontfläche 216
Warmfrontokklusion 218
Wärmeinsel 389
- städtische 389
Warmregenprozess 104
Warmsektor 213, 217
Warmwassersphäre 250
Warmzeit 280
Warmzeitalter 280
Warmzeitmodus 254
Washout 87
Wasser 87
Wasserbilanz 330
- urbane 401
Wasserbilanzgleichung 465
Wasserdampf 247
Wasserdampftransport 326
Wasserfläche 325, 354
Wasserhaushalt 342
- städtischer 400
Wasserkreislauf 251
Wassertemperatur 250
Wasserwolken 100
Weichselkaltzeit 281
Welkepunkt 467
Wellenlänge 41
Weltmeer 173, 250
Westlage 165
Westwind 114
Westwinddrift 160
Wetter 1, 5
- Rückseiten- 219
- Vorderseiten- 219
Wetteranalyse 229
Wetterempfindlichkeit 509
Wetterfühligkeit 509
Wetterhütte 176
Wetterkarte 228
Wetterlage 5, 163
- austauscharme 420
Wetterlagenklassifikation 164
Wetterleuchten 110
Wetterrekorde 7
Wetterschlüssel 228
Wettervorhersage 227, 230, 234
- numerische 231
Widerstandsthermometer 176
Wiensches Verschiebungsgesetz 44
Willy-Willy 220
Wind 119, 123, 182
- ageostrophischer 129
- antitriptischer 133
- Böhmischer 209
- Euler- 126, 129

- geostrophisch-antitriptischer 133
- geostrophischer 129
- geostrophisch-zyklostrophischer 131
- geotriptischer 133, 138
- Gleichgewichts- 130
- hypergeostrophischer 131
- Reibungs- 133
- subgeostrophischer 131
- thermischer 141
Windchillgleichung 497
Windchill-Index 497
Windfeld 120, 409
Windfeldmodell 441
Windgeschwindigkeit 123, 182, 327, 340, 395
Windhose 223
Windklimatologie 434
Windprofil 132, 138
Windprofiler 182, 195
Windrichtung 123, 182
Windscherung 135, 203
Windstärke 123
Windvektor 119
Wintersmog 84, 503

Winterstrenge 511
Wirbel 151
- antizyklonaler 152
- zyklonaler 151
Wirbelsturm 220, 255
Wirkungsgrad 150
Wirkungskomplex
- fotoaktinischer 500
- luftchemischer 502
- neurotroper 509
- thermischer 492
Witterung 5
Wolf-Minimum 43
Wolfsche Sonnenfleckenrelativzahl 42
Wolken 18, 93, 249
- orografische 93
Wolkenfamilie 94
Wolkengattung 94
Wolkenkondensationskern 96
Wolkenmodell 451
Wolkenphysik 91
Wolkenturbulenz 135
Wolkenuntergrenze 183
Wostock 8
Wüstenbildungsrate 258

Zeittafel 279
Zenitluftmasse 50
Zentrifugalkraft 128
Zirkulation 252
- atmosphärische 145
- Monsun- 159
- ozeanische 252
- Passat- 158
- Walker- 265
Zirkulationsformen 165
Zirkulationsmodell 295
Zonalindex 162
Zugbahn 222
Zweites Newtonsches Gesetz 119
Zwischenhoch 226
Zyklogenese 213
zyklonale Krümmung 120
zyklonale Strömung 130
zyklonaler Windsprung 217
zyklonaler Wirbel 151
Zyklone 211
- ideale 219
Zyklonenfamilie 215
Zyklus, hydrologischer 87

Teubner Lehrbücher: einfach clever

Werner Massa
Kristallstruktur-bestimmung

4., überarb. Aufl. 2005. 262 S. mit 104 Abb. Br. € 32,90
ISBN 3-519-33527-1

Kristallgitter - Geometrie der Röntgenbeugung - Das reziproke Gitter - Strukturfaktoren - Symmetrie in Kristallen - Messmethoden - Strukturlösung - Strukturverfeinerung - Spezielle Effekte - Fehler und Fallen - Interpretation des Strukturmodells - Kristallographische Datenbanken - Gang einer Kristallstrukturbestimmung

Horst-Günter Rubahn
Nanophysik und Nanotechnologie

2., überarb. Aufl. 2004. 184 S. Br. € 24,90
ISBN 3-519-10331-1

Mesoskopische und mikroskopische Physik - Strukturelle, elektronische und optische Eigenschaften - Organisiertes und selbstorganisiertes Wachstum von Nanostrukturen - Charakterisierung von Nanostrukturen - Dreidimensionalität - Anwendungen in Optik, Elektronik und Bionik

Stand Juli 2005.
Änderungen vorbehalten.
Erhältlich im Buchhandel oder beim Verlag.

B. G. Teubner Verlag
Abraham-Lincoln-Straße 46
65189 Wiesbaden
Fax 0611.7878-400
www.teubner.de